CHEMISCHE TECHNOLOGIE
IN EINZELDARSTELLUNGEN
HERAUSGEBER: PROF. DR. FERD. FISCHER, GÖTTINGEN-HOMBURG

SPEZIELLE CHEMISCHE TECHNOLOGIE

Zinkofenhalle mit Öfen rheinischen Systems. Schmelzer beim Zinkziehen vor Beginn des Manövers.

Zink und Cadmium

und ihre Gewinnung aus Erzen
und Nebenprodukten

von

R. G. Max Liebig

Hüttendirektor a. D.

Mit 205 Figuren im Text und auf 10 Tafeln
sowie einem Titelbilde

Springer-Verlag Berlin Heidelberg GmbH

1913

ISBN 978-3-662-22732-9   ISBN 978-3-662-24661-0 (eBook)
DOI 10.1007/978-3-662-24661-0

Vorwort.

Seitdem die Gewinnung von Zink in Europa Wurzel geschlagen hatte, stand Deutschland bis zum Jahre 1906, wo es von Nordamerika überflügelt wurde, an der Spitze der Zink erzeugenden Länder (siehe Anhang), und seine Zinkindustrie ist zu einem stattlichen Baume herangewachsen.

Trotzdem schildert in deutscher Sprache nur das Handbuch der Metallhüttenkunde von Dr. *Carl Schnabel* die Gewinnung des Zinks in einer dem neueren Stande der Technik Rechnung tragenden Weise, aber doch in zu gedrängter Form, um den in der Praxis stehenden Zinkhüttenmann als Nachschlagewerk zu befriedigen. Die verhältnismäßig junge amerikanische Zinkindustrie dagegen besitzt seit 10 Jahren in dem nahezu 700 Seiten umfassenden Werke von *Walter Renton Ingalls* ein wertvolles Handbuch, welchem 1905 ein gleichwertiges, noch umfangreicheres Buch von *A. Lodin* in französischer Sprache gefolgt ist. Seit dem Erscheinen dieser Werke ist aber auf dem Gebiete des Zinkhüttenwesens recht eifrig gearbeitet worden, so daß sie der Ergänzung bedürfen.

Als von Herrn Professor *Ferdinand Fischer* die Aufforderung an mich erging, eine neue Darstellung der Gewinnung von Zink und Cadmium zu schreiben, folgte ich derselben deshalb gern. Es wurde mir dadurch auch eine willkommene Gelegenheit geboten, die während meiner fast ein Menschenalter ausfüllenden praktischen Betätigung in der Zinkindustrie gesammelten Erfahrungen aufzuzeichnen, womit ich der weiteren Entwicklung des Zinkhüttenwesens zu dienen hoffe. Während meiner Berufstätigkeit mangelte es mir an Zeit zur Veröffentlichung derselben.

Der Darstellung der Hüttenprozesse lasse ich eine Aufzählung der Zinkerze und ihre Beurteilung im ersten Abschnitte vorangehen. Die am Schlusse desselben angefügte Anleitung zur Wertbemessung der Erze wird dem in der Praxis stehenden Zinkhüttenmann nicht unwillkommen sein. Die folgende Behandlung der chemischen und physikalischen Eigenschaften der beiden Metalle soll eine leichte Orientierung über dieselben, soweit sie für die Gewinnung und Verwendnng in Betracht kommen, gewähren. Im Abschnitt: Laboratorium der Zinkhütte sind die gebräuchlichen wichtigsten chemischen Untersuchungsmethoden zusammengestellt.

Einen größeren Platz im Buche glaubte ich der Geschichte der Zinkindustrie einräumen zu sollen, weil ohne Kenntnis des Werdeganges ein volles Verständnis für den gegenwärtigen Stand eines technischen Faches nicht zu gewinnen ist. In engem Zusammenhange damit steht die technische Entwicklung der Gewinnungsmethoden, d. h. der Apparatur für die den Mittelpunkt der Fabrikation bildende Reduktion der in Zinkoxyd übergeführten Rohstoffe, weshalb ich die Darstellung derselben in historischer Folge, aber doch sachlich geordnet mit der Geschichte in einem Abschnitte vereinigt habe. Zur Illustration habe ich mich auf eine solche Zahl von Abbildungen beschränkt, daß alle Besonderheiten in der Bauart der Öfen zur Darstellung kommen; im späteren, den Reduktionsprozeß behandelnden Teile des Buches wird auf diese Figuren Bezug genommen.

Die neuesten Erfindungen, welche die stehende Retorte zu einem brauchbaren Apparate ausgestalten wollen, konnten keine Aufnahme mehr finden. Ich verweise dieserhalb auf den Referatenteil der Zeitschrift für angewandte Chemie, insbesondere in Nr. 16, 1913.

Der fünfte Abschnitt umfaßt in Unterabteilungen die eigentlichen Betriebsvorgänge. Zunächst beschreibt er die Vorbereitung der Erze für den Reduktionsprozeß und die mit der Zinkhütte untrennbar verbundene Retortenfabrikation. Die Blenderöstung, welche jetzt einen bedeutenden Raum in der Zinkhüttenanlage in Anspruch nimmt, ist in ihrer allmählichen Ausbildung dargestellt. Die heute auf den meisten Hütten damit verbundene Fabrikation von Säuren ist jedoch nicht behandelt worden, weil ausführliche Handbücher hierfür vorhanden sind, dagegen habe ich geglaubt, die Kondensationsverfahren, welche man zur Unschädlichmachung des Rösthüttenrauches aus Flammöfen versucht hat, in die Darstellung der Fortschritte der Rösttechnik einfügen zu sollen.

Für die Konstruktion der Reduktionsöfen sind im weiteren nur noch Ergänzungen zu den im vierten Abschnitt gebrachten Abbildungen gegeben.

Betriebsergebnisse einzelner Hüttenwerke, welche die Literatur darbietet, habe ich nur in solchem Umfange aufgenommen, als es mir zum Nachweis der Fortschritte notwendig erschien, daneben aber Zahlen aus eigener Erfahrung eingereiht. Der Leser, welcher sich eingehender über frühere Verhältnisse zu unterrichten wünscht, findet an den betreffenden Stellen in den Quellenangaben die nötigen Hinweise.

Was die Literatur über Versuche berichtet und an Vorschlägen gebracht hat, die Gewinnungsmethode mit Beseitigung der kleinen Retorte umzugestalten, habe ich möglichst erschöpfend in dem neunten Abschnitte zusammengestellt. Bisher ist kein durchschlagender Erfolg zu verzeichnen gewesen, vielleicht ist dieser weiteren Errungenschaften der Elektrotechnik vorbehalten. Eine elektrolytische Gewinnung des Zinks aus Erzen ist vom wirtschaftlichen Standpunkte aus aussichtslos; ein historischer Überblick über das auf diesem Gebiete Geschehene durfte der Vollständigkeit halber jedoch nicht fehlen.

Von der Ausstattung des Buches mit einem Register, welches, wenn es seinen Zweck erfüllen sollte, sehr umfangreich hätte ausfallen müssen, habe ich Abstand genommen, dafür aber das Inhaltsverzeichnis so weit ausgeführt, daß der einigermaßen mit dem Gegenstand bekannte Leser bei der gewählten Ordnung des Stoffes leicht finden wird, was er sucht.

Zum Schlusse habe ich noch die angenehme Pflicht, den Herren, welche die Güte hatten, mir Beiträge zur Ausstattung des Werkes zu liefern, meinen verbindlichsten Dank zu sagen. An den betreffenden Stellen des Buches habe ich der freundlichen Geber gedacht. Besonderen Dank spreche ich auch an dieser Stelle noch den Herren Hüttendirektoren Dr. *Otto Schmidt* und *Juretzka* und Herrn Dr. ing. *Eulenstein* für ihre bereitwillige Unterstützung aus.

Godesberg, im März 1913.

M. Liebig.

Inhalt.

1. Vorkommen, Erze und andere Rohstoffe.

Zink ist auf der ganzen Erde verbreitet, am häufigsten als Schwefelzink, sowie als kohlensaures und kieselsaures Zinkoxyd.

Das erstere, die Zinkblende, ist heute das bei weitem wichtigste Zinkerz, nachdem der Galmei (die bergmännische Bezeichnung für Gemenge von Kieselzink und Zinkspat, die gewöhnlich noch Kalk, Dolomit, Ton und Eisenoxyde enthalten) infolge Erschöpfung der bekannten großen Lager in den Hintergrund getreten ist.

In neuerer Zeit haben die Lager von kieselsaurem Zinkoxyd — Willemit — und von Franklinit in New Jersey und Pennsylvanien in den Vereinigten Staaten Nordamerikas Bedeutung gewonnen, insbesondere wegen des reinen Zinks, welches aus diesem Erze gewonnen wird[1].

Aus **Schwefelzink** in reinem Zustande besteht die regulär krystallisierende Zinkblende oder Sphalerit — ZnS mit 67,1 Proz. Zink.

In hexagonaler Form krystallisiert der in Oruro in Bolivia und Przibram in Böhmen gefundene Wurtzit — $6\,ZnS \cdot FeS$ — isomorph mit Greenockit — CdS. (Eine 5 Proz. Cadmium haltende Blende Przibramit oder Spiauterit wurde, wie der Name sagt, auch in Przibram gefunden.)

Die Zinkblende enthält vorherrschend wechselnde Mengen von Eisen (sog. schwarze Blende mit einem Eisengehalt bis zu 18 Proz.). Von den Mineralspecies, welche Zink und Eisen in isomorpher Mischung enthalten, seien hier genannt: Der Marmatit (von Marmato bei Papayan) $3\,ZnS \cdot FeS$ und der Christophit (von der Grube St. Christoph bei Breitenbrunn, Sachsen) $2\,ZnS \cdot FeS$.

Geringe Gehalte an Cadmium, auch Quecksilber, Arsen und Antimon, Blei, Zinn, Silber, Gold, Gallium, Indium sind nicht selten; galliumreich ist die Blende von Friedensville und Phönixville, Pennsylvanien U. S. A.

Fast ständige oder häufige Begleiter der Zinkblende sind: Bleiglanz, Kupferkies und Schwefelkies, Arsen- und Antimonverbindungen. Wegen des wenig abweichenden spezifischen Gewichts läßt sich der Schwefelkies durch nasse Aufbereitung nicht oder nur schwer von der Zinkblende scheiden und vermindert deshalb den Zinkgehalt der Erze oft sehr bedeutend. Ein lästiger Gemengteil ist Calciumcarbonat. Die reinste Blende in großen Mengen liefern wohl die Vorkommen in Joplin in Missouri U. S. A.

---

[1] Der Verfasser verarbeitete amerikanischen Willemit auf der Zinkhütte von *Wilhelm Grillo* in Hamborn (Rheinland) zuerst in Europa in größeren Mengen im Jahre 1896

Aus **kohlensaurem Zinkoxyd** besteht der edle Galmei (giala mina der alten Mineralogen), Zinkspat oder Smithsonit $ZnCO_3$ mit 52,15 Proz. Zink in reinem Zustande.

Meistens findet er sich aber in isomorpher Mischung mit den Carbonaten des Eisens (Zinkeisenspat — Iserlohn) und Mangans neben denen von Kalk und Magnesia. Blei ist als Bleiglanz und kohlensaures Bleioxyd (Weißbleierz) und auch Kupfer ein häufiger Begleiter desselben.

Als Mineralspezies sei noch der Hydrozinkit $ZnCO_3 . 2\,Zn(OH)_2$ mit 60,5 Proz. Zink genannt.

Der Galmei ist ein Umwandlungsprodukt aus den geschwefelten Erzen.

Hervorzuheben sind die jetzt ausgebeuteten Lager vom Altenberg bei Aachen, bei Iserlohn in Westfalen, bei Tarnowitz und Beuthen in Oberschlesien und bei Laurium in Griechenland; ferner die Vorkommen in Alcaráz und in Santander in Spanien, auf Sardinien, in der Lombardei und in Pennsylvanien am oberen Mississippi in den Vereinigten Staaten von Nordamerika und in Mexiko an der texanischen Grenze und in der Nähe der Stadt Chihuahua.

Das kieselsaure Zinkoxyd ist in der Natur vertreten als Kieselgalmei oder Hemimorphit $Zn_2SiO_4 \cdot H_2O$ mit 54,24 Proz. Zink, welches den edlen Galmei regelmäßig begleitet, und als rhomboedrisch krystallisierender Willemit Zn_2SiO_4 mit 58,62 Proz. Zink, der zuerst auf dem Altenberg gefunden wurde und jetzt durch seine großen Lagerstätten in Nordamerika (Stirling Hill und Franklin Furnace, New Jersey) als hüttenmännisch wichtiges Erz bekannt ist, seitdem es der Wetherill Concentrating Co. in South Bethlehem, Pa. U. S. A. 1896 gelungen ist, es zu scheiden aus dem innigen Gemenge mit Kalkspat und Franklinit $ZnO(FeO) \cdot Fe_2O_3(Mn_2O_3)$ mit 21 Proz. Zink[1].

Als Mineralspezies bleiben noch zu nennen das ebenfalls im Gemenge mit Franklinit und Willemit vorkommende, durch Mangan und Eisenoxyd rötlich gefärbte Rotzinkerz oder Zinkit, ZnO mit 80,34 Proz. Zink; der Gahnit Al_2ZnO_4 mit 35,61 Proz. Zink und der Voltzit $ZnO \cdot 4\,ZnS$ mit 69,38 Proz. (in Frankreich und in Joachimsthal in Böhmen gefunden), und endlich Zinkvitriol (Goslarit) $ZnSO_4 \cdot 7\,H_2O$, welcher in alten Grubenbauen durch Oxydation von Schwefelzink entstanden ist.

Schließlich ist noch der Aurichalcit, der möglicherweise zur Entdeckung des Messings geführt hat, die sogenannte Messingblüte $2Zn(Cu)CO_3 \cdot 3\,Zn(Cu)(OH)_2$, die in Guipuzcoa bei Satander in Spanien in kleinen hellgrünlichblauen, faserigen Aggregaten vorkommt, und der bis 8 Proz. CaO enthaltende Buratit zu erwähnen. Diese Mineralien finden sich noch bei Loktewsk am Altai, am Ural, bei Lyon, in Toskana, in den Vogesen und in Mexiko. Man fand in denselben 44,7 bis 55,3 Proz. Zinkoxyd neben 29,21 bis 18,4 Proz. Kupferoxyd. In geringen Mengen kommt Zink in einigen Fahlerzen und im

---

[1] Das Hanfwerk mit 31,09 ZnO, 20,34 Fe und 9,34 Mn lieferte bei der magnetischen Aufbereitung nach dem *Wetherill*-Prozeß:

	56 Proz.	Franklinit	mit	19,6 Proz.	Zn,	35,50 Fe	und	13,62 Mn
	28 „	Willemit	„	48,2 „	„	1,50 „	„	6,10 „
bei Abgang von	16 „	Kalkspat	„	3,2 „	„			

Spateisenstein vor. Angeblich soll es auch in gediegenem Zustande[1] bei Melbourne (Australien) und in Transvaal gefunden worden sein.

Im weiteren verweisen wir auf Naumann - Zirkel, Elemente der Mineralogie, 14. Aufl. 1901.

Kennzeichnend für das Vorkommen von Galmei in den obersten Bodenschichten war das auf dem Altenberg und in der Umgegend von Stolberg in großer Menge wachsende Galmeiveilchen, eine gelbblühende Varietät von Viola tricolor[2], vom Volke auch Kermesveilchen genannt, welches die Zinkarbeiter bis zum Herbst mit einem reichen Blütenflor erfreute.

Die dem Hüttenmanne zur Zinkgewinnung zur Verfügung stehenden Erze sind außer durch die fast regelmäßigen metallischen Begleiter, von denen besonders Eisen und Blei Beachtung bei der Verarbeitung fordern, durch Reste der begleitenden Gangart, Quarz, Kalkspat, Dolomit, Schwerspat, Flußspat, Tonerdesilikate und Spateisenstein verunreinigt und ihr Zinkgehalt wird durch diese Beimischungen wesentlich herabgedrückt.

Wenn auch der Bergmann bemüht ist, durch Aufbereitung die der Verhüttung nachteiligen Nebenbestandteile nach Möglichkeit von den eigentlichen Erzen zu scheiden, so treten ihm doch in der innigen Mischung und der annähernd gleichen spezifischen Schwere, wenn nicht in der isomorphen innigen Verbindung, wie beim Zinkeisenspat und der schwarzen Blende unüberwindliche Schwierigkeiten in den Weg, welche die Anreicherung der Erze über einen gewissen Metallgehalt hinaus verhindern.

Bei dem Anwachsen der Zinkindustrie in den letzten Jahrzehnten hatten die Hütten keine große Auswahl, sie mußten nehmen, was ihnen angeboten wurde. Besonders in den letzten Jahren hat man auch dazu übergehen müssen, bleireiche und silberhaltige Erze in den Zinkretorten zugute zu machen. Die neuen Scheidungsmethoden, die es ermöglichten, aus den australischen, 1885 bei Broken Hill, in der britisch-australischen Kolonie Neu-Südwales entdeckten großen Erzvorräten, einem innigen Silber-, Blei-, Zink-, Eisenerz-Gemenge, auch ein verhältnismäßig bleiarmes Zinkerz zu erzeugen, haben den drohenden Zink-Erzmangel Europas beseitigt.

Beim Erzeinkaufe darf der Hüttenmann die Nebenbestandteile der Erze, metallische wie erdige, nicht mehr außer acht lassen, worauf wir später noch näher zurückkommen werden.

Neben den Zinkerzen finden auch zinkhaltige Hüttenerzeugnisse und gewerbliche Abfälle Verwendung als Rohstoffe für die Zinkgewinnung. So die zinkoxydhaltigen Ofenbrüche (Gichtschwamm), welche sich bei der Verhüttung zinkhaltiger Blei-, Kupfer-, Silber- und Eisenerze im oberen Teile der Schachtöfen ansetzen und in den Abzugskanälen und Gasleitungen ansammeln, ferner Zinkstaub, insoweit er nicht als solcher in den Handel geht, zinkhaltige Gekrätze, sog. Zinkaschen, Hartzink von der Eisenverzinkung, der Zinkschaum von der Werkbleientsilberung, Zink-

---

[1] *Becker:* Jahresber. Mineral. 1857 S. 690. *Phipson:* Compt. rend. 55, S. 218.
[2] Viola calaminaria (*Braun* Pogg, 92. S. 175, Jahresber. 1854, S. 358).

Silber-, Zink-Silber-Blei- und Zink-Silber-Blei-Kupfer Legierungen und endlich aus zinkarmen Erzen und Abfällen auf nassem oder
trockenem Wege hergestelltes Zinkoxyd.

Cadmium ist fast immer ein Begleiter des Zinks in dessen Erzen. Es wurde
fast gleichzeitig im Jahre 1817 von *Stromeyer* in Hannover und *Hermann* in
Schönebeck entdeckt.[1]

Ersterer fand es in einem gelblich aussehenden Zinkcarbonat, welches
er von der chemischen Fabrik Salzgitter bezogen hatte. Da er Eisen in demselben nicht nachweisen konnte, so suchte er nach dem Grunde der Gelbfärbung und fand, daß dieselbe von dem Oxyde eines unbekannten Metalls herrührte, welches er dann auch in anderen Zinkoxyden und in metallischem Zink
vorfand. Er gab ihm den Namen, den er von Cadmia fornacum (Ofenbruch)
herleitete.

Hermann erkannte es in einem an einen Apotheker in Magdeburg gelieferten, aus Schlesien stammenden Zinkoxyd, welches wegen des darin vermuteten
Arsengehaltes konfisziert worden war, im Frühjahr 1818.

Zu gleicher Zeit haben es auch *Meißner* in Halle in einem von *Hermann* bezogenen Zinkoxyde und Oberbergrat *Karsten* in Berlin in schlesischen Zinkerzen
gefunden.

Der höchste Gehalt an Cadmium wurde bisher im Galmei Oberschlesiens
gefunden, und zwar 2 bis 5 Proz. und mehr. In den zur Jetztzeit in Oberschlesien
geförderten Erzen (Galmei und Blende) fand *Edmund Jensch*[2] jedoch bei weitem
nicht so hohe Gehalte. Bei seinen sich über 10 Jahre erstreckenden Untersuchungen fand er kein Erz mit mehr als 0,3 Proz. Cadmium. Der Durchschnittsgehalt aller untersuchten Erze belief sich nur auf 0,102 Proz. Es muß daraus
geschlossen werden, daß sich die in der Literatur aufgeführten hohen Gehalte
auf reine Mineralien beziehen.

In einer Zinkblende von Eaton (Nordamerika) wurden 3,2 Proz., im Galmei von Wiesloch über 2 Proz. und in einer Blende von Przibram 1,78 Proz.
Cd gefunden, während in Blenden vom Oberharz 0,35 bis 0,79 Proz. nachgewiesen wurden. Ein finnisches Erz (Abo) mit 34,43 Zn und 6,22 Pb enthielt
0,46 Cd, schwedische Blenden weisen einen Gehalt von 0,2 bis 0,4 Proz. und
spanische von Santander an der Cantabrischen Küste 0,3 bis 0,4 Proz. Cd
auf. Blenden aus dem Joplindistrikt (U. S. A.) 0,33 bis 0,72 Proz. (Ingalls
Eng. Min. Journ. 79. 697). Als seltenes Mineral, Greenockit, von orange-
gelber Farbe findet sich das Schwefelcadmium in der Natur in Bishoptown
(Schottland). Das Mineral, welches auch Cadmiumblende genannt wird,

---

[1] *Kopp:* Geschichte der Chemie. — *B. Neumann:* Die Metalle. 1904. — *Hollunder*
bezeichnet auf Seite 170 in seinem Tagebuche einer (1818 ausgeführten) metallurgisch-
technologischen Reise (Nürnberg 1824) den Apotheker *Bergemann* in Berlin als den recht-
mäßigen Entdecker des Cadmiums.

[2] Das Cadmium, sein Vorkommen, seine Darstellung und Verwendung. Sammlung chemischer und chemisch-technischer Vorträge 1898, III, S. 201—232.

krystallisiert im hexagonalen System, hat ein spez. Gewicht von 4,5 bis 4,9 und enthält 77,6 Proz. Cadmium.

Der Cadmiumgehalt der Zinkerze konzentriert sich bei deren Verhüttung in dem in der ersten Zeit der Zinkdestillation auftretenden bräunlichen Rauche. Derselbe besteht aus metallischem und oxydiertem Zink- und Cadmiumstaub und dient der Gewinnung des Cadmiums als Rohstoff.

Auch bei der Röstung der Zinkblende wird ein großer Teil des Cadmiumgehaltes verflüchtigt. Es betrug beispielsweise der Gehalt daran in einer oberschlesischen Zinkblende vor der Röstung 0,11 Proz., nach der Röstung nur noch 0,042 Proz. Es enthält deshalb auch der in den Kanälen der Röstöfen abgesetzte Flugstaub Cadmium (*Jensch* hat darin 0,22 bis 2,02 Proz. gefunden), und zwar zum großen Teile als Cadmiumsulfat.

Cadmium wurde zuerst auf der Lydogniahütte in Oberschlesien gewonnen. *Mentzel* und *Knaut* fanden den Weg zu seiner Herstellung 1827 mittels fraktionierter Destillation des Zinks bei dem Bestreben, letzteres für Walzzwecke geeigneter zu machen, d. h. die Ursache der Sprödigkeit desselben zu ergründen. (*Karstens* Archiv f. Mineralogie, Geognosie, Bergbau und Hüttenkunde. 1829. I. Bd., S. 411.)

Bei der **Preisbemessung** für die zur Verhüttung anzukaufenden Zinkerze sind die Beimengungen, d. h. ihre nachteiligen Einwirkungen auf den Verhüttungsprozeß gebührend zu würdigen und darf deshalb die Mitwirkung des Hüttenmannes bei der Wertbestimmung der angebotenen Erze, besonders wenn er in der glücklichen Lage ist, unter mehreren Erzen wählen zu können, nicht fehlen. Deshalb ist es angezeigt, hier auch eine Anleitung für die Wertbemessung zu geben und einige Angaben über die beim Erzhandel herrschenden Gebräuche zu machen.

Wenn nicht ein fester Preis für einen Posten Erz, dessen Gehalt und Nebenbestandteile aus einem sorgfältig gezogenen Durchschnittsmuster schon vorher festgestellt sind, vereinbart wird, erfolgt die Festsetzung des Preises nach einer allgemein üblichen Preisformel, welche lautet:

$$V = 0{,}95\,P \cdot \left(\frac{T-8}{100}\right) - x,$$

in welcher bedeutet:

V = Preis für 100 k Erz.

P = Preis für 100 k Zink in M. nach den Londoner halbwöchentlichen Notierungen[1] für gewöhnliche Zinkmarken (spelter ordinary brands), berechnet, indem für 1 Pfd. Sterl. für die englische Tonne 2 M. für 100 k eingesetzt werden. 5 Proz. des ermittelten Durchschnittsmarktpreises werden dem Käufer vergütet, was in der Formel durch die Multiplikation von P mit 0,95 ausgedrückt ist.

---

[1] In Deutschland besteht außer in Breslau für schlesisches Zink noch keine Metallbörse, welche die Preise normiert, obwohl sie für Hamburg oder Berlin angestrebt wird.

$T =$ Zinkgehalt des Erzes in Prozenten weniger 8 Einheiten, welche als zu erwartender Metallverlust bei der Verhüttung in Abzug gebracht werden[1].

$x =$ Abzug für Hüttenkosten in Mark. Dieser richtet sich nach der Beschaffenheit der Erze unter Berücksichtigung der Eigenart der Nebenbestandteile und ihres Einflusses auf den Verlauf des Hüttenprozesses. Bei Galmei, der sich leichter reduzieren läßt, als Blende, ist er geringer einzusetzen, abgesehen davon, daß bei letzterer noch eine Erhöhung desselben für die höheren Röstkosten vorgesehen werden muß (vorausgesetzt, daß es sich um Rohblende handelt). Der Hüttenabzug unterliegt in jedem Einzelfalle der Vereinbarung zwischen Verkäufer und Käufer.

Bei langfristigen Abschlüssen wird in der Regel statt der im Anlieferungsmonat geltenden Zinkpreise der Jahresdurchschnitt der Londoner Preisnotierungen der endgültigen Abrechnung zugrunde gelegt, während für die einzelnen Monatslieferungen die Zahlung nach einer auf Grund der jeweiligen Monatsnotierungen aufgemachten vorläufigen Rechnung erfolgt.

In neuerer Zeit werden den Hütten von den Erzhändlern vielfach mit dem Zinkpreis steigende Hüttenabzüge zugebilligt, um auch diesen einen Vorteil an der guten Preislage des Zinkmarktes einzuräumen, während früher der umgekehrte Modus üblich war (etwa bei einem Zinkpreise von über 20 Pf.St. M. 0,20 für jedes Pf.St. mehr, während unter 20 Pf.St. der Abzug beim festen Satze bleibt).

Nachdem die Hütten nicht mehr ängstlich einen zu hohen, 5 Proz. übersteigenden Bleigehalt im Erze meiden, und man gelernt hat, die Muffelrückstände mit Vorteil auf Blei und Silber weiterzuverhütten, wird zuweilen auch der 8 Proz. übersteigende Bleigehalt und ein Teil des Silbergehaltes zur Wertbemessung der Erze herangezogen.

Der Cadmiumgehalt wird, soweit uns bekannt, niemals dabei berücksichtigt.

Der Schwefel der Blende wird nicht bewertet, wenn auch die Gewinnung der Schwefelsäure trotz ihres geringen Marktpreises den Hütten einen Vorteil gegenüber der Abröstung in die Atmosphäre gebracht hat.

Wir geben nachstehend die Wertberechnung von Galmei einmal mit 35, das andere Mal mit 45 Proz. Zink und von Rohblende mit gleichen Gehalten und einer solchen mit 55 Proz., und zwar bei einem Marktpreise

$$\text{von } 18 \text{ £ } 12 \text{ s } 6 \text{ d p. engl. t} = 37{,}25 \text{ M p. } 100 \text{ k}$$
$$\text{und von } 22 \text{ £ } 3 \text{ s } 9 \text{ d ,, ,, ,, } = 44{,}375 \text{ ,, ,, } 100 \text{ ,, ,}$$

---

[1] Früher war auch der Ansatz $\left(T - \dfrac{T}{5}\right)$ im Gebrauch, jedoch ist man mit Recht davon abgegangen. Der prozentuale Verlust bei der Verhüttung fällt mit dem höheren Zinkgehalt und steigt mit dem niedrigeren, weil bei reicher wie bei armer Muffelladung erstens die in den Rückständen verbleibenden Metallmengen, dann die von der Muffelmasse aufgenommenen und auch die durch Verflüchtigung entstehenden als gleich angenommen werden müssen (vorausgesetzt, daß die Ladung nicht zu reich war, um in der gegebenen Reduktionszeit abgetrieben werden zu können). Er steht also im umgekehrten Verhältnisse zum Zinkgehalte und es entspricht deshalb der Ansatz $T - 8$ besser dem Vorgange bei der Zugutemachung der Zinkerze.

um den Einfluß von Gehalt und Marktpreis auf die Gestaltung des Erzpreises
zu zeigen.

$$P = 37{,}25 \cdot 0{,}95 = 35{,}3875$$
$$P = 44{,}375 \cdot 0{,}95 = 42{,}15625$$

$$T = 35 - 8 = 27 \qquad x \text{ für Galmei} \quad 4{,}60$$
$$T = 45 - 8 = 37 \qquad x \text{ für Blende} \quad 5{,}60$$
$$T = 55 - 8 = 47 \qquad x' \text{ für Blende} \quad 6{,}0375$$

bei 0,20 M Zuschlag für je 1 £ über 20 £ (2,1875 · 0,20 = 0,4375 M).

Demnach ist der Preis für 100 k

Galmei mit 35 Proz. Zink: $35{,}3875 \cdot \dfrac{27}{100} - 4{,}60 = $ M 4,954625[1] und für 100 k Zink
im Erz M 14,15,

Galmei mit 45 Proz. Zink: $35{,}3875 \cdot \dfrac{37}{100} - 4{,}60 = $ M 8,493375 und für 100 k Zink
im Erz M 18,87,

beziehungsweise für 100 k

Galmei mit 35 Proz. Zink: $42{,}15625 \cdot \dfrac{27}{100} - 4{,}60 = $ M 6,7821875 und für 100 k Zink
im Erz M 19,40,

Galmei mit 45 Proz. Zink: $42{,}15625 \cdot \dfrac{37}{100} - 4{,}60 = $ M 10,9978125 und für 100 k Zink
im Erz M 24,44.

Blende mit 35 Proz. Zink abgerundet M 3,95 und für 100 k Zink im Erz M 11,286,
bei einem Zinkpreise von 37,25 M

Blende mit 45 Proz. Zink M 7,49 und für 100 k Zink im Erz M. 16,644, bei einem
Zinkpreise von 37,25 M

Blende mit 35 Proz. Zink M 5,78 und für 100 k Zink im Erz M 16,514, bei einem
Zinkpreise von 44,375 M

Blende mit 45 Proz. Zink M 10,00 und für 100 k Zink im Erz M 22,222, bei einem
Zinkpreise von 44,375 M und

Blende mit 55 Proz. Zink M 14,21 und für 100 k Zink im Erz M 25,836. bei einem
Zinkkreise von 44,375 M.

ohne Vergütung für den Zinkpreis über 20 £. Wird den Hütten der Anteil
am guten Marktpreis gewährt, so erhöht sichl der Abzug noch um 43,75 Pfg.
für 100 k Erz bei dem Überpreis von 2 £ 3 s 9 d, wie oben für x' eingesetzt
wurde; der Preis für 100 k Erz vermindert sich also um diesen Betrag.

Aus den für 100 kg Zink im Erz ausgeworfenen Zahlen erhellt, wie wichtig
für die Grube bis zu einer gewissen Grenze eine möglichst weitgehende Anreicherung der Erze ist. Zu dem Mehrerlös für das Erz gesellen sich noch die
dadurch erreichten Ersparnisse an Fracht und sonstigen Transportkosten.

Es folge noch ein Beispiel für die Preisermittlung einer Blei- und Silberhaltigen Blende, und zwar bei einem Zinkgehalt von 45 Proz. neben 11 Proz.
Blei und 210 g Silber für die Tonne.

Bezahlt werden in der Regel, wie schon erwähnt, nur der 8 Proz. übersteigende Bleigehalt, im vorliegenden Falle also 3 Proz. und vom Silbergehalt
nur der 150 g in der Tonne übersteigende Gehalt, im vorliegenden Falle 60 g,
welche mit beispielsweise 0,13 M für jedes Prozent Blei und 0,4 Pfg. für jedes

---

[1] Bei den hohen Summen, die bei großen Erzanlieferungen in Betracht kommen,
ist eine Abrundung auf ganze Pfennige für den 100 k- oder t-Preis nicht üblich.

Gramm Silber dem Preise für 100 k Blende zuzurechnen sind. Der Preis für 100 k dieser Blende wird also betragen bei einem Zinkpreise von 44,375 M.:

$$10 + 0,39 + 0,24 = 10,63\ \text{M.}$$

In der Preisformel kann man das in folgender Weise ausdrücken:

$$0,95\,P \cdot \left(\frac{T-8}{100}\right) + (\text{Pb} - 8) \cdot 0,13 + (\text{Ag} - 150) \cdot 0,004 - 5,60 = 10,63.$$

Gewöhnlich werden die Erze frei auf Waggon Hütte geliefert und die Gewichtsfeststellung, Feuchtigkeitsbestimmung und die Probenahme erfolgt bei der Ankunft in Anwesenheit der Vertreter beider Parteien.

Bei Verschiffungen über See wird das Erz entweder:

 f. o. b. (free on board) im Verschiffungshafen oder

 c. i. f. (cost, insurance, freight) im Landungshafen geliefert.

Im ersten Falle haben die Seefracht, die Versicherung und etwaige Umschlagkosten der Käufer (die Hütte oder der Zwischenhändler), im letzten der Verkäufer zu tragen.

Die für die Hütte maßgebende Gewichts- und Gehaltsermittlung erfolgt aber fast immer auf der Hütte bei der Ankunft des Erzes oder im Ausschiffungshafen bei der Entladung des Schiffes. Eisenbahnfrachten fallen je nach Vereinbarung dem Absender oder Empfänger zur Last.

Bei der **Probenahme** wird in der Regel in der Weise verfahren, daß jedem Förderwagen (Karre), bzw. jedem 5. oder 10. Gefäß je nach der Korn- oder Stückgröße des Erzes eine größere Probe (Schaufel) entnommen und davon eine Durchschnittsprobe in bekannter Art gezogen wird.

Die Feuchtigkeitsbestimmung wird sogleich mit einem Teil der größeren Probe vorgenommen und die eingeengte Trockenerzprobe in drei oder mehr Teile geteilt, von welchen je ein Teil oder zwei den Vertretern der Parteien übergeben werden, die übrigen, von beiden Vertretern wohl versiegelt, für die etwaige Schiedsanalyse aufbewahrt werden.

Bei großen Anlieferungen wird von je 50 oder 100 t ein Los gebildet, so daß bei Anfuhr von beispielsweise 245 t Erz 3 oder 5 verschiedene Muster zu ziehen sind.

Eine solche Maßnahme empfiehlt sich besonders bei Ungleichartigkeit der Erze, oder wenn solche vermutet wird. Besteht die Anlieferung aus Posten verschiedener Korngröße (Stück- oder Stufenerze kommen nur noch selten in Frage), so wird selbstverständlich von jedem Posten wenigstens eine besondere Probe gezogen.

2. Physikalische und chemische Eigenschaften
der Metalle und der Verbindungen derselben, welche Bedeutung für ihre Gewinnung und Verwendung haben.[1]

Das **metallische Zink** ist grau- oder bläulich-weiß von groß- bis kleinblättrig krystallinischem, metallglänzendem Gefüge mit regulärer oder hexagonaler Krystallform.

Das nahe der Schmelzhitze ausgegossene Zink erstarrt feinkörnig und hat nach dem schnellen Erkalten ein spez. Gewicht von 7,16, nach langsamem von 7,15, das in der Glühhitze ausgegossene und schnell erkaltete 7,11, langsam erkaltet 7,12 bei großblättrigem Gefüge. Durch Hämmern und Walzen wird das spez. Gewicht bis auf 7,3, gewöhnlich auf 7,2 erhöht. Die Dichte des flüssigen Zinks ist zu 6,48 bis 6,55 bestimmt, das Volumen wächst beim Schmelzen um 11,1 Proz.

Während ganz reines Zink schon bei gewöhnlicher Temperatur etwas dehnbar ist, so daß es zu dünnen Blechen ausgetrieben werden kann, zerspringt das gewöhnliche, käufliche Zink wegen der Verunreinigung mit anderen Metallen unter dem Hammer. Bei Erwärmung auf 100 bis 150° nimmt die Dehnbarkeit jedoch bedeutend zu, weshalb bei der Herstellung von Zinkblech der Zinkblock bei solcher Temperatur unter die Walzen gebracht wird.

Über 150° nimmt die Geschmeidigkeit des Metalls fortschreitend ab und bei 205° ist dasselbe so spröde, daß es zu Pulver zerstoßen werden kann.

Wenn das auf 160° erwärmte Metall gebogen wird, vernimmt man ein ähnliches, aber leiseres Geräusch, wie beim Biegen von Zinn.

Die Zugfestigkeit des gegossenen Zinks ist nach *Karmarsch* 197,5 k p. qcm, vom Blech und Draht 1385 bis 1560 k, nach *Wertheim* 150 k bzw. 1250 k p. qcm Querschnitt. Nach *Roberts* (Phys. Soc. of London) sollen Feilspäne von Zink sich bei einem Druck von 5000 bis 7000 Atm. zu einer Platte von der Dichtigkeit des geschmolzenen Metalls pressen lassen.

Bei 419°[2] schmilzt das Zink und siedet nach *von Wartenberg* bei 918°[3].

Zum Schmelzen von 1 k Zink sind 28 w[4] erforderlich. Die latente Verdampfungswärme beträgt im Mittel von verschiedenen Ermittlungen 422 w (nach *W. Mc. Johnson* 451 [Metallurgie 1909, S. 254], nach *Barnes* 388, nach *Richards* 426).

Im Dampfzustande ist es einatomig[5], die Dampfdichte beträgt 2,36.

---

[1] Siehe Ausführlicheres in *Gmelin-Kraut-Friedheim-Peters* Handbuch der anorgan. Chemie Bd. 4, Abt. 1, S. 1—107 (1905/06) und *Rud. Schenck:* Phys. Chemie der Metalle 1909 (Halle).

[2] *V. Meyer* u. *Riddle:* Ber. d. chem. Ges. 1893, S. 2446; *Holborn* u. *Day:* Ann. d. Phys. 1900, S. 505.

[3] S. a. *D. Berthelot:* Compt. rend. 1900, S. 381; *Holborn* u. *Day:* Ann. d. Phys. 1899, S. 817.

[4] w = Wärme-Einheit.

[5] *V. Meyer* u. *J. Mensching:* Ber. d. chem. Ges. 1886, S. 3298.

Die spez. Wärme ist 0,0956 (nach *Regnault*) für Temperaturen von 0 bis 100° (nach *Behn* 0,094, nach *Dulong* und *Petit* 0,0927 und 0,1015 bei 100 bis 300°).

Die Wärmeleitungsfähigkeit ist, wenn die des Silbers = 100, nach *Calvert* und *Johnson* bei horizontal gegossenem Zink 60,8, bei vertikal gegossenem 62,8 und bei gewalztem 64,1; nach *Wiedemann* und *Franz* dagegen nur 28,1.

Die lineare Ausdehnung durch Wärme ist sehr bedeutend, ein Umstand, der bei Verwendung des Zinks zu beachten ist, der Ausdehnungskoefficient ist für jeden Grad 0,0 000 291.

Die Leitungsfähigkeit für den elektrischen Strom ist, wenn die des Silbers zu 100 gesetzt wird, nach *Becquerel* 24,06, nach *Matthießen* 27,39, nach *Weiler* 29,90[1].

Die Stellung des Zinks in der Spannungsreihe liegt zwischen Cadmium und Aluminium, seine Ionisierungswärme beträgt 147 w. Die Potentialdifferenz zwischen Zn und $ZnSO_4$ wurde zu $11 = 0,52$ V bestimmt.

Löst man reines Zink in nicht oxydierenden Säuren, so treten Passivitätserscheinungen auf, die man mit einer am Zink sich bildenden Wasserstoffschicht erklärt, hervorgerufen durch die große Entladungsspannung, welcher die Wasserstoffionen am Zink bedürfen. Bringt man das Zink mit einem anderen Metall von geringerer Überspannung, z. B. Platin in Berührung, so entwickelt sich der Wasserstoff an diesem, und das Zink geht in Lösung. Bei unreinem Zink bilden sich solche Lokalelemente. Um die Wasserstoffentwicklung beim Lösen des Zinks zu befördern, pflegt man der Säure einige Tropfen Platinchlorid oder eines Kupfersalzes hinzuzufügen. Die auf dem Zink sich dann niederschlagende geringe Menge Platin oder Kupfer bildet mit diesem ein galvanisches Element. Fügt man dagegen etwas Quecksilberchlorid der Säure hinzu, so amalgamiert sich das Zink und die Wasserstoffentwicklung hört auf.

Als Atomgewicht ist von der internationalen Atomgewichtskommission der Wert 65,37 angenommen.

An der Luft auf 500° erhitzt, verbrennt das Zink mit heller, blaugrünlicher, helleuchtender Flamme zu feinverteiltem Zinkoxyd[2].

Bei Rotglut wird es auch durch Kohlensäure unter Bildung von Kohlenoxyd in Zinkoxyd verwandelt.

Trockene Luft verändert es nicht, in feuchter Luft dagegen überzieht es sich mit einer dichten Haut von wasserhaltigem basischem Zinkcarbonat, welches es vor weiterer Oxydation schützt.

Geschmolzenes Zink bedeckt sich an der Luft schnell mit einer oxydischen grauen Haut, die sich beim Abziehen derselben erneuert, so daß sich geschmolzenes Zink auf diese Weise vollständig in graues Pulver verwandeln läßt. *Berzelius* sah dasselbe als Zinkoxydul von bestimmter Zusammensetzung an, es ist jedoch wahrscheinlich nur eine Mischung von Zinkoxyd und metallischem Zink.

---

[1] Journ. of Frankl. Inst. 1892, S. 263.
[2] Lana philosophica, Nihilum album, Zinkweiß.

Überhitzter Wasserdampf oxydiert das Zink:

$$H_2O + Zn = ZnO + H_2,$$

von welcher Eigenschaft man beim Entzinken des Bleis Gebrauch macht.

Zinkstaub kann sich in feuchter Luft infolge rascher Oxydation entzünden.

Kohlensäure bei Rotglut über geschmolzenes Zink geleitet, oxydiert dasselbe zu Zinkoxyd unter Bildung von Kohlenoxyd (*Percy-Smiths*).

Zink ist elektropositiv gegenüber allen schweren Metallen und fällt außer Magnesium, Eisen und Nickel dieselben aus ihren Lösungen aus.

In wässrigen Alkalien ist es, wie in wasserhaltiger Schwefelsäure und Salzsäure, wenn auch langsamer unter Entwicklung von Wasserstoff löslich. Salpetersäure löst das Zink unter Entwicklung von Stickoxydgas. Konzentrierte Schwefelsäure und schweflige Säure werden durch Zink unter Bildung von Schwefelwasserstoff reduziert.

Beim Schmelzen von Zink mit Alkalicarbonaten wird es unter Entwicklung von Kohlenoxyd in Zinkoxyd verwandelt. Bei Anwendung von Sulfaten der Alkalien anstelle der Carbonate erhält man neben Zinksulfat Zinkoxyd unter Entbindung von Schwefliger Säure.

Bei hohen Temperaturen verbindet sich Zink außer mit Sauerstoff auch leicht mit Chlor, Brom und Jod, mit Schwefel bei Rotglut nur unvollständig, weil es von dem sich bildenden Schwefelzink eingehüllt wird, dagegen läßt es sich durch rasches Erhitzen mit Zinnober und Schwefelkalium vollständig in Schwefelzink verwandeln. Schwefelkohlenstoff verwandelt unter Abscheidung von Kohlenstoff auf etwa 1000° erhitztes Zink in ZnS. (*W. Fränkel*, „Metallurgie", VI, 1909, S. 683, Anm.)

Mit Phosphor verbindet es sich bei schwacher Rotglut zu Phosphorzink in verschiedenen Verhältnissen, ebenso mit Arsen zu verschiedenen Legierungen, die um so strengflüssiger sind, je mehr Arsen sie enthalten.[1]

Das Handelszink enthält gewöhnlich wechselnde Mengen von Blei, Cadmium und Eisen, aber auch geringe Mengen von Arsen, Antimon, Schwefel, Kupfer und Zinn, seltener Silicium, Kohlenstoff und Chlor. Auch finden sich Silber und Wismut darin und zuweilen geringe Mengen von Thallium, Indium, Gallium.

Größere Mengen der Verunreinigungen haben auf die Eigenschaften des Zinks einen mehr oder weniger großen Einfluß.

Die Leichtlöslichkeit des unreinen Zinks in oxydierenden Säuren wurde schon kurz vorher erwähnt. In gleichem Zeitraum erhielt *Chr. A. Joy* bei Einwirkung von verdünnter Schwefelsäure auf eine Legierung von Zink mit

10 Proz. Eisen	100 Vol.	Wasserstoffgas
10 „ Kupfer	43 „	„
10 „ Blei	15 „	„
10 „ Zinn	12 „	„
auf reines Zink dagegen nur	5 „	„

---

[1] *K. Friedrich u. A. Leroux*, Metallurgie 3 S. 477 (1906).

Aber auch das Gefüge des gegossenen Zinks bedingt den Grad der Löslichkeit, das langsam erkaltete großblättrige Metall ist weit leichter löslich, als das körnige. (*Bolley* und *Rammelsberg*.)

Von Bedeutung ist der Einfluß der Verunreinigungen auf die Weichheit und die Dehnbarkeit, insbesondere der des Blei- und Eisengehaltes, welche in keinem Handelszink, mit Ausnahme vielleicht des höher bewerteten Willemit-Zinks fehlen und von denen der erstere selten unter 1 Proz. beträgt.

Mit steigender Temperatur der flüssigen Zink-Blei-Mischung nimmt das Zink nach Ermittelungen von *Rößler* und *Edelmann*, sowie von *Romanoff* und *Spring* größere Mengen Blei auf, während die darüber hinaus vorhandene Bleimenge sich auf dem Boden des Schmelzgefäßes mit einem mit der Temperatur wachsendem Zinkgehalt ausscheidet.

Man fand die Aufnahmefähigkeit des Zinks für Blei bei seiner Schmelztemperatur, also:

bei 419° zu 1,5 Proz. nach *Romanoff* und *Spring*
„ 650° „ 5,6 „ nach *Rössler* und *Edelmann*
— „ 7,0 „ nach *Romanoff* und *Spring*
„ 900° „ 25,5 „ „ „ „ „

Ein Bleigehalt von 1,5 Proz. gestattet noch das Auswalzen, ohne daß die Tafeln Risse bekommen, macht das Zink aber doch mürber und weicher, man scheidet das Blei deshalb durch Raffinieren, d. h. Umschmelzen bei zulässigst niedriger Temperatur nach Möglichkeit (bis etwa 1 Proz.) aus, wobei auch gleichzeitig ein größerer Eisengehalt durch Bildung von Hartzink beseitigt wird. Ein geringer Bleigehalt (0,5 Proz.) macht das Zink geschmeidiger und ist deshalb dem Auswalzen dienlich.

Ein Eisengehalt von 0,2 Proz. macht das Zinkblech schon merklich brüchiger und härter, und zur Messingfabrikation eignet sich ein Zink mit mehr als 0,05 Proz. Eisen nicht. Der gewöhnliche Gehalt des Rohzinks schwankt übrigens nur zwischen 0,01 bis 0,05 Proz.

Die beim Raffinieren des Zinks und in großen Mengen beim Verzinken des Eisens sich bildende Zink-Eisenlegierung, das sog. Hartzink, enthält gewöhnlich bis zu 6 Proz. Eisen.

Die übrigen Verunreinigungen sind nur selten im Zink in solchen Mengen vertreten, daß sie einen bemerkbaren Einfluß auf dessen Eigenschaften, so weit dieselben für die gewerbliche Benutzung in Betracht kommen, ausüben können.

Cadmium ist in den meisten Zinksorten zu finden, jedoch meist nur in sehr geringen Mengen, da es wesentlich flüchtiger ist als Zink und deshalb meistens erst mit dem Zinkstaub zur Kondensation gelangt. Ein geringer Gehalt macht das Zink spröde und feinkörnig (*Nowak*, Ztschr. f. ang. Chemie 1907, S. 146), doch läßt sich ein Teil mit 15 Proz. noch walzen (*Mentzel*, Karstens Archiv, 1829); mit 40 Proz. Cadmium soll das Zink aber sehr brüchig sein. Beim Messing soll das Cadmium ungünstige Eigenschaften hervorrufen, die jedoch bei einem Zusatz von 0,5 Proz. noch nicht wahrgenommen wurden. (*Ingalls*, Eng. Min. Journ. 79 (1895), 697). Es ist hinderlich für die Herstellung von Zink-weiß wegen der Färbung durch Cadmiumoxyd.

Zinn ist im amerikanischen, englischen und Freiberger Zink (0,07 Proz.) gefunden, nach *Karsten* soll erst ein Gehalt von 1,0 Proz. das Zink bei der Walztemperatur spröde machen.

Kupfer ist nachgewiesen im Zink von New-Jersey und Missouri und in oberschlesischen Zinksorten. Nach *Karsten* soll erst ein Gehalt von 0,5 Proz. so auf die Dehnbarkeit einwirken, daß die Tafeln beim Walzen Kantenrisse erhalten und sich nicht falzen lassen, ohne zu brechen.

Chlor ist zuweilen bis zu 0,3 Proz. in Handelszink gefunden worden, welches aus Gekrätzen, die vom Verzinken des Eisens herrührten, hergestellt wurde, kann aber nicht als regelmäßiger Begleiter des Rohzinks angesehen werden. Ein Gehalt an Chlor macht das Zink unwalzbar[1].

Zinklegierungen. In welchen Verhältnissen sich Blei und Eisen mit Zink legieren, ist schon gesagt, ähnlich wie Blei verhält sich auch Wismuth. Schmilzt man letzteres mit Zink zusammen, so scheidet sich beim Erkalten oben eine Legierung von 97,6 Zink, 2,4 Wismuth ab, während die untere Schicht eine dem zugesetzten Wismuth entsprechende wismuthreichere Legierung darstellt.

Viele andere Metalle, wie Antimon, Gold, Silber, Aluminium, Quecksilber, Zinn und Kupfer[2] legieren sich in allen Verhältnissen mit dem Zink. Gewerblich wichtig sind nur die Legierungen mit dem letzten Metalle, welche schon in früher Zeit als Messing bekannt waren.

Neuerdings haben noch die Zinkaluminiumlegierungen (1 Zink, 2 Aluminium und 1 Zink zu 3 Aluminium) Bedeutung gewonnen wegen ihres geringen Gewichtes, ihrer Dehnbarkeit und Bearbeitungsfähigkeit; auch liefern sie einen sehr scharfen Guß.

Zinkoxyd ist die einzige Verbindung des Zinks mit Sauerstoff, welche Interesse für den Hüttenmann hat[3]. Es ist in reinem Zustande ein weißes oder gelblich-weißes Pulver, welches sich beim Erhitzen zitronengelb färbt, aber beim Erkalten wieder abbleicht. Bei Einwirkung von Kohlensäure in der Kälte geht es in $ZnCO_3$ über.

Zinkoxyd ist unschmelzbar und nur in starker Glühhitze flüchtig. Nach *Stahlschmidt* (Berg- u. Hüttenmännische Zeitung, 1875, S. 69) beginnt die Verflüchtigung beim Schmelzpunkt des Silbers (970°), beträgt bei 1054° (Kupferschmelzhitze) schon 15 Proz. und geht rasch von statten bei Weißglut. Das durch Röstung von Zinkblende hergestellte Zinkoxyd beginnt erst bei etwa 1000° sich zu verflüchtigen. *Döltz* und *Graumann* („Metallurgie", 1906 S. 443) fanden höhere Zahlen, nach ihnen beginnt die Verdampfung erst bei 1200°. Bei 1300° betrug die Verflüchtigung im Mittel 1 Proz., bei 1400° 13 Proz. und

---

[1] Siehe Näheres in Karstens Archiv 1842. Bd. XVI. S. 597. *Eliot* u. *Storer:* Memoirs Americ. Acad. Art. and Sciences, New Series. Vol. VIII 1860.

[2] 1 Proz. Zink macht das Kupfer schon gußfähig (*Hädicke:* „Die Verarbeitung der Metalle". Buch der Erfindungen Bd. 6. Leipzig 1900).

[3] Nach *E. Merck* (D. R. P. 171 372) bildet sich Zinksuperoxyd, wenn man trocknes Zinkoxyd mit der berechneten Menge Wasserstoffsuperoxyd anrührt und einige Zeit stehen läßt. Das so gewonnene Präparat findet Anwendung als Heilmittel bei der Wundenbehandlung.

bei 1700° war dieselbe sehr lebhaft. *Kowalke* (Am. Elektr. Soc., April 1912) fand, daß Zinkoxyd zwischen 1370 und 1400° vollständig verflüchtigt wird.

Säuren, wie Ätzalkalien, auch kohlensaures Ammoniak, lösen das Zinkoxyd leicht, in Wasser ist es unlöslich. Das aus Zinksalzen mit Alkalien gefällte Zinkhydroxyd löst sich im Überschuß des Fällungsmittels wieder auf, es ist starken Basen gegenüber eine Säure. In verdünnten Lösungen von Alkali scheint es nur kolloidal in Lösung zu sein[1], es wird durch Salze aus solchen Lösungen gefällt. In Wasser ist das Hydroxyd $Zn(OH_2)$ sehr wenig löslich, Ammoniumsalze lösen größere Mengen (1 l einer 1 proz. Lösung Chlorammonium 0,095 und Ammoniumsulfat 0,088 Zink). Durch Erhitzen wird es zu Zinkoxyd.

Kohle und Kohlenoxyd reduzieren das Zinkoxyd in der Rotglut, nach *Hempel* schon bei dem Siedepunkte des Zinks beginnend; nach *Schüpphaus* und *Lungurtz* beginnt die Reduktion schon etwas darunter (bei 910°) und ist bei 1300° beendigt. Nach *Boudouard* liegt die Reduktionstemperatur zwischen 1125 und 1150°[2]. *Johnson*[3] fand für reines ZnO bei Anwendung von Holzkohle 1022°, von Koks 1029°, *E. Prost* 1075°.

Das auf chemischem Wege hergestellte Zinkoxyd wird leichter reduziert, als das durch Rösten von Erzen gewonnene, und das aus Galmei stammende wieder leichter, als das aus Blende, was durch das mehr oder weniger dichte Gefüge erklärt werden könnte, wahrscheinlich aber durch die Bildung von Zinkferrit bei der Röstung der Blende begründet ist.

Während das Kohlenoxyd bei allen Temperaturen ohne jede Einwirkung auf das Zink, auch das flüssige und dampfförmige ist, wirkt Kohlensäure bei Rotglut wieder oxydierend auf den Zinkdampf ein, indem sie selbst zu Kohlenoxyd reduziert wird. Wenn jedoch hinreichend Kohle in der zur Reduktionstemperatur erhitzten Mischung von Zinkoxyd mit Kohle vorhanden ist, wird die Kohlensäure, welche durch Einwirkung von Kohlenoxyd auf Zinkoxyd etwa entstanden ist, sofort wieder zu Kohlenoxyd reduziert werden, so daß der Reduktionsprozeß nicht gestört wird.

In der Tat entweicht bei der Zinkherstellung im großen fast reines Kohlenoxyd aus den Reduktionsgefäßen, wie der Herausgeber und Verfasser i. J. 1879 auf der Letmather Zinkhütte gemeinsam festgestellt haben. *Boudouard* hat es (a. a. O.) bestätigt, indem er in dem bei der Reduktion des Zinkoxyds durch Kohle entwickelten Gase 99 Vol.-Proz. CO neben 1 Vol.-Proz. CO_2 feststellte. Dennoch muß beim Hüttenprozeß die reduzierende Kraft des Kohlenoxyds eine Rolle spielen, da im großen keine so innige Mischung durch weitgehende Zerkleinerung von Erz und Kohle hergestellt wird, daß die Reduktion des Zinkoxydes allein durch Kohle erfolgen kann. (Nach Ansicht des Verfassers tritt im großen auch das im Erz enthaltene, mit dem Zink innig gemischte Eisen mitwirkend ein, indem das aus dem Eisenoxyd durch Kohlenoxyd reduzierte Eisen seinerseits Zinkoxyd zersetzt), denn Eisen reduziert

---

[1] *Hantzsch:* Zeitschr. f. anorgan. Chemie 1902, S. 298.

[2] *Hempel:* Berg- u. Hüttenm.-Ztg. 1893, Nr. 41 u. 42. *Schüpphaus* u. *Lungurtz:* Journ. Soc. Chem. Ind. 1899, S. 987. *Boudouard:* Ann. de Chem. et de Phys. 7 Bd. 24 (1901) S. 74.

[3] *Mc. A. Johnson:* Engin. Min. 77, S. 1045.

in hoher Temperatur das Zinkoxyd zu Zink. Auch die Flüchtigkeit des Zinkoxydes spielt nach seiner Ansicht bei der Reduktion eine Rolle. Vielleicht auch die durch *Stammer* zuerst beobachtete und von *Boudouard* und anderen (a. a. O.) bestätigte Dissociation von Kohlenoxyd in CO_2 und C.

Ein ähnlicher Vorgang, wie bei der Reduktion durch Kohle, spielt sich bei der Reduktion des Zinkoxydes durch Wasserstoff ab, da, wie wir schon gesehen haben, der entstehende Wasserdampf gebildetes Zink wieder zu Zinkoxyd oxydiert. Durch einen raschen Strom von Wasserstoff kann man, wie *Deville*[1] und auch *Dick*[2] durch Versuche nachgewiesen haben, die Reoxydation verhindern, da der Wasserdampf dann keine Zeit dazu findet; vielleicht wirkt aber auch, wie *Deville* annimmt, die durch den raschen Gasstrom hervorgebrachte Temperaturerniedrigung mit, wodurch die Spaltung des Wasserdampfes aufgehoben wird.

Zinkoxyd oder basisches Zinksulfat mit Eisenoxyd bildet bei heller Rotglut Zinkferrit — $ZnFe_2O_4$ — (s. später: „Röstung der Zinkblende“).

Zinksulfat erhält man durch Lösen von Zink und Zinkoxyd in wasserhaltiger Schwefelsäure. Aus der Lösung krystallisiert das neutrale Salz bei 30° mit 6 Mol., bei 40 bis 50° mit 5 Wasser, auch Hydrate mit 4,2 und 1 Mol. Wasser sind bekannt. Das gewöhnliche, im Handel als Zinkvitriol bekannte und auch in der Natur in alten Grubenbauen des Harzes gefundene Salz (Goslarit) enthält jedoch 7 Mol. Wasser ($ZnSO_4 + 7\,H_2O$), man erhält es auf künstlichem Wege bei der Krystallisation unter 30° C. Bei 100° verliert dasselbe 6 Mol. Wasser, das letzte bei 300°. Das wasserfreie Zinksulfat stellt eine spröde, weiße Masse dar, die an der Luft durch Wasseranziehung sich in das Hydrat mit 7 Mol. Wasser verwandelt.

Das wasserfreie, neutrale Sulfat bildet sich bei der Röstung von Schwefelzink, auch der natürlichen Zinkblende bei niedriger Temperatur. Bei Erhöhung der Temperatur verwandelt es sich nach früherer Ansicht in basisches Sulfat unter Entweichen von SO_3 bzw. SO_2 und O. *Hofmann*[3], wie *Doeltz* und *Graumann*[4] halten die vermeintlichen basischen Sulfate für Gemenge von ZnO und $ZnSO_4$.

Nach *Ingalls* hatte nach einstündigem Erhitzen bei 900° das Zinksulfat seinen Schwefel bis auf 2,68 Proz. verloren, nach weiterer einstündiger Erhitzung bei derselben Temperatur war es schwefelfrei; wurde die Temperatur auf 700° gehalten, so hatte es dagegen nach zweistündigem Erhitzen noch 14,78 Proz. Schwefel, also nur etwa $^1/_4$ desselben verloren. *Doeltz* und *Graumann* fanden, daß die Zersetzung bei 700° einsetzt und bis 900° ziemlich vollständig ist, in Übereinstimmung mit *Hofmann*. *K. Friedrich*[5] fand dagegen, daß sich 3 $ZnSO_4$ von etwa 840° an in 3 $ZnO \cdot 2\,SO_3$ zerlegt und dieses basische Sulfat (dessen Existenz durch die Wärmetönung festgestellt ist) bei 935° an-

---

[1] Ann. de Chem. et de Phys. (3) Bd. 43, S. 479.
[2] Percy-Knapp S. 491.
[3] Transact. Am. Inst. Min. Eng. 35 S. 811 (1905).
[4] „Metallurgie“ 3 S. 445 (1906).
[5] „Stahl und Eisen“ 1911, S. 1909ff. Techn.-thermische Analyse von *K. Friedrich*.

fängt sich vollständig zu zerlegen. Vorher, bei etwa 750°, erfährt das Sulfat eine Umwandlung in eine andere Modifikation. Nach demselben Forscher beginnt die Zersetzung von Eisensulfat bei etwa 705°, von Kupfersulfat bei 740° (Spaltung in bas. Sulfat) und die vollständige bei 845°, vom Mangansulfat erst bei 1030° und vom Silbersulfat bei 1085°, des Aluminiumsulfats dagegen schon bei 770°. Calciumsulfat wird erst bei 1200 bis 1360° zersetzt.

Zinksulfat und Schwefelzink in inniger Mischung zerlegen sich in der Glühhitze nach der Gleichung:

$$ZnS + 3\,ZnSO_4 = 4\,ZnO + 4\,SO_2$$

in Zinkoxyd und Schwefligsäure[1]. *Ingalls* fand, daß bei einer allmählich bis zur Weißglut gesteigerten Erhitzung einer entsprechenden Mischung dieselbe nach einer Stunde und 10 Minuten noch 0,76 Proz. Schwefel zurückbehalten hatte.

Durch überschüssige Kohle wird das Zinksulfat in der Glühhitze zersetzt, bei mäßiger Rotglut in Zinkoxyd, Kohlenoxyd und schweflige Säure, letztere wahrscheinlich auch in Kohlenoxyd und Schwefelkohlenstoff. Erhitzt man dagegen schnell zur Weißglut, so wird es wenigstens zum Teil unter Bildung von Kohlenoxyd zu Zinksulfid reduziert.

Der elektrische Strom scheidet aus der Zinksulfatlösung Zink an der Kathode aus, während das Säureradikal an die Anode geht.

Zinksulfit entsteht durch Einwirkung von wässriger, schwefliger Säure auf Zink und Zinkoxyd, das erhaltene neutrale Zinksulfit hat die Formel: $ZnSO_3 \cdot 2\,H_2O$. Es ist sehr schwer löslich in Wasser, in schwefligsaurer Lösung dagegen leicht, indem es sich in Zinkbisulfit verwandelt, welches beim Kochen der Lösung wieder in Monosulfit und entweichende SO_2 zerfällt. Bei 200° wird es in Zinkoxyd, Schwefligsäure und Wasser zerlegt. An der Luft oxydiert es sich bald zu Zinksulfat.

Zinkcarbonat wird durch Umsetzung eines Zinksalzes mit einem Alkalicarbonat in Lösung unter Druck oder durch Zusatz von saurem Kaliumcarbonat im Überschuß zu einer Zinksulfatlösung (*Roscoe* und *Schorlemmer*) erhalten. Zinkoxyd nimmt in der Kälte Kohlensäure auf (auch gerösteter Galmei und geröstete Blende)[2]

Das neutrale Hydrocarbonat $2\,ZnCO_3 \cdot H_2O$ entsteht durch Behandlung eines basischen Zinkcarbonats mit Ammoniumbicarbonat. Es löst sich in kohlensäurehaltigem Wasser, welches nach *Schnabel* bei einem Druck von 5 Atm. $1/_{189}$ seines Gewichts aufnimmt.

Die Carbonate und Hydrocarbonate werden in Rotglut, in Zinkoxyd und Kohlensäure zerlegt[3] (Calcinieren des Galmeis).

---

[1] *Parnell* DRP 1351 v. 8. Sept. 1877.

[2] *Döltz* und *Graumann*, Metallurgie 3 S. 443 (1906).

[3] Nach *K. Friedrich* (Stahl und Eisen 1911, S. 1909) beginnt die Zersetzung, d. h. Abspaltung der Kohlensäure bei etwa 395° C (nach *Döltz* und *Graumann* schon bei 137°) und ist in der Hauptsache bei 450° vollendet, vollständig bei etwa 650°; die Zersetzung von Eisenspat beginnt schon bei etwa 380°, die des Magnesit dagegen erst bei 570°, des Dolomit bei 730° (teilweise) und des Kalkspates bei 895°.

Zinksilicat bildet sich in heller Rotglut bei Berührung von Zinkoxyd und Kieselsäure nach der Formel Zn_2SiO_4 (künstlicher Willemit). Das Bisilicat ist sehr schwer schmelzbar, *Smiths* (*Percy*) konnte es in intensivster Weißglut nicht zum Schmelzen bringen. Kohle und Kohlenoxyd bei Anwesenheit überschüssiger Kohle reduzieren bei Weißglut die künstlichen, wie natürlichen Silicate des Zink. Das Zink verdampft unter Hinterlassung der Kieselsäure. Beim Glühen von Kieselzink mit Kohle und Kalk erfolgt gleichfalls Reduktion und vollständige Verflüchtigung des Zinks (*Schnabel*). Eine Vereinigung von Kalk und Kieselsäure wird aber wohl erst bei sehr hoher Temperatur eintreten. Jedenfalls ist die Anwesenheit von Kalk zur Zinkgewinnung aus den Zinksilicaten nicht erforderlich.

Zinkaluminat bildet sich in hoher Temperatur (*Smiths*, *Percy*) im Feuer des *Deville*schen Ofens beim Zusammenschmelzen einer innigen Mischung von Zinkoxyd und wasserfreier Tonerde als eine dichte, graue, steinige Masse, welche Flintglas ritzt.

Diese Bildung und die von Zinksilicat haben Bedeutung wegen der allmählichen Verwandlung der Tonsubstanz der Reduktionsgefäße in Zinkspinell, Tridymit und Willemit.

Zinkferrit $ZnFe_2O_4$ bildet sich in der Gluthitze bei inniger Berührung von Zinkoxyd und Eisenoxyd, wie *A. Gorgen* experimentell nachgewiesen hat. (Compt. rend. 104 (1887), S. 580.)

„Verdampft man eine wässrige Lösung eines Gemisches von 1 Aeq. Natriumsulfat, 1 bis 2 Aeq. Zinksulfat und $^1/_4$ bis $^1/_2$ Aeq. Ferrisulfat zur Trockne und erhitzt den Rückstand zur intensiven Rotglut, so erfolgen sukzessive mehrere Umsetzungen. Bei dunkler Rotglut bis dunkler Kirschrotglut wird das Eisensulfat in basisches Salz umgewandelt, worauf bis zur Kirschrotglut das in letzterem enthaltene Eisen sich als oolithisches Eisenoxyd ausscheidet. Bei Kirschrotglut bis heller Kirschrotglut, also bei einer Temperatur, in der das Zinksulfat sich zersetzt, verbindet sich das ausgeschiedene Eisenoxyd mit dem Zink des Zinksubsulfats zu Octaedern von Zinkferrit. Auch das natürliche oolithische Eisenoxyd liefert in gepulvertem Zustande mit Zinknatriumsulfat bei heller Kirschrotglut das Zinkferrit. Bei Gegenwart von Sand in dem oolithischen Eisen entstanden nach der Bildung des Franklinits Krystalle von neutralem Zinksilicat (Willemit) und schließlich krystallisiertes Zinkoxyd (Zinkit). Man erhält also so ein Gemenge von Zinkferritkrystallen mit Willemit und Zinkit, wie sich dies in einigen natürlichen Vorkommnissen des Franklinits zeigt.

Auch beim Schmelzen eines Gemisches von Zinkchlorid mit Eisenchlorid oder gepulvertem oolithischen Eisenoxyd bis zum Auftreten von Zinkit entsteht Zinkferrit, ebenso beim Schmelzen von 6 T. Kaliumfluorid, 4 T. Zinkfluorid und 2 T. Eisenfluorid oder 1 T. oolithischem Eisenoxyd.

Das so erhaltene Zinkferrit bildet kleine, durchsichtige, reguläre Octaeder, gibt einen rotgelben Strich, ist nicht magnetisch, hat die Härte 6,5 und das spez. Gewicht 5,33, ist wasserfrei, wird von Säuren nur sehr wenig gelöst und hat die Zusammensetzung Fe_2O_3ZnO. Der natürlich vorkommende Frankli-

nit ist undurchsichtig, gibt einen schwarzbraunen Strich, ist magnetisch, und
die Dichte überschreitet nicht 5,09. Diese Unterschiede erklären sich durch
die Beimengungen des natürlichen Franklinits. Verf. hat ein dem natürlichen
Franklinit identisches Produkt erhalten, als er Natriumsulfat, gemischt mit 10
Proz. Zinksulfat, ebensoviel Mangansulfat und Ferrisulfat anwandte und die
Masse einer reduzierenden Wirkung unterwarf. Unter diesen Umständen absorbiert das aus dem Eisensulfat abgeschiedene Eisenoxyd gleichzeitig Manganoxyd
und Zinkoxyd, und unter der Einwirkung eines Reduktionsmittels, wie Eisensulfür, wird ein Teil des oolithischen Eisenoxyds in Magnetit umgewandelt. Man
erhält so ein magnetisches, krystallisiertes Zinkferrit, das einige Prozente
Manganoxyd enthält, undurchsichtig ist und einen schwarzbraunen Strich
hinterläßt."

Prost[1] hat ebenfalls durch Versuch die Bildung von Zinkferrit nachgewiesen.
(The Mining Ind., 1896, S. 596). Durch diese Verbindung wird das Zinkoxyd
in weinsteinsaurem Ammoniak unlöslich, so gingen bei der Behandlung mit
diesem Lösungsmittel von einem Zinkoxyd, welches 1,5 Proz. Eisen neben
62,86 Zink enthielt 95,42 Proz. Zink in Lösung, von einem solchen mit 57,80
Zink neben 5,28 Eisen 74,67 Proz. und von einem solchen mit 45,29 Zink neben
15,20 Eisen nur 63,64 Proz. Zink. *W. R. Ingalls* (,,Metallurgie" I, (1904),
S. 334) konnte in einer zu Leadville (Colorado) auf weniger als 1 Proz. Schwefel
abgerösteten Blende mit verdünnter Schwefelsäure nur die Hälfte des Zinkgehaltes ausziehen. Auch durch fortgesetztes Kochen mit starker Säure, wobei
die Silicate der Erze stark zersetzt wurden, waren nur 80 Proz. des Zinkgehaltes
auszubringen. Er schreibt die Schwierigkeiten bei der Laugerei der Zinkferrit-
bildung zu, welche die Entwicklung der hydrometallurgischen Behandlung
eisenhaltiger Zinkerze sehr hindern würde. *Brandhorst* (Ztsch. f. ang. Chem.
1904, S. 513) gibt die Reduktion der FeO zu Fe_2O_3 als Mittel an, das Zinkferrit zu zerlegen und dadurch das Zinkoxyd in Ammoniak löslich zu machen.
Nach ihm kommt der Verbindung die Formel $2\,ZnO \cdot Fe_2O_3$ zu.

Durch die Bildung von Zinkferrat wird auch die magnetische Scheidung
pyrithaltiger Blenden nach einer vorbereitenden Röstung in Frage gestellt,
wenn nicht vereitelt.

Zinksulfid, Schwefelzink bildet sich beim Erhitzen von Zinkoxyd mit
Schwefel, oder in einem Strome von Schwefelwasserstoffgas und von Schwefelkohlenstoff[2], im letzteren Falle neben Abscheidung von Kohle, und beim Glühen
von Zinksulfat und Kohle in Weißglut. Im ersteren Falle ist die Umsetzung,
bei welcher neben Schwefelzink schweflige Säure entsteht, nur unvollkommen.
Es bildet sich ferner durch Umsetzen von Schwefelblei mit geschmolzenem
Chlorzink.

Auf nassem Wege wird es durch Fällung aus Zinklösungen mittels Schwefelwasserstoff oder Schwefelammonium als amorpher, weißer Niederschlag gewonnen.

---

[1] Siehe Ingalls, Metallurgie of Zinc S. 32.
[2] *Cavazzi:* Gaz. chim. Ital. **17**, 577 (1887). *W. Fränkel,* ,,Metallurgie" 1909.

Bei Luftzutritt erhitzt, oxydiert sich das Zinksulfid unter Entbindung von schwefliger Säure zu Zinkoxyd, wenn die Temperatur hoch genug ist, um die Bildung von Zinksulfat zu hindern. Entstandenes Zinksulfat zersetzt sich bei steigender Temperatur (siehe oben) in Schwefelsäureanhydrid, Schwefligsäure und Sauerstoff und basisches Zinksulfat, welch letzteres bei heller Rotglut ebenfalls zu Zinkoxyd, Schwefligsäure und Sauerstoff zerfällt (siehe auch *Plattner*, „Metallurgische Röstprozesse", 1856, S. 142).

Eisen zersetzt das Schwefelzink bei heller Rotglut unter Bildung von Schwefeleisen und Zinkdämpfen. Blei wirkt nur wenig auf die Zersetzung von Zinksulfid ein, Antimon scheinbar gar nicht. Kupfer zerlegt es nach *Percy* erst in Weißglühhitze unter Bildung von Kupferstein, Zinn zersetzt es bei heller Rotglut nur unvollständig.

Schwefelzink und Zinkoxyd schmelzen nach *Berthier* in der Hitze zu Oxysulfureten in verschiedenen Verhältnissen zusammen. Ob zwischen ZnS und ZnO bei hoher Temperatur auch eine Reaktion stattfindet, welche zur Abscheidung von metallischem Zink führt, ähnlich wie bei den Oxyden von Blei und Kupfer und ihren Schwefelmetallen, ist noch unentschieden. Zinkverluste bei der Blenderöstung lassen es annehmen[1].

Schwefelzink und Bleioxyd setzen sich dagegen in Zinkoxyd, metallisches Blei und schweflige Säure um[2].

Schwefelzink und Zinksulfat in inniger Berührung setzen sich in der Glühhitze nach der Gleichung $ZnS + 3\,ZnSO_4 = 4\,ZnO + 4\,SO_2$ zu Zinkoxyd und schwefliger Säure um (s. Eigenschaften des Zinksulfats).

Schmilzt man Schwefelzink mit Salpeter, so erhält man Zinkoxyd und Kaliumsulfat und bei gleichzeitiger Anwendung von kohlensaurem Alkkali Zinkoxyd, Zinksulfat und Sulfide der Alkalien.

Zinksulfid schmilzt selbst bei hohen Temperaturen nicht, ist aber nach darin in merkbarer Weise flüchtig[3]. Bei Luftabschluß wird es darin nicht zersetzt, auch nicht durch die Hitze des elektrischen Stromes[4]. Nach *Schnabel* (Handbuch f. Metallhüttenkunde, 1904, S. 12) läßt es sich mit anderen Schwefelmetallen zu Steinen zusammenschmelzen. Auch von Schlacken wird es (wahrscheinlich mechanisch) aufgenommen, wodurch dieselben strengflüssig werden, wenn nicht große Mengen Eisenoxydul darin enthalten sind.

Auch nach *Fränkels* neueren Versuchen erleidet bis auf 1300° im Stickstoffstrom erhitztes ZnS (nat. Zinkblende) keine Veränderung („Metallurgie" VI, 1909, S. 683). Wird es dagegen mit 10 Proz. Kohle gemischt im Porzellanschiffchen in einem Quarzrohre zwischen 1300 und 1350° erhitzt, so wird alles ZnS und fast alle Kohle vergast, wobei das Schiffchen und das Quarz-

---

[1] *Christopher James* in Swansea wollte darauf ein Zinkgewinnungsverfahren begründen nach der Gleichung $2\,ZnO + ZnS = 3\,Zn + SO_2$.

[2] *Roux* und *Desmazures* in Paris gründeten darauf ein Verfahren zur direkten Verhüttung von Blende, welche silberhaltig ist. D. R. P. 82 099.

[3] *Percy-Knapp* S. 495. *Lodin:* Metallurgie. Paris 1905, S. 19. *Döltz* und *Graumann:* Metallurgie 3, S. 443 (1906).

[4] *Mourlot:* Compt. rend. **124**, I, 768 (1897).

rohr angegriffen werden. Das an einem gekühlten Quarzrohre gewonnene Kondensat läßt auf eine Verbindung nach der Formel ZnSSi schließen. Schwefelkohlenstoff läßt sich in den Destillationsgasen (dem austretenden Stickstoffstrome) nur in Spuren nachweisen. Erhitzung von 3 g Zinkblende mit 1 g Silicium im Quarzrohre und Quarzschiffchen unter denselben Verhältnissen gibt dasselbe Destillat. Die Destillation beginnt schon bei 1150°. Im ersten Falle hat die Kohle vermutlich die Kieselsäure des Schiffchens und Quarzrohres zu Silicium reduziert, welches dann, wie im zweiten Falle, in Reaktion tritt. (Siehe auch: *Stölzel*, Metallurgie, S. 27.)

Die Einwirkung von Kohle auf Schwefelzink hatte vorher *Lepiarczyk* (Lindt) („Metallurgie", VI, 1909, S. 409 u. ff.) untersucht und aus den Ergebnissen seiner Versuche geschlossen, daß dieselbe sich nach der Gleichung:

$$2\,ZnS + C = 2\,Zn + CS_2$$

vollzieht. *Fränkel* teilt insofern die Ansicht von *Lindt*, als er als Ergebnis seiner Versuche es für erwiesen hält, daß in sauerstofffreier Atmosphäre eine Verdampfung der Zinkblende mit Kohlenstoff eintritt oder auch, daß sich als Einwirkungsprodukt von Kohle auf Zinkblende ein Dampf bildet, der die Elemente der Kohle und der Zinkblende enthält und imstande ist, Kieselsäure zu Silicium zu reduzieren.

Die zersetzende Einwirkung von Kohle auf Schwefelmetalle, insbesondere Schwefelzink, Schwefelblei und Schwefeleisen, ist übrigens lange bekannt. So erwähnt schon *Stölzel* in seiner Metallurgie, 1. Abschnitt: Chemisches und physikalisches Verhalten der Metalle, S. 18, daß diesen bei heftigem Glühen durch Kohlenstoff unter Entwicklung von Schwefelkohlenstoff der Schwefel teilweise oder gänzlich entzogen wird.

Auch *Percy* fand schon, daß Schwefelzink mit Kohle, in einem mit Kohle gefütterten Tiegel stark geglüht, vollständig verschwindet. Was für Produkte entstanden sind, hat er nicht mitgeteilt, wahrscheinlich vollzog sich die Reaktion in gleicher Weise, wie bei den *Fränkel*schen Versuchen, da die Bedingungen hierfür gegeben waren.

Schwefelzink mit Kohle und Kalk erhitzt gibt metallische Zinkdämpfe und Schwefelcalcium. Der Grad der Umsetzung hängt nach *Berthier*, (Trait. d'Essays, T. II, 570) von der Höhe der Temperatur ab.

Zinksulfid mit Eisenoxyd innig gemischt und bei Luftabschluß auf 1300° erhitzt, setzt sich nach *Lindt* (a. a. O.) nach folgender Gleichung um:

$$2\,Fe_2O_3 + 4\,ZnS = 3\,FeS + Fe + 4\,ZnO + SO_2,$$

wobei nach seiner Annahme folgende Zwischenreaktionen Platz greifen:

$$2\,Fe_2O_3 + 4\,ZnS = 4\,FeO + Zn + 3\,ZnS + SO_2 \text{ und}$$
$$3\,FeO + Fe + ZnO + 3\,ZnS + SO_2.$$

Es wurde bei seinen Versuchen so viel S verbrannt, als Sauerstoff bei der Reduktion von Fe_2O_3 zu FeO verfügbar ist. Alles Zink wurde dabei verflüchtigt, was er mit der schon bei 800° beginnenden und bei 1300° vollständig eintretenden Verdampfung des ZnO erklärt. In der Tat fand er bei seinem Versuche krystallisiertes Zinkoxyd als seidenglänzende feine Nadeln in dem kälteren Teile der Muffel. Auch die Entstehung und Entweichung von SO_2 hat er durch einen besonderen, in einseitig zugeschmolzenem Glasrohr angestellten Versuch nachgewiesen; eine Einwirkung derselben auf das sublimierende ZnO war nicht eingetreten, denn die Zinkoxydkrystalle erwiesen sich als schwefelfrei.

Wird Zinksulfid außer mit Eisenoxyd noch mit Kohle gemischt, so vollzieht sich, wie *Lindt* folgert, die Reaktion, wie zuvor, nur wird das gebildete ZnO noch durch die Kohle zu Zinkdampf reduziert, und außerdem tritt auch noch eine Einwirkung von C auf FeS, analog der schon nachgewiesenen Umsetzung von ZnS und C ein (s. später unter „Vorgänge bei der Reduktion"). Die eingetretene Reaktion läßt sich demgemäß durch folgende Gleichung ausdrücken:

$$Fe_2O_3 + 2\,ZnS + 4\,C = 2\,Fe + 2\,Zn + 3\,CO + CS_2\,.$$

Näher liegt unserer Meinung nach, daß das Eisenoxyd durch die Kohle zuvor zu FeO und Fe reduziert wird und dieses auf das ZnS zersetzend einwirkt.

Leitet man überhitzten **Wasserdampf** über glühendes Schwefelzink, so entstehen Zinkoxyd und Schwefelwasserstoff. Eine vollkommene Zersetzung tritt jedoch erst in der Weißglühhitze ein.

Wasserstoff ist nach *Berthier* (Ann. des Mines (3), T. XI, 46) ohne Einwirkung auf ZnS. Nach *Morse* aber läßt sich Schwefelzink durch Erhitzen im Wasserstoffstrom zu Zink unter Schwefelwasserstoffbildung reduzieren. Bei niedrig werdender Temperatur nimmt der Zinkdampf in der Vorlage den Schwefel wieder auf, so daß das Schwefelzink scheinbar sublimiert (Chem. Ztg. 1889, S. 179).

In Wasser ist das Zinksulfid nicht löslich, wohl aber in verdünnten Mineralsäuren; konzentrierte heiße Schwefelsäure löst es unter Abscheidung von Schwefel bei Entwicklung von Schwefligsäure. Am leichtesten löst es sich in Salpetersäure. Chlor wirkt in der Kälte langsam auf ZnS ein, bei Erwärmung entsteht Zinkchlorid und Chlorschwefel nach der Gleichung:

$$2\,ZnS + 6\,Cl = 2\,ZnCl_2 + S_2Cl_2\,.$$

Nach *Dorsemagen* soll aber auch schon bei 30—40° eine Schwefelausscheidung eintreten, nach *Ashcroft* (on sulphide ore treatment) jedoch erst bei einer Temperatur über 600° und zwar nach der Gleichung:

$$ZnS + 2\,Cl = ZnCl_2 + S\,.$$

Zinkchlorid, $ZnCl_2$ entsteht ebenso durch Einwirkung von Chlorgas auf erhitztes Zinkoxyd und Zink im feuchten Zustande, wie beim Lösen derselben in Salzsäure. Ferner setzt sich wasserfreies Zinksulfat mit Chloralkalien oder Chloriden der alkalischen Erden beim Erhitzen in die entsprechenden Sulfate und Chlorzink um. Metallisches Zink fällt elektronegative Metalle aus den geschmolzenen Chloriden derselben unter Bildung von Chlorzink aus, dagegen bildet geschmolzenes Chlorzink mit Bleisulfid Chlorblei und Zinksulfid.

Aus einer gemischten Lösung von Chlornatrium und Zinksulfat läßt sich das durch Umsetzung gebildete Natriumsulfat durch Kälte ausscheiden; aus Eisenchloridlösung fällt Zinkoxyd Eisenhydroxyd, wobei Zinkchlorid in Lösung geht.

Der elektrische Strom scheidet aus Zinkchloridlösung und geschmolzenem Chlorzink das Zink an der Kathode, das Chlor an der Anode aus.

Beim Eindampfen wässriger Zinkchloridlösungen erhält man $ZnCl_2 \cdot H_2O$. Die Entfernung des letzten Moleküls Wasser ist nur im Vacuum möglich, weil sich bei höherer Temperatur das Hydrat in basisches Chlorzink und Salzsäure zersetzt, oder unter fortgesetztem Zusatz von Salzsäure (Schullze) oder Chlorammonium (Bunsen). Basisches Zinkchlorid, welches bei hoher Temperatur flüchtig ist, erhält man auch durch Behandeln von konzentrierten Zinkchloridlösungen mit Zinkoxyd.

Das Zinkchlorid schmilzt bei 262° und siedet bei 680°. Bei Verhüttung von Zinkaschen, welche von der Verzinkung des Eisens herrühren, macht es sich sehr unliebsam durch seine giftigen Dämpfe bemerkbar.

Das **Cadmium** ist zinnweiß und hat starken Glanz, den es an der Luft aber allmählich verliert. Es ist dehn- und hämmerbar und knirscht beim Biegen ähnlich wie Zinn.

Bei 80° wird es brüchig und kann, wie auf 205° erhitztes Zink, zu Pulver zerschlagen werden.

Es krystallisiert in Oktaedern. Das spez. Gewicht des gegossenen Metalls ist in flüssigem Zustande zu 7,989, im festen zu 8,366 gefunden, im gehämmerten Zustande steigt dasselbe auf 8,69.

Es schmilzt bei 322° (nach *Wood* bei 316°, nach *Rudberg* bei 320°) und siedet nach *Deville* und *Troost* bei 860, nach *Becquerel* bei 746°, während bei neueren Bestimmungen *Berthelot* 778° gefunden hat. Sein Dampf ist orangefarben.

Die Schmelzwärme für 1 k ist 13,7 w.

Die spez. Wärme ist nach *Regnault* 0,05669, nach *Dulong* und *Petit* 0,0576.

Die elektrische Leitungsfähigkeit ist nach *Armstrong* bei 0° 23,72, wenn die des Silbers = 100 gesetzt wird.

Das Cadmium hat die charakteristische Eigenschaft, den Schmelzpunkt gewisser Legierungen wesentlich zu erniedrigen, worauf wir bei seiner Verwendung noch zurückkommen werden. Die eutektische Legierung von Zink und Cadmium (17,5 Zn 82,5 Cd) schmilzt bei 264,5°[1].

Sein Atomgewicht ist von der internationalen Kommission zu 112,40 festgesetzt.

An der Luft bis zum Siedepunkt erhitzt, verbrennt das Cadmium zu braunem Cadmiumoxyd, welches selbst in der Weißglut unschmelzbar ist. Nach *Manchot*[2] entsteht neben Cadmiumoxyd bei der Verbrennung auch Cadmiumsuperoxyd. Das Oxyd ist etwas flüchtiger als Zinkoxyd, bei 700° war sehr wenig, bei 1000° etwas über 1 Proz. verflüchtigt[3].

Wasserdampf wird nur in der Glühhitze durch das Metall zersetzt, in niedriger Temperatur wird das Wasser nur bei Anwesenheit starker Säuren zerlegt.

---

[1] Phys. Chemie der Metalle von *Schenck* (Halle 1909).

[2] Ber. d. d. chem. Ges. 39 S. 1170 (1906).

[3] *Doeltz* und *Graumann* „Metallurgie" 1906 S. 212 und 233.

Cadmium ist, wie Zink, in Salzsäure, Schwefelsäure und Salpetersäure löslich, wird aber durch Zink aus den entsprechenden Lösungen abgeschieden.

Wenn es auch dem Zink in seinem chemischen Verhalten sehr nahe steht, so unterscheidet es sich doch wesentlich von ihm dadurch, daß es aus mäßig sauren Lösungen durch Schwefelwasserstoff als gelbes Schwefelcadmium (Cadmiumgelb) gefällt wird, und dadurch, daß das durch Kali, Natron und Ammoniumcarbonat aus seinen Lösungen gefällte Cadmiumoxydhydrat im Überschusse dieser Fällungsmittel nicht löslich ist, wohl aber in Ammoniak.

Durch Kohle und Kohlenoxyd wird das Oxyd zu Metall reduziert und, da die Reduktionstemperatur und der Siedepunkt niedriger liegen, als die vom Zink, so lassen sich die beiden Metalle durch fraktionierte Destillation trennen, worauf die hüttenmännische Gewinnung des Cadmiums beruht.

3. Das Laboratorium der Zinkhütte.

Zur Kontrolle des Betriebes einer Zinkhütte reichte früher ein Probierraum für Erze, Zwischenprodukte und Abgänge aus. Seitdem die Galmeilager mehr und mehr erschöpft sind und die Zinkblende der wichtigste Rohstoff für die Gewinnung des Zinks geworden ist, ist der Chemiker für die Verfolgung der Betriebsvorgänge unentbehrlich geworden, besonders auch deshalb, weil die Nutzbarmachung der Röstgase im Interesse des Allgemeinwohls zur zwingenden Notwendigkeit und damit die Säurefabrikation in den Verhüttungsprozeß eingereiht wurde.

Man hat aber auch mit dem Fortschritte der chemischen Wissenschaft die Wichtigkeit der Anwendung derselben auf die Prüfung und Auswahl nicht nur der Rohstoffe, sondern auch aller Hilfsstoffe erkannt.

Der Wettlauf auf wirtschaftlichem Gebiete zwingt uns heute, die Errungenschaften der Wissenschaft unseren Zwecken dienstbar zu machen, wenn wir nicht im Kampfe unterliegen wollen, und deshalb darf auch die auf wissenschaftlicher Grundlage aufgebaute Kontrolle des Fabrikationsganges und die dazu erforderliche Arbeitsstätte, das gut ausgestattete Laboratorium, heute auf keinem Hüttenwerke mehr fehlen.

Aber auch die Fortschritte der Technik, welche wir der gewaltigen Entwicklung der Ingenieurwissenschaften im letzten halben Jahrhundert verdanken, darf der Hüttenmann nicht aus dem Auge verlieren, wenn er mit möglichst geringen Erzeugungskosten seine Metalle herstellen will.

Wenn wir im Zinkhüttenwesen trotz vieler Bemühungen wissenschaftlich und praktisch gebildeter Männer noch immer bei der ursprünglichen Gewinnungsmethode, der Destillation des Metalls aus verhältnismäßig kleinen Gefäßen, im Prinzip beharren und nur zu einer vollkommeneren Ausgestaltung unserer Apparate und Öfen vorgeschritten sind, so liegt das an den Eigenschaften des Zinks, die zu viele Schwierigkeiten zu überwinden auferlegen, um auf andere Weise das Metall aus seinen Verbindungen auszuscheiden. Es ist aber zu hoffen, daß mit der Entwicklung der Elektrotechnik die Mittel geboten werden, auf elektrometallurgischem Wege das längst und von vielen Seiten angestrebte Ziel zu erreichen.

Es ist hier jedoch nicht der Platz, die Ausstattung einer Forschungsstätte für die Ausbildung und Verbesserung des Zinkhüttenprozesses zu beschreiben, schon aus dem Grunde, weil der Betriebsleiter und sein Assistent im Laboratorium neben der Kontrolle des Betriebes nicht die Zeit finden werden, sich mit Forschungsarbeiten zu beschäftigen. Diese müssen den wissenschaftlichen Instituten an unseren Hochschulen oder den neuerdings angestrebten Sonder-Forschungsstätten vorbehalten bleiben, aber die Praxis muß mit der Wissenschaft Hand in Hand arbeiten, denn das im Laboratorium des Forschers Erreichte und Erkannte muß von Männern der Praxis im Großbetriebe zu nutzbringender Arbeitsmethode für die Industrie ausgebildet werden.

Hinsichtlich der Einrichtung des Laboratoriums verweisen wir auf das betreffende Sonderheft des allgemeinen Teiles der „Chemischen Technologie" von Geheimrat Prof. Dr. *Beckmann* und Dr. *Joh. Scheiber:* „Einrichtung chemischer Laboratorien", und beschränken uns, die Einrichtung des analytischen Laboratoriums dem Chemiker nach seinem Gefallen überlassend, auf die kurzgefaßte Beschreibung der Untersuchungsverfahren, welche der Kontrolle des Hüttenbetriebes dienen.

Ehe wir dazu übergehen, möchten wir aber nicht unterlassen, auf die große Bedeutung einer richtigen Probenahme für ein zuverlässiges Ergebnis der Analysenergebnisse hinzuweisen. Die Beschaffenheit der Rohstoffe und Hüttenerzeugnisse bietet bei der Probenahme oft große Schwierigkeiten, und deshalb sollte dieselbe nicht ohne Anleitung der ausführenden Arbeiter durch den Hüttenchemiker erfolgen. Auch den Betriebsmeistern sollte sie nicht überlassen werden, weil dieselben in der Regel an dem Ausfalle der Analyse interessiert sind. Recht zutreffend äußert sich *Juon* in der Zeitschr. f. ang. Chemie, 1904, 1544: „Über Probenehmen in metallurgischen Betrieben", eine Abhandlung, welche wir der Beachtung empfehlen.

Bestimmung des Zinkgehaltes in den Erzen, Zwischenerzeugnissen und anderen Rohstoffen.

H. Nissenson[1] hat bei Prüfung der für die Praxis in Betracht kommenden Untersuchungsweisen vier derselben als gleich zuverlässige Resultate liefernde Arbeitsmethoden erkannt und belegt diesen Befund mit einer Reihe sehr nahe übereinstimmender Analysen. Es sind dies als maßanalytische die *Schaffner*sche und die Ferrocyanmethode, dann die gewichtsanalytische Schwefelwasserstoffmethode und die Elektrolyse.

---

[1] *H. Nissenson*, Direktor des Zentral-Laboratoriums der A.-G. für Bergbau, Blei- und Zuckerfabrikation zu Stolberg und in Westfalen in Stolberg (Rhld.) hat im Auftrage des V. intern. Kongresses für angew. Chemie (in Berlin) die Methoden zur Untersuchung des Zinks einer vergleichenden Prüfung unterzogen und das Ergebnis in einer Schrift (Verlag Ferd. Enke, Stuttgart 1907) niedergelegt, welche dem Zinkhüttenchemiker zum Studium empfohlen wird.

Die gewichtsanalytischen und die elektrolytischen Methoden dürften hier und da für Schiedsanalysen in Frage kommen, da die subjektive Beurteilung der Farbennuance bei den maßanalytischen bei diesen fortfällt. Für die hüttenmännische Praxis haben die beiden maßanalytischen wegen ihrer raschen Ausführbarkeit den Vorzug.

Die Methode von *Schaffner* wird deshalb auch fast ausschließlich in Deutschland, Österreich, Belgien, Frankreich, Spanien und Sardinien angewendet, während die Ferrocyanmethode (nach *Galetti* und *Low*) vielfach in Amerika und Australien im Gebrauche ist.

Wir beschränken uns deshalb auf die Beschreibung der beiden letzten Bestimmungsverfahren, wie sie in den Laboratorien der Zinkhütten und der sich mit Zinkanalysen befassenden Handelschemiker ausgeübt werden. Auf eine ausführliche Mitteilung über die Bestimmung des Zinks und den Analysengang für Zinkerze von *Voigt* (Zeitschr. f. ang. Chem., 1909, 2280) möchten wir an dieser Stelle doch hinweisen. Neuerdings hat derselbe noch eine Schnellmethode für die Zinkbestimmung beschrieben. (Zeitschr. f. ang. Chem., 1911, 2195.)

In Rheinland-Westfalen ist folgende Arbeitsweise bei Ausführung der Kauf-Analysen in Anwendung und von den Hütten und Händlern als Norm festgesetzt[1]:

0,5 g des fein gepulverten, bei 100° C getrockneten Erzes werden in 7 ccm konzentrierter Salzsäure gelöst; der Schwefelwasserstoff wird durch Aufkochen verjagt und die Lösung nach Zusatz von 3 cc Salpetersäure zur Oxydation des Eisens und 7 cc verdünnter Schwefelsäure 1 : 2 bis zum Entweichen von Schwefelsäuredämpfen eingedampft. Nach Aufnahme des Rückstandes mit ca. 100 cc warmem Wasser und nach Zusatz von 3 bis 5 cc einer Natriumthiosulfatlösung (120 g auf 1 l Wasser) — zur Fällung von Kupfer — und Kochen, bis keine Schwefligsäure mehr entweicht (bei Anwesenheit von Cadmium wird statt mit Natriumthiosulfat mit Schwefelwasserstoff gefällt), wird die Lösung in einem Erlenmeyerkolben filtriert. Das Filtrat versetzt man zur Oxydation des Eisens mit Salpetersäure (bei Anwesenheit von Mangan mit Wasserstoffsuperoxyd oder mit Bromwasser) und fällt Eisen, Mangan und Tonerde mit Ammoniak, kocht dann, bis der Überschuß des Oxydationsmittels vertrieben ist und filtriert in ein sogenanntes Batterieglas. Den Niederschlag löst man nach dem Auswaschen in verdünntem Königswasser, dem man bei Anwesenheit von Mangan wieder Wasserstoffsuperoxyd oder Bromwasser zufügt, fällt, wie zuvor, von neuem und filtriert zum ersten Filtrate. Nach dem Auswaschen des letzten Niederschlages füllt man das Batterieglas bis zur Marke ca. 450 cc auf, läßt die Flüssigkeit über Nacht stehen und titriert sie am anderen Morgen mit Natriumsulfidlösung (40 g im l).

Zur Stellung des Titers wird chem. reines Zink (wenn möglich eine dem Zinkgehalt der Erzprobe nahezu entsprechende Menge) eingewogen, mit 12 cc-

---

[1] Nach einer Privatmitteilung des Chemischen Laboratoriums von *C. Zörnig* in Köln-Ehrenfeld; siehe auch *Nissenson* und *Nissenson* u. *Pohl:* Laboratoriumsbuch für Metallhüttenchemiker (Knapp, Halle 1907).

verdünnter Salzsäure (1 : 2) und 3 cc Salpetersäure gelöst. Die Lösung wird nach Verdünnung mit 20 cc Ammoniak versetzt, im Batterieglas wie die Erzprobe bis zur Marke aufgefüllt und ebenfalls über Nacht stehen gelassen.

Als Indikator benutzt man ein mit Bleicarbonat überzogenes, geglättetes Papier, das sogenannte „Polkapapier" (ein für Visitenkarten verwendetes Glanzpapier).

In der Regel werden alle Proben, auch der Titer, doppelt angesetzt. Von den letzteren wird einer zu Beginn, der andere am Ende der Titrierung mehrerer Erzproben titriert, wodurch man den Gehalt der Schwefelnatriumlösung kontrolliert und sich vergewissert, daß man während der ganzen Arbeit dieselbe Endreaktion genommen hat, welche auf folgende Weise gefunden wird:

Auf einen etwa 4 cm breiten Polkapapierstreifen läßt man aus einem als Rührstab verwendeten Glasrohre, welches dabei alls Stechheber dient, einen Tropfen der Flüssigkeit fallen, zählt bis 20, läßt über die Tropfenstelle eine etwas größere Flüssigkeitsmenge aus dem Glase fließen und entfernt diese schnell. Bei geringem Überschuß der Titerflüssigkeit hebt sich die Stelle, auf welcher sich der erste Tropfen befand, durch dunklere Färbung ab, was sich besonders an dessen Rande zeigt.

Zur Sicherheit gibt man nach Eintritt dieser ersten schwachen Reaktion auf das Bleipapier zum Batterieglas noch etwa 2 Tropfen Natriumsulfidlösung und wiederholt die Probe. Die Reaktion muß dann schärfer als die erste hervortreten.

Der Verfasser hat schon vor 35 Jahren stets nach dieser Vorschrift[1], die sich bei Betriebsanalysen noch zur Schnellmethode, entsprechend der Beschaffenheit der Erze, kürzen läßt, gearbeitet und gut übereinstimmende Resultate erhalten.

Bei der Analyse von Kieselgalmei und Willemit ist zum vollständigen Aufschließen eine mehrmalige Behandlung mit Salzsäure unter Abdampfen zur Trockne erforderlich[2].

Die Belgier wiegen in der Regel $1\frac{1}{4}$ Substanz ab, lösen in Salzsäure und Salpetersäure, benutzen meistens Schwefelwasserstoff, selten Natriumthiosulfat, fällen mit Ammoniak in einem $\frac{1}{2}$ l-Kolben und entnehmen zur Titra-

---

[1] der modifizierten *Schaffner*schen Methode (*Schaffner*, Journ. f. prakt. Chemie **73**, 410 (1858)).

[2] *E. Jensch* ist es nach einer Mitteilung in der Zeitschr. f. angew. Chemie 1894, S. 155 nicht gelungen, bei einer zinksilicathaltigen Blende mit Säuren alles Zink in Lösung zu bringen, es mußte das Erz deshalb durch Schmelzen mit Kaliumnatriumcarbonat aufgeschlossen werden. Auch bei Willemit und Franklinit soll nach *Waring* (Journ. Amer. Chem. Soc. **26**, 4 (1904)) die Schmelzung nötig sein, wozu er Kaliumhydrosulfat wählte. *Jensch* hält es (a. a. O. S. 541) zwar für untunlich, den Gesamtzinkgehalt der Wertberechnung für das Erz zugrunde zu legen, da sich das Zinksilicat der Metallgewinnung entzöge. Der Verfasser kann jedoch diese Ansicht nicht teilen, da er Willemit, wie jedes andere Erz mit gutem Ausbringen in dreireihigen Muffelöfen verhüttet hat. Auch bei quarzhaltigen Blenden bildet sich bei heißem Ofengange nach seiner Beobachtung bei der Röstung kieselsaures Zinkoxyd, ohne nachteilige Folgen auf das Ausbringen bei der Reduktion. In den alten schlesischen Muffeln mag eine unvollkommene Reduktion mangels genügender Temperatur möglich gewesen sein.

tion 200 cc (= $^1/_2$ g der Substanz) der auf $^1/_2$ l aufgefüllten Flüssigkeit nach dem Filtrieren durch ein trocknes Filter.

Zum Ausgleich des im Ammoniakniederschlag zurückgehaltenen Zinks kann man bei Schiedsanalysen verlangen, daß dem Titer so viel Eisen zugesetzt wird, als die Erzprobe enthält, was natürlich eine vorausgehende Bestimmung des Eisens erfordert. Die meisten belgischen Hütten kommen diesem Verlangen auch nach, während einzelne das vom Eisen zurückgehaltene Zink als „bénéfice" für die Hütte betrachten.

Diese Methode ist weiter auch in Frankreich, Spanien und Sardinien in Anwendung, während in Amerika und Australien nach der zuerst von *Galetti*[1] im Jahre 1864 veröffentlichten Methode gearbeitet wird, d. i. die Ferrocyanmethode nach dem Verfahren von *Schulz* und *Low*[2].

Die Arbeitsweise ist nach *Nissenson* kurz folgende:

„Man löst 1 g Erz in mit chlorsaurem Kali gesättigter Salpetersäure, fügt 7 g Chlorammonium hinzu, ferner 15 cc Ammoniak, 25 cc heißes Wasser, kocht eine Minute lang, filtriert, wäscht mit einer 1 proz. Chlorammoniumlösung aus und fällt Kupfer durch 40 g Probierblei und 55 ccm starker Salzsäure, filtriert und titriert mit Ferrocyankalium unter Anwendung von Uranacetat als Indikator". (Bei Anwesenheit von Cadmium fallen die Resultate zu hoch aus).

Zur Zinkbestimmung in den neben den Erzen als Rohstoff für die Zinkgewinnung dienenden Zwischenerzeugnissen u. dgl. verfährt man analog, nur verwendet man bei hochhaltigen Stoffen, wie Hartzink, Gekrätzen, Zinkstaub und Zinkaschen geringere Substanzmengen beim Titrieren. Die Zinkaschen bedürfen wegen ihres Gehalts an Metall einer besonderen Vorbereitung zwecks Erzielung eines zuverlässigen Durchschnittsmusters.

Man siebt von einer größeren Probe das Feine von dem Groben ab und erwärmt nach dem Wiegen beider Teile das letztere auf über 200°, um das Zink, von der bei dieser Temperatur eintretenden Sprödigkeit Nutzen ziehend[3], weiter im Eisenmörser zerkleinern zu können. Von jedem der Teile wird eine besondere Durchschnittsprobe gezogen und von diesen die zu untersuchende Substanzmenge im Verhältnis der gefundenen Gewichte gebildet. Man wägt wegen der noch immer groben Beschaffenheit der Stoffe größere Mengen ein und nimmt zum Titrieren einen etwa 0,25 bis 0,3 g Zink enthaltenden Teil der gewonnenen Lösung[4].

Ähnlich behandelt man metallisches Eisen enthaltende Rückstände aus den Reduktionsgefäßen u. dgl.

Untersuchung von Handelszink, chemisch reinem Zink und
Zinkstaub

Zur quantitativen Bestimmung der Nebenbestandteile des Handelszinks löst man 100 g Bohrspäne in einem Kolben, der mit Trichterrohr und Gasab-

---

[1] Bull. Soc. Chim. Paris **2**, S. 83.

[2] Chem. News **67**, 5 u. 17 (1893).

[3] Siehe die physikalischen Eigenschaften des Zinks.

[4] Siehe auch *Nissenson* S. 121 und *Marquardt:* Zeitschr. f. analyt. Chemie 1886, S. 25.

leitungsrohr versehen ist, in verdünnter Schwefelsäure auf und leitet den entwickelten Wasserstoff durch eine Vorlage, die zur Absorption von Arsen- und Antimon-Wasserstoff mit Bromsalzsäure gefüllt ist. Ehe der letzte Zinkrest in Lösung gegangen ist, filtriert man den Metallschlamm, der alle im Zink enthaltenen Metalle enthält, so lange nicht alles Zink als das positivste Metall gelöst ist, ab, behandelt ihn mit starker Salpetersäure, verdünnt mit Wasser und kocht, wobei sich das vorhandene Zinn als Zinnsäure abscheidet. Das Filtrat von der Zinnsäure wird zur Fällung vom Blei nach Zusatz von Schwefelsäure eingedampft, dann mit Wasser verdünnt und etwas Alkohol zugesetzt. Nach Abfiltrierung des Bleisulfates wird aus der Flüssigkeit der Alkohol verjagt und nach Hinzufügung des Antimon und Arsen enthaltenden, vorher vom Brom befreiten Inhaltes der Vorlage des Lösungskolbens Schwefelwasserstoff in dieselbe eingeleitet. Vom Schwefelwasserstoffniederschlag wird Antimon und Arsen durch Schwefelnatrium getrennt. Beide werden wieder als Sulfide gefällt und das Arsensulfid durch Lösung mit Ammoniumcarbonat vom Antimonsulfid getrennt; oder man löst die Sulfide mittels Salzsäure und Kaliumchlorat, trennt das Arsen als Magnesiumammoniumcarbonat ab, fällt das Antimon als Sulfid und wägt es als Tetroxyd. Der in Schwefelnatrium ungelöst gebliebene Schwefelwasserstoff-Niederschlag enthält Kupfer, Cadmium und Wismut, die in bekannter Weise geschieden werden. Das Filtrat vom Schwefelwasserstoff-Niederschlag wird mit Brom oxydiert und das Eisen mit Ammoniak gefällt und, weil es zinkhaltig ist, nochmals mit wenig Salzsäure gelöst und wieder gefällt[1].

Zur Betimmung von Arsen, Antimon und Schwefel löst *Günther* (Z. f. anal. Chem., 1881, 503) in absolut reiner Schwefelsäure in einem geräumigen Kolben, aus welchem zuvor die Luft durch Einleiten von reinem Wasserstoff verdrängt wurde, und leitet das entwickelte Gas zuerst durch eine Waschflasche, welche mit einer Cyancadmium-Cyankaliumlösung gefüllt ist und dann durch Silbernitratlösung. Nach dem Aufhören der Wasserstoffentwicklung leitet man durch das bis auf den Boden des Kolbens führende, unten umgebogene Trichterrohr noch einige Zeit reines Wasserstoffgas durch den Kolben. In der ersten Vorlage scheidet sich aller Schwefel als Cadmiumsulfid ab, der als Cadmiumsulfat bestimmt wird. In der zweiten hat sich das Antimon als Antimonsilber neben einer zum Arsengehalt in einem bestimmten Verhältnis stehenden Silbermenge abgeschieden, während alles Arsen als arsenigsaures Silber in Lösung ist. Man löst den abfiltrierten Antimon-Silber-Niederschlag in Salpetersäure und Weinsäure, fällt durch Salzsäure das Silber als Chlorsilber und aus dem Filtrate von diesem nach Verdünnen und annäherndem Neutralisieren das Antimon durch Schwefelwasserstoff, welches man schließlich als Antimontetroxyd bestimmt. Zieht man das an das Antimon als Ag_3Sb gebunden gewesene Silber vom ausgeschiedenen Gesamtsilber ab, welches als Chlorsilber gefunden wurde, so entsprechen je 12 Ag des

---

[1] Das vorstehende Verfahren ist dem Werke von *Nissenson* (S. 108) entnommen; siehe auch das Verfahren von *Mylius* u. *Fromm* a. a. O. und Zeitschr. f. anorgan. Chemie 1895, S. 144.

restlichen Silbers 2 As. Statt in Silbernitrat kann man Antimon und Arsen auch in Bromsalzsäure absorbieren und wie vorher verfahren.

Zur alleinigen Bestimmung des Arsens löst man 10 g des Zinks oder mehr in Salzsäure und dampft unter Zusatz von Kaliumchlorát zur Trockne. Den Rückstand bringt man mit rauchender, reiner Salzsäure und Ferrosulfat in einen Kolben und destilliert im Salzsäurestrom. Im Destillat titriert man das Arsen mit Jodlösung[1].

Für die Bestimmung von Kohlenstoff empfiehlt *R. Funk* die Verbrennung im Sauerstoffstrom unter Anwendung von Kupferoxyd. Er gibt am gleichen Orte (Ber. d. chem. Ges., 1895, 3129) auch eine Vorschrift zur Bestimmung von sehr geringen Schwefelmengen.

Silicium wird bestimmt, wenn man eine größere Menge Zink in chem. reinem Ätznatron durch Erwärmen in einer Platinschale löst, mit Salzsäure übersättigt, zur Trockne verdampft und durch längeres Erhitzen auf 150° die Kieselsäure unlöslich macht. Etwa mit zur Abscheidung gelangte Zinnsäure wird durch Verjagen der Kieselsäure mittels Flußsäure nach dem Abwägen bestimmt und vom zuerst gefundenen Gewicht abgezogen.

Zur quantitativen Prüfung von chemisch reinem Zink ermittelt man nach *Crohaugh*[2] zunächst den Kaliumpermanganat-Verbrauch von 0,2 g Klaviersaitendraht. Danach löst man 5 g Zink zusammen mit 0,2 g diese Drahtes[3] in verdünnter Schwefelsäure (1 : 4) unter Luftabschluß und stellt den Kaliumpermanganat-Verbrauch der Lösung fest. Dieser abzüglich des für den Klavierdraht gefundenen Wertes ergibt den etwa vorhandenen Eisengehalt bzw. den Wert der reduzierend wirkenden Nebenbestandteile der Zinkprobe, welche für die Verwendung des reinen Zinks zur oxydimetrischen Bestimmung des Eisens von Bedeutung sind, ebenso wie sie bei der Verwendung desselben als Titer bei der maßanalytischen Bestimmung des Zinks zu berücksichtigen sind.

Der Zinkstaub wird nach seinem Gehalt an freiem Metall bewertet, weil er fast ausschließlich zu Reduktionszwecken Verwendung findet, und deshalb auch der aus demselben entwickelte Wasserstoff bestimmt.

Fresenius[4] trocknet den mit verd. Schwefelsäure entwickelten Wasserstoff mit konz. Schwefelsäure und leitet ihn über glühendes Kupferoxyd (durch ein Verbrennungsrohr). Das gebildete Wasser wird in einem mit konz. Schwefelsäure gefülltem U-Rohre aufgefangen und gewogen.

Wahl[5] hat eine Schnellmethode angegeben, die darauf beruht, daß sich Zink in einer neutralen Ferrisulfatlösung ohne Wasserstoffentwicklung leicht auflöst. Eine dem metallischen Zink entsprechende Menge des Ferrisulfat wird zu Ferrosulfat reduziert, welches zur quantitativen Bestimmung des Zinks mit Kaliumpermanganat titriert wird.

---

[1] *E. Fischer:* Ber. d. chem. Ges. 1883, S. 2234.
[2] Journ. of anal. and appl. Chem. 1892, S. 366. *Classen:* Ausgew. Meth. 1901, **1**, 357.
[3] Wegen der Passivität des reinen Zinks siehe physikalische Eigenschaften des Zinks.
[4] Zeitschr. f. analyt. Chemie 1878, S. 465.
[5] Journ. Soc. Chem. Ind. 1897, S. 15.

A. Fränkel modifizierte die *Drewsensche* Methode und arbeitet wie folgt:

1 k Zinkstaub schüttele man in einer etwa 200 cc fassenden Stöpselflasche mit 100 cc $^1/_2$N.-Kaliumbichromatlösung und 10 cc einer Schwefelsäure 1 : 3 — 5 Minuten lang und nach weiterem Zusatz von 10 cc gleich starker Schwefelsäure noch 10 bis 15 Minuten, wonach alles bis auf einen geringen erdigen Rückstand gelöst sein soll. 50 cc der auf 500 ccm aufgefüllten Lösung werden mit 10 cc $^1/_{10}$ Jodkaliumlösung und 5 cc verdünnter Schwefelsäure versetzt und das ausgeschiedene Jod mit $^1/_{10}$ N.-Hyposulfitlösung zurücktitriert. (Mitt. d. K. K. Technol. Gew.-Mus., Wien, 10, 161; — Zeitschr. f. ang. Chem., 1901, S. 88.)

Bezüglich der weiter vorgeschlagenen Methoden verweisen wir auf *Nissenson*, S. 112ff. und geben nachfolgend nur noch die Beschreibung eines Verfahrens zur volumetrischen Bestimmung des bei der Lösung des Zinkstaubes in verd. Schwefelsäure entwickelten Wasserstoffs von *Fr. Meyer*[1] und des zu diesem Zwecke von ihm konstruierten Apparates[1]. Die volumetrische Bestimmung wird von *Nissenson* und anderen als eine der genauesten Methoden anerkannt.

Bei diesem Verfahren kommt man mit einer Wägung aus, außerdem erfordert die Operation während ihres Verlaufes keine besondere Aufmerksamkeit.

Der Apparat besteht, wie Fig. 1 zeigt, aus dem Entwicklungskölbchen *A*, dem Hahnstück *B* mit dem Dreiwegehahn *C*, der Bürette *D* mit dem einfach durchbohrten Hahn *E* und der Florentiner Flasche *F* als Niveaugefäß. Das Hahnstück kann mittels Schliffe einerseits mit dem Entwicklungskölbchen von etwa 200 cc Inhalt, andererseits mit der Bürette von 400 cc Kapazität (die Kugel faßt 260 cc, die in $^1/_2$ cc geteilte Bürette 140 cc) zu einem

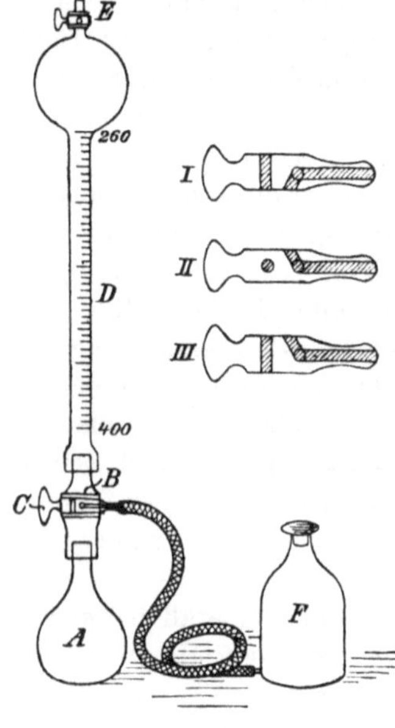

Fig. 1.

Ganzen verbunden werden, während die Verbindung der Florentiner Flasche von etwa 500 cc Fassungsvermögen mit dem Dreiwegehahn durch einen Gummischlauch von etwa 1 m Länge bewerkstelligt wird.

Die Größe und Teilung der Bürette ist so gewählt, daß bei 1 g Einwage Zinkstaub von 75 bis 100 Proz. metallischem Zink bei 10 bis 25° Temperatur und 740 bis 770 mm Barometerstand analysiert werden kann.

Das Arbeiten mit dem Apparate gestaltet sich folgendermaßen: Nachdem Hähne und Schliffe gut eingefettet sind, bringt man 1 g Zinkstaub in das Entwicklungskölbchen, verbindet dieses mit dem Hahnstück und füllt es bei der Hahnstellung I mit destilliertem Wasser. Ist die Luft aus dem Kölbchen

---

[1] Zeitschr. f. angew. Chemie 7. (1894), S. 231.

ganz durch Wasser verdrängt, so dreht man den Dreiwegehahn in die Stellung II, verbindet das Hahnstück mit der Bürette, öffnet den Quetschhahn am Gummischlauch, füllt nun, während Hahn E geöffnet ist, durch Heben der Florentiner Flasche die Bürette mit verdünnter Schwefelsäure (1 H_2SO_4 : 3 H_2O) und schließt darauf Hahn E. Dreht man jetzt den Dreiweghahn in die Stellung III, so sinkt die schwerere Säure in das Entwicklungskölbchen. Der Wasserstoff steigt in großen Blasen in die Bürette, aus welcher er die Säure allmählich in die Florentiner Flasche drängt.

Hat die Gasentwicklung aufgehört, so bringt man den Apparat in einen Raum von konstanter Temperatur, stellt ein Barometer und Thermometer daneben und und liest nach einiger Zeit ab, wenn man sicher ist, daß die Bürette die Temperatur der Umgebung angenommen hat. Zu diesem Zweck bringt man durch Heben der Florentiner Flasche den Wasserstoff unter Atmosphärendruck und notiert die Anzahl der entwickelten Kubikzentimeter, Thermometer- und Barometerstand. Der Prozentgehalt des Zinkstaubs an metallischem Zink ist bei 1 g Einwage:

$$\text{Proz. Zn} = 100 \cdot \frac{V\,(b-f)}{760\,(1 + 0,00367\,t)} \cdot 0,00294\,.$$

V = Volumen Wasserstoff in cc, gemessen beim Barometerstand b und der Temperatur t. f = Tension des Wasserdampfes bei $t°$. 0,00294 = Produkt aus dem Gewicht von 1 cc H bei 0° und 760 mm Barometerstand und dem Äquivalent des Zinks (0,00008995 · 32,685 — neueste Werte).

Enthält der Zinkstaub metallisches Eisen, so ist dieses vor dem Einwiegen mit dem Magneten zu entfernen, wenn man nur das metallische Zink und nicht das Reduktionsvermögen des Zinkstaubes bestimmen will. In diesem Falle ist es ja gleichgültig, ob der Wasserstoff aus der Einwirkung des Zinks oder des Eisens stammt. Zweckmäßig bezeichnet man diese Größe als „Wasserstoffwertigkeit" oder „Reduktionsvermögen", so daß z. B. ein Zinkstaub als ein solcher von 305 cc Wasserstoffwertigkeit oder Reduktionsvermögen anzusprechen ist, von dem 1 g bei 0° und 760 mm 305 cc Wasserstoff aus verdünnten Säuren freizumachen imstande ist. Für die Rechnung sind in diesem Falle die bei $t°$ und b mm abgelesenen cc nur auf 0° und 760 mm zu reduzieren.

Bestimmung von Blei und Silber in Erzen und Zwischenerzeugnissen.

Für die Bestimmung vom Blei in Erzen ist sowohl die trockne wie die nasse Methode im Gebrauche:

Die trockne Probe wird in einem eisernen Tiegel von etwa 15 cm Höhe, 8 cm oberer Lichtweite ausgeführt. Die Erzprobe (je nach dem Bleigehalt 50 bis 100 g) wird so weit zerkleinert, daß sie durch ein Sieb von $^1/_2$ mm Maschenweite geht und mit der doppelten Menge Flußmittel, welches aus 7 Teile calc. Soda, 4 Teilen calc. Borax und 1 Teil rohen Weinstein besteht, vermischt in den vorher bis zur Rotglut und innen mit Flußmittel bestreuten Tiegel eingebracht. Schwefelhaltige Erze erfordern einen Zuschlag von Eisen.

Die Einschmelzung erfolgt in einem Windofen; sobald sie erreicht ist, mäßigt man die Hitze und läßt den Tiegel noch so lange im Ofen, bis die Oberfläche der Schmelze ruhig fließt. Nach dem Herausnehmen stößt man den Tiegel zum Sammeln des Metallregulus mit dem Boden einigemale auf und gießt dann die Schlacke vorsichtig ab. Hierauf gießt man den Regulus (König) in eine Form und befreit ihn nach dem Erkalten durch Hämmern von der Schlacke, worauf er zum Abwiegen bereit ist. Antimon und Kupfer gehen zum Teil in den Regulus; bei größerem Gehalt der Erze daran wird häufig eine Bestimmung derselben zum Zwecke des Abzuges vom Gewicht des Bleiregulus verlangt, was auf nassem Wege geschieht.

Zur Silberbestimmung wird der gewonnene Regulus auf der Kapelle in der Muffel abgetrieben. Bei den in den letzten Jahren zur Verhüttung kommenden silberhaltigen Zinkerzen mit einem Bleigehalt von 6 bis 12 Proz. erfährt man auf diese Weise nicht den vollen Silbergehalt, es ist deshalb Gebrauch, dem Erze eine gewisse Menge Bleiglätte zuzusetzen und den so gewonnenen Bleiregulus auf Silber abzutreiben. Auf je 10 g Erz nimmt man etwa 25 g Bleiglätte

Das Abtreiben erfolgt in Kapellen aus Knochenmehl oder in Zementkapellen, die innen mit Knochenmehl ausgekleidet sind. Die vorher in der Muffel zu heller Rotglut erhitzte Kapelle wird mit dem Regulus beschickt und dieser bei geschlossener Muffel eingeschmolzen. Hiernach wird die Muffel geöffnet und das Blei abgetrieben, wobei sich alsbald die Glätteaugen und der Glätterand auf dem Blei zeigen müssen. Schließlich verschwinden die Glätteaugen, das Silber blickt und erstarrt. Um Spratzen zu vermeiden, kühlt man die Kapelle allmählich ab, indem man sie immer weiter in den vorderen Teil der Muffel zieht.

Zur Bestimmung auf nassem Wege oxydiert man 1 g Erz mit Salpetersäure, dampft mit Schwefelsäure ein und löst das Bleisulfat aus dem Rückstand mit essigsaurem Ammoniak. Aus dieser Lösung fällt man es wieder mit Überschuß von Schwefelsäure und bestimmt es als schwefelsaures Bleioxyd. Ist Antimon vorhanden, so schließt man den von der essigsauren Ammoniaklösung abfiltrierten Rückstand weiter auf.

In Brockenhill ist die Molybdatmethode von *Alexander* eingeführt, sie wird auch in Deutschland hin und wieder vorgeschrieben. —

Nach *Nissenson* und *Pohl* verfährt man bei Anwendung derselben wie folgt:

Von dem Erz wird so viel in Salpetersäure vom spez. Gewicht 1,4 gelöst, daß mindestens 0,3 g $PbSO_4$ zur Titration gelangen. Man dampft dann mit 10 cc Schwefelsäure ein, bis Schwefelsäuredämpfe auftreten, nimmt mit wenig Wasser auf, filtriert, wäscht mit schwefelsaurem Wasser, zuletzt mit reinem Wasser und bringt den Niederschlag mit 25 cc einer gesättigten Ammoniumacetatlösung zurück in den Füllungskolben, kocht bis zur Auflösung, verdünnt auf 250 cc und titriert mit einer Ammoniummolybdatlösung, indem man Tüpfelproben entnimmt und mit einer frisch bereiteten Tanninlösung prüft, ob durch einen Überschuß von Ammonmolybdat eine Gelbfärbung auftritt. Die Ammoniummolybdatlösung wird durch Auflösen von 9 g des käuflichen Salzes in Wasser unter Zusatz einiger Tropfen Ammoniak und Auffüllen zu einem Liter hergestellt. Zur Titerstellung geht man von 0,3 g chemisch reinem Blei aus, führt dieses in Sulfat über, wie oben angegeben, und verfährt genau so, wie dort.

Bestimmung von Cadmium im Erz, in Zwischenerzeugnissen und dem Metall.

Cadmium wird zu seiner quantitativen Bestimmung gewöhnlich als Sulfid gefällt und als Sulfat gewogen, indem man das Sulfid in Salpetersäure löst und die Lösung unter Hinzugabe von Schwefelsäure eindampft. Wenn das Sulfid keinen freien Schwefel enthält, kann man es auch nach dem Trocknen bei 100° direkt wägen.

Bei der für uns besonders in betracht kommenden Trennung des Cadmiums vom Zink ist darauf zu achten, daß die Lösung genügend sauer ist, um das Zink in Lösung zu halten, jedoch nicht so sauer, daß auch die Fällung des Cadmiumsulfids zum Teil verhindert wird. Nach *Fresenius* soll der Gehalt an freier Salzsäure (spez. Gewicht 1,1) 4 Volumprozent betragen.

Die Scheidung des Cadmiums im Gange der Analyse ist in den vorauf beschriebenen Methoden schon gegeben. Bei Anwesenheit von Kupfer wird dieses durch Cyankalium aus neutraler Lösung entfernt und dann das Cadmium durch Schwefelwasserstoff gefällt.

Bestimmung von Schwefel, Fluor und anderen Nebenbestandteilen in den Erzen.

Wir wollen hier nur für die täglich notwendige Bestimmung des Schwefels in der Zinkblende, der gerösteten Blende usw. einige schnell zum Ziele führende Verfahren und eine Methode zur Bestimmung des sehr lästigen Begleiters Fluor angeben und verweisen hinsichtlich der Bestimmung der übrigen mechanischen Beimengungen der Erze, wie Quarz, Kalk, Magnesia usw. auf den allgemein bekannten Analysengang für Erze und gleichartige Stoffe.

Die Bestimmung des Schwefelgehaltes der Rohblende ist wichtig, seitdem man zur Verwertung desselben übergegangen ist und der Schwefelgehalt der Röstblende spielt eine bedeutsame Rolle im Reduktionsprozeß.

Zur Bestimmung des Schwefels in der Rohblende oxydiert man in der Regel 0,5 g mit einer Mischung von 3 Teilen Salpetersäure mit 1 Teil Salzsäure, verdampft zur Trockne, nimmt mit Wasser auf, filtriert und fällt in der Lösung die Schwefelsäure mit Bariumchlorid zur gewichtsanalytischen Bestimmung als Bariumsulfat.

Zörnig schmilzt 0,625 g Rohblende (1,25 g geröstete Blende) mit Natriumsuperoxyd, löst die Schmelze im Wasser und bringt die Lösung auf 250 cc, wovon er 200 cc nach Ansäuerung mit Salzsäure zur Fällung verwendet. Der Rückstand ist in beiden Fällen auf Schwefelsäure, insbesondere Bariumsulfat zu prüfen.

Zehetmayr[1] bestimmt den Schwefel in rohen und gerösteten Erzen, Sulfaten usw., indem er nach reduzierender Einwirkung von Ferrum reductum

---

[1] Zeitschr. f. angew. Chemie 1910, S. 1359.

bei schwacher Rotglut die Substanz in Salzsäure löst und den entwickelten Schwefelwasserstoff in verdünnter Kalilauge bindet und jodometrisch bestimmt. Bezüglich des Näheren verweisen wir auf die Originalabhandlung, zu welcher *Nickel* a. a. O., S. 1560 bemerkt, daß die Methode schon früher bekannt war und sich als sehr brauchbar erwiesen habe.

Der Verf. möchte hier eine „Probiermethode" nicht unerwähnt lassen, welche er anfangs der 70er Jahre vor. Jahrh. auf der chemischen Fabrik Rhenania bei Aachen bei Durchführung der Röstversuche mit dem *Hasenclever-Helbig*schen Blenderöstofen eingeführt hat und welche ihm damals und später in seiner Hüttenpraxis recht wertvolle Dienste geleistet hat, wenn es sich um Bewältigung einer großen Menge Kontrollproben handelte. (Es wurden eine Zeitlang täglich bis zu 50 Schwefelbestimmungen in abgerösteter Blende ausgeführt.)

2 g der Röstproben wurden in Salpetersalzsäuremischung unter langsamer Erwärmung (um Schwefelausscheidung zu vermeiden, die selbst bei geringem Gehalt an Sulfidschwefel bei stürmischer Lösung leicht eintritt) auf einem Sandbade in schrägliegenden Kölbchen gelöst, und zur Trockne eingedampft und mit angesäuertem (Salzsäure) Wasser gelöst aufgekocht und filtriert. Die alle auf dasselbe Volumen (200 cc) gebrachten Proben wurden auf dunklen Untergrund gestellt und mit einer titrierten Bariumchloridlösung ($^5/_{16}$ normal[1]) in einer etwas größeren, als dem vermuteten Gehalt entsprechenden Menge versetzt, und nun nach der Uhr die bis zur eintretenden Trübung abgelaufene Sekundenzahl notiert und danach der Schwefelgehalt der Proben geschätzt (es handelte sich gewöhnlich um Gehalte von unter 1 bis höchstens 2 Proz. Schwefel). Die Nachfügung von einigen Tropfen Bariumchloridlösung nach der Klärung der Probe gab die Gewißheit, daß es an Fällungsmittel nicht gefehlt hatte. Zur Kontrolle wurden einige der Proben filtriert und das Bariumsulfat durch Wägung bestimmt. Bei richtiger Beobachtung und Einhaltung derselben Verhältnisse bei allen Proben (gleiche Temperatur, gleicher Säuregrad und gleiches Volumen) stimmten nach einiger Übung die geschätzten Zahlen mit dem gewichtsanalytischen Befunde bis auf $^1/_{10}$ Proz. und weniger überein.

Bei Gehalten von 2 Proz. Schwefel und mehr in Proben, welche der Kontrolle des Röstvorganges dienten, und Proben von Blenden, welche wegen Kalkgehaltes usw. eine weitergehende Abröstung nicht zuließen, sowie auch bei Rohblenden, bediente sich der Verf. der *Wildenstein*schen maßanalytischen Methode unter Anwendung des Glocken-Heberfilters, wie es schon im *Fresenius*: Quantitative Analyse, 5. Aufl., S. 327 und vom Verf. in *Posts* chemisch-technischer Analyse, 1. und 2. Aufl., in Abt. Säuren und Alkalien, beschrieben ist, mit großem Gewinn an Zeit. Die Zeitersparnis wurde besonders dadurch erreicht, daß stets zwei Proben der gleichen Substanz angesetzt wurden, von denen die eine mit ganzen oder halben Kubikzentimetern Bariumchloridlösung bis zur Überschreitung der Grenze, die zweite innerhalb des letzten ganzen oder halben Kubikzentimeters durch tropfenweisen

---

[1] 1 cc = $^1/_2$ Proz. S bei Anwendung von 2 g Substanz.

Zusatz des Titers zu Ende titriert wurde. (Ein Verfahren, welches auch für die maßanalytische Zinkbestimmung sehr zu empfehlen ist.)

Bei Anwendung dieser Methode wurden die Proben in der Regel in Eisenschälchen in der (Abtreib-)Muffel mit Salpeter-Sodamischung geschmolzen und die Eisenschälchen zur Lösung der Schmelze in ein mit heißem Wasser gefülltes Becherglas gebracht[1]. Auf diese Weise konnten ebenfalls täglich eine ganze Reihe von Proben von einem Laboranten, selbst Probierjungen mit verhältnismäßig sehr genauen Resultaten bewältigt werden. Als Titerflüssigkeit wurden 76,25 g $BaCl_2$, 2 aq. auf 1 l angewendet, so daß bei Anwendung von 2 g Substanz 1 cc 0,5 Proz. S entsprach.

Um freies Zinkoxyd, welches nicht an Kieselsäure oder Eisenoxyd (als Zinkferrit) gebunden ist, wohl aber als kohlensaures Zinkoxyd vorhanden sein kann, neben Schwefelzink zu bestimmen, extrahiert man dasselbe mittels *Muspratt*scher Lösung (*Muspratt*: Techn. Chem., 1880, Bd. 7, S. 1172), Ammoniak und Ammoniakcarbonat. Den Zinksulfidgehalt in der gerösteten Blende erfährt man durch Behandlung des Erzes mit Zinnsalzsäure,[2] den Zinksulfatgehalt durch Ausziehen des Erzes mit warmem Wasser und Bestimmung des Zinks in der Lösung.

Zur Bestimmung des Fluors in Zinkblenden empfiehlt *Bullnheimer* (Zeitschr. f. angew. Chemie, 1901, S. 101) nachstehende Methode: Der verwendete Apparat besteht aus einem 300 bis 350 cc fassenden Erlenmeyerkolben mit dreifach durchbohrtem Gummistopfen, welcher außer einem Thermometer ein Zu- und ein Ableitungsrohr aufnimmt. Das letztere ist mit einem mit Glaswolle gefüllten U-Rohre und dieses mit einer in Wasser zu kühlenden *Winkler*schen Schlange verbunden. Das sich hieran anreihende Absorptionsgefäß besteht aus einer *Drehschmidt*schen Waschflasche, welche 80 cc wäßrige Chlorkaliumlösung enthält. Zur Analyse verwendet man (bei niedrigem Fluorgehalte) 2,5 g Zinkblende mit 3 bis 5 g reinem Quarzpulver innig vermischt und fügt hierzu im Zersetzungskolben 20 g Chromsäure und 100 cc konzentrierter Schwefelsäure, welche zweckmäßig vorher für sich gemischt werden. Nach raschem Verschluß des Kolbens mischt man dessen Inhalt durch leichtes Schütteln und beginnt mit dem Durchleiten von gereinigter Luft (nach *Fresenius*). Nach einiger Zeit erwärmt man den auf einer Eisenplatte stehenden Kolben langsam, bis das Thermometer 80° zeigt. Es erfolgt alsdann, besonders bei schwefel- und fluorreichen Blenden, eine lebhafte Reaktion, wobei das Thermometer ohne Zufuhr von Wärme höher steigt, so daß die Flamme gebotenenfalls ganz entfernt werden muß. Erst wenn das langsamere Durchstreichen der Gasblasen durch die Absorptionsflasche das Nachlassen der Sauerstoffentwicklung anzeigt, erwärmt man von neuem bis zur Steigerung der Temperatur auf 150 bis 160°. Während der Dauer der Sauerstoffentwicklung kann die Luftzufuhr ganz abgestellt werden. Nach dreistündigem Erhitzen ist alles Silicium-

---

[1] Nach *Plattner:* Die metallurgischen Röstprozesse, Nachträge S. 378 (1856) arbeitete *Th. Richter* in Freiberg schon in den 50er Jahren in ähnlicher Weise.

[2] *V. Hassreidter-Trooz* und *P. von Zuylen:* Ztschr. für ang. Chemie 1905 S. 1777 und 1906 S. 137 und 522.

Siehe auch: *Brandhorst* Ztschr. f. ang. Chem. 1904 S. 507.

36 Zink und Cadmium.

fluorid in die Vorlage übergegangen. Man gibt nun zur Absorptionsflüssigkeit ein gleiches Volumen (80 cc) Alkohol und läßt einige Zeit bedeckt stehen, worauf man nach *Penfield* mit $^1/_{10}$ N.-Natronlauge unter Anwendung von Phenolphthalein als Indikator rasch bis zur ersten schwachen Rosafärbung titriert.

Verschiedenes.

Zur Untersuchung von Retortenrückständen veröffentlichte *J. C. Evans* im Western Chem. u. Metallurgist, 6, S. 349, Arbeitsweisen zur Bestimmung von Kieselsäure, Eisen, Kalk, Magnesia, Zink, Blei, Kupfer, Gold und Silber.

Mühlhaeuser gibt in der Zeitschr. f. angew. Chemie, 1902, S. 1242, eine Analysenmethode für zinkhaltige Retortenscherben an.

Auf die gebräuchlichen Untersuchungsmethoden, für die der Zinkgewinnung dienenden Materialien, wie Tone, Kohle usw., einzugehen, würde uns zu weit führen, wir müssen dieserhalb auf die speziellen chemisch-technischen Werke verweisen, so bezüglich der Untersuchung von Brennstoffen, Generatorgas und ähnlichen Betriebsgasen auf den bereits erschienenen, vom Herrn Herausgeber verfaßten Band des speziellen Teils der chemischen Technologie, welche das „Kraftgas" behandelt.

Hinsichtlich der Untersuchung der Röstgase von der Blenderöstung verweisen wir noch auf Dr. *Clemens Winkler*: Anleitung zur chemischen Untersuchung der Industriegase (1876/77. Freiberg), insbesondere II, quantit. Anal., S. 348 ff.

Nachstehend bringen wir eine Anzahl Analysen von Erzen, Zink, Zinkstaub usw., in übersichtlicher tabellarischer Zusammenstellung.

Zinkblenden.

	I	II	III	IV	V	VI	VII	VIII	IX	X	XI	XII	XIII	XIV	XV
Zn	46,00	43,00	43,00	47,47	61,94	48,54	49,30	40,20	50,60	49,50	58,10	31,03	28,20	38,10	45,00
Fe	8,20	4,70	8,45	0,70	1,01	1,30	3,80	9,20	6,90	3,60	1,50	2,20	6,70	5,80	15,00
Mn	0,25	0	0	—	—	—	0,30	—	—	—	—	—	1,40	1,70	0,40
Pb	0,35	—	2,80	12,22	—	3,94	6,50	3,30	2,50	4,20	3,50	4,72	31,91	13,60	4,80
Cu	0,05	0	0,25	0	—	0	0,60	0,50	0,50	0,05	0,50	Sp.	0,10	0,15	—
Cd	0,02	Sp.	0,25	—	—	0	0,40	0,40	0,10	0	0,35	0	—	—	—
Ag	Sp.	0	Sp.	0	0	0	0,01	—	0	0	0	0	0,03	0,04	—
S	23,90	26,00	24,00	25,07	30,27	23,78	30,00	28,50	26,50	27,50	30,00	16,22	23,40	24,50	1,90[1]
As	0,01	0	0	0	0	0	—	0	0	0	0	0	0	0	0
Sb	0,05	0	0,15	0	0	0	0,03	0	0	0,12	0	Sp.	0	0	—
Al_2O_3	0,60	0,65	0	—	—	0,63	0,50	—	—	—	—	—	1,20	1,50	—
CaO	1,90	0,50	0,25	3,68	1,27	5,00	1,10	0,40	0,20	1,50	0,25	—	—	—	0,60
MgO	0,40	0	0	2,51	0,89	4,97	0	—	—	—	—	—	—	—	0,60
SiO_2	8,30	25,00	11,90	—	—	2,32	5,90	13,00	4,90	11,80	5,07	41,50	5,30	6,40	10,00
	rheinländische	schlesische	sardinische	schlesische	schlesische	kärntnerische	chinesische	japanische	kanadische	englische	nordafrikanische	von Haut-Loire	Concentrate von Brockenhill in Australien	Concentrate von Brockenhill in Australien	Geröstete Blende von Engis in Belgien

I bis XIV aus *Nissenson:* Die Untersuchungsmethoden des Zinks. 1907.

[1] 1,10 Proz. als Sulfatschwefel.

	Stücke	Graupen	Sand	Schlamm
Zn	58,33	45,83	45,75	36,74
Fe	1,92	5,94	5,94	8,90
Mn	0,20	0,52	0,52	0,85
Pb	0,90	2,30	2,90	4,80
S	29,10	23,40	23,40	19,20
CaO	0,17	0,34	0,34	0,39
MgO	0,14	0,65	0,65	0,90
Al_2O_3	0,60	0,80	0,80	1,00
SiO_2	8,40	13,40	14,00	19,00
Unlösliches	—	—	—	—
	I	II	III	IV

I bis IV Zinkblende der Grube Berzelius in Bensberg bei Köln (1909).

V. Analyse einer Blende nach *Voigt* (a. a. O.).

Hygroskopisches Wasser	0,10
H_2O, chem. geb.	0,73
SiO_2, Al_2O_3	3,54
$CaCO_3$	18,43
$MgCO_3$	9,41
PbS	0,10
$PbCO_3$	2,20
CdS	0,26
FeS^2	7,14
$FeCO_3$	1,68
Fe_2O_3	1,17
MnS	0,32
ZnS	43,07
$ZnCO_3$	11,22
	99,37

	I	II	III	IV	V	VI	
Zink	43,93	47,50	42,60	31,00	41,80	ZnS	62,25
Blei	7,35	2,15	8,75	7,50	4,00	PbS	2,01
Eisen	5,20	13,60	7,50	4,25	3,00	FeS_2	11,66
Schwefel	24,95	33,26	29,07	22,26	27,40	$FeCO_3$	7,58
Kalk	0,10	—	0,12	1,60	1,40	Erdcarbonate aus	
Magnesia	0,15	1,20	1,10	0,65	0,80	Verlust	14,90
Quarz	15,46	1,14	10,00	2,75	10,20	SiO_2 und Unlösl.	1,60
Schwerspat	—	—	—	24,50	10,55		100,00
Silber in der Tonne	230 g	325 g	375 g	340 g	413 g	(S in der Blende gef. 27,02)	

I bis V nach *K. Sanders* (Prayon) VI Durchschnittsprobe von schwefelkies- und kalkspathaltiger Blende des Tiefbau *von Hövel* in Iserlohn in Westf.

---

[0] *Urbain*, *Blondel* und *Obiedow* (Compt. rend. de l'Acad. des Sc. **150**, 1758 (1910) extrahierten aus 550 k mexikanischer Blende 5 g reines Germanium.

Nach *Herter* (1904, Berg- u. Hüttenm.-Rundschau) enthält die Setzkornblende der Neue-Helene-Grube bei Scharley im Durchschnitt 20,12 Proz. Ges.-S bei 11,35 Proz. Sulfidschwefel, ferner 11,27 Proz. CO_2, 4,20 Ca, 9,80 Fe, 3,07 Pb und 38,16 Zn.

Auf der Zinkhütte in Cilli (Steiermark, 1909) verhüttete Blende vom Schneeberg in Tirol (bei Sterzing) enthält im gerösteten Zustande 51,1 Zn und 0,7 Proz. Pb, von Raibl in Kärnten 40,2 Zn und 3,7 Proz. Pb.

Galmei.

	I	II	III	IV	V
	aus Mexiko	aus Spanien	aus Tunis	aus Mexiko	von Wiesloch in Baden Grube der Vieille Montagne.
Zn	49,50	30,00	47,60	46,07	33,00
Fe	0,50	1,50	2,20	0,70	14,40
Mn	1,40	0,60	—	—	0,60
Pb	1,05	2,70	2,30	0,60	0,45
Cu	1,30	0,50	0	0,50	—
Cd	Sp.	0	0	0,05	—
Ag	0	0	0	0	—
S	—	0,10	0,70	—	0,32
As	0	0	0,40	0	—
Sb	0	0	—	—	—
Al_2O_3	0	—	—	—	—
CaO	0,70	9,10	4,90	1,40	1,22
MgO	—	—	—	—	0,29
SiO_2	1,30	24,10	13,20	6,90	24,10
$BaSO_4$	—	—	8,00	—	—
Glühverlust	32,70	16,00	—	27,50	4,30

	VI	VIIa	VIIb
ZnO	11,73	17,46	17,46
PbO	1,47	0,28	1,55
CdO	Sp.	Sp.	Sp.
Mn_2O_3	,,	,,	,,
Fe_2O_3	18,58	4,79	6,66
Al_2O_3	3,39	8,51	9,70
CaO	15,85	2,65	4,09
MgO	7,34	0,95	1,39
CO_2	26,18	1,72	1,72
H_2O, chem. geb.	5,33	5,60	5,60
Wasser, hygrosk.	1,70	8,05	8,05
Rückstand	7,90	49,70	43,42
Zusammen	99,47	99,71	99,64

VI und VII sind von *Voigt* (a. a. O.) analysierte Galmeie von einer Halde.

VIIa ist nur mit Salpetersäure aufgeschlossen, während

bei VIIb der Rückstand nachträglich mit Soda geschmolzen wurde, wobei noch Pb, Fe, Al, Ca, Mg aber kein Zink mehr in dem bei der Behandlung des Erzes mit Säuren gebliebenen Rückstand gefunden wurde. Zur Bestimmung des Zinks genügt danach das Aufschließen mit Säuren, während das Bleisilicat nicht angegriffen zu werden scheint. (Die durch Säuren gelöste Menge war vermutlich als Bleicarbonat vorhanden.)

Galmei von *Raibl* in Kärnten (Zinkhütte in Cilli) enthält neben 33,4 Zn 2,9 Pb.

Kieselzinkerz und Franklinit.

	I	II a	II b	III	IV		V	VI
Zn	25,60	38,25	38,08	67,88	46,56	ZnO	34,13	34,70
Fe	7,60	6,46	6,46	—	4,90	Fe_2O_3	28,48	28,34
Mn	—	—	—	—	5,67	MnO	14,13	15,50
Pb	—	0	—	—	0,63	CaO	5,51	5,70
CaO	0,90	3,95	6,61*)	—	0	MgO	0,13	1,44
SiO_2	40,20	29,37	29,37	23,95	23,00	CO_2	4,96	6,26
Glühverlust	7,35	11,30	8,23	8,13	—	SiO_2	11,85	8,64
			(geb. Wasser)			Al_2O_3	0,58	Sp.
						Cu	0,07	,,

*) Kohlensaurer Kalk und Magnesia.

I Kieselzinkerz von Moresnet.
II Kieselzinkerz von Pulaski, Va., U. S. A.
III   ,,   der Bertha-Zink-Gesellschaft.
IV   ,,   von New Jersey aus dem Jahre 1893.
V und VI Franklinite von New Jersey.

I und II aus *Nissenson:* Untersuchungsmethoden.
— bedeutet „nicht bestimmt", 0 nicht vorhanden.

Zinkhaltiger Flugstaub, Gekrätze u. dgl.

Durch Wassereinspritzung hinter der *Dagner* schen Vorlage niedergeschlagener Staub nach *Steger*. Zeitschr. d. Oberschles. Berg- u. Hüttenm.-Vereins 1885, S. 222.

	aus oberschlesischen Eisenhochöfen nach *Jensch.*					
	Flugstaub	—	Ofengalmei			
Sand	23,64	25,98	12,34	1,98	3,45	1,16
Zinkoxyd	28,22	21,37	59,42	65,71	78,15	83,95
Bleioxyd	8,72	6,55	3,93	3,70	4,29	3,96
Eisenoxydul	22,96	26,60	14,82	—	—	—
Eisenoxyd	Sp.	—	—	0,50	3,87	0,80
Manganoxydul	2,58	3,58	4,17			
Tonerde	0,30	0,62	1,26		Cadmium	
Kalk und Magnesia . .	Sp.	—	0,18	7,11	2,09	1,68
Schwefelsäure	0,49	0,70	0,38		Glühverlust	
Chlor	0,02	0,07	—	20,42	6,56	8,71
Schwefel	0,52	0,26	0,12			
Kohle	11,68	13,79	2,02			
Phosphorsäure	—	—	0,16			

Die Vorlagenansätze (Vorlagenscherben) auf der Zinkhütte Birkengang enthielten im Jahre 1911:

Zn	=	9,6
ZnO	=	49,0
ZnS	=	0,6
PbO	=	1,2
FnO_3	=	2,0
SiO_2	=	21,0
CaO	=	0,4
MgO	=	0,2
Al_2O_3	=	16,0
		100,0

Der Ausbruch aus den Vorlagen der Zinkmuffeln enthielt nach *Jensch* 76,41 Zink, 0,39 Blei und 0,13 Cadmium auf 100 Teile.

	I		II	III	IV	V	VI
Zinkoxyd	54,45	(43,72 Zn)	88,20	74,9	78,78	80,10	84,1
Bleioxyd	12,34	(11,50 Pb)	4,44	0,8	—	—	
Cadmiumoxyd . . .	3,62	(3,17 Cd)	1,46				
Schwefelsäure . . .	3,85		4,12				13,1
Eisenoxyd u. Rückst.	25,72		1,55	18,1	18,44	12,02	2,8
	99,98		99,77				100,0

nach *Kosmann:*

I Zinkstaub aus den Sammelkanälen der Silesiahütte, Lipine O.S. | Ztschr. f. Berg-,
II   „   von *Giesche*s Erben hinter *Kleemann*schen Vorlagen | H.- u. Sal.-Wes.
1883, S. 236.

III Ofenbruch (derber Gichtschwamm nach *Anthon*)
IV   „   (derber Gichtschwamm von Hasselö nach *Johnsen* | Aus *Kerl:* Metal-
V   „   (von Lauchhammer nach *Lampadius*) | lurg.Hüttenkde.
VI Gerösteter Ofenbruch von Freiberg nach *Plattner*.

Zinkstaub der Hochöfen in New Jersey (Franklinitverhüttung) bestand aus:

	I	II	III
SiO_2	3,06	4,46	9,70
$Fe_2O_3 + Al_2O_3$	2,18	3,50	5,35
MnO	4,03	4,66	5,05
ZnO	84,50	79,54	50,98
CaO	1,18	1,50	7,98
MgO	1,07	1,39	5,31

Nach *John J. Porter* (Amer. Inst. of Mining Engineers 1907) enthielt der Gichtschwamm aus virginischen Hochöfen 85 bis 90 Proz. Zinkoxyd und 0,5 bis 1 Proz. metall. Zink. Nach *Herter* (Berg- u. Hüttenm.-Rundschau 1904) enthält das Schamottmauerwerk schlesischer Eisenhochöfen beim Abbruch bis zu 60 Proz. Zink, so daß sich die Neuzustellung eines Ofens fast durch dessen Verwertung (600 bis 750 t) bezahlt macht.

<h3 style="text-align:center">Zinkrückstände (Räumasche).</h3>

	I		II	III		IV	V
Zn	4,10	Kieselsäure	60,3	59,9	SiO_2 . .	39,30	34,3
Pb	5,50	Tonerde	12,3	10,5	Fe . . .	7,88	10,7
Ag	0,209	Eisen- und Manganoxydul	18,5	19,1	Mn . .	0,46	1,9
		Kalk.	2,0	2,9	Cu . . .	0,29	0,4
		Magnesia.	0,9	2,1	Pb . . .	3,43	3,8
		Zinkoxyd	5,1	5,2	Zn . . .	5,18	5,0
		Zusammen	99,1	99,7	S . . .	—	2,0
					C . . .	—	32,0

I Zinkrückstände aus Belgien nach *Firket* (Annales des Mines de Belgique 1901) vom Jahre 1898.

II und III Muffelrückstände aus reichem Galmei nach *Karsten* (1830) (von Zinkkörnern vor der Analyse befreit und kohlefrei).

IV nach *Voigt*. Herkunft unbekannt. V von Zinkhütte Birkengang (1911).

<h3 style="text-align:center">Analysen von Rohzink.</h3>

Zink	98,12	98,30	97,334	98,363
Blei	1,85	1,67	2,614	1,524
Eisen	0,02	0,02	0,030	0,100
Cadmium	0,003	0,004	0,021	0,011
Rückstand (Kohle) .	0,001	0,005	—	—
Arsen	—	—	0,0014	0,0024
	von Rosamunden- hütte bei Morgenroth in Oberschlesien		Schlesisches Vereins- zink	

Zink	—	—	—
Blei	1,448	1,777	1,192
Eisen	0,028	0,028	0,024
Cadmium	0,025	—	—
Kupfer	0,0002	—	0,0002
Silber	0,0017	—	0,0007
	Spuren As u. S	Spuren Sb u. 0,0002 S	Spuren Sb, Bi u. S
	Georgshütte	Marke CH	*G. v. Giesches Erben*

Oberschlesien

In dem Zink der südwestl. Missourihütten fand *Pack:*

	I	II
Blei	0,070	0,006
Eisen	0,717	0,286
Arsen	0,060	0,059
Antimon	0,025	—
Kupfer	0,112	0,0013
Cadmium	—	—
Schwefel	0,0035	0,0741
Silicium	0,0345	0,1374
Kohle	0,1775	0,0016

Es enthielten weiter:

	I Lehigh-Zink (New Jersey)	II Passaic-Zink (New Jersey)	III Bethlehem-Zink (Pennsylvanien)	IV Zink aus Joplin-Blende
Blei	0	0,027	0	0,54
Eisen	0,041	0,020	0,0405	0,02
Kupfer	0,530	—	—	—
Cadmium	0,078	—	—	0,38
Silicium	—	—	0,2390	—

Analysen nach *Steger.*

	schlesisches 1871	Bleiberger 1870	La Salle 1871	U. S. A. Virginia (Bertha-Spelter aus Willemit)	Sagor (Krain) 1885		von Cilli (Steiermark)	von Johannisthal (Krain)	Hütte Birkengang bei Stolberg (Rheinland)
Zink	97,41	98,05	99,38	99,98	99,281	Spuren von Kupfer, Silber und Schwefel	—	—	—
Blei	2,93	1,56	0,50	—	0,633		0,3239	0,536	1,460
Eisen	0,14	0,10	0,04	0,02	0,052		0,0253	0,018	0,022
Cadmium	Sp.	0,28	0,08	—	0,054		—	0,069	—

Zink von der Paulshütte bei Schoppenitz in Oberschlesien.

Zink	98,59	98,45	98,44	98,18	97,24	98,14	97,53
Blei	1,33	1,49	1,47	1,70	2,17	1,74	2,40
Eisen	0,06	0,03	0,03	0,06	0,05	0,04	0,03
Cadmium . . .	0,03	0,02	0,06	0,06	0,53	0,08	0,03
As	Sp.	0,002	Sp.	Sp.	Sp.	—	—
Silber	—	0,002	—	—	—	—	—
	aus Blende,	aus Galmei,	aus 75 Proz. Galmei und 25 „ Blende		aus Flugstaub		

Bertha-Zink (nach Eng. and. min. Journ. 1881, **32**, No. 23.)

	vor der Raffination	nach der Raffination
Eisen	0,0140 Proz.	0,010 Proz.
Kohlenstoff	0,0580 „	— „
Silicium	0,0360 „	0,006 „
Arsen	0,0001 „	— „
Blei	0,0500 „	0,035 „

Raffiniertes Zink.

	I	II	III	IV	V	VI
Zink	98,782	98,930	98,775	98,852	98,868	98,918
Blei	1,118	1,000	1,180	1,100	1,110	1,062
Eisen	0,024	0,030	0,020	0,030	0,020	0,017
Cadmium	0,012	0,018	0,025	0,018	0,001	0,002
Thallium	—	0,010	—	—	—	—
Arsen	—	—	—	—	—	—
Antimon	0,022	—	—	—	—	—
Kohle	—	—	—	—	0,001	0,001

I von der Paulshütte O.S. nach *Steger*.
II „ „ Beuthener Hütte bei Morgenroth O.S. nach *Jensch*.
III bis IV unbekannter Herkunft.

Ein raffiniertes Zink von Freiberg enthielt nach *Föhr:*

Blei	1,03	Zinn	0,07
Eisen	0,04	Arsen	Spur.

Analysen einiger Proben von Handelszink nach *Nissenson:*
(Der Zinkgehalt ist aus der Differenz ermittelt).

	I	II	III
Silicium	0,0022	0,0035	0,0005
Kohle	0,0075	0,0006	0,0022
Blei	1,1524	0,1094	1,2013
Wismut	—	0,0007	Spuren
Silber	0,0002	Spuren	0,0002
Kupfer	Spuren	0,0005	0,0011
Cadmium	0,0705	0,0075	0,0044
Arsen	0,0015	0,0005	0,0007
Antimon	0,0020	0,0018	0,0025
Eisen	0,0073	0,0065	0,0104
Schwefel	0,0035	0,0005	0,0008
Zink	98,7529	99,8685	98,7759
	100,0000	100,0000	100,0000

Analysen von Zinkstaub des Handels.

	I	II	III	IV	V	VI
Zink	86,95	87,75	90,83	88,01	83,70	91,57
Zinkoxyd	10,15	9,85	0,64	4,98	7,02	—
Blei	2,05	1,95	2,44	1,85	1,03	1,36
Kupfer	0,02	0,01	—	—	—	—
Cadmium	0,15	0,09	—	—	—	3,46
Arsen	0,27	0,17	—	—	—	—
Antimon	0,15	0,11	—	—	—	—
Eisen	0,01	Sp.	—	—	—	0,20
Schwefel	Sp.	„	—	—	—	—
Kieselsäure	0,22	0,06	—	—	—	—
	99,97	99,99				

I und II von *Nissenson*.
III und IV Zinkstaub bei der Verhüttung von Blende, Galmei, Zinkasche, gewonnen.
 (1896 Hamborn.) *Meyer* fand in einer Probe etwa 89 Proz. metall. Zink.
 Proben der Hütten von Stolberg enthielten 86,2, von Dortmund 84,1 und
 von Gladbach 78,1 Proz. metall. Zink.
V und VI unbekannter Herkunft.

Analysen von Zinkstaub aus Oberschlesien nach *Kosmann*[1].

	I	II
Zink	80,00	84,463
Zinkoxyd	8,324	4,888
Blei	2,018	4,276
Cadmium	1,651	2,654
Mangan	1,815	—
Eisenoxyd	1,022	0,903
Tonerde	0,200	—
Kalk	2,804	2,464
Magnesia	0,675	0,239
Rückstand mit Kohle	1,250	0,120

I Anfangs-Poussière von Theresienhütte bei Laurahütte O.S.
II Durchschnitts-Poussière von Silesia-Hütte O.S.

4. Geschichtliches vom Zink, und die technische Entwicklung der Gewinnungsmethoden.

Geschichtliches.

Das Zink war als Metall schon im Altertume bekannt, wenn auch nur als zufälliges Neben- oder Halbprodukt, als „Ofenbruch" und zufälliges Destillat, es wurde aber noch nicht mit einem betimmten Namen bezeichnet. Das $\psi\varepsilon\upsilon\delta\acute{\alpha}\varrho\gamma\upsilon\varrho\varsigma$ des *Strabo*[2] (60 v. bis 20 n. Chr.) ist wahrscheinlich Tropfzink.

Irgendeine Verwendung scheint aber das Metall für sich allein im Altertum nicht gefunden zu haben, denn es ist nie ein Gegenstand aus Zink gefunden, dem man antiken Ursprung zuschreiben könnte. Ein unumstößlicher Beweis ist freilich damit nicht gegeben, da die leichte Oxydierbarkeit des Zinks im Laufe der Jahrhunderte zur völligen Vernichtung der Gegenstände geführt haben kann[3].

In einer Verbindung mit Kupfer hat es den Alten schon lange vor Christi Geburt gedient. *Aristoteles* (384 bis 322 v. Chr.) erwähnt, daß in Indien Kupfer von einer dem Golde gleichen Farbe gefunden wurde und unter den Trinkgefäßen des *Darius* sich Becher befunden hätten, die sich nur durch

---

[1] Zeitschr. f. B. H. u. Sal.-W. 1883, S. 234.
[2] *Strabos* „Geographica" XIII, 56.
[3] In Tordosch in Siebenbürgen hat man an der Stätte einer altdakischen Niederlassung unter Bronzen ein Stück eines rohen Brustbildes gefunden, welches nach *Halm* 87,5 Zink und 11,4 Blei enthält. Ob dasselbe antiken Ursprungs ist, ist immerhin fraglich.

den Geruch von goldenen unterscheiden ließen. Er hebt besonders hervor, daß das mossinözische Erz (so genannt, weil es von den am Schwarzen Meere wohnenden Mossinöziern fabriziert wurde) seine glänzende helle Farbe nicht einem Zusatze von Zinn, sondern einer dort vorkommenden Erde verdanke, welche mit dem Kupfer zusammengeschmolzen werde. Bevor man die Wirkung dieser Erde (Galmei) entdeckte, verarbeitete man schon zinkhaltige Kupfererze, und die Gruben, welche dieselben zur Erzeugung des goldgelben Metalls lieferten, standen in hohem Werte. Das daraus gewonnene „mossinözische Erz" wurde auch ὀρείχαλκος — Oreichalcum (*Strabo*), Aurichalcum (*Plinius*) genannt.

Wenn diese Bezeichnung für ein goldfarbiges Metall schon ältere Schriftsteller anführen, so ist damit wahrscheinlich eine goldgelbe Kupferzinnlegierung mit einem hohen Kupfergehalt (85 bis 88 Proz.) oder Goldsilber (ἤλέκτρος) gemeint, da man anscheinend das Messing in altgriechischer Zeit noch nicht gekannt hat, denn die alten Bronzen enthalten kein Zink, nur etwas Blei[1]. *Göbel* hält deshalb das Vorkommen von größeren Mengen Zink in Altertumsfunden für ein charakteristisches Merkmal, daß dieselben römischen und nicht griechischen Ursprungs seien[2].

Zu Beginn der römischen Kaiserzeit ist das goldgelbe Metall und seine Herstellung allgemein in Kleinasien, Griechenland und Rom bekannt gewesen, davon zeugt der Zinkgehalt vieler Münzen aus dieser Zeit, der bis zu 27 Proz. beträgt.

Dioscorides, *Plinius* (23 bis 79 n. Chr.) und nach ihnen auch andere bezeichnen die das Kupfer gelbfärbende Erde, welche inzwischen auch in der Heilkunst Anwendung gefunden hatte, als καδμεία, Cadmia. *Plinius* umfaßt mit diesem Namen alle zinkhaltigen Erze und auch den zinkischen Ofenbruch (Ofengalmei), der noch heute so genannt wird. Dem lockeren, beim Verbrennen von Zink entstehendem Oxyd, welches nach *Dioscorides* und *Galenus* schon besonders dargestellt wurde, gab man dagegen den Namen pompholyx und später nihilum album — lana philosophica[3].

Obwohl im Mittelalter das Messing in beträchtlichen Mengen fabriziert wurde und Zink in China schon viel früher bekannt gewesen sein soll, ist 14 Jahrhunderte hindurch in Europa kaum ein Fortschritt in der Erkenntnis des Zinks zu verzeichnen. Wir finden in den Schriften der Alchemisten *Zosimus* im 5., *Geber* im 9. und *Avicenna* im 11. Jahrhundert nur spärliche Notizen, so den Namen tutia für cadmia und bei den Arabern climia (lapis calaminaris), woraus (franz.) calamine und Galmei geworden ist. *Albertus Magnus* (1193 bis 1280) spricht von einem den Alchemisten wohlbekannten

---

[1] Nach *Neumann*s Ansicht ist indessen schon der in einer Homer zugeschriebenen Hymne an Venus erwähnte Ohrschmuck, den die Ohren der Aphrodite trugen, aus Messing gefertigt gewesen.

[2] *Göbel*, Einfluß der Chemie auf die Entwicklung der Völker der Vorzeit. Erlangen 1842.

[3] Siehe Ausführliches bei *B. Neumann*, Die Metalle, Geschichte, Vorkommen und Gewinnung. Knapps Verlag, Halle a. S. 1904, S. 286, und *P. Diergart* sowie *B. Neumann*, Zeitschr. f. angew. Chemie 1901, S. 1297; 1902, S. 511, 761, 1217; 1903, S. 85, 253, 350.

Mineral, dessen Metall sich im Feuer verflüchtige und eine unbrauchbare Asche zurücklasse, er bezeichnet es mit dem Namen marchasita. Da Galmei von ihm immer lapis calaminaris genannt wird, so muß er damit ein anderes Mineral bezeichnet haben (vielleicht zinkhaltigen Markasit?). Wie später *Agricola* (im 16. Jahrhundert), erwähnt auch *Albertus Magnus* schon, daß man Messing sowohl aus natürlichem wie aus Ofengalmei bereiten könne[1].

1420 bezeichnet der Erfurter Mönch *Basilius Valentinus* den Ofenbruch seiner Form wegen mit „Zinken" und 100 Jahre später nennt *Paracelsus* (1493 bis 1541) ein aus Kärnten kommendes Metall so, fügt aber hinzu, daß es keine „Malleabilität" besitze, auch sonst von anderen Metallen verschieden sei, weshalb er es als Bastard der Metalle oder Halbmetall bezeichnet („der Zinck, welcher ein Metall ist und doch keins"). Wir finden also hier zum ersten Male den heutigen Namen des Metalls, welcher demnach *Basilius Valentinus* zum Urheber hat. Aber erst *Paracelsus* wendet ihn auf das eigentliche Metall an, während ersterer in seinem „Currus triumphalis Antimonii" darunter ein Halbprodukt, den Ofenbruch, wohl wegen seines zackigen Aussehens, verstand.

In der Mitte des 16. Jahrhunderts fand *Agricola*[2] in den Mauerfugen der Ofenbrust der Schmelzöfen in Goslar im Oberharz das Metall und nannte es Conterfey, weil es zur Nachahmung des Goldes diente. Er erkannte aber nicht, daß das Erz, aus dem es herrührte, der das Kupfer gelbfärbende, es in Messing verwandelnde Stoff war. Dieser Fund führte dazu, daß das nun auch Zink genannte Metall in kleinen Mengen später bei der Schmelzarbeit in den Goslarer Schachtöfen, welche zur Verhüttung der Erze des Rammelsberges dienten, regelmäßig gewonnen wurde, nachdem man in dem unteren Teile der Ofenbrust, gegenüber der Windform, den sog. Zinkstuhl angebracht hatte.

Löhneys berichtet 1617 darüber in seinem „Bericht vom Bergwerk": „Wann die Schmeltzer im Schmeltzen seyn, so sammelt sich in der Vorwand unten am Ofen in den Klüften, da es nicht dicht ausgestrichen worden, zwischen den Schieferstein, eine Metall, welche von ihnen Zinck oder Conterfeht genennet wird, und so sie an die Vorwand klopfen, so fleust dieselbe Metall heraus in einen Trog, den sie untersetzen, dieselbe Metall ist weiss gleich einem Ziehn, doch härter und ungeschmeidiger und klinget als ein Glöcklein. Solcher Conterfeht könnte auch viel gemacht werden, wo man Fleiss brauchte."

Agricola beobachtet also hier dasselbe, was *Strabo* (s. oben) schon um Christi Geburt gefunden hatte, worüber dieser schrieb:

„Es 'gibt in der Umgebung von Andeira einen Stein, welcher bei der Verbrennung zu Eisen wird. Mit einer gewissen Erde in einen Topf geworfen, läßt er tropfenweise „$\psi\varepsilon\upsilon\delta\acute{\alpha}\varrho\gamma\upsilon\varrho o\varsigma$" fallen, welches durch Hinzufügen von Kupfer dasjenige hervorbringt, was man eine Verbindung nennt, und diese Verbindung wird zuweilen $\delta\varrho\varepsilon\acute{\iota}\chi\alpha\lambda\varkappa o\varsigma$ genannt."

Auch am Tmolos in Kleinasien hat man Pseudoargyros beobachtet und

---

[1] *Stölzel*, Metallurgie I, S. 749. *Percy-Knapp*, Metallurgie I (1863), S. 474.

[2] *Georg Agricola* (Bauer), geb. 1494, gest. in Chemnitz 1555. „De re metallica."

später, außer in Goslar, auch in Ebbw Vale in England (Monmouthshire) an Eisenhochöfen in der Nähe der Formen Zink gefunden[1].

Es ist anzunehmen, daß sich diese Erscheinung bei der Kupfer-, Blei- und Eisenverhüttung im Altertume öfter gezeigt hat und deshalb ist es überraschend, daß anderthalb Jahrhunderte vergingen, ehe man Vorteile aus dem Metalle zu ziehen wußte, welches der Zufall bescheert hatte.

Auch im Oberharz scheint das Metall für sich allein, bzw. als solches noch viele Jahre keine Verwendung gefunden zu haben, vermutlich wegen seiner Sprödigkeit, denn *Löhneys* schreibt weiter darüber:

„Von diesem Metall kann nichts für sich allein gemacht werden, denn es so ungeschmeidig ist, wie ein geschmeltzter Wissmuth, wann es aber unter Ziehn gesetzt wird, macht es dasselbe härter und schöner, gleich einem englischen Ziehn, die Alchemisten haben große Nachfrage nach diesem Zinck oder Wissmuth.“

Um dieselbe Zeit wurde dort auch der „weiße“ Vitriol, sog. Gallitzenstein[2], gewonnen, dessen Darstellung nach dem damaligen Bergverwalter *Christoph Sander* eine Erfindung des Herzogs *Julius* von Braunschweig-Lüneburg gewesen sein soll. In Kärnten soll schon im 14. Jahrhundert Zinkvitriol gesotten sein.

Obgleich *Agricola* erkannt hatte, daß man sowohl mittels natürlichem Galmei, wie aus dem Ofenbruche, *Messing* bereiten könne, war doch auch der letztere lange Zeit ungenutzt auf die Halde gewandert, bis endlich der Nürnberger Patrizier *Erasmus Ebner*, welcher um die Mitte des 16. Jahrhunderts längere Zeit am Hofe des Herzogs *Julius* lebte, auf die Verwendbarkeit jenes Materials aufmerksam machte und mit der Messinghütte in Bündheim vor Harzburg im Jahre 1575 den Grund zur Messingfabrikation im Harze legte.

In Frankreich muß die Fabrikation von Messing schon um das Jahr 1400 bestanden haben, denn französische, protestantische Emigranten brachten sie 1425 nach Aachen.

Nach anderen Angaben soll der Galmeibergbau an der Maas schon mit Beginn des 12. Jahrhunderts betrieben und in dieser Zeit auch schon Messing fabriziert worden sein. Alten Dokumenten nach ist bei Moresnet sogar schon zu Anfang des 7. Jahrhunderts Galmei gewonnen. Sicher ist, daß 1435 der Herzog von Limburg die Konzession für eine Galmeigrube erteilte. 1439 findet das Erz Erwähnung in einer Schrift (qu'avaient coutume d'exploiter ceux d'Aix). Bei der Wiederaufnahme des verlassenen Bergbaus bei Moresnet soll man dem Vorkommen den Namen „Altenberg“ gegeben haben (*St. Paul de Sincay*, „Die belgische Zinkindustrie“. Berg- u. Hütten-Ztg. 1884, S. 306).

In Aachen und später in dem nahegelegenen Cornelimünster und Stolberg ist die Messingfabrikation („métal jaune“ oder „laiton“) also vom 15. Jahr-

---

[1] *Lodin*, Metallurgie du Zinc. 1905.

[2] Eisenvitriol nannte man grünen Gallitzenstein, wohl wegen seiner Verwendung bei der Bereitung der Tinte aus Galläpfeln. *Stölzel*, Metallurgie I, S. 749.

hundert an in hoher Blüte gewesen. Auch ihr diente der Galmei vom Altenberg (Vieille Montagne), welcher auf der Grube mit Holzkohle vom „Hertogenwald" gebrannt (calciniert) wurde und Tiroler und Mansfelder Kupfer (Cuivre rouge) als Rohmaterial, ebenso, wie der Messingindustrie in Dinant, Bouvignes und Oignies bei Namur in Belgien. (S. auch *Neumann*, „Die Metalle" (1904, S. 300) und die Broschüre der Société de la Vieille-Montagne 1837 bis 1910.)

Seit 1751 wurden auch die Galmeilager bei Iserlohn in Westfalen in größerem Umfange von der von 18 angesehenen Bürgern Iserlohns gegründeten Messinggewerkschaft ausgebeutet. Dorthin war die Messingfabrikation 1732 von Stolberger Messingschmelzern verpflanzt worden. Der Galmeibergbau soll aber dort schon im 13. Jahrhundert oder noch früher von Venezianern begonnen worden sein[1].

Biringuccio sah diese Fabrikation in Mailand um 1540 in der Ausübung, und in England errichtete Mitte des 17. Jahrhunderts der Deutsche *Demetrius* ein Messingwerk in Surrey mit einem Kapitale von 6000 Pfd. Sterl., aus welchem er aber durch die Mißgunst englischer Konkurrenten vertrieben wurde, 1702 entstand ein Werk in Bristol und 1720 in Staffordshire. Aus metallischem Zink wurde Messing 1781 in England durch *Jacob Emerson* hergestellt (*Neumann*).

Auch in Oberschlesien ist die Messingfabrikation schon früh betrieben worden, denn *Serlo*[2] berichtet, daß der Münzverwalter der Jägerndorfer Münze (*Gregor Emich*) 1560 dort ein Messingwerk errichtet habe, für welches er jedoch zuerst Aachener Galmei auf dem Wasserwege mit hohen Kosten bezog. 1569, am 4. August, schreibt dann *Peter Jost* aus Tarnowitz an den Markgrafen *Georg Friedrich* von Ansbach, daß es ihm gelungen sei, auf dem fürstlichen Bergwerke zu Tarnowitz einen Galmeistein zu finden, der mit Kupfer versetzt Messing liefere; er wolle ein Messingwerk anlegen und sagt bei dieser Gelegenheit, daß „aus salichem steynen keyne metall kan noch mack gemachet werden". Daraufhin wurde ihm am 10. Oktober desselben Jahres der Galmeibergbau in Tarnowitz erlaubt.

1580 wurde an die Messingbrennerei von *Georg Rosenberg* in Danzig Galmei von Tarnowitz geliefert, wo auch schon ein Gutsbesitzer *Hornig* auf seinem eigenen Lande Galmei grub. Auch in Olkusch in Polen wurde damals schon Galmei gewonnen. Der 30jährige Krieg vernichtete später alle Unternehmungen.

Aus dem Jahre 1647 wird von einem Galmeifund in Radzionkau berichtet, und 1692 wurde auf dem Besitze des Grafen Henckel in Deutsch-Piekar Galmei gefördert (*Herter*: Berg- und Hüttenm. Rundschau 1894, 101).

1704 erhielt dann der Breslauer Kaufmann *Georg von Giesche* vom Kaiser *Leopold* das Privileg zur Gewinnung und zum Vertriebe des Galmeis im ganzen Bezirke, welches seine Erben nach wiederholter Verlängerung bis zum 4. Dezember 1802 innehatten. Umfangreich scheint die Galmeigewinnung jedoch

---

[1] Geschichte der Industrie im Märkischen Sauerlande von Dr. *Voye*. Hagen 1908.
[2] Geschichte des schlesischen Bergbaues.

bis gegen Ende des 18. Jahrhunderts nicht gewesen zu sein[1], wenn auch berichtet wird, daß der Galmei, welcher durch Röstung von Wasser und Kohlensäure befreit war, ein leicht verkäufliches Gut war und hauptsächlich nach Schweden und Rußland mit Benutzung der Weichsel als Wasserweg Absatz fand. Es müssen also auch dort Messingfabriken bestanden haben.

Von 1720 ab schon wurde das im Jahre 1700 gegründete fiskalische Messingwerk in Hegermühle bei Neustadt-Eberswalde von *Giesche* mit Galmei versorgt. Nach Beendigung des 7jährigen Krieges kam der Galmeibergbau in Blüte, was die Bestrebungen erklärt, die Zinkerzeugung in Schlesien auszuüben, nachdem inzwischen der Galmei als Zinkerz erkannt war und das metallische Zink als wichtiger und teuer bezahlter Handelsartikel auf dem europäischen Markt erschienen war, stammend aus China und in kleinen Mengen aus England, Kärnten und Ungarn (Siebenbürgen). Außerdem scheint neben der gelegentlichen Gewinnung in Goslar vor dem Ende des 18. Jahrhunderts in Europa eine regelmäßige Fabrikation von Zink nicht bestanden zu haben.

Seine Eigenschaften hatte man erst näher kennen gelernt, als nach Eröffnung regelmäßiger Handelsverbindungen mit dem Orient die Portugiesen und Holländer das Metall, wie oben schon erwähnt, aus Ostindien und China gegen Ende des 16. Jahrhunderts nach Europa brachten.

Nach *Libavius*, der 1595 eine Probe aus Holland erhielt, welche er noch für eine Art Zinn ansprach, nannte man das Handelsprodukt Calaëm (an lapis calaminaris erinnernd). Er erforschte zuerst die Eigenschaften des Metalls, aber daß der Galmei ein Zinkerz war, erkannte auch er noch nicht.

Von anderen wurde das eingeführte Metall auch Tutaneg(o)[2] und Spiauter[3] (Spienter, Spialter, Speltrum) genannt, eine Bezeichnung, die heute noch in England für Rohzink (Spelter) gebräuchlich ist („Zinc" wird dort nur für Walzzink gebraucht).

Erst im Jahre 1657 erkennt *Glauber* den Galmei als Zinkerz, auch *Homberg* schreibt darüber 1695. *Joh. Kunkel* bemerkt 1716, daß der Galmei das Kupfer zu Messing mache, indem er „seinen mercurialischen Teil in das Kupfer fahren lasse". 1725 endlich scheint *Henkel* die Darstellung des Zinks aus Galmei gelungen zu sein, er berichtet unter Geheimhaltung seines Verfahrens, daß das Zink mittels Phlogistons aus dem Galmei zu gewinnen sei. Unabhängig voneinander reduzieren dann 1742 der schwedische Bergrat *Anton*

---

[1] *Giesche* soll nach *Neumann* allerdings auf den Gruben zu Scharley jährlich 450 bis 500 t Galmei gefördert haben. Nach derselben Quelle erfolgte die Röstung von 1783 ab mit Steinkohle statt mit Holz, wie früher. Nach der Festschrift zum 200jährigen Jubiläum der Bergwerksgesellschaft *Georg von Giesches Erben* am 22. November 1904 (vom Archivar *Wutke* und Generaldirektor *Bernhardi*) wurde der erste Galmeiröstofen nach englischem Muster erst 1788 gebaut. 1793 verbot das Oberbergamt das Calcinieren mit Holzbrand.

[2] Nach *Roth* abgeleitet von den sanskritischen Wurzeln tuttha (Sulfat des Kupfers) und nâga (Blei).

[3] Nach *Beckmann:* Geschichte der Erfindungen 1791 nahmen 1620 die Holländer den Portugiesen ein Schiff weg, dessen Ladung an Metall als „Speautre" verkauft wurde (*Neumann*).

v. Swab und 1746 *Marggraf* den Galmei in geschlossenen Gefäßen und gewinnen das Metall durch Destillation, *Swab* aus Erzen von Westerwick in Dalekarlien. *Marggraf* hat seine Experimente zur Hervorbringung von Zink „aus seiner wahren Minera, dem Galmeistein" in seinen „Experimental Chymische Schriften" *1*, 263ff. (Berlin 1761) beschrieben.

Joh. Joachim Lange schreibt in der „Mineralogia metallurgica" 1770: „Zink, Spiauter, Conterfait ist ein dem Zinn von Ansehen gleiches, ins Bläuliche spielendes Halbmetall" und „Zink kommt aus Ostindien, Engelland und Goslar, und wird am letzten Orte bey Schmelzen der Erze mit erhalten, ohne daß man eine eigentliche Zinkmineram gewusst, noch viel weniger denselben gediegen fände". „Wegen seiner Verbrennlichkeit wird der Zink auch selbst in der Schmelzhütte selten in metallischer Gestalt gefunden" (*Neumann*, Die Metalle).

Der größte Teil des in Europa im 16. bis 18. Jahrhundert eingeführten Zinks stammte vermutlich aus China, wo die Metallindustrie entwickelter gewesen zu sein scheint, als in Ostindien[1]; das ist auch zu schließen aus Mitteilungen von *Bergman* und von *Watson*[2], nach denen ein Engländer, vermutlich der Schotte Dr. *Isaac Lawson*, in der ersten Hälfte des 18. Jahrhunderts nach China gereist sei, um dort das Verfahren zur Gewinnung des Zinks kennen zu lernen. Um 1730 soll *Lawson* nach *Pryce* (Mineral-cornubienses 1753) in England Zink im Großen hergestellt haben. Ob ihm oder den Versuchen und Entdeckungen von *Henkel*, oder des Schweden *v. Swab* die Ausdehnung der Verhüttung von Zinkerzen in England zu danken ist, steht nicht fest. Der englische Bischof *Watson* berichtet nur, daß um das Jahr 1743 die erste Zinkhütte in Bristol von *John Champion*, der 1739 ein Patent auf die Destillation per descensum genommen hatte, errichtet sei. Dieser erhielt 1758, was sehr beachtenswert ist, auch schon ein Patent auf die Gewinnung von Zink und Messing aus Blende (black jack, mock jack oder brazile), welche er vorher einer Aufbereitung und Röstung unterwarf.

---

[1] Nach *Kazwini*, dem Plinius des Morgenlandes, soll in China das Zink schon im 12. Jahrhundert bekannt gewesen sein. Er berichtet, daß man das Zink durch Schmelzen mit Salpeter (?) reinige und dann hämmere, bis Wasser darauf zische, wie auf heißem Eisen (Dehnbarkeit des Zinks bei Erwärmung auf 100 bis 150°? Der Verf.). Man bereite daraus kleine Münzen und Spiegel, welche für Augenkranke heilsam gewesen sein sollen. Es wurde aus Tutia dargestellt und hieß im Arabischen Rouh-tutia (Tutiageist), im Persischen Kartsini (chinesisches Eisen) (*Neumann*). Nach *Hommel*, welcher jüngst in der Zeitschrift für ang. Chem. (1912 S. 97) einen neuen Beitrag zur Geschichte des Zinks geliefert hat, handelte es sich in diesem Falle nicht um Zink, sondern um Antimon oder Hartblei.

Noch heute wird in Schansi nach einer althergebrachten Methode in etwa 1,50 m langen, unten geschlossenen, aufrecht im Ofen stehenden Röhren (Tiegeln) mit Anthracit gemischtes Eisenerz reduziert. (Aus einem im Niederrhein. Bez.-Ver. d. V. D. I. im Jahre 1910 von Reg.-Ass. Dr. *O. Junghann* gehaltenen Vortrage: Berg- und Hüttenwesen in China.) Wenn dieses Verfahren auf zinkhaltige Erze angewendet worden ist, so lag die Destillation von Zink aus den Röhren und seine Gewinnung in aufgesetzten Vorlagen nahe. Der Verf.

[2] *Bergman*, Physical and Chemical Essays, London 1784. — *Watson*, Chemical Essays 1786.

Champion benutzte zur Destillation den Glashäfen ähnliche große tiegelförmige Gefäße, deren Boden ein langes Rohr (Pfeife) trug, welches nach unten aus dem Ofen heraustrat und durch welches das Zink, welches sich darin verdichtete, in eine untergestellte Schale abtropfte. Man nannte deshalb diese später als die englische bezeichnete Methode die Destillation per descensum. 1777 begann *James Emerson* zu Henham bei Bristol die Fabrikation, er destillierte in Wasser.

Ende des 18. Jahrhunderts wurde endlich auch auf dem Kontinent Zink auf hüttenmännische Weise gewonnen. Ein Harzer, *Johann Ruberg*, nachmals Fürstlich Pleßscher Kammerassessor, hatte 1798 in England die Kunst des Zinkschmelzens kennen gelernt. Durch Erbauung einer Zinkhütte in Wessola legte er den Grund zu der schlesischen Zinkgewinnungsmethode und der heute so bedeutenden schlesischen Zinkindustrie[1], welche auf den reichen Zinkerzlagern zwischen Tarnowitz und Beuthen und an der deutschrussischen Grenze beruht.

Ruberg stellte nach seiner Rückkehr aus England auf der Fürstlich Anhalt-Plessischen Glashütte zu Wessola sofort Versuche an, um in Glashäfen metallisches Zink darzustellen, zu denen er sich der mit Holz gefeuerten Glasöfen in Wessola bediente. Nach vielen erfolglosen Bemühungen gelang es ihm endlich (nach mündlicher Überlieferung) um die Weihnachtszeit des Jahres 1799 das erste Zink aus dem Ofenbruch der Hochöfen der Plessischen Eisenhütte zu Paprotzan durch Reduktion in Muffeln mittels Holzkohlen zu gewinnen, nachdem er vorher durch Zusammenschmelzen desselben mit Kupfer Messing dargestellt hatte[2].

Die Glasöfen wurden nunmehr in Zinköfen mit 4 großen Muffeln umgebaut. Über die Einrichtungen und die Betriebsweise wurde strengstes Geheimnis gewahrt. Man arbeitete bei geschlossenen Türen und behielt einen Teil des Wochenlohnes der Arbeiter für spätere Auszahlung zwecks Geheimhaltung des Verfahrens ein.

Wessola lieferte um 1805 jährlich 12,5 t Zink, dessen Herstellung 720 M. für 1000 kg gekostet haben soll, während 840 M. pro Tonne dafür gelöst wurden[3]. Nach der Jubiläumsschrift der Bergwerksgesellschaft *G. von Giesches Erben* erhielt der spätere Oberhüttenrat und Hüttenverwalter *Karl Joh. Bernhard Karsten*, nachmaliger preußischer Oberbergrat in Berlin, im Jahre 1805 vom preußischen Staat den Auftrag, das Verfahren in Wessola zu studieren, um es auf den staatlichen Hütten einzuführen. Nach den Berichten anderer ist dies mit Hilfe des früher dem *Ruberg* entlaufenen, geweckten Ar-

---

[1] *L. von Wiese*, Beiträge zur Geschichte der wirtschaftl. Entwicklung der Rohzinkfabrikation. Frankfurt 1902. — *Fr. Krantz*, Die Entwicklung der oberschlesischen Zinkindustrie. Kattowitz 1911.

[2] Die folgende Darstellung der ersten Entwicklungsperiode der Zinkgewinnung in Oberschlesien ist zum größten Teile einem in Stettin im Jahre 1900 im Pommerschen Bez.-Verein des Vereins deutscher Ingenieure von Gewerbeinspektor *Unruh* (früher in Oberschlesien) gehaltenen Vortrage entnommen.

[3] *Fechner*, Geschichte des schlesischen Berg- und Hüttenwesens 1741—1806. Zeitschr. f. Berg-, Hütten- u. Salinenwesen **50**, 228 (1902). — *B. Neumann*, Die Metalle. Halle 1904.

beiters *Ziobro* geschehen, der unter Zurücklassung seines rückständigen Lohnes heimlich Wessola verlassen hatte, um aus der erworbenen Kenntnis über die von *Ruberg* angewendete Destilliermethode größeren Vorteil zu ziehen, als ihm von diesem gewährt wurde.

Ziobro fand beim Grafen *Henckel von Donnersmark* (auf Neudeck), dem größten Magnaten Oberschlesiens, willkommene Aufnahme, mußte sich aber den Nachstellungen *Rubergs*, ohne beim Grafen Zinkgewinnungsversuche angestellt zu haben, durch die Flucht entziehen und ernährte sich, verkappt bis nach *Rubergs* Tode (5. September 1807), drei Jahre lang durch Schleichhandel an der russischen Grenze, bis ihm der Rat zuteil wurde, sich dem preußischen Staate zur Verfügung zu stellen.

Ziobro wandte sich zur Königshütte, wo er von den damals an der Spitze der Verwaltung stehenden Beamten *Kalida* und *Freytag* mit offenen Armen aufgenommen wurde, um so mehr, als das Zink inzwischen einen Preis von 22 bis 24 Talern für den Zentner erreicht hatte.

Der preußische Staat richtete für *Ziobro* die von allen übrigen Räumen und nach außen abgeschlossene Gießstube am Weddinghochofen als Arbeitsstätte ein, in welcher er hinter verschlossenen Türen allein arbeiten mußte. *Ziobro* baute einen kleinen Ofen, zu welchem ihm das Material durch ein Fenster gereicht wurde. Nachdem er Zink aus Ofenbruch dargestellt hatte, schloß die Verwaltung mit ihm einen Vertrag, nach welchem er einen Wochenlohn von 5 Talern und eine Provision von $2^1/_2$ gute Groschen für jeden Zentner Zink und Zinkoxyd bezog. *Ziobro* wurde als Zinkmeister angestellt, nahm Gedinge und hatte seine Arbeiter in Kost und Lohn. Auf der Königlichen Friedrichshütte[1] hatte Oberhütteninspektor *Freytag* gleichzeitig mit *Ziobros* Hilfe Einrichtungen zur Zinkgewinnung aus Galmei geschaffen; dort kam man bald zu praktischeren Reduktionsgefäßen, langen halbzylindrischen Muffeln, der Urform der schlesischen Muffel, welche so gute Betriebsresultate gaben, daß man im Jahre 1807 zur Erbauung einer Zinkhütte in Königshütte, der Lydogniahütte, schreiten konnte. Dieselbe kam als erste größere oberschlesische Zinkhütte 1808 mit 10 Öfen zu je 4 Muffeln[2] in Betrieb, zur Zeit der größten Niederlage des preußischen Staates.

Durch das Vorgehen des Staates war nunmehr der Anstoß zur Entwicklung der Zinkindustrie Oberschlesiens gegeben. 1809 verkaufte man das Zink für 20 Taler, und die günstige Konjunktur bewog bald mehrere Privatunternehmer, Zinkhütten zu bauen, die sich an die schon bestehenden Galmeicalcinieröfen anschlossen.

Auch der Administrator von *Georg von Giesches Erben*[3], der Königliche Berggeschworene *Heppner*, war auf eine Anregung seitens der Repräsentanten bemüht, Zink zu erzeugen. Schon im Jahre 1800 (25. April) hatten diese

---

[1] Nach *A. Rzehulka* (Berg- u. Hüttenm. Rundschau 1906), Friedenshütte in Chorzow.

[2] Die Entwicklung der Lydogniahütte ist nach *Freytags* Aufzeichnungen in Karstens Archiv **2**, 66 ff. (1820) ausführlich beschrieben. Der Betrieb hat sich dort in denselben Räumen bis zum Jahre 1899 vollzogen.

[3] Jubiläumsfestschrift 1904.

an ihn die Anfrage gerichtet: „Könne man nicht auf folgende Art, wie China (!) den Zinkgehalt des Galmeis untersuchen? Der Galmei wird fein gestoßen und mit Schmiedekohlenstaub vermischt, sodann in einem irdenen Gefäß bei gelindem Feuer sublimiert und in die mit Wasser gefüllte Vorlage gesammelt, nemlich den aufsteigenden Zink. In Pleß macht ja ohnehin schon ein Jude Zink."

Heppner ersuchte daraufhin um Besorgung tönerner Retorten, die aus Bunzlau beschafft wurden, wo sie nach vorgeschriebenen Maßen hergestellt waren. Er verschaffte sich die *Marggraf*schen Schriften und besichtigte auch die Zinkhüttenanlage in Wessola. (Leider ist der den Repräsentanten damals von ihm erstattete Bericht nicht erhalten.) Auch *Ziobro* (Ziebro) stellte er in seinen Dienst, jedoch dieser entlief wieder, weil man seine Forderungen nicht bewilligen wollte. *Heppner* gab sich nun selbst an Versuche, war aber bis zum Jahre 1809 noch nicht zum Ziele gekommen. Endlich bekam er aus zwei kleinen Muffeln $1^1/_2$ Ztr. Zink[1].

Heppner hatte sich vorher das Verdienst erworben, den in England üblichen Röstofen für die Calcinierung des Galmeis einzuführen, wofür er vom Staate mit einer Gratifikation belohnt wurde. Der erste dieser Öfen nach englischem Muster wurde 1788 erbaut. Der niedersächsische Oberbergmeister *W. Schultz* beschreibt denselben in einer in Hameln 1813 erschienenen Schrift: „Beitrag zur Geschichte des Tarnowitzer Bergbaues aus den Jahren 1802—1806" auf S. 176 wie folgt: „Es befinden sich zwei Galmeyhütten in der Tarnowitzer Gegend, die eine zu Danielez, die zweite zu Scharley. Die Öfen sind länglich rund, gewölbt. An einem Ende befindet sich ein Rost, woselbst mit Steinkohlen gefeuert wird, an dem anderen eine hohe Schlotte. Oben in der gewölbten Decke ist eine zu verschließende Öffnung, um den Galmey, nachdem er durch die Wärme getrocknet worden ist, in den Ofen zu lassen. Unten sind Anzüchte, um die noch übrige Feuchtigkeit anzunehmen; vorne ist eine Fallthüre, um den Galmey im Ofen umzuwenden und abzuziehen, sobald die Röstung erfolgt ist."

Der erste Ofen kostete 790 Taler $10^2/_5$ Sgr. Nachdem 1793 das Oberbergamt das Calcinieren mit Holzbrand infolge des mit diesem Ofen erzielten Erfolges untersagt hatte, wurde 1794 in Danielez ein zweiter Ofen zu 910 Talern gebaut. Die Calcinierkosten hat *Heppner* für das Jahr 1802 zu 4 Sgr. 9 Pfg. für den Zentner bestimmt. (Im 6jährigen Durchschnitt beliefen sie sich auf 5 Sgr. 6 Pfg.) Während man in England 11 Ztr. 28 Pfd. in den Ofen einsetzte, betrug die Beschickung in Scharley 25 Ztr. Bei einem Aufwand von 9 Ztr. Kohlen für jeden Einsatz wurden in Scharley jährlich 24 000 Ztr. gebrannt. Der Röstverlust betrug 35 Proz. Die Kosten sollen für 100 Ztr. Galmei um 16 Sgr. geringer gewesen sein, als beim früheren Brennen im Freien mit Holzbrand.

Durch fleißiges Umrühren wurde ein „Überbrennen" und Zinkverlust, wie beim Holzbrand im Freien vermieden. Durch das neue Verfahren wurde die Beschaffenheit des gebrannten Galmeis gebessert, so daß im Holsteinischen der Aachener Galmei durch den schlesischen verdrängt wurde. Bei Einführung des Verfahrens kostete der Zentner Galmei (1783) 1 Taler 16 Sgr. bis 2 Taler.

Nach dem Tode *Heppners* wurde der Königliche Bergrevierbeamte *Klaß*, der sich, wie *Ruberg*, in England über die Zinkgewinnung unterrichtet hatte, von *Georg von Giesches Erben* als Nachfolger gewonnen. Fast 4 Jahre hatte der Galmeiabsatz infolge des Krieges und seiner Folgen gestockt und man sah deshalb in der Aufnahme der Zinkfabrikation das alleinige Heil. In Danielez hatte man Ende 1809 einen Zinkofen mit *4* Muffeln im Betriebe. Auf

---

[1] Jubiläumsfestschrift S. 165.

die eingelegte Mutung wurde am 19. Mai 1810 die Firma mit einer Zinkhütte belehnt. Die Hütte erhielt nach dem damaligen verdienstvollen Repräsentanten *Siegmund von Walther und Croneck* den Namen Sigismundshütte[1]. 1813 folgte ihr die Georgshütte bei Scharley.

Bald kam man aber zur Einsicht, daß die Hütten zweckmäßiger bei den Kohlengruben anstatt bei den Galmeigruben lägen, denn man brauchte damals 4 bis 5 mal so viel Kohlen als Galmei, und der Fuhrlohn für die Kohlen stand in einem Verhältnis zum Galmeifuhrlohn wie 5 : 3. *Giesches Erben* bauten deshalb 1818 die Georgshütte bei Michalkowitz mit 8 Ofen zu je 8 Muffeln neben ihrer Kohlengrube und ließen die Hütten auf Scharley-Grube wieder eingehen.

Bis 1816 wurden weitere 3 Hütten: die Karlshütte zu Ruda, die Hugohütte zu Neudorf und die Leopoldinehütte zu Brzenskowitz gebaut und in Betrieb gesetzt, so daß die Zinkerzeugung in diesem Jahre von 5020 Ztr. in 1811 auf rund 20 000 Ztr. stieg.

Besonders die dem Grafen *Ballestrem* gehörige Karlshütte erweiterte sich unter der Führung seines geschäftsklugen Oberamtmanns *Godulla*, dem später die Bezeichnung „Zinkkönig" zugelegt worden ist, rasch.

Für die plötzliche Produktionssteigerung fehlte naturgemäß der Absatz, so daß der Zinkpreis auf etwa $1/_3$ des anfänglichen Erlöses, von $18^1/_4$ auf 6 Taler, fiel. Jedoch das Eingreifen des Staates, der durch Errichtung von Zinkwalzwerken von 1820 ab auf Malapane-, Rybnik- und Friedrichshütte den Zinkkonsum im Inlande zu steigern bemüht war und die Erschließung eines neuen Absatzgebietes durch englische Handelshäuser, die von 1821 ab, nach Beseitigung eines die Güte und Reinheit des schlesischen Zinks anzweifelnden Vorurteils, das europäische Zink über England auf den ostindischen Markt brachten, halfen, daß der Preis wieder auf die alte Höhe stieg und bahnten der oberschlesischen Zinkindustrie den Weg für einen ungeahnten Fortschritt, so daß die Zinkproduktion von 28 Hütten 1825 rund 240 000 Ztr. betrug, für die durchschnittlich $8^1/_2$ Taler pro Zentner gelöst wurden.

Die Bergbehörde suchte zunächst einer übertriebenen Spekulation durch beharrliche Verweigerung von Beleihungen entgegenzutreten, dem Grundsatze folgend, daß Bergwerksprodukte nicht der Gefahr ausgesetzt werden dürfen, den Preisschwankungen im Handel zu unterliegen, weil sie sich nicht ergänzen und daher jeder Verlust unersetzlich ist, zu starker Angriff sie

---

[1] Nach der schlesischen Bergwerksverfassung gehörte sowohl der Galmei, wie Kohlen und Zink zu den Regalien. Wer Gruben oder Hütten anlegen wollte, mußte Mutung darauf einlegen, und erst wenn sich gegen die Zweckmäßigkeit der Anlage nichts einzuwenden fand, wurde die Beleihung erteilt und das Werk unter Administration der Bergbehörde gestellt. Bei den Zinkhütten geschah das mit der Abweichung, daß sie nicht dem Zehntzwange, wie die Gruben unterworfen waren, weil der Zehnt bereits von dem Rohmaterial erhoben war. Die staatliche Administration bot dem Unternehmer damals große Vorteile, da ihm die Bergbehörde die Mittel zu sachgemäßem Handeln bot. Die Betriebsleiter wurden geprüft und eine Galmeitaxe zwecks Steuerung eines Erzwuchers eingeführt.

unter Bereicherung einzelner bald erschöpft, mäßiger dagegen das Gewerbe und den daraus zu ziehenden Gewinn auf längere Zeit sicherstellt.

Jedoch schon im Jahre 1822 verließ die höchste Behörde diesen Standpunkt und erteilte so viele Beleihungen auf Zinkhütten, als nur immer begehrt wurden. Sie wurde dazu veranlaßt, weil inzwischen in Polen und bei Krakau Zinkhütten errichtet worden waren und sie die Besorgnis hegte, daß man diesen einen zu großen Spielraum für ihre Ausdehnung auf Kosten der schlesischen Industrie eröffnen werde. Vielleicht hat man auch der Öffentlichkeit die Meinung nehmen wollen, daß die Beleihungen zugunsten der fiskalischen Lydogniahütte verweigert würden.

Die Folge dieses Schrittes war, daß noch im Jahre 1822 allein 19 Zinkhütten aus dem Boden wuchsen, was naturgemäß von neuem zu einer großen Überproduktion und neuem Verfall der jungen Industrie führte, so daß von den 1826 vorhandenen 33 Hütten mit 400 Öfen am Schlusse des Jahres 1828, als die Beaufsichtigung des Zinkhüttenbetriebes durch die Bergbehörde aufhörte[1], nur noch 18 Hütten mit etwa 150 Öfen in Betrieb waren, welche 1830 90 986 Ztr. erzeugten, wofür nur $2^1/_2$ Taler pro Zentner gelöst wurden.

Von diesem Rückschlag erholte sich die oberschlesische Zinkindustrie nur langsam, so daß die im Jahre 1825 bereits erreichte Produktion von 12 000 t erst im Jahre 1842 wieder erzielt und überschritten wurde. Bis 1845 stieg sie schnell auf rund 19 000 t, dann nach einem Stillstand weiter, im Jahre 1850 fast 25 000 t, 1857 30 000 t, 1861 40 000 t übersteigend, mancherlei Preisschwankungen unterworfen. Um letztere zu beseitigen, schlossen am 19. Januar 1861, wie *Rzehulka* in der Berg- und Hüttenmännischen Rundschau (1906) berichtet, acht der größten Zinkproduzenten einen Verein zwecks „einheitlichen Zusammengehens in bezug auf Produktion und Verkauf des oberschlesischen Rohzinks". Alles Zink sollte mit der Marke „Schlesischer Verein" versehen werden, und der Preis wurde zunächst auf $5^1/_4$ Taler festgesetzt, nur für das Erzeugnis der Wilhelminenhütte (W.-H.) von *Georg von Giesches Erben* wurde ein um 5 Sgr. höherer Preis gefordert.

Die Vereinigung hatte jedoch nur eine kurze Lebensdauer wegen der nicht zu vereinbarenden Meinungen der Mitglieder, so daß bald wieder jede Hütte freihändig ihr Zink verkaufte. Die Produktion ging wieder abwärts, obwohl 1864 dem schlesischen Zink, nachdem die Schlesische Aktien-Gesellschaft für Bergbau und Zinkhüttenbetrieb in Lipine ein großes Zinkblechwalzwerk in Betrieb genommen hatte, neue Absatzwege geöffnet worden waren.

Erst nach dem Kriege 1870/71 trat ein neuer Aufschwung ein. Die Zeit der Niederlage hatten die Hütten zur Einführung von Verbesserungen benutzt und die Verhüttung von Zinkblende an Stelle des knapp werdenden Galmeis aufgenommen, so daß sie dem Preisrückgange, der der allgemein gesteigerten Produktion bald folgte, gerüstet gegenüberstanden. So hatte zur Zeit des niedrigsten Preisstandes für Rohzink im Jahre 1885 die schlesische Produktion fast 80 000 t erreicht, sich also in 10 Jahren fast verdoppelt.

---

[1] Seit 1845 unterliegen die Zinkhütten der Genehmigungspflicht durch die Bezirksausschüsse.

Durch Zusammenschluß der europäischen Zinkproduzenten wurde der Markt befestigt, indem die Hütten sich verpflichteten, nicht über die Produktion vom Jahre 1884 hinauszugehen, nur Oberschlesien wurde eine Steigerung um 5 Proz. zugebilligt. Hierdurch wurde das Anwachsen der Produktion in ruhigere Bahnen gelenkt, so daß in den nächsten 10 Jahren die oberschlesische Zinkerzeugung nur um 12 000 t zunahm. Im Jahre 1894 wurde die Konvention gesprengt, die Preise fielen stark, aber der Markt war inzwischen so aufnahmefähig für Zink geworden, daß wieder eine enorme Steigerung der Erzeugung einsetzte, so daß die Produktion dort heute nahezu 150 000 t ausmacht.

Wie aus den weiter vorn schon gegebenen kurzen Angaben hervorgeht, konnte die Bergwerksgesellschaft *Georg von Giesches Erben* am 22. November 1904 auf ein 200jähriges Bestehen zurückblicken. Der in Breslau geborene Begründer der Gesellschaft, *Georg Giesche*, betrieb schon seit 1702 Galmeihandel. Neben mehreren Kohlen- und Erzgruben betreibt die Gesellschaft 3 Rohzinkhütten, und zwar die Wilhelminenhütte, Paulshütte und Bernhardihütte in Rosdzin-Schoppinitz; außerdem Blei- und Silberhütten und ein Zink- und ein Bleiwalzwerk. Sie war die erste, welche 1874 in Oberschlesien die Röstgase der Zinkblende auf ihrer Reckehütte in Rosdzin zur Schwefelsäurefabrikation mittels *Hasenclever-Helbig*öfen benutzte[1].

Die Zinkindustrie Oberschlesiens, früher aus einer großen Zahl größerer und kleinerer Unternehmungen bestehend, liegt heute in den Händen einiger großer Firmen. Der Staat hat seine Beteiligung daran aufgegeben. Im statistischen Teile am Schlusse des Buches bringen wir eine Aufzählung der heute bestehenden Hütten und ihrer Besitzer. Von Oberschlesien war die Zinkgewinnung schon früh auch über die Grenze auf russisch-polnisches und österreichisch-galizisches Gebiet, die damalige Republik Krakau übergegangen.

Gleichzeitig mit *Ruberg* errichtete 1797 der österreichische[2] Bergrat *Dillinger* zu Klagenfurt eine Schmelze in Döllach[3] im oberen Mölltale und 1801 weitere in Dellach im Drautale, in Groß-Küchheim und Leinach in Kärnten, in welchen er als Destillationsgefäß eine enge konische Pfeife anwendete, aus welcher er, wie in England, nach unten destillierte. Diese Betriebsweise wird nach dem Betriebsort als die „Kärntner" oder süddeutsche Methode bezeichnet.

Wegen des unvorteilhaften Ausbringens und der kostspieligen Ofenarbeit hatte dieselbe keine lange Dauer, sie ist um 1830 herum bereits wieder aufgegeben, indessen ist sie auch noch 1809 im Süden von Ungarn, in Dognácska, und 1813 zu Zalatna in Siebenbürgen in größeren, 256 Röhren fassenden Öfen ausgeübt worden.

Man ging zu dem belgischen und zum schlesischen System über. *Kerl* berichtet über österreichische Hüttenbetriebe nachstehendes:

---

[1] (Festschrift.) „Die Entwicklung des Besitzes der Gesellschaft vom Jahre 1851 ab", von *Fr. Bernhardi*, Bergrat und Generaldirektor der Gesellschaft.

[2] Österreichs Erzbergbau reicht bis zur Mitte des 13. Jahrhunderts zurück.

[3] Jetzige Schreibweise.

In **Achenrain** in Tirol verhüttete man die in Fortschaufelungsöfen mit Abhitze geröstete Blende in Röhren von 1,10 m Länge, 0,185 m lichter Weite und 33 mm Wandstärke, von welchen 29 Stück in einem Ofen lagen. Die Vorlagen waren Röhren von 32 cm Länge und 14 cm Weite, aus welchen das Zink in untergesetzte Eisenschalen tropfte.

Die Reduktionsdauer betrug 24 Stunden bei einem Brennstoffverbrauch von 160—170 Kubikfuß weichen Scheitholzes von 5 bis 6 Zoll Dicke, wobei 260 k rohe = 190 k geröstete Blende verhüttet wurden. Das Ausbringen betrug 24 Proz. der gerösteten Blende. Das Tropfzink wurde in Passauer Tiegeln umgeschmolzen, wobei noch ein Verlust (Abbrand) von 8 bis 10 Proz. eintrat. Die Abbrände (Rückstände) wurden verwaschen und das dadurch erhaltene Produkt nochmals nach vorhergegangener Zerkleinerung geröstet und wieder der Reduktion unterworfen.

In **Davos** in Graubünden verhüttete man in 24 Stunden in Öfen mit 22 Röhren von 1,25 m Länge, 30 cm äußerem Durchmesser 200 k geröstete Blende mit einem Aufwand von 650 Kubikfuß feingespaltenen, weichen Holzes und gewann daraus 70—72,5 k Tropf- oder Körnerzink. Die schlesische Methode soll dort trotz sehr bedeutenden Holzaufwandes kein günstiges Resultat geliefert haben, weil die Muffeln nicht auf die erforderliche Temperatur zu bringen waren.

Eine größere Bedeutung hat die Zinkindustrie in Österreich bis zur Neuzeit nicht gewonnen. Im Jahre 1906 wurden in Österreich-Ungarn im ganzen 31 907 t Zinkerz gefördert, woran das Aerar mit rund 37 Proz. beteiligt war und 11 208,4 t Rohzink und Zinkstaub erzeugt, wovon rund 74 Proz. auf Galizien und 26 Proz. auf Steiermark entfielen. Die Zinkhütten gaben dabei 1152 Personen Arbeit; die staatlichen Hütten nahmen mit rund 26 Proz. an der Produktion teil. Das größte Unternehmen ist heute die Zinkhütten- und Bergwerk-Aktiengesellschaft in Trzebinia in Galizien, vormals Dr. *Lowitsch* in Kattowitz, daneben haben die galizischen Montanwerke des Grafen *Potocki* noch Zinkhüttenbetrieb. Das Aerar betreibt eine Hütte in Cilli im Süden von Steiermark. Zeitweise wurde auch auf der Johannistaler Hütte in Unterkrain und in Brixlegg im Unterinntale, wo die unweit Sterzing in Tirol gefundene Blende verhüttet wurde, vom Staate Zink gewonnen.

Die Zinkgewinnung auf der staatlichen Muldner Hütte zu **Freiberg in Sachsen**, die neben der Halsbrücker Hütte der Metallgewinnung aus den im einst berühmten bis ins 12. Jahrhundert zurückreichenden sächsischen Silberbergbau gewonnenen Erzen diente, ist niemals bedeutend gewesen, der Verf. fand dort im Jahre 1907 bei einem Besuche nur e i n e n alten, zurzeit still liegenden Muffelofen. Das Haupterzeugnis der Freiberger Hütten war Blei, Silber, Kupfer und Arsen, Gold, Wismut. 1905 beschäftigte man dort 1456 Beamte und Arbeiter. Das Versagen der Silberquelle nötigt zur Einstellung der Betriebe.

Schon 1796 hatte vorher *Vilette* in Lüttich auf *Marggrafs* Anregung hin nachgewiesen, daß sich aus dem Galmei des „Altenbergs" bei Aachen nach *Marggrafs* Angaben ein „ausgezeichnetes" Zink herstellen lasse, und un-

abhängig von den Vorgängen in Schlesien und Kärnten gelang es 1805 dem
Abbé *Daniel Dony* in Lüttich[1] nach 25jährigem Bemühen, ein Verfahren
zur Herstellung von Zink im großen zu finden, aus welchem sich die Lütticher
oder belgische Methode, d. i. die Destillation aus horizontal oder nach
vorn geneigt gelagerten Röhren, welche an einem Ende geschlossen und
vorn mit Vorlagen zur Kondensation des Zinks versehen sind, herausbildete.

Dony hat die erste kleine Zinkhütte 1807 zu St. Léonard bei Lüttich
errichtet, aus welcher er 1808 Zink in den Handel brachte. 1809 nahm er
ein Patent (datiert vom 7. Dezember d. J.) auf die „Konstruktion eines
Ofens, um Zink aus Galmei zu gewinnen und auf das dazu angewandte Verfahren."

Die kaiserliche (französische) Regierung hatte ihm gegen eine jährliche
Pacht von 40 500 Fr und eine Abgabe von der Produktion durch Dekret vom
24. März 1806 die Berechtigung zur Ausbeute der Galmeilager des „Altenbergs" erteilt mit „l'obligation de faire les épreuves, qui seraient reconnues
nécessaires pour parvenir à réduire, à l'aide de fourneaux appropriés, la calamine de Moresnet à l'état metallique".

Durch ein weiteres Dekret vom 19. Januar 1810 verlieh ihm die kaiserliche Regierung auf die Dauer von 15 Jahren ein Privileg auf die Zinkerzeugung
im französischen Kaiserreich: „un brevet pour la première fonderie, qui n'a
pas et ne peut avoir de rivale en grand dans l'empire français, non plus que
dans l'étranger".

Infolgedessen errichtete *Dony* in Lüttich zwischen den Vorstädten von
St. Léonard und Vignies eine neue Hütte, welche 8 Destillationsöfen mit je 40
Röhren (Doppelöfen) enthielt. Ein Bericht aus dieser Zeit erwähnt, daß jeder
dieser Öfen in 24 Stunden 200 bis 230 k Zink lieferte. Eine andere Notiz[2] aus
etwas späterer Zeit sagt nur, daß *Dony* aus 5 Öfen täglich 500 bis 600 k
Zink erhielt.

Dony gelangte also zum Ziele, aber mit Aufopferung seines Vermögens.
Er erzeugte Zink, aber es gelang ihm nicht, demselben einen Platz in der
Reihe der nützlichen Metalle zu erobern, obgleich er 1810 in seinem Freunde
Delloye einen eifrigen Fürsprecher für die Verwendung des Zinks fand und
inzwischen auch *Hobson* und *Sylvester* in Sheffield (1805) gefunden hatten,
daß das Zink beim Erwärmen auf 100 bis 150° C seine Sprödigkeit verliert
und sich dann zu Tafeln auswalzen lasse. Diese Entdeckung hatte *Dony*
im Jahre 1812 zur Errichtung eines Walzwerkes in Angleur bei Lüttich veranlaßt.

Seine Werke bei Lüttich, zu St. Léonard und Angleur gingen in die Hände
der *Compagnie Chaudet* über, später an *Dominique Mosselmann*, welcher von
1813 an die Eigentumsrechte des unglücklichen Erfinders *Dony* und seines
Teilhabers *Chaudet* allmählich erwarb und das Unternehmen tatkräftig för-
derte, sowohl durch die Einführung eines geordneten Betriebes der Galmei-

---

[1] *Jean Jacques Daniel Dony* wurde am 24. Februar 1759 zu Lüttich geboren und
starb daselbst am 6. November 1819.

[2] Feuille d'annonces du Département de l'Ourte No. 10 (vom 10. Januar 1811).

gruben zu Moresnet, wie durch die Gründung der Hütten dort und in Angleur.

Seine Söhne gründeten 1837 mit dem Vater zusammen die bekannte Société de la Vieille - Montagne mit einem Kapital von 7 000 000 Fr.

Im Gründungsjahr 1837 erzeugte die Gesellschaft nur 1833 t Zink und im zweiten Jahre nach Inbetriebnahme der Hütte zu Angleur 2540 t Zink. Im Jahre 1845 war die Produktion allmählich bis auf 5941 t gestiegen. 1846 wurde die Leitung der Gesellschaft *Saint Paul de Sincay* übertragen, der 44 Jahre an ihrer Spitze stand und sie zu großer Blüte emporhob. 1850 betrug die Produktion rund 9000 t und 1855 schon 18 000 t. Im Jahre 1909 war dieselbe auf 92 099 t gestiegen.

Um die Mitte des vorigen Jahrhunderts führte der Aufschwung der Zinkindustrie diese Gesellschaft zur Errichtung von Niederlassungen in Rheinland-Westfalen[1], zu Mülheim an der Ruhr, zu Berge-Borbeck und in Oberhausen, von welchen die erstere nach Vergrößerung der Borbecker Hütte zu Anfang des Jahres 1874 wieder einging.

Die Hütte in Mülheim a. d. Ruhr[2] war im Jahre 1848 zwecks Fabrikation von Zink und Zinkweiß erbaut worden und umfaßte 11 Öfen belgischen Systems, welche 1854 bedeutenden Veränderungen unterworfen wurden. Anfangs betrug die Jahresproduktion 1929 t Rohzink und 548 t Zinkweiß. Die Hütte zu Borbeck war 1847 von der Firma *Charles Lecomte & Cie.* gegründet und ging 1851 an die *Société des mines et fonderies du Nassau* über, von welcher Gesellschaft sie die Vieille-Montagne im Jahre 1853 erwarb.

Zu dieser Zeit standen auf der Hütte 1 einfacher und 8 doppelte Öfen schlesischen Systems mit e i n e r Reihe Muffeln. 1857 wurde sie auf 12 Doppelöfen erweitert, die 1865/66 in zweireihige und 1874/76 in dreireihige Öfen rheinischen Systems mit Gasfeuerung umgebaut wurden, von welchen die Hütte jetzt 23 Öfen mit einer Jahresproduktion von über 10 000 t besitzt. Die früher hier betriebene Blenderösthütte ist 1874 nach Oberhausen verlegt bzw. mit der dort schon bestehenden Rösthütte verbunden worden.

Im Jahre 1858 waren auf dem Altenberge (neutrales Gebiet von Moresnet) selbst 14 Schmelzöfen, Ende 1859 16 Öfen mit 61 Röhren (*Thum*) im Betriebe. Von den 42 000 bis 48 000 t Galmei, welche von der Vieille-Montagne dort jährlich gewonnen wurden, ging etwa ein Drittel zur Verhüttung nach Mülheim (Ruhr) und Borbeck, während zwei Drittel zum Teil in Moresnet selbst und weiter bei Lüttich verhüttet wurden[3]. Auf der Zinkhütte zu Eppinghofen bei Mülheim wurden im Jahre 1864 mit 28 Schmelzöfen 4208 t Roh-

---

[1] Fusion mit der Société de la Prusse rhénane im Jahre 1853. In demselben Jahre erwarb sie auch die 1846 von anderen Gesellschaften gebauten Hütten zu Flône und Valentin-Cocq an der Maas in Belgien.

[2] Die nachstehenden Angaben über die Hütten von Mülheim und Borbeck verdanken wir gefälligen Mitteilungen der Generaldirektion der Vieille Montagne. Die Geschichte der belgischen Zinkindustrie ist der für die Brüsseler Ausstellung 1910 verfaßten Schrift dieser Gesellschaft entnommen.

[3] *Hocker*, Die Großindustrie Rheinland-Westfalens. Leipzig 1867. — Dr. *Müller*, Aachen, Archiv f. Landeskunde d. preuß. Monarchie 1858, S. 319 ff.

zink und in Borbeck mit 22 Öfen 3925 t erzeugt. In Mülheim wurde, wie schon erwähnt, ein Teil des erzeugten Zinks auf Zinkweiß verarbeitet. Zu diesem Zwecke waren 4 Oxydieröfen im Betriebe, welche 1205 t davon fabrizierten. Der größte Teil des Zinks wird wohl auf dem Walzwerke der Gesellschaft in Oberhausen verarbeitet worden sein.

Nach *Kerl* wurde in Mülheim a. d. Ruhr auch Bensberger Blende neben Galmei verhüttet. Dieselbe wurde in Flammöfen geröstet. 1855 standen dort nach seinen Aufzeichnungen 10 belgische Öfen mit je 42 Retorten, welche bei einem Ausbringen von 33 bis 35 Proz. vom Erz täglich 2200 bis 2400 k Zink lieferten.

Die Hütte zu Borbeck arbeitete mit Muffel- und Röhrenofen. Nach *Hocker* waren dort 1867 20 Röstöfen und 40 Schmelzöfen (?) im Betrieb.

Heute betreibt die Gesellschaft[1] eine große Zahl von Galmei- und Blendegruben in Moresnet, Frankreich, in den Pyrenäen, auf Sardinien, in Oberitalien (Bergamo), in Algier und Tunis, Deutschland (Bensberg), Schweden (Ammeberg) und England mit angegliederten Galmeiröstöfen, 4 große Blenderöstanstalten in Ammeberg (in Schweden), in Baelen-Wezel (in der Campine in Belgien), in Viviez (im Departement Aveyron in Frankreich) und in Oberhausen (Rheinland), 5 Zinkhütten in Angleur, Valentin Cocq und Flône in Belgien, in Berge-Borbeck (bei Oberhausen im Rheinland) und in Viviez (seit 1871).

Den Rösthütten in Baelen-Wezel und in Viviez sind Schwefelsäure- und Superphosphatfabriken angegliedert. Die Röstgase in Oberhausen nutzt die chemische Fabrik Rhenania, die von Ammeberg entweichen in die Luft.

Das Rohzink wird zum Teil an mehreren Orten zu Zinkblech verwalzt, zu Dach- und Wandbekleidungen und zu Zinkornamenten verarbeitet und in Valentin-Cocq und in Levallois-Perret bei Paris wird Zinkweiß fabriziert. Die Herstellung desselben war von der „*Société du blanc de Zinc*“ zuerst aufgenommen, die 1855 an die *Vieille-Montagne* überging.

In den 50er Jahren des vorigen Jahrhunderts entstanden in Belgien noch mehrere Zinkhütten, von denen aber nur einige wenige eine größere Bedeutung erlangt haben, wie die *Nouvelle Montagne*, die Hütte zu Corphalie, von *de Laminne* zu Ougrée und in Bleyberg et Montzen. Zwei andere kleine Hütten gingen in den Besitz der *Vieille Montagne* über. In den 70er Jahren und in neuerer Zeit sind noch einige größere Hütten errichtet worden, die in der am Schlusse des Buches befindlichen Statistik Aufnahme finden werden und auf deren besondere Eigenheiten wir im technischen Teile noch zurückkommen werden, denn in Belgien hat auch das schlesische System und später das rheinisch-westfälische System Eingang gefunden. Von Belgien ausgehend fand die Zinkindustrie in der Folge auch Eingang in Frankreich und Spanien und in letzter Zeit auch in Holland. (Siehe die Statistik am Schlusse des Buches.)

---

[1] *Société de la Vieille Montagne 1837—1910*, verfaßt von der Gesellschaft für die Ausstellung in Brüssel.

Mitte des vorigen Jahrhunderts wurden in Rheinland von der *Société cuivre du Rhin* in Linz a. Rhein und von der im Großherzogtum Baden (Wiesloch) domilizierenden *Société Badoise* in ihrer Hütte zu Steinfurt bei Stolberg (Rheinland) einige 100 t Zink im Jahre gewonnen. Beide Betriebe sind aber um das Jahr 1860 herum eingestellt worden.

In Linz wurden belgische Öfen, in der Steinfurter Hütte jedoch schlesische Öfen, wie sie, was wir sogleich sehen werden, auch auf den anderen heute noch bestehenden Stolberger Hütten zuerst angewendet waren, betrieben.

In Stolberg hat aber im Jahre 1818 schon eine Hütte bestanden, welche sich des belgischen Systems bediente. Die dort gebrauchten Öfen werden von *Hollunder* in seinem Tagebuche über eine metallurgisch-technologische Reise (Nürnberg 1824) beschrieben. Wo diese Hütte stand, wie die von *Hollunder* (S. 45 des Tagebuchs) erwähnten drei Besitzer hießen, haben wir trotz eifrigster Nachforschung nicht in Erfahrung bringen können. Der einzige dortstehende Ofen ist mit Hilfe zweier Lütticher Arbeiter gebaut und soll wegen unvollkommener Kenntnisse derselben den Besitzern teuer zu stehen gekommen sein (auf 18 000 bergische Taler).

Auf der Sterner Hütte zu Linz am Rhein reduzierte man nach *Kerl* (Handb. d. Metall-Hüttenkunde) die in *Rhodius*schen Gefäßöfen geröstete Blende in belgischen (Röhren-) Öfen mit 54 Röhren von 1,25 m Länge. Jede Röhre erhielt eine Beschickung von 15 k, welche aus gleichen Volumteilen gerösteter Blende und mageren Steinkohlen bestand. Man soll mit 18 bis 20 Scheffel Steinkohle (1000 bis 1100 k) bei einem Ausbringen von 40 Proz. Zink des gerösteten Erzes 225 k Zink in 24 Stunden gewonnen haben. Die Abhitze der Reduktionsöfen diente zum Tempern der Retorten (Röhren) und zum Rösten der Blende in den genannten Gefäßöfen und schließlich noch zum Umschmelzen des Rohzinks in einem eisernen Kessel.

Die Hütte zu Steinfurt hatte 24 Zinköfen mit zusammen 704 Muffeln, von welchen aber 1858 nur 12 einreihige, schlesische Öfen mit je 32 Muffeln in Betrieb waren. Diese verhütteten 98 209 Ztr. Galmei (rund 5052 t) und erzeugten daraus 19 040 Ztr. (rund 975 t) Rohzink = 19,3 Proz. des rohen 24 Proz. des calcinierten Galmeis. Die Muffeln hatten eine Dauer von 54, die Vorlagen eine solche von 10 Tagen. 1 Ztr. Zink erforderte 13,17 Scheffel Steinkohlen à 5,44 Sgr. Die Hüttenbelegschaft bestand aus 124 Mann. Die Hütte arbeitete bei dem damaligen Marktpreis des Zinks von $8^1/_6$ Talern für den Zentner mit Verlust. 1859 war der Betrieb schon auf 6 Öfen eingeschränkt (Berg- und Hütten-Zeitung 1859).

Zur Ausbeutung und Verwertung der Iserlohner Galmeilager wurde die schon 1736 gegründete „Messinggewerkschaft"[1] vom Amte Iserlohn und dem Gerichtsbezirk Hemer im Jahre 1751 (am 14. August) mit dem 2 Quadratmeilen umfassenden Mutungsgebiet beliehen. Die Gesellschaft betrieb eine Messingschmelzhütte in der Obergrüne bei Iserlohn und drei Rollen und Laiton- (Messing-) Hämmer in Hemer und in der Oese, auf welchen sie

---

[1] Siehe S. 47: Dr. Voye, Hagen 1908.

im Jahre 1787 30 Meister und Knechte, welche meistens aus dem „Jülich-schen" kamen, beschäftigte. Nach *Giffenig* (Hist. stat. Nachrichten der Stadt Iserlohn) bestand im Jahre 1802 die Beamten- und Arbeiterschaft aus einem Faktor, einem Kassierer, 8 Meistern, 25 Gesellen und 9 Lehrlingen.

Der Galmei wurde in 110 bis 120 Ztr. fassenden Meilern von 12 Fuß Durch-messer in 2- bis 3 mal 24 Stunden gebrannt, bevor er zur Schmelzhütte ging. Das Kupfer für die Messingfabrikation kam von Daden, Dillenburg, Virne-burg, Thalisser, Rothenberg und aus Schweden. Im Jahre 1802 wurden 1000 Ztr. davon verschmolzen.

Die Steine (Formen), in denen die Messingplatten gegossen wurden, be-standen aus Granit, Feldspat und Glimmer und kamen aus St. Malo; das Stück soll 130 Taler gekostet haben. Den feuerfesten Ton für die Öfen und Tiegel lieferten Namur und Hobrügge.

Nach dem Berichte der Handelskammer Iserlohn für das Jahr 1867 wurden 1817 von der Messinggewerkschaft die ersten Zinköfen gebaut, und von da ab soll die Zinkgewinnung die Hauptrolle im Betriebe gespielt haben[1]. 1852 waren zwei kleine belgische Öfen, von denen nach *Jacobi*[2] jeder in 24 Stun-den etwa 225 k Zink lieferte, in der Grüne im Betriebe. In diesem Jahre wurde dann ein neuer größerer Ofen nach neuester Lütticher Konstruktion gebaut, welcher in 24 Stunden rund 500 k erzeugen sollte. 1856 standen in der Grüne 10 Öfen mit je 51 Retorten, 1858 16 solcher Öfen. Diese Ofenkonstruktion hat bis zum Jahre 1879 kaum eine Änderung erfahren, abgesehen davon, daß man den Ofenraum zur Aufnahme von 76 Retorten erweitert hatte. Der Verf. fand im Jahre 1873 auf der Zinkhütte in Letmathe, wohin die Hütte des Anschlusses an die Ruhr—Sieg-Eisenbahn halber, anfangs der 60er Jahre, verlegt worden war, 32 solcher Öfen vor, von denen je 4 zu einem Blocke vereinigt waren. Die letzten Öfen der Hütte in der Grüne wurden im Jahre 1866 stillgelegt, und am 1. Juli 1866 waren in Letmathe schon die oben erwähnten 32 Öfen vorhanden, während in der Grüne, welche halbwegs zwischen den Gruben und der Letmather Hütte lag, noch bis zum Jahre 1885 Blende geröstet worden ist. Ende des vorigen Jahrhunderts waren die Iserlohner Gruben er-schöpft, von da ab war die Letmather Hütte ausschließlich auf auswärtige Erze angewiesen.

1854 waren die Gruben und Hütten in die Hände einer zu dieser Zeit gegründeten Aktiengesellschaft, des *Märkisch-Westfälischen Bergwerksvereins*, übergegangen.

Das vom *Märkisch-Westfälischen Bergwerksverein* aus dem Iserlohner Galmei erzeugte Zink ist im Handel wegen seiner Reinheit, 99,33 Proz. Zink[3],

---

[1] *Hollunder* erwähnt die Hütte in seinem Tagebuche über eine metallurgisch-tech-nische Reise (Nürnberg 1824), berichtet aber nichts weiter über dieselbe, weil er keinen Zutritt fand. Er sah dort im Sommer 1818 nur die $2^1/_2$ Fuß langen und 5 bis 6 Zoll weiten Röhren.

[2] Bergbau-, Hütten- und Gewerbewesen im Reg.-Bez. Arnsberg. Iserlohn 1857, S.281.

[3] Nach der Berg- u. Hüttenm. Ztg. 1860.

sehr gesucht gewesen, es wurde nach Frankreich und Schanghai in den 60er Jahren vorigen Jahrhunderts in großen Mengen geliefert. 1864 waren auf den beiden Hütten 24 Öfen im Betriebe, welche 4400 t in diesem Jahre erzeugten. 1868 lieferte die Letmather Hütte allein mit 32 Öfen aus 14 800 t Erz 4700 t Zink (rund 32 Proz.). Man gebrauchte dazu 2950 t feuerfesten Ton und 694 325 Scheffel = rund 38 500 t Steinkohle.

Seit dem Ende der 60er Jahre verhüttete Letmathe auch Zinkblende der eigenen Gruben und fremder Herkunft, deren Röstgase seit 1874 zur Erzeugung von Schwefelsäure verwendet wurden. Ihre größte Produktion erreichte die Hütte im Geschäftsjahre 1895/96, wo sie 6658 t Zink und Zinkstaub mit derselben Zahl von Öfen, welche anfangs der 80er Jahre eine Vervollkommnung erfahren hatten, erzeugte.

Die Zinkerzvorkommen in der Nähe von Stolberg bei Aachen gaben beim Aufblühen der Kohlengewinnung im Wurmrevier mit Beginn der 30er Jahre des vorigen Jahrhunderts von neuem die Veranlassung zur Begründung von Zinkhütten. So entstand 1834 die St. Heinrichshütte zu Münsterbusch als erste im Westen Deutschlands, welche auch Zinkblende verhüttete.

Am 2. August 1834 wurde von der Witwe *Englerth* als Familienfideikommiß der *Eschweiler Bergwerksverein*[1] begründet. 1848 wurden von diesem die Stolberger Blei- und Galmeiwerke, Grube Hammerberg, Anteile am Erzbergwerk Diepenlinchen, Breiniger Berg und Kirchfeld-Heidchen mit der Zinkhütte „Wilhelm" auf Birkengang abgezweigt. Aus dem Konsortium, in dessen Hände dieser Besitz überging, entstand zunächst die *Gesellschaft für Bergbau und Zinkfabrikation* in Eschweiler, die sich später in die heute bestehende *Rheinisch-Nassauische Bergwerks- und Hütten-Aktiengesellschaft* umwandelte.

Nach *Hocker* (a. a. O.) erzeugte die Hütte im Jahre 1864 an Rohzink 2805 t, gegen 3307 t im Jahre 1862, hatte also einen Rückgang erfahren[2]; im Jahre 1894 war die Produktion der Hütte zu Birkengang auf 8979 t Zink und Zinkstaub gestiegen, mit einer Arbeiterzahl von 390 in 13 Öfen zu je 108 in drei Reihen auf zwei Seiten angeordneten Muffeln[3].

Die zu gleicher Zeit auf der Birkengang gegenüberliegenden, das Stolberger Tal bildenden anderen Höhe, auf „Münsterbusch", von einer französischen Gesellschaft angelegte St. Heinrichshütte, ist jetzt im Besitze der 1854 gegründeten *Aktien-Gesellschaft für Bergbau, Blei- und Zinkfabrikation zu Stolberg und in Westfalen.* Außerdem wurde noch unweit davon zu Steinfurt die schon erwähnte Hütte von der *Badischen Zinkgesellschaft* erbaut, die aber keine lange Betriebsdauer und nur geringe Ausdehnung erlangt hat.

Im Jahre 1859 wurde von den Besitzern der Heinrichshütte zwecks Verhüttung der auf den Ramsbecker Gruben, welche in einem Seitentale

---

[1] *Stegemann:* Der Eschweiler Bergwerksverein und seine Vorgeschichte 1784 bis 1910; siehe auch Festschr. d. Ver. d. Ing. zur 36. Hauptversammlung in Aachen.

[2] Nach *Hocker* betrug die gesamte Zinkproduktion im Regierungsbezirk Aachen 1864 nur 6785 t, der Preis für den Zentner 8 Taler; vorher war er bis auf 5³/₄ Taler (in Köln) heruntergegangen.

[3] Festschrift zur Hauptversammlung des Ver. d. Ing. in Aachen, 1895.

der oberen Ruhr in Westfalen betrieben wurden, gewonnenen Zinkerze eine zweite Hütte in Dortmund erbaut, in welcher im Jahre 1903 in 10 dreireihigen Reduktionsöfen (rheinisch-westfälisches Systems) zu je 240 Muffeln 10 787 t Rohzink und 512 t Zinkstaub erzeugt wurden, während die Produktion im Jahre 1864 (nach *Hocker*) in 22 schlesischen Reduktionsöfen nur 2367 t betragen hatte.

Auf beiden Hütten, wie auch auf Birkengang, nutzte die chemische Fabrik Rhenania seit Anfang der 80er oder Ende der 70er Jahre die Gase der Blenderöstung zur Schwefelsäureerzeugung.

Die Stolberger Gesellschaft hatte im Jahre 1855 eine Produktion von 2126 t, welche im Jahre 1865 auf 5862 t, 1875 auf 11 659 t, 1885 auf 14 673 t gestiegen ist, und 1894 erzeugte sie in Öfen mit 204 und 240 Muffeln (rheinisch-westfälischen Systems) 15 444 t Rohzink.

Im Gegensatz zu Letmathe nahm man in Stolberg nicht das „belgische", sondern das „schlesische" Reduktionsverfahren in großen, in einer Reihe auf beiden Seiten des Ofens auf dem Herde fest aufliegenden Muffeln an, aus welchem sich später zuerst die zweireihigen, später dreireihigen Muffelöfen, das sog. r h e i n i s c h - w e s t f ä l i s c h e S y s t e m herausbildete, welches in neuerer Zeit auch in Belgien und Oberschlesien immer mehr Eingang gefunden hat, mit Recht, da es hinsichtlich der Bedienungs- und der Beheizungsart als die zurzeit vollkommenste Bauart der Zinkreduktionsöfen anzusehen ist.

Auch im „Bergischen" in der Nähe von Köln war ein Galmeilager gefunden worden, zu dessen Ausbeutung die „*Gladbacher Zinkgesellschaft*" in Köln gegründet worden war, welcher im August 1853 die Genehmigung zur Errichtung einer Zinkhütte zwischen Bergisch-Gladbach und Bensberg erteilt wurde[1].

Die gefundenen Galmeimengen waren jedoch so gering, daß man schon im Oktober 1854 zur Verhüttung der gleichzeitig mit dem Galmei gewonnenen Zinkblende übergehen mußte, zu deren Röstung man 12 Flammherdöfen erbaute.

Zur Reduktion der Erze bediente man sich der einreihigen schlesischen Muffelöfen, von denen man in zwei Hallen 14 Stück mit je 48 Muffeln errichtet hatte.

Der unbefriedigende Ertrag führte schon 1856 zur Einstellung des Betriebes, nach Wiederaufnahme desselben durch eine zweite Hand hatte er auch nur eine Dauer von 2 Jahren.

Im Jahre 1861 wurde die Hütte der Schauplatz eines mit großen Hoffnungen in Szene gesetzten Unternehmens einer Pariser Firma unter dem verheißungsvollen Namen „Zinkhochofenwerk" *Müller & Comp.*, welcher auf einer bei späteren Ausschachtungsarbeiten auf der Hütte gefundenen Zinkgießform zu lesen war. Nach der Erzählung eines späteren Hüttenmeisters, der als Junge auf der Hütte gearbeitet und Augenzeuge gewesen war, wurde

---

[1] Die nachstehenden Angaben verdanken wir privater Mitteilung der Direktion des „Berzelius".

ein mächtiger Ofen mit Zylindergebläse errichtet, der aber trotz vieler Bemühungen kein Zink lieferte. „Eine hohe weiße Flamme habe des Nachts die Gegend tagehell erleuchtet und die Umgebung sei weiß geworden, als habe es geschneit."

Zur Aufklärung der Vorgänge im Ofen soll man sich zuletzt dazu entschlossen haben, den Ofen mit Zink, welches man aus Frankreich bezog, und Holzkohle statt des Erzmöllers zu beschicken. Als aber dieser letzte Versuch auch kein Zink beim Abstich lieferte, die Gichtflamme noch höher und heller und die Umgebung noch weißer wurde, gab man die kühnen Erwartungen auf und stellte den Betrieb nach etwa einjähriger Versuchsperiode wieder ein.

1865 verpachtete die damalige Besitzerin, die Firma *J. N. Dopfeld & Comp.* in Mülheim a. Rhein, die Hütte an die inzwischen errichtete Gewerkschaft „Berzelius", welche die Produktion ihrer Zinkerzgrube gleichen Namens mit der Ausbeute der zur Hütte gehörigen Gruben in den alten noch vorhandenen Muffelöfen verarbeitete. Am 30. April 1867 erwarb die Gewerkschaft, aus welcher Ende 1872 die heute bestehende *„Bergwerks- und Hütten-Aktiengesellschaft Berzelius"* hervorging, den gesamten Besitz.

Die Gewerkschaft hatte vorher die alten einreihigen Öfen durch Aufsetzen einer zweiten Muffelreihe zu größeren Öfen mit 96 Muffeln ausgebaut, welche die Aktiengesellschaft allmählich durch zweireihige Muffelöfen mit je 136 Muffeln mit Boëtius-Feuerungen nach dem Muster der Dortmunder Zinkhütte ersetzte.

Im Jahre 1873 wurden damit 3717,5 t Zink erzeugt bei einer Reduktionsdauer von 48 (!) Stunden. Erst vom Jahre 1883 ab wurden diese „wenig vorteilhaft" arbeitenden Öfen durch dreireihige Muffelöfen mit Halbgasfeuerungen, von denen jeder 204 Muffeln aufnehmen konnte, ersetzt und damit die Reduktionsdauer auf die halbe Zeit (24 Stunden) herabgesetzt. 1900 wurden Öfen mit Braunkohlengeneratoren (System *Schmidt & Desgraz*) eingeführt.

Die Belästigung und Schädigung der Umgebung der Hütte nötigte mit Beginn der 80er Jahre zur Ausnutzung der Röstgase für die Schwefelsäurefabrikation, zu welchem Zwecke man anstelle der Fortschaufelungs-Blenderöstöfen *Hasenclever-Helbig*sche Öfen errichtete und die Röstgase der chemischen Fabrik Rhenania zur Kondensation in von dieser erbauten Bleikammersystemen überließ. Die *Hasenclever-Helbig*schen Öfen wurden dann nach Einführung des *Liebig*schen Röstverfahrens (mit indirekter Beheizung der Röstkammern) von 1885 ab durch dreietagige Muffelöfen ersetzt. Bei Erweiterung der Rösthütte gliederte man schließlich dem Bleikammerverfahren die Gewinnung von Schwefelsäureanhydrid (nach dem *Schröder-Grillo*schen Verfahren) an, nachdem inzwischen die Bleikammern der Rhenania käuflich von der Hütte erworben worden waren.

Im Jahre 1910 erzeugte die Gesellschaft mit 371 Arbeitern und mit Aufwendung einer Betriebskraft von 500 PS: 5900 t Rohzink und 386 t Zinkstaub, ferner 9000 t Schwefelsäure mit einem Gehalt bis zu 100 H_2SO_4 und

1300 t Schwefelsäure mit mehr als 100 H_2SO_4, endlich noch als Nebenprodukt 2600 k Quecksilber[1].

In Oberhausen hatte Ende der 40er Jahre ein älterer Bruder des bekannten rheinisch-westfälischen Industriellen Fritz Grillo in Essen ein Zinkwalzwerk errichtet, welchem er später eine Zinkweißfabrik angliederte. Seine Söhne gingen 1879 dazu über, ihren Bedarf an Rohzink für das Oberhausener Werk selbst zu erzeugen, zu welchem Zwecke sie in Hamborn am Rhein 1879 mit dem Bau einer Zinkhütte, welche im Dezember 1881 das erste Zink lieferte, begannen. Die Firma *Wilhelm Grillo* in Oberhausen wurde später in die (Familien-) *Aktiengesellschaft für Zinkindustrie, vormals Wilhelm Grillo in Oberhausen* verwandelt.

Die Blende wurde dort zuerst in *Hasenclever-Helbig*-Öfen, dann in den von *Julius Grillo* konstruierten auf *Liebig*schem Prinzip beruhenden Muffelöfen (D. R. P. 28458) geröstet. Letztere baute der Verf., nachdem ihm im April 1888 die Leitung der Hütte übertragen war, allmählich in 4- und 3 mufflige Öfen eigener Konstruktionen um, womit ein wesentlich größeres Durchsetzquantum auf gleicher Grundfläche erreicht wurde.

Die Röstgase wurden zum Teil von der chemischen Fabrik Rhenania in 2 Systemen, welche sie auf *Grillo*schem Terrain errichtet hatte, zur Schwefelsäurefabrikation verwendet, zum Teil wurde nach dem *Schröder-Hänisch*schen Verfahren komprimiertes, flüssiges Schwefligsäureanhydrid erzeugt — bis zu 8000 k täglich. Die Zinkhütte umfaßte vom Begründungsjahre ab 6 große dreireihige Muffelöfen mit 240 Muffeln, welche mit Rekuperativgasfeuerungen an jedem Kopfe beheizt wurden. Die Öfen wurden später allmählich für die Aufnahme von 252 Muffeln erweitert und damit bis zu 6600 t Zink und Zinkstaub jährlich erzeugt; Ende der 90er Jahre verdoppelte die Firma ihre Produktion durch Erbauung einer zweiten Ofenhalle von gleichem Umfange.

Das Titelbild des Buches bietet einen Blick in die Schmelzhalle zur Zeit des Zinkziehens vor der Entleerung und Neubeschickung der Muffeln.

In neuester Zeit (nach 1905) sind in Deutschland noch 3 neue Unternehmen von den drei großen Erzhandelsfirmen ins Leben gerufen, welche in der Hauptsache auf die Verhüttung überseeischer Erze, insbesondere aus den Barriergruben in Australien, berechnet sind und ihre Zinkhütten deshalb an die Mündungen der Elbe, der Weser und an den Niederrhein gelegt haben, wo ihnen die billigeren Frachtkosten für die Erze zustatten kommen. Die in Hamburg (Billwärder) gelegene Hütte der *International Metal Co. Ltd.*, an welcher insbesondere die Firma *Aron Hirsch & Sohn* in Halberstadt interessiert ist, hat daneben auch die Verhüttung der in Oker aus den Schlacken der Unterharzer Hüttenprozesse nach einem neuen Verfahren gewonnenen Zinkoxyde zum Zweck. Die *Metallhütte Aktien-Gesellschaft in Duisburg* ist 1905 von der *Metallgesellschaft* in Frankfurt a. M. und als dritte von der am gleichen Ort domizilierten Firma *Beer Sondheimer & Cie.*, Ende 1906

---

[1] Hauptsächlich aus den Blenden der Grube Berzelius stammend.

die *Aktiengesellschaft Metallwerke Unterweser* in Nordenham a. d. Unterweser im Großherzogtum Oldenburg begründet.

In England, dem Lande, das zuerst in Europa die Zinkgewinnung in größerem Maßstabe ausgeübt hat und wo man schon vor der Mitte des 18. Jahrhunderts Zinkblende zu verhütten verstand, hat dieser Industriezweig mehr als 100 Jahre lang kaum eine Ausdehnung erfahren, obwohl von der Geburtsstätte der Zinkindustrie Großbritanniens aus die Fabrikation in das gewerbreiche Gebiet von Wales verpflanzt worden war. Die bekannten Metallwerke *Vivian & Sons* errichteten dort 1835 bei Swansea eine neue Hütte, ihnen folgten 1859 die Llansamlet-Werke von *Dillwyn & Co*, 1863 die Hütte der *Englisch Crown Spelter Co.*, denen sich in den 70er Jahren noch andere kleinere Unternehmen anreihten. 1876/77 waren nach *Georges Borgnet* in Cornwallis 10 Hütten in Betrieb, welche bei einer Leistungsfähigkeit von 40 bis 45 000 t nur 17 700 t Rohzink erzeugten.

Erst um das Jahr 1880 herum beginnt auch in England die Produktion zu wachsen, indem sie schnell von Jahr zu Jahr steigt und 1884 rund 30 000 t erreicht. Dann stockt die Entwicklung wieder, und gerade in den Jahren, wo die gewaltige Ausbreitung in den Vereinigten Staaten von Nordamerika einsetzt, geht die Produktion wieder nennenswert zurück, bis sie im Jahre 1901 mit der Zunahme des Verbrauchs an Zink von neuem wieder größeren Anteil an der Weltproduktion nimmt, so daß sie sich bis heute seitdem etwa verdoppelt hat.

In Frankreich erfuhr die geringe Zinkproduktion nach dem Jahre 1871 eine nennenswerte Steigerung durch die Niederlassung der *Vieille Montagne* in Viviez (Auvergne), nachdem vorher nur die Hütte der *Compagnie Royale Asturienne des Mines* in Auby lez Douai (Nord) dort seit 1868 als größeres Unternehmen bestanden hatte. Eine weitere größere Zunahme der Produktion trat erst wieder ein, als die *Société des Mines de Malfidano* ihre 1896 erbaute Hütte in Noyelles-Godault in Betrieb nahm. Nach einem Rückgang anfangs der ersten Jahre dieses Jahrhunderts steigt die Erzeugung Frankreichs 1906 wieder durch die 1905 erfolgte Gründung der *Compagnie métallurgique de Mortagne*. Außerdem besteht heute nur noch eine kleinere, der Firma *Bloch & Cie* in Saint-Amand gehörige Hütte. Im Süden Frankreichs, in La Pise (Gard), hat kurze Zeit noch eine Hütte der „*Société des zincs du Midi*" existiert.

In Spanien besteht nur eine Hütte, welche der 1853 gegründeten *Compagnie Royal Asturienne des Mines* mit dem Sitze in Lüttich gehört, aber schon seit dem Jahre 1854 betrieben wird.

In Italien sind nur vorübergehend in Monteponi auf Sardinien kleine Zinkmengen hergestellt worden; die reichen Galmeischätze Sardiniens gehen nach Frankreich und Belgien zur Verhüttung.

In Nordamerika ist die Zinkproduktion erst in der Mitte des vorigen Jahrhunderts aufgenommen worden, obwohl die ausgedehnten Franklinit- und Rotzinkerzlager in Sussex, New Jersey schon 1820 aufgedeckt waren. Ein Deutscher, *Georgi*, soll die erste Zinkhütte nach schlesischer Methode im

Staate Wisconsin gebaut haben. Nach *Jean Beco*[1] gelang die wirtschaftliche Verwertung der Zinkerzlager erst 1850 der *New Jersey-Zinc Co.* auf deren Hütte in Newark in belgischen Öfen.

Ein 1847 von *Roepper* bei Bethlehem in Pennsylvanien gefundenes Galmeilager soll nur versuchsweise zur Verhüttung in belgischen Öfen gedient haben, da das Retortenmaterial den eisenhaltigen Rückständen nicht widerstand. Deshalb wurde der nach seinem Erfinder *John Wetherill* genannte Wetherill-Prozeß zur Erzeugung von Zinkoxyd 1853 eingeführt, mit welchem es auch 1866 auf der Hütte zu Newark und auf einer neubegründeten zu Bergen Point gelang, Franklinit für die Zinkweißerzeugung auszunutzen. Inzwischen hatte man mit Lütticher Arbeitern 1859 auch die Gewinnung von metallischem Zink in belgischen Öfen erreicht.

In La Salle, Illinois und Mineral Point, Wisconsin schritt man 1860 zur Aufarbeitung der umfangreichen Zinkerzhalden auf den Bleierzgruben des oberen Mississippi, und bald wurde man danach auch auf die hervorragend reinen und bedeutenden Zinkerzlager im Südosten vom Missouri aufmerksam. Um St. Louis herum entstanden 1869, nachdem zu Beginn der 60er Jahre die Begründer der *Matthiessen- & Hegeler-Zinc Co.* als erste im Westen Nordamerikas den Anfang gemacht hatten, mehrere Zinkhütten, von denen hier noch als eine der größten die der *Missouri-Zinc Co.* genannt sein möge. In den 60er Jahren war der Staat Illinois die bedeutendste Produktionsstätte für Zink in Nordamerika. Seit Erschließung der Naturgasquellen ist jedoch Kansas an die Spitze getreten, es folgen ihm jetzt Illinois an zweiter und Missouri an dritter Stelle (*H. A. Meister*: Transact. Am. Inst. Miss. Eng. 1904). Seit 1895 war die westliche Zinkerzeugung von 76 505 t auf 145 670 t im Jahre 1903 angewachsen, während daneben die östlichen und südlichen Distrikte nur 10 000 t erzeugten.

Einen wesentlichen Ansporn zur Entwicklung der nordamerikanischen Zinkindustrie gab auch der plötzlich zunehmende Verbrauch von Zink, namentlich Zinkblech, in Amerika, der um die Mitte der 90er Jahre noch kaum die amerikanische Produktion aufnahm, so daß bei lohnendem Zinkpreise, der die Verschiffung nach Europa gestattete, sofort das amerikanische Zink auf dem Londoner Markt erschien, was erst verhindert wurde, wenn die Londoner Zinknotierung unter 18 £ fiel. Seit Einführung des Wetherill-Verfahrens zur Aufbereitung der Frankliniterze in größerem Umfange gewann auch im Osten der Vereinigten Staaten die Zinkindustrie Bedeutung. Die größten Zinkanlagen Nordamerikas sind jetzt die anfangs dieses Jahrhunderts in der Nähe der Kohlenfelder des Lehigh-Tales errichteten *Palmerton-Werke* der *New Jersey Zinc Co.*, die auf eine Produktion von 60 000 t Zinkweiß, 30 000 t Zink und 72 000 t Spiegeleisen berechnet sind. Nach dem Eng. Min, Journal *81* (1906), 273 waren zu dieser Zeit dort 30 Block Öfen zu je 16 Stück zum Brennen des Franklinit zwecks Gewinnung von Zinkweiß — 105 t täglich — im Betriebe, deren Abbrände in e i n e m Hochofen auf Spiegeleisen mit 10 bis 21 Proz.

---

[1] Rev. univ. des mines *2*, II, 129 (1877).

Mangan und 0,03 Proz. Phosphor verschmolzen werden. Die Zinkhütte verarbeitet den nach dem Wetherill-Verfahren (siehe unter Erzen) gewonnenen 47 bis 48 Proz. Zink enthaltenden Willemit in 2 Siemens-Regenerativöfen auf Plattenzink und 2 Convers-De-Saulles-Öfen auf Zinkstaub (U. S. P. 727 297/8). Außerdem wird noch Lithopone und aus den Röstgasen von der Zinkblenderöstung Schwefelsäureanhydrid nach den *Grillo-Schröder*schen Verfahren erzeugt.

Wir werden in einem Anhang dieses Buches die enorme Entwicklung der nordamerikanischen Zinkindustrie durch eine Aufzeichnung der im Jahre 1910 in Amerika bestehenden Zinkhütten zur Darstellung bringen.

In Australien wird seit Ende der 90er Jahre vorigen Jahrhundert etwas Zink gewonnen, und seit 1911 hat auch Japan, welches neben China schon ein fleißiger Verbraucher von Zink war, im eigenen Lande eine Zinkhütte.

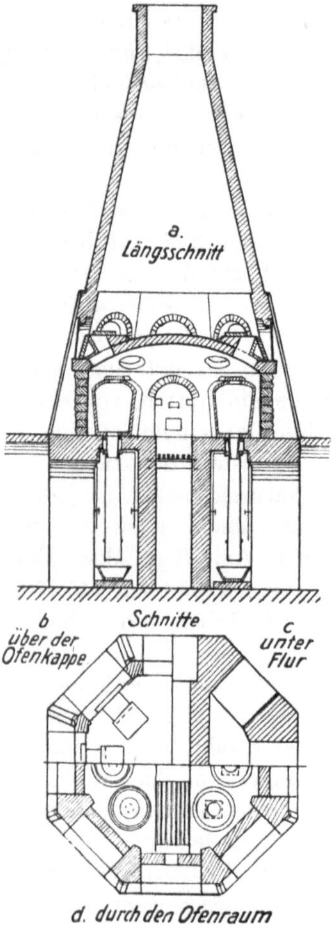

a.
Längsschnitt

b
über der
Ofenkappe

Schnitte

c
unter
Flur

d. durch den Ofenraum

Fig. 2.   Englischer Zinkofen.   M. 1 : 200.

Die technische Entwicklung der Gewinnungsmethoden.

Die englische Methode.

Nach den geschichtlichen Überlieferungen ist also, wie wir oben gesehen haben, in Europa zuerst in England Zink aus Zinkerzen auf hüttenmännischem Wege gewonnen worden[1]. Der Ofen, dessen sich *John Champion* in seiner 1743 in Bristol erbauten Hütte bediente, ist in Fig. 2 a bis d dargestellt. In einem achteckigen Ofenraume waren 6 große Tiegel, die den für die Hohlglasfabrikation verwendeten Häfen nachgebildet sind, aufgestellt. Die beiden übrigbleibenden Seiten des Achtecks nahmen die Feuerungen ein. Am Boden des Tiegels wurde mittels des daran befindlichen Flansches ein konisches Rohrstück aus Ton anlutiert und durch einen an festzustellenden Stangen befestigten Ring in seiner Lage gehalten. Der durch die Ofensohle hindurchtretende Stutzen mündete in ein unter dem Ofen aufgehängtes, nach unten erweitertes eisernes Rohr, in welchem sich die aus dem Tiegel nach

---

[1] Die älteste Beschreibung der Zinkgewinnung in England befindet sich in *Watson:* Chemical Essays, ins Deutsche übersetzt von *D. Gallisch.* Leipzig 1782, Bd. IV, S. 38.

unten abziehenden Zinkdämpfe verdichteten. Aus demselben tropfte das metallische Zink in untergestellte Schalen ab.

Die Abmessungen des Ofens und der Gefäße gehen aus den Abbildungen hervor, und diese geben ein so ausreichend klares Bild von dem zuerst zur Zinkdestillation verwendeten Apparate, daß bei dem lediglich geschichtlichen Interesse, welches derselbe heute noch für den Hüttenmann hat, eine nähere Beschreibung der Konstruktion und des für den Ofen und die Destillations- und Kondensationsgefäße verwendeten Materials überflüssig erscheint.

Percy hat den Betrieb dieser Öfen 1848 in Swansea und 1859 bei Neath kennen gelernt und beschreibt das Arbeitsverfahren wie folgt[1]:

„Beim Beschicken der Tiegel werden zunächst einige Stücke Holz quer über die Bodenöffnung gelegt, darüber eine Lage grober, dann feinerer Coaks und endlich abwechselnde Schichten von Coaks und gerösteter Blende, worauf man den Deckel aufsetzt und befestigt. Zeigt sich bei zunehmender Hitze an der Mündung des kurzen Rohrstutzens eine weiße Zinkflamme, so schiebt man das längere, mit Ton überkleidete Rohrstück darüber und fängt das nach unten destillierende Tropfzink in dem Gefäß von Eisenblech auf. Vorkommende Verstopfungen beseitigt man nach Wegnahme des unteren Rohres durch Losbrechen der gebildeten Ansätze oder nötigenfalls durch Abschmelzen des erstarrten Zinks mittelst eines glühenden Eisens. Nach beendigter Destillation werden Deckel und Röhren des Tiegels weggenommen und die Rückstände durch das Loch im Boden des Tiegels entfernt.“

Die 6 Tiegel des Ofens trieben mit Einrechnung der Entleerung und Wiederbeschickung der Gefäße in 67 Stunden (5 mal in 14 Tagen) 20 Ztr. geröstete Blende ab und lieferten 8 Ztr. Zink mit einem Kohlenaufwand von 176 bis 216 Ztr.

Man heizte mit einer Mischung von backenden und mageren Kohlen auf einem Klinkerrost (eine aus Kohlenschlacken gebildete 30 bis 50 cm dicke Lage auf weitspaltigem Rost). Nach vorstehenden Angaben berechnete sich der Kohlenaufwand für 1 t Zink auf der Morriston-Hütte (Swansea) und den Mines-Royal-Hütten (Neath) auf 22 bis 27 bzw. 24 t. Der Ofen wurde von 3 Arbeitern bedient, welche besonders dafür zu sorgen hatten, daß die Ofentemperatur allmählich stieg und schließlich eine gleichmäßige bis zum Ende der Destillation blieb. An eine völlige Erschöpfung der Ladung war bei dem großen Durchmesser der Tiegel nicht zu denken, man unterbrach deshalb den Prozeß, wenn das Zink nur noch spärlich in einzelnen Tropfen aus den Kondensationsröhren floß, weil sich dann die Fortsetzung der Destillation nicht mehr lohnte.

In den Jahren 1857 bis 1859 erzeugte man in Neath 692 t Zink.

Die Gestehungskosten für 1 t beliefen sich im Durchschnitt auf:

140 Mk. für Kohlen
107 „ „ Arbeitslohn
 20 „ „ verschiedene Materialien
____
zusammen auf 267 Mk.

Dazu sind noch die Kosten für rund 3 t Rohblende zum Preise von 55 bis 65 Mk. für die t zu rechnen, so daß 1 t Zink auf 432 bis 462 Mk. zu stehen kam.

Nach *Mosselmann* (Ann. des mines *10*, 485) gewann man in englischen Tiegelöfen aus 1 t Galmei 200 k Zink mit 22 bis 24 t Steinkohle, was ein sehr ungünstiges Ergebnis darstellt.

Auch *Karsten* gibt im System der Metallurgie *4*, 468 (1831) eine ausführliche Beschreibung der Öfen, der Apparatur und des Arbeitsganges. Sie weicht

---

[1] *Percy-Knapp:* Metallurgie 1863, S. 542. — *Stölzel:* Metallurgie I, S. 802.

namentlich bezüglich der Abmessungen der Tiegel von *Percys* Bericht ab. Nach seinen Angaben wurde Galmei und Blende in verschiedenem Verhältnisse, wie es die Erzvorräte forderten, verhüttet.

Der große Durchmesser der Reduktionsgefäße hat einen sehr hohen Heizmaterialverbrauch verlangt und dennoch zweifellos ein recht unvollkommenes Ausbringen gestattet, weshalb wohl auch im Ursprungslande selbst die Methode sich nur so lange erhalten hat, als nicht der Fortschritt der Zinkverhüttung auf dem Kontinente Besseres bot.

Obgleich der Hüttenbesitzer sein Arbeitsverfahren sehr geheim gehalten haben soll, so wurde es doch bekannt und noch von Anderen in der Nähe von Bristol und später im nahen Süden von Wales ausgeübt. Ende der 50er Jahre des vorigen Jahrhunderts ist es endgültig aufgegeben und durch die belgische und schlesische Verhüttungsmethode ersetzt worden.

Ruberg hat das Geheimnis, wie oben berichtet wurde, nach Oberschlesien gebracht, und es lag nahe, da er Leiter einer Glashütte in Wessola bei Myslowitz war, daß er zu der ersten Nachbildung des englischen Arbeitsverfahrens einen abgeänderten Glasofen benutzte.

Die Kärntner oder süddeutsche Methode.

Das zur Zeit der *Ruberg*schen Versuche in Oberschlesien von *Dillinger* in Kärnten erdachte Verfahren zur Zinkgewinnung beruhte auf dem Prinzip der englischen Methode. Obgleich es die Tiegel von großem Durchmesser vermied, hatte auch dieses wegen anderer Mängel, die hohe Arbeitslöhne und Brennstoffverluste durch die jedesmalige Abkühlung nach Beendigung der Destillationsperiode im Gefolge hatten, keine lange Dauer. Deshalb beschränken wir uns auch bei diesem auf die Wiedergabe einer Zeichnung vom Ofen (Fig. 3 a bis b), sowie einer kurzen Beschreibung der Arbeit und verweisen im übrigen auf die Literatur, die sich eingehender damit beschäftigt hat[1].

Das Verfahren bei der Kärntner Methode bestand in der Reduktion der Erze in aufrechtstehenden, konischen Gefäßen von rund 1,10 m Länge, 12 und 8,50 cm im Durchmesser, welche in einer viereckigen Heizkammer in großer Zahl dicht nebeneinander aufgestellt wurden. Der Ofenherd, auf welchem die am oberen dickeren Ende geschlossenen Röhren mit dem engen Ende nach unten standen, wurde aus parallel nebeneinander liegenden Eisenbalken gebildet, deren Zwischenräume mit ebenso vielen viereckigen „Roststeinen" ausgefüllt wurden, wie der Ofen Röhren aufnehmen sollte. Die viereckigen, unten mit einem Rohransatz versehenen Roststeine hatten in der Mitte eine senkrecht durch sie hindurchgehende Öffnung, durch welche das Zink abtropfte; eine dem unteren äußeren Durchmesser der Gefäße entsprechende Vertiefung in der oberen Fläche derselben nahm das Rohr auf. Es wurde

---

[1] *Hollunder:* Tagebuch einer metallurgisch-technologischen Reise. Nürnberg 1824, S. 273. — *Karsten:* System der Metallurgie **4**, 479. — *Gilberts* Annalen d. Physik **20**, 252. — *Percy-Knapp:* Metallurgie. Halle 1863, S. 550. — *Lodin:* Metallurgie du Zinc. Paris 1905, S. 218.

dicht mit Ton in dieselbe einlutiert, nachdem es außerhalb des Ofens vom engen Ende aus mit der Beschickung gefüllt worden war. Die dabei nach unten gerichtete Rohröffnung wurde etwa 10 cm hoch so weit mit Holzkohle verstopft, daß ein Durchfallen des Erzes verhütet wurde. Von den beispielsweise 144[1] Reduktionsgefäßen eines Ofens wurden nur etwa zwei Drittel mit Erz beschickt, während die übrigen, hauptsächlich an den am weitesten vom Feuer abliegenden Stellen des Ofens aufgestellten noch rohe Röhren waren, welche gleichzeitig in derselben Reduktionszeit gebrannt wurden, um bei der nächsten Operation als Ersatz für schadhaft gewordene Gefäße zu dienen. Ein Rohr faßte 2,5 bis 3 k Erz, welches oben mit einer Schicht kleinstückiger Holzkohle abgedeckt wurde. Nach Füllung des Ofens wurde die Tür desselben bis auf ein kleines Schauloch vermauert und nun mit Holz vermittelst des seitlich in der ganzen Länge des Herdes liegenden Rostes der Ofen bis zur Reduktionstemperatur befeuert. Das reduzierte Zink tropfte durch die Öffnungen der Roststeine auf eine 25 bis 30 cm unter denselben liegende eiserne Platte, es mußte vor dem Versand umgeschmolzen werden.

Die Reduktionsperiode dauerte 30 bis 36 Stunden. Das Ausbringen aus dem calcinierten Galmei soll 33 bis 36 Proz. betragen haben, der Holzverbrauch etwa 180 Kubikfuß Buchenholz für 50 k

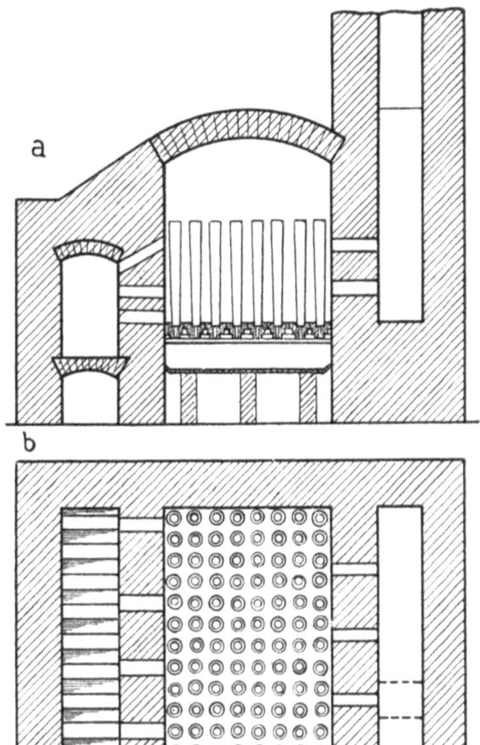

Fig. 3. Kärntner Zinkofen.

gewonnenen Zinks. Nach Beendigung der Reduktion einer Beschickung ließ man den Ofen erkalten und nahm dann alle Gefäße zur Entleerung von den Rückständen heraus. Die wieder brauchbaren und der Ersatz der schadhaft gewordenen wurde nach neuer Füllung mit etwa ein Drittel leerer roher Röhren wieder in den kalten Ofen eingesetzt und der Schmelzprozeß von neuem, wie vorher beschrieben, eingeleitet.

---

[1] In Döllach und in Dognácska standen 256 in einem Ofen, in Dellach 1818 nur 135.

Man baute in der Regel je 4 der beschriebenen Öfen zu einem Block zusammen, so daß auf jeder Ecke desselben eine Feuerung lag.

Wegen ihrer in die Augen fallenden Nachteile gegenüber der schlesischen und der belgischen hatte diese Methode der Zinkgewinnung keinen langen Bestand, wie bereits unter „Geschichtliches" erwähnt wurde.

Hollunder[1] gibt a. a. O. eine genaue Beschreibung des im Jahre 1818 in Dellach im Drautale in Augenschein genommenen Ofens von etwas kleineren Abmessungen, als in der Figur gezeigt ist — $15 \times 9 = 135$ Röhren.

Er schildert auch die Herstellung der Gefäße. Der Tonteig hierfür bestand aus 4 Teilen fetten blauen, ziemlich feuerbeständigen Ton und 1 Teil fein gesiebten Glimmerschiefer (mit Granaten), er wurde durch Kneten mit den Füßen bereitet. Von einem hieraus gebildeten länglich-viereckigen großen Klumpen wurden 8 bis 10 mm dicke Platten abgeschnitten, dieselben nach reichlicher nochmaliger Bearbeitung mittels Schlägeln über ein kegelförmiges Kernholz zusammengebogen und an ihren Rändern sorgfältig verbunden. Nach Entfernung des letzteren wurde am weiteren Ende der Boden bzw. Deckel eingesetzt und dicht mit den Rohrwänden verbunden.

Von Interesse ist die Mitteilung, daß außer dem in Stadeln mit Holz gerösteten Galmei (von *Raibl* und vom Bleiberg bei Villach) auch Blende (vom Schneeberg bei Sterzing in Tirol) verhüttet wurde. Dieselbe wurde zunächst von Hand von der Bergart geschieden und dann auf Stadeln vorgeröstet. Das erhaltene Produkt wurde ausgelaugt (die gewonnene Lauge auf Zinkvitriol verarbeitet) und dann im Flammofen bis zum Verschwinden des Schwefelgeruchs abgeröstet.

Galmei, wie geröstete Blende wurden vor der Beschickung des Reduktionsofens mit Aschenlauge, die man noch mit Kochsalz versetzt hatte, angefeuchtet und wieder getrocknet, die Blende auch noch mit fein gesiebtem, gelöschtem Kalk vermischt, außer mit Kohlenstaub als Reduktionsmittel. Für die Füllung von 336 Röhren gebrauchte man 14 Kubikfuß Lauge mit einem Gehalte von 4 Pfund Pottasche und 26 Pfund Kochsalz, zur Blende noch 76 Pfund gelöschten Kalk. Zur Bedienung von 4 Öfen war ein Meister und ein Geselle nötig, welche während der Zeit, wo sich der Ofen in normalem Betriebsgange befand, auf 8 bis 10 Stunden durch zwei Gehilfen abgelöst wurden.

Es sei hier neuerer Vorschläge gedacht, welche die Destillation in aufrechtstehenden Gefäßen und zum Teil auch die Ableitung der Zinkdämpfe nach unten anstrebten.

Siemens: Berg- u. Hüttenm. Ztg. 1867, S. 362.
Ponsard: Französ. Patent vom Jahre 1877.
Chenhall: Österreich. Zeitschr. 1880, S. 462, aus Mining Journal.
Binon u. *Grandfils: Dingler* Polytechn. Journ. **235**, 222; Österreich. Zeitschr. 1881,
    S. 325.
Germain: Französ. Patent vom Jahre 1882.

---

[1] *Hollunder* war 1824 Königl. polnischer Bergwerks- und Hüttenassessor.

P. Keil: Berg- u. Hüttenm. Ztg. 1888, S. 116. D. R. P. 40 768.
Grützner u. *Köhler:* D. R. P. Nr. 58 026 vom 25. September 1889.
P. Choate: Engl. Patent 530 vom Jahre 1893. Amerik. Patent 489 460.
C. Francisci: D. R. P. 107 247. *Steger:* Zeitschr. f. Berg-, Hütten- u. Salinenwesen
    1900, S. 404/5.
Rheinisch-Nassauische Bergwerks- und Hütten-Akt. Ges. in Stolberg. D. R. P. 236 759

Siemens schlug vor, die Reduktion in nach unten erweiterten konischen Gefäßen vorzunehmen, in deren Mitte ein eigenartiger, aus umgekehrt übereinander gestülpten Trichtern von feuerfester Tonmasse bestehender Apparat aufgestellt war, durch welchen die Reduktionsgase und Metalldämpfe nach unten in Kondensationskammern abgeführt wurden. Ein Gedanke, den wir später bei *Choate* (1893) und in neuester Zeit (1909) beim Patent der *Rheinisch Nassauischen Bergwerks- und Hütten-Akt. Ges.* jedoch mit Ableitung der Zinkdämpfe nach oben wiederfinden. Der in einzelne Kammern geteilte Ofenraum sollte mit einer *Siemens*schen Regenerativgasfeuerung beheizt werden. Wir verweisen wegen der Einzelheiten der Konstruktion des Ofens auf die Originalabhandlung, welche auch durch Zeichnungen erläutert ist. Versucht ist der Ofen unseres Wissens nicht, ebensowenig, wie die Vorschläge von *Ponsard*, der die alte englische Methode in verbesserter Form mit Rekuperativheizung wieder ins Leben rufen wollte, und von *Germain*, der wie *Siemens*, einen Ableitungsapparat für die Dämpfe und zwar ein perforiertes Rohr im Innern der Retorte, mitten in der Ladung aufstellen wollte.

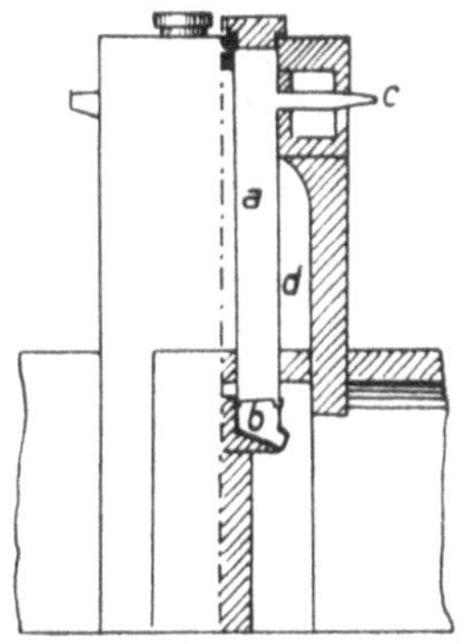

Fig. 4. Stehende Retorte von
Binon und *Grandfils.*

James W. Chenhall in Morriston hat über seine Versuche an *Ingalls* in einer Privatmitteilung berichtet, daß sein Apparat zur Verhüttung eines sehr bleireichen Erzes (40 Proz. Zn und 15 bis 20 Proz. Pb) bei der *Swansea Zinc Ore Co.* dienen sollte. Die Erfolge bei der Ausführung im kleinen hätten zur Bewilligung der Geldmittel für die Erbauung eines Ofens nach seinem Vorschlage geführt, die Errichtung desselben sei aber aus verschiedenen Gründen unterblieben, so daß das Verfahren eine praktische Anwendung nicht gefunden habe.

Chenhall verwendete aufrechtstehende, an beiden Enden offene Röhren. Nahe dem oberen Ende war in eine seitliche Öffnung ein Tonrohr einlutiert, welches zu den Kondensationsapparaten außerhalb des Ofens führte. Vor der Beschickung wurde in die untere Öffnung ein Tonpfropfen eingesetzt und nach der Ladung die Retorte auch oben verschlossen. Das Blei sammelte sich über dem unteren Verschlusse an, wurde also der Einwirkung auf die Wandungen der Retorte durch die stehende Anordnung entzogen, worin der Hauptvorzug derselben vor der liegenden Retorte gefunden wurde.

Von demselben Gedanken, wie *Chenhall* wurden *Binon* und *Grandfils* in Stolberg bei der Konstruktion ihrer stehenden Retorte geleitet, wie aus der Abbildung Fig. 4 zu ersehen ist. *a* ist eine Röhre von 2,4 m Länge und 40 cm Weite. Dieselbe steht in mit Ton gefüllter Rinne am oberen Rande eines gußeisernen Stiefels *b*. Oben wird die Retorte durch einen Tondeckel nach Eintragung der Beschickung geschlossen. *c* ist die seitlich angesetzte Vorlage. 12 bis 16 solcher Röhren sollten in einem Ofen vereinigt werden, der mit Generatorgas unter

Verwendung vorgewärmter Verbrennungsluft geheizt wurde. Die Retorten ruhten auf einem Mauerpfeiler und wurden von den Feuergasen in dem Raume *d* umspült. Der Betrieb sollte ein ununterbrochener sein, das angesammelte Blei von Zeit zu Zeit aus der Öffnung des Stiefels *b* abgestochen werden, durch welche auch periodisch die Erz-Rückstände entfernt wurden. Die Anordnung hat den Mangel, daß sich auch Zink im kalt liegenden Schuh der Retorte, also in den ausgebrannten Rückständen verdichtet.

Vom *Keil*schen Ofen gibt *Kosmann* a. a. O. eine ausführliche Beschreibung, auf welche wir verweisen. Die ebenfalls für ununterbrochenen Betrieb bestimmte stehende Retorte, welche unten mit einem Abstich für die Rückstände ausgerüstet ist, wird von 3 Seiten des rechteckigen Querschnitts von den Feuergasen umspült. An der vierten (einer schmalen) Seite ist die Muffelwand durchbrochen. Die nach dem Inneren der Retorte zu geneigten Öffnungen münden in drei verschiedene Vorlagen eigenartiger Gestaltung. Vor den beiden obersten Lochreihen ist ein mit einem Tauchrohr abgeschlossener, mit Wasser gefüllter gußeiserner Kasten angebracht, welcher die Reduktionsgase, befreit von dem mitgerissenen Metallstaub, entweichen läßt. Vor den drei nächsten Lochreihen liegt die Vorlage für die leichter als Zink flüchtigen Metalle (Cadmium, Arsen, Antimon) und darunter bis nahe zum unteren Ende der Retorte die zur Aufnahme der Zink- und Bleidämpfe bestimmte Kondensationseinrichtung. Es haftet dem Ofen der Mißstand an, daß die Muffel nicht genügend beheizt werden kann.

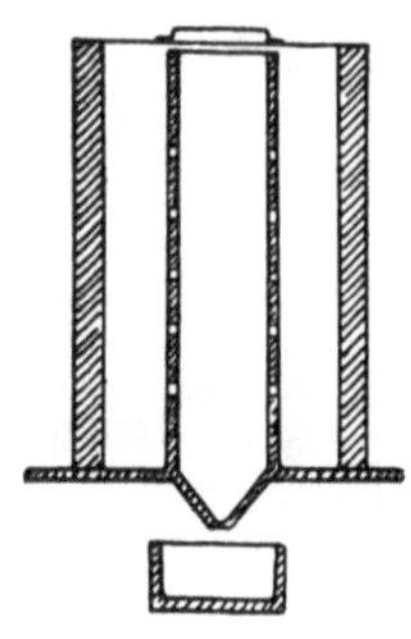

Fig. 5. Stehende Retorte von *Choate*.

Grützner und *Köhler* in Oberschlesien (Romagnagrube bei Loslau und Czernitz) haben einen Ofen mit denselben Retorten, die *Binon* und *Grandfils* anwenden, konstruiert, nur werden die Zinkdämpfe nicht seitlich, sondern durch eine Öffnung im oberen Retortenverschluß abgeführt. In diesem befindet sich außerdem noch eine Öffnung zur Einbringung der Ladung und ein Schauloch. Die Retorten sind radial zum Mittelpunkt des Ofens angeordnet, jede in einem besondern schachtartigen, nach der Ofenmitte hin geöffneten Raume. Die Heizgase treten zunächst in die Mitte des Ofens und auf dem Wege zur Esse von dort aus in die die einzelnen Retorten umgebenden Räume.

Choate in New York legte die Vorlage in die Retorte. Ein konzentrisch in derselben liegendes durchlochtes Rohr nimmt die Metalldämpfe auf. Das sich kondensierende Zink fließt nach unten durch eine kleine Öffnung des nach außen hin abschließenden Trichters in ein untergestelltes Gefäß ab, wie die Fig. 5 zeigt. Bei größerem Durchmesser der Retorte wird auch hierbei die genügende Beheizung der Retorte Schwierigkeiten bieten, dagegen vermeidet *Choate* die Kondensation von Zink in den Rückständen im kälteren Teile der Retorte.

Die von *Carl Francisci* in Schweidnitz aus Magnesiaziegeln aufgebaute zylindrische Retorte mit ringförmigem Querschnitt hat *Steger* a. a. O. eingehender beschrieben. Der Zylinder hat unten knieförmige Abzugsöffnungen an verlängerten Teilen des Ringes, oben ebenfalls auf solchen 4 Beschickungsöffnungen. Unter letzteren befinden sich die Abzugslöcher für 4×5 röhrenförmige Vorlagen, welche in Blechbehälter (Ballons) münden. Die Beheizung der ringförmigen Retorte erfolgt zunächst von innen, die Generatorgase treten durch einen Zwischenraum zwischen den Abzugsknien, die durch Abgase vorgeheizte Verbrennungsluft durch die übrigen drei ein, dann ziehen die Heizgase oben zwischen den Füllschächten hindurch zur Außenwand des Retortenzylinders, denselben von oben nach unten umspülend, und nach Erwärmung der Verbrennungsluft in einem Kanalsysteme im unteren Ofenteile zur Esse. Ob der Aufbau der Retorte aus einzelnen Steinen ein vollkommen dichtes Gefäß gibt, ist zweifelhaft. *Francisci* hat auch nach *Stegers* Vorschlag[1] noch einen Ofen mit aus Magnesiaziegeln aufgemauerten liegenden Muffeln (D. R. P. 76285) konstruiert, aber keiner von beiden ist unseres Wissens aus dem Versuchsstadium herausgetreten. Dasselbe ist auch bei den vorher erwähnten stehenden Retorten der Fall. Bei dem lotrechten, ringförmigen Re

tortenraume *Franciscis* wird auch eine Kondensation von Zink in den der Beheizung entzogenen kreisförmigen Abzugsenden, also in den ausgebrannten Rückständen eintreten.

In neuester Zeit hat die *Rheinisch - Nassauische Gesellschaft* Versuche mit stehenden Retorten aufgenommen und Patente auf ihre Konstruktion nachgesucht. (England 27636

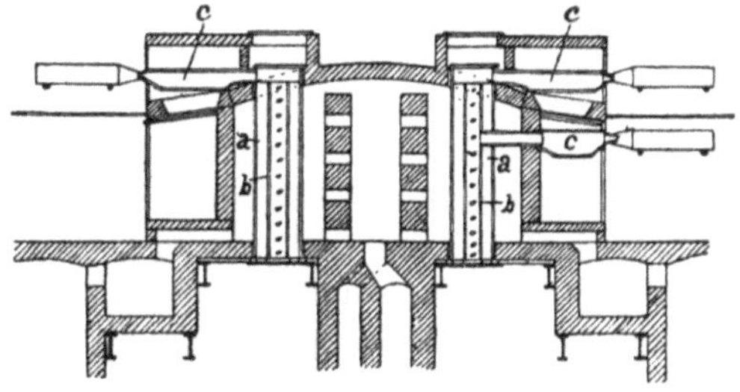

Fig. 6. Ofen mit stehenden Retorten der Rheinisch-Nassauischen Gesellschaft.

(1910), (Belgien 230878, 15,. XII. 1910), D. R. P. 236759 (Kl. 40a) vom 16. XII. 1909 ab.[2]

Wie *Choate* hat sie im Innern einer größeren Muffel einen durchlochten Hohlkörper oder einen porösen bzw. einen die Metalldämpfe durchlassenden Kern angeordnet, durch welchen die Zinkdämpfe nach den Vorlagen hin abziehen sollen. Diese Hohlkörper od. dgl. sind als Vor-Vorlagen bezeichnet, von ihnen treten die Dämpfe in die außerhalb des Ofens, aber in Vorräumen (Nischen) liegenden Bauchvorlagen bekannter Form, wo sie sich zu flüssigem Zink verdichten. Letztere sind aber am oberen Ende oder wenigstens in der obersten Hälfte der Retorten angesetzt, es erfolgt also keine Destillation nach unten. Die der deutschen Patentschrift beigefügte Zeichnung ist in Fig. 6 wiedergegeben. Im beliebig langem Ofenraume stehen zwei Reihen Retorten gegen die in der Mitte aus den Brennern sich entwickelnden Flammen der Gasfeuerung durch durchbrochene Wände geschützt. An den Füßen der Retorten ziehen die Abgase auf beiden Ofenseiten durch eine beliebige Anzahl Öffnungen in die Abzugskanäle ab.

Die Patentbeschreibung hebt hervor, daß der Ofen eine stetige Arbeitsweise gestattet, wobei die Temperatur fortwährend auf derselben Höhe gehalten und jede Muffel derselben so lange ausgesetzt werden kann, bis der Inhalt völlig abgetrieben ist. Beschickung und

---

[1] Zeitschr. f. Berg-, Hütten- u. Salinenwesen 1894, S. 163. Siehe Seite 201.
[2] Zeitschr. f. angew. Chemie 1911, S. 1654.

Entleerung der Muffeln kann in kurzer Zeit und deshalb auf billige Weise bewerkstelligt werden. Dadurch, daß in dem unteren kälteren Teile der Muffel eine Lage von ausgebrannten Rückständen gegeben wird, soll ein Mangel des heutigen Systems der Zinkdestillation, das nicht völlige Ausbrennen der Beschickung im vorderen Teile der liegenden Muffel vermieden werden. Es ist unserer Meinung nach nur zu befürchten, daß sich in dem kältesten Teile der Retorte außer Blei (bei dessen Anwesenheit) auch Zink verdichtet, welches sich nur schwierig von den Aschen und Schlacken scheiden lassen wird; eine Anordnung der Kondensationsapparate in der Verlängerung der durchlochten „Vor-Vorlage" unten (also eine Destillation nach unten) hätte vielleicht Vorteile vor der in der Figur dargestellten. Ob sich die Öffnungen in dem zentralen Rohre während des Betriebes offen halten lassen, muß die Praxis lehren.[1]

Die schlesische Methode.

Es kann wohl angenommen werden, daß *Ruberg* auf der Wessolahütte zuerst das in England Gesehene nachahmte. Es liegt diese Annahme sehr nahe, weil er vorhandene Glasöfen für seine ersten Versuche benutzte und wohl auch Glashäfen oder diesen sehr ähnliche Gefäße als Reduktionsgefäße verwendete. Bald schon scheint er aber diese verlassen und an ihre Stelle Muffeln gesetzt zu haben, welche vermutlich lange halbzylindrische, an einem Ende geschlossene Gefäße darstellten, wenigstens wurden derartige Muffeln von *Ziobro*, seinem früheren Zinkschmelzer, wie wir schon oben sahen, auf der Königlichen Friedrichshütte angewendet. Die Gewinnung des Destillates in einer mit der Mündung nach unten gerichteten Vorlage behielt er aber bei, wie aus der alten Form der Kondensationsgefäße, mittels welcher das Zink als Tropfzink gewonnen wurde, zu schließen ist.

Nach *Hollunders* Angaben hatte der erste *Ruberg*sche Ofen nur zwei Muffeln.

Nach *Karstens* Bericht, den er am 23. März 1805 über die in Wessola gesehenen Zinköfen an das Oberbergamt erstattete, hatten die Öfen einen rund 2 m hohen Unterbau, einen überwölbten Raum, der als Fundament zur „Abzucht"[2] und zur Aufbewahrung des Rohmaterials, des Ofenbruchs diente. (Galmei wurde noch nicht verhüttet). Über demselben erhob sich der eigentliche Ofenraum, in welchem 4 Muffeln, wahrscheinlich je 2 auf jeder Seite der Feuerung, lagen (aus *Karstens* Worten ist das nicht mit Sicherheit zu erkennen). Der Rost der Feuerung reichte durch den ganzen Ofen hindurch, so daß von beiden Seiten gestocht werden konnte. Die Feuergase fanden Abzug in den Hüttenraum durch 4 im Ofengewölbe angebrachte Öffnungen; es waren aber über den Stochlöchern auch 2 kleine Essen vorhanden, deren man sich während des Räumens und Beschickens der Muffeln zur Abführung der Feuerungsgase bediente. Die Abzugsöffnungen im Gewölbe wurden während dieser Arbeit geschlossen.

Die Muffeln hatten eine Länge von rund 95 cm (3′) und waren 46 cm (1¹/₂′) breit und 55 cm (1³/₄′) hoch. In halber Höhe der Muffelmündung war der Hals des Muffelkopfes, einer trichterförmigen Vorlage mit seitlichem Rohr, angesetzt, der darunter freibleibende Teil der Muffelöffnung mit einer

---

[1] Siehe auch: Brandhorst, Beiträge zur Metallurgie des Zinks. Zeitschr. f. ang. Chem. 1904, S. 505.

[2] Zur Ableitung der Feuchtigkeit oder des Grundwassers.

Tonplatte verschlossen. Die Vorlage wurde oben mit einer Platte abgedeckt und hatte nach vorn eine zweite verschließbare Öffnung, durch welche die Muffel beschickt wurde. Damit das Zink nicht in der Vorlage fest wurde, wurde für ihre Erwärmung gesorgt, das Zink tropfte aus der unteren Öffnung derselben in ein darunter stehendes Gefäß ab. Zum Umschmelzen waren zwei Kessel vorhanden.

In 24 Stunden waren zur Beheizung des Ofens 20 schles. Scheffel à 86,565 l = 1420 k oberschl. Kohlen (1 hl = 82 k) erforderlich. 50 k Hochofenschwamm, in Haselnußgröße mit 2 Raumteilen Holzkohle (Beschickung einer Muffel) hatten 16 bis 20 Stunden zur Destillation nötig, wobei 33 Proz. Zink ausgebracht sein sollen. Es konnten in der Woche höchstens 2100 k Ofenbruch verarbeitet werden, in der Regel wurden aber nur 5 bis 9 Ztr. Zink (270 bis 480 k[1]) gewonnen; dazu waren 3 Arbeiter, 2 Schürer und 1 Schmelzer nötig.

Karsten scheint der Betrieb nicht sonderlich gefallen zu haben. Er äußert in seinem Bericht, daß in einem Flammofen das Verfahren in 4 Stunden beendigt sein würde. Der Ertrag würde dann bei Erzeugung von 800 Zentner jährlich 2400 bis 2600 Taler sein, während in Wessola nur 250 Ztr. erzeugt würden, die nur einen Gewinn von 520 Talern abwarfen, denn 5 Ztr. Zink erforderten 59 Taler 12 Groschen Herstellungskosten und der Zentner Zink war verkäuflich zu 14 Talern. *Karsten* hat wohl bald erkannt, daß die Zinkgewinnung im Flammofen nicht durchführbar war.

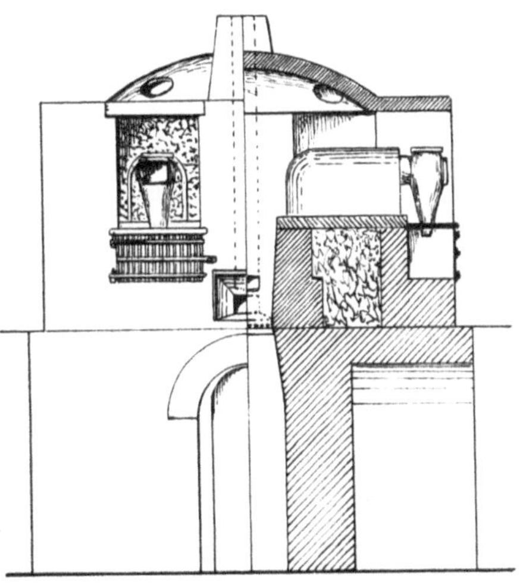

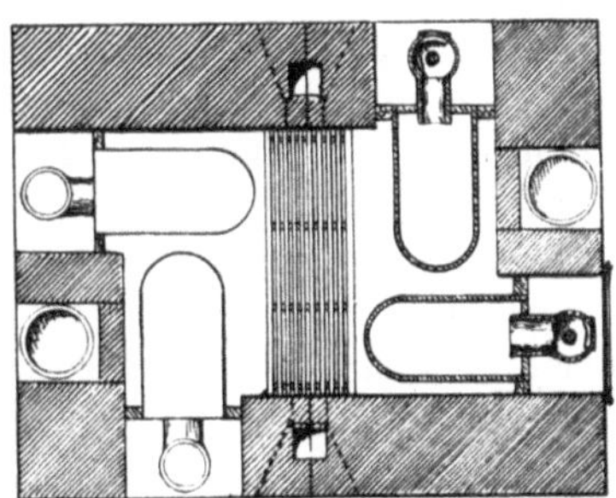

Fig. 7. *Rubergs* Zinkdestillationsofen in Wessola O.-S. M. 1:75.

In neuester Zeit ist von *Sabass* im Novemberhefte der Zeitschrift des Oberschlesischen Berg- und Hüttenmännischen Vereins vom Jahre 1910 eine in dem Archive des Königlichen Oberbergamtes in Breslau aufgefundene und auch noch im Besitze der Königshütte befindliche Zeichnung des etwa im Jahre 1802 in Wessola in Betrieb genommenen viermuffligen Ofens *Rubergs* veröffentlicht worden[1].

---

[1] 53,435 k = 1 schles. Zentner. — *Krantz*, Gewerberat in Oppeln: Die Entwicklung der Oberschlesischen Zinkindustrie. Berlin 1911.

Diese Zeichnung, welche wir in Fig. 7 *a-b* wiedergeben, stimmt mit *Karstens* Angaben überein. Wir haben zur Erläuterung nur hinzuzufügen, daß die zwei auf jeder Seite der sich durch den ganzen Ofen hindurch erstreckenden, außerordentlich großen Feuerung angeordneten Muffeln im rechten Winkel zueinander lagen und vor der Breitseite der einen auf jeder Ofenseite ein Schmelzkessel. Der Raum unter der Vorlage, in welchem das Gefäß zur Aufnahme des Tropfzinks stand, wurde zur Vermeidung von Zinkdiebstahl während des Betriebes durch eine Gittertür verschlossen und nur zwecks Entnahme des angesammelten Metalls vom Aufsichtsbeamten geöffnet. Bemerkenswert ist noch die **Form und Größe der Muffeln.**

In seinem „System der Metallurgie" Band IV (1839) hat *Karsten* den ältesten Ofen der staatlichen Hütten Oberschlesiens, annähernd, wie folgt beschrieben[1]:

Die Schurgasse (der Feuerungsraum) liegt unter dem Herde in der Mitte des Ofens, sie ist mit einem Gewölbe versehen, in welchem sich eine einzige, einen Quadratfuß (0,1 qm) große Öffnung befindet, durch welche die Flamme aus dem Feuerungsraum in den Herdraum tritt. Der letztere ist ganz horizontal und quadratisch, er bildet mit den 4 Seitenwänden den inneren Ofenraum; dieser ist oben durch die aus Ton geschlagene Gewölbekappe geschlossen, in welcher sich 4 Öffnungen zur Abführung des Rauches und der Flamme befinden. 4 weitere demselben Zwecke dienende Abzüge sind in den 4 Umfassungswänden im Niveau der Herdsohle, längsseits jeder Muffel angebracht; sie sollen die Flamme in den unteren Teil des Herdraumes ziehen. Bis zur Mitte der Wände laufen sie in horizontaler Richtung, dann steigen sie senkrecht auf.

Die Muffeln — ganz von der Gestalt der **Probiermuffeln** — stehen mit ihrem flachen Boden auf der Herdsohle auf. Für jede der 4 Muffeln ist in jeder der Umfassungswände ein Raum ausgespart, durch welchen sie — mit ihrer Mündung oder offenen Seite nach außen gekehrt — so tief in den Ofenraum geschoben wird, daß der Raum in der Wand ganz frei bleibt, um die mit der Muffel in Verbindung zu setzenden Verdichtungsvorrichtungen aufnehmen zu können.

Sobald die Muffel im Ofen in ihre gehörige Lage gebracht ist, wird der Spielraum zwischen dem Muffelrande und der Begrenzung des in der Ofenwand ausgesparten Raumes (Nische, Fenster, oder Kapelle) mit Ziegelstücken und Lehm abgedichtet, damit die Flamme nicht hindurchdringen kann.

In die Öffnung der Muffel wird nun der sogenannte Steg eingesetzt, eine Tonscheibe mit zwei Ausschnitten, von denen der untere zum Herausnehmen der Destillationsrückstände dient, und während des Destillationsprozesses mit einer anderen kleinen passenden Tonscheibe verschlossen wird, der andere, obere, zur Einführung des Halses der Vorlage bestimmt ist. Die letztere, welche die sich entwickelnden metallischen Zinkdämpfe aufnehmen und verdichten soll, besteht aus zwei Teilen: dem zylindrischen Unterstück

---

[1] Schon in *Karstens* Archiv f. Bergbau u. Hüttenwesen **2**, 66ff. (1820) ist nach *Freytags* Aufzeichnungen eine ausführliche Darstellung der Entwicklung der Lydogniahütte gegeben.

und dem Oberstück, an welchem man Hals und Kopf unterscheidet. Vorn am Kopfe befindet sich eine Öffnung, durch welche die Muffel beschickt wird, sie wird während der Destillation durch eine auflutierte Platte geschlossen.

Das zylindrische Unterstück wird senkrecht auf eine Öffnung gestellt, welche sich im Boden der Vorlagennische (einem der in den Seitenwänden des Ofens ausgesparten Räume) befindet und in einen zweiten, darunter liegenden Raum, das sogenannte Tropfloch führt. Darauf wird das Oberstück derartig angesetzt, daß der Kopf auf dem Unterstück, der Hals auf dem Muffelstege in der Muffelöffnung ruht, und nun werden alle Verbindungsfugen der einzelnen Teile und in der Mündung der Muffel sorgfältig mit Lehm gedichtet, so daß das Innere der Muffel nur noch durch die untere Öffnung des Unterstückes der Vorlage im Tropfloch mit der Außenluft in Verbindung steht. Die Teile der Vorlage können aus gewöhnlichem Ton angefertigt sein, da sie keine starke Hitze auszuhalten haben.

Bei normalem Betriebe wird jede der Muffeln mit 25 k Galmei oder Ofenbruch, der mit $^1/_3$ Volumteil Kohle gemengt ist, beschickt und zwar durch die Vorlage hindurch nach Abnahme der Verschlußplatte am Kopfe derselben, die nach beendigter Ladung wieder auflutiert wird. Sehr bald beginnt die Reduktion des Zinkoxydes, die Zinkdämpfe treten in die rechtwinkelig gestaltete Vorlage, verdichten sich dort zu Tropfen flüssigen Zinks, die in das Tropfloch niederfallen.

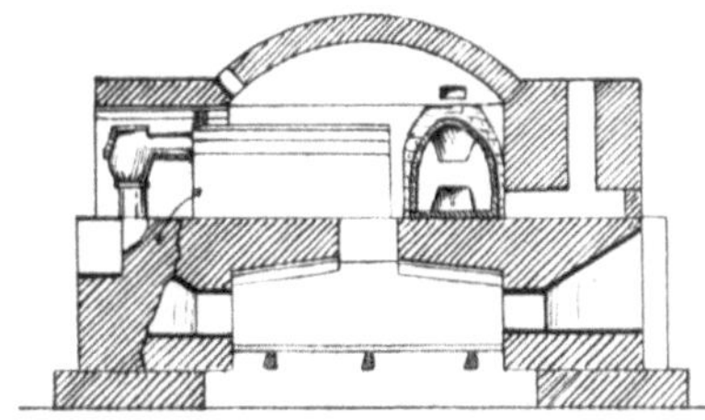

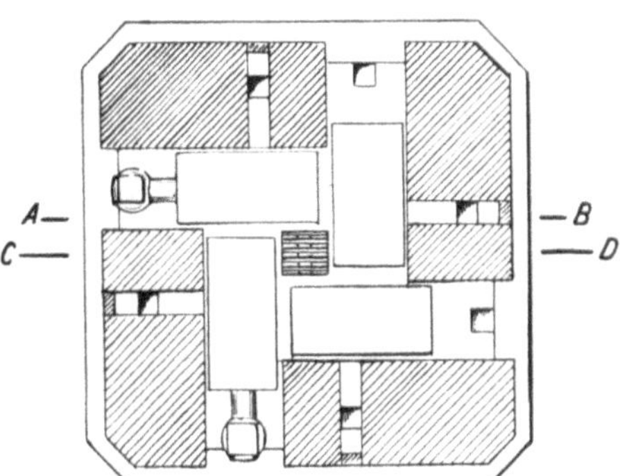

b. Schnitt über dem Herd mit Gefässen

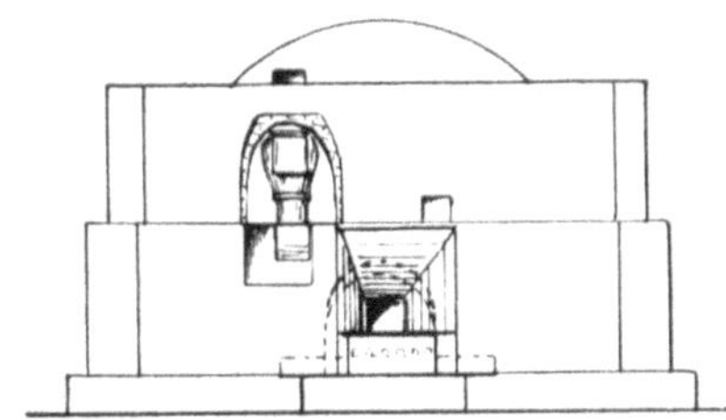

Fig. 8. Ältester Zinkdestillationsofen der Lydogniahütte. O.-S.

Die Vorlage darf nicht zu kalt gehalten werden, weshalb man nicht nur einige Holzkohlen oder Zinder in dieselbe bringt, sondern auch die Vorlagennische gegen den Hüttenraum hin vermittelst einer mit Ton beschmierten Tür von Eisenblech verschließt.

Die Rückstände wurden nur jeden 3. Tag aus den Muffeln entfernt, am

2. und 3. Tag wurde die Ladung auf die in der Muffel verbliebenen Rückstände
gegeben. Die Muffel wurde, wie man sagte, „aufgeladen".

Die von *Karsten* der Beschreibung beigefügte Zeichnung des Ofens ist
in Fig. 8 *a* bis *c* wiedergegeben[1].

Die ersten Muffelöfen hatten also nur 4 Reduktionsgefäße[2], und die Betriebsergebnisse ließen noch recht viel zu wünschen übrig. Das Ausbringen
aus dem Galmei betrug etwa 24 Proz. bei dem 61fachen Kohlenverbrauch vom
gewonnenen Zink.

Man war auf der Lydogniahütte unausgesetzt bemüht, leistungsfähigere
und billiger arbeitende Öfen zu schaffen, die dahinzielenden Versuche sind
von *Freytag* a. a. O. geschildert (siehe Fußnote [1]).

Die überwölbte Feuerung erwies sich als wenig haltbar, in 6 bis 8 Wochen
war das Gewölbe und die Feuerung so weit zerstört, daß der Ofen außer Betrieb gesetzt werden mußte, weil die Böden der Muffeln dann ohne Schutz
über dem Feuer lagen und demselben nicht mehr widerstanden. Man verminderte im Herbst 1809 zunächst die Abmessungen des Rostes auf fast $^2/_5$ der
bisherigen Rostfläche, so daß nur noch eine Muffel auf dem Gewölbe über demselben ruhte, und erreichte auch einen Erfolg damit, indem der Kohlenverbrauch vom 14,7fachen auf das 9,5fache vom Galmei oder das 34,5fache
vom erzeugten Zink zurückging und das Ausbringen an Zink auf etwa
27,3 Proz. vom Galmei stieg; auch die Ofendauer wurde dadurch um 2 Monate
verlängert.

Ein Versuch, den Ofenraum mit annähernd der früheren Rostgröße derart
zu erweitern, daß man am Orte einer jeden Muffel zwei derselben aufstellen
konnte, erfüllte die Erwartungen nicht, weil die an den Wänden vom Feuer
entfernt liegenden Gefäße nicht genügend beheizt wurden, so daß anstelle
der doppelten Produktion nur etwa die 1$^1/_2$fache des 4muffligen Ofens erreicht wurde[3]. Ein kreisrunder Ofen von 2,80 m innerem Durchmesser mit
halbkugelförmigem Deckengewölbe, in welchem man 8 Muffeln um das in der
Mitte liegende Feuer herum angeordnet hatte, lieferte auch keine größere
Produktion, weil kürzere und hinten schmälere Gefäße benutzt werden mußten, wenn die schädlichen Räume am Umfang des Ofens nicht zu groß werden
sollten; indessen hatte er gelehrt, daß man, ohne Schwierigkeiten zu begegnen,
das die Feuerung überdeckende Gewölbe weglassen konnte.

In der Tat ergaben ein 4muffliger und demnächst ein 8muffliger Ofen,
wie vorher erwähnt mit offenem Feuer einen wesentlich geringeren Kohlenverbrauch, und das Ausbringen stieg auf 35,8 Zink Proz. vom Galmei.

---

[1] Eingehender ist die technische Entwicklung der Methode von *A. Lodin* in seiner
Metallurgie du Zinc (Paris 1905) beschrieben (nach *Freytag:* Archiv f. Bergbau u. Hüttenwesen 1820).

[2] *Hollunder* spricht in seiner (1824 in Leipzig-Sorau erschienenen) „Beschreibung
des oberschlesischen Zinkhüttenprozesses" davon, daß man mit zwei Muffeln angefangen
habe.

[3] Man versuchte in dem 8muffligen Ofen auch zylindrische Muffeln, welche hohl
gelegt mehr Beheizungsfläche gegenüber der bisher üblichen Form hatten. Sie erwiesen
sich aber als wenig haltbar, und der Prozeß ging in ihnen nicht schneller vor sich.

Gegen Ende des Jahres 1811 erbaute man nach dieser Erkenntnis den ersten 8 muffligen Ofen, in welchem die Gefäße in zwei Reihen auf beiden Seiten der oben offenen Feuerung lagen. Der Rost desselben war 1,10 m lang 0,36 m breit und lag 0,70 m unter der Herdsohle, welche eine Abmessung von 2,65 m nach der einen und eine solche von 2,50 m nach der anderen Richtung — quer zu den Muffeln — hatte. Die beiden mittleren Muffeln jeder Reihe, welche mit dem Rücken nahe an dem Rande der Feuerung lagen, hatten eine Länge von 1,10 m, die 4 an den Seitenwänden des Ofens liegenden eine solche von 1,35 m. Jede derselben lag für sich in einer Nische. Der Ofenraum war von einer flachen Kuppel überdeckt.

Der Kohlenaufwand war bei diesem Ofen trotz gesteigerter Beanspruchung auf rund das 9,0fache vom calcinierten Galmei und in der Folge auf das 8,5fache zurückgegangen und das Ausbringen auf 43 Proz. gestiegen. Die Beschickung einer Muffel betrug durchschnittlich 32 k und die Ofendauer betrug nunmehr 1 bis 2 Jahre.

Als nach Beendigung des Krieges vermehrte Anfrage nach Zink auftrat, schritt man, ermutigt durch diesen Erfolg, 1815 zur Errichtung eines Ofens für 20 Muffeln (10 auf jeder Seite), der an jedem Ende mit einer Feuerung versehen war[1]. Bei der großen Länge glaubte man die Ofenkappe in der Mitte durch eine der Länge nach laufende Zwischenwand stützen zu müssen. Dieser Ofen entsprach nicht den gehegten Erwartungen, da die beiden auf einem Raum arbeitenden Feuerungen keinen gleichmäßigen Zug hatten, so kühlte z. B. bei der Entschlackung der einen von ihnen der Ofen beträchtlich ab. Man war genötigt, den Betrieb aufzugeben.

Nach dem Plane des bewährten Achtmuffelofens, dessen Herd man um 55 cm verlängerte, baute man nunmehr Öfen mit 10 Muffeln und überspannte sie an Stelle der Kuppel mit einer auf die Nischenwölbungen gestützten Kappe. Bei gleich gutem Ausbringen, wie beim achtmuffligen Ofen erzielte man damit eine weitere Kohlenersparnis, da man nunmehr nur noch das 6,5fache vom calciniertem Galmei zu seiner Reduktion gebrauchte.

Ein 1817 unternommener Versuch, je 2 Muffeln in einer Nische zu vereinigen, zur besseren Stütze der Ofenkappe die Nischenwände nach innen bis auf etwa 2 m Abstand zu verlängern und dabei auf 12 Muffeln im Ofen zu kommen, lieferte unbefriedigende Ergebnisse, so daß man bei 10 Muffeln blieb.

Auch die Hohlstellung des Muffelbodens, die versucht wurde, um die Retorte auch von unten zu beheizen, mußte bald wieder aufgegeben werden, weil die Muffeln viel früher schadhaft wurden und auch der Ofenherd durch ausfließende Schlacke früher zerstört wurde. Einen ersten dahin zielenden Versuch hatte man schon früher gemacht (siehe Anm. 3 auf voriger Seite.)

Im Jahre 1818 standen auf der Lydogniahütte 12 Stück der zehnmuffligen Öfen in Betrieb.

---

[1] Von den 8 muffligen Öfen hatte man zwei mit einer Seite aneinander gebaut, man beseitigte die Trennungswand und fügte an ihrer Stelle noch den Raum für 4 Muffeln ein, wodurch man den 20 muffligen Ofen erhielt.

Noch im Jahre 1830 hatten die meisten Öfen die erfahrungsgemäß vorteilhafteste Ausstattung mit 10 Muffeln; von diesen liegt eine genaue Beschreibung nebst Zeichnung von *Karsten* (a. a. O.) vor, die wir mit Fig. 9 *a* und *b* in Nachstehendem insoweit wiedergeben, wie es zum Verständnis erforderlich ist.

Karsten leitet die Beschreibung mit den Worten ein:

„Durch die nach und nach erfolgte Einführung größerer Öfen, sowie durch die verbesserten Einrichtungen bei der Feuerung und bei der Flammenführung hat der Destillationsprozeß wesentliche Fortschritte gemacht, obgleich die ursprüngliche Einrichtung des eigentlichen Destillationsapparates gänzlich beibehalten worden ist, weil sie sich als völlig zweckmäßig bewährt hat und weil alle Versuche, eine vollkommenere Verdichtung[1] der Zinkdämpfe zu bewirken, bis jetzt mißlungen sind."

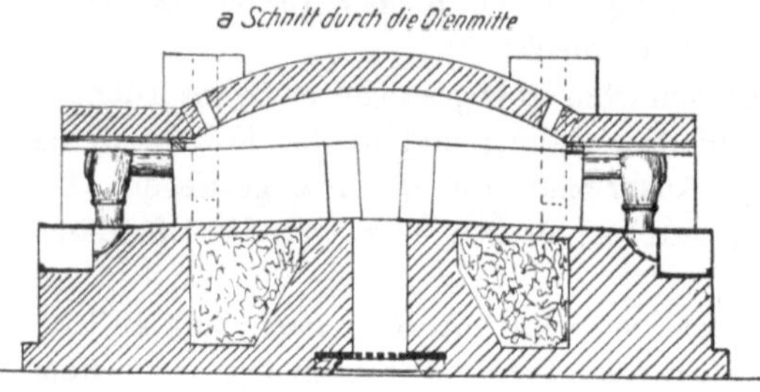

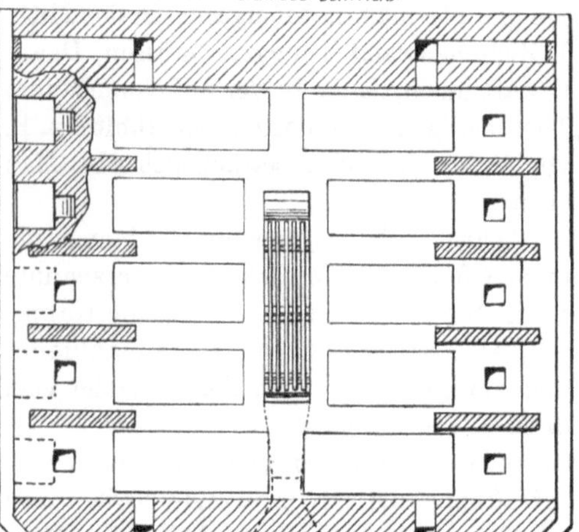

Fig. 9. Zehnmuffliger Zinkofen der Lydogniahütte. O.-S. M. 1:75.

Über der Rösche, welche als Aschenfall und Luftzuführungskanal der Zinköfen dient, liegen drei gußeiserne Rostbalken. Die Rostfläche wird durch eiserne Platten, welche den Schurgassenwänden als Unterlage dienen, eingefaßt. Überwölbt ist die Schurgasse nicht mehr, die Gewölbe widerstanden nur kurze Zeit und verursachten hohen Kohlenverbrauch. Das Schürloch wird durch einen gußeisernen Kasten und gußeiserne Platten gebildet. Die Sohlen der Tropflöcher bestehen auch aus Eisenplatten, welche nach der Ofenfront zu mit Rand versehen sind, damit das sich dort ansammelnde Zink nicht ausfließen kann. Sämtliche Tropflöcher einer Ofenseite sind vorn mit einer langen eisernen Platte von 1 Fuß Breite, nach dem Innern des Ofens zu mit kürzeren in die Vorlagennischen passenden abgedeckt. Diese sogenannten Herdplatten bilden zugleich die Sohle der Vorlagenräume.

Die Muffeln liegen etwas geneigt nach vorn im Ofen hinten auf dem sogenannten Gesäße, welches von Grund auf sehr solide aufgebaut wird, der

---

[1] z. B. durch Wasserkühlung. Karstens Archiv **2**, 97 (1820).

Zwischenraum zwischen demselben und der Vorderwand wird durch Steinbrocken und Sand ausgefüllt und oben zur Bildung des Ofenherdes mit Schamottsteinen gepflastert. Die geneigte Lage des Herdes und der Muffeln hat den Zweck, den schädlichen Raum unter der Mitte der Ofenkappe zu verringern und dadurch die Muffeln einer höheren Hitze auszusetzen.

In den zur Schurgasse rechtwinklig liegenden Seitenwänden des Ofens sind die schon bei der Beschreibung des 4 muffligen Ofens erwähnten Seitenzüge, welche eine bessere Beheizung der an den Ofenseiten liegenden Muffeln bezwecken, ausgespart; nach außen fortgesetzte Kanälchen dienen zur Reinigung derselben. Die einzelnen Vorlagennischen sind durch 80 bis 120 mm dicke Pfeiler begrenzt, von welchen jeder aus einem oder besser zwei großen Tonplatten besteht. Der hintere Teil wird der besseren Standsicherheit halber etwa 5 cm tief in die Herdsohle eingelassen, während der vordere Teil mit einer kleinen eisernen Platte armiert ist, welche mit Zapfen in die Herdplatte eingreift. Diese Pfeiler tragen die Gewölbe der Vorlagennischen und dienen mit diesen der Ofenkappe zum Widerlager. Die letztere wurde möglichst flach, an ihre höchsten Stelle nur etwa 95 cm vom Herde entfernt geschlagen und erhielt Anschluß an die Seitenwände durch bogenartige Absenkung.

Die Kappe wurde über einer Schablone aus steifen Tonteigballen ($^1/_3$ frischer Ton, $^2/_3$ Sand) hergestellt, indem man an den Widerlagern beginnend die Ballen ansetzte und sie gehörig miteinander durch Kneten mit der Hand und Schlagen mit hölzernen Schlegeln verband. Diese Arbeit mußte so beschleunigt werden, daß sie an einem Tage vollendet war. Um ihr weitere Festigkeit zu geben und die beim Trocknen entstehenden Sprünge zu beseitigen, wurde die Kappe mehrere Tage nachher noch mit Schlegeln bearbeitet, bis es nicht mehr gelang die entstandenen Risse zu schließen. Man machte dann über die Kappe einen Kreuzschnitt, um das weitere Schwinden der Masse ohne Rissebildung zu ermöglichen, und füllte die entstandenen Spalten nach völligem Trocknen der ersten Auftragung mit frischer Masse aus. Während des Trocknens schnitt man die 6 Rauchabzugslöcher aus und lüftete allmählich die Schalung. Nach 14 Tagen bis 3 Wochen war das Gewölbe völlig lufttrocken, so daß die Schablonen entfernt werden konnten. Die zwischen den kleinen Kappen der Vorlagennischen über den Pfeilern bleibenden Räume wurden auch mit Kappenmasse gefüllt und durch Einbettung in dieselbe am Ofen Wirbel befestigt, welche die Vorsetztüren vor den Vorlagenräumen tragen sollen. Das Gewölbe erhielt eine Dicke von 21 bis 23 cm.

Die Anheizung des Ofens wurde recht vorsichtig betrieben, man gebrauchte dazu mehrere Wochen. Zunächst wurde der Ofen ausgetrocknet, indem man alle Öffnungen mit Ausnahme der Rostfläche vermauerte und ein Anwärmfeuer etwa 3 Wochen lang auf der Röschensohle unterhielt. Dann setzte man die rohen Muffeln, nachdem man die Feuerung mit einem 40 cm hohen Ziegelkranz zu deren Schutz umgeben hatte, ein und heizte nun vom Rost aus wieder einige Wochen lang sehr vorsichtig den von neuem fast vollkommen geschlossenen Ofen, nur in den Versatzmauern der Vorlagennischen stellte man einige Abzugsöffnungen für die Rauchgase her, die man allmählich vermehrte, um die zunehmende Hitze immer mehr auf die Muffeln wirken zu lassen. Die Kappen- und Seitenzüge wurden erst wenige Tage vor Inbetriebsetzung geöffnet.

Die Muffeln werden, um ein Festbrennen auf dem Herde zu verhüten, auf eine Sandlage gesetzt. Die Anbringung der Vorlagen ist schon bei dem viermuffligen Ofen geschildert.

Ehe man den Betrieb aufnahm, wurde die auf dem Herde aufgebaute Schutzwand für die Muffeln durch das Schürloch entfernt, ebenso wie der Versatz der Nischen. Nachdem die Zwischenräume der Muffeln und der Nischenwände abgedichtet, die Vorlagen gesetzt und die Tropflöcher geöffnet waren, schritt man zum Beschicken der Muffeln. Es dauerte gewöhnlich einige Wochen, bis der Ofen so heiß war, daß er die volle Ladung, welche aus 300 bis 350 k calciniertem Galmei bestehen sollte, abtreiben konnte, man setzte anfänglich nur 200 bis 250 k, welche mit Zindern[1] vermengt gleichmäßig auf die 10 Muffeln verteilt wurden. Um mit einer geringeren Mannschaft auszukommen, besetzte man meistens nur die auf einer Arbeitsseite liegenden Muffeln zu derselben Tageszeit und 12 Stunden später die der anderen Seite, so daß sich bei der 24stündigen Destillationsdauer die Beschickung der Muffeln abwechselnd auf beiden Arbeitsseiten alle 12 Stunden wiederholte.

Nach beendigter Beschickung der Muffel wurde sofort die Öffnung im Vorlagenkopf, welche hierfür geöffnet war, geschlossen und dann vor die Vorlagennische die Vorsetztür gesetzt, um die Vorlage möglichst bald auf die erforderliche Wärme zu bringen. Um dieses zu beschleunigen, stößt man auch wohl zu beiden Seiten der Muffel in den Versatz Löcher, welche der Flamme den Eintritt in den Vorlagenraum gestatten.

„Kaum", so schildert *Karsten*, „eine Viertelstunde nach Schließung der Vorlagen beginnt die Destillation. Zuerst geht nur Zinkoxyd über, welches durch die Verunreinigung mit Kohlenstaub, Asche und Cadmiumoxyd ein schmutziges Aussehen hat. Gleichzeitig entzünden sich auch die aus der Beschickungsmasse entbundenen Gasarten (Kohlenoxydgas und Kohlenwasserstoffgas) an der Mündung der Vorlage. Schon nach Verlauf einer halben Stunde tritt das Niedertropfen des metallischen Zinks aus den Vorlagen in die Tropflöcher ein, indessen dauert es doch 6 bis 8 Stunden, ehe die Destillation in vollen Gang kommt. Am stärksten geht der Prozeß im zweiten Dritteile der Destillationsperiode vor sich. Dann nimmt er successive dergestalt ab, daß er nach Ablauf von 24 Stunden ganz aufhört."

„Sobald kein Zink mehr übergeht, wird die Vorlage durch Abnahme der nur lose befestigten Tonscheibe geöffnet, die im Kopf und Halse hängengebliebenen Zinktropfen werden mit einer kleinen eisernen Krücke in das Vorlagenrohr gezogen und dieses letztere demnächst mit eisernen gekrümmten Stäben, die man teils von oben, teils von unten in die Vorlage bringt, gelüftet, so daß alles darin enthaltene flüssige Zink in das Tropfloch fallen muß. Dann wird das in den Tropflöchern angesammelte Zink (Werkzink), welches aus unregelmäßigen Massen unvollkommen zusammengeflossener und mit Zinkoxyd verunreinigter Zinktropfen besteht, beiseite gelegt, und sogleich zu einem neuen Einsatz geschritten, ohne vorher die Rückstände aus den Muffeln zu entfernen. Erst nach dreimaliger Destillation häufen sich die Rückstände in den Muffeln so an, daß sie

---

[1] Anfänglich wurde, so auch von *Ruberg*, nur Holzkohle als reduzierendes Mittel verwendet, bis man auf der Lydogniahütte zu den Zindern, die aus der Asche der Heizkohlen sorgfältig ausgesucht wurden, überging.

herausgezogen werden müssen. Es ist deshalb nur erforderlich, die Muffeln alle 3 Tage zu räumen, welches sowohl den Arbeitern, als dem Betriebe sehr zu statten kommt, weil das Ausziehen der Rückstände sehr anstrengend ist und eine sehr starke Abkühlung der Muffeln herbeiführt."

„Das Räumen der Muffeln geschieht mit Brechstangen, mit welchen die angeschmolzenen Massen losgebrochen werden, und mit eisernen Krücken, die zum Herausziehen der Rückstände dienen. Beide Instrumente werden durch den unteren Ausschnitt im Muffelstege, der zu diesem Behuf geöffnet wird, in das Innere der Muffel gebracht. Die Vorlage bleibt dabei unverrückt in ihrer Stellung, obgleich sie beim Ausräumen sehr hinderlich ist, indem sie gerade vor jenem Ausschnitte liegt, so daß man nur seitwärts in die Muffel gelangen kann."

In einer Woche wurden nach *Karsten* in einem zehnmuffligen Ofen 2100 k calcinierten Galmeis, entsprechend 3150 k Rohgalmei reduziert. Vom calcinierten Erz wurden wenigstens 40 Proz. an umgeschmolzenem, verkäuflichem, in „Barren" gegossenem Zink, also rund 850 k ausgebracht.

Die Vorlagenansätze und das während der Destillation im Tropfloch abgelagerte Zinkoxyd sowie das Gekrätz vom Umschmelzen des Zinks wurde wieder mit dem Galmei in die Muffeln geladen.

Im günstigen Falle stieg das Ausbringen auf 47 Proz. = 1100 k, auch wohl noch auf mehr. Der Brennstoffaufwand belief sich im Durchschnitt auf 28 Kubikfuß Steinkohlen für 100 k gerösteten Galmei, bei guten Kohlen kam man mit 21 bis 22 Kubikfuß aus, also etwa 6,8 hl oder 540 k (1 hl oberschlesische Kohle = 82 k), bei schlechten sandigen Kohlen gebrauchte man dagegen bis zu 32 Kubikfuß = 810 k. Als Beispiel gibt *Karsten* das Ausbringen aus einem Galmei von 66,8 Proz. ZnO = 53,7 Proz. Zn auf 58,6 Proz. ZnO = 47,0 Proz. Zn an, was einem Verlust von 6,7 Einheiten bzw. rund 12,5 Proz. entsprechen würde; das ist für diese Zeit ein überraschend gutes Betriebsergebnis. Er schließt aus seinen Ermittlungen, daß die Hälfte des Verlustes auf Verbrennung und Verflüchtigung des reduzierten Zinks, zur Hälfte auf nicht zur Reduktion gelangtes und verschlacktes Zinkoxyd zu rechnen ist.

Nach fünfjährigem Durchschnitt der Lydogniahütte wurden für 5000 k verkäufliches Zink 2,9 Muffeln gebraucht, eine Muffel lieferte also durchschnittlich 1725 k Zink.

1887 hatte die Hütte 13 Öfen mit zusammen 336 Muffeln im Betrieb und erzeugte aus $^1/_3$ Hochofenbruch und $^2/_3$ Galmei monatlich 100 t Rohzink mit einem Ausbringen von 15 Proz.

Die Abhitze der Reduktionsöfen wurde zum Teil schon Ende der 20er Jahre v. J. zur Calcination des Galmeis oder zum Brennen der Muffeln verwendet. Bei einfachen Öfen wurde der Brennraum an der dem Schürloch gegenüberliegenden Seite angebaut. Bei zwei aneinandergebauten Reduktionsöfen, sog. Doppelöfen, entweder an den Schürlochseiten oder besser zwischen die beiden Öfen, indem man sie entsprechend weit voneinander abrückte. Die so gebildeten Calcinierherde konnten mehr Galmei calcinieren, als der zehnmufflige Ofen gebrauchte. Wir können von einer näheren Beschreibung Abstand nehmen, weil wir diese Einrichtung bei den sogleich zu beschreibenden zwanzigmuffligen Doppelöfen der Lydogniahütte aus dem Jahre 1865 wiederfinden.

Wollte man die Räume zum Tempern der Muffeln gebrauchen, so wurden die Türöffnungen mit Ziegeln versetzt, zwischen denen man Abzugs-

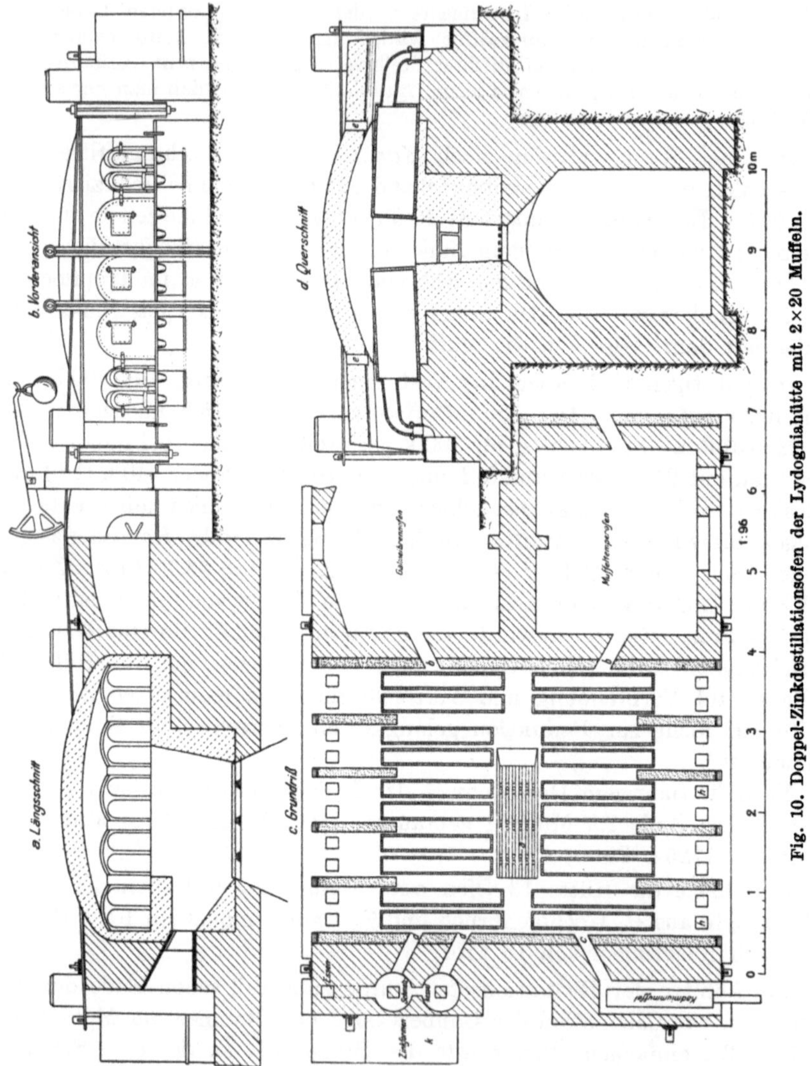

Fig. 10. Doppel-Zinkdestillationsofen der Lydogniahütte mit 2×20 Muffeln.

löcher für einen Teil der Abhitzegase zur Regulierung der Temperatur des Brennofens aussparte.

Im Jahre 1833 konstruierte *Knaut* einen Ofen mit 20 Muffeln und betrat eine neue Bahn mit der Verschmälerung der Retorten, deren lichte Weite er auf 21 cm verminderte und zugleich die noch heute übliche Querschnittsform der schlesischen Muffel schuf, d. h. ein oben durch einen Halbkreis überwölbtes Rechteck auf hoher Kante. Die Höhe seiner Muffeln war 55 cm und die Länge 1,16 m. Er erreichte damit eine wesentliche Vermehrung der Leistungsfähigkeit eines Ofens, indem er gegenüber dem 10 muffligen Ofen in 24 Stunden 516 statt 310 k calcinierten Galmei verhütten konnte. Das Ausbringen soll zunächst nachgelassen haben, was wohl die Veranlassung dazu gegeben hat, in Zukunft die Muffeln noch schmäler zu machen.

Von diesen schmalen Muffeln legte man nunmehr zwei in eine Nische und erhielt so zwanzigmufflige Öfen, welche allmählich verbreitete Anwendung fanden.

Man baute meistens sog. Doppelöfen, d. h. man legte zwei mit der dem Schürloch gegenüberliegenden Seite aneinander.[1]

Die Räumung der Muffeln war ohne Wegnahme der Vorlage nicht mehr möglich, weshalb man derselben eine einfachere Form gab, bis an die Stelle des Knies ein langes zylindrisches oder nach vorn erweitertes Tonrohr trat, welches vorn mittels einer auflutierten Platte geschlossen wurde. Dadurch konnte die Entleerung und Füllung der Muffeln wieder ohne Abnahme der Vorlage ausgeführt werden.

Fig. 10 a bis d zeigt einen solchen Ofen aus dem Jahre 1865, von welchem auf der staatlichen Lydogniahütte 24 Stück im Gebrauche waren, zwei davon waren jedoch schon mit höheren Essen versehen und einer wurde mit Unterwind betrieben. Der Planrost a hatte eine Gesamtfläche von rund 7 Quadratfuß = 0,69 qm (1,47:0,47 m), auf welchem in der Woche 45 t Stückkohle und 37 t Kleinkohle, zusammen 82 t zu 2,2 hl = 180 hl oder rund 15 000 k, täglich also rund 2150 k verbrannt wurden. Die Tonne davon kostete durchschnittlich 7 bis 9 Sgr. Die Feuergase umspülten die Muffeln und entwichen entweder durch Öffnungen e in der Decke des Ofens, oder sie wurden durch Verschließen solcher Öffnungen mittels der Kanäle b in der einen Seitenwand durch die zwischen je zwei Öfen eingebauten Galmeibrenn- und Muffeltemper - Öfen geleitet. Ein Teil fand auch den Weg in den Hüttenraum durch den Kanal c, dabei zur Beheizung einer Cadmiummuffel dienend, oder durch die Kanäle d die auf den Sockeln i stehenden Zinkschmelzkessel umspülend, und schließlich durch die kleinen, auf den Ecken stehenden Essen f. In den Schmelzkesseln wurde das Tropfzink umgeschmolzen, die Gußformen zur Herstellung der Zinkplatten hatten ihren Platz auf dem Tische k.

Die Muffeln hatten eine lichte Weite von 16 cm und eine Höhe von 55 cm bei einer Wandstärke von 4 cm, welche sich nach vorn zu etwas verminderte. Die mitten im Ofen liegenden hatten eine Länge von 1,40 m, die seitlichen von 1,57 m im Lichten. Während die Zinkmuffeln parallele Seitenwände hatten, verjüngten sich die Muffeln für die Cadmiumgewinnung Fig. 11, wie der Querschnitt derselben zeigt. In dieser Zeichnung ist der Steg, auf welchem die Vorlage ruht, genau wie bei den Zinkmuffeln. Die Vorlagen haben, wie

---

[1] Eine Konstruktion von *Julien* vom Jahre 1857 (Ann. des Mines, 5. Serie, XVI, S. 477—528) ordnete 3 Muffeln in einer Nische an, sie hat jedoch keine dauernde Anwendung gefunden.

aus der Figur ersichtlich ist, eine knieförmige Gestalt, hinten 15 cm weit, etwas oval, nach vorn stark verengt, auf etwa 7 cm. Sie sitzen mit dem abwärts gebogenen engeren Ende in Stutzen, welche in die, nahe den vorderen Seiten des Ofenherdes sich befindenden viereckigen Höhlungen h mit Lehm eingekittet sind. Diese Höhlungen selbst sind mit Lehm eirund ausgefüttert, damit das in der Vorlage kondensierte Zink in den vorgesetzten gußeisernen Kasten abfließt, in welchen es zu den sog. Zinkmännern erstarrt.

Beim Ausräumen der Rückstände aus der Muffel ist die Vorlage entfernt und die Muffel in der ganzen Höhe offen. Nachdem der die Vorlage tragende Steg eingelegt ist, wird der darunter liegende Teil der Muffelöffnung mit einer Tonplatte geschlossen und dieselbe mit lehmiger Erde abgedichtet, dann die neue Beschickung mittels Schaufeln eingetragen und nun erst die Vorlage eingesetzt und abgedichtet. Die durch 18 cm dicke Zwischenwände gebildeten Nischen (Fenster) in den Ofenfronten, in deren jeder also 2 Vorlagen liegen, werden mit eisernen Platten verschlossen. In letzteren befindet sich je eine durch eine Tür verschlossene viereckige Öffnung von 20 cm Seitenlänge, um während des Ofenganges die Abdichtung in Muffelmündung kontrollieren und durch Öffnung derselben die Vorlagen gebotenenfalls kühlen zu können.

Der Einsatz eines Doppelofens von 8 größeren und 12 kleineren Muffeln betrug 1865 auf der Lydogniahütte in der Woche $96^3/_4$ Ztr. (preuß.) gebrannten, entsprechend $115^1/_2$ Ztr. rohen Galmei = 4838 (5775) k, aus welchem 900—950 k verkäufliches Zink gewonnen wurden, im Mittel 16 Proz. vom Roherz und 19 Proz. vom Röstgalmei, bei einem Verbrauche von $2^1/_2$ Muffeln in der Woche.

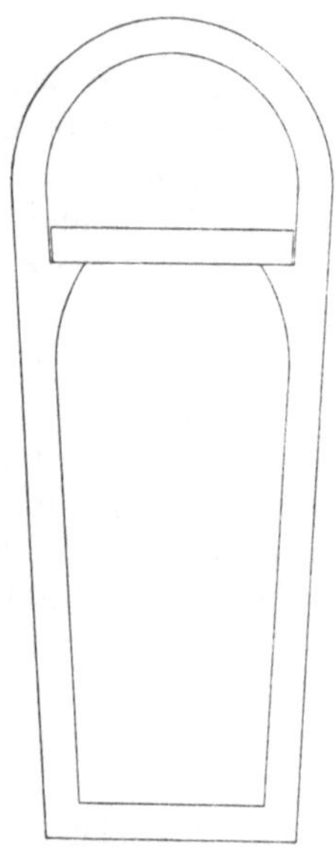

Fig. 11. Muffel für Cadmiumgewinnung. M. 1:8.

Eine Muffel hatte also eine Dauer von 8 Wochen, sie wurde aus 5 Teilen rohen Krakauer Ton und 4 Teilen Schamott aus demselben Tone hergestellt, ein Mann formte mit der Hand über hölzerne Schablonen wöchentlich 15 Stück. Zu einer Muffel wurde $1/_3$ t Krakauer Ton (die Tonne [22 hl] zu 2 Tlr. 10 Sgr.) gebraucht; sie kostete demnach 1 Tlr. 14 Sgr. Die Belegschaft des Ofens bestand aus einem Schmelzer und zwei Schürern.

Das innere Ofenmauerwerk hatte eine Dauer von wenigstens einem Jahre, die Ofenkappe stand 5 Jahre. Die Roststäbe waren von Schmiedeeisen gefertigt und hielten 3 Monate. Ein Satz (5 Stück) wog 33 Pfd. = 16,5 k.

Gemäß dem oben angegebenen wöchentlichen Kohlenverbrauch waren für 100 k Galmei im gerösteten Zustande rund 310 k Kohlen nötig, zur Gewinnung des Zinks also rund die 16fache Menge Kohle erforderlich.

Die Abhitze des Destillationsofens wurde einerseits zum Calcinieren des Galmei und Brennen der Muffeln, andererseits zum Umschmelzen des in den Tropflöchern angesammelten, erstarrten Zinks und zur Gewinnung von Cadmium (s. d.) aus dem zuerst übergehenden Zinkstaub gebraucht.[1]

Auf den Stolberger Hütten und der der Stolberger Gesellschaft für Bergbau - Blei- und Zinkfabrikation in Stolberg und in Westfalen gehörigen Hütte in Dortmund sowie in Bensberg auf der Zinkhütte der Gesellschaft „Berzelius" hatte man, wie schon im geschichtlichen Teile erwähnt, das schlesische System angenommen. Auch die Vieille Montagne arbeitete zum größten Teil in Borbeck bei Oberhausen (Rheinland) mit solchen Öfen. Ebenso waren die beiden belgischen Hütten dieser Gesellschaft zu Valentin-Cocq und Flône und die englische Zinkhütte zu Llansamlet bei Swansea (Wales) mit schlesischen Öfen ausgestattet.

Die 1844 in Stolberg gebauten Öfen hatten große Übereinstimmung mit dem eben beschriebenen 20 muffeligen Ofen, nur waren sie mit höheren Essen versehen,[1] welchen die Abgase des Ofens durch zwei auf beiden Seiten über den Vorlagennischen liegende Sammelkanäle zugeführt wurden. Bei zwei aneinander gebauten 20 muffeligen Öfen stand die Esse in der Mitte derselben, in sie mündeten also 4 Kanäle ein, welche durch seitliche Anschlüsse mit den im Ofengewölbe befindlichen Abzugsöffnungen verbunden waren.

Ein ganz ähnlicher Ofen mit 24 Muffeln war 1860 nach Percy[3] in der Hütte von Dillwyn & Co. zu Llansamlet bei Swansea (Wales) im Betriebe. Die Fig. 12 a bis b veranschaulicht den Ofen so klar, daß eine eingehende Beschreibung nach dem Voraufgegangenen überflüssig ist.

Über jedem Muffelpaare führt dicht hinter dem Versatz der Nische eine Abzugsöffnung durch das Gewölbe hindurch in einen der beiden der Länge nach über den Ofen laufenden Abzugskanäle und weiter noch je zwei Abzugskanälchen auf jeder Muffelseite durch die Seitenwände des Ofens nahe von der Herdsohle ab aufwärts. Durch verschiebbare Platten auf den Einmündungen derselben in die beiden Längskanäle ist eine gleichmäßige Verteilung der Flamme im Ofenraume erreichbar. Die 3 auf dem Scheitel des Gewölbes in der Zeichnung sichtbaren Öffnungen dienen zum Dichten der Muffeln bei eintretenden Undichtigkeiten.

Die in Llansamlet gebrauchte Knievorlage weicht etwas von der oberschlesischen Form ab. In das Tropfloch reicht ein gußeisernes Rohrstück hinein, welches noch durch einen schmiedeeisernen Rohransatz bis tief in das Tropfloch hinein verlängert ist. Auf dem Gußrohr sitzt das Knie aus Ton, welches vorn mit der verschließbaren Öffnung zum Laden der Muffel versehen ist. Die Muffeln waren im Innern 120 cm lang bei einer mittleren Höhe und Breite von 46 bzw. 17 cm; die Wandstärke nahm nach hinten zu.

---

[1] Die Zeichnung des „Doppel-Zink-Destillierofens" (wie noch folgender) ist der Sammlung von Zeichnungen der „Hütte" (Akademischer Verein der Technischen Hochschule zu Berlin) mit deren Genehmigung entnommen, ebenso wie die angegebenen Betriebszahlen aus dem zugehörigen Erläuterungstexte. Der Verfasser spricht für die erteilte Erlaubnis hier seinen verbindlichen Dank aus.

[2] *Rivot:* Ann. des Mines 4. Serie, Heft X, S. 525.

[3] *Percy-Knapp:* Metallurgie 1863, S. 520.

Abgesehen von der Wiederverarbeitung des täglich fallenden Gekrätzes
setzte der Ofen täglich 712 k Erz (geröstete Blende) mit 43,4 Proz. Zink durch.
Dazu wurden als Reduktionskohle 255 k backende Kohle und 100 k Zinder
gemischt, zusammen 50 Proz. vom Erz. Der Heizkohlenverbrauch betrug (aus
einem Gemisch von 1420 k backender und 1250 k magerer Kohle bestehend) das
3,75fache vom Erz. Das Ausbringen soll 83,2 Proz. = 257 k Zink betragen
haben, so daß also auf das Zink ein Heizkohlenaufwand vom 10,4fachen entfiel.
Die Ofendauer wird zu 13 Monaten, die Muffeldauer auf 7 bzw. 10 bis 12
Wochen, je nach der Lage im Ofen angegeben.

Im Percy-Knapp ist eine genaue Beschreibung mit Abbildungen von den in
England gebrauchten Ofengeräten und Schilderung der Ofenarbeit und des
Ofenganges zu finden.

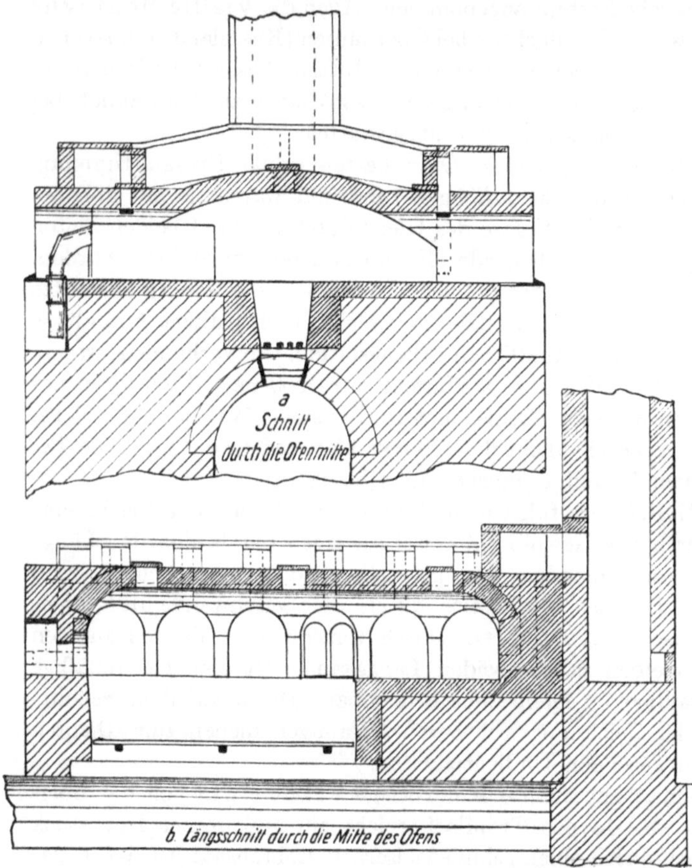

Fig. 12. Schlesischer Zinkofen in Llansamlet (Wales). M. 1:75.

Die Fig.
13 a bis c, eine Zeichnung, welche ebenso wie die Erläuterung dazu, auch
der Sammlung der „Hütte" entlehnt ist, zeigt die im Jahre 1866 noch auf
der Dortmunder Hütte und auch in Stolberg, in Borbeck und auch seit
1850 in Valentin-Cocq und Flône betriebenen Öfen, welche sich von den
20 muffligen schlesischen Öfen außer durch die vervollkommnete Befeuerungsart mit nach unten gezogener Flamme auch durch die größere Zahl der Muffeln
und die sog. Bauchvorlagen an Stelle der knieförmigen Vorlage unterscheiden.
Diese Vorlagen wurden erst dann von der Muffel entfernt und durch neue
ersetzt, wenn sie durch zinkische Ansätze so weit verengt waren, daß sie das

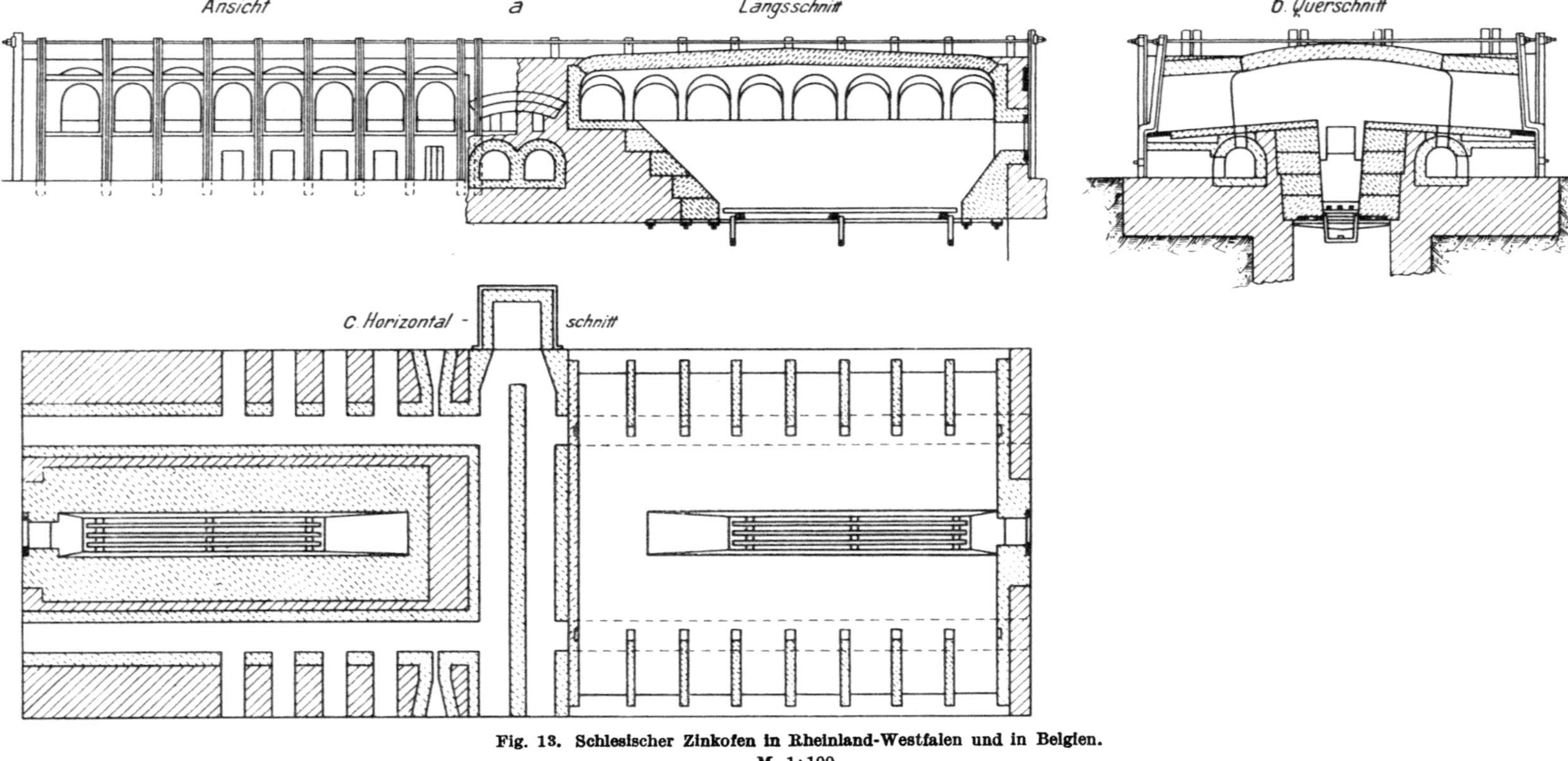

Fig. 13. Schlesischer Zinkofen in Rheinland-Westfalen und in Belgien. M. 1:100.

Zink einer Destillationsperiode nicht mehr aufzunehmen vermochten. Es ist dies die Vorlagenform, welche noch heute auch bei den mehrreihigen rheinischen Öfen fast allgemein im Gebrauche ist.

Die Dortmunder Öfen waren sog. 16 koppelige, d. h. mit 16 Muffelpaaren auf jeder Seite ausgestattete Doppelöfen, zwei aneinander gebaute, auf einem gemeinsamen Kamin arbeitende Öfen. Die Muffeln, einen unten flachen, oben gewölbten Kasten mit parallelen Seiten bildend, waren außen 1,36 m lang, 52,3 cm hoch und 23,5 cm breit und innen 1,31 m lang, 44,5 cm hoch und 17 cm breit.

Die beiden Muffeln einer Koppel standen rund 25 mm voneinander entfernt und ließen zu beiden Seiten zwischen sich und den Wänden der Vorlagennischen (dort Zellen genannt) einen Raum von je 40 mm. Die Muffeln ragten in die Vorlagenzellen, welche von den die Zellenkappen tragenden, stark 10 cm dicken, plattenförmigen Pfeilern gebildet wurden, etwa 5 cm hinein, und der so zwischen den Muffelwänden, den Zellenseiten und -Kappen bleibende Zwischenraum wurde mit Steinbrocken, die mit Lehm dicht beworfen wurden, versetzt. Die beiderseitigen Zellenkappen dienten dem in der Ofenmitte etwas erhöhten, 21 cm starken Ofengewölbe zum Widerlager.

Jeder der beiden, zu einem Ofenmassiv verbundenen einzelnen Öfen hatte einen sehr tief (1,23 m) unter der nach der Ofenmitte zu ansteigenden Ofensohle liegenden 3,14 m langen und 0,47 m breiten Planrost, welcher von drei 40 mm dicken quadratischen Roststäben gebildet wurde. Das Stochloch lag 78,5 mm über dem Rost. Die Form des Feuerungsschachtes ist aus der Zeichnung ersichtlich.

Die Flamme schlägt gegen die Mitte des Ofengewölbes und breitet sich dann nach beiden Seiten hin aus, die Muffeln von oben her und seitlich umspülend. Durch die hinter jeder Zellenwandung liegenden Züge tritt sie in die Abzugskanäle, welche sich unter der Ofensohle zu beiden Seiten der Feuerung hinziehen, um dann mittels der quer zum Ofen liegenden Kanäle den Weg zur gemeinsamen Esse zu finden.

Diese Art der Flammenführung war ein bedeutungsvoller Fortschritt gegenüber der in Schlesien üblichen Ableitung der Heizgase durch Öffnungen im Deckengewölbe des Ofens. Der Brennstoff wurde damit viel besser ausgenutzt und durch die vollkommnere Bespülung der Muffeln ein gleichmäßigeres Ausbringen erreicht. Auch fiel die Belästigung der Bedienungsmannschaft fort.

In 24 Stunden wurden in einem eigenartigen Betriebsverfahren, welches wir gleich noch beschreiben wollen, 1200 k Erz (Blende und Galmei, beide geröstet) abdestilliert, mit einem Heizkohlenaufwand von 2400 bis 2500 k fetter Steinkohlen, und daraus (3150 bis 3450 k in der Woche) im Mittel 470 k Zink gewonnen, entsprechend fast 40 Proz. vom Erz.

Man trieb also hier das weit reichere Erz mit zwei Drittel vom Kohlenverbrauch der Lydogniahütte ab und brauchte nur den dritten Teil Kohle auf das erzeugte Zink wie dort, die 5,2fache Menge statt der 16fachen. Die Abhitze wurde in Stolberg auch noch ausgenutzt, indem man zwischen

Ofen und Kamin einen Galmeicalcinierofen oder Muffeltemperofen einschaltete. Dort hatten die Öfen nur 12 und 14 Koppeln. Besonders die 12 koppeligen sollen sich vor den längeren Öfen in Dortmund durch noch besseres Ausbringen ausgezeichnet haben. Der kleinere Ofen konnte gleichmäßiger beheizt und die Ofenbeschickung (das Manöver) in kürzerer Zeit ausgeführt werden, wodurch die Reduktionsdauer verlängert wurde. In 12 koppeligen Öfen wurden in 24 Stunden 800 k Blende und Galmei mit 1800 bis 1850 k Fettkohlen verhüttet und daraus durchschnittlich 42,5 Proz. vom Erz an Zink gewonnen.

Wenn ein Ofen in Betrieb genommen werden sollte (die Kampagne, wie man sich ausdrückte, beginnen sollte), vermauerte man die Ofennischen und wärmte den noch muffelleeren Ofen zuerst mit Holzfeuer, später mit Steinkohlen an. Binnen drei Tagen war die Temperatur auf dunkle Rotglut gestiegen, nach zwei weiteren Tagen Hellrotglut erreicht. Nun wurden die im Temperofen leicht gebrannten Muffeln in rotwarmem Zustande (im anderen Falle würden dieselben reißen) nach Beseitigung der Vermauerung eingesetzt und die Ofenfronten abgedichtet. Dann schritt man zum Ansetzen der Vorlagen an die noch in der ganzen Höhe offenen Muffeln. 185 mm vom Boden der Muffel entfernt befanden sich an den Seitenwänden derselben nach innen etwa 10 mm vorspringende Nasen, auf welche ein 72 mm hoher und 52 mm dicker Riegel (sog. Briquette) gelegt wurde, nachdem er an den Enden zwecks Befestigung an der Muffel mit etwas Ton bestrichen war. Dieser diente der etwa 5 cm tief in die Muffel hineingeschobenen Vorlage zur Auflage, welche andererseits von einem vorn in der Nische aufgestellten schmiedeeisernen Bock, „Vorlagenstuhl" (für beide Vorlagen dienend), getragen wurde. Dieser Bock wurde durch zweimaliges rechtwinkliges Umbiegen eines Flacheisens von 80:13 mm so gebildet, daß er die ganze Breite der Nische einnahm und eine Höhe von 275 mm erhielt. Der unter der Vorlage freibleibende Teil der Muffelöffnung wurde mit einer Tonplatte verschlossen und dann wurde diese, wie die Vorlage gegen die Muffelwände, sorgfältig mit Lehm abgedichtet.

Die 86 cm lange Vorlage wurde schon damals, wie heute noch, aus minderwertigem Ton und Stein- oder Muffelbrocken usw. angefertigt und kam im lufttrockenen Zustande zur Verwendung. Sie stellt eine auf den größten Teil ihrer Länge nach unten hin ausgebauchte Röhre dar. An dem einen in die Muffel eingesetzten Ende hat sie einen äußeren Durchmesser von rund 17 cm, knapp gleich der lichten Weite der Muffel und 12 cm innerem Durchmesser. In der Mitte ist der Querschnitt von elliptischer Form von 25 cm äußerer und 20 cm innerer Höhe bei einer dem Enddurchmesser gleichen Breite; vorn ist die Röhre etwas verengt und die Wandung verdünnt, auf 14 bzw. 11 cm Durchmesser.

Wenn die Vorlagen in die Muffel eingedichtet sind, werden die oberhalb des Stuhles verbleibenden Zwischenräume zwischen ihnen und den Nischenwänden mit Steinstücken versetzt und mit Lehm verstrichen. Der unter dem Vorlagenbocke bleibende Raum wird durch eine aus gitterförmigem Eisenwerk gebildeten und mit Lehm beworfenen Vorsetztür verschlossen.

Nunmehr ist der Ofen zur Einbringung der Ladung in die Muffeln, zum Manöver, wie man in Rheinland-Westfalen, von Belgien her übernommen, noch heute allgemein sagt, bereit. Die Ladung wird mittels langer eiserner Ladeschaufeln, muldenförmigen Löffeln, durch die Vorlage hindurch in die Muffel gebracht. Nach genügender Füllung der letzteren wird in die Vorlagenmündung ein kleines konisches Rohrstück, der „Vorstoß“ mit Lehm eingekittet, welches dieselbe weiter verengt und sie zur Aufnahme einer Blechtüte, der sog. Allonge, geeignet macht, in welcher die in der Vorlage nicht kondensierten Zinkdämpfe sich zum größten Teile als Zinkstaub verdichten. Die damals verwendete Tüte hatte eine zylindrische Form, 18 cm Durchmesser und war 47 cm lang, sie verengte sich stark auf dem einen Ende und trug dort einen auf den tönernen Vorstoß der Vorlage passenden konischen Stutzen. Auf dem anderen Ende war dieselbe mit einem Deckel verschlossen, in welchem sich eine etwa 10 mm weite Öffnung zum Abzug der Muffelgase befand. Vor Beginn des nächsten Manövers bzw. zwecks Gewinnung des in den Vorlagen angesammelten Zinks werden Tüte und Vorstoß entfernt und das Zink, welches bei der in der Vorlagennische herrschenden Temperatur flüssig bleibt, mit Hilfe eines kleinen eisernen Kratzeisens nach der Mündung der Vorlage gezogen, aus der es in eine untergehaltene eiserne Kelle fließt, welche in gußeiserne Zinkformen zwecks Herstellung der zum Verkauf gelangenden Zinkplatten entleert wird. Die fertigen Platten hatten damals eine Länge von 60 cm, eine Breite von 21 cm und eine Dicke von 2 cm.

Ein Umschmelzen des Zinks, wie es die in Schlesien knieförmige Vorlage mit sich brachte, wurde durch diese Einrichtung also gespart und damit der Vorteil einer größeren Zinkausbeute in Höhe von $^1/_2$ bis 1 Proz. des gerösteten Erzes erreicht, denn beim Umschmelzen des Tropfzinks verbrannte ein Teil, der teils durch Verflüchtigung verloren ging, teils zwar als Zinkoxyd wiedergewonnen wurde, aber dann von neuem der Destillation bzw. Reduktion unterworfen werden mußte.

Wir kommen nun zur Schilderung der eigenartigen, damals üblichen Betriebsweise der Öfen.

In Dortmund teilte man die oben zum Gesamtgewichte von 1200 k angegebene Ofenladung in zwei Teile, einen größeren, welcher aus 840 k gerösteter Blende, 210 k calciniertem, mit der Hand zerkleinertem, reichem Galmei und 425 k magerer, grobkörniger Steinkohle (reichlich 40 Proz. vom Erz) bestand und einen kleineren aus 150 k armem calciniertem Galmei mit 50 Proz. Mischkohle.

Zunächst wurde auf der einen Ofenseite der große, schwerere Teil geladen, rund 33 k Erz in jede Muffel, dann der leichtere Teil auf der anderen Seite. Am anderen Tage wurden nach Gewinnung des Zinks aus den Vorlagen und nach Beseitigung der Tonverschlußplatten unterhalb derselben die Rückstände des letzteren, völlig abgetriebenen Teiles aus den Muffeln gezogen, und nach erneutem Verschluß der Muffel nun auf dieser Seite des Ofens die schwere Ladung eingebracht. Dann zog man auf der anderen, zuerst mit dem schwereren Teile tags vorher versehenen Ofenseite das Zink, ließ aber

die Rückstände in den Muffeln, da die reiche Ladung in 24 Stunden nicht
völlig abgetrieben wurde, und lud hier den leichten Teil auf die in den Muffeln
zusammengesunkene vortägige Beschickung. Am dritten Tage wurde dann
diese Seite geräumt und mit neuer schwerer Ladung versehen, dagegen die
gegenüberliegende Ofenseite mit der leichten aufgeladen. Hiermit war der
regelmäßige Wechsel in der Beschickungsweise erreicht, der bis zum Ende
der $2^1/_2$ bis 3 Jahre dauernden Ofenkampagne fortgeführt wurde, wobei also
die Rückstände auf ein und derselben Ofenseite nur an jedem zweiten Tage
gezogen werden.

Die Muffeln erreichten ein Alter von $2^1/_2$ bis 3 Monaten. Die Dauer derselben und die des Ofens war abhängig von der Beschaffenheit der Erze.
Je reiner, hochprozentiger dieselben waren, desto länger widerstanden die
Muffeln. Bleireiche Erze führten zu frühzeitiger Zerstörung der Muffelböden
und der Ofensohle. Die Vorlagen konnten in der Regel 14 Tage gebraucht
werden, dann hatten sie so starke Krusten angesetzt, daß sie das Zink eines
Tages nicht mehr aufnehmen konnten und deshalb durch neue ersetzt werden
mußten. Bemerkenswert ist noch, daß man bei alten Öfen, an denen die
Ofensohle an der Feuerung abgeschmolzen war, die Muffeln zu ihrem Schutze
nicht so tief in den Ofen hineinschob, sie traten dann weiter nach vorn in die
Vorlagenzelle hinein, so daß man kürzere Vorlagen anwenden mußte, die
dann entsprechend kürzere Zeit dienten. Man vermied es vermutlich, kürzere
Muffeln zu setzen, um die Leistungsfähigkeit des Ofens nicht zu vermindern.

Die Muffeln, welche, beiläufig erwähnt, 90 k im getrockneten Zustande
wogen, wurden auch wohl von außen mit einer Glasur aus 2 Raumteilen
blauer Hochofenschlacke oder einer Glasschlacke und 1 Raumteil von lehmigem
Tone, fein gepulvert zu dünnem Brei angerührt, bestrichen. Man erzielte
damit am ersten Betriebstage eine um $1^3/_4$ Proz., am zweiten eine um 1 Proz.
höhere Ausbeute aus der Beschickung. Bei der dritten Ladung war das
Ausbringen dasselbe, wie bei den ohne Glasurmischung eingesetzten Muffeln,
welche bis dahin durch die Flugasche der Feuergase Glasur und Dichtigkeit
erhalten hatten.

Die Zinkhütte der Vieille Montagne zu Borbeck im Rheinland betrieb 1858
schon 17 ganz ähnliche Öfen mit 24 Muffeln und verhüttete darin ein Erzgemisch
von 3 Teilen 49 bis 56 Proz. haltender Zinkblende von Bensberg, 2 Teilen
reichen Galmei mit 50 bis 56 Proz. Zink und einem Teil armen Galmei von
Wiesloch in Baden. Ein Ofen verarbeitete in 24 Stunden etwa 600 k Erz mit
46 Proz. Mischkohle, (die Ladung einer Muffel bestand bemnach aus 25 k
Erz und 11,5 k Reduktionskohle) und lieferte mit einem Heizkohlenaufwand von 1560 k = 260 Proz. vom Erz, 200 bis 225 k Zink, entsprechend
einem Ausbringen von 36 bis 39 Proz. vom Erz.

Die belgische Hütte der Gesellschaft zu Valentin - Cocq bei
Lüttich hatte zu gleicher Zeit solche Öfen mit je 28 Muffeln. Jeder Ofen produzierte ebenfalls 200 bis 225 k Zink, aber nur aus Galmei vom Altenberg, bei
einem Ausbringen von 25 bis 28 Proz. vom Erz. Ein Ofen verarbeitete demnach
rund 800 k Erz (jede Muffel 28,5 k) in 24 Stunden mit etwa 50 Proz. Reduktions-

kohle. Der Brennstoffaufwand betrug 1900 k Steinkohlen, entsprechend 240 Proz. vom geladenen Galmei. (*Thum*: Zinkhüttenbetrieb der Altenberger Gesellschaft, Berg- u. Hüttenm. Ztg., 1859, S. 405; 1860, S. 3.)

In der zuletzt genannten Hütte waren später auch Öfen mit 32 Muffeln von 1,4 m Länge, 0,6 m Höhe und 0,22 m Breite (äußere Maße) in Betrieb, welche aus 920 k Galmei mit 50 Proz. Zink, 349 k Zink (38 Proz. vom Erz) mit dem 6,14fachen Kohlenaufwand lieferten und dabei auf 1 t Zink 4,1 Muffel und 24 Vorlagen gebrauchten.

Die Öfen der Vieille Montagne in Valentin-Cocq und Flône stimmten in den Hauptteilen ihrer Bauart mit den eben beschriebenen überein. Sie hatten zuerst 24 Muffeln, die allmählich auf 28, 32 und 40 vermehrt wurden. Dieselben hatten bei einer innern Länge von 1,25 m (außen 1,30 m) eine Höhe von 49 cm und Breite von 16 cm. Die Wandstärke war 3 cm[1].

In Stolberg wurden die Öfen später zunächst zu zwei Reihen Muffeln ausgebaut, womit der Anfang der Ausbildung des rheinisch-westfälischen Systems gemacht wurde. Die 16 koppligen Doppel-Öfen erhielten dadurch 128 Muffeln. Wir haben darauf später noch einzugehen.

Im Jahre 1855 von der Schlesischen Aktiengesellschaft und in den Jahren 1859 bis 1862 auf der Lydogniahütte unternommene Versuche, die in Belgien und in Rheinland-Westfalen bewährten Ofentypen mit höheren Essen in Oberschlesien einzuführen, scheiterten vollständig an der Natur der oberschlesischen Kohle. Die Öfen erreichten nur eine Dauer von 3 bis $3^1/_2$ Monaten, nach dieser Zeit waren die Feuerungen soweit ausgebrannt, daß ein regelmäßiger Betrieb unmöglich war[2]. Dieser Mißerfolg hielt die Godullahütte nicht ab, im Jahre 1862 einen von *M. Thometzek* konstruierten Ofen[3] mit überschlagender, nach unten abgeleiteter Flamme in Betrieb zu stellen, der sich durch die eigenartige Form der Muffeln von dem bisher gebräuchlichen abhob. Um dieselben an dem dem Feuer am meisten ausgesetzten Ende widerstandsfähiger zu machen, hatte *Thometzek* sie nach hinten zu um 90 mm erniedrigt (sie hatten vorn eine Höhe von 575 mm, hinten von 485 mm), und ihre Wandungen nach dorthin auch wesentlich verstärkt, indem er die Dicke des Bodens von 26 auf 52 mm und die der Seitenwände und der Wölbung von 26 auf 39 mm anwachsen ließ, bei einer äußeren Länge von 1,52 m. Die Breite derselben betrug, außen gemessen, gleichmäßig 210 mm. Die Ofenkappe machte er dadurch widerstandsfähiger, daß er die Nischenwände von beiläufig bemerkt 180 mm Dicke bis fast zum Feuerungsraum verlängerte und die Nischenkappen in der Ofenmitte durch ein schmales Gewölbe verband, wie man es schon 1817 auf der Lydogniahütte bei einem 12 muffligen Ofen versucht hatte. Um einen Umlauf der Feuergase in den Nischen zu erleichtern, versah er die Zwischenwände im Innern des Heizraumes mit je 5 Durchbohrungen. Ein Ofen enthielt 20 der beschriebenen Gefäße. Besonders hervorzu-

---

[1] *Thum:* Berg- u. Hüttenm. Ztg. 1860, S. 31 u. 46.
[2] Die damaligen Zustände der oberschlesischen Zinkindustrie schildert *Kleemann:* Die Zinkgewinnung in Oberschlesien. Breslau 1860.
[3] *R. Wabner:* Berg- u. Hüttenm. Ztg. 1867, S. 313.

heben ist noch die von *Thometzek* angewendete neue Vorlage, welche die Räumung der Muffeln ohne deren Abnahme erlaubte. Dieselbe bestand aus einem zylindrischen Rohre von 800 mm Länge und 120 mm Weite und wurde von der Muffelmündung zur Ofenfront hin geneigt gelagert, vorn in der Nische auf einen für zwei Vorlagen bestimmten Bock. Dort wurde das Rohr durch eine auflutierte Platte geschlossen, welche unten ein Loch zum Abstich des nach vorn fließenden Zinks, darüber einen konischen Ansatz zum Aufschieben der zylindrischen Eisenblechallonge von 600 mm Länge und 150 mm Weite hatte. Im übrigen verweisen wir auf die Beschreibung a. a. O., eine weitere Verbreitung hat der Ofen unseres Wissens nicht gefunden.

Die Bestrebungen, die einfachen Planrostfeuerungen zu vervollkommnen, setzten schon im Jahre 1846 in Oberschlesien auf der Lydogniahütte ein. Zu dieser Zeit führte der damalige Hütteninspektor der staatlichen Zinkhütte, *Mentzel*[1] die Vorwärmung der Verbrennungsluft ein, indem er in den Seitenwänden der Feuerung kleine Luftkanäle — je 5 auf jeder Seite — vom Aschenfall aus nach oben führte und dicht unter dem Herdrande und dicht über der Kohlenschicht in die Schurgasse einmünden ließ. Die dort eintretenden Luftkanälchen von insgesamt 0,05 qm Querschnitt konnten durch horizontale Kanälchen, welche in die Tropflöcher ausmündeten, während des Betriebes gereinigt, d. h. offen gehalten werden. Das Stochloch der Feuerung hatte *Mentzel* auf das äußerste Maß, 15 zu 10 cm eingeengt, welches ausreichend zum Einwurf der Kohle war, um den Eintritt von kalter Luft möglichst zu beschränken. Bei den nicht mit dieser Einrichtung versehenen Öfen benutzte man das Stochloch, indem man es während des Ofenbetriebes teilweis offen ließ, zur Zuführung von Sekundärluft zu den Feuerungsgasen. Fig. 14a und b

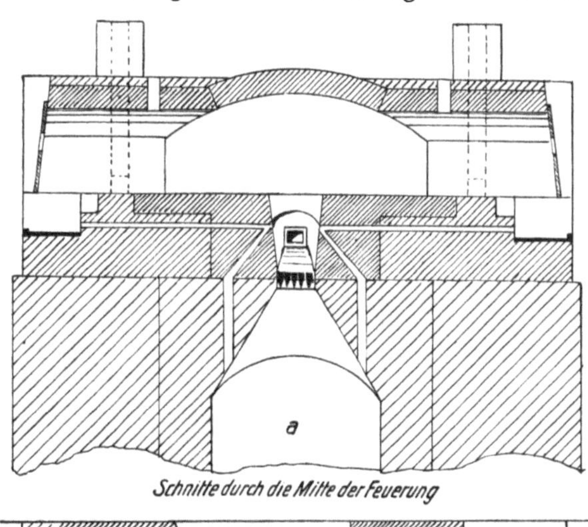

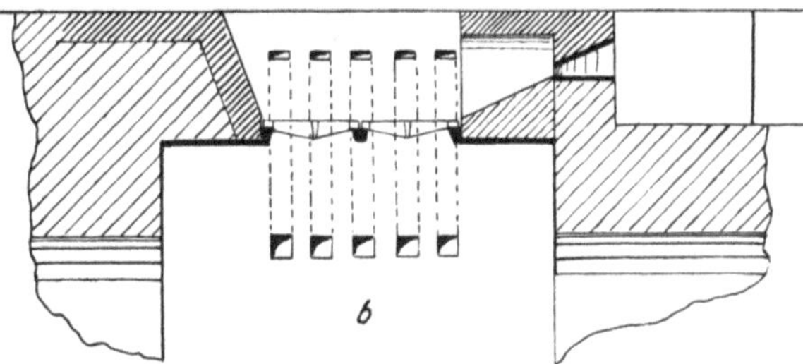

Fig. 14. *Mentzels* Zinkofen mit Vorwärmung der Verbrennungsluft.

[1] Karstens Archiv **22**, 616 (1849); **23**, 729 (1850).

gibt ein Bild von der Einrichtung des Ofens, welcher auch im Aufbau des Muffelraumes einige beachtenswerte Änderungen gegen früher erfahren hat.

Mentzel ging sehr bald einen Schritt weiter, indem er anstelle des Planrostes einen langgestreckten rechteckigen, 2,50 m tiefen Schacht setzte, ohne im übrigen Änderungen an den 20 muffligen Öfen der Lydogniahütte vorzunehmen. Der Schacht endete unten auf einer flachen Herdsohle und hatte auf dieser ansetzend, 6 nach außen zu eingeschnürte Öffnungen, die zum Zutritt der Vergasungsluft und zum Entfernen der Schlacken dienten. Die Sekundärluft führte er in ähnlicher Weise, wie bei dem vorbeschriebenen Ofen ein. Fig. 15 zeigt die Einrichtung. *Mentzel* hatte von vornherein die Absicht, die Luft unter, wie über der Kohlenschicht mittels Gebläse einzuführen, doch scheint der angewendete Ventilator zu schwach gepreßte und vielleicht auch zu wenig Luft geliefert zu haben, denn er verzichtete, vom Mißerfolg abgeschreckt, auf die Anwendung von Preßluft und begnügte sich mit dem natürlichen Zuge, der bei den vorhandenen Öfen gegen früher schon durch niedrige, kleine Essen verstärkt worden war. Damit mußte er auch den Plan aufgeben, eine höhere Kohlenschicht im Feuerraum zu halten und gegebenenfalls auch feinkörnigere Kohle zu gebrauchen.

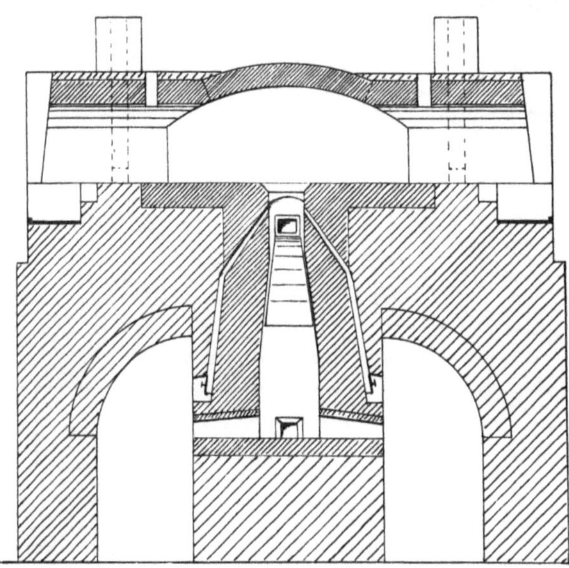

Fig. 15. *Mentzels* Zinkofen mit Gaserzeuger.

Nach wie vor mußte er mit einer für den regelrechten Betrieb eines Generators zu niedrigen Schicht von stückigen Kohlen arbeiten.

Obwohl er mit seiner ersten Feuerungseinrichtung ungefähr 10 Proz., mit der zweiten, dem Generatorschacht sogar 25 Proz. Kohlen ersparte, haben seine Feuerungen doch weder auf der Lydogniahütte, wo sie in größerer Zahl ausgeführt worden waren, längere Anwendung, noch auf anderen Hütten Eingang gefunden. Die Wandungen des Feuerungsschachtes waren namentlich an den Einmündungsstellen der Sekundärluft zu schneller Abnutzung unterworfen, und das Abschlacken des Generators bereitete viele Schwierigkeiten.

So finden wir 1865 auf der Lydogniahütte, wie wir früher gezeigt, noch die alten Planroste ohne Zuführung von Sekundärluft, entsprechend der Fig. 9, wieder. Erst in diesem Jahre beginnt man wieder mit der Umgestaltung der Feuerungen. 1877 hatte nur noch reichlich der dritte Teil der oberschlesischen

Hütten alte Planrostfeuerungen[1], 1888 waren dieselben nur noch auf der Klarahütte in Schwientochlowitz vorhanden.

Man wandte zunächst wieder Unterwind bei der Planrostfeuerung an, und zwar unter Bildung eines Schlacken -oder Klinkerrostes auf wenigen (4) Roststäben. Auf diese Weise gelang es, die Öfen mit feineren Kohlen anstelle der stückigen zu befeuern. Um eine ausreichende Schlackenschicht auf dem weitspaltigen Rost zu unterhalten und so das Durchrieseln der Feinkohle zu verhüten, mußte man den Kunstgriff anwenden, durch Beimischung von kieselsäurereichen Schlackenstücken zur Feinkohle eine genügende Schlackenbildung auf dem Roste herbeizuführen.

Die ersten Öfen dieser Art arbeiteten zwar schon mit nach unten herabgezogener Flamme, aber nicht mit Zuführung von Sekundärluft, weshalb auch die Nutzung der Abhitze zur Vorwärmung derselben fehlte. Die Ausnutzung der Kohle war daher unvollkommen, d. h. die Verbrennung der Kohlengase unvollständig, und deshalb verbesserte man die Öfen alsbald in der nachstehend beschriebenen Weise, welche von *R. Wabner* in der Berg- und Hüttenmännischen Zeitschrift (1867, S. 314ff.) ausführlich behandelt worden ist.

Die Fig. 16 a und b stellt die Einrichtung der Öfen dar, die auf der Hütte der schlesischen Aktiengesellschaft zu dieser Zeit in Anwendung waren. Dort standen 60 derartige Öfen mit je 28 Muffeln von 55 cm innerer Höhe und 18 cm Weite. Die 8 an den Seiten des Herdes liegenden hatten eine Länge von 1,52 m, die übrigen 20 auf beiden Seiten der Feuerung (Schürgasse) eine solche von 1,20 m.

Die Muffeln lagen auf stärker geneigtem Herde, als es bisher gebräuchlich war, und das den 4,45 m langen und 3,00 m breiten Herd überspannende Gewölbe war kuppelartig und lag in der Mitte des Ofens 90 cm über der höchsten Stelle desselben. Die von dem 1,10 m unter der oberen Kante des Feuerungsraumes liegenden, 2,20 m langen und 0,47 m breiten Roste aufsteigende Flamme schlug gegen das Gewölbe und trat nach Umspülung der Muffeln von oben nach unten durch nahe an deren Mündung, dicht hinter den Nischenpfeilern liegenden Abzüge von 25 : 10 cm Weite in zwei längs der Ofenseiten unter der Herdsohle hinlaufende Kanäle, welche die Abgase zu den kleinen Essen an den Ecken des Ofens abführten. Diese 25 cm breiten und 90 cm hohen Abzugskanäle waren von drei Reihen Röhren durchsetzt, welche von außen von der Abhitze umspült, zum Vorwärmen der sekundären Verbrennungsluft dienten. Jede Reihe enthielt 35 bzw. 36 Stück Röhren von 6 cm lichter Weite bei einer Wandstärke von etwa 2 cm.

Die Verbrennungsluft wurde allen Öfen durch einen gemeinsamen Windkanal, welcher in der Längsrichtung der Ofenhalle unter den Ofenfundamenten lag, mit einem Drucke von 10 bis 13 mm Wassersäule zugeführt und erzeugt von 3 großen Ventilatoren von ungefähr 4 m Flügeldurchmesser, von welchen jeder 8 PS Antriebskraft nötig hatte. Einer derselben stand in der Regel in Reserve beim normalen Betriebe von 57 Öfen.

------

[1] *Georgi:* Berg- u. Hüttenm. Ztg. 1877, S. 71.

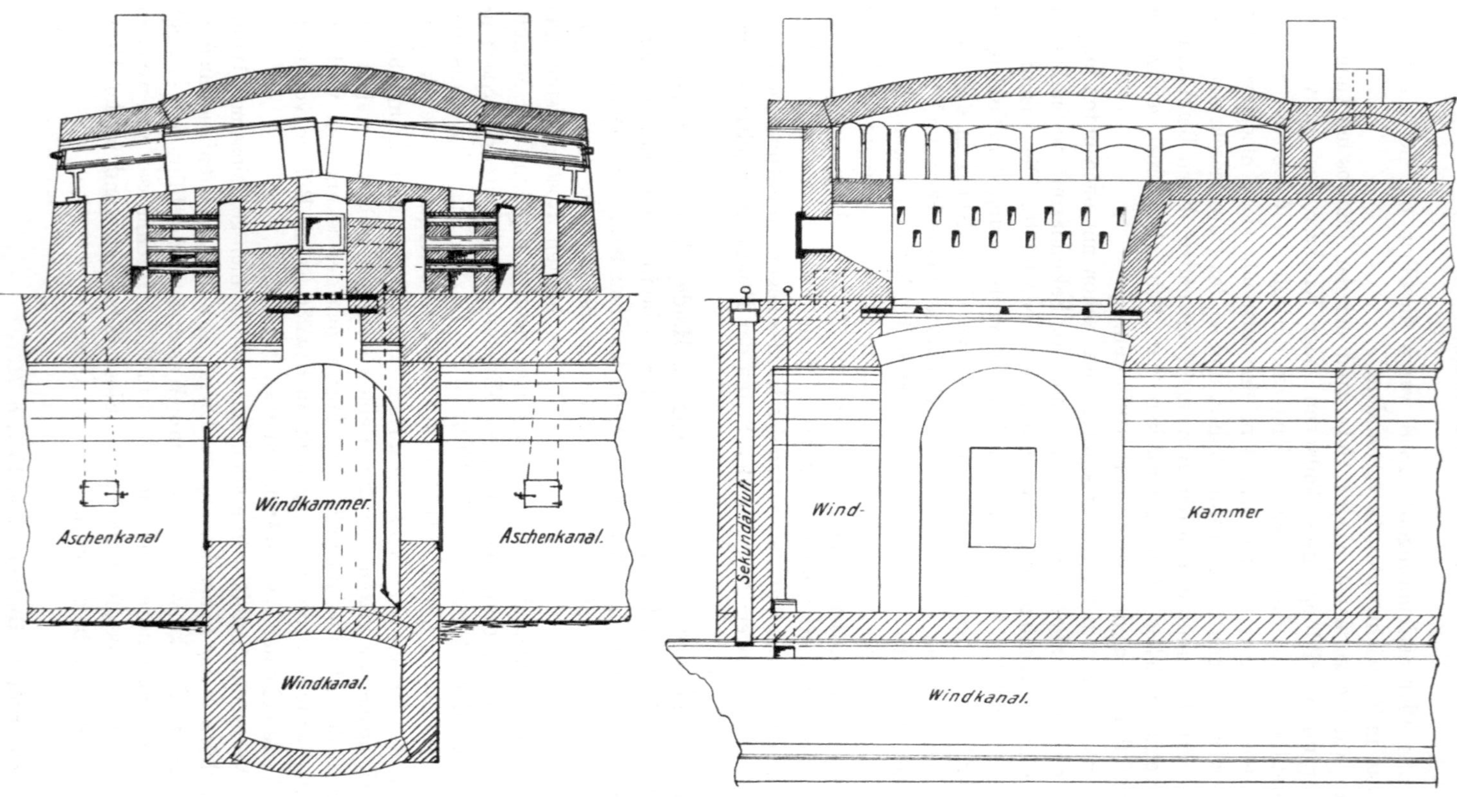

Fig. 16. Zinkofen der schlesischen Aktiengesellschaft mit Vorwärmung der Sekundärluft durch die Abhitze. M. 1:75.

In den unter der Hüttensohle unter den Öfen liegenden Räumaschenkanälen war unter jedem Ofenroste eine durch zwei Türen zugängige Kammer abgekleidet, in welche Verbrennungsluft aus dem Hauptwindkanal durch eine verstellbare Öffnung in genügender Menge eingelassen wurde. Eine zweite, gleiche Öffnung führte an jedem Ofen den Luftzuführungskanälchen unter dem Ofenherde die Sekundärluft zu, die nach der Vorwärmung durch die Abhitze aus 26 Löchern auf beiden Seiten der Feuerungswände von je 15 : 8mm Weite über der Kohlenschicht eingeblasen wurde.

Die Knievorlage war verlassen und an ihre Stelle das zylindrische Rohr getreten, wie es *Thometzek* schon angewendet hatte. Die Länge desselben betrug über 1 m; auf diese Vorlage wurde noch eine 80 cm lange Blechallonge gesteckt zur vollständigeren Kondensation des Zinkstaubes, wie wir sie später noch kennen lernen werden.

Die Rückstände der Muffeln wurden nicht mehr in den Hüttenraum gezogen und dort abgefahren, sie fielen durch Schlitze in den Vorlagennischen in trichterförmige Taschen, welche im Aschenkanal ausmündeten und dort durch Türen verschlossen wurden. Nach der Abkühlung wurden sie dort unmittelbar in die Abfuhrwagen oder -Karren abgezogen.

Die schlesische Aktiengesellschaft in Lipine hat dieses Ofensystem, obwohl es nach *Wabner* befriedigend gearbeitet haben soll, bald wieder verlassen, um zur Gasfeuerung, d. h. zur Anwendung von abseits vom Ofen liegenden Gas-Erzeugern überzugehen. Vom Jahre 1875 ab waren die mit Treppenrostgeneratoren betriebenen Öfen weitverbreitet in Oberschlesien im Gebrauche.

Die ersten Öfen dieser Art hatten einen Generator, welcher außerhalb der Ofenhalle vor der Mitte des Ofens lag, und dessen Gase durch einen erst horizontal geführten, dann aufsteigenden Kanal mitten im Ofen aus dem Brenner austraten. Der letztere hatte eine Weite von 55 cm im Quadrat, die später auf 55 : 45 und selbst bis auf 35 : 30 cm vermindert wurde. Etwa 40 bis 50 cm unter der Herdsohle des Ofens trat die Sekundärluft durch etwa 12 schmale Öffnungen (Schlitze) von 15 bis 20 cm Höhe in den Brenner zum Generatorgas. Die Vorwärmung des Oberwindes wurde durch eine Kanalführung unter der Herdsohle oder auch durch besondere auf einer Seite des Ofens liegende, aus einem System plattgedrückter Röhren bestehende Rekuperatoren (*Calder*) erreicht; zugeführt wurde derselbe durch einen, mehreren Öfen gemeinsamen Kanal (wie in Fig. 14 gezeigt) mittels Ventilator. Demselben Kanal wurde auch die Gebläseluft für den Generator entnommen, dessen Aschenfall in diesem Falle durch gußeiserne Türen verschlossen war. Auf einigen Hütten arbeiteten die Gaserzeuger auch wohl mit natürlichem Zuge oder mit besonderen Dampfgebläsen, was zweckmäßiger war, weil man die Regelung des Unter- und Oberwindes zueinander besser in der Hand hatte.

Die im Brenner gebildete Flamme verbreitete sich in dem meist 32 Muffeln fassenden Ofenraume und trat durch Abzüge hinter den Nischenpfeilern in zwei Längskanäle unter der Herdsohle und von da in die auf den 4 Ofenecken stehenden kleinen, 80 cm über die Gewölbekappe hervortretenden Essen, wenn die

Abhitze nicht noch zur Calcination von Galmei oder zum Tempern der Muffeln gebraucht wurde. Die hierzu dienenden Räume lagen auch bei diesen Öfen seitlich an oder zwischen den Reduktionsräumen, wie bei den alten Öfen mit über dem Herde abziehenden Heizgasen, und hatten besondere Essen.

Die Unzugänglichkeit des mitten im Ofenfundament liegenden Gaskanals brachte Unzuträglichkeiten mit sich, da die Reinigung von eintretenden Schlacken sehr schwierig war. Man sah sich deshalb genötigt, noch einen Schlackensammler unter dem aufsteigenden Teile des Kanals anzubringen, welcher von den Räumaschenkanälen aus zugänglich war. Damit war gleichzeitig auch der Weg gefunden, durch Verzweigung des Gaskanals zwei und mehrere Brenner im Ofen zu schaffen, um eine bessere Verteilung der Heizgase im Ofenraume zu erzielen.

Eine Zeichnung dieses Ofentyps ist von *A. Lodin* in seiner Metallurgie du Zinc, Tafel XI gegeben und S. 390 beschrieben. Sie stellt den seit 1895, also noch in neuerer Zeit in der russisch-polnischen Zinkhütte zu Bendzin bei Dombrowa angewendeten Ofen dar. Vorher waren auf dieser Hütte 24 Muffeln fassende Öfen mit Planrostfeuerung, aber nach unten abgezogener Flamme und mit Vorwärmung der Sekundärluft durch die Abhitze bzw. unter dem Ofenherde im Gebrauche.

Obwohl die Flamme nach unten gezogen und durch Öffnungen hinter jeder Nischenwand in zwei auf beiden Seiten längs dem Ofen hinlaufende Abzugskanäle aus dem Reduktionsraume abgeführt wurde, hat man doch noch die kleinen, auf den Ofenecken stehenden Essen beibehalten, weil man auch trotz der Generatorfeuerung bei Anwendung höherer, durch das Dach der Ofenhalle hindurchtretender Essen auf große Schwierigkeiten, hinsichtlich der Verteilung der Flamme im Ofenraume, gestoßen war.

Das lag wohl daran, daß die Gaserzeuger zu heiß gingen, d. h. eine teilweise Verbrennung des Gases schon in diesen selbst und im Gaskanal stattfand, und deshalb ein an brennbaren Bestandteilen armes Gas in die Brenner gelangte. *Lodin* gibt nachstehende Analysen des Generatorgases der Bendziner Hütte.

	I	II	III	IV
Sauerstoff	—	—	3,6	4,1
Kohlensäure	13,2	6,2	8,2	5,6
Kohlenoxyd	18,8	20,2	14,2	19,9
Wasserstoff und Kohlenwasserstoffe	—	—	2,8	3,0
Stickstoff	—	—	71,2	67,4

Es gelangte also vorzeitig Sekundärluft in den Generator selbst oder in den Gaszuführungskanal zum Ofen.

Im übrigen ist die weit vom Ofen entfernte Lage der Gaserzeuger keine glückliche Lösung der Beheizungsfrage, wenn nicht eine weitgehende Rückgewinnung der Abhitze des Ofens gleichzeitig zur Anwendung kommt, denn ein großer Teil der im Generator erzeugten Wärme geht dem Prozesse verloren. Dieser Gedanke hat wohl auch *Mentzel* bei der Konstruktion seiner Öfen geleitet, welche von *M. Föhr* im Jahrgang 1883, S. 4 der Berg- und

Hüttenm. Ztg. unter dem Namen: *Mentzel-Boëtius*-Öfen beschrieben sind. Wir werden Gelegenheit haben, bei der Entwicklung des rheinischen Systems noch auf diese Befeuerungsart mittelst Gaserzeuger im Ofen selbst näher zurückzukommen.

Die Schwierigkeiten der Flammenverteilung in größeren Öfen hat man auch auf einer zweiten Hütte derselben Gesellschaft, welche die Hütte in Bendzin betreibt, nahe dabei in Constantin erfahren, wo man statt mit kleinen Essen den Ofenzug der 40 muffligen Öfen durch einen für 6 Öfen gemeinsamen Kamin von 47 m Höhe und einem Durchmesser von 2,80 m unten und 2 m oben erzeugte. Man mußte dieselben durch eine Anzahl Schieber, welche sowohl die Einstellung der Unter- und Oberwindmengen, wie auch die Einengung der Querschnitte der Abzugsöffnungen ermöglichte, zu überwinden suchen.

Die Belästigung der Arbeiter nötigte aber trotz dieser Schwierigkeiten allmählich allgemein zur Einführung höherer Essen, welche durch das Dach der Ofenhalle hindurchtretend die Verbrennungsgase außerhalb derselben in die Atmosphäre führten. Die schlesische Aktiengesellschaft in Lipine ist damit vorangegangen, indem sie ihre zweiunddreißigmuffligen Öfen mit einem in der Mitte des Ofenmassivs stehenden Eisenblechkamin von 12 bis 13 m Höhe ausrüstete. Die Abgase des Ofens wurden von den unter der Herdsohle liegenden Sammelkanälen in zwei unter dem Ofenmassiv liegende Schlacken- und Flugaschensammler geleitet, welche mit dem Fuße des Kamins in der Ofenmitte durch sanft ansteigende Füchse in Verbindung standen.

Zu gleicher Zeit wendete man auch die später noch zu beschreibenden vollkommeneren Kondensationseinrichtungen für die Muffelgase an, die es ermöglichten, auch diese dem Arbeitsraume fern zu halten und in die Atmosphäre über dem Hüttendache abzuführen.

Um ein Bild von dem Ofentyp mit abseits liegenden Gaserzeugern und dem damaligen Stand der oberschlesischen Zinkhüttentechnik überhaupt zu geben, haben wir mit Hilfe der in der Literatur niedergelegten Angaben und insbesondere unter Benutzung der von *Lodin* gebrachten Abbildung des Ofens von Bendzin eine Zeichnung eines solchen Ofens entworfen, welche in der Fig. 17 a bis d wiedergegeben ist.

a zeigt einen Querschnitt durch die Mitte des Ofens unter Hüttensohle und über derselben seitlich versetzt, durch einen der zwei Brenner (siehe b, c, d), welche von einem Gaserzeuger gespeist werden. Der von diesem kommende Gaskanal *1* gabelt sich unter der Ofenmitte, um mit den zwei Brennern *2*, welche 3,40 m von Mitte zu Mitte voneinander entfernt in dem 7 m langen und zwischen den Nischenpfeilern 3,60 m breiten Herde liegen, in den Ofen auszumünden. Unter der Gabelung hat der Gaskanal nach unten einen rechteckigen, zur Aufnahme der aus dem Ofen in die Brenner fließenden Schlacken und der aus dem Gaserzeuger mitgerissenen Flugasche bestimmten Schlackensack *3*. Derselbe ist durch eine größere, während des Betriebes durch Mauerwerk versetzte Öffnung von einem unter Flur quer zur Längsrichtung des Ofens bis unter diesen reichenden, geräumigen Kanal aus zugänglich, um die

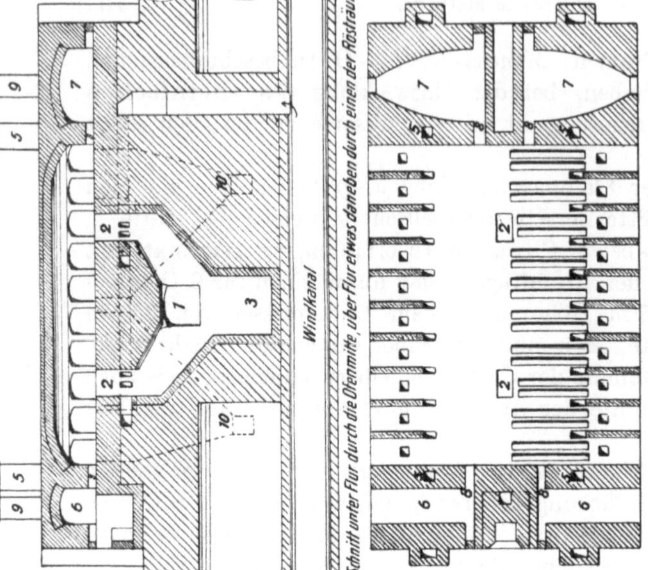

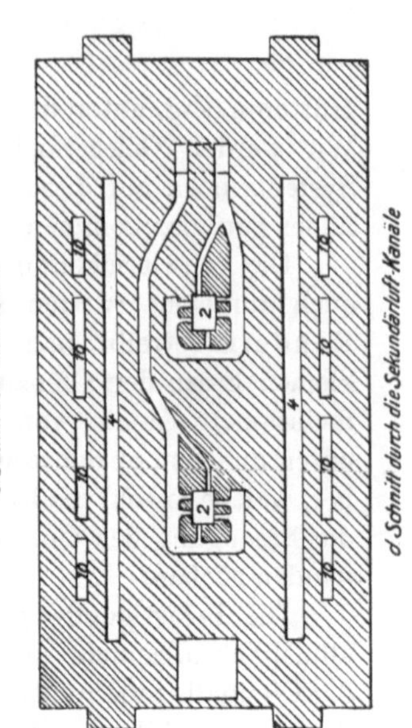

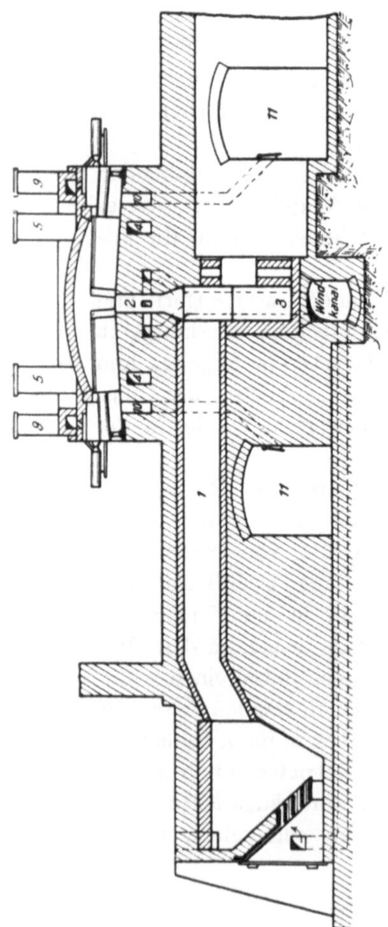

Fig. 17. Schlesischer Zinkofen mittelst Generatorgas und Gebläseluft beheizt. M. 1:166,7.

angesammelten Massen entfernen zu können; über derselben befindet sich noch eine zweite, kleinere Öffnung in der Verlängerung des horizontalen Gaskanals, um auch dessen Säuberung von Flugasche zu ermöglichen.

Unterhalb der Schlackensäcke durchzieht der von einem Ventilator gespeiste Windkanal die ganze Ofenhalle. Abzweigungen von diesem versehen sowohl die Gaserzeuger mit Unterwind, wie die Brenner, durch die dieselben umlaufenden Kanälchen mittels je 6 einmündender Schlitze mit Sekundärluft.

Die sich in den Brennern entwickelnden und aus ihnen hervortretenden Flammen schlagen unter die Ofenkappe und entweichen nach Umspülung der Muffeln durch die Abzugsöffnungen, von denen eine hinter jedem Nischenpfeiler liegt, in die beiden Sammelkanäle 4 und durch diese in je eine der auf jeder Ecke des Reduktionsraumes aufgestellten vier kleinen Essen 5, wenn die Abhitze nicht zum Tempern der Muffeln in den links liegenden Räumen 6 oder zum Calcinieren des Galmeis auf den rechts angebauten Röstherden *7* ausgenutzt wird. Welchem Zwecke de r vertieft liegende Raum zwischen den Muffelbrennkammern dient, ist von *Lodin* nicht angegeben, vermutlich zum Brennen der einzelnen Vorlagenteile, ungewiß gelassen ist auch der Nutzungszweck des langen, rechteckigen Raumes zwischen den Calcinierherden. Die diese und die Muffeltemperräume durchziehenden Abgase treten aus dem Reduktionsraume durch die Öffnungen *8* unmittelbar über dem Herde in dieselben ein und durch die kleineren Essen *9* aus.

Die an beiden kurzen Ofenwänden angebauten vier kleinen, innen 400 : 200 mm weiten Schächte waren wahrscheinlich, weil sie in der Verlängerung der Sammelkanäle *4* für die Abgase liegen, für die Aufstellung höherer Essen von Eisenblech vorgesehen für den Fall, daß solche zur Anwendung kommen sollten; näheres hat *Lodin* auch darüber nicht gesagt.

Die Muffelrückstände werden durch die in dem Boden der Vorlagennischen vorhandenen Löcher in die Räumaschentaschen *10* gestürzt und von diesen in den die ganze Hütte unter Flur durchlaufenden Röschen nach der Abkühlung in Wagen abgezogen und abgefahren.

Die Muffeln, 40 an der Zahl, hatten in Bendzin und Constantin eine Länge von 1,65 m bis auf die 8 vor den beiden Brennern liegenden, welche 10 cm kürzer waren. Sie waren außen am Boden 20 cm, unter der Kappe 22 cm breit und 60 cm hoch. Ihre Wandstärke betrug vorn 3, hinten 4 cm, und der Boden war 12 cm dick. Zur Kondensation der Zinkdämpfe wurde die von der gewöhnlichen Form etwas abweichende *Dagner*sche Vorlage benutzt, die für je zwei Muffeln aus 5 prismatischen Tonkörpern bestand. Sie war noch mit einer etwa 90 cm langen Blechallonge von 23 cm Durchmesser mit Längsscheidung versehen. Die nicht kondensierbaren Gase traten aus dieser in die über dem Ofen herlaufenden Kanäle, welche in die kleinen Essen mündeten. Wir werden in einem späteren, die Kondensation der Zinkdämpfe behandelnden Abschnitte des Buches noch näher darauf zurückkommen.

36 ganz ähnliche, aber größere, 64 Muffeln fassende, von zwei Gaserzeugern und 4 Brennern beheizte Öfen waren seit 1887 auf der Hohenlohehütte bei Kattowitz im Betriebe; sie sind von *P. Schmieder* im Berg- und Hüttenmännischen Jahrbuche 1889, S. 389, beschrieben, und dessen Beschreibung ist von *Lodin* durch Aufzeichnungen gelegentlich zweimaligen Besuches der Hütte ergänzt.

Die Öfen hatten eine Herdgröße von 11 m zu 3,20 m, die Muffeln waren 1,66 bzw. 1,46 m lang bei einer lichten Weite von 15 cm und Höhe von 56 cm. Die Zinkdämpfe wurden ebenfalls mittels der *Dagner*schen Vorlage kondensiert.

Jeder Ofen hatte ähnlich, wie in Bendzin 2 Calcinierherde auf dem einen und zwei Muffelbrennöfen auf dem anderen Ende. An einem der Öfen war ein kleiner Cadmiumdestillierofen mit 8 Muffeln angebaut, welcher auch mit Abhitze vom Reduktionsofen geheizt wurde.

Die Gaserzeuger hatten eine lichte Breite von 1,7 m und eine Höhe von der Sohle bis zum Gewölbe von 2,00 m. Der Treppenrost bestand in einer Höhe von 1,50 m aus 7 Stufen, von denen die unterste 37 cm von der Sohle und 55 cm von der schrägen Rückwand entfernt lag, während die geschlossene, in einem Winkel von 45° liegende Schräge der Vorwand 1,45 m hoch war. Der im Mittel 1,00 m hohe Gaskanal lag mit seiner unteren Kante 1,10 m über der Sohle, er stieg nach dem Ofen zu allmählich an, um nahe unter Hüttenflurhöhe in den gegabelten, mit Schlackensack versehenen Brennerschacht zu münden. Die Brenner waren etwa 0,45 : 0,30 m weit. Der Unter- und Oberwind wurde, wie in unserer Zeichnung durch einen die ganze Hütte durchlaufenden Längskanal aus zwei Ventilatoren von 4 m Flügeldurchmesser und 1 m Achslänge, welche 70 bis 80 Umdrehungen in der Minute machten, zugeführt. Diese Gebläse arbeiteten nachts über zusammen, während am Tage abwechselnd nur immer einer im Betriebe war, denn dann wurde nur Wind für die Sekundärluft erzeugt, während die Gaserzeuger mit natürlichem Luftzuge arbeiteten. Nur nachts, wenn die höchste, notwendige Hitze in den Öfen erreicht werden sollte, wurden auch die Gaserzeuger mit Unterwind betrieben. Die Temperatur wurde mittels thermo-elektrischer Pyrometer und mit Segerkegeln im Höchstfalle zu 1550 bis 1600° gemessen.

Der Ofen war mit kurzen Essen an den 4 Ecken ausgestattet, es war aber auch für je 8 Reduktionsöfen ein 50 m hoher Kamin von 2,50 m unterem Durchmesser vorhanden, so daß man es in der Hand hatte, mit starkem oder schwachem Zug zu arbeiten.

Noch jetzt sind nach einer privaten Mitteilung seitens eines Besuchers der Hütte im Herbst 1909 auf der Hohenlohehütte ähnliche Öfen im Betriebe, man hat dieselben aber noch vergrößert und zwei derselben zu einem Massiv vereinigt, welches 76 Muffeln von den oben angegebenen Abmessungen auf jeder Seite, also 152 Muffeln im ganzen faßt. Zu dieser Zeit standen in der alten Hütte 72 solcher Öfen, während eine neuere Hütte am gleichen Orte und die von derselben Gesellschaft (Hohenlohe-Werke A.-G.) betriebene Godullahütte, zweireihige Öfen zum Teil noch mit Unterwindfeuerung, aber auch mit weiter vervollkommneten Feuerungseinrichtungen (Rekuperativ- und *Siemens*-Regenerativ-System) in Anwendung genommen hat. Jedoch auch bei diesen scheint die Verwaltung der Hütte nicht stehen bleiben zu wollen, da auch 3 und gar 4reihige Versuchsöfen verschiedener Systeme in letzter Zeit zur Aufstellung gekommen sind.

Auch die Schlesische Aktiengesellschaft in Lipine hat auf ihren alten Hütten Silesia II und III noch jetzt einetagige Öfen ähnlicher Bauart (Generatorfeuerungen mit Unterwind) im Betriebe, auf ihrer neuen Hütte Silesia VII ist sie aber ebenfalls zu 3reihigen Öfen mit *Siemens*-Regenerativfeuerung übergegangen. In gleicher oder ähnlicher Weise sind auch die übrigen größeren Werke Oberschlesiens vorgegangen, so daß die Tage der einreihigen Öfen mit hohen Muffeln, welche nur noch für die Verhüttung sehr armer Erze, besonders armen Galmeis, Bedeutung haben, gezählt sein dürften. Wir wollen aber die Entwicklung des schlesischen Ofensystems nicht ohne eine Darstellung des ersten einreihigen Muffelofens mit *Siemens*-Regenerativfeuerung abschließen, zuvor aber noch zweier deutscher Patente Erwähnung tun, von denen jedes zwar nur je auf einer Hütte zur Ausführung gekommen und bald wieder aufgegeben ist, die aber doch der darin ausgesprochenen Gedanken wegen bemerkenswert sind.

Zur Ausnutzung der Abhitze der mit Gas beheizten, einreihigen, schlesischen Öfen hat *Haupt* einen Ofen konstruiert, auf welchen ihm unter Nr. 7425 im Deutschen Reiche ein Patent vom 12. November 1878 ab erteilt wurde[1]. Das Generatorgas, welches auch hier vom abseits liegenden Gaserzeuger durch einen den ganzen Ofen der Länge nach durchziehenden Gaskanal mit Schlackensack zugeführt wird, tritt durch eine große Zahl von Brennern in den Ofen, (je einen in der Mitte zwischen zwei gegenüberliegenden Nischen) und die Abgase durch die üblichen Öffnungen hinter den Nischenpfeilern in die beiden auf den Längsseiten der Ofen liegenden Abzugskanäle, welche vertieft sind, um den mitgerissenen Flugstaub und Schlacken abzusondern, ehe sie in die Rekuperatoren eintreten. Letztere bestehen aus kreuzweis durchbohrten Schamott-Werkstücken, von denen hinter je 5 Muffeln eins zwischen dem Gas- und dem Abzugskanale unter dem Ofenherde liegt. Die Abgase durchziehen die senkrechten, die eingeblasene Luft die wagerechten Durchbohrungen, wobei die letztere einen Teil der Wärme der ersteren aufnimmt und dann in die Brenner etwa 50 cm unterhalb des Ofenherdes zu dem Gase tritt. In der Österreichischen Zeitschrift vom Jahre 1881 auf S. 336 ist der Ofen von *Spirek* näher beschrieben. Die Konstruktion der Rekuperatoren erregt Bedenken, da einmal die Berührungsflächen derselben verhältnismäßig klein und die Durchbohrungen während des Betriebes von außen nicht zugänglich sind; es ist deshalb zu befürchten, daß bald eine Verstopfung der Gasabzüge durch den aus dem Ofen, trotz des vertieften Sammelkanals, mitgerissenen Flugstaub, besonders durch Zinkoxyd, eintreten wird.

Haupt hat übrigens auch noch die Benutzung der Abhitze zum Calcinieren von Galmei oder zum Tempern der Muffeln vorgesehen, nachdem dieselben die Rekuperatoren durchlaufen haben. Übrigens wird durch die Anordnung die Erhitzung des Herdes unter den Muffeln und so eine Beheizung der Muffelböden angestrebt, was zweckmäßiger aber durch Hohlstellung der Muffeln erreicht wird, denn der von unten erhitzte Herd wird bei eintretendem Muffelschaden durch ausfließende Schlacke leicht zerstört. Zum Tempern der Muffeln und Calcinieren des Galmeis dürfte die Temperatur der Endgase nach Abgabe der Wärme an die Luft wohl kaum noch genügt haben. Öfen solcher Art waren vorübergehend auf der Godullahütte in Betrieb; nach *Kosmann*[2] soll mit denselben eine Kohlenersparnis von 25 Proz. erzielt sein. (Gegenüber welchem anderen Ofensysteme ist nicht gesagt.) Der Betrieb mußte aufgegeben werden, weil die die Heißluftkanäle von den in der Mitte des Ofens liegenden Schlackensäcken trennenden Wände durchbrannten.

Das Patent *Lorenz*, D. R. P. 10010 (21. Oktober 1879) vermeidet die Durchbrechung des Herdes durch die Brenner dadurch, daß es den Eintritt des Gases

---

[1] Die Patentschrift enthält eine sehr klare, ausführliche Zeichnung des Ofens.
[2] Verhandl. d. Vereins z. Beförd. d. Gewerbefleißes 1881, S. 182.

und die Verbrennungsluft in die beiden Endwände des Ofens legt. Die beiden Flammenströme sollen, in der Mitte des Ofens aufeinanderprallend, sich nach den Seiten des Ofens über die Muffeln verteilen und dann umkehrend an den 4 Ecken hinter den letzten Muffeln zur Esse abziehen. Nach *Steger* (Zeitschr. f. Berg-, Hütten- und Salinenwesen 1900) sind solche Öfen auf der Lazyhütte in Betrieb gewesen, aber wieder verlassen, weil die Beheizung ungleichmäßig war.

Für große Öfen war es auch kaum anders zu erwarten. Wenn auch die Flamme mit einem gewissen Druck in den Ofen eintritt, so wird doch die Kraft sie nur bis auf einige Meter weit in den Ofen

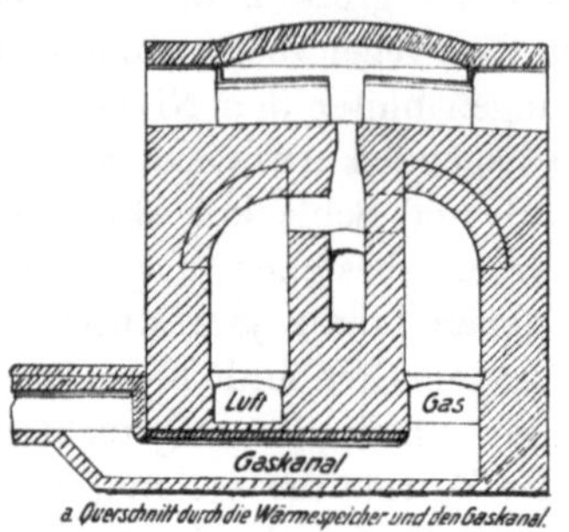

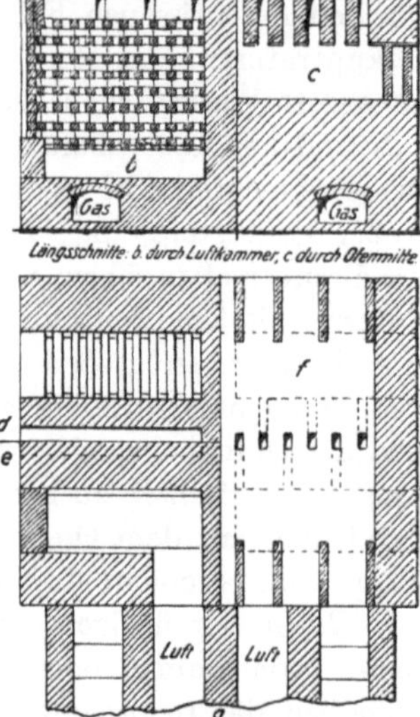

hineintreiben. Lorenz hat in der Patentschrift auch nur einen zweiunddreißigmuffligen Ofen zur Darstellung gebracht. Der Gedanke, der ihn geleitet hat, war aber gut, da die geschlossene Herdsohle alle die Betriebsschwierigkeiten beseitigen würde, welche mit dem Eindringen von schmelzbaren Flugaschen und schmelzflüssigen Massen in die unter Hüttenflur liegenden Ofenteile verbunden sind.

Die ersten schlesischen Öfen mit *Siemens*-Regenerativfeuerungen[1] wurden nicht in Oberschlesien, sondern in Freiberg i. S. auf der staatlichen Muldener Hütte im Jahre 1867 gebaut. Auch die Hütte zu Birkengang in Stolberg (Rheinland) führte die neue Befeuerungsart um diese Zeit herum ein, ihr folgten die Hütte zu Münsterbusch bei Stolberg, dann einzelne Werke der Vieille Montagne in Belgien, einige Hütten in Oberschlesien (die Wilhelmine- und Paulshütte und die Hohenlohehütte) und auch solche in England.

Fig. 18. Schlesischer Zinkofen mit *Siemens'* Regenerativ-Gasfeuerung. M. 1:166,7.

Fig. 18 a bis g stellt den *Siemens*-Ofen dar, wie er in ähnlicher Ausführung in Freiberg im Betriebe war. Aus den sieben Schnitten ist die Konstruktion so klar zu ersehen, daß uns eine nähere Beschreibung unnötig erscheint. Luft und Gas wurden den Wechselklappen von oben zu-

---

[1] Berg- und Hüttenm. Ztg. 1867, 362 und 1870, 92.

geführt, letzteres mittels des bekannten Gashebers aus Eisenblechrohren. Luft- und Gaszutrittsmenge war oberhalb der Wechselklappen durch besondere Ventile oder Drosselklappen zu regeln. Die Flamme oder vielmehr das beim Eintritt in den Herd in Brennern schon entzündete Gas wurde nicht, wie bei den neueren Siemens-Öfen, von Muffelmündung zu Muffelmündung quer durch den Ofen geführt, sondern entwickelte oder bildete sich erst über dem Herde in der Mitte des Ofens, und zwar abwechselnd auf der einen und auf der anderen Hälfte desselben, durchzog den Ofen der Länge nach und trat auf der entgegengesetzten Ofenhälfte durch die Gas- und Lufteinströmungsöffnungen in die zwei darunterliegenden der vorhandenen vier Wärmespeicher, um die im Ofen nicht genutzte Wärmemenge dort zu einem großen Teile abzugeben.

Nach Verlauf einer gewissen Zeit, etwa alle halbe Stunde, wird Gas und Luft durch Umlegen der Wechselklappen, unter welchen die Abgase zur Esse abziehen, auf den umgekehrten Weg geleitet. Beide nehmen beim Durchgang durch die Wärmespeicher bei der unmittelbaren Berührung mit dem dieselben füllenden Gitterwerk von feuerfesten Steinen die eben von den Abgasen abgegebene Wärme auf und treten hocherhitzt, je durch 3 Öffnungen in den Ofenraum ein, wo sich bei der Berührung mit der erhitzten Luft das erhitzte Gas sofort entzündet und eine intensive Hitze entwickelt.

Diese ursprünglichen Siemens-Regenerativöfen haben in Oberschlesien nur noch vereinzelt später, so auf der Hohenlohehütte Anwendung gefunden, weil die mit natürllichem Zuge betriebenen Generatoren zur Erzielung einer gleichmäßig guten Gasentwicklung ein sehr gutes Brennmaterial nötig hatten und die oberschlesischen Werksverwaltungen gerade Wert darauf legten, ihre minderwertigen, zum Verkaufe schlecht geeigenten Kohlensorten an Ort und Stelle zu verwerten. Auch war die Wartung der Generatoren, besonders infolge der Teerabscheidung in den Gasleitungen keine ganz einfache, und die Anlagekosten waren im Verhältnis zu anderen Gasfeuerungssystemen hoch.

Die meisten Zinkhütten zogen aus diesen Gründen diese letzteren, wie wir sie vorher beschrieben haben, vor, soweit man nicht bei den alten, direkten Feuerungen mit Planrost, dem man auch wohl eine geneigte Lage gab, verblieb. Die Gas- oder Halbgasfeuerungen hatten aber den weiteren Fortschritt im Gefolge gehabt, daß man die Öfen bedeutend vergrößern konnte, man war Ende der 80er Jahre auf 64, vereinzelt bis auf 72 Muffeln im Ofen gekommen, die man meistens auch noch verlängert hatte, so daß eine Muffel 75 bis 100 k calciniertes Erz aufnahm, aus welchem etwa 12 bzw. 15 k Zink zu dieser Zeit ausgebracht wurden.

M. Georgi-Freiberg gibt 1877 in der Berg- und hüttenmännischen Zeitung eine Gegenüberstellung der Betriebszahlen der 1874 auf der Pauls- und der Wilhelminenhütte betriebenen Siemens- und Unterwind-Öfen.

Die Siemens-Öfen mit 56 Muffeln (I) und die Unterwindöfen mit 24 Muffeln (II):

	I	II
verhütten täglich	5414 k Erz	1757 k Erz
mit einem Kohlenverbrauch		
von	8100 „ = 1,495 Proz. vom Erz.	4610 „ = 2,62 Proz. v. Erz
und gebrauchten an Muffeln		
täglich	1,42 Stück	1,75 Stück
Das Ausbringen aus dem Erz		
betrug	11,39 Proz.	11,17 Proz.

Für 100 k Rohzink berechneten sich:

der Arbeitslohn auf	M 4,18	M 5,02
der Kohlenaufwand auf. . .	„ 6,04	„ 8,20
der Verbrauch an Muffeln und		
Vorlagen auf	„ 1,44	„ 1,84
an Eisen (Gezähe usw.) auf	„ 0,08	„ 0,16
der Verbrauch an Erz auf .	„ 20,90	„ 20,38
die Ofenreparaturen auf . .	„ 0,20	„ 0,60
	M 32,84	M 36,20

Den geeignetsten Gradmesser für die Entwicklung der schlesischen Zinkindustrie in technischer Beziehung gibt der Kohlenverbrauch auf die Einheit
Erz ab. Lohnaufwand und Zinkausbringen können nicht gut zum Vergleich
der verschiedenen Zeitpunkte herangezogen werden, weil anfänglich nur
ausgesucht hochhaltiger Galmei zur Verhüttung kam, an dessen Stelle mit
der Zeit fortschreitend bei Ausdehnung der Zinkgewinnung immer geringhaltigere Erze verarbeitet wurden, bis die Zuhilfenahme der Zinkblende
nach Abnahme der Galmeibestände wieder zur Erhöhung des Gehaltes der
Muffelbeschickung führte.

Kosmann gibt in einer 1888 für die in Breslau tagende Hauptversammlung des Vereins deutscher Ingenieure verfaßten Festschrift: „Oberschlesien,
sein Land und seine Leute" an, daß sich der Gesamtbrennmaterialbedarf
(Heizkohle und Zinder) für 100 k gewonnenes Zink im Jahre 1870 auf 1916 k,
aber 1880 schon auf 1241 k und 1887 auf 1014 k stellte[1].

Nach der Statistik des Oberschlesischen Berg- und Hüttenmännischen
Vereins ist derselbe 1910 noch weiter bis auf 811 k zurückgegangen.

Wenn diese Zahlen auch den interessanten Nachweis fortschreitender
Ersparnisse bei der Erzeugung des Zinks bringen, so geben sie ohne Angabe
des Zinkgehaltes der Erze doch keinen Maßstab für den jeweiligen technischen
Stand der Fabrikations-Einrichtungen ab. Besser zeigt uns der reine Heizkohlenverbrauch für die 1000 k verhütteten (calcinierten) Erzes bei den verschiedenen Verhüttungsmethoden und Ofenbeheizungsarten den Fortschritt
darin.

Es gebrauchten:

der erste schles. Zinkofen in Wessola (nach *Karsten*) an Heizkohlen etwa das 6 bis 7 fache
        vom verhütteten Ofenbruch,
der erste viermufflige Ofen der Lydogniahütte (Fig. 7) bei Ofenbruch,
        wie Galmei . . . . rund das 15   „
und der verbesserte Ofen mit kleinerer Feuerung . . . . . . rund   „   9,5 „

---

[1] 1887 verbrauchten alle Zinkhütten Oberschlesiens zusammen 835 960 t Kohlen.

der achtmufflige Ofen der Lydogniahütte . . . . das 8,5 fache[1]
    vom Galmei,
der zehnmufflige Ofen im Jahre 1817 . . . . „   6,5 „
die zehnmuffligen Öfen der Lydogniahütte im Jahre 1830 nach *Karsten*
    durchschnittlich . . . . „   7,1 „
    (bei guten stückigen Kohlen aber nur das 5,4 fache)
der zwanzigmufflige Ofen nach Fig. 8 (1865) der Lydogniahütte . . „   3,1 „
der Ofen zu Llansamlet (Fig. 10) mit hoher Esse . . . . „   3,75 „
der Dortmunder Ofen (Fig. 11) nach den Ausführungen in Dortmund,
    Stolberg, Borbeck und Valentin-Cocq im Durchschnitt . . . . „   2,2 „
die einreihigen Öfen mit Gaserzeugern und Unterwind oder mit *Siemens*-
    Regenerativfeuerung nach der Statistik der Oberschlesischen Berg-
    und Hüttenwerke für das Jahr 1905 durchschnittlich . . . . . „   1,42 „
    (es waren noch 10 Hütten ausschl. mit solchen Öfen, 123 an der
    Zahl, ausgestattet.)
Mit der zunehmenden Verhüttung von Blende hat aber nach der eben
    angezogenen Statistik für das letztverflossene Jahr der Kohlen-
    verbrauch wieder zugenommen. Er betrug 1910 bei den beiden
    *Giesche*schen Hütten, welche nur mit einreihigen Öfen arbeiten,
    der Wilhelminehütte (30 Öfen) und der Paulshütte (28 Öfen) . „   1,64 „
und bei den beiden kleinen Hütten der Oberschlesischen Akt. Ges., der
    Klarahütte mit 6 und der Franzhütte mit 7 einreihigen Muffelöfen „   1,82 „

Die übrigen Hütten Oberschlesiens sind heute zum Teil ausschließlich
mit mehrreihigen Öfen ausgestattet, zum Teil arbeiten sie noch mit alten,
einreihigen (Schlesische Aktien-Gesellschaft, Hohenlohehütte und die *Giesche*-
sche Bernhardihütte) neben neuen mehrreihigen Öfen. Sie können zum Vergleich nicht herangezogen werden, weil der Kohlenverbrauch für die einzelnen Ofensysteme nicht gesondert angegeben ist.

Im ganzen sind heute noch 271 einreihige Öfen mit zusammen 11 012
Muffeln (28 bis 80, im Durchschnitt 40,64 Muffeln) in Betrieb, und zwar bei
Giesches Erben 66 Öfen, bei der Schlesischen Aktien-Gesellschaft 120, auf
Hohenlohehütte 72 und auf Klara- und Franzhütte 13 Öfen.

Die belgische Methode.

Die Wege, welche *Dony* eingeschlagen hatte, um aus den Galmeischätzen
des Altenbergs Zink zu erzeugen, scheinen weit ab von denen gelegen zu haben,
welche ihn schließlich zum Ziele führten.

Der ihm im Jahre 1809 patentierte Apparat bestand aus einer großen,
hohen Muffel, die in ihrer ganzen Länge über einem langen, überwölbten
Feuerungsroste lag. In der Mitte oben trug dieselbe einen trichterförmigen Stutzen, welcher in einen, quer zur Muffelachse liegenden Raum
von halbkreisförmigem Querschnitt ausmündete, wie die Fig. 19 a bis b[2]
zeigt. Dieser Stutzen diente zur Beschickung der Retorte, ob auch zum Aus-

---

[1] Bei der englischen Methode war nach *Percy* die 8,8 bis 10,8 fache Kohlenmenge
nötig.

[2] Die Zeichnungen sind der „Metallurgie du Zinc" von *Lodin* entnommen, welcher
sie der Patentschrift entlehnt hat. Siehe auch *Pioët* und *Murailhe:* Ann. des Mines
4. Ser. Heft 5, 203.

tritt der Zinkdämpfe, ist aus der knappen Patentbeschreibung nicht zu ersehen; dagegen spricht der im Querschnitt *b* gezeichntete Deckel auf dem
Stutzen, dafür die Worte in der Beschreibung: „ils" (les tubes ou conduits, das
sind die Rohre, durch welche die Zinkdämpfe in die Kondensatoren übertreten) „sont évidés à partir de l'orifice supérieur attenant au fourneau".
Die Feuerungsgase umspülten die Muffel durch eine Anzahl Kanälchen, deren
Scheiderippen den Seitenwänden der Retorte zugleich als Stütze dienten,
und nach dem Durchgang durch zwei Öffnungen in dem die Muffel überspannenden Gewölbe noch den über dem Füllstutzen liegenden, halbkreisförmigen
Raum, ehe sie in den Abzug gelangten. Ob die Ableitungsrohre für die Zinkdämpfe, welche „sur deux lignes paralleles et horizontales" am Ofen angebracht waren, an einem der Kopfenden der Muffel oder an beiden saßen, oder an
den Enden des halbkreisförmigen Raumes über der Füllöffnung, ist, wie wir
schon erwähnten, unbestimmt, sie sind in der Abbildung nicht gezeichnet.
Infolgedessen ist auch die Form der Kondensationsapparate unbekannt.

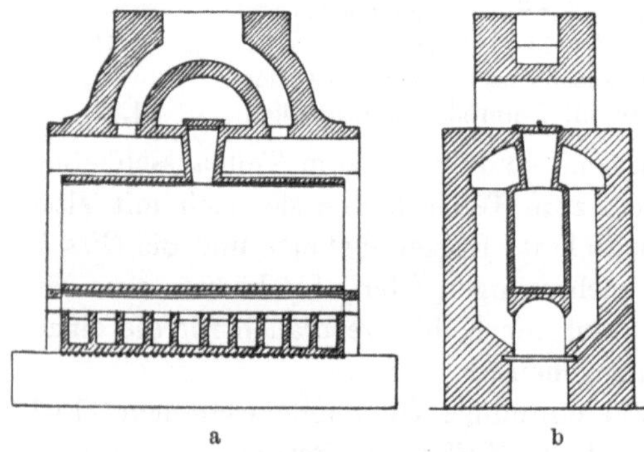

Fig. 19.

Die Patentschrift sagt nur, daß die Ableitungsrohre die Form einer Trompete („trompe") hatten. Die Gestalt der Kondensatoren („refrigérants") ist nicht beschrieben.

In dem mit Steinkohle beheiztem Apparate sollen sich die Reduktion des Galmeis und die Destillation des Zinks in 4 bis 5 Stunden, gerechnet vom Anzünden des Feuers bis zur vollständigen Verdampfung des Zinks, vollzogen haben und dabei 19 bis 20 Proz. vom Galmei an metallischem Zink gewonnen worden sein.

Ein weit besseres Ausbringen, 22 bis 26 Proz., will *Dony* bei Zuschlag
von Salz bzw. eines Schmelzflusses erhalten haben, ein Mittel zur Beschleunigung des Prozesses, welches wir schon bei der Ausübung der Kärntner Methode
kennen lernten. Er nahm dazu 7,5 k pulverisierte Holzkohle, 2,5 k Kochsalz (Seesalz) und 2,5 k gepulverten Weinstein, vermutlich zu einem Quin-
tal (100 k) calcinierten Galmei.

Aus diesen Angaben geht hervor, daß der Apparat tatsächlich zur Galmei-
reduktion benutzt worden ist, es ist deshalb zu bedauern, daß die Abmessungen
desselben nicht überliefert sind. Großen Inhalt kann die Muffel nicht gehabt
haben, sonst wäre eine Abtreibung in so kurzer Zeit, wie *Dony* angibt, nicht
möglich gewesen.

Mit der belgischen oder Lütticher Methode hat der Apparat aber nichts
gemeinsam, denn das dieselbe kennzeichnende verhältnismäßig enge Reduktionsgefäß (*Creuset*) von kreisrundem Querschnitt kann nicht wohl die
*Dony*sche Muffel zum Vorbild gehabt haben. Da, wie wir gesehen haben

Dony seine erste Betriebsstätte schon 1807 errichtet hatte und aus dieser schon 1808 Zink in den Handel brachte, so müssen wir annehmen, daß der eben beschriebene Apparat nur dem Bestreben seine Entstehung verdankt, ein vollkommeneres Verfahren, als das bisher benutzte, zu finden. Wenn er aber in der Tat fabrikmäßig mit demselben gearbeitet hat, so müßte er die Destillation aus Röhren erst später aufgenommen haben, weil die Arbeit mit jenem auf die Dauer nicht befriedigte.

Dieser Fall scheidet aber aus, weil, wie die Société de la Vieille Montagne in ihrer für die Brüsseler Ausstellung 1910 verfaßten Schrift bekundet, *Dony* schon im Frühjahr 1810 zwischen zwei Vorstädten Lüttichs, St. Leonard und de Vignies, eine neue Hütte mit 8 Reduktionsöfen zu je 40 Röhren errichtete. Ein Betriebsbericht aus dieser Zeit gibt die Produktion eines solchen Ofens zu 200 bis 230 k an.

Über die Einzelheiten der Bauart dieser Öfen ist aber bisher nichts bekannt geworden. Bis zum Jahre 1818 herrscht völliges Dunkel über die Betriebsweise in Belgien, wo man verstanden zu haben scheint, peinlich das Erreichte vor dem Bekanntwerden zu bewahren. Auch dem Bergassessor *Christian Fürchtegott Hollunder*, der damals in Diensten des Königreiches Polen stand und großes Interesse besonders an der Vervollkommnung und Ausbreitung der Zinkgewinnung, wie aus den von ihm veröffentlichten Schriften hervorgeht, hatte, gelang es nicht, auf einer im genannten Jahre unternommenen Studienreise in die Hütte zu Saint-Léonard einzudringen, so daß er über dieselbe nur einiges berichten kann, was er durch mündliche Mitteilungen erfuhr. Dagegen wurde es ihm möglich, einen Lütticher Ofen, welcher außerhalb Belgiens, in Stolberg bei Aachen, erbaut war, gegen Ende des Jahres 1818 zu sehen, so daß er eine ausführliche und zweifellos genaue Beschreibung in sein „Tagebuch einer metallurgisch-technologischen Reise" (Nürnberg 1824) aufnehmen konnte.

In dem „System der Metallurgie", Bd. IV, S. 474, welches im Jahre 1831 erschienen ist, gibt auch der preuß. Bergrat *Karsten* die ausführliche Beschreibung eines alten Lütticher Ofens, die sich sehr wahrscheinlich auf Mitteilungen stützt, die ihm noch vor *Hollunders* Reise zugegangen sind. Das ist zu schließen aus Einzelheiten der Konstruktion des Ofens und der Gestalt der Reduktionsgefäße und Kondensationsapparate, die offenbar auf einen tieferen Stand der Entwicklung hinweisen, als die von *Hollunder* beschriebenen Einrichtungen. Die Quelle, aus welcher *Karsten* geschöpft hat, ist nicht bekannt, und es drängt sich der Zweifel auf, ob die ihm gewordenen Mitteilungen in jeder Beziehung zuverlässig gewesen sind.

Nach dem Voraufgeschickten glauben wir, seine Beschreibung derjenigen von *Hollunder* vorausgehen lassen zu sollen.

Karsten beschreibt einen Lütticher Ofen alter Zeit mit 18 in 5 Reihen angeordneten Röhren (4 × 4 und oben 2 Röhren) und gibt die in Fig. 20 a bis e wiedergegebene Zeichnung von demselben.

Der Raum, in welchem die Röhren liegen, ist von der darunter liegenden Feuerung durch ein flaches Gewölbe getrennt. Dieses hat in der Regel 9

Durchlaßöffnungen für die Heizgase, 3 in der Mitte und je 3 auf jeder Seite des Ofens. Während der Rost sich unterhalb der Hüttensohle über einer Rösche (Kanal), welche zur Luftzuführung dient, befindet, liegt das die Feuerung abschließende Gewölbe schon oberhalb derselben, so daß die unterste Röhrenreihe etwa 30 cm von ihr entfernt ist. Der Ofenschacht ist oben ebenfalls durch ein Gewölbe geschlossen, in welchem sich die Abzüge für die Heizgase, auch 9 Stück, gleichmäßig verteilt befinden. Mittels derselben wird der Zug des Ofens geregelt.

Zuweilen benutzt man die Abhitze zum Calcinieren von Galmei oder auch zum Brennen der Ansatzröhrchen vor den Retorten. Zu diesem Zwecke bringt man noch ein zweites Gewölbe über der Ofenkappe an, welches auch, wie diese mit Abzugsöffnungen zur Esse versehen ist, und bildet so einen 40 cm hohen Raum dafür. Derselbe ist durch eine Öffnung, welche während der Destillationszeit geschlossen gehalten werden muß, von der Vorderseite des Ofens aus zugänglich. Die Abzugsöffnungen in dem obersten Gewölbe dienen, wenn ein Brennraum vorhanden ist, statt der Löcher in der Kappe zum Regeln des Ofenzuges. In der Vorderwand des Ofens ist für jedes Rohr ein Raum von 24 cm im Quadrat ausgespart, welcher zur Einführung desselben in den Ofen dient und gleichzeitig zum bequemeren Ansetzen der Vorlagen. Die Röhren ruhen etwas geneigt nach vorn auf der inneren Kante dieser quadratischen Räume und auf Vorsprüngen

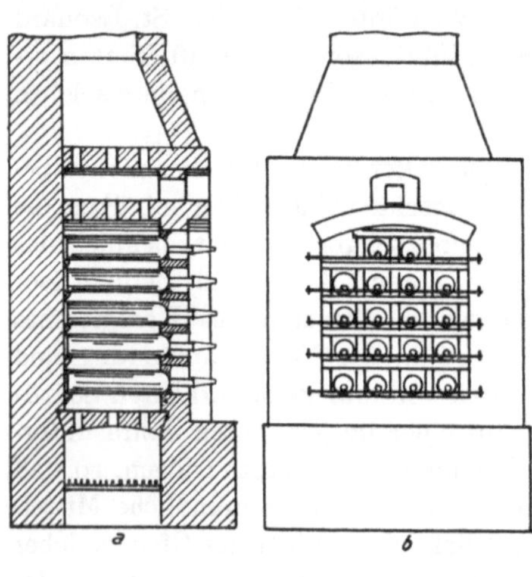

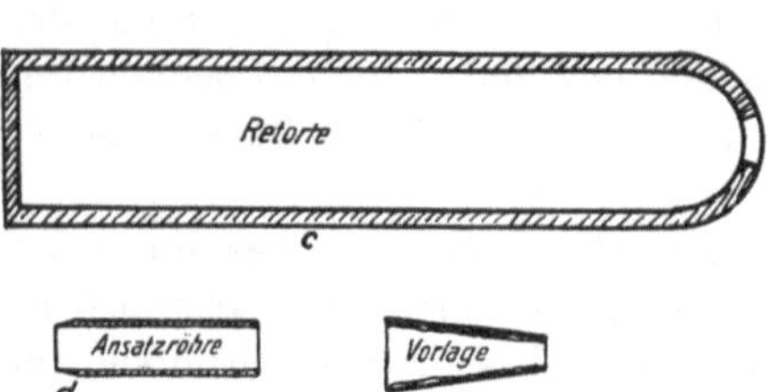

Fig. 20. M. a und b = 1:80; c, d, e = 1:16,7.

in der hinteren Ofenwand, die wie die übrigen Umfassungswände des Ofenschachtes aus hoch feuerfestem Material hergestellt werden. Das Gewölbe über dem Feuerraum dient zum Schutz der untersten Röhrenreihe gegen Stichflammen der Feuerung.

Die Vorlage hatte eine von der jetzigen abweichende Form. Das Rohr wird vorn durch eine halbkugelförmige Wölbung, bis auf eine 52 mm weite Öffnung in der Mitte abgeschlossen. Diese liegt frei in der Vorderwand des Ofens, gegen welche der äußere Rohrumfang durch einen Tonversatz abgedichtet ist; sie dient zur Beschickung, zum Herausnehmen der Rückstände und zur Abführung der entwickelten Zinkdämpfe und Reduktionsgase. An diese Öffnung wird ein Tonröhrchen von 26 cm Länge anlutiert, welches

etwa 5 cm aus der Vorderwand des Ofens hervortritt und dort auf einer
eisernen Querstange ruht. Über diese „Ansetzröhre" wird noch eine etwa
20 cm lange Röhre aus Eisenblech geschoben, welche innen mit Lehm ausgekleidet ist. In ihr sammelt sich das flüssige Zink an.

Den Ofenbetrieb beschreibt *Karsten* in nachstehender Weise:

„Der zu verhüttende Galmei wird, in fein gepulvertem Zustande mit Staubkohlen
vermengt und mit Wasser etwas angefeuchtet, regelmäßig alle 12 Stunden geladen. Zwecks
neuer Beschickung der Retorten werden die eisernen Kondensationsröhren von den An-
setzröhren abgenommen und der Rückstand mit einem kleinen Kratzhaken aus der
Retorte gezogen. Dann wird die Beschickung durch die Ansatzröhren hindurch mittels
kleiner Ladeschüppe in die Retorten eingetragen, diese aber nur etwa zur Hälfte gefüllt
und die Blechröhren wieder aufgeschoben.

Das Feuer vom Rost geht dabei nicht ganz ab, allein man bringt während der Zeit
des Besetzens der Röhren keine frische Kohlen auf den Rost, damit die erhitzten Röhren
durch die Beschickung nicht leiden. Deshalb gibt man anfänglich auch nur schwaches
Feuer, verstärkt dasselbe aber allmählich bis zum lebhaftesten Rotglühen der Röhren.
Schon nach Verlauf von 2 Stunden zeigen sich die ersten Zinktropfen in der eisernen Auf-
schieberöhre. Diese lassen aber die verdichteten Zinktropfen nicht von selbst fallen,
sondern der Schmelzer muß sie, in einem fast schon erstarrten Zustande, mit einem kleinen
Haken herauskratzen."

„Der Schmelzer ist daher fast unablässig beschäftigt, das Zink aus den verschiedenen Röhren herauszunehmen, zu welchem Zwecke er in der einen Hand den eisernen
Haken und in der zweiten einen gegossenen eisernen Tiegel hält, in welchen er das Zink
hineinkratzt und den gefüllten Tiegel dann von Zeit zu Zeit ausleert. Nach Verlauf von
12 Stunden befinden sich die Destillationsröhren in einem fast weißglühenden Zustande,
und es entwickeln sich keine Zinkdämpfe mehr, so daß die Reduktion beendigt ist."

Wenn ein Rohr schadhaft geworden ist, wird es gegen ein neues, im Glüh-
ofen angewärmtes und bis zur Rotglut erhitztes ausgewechselt, ein kaltes
Rohr würde sogleich beim Hineinbringen in den Ofen zerspringen.

In der Regel baute man 4 Öfen zu einem Massiv zusammen, jeder der
Öfen wurde aber selbständig für sich betrieben.

Die Ladung eines Rohres wog etwa 7 k und wurde alle 12 Stunden erneuert. Ein Ofen mit 18 Röhren verhüttete demnach in 24 Stunden etwa
260 k Galmei und lieferte 72 bis 80 k Zink mit einem Kohlenaufwand von
1800 k, gleich dem 7fachen vom Erz.

Hollunder erfuhr auf seiner Reise im Spätsommer 1818 in Lüttich[1] nur,
daß 2 Öfen von je 16 Röhren in 4 Reihen nebeneinander standen, und ein solcher Doppelofen eine Länge von 14 Fuß und eine Breite von 4 Fuß hatte.
Beide Öfen hatten in der Mitte eine gemeinsame Esse von 20 Fuß Höhe,
und jeder derselben noch eine kleine, niedrige Esse, an der Seite oberhalb
der Feuerung. Den mit Koks als Reduktionsmittel vermischten Galmei,
welcher in gemahlenem Zustande vom Altenberg angefahren wurde[2], (1 t
kostete 6 Fr Fuhrlohn), packte man in dünne, zylindrische, der inneren Re-
tortenweite angepaßte, lange Leinwandsäckchen, die man mittels einer Gabel

---

[1] Tagebuch S. 335.

[2] Man bediente sich dort durch Wasserkraft getriebener Kollergänge mit 5 Fuß
hohen Steinen, auf eiserner Grundplatte laufend. Ein Mahlgang lieferte täglich 12 bis 13 t
sandfeinen Galmei, die Leistung eines Calcinierofens. Tagebuch S. 344.

in die Retorten hineinschob. Diese Beschickungsweise wäre bei den von *Karsten* beschriebenen Reduktionsgefäßen nicht möglich gewesen, sie müssen also in einer früheren Zeit, wenn überhaupt, in Gebrauch gewesen sein.

Die konischen Vorlagen waren aus Gußeisen hergestellt und wurden aus einem kleinen Kupolofen, dessen Gebläse von 2 Hunden mittels Tretrades getrieben wurde, auf der Hütte selbst gegossen. Über diese wurde noch eine längere, konische Tüte aus Schwarzblech zur besseren Verdichtung der Zinkdämpfe geschoben.

Von dem **Stolberger Ofen** hat *Hollunder* die in Fig. 21 a bis c wiedergegebene Zeichnung entworfen[1]. Dieselbe ist im großen und ganzen verständ-

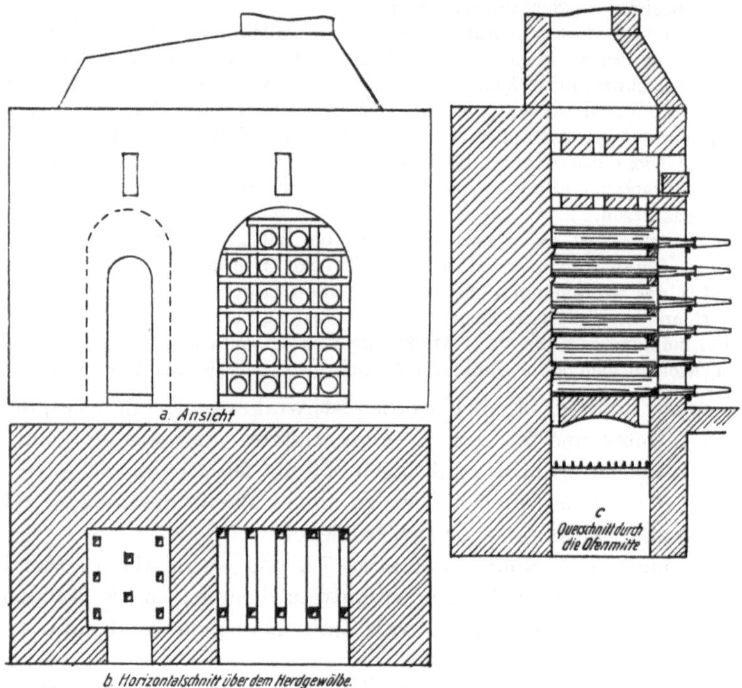

Fig. 21. Alter Lütticher Zinkofen in Stolberg (1818).

lich, so daß wir von einer eingehenden Beschreibung Abstand nehmen können. Der Ofen enthielt eine Reihe Röhren mehr, als der von *Karsten* gezeichnete, hatte also 22 Reduktionsgefäße in 6 Reihen. Über dem Roste lag ein Schutzgewölbe, wie beim Lütticher, welches neben bzw. zwischen den Röhren an deren Ende und Mündung je 5 Durchgangsöffnungen für die Heizgase von etwa 10 : 8 cm Weite hatte. Man versuchte, auch in der Mitte des Herdes noch weitere 5 Löcher anzubringen, in der Hoffnung, damit eine bessere

---

[1] Außer im Tagebuch ist dieselbe auch in seiner Schrift: „Die zweckmäßigste Zinkfabrikation bei Steinkohlenfeuerung in Beziehung auf das Königreich Sachsen" (Dresden 1822) enthalten.

Ausnutzung der Kohle zu erreichen, mußte es aber wieder aufgeben, weil darunter die Retorten zu stark litten. Der Rost hatte die Breite und Tiefe des Ofenraumes, war also 95 cm breit und 126 cm tief, er wurde von 4 kantigen Eisenstäben gebildet. Ein Versuch, ihn zwecks Ersparung von Kohlen kleiner zu machen und nur in den vorderen Teil des Ofens zu legen, mißlang, da auch hierbei die Röhren stärker angegriffen wurden.

Die untersten Retorten lagen unmittelbar auf dem Herde zwischen den Feuerzügen, nur wenig über der Hüttensohle. Die höher liegenden ruhten in der Rückwand auf dort eingemauerten, etwas vorspringenden, ausgerundeten Lagern, vorn auf den horizontalen Platten des die Vorwand des Ofens oder die Ofenbrust bildenden Fachwerkes aus feuerfesten Steinen, welche etwa 8 cm breit und 5 cm dick waren. Die senkrecht stehenden Steine oder Säulen der Ofenbrust waren nahezu 8 cm dick. Die Fächer derselben hatten eine Breite von etwa 22 cm[1] und eine Höhe von etwa 20 cm. In jedem derselben kam ein Rohr zu liegen, der zwischen seinem Rande und den Fachwänden bleibende Raum wurde mit Steinstückchen und Lehm abgedichtet.

Das den Retortenraum (Arbeitsraum, wie ihn *Hollunder* nennt) überspannende Gewölbe hat in der Mitte 3 hintereinander liegende Öffnungen zum Abzug der Ofengase, je eine dicht an Vor- und Rückwand von gleichen Abmessungen, wie die Löcher im Herdgewölbe und eine etwas weitere mitten dazwischen. Nach *Hollunders* Beschreibung treten dieselben in einen quer zum Ofen liegenden Raum (Kanal) von etwa 50 cm Höhe und 16 cm Breite ein, der in der ganzen Weite durch die Vorwand des Ofens in den Hüttenraum ausmündet. Die so in derselben über dem Ofengewölbe gebildete Öffnung in der vorderen Wand des Ofens diente dazu, um die 3 Abzugslöcher mehr oder weniger zur Regelung des Ofenzuges bedecken zu können oder auch, um durch teilweises oder gänzliches Offenlassen derselben Außenluft in die Esse einzulassen und dadurch den Zug derselben dem Bedürfnis nach zu verstärken oder zu mäßigen. Aus diesem Querkanal führten 3 gleiche Löcher, wie sie sich im Ofengewölbe befanden, in den darüber befindlichen, zur 5,5 bis 6 m hohen und 55 : 55 cm weiten Esse zusammengezogenen Rauchfang. (Diese Einrichtung erinnert an den in *Karstens* Beschreibung erwähnten Calcinierraum über dem Ofengewölbe).

Die Vorlagen waren, wie in Lüttich, konische, gußeisene Röhren, 47 cm lang, am weiteren, in die Retorte einzusetzenden Ende 4, am engeren 2 cm weit im Lichten. Auf diese wurde noch eine möglichst lange, konische Blechtüte geschoben, die am spitzen Ende nur eine höchstens 6 mm weite Öffnung hatte.

Angebaut an den Reduktionsofen war ein Retortentemperofen von ganz gleicher Form wie jener, nur war er schmaler, wie die Abbildung zeigt. Die Ofenbrust war bis auf eine etwa 40 cm breite und 125 cm hohe Öffnung zum Einsetzen der Röhren geschlossen. Die Feuerung bzw. die Rostgröße war auch hier gleich dem Querschnitt des Ofenraumes, die Abgase wurden dem Kamine

---

[1] Für das von *Hollunder* angegebene Maß von 10″ war kein Platz in der Ofennische, es muß also auf Irrtum beruhen.

des Zinkofens zugeleitet. Vor den Schüröffnungen befand sich eine Stochgrube.

Über den Betrieb in Stolberg berichtet Hollunder, daß der Ofen sehr langsam, besetzt mit ungebrannten Röhren[1], angefeuert wurde. Der nebenanliegende Temperofen wurde ebenfalls mit Ersatzgefäßen gefüllt und gleichzeitig angeheizt. Bis zur ersten Beschickung vergingen so 14 Tage.

Die Beladung der Röhren erfolgte zweimal in 24 Stunden, um 8 Uhr morgens und abends, und zwar vermittelst einer langen, halbzylindrischen Schaufel, deren man sich noch heute bedient. Die Vorlagen, welche während der Entleerung und Beschickung der Röhren entfernt waren, wurden mit dem vorderen, engeren Ende etwas nach oben gerichtet eingesetzt, damit das kondensierte flüssige Zink nicht von selbst herauslaufen konnte, was mit Verlusten verbunden gewesen wäre. Es wurde nach Abnahme der Allongen von zwei zu zwei Stunden mittels eines kleinen, in die Vorlagenmündung eingeführten Kratzeisens in eine untergehaltene Kelle gezogen. Mit Sorgfalt achtete man darauf, daß die durch Selbstentzündung der Reduktionsgase an den Mündungen der Vorlagen auftretende Flamme sogleich gelöscht wurde, weil man der Meinung war, daß durch dieselben Zinkdämpfe in der Vorlage verbrannt würden. Das ist allerdings insofern richtig, als die unteren Flammen die darüber liegenden Vorlagen erhitzen. Die starke Neigung der Retortengase, sich zu entzünden, deutet aber auch auf einen zu heißen Ofengang und infolge davon auf einen zu lebhaften Reduktionsvorgang, wodurch die Verdichtung der Zinkdämpfe erschwert wird. Die Rückstände sollen eine sehr lockere Beschaffenheit gehabt haben und vollkommen ausgebrannt gewesen sein, weil man Holzkohle als Reduktionsmittel anwendete, während der in Lüttich verwendete Koks (oder an seiner Stelle steinige Kohlen) zu einer starken Verschlackung des Retorteninhalts führte. Man wendete in der Regel gleiche Volumteile Erz und Mischkohle an, hiervon faßte ein Rohr 20 k. Der Ofen wurde demnach alle 12 Stunden mit 440 k Erzmischung, etwa 250 k Galmei aus der Stolberger Gegend geladen, welcher 20 Proz. seines Gewichtes, das sind 50 k metallisches Zink, abgab. (Der Altenberger Galmei lieferte dagegen 33 Proz. Zink.)

Dem Stolberger Zink wurde nachgerühmt, daß es „zäher“ sei und sich besser zur Messingfabrikation eigne, als das Lütticher. („Man könne Draht daraus ziehen, der so dünn wie der feinste Zwirn sei, und zwar kalt auf 200 Schuh Länge, ohne daß er reiße.“) Die 100 k davon wurden deshalb mit 80 Fr gegenüber 75 Fr für das Lütticher bezahlt[2]. Erwähnenswert ist noch, daß die Muffelrückstände auf metallisches Blei verwaschen wurden. Die

---

[1] Man bezog die Röhren anfänglich von Lüttich zu 6 Fr das Stück. Sie sollen aber infolge Bestechung des Fabrikanten so mangelhaft gefertigt gewesen sein (*Hollunder*), daß sie beim ersten Gebrauch zersprangen, man formte sie deshalb selbst auf einer Art Töpferscheibe über einem zylindrischen Kern, mit $\frac{1}{3}$ Ton von Bonn (Mehlem?), $\frac{1}{3}$ belg. Ton und $\frac{1}{3}$ Retortenscherben.

[2] Der Zinkpreis war gegen früher schon bedeutend gefallen. 1814 wurden für Lütticher Zink noch 215 Fr gezahlt.

100 k Galmei kosteten ungemahlen der Hütte 8 Fr, und die 100 k Ofenbruch (welcher vorliegendenfalls für sich allein ohne Galmeizusatz verschmolzen wurde und dabei 50 Proz. Zink abgab) wurden mit 12 Fr bezahlt. Letzterer stellte also im Vergleich zum Stolberger Galmei ein wesentlich billigeres Rohmaterial dar.

Unmittelbar nach vollendeter Beschickung wurde der hierdurch abgekühlte Ofen mit Stückkohlen geschürt, bis er wieder in gehöriger Hitze war, dann mit angefeuchteten Staubkohlen. In 12 Stunden wurden 100 k Stückkohlen (zu $3^1/_2$ Fr) und 1 Karre = 750 bis 900 k Grubenklein[1] (zu $9^1/_2$ Fr frei Hütte), also zusammen etwa die 4fache Menge vom verhütteten Galmei, gebraucht. Erwähnenswert ist, daß man durch die Anfeuchtung der Feinkohle eine höhere Hitzeentwicklung zu erreichen meinte. Der Vorteil, den man davon hatte, lag wohl nur in der Verminderung des Durchfalles durch die Rostspalten. Wirksamer war jedenfalls das andere Mittel, Wasser in dem Aschenloche zu halten. Man wendete es aber nicht gern an, weil man beobachtet hatte, daß die Retorten darunter litten, wohl infolge der Erzeugung einer intensiven Hitze in der untersten Heizzone des Ofens durch Zersetzung des Wasserdampfes in der glühenden Kohlenschicht und durch Bildung einer kurzen, stechenden Wasserstofflamme. Die damals verwendeten Vorlagen von Gußeisen waren dem Verschleiße sehr unterworfen, weil sie von dem darin kondensierten Zink besonders an der heißesten Stelle, am Berührungspunkte mit der Retorte, unter Bildung von Hartzink angegriffen wurden. Es ist nicht zu verstehen, daß man damals nicht schon darauf kam, dieselben aus Ton herzustellen.

Die bereitwillige Unterstützung der Generaldirektion der Vieille-Montagne setzte uns wider Erwarten in die willkommene Lage, mehr Licht in die ersten Entwicklungsstufen der belgischen Zinkgewinnungsmethode zu bringen.

Die Fig. 22 ist der Abdruck eines Planes der im Jahre 1834 auf der Hütte des Altenbergs in Moresnet in Gebrauch befindlichen Öfen, gezeichnet von dem damaligen Direktor der Galmeigruben und dieser Hütte, *Jean Baptiste Crocq*, im Dienste von *Dominique Mosselmann*.

Danach haben die *Dony*schen Öfen in den ersten 25 Jahren nach 1810 nur eine geringe Wandlung erlebt. Die im Sommer des Jahres 1810 von diesem in seiner neuen Hütte zwischen den Vorstädten Saint-Léonard und Vignies gebauten Öfen — Doppelöfen — mit 40 Röhren sind nur um eine Reihe erhöht, d. h. die Röhren um 8 vermehrt worden. Was *Hollunder* 1818 über die Öfen in Saint-Léonard erfuhr, steht mit dieser Zeichnung im Einklang bis auf die Zahl der Röhren. Man hat die Öfen offenbar allmählich vergrößert, zuerst von 16 auf 20, dann auf 24 Röhren (48 im Doppelofen), jedesmal durch Aufsetzen einer weiteren Röhrenreihe.

Die kleinen Essen an den beiden Seiten des Ofens neben der dem Doppelofen gemeinsamen hohen Mittelesse, sind auch schon von *Hollunder* erwähnt.

---

[1] Die Eschweiler Kohlenbergwerke förderten Kohle mit nur 12 bis 15 Proz. Stücken.

Das bei dem Stolberger Ofen vorhandene, nur durch 10 kleine Löcher durchbrochene Schutzgewölbe ist durch einzelne Bänke (gewölbte Steine, Voussoirs) ersetzt, welche breiter als die Röhren, denselben zur Auflage und zum Schutze gegen die Stichflamme dienen. In jeder Ofenhälfte liegen 3 der untersten Röhren auf solchen, die 4. auf dem massiven Klotz im hinteren Teil des Feuerraumes. Dieser scheint also nicht die ganze Breite bzw. Tiefe des Ofens einzunehmen, es ist das aus dem Plane und der Beschreibung nicht ersichtlich. Die Schutzbögen lassen zwischen sich, dem eben erwähnten Klotz und der Kopfwand des Ofen 4 Schlitze, (Ecrénaux), durch welche die Flamme in den Retortenraum tritt. In dem Klotze ist noch eine kleine, dicht an der Scheidewand der beiden Ofenhälften ausmündende 5. Öffnung vorhanden. Das Deckengewölbe, welches sich in der Form von dem des Stolberger Ofens unterscheidet, hat für jeden Einzelofen neben der Mittelwand, dicht hinter der Ofenbrust einen Abzug zur Hauptesse und einen zweiten kleineren hinten direkt an der Kopfwand für die Nebenesse. Die gemeinsamen Vorlagen und schmiedeeisernen Allongen waren noch im Gebrauche; diese, wie alles andere zeigt der Plan. Die interessante Beschreibung zu demselben geben wir nachstehend im Urtext:

Plan d'un Fourneau pour la réduction de la Calamine.
Légende.

A. Section 1re du Fourneau prise dans la longueur.
   a. Mur de separation sur lequel la voûte repose.
   b. Barrel en fer battu servant à resserrer la maçonnerie et la 2me voûte qui pend naissancé de ce point.
   cc. Taquet en fer coulé servant de support aux deux montans de fer battu qui portent la pièce b.
   dd. Pièces de fer battu pour renforcer les cases.
   ee. Ecrénaux où conduits couverts par où la flamme monte pour gagner le dehors par la grande chéminée.

B. Section 2me du Fourneau prise dans la largeur.
   a. Les cendriers.
   b. Barreaux en fer coulé sur lesquels les grilles reposent.
   c. Les grilles.
   d. Portes où gueules du Fourneau par où l'on attise le feu.
   e. Entrée pour placer les creusets lorsque le Fourneau est construit où réparé.
   ff. Tuyaux en tôle adaptés aux tubes par où sorte le gaz où la fumée servant à empêcher la matière de se carboniser (je dirais s'oxider) lorsqu'elle est en fusion.
   g. Le Foyer pris dans sa longueur.
   h. Les Borreaux portant les grilles.
   y. Cheminée en tôle pour recevoir les Vapeur ff.

C. Coupe de l'intérieur du Fourneau avec la 2me voûte représentant 6 creusets avec leur tubes et tuyaux y adaptés et l'inclinaison qu'on leur donne afin que le Zinc lorsqu'il est en fusion ne trouve point d'obstacle pour en sortir. C'est dans ces tuyaux que la condensation des vapeurs produit et dépose le sulfate de Zinc.
   aa. Les creusets.

Additional information of this book

(Zink und Cadmium und ihre Gewinnung aus Erzen und Nebenprodukten; 978-3-662-22732-9; 978-3-662-22732-9_OSFO1) is provided:

http://Extras.Springer.com

D. 1re Voûte composée de 6 grosses briques réfractaires dites vous-
soires dont 3 de chaque côté du Fourneau séparées par le mur
a-Coupe A.

    aa. Voussoirs vus de face portant 8 creusets dont 2 sur les masses placés
dans une position verticale.

    bb. Les masses dans lesquels se trouvent 2 écrénaux.

    cc. Ecrénaux par où la flamme monte pour gagner le dehors par les trous
où écrénaux de la 2me voûte.

    dd. Portes d'entrée. Voyez e-Coupe B.

    e. Epaisseur du mur de séparation.

E. Coupe de la surface du Fourneau représentant les 4 écrénaux de la
voûte dont 2 se trouvent au centre et un à chaque côté de la voûte.

Fait par *J. B. Crocq. Directeur*
le 30. November 1834.

Allmählich schritt die Vergrößerung der Öfen weiter fort.

Die Fig. 23[1] gewährt einen Blick in die alte Zinkhütte der Société de la
Vieille Montagne zu Saint-Léonard, als die Öfen schon mit 8 Reihen Röhren

Fig. 23. Inneres der Hütte zu Saint-Léonard.

zu je 6 Stück, also mit 48 Röhren ausgerüstet waren (1850). Von den 28 Öfen[2]
sind je 4 mit dem Rücken und einer Seitenwand zu einem Block zusammengebaut. Die Ofenblocks sind gegeneinander durch Mauerbogen, welche sich
gegen die Mitte der Seitenwände legen und der Überdachung des Gebäudes zugleich als Stütze dienen, abgestrebt.

Die Öfen befinden sich mitten in der Destillationsperiode, wie die an den
Vorlagen hell brennenden Zinkflammen zeigen. Am zweiten Block ist der
auf dem Arbeitstische stehende Mann am Zinkziehen, ein zweiter trägt die ge-

---

[1] Die in Fig. 23 wiedergegebene Abbildung ist 1850/51 von *A. Maugendre* gezeichnet. (Nach Mitt. der Vieille-Montagne.)

[2] *Fr. W. Thum:* Berg- u. Hüttenm. Ztg. 1860.

füllte Gußkelle zu den Zinkformen. Am ersten Ofen, im Vordergrunde, bereitet der Schmelzer den Ofen für diese Arbeit vor, indem er die konischen Blechtüten (Allongen) von den konischen Tonvorlagen, mit denen diese Öfen schon ausgerüstet sind, abnimmt und den darin kondensierten Zinkstaub in einen Blechkübel entleert. Dabei flammt der feine Staub, der mit der Luft in Berührung kommt, durch Selbstentzündung hell auf, um sogleich wieder zu erlöschen. Die bereits vom Ofen entfernten und entleerten Tüten liegen neben dem Kübel. An dem zur Seite gerückten Arbeitstische, der dem Arbeiter es ermöglicht, die oberen Röhrenreihen zu bedienen, ist eine Gießkelle, in welche das Zink aus den Vorlagen mit kleinem Krätzer gezogen wird, angelehnt. Das dicht neben dem Ofen auf Böcken ruhende, muldenförmige Gefäß ist der sogenannte Ladebock, aus welchem die Erzmischung mittels der langen, löffelartigen Ladeschüppe beim Laden der Retorte geschöpft wird. Alle diese Arbeitsgeräte sind noch heute fast in derselben Gestalt bei den belgischen Öfen im Gebrauch.

Die zunächst folgende Entwicklung stellt nur eine allmählich immer weiter fortschreitende Vergrößerung der Retortenräume mit Verbesserungen der Rostfeuerungen dar.

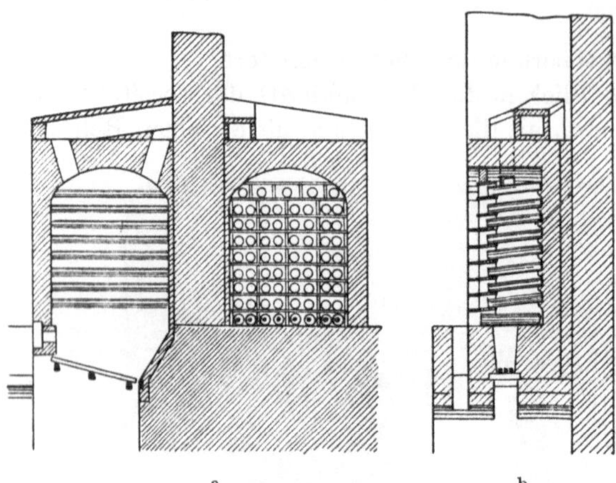
a   b

Fig. 24. Belgischer Zinkofen auf dem Altenberg (1859).

Auf dem Altenberg bei Moresnet standen um 1850 14 Öfen mit je 52 Röhren in Betrieb, von denen jeder bei 2 mal 12 stündigem Betrieb in 24 Stunden 300 bis 350 k Zink, entsprechend 35 bis 37 Proz. vom Galmei lieferte.

Nach *Thum*[1] hatte diese Hütte zu Moresnet im Jahre 1859 16 Öfen mit 61 nutzbaren Röhren, wie in Fig. 24 a bis c dargestellt.

Das vorher beschriebene Schutzgewölbe über der Feuerung war inzwischen durch eine Reihe Schutzröhren (protecteurs oder Kanonen genannt) ersetzt, welche stets leer blieben und damals nur den Zweck hatten, die unterste Reihe der beschickten Retorten vor den Stichflammen zu schützen und die Heizgase im Ofen gleichmäßig zu verteilen. Der Rost wurde schräg gelegt, er hat eine Neigung nach hinten zwecks leichterer Entschlackung erhalten. Später, als man die Feuerungsräume vertiefte und als Halbgasfeuer betrieb, versah man die Böden dieser Rohre mit einem Loch, um Verbrennungsluft für die aus dem Feuer aufsteigenden, brennbaren Gase zuzuführen oder durch überschüssige Luft den Ofen vorübergehend abzukühlen. Mittels eingeschobener Stopfen

---

[1] Berg- u. Hüttenm. Ztg. 1859, S. 405 und 1860, S. 3.

konnte man diese Löcher mehr oder weniger schließen und dadurch die zuströmende Luftmenge regulieren. Gebotenenfalls stieß man zu gleichem Zwecke Löcher in die Vorderwand des Ofens neben den Röhren, namentlich, wenn eine Überhitzung des letzteren zu befürchten war.

Während man bisher jedes Rohr einzeln in einem rechteckigen Raume der Ofenbrust lagerte, sehen wir in dieser Zeichnung die Gruppierung von je 2 Röhren in einer Nische, abgesehen von der obersten Reihe, wo man wegen der Verengung der Ofennische durch das kurz über der vorletzten Reihe angelegte, von der früheren Bauart abweichende Gewölbe nur eine geringere Zahl von Retorten unterbringen konnte. Auf die verschiedenartigen Konstruktionen des Vorhanges kommen wir in einem späteren Abschnitt, welcher den Bau der Reduktionsöfen behandelt, noch zurück. Erwähnen wollen wir zur Erklärung der Figur nur noch, daß die zwei obersten Röhrenreihen nicht auf feuerfesten Platten (taques) hinter den horizontalen Eisenplatten des Vorhanges ruhten, sondern auf den weiter zurückgesetzten, gußeisernen Platten selbst. Die Abgase verließen den Ofen durch zwei im Gewölbe befindliche Öffnungen von etwa 24 cm im Quadrat und traten über dem Ofen in leicht ansteigende Kanäle, welche sie der den beiden Nachbaröfen gemeinsamen Esse zuführten.

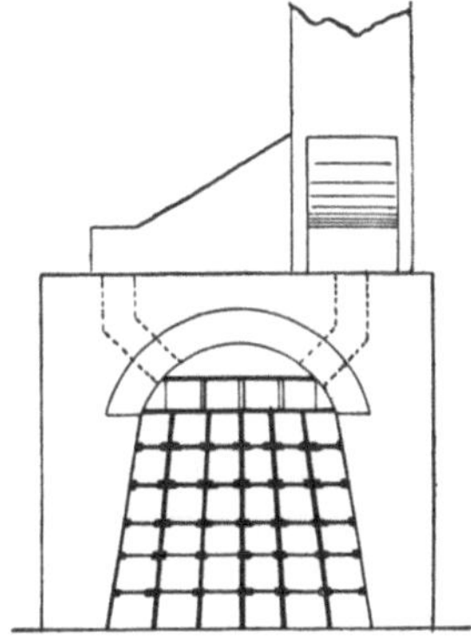

Fig. 25. Zinkofen in Corphalie.

Die Schutzröhren anstelle der früher angewendeten Schutzgewölbe oder Schutzbogen scheinen zuerst von der inzwischen in Corphalie entstandenen Hütte der Société anonyme Austro-Belge eingeführt zu sein unter gleichzeitiger Vertiefung des Feuerraumes.

Diese Gesellschaft hatte außerdem die Ofennische nach oben zusammengezogen, um durch Verengung des freien Ofenquerschnitts eine innigere Berührung der Flamme mit den Retorten herbeizuführen. Der Vorhang wurde von der bisherigen Gestaltung abweichend durch ein Netzwerk gebildet, welches aus gußeisernen Ständern oder Säulen mit seitlich angegossenen Rippen und den zwischen letzteren gelagerten, wagerechten, gußeisernen Platten bestand.

Gegen diesen eisernen Vorbau lehnte sich im Innern des Ofens das aus feuerfesten Steinen aufgebaute, die Röhren tragende Netzwerk an, welches ein Fach für jedes Rohr bildete.

Die Fig. 25 gibt ein Bild von der Einrichtung.

Eine weitere, in Belgien gegen Ende der 30er Jahre erbaute Hütte zu Fôret bei Lüttich (Société anonyme métallurgique de Prayon) hatte bei ihren ersten Öfen noch die gerade Lage der Retorten beibehalten, und das Deckengewölbe stützte sich auf die Rückwand und auf einen gußeisernen Träger, welcher über dem Vorhange auf den Seitenwänden des Ofens gelagert war.

Über die damaligen Betriebsverhältnisse mögen uns nachstehende Angaben unterrichten.

Zu Corphalie (bei Huy in Belgien) reduzierte man, wie *Kerl* im Jahre 1851 berichtet, die im Flammherd geröstete Blende (mit Abhitze oder besonderer Feuerung) in 20 Öfen mit 40 Röhren und zwar in 24 Stunden 900 k Blende mit etwas Galmei und Gekrätz mit 6 hl magerer Steinkohle. Bei einem Aufwand von 16,5 hl Heizkohlen, gleich ungefähr dem 1,3fachen an Gewicht wurden daraus 300 k Zink und 40 k Zinkstaub, welch letzterer im Montefiore-Ofen (Fig. 175) in kompaktes Zink umgewandelt wurde, gewonnen. Die Reduktionsgefäße, von welchen etwa 3 Stück im Tage gebraucht wurden, bestanden aus Ton von Andenne, welcher 20 Fr per Tonne kostete, wonach sich die Retorte auf 2 Fr stellte. Die Vorlagen waren noch aus Gußeisen, die Vorstecktüten (Allongen, étouffoirs) aus Schmiedeeisen hergestellt.

Nach *Kerls* Angaben bestand die Ladung eines Ofens im Durchschnitt aus

725 k gerösteter Blende
120 „　　　„　　　Galmei
　65 „ Vorlagen-Ansätze und Gekrätz
　　7 „ Abfälle aus dem Walzwerk
———————————————
917 k zusammen, woraus 308,4 k Zink und 25,7 k Oxyd mit

13 Fr Schmelzkosten für 100 k Zink gewonnen wurden.

Im Laufe der folgenden Jahre sind von den in Belgien betriebenen Hütten mehrere Wege beschritten worden, die Leistungsfähigkeit der einzelnen Öfen zu steigern und deren Betrieb billiger zu gestalten. Corphalie wählte zu diesem Zweck weitere Röhren von 19 bis 20 cm Durchmesser, die Vieille Montagne vermehrte die Zahl der Retorten für den einzelnen Ofen. So lange man bei der einfachen horizontalen oder schräg gelagerten Rostfläche blieb, war die Erweiterung des Ofenraumes wegen der Unmöglichkeit einer gleichmäßigen Beheizung begrenzt. Der Versuch, die Öfen von vorn oder von der Rückwand aus durch mehrere Feuerstellen zu beheizen und damit die Möglichkeit einer größeren Ausdehnung des Ofens nach der Breite hin zu gewinnen[1], wurde in Belgien bald wieder aufgegeben.

Die Vieille-Montagne versuchte in Angleur einen größeren Ofen mit um 30° geneigtem Roste und einem einzigen Abzuge in dem am weitesten von der Feuerung abliegenden Teile des Deckengewölbes und andere Formen des Retortenraumes ohne befriedigende Ergebnisse. Schließlich vereinigte man 2 aneinander gebaute Öfen durch Beseitigung der Trennungswand und Überspannung mit einem großen Gewölbe von einer Seitenwand zur anderen zu einem großen Ofen mit 2 durch ein Massiv von 1,20 m Dicke getrennten Feuerungen. 1871 stand in Angleur ein solcher Ofen, welcher 153 Röhren, auf 7 Reihen verteilt, faßte. Da das Gewölbe den über 8 m weiten Ofenraum zu überspannen hatte, setzte es schon in der Höhe der dritten Röhrenreihe an, so daß von da ab die Röhrenzahl der einzelnen Reihen stark abnahm. In jeder der unteren 3 Reihen lagen 26 und in den oberen 4 Reihen 23, 21, 18 und 13. Die Schutzröhren waren fortgefallen. Aber auch der Betrieb dieser

———————————

[1] Patent von *Alfred Borgnet* vom 29. März 1866. (Ofen von 200 Röhren in 6 Reihen, geheizt von 7 Feuerungen 0,60×0,25 groß.)

Öfen scheint nicht befriedigt zu haben, denn man hat sie später durch Öfen mit Generatorgasfeuerung ersetzt.

Die Nouvelle Montagne, welche in Engis a. d. Maas eine Hütte errichtet hatte, beheizte zwei mit der Rückwand aneinander gebaute Ofenräume oder auch einen durch eine Mittelwand in zwei Räume, deren jeder mit 46 Röhren, in 6 Reihen angeordnet, besetzt war, geteilten Ofen durch eine Feuerung, welche mit einem Gewölbe überspannt war, auf welchem die Scheidewand ruhte. Durch je 5 seitliche Schlitze traten die Heizgase rechts und links aus der Feuerung in die Retortenkammern und durch 2 Abzüge in der Ofenkappe aus jeder in 7 m hohe Essen, welche auf dem Ofenmassiv standen und oben mit Klappen zum Regeln des Ofenzuges versehen waren. Zwecks Kühlung des Feuergewölbes war über demselben, am Fuße der Mittelwand des Ofenraumes, ein Luftkanal ausgespart.

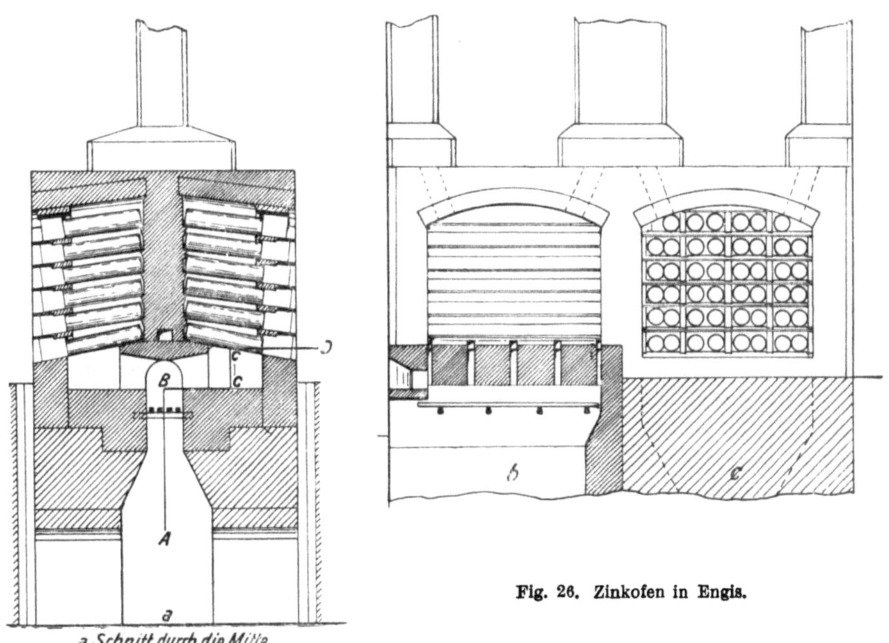

Fig. 26. Zinkofen in Engis.

Die Röhren dieses Ofens hatten eine Länge von 108 cm bei 16 cm innerem Durchmesser, die Vorlage war etwa 40 cm lang und war im Lichten hinten 15, vorn 9 cm weit. Der Ofen wurde zweimal in 24 Stunden geladen und verarbeitete zusammen auf beiden Seiten 1800 k Erz (Galmei und Blende mit 40 bis 41 Proz. Zink) neben dem täglich fallenden Gekrätz und sonstigen Abfällen. Die unteren Reihen wurden stärker mit Erz beschickt (etwa 12 k mit 25 Proz. Kohle) als die oberen, das Gekrätz wurde mit wenig Erz in der obersten Reihe verschmolzen. Das Ausbringen soll 88,72 Proz. des mit dem Erz geladenen Zinks betragen haben.

Der Kohlenverbrauch betrug das 5,8fache des produzierten Zinks an Heizkohle, gleich ungefähr dem 2,1fachen vom geladenen Erz und das 1,8-fache an Reduktionskohle (rund 40 Proz. vom Erz). Auf 100 t Zink wurden gebraucht 1,35 Stück Röhren und 2 Vorlagen. Die Öfen hatten eine Dauer von 150 bis 180 Tagen.

Die Betriebsergebnisse waren namentlich hinsichtlich des Ausbringens demnach schon recht befriedigende.

Die Öfen wie auch das Betriebsverfahren sind von *Massart*[1] ausführlich beschrieben. Fig. 26 a bis c gibt eine systematische Darstellung derselben. Sie müssen sich dauernd bewährt haben, da nach *Firket*[2] im Jahre 1898 noch 13 ähnliche Öfen, aber mit verbesserter Feuerung, einem als Halbgasfeuer betriebenen Treppenroste, teils mit zylindrischen Retorten von 17 cm Durchmesser, teils mit elliptischen von 17,5 und 19,5 cm Weite, bei einer Länge von 1,25 bis 1,30 m in Betrieb waren. Auch im Jahre 1908 standen dort noch ähnliche Öfen, zum größten Teile sind dieselben aber durch dreireihige Öfen rheinischen Systems mit Siemens-Regenerativfeuerung ersetzt worden.

Zwei mit der Rückwand aneinander liegende Ofenräume durch ein- und dieselbe Feuerungseinrichtung zu beheizen, war auf den Hütten der Vieille Montagne schon früher versucht.

Alfred Borgnet hatte Doppelöfen mit Zwischenwand als Retortenträger für die nach beiden Seiten hin liegenden Röhren 1857 in Moresnet, St. Leonhardt und Flône errichtet[3]. Die Feuerung oder mehrere kleine Feuer befanden sich auf der einen Seite unterhalb der untersten Röhrenreihe, die Roststäbe lagen parallel zu den Röhren und die Stochlöcher auf der Vorderseite des Ofens. Die Flamme stieg auf der einen Seite zwischen den Röhren empor, ging über die Mittelwand, welche nicht ganz bis an die Kappe reichte hinweg und fiel auf der anderen Seite nach unten, um dort durch 2 Abzüge nach der Esse zu entweichen. Die Öfen scheinen sich damals nicht bewährt zu haben, offenbar wegen ungenügender Beheizung der den Feuerungen entgegengesetzten Ofenseite. Man hat aber diese Flammenführung später wieder aufgenommen, wie wir noch sehen werden.

Borgnet hat dieselbe nicht weiter verfolgt, denn seine in England auf den Hütten von *Vivian & Sons* in Morriston bei Swansea angewendeten Öfen[4]) haben nur einen Heizraum über den Feuerungen. Bei diesen Öfen hat er statt der in den Lütticher Öfen angewendeten Schutz- oder Luftröhren (Kanonen) anders gestaltete Retorten benutzt, die einen Luftkanal unterhalb des nutzbaren Raumes enthielten, wie es die Fig. 27 zeigt. Diese Gefäße, auch als „canons" bezeichnet, wurden über 2 hölzernen Schablonen geformt. Zunächst war nur die untere Reihe mit solchen Retorten ausgestattet, darüber

---

[1] Revue univers. des Mines 1871, S. 313 bis 349; Zeitschr. d. Ver. deutsch. Ing. 1872, S. 10 u. 165.

[2] Annales des Mines de Belgique **6**, 11.

[3] *Stölzel:* Metallurgie 63 bis 86, S. 796.

[4] Berg- u. Hüttenm. Ztg. 1878, S. 387. (*Georges Borgnet:* Revue univers. des Mines 2. Serie, **2**, 588 (1877)).

lagen 6 Reihen von je 16 Röhren. Der Ofen hatte 2 Feuerungen gewöhnlicher Anordnung quer zur Retortenachse (2,60 m lang und 0,25 m breit).

Demgegenüber hatte das auf gleicher Hütte eingeführet und als vorteilhaft geschilderte „cornwaller" Ofensystem wieder die seinerzeit bei dem Doppelofen angewendeten Roste, parallel mit den Röhren lau-

Fig. 27. *Borgnets* Kanone.

fend, jedoch wurden diese nun bei dem einräumigen Ofen von dessen Rückwand aus gestocht und hatten, wie die Retorten, eine Neigung nach der Vorderwand hin. Diese Anordnung ermöglichte eine beliebige Ausdehnung des Ofens nach der Breite, da man die zur Beheizung erforderliche Zahl von Rosten nebeneinander legen konnte [1].

Ein solcher mit 6 Reihen Retorten zu je 20 Stück ausgerüsteter Öfen hatte 5 Feuerungen von 61 cm Tiefe und 17 cm Breite. Für den Abzug der Heizgase befanden sich im Ofengewölbe gleichmäßig verteilt 17 kleinere Öffnungen, welche durch einen gemeinsamen Kanal zur 7 m hohen Esse führten. Die untersten 4 Retortenreihen bestanden aus den in der Fig. 27 dargestellten Gefäßen, während die beiden obersten Reihen mit Retorten ohne Luftkanäle, jedoch vom Querschnitt der Kanonen besetzt waren. Anstelle der letzteren wurden aber auch gewöhnliche belgische Röh-

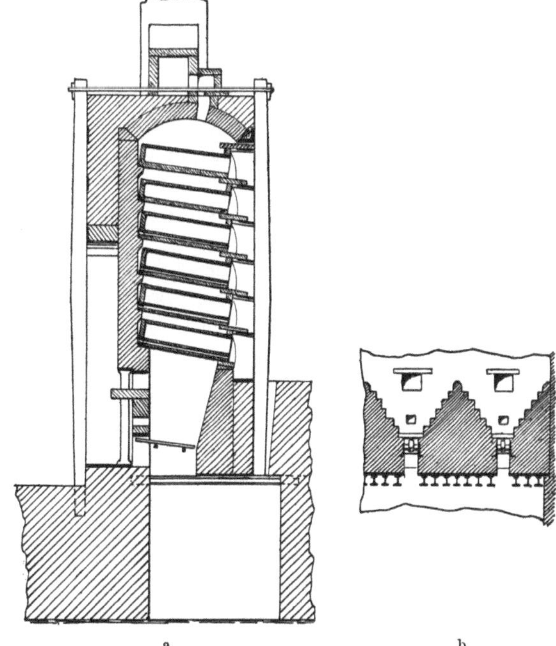

a   b

Fig. 28. *Borgnets* Ofen. M. 1:100.

ren angewendet und die so ausgerüsteten Öfen als belgisch-cornwaller Öfen bezeichnet.

Noch größere Öfen mit 200 Retorten hatten 7 Feuerungen von 60 zu 25 cm Größe. Ihr Betrieb bot aber Schwierigkeiten, besonders die Bedienung, und der Kohlenverbrauch stieg unverhältnismäßig, so daß man wieder zu 120 Retorten zurückkehrte.

Fig. 28 a bis b stellt den Querschnitt eines Ofens von der letzteren Größe

---

[1] Belg. Patent *Borgnet* vom 29. März 1866.

dar und einen Längsschnitt durch die eigenartigen Feuerungen mit je einem
Roststab.

Wir haben diese Ofenkonstruktion ihrer Eigenart und der Vollständigkeit der Darstellung der Entwicklung der belgischen Methode wegen aufgenommen. Sie hat viele Schattenseiten. Die bequeme Bedienung der zahlreichen Feuerstellen gebietet es, die Rückwand freizulegen, womit eine große
Abkühlungsfläche gegeben ist. An der Vorderseite des Ofens wären die Stochlöcher sehr störend gewesen. Die Luftkanäle in den Retorten und die große
Anzahl Feuerherde, die als kleine Gaserzeuger zu betrachten sind, mußten
einen hohen Kohlenverbrauch im Gefolge haben. Die Einrichtung hatte nur
den einen Vorteil, daß sie die Ausdehnung des Ofens nach der Breite hin ermöglichte.

Borgnet, der 1871 in Morriston neben dem belgisch-cornwaller und dem
cornwaller Ofen auch einen belgischen, und einen schlesischen Ofen in Betrieb
hatte, gibt folgende Vergleichszahlen für diese vier Ofensysteme.

Erz, verhüttet	Cornwaller Ofen	Belgisch-cornwaller Ofen	Belgischer Ofen	Schlesischer Ofen
in 24 Stunden	2100 k	1500 k	1200 k	1700 k
Zink im Erz	51,3 Proz.	50,96 Proz.	51,12 Proz.	50,20 Proz.
Ausbringen	42,0 Einheiten	41,32 Einheiten	41,41 Einheiten	39,50 Einheiten
Verlust	9,3 „	9,64 „	9,71 „	10,76 „
vom 100 Zink	18,1	18,91	19,00	21,21
Hüttenkosten pro 1000 k Erz				
Kohle	2950 k = 16,75 Fr	2780 k = 15,80 Fr	2460 k = 14,10 Fr	4020 k = 22,85 Fr
Arbeit	14,30 „	19,75 „	24,90 „	20,80 „
feuerfestes Material	9,00 „	5,60 „	11,05 „	5,70 „
Zusammen	40,05 Fr	41,15 Fr	50,05 Fr	48,75 Fr

Die große Ersparnis an Arbeitslohn beim cornwaller Ofen liegt allein
in der besseren Ausnutzung der Arbeitskraft am größeren Ofen, was beim
Lütticher Ofen, wie wir sehen werden, später mit anderen, weniger umständlichen Mitteln erreicht wurde.

Seit Ende der 60er Jahre und in den 70er Jahren des vorigen Jahrhunderts
machte sich allgemein das Bestreben bemerkbar, die Feuerungen der Öfen zu
vervollkommnen. Der Übergang vom Planrost zum schräg liegenden Rost,
wie ihn die Fig. 24 zeigt, war der erste Schritt dazu. Dann trat an dessen Stelle
ein kombinierter Rost, bestehend aus einem Treppenrost, welcher unten durch
einen tiefliegenden Planrost abgeschlossen wurde, womit der Weg zur Einführung der Gasfeuerung auch beim belgischen System betreten war.
Diese mit hoher Kohlenschicht bedeckten Roste wurden als Halbgasfeuer betrieben, die Sekundärluft führte man durch Kanäle, welche in der Zwischenwand zweier, mit dem Rücken aneinander gebauter Öfen, oder in den Umfassungswänden des Feuerraumes ausgespart wurden, oder durch die Schutzröhren (die unterste Röhrenreihe) zu. Sie wärmte sich auf diesem Wege vor,
so daß die mit ihr zusammentretenden, noch unverbrannten Feuerungsgase
lebhaft verbrannt wurden. Durch Verteilung der vorgewärmten Luft im

Ofenraume, d. h. durch ihre Einführung an verschiedenen Stellen suchte man eine möglichst gleichmäßige Beheizung mittels der unvollkommenen Gasfeuerung zu erreichen.

Es würde zu weit führen, alle darauf abzielenden Ofenkonstruktionen zur Darstellung zu bringen, welche versucht und wieder aufgegeben worden sind, wir müssen uns auf einige typische Beispiele, welche dauernd oder wenigstens längere Zeit hindurch zur Anwendung gekommen sind, beschränken, wollen die übrigen aber kurz an passender Stelle erwähnen.

Zu gleicher Zeit machten sich auch Mißstände geltend, welche die 12stündige Reduktionszeit in sich barg. Mit der zunehmenden Verbreitung der Verhüttung der Zinkblende von meist hohen Zinkgehalten und Abnahme der verfügbaren, leichter reduzierbaren, größeren Galmeivorräte wurden dieselben immer mehr fühlbar, die 12stündige Betriebsdauer reichte zur Abtreibung der schwereren Ladungen nicht mehr aus, man mußte zur 24stündigen Reduktionszeit übergehen.

Die Beibehaltung der bisher verwendeten engen Reduktionsgefäße, Röhren von 15 bis 17 cm Weite, hätte aber die Leistungsfähigkeit der vorhandenen Ofenmassive ganz bedeutend herabgesetzt, man führte zuerst weitere Röhren bis zu einem Durchmesser von 20 cm ein und beschränkte die 24stündige Reduktionsdauer auf die oberen Röhrenreihen, während man die unteren noch weiter alle 12 Stunden mit ärmerer Ladung beschickte. Diese Betriebsweise hatte aber Übelstände im Gefolge, insbesondere wurde die Reduktion in den oberen Reihen durch die Abkühlung des Ofenraumes, welche durch die inmitten der Betriebsperiode in die unteren Reihen eingebrachte neue Ladung hervorgerufen wurde, empfindlich gestört. Durch eine geeignete Verteilung der Beschickung von verschiedenem Zinkgehalt, die den jeweiligen Befeuerungseinrichtungen des Ofens angepaßt werden mußte, d. h. dem Beheizungsgrade in den verschiedenen Ofenzonen, suchte man dieselben nach Möglichkeit zu mildern.

Um die Mißstände ganz zu beseitigen, gab es nur den einen Weg, den Fassungsraum der Gefäße so zu vergrößern, daß man durch die Ausdehnung der 24stündigen Reduktionsdauer auf den ganzen Ofen keine wesentliche Einbuße an der Leistungsfähigkeit erlitt. Das führte zur Einführung der Retorten von einem als oval oder elliptisch bezeichneten Querschnitte. Wir werden diese Entwicklung an einem Beispiele eingehend vorführen.

Den Anstoß dazu gab wohl das Vorgehen von *Borgnet* oder die inzwischen eingeführte rheinische Zinkgewinnungsmethode mit 3 Reihen Muffeln. Mit der Verwendung dieser Retortenform in Gemeinschaft mit dem Bestreben, die Höhe der Öfen wegen der schwierigen gleichmäßigen Beheizung zu vermindern und zum Ersatz dafür sie nach der Breite bzw. Länge hin auszudehnen und endlich mit der Beseitigung der 12stündigen Reduktionsperiode sind die Grenzen zwischen den drei jetzt noch herrschenden Methoden verwischt; infolge von Ofenkonstruktionen aus neuester Zeit (4reihige Muffelöfen) ist eine scharfe Abgrenzung der belgischen von der rheinischen kaum noch vorhanden.

Aus eigener Erfahrung beschreiben wir nachstehend den Betrieb eines belgischen Ofens ursprünglichen Typs von großem Retortenraum, zu dessen gleichmäßigerer Beheizung statt der Planrost- oder schrägliegenden Rostfeuerung ein kombinierter Treppenplanrost mit hoher Kohlenschicht, also eine Halbgasfeuerung schon seit Ende der 60er Jahre in Anwendung war.

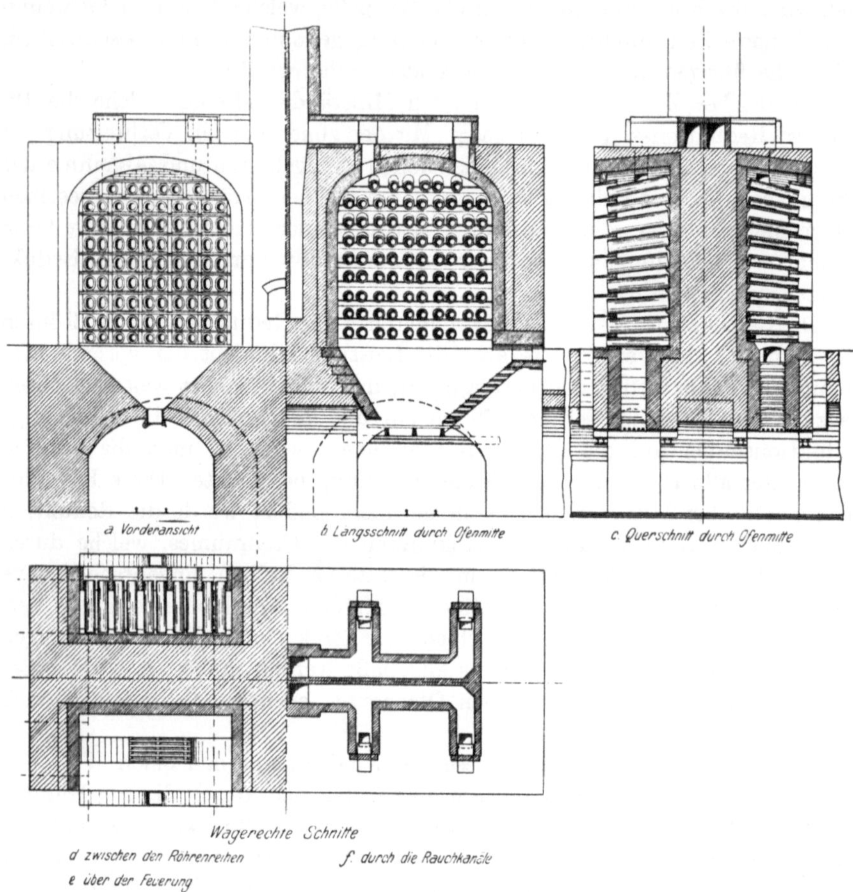

Fig. 29. Zinköfen in Letmathe (Westfalen). M. 1:150.

Die alte Hütte des Märkisch-Westfälischen Bergwerksvereins in der Grüne erzeugte im Geschäftsjahre 1858 bis 1859 mit 16 Öfen zu je 51 Röhren aus 5842 t Galmei mit 12213 t Kohle = 209 Proz. vom Erz 1983 t Rohzink mit einem Zinkgehalt von 99,33 Proz. Das Ausbringen erreichte 32,23 Proz. vom Erz bei einem Aufwand von 3,74 Stück Retorten und 11,28 Vorlagen auf 1 t Galmei, entsprechend 11,6 Röhren und 35 Vorlagen auf 1 t Zink.

Der Gesamtkohlenverbrauch betrug das 6,16fache vom produzierten Zink, also rund das 2fache vom verhütteten Erz. Rechnen wir das 0,5fache auf Reduktionskohle, so bleibt das 1,5fache für Heizkohle.

Anfangs der 60er Jahre wurde, wie früher schon erwähnt, die Hütte nach Letmathe, hart an den Lennefluß verlegt, und dort wurden allmählich 32 Öfen von größerer Leistung mit 76 nutzbaren Röhren und 10 Schutzröhren in Blocks zu je 4 Öfen errichtet. In der Fig. 29 a bis f bringen wir eine ausführliche Zeichnung dieser Ofenmassive, deren Betrieb der Verfasser annähernd 10 Jahre geleitet hat. Er fand bei Übernahme des Betriebes im Jahre 1878 die mit rund 1 m langen Röhren von 17 cm lichter Weite besetzten Öfen vor. Die unterste Reihe blieb als Schutz für die nächsthöhere beschickte Reihe frei, die Röhren derselben hatten im Boden ein etwa 5 cm weites Loch, welches zur Zufuhr von Sekundärluft zur kombinierten Treppen-Planrostfeuerung (Halbgasfeuer) diente. Durch mehr oder weniger tiefes Einschieben eines konischen Stopfens in dieses Loch konnte die Luftmenge, welche einerseits beim Durchstreichen durch das Rohr vorgewärmt wurde, andererseits letzteres dabei kühlte und so vor Zerstörung durch zu große Hitze schützte, dem zur möglichst vollkommenen Verbrennung der Kohlengase erforderlichen Bedarfe angepaßt werden. Befürchtete der Schmelzer zu hohe Steigerung der Temperatur, ging beispielsweise die Reduktion anfangs zu stürmisch vor sich, so konnte er durch reichliche Luftzufuhr den Ofen kühlen.

Die nächsten 6 Röhrenreihen, also 60 Röhren, wurden alle 12 Stunden mit Erz beschickt, und zwar erhielten je 3 Reihen eine besondere Ladung, die unteren eine schwerere, vorwiegend aus Blende, die oberen eine leichtere, hauptsächlich aus Galmei bestehende. Nach Ladung von jeder Reihe von unten ab wurde der Rest der Ladung in der Regel noch durch Kohle etwas gelängt. Die obersten 2 Reihen, 18 Röhren, wurden nur alle 24 Stunden neu besetzt, sie erhielten alle Nebenprodukte des Ofens, Gekrätz von der Gießkelle, Vorlagenansatz, zusammengefegte Erzteile, Staub vom Hüttenflur und anderen Staubablagerungsstellen der Ofenhalle, gebotenenfalls unter Beimischung von etwas armem Galmeierz. Auch der Zinkstaub, die gewonnene Poussière, wurde in der Regel oder wenigstens teilweise wieder mit „umgeschmolzen", d. h. von neuem destilliert.

Von der täglichen Beschickung eines Ofens, welche aus etwa $^1/_3$ fremdem und $^2/_3$ Erz aus eigenen Gruben bestand, und zwar aus rund 1660 k (4 Ladungen zu je 415 k), enthielt die für die 3 unteren Reihen etwa 50 Proz., die für die obern etwa 42 Proz. Zink. Das Ausbringen betrug rund 550 k Zink einschließlich Zinkstaub (wenn dieser als solcher für den Verkauf abgenommen wurde), entsprechend 33,19 Proz. vom Erz im Durchschnitt der letzten 6 Monate des Jahres 1878. Der Verlust war also sehr hoch, er belief sich auf 28 Proz. des geladenen Zinks und mehr. Der Verbrauch an Retorten und Vorlagen betrug 1,96 bzw. 9,3 Stück auf 100 k Erz oder 5,9 bzw. 28 Stück für 1000 k gewonnenen Zinks. Die Röhren hatten demnach eine Durchschnittsdauer von 26,5 Tagen (bei Einrechnung der Luftröhren).

Der Gesamtkohlenverbrauch belief sich auf das 6,08fache vom gewonnenen Zink, wovon das 4,455fache auf Heizkohlen und das 1,625fache auf Reduktionskohlen entfällt.

Die zur Verhüttung gelangende Blende war zum Teil nicht genügend abgeröstet und die Beheizung der Öfen reichte nicht aus, um die Ladung zu erschöpfen, d. h. die Kohlen wurden wegen unvollkommener Verbrennung nicht genügend ausgenutzt.

Durch Belehrung der Heizer, bessere Röstung der Blende und Verminderung der Ladung gelang es, in wenigen Monaten ohne Erniedrigung der Produktion der einzelnen Öfen den Verlust auf 21 Proz. des geladenen Zinks herunterzubringen, ohne daß der Kohlenverbrauch auf die Einheit Zink vermehrt wurde. Das Ausbringen war auf 36,75 Proz. vom Erz gestiegen.

Nach weiteren 3 Monaten war der Verlust auf 17,5 Proz. Zink gefallen. Die Erzbeschickung war auf 1570 k bei 46,2 Proz. Zinkgehalt vermindert und doch die Leistung eines Ofens von 550 k Zink auf nahezu 600 k gestiegen. Dabei war der Muffelverbrauch trotz schärferer Beheizung auf 4,5 Stück von 5,9 Stück auf die Tonne Zink zurückgegangen.

Die Vorlagen, von denen 27 Stück auf die 1000 k produzierten Zinks gebraucht wurden, hatten die Form einer konischen Röhre von 420 mm Länge bei 100 mm hinterer und 40 mm vorderer Weite, dieselbe, die seit langer Zeit im Gebrauch war. Durch Vergrößerung der Vorlage, auch der Staubdüte (Allonge) wurde das Ausbringen weiter um 1—1,5 Proz. erhöht und demnächst durch Verlängerung der Retorten und damit vergrößerter Heizfläche des Gefäßraumes eine weitere Erschöpfung der Ladung erreicht, obgleich die Leistung des Ofens wesentlich, d. h. auf Verhüttung von 1950 k Erz gesteigert worden war, doch konnte bei der 12stündigen Reduktionszeit der Verlust nicht nennenswert unter 14 Proz. des geladenen Zinks herabgebracht werden.

Das führte dazu, eine 24stündige Reduktionszeit anzustreben. Bei Beibehaltung der runden Retorten wäre aber die Leistung der bestehenden Massive ganz erheblich durch diese Maßnahme herabgedrückt worden. Die Durchsatzmenge betrug im Herbst 1880 bei einer Tiefe der Retorten, von 106 cm und von 17 cm lichtem Durchmesser derselben 1700 k und stieg sukzessive, sobald die Öfen zur neuen Zustellung kamen, durch Verringerung der Stärke der Rück- bzw. Mittelwand im Rohgemäuer auf 1850 k bei 117 cm Retortentiefe und bei einigen Öfen bis auf 1950 k bei 127 cm Röhrenlänge. Eine Vergrößerung des Retortendurchmessers konnte nicht in Betracht kommen, da 20 cm weite Röhren von einer Länge von 117 cm nur 1250 k bei einer Ladung für 24 Stunden faßten; das Ausbringen war zwar recht gut, aber die untersten Reihen waren trotz besonders starker Beschickung meist zu früh abgetrieben. Ein Versuch, die untersten 3 Reihen 2 mal in 24 Stunden zu laden, störte die Reduktion im Oberofen derart, daß das Gesamtausbringen sehr schlecht ausfiel. Der Verf. ging nunmehr, um das angestrebte Ziel zu erreichen, zu den elliptischen Retorten über, oder vielmehr zu einem Retortenquerschnitt, den zwei Halbkreise von 17 cm Durchmesser, welche durch ein Rechteck von der Länge ihres Durchmessers und 6 cm Höhe verbunden sind, bilden. Der Rauminhalt der Gefäße wurde dadurch um rund 40 Proz. vergrößert, und bei allgemeinem Übergang zu einer Länge derselben von 1,270 m und unter Mitwirkung des Umstandes, daß bei 24stündigem Betrieb der Fall von Gekrätz infolge wiederoxydierten Zinks geringer wurde, konnte annähernd wieder die Erzmenge, wie beim 12stündigen Betrieb, im Ofen untergebracht werden. Ein Teil der obersten zwei Reihen von Röhren (dort mußten die runden Röhren des zur Verfügung stehenden Raumes der Ofennische wegen beibehalten werden) konnte zur Ladung mit Erz herangezogen werden.

Der so veränderte Ofen ist auf der einen Seite des Massives in der Fig. 29 in a (Vorderansicht) und c (Querschnitt links) gezeichnet. Nur die Abstände der Retortenlager in der Rückwand und der Vorhang, dieser durch Erhöhung der Zwischenwände der Vorlagennischen, haben eine Änderung gegenüber der Ausrüstung mit runden Röhren erfahren. Die Abmessungen der Feuerung sind dieselben geblieben, nur die Schutzröhrenreihe ist etwas tiefer gelegt, um den Raum für die Unterbringung der höheren Gefäße zu gewinnen. Die gezeichnete Halbgasfeuerung, aus einem Plan- und einem Treppenrost bestehend, hatte sich recht gut bewährt, so daß ein Grund zur Änderung nicht vorlag. Auf die Einzelheiten der Ausrüstung und Betriebsergebnisse der vervollkommneten Öfen, die heute noch in Letmathe in Betrieb sind, — nur einzelne sind jetzt mittels Generatorfeuerung mit Unterwind beheizt — werden wir bei der Betrachtung des Betriebsganges in einem späteren Abschnitte des Buches noch einzugehen haben.

Einer sehr ähnlichen Feuerung bediente sich die Comp. franç. d'Escombrera-Bleyberg auf ihrer Hütte zu Bleyberg ès Montzen bei Verviers. Sie benutzte aber zur Zuführung der Sekundärluft nicht Schutzröhren, welche bei ihren Öfen überhaupt fehlten, sondern Öffnungen in der Rückwand des Ofens, und zwar über der ersten und dritten Röhrenreihe. Jede dieser Reihe von Öffnungen erhielt die Zufuhr von Luft durch einen im Mauerwerk ausgesparten Kanal, in welchem sie vor dem Austritt in den Ofen vorgewärmt wurde. Diese Luftmenge reichte aber zur Erzielung einer vollständigen Verbrennung der Feuerungsgase nicht aus und die Schmelzer nahmen deshalb dasselbe Mittel zu Hilfe, welches man in Letmathe anwandte, sie stießen nach Bedarf Löcher in die Vorderwand des Ofens. Auch in Letmathe waren die Luftkanäle früher vorhanden gewesen, wurden aber durch die Luftröhren ersetzt. In Bleyberg führte man statt der letzteren Lochsteine ein, die am Fuße des Vorhangs unter jeder Trennungswand oder Säule des Fachwerkes eingebaut wurden. Die Luftzuführung oberhalb der dritten Retortenreihe in der Rückwand wurde dadurch entbehrlich. Die Öffnungen in der Retortenwand boten noch, wie die Luftröhren, den Vorteil, daß man die Verbrennungsluft besser in der Breite des Ofens verteilen konnte, jedoch konnte man sie nicht hinten im Ofen einführen, was zweckmäßiger sein würde. Die Bauart des Ofens in Bleyberg wich von der des Letmather in mehreren Punkten ab. Der Vorhang enthielt für jedes Rohr ein Fach und in jeder der 7 Reihen lagen 12 statt 10 Retorten. Durch eiserne Verankerungssäulen, welche dem Widerlager des Ofens zugleich als Stütze dienten, wurde die Vorderwand in 4 Abteilungen geschieden, wie es aus der Fig. 30 hervorgeht. Die Ofenkappe stützte sich auf die Vor- und Rückwand. Der Treppenrost war nicht, wie in Letmathe, bis nahe zum Stochloch, welches dort nicht durch eine Tür, sondern durch eingeworfene Kohle verschlossen wurde, fortgeführt, sondern ging oben in eine geschlossene Fläche von rund 60 cm Länge über, so daß der Rost nur 6 Stufen hatte; daher der größere Bedarf an Sekundärluft, die in Letmathe zum Teil durch die nicht dicht abschließende, frische abrauchende Kohle eintrat.

Der Herausgeber der vorliegenden Sammlung von Einzeldarstellungen führte gelegentlich einer Studienreise in Gegenwart des Verf. an den Letmather Zinkofen Rauchgasanalysen (neben den später erwähnten Untersuchungen der Retortengase) aus[1], wobei er beispielsweise in einer aus der Höhe der oberen Retortenreihe entnommenen Probe einen Gehalt von 13,4 Proz. CO_2 neben 5,6 Proz. O feststellte, während eine aus dem Fuchs über dem Ofen entnommene Gasmenge 10,7 Proz. CO_2 neben 11 Proz. O enthielt. Vermutlich war im letzteren Falle durch Undichtigkeiten des Mauerwerkes

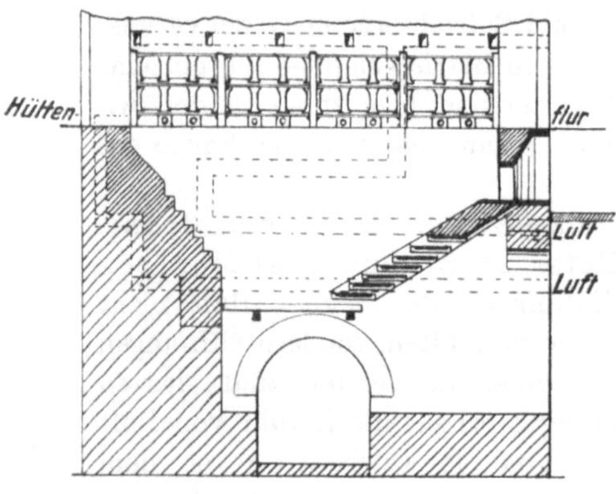

Fig. 30. Ofen zu Bleyberg. M. 1:100.

Luft von außen zu den Abgasen getreten. Bei eigenen Analysen fand der Verf. häufig auch geringe Mengen Kohlenoxyd neben etwas Sauerstoff bei hohem Kohlensäuregehalt, was er durch Dissoziationserscheinungen angesichts der hohen Temperatur der Abgase glaubt erklären zu sollen. Die Proben wurden mittels wassergekühltem Rohr entnommen, wobei man sorgfältig auf Fernhaltung von Außenluft achtete. Mit dem Verbrennungsvorgange konnte man nach diesen Zahlen angesichts der eigenartigen Beheizungsräume der Zinköfen recht zufrieden sein.

In Bleyberg beschickte man die untersten 3 Reihen alle 12 Stunden, während die oberen 4 nur einmal in 24 Stunden neue Ladung erhielten, ein Verfahren, welches der Verf. in Letmathe, wie oben erwähnt, als unvorteilhaft verworfen hat. Nach *Lodin*[2] erhielten die 3 unteren Reihen ein Erz mit 38 Proz. und man verlängerte die Destillation nach Möglichkeit dadurch, daß man morgens diese Reihen zuerst beschickte. Die 4. und 5. Reihe erhielten eine reiche Ladung von hochhaltigen Erzen, denen man das Gekrätz usw. beigab, und die beiden obersten wurden mit einer mittleren, 43 bis 44 Proz. Zink haltenden Erzladung besetzt. Der Kohlenverbrauch wird bei einer Erzladung von 1900 bis 2000 k insgesamt in 24 Stunden auf das 1,7-fache angegeben.

Die Öfen sind später zum Teil durch die nachfolgend beschriebene *Dor*sche Bauart ersetzt worden.

Die von *Dor* zuerst auf der Hütte von *de Laminne* in Antheit (Ampsin) gebauten Öfen unterscheiden sich von den eben beschriebenen durch die

[1] Dingl. Polytechn. Journ. **235**, 221.
[2] Metallurgie du Zinc 1905, S. 439.

Gestaltung des Treppenrostes. Der Hauptrost ähnelt mehr dem von Letmathe, er hat 8 Stufen, ihm gegenüber, an dem unteren Ende der schrägen Fläche, liegt ein zweiter kleinerer Treppenrost mit 4 Stufen. Die beiden untersten sich gegenüberliegenden Stufen beider, 50 cm breiten Roste stehen 25 cm voneinander ab; der bleibende Zwischenraum ist in einem Abstand von 25 cm unter der Oberkante der untersten Treppenstufen durch eine auf zwei Rostbalken ruhende Gußplatte oder durch dicht aneinander gelegte Roststäbe, welche die Entschlackung der Feuerung erleichtern, abgeschlossen.

Die Neigung der Roste wurde den Eigenschaften der zur Verfügung stehenden Kohle angepaßt; sie betrug bei den ersten Öfen 60°, allmählich ist man bis auf 30° heruntergegangen. Der kleine Planrost bzw. die untere Schlußfläche liegt etwa 1,65 m unter der Stochöffnung, die Höhe der Kohlenschicht über dieser beträgt bis zu 1,50 m, auf den obersten Treppenstufen nahe dem Stochloch etwa 60 cm. Man verwendete in der Regel $^2/_3$ feine Fettkohle mit $^1/_3$ Magerkohle gemengt und gebrauchte davon das 1,5- bis 1,35- fache vom verhütteten Erz.

Der Ofenraum faßte 5 oder 6 Reihen zu je 10 Stück 115 bis 120 cm langer elliptischer Retorten. *Dor* hatte gegen den früheren Brauch die Höhe des Ofens wesentlich vermindert. Bei einer Höhe von nur 5 Reihen war die Arbeit bequemer, weil man den Arbeitstisch entbehren konnte, aber die unbedingt nötigen Arbeitskräfte und die Kohlen wurden nicht in dem Maße ausgenutzt, wie bei den 6 reihigen Öfen, denn der eben angegebene niedrigere Brennstoffverbrauch für die Einheit Erz war diesen eigen und die Bedienungsmannschaft war beim kleineren wie beim größeren Ofen dieselbe. Die Reduktionsdauer war eine 24 stündige.

Die Zuführung der Sekundärluft glaubte Dor noch vervollkommnen zu sollen, er legte Öffnungen mit besonderen Zuleitungskanälen unter jede der 4 untersten Röhrenreihen, deren Weite von unten nach oben abnahm, von 11 zu 7 bis auf 5 zu 3 cm Höhe und Breite; später hat er dieselben auf die 2. und 4. Reihe beschränkt, aber auch in Antheit bedienen sich die Schmelzer der Löcher im Vorhang zur Regulierung des Ofenganges, wie in Letmathe und Bleyberg.

Eine ausführliche, durch klare Zeichnungen veranschaulichte Beschreibung von dem *Dor*schen Ofen gibt *Lodin* auf S. 439 seiner Métallurgie du Zinc. Die Ofenkappe stützt sich, wie bei dem Bleyberger Ofen, auf Rück- und Vorwand, die Ofennische ist 3,40 bis 3,50 m breit und 1,85 bis 2,20 m bei den 5 bzw. 6 reihigen Öfen hoch, entsprechend einem Abstande von 36 bis 37 cm der einzelnen Retortenreihen voneinander in der Vorderwand, in der Rückwand ist der Abstand unten größer und nimmt nach oben hin ab von 0,435 bis 0,375 m. Auch die Nouvelle Montagne hat in ihrer Hütte zu Engis den auf S. 125 beschriebenen und durch Fig. 26 dargestellten Doppelofen durch einen Treppenrost und Zuführung von vorgewärmter Sekundärluft unter der 2. und 4. Retortenreihe vervollkommnet. Im übrigen ist der neuere Ofen mit Kappen versehen, welche sich auf die Mittelwand und die Vorderwände stützen und so neben gleichzeitiger Verlängerung bzw. Verbreitung der Ofennischen auf jeder Seite ein Raum geschaffen zur Aufnahme von 54 Retorten, welche entweder einen kreisrunden Querschnitt von 17,5 cm Durchmesser oder einen ovalen von 17,5 cm Breite zu 19,5 cm Höhe haben. Die Hütte ist zum Teil noch heute mit solchen Öfen ausgerüstet, wir kommen deshalb bei einem späteren Abschnitt, welcher die Konstruktion und den Betrieb der noch im Gebrauch befindlichen Öfen behandelt, auf dieselben, wie auf die vorher erwähnten zurück. Andererseits ist dort das rheinische Ofensystem eingeführt.

In Engis hat man auch die Mentzel - Boëtiusfeuerung nach einem Bericht von *de Lalande*[1] anfangs der 80er Jahre versucht. Der Ofen soll eine innere Länge von 7 m gehabt und bei einer Höhe von 2,5 m 7 Reihen Röhren von je 21 Stück gefaßt haben. An jedem Ende des Ofens war ein Generator eingebaut. Die gleichmäßige Beheizung des großen Ofenraumes soll so große Schwierigkeiten gemacht haben, daß man das System wieder aufgegeben hat.

In Sagor (Krain), der jetzt nicht mehr in Betrieb befindlichen Zinkhütte des österreichischen Staates, war ein durch zwei große Stufenroste unter Anwendung von Unter- und Oberwind beheizter Ofen im Gebrauche. Derselbe faßte bei einer Breite von 3,30 m und einer Höhe von 2,15 m bis zum Scheitel des den Raum von den Seitenwänden aus überspannenden Gewölbes 55 auf 6 Reihen verteilte Röhren derart, daß in den 4 untersten Reihen je 10 in der 5. 9 und in der obersten 6 Retorten lagen, und zwar fast horizontal. Der Röhrenraum war von dem darunterliegenden, unter dem ganzen Ofen sich erstreckenden Feuerungsraume durch ein von 11 Schlitzen unterbrochenes, 35 cm dickes Feuergewölbe getrennt. Die darin vorhandenen beiden neben den Seitenwänden des Ofens liegenden Schlitze waren 6 cm, die übrigen 12 cm weit. Es war demnach unter jeder der Röhren der unteren Reihe eine Schutzbank vorhanden, d. h. die Flamme traf diese nicht von unten, sondern trat in die Zwischenräume zwischen denselben. Die 3,85 m lange Feuerung bestand aus 2 hohen, 50 cm breiten Treppenrosten von je 10 Stufen, je einem auf jeder Ofenseite, welche in der Mitte durch einen 80 cm starken, niedrigen Mauerwerksblock getrennt waren. Zwischen diesen und den untersten Stufen jeder Treppe blieb ein 22 cm breiter, nach unten durch kleine Planroste abgeschlossener Raum. Die Höhe von den Planrosten bis zum Scheitel der das Feuer überdeckenden Gewölbebogen betrug 1,25 m. Stochöffnungen und Aschenfälle waren durch Eisenblechtüren der Druckluft wegen geschlossen. Unter- wie Oberwind traten aus einem Zuführungsrohr zunächst in einen in der Zwischenwand zwischen zwei Öfen angeordneten Kanal, wo sie auf etwa 100° vorgewärmt wurden, ehe sie durch Rohre unter und über der Kohlenschicht in die Feuerung geführt wurden. Die Mischung von Kohlengas und Verbrennungsluft und die Flammenbildung erfolgte also schon unter den Schutzbögen, dieselben sehr hohen Ansprüchen aussetzend.

Die Abgase wurden durch 5 im Deckengewölbe verteilte Öffnungen von 20 zu 20 cm Weite in einen über der Mittelwand zweier Öfen angebrachten

---

[1] Dictionnaire de chimie de Wurtz **5**, S. 777.

Galmei-Calcinierraum geführt. Derselbe hatte eine Länge von 2,86 m und eine Breite von 1,56 m und seine Sohle lag 2,60 m über dem Hüttenflur. An einer seiner kurzen Seiten befand sich die Arbeitstür, an der anderen der Abzug der Heizgase zur Esse.

Eine Abbildung des eigenartigsten Ofens ist in *Lodins* Metallurgie du Zinc S. 452 und 453 zu finden.

Der Ofen reduzierte im Tage 430 bis 470 k Galmei mit 55 bis 56 Proz. Zink, der Verlust soll 15 Proz. des geladenen Zinks betragen haben. Bedient wurde der Ofen von 2 Arbeitern in der Schicht, deren Besoldung Interesse bietet, da auch das in Belgien und Rheinland übliche Prämiensystem angewendet wurde, nach welchem das über einen bestimmten Satz hinaus ausgebrachte Zink neben einem festen Lohn besonders bezahlt wurde.

Die Société anon. Austro-Belge zu Corphalie hat seit 1884 einen außerhalb aber dicht neben oder vielmehr hinter dem Ofen liegenden Gaserzeuger angewendet und die Sekundärluft einmal im Brennerschacht unterhalb der untersten Retortenreihe und das zweitemal unter der 5. Retortenreihe zugeführt. Vorgewärmt wird dieselbe in den Seitenwänden und der Rückwand des Generators. Bei der Lage des letzteren hinter dem Ofen ist naturgemäß das Aneinanderbauen zweier Öfen ausgeschlossen, womit größere Wärmeverluste durch Ausstrahlung verbunden sind. Man hatte anfänglich zur Vermeidung derselben die Generatoren vor die Vorderseite des Ofens gelegt, nahm aber wieder davon Abstand, weil dieselben dort bei der Ofenarbeit hinderlich waren. Die Öfen sind dort noch im Gebrauch.

Zugleich mit der Einführung der Siemens - Regenerativfeuerung bei schlesischen Zinköfen (1867 in Freiberg) wurde auch in Frankreich nahe der belgischen Grenze diese Befeuerungsweise bei den belgischen Öfen versucht.

Die Compagnie Royale Asturienne des Mines (mit dem Sitz in Lüttich), welche schon seit 1854 in Aviles an der Nordküste Spaniens eine Zinkhütte betrieb, begründete in Auby lez Douai (Dep. du Nord) 1867 bis 1868 eine neue Hütte mit Siemensöfen, welche von *Kraus*[1] eingehend beschrieben sind. Die Öfen haben sich nicht bewährt, man mußte von ihrer Einführung Abstand nehmen. Sie interessieren uns hier aber insofern, als mit ihnen eine neue Art der Flammenführung in den belgischen Öfen eingeleitet worden ist, welche mit Hilfe der älteren Feuerungseinrichtungen nach dem Mißerfolge zuerst von der Hütte zu Auby und später auch von anderen Werken, so auch von der Vieille Montagne auf ihrer Hütte zu Angleur eingeführt wurde, zum zweiten Male, da dieselbe schon früher gegen Ende der 50er Jahre von der letztgenannten Gesellschaft nach *Borgnets* Vorschlägen benutzt worden war, damals ohne Erfolg (siehe S. 126).

Die Fig. 31 zeigt einen Querschnitt durch den Ofenraum und die sich längs demselben hinziehenden 4 Wärmespeicher. Der erste Ofen hatte nur 5 Reihen Röhren zu je 8 Stück auf jeder Seite in Räumen von 3,10 Länge.

---

[1] Fours à chaleur régénérée S. 124 mit Fig. 29 und 32.

Die Röhren hatten einen äußeren Durchmesser von 30 cm und waren 1 m lang. Man versuchte auch einen Ofen mit 7 Reihen Röhren. Die Mißerfolge sollen in erster Linie die ungenügenden Abmessungen der Gaserzeuger, deren zwei den Ofen mit Gas versorgten, verschuldet haben; noch mehr werden dieselben aber wohl die zu intensive Verbrennung unmittelbar nach dem Zusammentritt von heißem Gas und heißer Luft zur Ursache haben, welche eine Überhitzung der unteren Röhren bis zu deren Erweichung und Zerstörung und eine ungenügende Beheizung der oberen Röhren zur Folge hatte. Auch war die Lage der Schlackentaschen über den Wärmespeichern keine zweckmäßige Anordnung, weil die in derselben sich ansammelnde flüssige Schlacke in das heiße Mauerwerk der Kammerdecken eindrang und dieses wie die Kammerfüllungen bald zerstörte. Weitere Störungen verursachten die Ablagerungen von Flugstaub, besonders von Zinkoxyd in den Wärmespeichern, namentlich in den Luftkammern, wo die Metalldämpfe infolge der oxydierenden Wirkung der heißen Luft in größeren Mengen niedergeschlagen werden als in den Gaskammern.

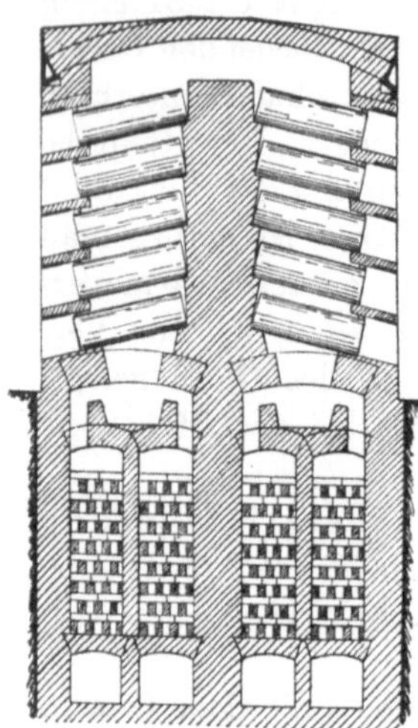

Fig. 31. Zinkofen mit *Siemens-Regenerativ-Feuerung* zu Auby.

In Letmathe wurde anfangs der 80er Jahre auch ein Siemensofen mit 6 Reihen elliptischer Retorten auf jeder Seite anstelle eines der früher beschriebenen Ofenmassive gebaut. Trotz reichlich aufgewendeter Mühe konnte ein befiredigender Betrieb bei demselben nicht erreicht werden. Der kostspielige Ofen mußte nach kurzer Zeit außer Betrieb gesetzt werden, da es aussichtslos war, zu einem gleichmäßigen Ofengange zu gelangen. Der Brenner befand sich unter der untersten Reihe der Retorten, welche durch Schutzbögen getragen wurden, um sie vor der Stichflamme zu schützen. Selbst bei viertelstündlichem Wechsel trat unten Überhitzung bis zum Schmelzen des Ofenmaterials ein, während die höheren Lagen des Ofens ungenügend beheizt wurden. Auch die Verlegung der Zufuhr eines Teiles der erhitzten Verbrennungsluft in höhere Zonen durch Kanäle in der Zwischenwand führte nicht zum erwünschten Ziele[1].

Dieser Mißerfolg gab *Fr. Siemens* wohl den Anstoß zur Konstruktion eines Ofens „mit freier Flammenentfaltung“, D. R. P. 50 917 (3. September 1889), von dessen Einführung in der Zinkhüttenpraxis uns jedoch nichts bekannt geworden ist. Er ordnete die Retorten in voneinander getrennten Gruppen an; in den dazwischen freigelassenen Räumen sollte sich die Flamme unbehindert durch feste Körper vollkommen entwickeln. Ähnliches finden wir auch bei den amerikanischen Gasöfen noch wieder.

---

[1] Ähnliches wurde *Neureuther* 1901 (22. Januar) unter Nr. 666 390 in den Vereinigten Staaten patentiert.

In den Vereinigten Staaten Nordamerikas ist die Siemensregenerativfeuerung in den 80er Jahren in mehreren Zinkhütten versucht worden, worauf wir bei der Entwicklung der amerikanischen Zinkindustrie noch zurückkommen werden.

Um die kurz skizzierten Mißstände zu vermeiden, hat *Dor* später[1] einen Ofen mit Regenerativfeuerung konstruiert, bei welchem er die Wärmespeicher der Zerstörung durch die Schlacke dadurch entzog, daß er sie an die beiden Seiten des Ofens verlegte. Bei kleinem Horizontalquerschnitt konnte er denselben eine bedeutende Höhe geben, und gleichzeitig erreichte er damit die Möglichkeit einer bequemen und leichten Reinigung mittelst Bürsten von oben nach unten, während die unter dem Ofen liegenden Kammern nur von den Kopfseiten aus zugänglich sind.

Er teilte jeden der 4 Wärmespeicher in 2 Teile, von denen einer rechts, der andere links vom Ofen lag. Beide waren durch einen längs unter dem Ofen hinlaufenden Kanal verbunden. Die Zufuhr von Gas und Luft erfolgte durch 4 rechtwinklig zu letzteren und tiefer liegende Kanäle, zwischen welchen der Abzugskanal zur Esse lag, also von unten her. Der Ofenraum war durch eine Mittelwand, welche auf einem Gewölbebogen stand und den Retorten beiderseitig zur Auflagerung diente, in 2 Kammern geteilt, jede derselben faßte 6 Reihen zu 10 Röhren. Aus dem geteilten einen Paare der Wärmespeicher traten Gas und Luft gleichzeitig von beiden Seiten in die eine Kammer, die Flamme entwickelte sich über den Retorten in einem weiten, überwölbten Raume und zog dann nach unten und unter dem Gewölbe her in der anderen Kammer nach oben, dort in das andere Paar der Wärmespeicher auf beiden Ofenseiten abziehend. Unten im Ofenraume, dort, wo die Flammen den Weg von der einen Seite zur anderen fanden, konnten sich Schlacken, Retortentrümmer und Erzrückstände aus gebrochenen Röhren auf einer geräumigen Fläche ansammeln, so daß eine häufige Entleerung, wie bei kleinen Schlackentaschen nicht erforderlich war. Der Boden dieser großen Schlackentasche lag über den verhältnismäßig kalten Verbindungskanälen der Wärmespeicherteile, so daß er von unten eher gekühlt als erwärmt wurde und deshalb der Zerstörung durch die flüssige Schlacke nicht ausgesetzt war.

Obwohl *Dor* als erfahrener Zinkhüttenmann in seiner Konstruktion die Mittel gefunden hatte, die durch die zerstörende Wirkung der vom Herde der Zinköfen nicht fern zu haltenden Schlacke verursachten Mißstände bei den Siemens-Regenerativöfen zu beseitigen, scheint der Ofen doch keinen Eingang in die Praxis gefunden zu haben, wenigstens ist nichts davon in der Öffentlichkeit verlautet. Aus diesem Grunde ist auch nicht festgestellt worden, ob eine gleichmäßige Beheizung des zweiteiligen Ofenraumes bei dem langen Wege, den die Heizgase zuzücklegen hatten, erreicht worden ist. Der Verf. muß, gestützt auf seine Erfahrungen, die Möglichkeit bezweifeln. Auch die Teilung des Gas- und Luftstromes und die damit verbundene, ungleiche Weglänge der Ströme nach rechts und links würde Unregelmäßigkeiten im Gefolge haben, indem sich die Gas- und Luftmengen nicht zu gleichen

---

[1] Engl. Patent Nr. 22 649 vom 14. Dezember 1891.

Teilen auf die beiden Ofenenden verteilen. Bei dem Lethmather Ofen, wo die Wärmespeicher rechtwinklig zu den neben dem darüber befindlichen Brennergraben liegenden Verteilungskanälen im Ofen lagen, befanden sich die Einmündungen von Gas und Luft in letztere einseitig in den schräg gegenüberliegenden Ecken beider Ofenhälften, was eine gleichmäßige Verteilung der Flamme

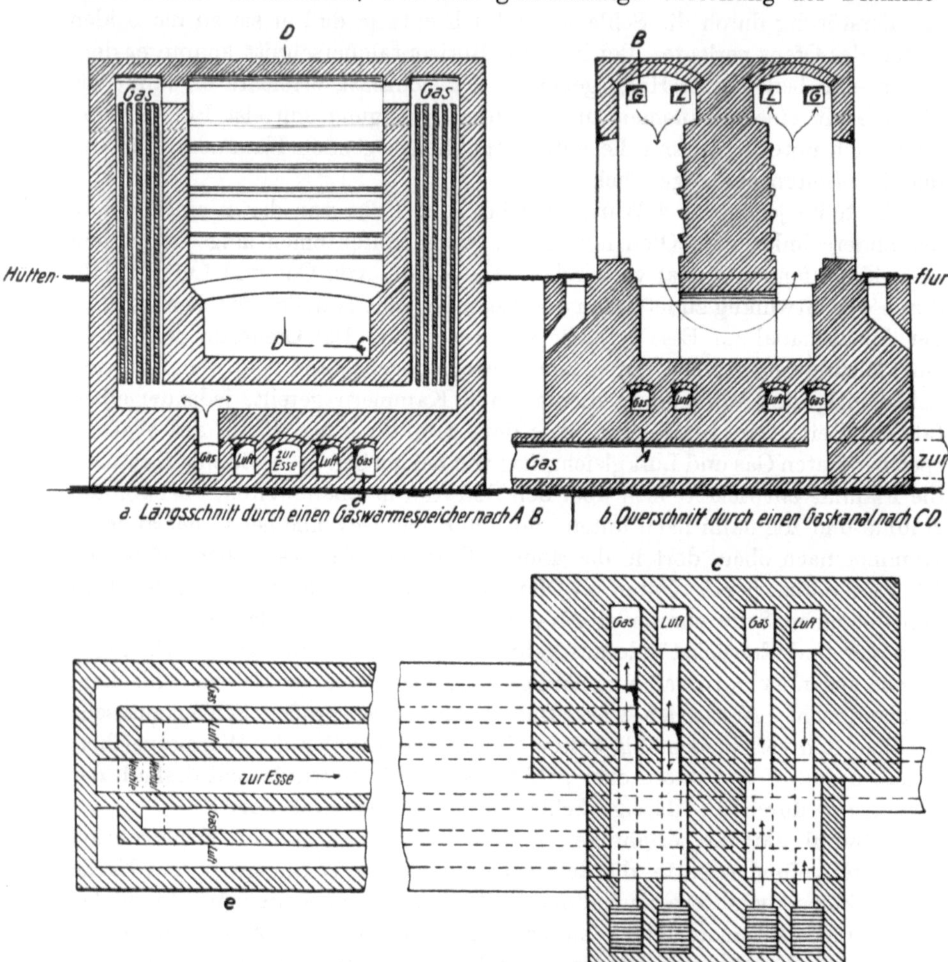

Fig. 32. *Dors* Zinkofen mit Regenerativ-Feuerung.

auf die Ofenbreite sehr erschwerte, wenn nicht unmöglich machte. Der Verf. glaubt, daß dieser Anordnung sehr viel Schuld an dem Mißlingen in Letmathe beizumessen ist.

Immerhin bietet die *Dor*sche Konstruktion so viel des Interessanten, daß wir uns nicht versagen können, eine schematische Darstellung derselben in Fig. 32 a bis e zu geben.

Vor Abschluß des Manuskriptes wird uns durch eine Abhandlung von *Léon Guillet*[1] eine Abänderung des Ofens von *Dor-Delattre*[2] bekannt. Danach hat man den in Fig. 32 dargestellten Ofen doch gebaut, beim Betriebe aber, wie es scheint, erfahren, daß eine gleichmäßige Beheizung der Retortenkammern Schwierigkeiten ergab, welche *Dor-Delattre* durch die veränderte Konstruktion aus dem Wege geschafft hat, denn dieser neue Ofen ist nach einer eingeholten Privatauskunft auf der Hütte in Dorplain-Budel, deren Direktor *Dor-Delattre* ist, im Betriebe und soll recht befriedigend arbeiten; davon zeugt die

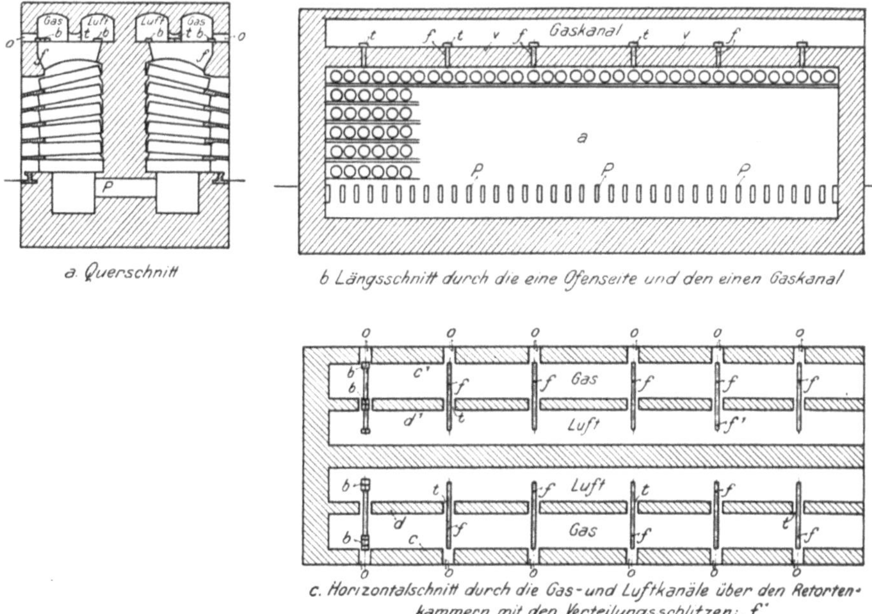

Fig. 33. *Dor-Delattres* Regenerativfeuerung.

20 fache Ausführung. Hervorzuheben ist der geringe Kohlenverbrauch, der sich nur auf 85 bis 90 Proz. des verhütteten Erzes bei Anwendung einer mageren Kohle beläuft.

Um eine gleichmäßige Verteilung des Gases und der Verbrennungsluft, d. h. eine auf den ganzen Ofenraum verteilte Flammenentwicklung und damit eine gleichmäßige Beheizung desselben zu erreichen, läßt er Gas und Luft nicht mehr frei an den beiden Ecken des Ofens eintreten, sondern führt sie in parallel nebeneinander herlaufenden Kanälen über die überwölbten Retortenkammern hinweg und durch beide Kanäle durchquerende Schlitze in dem ihre Sohle

---

[1] Memoires et compte rendu des travaux de la Société des ingenieurs civils de France. Juni 1911 (Heft 6). In der deutschen Literatur, auch in der Ztschr. f. ang. Chemie fehlt ein Bericht darüber.

[2] D. R. P. 183 316. *Dor-Delattre* ist der Sohn des Erfinders der ersten Retortenpresse und des oben beschriebenen Ofens.

bildendem Ofengewölbe in dieselben ein. Die Mischung von Gas und Luft tritt schon in diesen Schlitzen ein, so daß sie die Brenner darstellen. Fig. 33 a bis c veranschaulicht klar die Einrichtung, in welcher die Brenner bzw. Schlitze mit „*f*“ bezeichnet sind.

Zwecks Regelung der Flammen der einzelnen Brenner sind vor den Schlitzen in den Außenwänden der Gaskanäle Öffnungen *o* angebracht, durch welche verschiebbare Tonplatten *b* zur teilweisen Bedeckung der Schlitze eingeführt werden können. Gleiche Öffnungen *t* befinden sich in den Trennungswänden der Gas- und Luftkanäle, um es zu ermöglichen, diese Schieberplatten auch auf die in die Luftkanäle hineinragenden Teile der Schlitze vorzuschieben. Durch geeignete Lage der Schieberplatten hat man es in der Hand, die Verbrennung zu beschleunigen oder zu verzögern. Bei der im Querschnitt *a* — links — gezeichneten Stellung beginnt die Verbrennung unmittelbar im Schlitze selbst, während bei der Stellung der Schieber — rechts — wo die Öffnung „*t*“ in der Scheidewand von Gas- und Luftkanal durch die Schieber verschlossen wird, die Mischung von Gas und Luft erst beim Durchgang durch den Schlitz eintritt, die Verbrennung also verzögert wird.

Das erfolgt um so mehr, je mehr man Gas- und Luftstrom voneinander trennt, was man durch die Anzahl der auf die Mitte des Schlitzes aufgelegten Steine nach Belieben bewirken kann.

Anstelle des freien Durchganges für die Verbrennungsgase unter dem die Mittelwand des Ofens tragenden Gewölbe sind in der von unten her aufgeführten Wand nur eine große Anzahl Verbindungsschlitze *p* vorhanden, durch welche die Ofengase hindurchtreten, wobei eine innige Mischung der noch unverbrannten Gasteile mit den vorhandenen Luftteilen und so eine vollständige Verbrennung gefördert wird.

Diese in Fig. 33 dargestellte Vervollkommnung des Ofens hat *Dor-Delattre* in den Stand gesetzt, die Ofenräume nach der Seite hin beträchtlich zu erweitern; in der Zeichnung sind 36 Röhren nebeneinander gelegt bei einer Länge der Retortenkammer von mehr als 10 m, und dieselbe Größe haben nach der erhaltenen Auskunft auch die Öfen in Budel, welche je 432 Retorten fassen. Für eine Gruppe von 6 bis 7 Röhren in der Reihe, also für jede Gruppe von 36 Röhren beim 6 reihigen Ofen, genügt ein Schlitzbrenner, so daß ein 10 m langer Ofen nur 6 solche Brenner über jeder Retortenkammer erhält.

Um eine Ausbreitung der Gase nach der Seite hin zu erzielen, werden die Schlitze über der Mittellinie einer Retorte angeordnet, so daß der Gasstrom auf die Retorte auffällt und von derselben geteilt wird.

Die mit der Siemens-Regenerativfeuerung eingeführte Beheizung zweier Ofenseiten, der einen mit auf-, der anderen mit absteigender Flamme wurde von der Hütte zu Auby beibehalten, in Verbindung mit der Erwärmung von Sekundärluft durch die Abhitze, also mit einer Rekuperativfeuerung. Der Ofen ist dem Direktor der Comp. roy. Asturienne, *Hauzeur*, im Jahre 1877 patentiert worden[1] und deshalb als Hauzeurofen bezeichnet.

---

[1] D. R. P. 3729 vom 15. September 1877 und französ. Pat. Nr. 117 552 vom 27. März 1877. Oesterr. Ztschr. 1881 S. 335.

Fig. 34 a bis b zeigt in a einen Querschnitt durch eine der zwei Feuerungen und einen der zwei Rekuperatoren auf der anderen Seite des Ofens und in b (links) einen Horizontalschnitt über den Feuerungen und durch den Heißluftkanal und (rechts) einen solchen durch die Rekuperativzüge.

Die eine Seite des Ofens hatte an jedem Ende einen 50 cm breiten Rost, welche 1,10 m unter der untersten Röhrenreihe einen etwas nach oben erweiterten Kohlenschacht abschließen. Die Länge der Feuerung richtete sich nach der Breite des Ofens, je nach der Zahl der Retorten in einer Reihe, welche von 10 allmählich bis auf 18 erhöht wurde. Der Rost hatte nur 3 oder 4 Roststäbe, über welchen ein Klinkerrost gebildet und dauernd erhalten wurde, der eine hohe Kohlenschicht trug, so daß die Feuerungen als Halbgasfeuer angesehen werden können, besonders, nachdem sie, wie es später geschah, bis auf 1,50 m vertieft worden waren. Die Verbrennung auf diesem Roste soll eine befriedigende gewesen sein; *Lodin* gibt an, daß die mit der Asche bzw. den Schlacken fallende Koksmenge (Zinder) nur 10 Proz. des Gewichtes der aufgewendeten Kohle und weniger betragen haben soll; das ist nach unserer Ansicht nicht gerade wenig.

Unter dem Retortenraume der anderen Ofenseite lag anstelle der Feuerungen eine Schlackentasche. Die Abgase fanden ihren Weg zur Esse durch

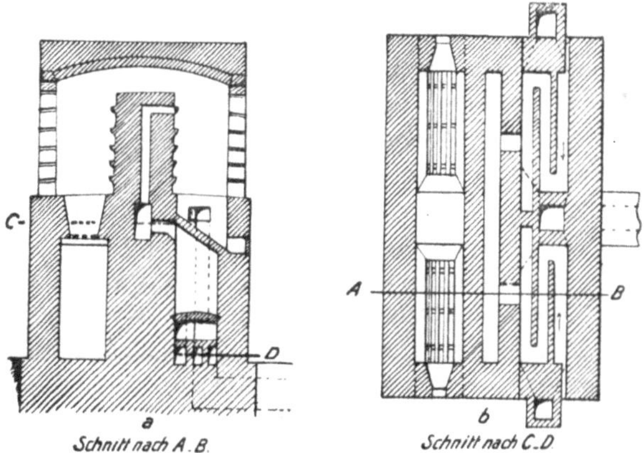

Fig. 34. Hauzeurofen.

zwei Öffnungen, von denen je eine an jedem Ende des Ofens lag. Außen am Ofen aufgebaute, kleine Schächte führten denselben nach unten in horizontal im Unterbau des Ofens über zickzackförmig hin- und hergeführte Züge liegende Kanäle, welche in der Mitte des Ofenmassivs in einem zum Essenkanal abfallenden kurzen Schacht zusammenliefen.

Die Sekundärluft wurde den erwähnten Zickzackzügen durch regulierbare Schlitze an den Köpfen des Ofenmassivs über der Sohle des Kellers unter dem Hüttenflur zugeführt, trat in der Mitte nach oben in Kammern, welche unter den Schlackentaschen und über den horizontalen Abhitzekanälen lagen, die letzteren also von unten und oben umspülend, und fand durch zwei Öffnungen von dort den Weg zu einem die ganze Länge der Scheidewand beider Ofenseiten durchlaufenden Kanal, von wo sie mittels einer Anzahl senkrechter, oben rechtwinklig umgebogener Züge in den zweiten Retortenraum, unmittelbar unter der obersten Röhrenreihe eingeführt wurde. Es wurde also im oberen Teile des zweiten Raumes die Verbrennung der noch unverbrannten Feuerungsgase, die über die Scheidewand hinweg in diesen eintraten, eingeleitet und hierdurch mit absteigender Flamme eine Beheizung desselben erreicht. Man bediente sich zur Zuführung von Verbrennungsluft im ersten Ofenabteil daneben noch der schon erwähnten Öffnungen im Vorhange des Ofens.

Die in Auby gebräuchlichen Röhren hatten 17 cm Durchmesser im Lichten, und jede Seite des Ofens faßte 84 Stück — 6 Reihen zu 14 Stück, so daß mit der beschriebenen Einrichtung 168 Röhren beheizt wurden. Jede Röhre erhielt im Durchschnitt für eine 24 stündige Reaktionszeit 20 k Erz mit 30 Proz. Mischkohle. Der Heizkohlenaufwand betrug das 1,4fache vom Erz.

Die in der Zeichnung dargestellte Ofenkonstruktion ist im Laufe der Zeit vereinfacht worden. Die Wiedergewinnung der Abhitze zur Vorwärmung der Luft hat man aufgegeben, denn die gezeigte Einrichtung ist jedenfalls nicht ausreichend gewesen, um ein befriedigendes Ergebnis zu liefern und wird Schwierigkeiten beim Betrieb verursacht haben. Bedenken muß die Luftkammer unter dem Schlackensacke und besonders die beide trennende, dünne Decke einflößen, die bald der Zerstörung unterworfen gewesen sein wird.

Die zur Ausführung gelangte Ofenbauweise, wird nicht unwesentliche Abweichungen von der Patentzeichnung aufzuweisen gehabt haben. Die Beheizung beider Ofenseiten durch eine Feuerungseinrichtung ist aber auf der Hütte zu Auby noch heute im Gebrauch.

Die Abhitze hat man später zur Dampferzeugung benutzt.

Eine ganz ähnliche Beheizungsweise wendet die Vieille Montagne heute in Angleur bei ihren großen, in 5 Reihen 200 oder in 4 Reihen 160 Retorten fassenden Öfen, von denen zwei zu einem Massiv vereinigt sind, an, jedoch sind an die Stelle der Feuerungen mit horizontalem Roste zwei unter der vorderen Ofenseite liegende Gaserzeuger mit geschlossener Brust und schwach geneigtem, 1,30 m tiefem und 0,75 m breitem Rost aus 6 cm dicken Roststäben getreten, welche von der Vorderseite des Ofens aus gestocht werden. Die Stochöffnungen sind rechteckig, 50 zu 25 cm, und liegen der Länge nach 50 cm vom Vorhang entfernt vor dem Ofen. Die Sekundärluft tritt unten in der vorderen Ofenseite und oben über der zweiten Seite ein, also durch zwei Reihen von Öffnungen. Sie wärmt sich in horizontalen Schlangenkanälen im Innern der Mittelwand, wie bei dem nachbeschriebenen Ofen vor. Die Abgase fallen auf der zweiten Ofenseite in einen Schlackenkanal und ziehen von dort an beiden Ofenecken durch unterirdische Kanäle zur Esse. Die Roste liegen also im Gegensatz zu Auby parallel zu den Retortenachsen, etwa 2,50 m unter den Schutzbögen.

Die elliptischen Retorten sind 1,35 m lang bei einer lichten Weite von 220 bzw. 275 zu 160 mm und einer Wandstärke von 30 mm. Als Vorlagen dienen abnehmbare, 60 cm lange, ausgebauchte Tongefäße, welche eine zweimalige Entleerung erfordern. Siehe Fig. 126.

Eine, dem Grundgedanken des *Hauzeur*schen Ofens sehr naheliegende Konstruktion ist auf der Hütte der Société anonyme fonderies de Biache St. Vaest zu Ougrée bei Lüttich im Gebrauche und auch in Bleyberg angewendet worden; sie ist unter dem Namen Loiseauofen bekannt. Die Einrichtung ist der Société Oeschger, Mesdach & Cie, deren Ingenieur *Osc. Loiseau*, späterer Generaldirektor von Dumont et frères in Sart-de-Seilles, war, in Frankreich vom 2. März 1877 an patentiert gewesen.

Loiseau beheizt den Ofen mittels eines außerhalb des Ofens und der Ofenhalle liegenden Gaserzeugers und führt einen Teil der Sekundärluft bei der vollkommeneren Vergasung der Kohle natürlich schon bei dem Eintritt der Generatorgase in den Ofen ein, und zwar in den oberen Teil der unter den Ofenabteilen liegenden Schlackentasche. Die erste Flammenbildung erfolgt also schon unter der untersten Röhrenreihe, welche auf Schutzbögen gelagert ist. Der zweite Teil der Verbrennungsluft, der bei seinem zickzackartigen Aufstieg in der Mittelwand des Ofens auf Kosten der in den Arbeitsräumen erzeugten Verbrennungswärme weiter stark vorgewärmt wird (nach *Loiseau* bis auf 800°), tritt oberhalb der zweiten Ofenseite zu den Heizgasen, welche dort nach einer Angabe von *Loiseau* noch etwa 18 Volumproz. CO neben 10 bis 11 CO_2 enthalten, während sie beim Austritt aus dem Gaserzeuger einen Gehalt von 23 bis 25 Proz. CO neben 4 bis 5 Proz. CO_2 bei einer gleichzeitig ausgeführten Untersuchung hatten. Die Abgase enthielten in diesem Falle noch 2 bis 3 Proz. CO neben 26 Proz. CO_2. Die letzte Zahl beweist, daß die Verbrennung unvollkommen war, weil es an Verbrennungsluft gefehlt hatte. Daher erklärt sich auch der hohe Kohlenaufwand vom 1,6fachen vom Erz, der bei einer Gasfeuerung geringer sein sollte.

Indessen ist er nach Ansicht des Verf. zum Teil begründet in den Wärmeverlusten, welche die große Entfernung des Gaserzeugers vom Ofen mit sich bringt. Diese ist nur dann berechtigt, wenn eine weitgehende Rückgewinnung der abgehenden Wärme vorgesehen ist, welche beim Loiseauofen sozusagen fehlt, denn die Vorwärmung der Verbrennungsluft erfolgt in der Hauptsache durch die Wärme, welche zum Zwecke der im Ofen zu vollziehenden Arbeit in demselben erzeugt wird. Ein wirkungsvoller Rekuperator würde sich unschwer im Unterbau des Ofens haben unterbringen lassen.

Die Loiseauöfen sind in der Regel mit 144 Röhren versehen, welche einen inneren Durchmesser von 18 bis 20 cm bei einer Länge von 1,40 m haben, sie sind auf jeder Ofenseite in 6 Reihen zu je 12 Stück verteilt und dort in Gruppen von 3 Stück in jeder Reihe so angeordnet, daß der Ofen in 4 Abteilungen geteilt erscheint, und zwar durch gußeiserne Vorhangsäulen.

Fig. 35 a bis b gibt eine Abbildung der einen besonderen Typ der belgischen Öfen darstellenden Bauart, zu deren Erläuterung wir noch das Folgende ausführen:

Der Gaserzeuger liegt außerhalb der Ofenhalle etwa 10 m vom Ofen entfernt. Er besteht aus einem 3,60 m breiten Schacht von rechteckigem Querschnitt, welcher unten von einem etwas geneigt liegenden Roste von 2,60 m zu 0,80 m abgeschlossen wird. Die Roststäbe ruhen hinten auf einem Vorsprung der Rückwand, welcher mit einer Gußplatte abgedeckt ist, vorn unter der um 50° geneigten Ofenbrust auf einem Querbalken. Dicht über dem Roste, die Vorderwand nach unten abschließend, ist ein gußeisernes

Gefach eingebaut, dessen Öffnungen zum Einstoßen des sog. Notrostes beim Entschlacken dienen.

Der zum Ofen führende, 1,10 m über dem Rost angesetzte Gaskanal ist nicht weit vom Generator auf eine Breite von 1,60 m und eine Höhe von 0,65 m zusammengezogen, er gabelt sich kurz vor dem Ofen, damit das Gas besser auf die ganze Breite desselben verteilt werden kann, und beide Zweige münden auf der einen Ofenseite in einen unter den Retorten und deren Schutzbögen liegenden Schlackensammler, der bekannten Tasche, welche an den Ofenenden mit Reinigungsöffnungen versehen ist. Die Verbrennungsluft wird den Gasen im oberen Teile dieser Schlackentasche von der einen Kopfseite des Ofens aus über den Gaseintrittsöffnungen durch zahlreiche enge Schlitze zugeführt. In der Vorderwand des Ofens sind ebenso viele Löcher vorgesehen, durch welche die Luftschlitze zwecks Reinigung zugänglich sind. Trotz dieser Vorsicht ist man genötigt gewesen, den Lufteintritt auf die hintere Wand der Schlackentasche unter Benutzung der im Unterbau der Mittelwand liegenden Luftzüge zu verlegen, denn die nach vorn geneigten Retorten lassen beim Bruch ihren Inhalt vorherrschend nach vorn fallen und geben deshalb besonders an der Vorderwand Anlaß zur Korrosion des Ofenmaterials und Verstopfung der dort angeordneten Öffnungen. Man ist unseres Erachtens übrigens mit der Verteilung der Luft unnötig weit gegangen.

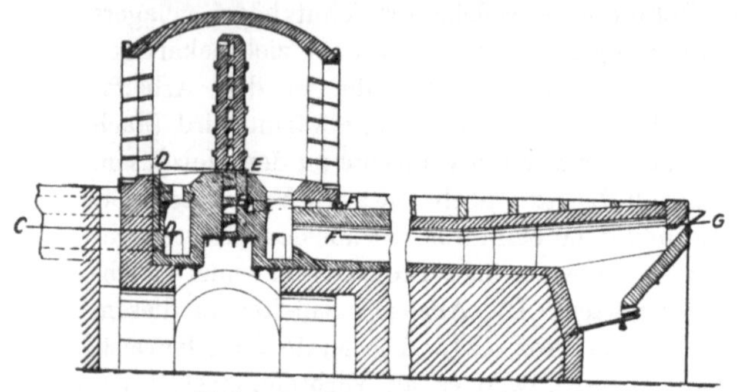

a. Schnitt durch den Ofen und Gaserzeuger nach A B.

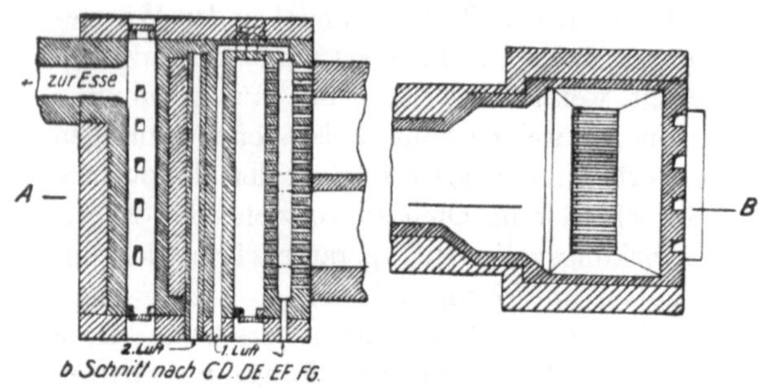

b Schnitt nach CD. DE. EF. FG.

Fig. 35. *Loiseau*-Ofen.

Die also unter den Schutzbögen der untersten Röhrenreihe der ersten Ofenseite entwickelte Flamme schlägt zwischen den Retorten hindurch nachoben und zieht auf der anderen Seite nach unten, nachdem dicht unter dem Gewölbe noch weiter hocherhitzte Verbrennungsluft zur Ausnutzung der unverbrannten Gasteile hinzugetreten ist. Die zweite Luftmenge tritt ebenfalls an der einen Kopfseite ein. Die Mittelwand ist aus geeigneten Formsteinen aufgebaut, die derartig gestaltet sind, daß sich die Kanälchen entsprechend der Ausdehnung der mehr und mehr erhitzten Luft nach oben hin zunehmend erweitern.

Aus der Schlackentasche der zweiten Ofenseite finden die Abgase ohne weitere Nutzung ihrer Wärme den Weg zur Esse. Es ist aber Vorsorge getroffen, daß die Heizgase nicht nach einer Ofenecke hin abgezogen werden, indem die Schlackentasche überwölbt und das Gewölbe mit Verteilungsöffnungen, deren Abmessungen nach dem Essenkanal hin abnehmen, versehen worden sind.

Trotz aller aufgewendeten Vorsichtsmaßregeln wird dieser Ofen einer sorgfältigen Überwachung bedürfen. Den einen Vorteil hat die reine Gasfeuerung, daß der Ofenbetrieb bei ordnungsgemäßem Gange des Gaserzeugers nicht abhängig ist von der Geschicklichkeit und Gewissenhaftigkeit des die direkte Feuerung bedienenden Arbeiters und deshalb an geschulten Arbeitern in dieser Beziehung gespart werden kann. Der vom Konstrukteur jedenfalls erwartete, geringere Kohlenaufwand ist nicht eingetreten, wie wir begründend schon erwähnt haben, vielmehr der Verbrauch noch gestiegen, so daß ein Ausgleich durch Ersparnis an Arbeiterlöhnen und Retortenmaterial geboten ist, wenn die immerhin komplizierte und deshalb kostspieligere Ofenbauart den Vorzug vor den Öfen mit eingebauten Halbgasfeuerungen verdienen soll. Dann sollte aber auch eine möglichst vollkommene Nutzung der Abhitze zur Vorwärmung der Verbrennungsluft nicht fehlen.

Als einer der ersten, wenn nicht als erster, der die Wiedergewinnung der abgehenden Wärme bei belgischen Öfen einführte, ist noch *Thum* zu nennen[1]. Er ordnete Luftkanäle über der Ofenkappe an, welche noch durch die zur Esse führenden Rauchgaskanäle überdeckt waren, die Luft wurde also von unten und von oben durch die Abwärme erhitzt.

Der Ofen wurde mit Gas geheizt, die vorgewärmte Luft fiel durch einen senkrechten Schacht an einer der Schmalseiten des Ofens nach unten in einen neben dem Gaskanal liegenden Kanal. Beide zogen sich unter der ganzen Breite hin; je eine Reihe Öffnungen in ihren Gewölbdecken führten Gas und Luft unterhalb der untersten Röhrenreihe zusammen. Der *Thum*sche Ofen hatte noch die Eigentümlichkeit, daß er mit Röhren ausgestattet war, die auf beiden Enden offen waren und stark nach hinten geneigt im Ofen lagen, auch dort in gleicher Weise, wie vorn in der Ofenwand ausmündend. Diese Röhrenlage hatte den Zweck, bei Verhüttung bleihaltiger Erze das ausgeschmolzene Blei am hinteren Ende abziehen zu können; die vordere, in diesem Falle höher liegende Mündung trug die Vorlage zur Verdichtung der Zinkdämpfe, welche die gewöhnliche konische Form hatte. Der Ofen, von dem man in fast allen metallurgischen Werken Abbildungen[2] findet, ist nur kurze Zeit in England auf einer Hütte in Sunderland im Betrieb gewesen; er scheint also nicht vorteilhaft gearbeitet zu haben.

Eine vollkommene Nutzung der Abhitze für den Reduktions- bzw. Ofenbetrieb selbst ist seit dem 12. August 1891 (ergänzt durch Zusätze vom 16. Juli 1893

---

[1] Berg- u. Hüttenm. Ztg. 1875, S. 1.
[2] *Stölzel:* Metallurgie 1863/86, S. 798. — *Lodin:* Metallurgie du Zinc 1905, S. 480. — *Ingalls:* Metallurgy of Zinc and Cadmium 1903, S. 492. — *Schnabel:* Handbuch der Metallhüttenkunde und andere.

und 20. April 1894) *Radot* und *Derval* patentiert gewesen. Die Erfinder führten das Gas mittels eines weiten, mit feuerfestem Futter versehenen Eisenrohrs von oben durch eine Anzahl Öffnungen in der Ofenkappe ein. Die vorgeheizte Verbrennungsluft stieg in der Mittelwand des zweiräumigen Ofens auf und trat in einer den Gaseinmündungen entsprechenden Verteilung dicht unter dem Gewölbe in die beiden Ofenkammern im rechten Winkel zu dem Generatorgase. Die Rekuperativkammern sind den auf den Hütten zu Stolberg, Dortmund und Hamborn beim rheinischen System gebrauchten nachgebildet, eine Bauweise, welche wir auch noch bei einer amerikanischen Ofenkonstruktion, der von *Convers* und *de Saulles* wiederfinden werden, wir wollen dieselbe bei der Betrachtung der rheinischen Zinkgewinnungsmethode näher beschreiben. Auch die Art der Gasführung finden wir bei der Verwendung von Naturgas in Nordamerika noch wieder.

Der *Radot-Derval*sche Ofen ist von der Soc. metallurgique de Prayon in Fôret versucht worden, er hat anscheinend recht unbefriedigend gearbeitet, was in der Hauptsache in der zu intensiven Verbrennung beim Zusammentritt von Gas und heißer Luft seinen Grund gehabt haben wird. Eine sich in einem verhältnismäßig kleinen Teile des Ofenraumes vollziehende Verbrennung der Heizgase eignet sich eben nicht zur Beheizung der hohen Ofenräume des belgischen Systems. Die Einrichtung erlebte denselben Mißerfolg, wie die Siemens-Regenerativfeuerung. Auch Modifikationen der ersten Konstruktion, wie die Gaseinführung von unten und Sicherung der Rekuperatoren vor den Einwirkungen der Schlacken durch Verlegung der Schlackentaschen von der Decke derselben mehr an ihre Seite hat dem Ofen keinen Eingang in die Praxis verschafft. In *Lodins* Metallurgie du Zinc ist auf S. 481 eine Abbildung davon zu finden.

Nicht unerwähnt können wir eine Heizungsmethode lassen, deren Anwendung bei Zinköfen ihrem Erfinder einen Namen gemacht und im allgemeinen seinerzeit ein gewisses Aufsehen erregt hat. *F. W. Dähne* versuchte einen zweikammerigen Zinkofen belgischer Konstruktion mittels Staubkohle zu beheizen, die er von oben durch einen gleichzeitig mahlenden Verteilungsapparat in gewissen Zwischenräumen unter gleichzeitiger Umstellung der Zugrichtung bald nach der einen, bald nach der anderen Seite aufgab. Die Verbrennungsluft führte er durch zwei Lagen Röhren, die zum Vorwärmen dienten, ein. Eine Lage befand sich über den eigentlichen Reduktionsräumen des Zinkofens, die andere bildete die unterste Röhrenreihe auf beiden Seiten. Diese Luftröhren trugen in sich ein engeres, konzentrisches Rohr, welches die eintretende Luft bis in den hinteren Teil des Rohres zwecks inniger Berührung mit seinen Wandungen leitete; der Austritt der erwärmten Luft in den Ofen erfolgte an der Mündung.

Unter jeder Seite des Ofens war noch ein Rost angeordnet, die aber nur zum Anheizen dienten und nach Erfüllung ihres Zweckes verschlossen wurden. Die Mittelwand des Ofens war unten unterbrochen, so daß die auf einer Seite entwickelten Heizgase um sie herum wieder nach oben ziehen konnten, ähnlich wie beim *Dor*schen Ofen mit Siemens-Regenerativfeuerung. Über den Reduktionsräumen befand sich noch ein zweiteiliger, helmartiger Aufbau, der eigentliche Brenner, in welchen der eintretende Kohlenstaub zur Entzündung und Verbrennung gelangte; er war mit terassenförmig übereinander angeordneten Trägern ausgesetzt, über welche die Kohle hinweg nach abwärts fiel. *Dähnes* Schüttofen, wie er genannt wurde, ist in England und um 1870 herum auch in Letmathe vom Märkisch-Westfälischen Bergwerksverein versucht worden, jedoch bald wieder außer Betrieb gestellt. Man hatte die Schwierigkeiten unterschätzt, welche der Aschengehalt durch Schlackenbildungen im Ofenraume verursachte. Der Ofen ist beschrieben in der Berg- und Hüttenmännischen Zeitung 1868, S. 766. Abbildungen desselben sind weiter zu finden in *Stölzels* Metallurgie (1863 bis 1868), S. 796 und *Lodins* Métallurgie du Zinc (1905), S. 494.

Auch *Hauzeur* hat ein Patent (2. Dezember 1871) auf einen Zinkofen mit Staubkohlenfeuerung genommen. Er verbrannte den Kohlenstaub in einer besonderen Feuerkammer und die Verbrennungsgase zogen von unten nach oben und dauernd in gleicher Richtung durch den Retortenraum. Von einer praktischen Anwendung dieses Gedankens ist nichts bekannt geworden.

Mit Vorstehendem haben wir das Wesentliche aus der Entwicklung der belgischen Reduktionsmethode in Europa zur Darstellung gebracht, an dieser Stelle jedoch noch den Weg zu betrachten, den die Amerikaner bei der Ausbildung ihres Zinkhüttenwesens beschritten haben, weil er in der Hauptsache der belgischen Methode gefolgt ist, denn das von *Georgi* (siehe S. 66) im Staate Wisconsin zuerst eingeführte schlesische System scheint keinen Bestand gehabt zu haben.

Die in Amerika angewendeten, mit Planrost gefeuerten Öfen haben eine große Übereinstimmung untereinander und Ähnlichkeit mit dem Lütticher Ofen, sowohl in den Weststaaten, wie in Virginia, New Jersey und Pennsylvanien.

Die Retorten sind meist noch zylindrisch, von 20 cm innerem und 26 bis 28 cm äußerem Durchmesser und 1,22 m, selten 1,27 m äußerer Länge; zuweilen sind die Röhren der unteren Reihen um etwa 5 cm kürzer. Elliptische Retorten von 20 zu 25 cm innerer Weite sind im Gebrauch in Pulaski, Va. Die meisten Öfen haben 16 Röhren in einer der 7 Reihen; in einem in gewöhnlicher Weise mit dem Rücken aneinander gebauten Doppelofen sind also $2 \times 7 \times 16 = 224$ Röhren untergebracht, seltener sind 8 Reihen Röhren vorhanden (Collinsville) oder die Öfen um einige Röhren länger oder kürzer. Im Westen, wo bituminöse Kohlen gebraucht werden, ist jeder der Öfen mit 2 quer zu den Röhren, etwa 76 cm unter dem Hüttenflure liegenden Rosten von rund 2,00 m Länge und 38 cm Breite = 0,76 qm Rostfläche versehen, die in der Mitte durch einen Wall getrennt sind, welcher etwas über die gewöhnlich 30 bis 40 cm von dem untersten Retortenlager entfernte, 90 cm hohe Kohlenschicht hinausragt. Die an den Köpfen des Ofens liegenden Stochöffnungen sind 43 cm breit und 36 cm hoch. Der Rost besteht aus nur zwei oder drei Stück 5 cm dicken, quadratischen Walzeisenstäben, an deren Stelle an einigen Orten wegen der korrodierenden, schwefelkiesreichen Kohle wassergekühlte, 5 cm dicke Röhren verwendet werden (Nevada, Missouri). Über denselben wird eine Schicht Kohlenschlacken erhalten, d. h. die Roste werden als sog. Klinkerroste betrieben. Unter dem Roste liegt ein 2,5 bis 2,75 m hoher Aschenfall, ein Kanal, der zugleich zur Aufnahme der Retortenrückstände bzw. zu deren Abfuhr dient, denn vor den Öfen sich hinziehende Taschen münden mit ihren Trichterenden in denselben aus.

Der Vorhang des Ofens wird abweichend von der in Belgien zuerst gebräuchlichen Form aufgebaut, er wird, wie später auch in Europa, von gußeisernen Säulen mit seitlichen Rippen gebildet, auf welchen die Nischenplatten aufliegen; hinter diesen erhebt sich, angelehnt an die Eisensäulen und die Querplatten, der Nischenaufbau aus den aufrechten Tonsäulen und den auf seitlichen Ausladungen derselben ruhenden Tonplatten, welche die Röhren vorn tragen. Es liegen gewöhnlich 2 Retorten in einem Gefach. Auf den gußeisernen Säulen ruht ein schwerer Winkel und in diesem das Widerlager für das in der Regel beide Ofenseiten überspannende Gewölbe, wenn dasselbe nicht aus besonderen Kappen für jede Ofenseite besteht, die sich andererseits auf der Mittelwand stützen. Im ersteren Falle legt sich dasselbe auf die letztere auf, ohne dieselbe zu belasten.

Jeder Ofen hat zwei, 25 × 30 cm große, 1 m von den beiden Enden der Ofenkappe abliegende Abzüge für die Verbrennungsgase. Jeder mündet in einen etwa 10 m hohen Kamin von 0,35 bis 0,50 qm Querschnitt, welcher für beide Seiten der einen Hälfte eines Doppelofens dient. Auf jedem Ende steht also ein Kamin, der auf dem mittleren Teile der End- oder Kopfwand und einer äußeren Verstärkung derselben ruht.

Die mit Planrost beheizten Öfen weichen demnach so wenig von den uns schon bekannt gewordenen belgischen Öfen ab, daß wir von der Aufnahme einer Abbildung absehen können. Die im Westen Nordamerikas, in Collinsville (Illinois) und auch in Pulaski (Virginia) gebrauchten, dem beschriebenen ähnliche Ofentypen sind in Ingall's Metallurgy of Zinc and Cadmium 1903/6 S. 433 u. ff. zu finden. Die im Osten Nordamerikas, in New Jersey und Pennsylvanien, liegenden Hütten mußten die Feuerungen den dortigen Anthracitkohlen anpassen, welche in Nußgröße oder noch feiner zerteilt zur Verwendung kommen. Der Rost wird zu diesem Zwecke von dicht aneinander gelegten, 35 mm dicken Gußeisenstäben gebildet, welche mit zahlreichen konischen Löchern, oben 10, unten 25 mm weit, versehen sind, so daß alles Eindringende nach unten frei durchfällt. Von diesen Löchern sind mehr als 1000 auf 1 qm Rostfläche (100 auf 1 Quadratfuß) vorhanden so daß, abgesehen von den zwischen den Stäben bleibenden Spalten, rund 9 Proz. derselben frei sind. Die Feuerungen werden mit Unterwind von 10 cm Wassersäulendruck betrieben, weshalb sie mit festgeschlossenem (nur 40 bis 45 cm tiefem) Aschenfalle und dicht schließender Feuertür versehen sind. Der Gebläsewind wird durch ein 15 cm weites Rohr unter diesen Rost in den Aschenfall geleitet. Beim Stochen bzw. Reinigen des Feuers wird die noch unverbrannte Kohle auf die hinter dem Rost liegende Plattform zurückgeschoben und die auf dem Rost liegende Asche oder Schlacke durch die Feuertür herausgezogen, soweit

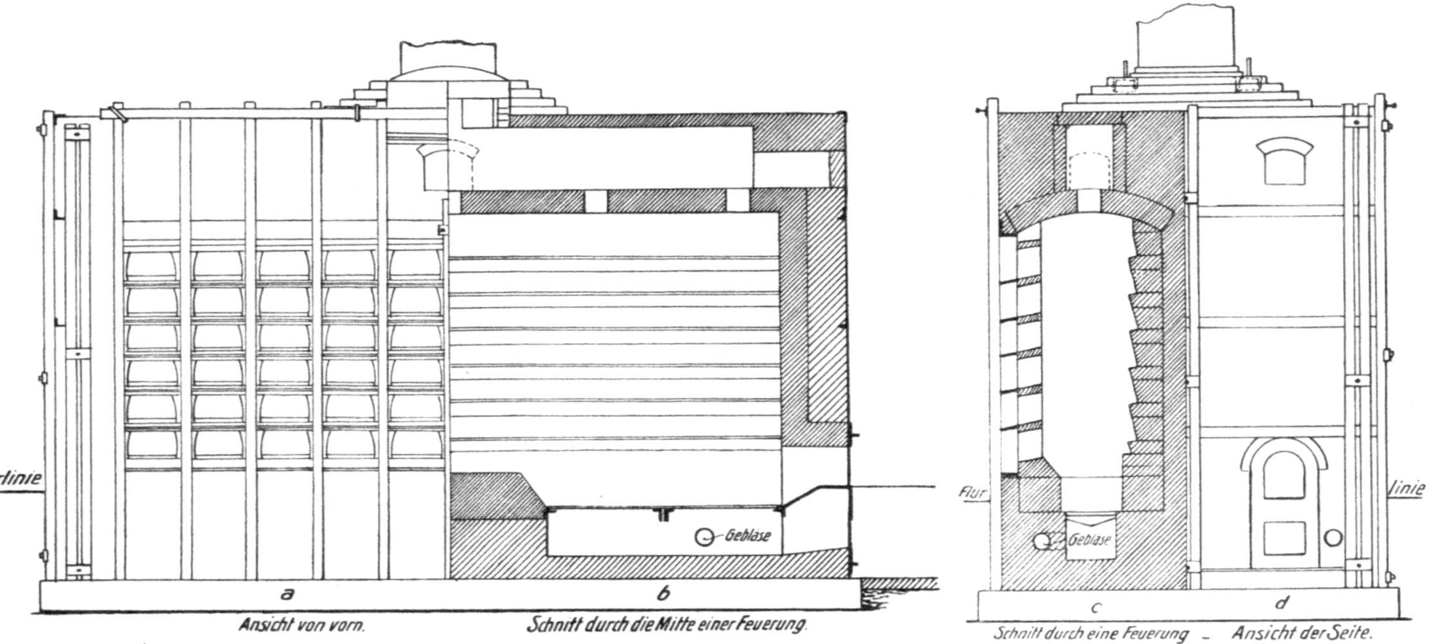

Fig. 36. Amerikanischer Zinkofen belgischen Systems für Befeuerung mittelst Anthrazitkohle. M. 1:75 annähernd.

sie nicht durch die feinen Löcher in den Aschenfall gelangt ist. Dann wird die glühende Kohle von der Plattform auf den Rost zurückgeholt, auf demselben ausgebreitet und frische Kohle aufgegeben. Hierauf schließt man die Feuertür und stellt das abgeschlossene Gebläse wieder an.

Fig. 36 *a* bis *d* zeigt einen Ofen, wie er 1895 noch in New Jersey gebaut worden ist. Die Zeichnung ist *Ingall*s Metallurgy of Zinc entnommen, sie enthält auch die Armatur und Verankerung, welche wir, entgegen der bisherigen Gepflogenheit wiedergegeben haben, um an einem Beispiele die amerikanische Bauweise zu zeigen.

Die Öfen der einzelnen Zinkhütten weichen hinsichtlich der Form und Zahl der Reduktionsgefäße voneinander ab, einzelne haben auch als unterste Reihe Schutzröhren. Alle Öfen haben aber vier Feuerungen, eine auf jeder Ecke; einige Hütten (Friedensville, South Bethlehem) haben auch die Retortenräume durch Querwände geteilt, so daß die Öfen ein Massiv von 4 Einzelöfen bilden. Statt einer Esse findet man auf einem Massiv auch drei, wie bei dem Ofen zu Engis (Fig. 26).

Nach *Ingall*s hatten die Öfen der Passaic-Werke in Jersey City 1894 216 in 6 Reihen, später 252 in 7 Reihen zu je 18 (137 cm lange) Retorten, von denen die der untersten vier Reihen von elliptischem (18 zu 23 cm), die der oberen drei von kreisrundem (18 cm) Querschnitt waren. Die Wanddicke beträgt 30 bis 32 mm, die des Bodens 50 mm. Die Öfen waren in den 80er Jahren etwas kleiner, sie hatten nur 16 Gefäße in einer Reihe, in 7 Reihen 224, zuerst 18 cm weite, zylindrische für 12stündige, später elliptische für 24stündige Reduktionszeit. In South Bethlehem,[1] wo man schließlich in den vierteiligen Öfen bis auf 20 Röhren in einer Reihe auf jeder Seite gekommen war, so daß ein Ofen bei 7 Reihen 280 Retorten faßte, hatte man 1894 mehrere Öfen so erniedrigt, daß sie nur noch 4 Reihen, also 80 Reduktionsgefäße über einer Reihe Schutzröhren auf jeder Seite aufnahmen, womit eine gleichmäßigere Beheizung aller Röhren erreicht wurde. Die Röhren hatten 18 cm Durchmesser bei 127 cm Länge.

Alle die der New Jersey Zinc Co. gehörigen derartigen Öfen sollen allmählich aufgegeben und die Rohzinkproduktion der alten Hütten auf den neuen Palmerton-Werken der Gesellschaft vereinigt werden, wo man zur Gasfeuerung übergegangen ist. Vorherrschend wird von denselben Willemit von New Jersey und Galmei von Virginia verhüttet mit einem durchschnittlichen Zinkgehalt von 45 Proz. Der verhältnismäßig hohe Eisen- und Mangangehalt soll die Reduktionsgefäße stark angreifen, so daß sie im Mittel nur ein Alter von 26 bis 27 Tagen erreichen; wenn dieser Gehalt 11 Proz. der Erze nicht überstieg, erreichte man in South-Bethlehem (1894) eine Dauer von 35 Tagen. Eine Ofenkampagne währte in der Regel $2^{1}/_{2}$ Jahre. Der Kohlenverbrauch für 1 t Erz belief sich auf 2,25 t Heizkohlen (Anthracitnußkohle) und 0,4 t Reduktionskohle (Anthracitgrus), wobei ein Ausbringen von 82 Proz. Zink im Erz erzielt wurde, so daß die Rückstände noch 6 bis 7 Proz. ihres Gewichtes an Zink enthielten.

---

[1] der seit 1858 bestehenden Hütte der *Lehigh Zinc Co.*

In Pulaski (Bertha Works) in Virginien werden die bis auf die Feuerung ganz ähnlichen Öfen mit Kohle aus der Procahontas Flat Top Region[1] (120 km von Pulaski) beheizt und sind deshalb mit gewöhnlichem, langem Planrost versehen. Als Reduktionsmittel dient Anthracitkohle von Altoona.[2] Die Öfen sind einseitig, jeder hat 140 (7 Reihen zu je 20) elliptische Retorten von 20 zu 25 cm Weite und 122 cm Länge.

Die Bertha-Zink-Marke zeichnet sich durch ihren äußerst geringen Bleigehalt aus (0,05 Proz. und weniger), sie wird aus bleifreiem Kieselgalmei gewonnen (Analysen s. S. 42). Seit der elektromagnetischen Aufbereitung der Willemiterze gewinnt man auch aus Willemit fast bleifreies Zink (South-Bethlehem, Passaic-Works). Auch vermeidet man sorgfältig die Berührung des flüssigen Zinks mit Eisen, so daß es auch daran sehr arm ist. Das Berthazink war deshalb früher sehr gesucht und wurde in den 80er Jahren in Europa fast mit dem doppelten Preise wie die gewöhnlichen Rohzinkmarken bezahlt. Insbesondere galt es als unentbehrlich für die Fabrikation von Patronenhülsen aus Messing.

Ein Ofen verhüttet in 24 Stunden rund 4320 k Kieselgalmei, von dessen Zinkgehalt etwa 80 Proz. ausgebracht wird. Als Mischkohle wird, wie schon erwähnt, eine sehr aschenreiche Anthracitkohle gebraucht, man gibt deshalb den sehr reichlichen Zuschlag von 3050 k = rund 70 Proz. vom Erz.

Die Hütten der Weststaaten, welche noch mit durch Planrostfeuerungen beheizte Öfen ausgestattet sind (Collinsville, [Illinois] Empire Works, Joplin [Mo] Glendale Works, Carondelet [South. St. Louis]) verhütten meist Blende des Joplin-Distriktes, die Glendale Works daneben auch Galmei. *Girard*, (Kansas) verarbeitet Zinksilikat mit 42 Proz. Zink. Die meisten Öfen haben 224 ($8 \times 14 \times 2$) oder 256 ($8 \times 16 \times 2$) Retorten von 20 cm lichter Weite bei 122 cm Länge.

Auf der Zinkhütte von *Girard* (Kansas) versuchte man die beiden Seiten des Ofens von einer Seite aus mit zuerst aufsteigender, dann abfallender Flamme zu beheizen, indem man die Mittelwand oben ein Stück herunterbrach (das Gewölbe überspannte schon vorher beide Seiten) und an Stelle der Feuerung am Grunde der zweiten Seite die Abzüge zur abseits stehenden Esse herrichtete. Die Abzugsöffnungen im Gewölbe wurden geschlossen. Diese Idee, welche nicht neu war, denn wir haben ihre Anwendung schon im Jahre 1857 von *Borgnet* ausgehend in Belgien gefunden, und *Hauzeur* nahm sie 1877 wieder auf, wurde *Hermann Kämmerling* in den Vereinigten Staaten 1898 (13. Sept.) unter Nr. 610 540 patentiert. Die Einfachheit, mit welcher man bestehende Öfen umgestalten konnte, und die Kohlenersparnis und Erleichterung der Bedienung, welche damit erzielt wurde, fand großen Anklang, so daß man der Einrichtung den bezeichnenden Namen „Klondike"-Ofen (nach *Ingalls*) beilegte und zahlreiche Öfen in Pittsburg (Kansas) und Richard Hill (Missouri) umänderte.

---

[1] Enthaltend 74,27 Koks: 18,79 flüchtige Bestandteile, 6,94 Proz. Asche.

[2] Enthaltend 62,72 Koks: 10,52 flüchtige Bestandteile, 25 bis 33 Proz. Asche und 1,42 Proz. S.

Man mußte jedoch die Erfahrung machen, daß nur in der ersten Betriebszeit eine vorteilhafte Arbeit mit den Öfen möglich war, weil bald durch Verschlackung und Zerstörung der Abzugskanäle der Ofengang empfindlich gestört wurde, so daß man wieder zum alten belgischen Ofentyp zurückkehrte.
Man hatte offenbar nicht Sorge getragen, eine Absonderung der Ofenschlacken
außerhalb der Abzugskanäle zu ermöglichen, eine Schlackentasche an der
richtigen Stelle würde wohl dem Mißstande abgeholfen haben. Immerhin
hatte der Versuch gezeigt, daß man die Öfen bei Verwendung der gewöhnlichen
Gruskohle des Kansas mittels Halbgas- oder Gasfeuerung beheizen könne.

In dieser Richtung war aber schon viel früher, zu Anfang der 70er Jahre
der geniale Begründer der Zinkindustrie in La Salle (Illinois), der **Matthiessen & Hegeler Zinc Co.**, *Eduard C. Hegeler,* auch Erfinder des mechanischen Blenderöstofens, vorgegangen.[1] *Hegeler* hatte sich durch langjährige
Versuche vergewissert, daß man sich hinsichtlich der Höhe der zu beheizenden
Räume keine Beschränkung aufzuerlegen braucht, wenn man über eine
**ausreichende Heizgasquelle verfügt und für Verteilung, d. i. all-
mähliche Zugabe der Verbrennungsluft sorgt.** Wegen der bequemeren Bedienung des Ofens zog er aber die Ausdehnung des Retortenraumes
in der Länge vor. Der erste große Ofen wurde im Jahre 1872 von ihm gebaut,
er hatte die in der Fig. 37 *a* bis *d* gezeigte Gestalt.

Ein über 12 m langer, durch eine nur zum Tragen der Retorten bestimmte
Mittelwand bis zur Höhe des obersten Lagers getrennter, zweiseitiger **Ofen-
raum** faßte im ganzen 408 Reduktionsgefäße von verschiedenem Querschnitt.
In der obersten Reihe jeder Seite lagen 36 große Muffeln von länglich acht-
eckiger Form, innen 50 cm hoch und 20 cm breit bei einer Länge von 1,3 m,
die darunter liegenden Reihen enthielten je 42 zylindrische Gefäße, deren
Länge und Durchmesser von Reihe zu Reihe nach unten hin abnahm. Die
Reduktionsdauer war auf 12 Stunden bemessen.

Bei diesem ersten Ofen war, was wir gleich sehen werden, noch nicht
eine allmähliche Zugabe der Verbrennungsluft zum Heizgase vorgesehen
und deshalb für die nach den unteren Zonen des Ofenraumes hin abnehmende
Hitze ein Ausgleich in der Verkleinerung des Querschnittes der zu beheizenden
Gefäße gesucht worden.

Das Heizgas wurde in einer Batterie mit Unterwind betriebener Generatoren erzeugt, welche in der Nähe des einen Ofenkopfes lagen. Der Gaskanal
fiel heberartig nach unten und führte unter Hüttenflur in der ganzen Länge
unter dem Ofen, und zwar unter dessen Mitte her. Zwei senkrechte Schächte
führten das Gas an jedem Ofenkopfe bis zur Höhe der obersten Retortenreihe,
wo es in den hochgewölbten Ofenraum über derselben eintrat. Die Verbrennungsluft wurde aus einem über dem Ofen hinlaufenden Roh e in der
aus der Figur zu ersehenden Weise nahe den Gaseintrittsstellen dem Gase zugeführt. Die Flamme entfaltete sich frei in dem hohen Ofenraume über den

---

[1] Der Verfasser hatte während seiner Zinkhüttenpraxis in Letmathe und Hamborn
mehrmals Gelegenheit, Herrn *Hegeler* zu begrüßen und Gedanken mit ihm austauschen
zu können.

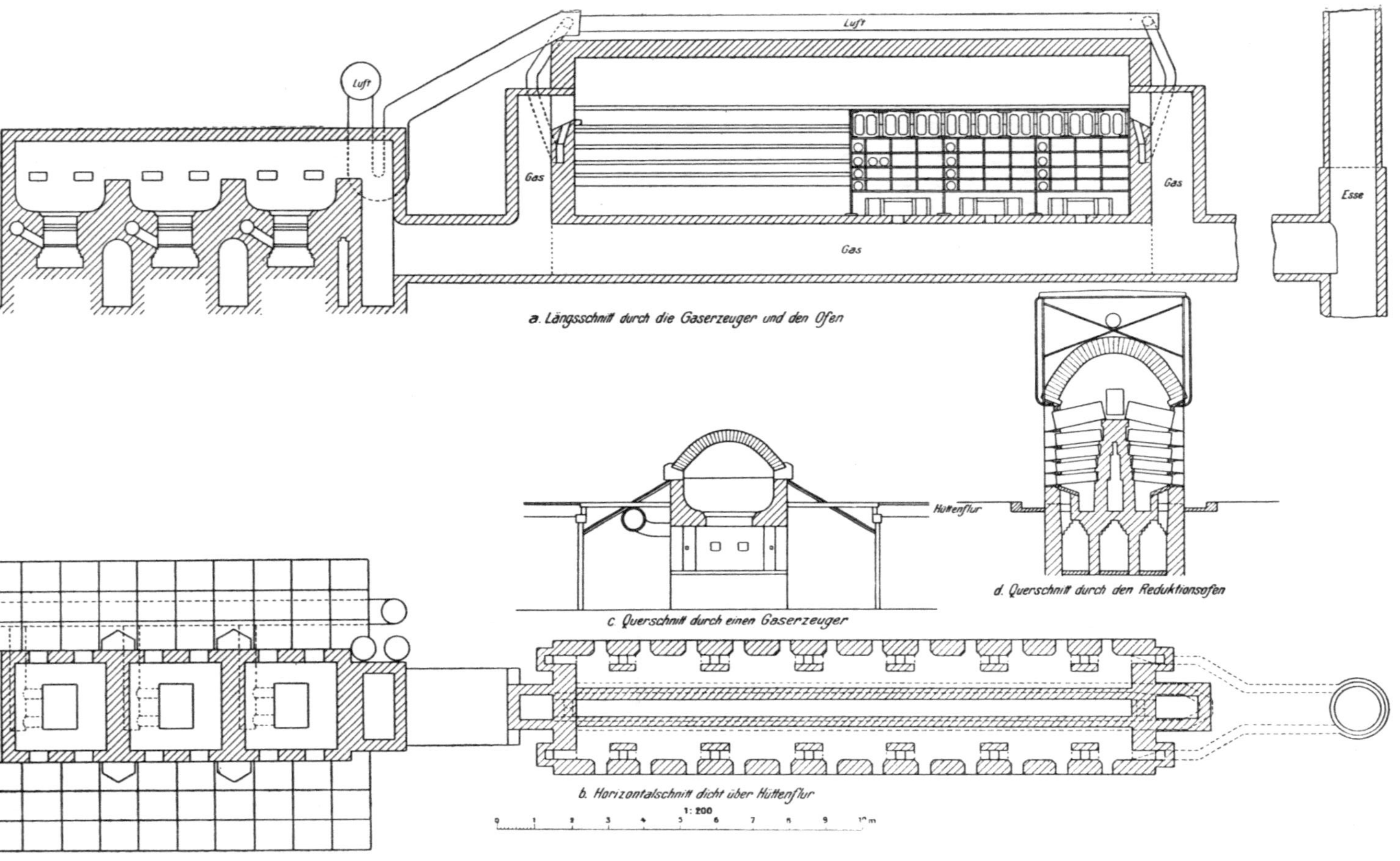

Fig. 37. *Hegelers* erster Zinkofen mit Gasfeuerung (1872).

Reduktionsgefäßen und zog dann durch dieselben hindurch nach unten, verteilt durch eine Anzahl (16) einstellbarer Abzugsöffnungen, welche in rechts und links vom Gaskanal unter dem Ofen liegende Abhitzekanäle, die zur abseits vom Ofen stehenden Esse führten, einmündeten. Der Teil des Heizgases, welches den weiteren Weg unter dem Ofen vor dem Eintritt in denselben zurücklegen mußte, wurde durch die dem Gaskanal benachbarten Abhitzekanäle vorgeheizt. Danach wurde die verlorene Wärme noch zur Vorwärmung der Verbrennungsluft in einem besonderen, gußeisernen Winderhitzer und zur Dampferzeugung benutzt.

Die Verbrennungsluft gelangte jedoch in nur wenig heißem Zustande zum Ofen, was der gleichmäßigen Beheizung des großen und hohen Ofenraumes eher förderlich als nachteilig war, denn eine zu energische, sogleich vollkommene Verbrennung muß vermieden werden, wenn nicht eine zu starke Erhitzung der zuerst getroffenen Gefäße und ungenügende Beheizung der weiter von den Brennern abliegenden eintreten soll. Wir legten unsere Ansicht über diesen Punkt schon gelegentlich der Anwendung des Siemensregenerativsystems auf den belgischen Ofen dar. Dieselbe wird unterstützt durch die Mißerfolge, welche dieses System überall erlebt hat. In Nordamerika ist es auf mehreren Zinkhütten versucht worden,[1] aber fast überall wieder aufgegeben. Dort, wo es sich behauptet hat, haben die Öfen nur wenige Retortenreihen, sie sind daher mehr dem rheinischen Typ zuzurechnen. Nur bei der Illinois Zinc Co. in Peru ist der von *Neureuther* 1901 modifizierte Ofen mit 5, aber auch nur mit 5 Reihen Röhren in Anwendung In *Ingalls* Metallurgy of Zinc and Cadmium ist auf S. 462 eine Abbildung des Ofens zu finden. Über die mit dem Ofen erzielten Betriebsergebnisse ist leider nichts berichtet. *Neureuther* verlegte die Brenner, d. h. die Mischräume für Gas und Luft in die verdickte Mittelwand zwischen den Retortenräumen und läßt die dort gebildete Flamme verteilt unter der ersten, zweiten und dritten Retortenreihe von unten bald in die eine, bald in die andere Ofenseite eintreten.

Nach dieser Abschweifung kehren wir zu dem Hegelerofen zurück. Der in der Figur dargestellte Ofen wurde im Jahre 1873 auch in Deutschland vom Märkisch Westfälischen Bergwerksverein in Letmathe versucht. Der Ofen war der gegebenen Abbildung fast genau entsprechend gebaut, nur hatte man ihn mit zwei Schachtgeneratoren, je einem vor jedem Ofenkopfe, ausgerüstet. Man gab den Betrieb sehr bald wieder auf, da es aussichtslos erschien, zu einem Betriebsgange zu gelangen, der den alten Lütticher Öfen gegenüber Vorteile bot, und man nach dem voraufgegangenen Mißerfolge mit dem Dähneofen (s. S. 148) größerer Geldopfer müde war. Der Verfasser hat den Eindruck erhalten, daß die Gaserzeuger nicht ausreichten, um den Ofen mit genügender Brennstoffmenge zu versehen.[2]

In der Folge hat *Hegeler* seinem Gasofen wesentlich andere Formen

---

[1] Von der *Gramby Mining and Smelting Co.* zu Pittsburg (Kansas) und der *Richard Hill Mining & Smelting Co.* zu Richard Hill (Missouri).

[2] Der Verfasser hat denselben im Frühjahre 1873 dort noch in Betrieb gesehen.

gegeben, womit auch die Notwendigkeit, den Reduktionsgefäßen eine so verschiedene Gestalt zu geben, fortfiel. Die modernen Öfen haben zwei langgestreckte, durch eine bis zur Gewölbekappe hinaufreichende Mittelwand getrennte Retortenkammern, welche von einem Ende zum anderen von den Heizgasen durchzogen werden. Die an einem Ende liegende Batterie von 4 großen Gaserzeugern, welche mit Unterwind betrieben werden,[1] liefern das Heizgas in einen Sammelkanal, in welchem ein Exhaustor nach der Art der bekannten Root-Blower eingebaut ist. Auf diese Weise wird es ermöglicht, das Gas unter einem konstanten Drucke dem Ofen zuzuführen, um so mehr,

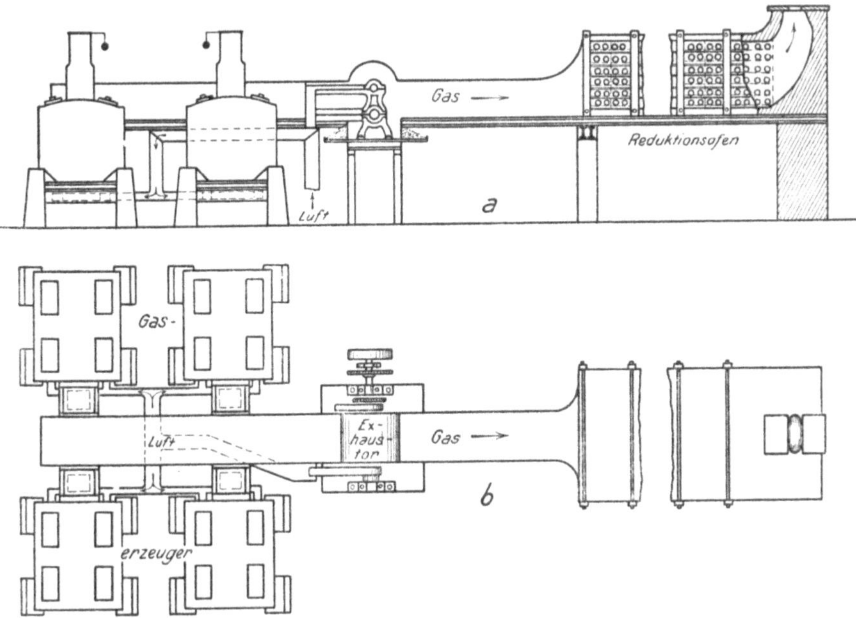

Fig. 38. *Hegeler*-Ofen neuerer Bauart.

weil die den Exhaustor treibende Maschinerie auch den Unterwind regelt und selbsttätig die Menge des letzteren und damit die Gaserzeugung dem Gasverbrauche anpaßt. Der sinnreiche Apparat ist von *Ingalls* S. 455ff. ausführlich beschrieben.

Fig. 38 *a* und *b* zeigt ein Schema der Ofenanlage in Aufriß und Grundriß. Links die Batterie von 4 Gaserzeugern, rechts der Reduktionsofen. Beide verbindet der Gaskanal mit dem Exhaustor. Es ist Vorsorge getroffen, daß bei Reparaturen des letzteren die Gase mit natürlichem Zuge zum Ofen gelangen, indem ein in der Figur nicht gezeichneter Umlaufskanal vorgesehen

---

[1] Es kann nicht unsere Aufgabe sein, bei der Darstellung der Gewinnung des Zinks alle Arten von Gaserzeugern zu beschreiben, welche zur Beheizung von Zinköfen in Anwendung gekommen sind. Sonderwerke, von der vorliegenden Sammlung *Fischer*s „Kraftgas" gewähren erschöpfende Auskunft über moderne Gasgeneratoren. Der in La Salle benutzte Gaserzeuger ist in Amerika als *Hegeler*-Producer bekannt.

ist. Die Retortenkammern erscheinen in Abteilungen geteilt, welche sich
jedoch im Innern des Ofens nur dadurch kennzeichnen, daß nach je 4 Retorten
in der Reihe nebeneinander ein verhältnismäßig breiter Zwischenraum liegt.[1]
An jeder dieser Stellen steht in der Vorderwand eine stärkere Säule, welche
den Raum zur Einführung der Verbrennungsluft bietet. Die letztere wird
durch Düsenrohre, welche in diese Vorhangsäulen eingefügt sind, und von
einem über der Vorwand der Länge nach hinlaufenden Druckluftrohre mit
Wind von einem 38 mm Wassersäule entsprechenden Druck gespeist werden,
der Höhe nach an mehreren Punkten in den Ofen eingeblasen. Wir finden
die Einrichtung sogleich bei den mit Naturgas geheizten, amerikanischen
Reduktionsöfen wieder, bei deren Beschreibung wir Gelegenheit finden werden,
sie näher zu erläutern.

In La Salle sind solche Öfen von verschiedener Länge und Höhe im Gebrauch, sie enthalten:

4 Röhrenreihen zu je 56 Stück, auf beiden Seiten also zusammen 448 Retorten
4   „   „ „ 72 „   „   „   „   „   „   576   „
6   „   „ „ 72 „   „   „   „   „   · „   864   „
und 6   „   „ „ 84 „   „   „   „   „   „   1008   „

bei den neuesten Öfen. Man ist also mit der Ausdehnung der Heizräume nach
der Länge hin immer weiter gegangen, wobei sich aber eine Abnahme in dem
Beheizungsgrade der Retorten fühlbar gemacht hat, die man durch eine nach
dem Ende des Ofens hin allmählich verringerte Belastung der Röhren aus-
gleicht, oder dadurch, daß man leicht reduzierbares Material, wie Zinkgekrätz,
Zinkstaub und zinkhaltigen Flugstaub und sonstige Abgänge im letzten Teile
des Ofens verarbeitet.

Diese Erscheinung ist leicht zu erklären, da bei der Beheizung großer bzw.
langer Ofenräume sich in dem nach dem Abzuge zur Esse hin liegenden Teile
immer mehr die Verbrennungsprodukte ansammeln und so die noch brennbaren
Heizgasreste verdünnen, so daß eine trägere Verbrennung derselben Platz
greift. Dazu kommt, daß bei einer stufenweisen Verbrennung das die
Wärme tragende Gasvolumen immer größer wird und damit bei der Durch-
strömung desselben Ofenquerschnitts eine größere Geschwindigkeit annimmt
und deshalb weniger Zeit zur Abgabe seiner Wärme an die zu beheizenden
Körper findet.

Es ist deshalb fraglich, ob mit großen Öfen auch eine der Ausdehnung
entsprechende Ersparnis an Brennstoff erreicht werden kann. Der Vorteil
derselben fällt jedoch in die Augen, daß die zur Beheizung eines großen Ofens
erforderliche große Gasquelle eine gleichmäßigere Zufuhr von Brennstoff
gewährleistet, als ein einzelner Generator, der einen kleinen Ofen zu versorgen hat. Immerhin ist beim Zinkofenbetrieb während der Beschickungs-
zeit ausreichende Gelegenheit gegeben, um die Unregelmäßigkeit in der
Gaserzeugung bei kleinen Anlagen wenig fühlbar für den Ofengang zu ge-

---

[1] *F. W. Matthiesen* hatte nach einer uns vorliegenden, alten Patentanmeldung diese
Zwischenräume mit Luftretorten mit seitlichen Ausströmungen ausgefüllt, welche durch
die Abhitze stark vorgewärmte Luft dem Verbrennungsraume zuführten.

stalten, indem die Reinigung und Entschlackung der Roste auf eine Zeit
verlegt werden, in welcher die schärfste Beheizung des Ofens nicht gefordert ist.

Es ist zu bedauern, daß Betriebszahlen über den Brennstoffverbrauch
der großen amerikanischen Öfen nicht zur Verfügung stehen, welche dieser
theoretischen Beurteilung derselben gegenübergestellt werden können, um
ihre Richtigkeit zu beweisen oder uns durch die Praxis eines Besseren zu
belehren.

Einen großen Vorteil gewähren aber zweifellos die langen, nicht die hohen,
großen Öfen, den der leichteren Bedienung und damit der besseren Ausnutzung
der für dieselbe erforderlichen Arbeitskraft, und das ist für die Amerikaner wohl
der ausschlaggebende Grund für die fortschreitende Vergrößerung ihrer Öfen
gewesen, wobei sie freilich das Mißliche mit in den Kauf nehmen mußten,

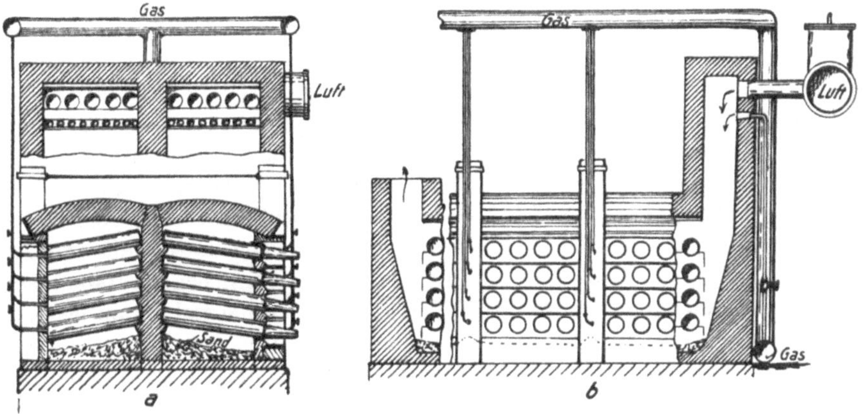

Fig. 39. *Hegelers* Ofen für Naturgas.

bei Ofenreparaturen mit einem großen Teile der Produktionsfähigkeit brach
zu liegen.

Im übrigen hat *Hegeler*, wie schon erwähnt, noch für eine weitgehende
Ausnutzung der Abhitze seiner Öfen Sorge getragen, indem er sie zur Dampferzeugung zum Antrieb der maschinellen Ausstattung der Hütte benutzte,
denn auch in dieser Beziehung war er in vorbildlicher Weise vorgegangen.

Zur Heizung mit Naturgas hat sich *Hegeler* im Jahre 1898 einen Ofen
schützen lassen,[1] dessen Retortenräume dieselbe Gestalt haben, wie die mit
Generatorgas geheizten Öfen. Er kehrt aber bei diesem die Weise der Vermischung von Gas und Luft um, indem er die für die Versorgung des Ofens
nötige Luft auf einmal an dem einen Ende des Ofens zuführt und das aus dem
großen Speicher der Natur entnommene Gas in Portionen genau so zugibt,
wie bei dem Generatorgasofen die Luft. Ein Überfluß von Gas kann auf diese
Weise leicht vermieden werden, da derselbe am Ausgange des Ofens durch
eine starke Flammenbildung angezeigt wird. Diese Betriebsart bietet auch

---

[1] U. St. P. Nr. 612104 (11. Oktober 1898).

den Vorteil, daß die Verbrennungsluft durch die Ofenabhitze stark vorgewärmt und so eine gleichmäßigere Beheizung des ganzen Ofenraumes erreicht werden kann.

Die Fig. 39 *a* und *b* veranschaulicht die *Hegeler*sche Ofenkonstruktion, welche zwar nach *Ingalls* bis zum Jahre 1903 noch nicht ausgeführt worden war, aber doch der näheren Betrachtung wert ist. Die heiße Luft tritt aus dem Zuleitungsrohr zunächst in einen auf dem einen Ofenende aufgesetzten gemauerten Vorraum durch eine Anzahl Rohrstutzen ein, dicht darunter wird durch eine Reihe Düsen soviel Naturgas unter genügendem Druck zugeführt, wie zur ausreichenden Beheizung der ersten Ofenabteilung erforderlich ist. Die weitere Gaszuführung erfolgt dann durch die Pfeiler des Vorhanges hindurch, welche die Retortenräume so teilen, daß, wie schon erwähnt, Gruppen von je 4 Röhren in einer Reihe, also bei einem 4reihigen Ofen von zusammen 16 Röhren, gebildet werden.

Die erste Verwendung zur Beheizung von Zinkreduktionsöfen fand das Naturgas weitab von den Quellen desselben in den Staaten Kansas, Missouri, Wisconsin und Tennessee auf der Columbiahütte[1] in Marion im Staate Indiana. Dort gebraucht man jetzt einfache, dem belgischen Typ entsprechende Retortenkammern, in welche das Gas zum größten Teile unterhalb der untersten Retortenreihe zugeleitet wird, und zwar durch etwa 20 mm weite Eisenrohre, welche von einem über den Ofen· herlaufenden Zuführungsrohre abgezweigt und neben oder vor den Pfeilern der Vorderwände nach unten geführt sind. Die rechtwinklig umgebogenen, mit Drosselventilen versehenen Rohrabzweige, treten frei durch runde Löcher im Vorhang, neben sich soviel Raum lassend, daß eine genügende Menge von Verbrennungsluft durch den Gasstrom angesaugt wird. Die Gaseintrittsröhrchen wirken also als einfache Bunsenbrenner. Eine zweite Reihe von solchen Brennern befindet sich an diesen 1897 erbauten Öfen, welche 200 Röhren (5 Reihen zu 20 auf jeder Ofenseite) faßten, noch über der 3. Reihe von unten. Außer der frei aus dem Hüttenraume angesaugten Luft wird noch weiter Luft mit einer geringen Pressung eingeblasen. Zu diesem Zwecke sind die das Ofengewölbe stützenden, gußeisernen Säulen der Vorderwände zur Hälfte als hohle, viereckige Kasten gestaltet, welche als Luftzuleiter dienen; sie haben Öffnungen, welche vor Löchern der Nischenpfeiler liegen. Außer durch den Vorhang wird aber auch noch Luft unter dem untersten Retortenlager durch Öffnungen aus zwei nebeneinander herlaufenden Kanälen in der Mittelwand (einem für jede Ofenseite) eingeblasen. Die Druckluft erhalten die Pfeiler und Kanäle aus einem längs über den Ofen hinlaufenden Rohre. Die Abgase treten durch 4 Löcher in der Ofenkappe auf jeder Ofenseite in Abzugskanäle, welche über dem Gewölbe zu zwei Essen führen, einem an jedem Ofenende.

Andere dort betriebene Öfen hatten nur eine lange, aber durch Zwischenwände geteilte Retortenkammer mit 80 Röhren in der Reihe (zusammen 400).

---

[1] Die **Zinkwerke** gehörten *James Latourette*, sie werden heute nicht mehr betrieben.

Zwei Öfen dieser Form waren mit den Rücken einander zugekehrt, ließen aber einen genügenden Raum zwischen sich, um die Gaszuführungen aufzunehmen, welche in 33 cm weiten Öffnungen in den Rückwänden unterhalb der untersten Retortenlager in Form von Bunsenbrennern eingebaut waren. Die Abgase wurden durch vier, beiden Öfen gemeinsam dienende Essen abgeführt.

Die Beheizung der beiden Öfen mittelst des mit einem Drucke von 350 mm Wassersäule zuströmenden Naturgases wurde durch einen einizgen Mann geregelt, während die Bedienung der Retorten jeder der durch die erwähnten Scheidewände gebildeten Abteilungen durch besondere Mannschaftsgruppen erfolgte.

Auf einer anderen Hütte Indianas zu Ingalls standen zwei vierreihige Öfen mit 320 und 424 Stück 124 bis 130 cm langen und innen 20 cm weiten Röhren und ähnliche Doppelöfen in Upland mit 220 und 260 Retorten.

Im Staate Kansas, an der Quelle des bequemen und billigen Naturschatzes,[1] sind die Öfen weiter ausgebildet worden.

Die Edgar Zinc Co. in Cherryvale hat ihre 200 Röhren fassenden Doppelöfen auf einen unter der Hüttensohle liegenden, geräumigen Kanal gesetzt, auf dessen Bogen in der Mitte die Mittelwand ruht. (In Indiana standen die Öfen, abgesehen von dem Fundamente, ohne jeden Unterbau auf der Hüttensohle.) In diesem Kanale liegt das Gaszuleitungsrohr, von ihm treten die Abzweigungen durch Öffnungen im Kanalgewölbe unter die unterste Retortenreihe. Außerdem befinden sich aber noch Gaseinmündungen zwischen der zweiten und dritten Reihe von unten, neben jeder zweiten Röhre, d. h. an jedem Pfeiler an den Ofenfronten, wohin dasselbe mit einem Druck von 175 mm Wassersäule durch horizontal vor den Vorderwänden herlaufende Gasröhren geleitet wird.

Die Zinkhütten bei Jola hatten den *Hegeler*typ für Generatorgas für die Naturgasheizung angenommen, langgestreckte Retortenkammern, fünf Reihen Röhren zu 60, 62 und 66 Stück (127 cm lang, 20 cm innen weit) enthaltend, bei welchen das Gas an einem Ende, wo ein Raum zur freien Flammenentwicklung freigelassen war, durch Bunsenbrenner eintrat. Zwei solcher Kammern lagen mit der Rückwand aneinander, so daß einer dieser Doppelöfen 600 bis 660 Röhren aufnahm. Die weitere Verbrennungsluft wurde in der Vorderwand, wie das Gas in der bei Beschreibung der Fig. 39 geschilderten Weise sukzessive eingeführt.

Der Betrieb dieser Öfen stieß auf große Schwierigkeiten, weil die Spaltung der Kohlenwasserstoffe die Ablagerung solcher Massen von Ruß auf den Röhren, besonders am Gaseintrittsende des Ofens, hervorbrachte, daß die Zwischenräume für den Durchgang der Heizgase nicht mehr ausreichten. Auch wurde die Einwirkung der Flamme auf die Retortenwände naturgemäß dadurch stark beeinträchtigt. Es war deshalb eine häufige Ausräumung des Rußes erforderlich, die von Öffnungen im Vorhang aus vorgenommen wurde.

---

[1] Die 1000 engl. Kubikfuß Naturgas sind mit 2 Cents = 1 cbm mit rund 0,3 Pfg. zu bewerten.

Zur Abstellung dieser Mißstände führte man nur einen Teil des Gases am Ofenende ein, das übrige zusammen mit Luft verteilt an der Front des Ofens. Schließlich hat man die Einführung an einem Ofenende ganz verlassen und benutzt nur noch die in Fig. 40 a—b veranschaulichte Einrichtung eines 1899 gebauten Ofens für die Gas- und Luftzuführung, wodurch der Mischraum für Gas und Luft zwecks freier Flammenentfaltung überflüssig geworden ist.

Die erste Gas- und Luftzuführung findet jetzt vor den Retorten an einem Ende des Ofens statt, wie die Fig. 40 a rechts zeigt, der Abzug der Heizgase am anderen Ende (links). Jede Nische des Vorhangs nimmt zwei Röhren auf. Nach jeder zweiten Nische sind dieselben durch einen breiten Pfeiler, der dem Gewölbe zugleich als Träger dient, getrennt, durch welchen die Gas- und Luftzutrittsöffnungen hindurchgeführt sind. Die Röhren liegen also in Gruppen von je 20 Stück im Ofen, zwischen welchen sich ein der Pfeilerbreite entsprechender, freier Raum

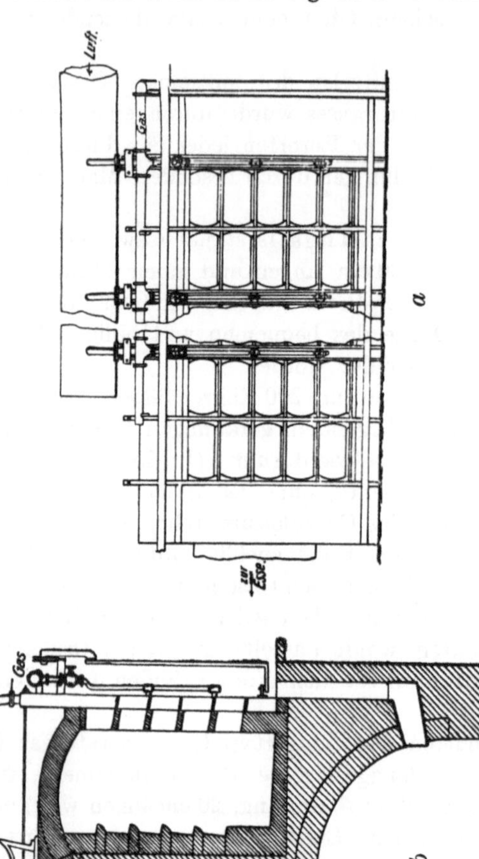

Fig. 40. Doppelofen für Naturgas in Jola. 23,2 m lang. M. 1:85.

befindet, in welchem sich die Flammen bilden. Das Naturgas wird durch zwei über die Vorderwände des Ofens hinlaufende 10 cm weite, an Ventile der Hauptleitung angeschlossene Eisenrohre zugeführt, von welchem an den erwähnten Vorderwandpfeilern 25 mm weite, ebenfalls mit Ventilen versehene Rohre abzweigen, welche sich wiederum in zwei 13 mm weite

Zweige teilen, von denen einer zwischen der zweiten und dritten Röhrenreihe von oben, der andere zwischen der vierten und fünften Reihe (ersten und zweiten von unten an gezählt) durch 50 mm weite Öffnungen in den Pfeilern hindurchtretend in den Ofen mündet. Während man früher mit einem Gasdrucke von 350 bis 700 mm Wassersäule arbeitete, reduziert man denselben in neuerer Zeit durch in die Leitung eingeschaltete Reduzierapparate, sog. Chaplin-Fulton-Gasdruckregulatoren, auf 260 bis 175 mm Wassersäule, weil die Praxis gelehrt hat, daß sich der Ofengang bei dem geringeren Gasdrucke besser regeln läßt. Ein solcher Regulator ist für jeden Ofen besonders vorhanden, steht aber in einer Entfernung von etwa 15 m vom Ofenhause ab, weil die Explosion eines der früher nahe am Ofen stehenden Apparate die Ofenhalle durch Feuer zerstört hatte.

Das Luftzuleitungsrohr über dem Ofen hat eine Weite von 60 cm, von welchem 100 mm weite Abzweige zu den Vorderwandpfeilern führen. In jedem derselben ist der Luftdurchgang durch einen Schieber einzustellen. Die gepreßte Luft liefernden Ventilatoren sind im gemeinsamen Maschinenhause aufgestellt. Ein Ventilator von rund 3 m Flügelweite genügt zur Versorgung von fünf großen Doppelöfen, er liefert Wind von einem einer 88 mm hohen Wassersäule entsprechenden Drucke, der sich durch Reibung bis zu den Öfen auf 70 bis 55 mm herab vermindert. Die Luft wird an fünf Stellen in der Höhe der Vorderwand, also unterhalb jeder Röhrenreihe zugeführt, an zwei Stellen zusammen mit dem Gas, meistens derart, daß die Gasdüse durch die Luftdüse hindurchgeht, wie aus der Zeichnung (Fig. 40b) deutlich zu ersehen ist.

Rob. H. und *William Lanyon*, die Besitzer der Lanyon Zinc Co. in Jola haben den Vorderwandpfeilern eine kastenartige Form gegeben, deren innerer Hohlraum zur Luftzuführung dient.[1] Öffnungen in der an die Steinfachwand des Vorhanges anschließenden Seite entsprechen solchen in den dahinter stehenden stärkeren Tonpfeilern des letzteren.

Einen starken Kaminzug vermeidet man in Jola, weil er sich als nachteilig für den Ofengang erwiesen hat.

Beachtenswert ist noch der in der Figur zu sehende, seitlich verschiebbare Blechvorhang zum Schutze der Arbeiter während der Räumung und Beschickung der Retorten.

Die Doppelöfen stehen, wie die Figur zeigt, meist auf einem geräumigen, hochgewölbten Kanale, in welchen die Taschen, welche die Räumasche aufnehmen, ausmünden. Die Abfuhr der letzteren erfolgt also von diesen Kanälen aus.

Nach *Ingalls*, dessen Metallurgy of Zinc and Cadmium die Beschreibung des Standes der amerikanischen Zinkindustrie zu Anfang dieses Jahrhunderts nebst einigen Zeichnungen entnommen ist, sind die Resultate, welche die Jolaöfen liefern, durchaus gleichwertig den mit Kohle beheizten Öfen.

Wir müssen den Leser, der sich eingehender über die Verhältnisse der amerikanischen Zinkhütten unterrichten will, auf *Ingalls* Werk verweisen,

---

[1] U. St. P. Nr. 616 475 vom 27. Dezember 1898.

wollen aber noch einige der neuesten Zeit angehörige Ofenkonstruktionen Amerikas vor Abschluß der Entwicklung des belgischen Systems betrachten.

Im Jahre 1902 ist *George G. Convers* und *Arthur De Saulles* in den Vereinigten Staaten ein Ofen belgischen Systems mit Rekuperativfeuerung geschützt worden, welcher der in Stolberg und Hamborn bei den dreireihigen rheinischen Öfen gebräuchlichen Konstruktion nachgebildet ist.[1]

Während bei den rheinischen Öfen Gas und Luft in der Mitte des Ofenherdes zusammentreten, die Brenner also zwischen den beiden Retortenreihen liegen, und die Flammen von oben her nach rechts und links zwischen den Retorten hindurch nach Kanälen hinter den Vorlagennischen abziehen, haben die Erfinder auf jeder Seite je eine Reihe Brenner unter die unterste Retortenreihe gelegt, lassen die Flammen nach oben schlagen und gemeinsam von beiden Seiten durch einen in der Mitte unter dem Herde liegenden Abhitzekanal abziehen.

Fig. 41 zeigt einen Querschnitt durch den Ofen, in welchem der Zug der Heizgase durch Pfeile veranschaulicht ist. Aus dem den Ofen der ganzen Länge nach in der Mitte durchziehenden Abhitzekanal fallen sie durch einen senkrechten Schacht an dem einen Kopfende des Ofens nach unten bis zur oberen Hälfte der Rekuperativkammern. Dort (in der Höhe des Gaskanals) verteilen sie sich, wie die horizontalen, punktierten Linien zeigen, nach rechts und links in die beiden Kammern, durchziehen die oberen Hälften in der einen und, am anderen Ofenende umkehrend, die unteren in der anderen Richtung, und ziehen endlich am ersten Kopfende durch den tiefer unter der Kellersohle, liegenden Kanal zur Esse. In einer ausführlicheren Zeichnung der rheinischen Öfen werden wir später diese Heizgasführung durch die Rekuperativkammern noch deutlicher darstellen.

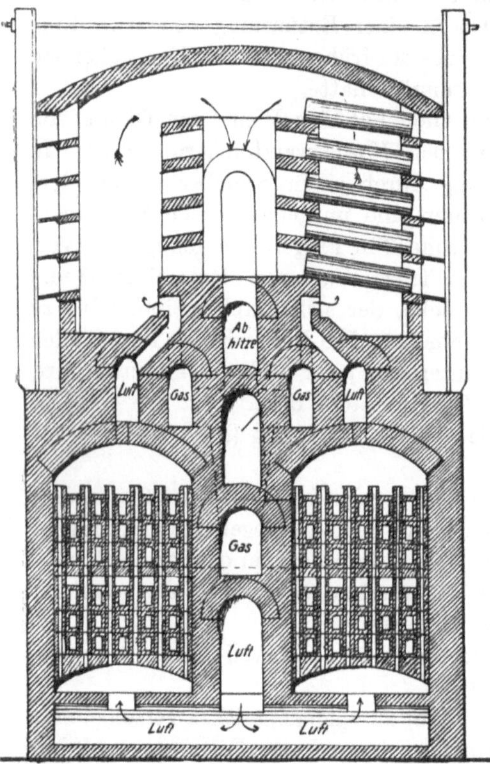

Fig. 41. Ofen mit Rekuperativfeuerung von *Convers* und *De Saulles*.

---

[1] U. St. P. Nr. 712 502 (4. November 1902). *Couvers* weilte zum Studium der rheinischen Zinkhütten im Jahre 1893 längere Zeit in Hamborn während der dortigen Tätigkeit des Verfassers.

Das Gas wird in einem abseits vom Ofen liegenden Gaserzeuger mit drehbarem Rost und Gebläse für Anthracitkohlen, einem sog. Taylor-Producer[1], erzeugt und tritt von der einen Kopfseite her durch einen in der Mitte zwischen den Rekuperatoren liegenden Kanal in den Ofen ein. Es steigt auf halber Länge durch einen Schacht nach oben' und verzweigt sich unter der Sohle des Abhitzekanals nach rechts und links in die beiden, den Ofen der ganzen Länge nach durchziehenden Kanäle, welche es durch Schlitze in ihren Gewölben in die Brenner verteilen.

Parallel zu den letzteren liegen die Luftverteilungskanäle, welche die vorgeheizte Luft aus den darunter befindlichen Rekuperatoren zugeführt erhalten. Der Eintritt der kalten Luft liegt unter dem Gaskanal. Von dort führen zwei Querzüge unter die mit zahlreichen Löchern versehenen Gewölbe, welche die Füllung der Rekuperativkammern tragen. Letztere besteht aus mehrfach von oben nach unten durchbohrten, aufrecht stehenden Platten, welche seitlich durch die die Züge für die Abhitze bildenden Plättchen gegeneinander abgestützt werden. Die Platten werden Loch auf Loch übereinander gestellt, so daß sich zahlreiche' runde, senkrechte Kanälchen bilden, welche die Luft von unten nach oben durchstreicht. Zwischen je zwei Gasschlitzen mündet ein Luftschlitz aus den Luftverteilungskanälen in den Ofen.

Bei der in den beschriebenen Rekuperativkammern gebotenen großen Oberfläche gibt die Abhitze einen großen Teil ihrer Wärme an die Luft ab, so daß die Temperatur derselben etwa 800° erreicht. Hocherhitzt wird auch das Gas vor dem Eintritt in die Brennerschlitze bei der zentralen Lage der Gaszuführungs- und Verteilungskanäle.

Der Ofen ist in South Bethlehem auf der Hütte der New Jersey Zinc Co. in Betrieb. Man bedient sich nach einer Privatmitteilung desselben dort vorherrschend zur Erzeugung von hochwertigem Zinkstaub (blue powder), indem man von der Gewinnung von flüssigem Zink Abstand nimmt und alle Zinkdämpfe in geeigneten Kondensatoren in Staubform niederschlägt.

Die Erfinder haben sich für diesen Zweck einen besonderen Kondensationsapparat schützen lassen.[2] Die Retorte wird an ihrer Mündung mit einem kurzen Rohr besetzt, an welches eine aufrecht stehende Blechtrommel von etwa 120 cm Höhe und 60 cm Durchmesser angeschlossen wird. Gegenüber dem Eintritt des dieselbe mit der Retorte verbindenden Rohres hat sie eine Öffnung, durch welche eine konische Blechdüte eingeschoben wird, um den im Anfang der Destillation auftretenden oxydischen Staub gesondert aufzufangen. Sobald rein metallischer Staub sich niederschlägt, wird diese Düte herausgezogen und die an der Trommel freiwerdende Öffnung mittels eines Schiebers geschlossen. In einer Trommel von den angegebenen Abmessungen sollen in 24 Stunden etwa 120 k Staub von außerordentlich hohem Gehalt an metallischem Zink gewonnen werden. Die in dem Kondensator während der Destillationszeit herrschende Temperatur wird zu 320 bis 415° angegeben.

---

[1] *Ingalls:* Metallurgy of Zink and Cadmium S. 317 ff. — *Fischer:* „Kraftgas" S. 97; D. R. P. 50 137.

[2] U. St. P. Nr. 695 376 (11. März 1902).

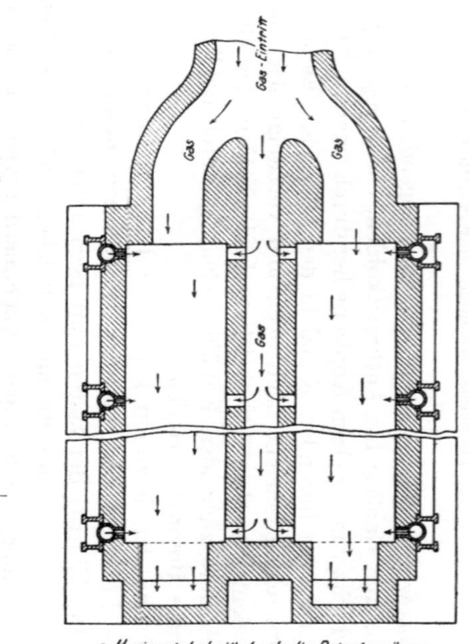

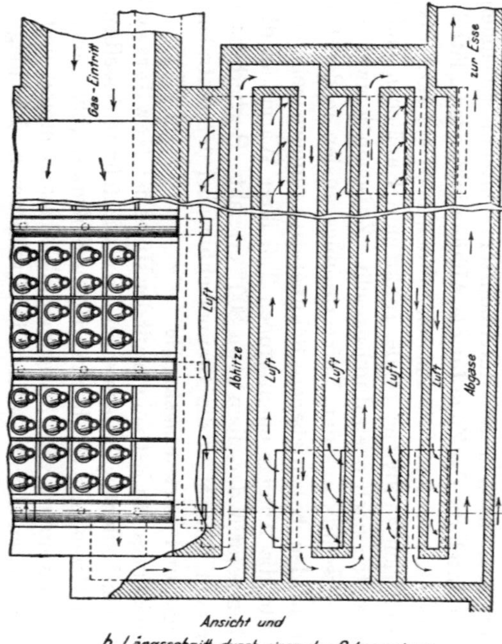

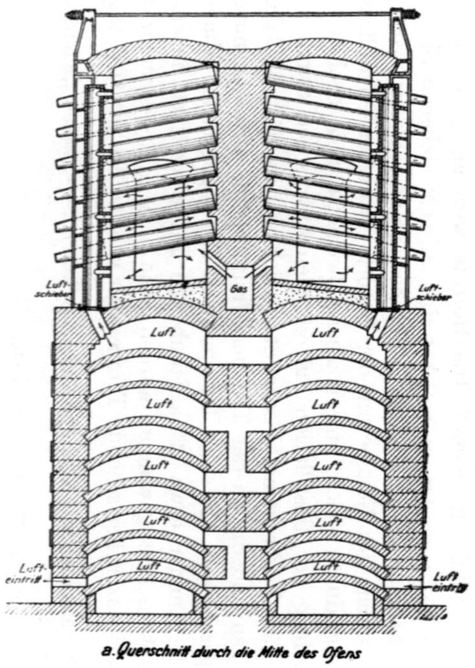

Fig. 42. Ofen mit Rekuperativfeuerung von *Heinz*.

Eine Einrichtung der Ofenfront, welche es ermöglicht, die Temperaturen der Vorlagen an belgischen Öfen zu regeln, ist den Erfindern ebenfalls geschützt[1]. In der zuvor genannten Patentschrift ist ein Ofen beschrieben, der eine oder mehrere Reihen gerade liegender, an beiden Enden offener Röhren in einer von beiden Längsseiten zugängigen Kammer enthält. Dadurch wird die Räumung und Beschickung ohne Beseitigung der Kondensatoren möglich. Die den letzteren gegenüberliegende Öffnung wird natürlich während der Destillationsperiode dicht verschlossen. Es ist uns nicht bekannt geworden, ob ein solcher Ofen gebaut und brauchbar befunden worden ist.

In neuester Zeit hat *Nicolaus L. Heinz* in La Salle in den Vereinigten Staaten ein Patent[2] auf einen mit groß bemessenen Rekuperativräumen ausgerüsteten Ofen für Beheizung mit Generatorgas erhalten, in welchem die Luft im Gegenstrom zu den Abgasen geführt wird.

Fig. 42 a—c gibt die der Patentschrift beigegebenen Zeichnungen wieder.

Das Gas tritt auf dem einen Ende des Ofens über dem Herde durch eine bis zur dritten Retortenreihe hinaufreichende Öffnung in die beiden durch eine Längswand geschiedenen Kammern ein, außerdem aber quer zum Hauptgasstrome noch durch viereckige Öffnungen in der Mittelwand nahe der Herdsohle, denen es durch einen unten in der Trennungswand liegenden besonderen Gaskanal zugeführt wird.

Unter den sechsreihigen Retortenkammern liegen unter Hüttenflur die noch breiteren und höheren Lufterhitzungskammern, von ersteren durch dicke Gewölbe getrennt, welche mit einer starken, durch ein Schamottpflaster abgedeckten Zinderschicht vor der Zerstörung durch Schlacken geschützt sind.

Sie erstrecken sich unter der ganzen Länge des Ofens hin und sind durch dünne Gewölbe in zehn übereinander liegende Räume geschieden, deren Höhe von oben nach unten abnimmt, womit der allmählichen Temperaturerniedrigung und damit eintretenden Volumverminderung der nach unten ziehenden Abgase einerseits und der Volumvergrößerung der aufsteigenden Luft durch die fortschreitende Erhitzung andererseits Rechnung getragen ist. Luft und Abgase strömen auf einem Zickzackwege einander entgegen. Die Verbindungskanäle für die Luft von einem Raume zum anderen liegen in der Rückwand, was klar durch die Figuren a und b gezeigt wird. Die einzelnen Züge sind an den beiden Außenwänden mit einer ausreichenden Anzahl von Reinigungstüren versehen, welche eine bequeme Beseitigung des in ihnen sich ansammelnden Flugstaubes und Zinkoxyds gestatten.

Die kalte Luft tritt also unten in diese Rekuperativkammern ein und unterhalb der Vorderwände aus ihnen aus. Sie findet dort den Weg zum Innern des Ofens durch aufrecht zwischen den Vorderwandsäulen angeordnete Röhren, welche an ihrem unteren Ende mit Regulierschiebern versehen sind. Die Säulen oder Pfeiler der Vorderwände stehen auch hier, wie uns schon von früher her bekannt ist, in solchen Abständen, daß 4 Röhren in horizontaler Richtung zwischen ihnen Platz finden, sie sind aus zwei I-Eisen gebildet,

---

[1] U. St. P. Nr. 694 137 (25. Februar 1902).
[2] U. St. P. Nr. 898 409 (8. September 1908).

zwischen welchen die erwähnten Lufträhren stehen. Jede der letzteren hat vier Ausmündungen in die Retortenkammer, und zwar unter der untersten und innerhalb der zweiten, vierten und obersten Röhrenreihe. Gegenüber der untersten liegt im Fuße der Rückwand jedesmal eine Gaseintrittsöffnung, so daß Gas- und Luftstrom hier aufeinanderprallen und dadurch eine innige Mischung beider bewirkt wird, wozu auch noch der quer dazu und zu den höher liegenden Luftströmen gerichtete Hauptgasstrom beiträgt.

Eine eigenartige, sinnreiche Lösung der Aufgabe, die Ladung und Entleerung der Reduktionsgefäße zu erleichtern, hat *G. A. Wettengel*, St. Louis,. Mo. (U. S. Pat. 901 405, D. R. P. 224 457) gefunden. Er lagert die Retorten in einen drehbaren, mit Gas beheizten Zylinder. Während der Destillationsperiode befinden sich dieselben in horizontaler Lage, und zwar bald auf der einen, bald auf der anderen Seite. Zum Sammeln des in die Vorlagen überdestillierten Zinks senkt er die Mündungen der Gefäße durch Drehung des Zylinders etwa um 15°, wobei das Zink aus den Vorlagen in eine untergelagerte Rinne fließt. Nach jedem, auf diese Weise erleichterten, Zinkziehen will er den Ofen um 180° drehen, um die bisher unten liegende Seite der Retorten nach oben zu bringen.

Nach beendigter Destillation werden die Vorlagen (belgischen Systems) abgenommen und durch Drehung des Ofens um 90° die Mündungen der Retorten nach unten gerichtet, so daß die Rückstände herausfallen. Dabei sollen sich nach den Ergebnissen, die mit einem Versuchsofen erzielt sind, die Retorten selbsttätig vollkommen reinigen, d. h. alle Schlacken ausfließen. Zur Ladung des Ofens wird derselbe nunmehr mit den Retortenmündungen nach oben gerichtet und durch einen über den Ofen geführten Ladeapparat, der aus einer Anzahl konischer Blechgefäße, von denen jedes mit der einer Retorte zugedachten Erzladung gefüllt ist, beschickt. Nach Drehung des Ofens bis zur horizontalen Lage der Retorten werden dieselben mit den Kondensationsgefäßen armiert, und der Ofen ist wieder zur Destillation fertig.

In einem mit 6 (belgischen) Röhren von 1,23 m Länge und 20 mm innerem Durchmesser ausgestattetem Versuchsofen hat *Wettengel* nach seiner im ,,the Engineering and Mining Journal 1. April 1911 (S. 670) gegebenen Schilderung hervorragende Ergebnisse erzielt. Die Röhren erreichten eine Dauer von 154 Tagen im Durchschnitt und waren noch wenig abgenutzt, wie zwei derselben zeigten, welche 167 Chargen verarbeitet hatten und noch nicht defekt waren. Dieselben hatten noch eine Wandstärke von 19 bis 22 mm (die ursprüngliche Dicke der Wandungen ist leider nicht angegeben, vermutlich betrug sie 1″ engl. = 25,4 mm). Eine weitere bedeutungsvolle Errungenschaft!

Während der Versuchszeit war Jopliner Erz mit einem Eisengehalt von 4 bis 5 Proz. verarbeitet worden. *Wettengel* hebt noch hervor, daß die Röhren, weil die Charge in trockenem Zustande eingetragen werden kann, wesentlich mehr Erz aufnehmen können (nach seinen Beobachtungen etwa 15 Proz.), und daß doch ein sehr gutes Ausbringen erreicht wurde, da der Zinkverlust nur 8 Proz. des geladenen Zinks betrug.

Wenn die im kleinen erreichten Ergebnisse sich auch in die Praxis im großen übertragen lassen, würde die Erfindung von hervorragender Bedeutung sein. Vor allem wird es darauf ankommen, einen Ofen zu konstruieren, der einen genügenden Fassungsraum hat, um die Feuerungsgase nach Möglichkeit auszunutzen und die Bedienungsmannschaft ausreichend zu beschäftigen. Die Beheizung eines solchen beweglichen Ofens ist nur mit Gas möglich, und an Orten, wo man nicht verschwenderisch mit Naturgas umgehen kann, ist die Ausnutzung der Abhitze durch das Regenerativ-, oder wenigstens Rekuperativsystem erforderlich, wenn der Brennstoffaufwand nicht die für einen sparsamen Betrieb zulässige Höhe übersteigen soll. Das System wird aber nur auf (belgische) Röhren und dazu gebräuchliche Vorlagentypen anwendbar sein, da sich die Entfernung der Vorlagen nach beendeter Destillationsperiode zwecks Entleerung der Gefäße nicht wohl wird umgehen lassen. Auf den Einbau größerer muffelartiger Retorten und Benutzung bauchiger Vorlagen würde man bei seiner Anwendung verzichten müssen.

In dem letzten Jahrzehnt hat auch der rheinische dreireihige Ofen in Nordamerika Eingang gefunden.

Bei der Entwicklung der belgischen Reduktionsmethode treten die Vorteile, welche man mit der Verbesserung der Feuerungseinrichtungen erreicht hat, weniger hervor, als bei der schlesischen, denn man war schon frühzeitig auf ein erträgliches Maß des Brennstoffverbrauchs selbst mit den einfachen Rostfeuerungen heruntergekommen. Die Ersparnisse im Betriebe mußten hier in der besseren Ausnutzung der Arbeiter gesucht werden. Die kurze 12stündige Reduktionszeit, d. h. die zweimalige Entleerung und Beschickung der Reduktionsgefäße von geringem Fassungsraum, das hierzu notwendige Entfernen und Wiederansetzen der Vorlagen, wozu eine gewisse Handfertigkeit gehört, erfordern eine gewandte und geschulte Mannschaft, die sich nicht ohne weiteres ersetzen läßt und deshalb durch bessere Löhnung an ihre Arbeitsstelle gefesselt werden muß. Das bei dem kleinen Fassungsraum der Kondensationsgefäße nötige häufige Zinkziehen fordert ferner die Anwesenheit einer größeren Bedienungsmannschaft während der Reduktionsperiode, welche an einem kleinen, wenig Gefäße fassenden Ofen nicht voll beschäftigt ist. Man mußte deshalb den billigeren Betrieb in der Ausdehnung der Ofenräume und in der Vergrößerung der Gefäße, die eine 24 Stunden ausdauernde Beschickung aufnehmen konnten, suchen. Des Vergleiches mit der schlesischen Methode wegen sei auch hier der Kohlenverbrauch aus den einzelnen Entwicklungsstadien zusammengestellt. Es wurden für das verhüttete Erz an Steinkohlen gebraucht:

im ersten Lütticher Ofen nach *Karsten*s Angaben . . . . etwa das 7 fache
in dem 1818 von *Hollunder* gesehenen Stolberger Ofen . . „ „ 4 „
1851 zu Corphali nach *Kerl* . . . . „ „ 1,8 „
zu Bleyberg in den Öfen mit Treppenrostfeuerung . . . . . „ „ 1,7 „
im *Loiseau*-Ofen zu Ongrée und Bleyberg . . . . „ „ 1,6 „
im *Hauzeur*-Ofen zu Auby . . . . „ „ 1,4 „
in Letmathe im Ofen mit Treppenrostfeuerung 1858/59 . . . „ „ 1,5 „
„ „ „ „ „ „ 1878 . . . . „ „ 1,48 „
im *Dor*schen Treppenrostofen . . . . „ 1,5 bis 1,35 „

Weiter ist man auch mit den Gasfeuerungen beim belgischen System in früherer Zeit nicht heruntergekommen. *Borgnet* nahm in England einen höheren Kohlenverbrauch in den Kauf gegenüber der Ersparnis an Arbeitslöhnen (s. S. 128).

Die rheinische Methode.

Die rheinische Methode hat sich aus der Benutzung schlesischer Öfen in Rheinland-Westfalen und Belgien heraus entwickelt, indem man bestrebt war, gewisse Vorzüge der belgischen Methode mit der schlesischen zu vereinigen, nachdem man in der Anwendung der Gasfeuerung ein Mittel gefunden hatte, größere Öfen gleichmäßig zu beheizen. Man hat deshalb dieselbe wohl auch als schlesisch - belgische Methode bezeichnet.

Die großen Muffeln Oberschlesiens waren für die reiche und schwere Blendeladung, welche in Rheinland-Westfalen zur Verfügung stand, nicht recht geeignet. Mit der Verminderung des Rauminhaltes, d. h. des Querschnitts derselben ohne Vermehrung der Zahl der Gefäße, hätte man Einbuße an der Leistungsfähigkeit der Öfen erlitten, man baute deshalb zunächst zwei Reihen Muffeln übereinander, was auf keine großen Schwierigkeiten stieß, nachdem man die Bauchvorlage an Stelle der Knievorlage Oberschlesiens bei der schlesischen Muffel eingeführt hatte.

Mit weiterer Verringerung des Querschnitts bzw. der Höhe der Muffel ging man bald noch weiter, d. h. zur Anordnung von 3 Reihen Gefäßen übereinander über. Neuerdings sind versuchsweise in Engis (Nouvelle Montagne), auf Hohenlohehütte in Oberschlesien und in Billwärder 4 Reihen Muffeln übereinander gelegt, und belgische Öfen mit größerer Reihenzahl sind vielfach mit muffelartigen Gefäßen besetzt worden. Man hat die größeren Muffeln auch wieder mit abnehmbaren Vorlagen bauchiger Form ausgerüstet, um eine schnellere Ladung mit Wurfschaufeln und mechanisch betriebenen Apparaten zu ermöglichen.

Damit gehen die Bauarten der rheinischen und belgischen Öfen so ineinander über, daß man die Grenze der einzelnen Methoden kaum noch finden kann. Ein treffendes Beispiel für die Vermischung der schlesischen und belgischen Methode aus älterer Zeit ist der im Jahre 1864 von der Vieille Montagne in Valentin-Cocq und in Viviez (Aveyron) erbaute und mehrere Jahre betriebene Ofen mit einer Reihe großer schlesischer Muffeln (118 cm lang, innen 45 cm hoch und 17 cm breit) und darüber zwei Reihen zylindrischer Retorten (120 cm innen lang und 19 cm weit). Der Ofen für Viviez war von *Wilh. Siemens* entworfen und ist in Frankreich *Ernst Garnier*, dem damaligen Leiter der Zinkhütte in Viviez, patentiert worden[1]. Wir entnehmen den in *Lodins* Metallurgie du Zinc enthaltenen Zeichnungen dieses Ofens (Tafel 19 u. 20) einen Querschnitt, der die Einrichtung ausreichend darstellt. Fig. 43 gibt denselben wieder.

Die Retortenräume haben eine lichte Länge von 5,45 m bei 8 Nischen

---

[1] Franz. Pat. vom 5. April 1864.

zu je 2 Gefäßen in einer Reihe, sie enthalten auf jeder Seite also 16 Muffeln und 32 Röhren. Die Querschnittsmaße sind aus der Zeichnung zu ersehen.

Wie bei den heutigen rheinischen dreireihigen Öfen hatten die gußeisernen Sohlplatten der Vorlagennischen eine abdeckbare Durchlaßöffnung für die Räumasche, welche in Kanäle unter dem Hüttenflur fiel.

Zwei solcher Öfen waren mit der einen Kopfwand aneinander gebaut, und wurden von zwei Gaserzeugern der bekannten ältesten *Siemens*schen Bauart mit Gas versorgt. Die letzteren waren so leistungsfähig, daß ein jeder allein den Doppelofen mit einer ausreichenden Gasmenge versehen konnte. Sie hatten eine Breite von 2,10 m und bis zum Gewölbe eine Höhe von 2,20 m. Die Vorderwand hatte eine Neigung von annähernd 50° und war geschlossen bis auf 1 m Abstand von der Sohle. Unter der schrägen Wand befand sich ein aus sieben Stufen gebildeter Treppenrost, dessen unterste Stufe 20 cm über der Sohle lag, um genügenden Raum zum Ausziehen der Schlacken zu gewähren. Rückwand und Seitenwände waren lotrecht gebaut. Die Beschickung eines jeden Generators erfolgte durch zwei Öff-

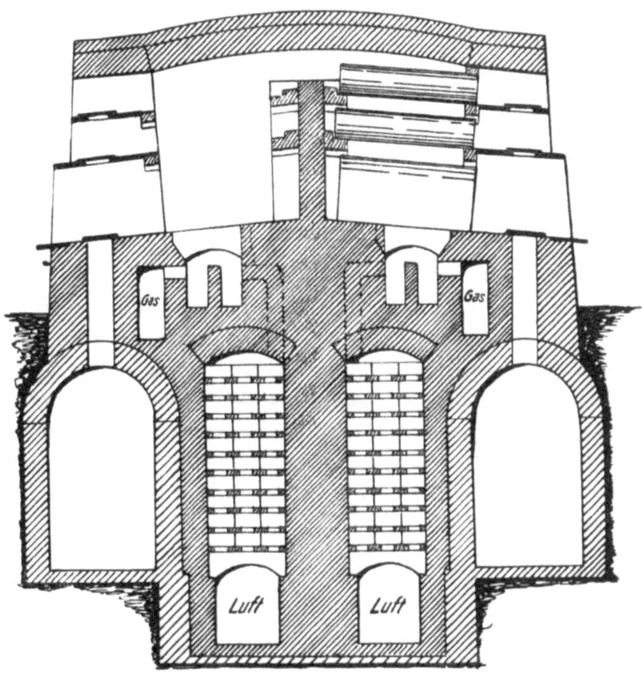

Fig. 43. Schlesisch-belgischer Ofen mit Regenerativ-Feuerung zu Viviez.

nungen im Deckengewölbe derart, daß die Brennstoffschicht gewöhnlich 1 m dick war.

Durch das bekannte Heberrohr wurde das Gas von den abseits vom Ofen liegenden Generatoren den neben den Kopfwänden des Doppelofens liegenden Wechselventilen zugeführt, es trat also in abgekühltem Zustande in den Ofen ein, wo es durch einen der nahe unter den Vorlagennischen liegenden Gaskanäle durch 14 Schlitze in den Brenner verteilt wurde.

Letzterer war mit Schutzbänken für die Muffelböden teilweise überdeckt, welche zwischen sich die Spalten (6 cm breit und 46 cm lang) zum Eintritt der Flamme in den Retortenraum ließen. Das Gas wurde also nicht durch

die Abhitze vorgewärmt, denn es waren nur zwei Regenerativkammern für
die Vorerhitzung der Verbrennungsluft vorhanden.

Diese Luftregeneratoren lagen, wie die Figur zeigt, nebeneinander unter
den Retortenräumen. Sie nahmen die ganze Länge des Unterbaues ein und
waren mit abwechselnden Lagen von Steinen normalen Formates auf hoher
Kante quer zur Längsrichtung und der Länge nach liegenden dünnen Schamottplatten ausgesetzt. Letztere ließen seitlich zwischen sich die Öffnungen für
den Durchgang der Luft bzw. der Abgase. Öffnungen im Deckengewölbe,
welche die Zahl der Gasschlitze um eine übertrafen, führten durch senkrechte,
oben rechtwinklig umgebogene Kanälchen zum Brenner, in den sie gegenüber
den Gaseinlässen mündeten, jedoch in der Richtung zwischen je zwei derselben
und außerdem an beiden Enden.

Die Gas- und Luftströme stießen also nicht aufeinander, sondern be-
rührten sich seitlich, wodurch eine zu intensive, den unteren Retortenreihen
schädliche Verbrennung vermieden werden sollte. Man hatte also schon damals
erkannt, daß man einer zu schnellen, vollkommenen Verbrennung des Gases
bei Anwendung des *Siemens*schen Heizsystems auf den Zinkofen entgegen-
wirken müsse. Zu diesem Zwecke hatte man noch bis zum oberen Rand der
Einströmungsöffnungen hinaufreichende Zungen in die Brennerkanäle eingebaut, man mußte dieselben aber wieder entfernen, weil sie zu hinderlich bei
der Ausräumung der Schlacken waren, welche bei Retortenbruch in die Brennerkanäle gelangten, denn diese dienten zugleich als Schlackentaschen.

Nach *Lodin* wurde der Ofen von zwei Leuten, dem „Brigadier" und
„Grand-Manoeuvre" bedient, welche beim Manöver (Neubeschickung) durch
drei „Petit-Manoeuvres" unterstützt wurden. Außerdem war ein Mann für
jede Schicht für die Bedienung des Generators nötig.

Der Wechsel in der Heizgasführung wurde alle 20 Minuten vorgenommen,
dennoch muß die Beheizung nicht genügt haben, da der Verlust 25 Proz. des
geladenen Zinks (12 Einheiten vom 48 bis 50 Proz. haltenden spanischen,
kieseligen Galmei) betrug. Dabei wurde das 1,44fache an Heizkohle gebraucht,
neben 40 Proz. Erz an Mischkohle. Der Heizkohle waren allerdings 45 Proz.
Zinder von den Rosten anderer Feuerungen zugesetzt. Immerhin war die
Kohlenersparnis gegenüber den auf denselben Werken betriebenen einreihigen und zweireihigen Muffelöfen recht bedeutend, welche vom gleichen
Heizmateriale das 3 bzw. 2,3fache des verhütteten Erzes gebrauchten. Bei
den später gebauten dreireihigen (rheinischen) Muffelöfen mit Halbgasfeuerung
ohne Vorwärmung der Sekundärluft soll sich der Kohlenverbrauch auf das
2,15fache und nach Einführung der letzteren auf das 1,5fache gestellt haben.

Sehr günstig war der Verbrauch von Muffeln und Röhren, denn die
ersteren erreichten eine 65tägige, die letzteren eine 45tägige Dauer, was auch
auf eine zu schwache Beheizung derselben schließen läßt.

Zweireihige Muffelöfen wurden zuerst auf den Hütten der Vieille
Montagne in Belgien, Frankreich und Deutschland, auf den Stolberger Hütten,
in Dortmund und in Bensberg durch Umbau einreihiger Öfen schlesischen
Systems errichtet. Später ist dieser Ofentyp auch in Schlesien, zuerst 1886

auf der Guidottohütte, eingeführt und dort auf mehreren Hütten heute noch im Gebrauche.

Auf der staatlichen Hütte Österreichs in Cilli hat sich noch eine Muffel von großer Höhe beim zweireihigen Ofen erhalten. Derselbe könnte demnach als zweireihiger schlesischer Ofen bezeichnet werden. Die dort heute noch betriebenen Öfen, acht an der Zahl, werden mittels Siemens-regenerativfeuerung beheizt, und zwar mit Flammenführung von einem Ende zum anderen, wie die ersten schlesischen Siemensöfen (Fig. 18). Sie unterscheiden sich jedoch von diesen dadurch, daß die Zuführungskanäle für Gas und Luft nicht von der Frontseite, sondern von der Kopfseite her unter den Ofen treten. Die Muffeln haben einen flachen, 50 mm dicken Boden und bei 30 mm Wandstärke eine lichte Höhe von 420 mm und eine Weite von 200 mm. 34 davon liegen in einer Reihe zu je zwei in einer Nische.

In Oberschlesien selbst ist man dagegen von den großen Muffeln schon beim zweireihigen Ofen, der sich dort heute noch erhalten hat, abgegangen[1], so haben beispielsweise die dem Grafen Henckel von Donnersmarck gehörigen Liebehoffnungshütte und Lazyhütte zweireihige Öfen mit 160 cm langen Muffeln von 30 cm äußerer Höhe im Betrieb. Auf der Lazyhütte standen im Herbst 1909 18 derartige Doppelöfen mit je 56 Muffeln, auf der Liebehoffnungshütte 20 gleiche Öfen und 13 mit 64 Reduktionsgefäßen. Einer der letzteren ist auf folgender Seite in Fig. 44a—c dargestellt. Jeder dieser Doppelöfen wird von zwei Schachtgeneratoren mit Gas versorgt, welche mit natürlichem Luftzug arbeiten. Die Sekundärluft wird durch einen tief unter den Ofenfundamenten die Schmelzhallen der Länge nach durchziehenden Kanal den Öfen zugeführt. Zur Erzeugung der nötigen Druckluft für die vorhandenen 33 Öfen dienen drei Ventilatoren, von denen jeder 18 PS an Kraft gebraucht. Die Bauart des Ofens hat große Ähnlichkeit mit der des in Fig. 17 gezeigten schlesischen Ofens. Jede Ofenhälfte erhält das Heizgas aus einem der Generatoren durch zwei 1,50 m lange Brennerschächte, welche nach unten zu Schlackentaschen erweitert sind. In der Höhe des Hüttenflures mündet die Sekundärluft von beiden Seiten durch je 14 Schlitze in diese ein. Letztere sind durch gewöhnlich verschlossene Öffnungen zwischen den Ab-hitze- und Luftzuführungskanälen von den Aussparungen unter den Vorlagennischen aus durch die Abhitzekanäle hindurch zugänglich.

Die Abgase fallen durch Schächte an beiden Kopfenden des Doppelofens und in der Zwischenwand der beiden Hälften desselben nach unten in Kanäle, welche zur Esse führen. Die Zeichnung ist im übrigen so deutlich, daß wir von einer weiteren Beschreibung Abstand nehmen können.

Die Muffeln sind mit abnehmbaren und deshalb vor dem Gebrauche gebrannten Vorlagen ausgerüstet, welche wir sogleich noch bei den dreiteiligen Öfen kennen lernen werden.

---

[1] Die ersten zweireihigen Öfen wurden auf der im Jahre 1887 neu errichteten Guidottohütte des Fürsten von Donnersmarck nach Dortmunder Muster errichtet. Dort standen 1887/88 Doppelöfen zu je 128 Muffeln mit einer Tagesproduktion von 10 t Rohzink. Heute stehen dort dreireihige Öfen.

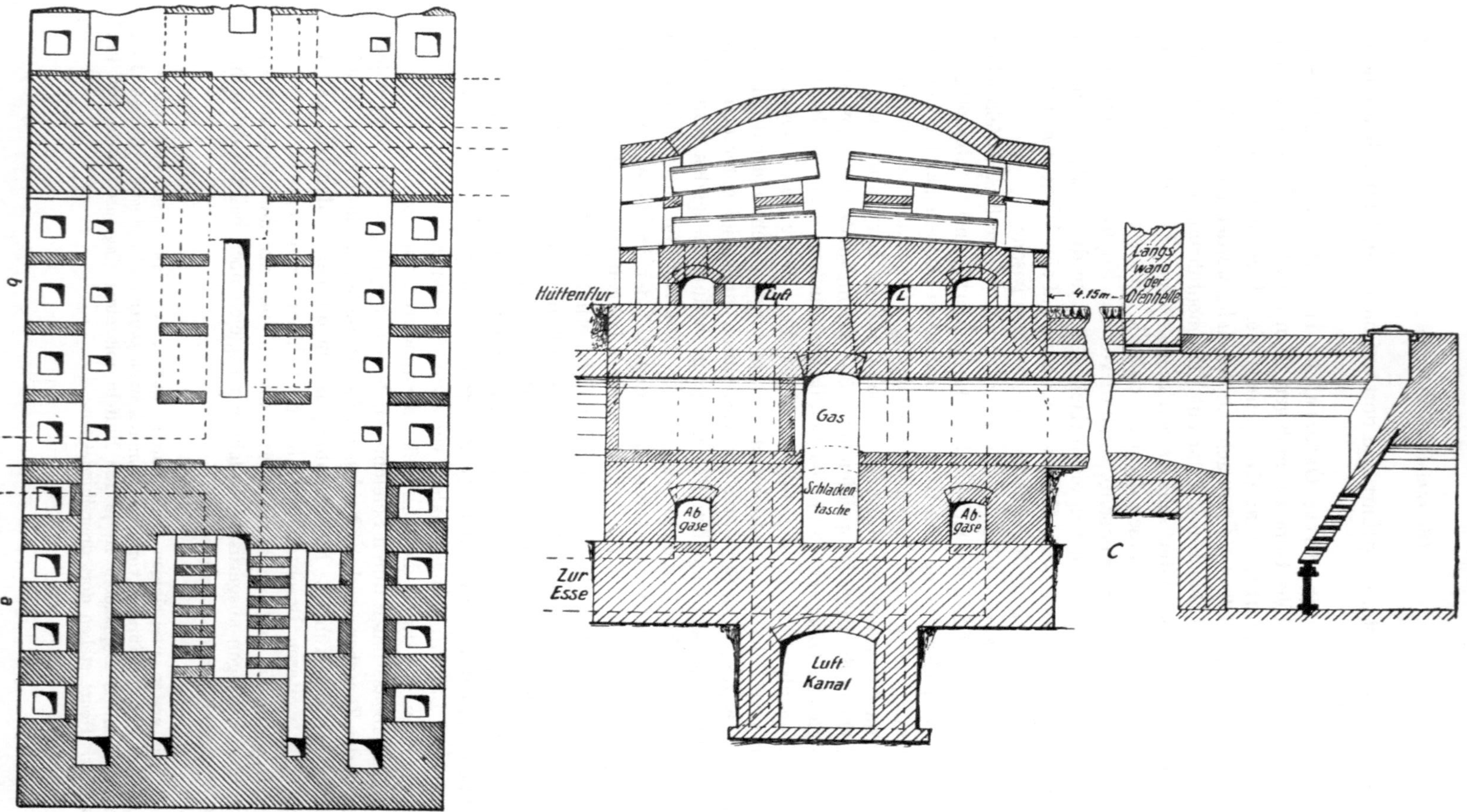

Fig. 44. Zweireihiger Muffelofen Oberschlesiens. M. 1:75.

Die **dreireihigen** Muffelöfen der rheinischen Reduktionsmethode sind, wie schon erwähnt, durch Erhöhung der Heizkammern der zuerst auf rheinisch-westfälischen und belgischen Hütten angewendeten zweireihigen Öfen entstanden, welche ihrerseits aus den dort gebrauchten Öfen schlesischen Systems herausgewachsen waren.

Ein treffendes Beispiel hierfür sind die heute noch auf den Hütten der Vieille Montagne in Flône und Valentin Cocq in Belgien stehenden Öfen. Dort hat sich noch der lange Planrost des schlesischen Muffelofens erhalten, wie wir ihn bei dem Ofen der Stolberger Gesellschaft in Dortmund in Fig. 13 gezeigt haben, nur hat man dem 1,20 bis 1,30 m tiefen Feuerungsschacht, welcher die ganze Hälfte des Doppelofens in einer Länge von 3,50 m ein-

nimmt, noch Sekundärluft, welche auf ihrem Wege in den Seitenmauern derselben eine gewisse Vorwärmung erfährt, zugeführt, in einer ähnlichen Weise, wie es *Mentzel* zuerst bei den schlesischen Öfen getan hat (Fig. 14).

Wir haben unter Zu-hilfenahme einer von *Lodin* (Metallurgie du Zinc, S. 528) gebrachten Darstellung des Ofens in Valentin Cocq[1], und mit Benutzung uns zu-gegangener privater Mitteilungen eines Besuchers der Hütte zu Flône einen Quer-schnitt eines solchen Ofens entworfen, der in Fig. 45 wiedergegeben ist. Die

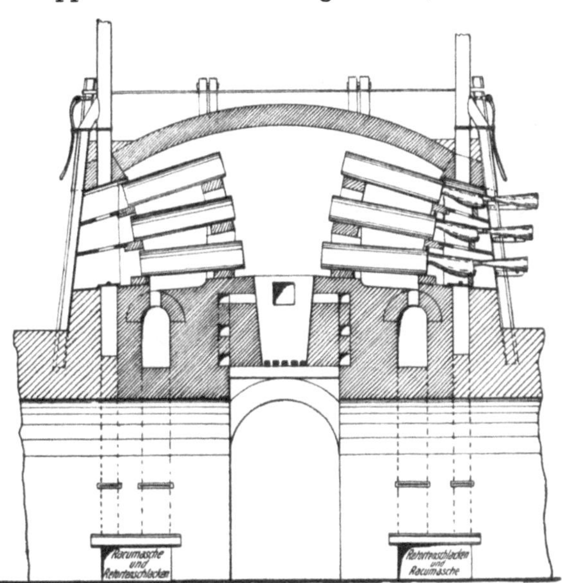

Fig. 45. Dreireihiger Muffelofen in Belgien. M. 1:100.

Feuerung wird mit Unterhaltung eines etwa 20 cm dicken Klinkerrostes und einer etwa 60 cm dicken Kohlenschicht, über welcher die Sekundärluft mündet, als Halbgasfeuer betrieben. Der Kohlenverbrauch ist dabei ein wesentlich höherer, als bei einer vollkommenen Generatorgasheizung — Zahlen stehen uns leider nicht zur Verfügung[2] —, aber das Ausbringen soll ein befriedigendes sein; der Zinkverlust soll 10 bis 12 Proz. des im geladenen Erz enthaltenen Zinks betragen.

Die Heizgase treten durch kleine, 10×10 cm weite Öffnungen hinter den Vorlagennischen in die unter der Ofensohle sich herziehenden, zu der

---

[1] Entstammend einer Veröffentlichung von *Firket* in den Ann. des Mines de Belgique **6**, 11.

[2] Die von *Lodin* (S. 532 seiner Métallurgie du Zinc) angegebene Zahl, das 1,35 bis 1,4fache vom Erz scheint uns zweifelhaft.

auf der Mittelmauer des Ofenmassivs oder abseits davon stehenden Esse führenden Kanäle. Die letzteren haben keine Sohle, sondern liegen über trichterförmigen Taschen. Diese münden, wie die Räumaschentaschen, in die zu beiden Seiten der geräumigen Rösche, welche quer zur Längsrichtung des Ofenmassivs unter jeder Hälfte desselben liegt, ausgesparten Sammelräume,
von ihnen durch Verschlußschieber getrennt, wie es die Figur zeigt.

Der auffallend hohe Unterbau mit der geräumigen Unterkellerung der
Hüttensohle ist geboten wegen des Hochwassers der Maas, an deren Ufern die
Hütten liegen.

Eine Ofenhälfte hat 9 in Flône 53, in Valentin Cocq 62 cm weite Nischen
an jeder Seite mit je 2×3 d. i. 54 Gefäßen. Ein Massiv hat also 216 Muffeln
von rund 1,40 m Länge. Ihr Querschnitt ist oval — 25 cm hoch und 16 cm
breit im Lichten.

Die Wandstärke oben und seitlich beträgt 30 mm, nur der Boden ist auf
40 mm verdickt und außen zu einer geraden Lagerfläche gestaltet. Die
Muffeln liegen hinten auf 30 cm breiten Bänken und vorn 5 cm breit auf den
Nischenplatten auf; die oberen stärker nach vorn geneigt als die andern,
welche ebenfalls hohl liegen, so daß auch diese von unten von der Flamme
umspült werden.

Auffallend gering im Verhältnis zu der großen Rostfläche ist der Gesamt-
querschnitt der Abzugsöffnungen für die Heizgase, von denen sich nur 5 von
den oben angegebenen Abmessungen auf jeder Ofenseite befinden, je zwei
nahe dem Kopfende und drei in der Nähe der Mittelwand — hinter den Nischenpfeilern und dicht an den Seitenwänden des Muffelraumes. Der gesamte
Querschnitt für die $3,5 \times 0,6 = 2,1$ qm große Rostfläche beträgt also nur
$2 \times 5 \times 0,01 = 0,1$ qm.

Die Figur zeigt auch die von der Vieille Montagne auf ihren Hütten gebrauchten, eigenartigen Kondensationsgefäße. Die rund 60 cm langen, zwecks
leichterer Entleerung und Beschickung der Muffeln abnehmbaren Vorlagen
sind nach vorn bauchig so stark erweitert, daß sie die ganze Zinkproduktion
eines Tages fassen, also nur ein einmaliges Zinkziehen in 24 Stunden nötig
wird. Die weitere vordere Öffnung wird mit einem Tonlacken verschlossen,
der im oberen Teile ein kleines konisches Ansatzstück zum Aufstülpen der
konischen Blechtüte trägt. Darunter befindet sich ein kleines, während der
Destillationszeit verschlossenes Loch, welches zum Abstechen des angesammelten Zinks in die untergehaltene Kelle dient. Auch die zur Kondensation des
Zinkstaubes dienende Blechtüte (Allonge, Etouffoir) weicht von der anderweitig gebräuchlichen Form ab.

Zur Ventilation des Hüttenraumes während der Räumarbeit hat man auf
jede Nische einen Blechkamin gesetzt, welcher durch einen Abzweig mit dem
vor den Nischen mittels eines vor den Verankerungsschienen liegenden Blech-
schirmes gebildeten Rauchfange verbunden ist. Hauptrohr wie Zweigrohr
sind während der Destillationszeit mit einem Schieber geschlossen, welcher
mit Hilfe des in der Figur rechts und links oben sichtbaren Hebels bewegt wird.

In Flône stehen in zwei Hallen 20 solcher Öfen, welche eine Jahreserzeugung von 15 000 t Zink gestatten. Ihre Betriebsdauer soll eine verhältnismäßig kurze sein, da die Umfassungswände des Feuerungsschachtes in mittlerer Lage sehr stark dem Verschleiß unterworfen sind, so daß zuweilen schon nach neun Monaten eine Erneuerung notwendig wird. Im Durchschnitt währt eine Betriebsperiode 18 Monate. Die Dauer der Retorten ist eine lange, sie wird zu 53 Tagen angegeben. Eine Vorlage kann 9 bis 10 Tage dienen.

Auf den Hütten zu Borbeck (Rheinland) und Viviez (Frankreich) benutzte die Gesellschaft dagegen Öfen mit abseits liegenden Generatoren und Zuführung von gepreßter Sekundärluft in einen langen, inmitten des Ofenherdes liegenden Brenner. Die Bauart dieser Öfen hat große Ähnlichkeit mit den in Fig. 44 abgebildeten zweireihigen Öfen der Liebehoffnungshütte in Oberschlesien.

Die einen Doppelofen von 216 Retorten versorgenden Gaserzeuger sind zusammengebaut, das Gas eines jeden wird aber gesondert je einer der Ofenhälften zugeführt. Die Breite jedes Generators beträgt 2,50 m bei gleicher Höhe bis unter den Scheitel des Gewölbes. Die Brustwand bildet mit der 5 m unter Hüttenflur liegenden Sohle einen Winkel von 50°. Der dieselbe unten abschließende Treppenrost hat fünf Stufen, von denen die unterste 35 cm von der Aschensohle entfernt ist. Rückwand und Seitenwände stehen lotrecht. Die Kohlenaufgabe erfolgt durch zwei Öffnungen.

Die Gaserzeuger werden mit Unterwind betrieben. Dieser und die Sekundärluft werden von einem Ventilator mit einer Pressung von 20 bis 30 mm Wassersäule geliefert.

Der große Brenner in jeder Ofenhälfte hat eine Länge von 2,30 m und ganz die Form des in Fig. 44 gezeigten. Die Sekundärluft wird von der Scheidewand beider Ofenhälften aus durch einen 50 cm im Quadrat messenden Kanal zugeführt, der in halber Breite verzweigt den Brenner umzieht, und tritt durch 23 Schlitze von 17 cm Höhe und 6 cm Breite in den breiten Gasstrom.

Die Muffeln, von denen, wie in den belgischen Hütten, 18 in einer Reihe der Ofenhälfte liegen, haben in Viviez, wo zu einem Teile solche Öfen mit einigen Abänderungen noch heute im Gebrauche sind, bei einer Länge von 1,35 m einen äußeren Querschnitt von 33,5 zu 21 cm. Innen sind sie 14,5 cm breit, 27 cm hoch und haben eine lichte Länge von 1,31 m. In Borbeck ist der Querschnitt größer, dort beträgt die innere Weite 16 und 30 cm bei 30 mm dicken Wandungen und die Länge 1,40 m.

Die Abmessungen des Muffelraumes sind gleich denen des in Fig. 45 dargestellten Ofens der belgischen Hütten, seine Länge beträgt rund 6 m.

In der letzteren Hütte haben die Öfen größere Änderungen im Laufe der Zeit erfahren und auch in Viviez sind an den neueren Öfen wesentliche Verbesserungen vorgenommen worden, den langen offenen Brenner aber hat man hier beibehalten, ja ihn noch verlängert, weil man den Ofenraum zur Aufnahme von 24 Muffeln in einer Reihe (12 Nischen) erweitert hat. Den Gaserzeuger hat man nahe an den Ofen, und zwar an die schmale Kopfseite desselben gelegt, weil man erfahren hatte, daß eine Brennstoffersparnis damit gegenüber der Lage außerhalb der Ofenhalle erreicht wird. In der Hauptsache galten die Veränderungen aber der Brennergestalt, insbesondere der Zuführungsweise der Sekundärluft, weil bei der alten Einrichtung, dem Eintritt der Verbrennungsluft im rechten Winkel zum Gasstrome, eine starke Beanspruchung der Brennerwandungen eintrat. Außerdem bereitete die Entfernung der Schlacken aus dem nicht, wie bei Fig. 44, zu einer tiefen Schlackentasche vertieften Brennerschachte Schwierigkeiten.

Fig. 46 a bis b ist die Wiedergabe einer Zeichnung dieses neueren Ofens, welche wir den von *Lodin* seinem Werke beigegebenen Tafeln entnommen haben.

Der Ofenraum hat eine Länge von 6,85 erhalten, die Breite desselben ist dieselbe wie bei den früheren Öfen, 3,60 m von Pfeiler zu Pfeiler der Vorlagenischen gemessen; die Nischenbreite ist im Lichten 44 cm, die Pfeiler sind 13 cm dick, die Stützen der hintern Muffelbänke unten 13, oben 11 cm.

Der Brennerschacht ist 4,25 m lang und an seiner engsten Stelle unterhalb der Lufteinmündung 30 cm breit, die Gaseintrittsöffnung hat demnach einen Querschnitt von $4,25 \times 0,30$ m. Nach unten ist der Schacht erst auf 50, dann auf 80 cm verbreitert, er hat eine schräge Sohle und eine 1,20 m hohe Öffnung gegenüber dem Gaseintritt, welche in die Rösche unter dem Ofen mündet und von dieser aus die Entfernung der angesammelten Schlacken und Muffelbruchstücke gestattet. Während des Betriebes wird dieselbe durch Mauerwerk versetzt.

Der Gaserzeuger zeigt auch Abweichungen von der älteren Form. Die schräge Vorderwand ist geschlossen bis auf 60 cm über der Aschenraumsohle, wo sie 80 cm von der wenig geneigten Rückwand absteht, unter ihr bilden zwei Plattenlagen und eine die Kohlenschicht tragende, etwas geneigte, durchbrochene Bodenplatte Schlitze für den Eintritt der Gebläseluft, welche in den durch eine gußeiserne Tür nach außen abgeschlossenen Vorraum durch seitliche Öffnungen eingeführt wird. Man verbrennt in diesem Generator eine sehr unreine minderwertige Feinkohle, welche bei den alten Öfen einen Kohlenaufwand vom 2,15fachen vom Erz erforderlich machte, während er bei den neuen Öfen auf das 1,5fache (nach *Lodin*) heruntergegangen ist bei einer Verhüttung von 4 t Erz in 24 Stunden (etwa 28 k p. Retorte). Dieser Erfolg wird in der Hauptsache der Ausnutzung der Abhitze zur Vorwärmung der Sekundärluft zuzuschreiben sein, welche als eine weitere Verbesserung bei den neuen Öfen eingeführt ist.

Zu diesem Zwecke werden die Heizgase, welche in der bekannten Weise durch Schlitze hinter den Nischenpfeilern in Sammelkanäle treten, noch einmal unter der Sohle der Länge nach durch den Ofen geführt, durch Kanäle, die etwas tiefer als die Sammelkanäle neben dem Brennerschachte liegen. Zwischen beiden Kanälen sind auf beiden Ofenseiten die Zickzackkanäle für die Sekundärluft angeordnet, welche nach dem Durchlaufen derselben durch zahlreiche, schräg aufsteigende Züge — 15 auf jeder Seite — kurz unter der Herdsohle in den Brenner einmündet.

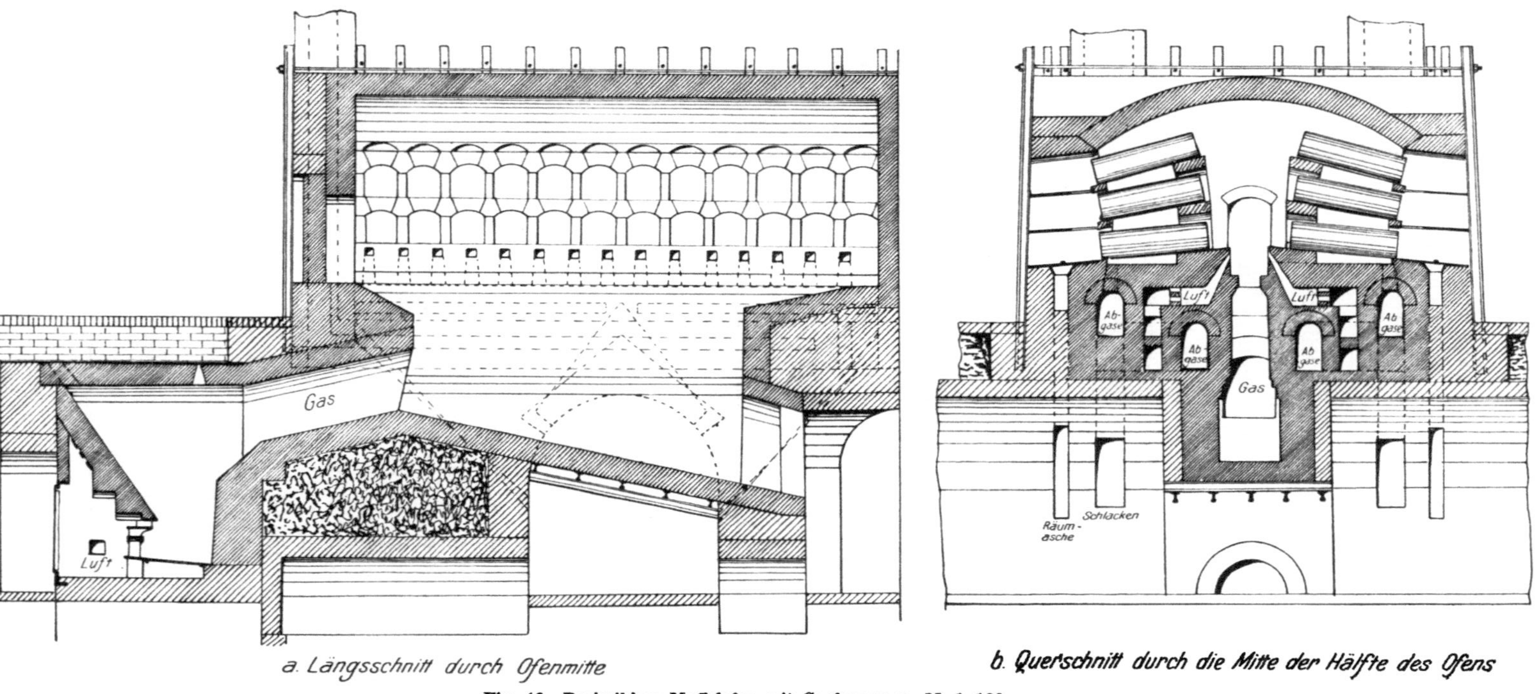

Fig. 46. Dreireihiger Muffelofen mit Gasfeuerung. M. 1:100.

Die Sammelkanäle für die Abgase liegen wie bei dem Ofen in Flône (Fig. 45) über trichterförmigen Taschen, welche in die Querrösche ausmünden. Sie sind in der Zeichnung, wie die Räumaschentaschen durch punktierte Linien angezeigt. Die Öffnungen in der Rösche sind natürlich während des Betriebes geschlossen.

In Valentin-Cocq sind auch Öfen mit zwei Brennern von je 95 cm Länge und 30 cm Breite in jeder Ofenhälfte in Betrieb gewesen, welche in ihrer Feuerungseinrichtung Ähnlichkeit mit dem in Fig. 17 abgebildeten schlesischen Ofen haben, nur daß die Gaserzeuger an den Kopfreihen der Öfen lagen. Die mittels Ventilator zugeführte Sekundärluft durchlief vor dem Eintritte in die Brenner unter der Herdsohle — oder vielmehr unterhalb von den unter derselben liegenden Abhitzekanälen —, in Schlangenwindungen angeordnete Züge, in welchen sie vorgewärmt wurde. Es lag also hier auch schon eine Ausnutzung der Abhitze in mäßigem Umfange vor. Im *Ingalls* sind auf S. 423 bis 426 drei klare Schnitte dieses Ofens zu finden.

In Borbeck hat man den offenen Brenner verlassen. Dort läßt man in der ganzen Länge des Ofens das Gas aus dem unter dem Herde liegenden Gaskanale durch quadratische Öffnungen von 20 cm Seitenlänge, welche von Mitte zu Mitte gemessen in einem Abstande von 50 cm inmitten der Herdsohle liegen, in den Ofenraum eintreten. Zwischen je zwei Gaseinströmungen liegt eine halb so breite, also 20 : 10 cm große rechteckige Öffnung für den Eintritt der Sekundärluft, welche dem Ofen durch einen Ventilator unter einem Drucke von 6 bis 8 cm Wassersäule zugeführt wird. Sie durchstreicht vor dem Eintritt in den Ofenraum Rekuperativkammern, welche rechts und links vom Gaskanale im Unterbau des Ofens liegen. Die Öffnungen stehen abwechselnd mit der rechten und linken Kammer in Verbindung. Um eine innige Mischung der Luft mit dem Gase herbeizuführen, sind die Luftschlitze in einem Abstande von 6 cm vom Herde mit einer Schamottplatte überdeckt, so daß der Luftstrom im rechten Winkel seitlich auf die Gasströme geleitet wird.

Einzelheiten über die Ausstattung der Rekuperatoren stehen uns nicht zur Verfügung, sie werden in ähnlicher Weise zugestellt sein, wie wir sie bei der Beschreibung eines folgenden Ofens kennen lernen werden und sie auch schon bei dem amerikanischen Ofen (Fig. 41) veranschaulicht haben.

Die Öfen haben in Borbeck zum Teil noch die alte Muffelzahl, 108 Stück in jeder Hälfte des Massivs. Zwischen den beiden Ofenhälften befindet sich noch ein Temperraum für die Muffeln mit Benutzung der Abhitze, er wird aber in letzter Zeit nicht mehr gebraucht. Bei neueren Zustellungen ist derselbe beseitigt und dadurch der Raum für eine Vergrößerung der Ofenräume gewonnen, so daß ein Massiv jetzt 240 Muffeln faßt. Die Gaserzeuger, welche früher außerhalb der Schmelzhalle lagen, befinden sich jetzt dicht vor den Kopfseiten des Massivs, einer an jeder derselben, sie haben einen schrägen Rost, der Aschenraum ist durch geneigt liegende Türen verschlossen und die Verbrennungsluft wird mittels eines Dampfstrahlgebläses zugeführt. Der Kohlenverbrauch beträgt nach neueren Angaben das 1,4 bis 1,5fache vom

Additional information of this book

(Zink und Cadmium und ihre Gewinnung aus Erzen und Nebenprodukten; 978-3-662-22732-9; 978-3-662-22732-9_OSFO2)
is provided:

http://Extras.Springer.com

Erz bei Verwendung eines Gemisches von Fettförderkohlen mit etwa einem Drittel Magerkohlen. Die Abgase werden durch abseits stehende Essen abgeführt.

1909 standen in 2 Hallen 10 Massive mit 216 und 2 mit 240 Muffeln.

Auf der Dortmunder Hütte der Stolberger Gesellschaft wurde die Boëtiusfeuerung zur Beheizung in vollkommener Durchbildung der Bauart der Öfen lange Jahre hindurch mit recht zufriedenstellenden Ergebnissen angewendet. Dieselben Öfen hat auch die Gesellschaft „Berzelius" auf ihrer Hütte in Bergisch-Gladbach-Bensberg seit 1883 nach Dortmunder Muster betrieben. Der Direktion der letzteren Gesellschaft verdanken wir eine ausführliche Bauzeichnung dieser Öfen, welche alle Einzelheiten der Bauweise dieser Zeit, die zum großen Teile noch heute üblich ist, zeigt. Wir geben deshalb diese Zeichnung in ausführlicher Form in Fig. 47 a bis f.

Ursprünglich (in den 70er Jahren) hatten die Öfen nur zwei Reihen Muffeln und waren nur mit zwei Boëtius-Generatoren, einem an jedem Kopfende, versehen. Die ungenügende Beheizung des mittleren Ofens und besonders die Erweiterung des Heizraumes auf 3 Retortenreihen, machte die Einfügung einer dritten Feuerung in der Mitte des Ofens nötig, welche in der Weise angeordnet wurde, daß die Beschickung bzw. Bedienung von der einen Längsseite des Ofens aus erfolgen kann, während sich entgegengesetzt auf der anderen Seite die Abzüge (zwei) für die Heizgase zur Esse befinden. Die Sekundärluft trat rechts und links von den Feuerungsrosten mit natürlichem Zuge ein, umlief die Wandungen der Gaserzeuger und breitete sich schließlich vor dem Eintritt in die Brenner unter dem Herde in Verzweigungen der Züge aus, dort die von der Herdsohle und den Wandungen der Abhitzekanäle abgeleitete Ofenwärme aufnehmend. In geringem Maße diente also die Abhitze zur Vorwärmung der Luft.

Der ganze Hüttenraum ist mittels 2,5 m hoher Gewölbe in der Länge und Quere unterkellert, so daß die Feuerungsroste bequem zugänglich sind, dennoch gehörte die Entschlackung derselben zu den schwierigsten und lästigsten Arbeiten bei der Bedienung des Ofens. Die Abfuhr der Räumasche durch die Röschen würde die Arbeit noch erschwert haben, man sammelte deshalb die Retortenrückstände in Räumen, welche unterhalb der Vorlagennischen in den Seitenmauern des Ofens ausgespart waren. Dorthin gelangten sie beim Räumen der Retorten durch die während des Betriebes nach Bedarf verschließbaren Öffnungen in den Bodenplatten der Nischen. In 3 Nischen des Ofens war dies aber nicht zulässig, in denen, welche über den beiden Abzügen der Gase zur Esse und andererseits in der, welche über dem Stochloch des mittleren Gaserzeugers lag. Dort mußten die Rückstände aus dem untersten Teile der Nische vor den Ofen gezogen werden. In dem Horizontalschnitte e zeigt das Fehlen der Öffnungen in den Bodenplatten die betreffenden Stellen. Die Abfuhr der Asche aus den Nischenräumen wurde und wird noch heute bei dieser Einrichtung erst nach Beendigung des Manövers vorgenommen. Sie ist dann schon weit abgekühlt und wird vor dem Aufladen auf die Wagen noch mit Wasser abgeschreckt. Von den Aschenräumen unter den Nischen aus sind auch die Sammelkanäle für die Abgase bequem zugänglich, um daraus die in ihnen angesammelten Schlacken entfernen zu können, denn die Trennungswand zwischen beiden ist durch Öffnungen unterbrochen, welche während der Reduktionszeit mit auflutierten Platten verschlossen werden.

In der uns vorliegenden Zeichnung ist diese Einrichtung nicht zum Ausdruck gebracht worden, dagegen zeigt es deutlich die folgende Figur. Von einer näheren Beschreibung der Einzelheiten des Ofens nehmen wir an dieser Stelle Abstand, weil wir an Hand dieser Zeichnung bei der Behandlung der Bauweise der Zinköfen in einem späteren Abschnitte des Buches ausführlich darauf eingehen werden[1].

Der in der Zeichnung dargestellte Ofen hatte 204 Muffeln von 1,42 m äußerer Länge bei 29 und 16,5 cm lichter Weite. Die Vorlagen hatten eine Länge von 80 cm bei 11,5 bis 16,5 cm Lichtweite. Die Ladung für die Boëtius-Öfen betrug in den 80er Jahren 5200 k mit einem Zinkgehalt von 53 Proz. Erz. Das Ausbringen soll sehr günstig gewesen sein.

Der Verbrauch an Steinkohlen (melierte Kohle, d. i. Förderkohle mit Stückkohlen aufgebessert) wird zum 1,3fachen vom verhütteten Erze angegeben. Wegen hoher Fracht vom Ruhrgebiet her war bei ,,Berzelius'' die Verwendung guter Kohle geboten. Heute sind die Öfen dort durch andere ersetzt, welche mittels Braunkohlen-Gaserzeugern beheizt werden[2].

Auf der anderen Hütte der Stolberger Gesellschaft in Münsterbusch bei Stolberg hatte man sich schon früh (um 1877 herum) einem vollkommneren Heizverfahren mit weitgehender Nutzung der Abhitze des Ofens zur Vorwärmung der Sekundärluft zugewendet, welches auch von Mitte der 80er Jahre ab die Boëtius-Öfen in Dortmund verdrängte und auch beim Neubau der *Grillo*schen Hütte im Jahre 1880 Anwendung fand. Die Öfen haben sich sehr gut bewährt, so daß sie auf den eben genannten drei Hütten noch heute im Betriebe sind. Der Verfasser hat den Betrieb der *Grillo*schen Hütte 10 Jahre (1888 bis 1897) geleitet und spricht deshalb in diesem Falle aus eigener Erfahrung.

Fig. 48 a bis d stellt einen solchen Ofen mit 240 Muffeln dar. Die ausreichende Beheizung durch die auf jedem Kopfende dicht vor dem Ofenmassiv angeordneten Doppel-Schachtgeneratoren gab dem Verfasser Veranlassung, die Ofenräume im Laufe der Zeit um eine Nische, d. h. auf 252 Retorten zu erweitern.

In Münsterbusch hatten die ersten Öfen nur 204 Muffeln, weil man bei der ersten Anlage derselben die Ausdehnung der Boëtiusöfen zugrunde gelegt hatte. Der günstige Erfolg mit der neuen Beheizungsart führte bald zur Vergrößerung derselben, zuerst auf 216, dann auf 240 Retorten. Das

---

[1] Eine Abbildung des Ofens findet sich auch in *Dürre:* Ziele und Grenzen der Elektrometallurgie.

[2] Der letzte dieser Öfen wurde erst 1909 außer Betrieb gesetzt. In 204 Muffeln von 130 : 30,5 : 16,5 inneren Abmessungen wurden 5600 k Erz mit rund 50 Proz. Zink täglich verhüttet. Der Zuschlag an Reduktionskohlen (Ruhrrevier-Magerkohlen) betrug 40 Proz. des Erzes. Der Heizkohlenverbrauch das 1,25fache.

Heizsystem ist als ein modifiziertes *Ponsard*sches bezeichnet worden, ist jedoch mehr als *Gaillard-Haillot*sches[1] anzusehen. Eine Abart von der Stolberger Konstruktion zeigten wir schon in einer Anwendung in Amerika in Fig. 41. Es ist mit dem Siemens-Regenerativsystem erfolgreich in Wettbewerb getreten, besonders auch deshalb, weil der mit dem letzteren zu erzeugende Hitzegrad den Bedarf im Zinkofen übersteigt und bei unachtsamer Bedienung leicht zu Überhitzungen der Retorten und vermehrtem Bruch derselben führt. Zudem wird der Wechsel in der Richtung der Flamme bzw. des Heizgasstromes beim Rekuperativsystem und der damit verbundene Gasverlust vermieden, ebenso, wie der Verlust der Generatorwärme des Gases.

Die Rekuperativöfen verlangen aber eine ganz besondere Sorgfalt bei ihrer Zustellung, vor allem der Ausbau der Lufterhitzer, um sie im Betriebe möglichst dicht zu erhalten, d. h. eine Verbindung von Luftzügen und Abhitzekanälen auf das geringste noch erträgliche Maß zu beschränken. Zu große Undichtigkeiten in denselben können zu ungenügender Luftversorgung des Ofens führen, wenn mit sehr starkem Kaminzuge gearbeitet wird. Die möglichste Verringerung desselben und Anwendung von gepreßter Sekundärluft bei gleichzeitigem Betrieb der Gaserzeuger mittels Gebläse bieten ein Mittel zur Vermeidung oder wenigstens Verminderung der aus den Undichtigkeiten der Rekuperatoren erwachsenden Mißstände.

Eine so weitgehende Rückgewinnung der aus dem Arbeitsraume abgehenden Wärme, wie beim Siemens-Regenerativsystem ist bei Rekuperativfeuerungen zwar nicht möglich, weil zur Erreichung dieses Nutzungsgrades die Winderhitzer räumlich eine solche Ausdehnung erhalten müßten, daß der unter den Retortenräumen zur Verfügung stehende Raum für ihre Unterbringung nicht ausreichen würde, aber dieser Mangel wird durch die Gewinnung der Generatorwärme wieder aufgewogen. Übrigens steht nichts im Wege, die abgehende Wärme schließlich vor dem Eintritt in den Kamin noch für andere Zwecke nutzbar zu machen, wie z. B. zur Dampferzeugung, was man auch mit Vorteil, wie wir noch sehen werden, getan hat.

In Einzelheiten weichen die Öfen der genannten Hütten voneinander ab. Anstelle der beiden Doppelgeneratoren wendet man 4 voneinander getrennte Gaserzeuger an, die Gasverteilung erfolgt auch durch einen unter der Mittellinie des Ofenherdes liegenden Kanal, welchem 2 Luftverteilungskanäle zur Seite liegen, je einer für jede der beiden Rekuperativkammern. Luft und Gas werden aber in allen Fällen durch zahlreiche nebeneinander liegende, 20 bis 25 cm lange und in der Längsrichtung des Herdes 10 bis 12 cm breite Schlitze in den Retortenraum ein- und in demselben zusammengeführt. Bei der in unserer Figur dargestellten Bauweise werden die Schlitze gebildet mit Hilfe eigenartiger trapezförmiger Formsteine mit Falzen an den schrägen oberen Seiten und zwischengesetzten Steinen, welche die nach der Mitte hin führenden Kanäle bald von der einen, bald von der anderen Seite her freilassen.

---

[1] *A. Lencauchez:* Etudes sur les combustibles en general et sur leur emploi au chauffage par les gaz. Paris 1878.

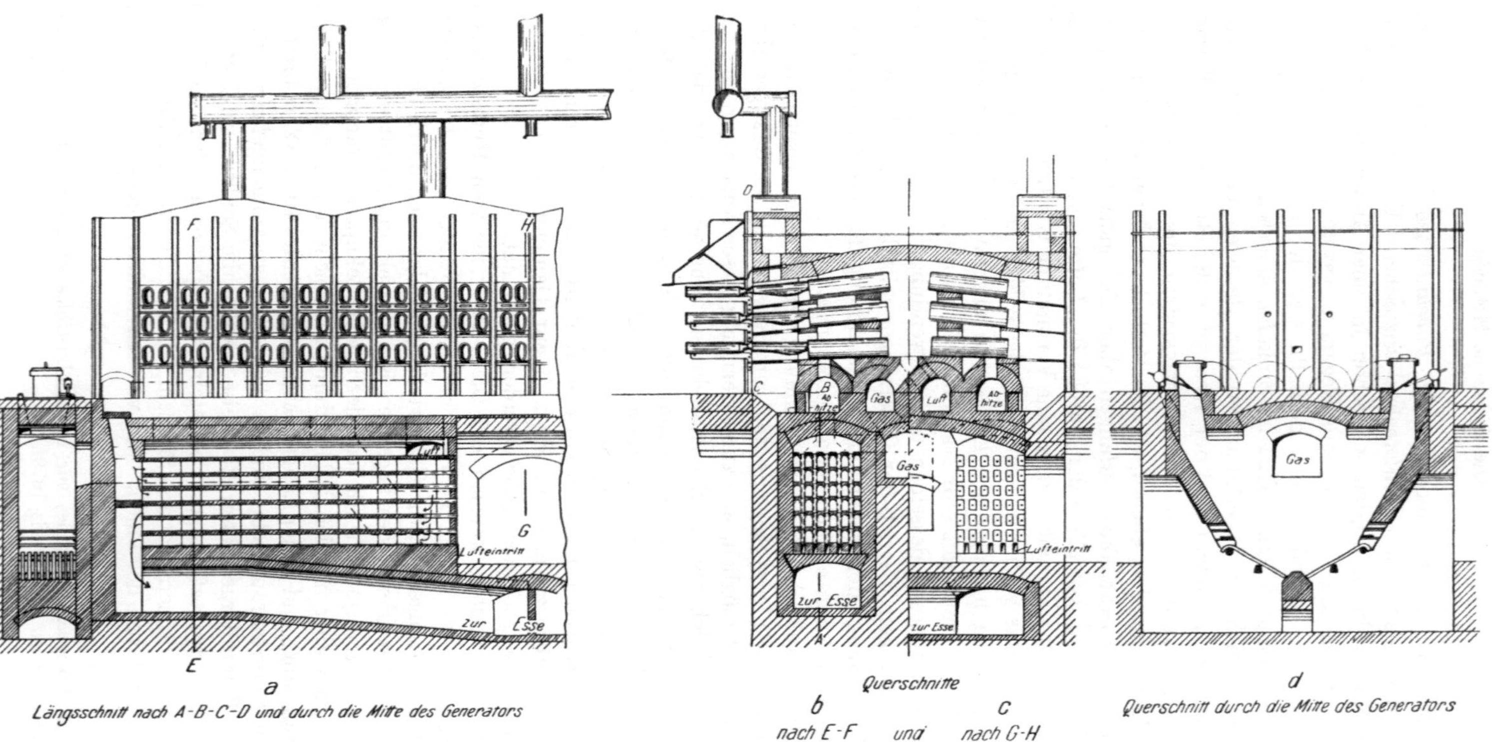

Fig. 48. Rheinischer Muffelofen mit Rekuperativfeuerung. M. 1:125.

Die Winderhitzer nehmen nicht den ganzen Unterbau des Ofens ein, in der Mitte ist ein $2^1/_2$ m breiter Raum frei geblieben, so daß 4 Einzelkammern, 2 an jeder Kopfseite, angeordnet sind, welche von dem freien Raume aus zum Zwecke der Reinigung zugänglich sind. Die Abgaskanälchen der Kammer-Füllung sind dort mit durchlochten Steinen versetzt, welche während des Ofenbetriebes mit Lehm gedichtet werden, ihre Löcher dienen als Schaulöcher und werden mit Stopfen verschlossen. Die Rauchgase treten auf jeder Ofen-ecke aus den unter den Muffelmündungen liegenden, bekannten Sammel-kanälen durch eine quadratische Öffnung von 25 cm Seitenlänge, die nach Be-darf mittels einer Schamottplatte zur Regelung des Ofenzuges mehr oder weni-ger geschlossen werden kann, in die darunter sich erstreckende Rekuperativ-kammer, durchziehen dieselbe zweimal in der Richtung der Pfeile und fin-den endlich ihren Weg durch den darunter liegenden Kanal zur Esse.

Die Verbrennungsluft tritt an der in der Zeichnung bezeichneten Stelle auf dem Boden der Erhitzungskammern je in 5, sich unter der ganzen Länge derselben hin erstreckende, schmale Kanälchen ein. Ihre Menge wird geregelt durch horizontal verschiebbare Schieber, welche vor den Einmün-dungen der Kanälchen angebracht sind. Auf den Kanälchen sind 6 Lagen 5fach durchlochte Schamottplatten aufrecht übereinander aufgestellt, derart, daß sich zahlreiche senkrechte Röhrenzüge[1] bilden, welche von unten nach oben von der Luft durchzogen werden. Der vielfach zerteilte Luftstrom durchzieht die Kammerfüllung also rechtwinklig zu den Abgasen, welche dieselbe zweimal der Länge nach durchstreichen. Die über der Füllung sich sammelnde heiße Luft wird aus den 4 Kammern durch 4 auf der Länge des Ofens verteilte Züge dem Luftverteilungskanal zugeführt. Zwischen je 2 derselben findet das Gas den Weg zum Gasverteilungskanal. Die in der Mitte unter den beiden Verteilungskanälen liegenden Hauptgaskanäle sind zu Rei-nigungs- und Beobachtungszwecken bis zu dem von den Lufterhitzungs-kammern unter der Ofenmitte freigelassenen Raum verlängert.

In Hamborn waren die Öfen mit 130 cm langen, neuerdings auf 140 cm verlängerten Muffeln ausgerüstet, welche einen lichten Querschnitt von 30×16 cm bei 26 mm Wandstärke hatten, während die Hütten der Stolberger Ge-sellschaft Retorten von ungleicher Länge anwendeten, deren Querschnitt 29×17 cm in den 80er Jahren maß. Man wollte dort die Böden der tiefer liegenden Gefäße vor dem unmittelbaren Anprall der Flamme wahren und gab deshalb den Muffeln der unteren Reihe nur eine Länge von 120 cm, denen der mittleren von 128 und der obersten Reihe von 136 cm. Ihre Dauer wurde uns seinerzeit zu 35 Tagen angegeben.

Die Vorlagen von großer Länge hatten und haben noch die bekannte bauchige Form, die nur ein einmaliges Ziehen des Zinks in 24 Stunden nötig macht. Unser Titelbild zeigt die Schmelzer bei dieser Arbeit, die kurz vor Beginn des Manövers vollzogen wird. Die Allongen sind lange zylindrische Blechgefäße, ohne Scheidewand im Innern, so daß eine Zirkulation der Muffel-

---

[1] Nach Fig. 48: $5 \times 15 \times 5 = 375$ in jeder Kammer.

gase in denselben nicht stattfindet. Die Gase treten an den sogenannten Spitzlöchern der vorderen Deckel der „Düten“ aus, weshalb der weit vorragende Rauchfang über dem Ofen notwendig ist.

Die Räumasche fällt durch die Öffnungen der Bodenplatten der Nischen in die darunter ausgesparten Räume, wie es beim Boëtiusofen beschrieben wurde — in Stolberg in darunter angebrachte Räumaschentaschen. — Die Schnitte *b* und *c* der Zeichnung zeigen auch die beim Boëtiusofen schon erwähnte Einrichtung, welche die Reinigung der Abzugskanäle von Schlacken in bequemer Weise vom Hüttenflure aus ermöglicht.

Eingehender beschreiben wir die Vorgänge später bei der Behandlung des Betriebes der Zinkreduktionsöfen.

Auf der Zinkhütte „Birkengang“, wo man schon in den 60er Jahren die Siemens-Regenerativfeuerung bei dem schlesischen Ofen eingeführt und dann auch bei der Ausbildung des zweireihigen und dreireihigen rheinischen Systems beibehalten hatte, waren daneben auch Öfen mit Rekuperativfeuerung gebaut worden. *Kerl* hat dieselben in seinem Grundriß der Metallhüttenkunde (1881), S. 467 beschrieben und eine schematische Zeichnung des Ofens gebracht, welche wir in Fig. 49 wiedergeben.

Das Gas wurde von abseits, außerhalb der Schmelzhalle liegenden, mit Dampfstrahlgebläse betriebenen Gaserzeugern dem Ofen zugeführt. Der Verteilungskanal liegt in der Mitte des Ofenherdes, zu beiden Seiten desselben die Luftverteilungskanäle, welche die heiße Luft aus den Rekuperativkammern zuleiten. Die Mischung von

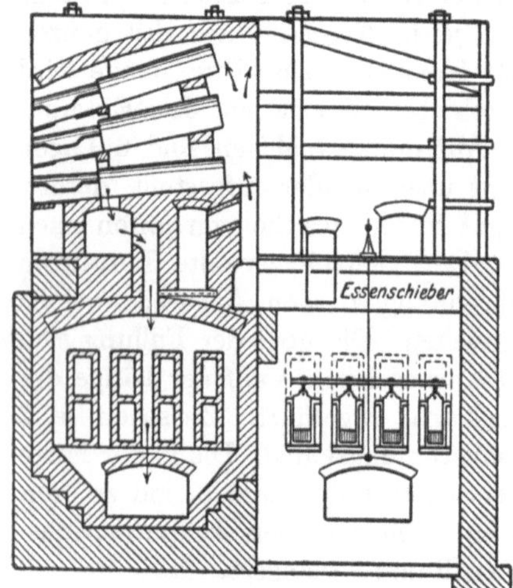

Fig. 49. Rheinischer Zinkofen mit Rekuperativfeuerung auf der Hütte zu Birkengang.

Gas und Luft erfolgt schon in den Brennern. In den Grundzügen unterscheiden sich diese Öfen nicht wesentlich von den eben beschriebenen. Sie zeichnen sich durch die Länge der Muffeln aus, die bei 29 cm lichter Höhe und 16,5 cm lichter Breite 160 cm lang sind, andererseits durch die geringen Abmessungen ihres Heizraumes, der nur 108 Retorten, 54 auf jeder Seite in 9 Nischen, faßt.

Der Kohlenverbrauch der Stolberger Rekuperativöfen ist ein recht befriedigender, es wurde dem Verfasser in den 80er Jahren das 1,15 bis 1,2-fache vom geladenen Erz genannt, bei Verwendung einer guten Generatorsteinkohle. In Hamborn war der Verbrauch der Gewichtszahl nach mit dem 1,8fachen zwar wesentlich höher, dafür wurde aber eine minderwertige bis zu 20 Proz. Asche haltende Gruskohle der dicht danebenliegenden Zeche verbraucht, welche der Hütte so billig zu stehen kam, daß trotz des hohen

Verbrauchs noch ein reichlicher Vorteil mit ihrer Verwendung verbunden war.

Die Zinkhütte Birkengang hat das Rekuperativheizsystem zugunsten der Regenerativfeuerung aufgegeben, aber auch solche Regenerativöfen anstelle der Rekuparativöfen gesetzt, bei welchen nur die Verbrennungsluft durch die Abwärme des Ofens vorgeheizt wird. Die letzteren sind von dem früheren Hüttendirektor *Platz* konstruiert und nach ihm benannt. Man ist dort zu diesem Schritt durch die Erfahrung veranlaßt worden, daß sich mit dem Wechsel in der Flammenführung eine so bedeutende Schonung der der Flamme am meisten ausgesetzten Ofenteile, in erster Reihe der Brenner erreichen läßt, daß man Ofenkampagnen von 5 bis 6 Jahren, ja bis zu 8 Jahren verzeichnen konnte[1].

Die dort noch vorherrschend im Betrieb befindlichen Siemensregenerativöfen[2] mit 4 Regenerativkammern, 2 Paar für Gas und Luft, haben, wie von Anfang an, nicht die Flammenführung von Kopf zu Kopf, wie bei den zuerst in Freiberg und Oberschlesien gebauten Öfen (Fig. 18), sondern von der einen Muffelseite zur anderen, also übereinstimmend mit dem ersten belgischen Siemensofen zu Auby (Fig. 31) und dem allerdings nur mit Luftvorwärmung betriebenen Ofen zu Viviez (Fig. 43). Auch der in Letmathe gebaute Ofen hatte dieselbe Flammenführung und auch große Ähnlichkeit in der Brennerkonstruktion (siehe auch S. 156, *Neureuther*-Ofen).

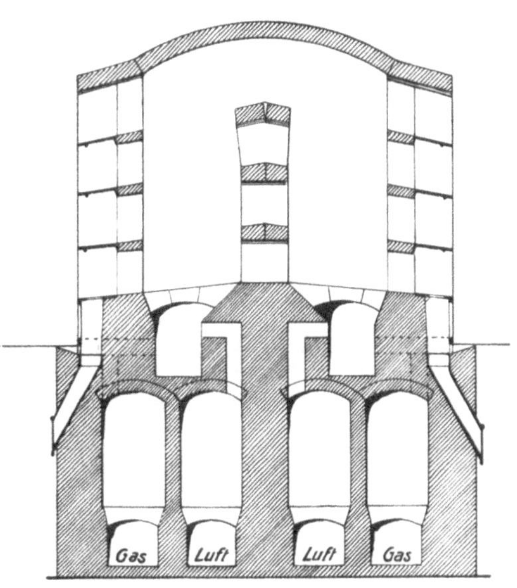

Fig. 50. Vierreihiger Muffelofen mit *Siemens*-Regenerativfeuerung (Birkengangtyp). M. 1:100.

Die Ofenkonstruktion wird vielfach als „Birkengangtyp" bezeichnet, er hat auf neueren Hütten mehrfach Anwendung gefunden, so auf der neuen Hütte in Billwärder bei Hamburg mit 4 Reihen Retorten, ebenso ist er in Engis, Prayon und Overpelt in Belgien, Trzebinia in Galizien, wie auf der neuen Hütte der Metallwerke Unterweser in Nordenham für 120 Muffeln fassende Ofenräume in Anwendung; auf den letzteren Hütten neben größeren, 240 Muffeln fassenden Öfen, die wieder, wie bei dem ersten Freiberger Siemensofen von Kopf- zu Kopfseite den Flammeneintritt wechseln und jetzt unter der Bezeichnung „*Welzel*typ" bekannt sind.

---

[1] Nach privaten Mitteilungen aus dem Munde des verstorbenen Hüttendirektors *Platz*.

[2] Es stehen dort 14 Siemensöfen und 4 Platzöfen mit je 108 Muffeln.

Auch in Oberschlesien, wo der Übergang zur rheinischen Methode nur noch eine Frage der Zeit ist, sind in neuerer Zeit dreireihige Öfen nach dem *Welzel*typ gebaut. Die Hohenlohehütte hatte 1909 bereits zwei solcher Öfen in Betrieb und plant die Einführung derselben in größerer Zahl beim Bau einer neuen Schmelzhalle.

Eine Zeichnung des Birkengangofens steht uns nicht zur Verfügung, die Fig. 50 auf voriger Seite zeigt aber die Bauweise des Brenners in der Anwendung auf einen neuzeitigen vierreihigen Ofen. Die Regenerativkammern erstrecken sich in paralleler Anordnung nebeneinander der ganzen Länge nach unter dem Ofenmassive; Gas und Luft treten durch kleine, senkrecht aus denselben aufsteigende, oben rechtwinklig umgebogene Kanälchen einander gegenüber und versetzt um eine Retortenbreite in den Brennerkanal. Die untersten Retorten ruhen auf Schutzbänken, welche zwischen sich die Schlitze zum Eintritt der Heizgase in den Ofenraum lassen, wie wir es schon bei Fig. 43 kennen lernten. Die Einrichtung hat also im Laufe der Jahre kaum eine Änderung erfahren.

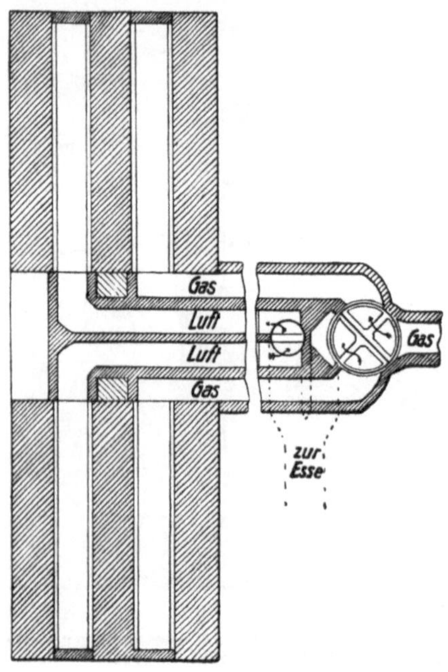

Fig. 51. Schema zu einem *Welzel*ofen.

Auf Birkengang haben die Öfen außergewöhnlich lange Muffeln von 1,75 m bei einem lichten Querschnitte von 16 : 30 cm. Die Wandstärke ist 25, im Boden 45 mm. Die Bauchvorlagen sind 1,0 m lang bei 11 bzw. 14 cm Weite und 20 mm Wandstärke. Die Allongen sind mit einer Scheidewand versehen, so daß die Muffelgase ihre Länge zweimal durchstreichen und am hinteren Teile des langen zylindrischen Körpers vor dem konischen Mundstück austreten. Deshalb reicht ein wenig vorspringender Schirm bzw. Rauchfang zum Abführen der Muffelgase aus. Die ganze Länge dieser Allongen beträgt 1,10 m bei einem Zylinderdurchmesser von 180 mm.

Ein mit 108 Muffeln ausgestatteter Ofen verhüttet täglich 4,8 bis 5,2 t Erz mit 53 bis 50 Proz. Zink mit einem Kohlenaufwand vom 1,16- bis 1,18-fachen. Der Metallverlust beträgt 11 bis 12 Proz. des geladenen Zinks.

Die neuzeitigen *Welzel*-Öfen, welche 216 und 240 Muffeln fassen, haben hinter den mittelsten 4 Nischen, also in einer Länge von rund 3 m keine Gas- und Luft-Eintrittsöffnungen. Hinter den übrigen 14 bzw. 16 Nischen, entsprechend der Länge der beiden Gruppen von Regeneratoren, liegen abwechselnd Gas- und Luftschlitze auf der erhöht liegenden Herdmitte. Dieselben haben bei einer Länge von 25 bis 30 cm in der Richtung der Muffelachsen eine Breite von 20 cm und sind durch 17,5 cm breite Steine voneinander getrennt.

Die Regenerativkammern liegen in zwei getrennten Paaren unter dem Ofenmassiv, wie es das Schema Fig. 51 zeigt. Der dazwischen über den Gas- und Luftkanälen liegende, überwölbte freie Raum dient zur Reinigung der Kammern. Die Muffeln ruhen nicht, wie bei den Rekuperativöfen rheinischen Systems, deren Brenner in der Mitte des Herdes liegen, auf Bänken, welche von schmalen, den Nischenwänden entsprechenden Pfeilern getragen werden, sondern auf zwei durchbrochenen, oberhalb des mittelsten Retortenlagers schwächer werdenden Mauern. Die Öffnungen in denselben decken sich mit den Zwischenräumen zwischen den Muffeln, die Muffelenden sind also durch die Mauer vor der Flamme geschützt. Die Absicht, dies zu tun, hat wohl die Veranlassung zu dieser Lagerungsweise gegeben, mit welcher es notwendig wird, den Retorten der unteren Reihen eine geringere Länge wie denen der oberen zu geben. Infolgedessen haben beispielsweise die untersten Muffeln eine Länge von 1,25 m, die mittleren von 1,30 und die obersten von 1,55 bis 1,60 m. Fig. 52 zeigt die Anordnung. Auch die unterste Muffel liegt auf der ganzen Länge hohl über einer schief nach vorn geneigten Fläche, welche von einem Raume unterhalb der untersten Nischenplatte aus zugängig ist.

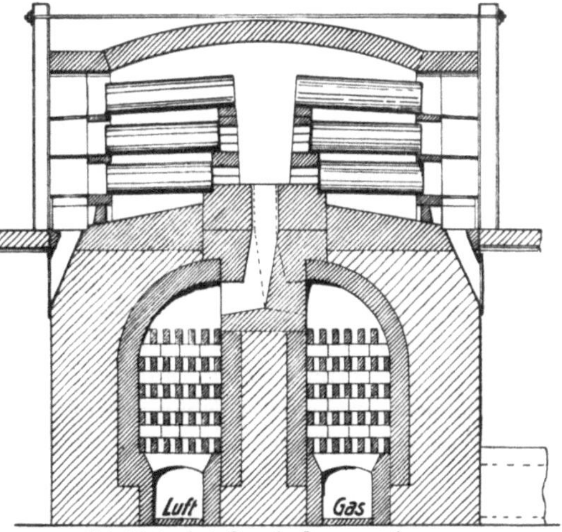

Fig. 52. *Welze*lofen. M. 1:100.

Die auf der schrägen Fläche sich ansammelnde Schlacke und Retortenbruchstücke können vor dort aus entfernt werden.

Bei der Anordnung der Regenerativkammern hat der erste Freiberger Zinkofen mit der *Siemens*-Regenerativfeuerung (Fig. 18) zum Muster gedient. Die Länge des Ofenraumes gestattete aber die Freilassung eines Raumes unter der Mitte desselben, der zweckmäßig zur Unterbringung der Gas- und Luftkanäle (unter Flur) benutzt worden ist. Außerdem bietet derselbe einen bequem gelegenen Zugang zu den Kopfenden der Regenerativkammern, um von dort aus die Reinigung der Füllung vornehmen zu können, die gewöhnlich mit Hilfe eines Dampf- oder Wasserstrahles, der in die wagerecht durchlaufenden Kanäle sowohl, wie in die senkrechten (mittelst eines an der Spitze umgebogenen Strahlrohres) eingeblasen wird. Ein Versetzen der Steine in den abwechselnden Lagen, so daß die oberen, die Zwischenräume der unteren decken, wie Fig. 31 zeigt, vermeidet man der Ablagerungen wegen. Auch die Überwölbung der Kammern mittels eines Viertel-Kreisbogens, die eine geeignete Fläche an der einen Längswand für die Ab- bzw. Zuführung der Gase bildet, hat man wieder angewendet.

Zur Umstellung des Generatorgases ist bei den neueren Öfen eine Wechselglocke, wie in Fig. 51 skizziert, üblich.

Zur Erzeugung des Heizgases benutzt man neben den alten Schachtgeneratoren moderne, meist rund in Eisenblechmäntel eingebaute Gaserzeuger mit

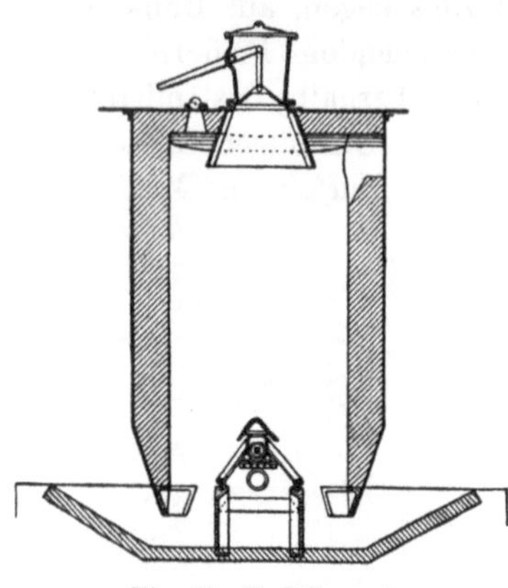

Fig. 53. *Duff*-Generator.

Dampfstrahlgebläse oder Ventilator, von denen die jüngste Zeit eine reiche Auswahl von Konstruktionen gebracht hat. Ein großer Teil ist vom Herausgeber dieser Sammlung in der Darstellung „Kraftgas" gezeigt und beschrieben. Wir beschränken uns deshalb auf die Aufnahme weniger Formen, die, wie uns bekannt ist, in Zinkhütten in Betrieb sind. Mehrfach gebraucht ist der in Fig. 53 dargestellte *Duff*-Generator D. R. P. 140 639[1]. — Ein Schachtgenerator mit Wasserabschluß in der Aschenschale, welcher mit einem quer durch den Schacht gehenden Doppelschrägrost mit Rüttelvorrichtung ausgerüstet ist. — Eine Vorwärmung des Dampfluftgemisches durch die Wärme des etwa 500° heißen Gases haben wir in Zinkhütten nicht beobachtet. Das Gas tritt dicht hinter den Generatoren in eine Sammelkammer, in der es etwas Ruß und Staub abscheidet und von welcher aus es der Wechselglocke zugeführt wird. Ein *Welzel*ofen der gezeigten Größe ist in der Regel mit zwei solchen Gen eratoren versehen, besser mit dreien, um bei vorkommenden Reparaturen nicht

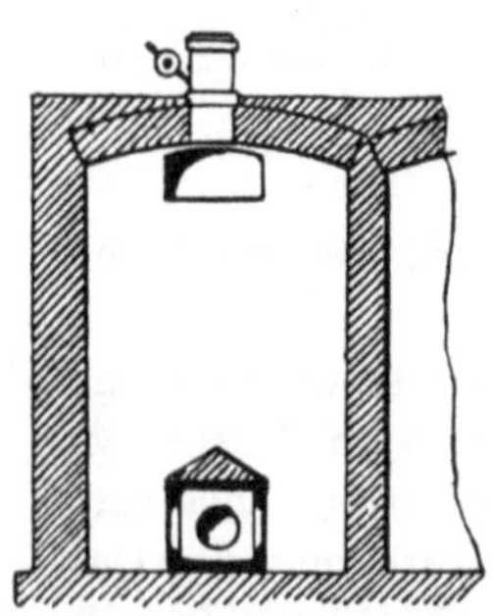

Fig. 54. *Welzel*-Generator.

an Gasmangel leiden zu müssen. Für einen Ofen vom Birkengangtypus mit 108 bis 120 Muffeln genügt ein Generator, doch wählt man besser zwei derselben und betreibt sie für gewöhnlich mit halber Vergasungskraft, um im Notfalle auch mit einem derselben die für den Ofen ausreichende Gasmenge liefern zu können.

Welzel hat den dachförmigen Rost des *Duff*generators durch einen dreikantigen, aus feuerfesten Steinen gebildeten Körper ersetzt und diesen als Schutz auf einen quadratischen gußeisernen Windkasten gelegt, welcher seitlich die Rostspalten hat. Dem Generatorschacht hat er einen viereckigen Querschnitt gegeben, um mehrere derselben aneinanderbauen zu können. Dieser Generator ist nicht so leistungsfähig, wie der *Duff*generator; ein *Welzel*ofen mit 216 bis 240 Muffeln muß deshalb mit 4 bis 5 derselben versehen werden. Bei 5 steht einer stets in Reserve. Da der Gassammler als Ausgleicher dient, macht sich ein etwa häufiger notwendig werdendes Ausschlacken der einzelnen

---

[1] Vgl. *Fischer:* Das Kraftgas. S. 174.

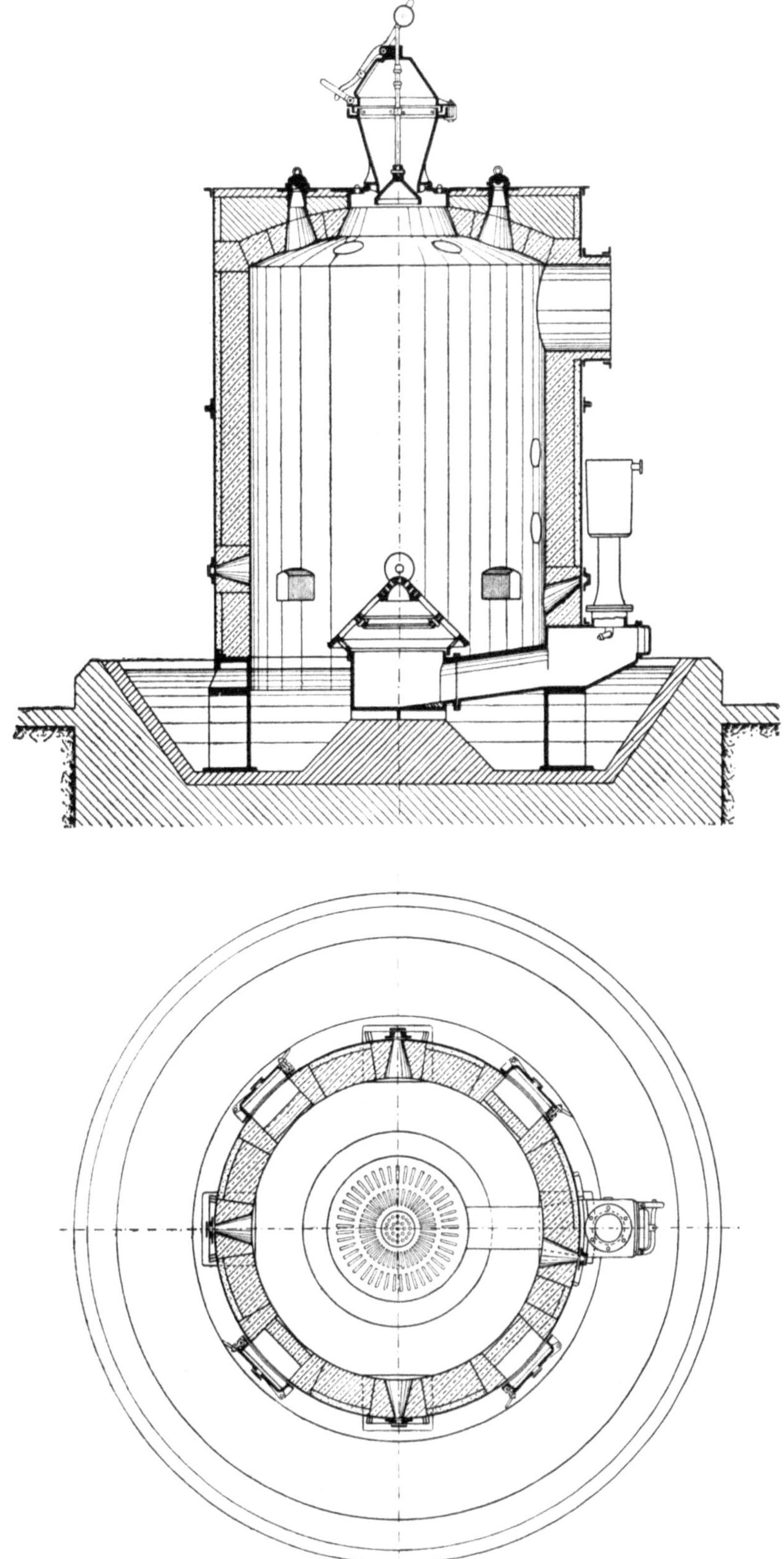

Fig. 55. Generator von *Schmidt* und *Desgraz*.

Gaserzeuger bei ihrer großen Zahl an dem Ofengange nicht besonders bemerkbar. Fig. 54 zeigt einen Querschnitt eines solchen Generators.

Ein den modernen Anforderungen entsprechender Gaserzeuger, der mehrfach Anwendung in Zinkhütten gefunden hat, ist der vom Technischen Bureau *Paul Schmidt & Desgraz* in Hannover gebaute. Fig. 55 a bis b stellt denselben dar, er ist ein Rundrostgenerator mit einem durch Säulen getragenen runden Schacht über einem Wasserbassin. Der Rost ist kegelförmig und steht in keinerlei Verbindung mit dem Schacht. Auf der ganzen oberen Fläche hat derselbe zahlreiche Lufteintrittsschlitze, aber auch unter dem Rande des Kegels große Öffnungen, so daß Luft und Dampf (in der Regel von einem Dampfstrahlgebläse geliefert) eine sehr geringe Eintrittsgeschwindigkeit haben, wodurch eine Bildung von großen Schlackenstücken am unteren Rande der Haube oder an den Schachtwandungen vermieden wird. Die Schlacke gleitet an der schrägen Rostfläche herab in das Wasserbassin, aus welchem sie während des Betriebes leicht entfernt werden kann. Die Firma rüstet den Generator aber auch mit Drehrost und mechanischer Abschlackung ein. Die Zeichnung zeigt eine

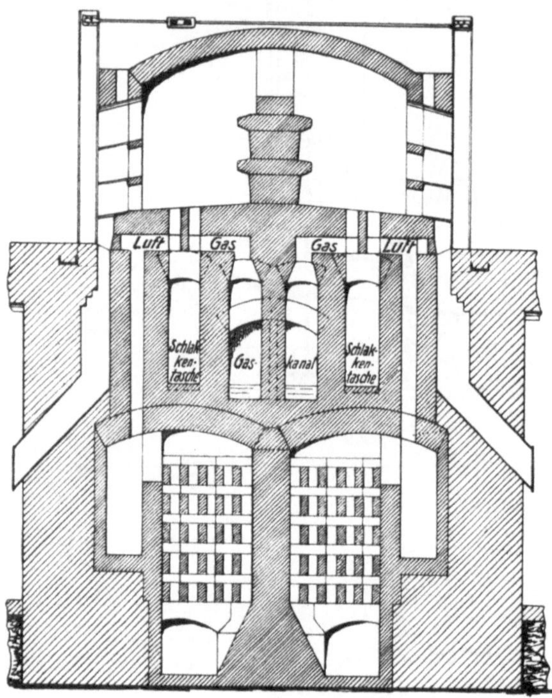

Fig. 56. Dreireihiger Muffelofen Oberschlesiens mit Regenerativkammern zu alleiniger Vorwärmung der Luft.

gewöhnliche Beschickungsvorrichtung, dieselbe kann aber auch maschinell betrieben werden. Rings um dieselbe befinden sich 6 Stochlöcher mit Dampfverschluß, der ein Entweichen von Gas beim Öffnen vollständig verhindert. Dieselben haben sich sehr gut bewährt. Eine gebräuchliche Größe des Generators ist die mit Nr. 4 bezeichnete, welche 8000 k Steinkohlen in 24 Stunden vergasen kann, wobei vollständig ausgebrannte Asche fällt. Das aus einer Steinkohle mit einem Heizwert von 7300 w erzeugte Gas enthält durchschnittlich

$$3 \text{ bis } 4 \text{ Proz. } CO_2$$
$$28 \text{ „ } 29 \text{ „ } CO$$
$$3 \text{ „ } 14 \text{ „ } CH_4$$
$$8 \text{ „ } 13 \text{ „ } H,$$

wobei es einen mittleren Heizwert von 1200 w hat.

Einer der beschriebenen *Welzel*öfen erfordert zwei Apparate solcher Größe.

Man rechnet bei der Regenerativfeuerung fast allgemein mit einem Brennstoffaufwand vom 1,2fachen vom verhütteten Erz bei Verwendung einer guten Generatorkohle, wobei der Verbrauch an Temperkohlen für die Muffeln eingeschlossen ist, den man auf 4 Proz. vom Erz veranschlagen kann.

Von einem auf der Hugohütte in Oberschlesien zum Teil in Betrieb befindlichen Ofensysteme mit alleiniger Vorwärmung der Verbrennungsluft steht uns eine ausführliche Zeichnung zur Verfügung, von welcher wir in Fig. 56 einen Querschnitt durch die Mitte des Ofens und die Regenerativkammern wiedergeben. Die letzteren, von denen nur zwei nötig sind, ziehen sich unter dem ganzen, 120 Muffeln fassenden Ofenraume der Länge nach hin und zeichnen sich dadurch vor der gewöhnlichen Form aus, daß nur ein Teil der 2 m breiten und über 2 m hohen überwölbten Räume als Wärmespeicher benutzt wird, während die an den Außenseiten des Ofens liegenden Teile von je 10 Schächten von 50:52 cm Weite eingenommen werden, aus welchen je ein 24:19 cm messender Luftkanal nach oben durch das Gewölbe hindurch zum Brenner führt. Diese Schächte am unteren Ende der Luftkanäle dienen zur Absonderung von Flugstaub (Zinkoxyd) aus den Abgasen des Ofens während der Wärmeaufspeicherungsperiode der betreffenden, zugehörigen Kammer.

Die Kammern sind nicht mit feuerfesten Ziegeln von normalem Format ausgesetzt, sondern der Länge nach mit 75 cm langen, 26 cm hohen und 12 cm dicken Platten, die eine Lage von 50 bzw. 23 cm langen Querriegeln mit einem quadratischen Querschnitt von 12 cm Seitenlänge tragen, welche einen gleichen Zwischenraum zwischen sich lassen. 5 solcher Doppellagen füllen die Kammern. Die beiden 45 cm breiten, 155 cm hohen Gaskanäle, denen das Gas durch die Wechselglocke abwechselnd zugeführt wird, liegen unter dem Herde mitten im Ofenmassiv, durch eine 30 cm dicke Zwischenwand voneinander getrennt über den Wärmespeichern.

Diese Anordnung und die großen Abmessungen erfordern einen außergewöhnlich hohen Unterbau, so daß die Rostlage der Regenerativkammern fast $4^3/_4$ m, die Sohle der Luftkanäle fast 6 m unter dem Hüttenflure liegt, wobei den Forderungen der vom Bundesrat erlassenen Ausführungsbestimmungen zur Gewerbeordnung des Deutschen Reiches[1] auf 3,5 m hohe Unterkellerungen der Zinkhüttenräume leicht Rechnung getragen werden kann. Auch Fig. 52 zeigt ähnliche Verhältnisse.

Von den Gaskanälen führen — aus der Überwölbung ausmündende und rechtwinklig umgebogene — 21:13 cm messende Gaszüge zu den Brennern. Diese liegen über parallel zu den Gaskanälen, auf beiden Ofenseiten unter dem Herde hinlaufenden, weniger tiefen Schlackentaschen, deren Sohle nach den Kopfseiten des Ofens hin geneigt ist. Unter je zwei Muffeln einer Nische liegt ungefähr in der Mitte derselben, etwas näher den Retortenmündungen,

---

[1] vom 6. Februar 1900 und 5. Juli 1911, betreffend: Die Einrichtung und den Betrieb von Zinkhütten. Reichsgesetzblatt S. 32 bzw. 261.

ein Brenner, der unten aus einer 45 cm im Quadrat messenden Öffnung im Gewölbe der Schlackentasche besteht, diese Breite in der Längsachse der Muffeln beibehält, in der Längsrichtung des Ofenherdes aber auf 13 cm zusammengezogen ist. In dieser Öffnung steht eine dünne, nur 7 cm dicke Scheidewand, welche den Gas- und Luftstrom trennt und rechtwinklig umbiegt, so daß jeder neben dem anderen aus kleinen Öffnungen von 19 : 13 cm in den Ofenraum eintritt und zwar in den Zwischenraum zwischen zwei Muffeln einer Nische. Die Flamme bildet sich also erst im Arbeitsraume zwischen den Muffeln. Die in den Brenner einmündenden Luft- und Gaskanälchen haben eine Höhe von 21 und eine Breite von 13 cm.

Die 160 cm langen Retorten ruhen hinten auf Vorsprüngen an einer dicken Mittelwand, welche bis auf 60 cm an den Scheitel der Ofenkappe heranreicht; jedoch sind 4 Pfeiler auf derselben, auf die Länge des Ofenraumes verteilt, bis unter die Kappe fortgeführt, zu welchem Zwecke, ist uns nicht recht verständlich, da eine Stütze des Gewölbes bei gutem Material nicht notwendig und bei der Stärke der Zwischenwand auch eine Abstrebung dieser nicht erforderlich ist.

Zwei solcher Öfen arbeiten auf eine 36 m hohe Esse.

Die Räumasche fällt in Trichtertaschen vor dem Ofen, wie bekannt, und wird von den Kellerräumen aus abgefahren.

Die Tagesleistung eines Ofens beträgt 3,8 t Erz, Mischung von Blende (80 Proz.) und Galmei (20 Proz.) mit reichlich 40 Proz. Zink. Der Metallverlust beträgt 13 Proz. des geladenen Zinks bei einem Kohlenaufwand vom 1,4fachen. Verstocht wird von Stücken abgesiebte Nußgruskohle. 1909 standen auf der genannten Hütte 10 von diesen Öfen.

Um die Mitte des letzten Jahrzehnts ist von der schon genannten Ofenbaufirma in Hannover, *Schmidt & Desgraz*, ein neuer Rekuperativofen mit Verwendung der sogenannten Weardale-Feuerung zuerst auf der Hütte der Aktiengesellschaft Berzelius in Bergisch-Gladbach eingeführt worden, und zwar mit dem Erfolge, daß seit 1905 elf solcher Öfen auf dieser Hütte gebaut worden sind. Die Erfahrungen beim Betriebe der ersten Öfen haben naturgemäß noch zu Veränderungen der Bauart geführt. Ein Ofen neuester Konstruktion ist in Fig. 57 a bis d, der Wiedergabe einer schematischen Zeichnung, welche uns die genannte Firma zur Verfügung gestellt hat, veranschaulicht.

Dergleichen Öfen sind auf der Hohenlohehütte (Hohenlohewerke Aktien-Gesellschaft in Oberschlesien), der Lazyhütte der Gräflich Donnersmarckschen Verwaltung in Carlshof bei Tarnowitz O./Sch. und in Südaustralien auf dem Werke der Broken Hill-Proprietary Co Ltd. in Port-Pirie im Betrieb und anderweitig im Bau, jedoch mit größerem Retortenraume, welcher 144 Muffeln von 1,600 m Länge in 2 × 12 Nischen statt der in der Zeichnung gezeigten 120 Muffeln von 1,300 m Länge faßt.

Auch die neueren Öfen auf „Berzelius“ haben 144 Muffeln und werden mit Braunkohlenbriketts geheizt, welche in Generatoren mit Schrägrost mittels Dampfstrahlgebläse vergast werden. Die Muffeln haben bei 1,300 m

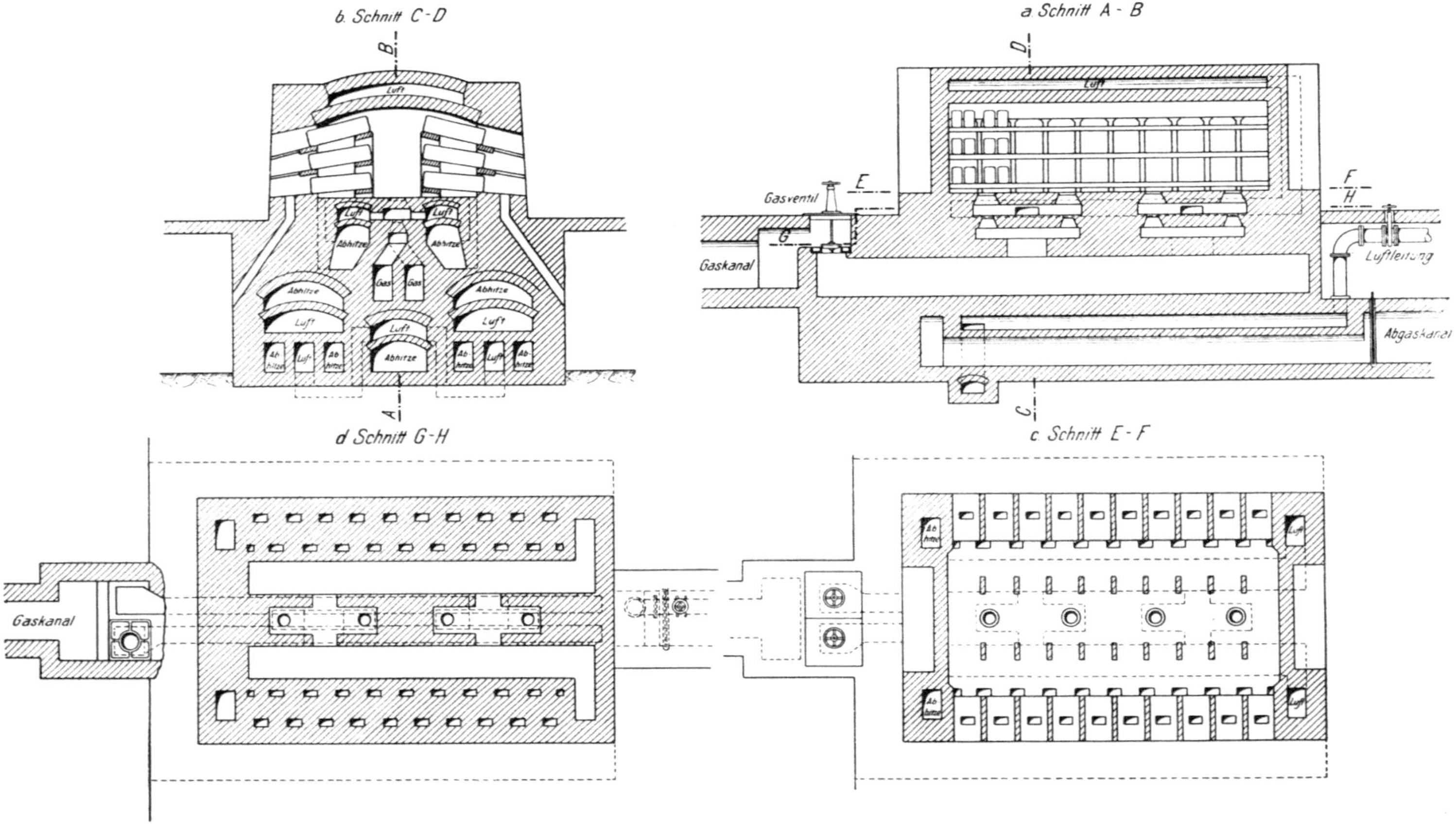

Fig. 57. Rekuperativofen von *Schmidt* und *Desgraz*.

Länge einen Querschnitt von 28,5 : 15 cm und fassen eine Ladung von 5 t Erz mit 40 Proz. Mischkohlen.

Die Öfen der anderen Hütten verhütten entsprechend dem größeren Fassungsraume der Retorten 5 bis 6 t (je nach Gehalt). Sie werden in Oberschlesien mit Heizgas aus einem Rundrostgenerator von *Schmidt & Desgraz* (mit einer Vergasungsfähigkeit von 8 t Steinkohle in 24 Stunden) versorgt. Der Gaserzeuger wird nahe an den Ofen gesetzt, damit des Gas möglichst mit der ganzen Vergasungswärme in den Ofen eintritt. Man hat seine Temperatur zu 400 bis 450° ermittelt.

Der Gaskanal gabelt sich dicht vor dem Ofen. Jeder Zweig desselben ist mit einem besonderen Zulaßventil versehen, so daß die Gasmenge jedem der beiden Brennersysteme besonders zugeteilt werden kann. Jedes der letzteren besteht aus zwei Weardale-Feuerungsdüsen, welchen die hocherhitzte Verbrennungsluft unabhängig vom anderen System durch eine regulierbare Zuleitung zugemessen wird. Gas und Luft mischen sich innig in den über den Gasdüsen liegenden Mischdüsen und treten, zur Flamme gebildet, in den Retortenraum ein. Die Flamme verteilt sich unter der Ofenkappe, welche durch den aus dem Lufterhitzer aufsteigenden Luftstrom von außen bespült und dadurch gekühlt wird, nach beiden Seiten über die 3 Reihen Muffeln und tritt in bekannter Weise dicht hinter deren Mündungen in die Abzugsöffnungen im Herde.

Die Abgase durchstreichen im Gegenstrom zur Verbrennungsluft die zu beiden Seiten des Ofens angeordneten Rekuperatoren, deren Einrichtung die Zeichnung veranschaulicht, und verlassen den Ofen mit einer Temperatur von etwa 650°. Bei Ausnutzung zur Dampferzeugung kann mit denselben erfahrungsgemäß noch eine 1,8- bis 2fache Verdampfung, bezogen auf die im Gaserzeuger verbrauchte Steinkohle, erzielt werden.

In Oberschlesien, wo eine geringwertige Steinkohle mit einem Aschengehalt von 16 Proz. verstocht wird, welche einen Heizwert von 6000 w nicht erreicht, beträgt der Kohlenverbrauch nach *Schmidt & Desgraz* 110 bis 120 Proz. des verhütteten Erzes. Das Ausbringen aus einer Erzladung, welche neben 15 Proz. Eisen 30 bis 40 Proz. Zink enthält, soll 87 Proz. betragen. Die Lazyhütte gebraucht das 1,30- bis 1,35fache vom Erz bei Verwendung von Kohle der Radzionkagrube und arbeitet bei einem sehr hohen Eisengehalt der Beschickung (20 bis 25 Proz.) mit einem Metallverlust von 16 bis 17 Proz. des geladenen Zinks.

In Australien, wo man eine Kohle mit einem Heizwerte von 7300 w verwendet, soll der Kohlenaufwand bei sehr gutem Ausbringen noch nicht das Gewicht des verhütteten Erzes erreichen, was ein sehr beachtenswertes Ergebnis wäre.

Die auf der Hütte „Berzelius" in Bergisch-Gladbach gebrauchten Braunkohlenbriketts ergaben bei einer durchschnittlichen elementaren Zusammensetzung von

57,00 Proz. C
4,40 „   H

22,38 Proz. O
0,75 „ S

neben 6,21 Proz. Asche und 9,26 Feuchtigkeit einen Heizwert von 5082 w. Zur Versorgung eines Ofens dienen zwei Generatoren, die in der Schicht von einem Heizer bedient werden. Zahlen über den Kohlenverbrauch stehen uns nicht zur Verfügung, doch soll besonders der geringe Aufwand daran neben gutem Zinkausbringen zu der ausgedehnten Anwendung des Ofensystems die Veranlassung gegeben haben.

Die Beheizung des Ofenraumes soll eine sehr gleichmäßige sein und sich den verschiedenen Stadien des Reduktionsprozesses leicht anpassen lassen, derart, daß die Ofentemperatur beliebig in den Grenzen von 1000 bis 1400° gehalten werden kann. Alle Muffelreihen sollen gleich stark beheizt werden·

In Oberschlesien sind auf der Hohenlohehütte die Öfen mit abnehmbaren Vorlagen der bequemeren Räumung und Beschickung wegen ausgerüstet, was anfänglich große Schwierigkeiten bei der Ungeschultheit der dortigen Arbeiter bereitet hat[1].

Hervorzuheben ist bei der vorliegenden Bauart die bequeme Zugänglichkeit des Kanalsystems im Unterbau des Ofens, einiges Bedenken erregt uns nur die tiefe Lage der Abgassammelkanäle bzw. Schlackentaschen unter der Herdsohle und die dadurch nötig gewordene Länge der engen Abzugskanälchen vom Herde zu diesen. Jedenfalls ist durch entsprechende Reinigungsöffnungen über den Abzugslöchern in der Ofenkappe, die in der Zeichnung nicht angegeben sind, für die Möglichkeit der Einführung eines Reinigungseisens in die senkrechten Kanälchen zu sorgen.

Auf der Lazyhütte zeigten sich die Öfen nach 2jährigem Betriebe noch sehr gut erhalten, nur ein Ausweichen der Bänke (hinteren Retortenlager) konnte festgestellt werden. Auch hinsichtlich der Muffeldauer sollen die Öfen die Regenerativöfen sowie direkt gefeuerte Öfen übertroffen haben.

Bemerkenswert ist noch ein von *Erminio Ferraris*, dem Direktor der Société de Monteponi in Sardinien konstruierter Ofen[2] mit wechselnder Heizgasführung, wie beim Siemens-Regenerativofen. *Ferraris* benutzt die Abhitze auch nur zur Erhitzung der Verbrennungsluft in ausgedehnten Regenerativkammern, welche in ihrer Länge und Breite den ganzen Raum unter den Retortenkammern einnehmen. Die erhitzte Luft tritt aus den letzteren durch weite Öffnungen bald auf dem einen, bald auf dem anderen Ende des Ofens in die beiden durch eine starke Mittelwand getrennten, langgestreckten Retortenkammern (30 Muffeln in einer Reihe) ein. Auf dem entgegengesetzten Ofenende ziehen die Abgase in dieselben ab. Das Generatorgas wird durch ein gefüttertes Eisenblechrohr einer auf der Mitte des Ofens stehenden Wechselklappe (vom Siemensofen her bekannt) zugeführt, welche die Zuleitung desselben bald zu der einen, bald zur anderen Längshälfte des Ofens ermöglicht. Es durchstreicht auf einem Schlangenwege 3 übereinander in der Mittelwand des Ofens liegende

---

[1] Privatmitteilung eines Zinkhütten-Ingenieurs, welcher im Herbst 1909 die Hütte besucht hat.

[2] U. St. P. Nr. 714 685 (2. Dezember 1902).

Kanäle, deren letzterer es unterhalb der untersten Retortenreihen in zahlreiche, zu den beiderseitigen Retortenkammern führende Schlitze verteilt. Beim Durchgang durch die Trennungswand erfährt das Gas auf Kosten der durch die Ofenrückwände in die Gaskanäle ausgestrahlten Wärme der Arbeitsräume eine Vorwärmung. Erwähnt sei noch, daß die Regenerativkammern durch eine Zwischensohle in zwei Abteile geteilt sind; die Abgase durchstreichen zuerst den oberen, dann den unteren Teil und finden den Weg zur Esse durch ein Umschaltventil hindurch, dessen Bewegungsmechanismus mit dem Gaswechsel oberhalb des Ofens verbunden ist, so daß die Umschaltung beider gleichzeitig erfolgt. Den von den Abgasen freigegebenen Weg durchläuft dann die in das Umschaltventil von außen her eintretende kalte Luft in umgekehrter Richtung.

Der Ofen ist in Sardinien auf der Hütte der eingangs erwähnten Gesellschaft erbaut worden, er hatte drei Reihen Retorten, 90 auf jeder Ofenseite. Als Brennstoff diente Lignit. In 24 Stunden wurden 6000 bis 7000 k calcinierter Galmei verhüttet. Besonders befriedigende Betriebsergebnisse scheinen mit der *Ferraris*schen Beheizungsart nicht erzielt worden zu sein, denn sie hat auf anderen Werken keinen Eingang gefunden und auf der Hütte zu Monteponi ruht seit mehreren Jahren der Reduktionsbetrieb.

Ausführliche Zeichnungen von dem Ofen sind im *Ingalls*, Metallurgy of Zinc and Cadmium, S. 466ff. und im *Lodin*, Métallurgie du Zinc, S. 484ff. zu finden.

Verschiedene Vorschläge neuerer Zeit.

Das Streben nach Vereinfachung der umständlichen Reduktionsverfahren, welchen durch die große Zahl der in einem umfangreichen Betriebe zu behandelnden Gefäße der Stempel des Kleinbetriebes aufgedrückt wird, hat mannigfache Vorschläge gezeitigt, die einerseits die Vereinfachung der Kondensation der Zinkdämpfe, andererseits Erleichterung bei der Beschickung der Reduktionsgefäße im Auge hatten.

Die Versuche, die in letzterer Hinsicht auf den Ersatz der liegenden Reduktionsgefäße durch s t e h e n d e Retorten hinzielten, haben wir schon im Anhang an die englische und Kärntner Methode erwähnt, bis auf ein ganz neues Patent, welches wir sogleich noch beschreiben werden. (Vergl. S. 72.)

Einen ununterbrochenen Destillationsbetrieb in der Muffel wollte *C. A. Hering* in Freiberg i. S. dadurch erreichen, daß er eine bodenlose Muffel über eine trichterförmige Grube im Ofenherde stellte. Die Muffel wurde durch zwei verschließbare Trichter von oben her durch das Ofengewölbe hindurch beschickt und aus der unteren Trichteröffnung wurden zeitweilig nur so viel Rückstände entfernt, daß der Raum in der Muffel für frische Ladung frei wurde. Zur Ausführung ist der Vorschlag nicht gelangt, er bietet auch kaum Aussicht auf Erfolg, da die Zinkdämpfe sich zum größten Teile in dem kälteren Teile unter der Muffel in den ausgebrannten Rückständen verflüssigen werden. Fig. 58 verbildlicht die Idee.

Mehr Aussicht auf Erfolg bietet dann schon ein Ofen mit stehenden Retorten, um deren Einführung man sich gerade in allerletzter Zeit wieder mit Vorliebe bemüht. So hat *O. Schneemilch* in Wilhelminehütte O.-S., am 18. Februar 1910 eine Patentanmeldung eingereicht, auf einen „kontinuierlichen Zinkofen mit stehenden Retorten", welche ihrer ganzen Länge nach frei durch den Ofenraum hindurchreichen. Den Boden des Retortenraumes hat er so gestaltet, daß einzelne Teile während des Betriebes auswechselbar sind, insbesondere die die unten offenen Retorten tragenden „Tragdeckel", welche mit Verschlußklappen zum Ablassen der Räumasche versehen sind. Der Erfinder bezweckt mit der Einrichtung eine bequeme Entfernung der schadhaften Gefäße nach unten hin, während der Ersatz von oben her erfolgen soll. Die Kondensationsgefäße sollen am oberen Ende der Retorte angeschlossen werden. (Vergl. *Brandhorst*, Zeitschr. f. ang. Chem. 1904, S. 512.)

Die in Fig. 59 a bis c wiedergegebene Zeichnung, welche dem Gesuch beigegeben ist, zeigt einen Ofen mit 4 × 14 Retorten nebeneinander in einem auf einem Säulenunterbau ruhenden Heizraume, welcher mit einer Rekuperativgasfeuerung geheizt wird. Die Rekuperatoren stehen in der Mitte der beiden Längsseiten des Ofens. Die in denselben vorgewärmte Verbrennungsluft trifft an den beiden Kopfseiten des Ofens mit dem durch Schlitze im Herde eintretenden Gas zusammen, wo sich die Flammen in einem von Retorten freien Raume entwickeln. Die Abhitze verläßt den Ofen durch zwei Öffnungen in den beiden Längswänden des Ofens, welche zu den Rekuperatoren führen.

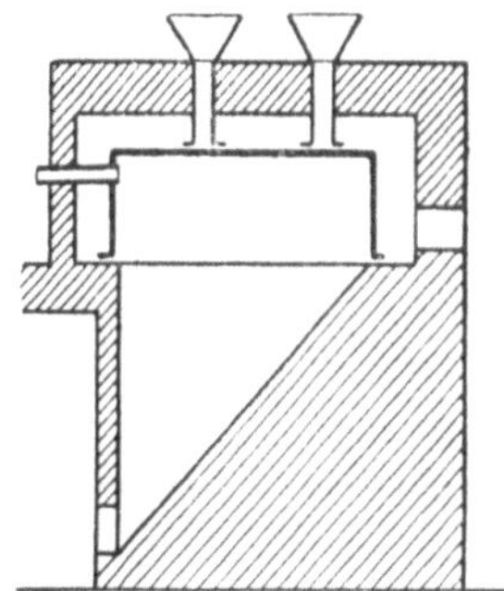

Fig. 58. *Herings* Muffel.

Die Retorten treten durch die Ofenkappe hindurch. Je zwei und zwei sind nach der Zeichnung durch Doppel-T-Stücke verbunden, welche seitlich zur gemeinsamen Vorlage führen und oben die Verschlüsse für die Beschickung tragen. Unten stehen die Retorten in den schon erwähnten auf I-Eisen ruhenden, gußeisernen, auswechselbaren Tragdeckeln, welche nach dem Ofeninnern hin durch Schamottauskleidung vor der Flamme geschützt sind, ebenso wie die die Zwischenräume ausfüllenden gußeisernen Platten des Herdbodens.

Erleichterung der Beschickungsarbeit und vereinfachte Kondensation der Zinkdämpfe hoffte *Steger* damit zu erreichen, daß er statt der auswechselbaren Gefäße, aus Magnesiaziegeln gemauerte Muffeln anwendete, welche auf seine Anregung hin von *Carl Francisci* in Schweidnitz[1] (siehe S. 75) hergestellt wurden. Die Anordnung ist als Franciscioofen von *Steger* bezeichnet.

Fig. 60 a bis c stellt denselben dar. Jede der übereinander angeordneten Muffeln *m* war von zwei Gewölben aus dünnen Magnesiaziegeln gebildet, welche von außen von den Heizgasen bestrichen wurden. Die Beheizung

---

[1] Zeitschr. f. Berg-, Hütten- u. Salinenwesen 1894, S. 163. — Sammlung chem.-techn. Vorträge I, 2: „Die Verdichtung der Metalldämpfe in Zinkhütten" (1896). — D. R. P. 76 285. U. St. P. 526 808.

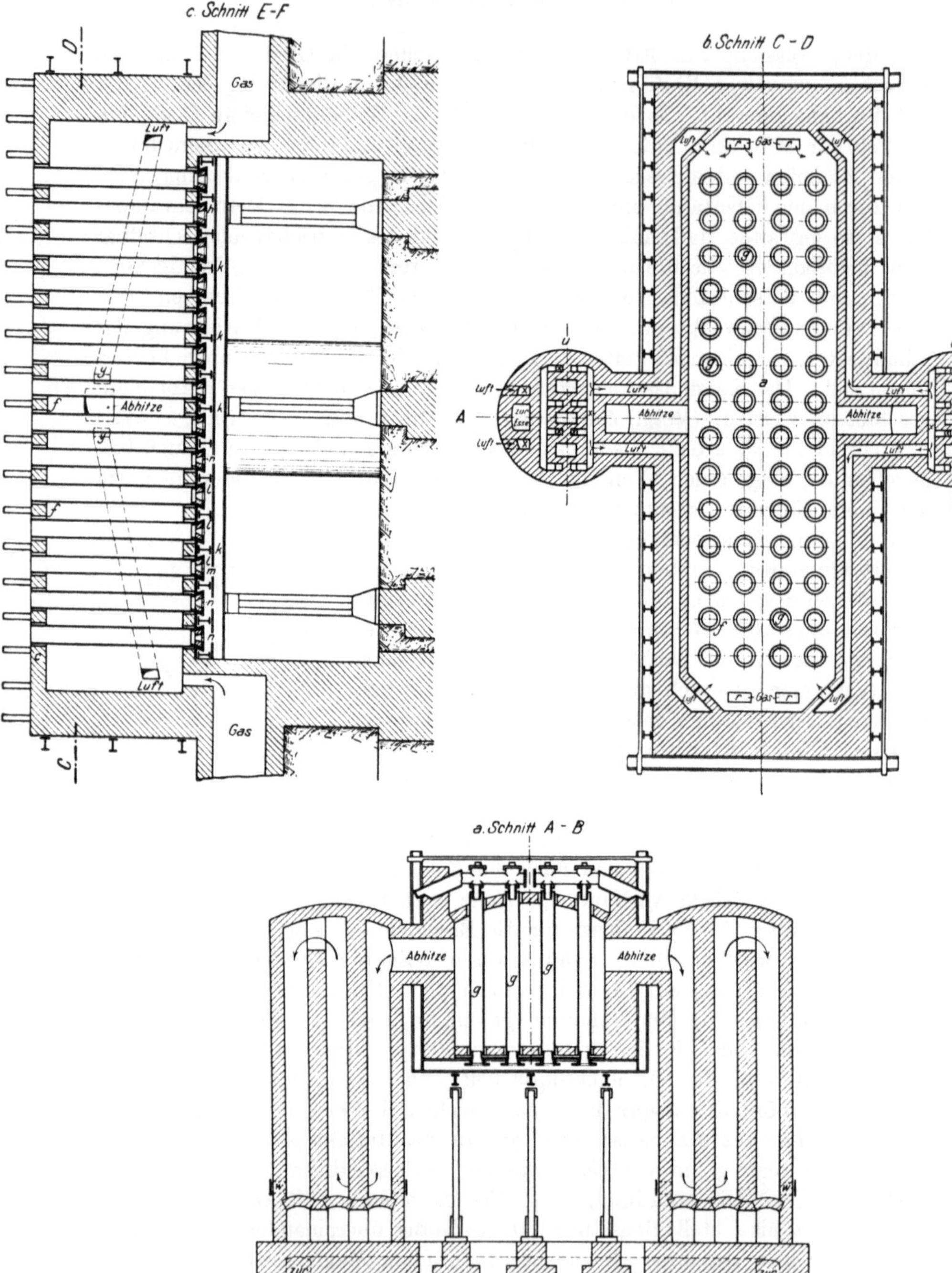

Fig. 59. *Schneemilchs* Reduktionsofen mit stehenden Retorten.

erfolgte durch Generatorgas. Die Verbrennungsluft wurde in einem unter dem untersten Feuerzuge liegenden Raum vorgewärmt, um eine schnelle und vollständige Verbrennung des Gases zu erzielen. Die Flamme stieg, wie durch Pfeile angezeigt (Fig. a), an der einen Seite der Muffeln in einem senkrechten Kanal nach oben, verteilte sich in die zwischen den Muffelgewölben liegenden Räume (Feuerzüge) und zog auf der andern Seite wieder vereinigt nach oben, um nach Bestreichung der obersten Muffel von oben zur Esse abzuziehen.

Die beiderseits offenen Muffeln wurden an der Beschickungs- bzw. Räumungsseite (rechts) während der Reduktionszeit dicht versetzt. Die Räumasche fiel in Räumaschentaschen. Auf der anderen Seite (links) blieben die Muffeln zum größten Teile offen, sie mündeten in einen gemeinsamen Kondensationsraum, auf dessen geneigtem Sumpfe sich das flüssige Metall ansammeln sollte. Eine Zunge zwang die Muffelgase, nach unten und über das flüssige Metall hin- und dann durch einen aufsteigenden Kanal zur Esse abzuziehen (Fig. b). Eine andere Anordnung (Fig. c) sah zu diesem Zwecke eine Brükke im unteren Teile der Kondensationskammer vor und an Stelle des aufsteigenden Kanals, ein zickzackförmig auf- und

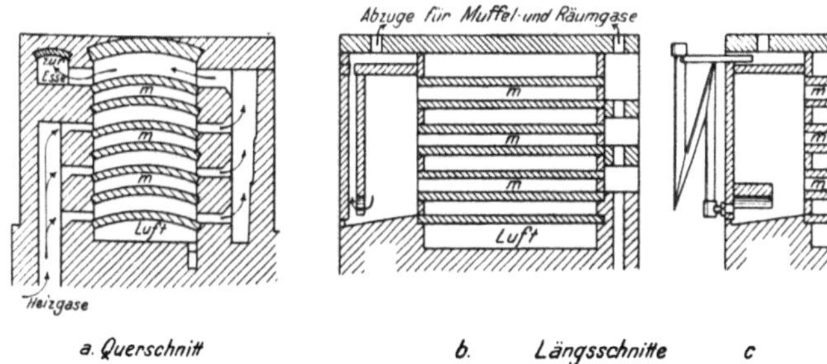

Fig. 60. Francisciofen.

absteigendes Rohr aus Eisenblech zur Verdichtung der letzten Metallteile. Anfangs wollte *Steger* jede einzelne Muffel mit einer gewöhnlichen Vorlage schlesischer Art, einem langen im Vorraume liegenden konischen Rohre ausrüsten.

Steger baute auf die guten Eigenschaften der Magnesiasteine, die bessere Leitungsfähigkeit für Wärme, die mechanische Festigkeit und die Widerstandsfähigkeit gegen Schlacken und gegen Temperaturschwankungen und die Dichte der Masse, aber bei der Ausführung seiner Erfindung mußte er erfahren, daß er sich getäuscht hatte. Namentlich die Abschreckung beim Eintragen der neuen Beschickung scheinen die Steine nicht vertragen zu haben. Über das Versuchsstadium ist man mit dem Francisciofen nicht hinausgekommen. Er ist nach *Hoffmann* (Jahrb. f. Berg- und Hüttenwesen i. Kgr. Sachsen) auf Silesiahütte nur 14 Tage im Betriebe gewesen. Aus *Stegers* Mitteilungen geht hervor, daß an Stelle der Magnesia auch sog. Tonerdesteine (60 bis 70 Proz. Tonerde) angewendet worden sind, wie es scheint, mit keinem besseren Erfolge. Abgesehen von dem Material, wird auch der Aufbau einer für Zinkdämpfe und Heizgase undurchdringlichen Muffel aus einzelnen Steinen nur mit Aufwand großer Kosten und Mühe möglich sein.

Auch ein Eindringen von Heizgasen in den Reduktionsraum mußte die Kondensation der Zinkdämpfe in fühlbarer Weise stören. Leider hat uns *Steger* nichts darüber berichtet, welche Ergebnisse er mit dem Ersatz der Vorlagen durch eine, mehreren Muffeln gemeinsame Verdichtungskammer erreicht hat.

W. Richter-Eintrachtshütte und *R. Lorenz*-Radzionkau[1] haben einen rotierenden bzw. oscillierenden Destillationsapparat für dampfförmig bei der Reduktion auftretende Metalle erfunden. Die Fig. 61 a bis b zeigt denselben. Der Reduktionsraum, die Retorte *m*, liegt, von Feuerzügen *g* umgeben, im Innern eines ausgefütterten Eisenblechzylinders, welcher auf Rollen gelagert ist und mittels Zahnkranz und Zahnrad in rotierende oder oscillierende Bewegung versetzt werden kann. Die Heizgase treten an dem einen Ende des Zylinders ein, und die Feuerzüge münden an dem anderen Ende durch radial in einer Wulst angeordnete Öffnungen *h* in den Abzug *k* zur Esse. Die Wulst

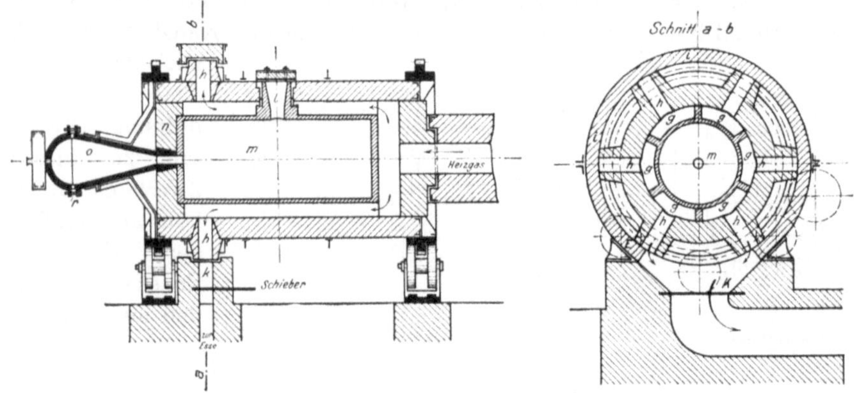

Fig. 61. Rotierende Retorte von *Richter* und *Lorenz*.

dreht sich in dem sie umgebenden feststehenden Ringe *i*, der nur unten über dem Abzuge die Ausmündungen der Feuerkanäle freigibt. *l* ist der zur Beschikkung und Entleerung dienende Stutzen der Retorte, an welcher (ebenfalls drehbar) eine birnenförmige Vorlage *o* angeschlossen ist. Letztere erhält als Fortsetzung noch einen Ballonansatz von Eisenblech, der mit mehreren Scheidewänden zur Verlängerung des Weges der Muffelgase ausgestattet ist. *r* ist das Abstichloch für das kondensierte Metall. Die Erfinder wollten in diesem Apparate innerhalb 6 Stunden 1 cbm Erzmischung reduzieren und abdestillieren, eingerechnet die Arbeitszeit für Beschickung und Entleerung der Retorte, wobei sie eine Ersparnis von rund 55 Proz. der Verhüttungskosten herausrechneten. Es ist uns nicht bekannt geworden, ob der Ofen jemals versucht worden ist. Die Erfinder würden durch die Ergebnisse sehr bald enttäuscht worden sein, denn bei dem größeren Durchmesser des Reduktionsgefäßes würde eine ausreichende Beheizung des Inhaltes nicht erreicht worden

---

[1] D. R. P. 35819. Zeitschr. d. Oberschles. Berg- u. Hüttenmännischen Vereins 1887. S. 14.

sein. Ein ganz ähnlicher Apparat ist *H. H. Hughes* in Springsfield. U. St. A.
in neuester Zeit geschützt worden. D. R. P. 228382 vom 19. Mai 1909 ab.
U. S. P. 913118. Ztschr. f. ang. Chem. 1910 S. 2150.

Wie *Steger* beim Francisciofen, versuchten vor und nach ihm noch andere
die Kondensationseinrichtungen zu vereinfachen, indem sie die Vorlagen der
einzelnen Retorten durch allen Muffeln gemeinsame Verdichtungsräume ersetzen wollten. Im Jahre 1877 hatte bereits *Thum*[1] vorgeschlagen, die zinkhaltigen Dämpfe in eine mit feuerfesten Steinen ausgesetzte Kammer, deren
Temperatur zwischen 420 und 550° gehalten werden sollte, zu leiten. In
einem später genommenen Patente hat er sich die Konstruktion schützen
lassen. *Etard*[2] wollte ebenso wie *Leo Lynen*[3] eine Kondensationskammer
in die Mitte zwischen die Muffelenden eines zweiseitigen Ofens legen. Fig. 62
zeigt das zum Verständnis Notwendige aus der von *Lynen* der Patentschrift
beigegebenen Zeichnung. Die Muffeln sind an beiden Enden offen, bleiben
immer offen an den in die
Kondensationskammer mün-
denden Enden, werden aber
vorn nach vollzogener Beschikkung vollständig geschlossen.
Die Kondensationskammer
wird durch eiserne Rohre,
welche der ganzen Länge nach
hindurchstreichen, mittels Luft
oder Wasser nach Bedarf gekühlt; der Boden wird durch
eine gußeiserne Mulde gebildet
und liegt geneigt nach dem
Kopfe des Ofens hin. Das sich

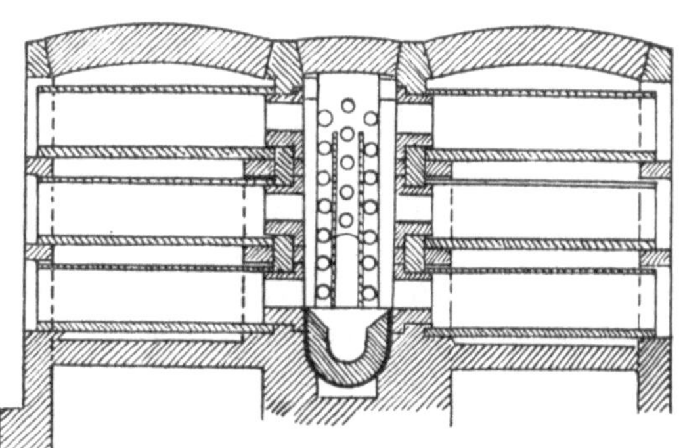

Fig. 62. *Lynens* Reduktionsofen.

darin sammelnde Zink wird von Zeit zu Zeit abgestochen. Die nicht kondensierbaren Gase treten durch eine Öffnung über dem Abstichloch in einen Kanal,
welcher zu unter Flur gelegenen Staubkammern führt.

Praktisch läßt sich die beiden Patenten zugrunde liegende Idee nicht
ausführen. Die Verbindungen der Muffeln mit der Kondensationskammer
sind unmöglich dicht zu halten, damit ist auch ein dichter Abschluß
der letzteren gegen die Heizräume dauernd nicht herzustellen, so daß bei
Unterdruck in der Kammer Heizgase eintreten, bei Überdruck aber große
Verluste durch Entweichen von Zinkdämpfen in die Feuerzüge des Ofens entstehen müssen. Beides wird sich aber auch ereignen bei Bruch einer Retorte,
und bei Eintritt von oxydierenden Gasen in den Kondensationsraum sind
gefährliche Explosionen zu befürchten, ganz abgesehen davon, daß das kondensierte Zink zum Teil wieder oxydiert werden würde. *Etard* hatte Schieber

---

[1] Berg- u. Hüttenm.-Ztg. 1877, S. 372.
[2] Franz. Pat. 206643 (26. Juni 1890).
[3] D. R. P. 77556; Engl. Pat. 16180 vom 28. August 1893; Franz. Pat. 232502
vom 29. Aug. 1893.

vor der Mündung der einzelnen Retorten vorgesehen, welche mittelst durch
die Ofenkappe hindurchtretender Stangen zu handhaben waren, würde damit
die Gefahr der Verluste und Explosionen aber nicht verhütet haben, denn es
gibt kein Mittel, dieselben zu dichten. Zudem würde bei einem dreireihigen
Ofen von *Lynen* (*Etard* hat nur einen einreihigen gezeichnet) die Anbringung
von Schiebern nicht möglich sein.

Ein jüngeres Patent von *Lynen* D. R. P. 187413 vom 26. März 1905 ab
ersetzt die Muffeln durch aus Formsteinen zusammengesetzte Nischen mit
einer gemeinsamen Kondensationskammer, welche durch Wassergas beheizt
werden sollen. Der Ofen enthält 96 Nischen (auf jeder Seite 3 Reihen zu
16 Nischen), 90 cm tief, 60 cm hoch und 25 cm breit. Sie fassen zusammen
13 cbm Ladung.

Schließlich haben wir noch einige Vorschläge zu erwähnen, welche auf
eine vorteilhafte Reduktion bleihaltiger Zinkerze in Zinkretorten abzielten,
jedoch in der Praxis keine Anwendung gefunden haben, wenn der eine oder
andere auch vorübergehend versucht worden ist.

Einen solchen, von *Thum* konstruierten Ofen haben wir schon kurz auf
S. 147 beschrieben als Beispiel für die erste Nutzung der Abwärme von Zinköfen bei ihrer Befeuerung. Bei *Thums* Ofen reichten die an beiden Enden
offenen Retorten durch den ganzen Ofenraum hindurch und waren stark
nach einer Seite geneigt — etwa im Winkel von 20° zur Horizontalen. Die
hochliegenden Enden wurden mit den Vorlagen für die Verdichtung der Zinkdämpfe ausgerüstet, während in der Verschlußplatte am unteren Ende eine
kleine Öffnung zum Abflusse des reduzierten Bleis gelassen wurde. Mit
Sorgfalt wird man darauf haben achten müssen, daß diese Öffnung gegen
Lufteintritt in die Retorte abgedichtet wurde, sonst würde das in der Retorte reduzierte Metall durch den in ihr bei der schrägen Lage aufsteigenden
Luftstrom sofort wieder verbrannt worden sein. Eine Gewinnung von metallischem Zink in der Vorlage wäre dadurch vereitelt worden. Vielleicht hat die
in dieser Hinsicht schwierige Überwachung des Reduktionsvorganges der
praktischen Anwendung von *Thums* Ofen im Wege gestanden.

Rich. Schneider-Dresden[1] hat die Schwierigkeiten dadurch beseitigen
wollen, daß er den Retorten nur eine sehr schwache Neigung gab und beiderseitig Vorlagen zur Sammlung für die Metalle anbrachte. An der höher liegenden Seite oben an der Retortenmündung für die Zinkdämpfe, an der anderen
unten für das aussaigernde Blei. Um einen Lufteintritt durch die untere
Vorlage zu verhüten, mußte aber auch hier dieselbe vollständig dicht nach
außen abgeschlossen werden, und eine Entleerung durfte nur nach beendigter
Reduktion vorgenommen werden, wenn man das Zink nicht wieder oxydieren
wollte.

George M. Holstein-Pulaski (Va.)[2] ließ sich eine ähnliche Anordnung in
Amerika schützen.

---

[1] D. R. P. 91898, U. St. Pat. Nr. 605802 vom 14. Juni 1898.
[2] U. St. Pat. Nr. 554185 vom 14. Februar 1896.

Schneider, früherer langjähriger Vorsteher des Ofenbaubureaus von *Fr. Siemens*, hatte dem mit 3 Reihen Muffeln ausgestatteten Ofen, der wegen der beiderseits heraustretenden Retorten nur aus einer Heizkammer bestehen konnte, mit einer Regenerativheizeinrichtung versehen, bei welcher die Flammen von der einen Ofenhälfte zur anderen geführt wurden. Die Gefäße jeder derselben wurden also bald von oben, bald von unten von den Heizgasen getroffen, ähnlich wie beim Welzelofen, nur lagen naturgemäß die Brenner nicht zwischen zwei Retortenreihen, sondern unterhalb der Gefäße. Um eine gleichmäßige Verteilung der Flamme zu sichern, war der Ofenraum durch eine Scheidewand, welche bis nahe an das Gewölbe hinaufreichte, in zwei Abteilungen geteilt. Die Flammen mußten über dieselbe hinwegsteigen. Die Regenerativkammern waren in zwei Gruppen unterhalb der Ofenköpfe, quer zur Längsrichtung des Ofens angeordnet.

In der Praxis hat auch dieser Ofen, soweit uns bekannt ist, keine Anwendung gefunden.

Schlußbemerkung.

Die englische und die Kärntner - Methode haben bei der jetztzeitigen Entwicklung der Zinkgewinnung keine Bedeutung mehr. Stehende Retorten finden vielleicht noch einmal wieder Einführung in der Praxis. Die schlesische Methode hat sich in Oberschlesien in moderner Ausgestaltung noch bis zum heutigen Tage, besonders für die Verhüttung ärmerer Erze (armer Galmeie und Gemische von solchen mit Blende) erhalten. Öfen mit zwei Reihen Muffeln sind noch in Oberschlesien in größerem Umfange und auf dem staatlichen Werke in Cilli (Österreich) im Gebrauch. Das dreireihige, rheinische Ofensystem ist in Rheinland-Westfalen mit Ausnahme von Letmathe ausschließlich in Anwendung, aber auch in Belgien weitverbreitet. Auch die neue Hütte in Nordenham (Oldenburg) ist mit solchen Öfen ausgestattet. In Oberschlesien findet das rheinische System allmählich immer mehr Eingang, auf der Hohenlohehütte in Oberschlesien, wie auch in Engis in Belgien, ist man sogar in einen Versuch mit vier Muffelreihen eingetreten, womit die neue Metallhütte in Billwärder bei Hamburg von vornherein ausgebaut wurde.

Das belgische System hat sich in älterer Form noch in Frankreich, Spanien und in Belgien, mehrfach, in Deutschland nur in der Letmather Hütte erhalten. Durch den Regenerativofen von *Dor-Delattre* scheint ihm ein Bestand von neuem gesichert zu sein. Die schwierige Bedienung hoch über dem Hüttenflur sich erhebender Öfen wird aber wohl dem dreireihigen Muffelofen immer mehr Eingang verschaffen, wenn nicht etwa der Fortschritt der Technik uns neue Bahnen für die Gewinnung des Zinks eröffnet.

5. Die neuzeitliche Gewinnung des Zinks.

A. Die für die Reduktion der Erze notwendigen Vorarbeiten und hierzu erforderlichen Nebenbetriebe.

Einleitung.

Ehe wir zur Schilderung des Arbeitsverfahrens bei der heute sozusagen noch allein üblichen Gewinnung des Zinks vermittelst des Reduktionsprozesses, d. h. der Reduktion von Zinkoxyd in geschlossenen Gefäßen durch Kohle und Abdestillieren des dabei in Dampfform auftretenden Metalls übergehen können, müssen wir noch die Vorarbeiten betrachten, welche vor und zu der Ausführung des Prozesses notwendig sind.

Eine Betriebsabteilung für sich stellt die Vorbereitung der zur Verhüttung bestimmten Erze dar. Nur die Zinkerze, welche das Zink als wasserfreies Oxyd enthalten, sind ohne weiteres nach einer genügenden Zerkleinerung auf ein Korn von etwa 4 mm für die Beschickung der Reduktionsöfen geeignet. Die verfügbare Menge derselben ist aber gering, in Betracht kommt in letzten Jahrzehnten hauptsächlich nur Willemit, die bei weitem größte Masse der Erze muß einem Röstprozesse unterworfen werden, mit welchem im vorliegenden Falle zwei voneinander sehr verschiedene Zwecke verfolgt werden, wenn sie auch das eine gemeinsam haben, den Zinkgehalt der Erze in die für den Reduktionsprozeß allein geeignete Verbindung, in Zinkoxyd überzuführen[1].

Dem Rösten ist also einmal der wasserhaltige Kieselgalmei, $Zn_2SiO_4 \cdot H_2O$, und zweitens der Zinkspat, $ZnCO_3$, und die Zinkblüte, $ZnCO_3 \cdot 2\,Zn(OH)_2$, zu unterwerfen. Da diese Mineralien aber wohl kaum getrennt zur Behandlung kommen werden, so werden die beiden Prozesse, die Austreibung des Krystallwassers und der Kohlensäure im „Brennen“ oder „Calcinieren“ des „Galmeis“ vereinigt. Es entweicht hierbei nur Wasser und Kohlensäure, wie beim Brennen des Kalksteins, weshalb der Vorgang, wie die dazu erforderliche Apparatur, verhältnismäßig einfach ist.

Die Röstung oder das Brennen des Galmeis hat den Zweck, das Gewicht der Erze zu vermindern und das Gefüge derselben zu lockern. Nötigenfalls würde eine Reduktion des wasser- und kohlensäurehaltigen Zinkoxyds ausführbar sein, aber durch die Verflüchtigung von Wasser und Kohlensäure würde viel Wärme gebunden und dem Reduktionsvorgange entzogen und infolge der außerdem eintretenden Reoxydation des Zinkdampfes durch dieselben der Prozeß gestört werden.

Aus der frühesten Zeit der Zinkgewinnung in Oberschlesien berichtet Karsten[2] schon, daß durch Versuche festgestellt wurde, daß der calcinierte Galmei ein um 3 bis 4 Proz. besseres Metallausbringen gewähre, und daß die

---

[1] Vgl. auch Wochenschr. d. Ver. deutsch. Ing. 1883, Nr. 19, S. 175.

[2] Archiv f. Bergbau u. Hüttenwesen **2**, 109 (1820).

Kosten der Calcination hierdurch reichlich gedeckt würden, besonders auch deshalb, weil die Destillation sehr viel schneller verlaufe.

Eine weit schwierigere Arbeit ist das Rösten oder das Oxydieren der Zinkblende unter Verflüchtigung des ganzen Schwefelgehaltes, die nach der immer mehr eintretenden Erschöpfung der Galmeilager, wie schon erwähnt, das hauptsächlich zur Verhüttung gelangende Erz ist. Als der Mangel an Galmei allgemein zu ihrer Verwendung führte, bediente man sich, abgesehen von der hier und da üblichen Vorröstung in Haufen und Stadeln, zuerst ähnlicher, wie für das Calcinieren der feinkörnigeren Sorten von Galmeierzen gebrauchter Herd- oder Fortschauflungsöfen zur Röstung der Blende. Anfänglich kamen vielfach Gemische von Galmei und Blende zur Verarbeitung, und der Gehalt der Röstgase an der entbundenen schwefligen Säure war gering, steigerte sich aber allmählich mit dem zunehmenden Blendegehalt der Erze, die schließlich ganz in reine Blende übergingen. In Oberschlesien werden noch heute große Mengen galmeihaltiger Blenden verhüttet.

Nach *Petitgand* und *Ronna* soll der Landammann *Hitz* von Clauster bereits 1817 bis 1820 in Davos (Schweiz) die Verhüttung von Blende durchgeführt haben, und 1830 berichtet *Karsten*, daß die Zinkhütte zu Kloster in Graubünden noch die einzige Hütte sei, welche Blende verhütte[1]. Auch auf der Lydogniahütte und anderswo hat man nach ihm die Verhüttung der Blende versucht, aber damals nicht lange fortgesetzt, obgleich man gute Ergebnisse gehabt haben soll[2]. Daß *Champion* 1758 in England schon ein Patent auf Gewinnung von Zink aus Blende nahm, ist schon im geschichtlichen Teile erwähnt.

Im Rheinlande begann die Blendeverhüttung auf der Zinkhütte Heinrich zu Münsterbusch (Stolberg bei Aachen) 1836, in Achenrain in Tirol 1842. In Oberschlesien betrug, wie *Neumann* angibt, im Jahre 1878 die Menge der verhütteten Blende 9,2 Proz. der verhütteten Erze, im Jahre 1887 schon 30,6 und 1898 bereits 38,7 Proz.

Eine unmittelbare Zugutemachung der Zinkblende ist, wie wir später noch sehen werden, trotz mannigfacher Vorschläge und Versuche bisher noch nicht gelungen und ist deshalb die Überführung derselben in Zinkoxyd heute noch das einzige Mittel, um sie vorteilhaft verwerten zu können.

Die Entbindung der großen Mengen von schwefliger Säure brachten den Zinkhütten aber bald Beschwerden der Umgebung ein. Die Belästigung der Nachbarschaft wurde mit zunehmender Blendehüttung immer unleidlicher, und man mußte deshalb auf Mittel und Wege sinnen, der Zerstörung der umliegenden Vegetation und der Belästigung der Umwohnenden Einhalt zu tun.

Da lag der Gedanke nahe, die Röstgase für die Fabrikation von Schwefelsäure auszunutzen und sie so der Atmosphäre zu entziehen. Die Begründer

---

[1] Sie lieferte einige 100 Ztr. Zink im Jahre.

[2] 1849 wurde auf der Lydogniahütte (O.-S.) ein Versuch mit schwarzer Freiberger Blende gemacht, welche einen Gehalt von 44,36 Proz. Zn neben 29,15 Fe_2O_3 (einschl. Mangan) hatte, wovon 32 Proz. an verkäuflichem Zink ausgebracht wurden. *Kerl:* Metallurg. Hüttenkunde **2**, 331 (1855).

der Chemischen Fabrik Rhenania oder vielmehr deren Vorgänger *F. W. Hasen-clever & Co.* in Stolberg (Rheinland) nahmen denselben schon 1851 auf und haben sich durch die zähe Verfolgung der Lösung dieser Aufgabe ein großes Verdienst erworben[1]. Der Verfasser hat sich seit 1871, in welchem Jahre er als Chemiker bei der Rhenania in Beschäftigung trat, der Aufgabe gewidmet, und es gelang ihm endlich im Jahre 1882, als Betriebsleiter der Zinkhütte des Märkisch-Westfälischen Bergwerksvereins in Letmathe in Westfalen, dieselbe vollständig zu lösen.

Neben dem Bestreben, die Gase als Schwefelsäure oder als wasserfreie schweflige Säure (*Hänisch & Schröder*, D. R. P. 26181 und 27581[2] und *G. v. Giesches* Erben D. R. P. 27608) und in neuerer Zeit auch als Schwefelsäureanhydrid nutzbar zu machen, sind eine ganze Anzahl von Mitteln zur Absorption bzw. Unschädlichmachung des Säuregehaltes der Röstgase empfohlen und angewendet worden, namentlich auch deshalb, weil anfänglich der Absatz der Schwefelsäuremengen bei dem damaligen Stande der verbrauchenden Industrie nicht möglich war. Wir werden dieselben bei der Beschreibung der Zinkblenderöstöfen näher zu betrachten haben, müssen aber die eingehende Behandlung der Kondensations-einrichtungen, insbesondere die Fabrikation von Schwefelsäure und Schwefel-säureanhydrid den dafür vorgesehenen Einzeldarstellungen dieser Samm-lung überlassen.

Die mechanische Vorbereitung, das Zerkleinern der Erze für den Röst- und Reduktionsprozeß und das Mischen (Gattieren) der Erzsorten unter sich und mit der Reduktionskohle wird ebenfalls den besonderen Dar-stellungen in der allgemeinen Abteilung der „Chemischen Technologie", auf welche wir verweisen[3], vorbehalten sein. Wir werden die hierfür erforderlichen maschinellen Einrichtungen nur kurz streifen.

Dagegen müssen wir der Fabrikation der Reduktionsgefäße, der Muffeln und Röhren, welche untrennbar von den Obliegenheiten des Zinkhüttenmanns ist, eine besondere Abhandlung einräumen. Die hohen Ansprüche, welche an die jetzt verwendeten, verhältnismäßig dünnwandigen Gefäße und an das zu ihrer Herstellung dienende Material im Zinkofen gestellt werden, und der Umstand, daß die Muffeln in rotwarmem Zustande gegen die schadhaften Gefäße im Ofen eingewechselt werden müssen, läßt die Tren-nung der Fabrikation derselben von der Zinkhütte nicht zu; denn sie müßten im ungebrannten Zustande bezogen werden und wären deshalb leicht Be-schädigungen oder völligem Bruch ausgesetzt.

Wenn nun dadurch einmal die Verarbeitung feuerfester Materialien unter eigner Leitung geboten ist, so ist damit auch die Herstellung der Vorlagen und des sonstigen Zubehörs für den Ofenbetrieb gegeben, und die meisten Zink-

---

[1] Zeitschr. d. Ver. deutsch. Ing. 1886, S. 83.
[2] Dingl. Pol. J. Bd. 254, S. 383.
[3] *Carl Naske:* Zerkleinerungsvorrichtungen und Mahlanlagen. — *Herm. Fischer:* Mischen, Rühren, Kneten.

hütten stellen in Verbindung damit auch ihren Bedarf an feuerfesten Steinen selbst her.

I. Die Röstung, das Brennen oder Calcinieren des Galmeis.

Der hohe Gewichtsverlust, welchen der Galmei durch das Brennen erfährt (beim edlen Galmei beträgt derselbe theor. 35,4 Proz.) kann die Veranlassung sein, diesen Prozeß schon auf der Grube vorzunehmen, um beim Transport an Frachtkosten zu sparen. Man bediente sich dabei früher für das Rösten stückiger Erze der einfachsten Hilfsmittel, und zwar in holzreichen Gegenden, wie in Nordspanien, des Brennens in Haufen (Berg- u. Hüttenm.-Ztg. 1876, S. 138), in holzärmeren, wie in den Gebirgen Südspaniens des Brennens in Stadeln. Wir wollen es der Vollständigkeit halber deshalb auch nicht unterlassen, diese Verfahrungsweisen durch Wort und Bild darzustellen, denn es ist ja nicht ausgeschlossen, daß bei Aufdeckung neuer Lagerstätten, wenn auch nur vorübergehend, dieselben noch wieder Anwendung finden können.

Wenn auch das Rösten von Galmeierzen in freien Haufen ein sehr einfacher Prozeß ist, so sind doch für den Aufbau der Haufen gewisse Erfahrungen

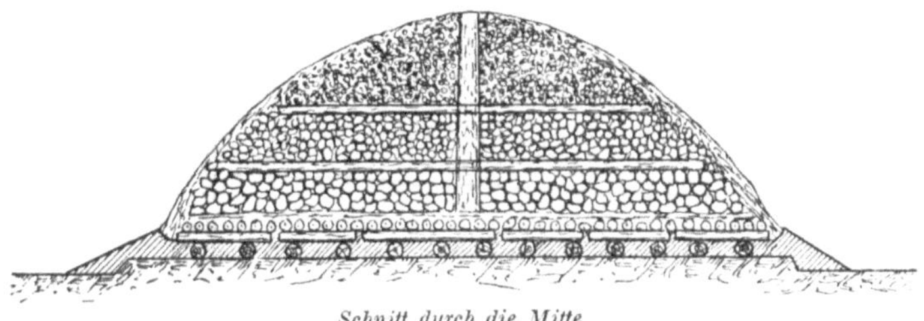

Fig. 63. Galmeirösthaufen. M. 1:100.

nötig, welche von Fall zu Fall gewonnen werden müssen. Es ist dabei zu beachten, daß das Brennmaterial (im vorliegenden Falle ausschließlich Holz) nur in solchen Mengen zwischen das Erz geschichtet wird, daß keine zu große Hitze entsteht, die leicht Sinterung oder Verschlackung, namentlich bei eisenreichem Galmei, und auch Verflüchtigung von Zink durch eintretende Reduktion zur Folge haben kann. Demgemäß ist auch die Größe, insbesondere die Höhe des Haufens zu bemessen, dem man entweder eine runde, flach kegelförmige Gestalt oder die Form einer abgestumpften, vierseitigen Pyramide gibt. Gewöhnlich erhalten die Haufen bei einem Durchmesser bzw. bei einer Seitenlänge von 5 bis 6 m eine Höhe von rund 2 m.

Auf geebnetem, vollständig trocknem Boden werden zur Bildung des Röstbettes kreuzweise übereinander zwei bis drei Lagen Holzscheite gelegt, welche noch mit kleineren Holzstücken, Spänen, Tannenzapfen u. dgl. bedeckt werden. Auf diese werden dann zunächst die gröbsten Erzstücke von etwa Faustgröße geschichtet, darüber Stücke von immer mehr abnehmender Größe gestürzt und schließlich der ganze Haufen mit Erzklein bedeckt. Bei höheren Haufen ist es nötig, noch ein oder etwa zwei 10 bis 15 cm dicke Schichten kleinerer Holzstücke im Haufen zu verteilen, wie es die Fig. 63 zeigt. Die Decke von Erzklein darf nicht zu dick und nicht zu dicht sein, damit den Verbrennungsgasen ausreichend freier Abzug gewährt und damit genügender Luftzutritt zum Roste gesichert ist, um eine reduzierende Wirkung des Feuers auszuschließen.

Um das Feuer regeln zu können, empfiehlt es sich, in der Mitte des Haufens beim Aufsetzen desselben einen senkrechten Kanal auszusparen, der bis zum Anzünden des Holzrostes, was am besten von diesem so gebildeten Schacht aus erfolgt, leer und offen bleibt, dann aber mit Erzstücken ausgefüllt und mit Erzklein bedeckt wird.

Zur weiteren regelmäßigen Verteilung des Feuers im Haufen können durch die Decke Zuglöcher gestoßen werden, welche nach Bedarf zu öffnen oder zu schließen sind.

Ein regelrecht aufgeschichteter Haufen soll sich nach etwa drei Tagen in voller Glut befinden.

Die Röststadeln unterscheiden sich von den Haufen nur dadurch, daß die Seitenwände von senkrechten Mauern gebildet werden. In der Regel

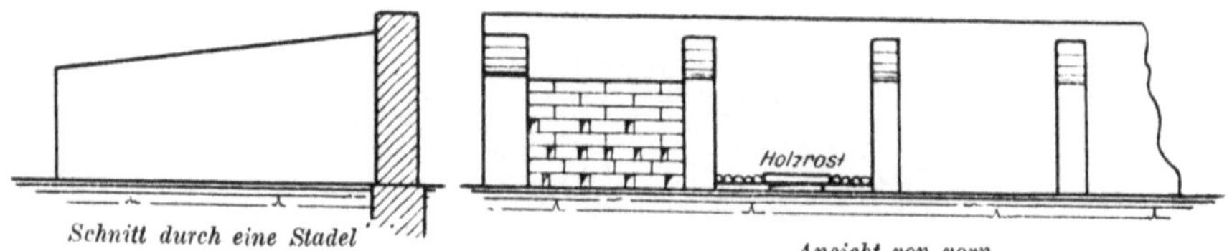

Fig. 64. Röststadel. M. 1:100.

liegen eine Anzahl Stadeln von etwa 3 m Länge und 1,5 m Breite an einer gemeinsamen höheren Rückwand, von welcher die Seiten und Trennungswände ausgehen. Die letzteren erhalten an der Rückwand eine Höhe von 1,0 bis 1,5 m und fallen nach vorn etwas ab. Die Front der Stadeln, durch welche dieselben gefüllt werden, kann durch eine durchbrochene Wand versetzt werden, wie es die Fig. 64 bei der letzten Stadel links zeigt; in der zweiten ist der Rost aus Holzscheiten eingelegt. Gegen die Witterung können die Stadeln nötigenfalls durch ein einerseits auf die Rückwand gestütztes Regendach geschützt werden.

Wie schon angedeutet wurde, wählt man die Stadeln an Stelle der freien Haufen in Gegenden, wo eine sparsame Wirtschaft mit den Holzbeständen geboten ist, da der Brennstoffbedarf bei ihnen wesentlich durch die gegen Einflüsse der Witterung schützenden Wände verringert wird.

Einen weit vorteilhafteren Betrieb, als Haufen und Stadeln ermöglichen einfache Schachtöfen, bei welchen der Brennstoffverbrauch, Holzkohlenklein, Braunkohle oder magere Steinkohle bedeutend niedriger ist, und die Arbeit für die sorgfältige Zustellung der Haufen in Wegfall kommt. Außerdem erreicht man mit deren Hilfe ein weit besseres Durchbrennen der Galmeistücke, welchen zudem 15 bis 20 Proz. Erzklein beigemengt werden können.

Der Brennstoff wird abwechselnd mit Schichten von Galmei aufgegeben, der Verbrauch an demselben hängt von der Natur und den Nebenbestandteilen des Erzes ab, er schwankt zwischen 3 bis 6 Proz. des Gewichtes des aufgegebenen Roherzes. Der Arbeitsaufwand, welchen die Bedienung der Schachtöfen erfordert, ist gering, da es sich nur um das Aufbringen von Erz und Brennstoff auf den Ofen und das Abziehen und die Abfuhr des Brenngutes handelt. Allenfalls ist noch ein oberflächliches Zerkleinern großer Erzstufen mit einem schweren Hammer oder Fäustel nötig. Der Ofenbetrieb ist also recht billig, auch hinsichtlich des Brennstoffverbrauches. Im Gebrauche waren solche Schachtöfen deshalb früher wohl auf allen Gewinnungs- oder Verhüttungsstellen, wo große Mengen von Stückgalmei zu behandeln waren, so auf dem Altenberg bei Moresnet, in Belgien, bei Iserlohn, in Dortmund, Bensberg, in Iglesias auf Sardinien, in Laurion und in Nordamerika (Lehigh, Pennsylvania).

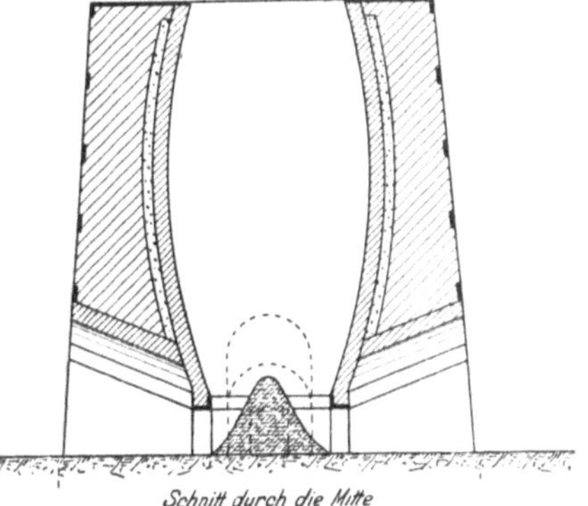

Fig. 65. Galmeischachtofen auf dem Altenberg. M. 1:100.

Die Fig. 65 zeigt den auf dem Altenberg im Gebrauche gewesenen Ofen, der nicht wesentlich von der Form der früher gebräuchlichen Kalkbrennöfen abweicht. Er bestand aus einem von feuerfesten Steinen begrenzten, kreisförmigen, ausgebauchten Schachte, umgeben und gestützt von einem massiven Rauhgemäuer, welcher an der oberen Öffnung einen Durchmesser von 2,2 m, an der Stelle seiner größten Weite von 2,95 m hatte. Unten, etwa 0,7 m von der Hüttensohle, endete derselbe mit einem zylindrischen Teile von 1,7 m im Durchmesser. In der Mitte der Ofensohle erhob sich der Abrutschkegel von 1,05 m Höhe, welcher den Zweck hatte, das Brenngut nach vier Ausziehöffnungen, welche in mannshohe, überwölbte, geräumige Aussparungen des Rauhgemäuers ausmündeten, abzuleiten.

In Monteponi auf Sardinien waren die Öfen (nach der Österreichischen Zeitschrift 1886, Nr. 40) an Stelle des Abrutschkegels mit einem Kegelrost ausgestattet, oder sie hatten einen korbähnlichen Rost, an dessen tiefster Stelle das Röstgut unmittelbar in Wagen abgezogen wurde.

Die Erzschichten, welche mit dem Brennstoff abwechselten, hatten nach *Thum* (Berg- und Hüttenm. Ztg. 1859, 405) eine Dicke von 15 cm. Der Brennstoffverbrauch belief sich auf 3 bis 4 Proz. des Rohgewichtes des Erzes. Der Ofen lieferte in 24 Stunden in 6 Posten rund 25 t Brenngut, welches 27 Proz. des Rohgewichtes beim Röstprozeß verlor. Der Verfasser hatte um 1880 herum in Letmathe einen ganz ähnlichen Ofen für Stückgalmei mit gleicher Leistung und demselben Kohlenverbrauch im Betriebe.

In Monteponi soll der Brennstoffaufwand (Holzkohlenklein) 4 bis 6 Proz. betragen.

In Tunis sind heute noch ganz ähnliche, aber kleinere Öfen, von 2,60 m größter Weite und 4,25 m Höhe im Betrieb, welche mit einem Kegelrost ausgestattet sind. Ein solcher Ofen faßt 35 bis 40 t Rohgalmei und setzt in 24 Stunden 6 t mit 3,2 bis 3,4 Proz. Kohlen durch. Es werden darin Stückerze mit Graupen bis 8 mm Korn herab verarbeitet. (*Alb. Bordeaux* in Revue universelle des Mines de la metallurgie, Juli 1912).

Fig. 66 zeigt einen (nach *Ingalls* Metallurgy of Zinc and Cadmium, 1903, S. 11) in Kansas (U. St. A.) gebrauchten zylindrischen Schachtofen. Derselbe ist mit einem Kegelrost versehen, durch welchen die Verbrennungsluft mittelst eines von außen unter demselben mündenden Kanals dem Ofen zugeführt wird, und welcher zugleich als Abrutschkegel für das Brenngut dient.

Zu beachten ist beim Betriebe der Schachtöfen, daß das fertig gebrannte Gut zur rechten Zeit aus dem Ofen entfernt wird, da sonst das Feuer im Ofen zu hoch steigt und viel Nutzraum des letzteren verloren geht.

Das Brennen des Galmeis in Haufen, Stadeln und den oben beschriebenen Schachtöfen hat den Nachteil, daß das Erz durch die Asche des Brennmaterials verunreinigt wird, was jedoch bei dem geringen Brennstoffaufwand nicht sehr ins Gewicht fällt. Außerdem liegt aber die Gefahr vor, daß bei zu heißem Gange des Röstprozesses eine Sinterung des Erzes, besonders bei hohem Eisengehalte desselben eintritt, oder gar bei mangelnder Luftzufuhr eine Reduktion von Zinkoxyd und damit ein Verlust durch Verflüchtigung von Zink. Nach den Erfahrungen des Verfassers ist letzterer jedoch bei den Schachtöfen nicht hoch anzuschlagen, da in den oberen kälteren Teilen des Ofens eine Wiederoxydation der Zinkdämpfe und eine Kondensation von Zinkoxyd stattfindet. Bei sehr heißem Ofengange findet man Krystalle von Zinkoxyd in Hohlräumen der Erzstücke; ein Auftreten von Zinkrauch an der Gicht des Ofens ist niemals beobachtet worden. Die Zinkoxydkrystalle rühren wahrscheinlich von direkter Verdampfung von Zinkoxyd ohne vorherige Reduktion und Reoxydation aus kleinen, besonders hoch erhitzten Stellen des Ofens her. Immerhin sind die mit letzteren Erscheinungen verbundenen Sinterungen des Erzes nicht vorteilhaft für den folgenden Reduktionsprozeß, weil das Gefüge desselben dadurch dicht und damit dem Kohlenoxydgas der Eintritt in die Poren größerer Erzteilchen erschwert wird.

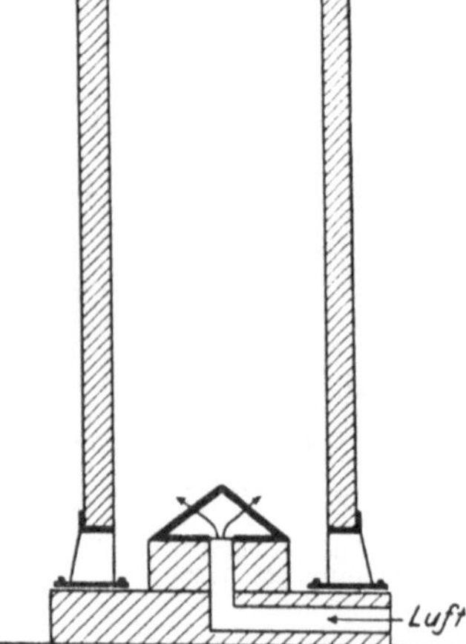

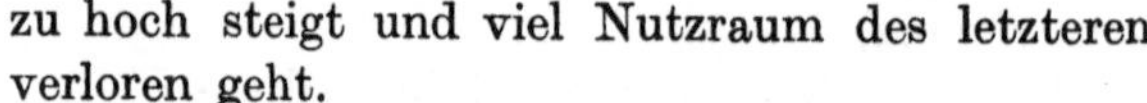

Fig. 66. Galmeischachtofen in Kansas.

Zur Vermeidung dieser Übelstände ging man deshalb dazu über, die Schachtöfen mit dem Galmei allein zu beschicken und die Erzsäule durch vorgelegte besondere Feuerungen zu erhitzen.

Solche Öfen waren nach *Hollunder*[1] im Spätsommer 1818 auch auf dem

---

[1] Tagebuch S. 343.

Altenberg bei Aachen im Betriebe. Das Rauhgemäuer derselben war viereckig wie bei dem eben beschriebenen Ofen (Fig. 65) und an den Bergabhang angelehnt, damit man bequem den Rohgalmei auf die Gicht bringen konnte. Zwei Ausziehöffnungen lagen einander gegenüber; rechtwinklig dazu unterhalb der eigentlichen Hüttensohle zwei Rostfeuerungen mit eisernen Roststäben von 0,95 m Länge. Der Ofen wurde von sechs Arbeitern, je drei in der Schicht, bedient, welche alle $3^1/_2$ Stunden eine Post zogen und wieder auffüllten, so daß in 24 Stunden 12 bis 13 t calcinierter Galmei gewonnen wurden, wozu etwa 100 bis 120 Dresdener Metzen Eschweiler Kohlen (die Lütticher waren als ungeeignet befunden) verbraucht wurden.

Um 1840 herum waren noch gleiche Öfen dort im Gebrauche[1]. Sie hatten unten einen Durchmesser von 60 cm, oben von 1,60 m bei einer Höhe von 2,50 m. Die Rostfläche jeder der beiden Feuerungen war 90 × 30 cm. Die Flammenführung ist weiter unten näher beschrieben.

Der in Fig. 67 dargestellte, mit besonderer Heizvorrichtung ausgestattete Ofen wurde im Süden von Spanien gebraucht. Zur Beheizung desselben diente eine Planrostfeuerung, deren Aschenfall geschlossen gehalten wurde. Die Verbrennungsluft wurde durch einen Kanal von der Ausziehöffnung her unter den Rost geführt und auf diesem Wege durch das heiße Brenngut vorgewärmt.

Die Anordnung ist ohne weitläufige Erklärung aus der Figur zu verstehen. Der runde, konische, etwas ausgebauchte Teil des Schachtes hat eine Höhe von rund 3 m und zieht sich unten vor der Feuerung bis auf 60 cm Weite zusammen, während er oben einen Durchmesser von 1,80 m hat. Er ist durch eine Haube abgeschlossen, in welcher sich die Fülltür zum Eintragen des rohen Galmeis befindet. In der

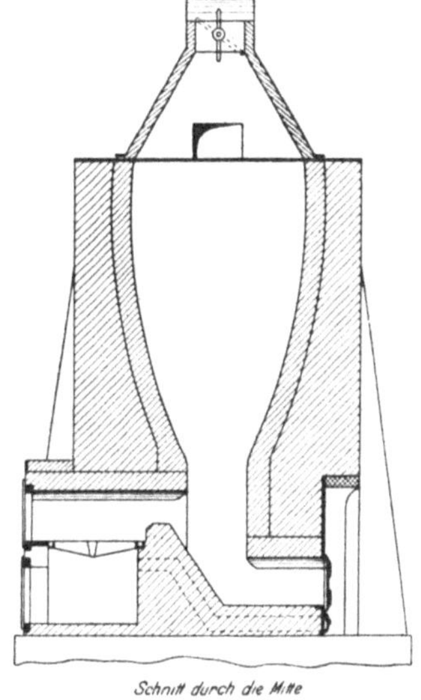

Fig. 67. Schachtofen mit Vorfeuerung in Spanien. M. 1:100.

oberen Verengung der Haube, welche mit einem Regenschutzdach versehen ist, befindet sich eine Drosselklappe zur Regulierung des Zuges.

Aus der starken Verengung des Schachtes in seinem unteren Teile ist zu schließen, daß der Ofen zum Rösten von kleinstückigem Galmei gedient hat.

Statt mit einer wurden die Öfen auch wohl mit zwei und größere sogar mit mehr Feuerungen ausgestattet, welche dann gleichmäßig um den Ofen herum verteilt lagen, während die Ausziehöffnungen sich zwischen je zwei Feuerungen befanden.

In Öfen mit einer Feuerung röstete man nach *Stölzel* 5 bis 8 t, in solchen mit zwei Feuerungen 10 bis 15 t bei einem Steinkohlenverbrauche von 6 bis 9 Proz. des Rohgewichtes des Galmeis.

---

[1] Ann. des Mines 4. Reihe, Heft 5, Tafel IV, Fig. 17 u. 18.

An anderen Orten gab man den Ofenschächten wohl auch eine zylindrische
Form im oberen Teile und zog dieselben nur unten zusammen. Einen derartigen Ofen mit zwei Feuerungen zeigt *Ingalls* auf S. 14 seiner Metallurgie des
Zinks. In Amerika tritt an Stelle der Rostfeuerungen für Steinkohlen auch
die Heizung mit flüssigem Brennstoff oder Naturgas. In Belgien und auf dem
Altenberg bediente man sich nach *Kerl* (Metall. Hüttenkunde I, S. 149)
eines oben offenen, trichterförmigen Brennofens mit zwei Feuerungen,
deren Verbrennungsgase durch einen vom Feuer-Gewölbe ausgehenden Kanal
aus einer großen Anzahl 10 cm weiter Öffnungen, welche in mehreren Reihen
übereinander in den Ofenschacht mündeten, in den Galmei traten. Die
zwei Ausziehöffnungen lagen im rechten Winkel zu den Feuerungen, die
Ofensohle war von der Mitte des Ofens nach beiden hin abgeschrägt.

Ein solcher Ofen calcinierte in 24 Stunden 18 t rohen Galmei = 13,5 t
Röstgut; bei einem Aufwand von 1250 k eines Gemisches von Eschweiler Fettkohle und Aachener (Bardenberger) Magerkohle, entsprechend 9,2 Proz. vom
gerösteten Galmei. Seine Bedienung erforderte sechs Arbeiterschichten.

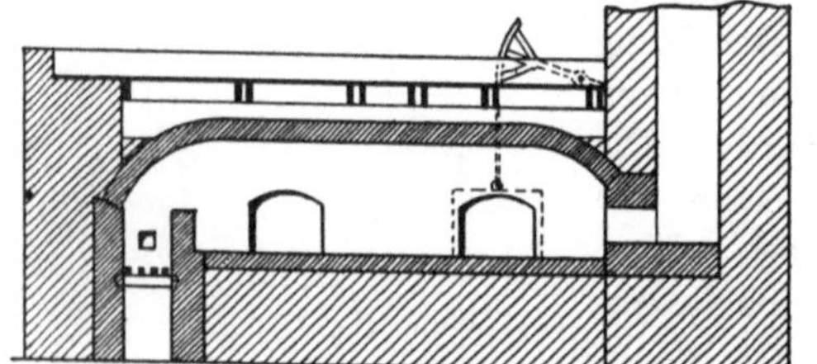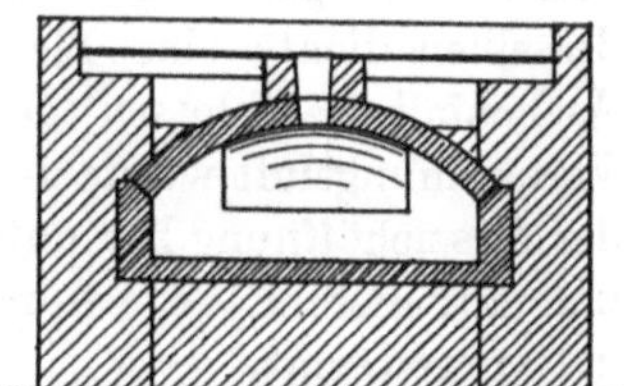

Fig. 68. Erster Herdröstofen für Galmei in Oberschlesien. M. 1:100.

Alle die eben beschriebenen Einrichtungen eignen sich, wie schon erwähnt,
nur zum Brennen stückigen Galmeis unter Verwendung von etwa 15 bis
höchstens 20 Proz. des Gewichtes desselben an Grubenklein und Klopfabfall.

Vor der Aufgabe in die Schachtöfen oder dem Einbau in Haufen oder
Stadeln ließ man das Erz in der Regel einige Zeit an der Luft verwittern,
damit sich beigemengte tonige Massen von dem Galmeierz lösten, die dann
mit der Hand durch Ausklauben von demselben geschieden wurden.

Wenn der Galmei mit taubem Gestein inniger verwachsen ist, wird
eine weitgehendere Zerkleinerung des Erzes und Scheidung durch eine nasse
Aufbereitung erforderlich. Ein großer Teil desselben fällt auf der Grube dann
in kleinstückiger, Graupen-, Sand- und Schliechform, zu deren Röstung andere
Apparate nötig sind, von denen wir im folgenden die wichtigsten betrachten
wollen.

Der erste Galmeiröstofen dieser Art, der nach *Karsten*[1] in Oberschlesien
benutzt wurde (vgl. S. 52) ist in Fig. 68 abgebildet. Eine ausführlichere Erläuterung des einfachen Herdofens wird sich erübrigen. Der Rost hatte bei

---

[1] Archiv f. Bergbau- und Hüttenwesen, Bd. II, 1920.

einer Breite von 40 cm eine Länge von 1,10 m. Die oberste Kante der Feuerbrücke lag 32 cm über der Herdfläche. Über der Ofenkappe befand sich hohl auf
Trägern, welche auf den Ofenwänden ruhten, um das Gewölbe nicht zu belasten,
eine Plattform von eisernen Platten, welche zum Trocknen des Galmeis diente.
Von dort wurde derselbe durch eine Öffnung in der Kappe auf den Herd
gestoßen. Jede Erzpost wog im rohen Zustande 1000 bis 1300 k. Sie wurde auf
dem Herde ausgebreitet und von Stunde zu Stunde gewendet. In 5 Stunden
war die Calcination der etwa 15 cm hohen Erzschicht beendet, sie befand sich
dann in dunkelrot glühendem Zustande. Die Galmeistücke lassen sich darauf
leicht zerkleinern, der sog. rote Galmei zeigt in gar gebranntem Zustande
eine braune, der weiße eine gelbliche, ins Rötliche spielende Bruchfläche.

Der Ofen röstete also in 24 Stunden in 4 Posten zusammen bis zu rund
5000 k rohen Galmei, woraus 3200 bis 3300 k Röstgalmei fielen. (Der Verlust
an Wasser und Kohlensäure erreichte
damals beim oberschlesischen Galmei
also 34 bis 36 Proz. des rohen Erzgewichtes.) Der Kohlenverbrauch belief sich
auf 15 oberschlesische Scheffel (zu je
2,8 preuß. Kubikfuß und etwa 71 k Gewicht bei oberschlesischer Kohle), also
auf 1065 k entsprechend reichlich 20 Proz.
des rohen Erzes. Der Ofen wurde in
der Schicht von zwei Mann bedient,
welche auch das Aufbringen des rohen
Galmeis auf die Plattform des Ofens, die
Zerkleinerung des Röstgutes auf Wal-
nußgröße mit Handstempeln und das
Heranholen der Kohlen besorgten.

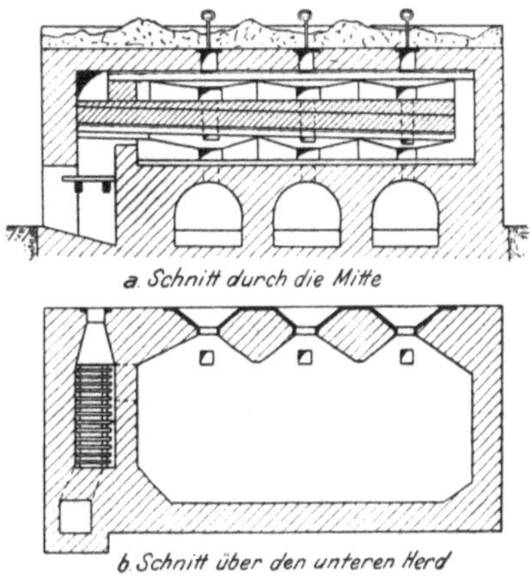

Die Röstofenarbeit wurde dem Bedarfe angepaßt, so daß nur höchstens

a. Schnitt durch die Mitte

b. Schnitt über den unteren Herd

Fig. 69. Zweisohliger Galmeiröstofen. M. 1:100.

für eine Woche Vorrat an Röstware vorhanden war, weil der geröstete Galmei
wieder Feuchtigkeit und Kohlensäure anzieht.

Am weitesten verbreitet und für diesen Zweck angewendet waren die
in Fig. 69 dargestellten Herdflammöfen. Man baute in der Regel der Länge
nach zwei solcher Öfen mit der einen Querwand aneinander oder vereinigte
auch vier derselben zu einem Block, indem je zwei und zwei Öfen mit der
Rückwand aneinander gelegt wurden.

Jeder Ofen hatte zwei übereinander liegende Herdsohlen, von welchen
die obere durch ein oben abgeflachtes Gewölbe, welches über den unteren Herd
gespannt war, gebildet und seinerseits wieder durch das Deckengewölbe
überdeckt wurde. Das letztere diente dann, wie in der Figur angedeutet ist,
zum Trocknen des von der Grube bzw. aus der Aufbereitung ankommenden
Erzes, welches am Herabgleiten vom Ofen durch einen Rand von starkem
Eisenblech gehindert wurde. Der Ofenbetrieb verläuft wie folgt:

Durch drei im Scheitel des Deckengewölbes angebrachte, etwa 20 cm weite Öffnungen, welche mittels eines gußeisernen Deckels mit Handgriff beim Nichtgebrauch geschlossen sind, wird der Galmei auf den oberen Herd gebracht und dort ausgebreitet. Nach 6 stündigem Verweilen, wobei er von Zeit zu Zeit durchgekrält wird, schafft man denselben durch die vor den Arbeitstüren gelegenen Öffnungen, welche ebenfalls durch gußeiserne Deckel[1] bis dahin geschlossen waren, auf den unteren Herd und von dort nach weiteren 6 Stunden durch gleiche Abzugsöffnungen von diesem in die unter dem Ofenherde liegenden Abkühlungsnischen.

Öfen, wie sie die Figur zeigt, waren in Letmathe in Westfalen, solange die Gruben bei Iserlohn Galmei lieferten, im Betriebe.

Der untere Herd hatte bei einer Breite von 1,96 m (von der Spitze der Türscheide bis zur Rückwand gerechnet) eine Länge von rund 5 m. Die drei 1,50 m voneinander abstehenden Arbeitstüren lagen für beide Herde auf derselben Ofenseite, während sich dieselben bei den in Moresnet bei der Vieille Montagne gebräuchlichen ähnlichen Öfen, denen die Letmather Öfen wohl nachgebildet gewesen sein werden, auf den gegenüberliegenden Seiten für jeden Ofenherd befanden. Dort waren dieselben auch weiter voneinander entfernt (nach *Schnabel* 1,83 bis 2,2 m), und die Herde hatten demgemäß eine größere Länge von zusammen 12,2 m für beide Herde. Die Scheitel der Gewölbe lagen in Letmathe beim unteren Herde 40 bis 50 cm, beim oberen 50 cm über den Herdsohlen.

Die Leistung des Ofens hängt von der Beschaffenheit des Galmeis und der Höhe der Belegschaft ab. 2 Arbeiter auf der Schicht brannten in der Regel 6 bis 8 t in 24 Stunden mit einem Kohlenverbrauch von 10 bis 15 Proz. des Rohgalmeis, etwa 12 bis 18 Proz. des Röstgutes.

Nach *Thum*[2] wurden auf dem Altenberg in den etwas größeren Öfen in vier Einsätzen rund 8 t in 24 Stunden mit 810 bis 860 k Steinkohle gebrannt.

Der Galmei verlor dabei 24 bis 25 Proz. seines Gewichtes. In Cilli in Österreich werden in 4 türigen Fortschauflungsöfen unter Verwendung von Braunkohle als Brennmaterial auf Treppenrosten 7 Posten zu je 600 k in 24 Stunden geröstet (Berg- und Hüttenm. Ztg. 1894, S. 31), während auf der Paulshütte bei Rosdzin in Oberschlesien dreisohlige Öfen, deren Herde eine Länge von 5,45 m und eine Breite von 2,40 m haben, im Betriebe sind. Jeder Herd hat hier eine besondere Feuerung und brennt nach *Schnabels* Angaben in 24 Stunden 15 t Galmei bei einem Brennstoffaufwand von 10 Proz. Zur Bedienung des Ofens soll nur ein Mann in der Schicht nötig sein, was sich nur dadurch erklären läßt, daß die Röstposten während des Verweilens im Ofen auf derselben Stelle liegen bleiben, die Arbeit sich also nur auf das Eintragen, Ausbreiten und Herausziehen des Erzes erstreckt.

Früher hat man vielfach, namentlich auch in Oberschlesien, die Galmei-

---

[1] Diese Verschlußdeckel sind auf der oberen Fläche mit einer Wulst versehen, in welcher sich zwei Löcher befinden. Letztere dienen zur Einführung einer an einer Eisenstange sitzenden Gabel, mittels welcher die Deckel von ihrem Sitze abgehoben werden.

[2] Berg- u. Hüttenm. Ztg. 1859, S. 405 und 1860, S. 4: Zinkhüttenbetrieb der Altenberger Gesellschaft. (*Kerl:* Metallhüttenkunde 1881, S. 433.)

röstherde an die Enden der Reduktionsöfen oder zwischen dieselben gelegt und mit der Abhitze der Öfen beheizt. Die Fig. 10 (Entwicklung der Gewinnungsmethoden) zeigt den zwischen zwei Zinkreduktionsöfen liegenden Galmeiröstherd, wie solcher 1865 noch auf der Lydogniahütte im Gebrauche war.

Mit der Einführung eines rationelleren Betriebes der Reduktionsöfen nahm man jedoch mehr und mehr davon Abstand, insbesondere wurde diese Einrichtung mit der Anwendung der Regenerativgasfeuerung hinfällig, denn die Temperatur der Abgase ist in diesem Falle zum Rösten des Galmeis nicht mehr ausreichend.

Auf den Hütten der Stolberger Gesellschaft, auch in Dortmund röstete man den Galmei 1866 auch noch mit der Abhitze der (schlesischen) Reduktionsöfen. Man versah die Röstöfen aber auch mit eigenen Feuerungen, welche sich in der Mitte zweier, zu einem Massiv vereinigter Öfen nebeneinander befanden.

Diese Calcinieröfen hatten schon zwei Sohlen übereinander mit einer Länge von 2,67 und einer Breite von 1,50 m, deren jede aber nur mit einer Arbeitstür an der dem Feuer abgewendeten Seite versehen war.

Dort hatte auch das die zweite Sohle bildende Gewölbe einen Schlitz, d. h. es reichte nicht ganz bis an die Kopfwand des Ofens, in welcher sich die beiden Arbeitstüren befanden, heran. Durch diesen Schlitz gelangten die Feuergase von der unteren auf die obere Sohle, an deren Ende (über der Feuerung) sie zur Esse abgeführt wurden, und außerdem diente er zum Herabziehen der zuerst auf den oberen Herd gebrachten Erzpost auf den unteren.

Eine Erzpost hatte ein Gewicht von 750 k im rohen Zustande, sie wurde durch die Arbeitstür mittels einer Schaufel eingeworfen und nach sechs Stunden von der oberen auf die untere Sohle gebracht, worauf oben eine neue Post eingetragen wurde. Nach abermaligem Verlauf von sechs Stunden wurde die erste Erzpost aus dem Ofen gezogen und durch die auf dem oberen Herde lagernde ersetzt. In der Zwischenzeit wurde das Erz einmal umgewendet. Der Rohgalmei verlor beim Rösten 25 Proz. seines Gewichtes bei einem Aufwand von $16^2/_3$ Proz. fetter Steinkohle, wenn nicht mit der Abhitze der Reduktionsöfen geheizt wurde. Jeder Ofen, welcher in 24 Stunden also 1500 k Rohgalmei brannte, wurde von einem Mann in der 12stündigen Schicht bedient. (Notizen zur Sammlung von Zeichnungen der „Hütte“, Jahrg. 1866.)

Der Galmei wurde, wie wir aus der Beschreibung der Betriebsweise bei dem in der Zeichnung dargestellten Ofen ersehen, nicht auf den Herden von einem zum anderen Ende fortbewegt, die Öfen wurden also nicht als sog. Fortschauflungsöfen betrieben. Diese Betriebsart würde die Feuergase besser ausnutzen, weil das kalte Erz allmählich dem heißesten Teile des Ofens zugeführt würde, aber dafür höheren Arbeitsaufwand beanspruchen, wenn das Durchsetzquantum nicht wesentlich herabgehen soll. Das seitliche Fortbewegen des Erzes von einem Ende des Ofens zum andern erfordert viel Arbeit, und deshalb unterläßt man es zweckmäßig. Eine unausgesetzte Bewegung der Röstposten ist zum Rösten des Galmeis nicht notwendig, denn die einzelnen Erzteile brauchen nicht in innige Berührung mit der Luft oder den Feuergasen gebracht zu werden, da die strahlende Wärme des Ofens zur Austreibung der Kohlensäure und des Krystallwassers genügt, wenn man auch die Verbrennungsluft als Träger der Wärme, die die Ofenwände und das Erz aufnehmen, anzusehen hat. Die Temperatur, welche zur Zersetzung des Zinkcarbonates notwendig ist, ist gering, da nach *Rose* schon bei 300° die Entbindung von Kohlensäure beginnt. Hat der Galmei indessen einen hohen Gehalt an Eisenoxydulcarbonat und Kalkcarbonat, so müssen die Öfen weit heißer gehalten werden, weil diese Carbonate erst bei 800 bzw. 812°[1] zersetzt

werden. (Anwesendes Magnesiumcarbonat fordert nach *Le Chatelier* nur eine Hitze von 650°.)

Die Fortbewegung des Erzes von Hand hat noch den Nachteil, daß während der Arbeit viel kalte Luft durch die Arbeitstüren in den Ofen eintritt, was eine Erhöhung des Brennstoffverbrauches zur Folge hat. Daraus erklärt sich auch der weit höhere Verbrauch an Kohle bei den Flammherdöfen gegenüber den Schachtöfen.

Aber auch schon die Beförderung des Erzes von einer Herdsohle zur anderen, das Eintragen und Herausziehen aus dem Ofen erfordert noch viel Arbeit. *Schnabel* ist der Meinung, daß Öfen mit einem langgestreckten Herde den

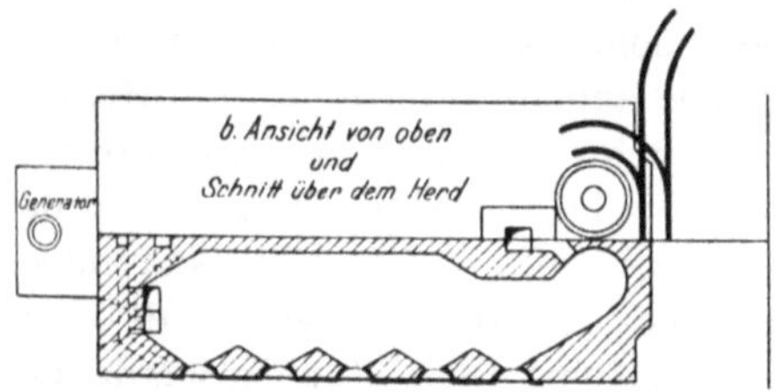

Fig. 70. Ferraris-Ofen in Monteponi. M. 1:300.

zwei- oder gar dreistöckigen Öfen, welch letztere wohl dort angewendet sind, wo der knappe verfügbare Flächenraum dazu nötigte, vorzuziehen seien, der Verfasser kann sich dieser Ansicht nicht anschließen, denn bei einsohligen Öfen geht es ohne horizontale, den Arbeitsaufwand vermehrende Fortbewegung nicht ab, wenn die Ofenwärme nach Möglichkeit ausgenutzt, d. h. an Brennstoff gespart werden soll. Außerdem findet die Wärme, welche von dem Deckengewölbe aufgenommen wird, nur Ausnutzung zum Trocknen des auf dem Ofen liegenden Erzes, während sie bei zweisohligen Öfen schon dem eigentlichen Zwecke, der Calcination des Erzes, dient.

Um die Arbeit zu vermindern oder wenigstens zu erleichtern, hat *Ferraris* zu Monteponi auf Sardinien der Herdfläche eine starke Neigung gegeben, wodurch der Arbeitsaufwand für die Fortbewegung des Galmeis von der Einfüllöffnung des Ofens zur Feuerung hin wesentlich geringer wird. Die Fig. 70*a*—*b*

---

[1] *Le Chatelier:* Tonindustrie-Ztg. 1886, S. 429, siehe auch S. 16 die Fußnote 3.

zeigt zwei solcher (nach dem Erbauer benannter) mit der Rückwand aneinander gelehnter Öfen, welche von einem Generator aus beheizt werden[1].

Ein solcher Doppelofen, dessen Arbeitsgang sich ohne weiteres aus der Abbildung ersehen läßt, liefert in 24 Stunden mit 5 Mann Belegschaft 15 400 k Röstgut von 20 t Rohgewicht, welches sich demnach durch den Röstvorgang um 23 Proz. vermindert. Der Brennstoffaufwand (Steinkohlen von Cardiff) beträgt 15,11 Proz. des Rohgewichtes (*Schnabel*).

Die nicht ausgebrannten Zinder, welche den Generator verlassen, fanden nach *Ingalls* in den Schachtöfen zum Rösten von Stückgalmei noch weitere Verwendung. Nach seinen Angaben beheizte man die Öfen mit Lignit, welcher im trocknen, aschenfreien Zustand einen Heizeffekt von 4800 w hatte und gebrauchte davon nach Abzug des Gehaltes von 6 Proz. hygrosk. Wassers und 10 Proz. Asche (neben 6 Proz. Schwefel) und der aus dem Aschenfall des Generators gewonnenen Zinder 9,8 bis 10 Proz. des Röstgutes für den Ofenbetrieb.

Ein Zinksilicat haltender Galmei, welcher neben etwas Bleiglanz bis zu 10 Proz. Zinkblende enthält, soll auch fast allen Schwefel beim Durchgang durch diesen Ofen verlieren. Auch sollen sich faustgroße Galmeistücke noch vollständig durchbrennen lassen, nur nimmt dann die Leistung des Ofens ab und damit der Kohlenverbrauch und der Lohnaufwand zu.

Trotz der Erleichterung der Arbeit, welche das Eigengewicht des Erzes auf der schiefen Ebene beim Fortschaufeln gewährt, ist der Arbeitsaufwand noch recht bedeutend, ebenso auch der Kohlenverbrauch. Aus diesem Grunde hat man wohl auch versucht, die Handarbeit noch mehr durch mechanische Arbeit zu ersetzen, indem man den sog. Oxlandofen mit rotierendem, etwas nach der Feuerung hin geneigtem Zylinder zur Anwendung brachte. Nach *Ingalls* waren seit dem Jahre 1885 drei Oxlandöfen auf der Bugerru-Grube in Monteponi in Betrieb, die jedoch keinen Vorteil vor dem Betriebe der Ferrarisöfen boten, weil die Ersparnisse an Löhnen durch höhere Reparaturkosten aufgewogen wurden.

Bei der Anwendung des rotierenden Zylinderofens verfolgt man aber neben der Entfernung von Wasser und Kohlensäure aus dem Erz noch den weiteren Zweck, den Eisengehalt des Erzes magnetisch zu machen.

Um zu diesem Zwecke das dem Galmei beigemengte Eisenoxyd in Eisenoxyduloxyd überzuführen, mischt man das Erz mit 2 Proz. Kohle. Der hierdurch mit reduzierenden Feuergasen geröstete Galmei wird nach der Korngröße klassiert und dann einer magnetischen Aufbereitung unterworfen, wodurch der Zinkgehalt des Erzes von 20,5 auf 45 Proz. erhöht wird.

Die in Monteponi gebrauchten Drehöfen haben nach *Ferraris*[2] eine Länge von 13 m, der 10 m lange Zylinder einen inneren Durchmesser von 1 m. Der das innere Schamottfutter umfassende Zylinder aus Schmiedeeisen ist mit vier Laufringen, deren jeder auf zwei Rollen gelagert ist, ausgestattet.

---

[1] *Marx:* Geognostische und bergm. Mitteilungen über den Bergbaubezirk Iglesias auf der Insel Sardinien. Zeitschr. f. Berg-, Hütten- u. Salinenwesen im preuß. Staate **40**.

[2] Österr. Zeitschr. f. Berg- u. Hüttenwesen 1892.

Der Antrieb erfolgt durch ein Schneckengetriebe, welches dem Zylinder bis zu 16 Umdrehungen in der Stunde erteilt. Zum Betriebe sind 1 bis 2 PS erforderlich.

Der Ofen ist in der Fig. 71 schematisch dargestellt. Die Eintragung des Roherzes erfolgt durch ein 200 mm weites Rohr, durch dessen geringere oder größere Entfernung von der inneren Wand des Zylinders die Menge des Zutritts geregelt wird. Gewöhnlich verläßt das Erz nach sechs Stunden an dem anderen Ende den etwas geneigt gelagerten Zylinder, indem es in eine unter bzw. zwischen dem Ofenende und der Feuerung liegende Kühlkammer fällt. Die Feuerung besteht aus einem mit Unterwind vermittelst eines Körtingschen Gebläses als Halbgasfeuer betriebenen Planroste von 0,75 qm Fläche. Die Sekundärluft wird in den Umfassungsmauern der Feuerung vorgewärmt und tritt erst beim Eintritt der Kohlengase in den Zylinder zu denselben.

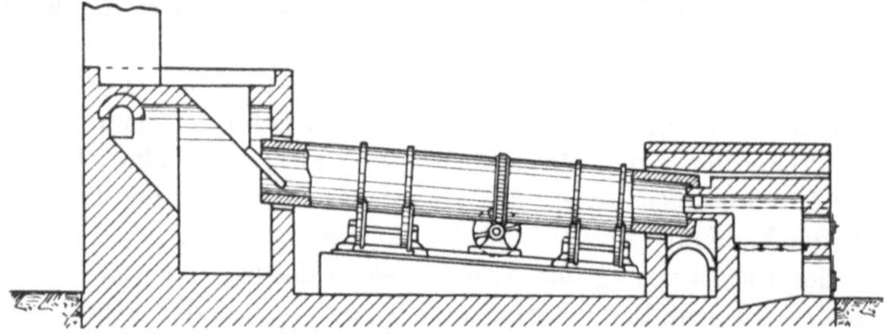

Fig. 71. Oxlandofen in Monteponi. M. 1:200.

Die Feuerbrücke ragt in Rohrform ein Stück in den Ofen hinein, wodurch dessen Rand vor der Berührung mit der Flamme geschützt wird.

Nach *Ingalls* beträgt der Kohlenverbrauch 20 Proz. des Rohgewichtes des Erzes bei Verwendung des schon erwähnten Lignits. Nach *Bordeaux* (siehe oben Schachtöfen) 14 bis 15 Proz. Die Bedienung erfordert 1 Heizer und 3 Arbeiter in der Schicht beim Durchsetzen von 1 t Rohgalmei in der Stunde. Die Betriebskosten betragen für 1 t Röstgut

an Kohle	3,25	Fr
„ Löhnen	0,74	„
„ Kraft	0,50	„
„ Oel u. s. w.	0,26	„
Zus.	4,75	Fr

und auf die t Roherz berechnet 3,85 Fr.

Schliech- und sandhaltige Erze bis zu einem größten Korn von 30 mm sollen sich vorteilhafter im Oxlandofen, rein körnige Erze von 15 bis 30 mm Korn dagegen billiger im Schachtofen brennen lassen.

Außer in Monteponi sind diese Öfen in ähnlichen Abmessungen in Malfidano und an anderen Stellen Sardiniens im Gebrauch und werden zum Teil auch mit Holz geheizt.

Andere Öfen mit beweglichen (rotierenden) Herden oder mit bewegten Rührwerken haben unseres Wissens keine Anwendung zur Röstung von

Galmei gefunden, man würde auch kaum Vorteile davon haben, weil, wie wiederholt erwähnt, eine fortwährende Wendung des Röstpostens zum Brennen von Galmei, d. h. zur Verflüchtigung von Wasser und Kohlensäure, nicht notwendig ist. Anders liegt es, wenn es sich um Gemische von Galmei und Blende handelt, bei welchen man auch eine möglichst weitgehende Entfernung des Schwefels erreichen will.

Schnabel berichtet noch in seinem Handbuche der Metallhüttenkunde, Bd. II, S. 33ff. (1904), daß in Ponte di Nossa in Italien ein Ofen im Betriebe ist, welcher dem für Quecksilbergewinnung aus Zinnober gebräuchlichen *Spirek*schen Schachtflammofen nachgebildet ist. Der komplizierte Aufbau des Ofens erinnert sehr an den von *Hasenclever* und *Helbig* Ende der 60er Jahre zur Schwefelkies- und Blenderöstung versuchsweise angewendeten Ofen[1]. Ein rechteckiger Schachtraum ist mit 9 Reihen von je 6 Dächern aus feuerfestem Ton derart ausgesetzt, daß die Spitzen der Dächer der nächst tiefern Reihe unter dem zwischen zweien derselben verbleibenden Spalt, welcher zum Durchgleiten des Erzes dient, liegen. Das Erz ruht auf den Dächern und rutscht in dem Maße von einer Dächerreihe zur anderen, wie dasselbe unten am Ofen weggezogen wird. Die Spalten zwischen je zwei Dächern werden dabei vom Erze geschlossen und so Zellen gebildet, welche von den Feuerungsgasen auf einem Zickzackwege durchstrichen werden. Die die Dächer bildenden Tonplatten werden dabei von unten und das darauf ruhende Erz von oben erhitzt.

Die Feuerung, ein als Halbgasfeuer betriebener Planrost, liegt zwischen zwei in der vorbeschriebenen Weise ausgesetzten Schächten in einer Mittelwand, die außerdem, wie auch die Außenwände, die Züge zur Überleitung der Feuergase von einer Dächerreihe zur anderen enthält. In den Außenwänden befinden sich Schau- bzw. Arbeitsöffnungen.

Schnabel gibt eine klare Zeichnung, welche aus The Min. Ind. 1902, S. 684, entnommen ist, in 2 Vertikal- und einem Horizontalschnitt, auf welche wir verweisen müssen.

Nach den aus italienischen Zeitschriften entnommenen Berichten[2] wurden während einer Dauer von 4 und 5 Monaten täglich rund 9500 bzw. 10 200 k Zinkcarbonat bei einem Kohlenverbrauch von 8,5 Proz. in der ersteren und 7,45 Proz. des Gewichtes des rohen Galmeis in der letzteren Betriebsperiode gebrannt. Die Röstkosten sollen im zweiten Falle 4,68 Lire für die Tonne betragen und Veranlassung zum Bau eines zweiten Ofens gegeben haben. Die Belegschaft bestand nach der ersten der angegebenen Quellen in der achtstündigen Schicht aus drei Erwachsenen und zwei jugendlichen Arbeitern. Die Löhne müssen also den eben genannten Gesamtröstkosten gemäß dort recht billig sein. An anderen Orten wird der trotz des selbsttätigen Rutschens des Erzes hohe Arbeitsaufwand wohl kaum zur Anwendung dieser Öfen er-

---

[1] *Lunge:* Handbuch der Soda-Industrie. 1. Aufl. 1879. Bd. I, S. 196. — Zeitschr. d. Ver. deutsch. Ing. 1876, S, 407.

[2] Resoconti della Associazone Mineraria Sarda 1901, Vol. VI und Rassegna Mineraria. Torino 11. 2. 1903.

mutigen, namentlich auch mit Rücksicht auf die jedenfalls hohen Anlagekosten, die nicht im Verhältnis zu dem Zwecke, welchem der Ofen dient,
stehen werden.

Erwähnt sei noch, daß auch in diesem Ofen eine reduzierende Röstung
des mit Eisenoxyd gemischten Galmeis durch Zusetzen von Kohle zum Erze
zwecks nachfolgender magnetischer Aufbereitung desselben ausgeführt wird.

Der die Röstöfen verlassende grobkörnige und stückige Galmei, der durch
das Brennen eine wesentliche Lockerung des Gefüges erfahren hat, ist noch
zu zerkleinern, ehe er zur Beschickung der Reduktionsöfen geeignet ist.
Man bedient sich dazu des Kollerganges mit feststehendem oder rotierendem
Teller, der Walzenmühle, eines Desintegrators (Schlagbolzenmühle) oder der

Fig. 72. Steinbrecher.

Vapartschen Schleudermühle,
von denen wir bei der folgenden Beschreibung der Vorbereitung der Zinkblende für die Reduktion bzw. bei der Bereitung
des Erzmöllers eine Abbildung
bringen werden. Wenn die
Galmeistücke nicht zu groß
sind, und man sich der Vapartmühle zur Mischung des Erzmöllers bedient, kann man die
gesonderte Zerkleinerung des
gerösteten Galmeis unterlassen
und dieselbe gleichzeitig mit
der Möllerung vornehmen. Die
Anwendung eines Steinbrechers
zum Vorbrechen ist auch bei
großen Galmeistücken wegen
der Weichheit des Materials
nicht notwendig.

Bei der Auswahl der be-
treffenden Maschine und ihrer
Aufstellung wird man sich zweckmäßig unter Berücksichtigung der örtlichen
Verhältnisse in jedem einzelnen Falle von dem Maschinenfabrikanten beraten
lassen, wobei auch eine billige Beförderung des Galmeis vom Ofen zur Mühle
und von dieser zum Lagerraum für den gerösteten Galmei zu beachten ist. Für
die Verhüttung des Galmeis pflegt man heute eine Zerkleinerung bis auf 7
bis 8 mm vorzunehmen, es genügt aber schon eine Korngröße von 10 mm.

II. Die Röstung der Zinkblende.

Die Zinkblende bedarf, wenn sie in größerem Korn, d. h. nicht in Sand-
oder Schliechform von der Grube angeliefert wird, vor der Röstung einer Zerkleinerung bis auf 2 mm Maschenweite eines Drahtsiebes — höchstens ist noch

ein 3-mm-Lochsieb (perforiertes Blech) zur Klassierung zulässig —, um eine vollständige Abröstung, sog. Totröstung, welche für die Reduktion des Erzes unerläßlich ist, zu erreichen.

Diese Zerkleinerung erfolgt am zweckmäßigsten durch Walzwerke, weil sie das geeignetste Mahlgut (Splitter mit möglichst wenig Mehl) geben. Bei Stückerzen muß nötigenfalls ein Brechen im Steinbrecher vorangehen. Wir zeigen diese Maschinen in den Fig. 72 und 73, welche wir Anpreisungen der Maschinenbauanstalt *C. Mehler* in Aachen entnehmen und verweisen im übrigen auf die Einzeldarstellung „Zerkleinerungsvorrichtungen" aus dem allgemeinen Teil dieser Sammlung von Monographien.

Nach *Schnabel* (Metallhüttenkunde) soll sich in Oberschlesien das *Schwarzmann*sche Friktionswalzwerk sehr haltbar erwiesen haben. Bekannt sind

Fig. 73. Walzwerk.

die Erzzerkleinerungsmaschinen der Maschinenbauanstalt Humboldt in Köln-Kalk.

In früheren Jahren wurde fast allgemein der Kollergang auch zum Feinmahlen der Blende gebraucht, so z. B. auf der Dortmunder Zinkhütte in den 60er Jahren des vorigen Jahrhunderts noch mit Anwendung steinerner Läufer von 1,55 m Durchmesser und 30 cm Breite, welche mit 5 cm dicken gußeisernen Ringen belegt waren.

Bevor wir zur Beschreibung der für die Blenderöstung benutzten Öfen und der Arbeitsverfahren an diesen übergehen, müssen wir erst die Vorgänge beim Rösten einer eingehenden Betrachtung unterziehen:

Mit der Röstung der Zinkblende bezwecken wir, wie schon hervorgehoben wurde, die Überführung des Schwefelzinks in Zinkoxyd mittels der oxydierenden Einwirkung der atmosphärischen Luft in der Glühhitze. Die dem Schwefelzink beigesellten übrigen Schwefelmetalle sollen dabei auch möglichst voll-

ständig in Oxyde verwandelt werden, desgleichen die etwa beigemengten
Carbonate von Metallen und Erden. Arsen und Antimon sollen nach Möglichkeit verflüchtigt werden.

Die Röstung muß möglichst vollkommen sein, d. h. es darf nur wenig
Schwefel im Röstgut verbleiben, weil aus Zinksulfid durch Kohlenstoff allein
metallisches Zink im Reduktionsprozesse nicht vollständig abgeschieden und
deshalb durch dessen Anwesenheit das Zinkausbringen beeinflußt wird, wie
wir später noch sehen werden. Der Gehalt daran ist aber abhängig von den
die Verflüchtigung des Schwefels hindernden Beimengungen des Erzes und
von dem Gange des Ofens.

Bei zu kaltem Gange des Ofens ist starke Neigung zur Sulfatbildung
vorhanden, was vermieden werden soll, wenn auch die Zersetzung des einmal
gebildeten Sulfates nicht so schwierig vonstatten geht, als man gewöhnlich
in den Büchern liest und nach Laboratoriumsbestimmungen anzunehmen ist.
In der Praxis treten offenbar Wechselwirkungen zwischen Metallsulfiden
und Oxyden bzw. Metallsulfaten ein, die schon bei niedriger Temperatur
zur Zersetzung führen. In den jetzt gebräuchlichen Muffelöfen, drei- oder
viersohligen, reguliert sich, wenn nicht Fehler in der Konstruktion vorliegen,
die Ofentemperatur durch die infolge der Oxydation des Erzes erzeugte
Wärme bei den in diesen Öfen wirkenden Strahlungsflächen so, daß nur wenig
Sulfat gebildet wird und das gebildete schon weit vor der völligen Abröstung
wieder zersetzt wird[1].

Zur Beschleunigung der Oxydation ist eine ausreichende Luftzufuhr zu
den Erzteilchen unerläßlich und deshalb ein häufiges Wenden und Durch-
krälen der fest aufeinander liegenden Blende notwendig. Die nachstehenden
Zahlen zeigen, wie die Röstung bei einer Temperatur, welche inmitten der Erz-
masse zu etwa 430° bestimmt wurde, bei bearbeiteter und sich selbst
überlassener Blende fortschreitet. Der Versuch wurde seinerzeit in der
Muffel des Hasenclever-Helbigschen Röstofens (Fig. 89) mit schiefer Ebene
vorgenommen. Die benutzte Blende von Ems im Lahntale wurde durch die
Arbeitstür in die Muffel geschaufelt, sie enthielt im rohen Zustande 24,2 Proz.
Schwefel.

Schwefelgehalt

nach Röstung von	in bearbeiteter Blende		in sich selbst überlassener Blende	
	als S	als SO$_3$	als S	als SO$_3$ vorhanden
2 Stunden	17,36	1,46	22,03	1,02
4 „	10,33	2,22	19,06	1,75
6 „	6,76	3,52	17,20	2,66
7 „	6,76	4,45	16,20	3,43
8 „	6,59	5,23	15,30	4,09

[1] *Plattner* hat die Vorgänge beim Rösten der Schwefelerze eingehend in seinen
„Metallurgischen Röstprozessen", S. 73ff. (Freiberg 1856), behandelt. Vergl. auch
H. Brandhorst: Ztschr. f. ang. Chem. 1904 S. 505, Beiträge zur Metallurgie des Zinks.

Eine kleine Probe (300 g) derselben Blende wurde zum Vergleich im Laboratorium in einer kleinen Tonmuffel über Gas bei Einhaltung derselben Temperatur geröstet. Nach den ersten zwei Stunden war die Abröstung schon bis zu einem Gehalt von 7,56 Proz. Schwefel, wobei 3,3 Proz. Schwefel als SO_3 vorhanden waren, fortgeschritten, nach vier Stunden betrug der Gehalt 6,87 Proz. bzw. 5,77 Proz. und nach sechs Stunden 5,83 Proz. bzw. 5,55 Proz.

Nach acht Stunden wurde die Röstung unterbrochen und in einer genauen Durchschnittsprobe der Schwefelgehalt zu 5,88 Proz. ermittelt. 5,55 Proz. Schwefel waren als SO_3 vorhanden.

Die Röstung hatte danach bereits nach fünf bis sechs Stunden den Grad der Abröstung, der bei der gegebenen Temperatur und den günstigen Verhältnissen für Sulfatbildung möglich war, erreicht; die Zersetzung des einmal gebildeten Sulfats konnte bei der sehr niedrigen Temperatur nicht wieder eintreten. Bemerkenswert ist, daß das am Schlusse gefundene Sulfat sämtlich schon in den ersten vier Stunden gebildet war.

Bei der hüttenmäßigen Röstung der vorstehenden Blende im Hasenclever-Helbig-Ofen gestaltete sich der Röstvorgang ganz anders. Es wurden aus verschiedenen Abteilungen des Ofens Proben gezogen und deren Gehalt an S und SO_3 bestimmt. Man fand

1. auf der schiefen Ebene:	5. Abt.		16,86 S	davon	3,67	als	SO_3
2. (4. Abt. vom Ende)	11. ,,		15,63 ,,	,,	4,20	,,	,,
3. in der Muffel:	3. Tür		10,66 ,,	,,	1,37	,,	,,
4.	5. ,,		8,26 ,,	,,	1,42	,,	,,
5. auf der Herdsohle:	1. ,,	(hinten)	6,80 ,,	,,	0,84	,,	,,
6. (Flammherd)	3. ,,		3,07 ,,	,,	0,53	,,	,,
7.	5. ,,		0,81 ,,	,,	0,53	,,	,,
8. fertig geröstet:	letzte ,,		0,48 ,,	,,	0,27	,,	,,

Die fünfte Probe hatte vor der Probenahme 15 Minuten auf dem hintersten Teile des Flammherdes gelegen. Die Temperatur des Erzes in dem unteren Teile der schiefen Ebene und der Muffel lag zwischen der Schmelzhitze des Zinks und Antimons.

Wir sehen hier, daß die Zersetzung bzw. Umsetzung des gebildeten Sulfates bei der sehr niedrigen Temperatur bereits vor sich geht, vermutlich (bei inniger Berührung von ZnS und $ZnSO_4$) nach der Gleichung:

$$ZnS + 3\,ZnSO_4 = 4\,ZnO + 4\,SO_2{}^1,$$

---

[1] Parnell, D. R. P. 1351, v. 8. Sept. 1877. Nach *Ingalls:* „Production and Properties of Zinc" (New York and London 1902) S. 155 tritt diese Reaktion nur träge auf. Nach über eine Stunde langem Erhitzen, wobei die Temperatur von Rotglut allmählich bis zur Weißglut gesteigert wurde, fand er im Rückstand noch 0,76 Proz. Schwefel, was nicht ganz im Einklange steht mit seiner Feststellung, daß Zinksulfat nach zweistündigem Erhitzen schon bei 900° den Schwefel vollständig verloren hatte. *Hermann Pape* in Billwärder hat festgestellt, daß eine innige Mischung von Zinksulfat und Zinkoxyd sich bei verhältnismäßig niedriger Temperatur leicht entschwefelt. D. R. P. 240451. Nach *Mostowitsch* (Metallurgie 1911, S. 763) beginnt die Zersetzung von Zinksulfat schon bei 600° unter Abspaltung von SO_3 ($SO_2 + O$) und ist bei 850° praktisch vollendet. Sie ist bei 750° 17mal geringer als bei 850°.

denn die Blende war sehr arm an Eisen und anderen Bestandteilen, welche
bei der Umsetzung hätten mitwirken können. Keinesfalls aber war das letzte
halbe Prozent Schwefel, wie *Jensch*[1] behauptet, als Eisensulfür vorhanden,
denn man konnte in zertrümmerten Erzkörnchen mittels der Lupe noch
deutlich rohe Blende, den Rest (0,21 Proz.) sulfidischen Schwefels erkennen.

Außerdem hatten sich in der Herdsohle mit dem Quarzgehalt der Blende
Zink - Silicat, oder leichter schmelzbare Doppelsilicate gebildet, denn der
vorhandene Eisengehalt reichte nicht aus für die als Gallerte bei der Lösung
ausgeschiedene Kieselsäuremenge.

In einer in letzter Zeit ausgeführten Arbeit hat *V. Lepiarczyk* (Dr. ing.
Lindt)[2] festgestellt, daß sich reines ZnS im Porzellantiegel bei einer Temperatur
zwischen 850 und 950° vollständig abrösten, d. h. in ZnO verwandeln läßt.
Nach den Erfahrungen des Verfassers läßt sich eine nahezu vollständige Ab-
röstung bei kalkfreien, nur Quarz als begleitende Gangart enthaltenden
Blenden auch im hüttenmäßigen Röstbetriebe erreichen.

In dem ersten, dem D. R. P. 21 032 *Eichhorn-Liebig* entsprechenden
Versuchsofen mit 6 Sohlen wurde eine aus dem Siegerlande (Burbach) stammende quarzreiche Zinkblende mit einem Rohgehalt von 27,8 Proz. Schwefel
bis auf 0,1 Proz. Schwefel abgeröstet. Wie die Röstung auf den einzelnen
Sohlen vorgeschritten war, zeigen die nachstehenden Zahlen. Das Erz hatte
beim Überkrälen von der obersten sechsten Sohle auf die fünfte einen

		Schwefelgehalt von		davon Sulfatschwefel
		24,9 Proz.,		0,7
beim Verlassen der	5. Sohle	„	17,3 „	3,5
	4. „	„	13,2 „	1,1
	3. „	„	2,3 „	1,1
	2. „	„	0,2 „	0,2
	untersten „	„	0,1 „	0,1

Anders liegt es, wenn die Blende Kalkcarbonat enthält, welches zu einem
großen Teile in Kalksulfat übergeht, so daß der Zinkhüttenmann damit
rechnen muß, daß eine dem Kalk nahezu äquivalente Menge Schwefel als
$CaSO_4$ in dem Röstgut verbleibt. Es überrascht, daß der Kalk, wie auch
Lindt (*Lepiarczyk*) gefunden hat, nicht quantitativ, sondern nur zu etwa
$3/4$ in Sulfat verwandelt wird. Der Grund wird darin zu suchen sein, daß sich
beim Röstvorgange zunächst Calciumsulfit bildet, welches die inneren Kalkteilchen einschließt und sie der Einwirkung der Röstgase entzieht. Durch
Spaltung geht im weiteren Fortschritt der Röstung dann das Sulfit bei Rotglut nach der Gleichung:

$$4\,CaSO_3 = 3\,CaSO_4 + CaS$$

---

[1] *Jensch:* Zeitschr. f. angew. Chemie 1894, S. 50; Berg- und Hüttenm. Ztg. 1894
S. 299; siehe auch *Brandhorst:* Österr. Zeitschr. f. Berg- u. Hüttenwesen 1905, S. 125
u. 142 und Ztschr. f. angew. Chemie 1904 S. 507.

[2] Beiträge zur Chemie des Zinkhüttenprozesses. (Dissertation.) „Metallurgie",
Zeitschr. f. d. ges. Hüttenkunde **6**, 409 ff. (1909). — *V. Lepiarczyk* hat Ende 1909 seinen
Namen in „*Lindt*" geändert.

in Calciumsulfat und Calciumsulfid über[1], von welchen letzteres schließlich noch oxydiert wird. Vielleicht verhindert auch die aus den eingeschlossenen Kalkteilchen entbundene Kohlensäure die weitere Aufnahme von Schwefelsäure.

Nach neueren Feststellungen beginnt die Zersetzung von Calciumsulfat schon bei einer Temperatur unter 800°, wenn Metallsulfide und Kieselsäure zugegen sind. Auch hierin könnte die Erklärung für den Kalkrest zu finden sein. (*Wilh. Schütz*, Metallurgie 1911, S. 228.)

Lindt hat weiter festgestellt, daß eine große Menge von Eisenoxyd die vollständige Abröstung von ZnS verhindert, indem etwa $^1/_4$ Proz. S bei der Blende verbleiben und $^3/_4$ Proz. vom Eisen durch Bildung von FeS aufgenommen werden. Der Verfasser glaubt das dadurch erklären zu sollen, daß das Eisenoxyd den Zutritt der Oxydationsluft durch Einhüllung von Erzteilchen erschwert.

Bei einer Mischung von 73,26 ZnS, 14,65 FeS und 12,09 CaCo$_3$, welche auch bei zur Verhüttung gelangenden Erzen zu finden ist, fand *Lindt* bei seinen Versuchen, daß das Eisen (entgegen der Ansicht von *Jensch* (a. a. O.) keinen Schwefel zurückgehalten hat, wohl aber war ein kleiner Schwefelrest (0,15 Proz.) beim Zink verblieben und das Kalkcarbonat war wieder zu nicht ganz $^3/_4$ in Calciumsulfat umgewandelt.

Der Kalkgehalt ist einer der lästigsten Begleiter von Zinkblenden, der zu großen Verlusten an Schwefel, wenn dessen Verwertung in Betracht kommt, führt. Die den Kalk (im Dolomit) wohl stets, wenn auch nur in kleineren Mengen begleitende Magnesia bildet ebenfalls Sulfat, welches jedoch größtenteils im Röstprozeß schon wieder zu Magnesia und Schwefligsäure zerlegt wird. Es genügt daher diese kurze Erwähnung. *Lindt*[2] empfiehlt die Auslaugung von Kalk und Magnesia aus der Rohblende durch eine wässerige Lösung von schwefliger Säure.

Merkwürdigerweise suchte man in Davos (Graubünden)[3] die Zugutemachung der Zinkblende dadurch zu bewerkstelligen, daß man die fein gemahlene Blende zu $^1/_4$ ihres Volumens mit Kalkhydrat zu Ziegeln formte und in einem mittels Vorfeuern beheizten Kammerofen verbrannte, dann nochmals zerkleinerte und im Flammofen fertig röstete.

Die Unzweckmäßigkeit dieses Mittels geht aus dem vorher Gesagten hervor. *Karsten* war noch der Meinung, daß das in Davos angewendete Verfahren sehr empfehlenswert sei, wenn die Röstarbeit bei dem zweiten Teile

---

[1] In der Glühhitze zur Absorption von Röstgasen verwendeter Kalkstein enthält stets CaS und CaSO$_4$ in einem Verhältnis, welches annähernd dieser Gleichung entspricht, wie der Verfasser Ende der 70er Jahre nachgewiesen hat. Auch bei der Absorption mit Kalkmilch erhaltener schwefligsaurer Kalk spaltet sich beim Glühen in 3 CaSO$_4$ + CaS; letzteres wird durch überhitzten Wasserdampf langsam in CaO und H$_2$S zerlegt.

[2] „Metallurgie" **6**, 747 (1909). Auf der Chemischen Fabrik Rhenania in Stolberg wurden in den 70er Jahren sehr kalkreiche Blenden vorteilhaft mit verdünnter Abfall-Salzsäure (saure Laugen von der Chlorerzeugung mit Braunstein) zwecks „Anreicherung" behandelt.

[3] Ann. des Mines **4** (2. Serie), 105. — *Karsten:* System der Metallurgie **4**, 437.

des Prozesses gut geleitet würde. Wenn auch zu damaliger Zeit die Nutzbarmachung des Schwefels der Blende nicht in Betracht kam, so hatte doch das
dem Zinkerz beigefügte Kalksulfat in so großer Menge Unzuträglichkeiten
beim Reduktionsprozesse im Gefolge.

Das Eisen tritt als Bestandteil der Zinkblende in mehreren Formen
auf, als Eisenmonosulfid in isomorpher Mischung mit dem Zinksulfid, als
Eisenbisulfid (Pyrit) oder Spatheisenstein in mechanischer Beimengung.
In jedem Falle bildet sich bei der Röstung Eisenoxyd, bei mangelnder Luftzufuhr Eisenoxydoxydul. Etwa im Beginne oder im Laufe des Röstprozesses
sich bildendes Eisensulfat wird schon bei 590° wieder zerlegt.

Bei der feinen Zerteilung der zur Röstung gelangenden Blende tritt auch,
wenn es sich nicht nur um isomorphe Mischung (schwarze Blende) handelt,
eine Bildung von Zinkferrit Fe_2ZnO_4, analog der Zusammensetzung des
Franklinit ein. Ist gleichzeitig Quarz in der Blende enthalten, so bilden sich
bei heißem Ofengange daneben auch neutrales Zinksilicat (Willemit) und mit
Eisen, Mangan und den Erden leicht flüssige Doppelsilicate.

A. Gorgen (Compt. rend. **140**, 580 [1887]) hat diese Bildungen nachgewiesen, wie früher schon des näheren ausgeführt wurde, ebenso *Prost* (Bull.
de l'Assoc. belge des chimistes X. 6. 246 bis 263. The Mining Ind. 1896,
S. 596 und auch *Brandhorst*, Ztschr. f. angew. Chem. 1904 S. 513; s. S. 17
unter „Eigenschaften").

In neuester Zeit hat *Lindt*[1] ebenfalls bei Versuchen, die er anstellte, um
die schwerere Reduzierbarkeit des Blendezinks gegenüber dem Galmeizink
zu ergründen, den Schluß gezogen, daß sich das Zink bei der höheren Temperatur der Blenderöstöfen mit dem Eisen zu Fe_2ZnO_4 verbindet. Auch bei der
Calcination des Galmeis tritt, wenn auch in geringerem Maße, diese Bildung
ein, während bei einem künstlichen Gemenge von präcipitiertem Eisen- und
Zinkoxyd (letzteres im Überschuß) in einem Falle sich das ganze vorhandene
Eisen mit dem Zink verband.

Um das freie Zinkoxyd im Galmei und der gerösteten Blende neben
kieselsaurem Zinkoxyd, Zinkferrit und Schwefelzink zu bestimmen, extrahierte
er die gerösteten Erze mittels Musprattscher Lösung[2] (Ammoniak und Ammoniumcarbonat). Er ermittelte auf diese Weise, daß bei calciniertem Galmei
5,1 Proz. des vorhandenen Zinks, bei gerösteten Blenden 15,9 bis 18,6 Proz.
desselben infolge der Bindung an Eisen unlöslich geworden waren.

Mangan wird, wenn es in isomorpher Mischung in der eisenhaltigen
Zinkblende oder im beigemengten Eisenspat enthalten ist, wie das Zink sich
mit dem Eisenoxyd zu Manganferrit verbinden (siehe die Versuche von *Gorgen*).

Kupfer kommt in manchen Blenden in der Form von Kupferkies vor,
es verwandelt sich in Kupferoxyd. Auf die vollständige Abröstung des Kupfer-
kieses ist, wie auf die des der Blende beigemengten Schwefelkieses besonders
Wert zu legen. Sie bietet namentlich bei mangelndem Ofenzug Schwierigkeiten, weil die Sulfide von Kupfer und Eisen zur Sinterung neigen und

---

[1] „Metallurgie" **6**, 745 (1909).
[2] *Muspratt:* Techn. Chemie **7**, 1172 (1880); siehe „Laboratorium" S. 35.

deshalb durch Umhüllung auch leicht noch Blendeteilchen der Oxydation entziehen. Größere Mengen von Sulfiden sind aber für den Reduktionsprozeß störend.

Blei ist als Bleiglanz ein sehr häufiger Begleiter der Blende, in vielen zur Jetztzeit verhütteten Erzen sogar in recht ansehnlichen Mengen (Australische Blenden). Der in der Blende bei der Röstung verbleibende größere Teil wird hauptsächlich neben etwas Bleioxyd in Bleisulfat verwandelt, es wird also von diesem ein nahezu äquivalenter Gehalt von Schwefel zurückgehalten, wenn nicht vorhandene Kieselsäure (Quarz) die Zersetzung des Sulfates bewirkt, indem sich dieselbe zu Bleisilicat mit dem Blei verbindet.

Das so entstehende leichtflüssige Bleisilicat ist in anderer Hinsicht kein gern gesehener Gast beim Röstprozeß, da es einesteils Erzteile einhüllt und vor der Oxydation schützt, anderenteils die Herdsohle des Röstofens angreift und ihre Zerstörung so befördert, daß fast alle Jahre eine Erneuerung der in den neueren Muffelöfen von unten beheizten Sohlsteine der heißesten Zonen nötig wird.

Ein kleiner Teil des Bleiglanzes entzieht sich vollkommen der Röstung, indem er durch die auf den Herdflächen der Öfen sich bildende Silicatschicht durchseigert (er schmilzt nach *Rammelsberg* bei heller Rotglut). Beim Ausbruch von Röstöfen fand der Verfasser regelmäßig zwischen der Silicatlage und dem nicht angegriffenen Schamottmaterial schön krystallisierten Bleiglanz bis zu einer Schichtdicke von 5 bis 8 mm vor.

Ein nicht geringer Teil des Bleies wird aber durch Reaktion von Bleioxyd und Bleisulfat auf Schwefelblei zu Metall reduziert und bei heißem Ofengange verflüchtigt. *C. Sander* in Prayon-Trooz fand, daß bei der Röstung einer bleireichen Blende 7,88 bis 21,8 Proz. des Bleigehaltes verloren gingen (Berg- u. Hüttenm. Ztg. 1902, S. 562). Wenn die Blende noch in ziemlich schwefelhaltigem Zustande auf die unterste, heißeste Sohle der neueren Öfen gelangt, kann man sehr wohl reichliches Auftreten von Metalldämpfen beobachten.

Quecksilber findet sich nur in wenigen Blenden. Im bergischen Lande bei Bensberg und im Aggertale in der Rheinprovinz wird eine einige Hundertstel Proz. haltende Blende gewonnen, welche ihren Quecksilbergehalt schon dadurch verrät, daß das verflüchtigte Metall in den Flugstaubkanälen der Röstöfen sich in Tropfen zeigt. Eine größere, allmählich angesammelte Flugstaubmenge aus den Kanälen zwischen Öfen und Glovertürmen enthielt 5,98 Proz., eine andere noch weit mehr Quecksilber (s. unten). Nach dem Waschen desselben mit Wasser verblieb ein Rückstand, welcher neben 71,4 $PbSO_4$ einen Gehalt von 8,41 Proz. Hg enthielt. Zum größeren Teil wird es aber mit den Gasen fortgeführt und findet sich in den Kondensationseinrichtungen zum Teil als saures schwefelsaures Quecksilberoxyd, zum Teil als metallisches Quecksilber wieder.

Der Bleischlamm einer Schwefelsäurekammer in Hamborn in der Rheinprovinz, welche Gase von Quecksilber haltenden Zinkblenden verarbeitet hatte, enthielt im getrockneten (bei 100° nach dem Waschen mit Wasser) Zustande 5,3 Proz. Quecksilber neben 89 Proz. Bleisulfat. Auf der Blenderösthütte der Société de la Vieille Montagne in Oberhausen wird das Quecksilber aus dem Flugstaube und Kammerschlamm gewonnen, selbst noch, wenn der Gehalt weit geringer ist, ebenso von der Akt. Ges. Berzelius in Bensberg bei Köln seit dem Jahre 1893[1].

Bei der Gewinnung der komprimierten, flüssigen SO_2 nach *Hänisch* und *Schröder* in Hamborn ging das Quecksilber bis in den Kondensationsturm, d. h. in löslicher Form in die wässerige Schwefligsäurelösung über und wurde dann beim Auskochen der Schwefligsäure in den dazu dienenden Gegenstromapparaten durch das Schwefligsäuregas reduziert und in metallischer Form ausgeschieden, zerstörend auf das Material (Blei) derselben wirkend. Auch in den mit Koks gefüllten sog. Kochtürmen zeigte es sich als Überzug von künstlichem Zinnober auf den Koksstücken.

Ein Flugstaub aus dem hinter den Röstöfen, welche zum Teil längere Zeit quecksilberhaltige Blende verarbeitet hatten, liegenden Sammelkanal wurde mit Wasser bis zum Verschwinden der sauren Reaktion ausgekocht. Von 100 Teilen gingen in Lösung 80,662 Teile, während 19,338 Teile ungelöst blieben.

Es enthielt:	der gelöste Teil	der unlösliche Teil	mithin der Flugstaub an sich
Hg	4,14	64,63	15,84
SO_3	49,34	20,27	43,80
$PbSO_4$	—	7,28	1,41
Zn	2,25	Spuren	1,81
Fe	11,45	1,15	9,46
Unlösliches	—	4,85	0,94
Verlust, hauptsächlich Feuchtigkeit			26,74
			100,00

Das Quecksilber wird, wie man annehmen kann, bei der Röstung der Blende vollständig als Metall verflüchtigt, es gelang wenigstens nicht, dasselbe im Röstgut noch nachzuweisen. Die im Flugstaub gefundenen Bestandteile sind aber auch in anderer Hinsicht interessant. Sie bestätigen die Verflüchtigung auch beachtenswerter Mengen von Blei bei der Röstung, welches sich mit dem Schwefelsäureanhydridgehalt der Gase zu Bleisulfat verbindet. Das Quecksilber ist nach der Analyse als schwer lösliches, schwefelsaures Quecksilberoxyd im Flugstaub vorhanden, zum Teil wohl auch als Metall. Überraschend ist der geringe Gehalt an Zink gegenüber dem Eisengehalt, wodurch erwiesen ist, daß eine Verflüchtigung von Zink in nennenswertem Umfange bei der Blenderöstung nicht eintritt. Der Gehalt von Zink und Eisen im Flugstaube ist wohl mehr auf mechanische Verstäubung zurückzuführen.

Das Zink, welches etwa als Metalldampf im Röstofen auftritt und dann als voluminöses Zinkoxyd mit den Röstgasen fortgeführt wird, scheint allerdings mit in die Kondensationsapparate übergeführt zu werden, denn in der aus Zinkblende erzeugten Schwefelsäure (Kammersäure mit einem spez. Gew. 1,56) fand der Verfasser im Liter 0,424 g Zink neben 0,152 g Fe (ein-

---

[1] Der Flugstaub wird zwecks Bindung der Schwefelsäure innig mit Kalkasche gemischt und in Retorten bis zur Abtreibung des Quecksilbers erhitzt. Das sehr reine Quecksilber wird in einem System von Kesseln kondensiert.

schließlich Al_2O_3), d. i. 0,027 Zink in hundert Teilen Säure neben 0,01 Eisen. Das ist aber eine sehr geringfügige Menge. Wenn man auf 1 t geröstete Blende mit 50 Proz. Zink, also auf je 500 k Zink in derselben eine Erzeugung von 1 t Kammersäure rechnet, was ungefähr der Praxis entspricht, so machen die in letzterer nach obigen Zahlen enthaltenen 0,27 k Zink nur 0,054 Proz. des in der zur Röstung gelangten Blende enthaltenen Zinks aus.

Nach 7 jährigem Betriebe hatten sich in der in Letmathe hinter 4 Hasenclever-Helbig-Öfen zwischen Öfen und Gloverturm befindlichen Flugstaubkammer von 25 m Länge, 2 m Breite und 3,5 m Höhe 60 cbm = 120 t Staub von stark saurer Beschaffenheit abgelagert, welcher 50 Proz. HSO_3 und 14,5 Proz. Zink enthielt, was 0,12 Proz. des Zinkgehaltes der in den 7 Jahren in den Öfen gerösteten Rohblende entsprach. Bei diesen Öfen war die Verstäubung von Erz infolge der Betriebsart demnach weit umfangreicher gewesen als bei den Muffelöfen, in welchen der hierdurch entstandene Zinkverlust nach dem Verhältnis 14,5 : 1,81 also nur etwa den achten Teil, d. i. 0,015 Proz. betragen würde. Man kann also annehmen, daß der Gesamtzinkverlust bei ordnungsmäßigem Betriebe in Muffelröstöfen 0,1 Proz. (berechnet 0,069) des in der Blende enthaltenen Zinks nicht übersteigen wird.

Das Silber verdiente früher wegen des im allgemeinen nur geringen Gehaltes der Zinkblende daran wenig Beachtung. Seit man bleireiche Blenden verhüttet und den Silbergehalt im Erz über einen gewissen Gehalt hinaus auch bezahlen muß (siehe „Erze"), hat es Bedeutung für den Zinkhüttenmann gewonnen.

Das im Erze enthaltene Schwefelsilber wird bei der Röstung zunächst in Silbersulfat verwandelt, welches in den heißeren Zonen des Ofens zu metallischem Silber, schwefliger Säure und Sauerstoff zerlegt wird. Bei heißem Ofengange wird dabei ein Teil des Silbers verflüchtigt.

C. Sander[1] (Chemiker der Société anonyme metallurgique de Prayon) stellte bei der Röstung von Blende bei indirekter Beheizung der Röstkammern in 5 verschiedenen Blendesorten, welche

230   325   340   375   u. 413 g Silber pro Tonne im rohen Zustande enthielten, bei 11,25—12,7 —10,5 —12,0 u. 10,05 Proz. Gewichtsverlust des Erzes einen: 12,15—11,22—11,77—12,00 u. 10,68 Proz.

des in der Rohblende enthaltenen Silbers betragenden Verlust an Silber durch Verflüchtigung fest. (Die Zusammensetzung der Erze findet sich unter dem Abschnitte „Laboratorium", S. 37.) In den Staubkammern der Öfen fand sich ein Flugstaub, welcher 500 g Silber in der Tonne enthielt neben einem Bleigehalt von 25 Proz., ein weiterer Beweis, daß auch eine ansehnliche Menge Blei bei der Röstung der Blende verflüchtigt wird[2].

Das in der Blende enthaltene Cadmium verhält sich ganz ähnlich wie das Zink bei der Röstung, nur neigt es weit mehr zur Verflüchtigung, wie

---

[1] Zeitschr. f. angew. Chemie 1892, S. 353.

[2] Bezüglich Silberverluste bei der Röstung siehe auch: *Malagati* u. *Durocher:* Ann. des Mines 4. Reihe, Heft 17, S. 17 und *Simonnet:* Ann. des Mines 6. Reihe, Heft 1, S. 27 (1870).

schon unter „Erze und Rohstoffe“ erwähnt wurde. In einer oberschlesischen Zinkblende ging der Cadmiumgehalt von 0,11 Proz. auf 0,042 Proz. herab. Nehmen wir einen Gewichtsverlust der Blende von 15 Proz. an, so überstieg die Verflüchtigung $^2/_3$ der Gesamtmenge des Cadmiums. Nach *Doeltz* und *Graumann* („Metallurgie“, 1906) setzt die Verflüchtigung von CdO etwa bei 1000° in erheblicher Menge ein. Siehe Eigenschaften des Cadmiums S. 22.

In dem Flugstaube hinter den Röstöfen fand *Jensch* 0,22 bis 2,02 Proz. Cadmium.

Als selten in größeren Mengen vorkommende Bestandteile bzw. Beimengungen der Blende sind noch Schwerspat und Flußspat zu nennen. Ersterer verhält sich bei der Röstung indifferent und das beim Reduktionsprozeß daraus entstehende Bariumsulfid ist als harmloser Begleiter der Retortenbeschickung anzusehen. (*Sander*, Berg- und Hüttenm. Ztg. 1902, S. 466; *Mostowitsch*, Metallurgie 1911, S. 763.)

Flußspat ist dagegen recht lästig. Durch die bei der Röstung gebildete Schwefelsäure wird derselbe zersetzt unter Bildung von Calciumsulfat, wie der Kalkspat, und das Fluor entweicht zum größten Teile als Flußsäure oder bei Anwesenheit von Quarz als Kieselfluorwasserstoffsäure (*Prost*). Die Flußsäure greift die Füllungen der Glovertürme stark an und trägt auch zur schnelleren Zerstörung der Bleikammern bei und in den Röst- bzw. Endgasen ist die beigemischte Flußsäure zudem auch wegen ihrer heftig giftigen Einwirkung auf den menschlichen Organismus eine unliebsame Beigabe.

Delplace (D. R. P. 200 747) will die Flußsäure aus der Blende vor der Röstung durch starke Schwefelsäure, gebotenenfalls unter Zusatz von Quarzsand austreiben. Das Verfahren wird seiner Kostspieligkeit wegen kaum Anwendung finden können.

Die sonst noch mit der Blende brechenden und ihr anhängenden Gesteinsarten sind für die Röstung ohne Bedeutung, wenn der Prozeß nicht in unnötig hoher Hitze verläuft, in welchem Falle leichtflüssige Silicate sintern und Blendeteile einhüllen und so der Einwirkung der oxydierenden Luft entziehen können.

Der Gewichtsverlust, welchen die Blende durch die Röstung erfährt, schwankt, da er von den Nebenbestandteilen abhängig ist, zwischen 10 und 20 Proz. Reines ZnS verliert bei vollständiger Umwandlung in ZnO 16,5 Proz.

Die Röstung der Zinkblende ist ein exothermischer Vorgang, und zwar werden für 1-k-Äquivalent ZnS nach *Naumanns* Ermittlungen 114 550 w frei. Die Bildungs- bzw. Zersetzungswärme beträgt nach ihm für ZnS 41 880, für ZnO 85 430 und für SO_2 71 000 w.

Der Prozeß verläuft also theoretisch nach folgender Gleichung:
$$ZnS + 3\,O = ZnO + SO_2$$
$$-\,41\,880 \quad +\,85\,330 + 71\,000 = +\,114\,550$$
und müßte demnach ohne Zufuhr von Wärme vonstatten gehen.

Praktisch ist aber in den bisher bekannten Öfen die Röstung von Zinkblende ohne direkte oder indirekte Beheizung der Röstkammern nicht erreicht worden, weil durch Ausstrahlung der Öfen und durch die über das Erz geführte Luft so viel Wärme dem Erze entzogen wird, daß die entwickelte Wärme im letzten Stadium des Röstprozesses nicht mehr ausreicht, um die Erzpost auf der Verbrennungstemperatur zu erhalten.

Es würde auch nur erreichbar sein, wenn sich die Abröstung der Blende auf einem beschränkten Raume in sehr kurzer Zeit vollziehen würde, so daß die ganze entwickelte Wärme dem Prozesse zugute käme, das ist erfahrungsgemäß aber nicht zulässig, da dann die Temperatur so hoch steigen würde, daß eine Verflüchtigung von Zink oder gar infolge der Nebenbestandteile eine Sinterung oder Verschlackung der Erzpost einträte. Das erstere zeigt in der Tat auch das Ergebnis eines Versuches, mit welchem der Verfasser das geringste Zeitmaß feststellen wollte, welches zur vollständigen Abröstung einer rohen Blende auf einem engbegrenzten Raume notwendig sei.

Zu diesem Zwecke wurden 300 k einer Blende von Lautenthal (Harz) auf der dicht an der Feuerbrücke des Hasenclever-Helbig-Ofens gelegenen Abteilung des Flammherdes durch die Arbeitstür eingetragen und fleißig bearbeitet. Von Stunde zu Stunde (zuletzt halbstündlich) wurden Proben der Erzpost entnommen, um den Fortgang der Röstung festzustellen. Nach 8 stündiger Bearbeitung war die Röstung, wie die üblichen Kaliumchlorat- und Salzsäure-Bleipapierproben zeigten, beendigt und es wurde deshalb die Erzpost aus dem Ofen gezogen.

Die Untersuchung der Erzproben ergab nachstehende Gehalte an Zink, Gesamtschwefel und Sulfatschwefel (die angewendete Harzer Sandblende enthielt etwa 6,3 Proz. Kalkcarbonat):

	Zink	Gesamt-S	einschl.	Sulfat-S
1. für die Rohblende	48,18	24,2	„	0,00
2. nach 1 stündiger Röstung	48,39	23,0	„	0,25
3. „ 2 „ „	50,16	18,4	„	0,80
4. „ 3 „ „	51,59	16,6	„	1,25
5. „ 4 „ „	52,30	11,6	„	1,35
6. „ 5 „ „	53,72	6,4	„	1,40
7. „ 6 „ „	54,79	4,9	„	1,55
8. „ 7 „ „	52,65	4,8	„	1,85
9. „ $7^1/_2$ „ „	53,01	3,2	„	1,55
10. „ 8 „ „	53,01	0,9 (?)	„	1,05
11. die der gezogenen Post entnommene Durchschnittsprobe	51,94	1,6	„	1,50

Die Gewichtsabnahme dieser Blende wurde in drei, im Laboratorium über der Gasflamme im Platintiegel ausgeführten Röstungen im Mittel zu 11,5 Proz. gefunden, wonach der Zinkgehalt des Röstgutes auf $48{,}18 \cdot 100 : 88{,}5 = 54{,}44$ Proz. vom Erz gestiegen sein müßte. Es sind also 2,5 Proz. vom Erz oder 4,59 Proz. Zink verflüchtigt.

Vermutlich tritt hier eine Reaktion, wie zwischen PbS und PbO, auch zwischen ZnS und ZnO ein, etwa nach der Gleichung $ZnS + 2\,ZnO = 3\,Zn + SO_2$ (siehe „Eigenschaften").

Eine Reduktion durch Kohlenoxyd oder Kohlenstoffteilchen der Heizflamme war unseres Erachtens ausgeschlossen, da während des Versuches

peinlich darauf gesehen wurde, daß die Heizgase der Feuerung mit einem
Sauerstoffüberschusse das Erz bestrichen. Auffallend ist, daß der Zinkverlust erst eintritt, wenn die Röstung sich schon dem Ende nähert, nach den vorstehenden Ermittlungen erst nach der 6. Stunde der Bearbeitung, wo der
Schwefelgehalt schon unter 5 Proz. gesunken ist, eine Erscheinung, die aber
sehr wohl mit der eben ausgesprochenen Vermutung der Reaktion zwischen
dem Zinkoxyd und den von diesem umhüllten Schwefelzinkteilchen bei hoher
Temperatur vereinbar ist. Auch der auf dem eisernen Gezähe sich bildende
gelbe Beschlag läßt auf eine Reduktion zu Metall schließen.

Der Versuch lehrt uns jedenfalls, daß eine Beschleunigung des Röstprozesses ohne Zinkverluste praktisch nicht durchführbar ist, und daß nur
ein allmählicher Fortschritt der Röstung, wie die Ermittelungen auf S. 225
und 226 zeigten, zu einem befriedigenden Verlaufe des Prozesses führt. Dann
ist aber zur Vollendung desselben, um eine Unterbrechung des Verbrennungs-
vorganges des ZnS zu verhüten, eine Wärmezufuhr im letzten Stadium der
Röstung unumgänglich nötig.

Die vorstehenden Beobachtungen gaben dem Verf. auch Veranlassung,
im Jahre 1882, bei der Konstruktion seines Röstofens (Patent *Eichhorn-
Liebig*) erhitzte Verbrennungsluft im letzten Stadium des Prozesses den Erzposten zuzuführen. Wir kommen bei der Beschreibung des Ofens noch wieder
darauf zurück.

Zur Kontrolle der Röstung, die sich nur auf den Grad der Abröstung
erstreckt, bedient man sich zweier Methoden. Sie wird in der Regel ausgeübt durch den Röstmeister oder einem ihm zugestellten Gehilfen. Dem
Arbeiter wird das „Ziehen“ der Erzpost erst gestattet, wenn eine vom Ofenherd
entnommene Probe eine genügende Abröstung der Blende nachweist.

Die Erzprobe wird im Eisen- oder Porzellanmörser etwas zerrieben und
Teilchen davon auf eine Schmelze von Kaliumchlorat (man schmilzt etwa
2 g in einem eisernen Löffel) gestreut. Wenn kein Aufglühen der Erzteilchen
mehr eintritt oder auch schon, wenn solches nur in geringem Maße sich zeigt,
gilt die Erzpost als ausreichend (unter 1 Proz. Schwefelgehalt) abgeröstet.

Statt durch diese Probe kann man auch durch Erwärmung des Erz-
musters mit verdünnter Salzsäure in einem Kölbchen (zu dem man zweckmäßig
ein kleines Stückchen Zink fügt) einen rückständigen Gehalt von Sulfidschwefel nachweisen, und zwar mittels eines über oder in die Mündung des
Kölbchens gehaltenen Papierstreifens, welcher mit essigsaurem Bleioxyd
getränkt ist. Fortgesetzte Übung befähigt den Meister, an der Färbung des
Bleipapiers den Grad der Abröstung mittels dieser Methode mit Sicherheit
zu schätzen, so daß er zu beurteilen vermag, ob derselbe den ihm für die
einzelnen Blendensorten gegebenen Vorschriften entspricht.

Blenderöstöfen.

Wir kommen nunmehr zur Beschreibung der für die Röstung der Zinkblende gebräuchlich gewesenen und in neuerer Zeit benutzten Einrichtungen
und Öfen.

Auch hier möchten wir die ursprünglich angewendete Röstung in Haufen und Stadeln nicht übergehen, um ein vollständiges Bild von der Entwicklung zu geben, welche die Vorbereitung der Zinkblende zwecks ihrer Zugutemachung durchlaufen hat. In vielen Fällen handelte es sich bei der Haufenröstung freilich nicht um Zinkblende allein, meistens kamen, wie im Harz, gemischte Blei - Zink - Kupfererze in Betracht, in deren rationeller Verhüttung aber auch noch heutigentags dem Hüttenmann eine wichtige, noch unvollkommen gelöste Aufgabe gestellt ist[1].

Die Fig. 74 zeigt eine auf dem Unterharz angewendete Form eines Rösthaufens, wie sie von *Kerl* (die Rammelsberger Hüttenprozesse, 1854) beschrieben worden ist.

Auf einem etwa 10 m im Geviert umfassenden ebenen Platze wird eine Lage von Ton, darüber etwas Schlich und eine Schicht von geröstetem Erzklein festgestampft. Auf dieser Unterlage wird aus Holzscheiten der Rost unter Aussparung der für den Luftzug erforderlichen Kanäle derart gebildet,

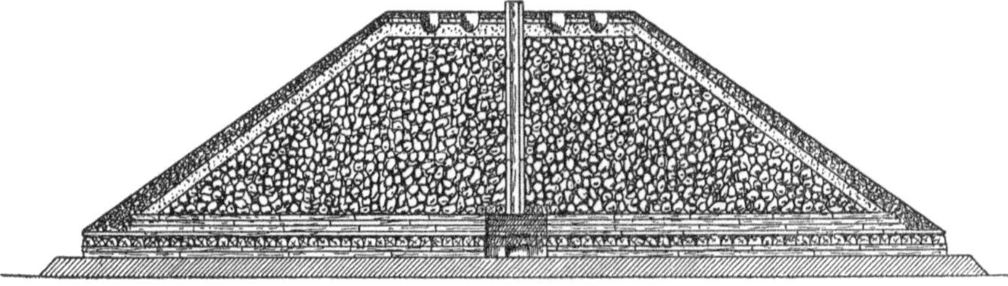

Fig. 74. Blenderösthaufen. M. 1:100.

daß die Holzschicht in der Mitte des Haufens 40 bis 50 cm an den Kanten (50 bis 60 cm breit) etwa 30 cm hoch ist. Die Luftzüge münden in einen kreuzweis angeordneten Hauptzug, an dessen Schnittpunkt in der Mitte des Haufens das sog. Brandloch ausgespart wird. Letzteres wird, bevor das Erz aufgebracht wird, mit Holzspänen gefüllt und mit Holzscheiten lose bedeckt.

Auf den höheren Teil des Rostes stürzt man nun stückige Erze in Form einer abgestumpften Pyramide, deren untere Seiten 60 bis 75 cm von den Kanten des Rostes entfernt bleiben, bis zu einer Höhe von 1,5 bis 2 m auf. Während des Aufbringens der Erzstufen wird über dem Brandloch durch gegeneinander abgespreizte Holzscheite ein ungefähr 19 cm weiter Schacht gebildet, dessen Umfassung etwas aus der Oberfläche des Haufens hervorragt.

Ist der Brand so „gesetzt“, wie der hüttenmännische Ausdruck lautet, so werden die oberen Flächen der abgestumpften Pyramide, welche eine

---

[1] In Nordamerika (Lehigh) röstete man Blende in Haufen auf eisernem Rost, unter dem man ein Holzfeuer unterhielt, vor und vollendete die Röstung nach der Zerkleinerung der Stücke im Flammherd. Die Haufen waren etwa 8,5 m lang, 5 m breit und 2,5 m hoch.

Seitenlänge von reichlich 3 m hat, und die Seitenflächen derselben mit soge-
nanntem Bergkern ausgeglichen, und oben werden noch etwa 10 bis 15 cm
von diesem Material und die gleich hohe Schicht von sog. Waschkern aufgedeckt, welcher mit einem Kranz oder Rahmen von Vitriolklein oder Schlich
eingefaßt wird, damit er sich nicht mit der nunmehr über die Seitenflächen
des ganzen Haufen zu legenden Decke von geröstetem Erzklein vermischt.
Letztere wird oben 10 bis 13 cm dick gemacht und verstärkt sich von den Seiten
der Abstumpfungsfläche bis zum Fuße der Pyramide auf 50 bis 60 cm.

Zur Bildung des Holzrostes werden für einen solchen Rösthaufen 720
bis 800 Kubikfuß Fichtenholz gebraucht. Die Entzündung desselben erfolgt
durch den Schacht hindurch von dem Brandloch aus. Nachdem das Holz gehörig in Brand geraten ist, etwa nach 1 bis $1\frac{1}{2}$ Stunden, werden die oberen
den Schacht bildenden Holzscheite herausgezogen und Brandloch und Schacht
mit Erzgraupen ausgefüllt. Nach 12 bis 14 Stunden ist das Holz verbrannt
und der Rost in solche Hitze gekommen, daß die Röstung von selbst durch
die Oxydation der Schwefelmetalle fortschreitet. Bis zum Ausbrennen des
Haufens vergehen etwa 24 bis 28 Wochen.

Auf der Oberfläche des Haufens werden etwa 25 trichterförmige Vertie-
fungen eingestampft, welche etwa 25 cm Tiefe und einen Durchmesser von
30 cm haben und mit Vitriolklein glatt ausgekleidet werden. Das sind die sog.
Schwefellöcher, in denen sich etwa 14 Tage nach der Entzündung des Haufens
der erste Schwefel sammelt, der von da ab täglich zweimal ausgeschöpft wird.
Um die Schwefeldämpfe möglichst nach der oberen, ebenen Fläche hinzuleiten,
ist die Decke des Haufens, wie oben geschildert, nach dem Fuße hin immer mehr
verstärkt. Während der Periode der Schwefelgewinnung, 16 bis 18 Wochen
lang, dämpft man das Feuer, dann lüftet man den im Roste beim Aufsetzen
ausgesparten Hauptzug zwecks völligen Ausbrennens des Haufens.

In dieser primitiven Art der Schwefelgewinnung zeigt sich schon das
Bestreben, einen Teil der bei der Röstung der geschwefelten Erze auftretenden
belästigenden Dämpfe unter gleichzeitiger Nutzung zu kondensieren. Eine
lohnende Ausbeute ist nur zu erwarten, wenn den zu röstenden Erzen eine
reichliche Menge von Schwefelkies beigemischt ist, so daß eine Sublimation
des durch die Hitze vom Doppelsulfuret abgespaltenen Schwefels auftritt,
welcher keinen Sauerstoff zur Verbrennung mehr vorfindet. Bei mangelndem
Luftzutritt wird auch ein Teil der entwickelten schwefligen Säure sich durch
Kontaktwirkung in Schwefelsäure und Schwefel zerlegen. Zu näherem Studium der Vorgänge verweisen wir auf *Plattners* „Metallurgische Röstprozesse“,
Freiberg 1856, S. 368ff.

In Freiberg in Sachsen setzte man den Haufen um eine unten durchbrochene Esse an, durch welche man die entwickelten Dämpfe abführte.
Karsten beschreibt in seinem „System der Metallurgie 3, 452 die Röstung
in Gruben, d. h. Haufen, die seitlich vom natürlichen Terrain begrenzt
wurden. Die Zuführung der Verbrennungsluft erfolgte bei diesen von
einer offenen Seite zu den in Nischen an Hügeln oder Abhängen angesetzten Erzhaufen, oder bei ringsum begrenzten durch besondere Kanäle. Die

beiden letzten Formen brachte man zuweilen mit Kanälen in Verbindung, die in einen ummauerten oder von Brettern umschlossenen Raum führten, um Schwefel, arsenige Säure usw. darin zu kondensieren.

Beide Einrichtungen hatten also Ähnlichkeit mit den Stadeln, deren Umfassungsmauern durch Abzugskanäle mit Kondensationsräumen verbunden sind. Solche waren an vielen Orten, in Freiberg, in Böhmen, Steiermark, England und Schweden mit voneinander abweichenden Formen der Kondensationseinrichtungen im Gebrauche. Das Verfahren bei der Röstung war bei deren Betriebe überall dasselbe.

Die Fig. 75 zeigt die sog. böhmische Röststadel mit Schwefelfang. Ein von einer etwa 2,50 m hohen Mauer umgebener Röstraum von etwa 7,50 m Länge und 5,70 m Breite hat eine nach einer langen Seite geneigte Sohle, welche mit Holzscheiten als Rost bedeckt wird. An der einen der kürzeren Seiten befindet sich in der Umfassungsmauer eine genügend große, später zu versetzende Öffnung zum Ein- und Auskarren des Erzes, welches oben dicht mit Röstklein abgedeckt wird. An der Frontseite der Stadel, nach welcher sich die Sohle hin neigt, befinden sich unten in der Höhe des Sohlenansatzes 4 Öffnungen für den Eintritt der Verbrennungsluft, in der gegenüberliegenden Rückwand 3 × 3 Löcher für den Abzug der Röstgase. Diese treten in eine überwölbte oder überdeckte Kondensationskammer, welche sich an die Stadel anschließt, durchstreichen dieselbe im Zickzackwege und entweichen durch eine auf eine Ecke der Kammer aufgesetzte niedrige Esse in die Luft.

Die Ausbeute an Schwefel in den Haufen betrug nach *Plattner* nur ein Drittel derjenigen Menge, welche man nach Berechnung aus den bei gemengten Schwefelkiesen der Erzpost erwarten konnte. In den Stadeln war nach einer Mitteilung von *Tunner*[1] die Schwefelgewinnung nicht unbedeutend höher. Um diese nach Möglichkeit zu steigern, überwölbte man in Dillenburg in Nassau nach *Stölzel*[2] die Stadeln, welche zum Rösten nickelhaltigen Schwefelkieses dienten. Es sollte damit besonders ein Entweichen von Schwefeldämpfen, welches durch die nicht dicht abschließende Abdeckung des Erzes mit Röstklein nicht ganz verhindert werden kann, vermieden werden.

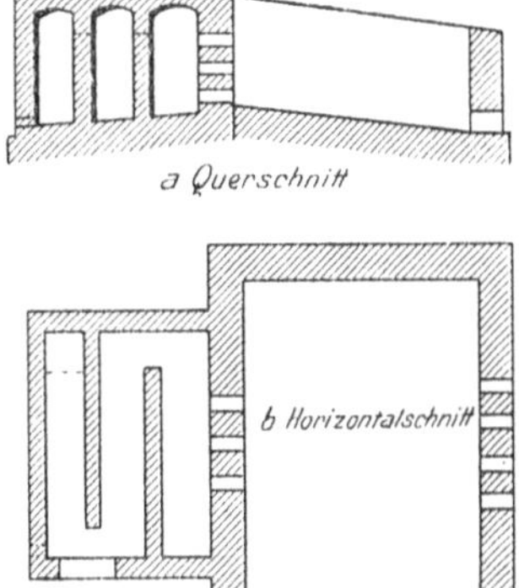

Fig. 75. Blenderöststadel mit Schwefelfang. 1:100.

Erwähnenswert ist noch die von *Wellner* in Freiberg konstruierte Doppelröststadel mit einer nach den beiden Längsseiten stark geneigten Sohle. Um das zur Anheizung nötige Holz durch Steinkohle zu ersetzen, baute er in jede der beiden Längsseiten dieser Stadel vier kleine Feuerungsroste ein, welche nach außen durch Türen verschließbar waren.

---

[1] Berg- und hüttenm. Jahrbuch der k. k. Montanlehranstalt zu Leoben 1854, S. 242.
[2] Metallurgie I. Braunschweig 1863/86.

Mit der Anwendung von besonderen Feuerungen und der Überwölbung der Stadeln war man dem Röstofen sehr nahe gekommen, der für die Abführung der Röstgase in höhere Schichten der Atmosphäre und für die Gewinnung der kondensierbaren Bestandteile derselben geeigneter war. Nach *Plattner* waren im Banate in Ungarn überwölbte Stadeln oder vielmehr Öfen üblich, welche in der einen langen Seite in verschiedener Höhe zwei Türöffnungen und im Gewölbe ebenfalls einige durch Versatzplatten abschließbare Öffnungen hatten. Der Kondensationsraum bestand dort aus einem langen, gemauerten Kanal, der in einer Esse endigte. Zu einer möglichst vollkommenen Abröstung der Blende genügte es jedoch nicht, das Erz im Ofen sich selbst zu überlassen. Aus dieser Einsicht ging der Herdflammofen hervor, dessen einfachste Form die Fig. 76 a—b zeigt.

Dieser in den 30er Jahren in Stolberg angewendete Ofen hatte nur eine von der Flamme einer großen Rostfeuerung bespülte Herdsohle von kleinen Abmessungen. Die Ausnutzung der Flamme war dabei eine sehr unvollkommene, der Kohlenverbrauch deshalb hoch, und die Blende kam nach dem Eintragen in den Ofen sehr bald in starke Hitze, was, wie wir gelegentlich der Betrachtung der Vorgänge bei der Blenderöstung schon näher erläutert haben, zu großen Zinkverlusten führen mußte.

In England röstete man nach *Mosselmann*[1] in frühester Zeit die Blende in solchen einherdigen Flammöfen mit 3 m langem und 2,45 m breitem Herd. Das Gewölbe hatte eine Höhenlage von 75 cm über der Herdsohle, die Feuerbrücke war 45 cm hoch. Die Blende wurde 10 bis 12 cm hoch auf dem Herde ausgebreitet und ununterbrochen bearbeitet. In Corphalie röstete man die stückige Blende um das Jahr 1840 herum im Schachtofen mit seitlicher Feuerung, ähnlich den auf dem Altenberg usw. gebrauchten, auf S. 214 erwähnten Galmeiöfen[2]. Ein Ofen „brannte" in 24 Stunden 4800 k Blende mit 25 Proz. Kohle. Anfänglich setzte man das Erz zweimal durch den Ofen, aber die Röstung war auch dann noch sehr unvollkommen. Man ging deshalb später dazu über, die Blende nach einmaligem Durchgang durch den Schachtofen zu zerkleinern und im Herdflammofen fertig zu rösten.

Auch in Amerika (South Bethlehem Pa.) bediente man sich gegen 1877 noch des Schachtofens[3] zur Vorröstung.

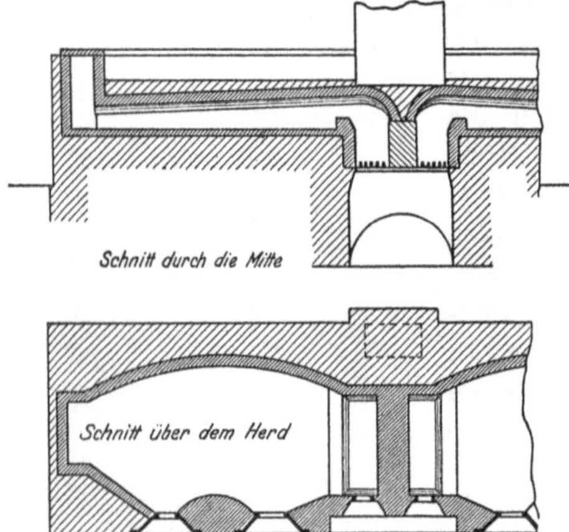

Fig. 76. Alter Blendeherdröstofen. M. 1:200.

---

[1] Ann. des Mines **10**, 485. — *Karsten:* Metallurgie 4, 468 (1831).
[2] Ann. des Mines 4. Reihe, Heft 5, S. 202. *Piot* u. *Murailhe.*
[3] *M. Beco:* Revue univers. 2. Reihe, Heft 2, S. 153.

In Ammeberg in Schweden benutzt man ebenfalls den Schachtofen in größerem Umfange, jedoch nur zum Lockern des Gefüges des Blendeerzes vor der nassen Aufbereitung[1].

Die Erkenntnis der obenerwähnten Mängel führte alsbald zur Verbesserung der Konstruktionen der Herdöfen. Vorerst verlängerte man den Herd, dem man auch wohl, wie in Swansea, eine treppenförmige Gestalt gab, in der Absicht, den freien Ofenraum zwischen Herd und Gewölbe zu verengen, um die Flamme auf das Erz herabzudrücken, was bei dem in der Fig. 76 gezeigten Ofen durch Neigung des Ofengewölbes nach dem Ende des Herdes hin erreicht ist. Auch wurde die Fortbewegung des Erzes dadurch erleichtert. Man gab den langen Öfen auch eine große Tiefe und versah sie zur leichteren

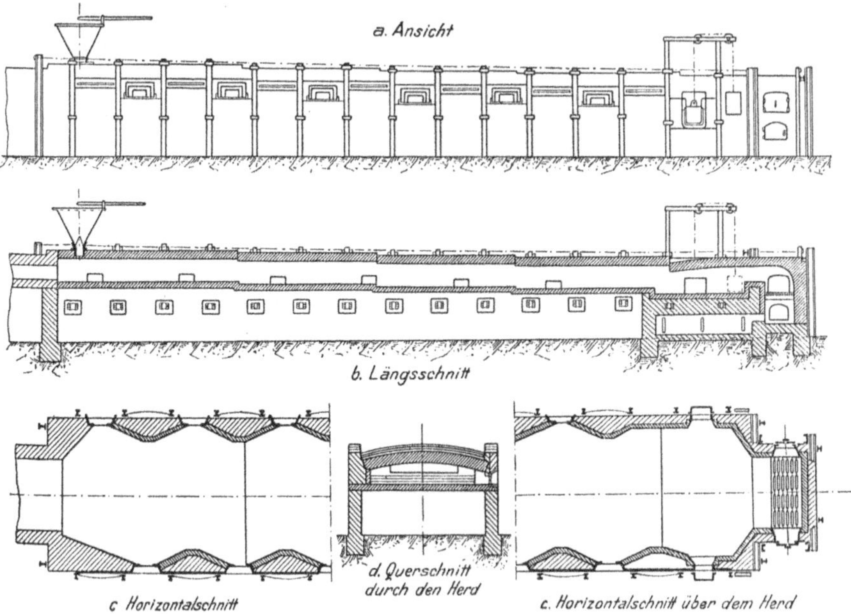

Fig. 77. Blenderöstofen mit langem treppenförmigen Herd. M. 1:200.

Bearbeitung mit Türen auf beiden Seiten. Hauptsächlich fanden dieselben aber Verwendung für kupferhaltige Kiese, selten Anwendung für die Röstung von Zinkblende. Fig. 77 a bis d ist die Abbildung eines solchen, jetzt noch in England und Amerika gebrauchten Ofens, welche wir dem Juniheft dieses Jahres der „Mémoires de la Soc. des Ing. civ. de France" entnehmen.

Die einsohligen Öfen nützten die durch das Gewölbe aufgenommene Wärme nach oben nicht aus und nahmen im Verhältnis zu ihrer Leistungsfähigkeit einen großen Flächenraum ein; Nachteile, welche durch zwei- und mehrsohlige Öfen vermieden werden, wie wir schon bei der Röstung des kleinkörnigen Galmeis näher ausführten.

---

[1] Berg- u. Hüttem. Ztg. 1866, S. 450. *Turley.*

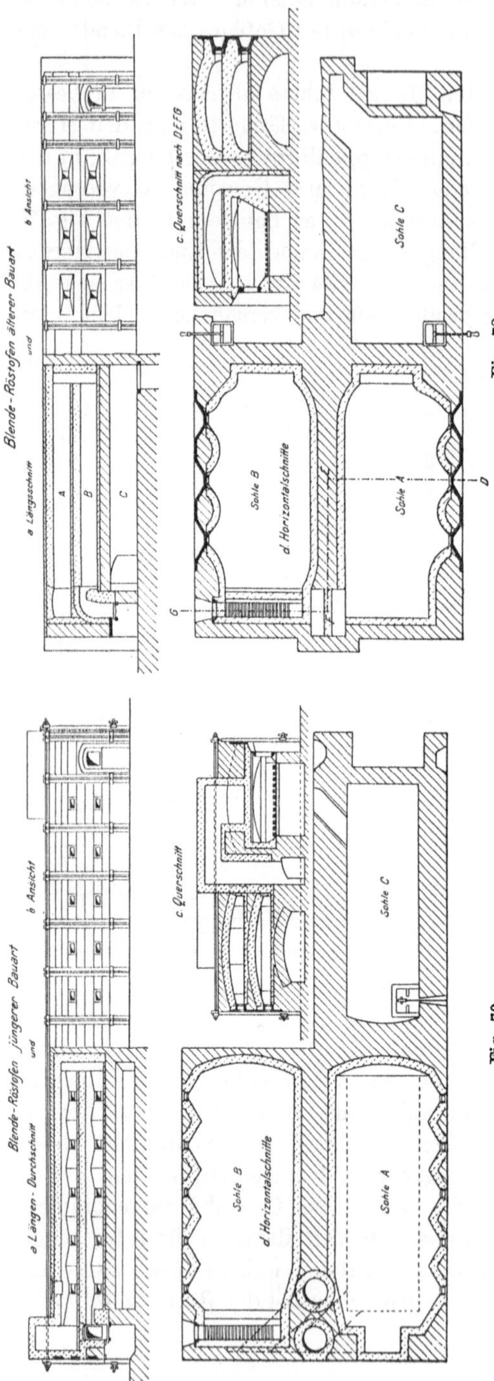

Fig. 79.   Fig. 78.   Blenderöstöfen in Rheinland-Westfalen und Belgien. M. ann. 1:200.

Aus dieser Erwägung ging der doppelherdige, als Freiberger Fortschaufelungsofen bezeichnete Blenderöstofen hervor, wie er vor der Einführung der Nutzung der Röstgase allgemein in Rheinland-Westfalen, Belgien und Oberschlesien, England und auch Amerika, im Gebrauche war und noch heute dort im Gebrauche ist, wo man die Röstgase nicht nutzt und sich nicht großer Öfen mit mechanischen Rührwerken, wie besonders in Amerika, bedient.

Die Fig. 78 und 79 stellten Öfen dar, die auf den Stolberger Hütten und in Dortmund bis gegen Ende der 80er Jahre hin im Gebrauche waren und in ähnlichen Abmessungen noch heute in Belgien und in Oberschlesien zur Totröstung der in Kilns vorgerösteten Blende benutzt werden[1].

Fig. 78 a bis d veranschaulicht die ältere Bauart, Fig. 79 a bis d eine jüngere. Dieselben haben wenig voneinander abweichende Abmessungen und unterscheiden sich in der Hauptsache nur durch die Anzahl der Arbeitsöffnun-

---

[1] Diese Zeichnungen verdanken wir ebenfalls der „Hütte", welche uns dieselben in bereitwilliger Weise zur Wiedergabe mit Benutzung des erläuternden Textes zur Verfügung gestellt hat.

gen. Ein Abstand derselben von 1,57 m untereinander, wie er bei der älteren Bauart üblich war, ist für die Ofenarbeit unbequem, weshalb man denselben auf 1,25 m verminderte, heute wendet man noch kleinere Abstände — bis zu 1 m herunter — an. Bei den älteren Öfen betrug die Länge der Herdfläche nahezu 11 m, bei den jüngeren etwa 13 m bei 2,35 bzw. 2,45 m Breite (ohne Berücksichtigung der Erweiterungen an den Arbeitstüren).

Die freie Rostfläche war 1,57 × 0,37 m = 0,56 qm, bzw. 1,80 × 0,37 = 0,67 qm groß (1 qm auf 45 bis 48 qm Herdfläche). Bemerkenswert ist bei den Öfen neuerer Bauart die Tieferlegung der Röstsohlen um 35 mm zwecks besserer und leichterer Arbeit auf dem oberen Herde, der so nur 1,40 statt 1,75 m über der Hüttensohle zu liegen kommt. Die Gewölbe hatten eine Höhe von 43 cm im Scheitel über den Herden, am Anschlage 20 cm. Die Feuergase bzw. Röstgase fielen vom oberen Herde durch senkrechte, hinter den Feuerungen gelegene Schächte von rechteckigem Querschnitt (0,46 qm) bei den älteren, runden (0,31 qm) bei den neueren Öfen unter die untere Röstsohle herab. Der unter dieser liegende, überwölbte Raum diente zugleich als Flugstaubkammer. Von dort wurden die Gase zur gemeinsamen hohen Esse abgeführt. Zur Regelung des Zuges diente eine gußeiserne, verstellbare Klappe über der hinter der Frontwand des Ofens liegenden Abzugsöffnung in der eben erwähnten Flugstaubkammer.

Auch den uns zur Verfügung stehenden Plan der Röstofenhalle

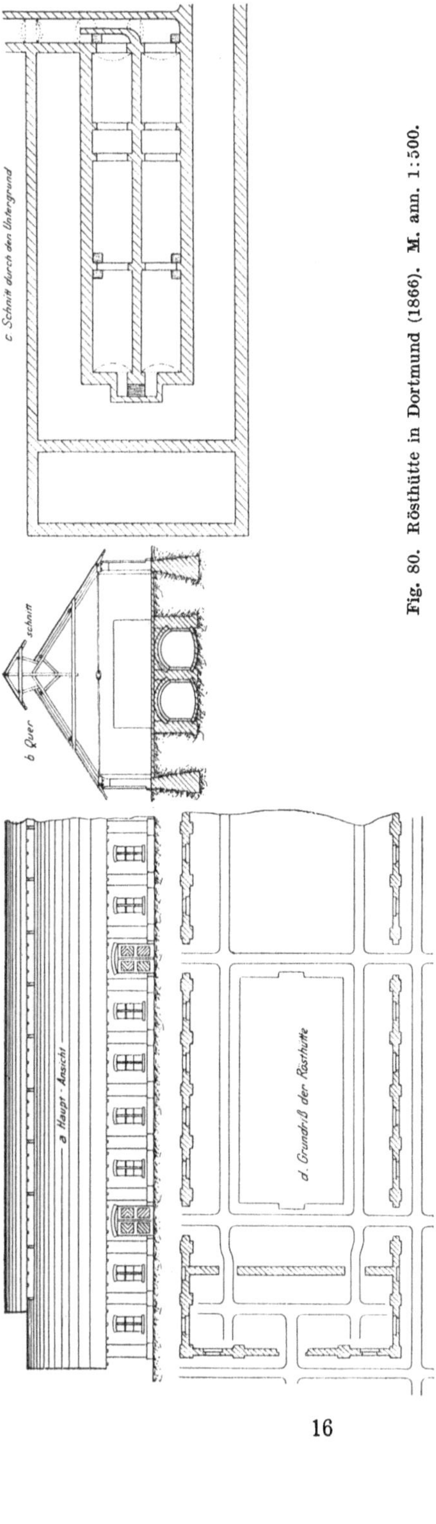

Fig. 80. Rösthütte in Dortmund (1866). M. ann. 1:500.

nebst einer Ansicht derselben glauben wir hier wiedergeben zu sollen, da
er ein anschauliches Bild von dem für diesen Zweck üblichen Hüttengebäude
bietet (Fig. 80 a bis d). Die Unterkellerung der Röstofenmassive ist wegen des
hohen Grundwasserstandes im Terrain der Dortmunder Zinkhütte geboten.

Auf der Stolberger Hütte zu Münsterbusch waren auch zweisohlige Öfen
von größerer Herdbreite — 2,7 m bei 6,4 m Länge — in Anwendung, bei welchen die Arbeitstüren der beiden Sohlen (je 5) auf den gegenüberliegenden
Seiten lagen, damit gleichzeitig auf beiden gearbeitet werden konnte. Diese
Einrichtung bietet wenig Vorteile, weil die Leute auf einer Seite sich besser
in die Hand arbeiten können und hat außerdem den Nachteil, daß bei mangelndem Essenzuge leicht Röstgase aus den Türen des oberen Herdes in den Hüttenraum treten, wenn gleichzeitig auch auf dem unteren Herde gearbeitet wird.
Zudem ist im ersten Stadium der Röstung ein fortwährendes Rühren in der
Blende nicht erforderlich, es genügt, um den Röstprozeß zu fördern, ein
periodisch wiederkehrendes Umwenden, wie es schon durch das Fortschaufeln
auf dem Herde geboten wird.

Die in den Zeichnungen dargestellten Einzelöfen verarbeiteten in 24
Stunden[1] 2900 k Rohblende in 4 Posten = 100 k Rohblende auf 1 qm Herdfläche bei einem durchschnittlichen Röstverluste von 15 bis 16 Proz. mit
einem Verbrauche von 900 k einer fetten Steinkohle = 31 Proz. vom Roherz
und 36,5 Proz. vom Röstgut. Alle 6 Stunden wurde die dem Feuer zunächst liegende Post aus den ersten beiden Arbeitstüren des Ofens gezogen und die im
übrigen Ofen liegende Blende vorgeschaufelt. Der leer gewordene Raum im
letzten Teile des oberen Herdes wurde dann durch eine im Deckengewölbe
befindliche, gewöhnlich verschlossene Öffnung mit einer frischen Erzpost
von 725 k beschickt. Das Erz verweilte also 24 Stunden im Ofen und wurde
einmal in der zwischen der Fortschaufelungsarbeit liegenden Zeit im ganzen
Ofen gewendet, während die vor der Feuerbrücke liegende Post fleißig umge-
krält wurde, um sie totzurösten. Gutartige (kalkfreie) Blenden wurden bis
auf 1 Proz. Restschwefel und weniger abgeröstet.

Jeder Ofen wurde in 12stündiger Schicht von 2 Arbeitern (in Stolberg
von Belgien her Grilleurs genannt), ein Massiv von 4 Öfen in 24 Stunden also
von 16 Röstern bedient. Jede Schicht mußte 2 Chargen gut gerösteter Blende
liefern, deren Güte vor dem Ziehen damals in der vorn beschriebenen Weise mit
Bleipapier geprüft wurde.

Die Vieille-Montagne hat noch auf ihren großen Rösthütten in Baelen
(Belgien) und Ammeberg (Schweden) neben zweiherdigen auch drei- und
hauptsächlich viersohlige Öfen in Betrieb. Je zwei der Sohlen werden von
einer Ofenseite her bearbeitet. Zur bequemeren Bearbeitung der zwei obersten Sohlen liegt der Flur des Hüttenraumes an der zweiten Ofenseite 1,50 m
höher, als an der vorderen. Jede Herdsohle hat 5 Arbeitstüren, welche von Mitte
zu Mitte 1,50 m voneinander entfernt liegen, die Herde sind 8 m lang und 2,30 m
tief. Der Rost der Feuerung ist 2 qm groß, was dem 37. Teile der gesamten

---

[1] *Stölzel:* Metallurgie I, S. 772. — Notizen zur Sammlung von Zeichnungen für die
„Hütte", Jahrg. 1866.

Herdfläche entspricht. Die Feuerbrücke ist hohl und hat eine größere Anzahl kleinerer Ausmündungen für vorgewärmte Luft nach dem Herde hin.

In Ammeberg verwendet man zur Beheizung auch Holzkohlen, die in einem kleinen, in den Ofen eingebauten Generator mit Unterwind vergast werden. (*Lodin*, S. 169).

In der 12stündigen Schicht bedienen 2 Arbeiter einen Ofen (einer auf jeder Seite). In Baelen kam nach *Lodin*[1] im Jahre 1892 auf den Arbeiter eine Leistung von 550 k Rohblende am dreisohligen und 485 k am viersohligen Ofen, weil der längere Weg, den die Blende in dem letzteren zurücklegen muß, mehr Arbeit erfordert. Dabei soll der Kohlenverbrauch nur etwa 9 Proz. vom Roherz, 10,7 Proz. vom Röstgut betragen haben. Bei Annahme der Röstarbeiterlöhne zu 3 Fr. und eines Kohlenpreises von 16 bis 17 Fr. für 1 t, stellten sich zur angegebenen Zeit die Röstkosten wie folgt:

Fig. 81. Mehrherdiger. Röstofen in Amerika. M. 1:150

	für 1000 k rohe Blende	für 1000 k Röstgut
an Löhnen	3,93 Fr.[2]	4,67 Fr.
„ Kohle	1,46 „	1,73 „
„ Unterhaltung und Versch. .	0,61 „	0,73 „
„ allgemeinen Kosten	0,78 „	0,93 „
„ Generalkosten	1,25 „	1,49 „
Zusammen auf	8,03 Fr. und	9,55 Fr.

In Amerika hat man auch mehrherdige Öfen für die Röstung der Blende angewendet. Es sind dem Plattenofen von Malétra, welcher bekannt ist für die Röstung feinkörnigen Schwefelkieses, nachgebildete Öfen, von denen man vier zu einem Block vereinigt hat. Je zwei mit dem Rücken aneinander stoßende Öfen sind mit einer Kohlenfeuerung, wenn nicht mit Naturgas, beheizt. Die Fig. 81a bis b ist die schematische Darstellung eines solchen Ofens.

---

[1] Métallurgie du Zinc S. 167.

[2] Das steht nicht im Einklang mit der oben angegebenen Leistung eines Arbeiters, dieselbe muß höher sein, sie berechnet sich aus den Lohnbeträgen zu 764 k Rohblende oder 642 k Röstgut. Auch erscheint uns die Angabe über den Kohlenverbrauch auf einem Irrtum zu beruhen. Ein so geringer Verbrauch ist bei einer Rostfläche von 2 qm ausgeschlossen.

(Maßstab 1 : 150). Statt der vier Herde findet man wohl auch fünf und sechs. Der vierherdige Ofen hat eine wirksame Herdfläche von 78 qm. Auf dieser liegt das Erz gewöhnlich 60 bis 65 mm hoch. In 24 Stunden werden etwa 5 t von 2 Arbeitern (in der Schicht) abgeröstet, bis auf weniger als 1 Proz. Schwefel, etwa 65 k auf 1 qm Herdfläche. Die beiden Roste der Feuerungen mit hoher Kohlenschicht (Halbgasfeuerungen) haben jeder etwa 1,50 qm Gesamtfläche bei 1,88 m Länge und 0,80 m Breite; es entfällt also 1 qm auf 26 qm Herdfläche. Nach *Ingalls* werden je nach Qualität der Kohle 50 bis 100 Proz. der rohen Blende verfeuert.

Den beiden Röstarbeitern, welche in der Regel im Gedinge stehen und 6 bis 6,75 M. per Tonne gerösteten Erzes als Lohn erhalten, wird Blende und Kohle zugefahren.

Solche Öfen stehen in Kansas, Missouri, Indiana. Im Naturgasdistrikte von Kansas hat man 8 dreiherdige Doppelöfen in einem Block, je 4 in einer Reihe mit dem Rücken aneinandergebaut, was wegen der Befeuerung nur bei Gasheizung möglich ist. Unter einem Doppelofen versteht man dort 2 übereinander gebaute 3herdige Öfen, von denen jeder seine besondere Gasfeuerung hat.

Auch *Matthiessen* und *Hegeler* in La Salle[1] hatten in den 70er Jahren, bevor sie zum mechanisch bearbeiteten Ofen und zur Schwefelsäuregewinnung übergingen, Plattenöfen (bis zu 8 Platten übereinander) und dem Kerpely-Hasencleverofen ähnliche mit geneigten Platten im Gebrauch.

Der Kohlenverbrauch ist, wie wir gesehen haben, ein europäischen Verhältnissen gegenüber außergewöhnlich hoher, was nach *Ingalls* auf die Verwendung einer sehr minderwertigen Kohle, nach unserer Meinung aber auf den unnötig großen Feuerungsrost zurückzuführen ist. Auch der Arbeitslohn ist den dortigen Verhältnissen entsprechend bedeutend, woraus sich der fortschreitende Ersatz dieser Ofenart durch mechanisch bearbeitete Öfen erklärt.

Man war jedoch auch schon früher bestrebt, die Handarbeit, welche das zur Förderung der Röstung nötige Wenden der Blende verlangt, durch mechanische Hilfsmittel zu ersetzen. So berichtet Stölzel a. a. O., daß auf der Johannistaler Zinkhütte in Unterkrain (Österreich) ein von *Kuschel* und *Hinterhuber* konstruierter Flammofen, welcher aus einem rotierenden Herde bestand, in Anwendung war. Derselbe hatte große Ähnlichkeit mit dem auf dem Kupferextraktionswerke der Bede Metal Works zu Jarrow in England von *Gibb* und *Gelstharp* für die chlorierende Röstung der Kupferkiesabbrände im Jahre 1872 eingeführten Ofen[2].

Ein mit Schamottsteinen ausgekleideter eiserner Drehherd von rund 4 m Durchmesser war von einem in der Mitte 45 cm hohen Gewölbe überspannt. Durch dieses reichten in radialer Richtung bis nahezu zur Herdsohle 10 dreieckige hohle Krälen aus feuerfestem Ton herab, welche auch zur Beschickung des Ofens mittels eines auf ihre Höhlung aufgesetzten Fülltrich-

---

[1] Siehe weiter unten.

[2] *Stölzel:* Metallurgie I, S. 739. — *Lunge:* Handb. d. Soda-Industrie **1**, 553ff. (1879). — Berg- u. Hüttenm. Ztg. 1871, S. 320.

ters dienten und nach dem Einbringen des Erzes durch Tonpfropfen geschlossen wurden. Diesen Krälen wird eine weit größere Dauer bzw. geringere Abnutzung, als den eisernen nachgerühmt.

Auf der einen Seite des Ofens lagen zwei Planrost- oder Halbgasfeuerungen, ihnen gegenüber 13 Abzugsöffnungen im Gewölbe; diese mündeten in einen halbringförmigen Kanal, welcher die Röstgase zur Esse führte. Auch zwei Dampfdüsen traten in den Ofen ein; der durch dieselben eingeführte Dampf sollte in der ersten Zeit die Flugstaubbildung verhindern und eine schnellere Abröstung des Schwefels und Arsens bewirken.

Nach beendigter Röstung wurde durch einen sonst verdeckten Schlitz im Gewölbe ein kulissenartiger Räumer auf die Herdsohle hinabgelassen, welcher das Röstgut durch 4 am Umfange des Ofens befindliche Öffnungen in einen unter denselben gelegenen Raum streifte.

Das Gewicht einer Erzpost soll 1050 bis 2100 k betragen haben, welche mit einem Kohlenverbrauch von 1230 k in 18 bis 22 Stunden abgeröstet wurden, während in einem zum Vergleich dienenden doppelherdigen (Mansfelder) Fortschauflungsofen mit gleichem Kohlenverbrauch 1000 bis 1200 k Blende in 12 bis 15 Stunden geröstet wurden. Der mechanische Ofen soll den Vorteil geboten haben, daß das Zinkausbringen aus der gerösteten Blende von 33 bis 36 Proz. auf 35 bis 39 Proz. stieg. Dabei wurde eine Lohnersparnis von 68 Proz. erreicht.

Außer zur Röstung von Schwefelkiesen (kupferfreien und kupferhaltigen) Kupfersteinen und Bleierzen haben in Europa mechanische Öfen für die Röstung von Erzen als Vorbereitungsprozeß für die Metallgewinnung, insbesondere für Zinkblende, nur in Oberhausen auf der Rösthütte der Vieille Montagne (*Roß-Welter*-Ofen, und in Oberschlesien *Köhler-*, *Brown*-Ofen) mit indirekter Beheizung Anwendung gefunden. Wir werden auf diese später noch zurückkommen. Erwähnt sei hier nur noch der für Kupfererzröstung in England benutzte, von *Parkes* konstruierte Doppelherdofen[1], welcher aus zwei übereinander liegenden kreisrunden Sohlen von 4 m Durchmesser bestand. In diesen erfolgte die Durchkrälung des Erzes durch ein Rührwerk, welches mittelst einer durch die Mitte des Ofens gehenden Achse in langsame Umdrehung versetzt wurde. Es war dieser Ofen ein Vorgänger des von den Gebrüdern *Mac Dougall* konstruierten, runden 7sohligen, mechanischen Röstofens für Pyritklein[2], welcher in neuester Zeit in den Schwefelsäurefabriken in den vervollkommneten Konstruktionen von *Herreshoff*, *Kauffmann*, *Maschinenbauanstalt Humboldt*, *Scherfenberg* u. a. ausgedehnte Anwendung gefunden hat.

In Nordamerika dagegen ist man wegen der hohen Lohnsätze darauf angewiesen gewesen, die Handarbeit durch Maschinenkraft zu ersetzen und dieser Umstand hat eine ganze Reihe von Ofenkonstruktionen hervorgebracht, welche von *Walter Renton Ingalls* in seiner „Metallurgy of Zinc

---

[1] *Gurlt:* Berg- u. Hüttenm. Ztg. 1852, S. 265. — *Plattner:* Metallurg. Röstprozesse 1856, S. 21/22.

[2] Dinglers Polytechn. Journ. **216**, 475. — Wagners Jahresber. f. 1876, S. 315.

and Cadmium" (1903[1]) eine ausführliche Behandlung erfahren haben. Auf
dieses Werk verweisen wir hier den Leser, der sich in die Einzelheiten der
Konstruktionen vertiefen will.

Wir bringen hier nur von einigen Öfen Abbildungen, welche eine mehrfache Anwendung in den Vereinigten Staaten Nordamerikas gefunden haben.
Zu diesen gehört der *Brown*ofen und der sehr ähnliche *Ropp*ofen.

Der *Brown*ofen[2] hatte einen Vorgänger in der Konstruktion von *O'Harra*.
Brown hat die Schwierigkeiten, welche sich beim Betriebe der letzteren ein-
stellten, dadurch überwunden, daß er den Bewegungsmechanismus des den
Ofen quer durchziehenden Rührapparates, das sind die fahrbaren Tragstühle
desselben, in zwei neben dem Ofenherde zu beiden Seiten herlaufende Räume
verlegte, welche vom Herde durch eine mit Schlitz versehene Scheidewand
getrennt sind.

Die zuerst gebauten Öfen stellen einen ringförmigen Kanal dar, welcher
an einer Stelle auf nahezu ein Fünftel seiner ganzen Länge unterbrochen ist.
Der fehlende Teil des beispielsweise innen 12,75, außen 20,75 m weiten Ringes oder vielmehr der beide Enden des Kanals, der also einem Hufeisen
gleicht, verbindende Teil der Herdfläche liegt frei und dient dem mechanischen
Rührwerk nach dem Austritt aus dem Ende des Kanals bis zum Wiederein-
tritt in denselben zur Kühlung während des Rundlaufes.

Der Ofenkanal wird durch drei Feuerungen beheizt, von welchen die erste
am Ende desselben, die zweite 10,6 m von dieser und die dritte 13,7 m von
der zweiten entfernt liegen; kurz vor dem Eingange des Erzes liegt der Abzugskanal nach der Esse. Ein- und Austritt der Heizgase erfolgt vom Scheitel
des Ofengewölbes aus. Jede der Feuerungen hat eine Rostfläche von 1,4 qm.

Der hufeisenförmige Ofenherd hat nach den oben angegebenen Ring-
durchmessern eine mittlere Länge von 52,7 — 10,7 m = etwa 42,0 m.

Noch weit größere Abmessungen haben drei in Cherryvale in Kansas
von der Edgar Zink Co. gebaute Öfen. Der Durchmesser derselben mißt über
33 m, und der Röstherd hat eine Fläche von 225 qm, bei einer Breite von
2,45 m. Sie werden mit Naturgas geheizt.

Zum Zwecke einer weiteren Verlängerung des Herdes bei geringerem
Durchmesser der Rundung gab man an anderen Stellen dem Ofen eine in die
Länge gestreckte Form, indem man zwei Halbringe von beispielsweise 7,25
mittlerem Radius mit zwei Geraden von etwa 20 m Länge verband, so daß
der ganze Herd (einschließlich der Kühlfläche) etwa 85 m lang wurde, der
eigentliche Arbeitsherd inmitten etwa 61 m, also noch um fast die Hälfte
länger, als bei der Hufeisenform. Das sind Abmessungen, an welche wir auf
dem europäischen Kontinent nicht gewöhnt sind. Entsprechend der größeren
Länge wurde dieser Ofen mit 4 anstatt mit 3 Feuerungen bei der Hufeisenform
ausgestattet.

Die Krälapparate werden bei den hufeisenförmigen und elliptischen
Öfen durch ein endloses Stahlseil gezogen, welches über kleine Rillenräder

---

[1] Das Werk hat 3 Jahre später eine unveränderte 2. Auflage erlebt.
[2] Konstruiert von *Horace F. Brown*.

an der inneren Seite des Ofens geführt wird. Sobald einer der das Rührwerk tragenden Wagen die Kühlfläche erreicht hat, löst er sich von selbst vom Seile ab und bleibt zur Kühlung stehen, bis er durch einen Stoß, welchen ihm der nachfolgende Wagen erteilt, wieder an das Seil gekoppelt wird.

Zum Bau eines der vorerwähnten großen Öfen mit endlosem Herde von etwa 55 m wirksamer Röstherdlänge bei 2,45 m Breite und 24 m Kühlflächenlänge waren erforderlich 90000 Stück Ziegelsteine, 8100 Stück feuerfeste Steine mit 12 t feuerfestem Ton und etwa 23 000 k Eisenkonstruktionsteile.

Ein kleinerer, hufeisenförmiger Ofen von 42 m Herdlänge erforderte 60 000 Stück Ziegelsteine, 4500 Stück feuerfeste Steine gewöhnlichen Formats und 12,5 t Formsteine und 25 000 k Eisenteile. Letztere kosteten im Jahre 1898 in Chicago 14 700 M., und der fertige Ofen im ganzen etwa 30 000 M.

Auf den Glendale works der Edgar Zinc Co. in Carondelet nahe bei St. Louis ist ein Ofen in Hufeisenform von 16,75 m Durchmesser von Mitte zu Mitte Herd entsprechend etwa 53 m Gesamtherdlänge oder 41 m Röstherdlänge bei 2,45 m Breite = etwa 100 qm Röstherdfläche in Betrieb, und 4 gleich große Öfen stehen in Collinsville (Illinois), von denen je 2 auf einen Kamin von 27,5 m Höhe und 1 qm Querschnitt arbeiten. Jeder Ofen hat 4 Feuerungen von je 1,11 m Rostfläche (1 qm auf 22,5 qm Röstherdfläche). Die Betriebsverhältnisse und Ergebnisse bei diesen Öfen sind folgende:

Je ein Mann in 12, in neuerer Zeit in 8stündiger Arbeitsdauer, bedient den Ofen, entsprechend einem Lohnaufwand von etwa 21 M., die Kosten für Unterhaltung des Ofens und für die erforderliche Kraft sind zu veranschlagen auf 11 bis 12 M. für den Tag (1 Schmied ist mit der Reparatur des Gezähes von 4 Öfen beschäftigt, ein Treibseil hält 8 Monate, ein gußeiserner Krätzerschuh 4 Monate, die Rührwerkwagen zeigten nach 4 Jahren noch keine wesentliche Abnutzung, mit Ausnahme der Räder, welche etwa 4 Monate halten.)

Beim Rösten einer Blende mit 58 Proz. Zink, 28 bis 30 Proz. Schwefel, 1 Proz. Blei und wenig Eisen, liefert ein Ofen in 24 Stunden 11 bis 12,5 t Erz, welches auf 0,5 bis 0,7 Proz. abgeröstet ist, bei einem Verbrauch minderwertiger Kohlen von $66^2/_3$ Proz. vom Roherz in Carondelet und $83^1/_3$ Proz. in Collinsville. Das Erz ist auf etwa 2 mm Korn zerkleinert.

An- und Abfuhr des Erzes wird von einem weiteren Arbeiter für jede Schicht besorgt. Die Erzaufgabe erfolgt durch einen vollkommen staubfrei arbeitenden Aufgabeapparat, einen bis auf den Herd in die Erzlage hinabreichenden Sack, der bei jedesmaligem Vorbeigang eines der 2 an jedem Ofen vorhandenen Rührwerkswagen gehoben wird und nach dem Niederfallen mittels eines den Verschluß auslösenden Hebels in Tätigkeit tritt. Das rohe Erz fält kurz vor der Eingangstür des Ofens auf den Kühlherd in seiner ganzen Breite und wird von dem Rührwerk in den Ofen geschoben.

Nachdem es einen Weg von 3 m in demselben zurückgelegt hat, was etwa $1^1/_2$ Stunde an Zeit in Anspruch nimmt, befindet sich daselbse schon in Rotglut, die austretenden Röstgase haben eine Temperatur von 427°. Die Ofentemperatur fand *Brown* zwischen dem Gasaustritt und dem ersten Feuer-

eintritt, etwa 10 m vom Eingang in den Ofen, zu etwa 650°, zwischen dem
ersten und zweiten Feuer zu 815°, zwischen dem zweiten und dritten zu 950°,
und vom dritten bis zum vierten zu 1100°.

An den entsprechenden Stellen betrug der Schwefelgehalt der Röstpost
18 bis 20, 10 bis 12, 5,5 bis 6 und 0,8 Proz. Schwefel. Das Erz, welches etwa
5 cm hoch auf dem Herde liegt, wird in einer Stunde etwa 2,5 m vorgeschoben,
so daß es 17 bis 18 Stunden im Ofen verbleibt.

Etwa jeden 5. Tag werden die Krusten, welche sich auf dem Herde an-
gesetzt haben, durch einen mit einer gekrümmten Stahlstange an Stelle der
Krälen besetzten Reservewagen aufgebrochen. Nach jedem Umlaufe des
Wagens wird die Stahlstange um etwa 13 cm auf dem Rührarme verschoben.
Die ganze Operation nimmt eine Stunde in Anspruch.

Ringsum in der Umfassungswand des Ofens befinden sich, 1,22 m voneinander entfernt, Türöffnungen, welche gebotenenfalls einen Eingriff von
außen auf den Herd gestatten.

Eine dritte Form ist die in Fig. 82a bis h[1] dargestellte gerade, welche an
Orten vorzuziehen ist, wo der Flächenraum für die beiden anderen Formen
nicht zur Verfügung steht, weil sie bei gleicher Größe des Röstherdes weit
weniger Raum beansprucht, da die Kühlfläche über die Gewölbedecke des Ofens
verlegt ist, wie es die Fig. 82a, b und f zeigen. Die an einer endlosen Stahl-
kette hängenden Rührwerke werden durch Leiträder an dem einen Kopfe
des Ofens nach oben über die Decke desselben geführt und auf dem anderen
Ende wieder in den Ofen hineingeleitet. Die beiden Öffnungen für Ein-
und Austritt des Krälapparates sind mit eisernen Klapptüren verschlossen,
welche sich selbsttätig bei jedem Durchtritt öffnen und wieder schließen. Den
geraden Öfen kann man erfahrungsgemäß eine größere Herdbreite (3 m
statt 2,45 m bei den runden Formen) geben, ihre Länge schwankt zwischen
18,5 und 55 m.

Die Krätzer sind an den aufeinanderfolgenden Rührwerken, wie die
Fig. 82 g zeigt, versetzt, so daß die von denselben in der Erzschicht gezogenen
Furchen nicht zusammenfallen. Außerdem machen dieselben noch dadurch,
daß der Querbaum des Rührapparates exzentrisch an den Laufrollen angebracht ist, während des Vorgehens eine Auf- und Abwärtsbewegung und
schaufeln so das Erz zugleich auf und weiter.

Der *Ropp*ofen Fig. 83 zeichnet sich durch größere Einfachheit der Mechanik,
geringere Baukosten und billigere Arbeit vor dem *Brown*ofen aus. Er besteht
aus einem langgestreckten, geraden Herd von 4,27 m Breite, welcher in der
Mitte von einem schmalen, nur 4 cm weiten, von niedrigen Seitenwänden
eingefaßten Schlitz durchfurcht ist, durch welchen der Träger der Rührarme
hindurchtritt. Unter dem Herde befindet sich ein geräumiger Tunnel, in welchem je ein Rührwerk tragende 4rädrige Wagen auf Schienen laufen.

An beiden Enden des Herdes liegen Maschinerien, welche in der Hauptsache aus je einer horizontal, in der Minute 1,63mal umlaufenden großen

---

[1] Die Zeichnung ist den Memoires et compte rendu des travaux de la société des
ingénieurs civils de France, Juniheft 1911 entnommen.

Additional information of this book

(Zink und Cadmium und ihre Gewinnung aus Erzen und Nebenprodukten; 978-3-662-22732-9; 978-3-662-22732-9_OSFO3) is provided:

http://Extras.Springer.com

Seilscheibe bestehen, über die ein 16 mm dickes Stahldrahtseil ohne Ende läuft, durch welches die Rührwerkswagen durch den Ofen gezogen und seitlich von demselben auf der Hüttensohle von einem zum anderen Ende befördert werden.

Die Rührwerke bestehen aus 2 geraden, rechts und links vom Schlitz den Ofen durchragenden, durch schräge Streben mit der Tragstütze versteiften Armen, an welchen zahlreiche Stahlplatten als Krätzer befestigt sind. Letztere stehen in einem Winkel von 45° zu den Armen, die Winkelstellung ist bei dem ersten Rührwerk entgegengesetzt zu der des zunächst folgenden, damit eine Wendung des Erzes neben der Fortbewegung erreicht wird. Die Rechen bleiben beim Umlauf $1^1/_2$ mal so lange in der Luft, wie im Ofen.

Die Länge der ausgeführten Öfen ist sehr verschieden, 15,25 — 30,50 — 40,00 — 45,75 und 48,50 m. Die Öfen von 30,50 m sind mit 3 Feuerungen, die von 45,75 m mit 4 ausgestattet, die ersteren werden durch 4, die letzteren durch 6 Rechen bearbeitet. Die Röstgase werden durch Essen von 1,5 bzw. 1,9 qm Querschnitt abgeleitet.

Solche Öfen sind im Betriebe auf den Hütten der Lanyon Zinc Co. in Jola und La Harpe in Kansas, werden dort jedoch mit Naturgas geheizt. Der größere Ofen kostet einschließlich Patentabgaben 33 500 bis 38 000 Mk.

Da die *Ropp*schen Patente beanstandet sind, weil sie die Ansprüche *Browns* verletzen sollen (vermutlich wegen des

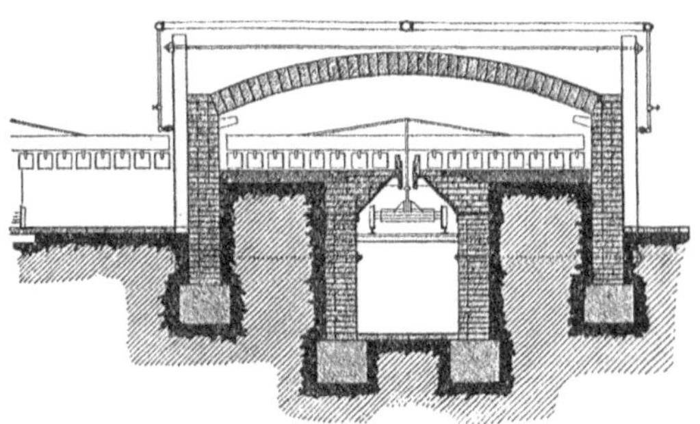

Fig. 83. *Ropp*-Ofen.

Mittels, die Rechenwagen der direkten Einwirkung des Feuers durch Verlegung derselben in besondere Kanäle zu entziehen), hat die Lanyon Zinc Co. die Öfen nach der im amerikanischen Patent Nr. 691 112 vom 14. Januar 1902 geschützten Konstruktion von *Jos. P. Cappeau*, dem Generalmanager der Gesellschaft, umgeändert. *Cappeau* hat den Ofenherd auf Säulen gestellt, so daß der Hüttenflur unter demselben frei bleibt und zur Fahrbahn für die Rechenwagen benutzt wird. Außerdem sind durch das Patent noch geschützt die freie Zirkulation der Luft unter dem Herde und die regulierbare Zuführung derselben auf den Herd.

Hinsichtlich des Betriebes dieser Öfen sei noch erwähnt, daß der Ofen von einem Mann in der Schicht bedient wird, und der Betrieb des Rührmechanismus 6 PS verlangt. Ein großer Ofen liefert 15 bis 17,5 t Röstgut mit 0,75 bis 0,9 Proz. Schwefel von 18 bis 21 t Rohblende mit 30 Proz. Schwefel. Weil die Öfen mit Naturgas geheizt werden, ist der Brennstoffverbrauch nicht bekannt. Die Ofentemperaturen sind bestimmt zu 470° C am Erzeintritt, zu 970° in der Mitte und 635° am Erzaustritt (nach *Diescher*[1]).

---

[1] Zeitschr. f. angew. Chemie 1905, S. 653 ff.

Ein dem *Brown*ofen ähnlicher einherdiger Ofen ist der von *Wethey* konstruierte, er ist in einer Länge von 50 m und einer Breite von 3,66 m von der Empire Zinc Co, auf ihren Hütten in Joplin (Missouri) gebaut.

Die Cherokee-Lanyon Spelter Co. bei Jola (Kansas) hat einen 41 m langen und 4,6 m breiten, mit Gas geheizten Ofen in Betrieb, welcher von *Zellweger* konstruiert ist und sich durch einen eigenartigen Rührwerksmechanismus auszeichnet.

Ein horizontal und quer durch den Ofen reichender, schwerer runder Schaft wird auf beiden Enden seitlich vom Ofen durch 1,8 m hohe Zahnräder getragen, welche auf Zahnstangen laufen und durch eine endlose, über den Ofen zurücklaufende Kette hin und her gezogen werden. Der Schaft ist mit Sternen aus je 8 radial hervorragenden Schaufeln dicht besetzt, welche so auf ihm angebracht sind, daß sie beim Vorgehen des Rührwerks mit in Umdrehung gesetzt werden, dagegen auf dem Rückwege nach dem Erzaufgabeende des Ofens hin leer laufen. Beim Vorwärtsgang wird hierdurch das Erz durch die hohlen Schaufeln aufgeschaufelt und übergeworfen, während beim Rückwärtsgehen die Schaufeln nur durch das Erz leicht furchen, weil sie von der Achse nicht mitgedreht werden.

Der *Zellwegerofen*, der dort mit Naturgas beheizt wird, röstet in 24 Stunden von einer im rohen Zustande 28 bis 30 Proz. S haltenden Blende 15 t bis auf 0,5 Proz. Restschwefel ab, bei einem Gehalt von 0,8 bis 1,0 Proz. S 18 t und bei 1,5 Proz. S 21 t.

Die in den Ofen eintretende Röstluft kühlt auf ihrem Wege die Zahnradschienen und Laufräder des Rührwerkes.

Als weitere Ofenkonstruktionen sind noch zu nennen ein von *F. M. Davis* in Denver, Col., versuchsweise bei der Lanyon Bros. Spelter Co. zu Neodesha, Kansas, gebauter einherdiger Ofen mit einem wassergekühlten Rührwerk, welches immer im Ofen verbleibt, und das Patent 677 510 vom 2. Juli 1901 von *Benjamin Hall*, welcher ebenfalls die Rührer mit Wasser kühlt.

Enke ließ sich in Deutschland (D. R. P. 211 433) für langgestreckte Röstöfen eine an einem außerhalb des Ofens liegenden fahrbaren Antriebsmechanismus befestigte Krälschaufel schützen.

Mehrsohlige Öfen sind von *Hammond*, von *Keller* und von *Pearce* konstruiert.

Auf *Hammonds* Ofen, der den in England gebrauchten *Spence*ofen zum Vorbilde hat, kommen wir später noch zurück[1]. Der *Keller*ofen besteht aus zwei fünfherdigen, parallel nebeneinander stehenden Öfen. In dem $2^1/_2$ m breiten Zwischenraume zwischen beiden sind die Laufwagen, einer für je ein Herdpaar, welche die Rührwerke tragen, untergebracht. Letztere laufen vor- und rückwärts und werden von Drahtseilen gezogen, welche, geführt von Leitrollen, über ein großes Treibrad laufen, durch hydraulischen Antrieb bald in der einen, bald in der anderen Richtung bewegt.

Die durch Schlitze in die Röstkammern reichenden Rührarme tragen zwei Krälplattenreihen, welche im flachen Winkel zueinanderstehen und durch

---

[1] Bei Beschreibung des indirekt beheizten Ofens von *Hegeler*.

den Mechanismus so gestellt werden, daß sie nur dann in das Erz tauchen, wenn die Rührwagen in der Richtung des Erzganges sich bewegen. Dies wird an den beiden Enden der Röstkammern erreicht durch Stellscheiben, welche die Rührarme um 90° drehen. Die Krälplatten der beiden Reihen stehen wechselständig zueinander, so daß beim nächsten Durchgang die vorher gebildeten Furchen wieder zugepflügt werden.

Jeder der beiden Öfen hat eine Rostfeuerung von etwa 1 qm Rostfläche. Die Flamme geht in einem senkrechten Seitenkanal an der einen Kopfwand des Ofens aufsteigend über den obersten Herd, fällt auf dem anderen Ende nach unten herab und zieht nach Bestreichung des untersten Herdes von unten in den Kamin ab.

Der *Pearce*-Ofen hat zwei übereinanderliegende, ringförmige Herde. Ein Teil derselben ist wie beim Brownofen unbedeckt, dort wird das geröstete Erz aus dem Ofen entfernt. Im Mittelpunkte des Ringes steht eine hohle gußeiserne Säule, welche gegen die inneren Wände der Herde durch radial angeordnete I-Eisen abgestrebt ist. Auf an derselben sitzenden Konsolen und in und auf der äußeren kreisförmigen Wand des Ofens ruhen außerdem zwei Lagen von schweren eisernen Balken, an welche die inneren Wände und Gewölbewiderlager der beiden Herde angehängt sind. Dadurch wird die Bildung eines ununterbrochenen Schlitzes in den inneren Herdwänden erreicht, durch welchen die Rührarme, 2 für jeden Herd, hindurchtreten. Dieser Schlitz wird durch ein kreisrundes Blechband, welches an den Armen sitzt und sich mit diesen dreht, verdeckt.

Die aus 27 mm weiten Stahlröhren gefertigten Arme sitzen in Ringen, welche die feststehende Säule umfassen, aber um dieselbe sich drehen lassen. Die Bewegung wird durch Zahnradgetriebe bewirkt, die auf den obenerwähnten I-Eisenstreben gelagert sind.

Die Rührwerke, von denen jedes in 53 Sekunden den Herd durchläuft, werden durch Luft oder Wasser gekühlt. Füllung und Entleerung des Ofens erfolgt ebenfalls maschinell, so daß der bedienende Arbeiter nur den Gang zu beobachten, die Maschinerie zu schmieren und die Feuer zu stochen hat, von denen 3 an dem äußeren Umfange des Ofens liegen, falls Kohlen zur Heizung gebraucht werden. Bei Öl- oder Gasfeuerung fällt auch diese Arbeit fort.

Das auf den unbedeckten Herd aus einem Füllrumpf fallende Erz wird von dem Rührwerk ausgebreitet und in den bedeckten Herd geführt, welcher mittelst einer schwingenden Eisenblechtür selbsttätig geöffnet und wieder geschlossen wird.

Die durch die Rührarme eintretende Röstluft tritt erst dort zu dem Erz, wo dasselbe auf die Entzündungstemperatur erhitzt worden ist, vorher sind sie Lufteinlaßöffnungen geschlossen und werden erst dann selbsttätig geöffnet.

Auf der Hütte der Empire Zinc Co. in Joplin ist ein solcher Ofen von 11,5 m Durchmesser entsprechend 113 qm Herdfläche in Betrieb, welcher in 24 Stunden, in der Schicht von einem Mann bedient, 10 bis 11 t Zinkblende mit 30 Proz. Schwefel bis auf 1 Proz. S abröstet bei einem Kraftbedarf von etwa 4 PS,

Die Reparaturen sollen gering sein, die Rührarme 1 Jahr und die Krälplatten 4 bis 6 Wochen halten. Der Ölverbrauch für Schmieren der Maschinerie wird zu $^1/_{10}$ l für 1 t Erz angegeben.

Die Herstellungskosten eines solchen Ofens werden sich je nach den Materialpreisen auf 40 bis 50 000 Mk. belaufen.

Thomas Edwards in Ballarat (Austr.) wendet die von den mechanisch bearbeiteten Pyritöfen her bekannten Rührwerke zum Wenden und zur Fortbewegung des Erzes an, indem er auf einem geneigten Herde, welcher in der Mitte durch die Achsen der Triebwerke durchbrochen wird, eine große Anzahl solcher, von zentralen Achsen bewegter Rührwerke arbeiten läßt. Dieselben stehen so nahe beieinander, daß die Arme des einen in den Bereich des anderen hinübergreifen. Dadurch wird die Fortbewegung des Erzes erreicht, was die Neigung des Herdes noch unterstützt.

Fig. 84 a bis c[1] veranschaulicht in sehr klarer Weise die Konstruktion des Ofens. Der Herd wird direkt von einem an einem Kopfende liegenden, großen Planroste beheizt. Die Heizgase finden ihren Weg zur Esse rückwärts durch zwei Kanäle unter dem Herde, welcher auch von unten geheizt wird. Gleichzeitig dienen diese Rauchkanäle als Flugstaubkammern zur Ablagerung des mitgerissenen Erzstaubes.

Merton benutzt denselben Bewegungsmechanismus in einem mehrsohligen in Fig. 85 a bis g dargestellten Ofen, der als Doppelofen oder als zwei mit einer langen Seite aneinander gebaute Öfen gekennzeichnet ist.

Jeder Ofen hat 3 Herde übereinander und an dem einen Ende unter der untersten Sohle noch einen kleinen Herd, der zur Abkühlung des fertig gerösteten Erzes dient und ebenfalls mit Rührwerken ausgerüstet ist. Die zur Kühlung über das Röstgut hinstreichende Luft wird hierbei vorgewärmt und danach als Sekundärluft bei der Beheizung der untersten Röstsohle benutzt. Am anderen Ofenende liegt eine zweite Feuerung zur Ergänzung der Beheizung der mittleren und obersten Röstsohle. Zur Erhaltung der Rührwerke ist eine in den Figuren a, e und g sichtbare Wasserkühlung vorgesehen. Die Ausführlichkeit der Zeichnungen macht eine weitere Erläuterung unnötig.

Edwards', wie *Mertons* Ofen sind in Nordamerika mehrfach für die Röstung von Zinkblende und anderen Schwefelerzen im Gebrauch.

Die bisher beschriebenen, in Nordamerika gebräuchlichen mechanischen Öfen haben alle einen feststehenden Herd und bewegte Rührwerke. Daneben haben aber auch solche mit beweglichen Herden als Nachfolger der früher erwähnten, in Österreich von *Kuschel* und *Hinterhuber* und in England von *Gibb* und *Gelstharp* eingeführten Öfen wieder weitere Anwendung gefunden.

Godfrey hat einen ringförmigen Herd gebaut[2], welcher auf den Werken von Fry, Everitt & Co. zu Swansea in Wales (England) und bei der Smelting Corporation Ltd. in der Nähe von Manchester zur Röstung von Zinkblende und

---

[1] Diese und die nächsten Zeichnungen sind ebenfalls der Abhandlung von *Léon Guillet* im Juniheft d. J. der Memoires et compte rendu des travaux de la société des ingénieurs civils de France entnommen.

[2] Patent von *Godfrey & Hayes*, Swansea. U. St. Pat. Nr. 637 864.

Additional information of this book

(Zink und Cadmium und ihre Gewinnung aus Erzen und
Nebenprodukten; 978-3-662-22732-9; 978-3-662-22732-9_OSFO4)
is provided:

http://Extras.Springer.com

gemischten sulfidischen Erzen Anwendung gefunden hat. Der Herd hat einen
äußeren Durchmesser von 6 und der innere zentrale Ausschnitt einen solchen
von etwa 1,30 m, so daß die Herdfläche, von welcher noch die innere Randbreite
abgeht, 2,25 m breit ist. Das ringförmige, ihn überspannende Gewölbe ruht
auf einer inneren hohlen gußeisernen Säule und mit der Außenwand auf gußeisernen Stützen vor dem Herdumfange. Den drehbaren Herd tragen 10 gußeiserne an einem zentralen, die Mittelsäule frei umlaufenden, innen etwa 2 m
weitem Ringe sitzende Konsolen, welche unten — durch einen 3,75 m weiten
Laufring verbunden — auf Kugeln gestützt sind. Letztere laufen in einer
Rinne von gleichem Durchmesser. Die Drehung des Herdes erfolgt durch
ein Zahnradgetriebe, welches nahe dem Umfange am Boden desselben angreift.
In der Regel soll der Herd in 1 bis 2 Minuten einmal umlaufen, die Geschwindigkeit kann aber auch gesteigert oder vermindert werden, je nach der Eigenart
des zu röstenden Erzes. Hierzu soll eine Betriebskraft von 1 PS ausreichen.

Aus dem Deckengewölbe ist ein Stück ausgeschnitten; wodurch der Herd
am äußeren Umfange stark 1 m, am Inneren 0,60 m frei bleibt. An dieser Stelle
liegt frei über dem Herde ein Rührwerk, dessen Krätzer sich durch einen
Hebelmechanismus von Hand verstellen lassen, so daß sie einen beliebigen
Winkel zum Radius des Herdes bilden können. Auf der einen Seite dieses
Ausschnitts befindet sich die Feuerung, beziehungsweise der Eintritt der Heizgase, auf der anderen der Austrittskanal für die Röstgase. Das Erz wird durch
eine verschließbare Öffnung im Deckengewölbe oder in der äußeren Umfassungswand eingetragen, durch entsprechende Stellung der Kräleisen bei
der Umdrehung ausgebreitet und fortwährend durch abgeänderte Stellung
derselben nach Bedarf gewendet und endlich nach beendigter Röstung dadurch
in kurzer Zeit an der offenen Stelle des Ofens ausgetragen, daß die Krätzer
in einen steilen Winkel zum Erzweg gerichtet werden. Da alle Teile des Erzes
nach dem Eintragen alsbald die heißeste, zuerst von den Heizgasen berührte
Stelle des Ofenraumes durchlaufen, so kommt die Ofenbeschickung sehr bald
in Glut, so daß ein solcher Ofen imstande ist, in 24 Stunden 5 t Blende auf 2
Proz. S abzurösten. Ein Verfahren, welches dem wünschenswerten allmählichen Fortschreiten der Röstung, wie früher (S. 233) erörtert, zuwiderläuft.
Die Kosten der Röstung sollen im Jahre 1899 5 Mk. per Tonne betragen
haben für Arbeit, Heiz- und Kraftaufwand und Reparaturen. Dabei ist der
Tagelohn eines Arbeiters zu 4 Mk., und der Preis 1 t Kohle zu 7,50 Mk. eingesetzt.

Der Aufbau des Ofens erfordert 123,5 t Eisenkonstruktionsteile, 7000 Stück
Ziegelsteine und 8000 Stück feuerfeste Steine. Auf die Fundierung des Ofens,
besonders der Lauf-Kugelrinne, ist besondere Sorgfalt zu verwenden.

Der Ofen hat durch *Down* und *Morgan*[1] neuerdings eine Vervollkommnung erfahren, wodurch ein allmählicher Eintritt des Erzes in die heißesten
Ofenzonen erreicht, also den Bedingungen für einen rationellen Röstvorgang
Rechnung getragen wird. Die Erfinder trennen den Ofenraum durch ein oder
mehrere vom Gewölbe bis nahe auf die Erzschicht herabreichende, ringför-

---

[1] D. R. P. 227 210 (15. Juni 1909).

mige Wände in zwei oder mehr konzentrische Abteilungen, welche nacheinander, dem Erzlaufe entgegen, von den Feuergasen durchstrichen werden, in der Richtung vom äußeren zum inneren Rande des ringförmigen Herdes.

Einen eigenartigen Tellerofen hat *Blake* konstruiert, der allerdings nicht zur Totröstung, sondern zu einer vorbereitenden Röstung pyrithaltiger Blende zum Zwecke späterer magnetischer Aufbereitung des Röstproduktes bestimmt war. Er ist ein abgeänderter *Brunton*ofen, welcher früher in Cornwall gebraucht wurde. Der kreisrunde Ofenherd mit einem Durchmesser von etwa 5 m besteht aus einer Anzahl (4) terrassenartig nach dem Zentrum zu aufgebauter 45 cm breiter Ringe, an der höchsten Stelle in der Mitte des Kreises mit einer 1,25 m im Durchmesser messenden Scheibe abschließend. Er ist gestützt auf Kugeln, welche in einer kreisrunden Rinne von 2 m Halbmesser laufen. Der Träger des Schamottherdes besteht aus einem schmiedeeisernen Kugelabschnitt, an welchem sich von den Ruhepunkten ab ein gleichartig geformter Ring bis zum Tellerrande hin ansetzt. Der Herd wird umschlossen von einer kreisrund gemauerten Kammer, welche mit einem kuppelförmigen Gewölbe überdeckt ist. Über dem letzteren liegt noch eine flache eiserne Decke, zum Trocknen des Erzes dienend.

Durch einen zentralen Fülltrichter gelangt das Erz von der oberen Decke auf die mittlere Scheibe des Herdes, von welcher es bei der Drehung des Tellers automatisch in den Ofen gezogen wird. Von dort wird es durch die an dem Kuppelgewölbe befestigten Kräleisen von einer Terrasse zur anderen befördert und fällt endlich durch eine in der Umfassungsmauer des Ofens befindliche Öffnung auf eine unter den Herdrand greifende Schurre, welche es in einen Abfuhrwagen leitet. Der Herd soll in der Regel 10 Umdrehungen in der Stunde machen. In der Nähe des Erzaustritts mündet die auf einem Planroste erzeugte Heizflamme und daneben noch durch einen besonderen Winderhitzer vorgewärmte Luft.

Näheres über die einzelnen Konstruktionsteile ist in *Ingalls* Werk, S. 116 bis 120, enthalten, ebenso wie Abbildungen der beiden zuletzt beschriebenen Öfen.

Ph. Argall (U. S. P. 653 202 vom 10. Juli 1900) hat einen langgestreckten Herd von 33 m und mehr beweglich gestaltet, indem der die auf Wagen ruhende Plattform des Herdes alle 10 bis 30 Minuten einmal etwa reichlich 8 m weit hin und herbewegt. Da dieselbe etwa 4 bis 10 m länger ist als das umfassende Ofenmauerwerk, so tritt sie bei jedem Gang an dem einen und anderen Kopfende um diese Länge aus dem Ofen heraus. In einer Entfernung von 8 m voneinander reichen feststehende Krälträger quer über den Herd, an welchem die Kräleisen so angebracht sind, daß sie beim jedesmaligen Rückweg des Ofenherdes mechanisch aus dem Erze herausgehoben werden, während sie beim Vorgang das Erz furchen und voranschieben. Eine Anwendung hat diese Konstruktion nach *Ingalls* noch nicht gefunden.

Auch zylindrische Öfen, sog. Revolveröfen, werden für Röstung von Schwefelerzen verwendet. Der eben genannte Konstrukteur hat 4 Stahlzylinder von 10 m Länge zu einer Ofengruppe vereinigt, welche das Erz der

Reihe nach durchläuft. Ein derartiger ist auf den Davis Iron works in Denver, Kolorado, in Betrieb.

Eine bekanntere Ausführung ist der *Brückner*ofen, ein horizontal gelagerter Zylinder, welcher auf Friktionsrollen läuft, bei den größeren Durchmessern auch durch Zahnkranz und Zahnrad angetrieben wird. Dieser ist, wie auch der *Argall*ofen, bisher für Blenderöstung noch nicht gebraucht, wohl aber für die Röstung von Blei- und Kupfererzen. Das gleiche gilt von dem *White-Howell*-Ofen, welcher große Ähnlichkeit mit dem bei der „Röstung des Galmeis", S. 219, beschriebenen, in Sardinien gebrauchten Oxlandofen hat.

Schließlich dürfen wir hier nicht unerwähnt lassen, daß man im Jahre 1892 auf Sardinien auch den *Spirek*schen Schachtflammofen, welchen wir ebenfalls oben an der eben angegebenen Stelle des Buches beschrieben haben, zwecks Verminderung der Handarbeit zur Röstung der Blende benutzte.

Obgleich sich die im vorstehenden beschriebenen, mit direkt auf das Erz wirkender Flamme beheizten Öfen nicht alle zur Totröstung von Zinkblende eignen und die diesem Zwecke dienenden in Zukunft immer mehr den indirekt beheizten Öfen Platz machen werden, weil auch dort, wo es heute noch gestattet ist, wohl bald zum Schutze der Umgebung der Hütten und deren Bewohner das Entsenden der sauren Röstgase in die Atmosphäre verboten werden wird, wollten wir doch eine Aufzählung und kurze Beschreibung derselben nicht unterlassen, denn viele derselben haben als Vorbilder für die Konstruktionen gedient, welche die

Nutzung der entbundenen schwefligen Säure
anbahnten und ermöglichten.

Der Entwicklung der Ofenkonstruktionen, mit welchen man diese Lösung anstrebte, sollen die nächsten Seiten des Buches gewidmet sein.

Wie schon erwähnt, hatte die *Chemische Fabrik Rhenania* schon bei ihrer Begründung die Nutzbarmachung der Röstgase der Zinkblende ins Auge gefaßt. Die damals für deren Röstung auf den Stolberger Zinkhütten wie auch anderswo im Gebrauch befindlichen Flammöfen mit direkter Kohlenfeuerung lieferten Abgase, welche nur einen Gehalt von 0,75 bis höchstens 1,00 Volumprozent schweflige Säure neben viel Kohlensäure enthielten; dieselben waren also für die Fabrikation von Schwefelsäure nicht geeignet. Der Generaldirektor der Rhenania, *F. W. Hasenclever*, konstruierte deshalb einen Ofen, der in seinem wesentlichsten Teile aus einer langen Muffel bestand, die von den Feuergasen umspült wurde[1]. Der vom preußischen Staate patentierte Ofen ist in Fig. 86 a bis e dargestellt. Die durch 4,75 m voneinander entfernte Öffnungen *a* in den Deckengewölben eingetragene Blende wurde mittels Handarbeit unter häufigem Umrühren allmählich bis zur nächsten Arbeitstür *t* bzw. bis zur Brücke *b* fortbewegt, ebenso wie in den gewöhnlichen Herdflammöfen, den sog. Freiberger Fortschauflungsöfen, und gelangte dann durch die in der Herdsohle der Muffel befindliche Öffnungen *o* auf den dar-

---

[1] Berg- u. Hüttenm. Ztg. 1871, S. 182 und 1866, S. 58.

unter liegenden Flammherd, dessen Feuergase die darüber liegende Muffel heizten. Die Röstgase der Muffel wurden in Bleikammern geleitet.

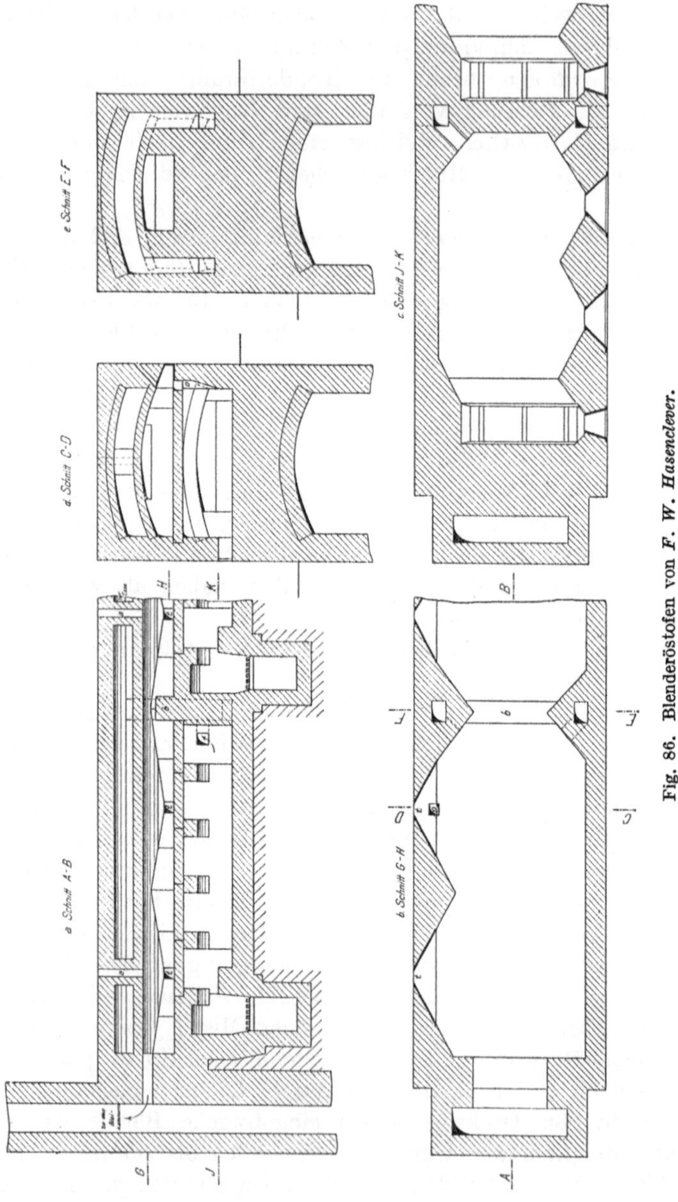

Fig. 86. Blenderöstofen von F. W. Hasenclever.

Im Jahre 1855 kam der erste Ofen in Betrieb, es gelang jedoch nicht, in der von außen beheizten Muffel mehr, als die Hälfte des Schwefelgehaltes der Blende abzurösten, die andere Hälfte mußte im Flammofen entfernt werden. Dabei waren die resultierenden Röstgase noch immer zu verdünnt, um vorteilhaft zur Säurefabrikation benutzt werden zu können, denn der Salpeterverbrauch

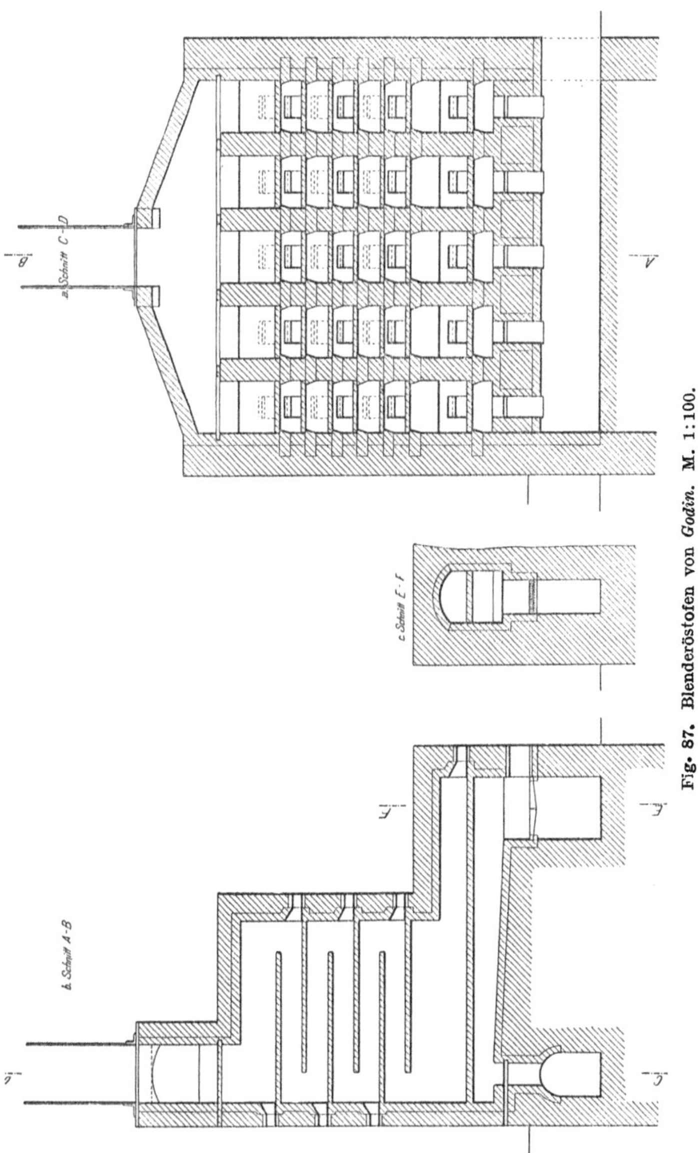

Fig. 87. Blenderöstofen von *Godin*. M. 1:100.

für die Oxydation der schwefligen Säure zu Schwefelsäure war sehr bedeutend[1].

---

[1] *Plattner* gibt auf S. 34 bis 36 seiner „Metallurgischen Röstprozesse", Freiberg 1856 schon die Beschreibung eines solchen Ofens und des Arbeitsganges, die aber wohl einem mißverstandenem Berichte entsprungen ist, denn die Beförderung der Erzposten von dem unteren auf den oberen Herd wäre eine sehr umständliche.

Der damalige Direktor der Chemischen Fabrik Waldmeisterhütte in der Atsch bei Stolberg, *Eugen Godin*, verbesserte deshalb den Ofen, indem er über der Muffel, die jetzt nur noch unter ihrer aus Tonplatten hergestellten Sohle, dem Herde von Feuergasen berührt wurde, noch eine Reihe weiterer Räume aufbaute, welche das Erz nacheinander, entgegen dem aufsteigenden Gasstrome durchlaufen mußte, ehe es auf die vom Feuer von unten geheizte Sohle der Muffel gelangte. Fig. 87 a bis c. Dieser Ofen wurde aber erst 1865 nach *Godins* Tode in Stolberg gebaut.

Nach *Robert Hasenclever*[1] waren die Röstgase jetzt reicher bei nicht zu hohem Restschwefel in der abgerösteten Blende. Der Ofenaufbau hatte aber den Fehler, daß infolge zu großer Abmessungen der Rösträume seine Höhe zu großen Gasverlusten bei der Beschickung und während der Röstarbeit führte. Wollte man das Austreten der Röstgase in den Arbeitsraum durch Verstärkung des Zuges vermeiden, so wurden die Gase wieder zu arm an schwefliger Säure.

Der Ofen hatte in seinem Aufbau viel Ähnlichkeit mit dem *Perret*schen Feinkiesofen und seiner Konstruktion lag dieselbe Idee zugrunde, welche den Verf. 1882 zur Erreichung des angestrebten Zieles, der Ausnutzung des gesamten Schwefelgehaltes der Blende für die Schwefelsäurefabrikation führte, nur hatte man den Röstkammern zu große Höhe gegeben und dadurch die durch die Oxydation der Blende selbst erzeugte Wärme nicht ausgenutzt. Die Beheizung der untersten Röstsohle hätte dann ausgereicht.

Hätte man sich nicht durch die Mißerfolge abschrecken lassen, so wäre man vielleicht damals schon zum Ziele gekommen. Man verließ die *Godin*sche Anordnung wieder und versuchte 1866, den 1862 in Freiberg in Sachsen und danach anderwärts mit Erfolg für Feinkiese und andere Erze angewendeten *Gerstenhöfer*schen[2] Schüttofen für die Röstung der Zinkblende. Der von *Moritz Gerstenhöfer* in Freiberg in Sachsen konstruierte, in Fig. 88 a bis c dargestellte, originelle Ofen besteht aus einem etwa 5 m hohen Schachte von 1,25 m Breite und 0,80 m Tiefe, welcher zum größten Teile mit dreiseitigen Prismen aus feuerfestem Ton, die mit einer Kante nach unten und mit einer Fläche nach oben gekehrt sind, ausgefüllt ist. Die Prismen sind in 17 Reihen angeordnet, derart, daß zwischen ihnen seitlich wie in der Höhenrichtung Zwischenräume verbleiben. Die durch einen Aufgabeapparat kontinuierlich in den Ofen eingebrachten, feingemahlenen Erze fallen frei von einem Prisma auf das zunächst darunterliegende, welches unter dem Zwischenraume zweier darüber befindlichen angeordnet ist. Die im unteren leeren Raume des Schachtes sich ansammelnden, gerösteten Erze werden von Zeit zu Zeit entfernt. Vor der Beschickung mit dem Erze wird der Ofen mittels eines im unteren Teile angebrachten, entfernbaren Rostes durch Holz oder Kohle bis zur hellen Rotglut angefeuert, wonach das Erz ohne Unterbrechung weiter brennt. *Hasenclever* hat sich statt des entfernbaren Rostes einer seitlich angeordneten Feuerung bedient, welche bei regelmäßigem

---

[1] Zeitschr. d. Ver. deutsch. Ing. **30**, 83 (1886).
[2] *Lunge*s Handbuch der Soda-Industrie. 1. Aufl. 1879, Bd. I, S. 182 und *Friedr. Bode:* „Beiträge zur Theorie und Praxis der Schwefelsäurefabrikation."

Ofengange durch eine eingesetzte Wand aus feuerfesten Steinen vom Schachte abgetrennt wurde, bei Störungen derselben aber jederzeit nach Entfernung der Wand wieder zum Heißstochen des Ofens in Dienst gestellt werden konnte[1].

Bei Anwendung dieser Konstruktion Ende der 60er Jahre kam man zu Gasen, welche für die Schwefelsäurefabrikation hinsichtlich des SO_2-Gehaltes

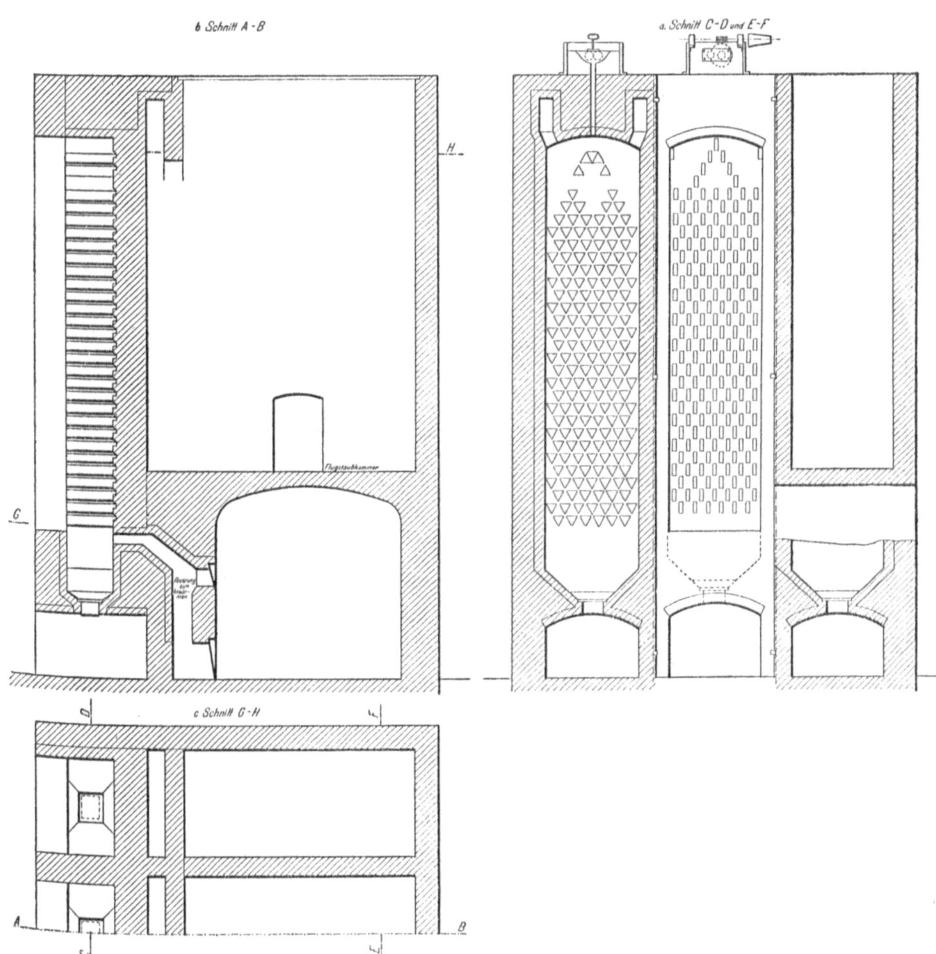

Fig. 88. Röstofen von *Gerstenhöfer*. M. 1 : 100.

tauglich waren, aber man gewann nur die Hälfte des Schwefels der Blende dafür, und die große Flugstaubmenge, welche sich infolge des freien Fallens des Erzes bildete, wirkte recht störend, obgleich man durch den Einbau großer Flugstaubkammern für deren Ablagerung gesorgt hatte. Auch genügte die

---

[1] *R. Hasenclever:* Hofmanns amtl. Bericht über die Wiener Weltausstellung (1873). 1875, S. 160.

17*

Abröstung nicht, so daß die Totröstung der Blende in einem angegliederten Flammofen vorgenommen werden mußte. Die Vereinigung eines hierfür geeigneten Herdes mit dem Schüttofen in einem Ofenmassiv war jedoch nicht leicht ausführbar, denn man mußte sorgfältig darauf bedacht sein, daß nicht eine Vermischung der Flammofengase mit den Kammergasen eintrat; sie war aber nötig, wenn man nicht die Eigenwärme der halbfertigen Blende verloren geben wollte.

R. Hasenclever und *Wilh. Helbig*, beide damals leitende Beamte der Rhenania, konstruierten nun ihren bekannten Ofen mit der schiefen Ebene, nachdem die Anwendung ihres aus schräg zueinander angeordneten Tonplatten aufgebauten Feinkiesturmes[1] in Verbindung mit einer beheizten Muffel an Stelle des Stückkiesbrenners im Jahre 1871 wegen unbefriedigender Temperaturbildung und deshalb ungenügender Röstung sich als verfehlt erwiesen hatte.

Wir wollen nicht die dem Feinkiesplattenturme ähnliche Konstruktion[2] übergehen, welche dem Ofen mit schiefer Ebene voranging, aber sich nicht bewährte — sie war nach *Hasenclevers* eignen Worten eine „gewagte" —, da die gußeisernen hohlen Plattenkörper, welche an die Stelle der Tonplatten gesetzt waren, um die vor der Muffelheizung abziehenden Feuergase zur Unterstützung der Röstung im Turme, d. h. zur Beheizung des Turmes benutzen zu können, sich verwarfen und zur Zerstörung des Ofens führten.

Nachdem im Jahre 1872 ein Versuchsofen mit schiefer Ebene die Durchführbarkeit der Konstruktion erwiesen hatte, wurden noch in demselben Jahre zwei Öfen auf der Chemischen Fabrik in Stolberg errichtet, und zwei weitere auf der Rösthütte der Société de la Vieille Montagne in Oberhausen (Rheinland), von welchen die hart angrenzende dortige Fabrik der Rhenania die Röstgase zur Schwefelsäurefabrikation übernahm.

Der Verf. wurde als damaliger Chemiker der Rhenania vom Direktor *Robert Hasenclever* mit dem Studium der Röstvorgänge an den ersten neuen Öfen und der Inbetriebsetzung der Oberhausener Öfen betraut. 1873 baute er in *Hasenclevers* Auftrag vier weitere Öfen auf der Zinkhütte des Märkisch-Westfälischen Bergwerkvereins in Letmathe bei Iserlohn in Westfalen, mit neuer Schwefelsäurefabrik. Diesen folgten weitere zahlreiche Öfen in Rosdzin in Oberschlesien auf der Reckehütte (Georg von Giesches Erben) und auf den Zinkhütten zu Dortmund, in Bensberg, in Hamborn (Zinkhütte von Wilh. Grillo) und auf der Rhenania in Stolberg selbst zum Zwecke der Röstung von Zinkblenden für die beiden Stolberger Zinkhütten.

Wenn auch heute keiner der Öfen mehr im Betriebe ist und seit der Einführung des weiter unten zu beschreibenden *Liebig-Eichhorn*-Ofens auch nicht mehr gebaut worden ist, so halten wir es doch für angezeigt, von dem ersten, die Ausnutzung der Röstgase bezweckenden Blenderöstofen, welcher eine weit-

---

[1] *Lunge:* Handbuch der Soda-Industrie. 1. Aufl. 1879, Bd. I, S. 174; Zeitschr. d. Ver. deutsch. Ing. **14**, 505 (1870). Dingl. Pol. J. Bd. 199 S. 286, Bd. 222 S. 250, Bd. 287 S. 71. Berg- und Hüttenm. Ztg. 188 S. 425.

[2] Zeitschr. d. Ver. deutsch. Ing. **16**, 505 (1872).

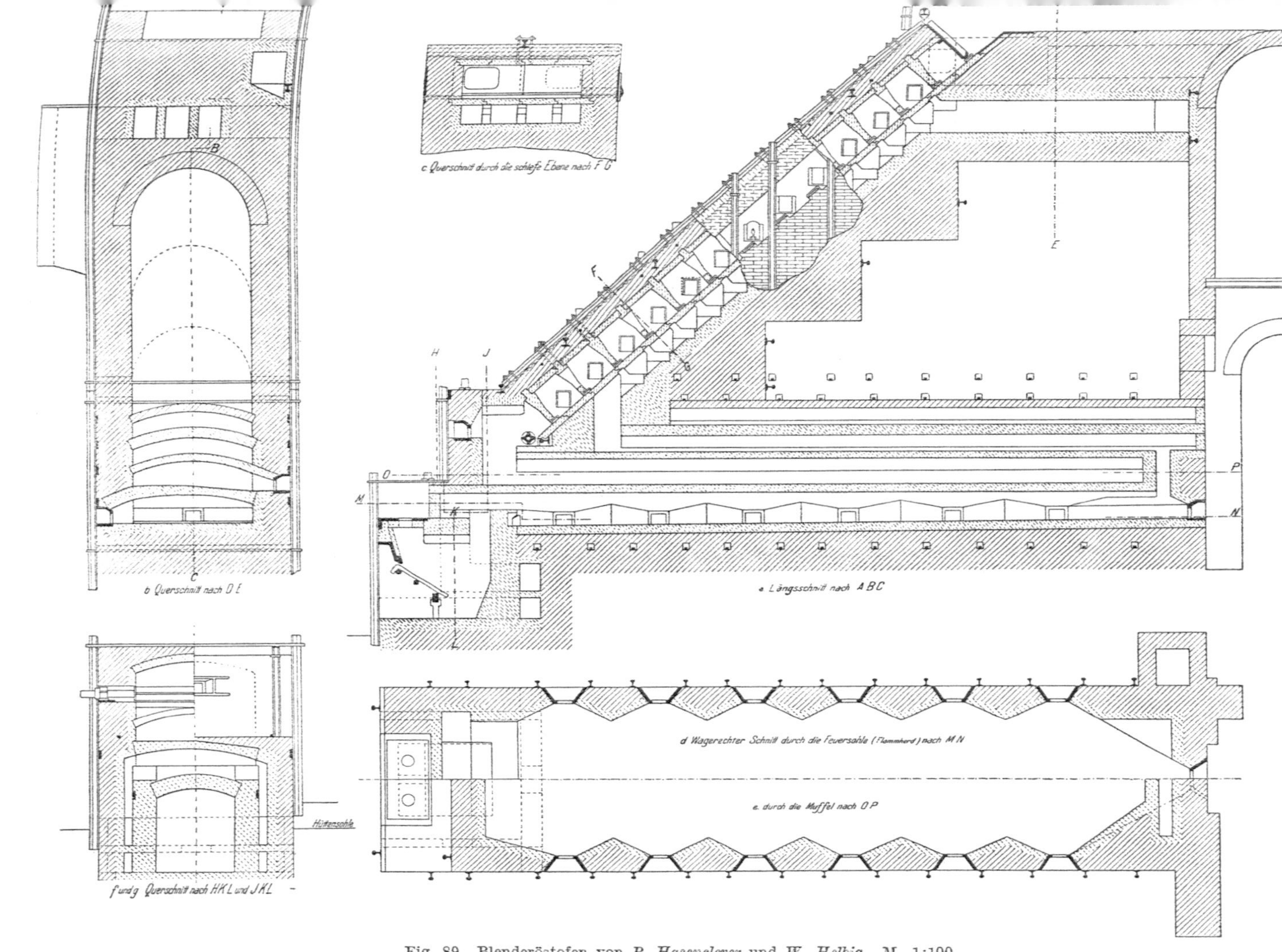

Fig. 89 Blenderöstofen von R. Hasenclever und W. Helbig M 1:100

gehende Anwendung gefunden hat, noch eine in allen Einzelheiten klare
Zeichnung zu geben, um die Darstellung der Entwicklung der nun folgenden
Ofenkonstruktionen damit zu beginnen und zugleich die mühevolle und opfer-
reiche Arbeit, die bis zur Erreichung der Lösung der Aufgabe, welche
sich die Begründer der Rhenania gestellt hatten, aufgewendet werden mußte,
gebührend zu würdigen.

Der in der Fig. 89 a bis g dargestellte *Hasenclever-Helbig*-Ofen besteht
aus einem von einer Halbgasfeuerung (*Boetius*feuer) beheizten, mit 6 Arbeitstüren versehenen Flammherde von rund 20 qm wirksamer Fläche, einer
gleich großen, von unten und oben beheizten, gegen die Heizgase abgeschlossenen Muffel und einer sich daran anschließenden, von den Feuergasen von
unten erwärmten schiefen Ebene von etwa 15 qm. Das Erz hat beim Durchlaufen des Ofens einen Weg von rund 28 m zurückzulegen.

Die schiefe Ebene liegt in einem Winkel von 43° zur Horizontalen. Maß-
gebend für die Wahl dieses Winkels war die Beobachtung, daß auf 1 bis 2 mm
zerkleinerte Zinkblende beim Aufschütten auf Haufen annähernd immer
einen Winkel von 33° mit dem horizontalen Boden bildet. Sollte die Blende
von selbst bei Beseitigung der Stütze am Fuße der schiefen Auflagefläche in
Bewegung kommen, so mußte also eine steilere Ebene gewählt werden, jedoch
eben nur so steil, daß ein völliges Abrutschen des in Bewegung gesetzten
Erzes bei Wiederherstellung der Abstützung nicht eintrat. Wenn nun aber das
Erz auf seinem Wege im Rutschen unterwegs nicht aufgehalten worden wäre,
so würde es sich am Fuße der schiefen Ebene bei ihrer Länge von 8,5 m 1,5 m
hoch angehäuft haben. Es wurden deshalb zur Erreichung einer gleichmäßig
dünnen Erzlage rechtwinklig zur Fläche kulissenartige Wände in einem Abstande von 0,55 m angeordnet, welche mit ihrer abgeschärften Kante bis auf
5 cm auf die schiefe Ebene hinabreichten. Seitlich in den Ofenwänden stützten
sich dieselben auf gußeiserne Kasten, welche einen vom Erz verschlossenen
Schlitz zur Einführung einer Eisenstange schufen. Mittels derselben konnte
man bei Stockungen im Rutschen dem Erze nachhelfen. Wie die Fig. 89 c zeigt,
hatten die Kulissen abwechselnd rechts und links 53 cm lange und 35 cm
hohe Öffnungen für den Durchgang der Röstgase. Letztere überstrichen
das Erz also auf einem Zickzackwege.

Der Theorie nach häufte sich die Blende auf der schiefen Ebene innerhalb
der durch die Kulissen abgeteilten Räume in einer Schicht, welche von 5 cm
Dicke nach unten hin auf etwa 15 cm Höhe anwuchs. Am Fuße der Fläche
legte sich das Erz gegen eine mittelst eines durchziehenden Luftstromes gekühlte, mit vier Rippen versehene Walze, welche in gewissen Zeitabschnitten
durch ein Wassertriebrad mit Zahnradübersetzung in Umdrehung gesetzt
wurde. Hierdurch wurde das auf der unter der Walze liegenden Bank ruhende
Erz von dieser herab in die Muffel geschoben, das an den Walzenrippen an-
liegende Erz glitt an seine Stelle und eine frische Menge lagerte sich vor die
wieder in Ruhe gekommene Walze, wodurch die ganze Erzlage auf der schiefen
Ebene in Bewegung kam.

In der Praxis vollzog sich die Erzbewegung jedoch oftmals nicht nach dieser Voraussetzung. Das Erz neigte meistens nach dem Erglühen zum Zusammenballen; die Durchgangsschlitze unter den Kulissen versetzten sich und mußten durch „Spitzen" durch die obenerwähnten Kastenschlitze hindurch freigemacht werden; oder, was besonders bei schwefelkieshaltiger Blende eintrat, das Erz kam infolge der auftretenden Schwefeldämpfe ans „Schwimmen", wie man sich ausdrückte, dann unaufhaltsam ins Rutschen, durch die Gasabzüge der Kulissen hindurchschießend, und sammelte sich in unliebsamer Höhe in dem vorderen Teile der Muffel und den unteren Räumen der schiefen Ebene an. Dabei verstopften sich die unteren Gasdurchlässe, die Arbeitsschlitze und die Füllöffnung oben auf dem Ofen wurden frei und ließen die Röstgase in den Hüttenraum austreten. Die Wiederherstellung der Ordnung verursachte in solchen Fällen viel Arbeit von recht belästigender Art. Die Erleichterung der Arbeit, die man von dem selbsttätigen Rutschen des Erzes auf der schiefen Ebene erhofft hatte, wandelte sich ins Gegenteil; eine wesentliche Ersparnis an Arbeitskraft, die man angestrebt hatte, wurde gegenüber der Bedienung einer horizontal liegenden Fläche nicht erreicht.

Die einzelnen Räume der schiefen Ebene waren zur bequemen Bearbeitung auf beiden Ofenseiten mit Arbeitsöffnungen versehen, etwa 35 mm weite Löcher, welche mittels aufgeschliffener, geneigt aufliegender, in einem Scharnier beweglicher Klappen verschlossen wurden. Dieselben waren in Platten angebracht, welche in Schieberrahmen von oben her eingeschoben wurden. Zur Beseitigung von Erzkrusten konnte man durch Herausziehen dieser Schieberplatten größere Öffnungen (25 : 20 cm) schaffen. Im unteren Ofen war die Arbeit dieselbe, wie im Freiberger Fortschauflungsofen. Eine Beschreibung wird daher nicht nötig sein, ebensowenig wie ein näheres Eingehen auf die Ofenkonstruktion bei der vorliegenden ausführlichen Zeichnung.

Einer der beschriebenen Öfen lieferte in 24 Stunden etwa 3000 k geröstete Blende mit einem Kohlenaufwand von etwa 25 Proz. und wurde dabei von 3 Arbeitern in der Schicht bedient, und zwar von einem jüngeren Arbeiter die schiefe Ebene und von je einem Röstarbeiter die Muffel und die Feuersohle.

Um einen Vergleich mit den Betriebskosten anderer Öfen anstellen zu zu können, wollen wir den heutigen Lohnverhältnissen uns anpassen und ein Durchschnittsverdienst des Arbeiters zu 400 M. für die 12stündige Arbeitsschicht einsetzen. Mit diesem Satze würde dann ein Lohnaufwand von 24 M. in 24 Stunden erforderlich gewesen sein und 1000 k Röstgut hätten an

Lohn gefordert	M.	8,00
und an Kohlenverbrauch (1 t Kohle = 12 M.)	„	3,00
Rechnen wir für Erz- und Kohlen-An- und -Abfuhr noch	„	1,00
so kostete 1 t Röstgut an Lohn und Kohle	M.	12,00

In England hatten um die Mitte des vorigen Jahrhunderts auch Bemühungen eingesetzt, um die Röstgase zu nutzen. Einen von *Graham* konstruierten Blenderöstofen, welcher der Benutzung der Röstgase für die Schwefelsäurefabrikation dienen sollte, beschreibt *Kerl* (Metallurg. Hüttenkunde I, S. 80; II, S. 344)[1]. Derselbe wurde auch in Oker im Harz zum Rösten von Kupfererzen angewendet und fand in Linz a. Rh. und in Stadtberge in Westfalen Nachahmung in dem *Rhodius*schen Ofen zum Rösten von Blende aus der Nähe von St. Goar und Olsberg zu dem Zwecke, mit der gewonnenen schwefligen Säure oder aus derselben erzeugten Schwefelsäure oxydische Kupfererze auszulaugen.

Fig. 90 zeigt den Ofen teils in einer Ansicht, teils in einem Querschnitte.

Vier vertikale Reihen Muffeln — je neun in der Reihe — werden von außen durch fünf Planrostfeuerungen beheizt. Über dem Ofen liegen zwei kofferförmige Dampfkessel, welche mittels der Abhitze des Röstofens Dampf erzeugen, der zusammen mit zugeleiteten Salpeterdämpfen zur Umwandlung der Röstgase in Schwefelsäure dient.

Jede der Muffeln, welche 2,67 m lang, 39 cm breit und 10,5 cm hoch waren, wurde alle 12 Stunden mit 20 bis 25 k Blende beschickt, so daß in dem Ofen täglich durchschnittlich 1400 k Zinkblende geröstet wurden. Obgleich, wie aus der Zeichnung zu ersehen ist, in jede Muffel Oxydationsluft eingeblasen wurde, war der Abröstungsgrad sehr unbefriedigend, da noch 12 bis 15 Proz. des Röstgutes an Schwefel, meist in Form von Sulfat, in dem im rohen Zustande 29 bis 30 Proz. Schwefel haltenden Erze zurückblieben. Dabei war der Kohlenverbrauch ein außerordentlich hoher — 1,33 hl für 100 k Erz[2]. Wäre die Oxydationsluft vorgewärmt worden, so würde die

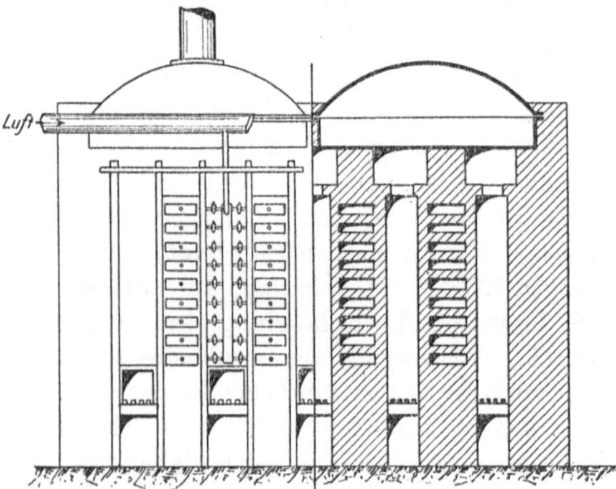

Fig. 90. Blenderöstofen von *Rhodius*.

Abröstung eine bessere gewesen sein, die kalte Gebläseluft kühlte die Erzpost zu stark und schuf die Bedingungen zur Sulfatbildung. Die Ausnutzung der Heizgase für die Röstung selbst war sehr unvollkommen, da nur die niedrigen Seitenwände der Muffeln von der Flamme bespült wurden.

Statt dieses Ofens hat man sich in Linz zur Erzeugung von schwefliger Säure aus Zinkblende auch eines kleinen, 3 m hohen Schachtofens bedient, dessen größter Durchmesser 1 m war. Man schichtete die Blende abwechselnd mit Lagen von Brennstoff und führte in mittlerer Höhe des Ofens Gebläseluft ein.

Die im Betriebe des *Hasenclever-Helbig*-Ofens bei manchen Erzsorten eintretenden Schwierigkeiten und die hohen Baukosten führten dahin, das

---

[1] Engl. Pat. 9912 vom Jahre 1843. Polytechn. Centralbl. 1846, S. 533, Bgwfd. XI, 8.
[2] Zeitschr. d. Ver. deutsch. Ing. **16**, 305 (1872); Berg- u. Hüttenm. Ztg. 1859, S. 438 und 1866, S. 59 (*Aug. Gebhardt*).

mit demselben Erreichte, d. h. die Nutzung von etwa $^2/_3$ des gesamten Schwefelgehaltes der Blende, mit anderen zum Teil einfacheren Mitteln zu versuchen. Man trennte die Fertigröstung wieder von der der Nutzung der Röstgase dienenden Vorröstung, besonders wenn es sich um Röstung von Blenden handelte, welche in stückiger oder grobkörniger Form an die Hütte geliefert wurden. Hierzu griff man wieder zurück zu dem mit Rost versehenen Schachtofen (Kiln), welcher entweder mit festliegenden, nach der Front zu geneigten, oder mit drehbaren Roststäben (wie bei Stückkiesöfen gebraucht) versehen wurde.

Die Kilns, welche in Freiberg seit langer Zeit zum Rösten schwefelhaltiger Erze unter Benutzung der Röstgase in Verwendung gewesen sind, wurden auch in Brixlegg zum Rösten von Blende zur Schwefelsäurefabrikation gebraucht. Eine Abbildung dieser Öfen findet sich in *Lodin*, S. 145. Der Schacht hat danach einen Querschnitt von 2,10 auf 1,40 m. Auf beiden langen Seiten befinden sich 4 Arbeitstüren, je 2 in derselben Höhe, und zwar die unteren 1 m, die oberen 1,95 m über dem Roste, welche zur Auflockerung der Erzschicht dienen. Unmittelbar über dem Roste, der nach der Ofenmitte hin um reichlich 20 cm ansteigt, liegen noch die Abzugsöffnungen für das gebrannte Erz, ebenfalls 2 auf jeder Ofenseite und ebensoviele Türen unterhalb des Rostes zum Entfernen der durch den Rost fallenden feineren Erzteile. Die Beschickung erfolgt durch 2 Öffnungen im Gewölbe, welches 3,50 m über dem Roste liegt. Die Röstluft tritt durch die 4 cm weiten Rostspalten zum Erz durch regulierbare Öffnungen in den Türen, welche den 70 cm hohen Raum unter dem Roste abschließen.

In Brixlegg zog man alle 3 Stunden eine Röstpost und setzte so 6000 k Blende durch, deren Schwefelgehalt von 28 Proz. auf 12 Proz. abgebrannt wurde, wobei das Erz im ganzen 3 Tage im Ofen verblieb. Zur Bedienung waren in 24 Stunden 3 Arbeiter nötig. Am Tage ein Ofenarbeiter und ein Handlanger, nachts ein Ofenarbeiter, so daß auf 1 t Erz eine halbe Arbeitsschicht entfällt. In Freiberg brachte man den Schwefelgehalt der Erze von 30 bis auf 8 Proz. herunter, setzte dagegen aber nur den fünften, höchstens vierten Teil, wie in Brixlegg durch.

Das Anheizen der Kilns erfolgt in der Regel mit Holz. Auf die brennende Holzlage wird dann abwechselnd Erz und Holz geschichtet, bis das Erz in genügend hoher Glut ist, um von selbst weiter brennen zu können. Nun gibt man nach jedem Abzuge regelmäßig die frischen Erzposten auf.

Die schlesische Aktiengesellschaft in Lipine baute 1874 eine Gruppe von 6 Öfen mit drehbaren Roststäben, welche als Schachtöfen nicht mehr bezeichnet werden können, da man über dem Roste nur eine Erzschicht von 50 bis höchstens 100 cm unterhält, je nach der Stückgröße des Erzes. Diese Öfen haben sich dort neben den modernen Muffelöfen noch bis heute erhalten; die auf etwa 10 Proz. Schwefel in denselben vorgeröstete Blende wird in zwei Freiberger Fortschauflungsöfen fertig geröstet.

Die 1,25 m nach beiden Richtungen hin großen Roste rösten in 24 Stunden 500 k Blende von durchschnittlich 25 Proz. Schwefelgehalt auf den

angegebenen Grad ab. Ein Arbeiter in der Schicht kann bis zu 10 Öfen
bedienen.

Die Reckehütte von Giesches Erben in Rosdzin hatte ähnliche Öfen
mit kleinerem Rost — 1 m im Quadrat. Dort röstet man auf jedem Roste bei
einer Höhe der Erzschicht von 60 cm in 24 Stunden 350 k einer Blende von
Nußgröße von 24 bis 33 Proz. Schwefelgehalt in rohem Zustande bis auf 7 Proz.
Schwefel ab. 4 Arbeiter in der Schicht versorgen 24 bis 30 solcher Einzelöfen.
Auf dieser Hütte hat man versucht, die Röstung mittels eines *Körting*schen
Gebläses zu beschleunigen[1] und das auf zwei nebeneinander liegenden Rosten
vorgerichtete Erz auf einem tiefer liegenden Roste weiter abzurösten[2], nahm
aber davon Abstand, weil das Gegenteil infolge Abkühlung der Erzsäule eintrat.

In Letmathe machte der Verfasser Ende der 70er Jahre Versuche
in gleicher Richtung. Da grobstückige Erze im Verhältnis zu kleinkörnigen
Erzen nur in geringeren Mengen zur Verfügung standen, wendete er den damals von *W. Helbig* erfundenen Patent-Kiesofenrost für Stück- und Graupen-
kies mit schraubenförmigen Roststäben an, der sich in Aussig und Kladno
beim Rösten von Kiesgraupen bis herab zu 20 mm Korngröße sehr gut bewährt hatte. Für den Ofen wählte er die auf der Rhenania in Stolberg gebräuchliche Kanalform, in welcher zwischen den einzelnen Rostabteilungen
nur eine scheidende Brücke von 40 cm eingebaut wurde, weil bei der kleinkörnigen Beschaffenheit des Erzes nur eine geringe Schichthöhe in Betracht
kommen konnte. Der geringen Korngröße der zu röstenden Blende (10 mm)
entsprechend, wurden die Schraubengänge der Stäbe nur 5 mm hoch gemacht und die Stäbe dicht aneinander gelegt.

Um beim Drehen der Stäbe einem Durchfallen von ungenügend gerösteten
Erzteilen vorzubeugen, was besonders dann leicht eintrat, wenn sich vereinzelt Sauen gebildet hatten und deshalb ein Eingriff mit der Brechstange
von der Arbeitstür aus nötig geworden war, versah man die Roststabträger
mit Ansätzen, welche unter dem Roste einen 10 cm hohen Rahmen bildeten.
Eine gelochte Blechplatte, welche von Gegengewichten gehalten war, wurde
unter diesen Rahmen gezogen, so daß ein Kasten entstand, welcher das Maß
für die abzuziehende Röstpost abgab. Die siebartige Platte sicherte zugleich
eine gleichmäßige Verteilung der Röstluft und beim Senken bildete sie eine
schiefe Fläche, welche das Wegräumen des gerösteten Erzes erleichterte.

Der Ofen ist in Fig. 91 a bis c dargestellt. Die Anfeuerung erfolgte mit
Holz und Koks; auf den brennenden Koks wurde eine Lage gerösteter Erzgraupen gebracht und nach deren Erglühen das frische Erz aufgetragen.
Die fortlaufende Beschickung geschah durch Ladetrichter von oben, von den
seitlichen Arbeitstüren aus wurde das Erz gleichmäßig ausgebreitet. Von
Iserlohner Graupenblende mit anhängendem Schwefelkies sowohl, wie auch
mit anhängender kalkiger Gangart und von Blende ähnlich lockeren Gefüges in einer Korngröße von 10 mm konnten in 24 Stunden auf 1 qm Rostfläche 400 k von 28 bis 30 Proz. auf 6 Proz. Schwefel abgeröstet werden.

---

[1] D. R. P. 22152 (*Balling:* Metallhüttenkunde, S. 436).
[2] D. R. P. 25069.

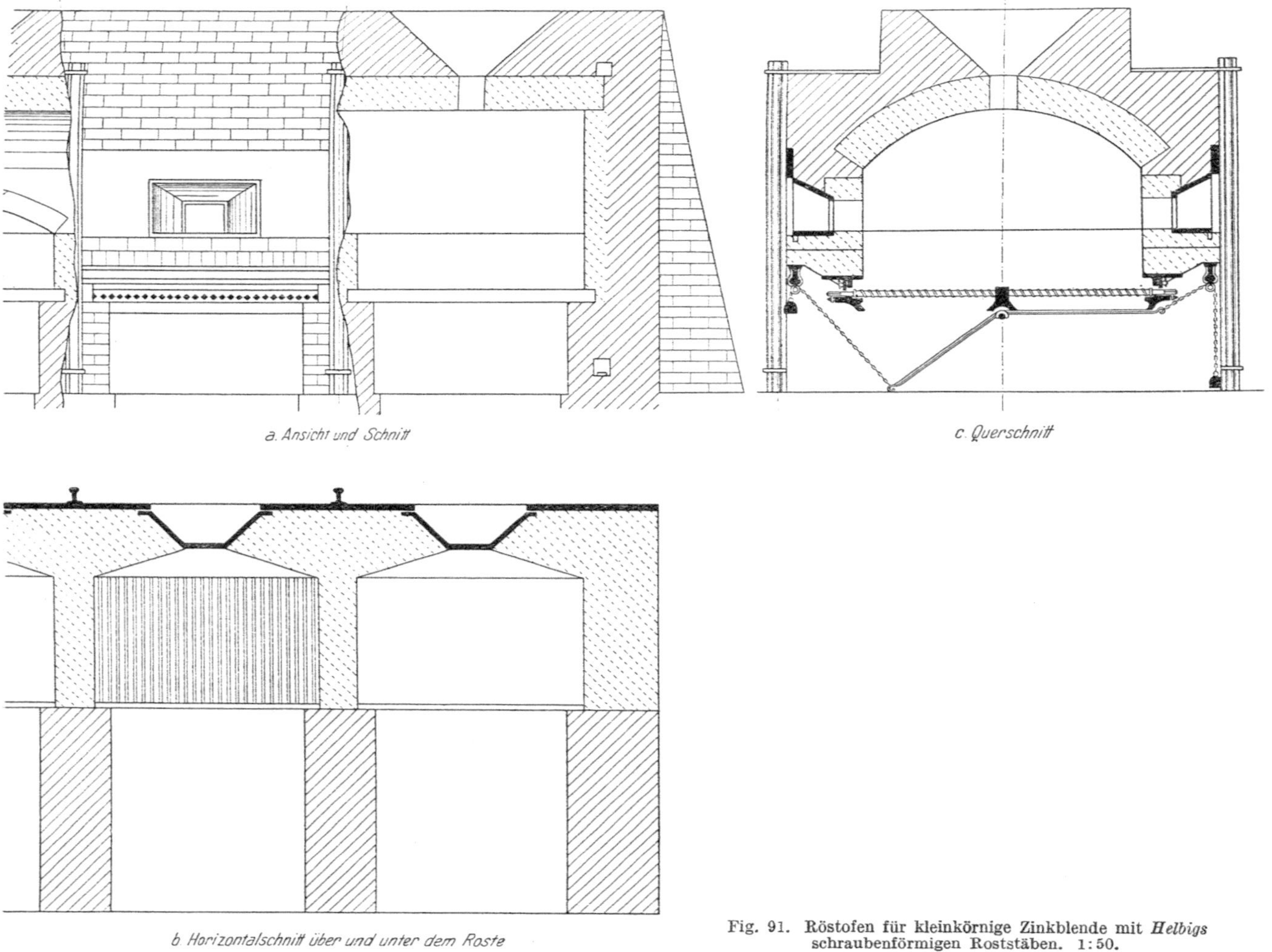

Fig. 91. Röstofen für kleinkörnige Zinkblende mit *Helbigs* schraubenförmigen Roststäben. 1:50.

Weniger gut verhielten sich andere Blenden. Tyroler (Sterzinger) Blende überzog sich an der Oberfläche mit einer dichten Schicht von basischem Zinksulfat, welche den Zutritt der Luft zum Kern verhinderte, und Harzer Graupenblende dekrepitierte im Feuer, was den regelmäßigen Gang der Röstung störte.

Nicht jede Blende eignet sich also zur Vorröstung in stückiger Form auf dem Rost ohne Zufuhr von Wärme. Hinsichtlich der eigenen Förderung des Märkisch-Westfälischen Bergwerksvereins hätte diese Art der Blenderöstung Vorzüge vor dem Betriebe des Hasenclever-Helbig-Ofens gehabt, und es wurde deshalb auch der Bau eines größeren Ofenblocks beschlossen. Man nahm jedoch von der Ausführung des Planes Abstand, weil es dem Verfasser alsbald gelang, die Aufgabe der Nutzbarmachung des gesamten Schwefelgehaltes der Blende zu lösen.

Die Vieille Montagne veränderte den auf ihrem Werke in Oberhausen seit etwa einem Jahre betriebenen *Roß-Welter*-Ofen, welchen wir schon auf S. 245 erwähnten, dahin ab, daß sie die runden, mit Rührwerk versehenen Herde an eine Muffel anschloß, welche über einer direkt beheizten Röstsohle lag. Die schiefe Ebene des *Hasenclever-Helbig*-Ofens wurde also gewissermaßen durch den dreiherdigen, runden, mechanischen Ofen ersetzt. Wir kommen auf die Verbindung der mechanisch bearbeiteten Herde mit dem Muffelofen noch zurück, weil nach Bekanntwerden des Röstverfahrens des Verfassers der Ofen eine abermalige Umänderung erfuhr, indem an die Stelle der vom Feuer bestrichenen Herdsohle eine zweite Muffel gesetzt wurde, so daß die Röstung bis zum Ende mit indirekter Heizung vollzogen wurde.

Obgleich nun mit Hilfe der neuen Ofenkonstruktionen der größere Teil der in den Blenderöstgasen enthaltenen Schwefligsäure der Atmosphäre entzogen wurde, war damit doch die Belästigung der Umgebung der Zinkhütten nicht beseitigt, weil mit Z u n a h m e   d e r   B l e n d e v e r h ü t t u n g die absolute Menge der entweichenden schwefligen Säure kaum vermindert, an vielen Orten vielmehr noch vermehrt wurde.

Dem Drängen der Gewerbeaufsichtsbehörden nachgebend, versuchte man allerorts in Deutschland, die nicht zur Schwefelsäurefabrikation verwendbaren, auf den Flammherden bei der Totröstung der Blende entwickelten restlichen Gase einer Behandlung zu unterwerfen, welche dieselben von ihrem 0,5 bis 1 Proz. betragenden Gehalt an schwefliger Säure befreien sollten. Vorbildlich dafür waren zunächst die bei Freiberg in Sachsen früher schon angewendeten Mittel, die *Plattner* in seinen „Metallurgischen Röstprozessen" (S. 323 ff.) besprochen hat. Der Verfasser hatte in Letmathe Veranlassung, verschiedene der Vorschläge und früheren Versuche nachzuprüfen.

Der von *Plattner* als gangbar bezeichnete Weg, die schweflige Säure durch glühenden Koks zu Schwefel zu reduzieren, führte, wie auch schon in Freiberg bei einem größeren Versuche und in Borbeck zu keinem befriedigenden Ergebnis. Die große Menge überschüssiger Luft, welche die aus den Flammherden der Röstöfen stammenden Gase enthalten, würde einen sehr bedeutenden Koksverbrauch zur Reduktion verlangen, so daß der etwa gewonnene Schwefel die Kosten bei weitem nicht decken würde. Zudem wird aber auch infolge der hohen, bis zur Weißglut steigenden Temperatur der reduzierenden Koksschicht nur wenig freier Schwefel gebildet werden, der größere Teil geht Verbindungen mit dem Kohlenstoff zu Schwefelkohlenstoff und Kohlenoxysulfid ein, die schwer oder gar nicht kondensierbar sind.

Dagegen erschien es aussichtsreicher, daß sich mit glühendem Kalk die Absorption eines großen Teiles des Schwefelsäuregehaltes der Gase ermöglichen lasse. Bei dessen Anwendung zeigte sich jedoch, was wir bereits auf S. 227 unter den Vorgängen beim Rösten der Blende in einer Fußnote anführten, daß der sich zuerst bildende schwefligsaure Kalk — wahrscheinlich nach der Gleichung: $4\,CaSO_3 = 3\,CaSO_4 + CaS$ — trotz des reichlich vorhandenen, überschüssigen Sauerstoffs gespalten, und das Sulfid nicht weiter oxydiert wurde. Auch erschwerte die sich bildende Kruste von Kalksulfat bzw. Kalksulfit das Eindringen in die Kalkmassen, so daß noch ein großer Teil von CaO sich im Kern der Kalkstücken vorfand. Der Kern eines Kalkstückes, welches im Durchschnitt 22,14 Proz. als $CaSO_4$ berechnete Schwefelverbindungen nach 36 stündigem Verweilen im heißen Gasstrome enthielt, wies nur 0,27 Proz. davon auf. Die Folge davon ist, daß das Absorptionsmittel nur zum Teil ausgenutzt und deshalb in großem Überschusse aufgewendet werden muß, was die Kosten auch dieses Verfahrens sehr hoch treiben würde.

Der Ersatz der Kalkstücken durch Klütten von Magnesia (nach *Prechts* Vorschlag, D. R. P. 17 000), welche gegenüber dem Kalk Vorteile bieten würde, weil sich aus dem gebildeten Magnesiumsulfit bei niedriger Temperatur (200°) unter Entwicklung von konzentrierter SO_2 Magnesia regenerieren läßt, führte auch nicht zum Ziele, da hierbei der Schutz der inneren Masse durch das dieselbe einhüllende Magnesiumsulfit noch in erhöhterem Maße als beim Kalk eintrat.

Der Verfasser versuchte die Anwendung der Absorptionsmittel in trockner Form, um die Abkühlung der Gase, welche die Zugkraft des Kamins vermindert, zu umgehen. Weil dieses Mittel versagte, mußte man sich zur Anwendung der nassen Absorption verstehen. Zur Wiedererwärmung der abgekühlten Ofengase wurde ein Rekuperator aus säurefesten Tonsteinen eingeschaltet, in welchem die heißen Gase im Gegenstrom einen Teil ihrer Wärme auf die durch Waschen mit den Absorptionsmitteln abgekühlten Gase übertragen konnten und andererseits dadurch für die Absorption geeigneter gemacht wurden. Die mechanisch mitgeführten festen Stoffe wurden vor Eintritt in diesen Apparat in geräumigen Kanälen und Flugstaubkammern nach Möglichkeit abgelagert, ehe die Gase in den Rekuperator und in die Absorptionsapparate eintraten. Die Reibungen, welchen dieselben auf dem vielfach gewundenen Wege ausgesetzt waren, beeinträchtigten jedoch den Zug der Öfen trotz der Wiedererwärmung der Endgase noch so stark, daß man zu einer mechanischen Beschleunigung des Gasstromes durch einen Ventilator greifen mußte, ein Umstand, der nicht unwesentlich die Kosten der Reinigungsverfahren vermehrte.

Eine ganze Reihe von Vorschlägen zur Befreiung der Röstgase von ihrem Gehalt an schwefliger Säure wurden in dieser Zeit gemacht. Um nutzbare

Nebenprodukte zu erhalten, gingen dieselben zum Teil darauf aus, abgesehen von der Absonderung des mechanisch mit den Röstgasen fortgeführten Erzstaubes auf trocknem Wege die in den Gasen vorhandene Schwefelsäure gesondert von der schwefligen Säure zu kondensieren und zu gewinnen.

Den Anreiz dazu hatte die Überschätzung des Gehaltes der Röstgase an Schwefelsäure gegeben, die in der Methode der Bestimmung begründet war. Man absorbierte in Chlorbariumlösung (*Scheurer-Kestner*) und bestimmte das ausgeschiedene Bariumsulfat durch Wägung, oder man absorbierte in alkalischer Flüssigkeit, bestimmte die Schwefligsäure durch Titrieren mit Jodlösung und dann die Gesamtmenge an aufgenommenem Schwefel durch Chlorbarium. Die abzüglich der durch Jod gefundenen Menge „S“ wurde als SO_3-Gehalt der Gase angesehen.

Diese Methode ergab aber zu hohe Zahlen, da der in den Gasen neben den Säuren des Schwefels in großen Mengen enthaltene Sauerstoff der überschüssigen Luft eine teilweise Oxydation der SO_2 während der Absorption bewirkte, wie *Lunge* und *Salathe* (Ber. d. deutsch. chem. Ges. 1877, S. 1824) nachgewiesen haben. Sie bedienten sich deshalb als Absorptionsmittel einer titrierten Jodlösung, welche sowohl die schon vorhandene Schwefelsäure aufnahm, als auch die schweflige Säure in solche überführte. Durch Zurücktitrieren der im Überschuß angewendeten Jodlösung findet man auf diese Weise die absorbierte Schwefligsäure und nach dem Ansäuern der Flüssigkeit durch gewichtsanalytische Bestimmung der in dieser vorhandenen Schwefelsäure den $SO_2 + SO_3$-Gehalt der Gase.

Der Verfasser hat sich dieser Methode aus eigner Erkenntnis schon seit 1873 bei seinen gasanalytischen Bestimmungen bedient und damit einen verhältnismäßig recht geringen Gehalt an SO_3 neben der SO_2 in den Röstgasen der Flammherdöfen festgestellt, obgleich dieselben auf ihrem langen Wege im Hasenclever-Helbig-Ofen und durch Berührung mit dem dort abgelagerten Flugstaube reichlich Gelegenheit zur Bildung von SO_3 durch Kontaktwirkung fanden.

Im Durchschnitt von einer großen Zahl von Untersuchungen betrug danach das Verhältnis von SO_3 zu SO_2 in den Röstgasen der Flammherde von 4 Hasenclever-Helbig-Öfen auf Schwefel berechnet 1 : 18,4, d. h. in 1 cbm Gas von normaler Temperatur wurden 14,75 g SO_2 neben 1 g SO_3 nachgewiesen, obgleich die Abgase zweier Dampfkessel und die Endgase der Schwefelsäurekammer, in welcher die auf der schiefen Ebene und in der Muffel entbundene schweflige Säure verarbeitet wurde, mit den Ofengasen vermischt waren. Bei einer Gasgeschwindigkeit von 4 m in der Sekunde und einer Temperatur von 265° hatten die der Esse zuströmenden Gase, ohne Berücksichtigung der Schwefelsäuredämpfe, folgende Zusammensetzung in Volumprozenten:

$$SO_2 \ldots\ldots\ldots\ldots\ 0{,}515$$
$$CO_2 \ldots\ldots\ldots\ldots\ 2{,}600$$
$$O \ldots\ldots\ldots\ldots\ 15{,}800$$
$$N \ldots\ldots\ldots\ldots\ 81{,}085$$

Professor *Freytag* (Bonn) ließ sich, von der Annahme ausgehend, daß die schädliche Einwirkung des Hüttenrauchs in der Hauptsache auf die in demselben enthaltene Schwefelsäure zurückzuführen sei, ein Verfahren schützen (D. R. P. 9969 v. 26. Nov. 1879), die Schwefelsäure aus den Rauchgasen mittels konzentrierter Schwefelsäure zu entfernen, und zwar wollte er die Absorption mittels eines Schwefelsäureregens bewirken, welchen er dadurch erzeugte, daß er die auf der Sohle eines aus Bleiblechen hergestellten langen Kanals befindliche Säure durch schnell rotierende, gußeiserne Stachelwalzen aufwirbelte[1]. Ein solcher 50 m langer Kanal, 1,5 m breit und ebenso hoch, wurde in Letmathe zwischen den Öfen und der Esse eingebaut, zugleich mit einem großen Hartbleiventilator, welcher die durch die Abkühlung der Gase verlorene Zugkraft des Kamins ersetzen sollte, und der vorerwähnten Rekuperativkammer. Die letztere hatte bei 8 m Länge eine Höhe von 2,5 m und eine Breite von 4 m. Die Röstgase traten aus den Flugstaubkanälen in dieselbe mit einer Temperatur von 155° ein und mit 115° aus, während die entgegen, d. h. rückwärtsströmenden Gase, deren Wärme im Bleikanal noch bis auf 66° gesunken war, wieder auf 125° erwärmt wurden.

Trotz der genannten Hilfsmittel zur Verstärkung des Zuges wurde die ursprüngliche Geschwindigkeit der Gase nicht wieder erreicht, der SO_2-Gehalt der Gase war auf 0,63 bis 0,66 Proz. des Volumens gestiegen, und infolge Kontaktwirkung hatte sich auf dem verlängerten Wege der Gehalt an Schwefelsäure wesentlich vermehrt, denn das Verhältnis von SO_2 zu SO_3 war jetzt nicht mehr 18,4 : 1, sondern 18,4 : 4,9. Eine weitere Bildung von Schwefelsäure erfolgte auch noch in dem Absorptionsapparate. Wenn nun auch diese Umwandlung der schwefligen Säure in Schwefelsäure für den beabsichtigten Zweck von Vorteil war, so ließ der Erfolg, der mit der kostspieligen Anlage erreicht wurde, doch noch viel zu wünschen übrig. Bei Anwendung einer starken Absorptionssäure von 1,65 spez. Gew. wurden 25,2 Proz. des Gesamtschwefelgehalts absorbiert, und zwar 67,2 Proz. des SO_3-Gehaltes und 16,5 Proz. des SO_2-Gehaltes der Eintrittsgase. Bei der Absorption mit dünnerer Schwefelsäure — 1,5 psez. Gew. — trat eine wesentlich höhere Kondensation von SO_2 ein — 33,6 Proz. — von der SO_3 wurden jedoch nur 56,6 Proz. den Gasen entzogen. Immerhin wurde eine Absorption von 37,7 Proz. des Gesamtschwefelgehaltes der Gase erreicht, aber die Endgase hatten keine besseren Eigenschaften, als die ungewaschenen, eher schlechtere, insbesondere auch wegen der niedrigeren Temperatur, mit welcher sie ins Freie traten. Ihr Gehalt an SO_2 betrug noch 0,42 bis 0,55 Proz. des Volumens, und 1 cbm enthielt noch 1,6 bis 2,15 g SO_3.

Die Unterhaltung und der Betrieb waren so kostspielig, daß man von einer dauernden Benutzung des Apparates absehen mußte. Die Rekuperativkammer wurde sehr bald von den abgekühlten Gasen zerstört, und auch der Ventilator versagte bald den Dienst.

In kleinerem Maßstabe war vorher ein Absorptionsapparat der beschriebenen Art auf der chemischen Fabrik Rhenania in Stolberg unter Anwendung von Kalkmilch zur Bindung der schwefligen Säure der Röstgase versucht

---

[1] Ein solcher Absorptionsapparat ist zuerst von *Goodfellow* angewandt. Dinglers Polytechn. Journ. **235**, 219.

worden. Der Zerstäuber war von Holz statt Gußeisen. Die Wirkung war gut, aber die Hoffnung, sauren schwefligsauren Kalk als nutzbares Produkt zu gewinnen, wurde nicht erfüllt, weil der doppeltschwefligsaure Kalk in der heftig bewegten Flüssigkeit nicht beständig ist.

Die chemische Fabrik *Rhenania* in Stolberg, welche Blenden für die Stolberger Zinkhütten in Hasenclever-Helbig-Öfen auf ihrem Werke röstete, um die Muffelgase für die Fabrikation von Schwefelsäure zu benutzen, benutzte zur Erprobung von *Freytags* Vorschlag einen 15 m hohen Bleiturm von 6 m im Durchmesser = 28,27 qm Querschnitt, also von 424 cbm Inhalt, welcher mit Koks gefüllt und mit Schwefelsäure von 50° Bé berieselt wurde.[1] Dem Turme war eine Flugstaubkammer von 5 m Länge und 2,50 m Breite vorgelegt, in welche die Gase von 3, später 5 Flammherden der oben genannten Öfen durch einen 6 m langen Kanal von 1,2 qm Querschnitt eingeführt wurden. Der Zug wurde durch einen noch von anderen Betriebsgasen warm erhaltenen Kamin von annähernd 90 m Höhe bewirkt, er betrug

am Kamin	18 bis 22 mm	Wassersäule
am Ausgang des Turmes	16 „ 19 „	„
am Eingang des Turmes	8 „ 13 „	„
vor der Flugstaubkammer	6 „ 7 „	„
am Eingang des Kanals	4 „ 5 „	„
am Ofenschieber	2 „ 3,2 „	„

Von den Öfen hatten die Gase noch einen längeren Weg durch die Zuführungskanäle zurückzulegen, ihre Temperatur wurde gemessen:

am Eingang der Flugstaubkammer	zu 80 bis 135°
am Eingang des Turmes	„ 70 „ 90°
und am Ausgang des Turmes	„ 45 „ 51°

Der Gehalt der Gase wurde gefunden in g im cbm an des Turmes

		Eingang	Ausgang
		8,24 SO_2 und 0,63 SO_3	5,74 SO_2 und 0,00 SO_3
bei der Gaszufuhr		8,29 „ „ 0,37 „	6,74 „ „ 0,07 „
von 3 Ofenherden . . zu		9,36 „ „ 0,69 „	6,96 „ „ 0,00 „
		9,46 „ „ 0,63 „	7,38 „ „ 0,05 „
		10,03 „ „ 1,08 „	7,69 „ , „ 0,09 „
		16,52 „ „ 2,97 „	14,39 „ „ 0,23 „
von 5 Öfen . . . . . zu		17,90 „ „ 1,97 „	13,82 „ „ 0,17 „
		17,80 „ „ 2,46 „	16,18 „ „ 0,69 „

Zur Berieselung des Turmes wurden in 24 Stunden 5000 k Kammerschwefelsäure von 50° Bé verwendet, welche in einer Stärke von 56 bis 58° Bé wieder abliefen. Die kondensierte Menge von SO_3 berechnete sich danach zu 500 bis 1000 k Schwefelsäure von 60° Bé in 24 Stunden bei einer durchschnittlichen Absorption von 86 bis 95 Proz. der in den Gasen enthaltenen SO_3.

Wie aus den Analysen der Gase zu ersehen ist, war bei der Durchsaugung der Gase von 5 Öfen durch den Turm der Zug in den Öfen in einer die Leistung

---

[1] Der Turm war früher zwecks Waschens der Röstgase mit Wasser (ohne befriedigenden Erfolg) berieselt worden, er hatte (1875) 25 500 Mk. gekostet. *Hasenclever:* Dingl. Pol. Journ. 1878, S. 67.

derselben beeinflussenden Weise gehemmt, da die Abröstung der Blende bei
so geringer Luftzufuhr auf Flammherden nicht mehr in normaler Weise von
statten geht. Mit Abnahme des Zuges hat der SO_3-Gehalt der Gase im Verhältnis zum SO_2-Gehalt eine bemerkenswerte Steigerung erfahren, was durch
den längeren Kontakt mit dem Ofen und Kanalmauerwerk zu erklären ist.

Wenn auch mit dem größeren Absorptionsraume eine bessere Bindung
der in den Gasen enthaltenen SO_3 erreicht war, so war das Gesamtergebnis
doch noch ungünstiger als in Letmathe. Vom gesamten Schwefelgehalt der
Gase wurden aus den dünneren Gasen nur 29 Proz. und aus den reicheren
Gasen gar nur 21 Proz. von der Schwefelsäure aufgenommen, denn von der
schwefligen Säure wurden im ersten Falle nur 24 Proz., im zweiten nur
13,7 Proz. absorbiert. Die bessere Wirkung hinsichtlich der SO_3-Dämpfe war
nur eine scheinbare, denn in Letmathe wurde offenbar bei dem Rückwege der
Gase durch den Rekuperator wieder SO_3 gebildet.

Der geringe Erfolg und insbesondere die nachteilige Rückwirkung auf
die Leistung der Öfen nötigten zur Aufgabe der Versuche.

Der Verfasser wandte sich nunmehr dem auf der *Schneeberger Ultra-
marinfabrik*[1] bei Bockau in Sachsen auf *Cl. Winkler*s Vorschlag angewendeten
Verfahren zu, bei welchem mit Wasser berieselter Kalkstein als Absorptionsmittel angewendet wurde. Zum Versuche im größeren Maßstabe wurden die
Gase e i n e s Röstofens abgezweigt und durch eine mit Kalkstein in Kopfgröße
gefüllte Kammer von 16 m Länge, 2,75 m Breite und 1,10 m mittlerer Höhe
geleitet, welche mit einer aus Brettern gebildeten Wasserpfanne bedeckt war.
Der Boden derselben wurde mit feinen Löchern versehen, welche nur soviel
Wasser durchließen, daß bei Aufgabe von 10 l in der Minute die Pfanne gefüllt blieb und ein gleichmäßiger feiner Regen die Kalksteine berieselte. Trotz
des großen Querschnittes von 3 qm und der großstückigen Füllung wurde durch
die letztere der Durchgang der nur rund $1/2$ cbm pro Sekunde betragenden
Gasmenge doch so gehindert, daß der Volumgehalt der Gase an SO_2 auf 1,235
von 0,5 Proz. bei normalem Zuge stieg. Die Wirkung der Anlage war aber gut,
denn die austretenden Gase enthielten nur noch 0,087 Proz. ihres Volumens
an SO_2. Es waren demnach nahezu 93 Proz. der schwefligen Säure und alle
vorhandene Schwefelsäure absorbiert. Dabei blieb der Gipsgehalt des ablaufenden Wassers bei der angewendeten Menge noch unter der Löslichkeits-
grenze des Gipses, so daß eine Inkrustierung des Kalksteines nicht eintreten
konnte, und der schwefligsaure Kalk wurde als löslicher doppeltschwefligsaurer
Kalk fortgeführt.

Die Ableitung dieses sauer reagierenden Wassers im großen wäre freilich
nicht statthaft gewesen, es hätte noch mit Kalkmilch neutralisiert werden
müssen, wobei der einfach schwefligsaure Kalk in leicht flockiger Beschaffenheit sich abscheidet, dessen Absonderung wiederum Schwierigkeiten bereitet
haben würde. *Hasenclever* glaubte sauren schwefligsauren Kalk als nützliches
Produkt aus den Abflußwässern gewinnen zu können, mußte aber wegen der

---

[1] D. R. P. 7147 vom 20. Oktober 1878. *Cl. Winkler:* Jahrbuch für das Berg- und
Hüttenwesen im Königreich Sachsen für das Jahr 1880, S. 50.

übrigen Beimischungen, welche aus den Gasen ausgewaschen wurden, und der daraus folgenden Unreinheit des Erzeugnisses davon Abstand nehmen[1].

Es war aber dennoch schon der Bau einer großen Absorptionskammer von 480 cbm Inhalt mit einem Querschnitt von 20 qm in Aussicht genommen. Als jedoch alsbald die vollkommene Abröstung der Zinkblende mit indirekter Befeuerung der Röstmuffeln im *Eichhorn-Liebig*-Ofen und damit die Nutzbarmachung des gesamten Schwefelgehaltes derselben zur Schwefelsäurefabrikation gelang, konnte von der weiteren Verfolgung der den Betrieb hoch belastenden Absorptionsverfahren abgesehen werden.

Inzwischen waren auch in Oberschlesien auf *Dr. Bernoulli*s (damaligen Fabrikinspektors in Oppeln) Anregung Versuche zur Absorption der schwefligen Säure mittels Kalkmilch unternommen worden, die zu den im Berichte der deutschen Fabrikinspektoren vom Jahre 1878 (S. 154ff.) eingehend beschriebenen Einrichtungen auf oberschlesischen Zinkhütten führten.

Auf der Reckehütte von *Giesches Erben* in Rosdzin waren nach diesem Bericht Hasenclever-Helbigsche Röstöfen und niedrige Schachtöfen in Betrieb. Die Gase der letzteren und die Muffelgase der ersteren wurden zur Fabrikation von Schwefelsäure in 2 Kammersystemen benutzt. Die in den Schachtöfen (Kilns) bis auf 8 Proz. Schwefel heruntergeröstete Blende wurde in zweisohligen Freiberger Fortschauflungsöfen nach voraufgegangener Zerkleinerung fertig geröstet. Nach dem ursprünglich bei der Errichtung der Reckehütte aufgestellten Betriebsplane sollten die von den Flammherden der Hasenclever-Helbigöfen und den eben erwähnten Freiberger Öfen abziehenden mit den Feuerungsgasen gemischten und deshalb schon stark verdünnten Röstgase (0,258 Volumprozente SO_2) durch einen 100 m hohen Kamin für die Umgebung der Hütte unschädlich gemacht werden. Da aber auch das Mittel der Verdünnung durch Abführung in hohe Luftschichten als unzureichend erkannt wurde, verstand man sich, dem Drängen der Gewerbeaufsicht nachgebend, dazu, Absorptionstürme zwischen Öfen und Kamin einzuschalten, welche mittels Kalkmilch die Gase so weit von der schwefligen Säure befreien sollten, daß eine Belästigung der Nachbarschaft der Rösthütten ausgeschlossen war.

Bei ausreichender Berieselung wurde auch der Zweck erreicht, da 93,4 Proz. der in den Gasen enthaltenen schwefligen Säure von der Kalkmilch gebunden wurde, wie zahlreiche Untersuchungen der Gase bewiesen. Einmal über die Türme gegangene Kalkmilch hatte im Durchschnitt mehrerer Proben

einen Gehalt von 33,56 Proz. schwefligsauren und
6,57 ,, schwefelsauren Kalk,
daneben Ätzkalk und kohlensauren Kalk.

Besonders willkommen war bei der Durchführung des Verfahrens die Erscheinung, daß die Kohlensäure, welche in zehnmal größerer Menge in den Gasen enthalten war, nur zum geringen Teile von der Kalkmilch absorbiert wurde. Während die Gase in Volumprozenten:

---

[1] D. R. P. 10715 vom 9. Dezember 1879.

	an SO_2	an CO_2	an Sauerstoff
beim Eintritt in die Absorptionsapparate	0,258	2,450	17,500 aufwiesen,
hatten sie beim Austritt	0,017	2,478	17,560

Das ablaufende Absorptionsmittel konnte deshalb mehrmals benutzt und dadurch angereichert werden. Die gebildeten Salze setzten sich leicht aus der Flüssigkeit ab, so daß die letztere in klarem Zustande zum Ablauf kam.

Die ausgeschiedenen Salze bildeten aber einen unbequemen Abfallstoff, der zu Bergen anwuchs. Man versuchte ihn als Düngemittel[1] zu verwerten, was aber nur in ungenügendem Umfange gelungen ist. Diese lästigen Beigaben und die Kostspieligkeit des Verfahrens führten dazu, daß es nicht in einer die vollständige Beseitigung der Rauchschäden sichernden Weise ausgeübt wurde. Der jetzige Gewerbeinspektor *Krantz* in Oppeln schreibt in seiner „Entwicklung der oberschlesischen Zinkindustrie" (Kattowitz 1911) wörtlich:

„Die schließlich den Kalktürmen entweichenden Gase waren bei weitem nicht in dem Maße entsäuert, wie es die Genehmigungen der Behörde zum Schutze der Nachbarschaft verlangten. Große Mengen von schwefliger Säure strömten aus diesen Anlagen fortgesetzt ins Freie und gefährdeten dadurch, daß sie feucht waren und zur Tropfenbildung neigten, den Pflanzenwuchs kaum weniger, als die nicht durch solche Entsäuerungskammern geleiteten Abgase. Unter diesen Umständen fand die Neuerrichtung solcher Kalkentsäuerungsanlagen etwa seit Mitte der 80er Jahre nicht mehr die Genehmigung der Behörden."

Von der Mitte der achtziger Jahre ab gab es in den neuen Öfen ein Mittel zur vollkommenen Nutzung der Blenderöstgase zur Fabrikation von Schwefelsäure.

Es würde zu weit führen, die große Zahl von Vorschlägen, welche für die Beseitigung der Rauchschäden bei der Verhüttung schwefelhaltiger Erze gemacht worden sind, hier eingehender zu besprechen. Sie haben auch an Bedeutung verloren, wenigstens für die Zinkgewinnung aus Zinkblende, seitdem man gefunden hat, daß deren vollständige Abröstung ohne direkte Beheizung der Erzpost möglich ist. Die verschiedenen bis zum Jahre 1881 vorgeschlagenen Verfahren sind von *Schnabel* in der Zeitschrift des Vereins

---

[1] Dasselbe hatte nach *Kosmann:* Oberschlesien, sein Land und seine Leute, folgende Zusammensetzung:

CaO	37,75
MgO	1,45
Al_2O_3	4,14
Fe_2O_3	1,10
SO_2	38,40
SO_3	2,85
CO_2	4,15
SiO_2 löslich . .	5,53
SiO_2 im Rückst.	3,40
Zus.	98,77

deutscher Ingenieure, 1882, S. 526ff., und 1883, S. 358, eingehender beschrieben worden[1].

Hervorzuheben sind noch die Patente von *Kosmann* 13 123 und 16 570, *Cl. Winkler* 14 425, *Vieille Montagne* 14 618, *Schnabel* 16 860, *Fleitmann* 17 397 und besonders das Verfahren von *Hänisch* und *Schröder* D. R. P. 26 181, 27 581 und 36 721 zur Darstellung von komprimierter flüssiger schwefliger Säure (Schwefligsäureanhydrid) aus einer wässerigen Lösung von schwefliger Säure. Wenn die letzten Erfinder ursprünglich auch die Verwertung SO_2 armer Röstgase im Auge hatten, so gewann ihr Verfahren doch erst Bedeutung mit der Verwendung so reicher Gase, wie sie zur Fabrikation von Schwefelsäure dienen, denn mit armen Gasen gelang es nicht, durch Waschen derselben mit Wasser eine so reiche Lösung von SO_2 zu erhalten, daß ihre Auskochung zur Herstellung reinen SO_2-Gases lohnte[2].

Übergehen dürfen wir schließlich nicht die seit langer Zeit schon ausgeübte Erzeugung von schwefelsaurer Tonerde und Alaun in Belgien seitens der Zinkhütten in Flône und Ampsin (von *de Laminne*). Man gräbt dort Kanäle in das am Ufer der Maas anstehende Tonschiefergebirge, welche in einen auf der Höhe des Plateaus stehenden Kamin ausmünden, setzt sie gitterförmig mit Schiefergestein aus und leitet die Röstgase in feuchtem Zustande hindurch. Nach genügender Einwirkung derselben auf das Gestein weist man den Gasen einen anderen Weg an und unterwirft den behandelten Schiefer der Auslaugung. (*de Freycinet*, Ann. des Mines, Reihe 6, Heft VII, S. 372).

Eine befriedigende Lösung der Hüttenrauchfrage war mit all den erwähnten Vorschlägen nicht erreicht. Die Verfahren, welche sich als brauchbar erwiesen, erforderten kostspielige Anlagen und zur Erfüllung des Zweckes einer sehr sorgfältigen Überwachung, ohne in den fallenden Erzeugnissen eine Entschädigung für die aufgewendeten Kosten zu bieten.

Aus der Erwägung heraus, daß bei Erzeugung reicher, für die Schwefelsäurefabrikation verwertbarer Röstgase auch im letzten Stadium der Blenderöstung eine weit geringere Luftmenge zu erhitzen sei, als bei der Überleitung oxydierender Kohlenverbrennungsgase über das Erz, hatte sich beim Verfasser die Überzeugung gebildet, daß die Totröstung der Zinkblende auch bei indirekter Beheizung der Röstpost, d. h. bei Befeuerung des Röstraumes von außen möglich sein müsse. Den Beweis, daß seine Ansicht richtig sei, lieferte ein im Januar 1882 angestelltes einfaches Experiment, zu welchem das Schutz- oder Luftrohr in den Lütticher Öfen der Letmather Zinkhütte den Apparat abgab.

---

[1] Siehe auch *Schnabel*, Zeitschr. f. Berg-, Hütten- u. Salinenwesen im Preuß. Staate 1881, S. 29, 400; Dr. *Kosmann*, Verhandl. d. Ver. z. Bef. d. Gewerbefleißes 1882, Heft 6; *Hasenclever*, Zeitschr. „Chemische Industrie" 1884, Nr. 3. *Fischers* Jahresber. 1881, 173 und 1886, 257.

[2] Wir verweisen auf die Beschreibung des *Schröder* und *Hänisch*-Verfahrens in: Zeitschr. f. angew. Chemie 1888, S. 448; *Lunge*, Sodaindustrie I, S. 264; Zeitschr. f. d. Berg-, Hütten- u. Salinenwesen im Preuß. Staate **50**, III, S. 506 (*Steger*); Sammlung chem.-techn. Vorträge 1900, V, S. 235—414.

Zum ersten Versuche wurde aus der vierten Arbeitstür der Feuersohle des *Hasenclever-Helbig*-Ofens eine Erzprobe (Harzer Sandblende) entnommen, welche noch 8,1 Proz. an Gesamtschwefel enthielt. Dieselbe wurde in ein Luftrohr eingetragen und von Zeit zu Zeit mit einem eisernen Haken aufgerührt. Nach 8 Stunden war der Schwefelgehalt auf 2,1 Proz. gesunken.

Eine zweite im *Hasenclever-Helbig*-Ofen schon auf 4,5 Proz. Gesamtschwefel bei 1,8 Proz. Sulfatschwefel abgeröstete Post gleicher kalkhaltiger Sorte war nach 8stündigem Verweilen totgeröstet bis auf 1,1 Proz. Schwefel, der sämtlich als Sulfatschwefel vorhanden war.

Eine dritte aus der Mitte der Muffel des Blenderöstofens entnommene Erzpost von demselben Erze enthielt:

	18,0 Proz. Gesamtschwefel bei		0,0 Sulfatschwefel		
nach 8stündigem Rösten in dem Luftrohre	4,3 „	„	„ 1,9	„	
und nach weiteren 24 Stunden .	0,8 „	„	„ 0,7	„	

Die Temperatur in dem Rohre erreichte nicht die Silberschmelzhitze.

Ein weiterer Versuch mit einer sehr hochprozentigen, über 60 Proz. Zink haltenden, aber doch kalkhaltigen Blende von Langenberg im Rheinland lieferte ein gleiches Ergebnis. Es enthielt in hundertstel Teilen:

die der Muffel des Blenderöstofens entnommene Erzpost	60,3	Zn	17,9 S	davon	1,6 S als Sulfat			
dieselbe nach 12stündigem Rösten im Luftrohr	63,56 „		7,3 „		„ 1,7 „	„	„	
nach weiteren 12 Stunden	62,27 „		3,5 „		„ 0,5 „	„	„	
und abermals 12 Stunden, also nach 36stündigem Verweilen in dem Luftrohre	63,3 „		1,5 „		„ 1,0 „	„	„	

Um zuverlässige Durchschnittsmuster für die Analysen zu erhalten, wurde bei dem letzten Versuche die ganze Erzpost nach je 12 Stunden aus dem Rohr gezogen und nach Entnahme der Probe sogleich wieder eingetragen. Das Erz lag 5 cm hoch in dem Rohre und wurde alle halbe Stunden mit einem dünnen eisernen Haken gewendet.

Das Ergebnis dieser Versuche war so ermutigend, daß sofort der Bau eines kleinen 6sohligen Röstofens mit indirekter Befeuerung der Röstkammern in Angriff genommen wurde.

Der Ofen bestand aus 3 Reihen von 6 übereinander liegenden Röstkammern von 150 cm Länge, 50 cm Breite und 13 cm Höhe (Normalsteine auf hoher Kante bildeten die Trennungswand der einzelnen Reihen voneinander), als Röstsohlen dienten quadratische 10 cm dicke Falzplatten, wie solche zum Aufbau der schiefen Ebene des Hasenclever-Helbig-Ofens gebraucht worden waren. Die Feuerzüge durchzogen im rechten Winkel zur Längsrichtung der Röstsohlen dreimal den Ofen. Zur Befeuerung diente ein Planrost von 80 × 100 cm Rostfläche. Die zur Oxydation der Blende erforderliche Luft wurde in Aussparungen im Mauerwerk unter der Sohle des ersten Feuerzuges vorgewärmt. In dieselben waren Eisenrohre zur Einführung der Luft nach hinten eingeschoben, welche mit Schmetterlingsschiebern zur

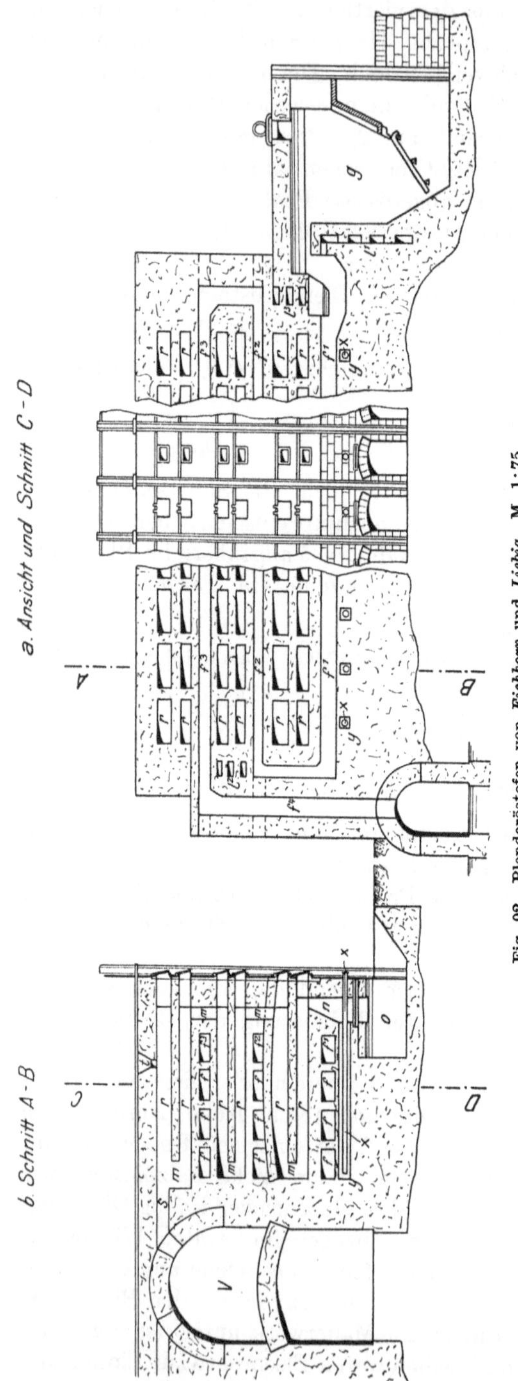

Fig. 92. Blenderöstofen von *Eichhorn* und *Liebig*. M. 1:75.

Zumessung der Luftmenge versehen waren. Die der Patentschrift zum D. R. P. 21 032 vom 2. Mai 1882 beigegebene, in Fig. 92 a—b wiedergegebene Zeichnung zeigt den gleichen Ofen, nur in größeren Abmessungen. g ist der Gaserzeuger zur Beheizung des Ofens, l 1. 2. 3. sind Kanäle zur Zuführung von vorgewärmter Verbrennungsluft zu den Heizgasen zwecks sukzessiver Verbrennung der Generatorgase in den Feuerzügen f 1. 2. 3. 4. Mit r sind die Röstkammern bezeichnet. Durch die Trichter t gelangte das auf der Decke des Ofens vorgewärmte bzw. getrocknete Erz auf die oberste Sohle der Abteilungen. Nach Verlauf von 6 bis 8 Stunden wurde es auf die nächst tiefere Sohle durch die Öffnungen m weiterbefördert und schließlich von der unteren Sohle durch n in den Abkühlungsraum o. Das Röstluftzuführungsrohr reicht bis nahe an das Ende des Luftvorwärmungskanals y. Die vorgewärmte Luft trat durch n zur Blende, reicherte sich auf dem Zickzackwege über die Röstsohlen an SO_2 an und verließ den Ofen durch s, in die allen Abteilungen gemeinsame Staubkammer V eintretend.

Der kleine Versuchsofen kam am 22. April 1882 in Betrieb. Die Röstung war vollkommen. Eine Analysenreihe, welche den Fortschritt der Röstung auf den einzelnen Etagen des Ofens zeigt, führten wir schon auf S. 226 an. Der Kohlenverbrauch war freilich bei der geringen Heizfläche, welche der kleine Ofen der Flamme bot und wegen der aus Vorsicht übermäßig groß bemessenen Feuerung ein sehr hoher (nahezu 75 Proz. vom Röstgut im Durchschnitt). In 22 Tagen wurden 10 000 k verschiedener Blendesorten in befriedigender Weise abgeröstet. Eine zweite Versuchsreihe im Monat August vor Interessenten brachte das gleiche Ergebnis. Die Röstgase des kleinen Ofens hatten einen Gehalt an SO_2 von 5 bis 6 Volumprozenten[1].

R. Hasenclever entschloß sich nach Bekanntgabe des Erreichten sogleich zur Errichtung eines ersten Ofens auf der chemischen Fabrik Rhenania in Stolberg. Derselbe kam im Mai 1883 in Betrieb. Er war an dem einen Kopfe mit zwei voneinander getrennten Gaserzeugern ausgerüstet, von welchen das Gas des einen vorn, das des anderen in der Mitte des Ofenmassivs unter den untersten Herdsohlen eintrat. Die Feuerzüge durchzogen dreimal den Ofen und beheizten so die sechs übereinander liegenden Etagen der neun nebeneinander liegenden gesonderten Röstabteilungen von 75 cm Breite, teils von unten, teils von oben. Die Röstluft für die einzelnen Abteilungen wurde in einmal unter der Sohle des untersten Feuerzuges hin- und herlaufenden Kanälchen vorgewärmt und trat gegenüber der Arbeitstür in die untersten Herdräume der Röstabteilungen ein. Die Beheizung des Ofens war bei hohem Kohlenverbrauch zu intensiv, das untere Feuergewölbe war nach kurzer Betriebszeit schadhaft, so daß eine Reparatur nötig wurde. Andererseits schien die Herdfläche der einzelnen Abteilungen bei 6 Etagen für die vollständige Abröstung in angemessener Zeit nicht ausreichend, so daß die Leistung des Ofens den Erwartungen nicht entsprach. Beiläufig sei bemerkt, daß der Hitzegrad der vorgewärmten Röstluft zu durchschnittlich 510° C bestimmt wurde, und die Röstgase im Mittel 6,08 Volumprozente SO_2 enthielten. Nach Beseitigung der Schäden wurden befriedigende Ergebnisse erzielt[2], so daß ein zweiter Ofen nach dem in der Fig. 93 dargestellten Plane gebaut wurde.

Dieser Ofen wurde nur von einem Gaserzeuger beheizt, sicherheitshalber führte man aber die Heizgase noch einmal über die sechste Etage des Ofens hinweg und legte darüber eine siebente Sohle, die aber von den Röstgasen nicht mehr bestrichen wurde, also nur zur Vorwärmung der frischen Erzposten auf Entzündungstemperatur diente.

Die Öfen waren mit Blechschornsteinen versehen, um ad oculos zu demonstrieren, daß die abziehenden Heizgase frei von Röstgasen waren, was auch durch die chemische Untersuchung bestätigt wurde.

Nachdem so im großen die Beseitigung des Hüttenrauches bewiesen war, gab die Gewerbeaufsichtsbehörde dem Märkisch-Westfälischen Bergwerksverein, dessen Hüttenwerke in dem engen Lennetale mit ihrem Hüttenrauche

---

[1] Siehe auch Wochenschr. d. Ver. deutsch. Ing. 1883, S. 175.

[2] Nach *Hasenclevers* brieflichen Mitteilungen vom 4. Sept. 1883: 2800 bis 3200 k Röstgut bei einem Kohlenverbrauch von 950 bis 1000 k mit Röstgasen von 6,5 bis 8,0 Volumprozenten SO_2. Siehe auch: „Chemische Industrie" 1884, Nr. 3.

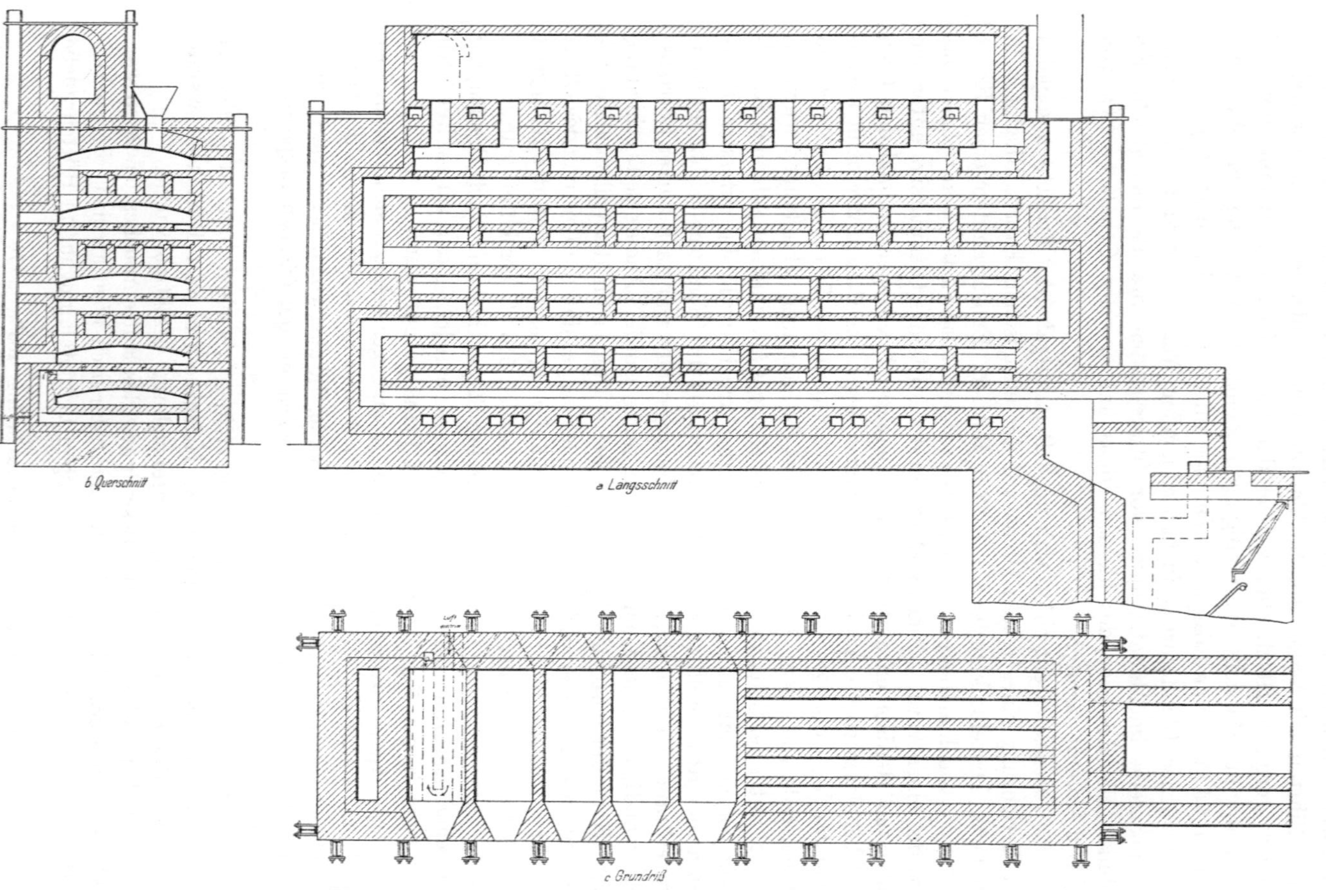

Fig. 93. Eichhorn-Liebig-Ofen auf der Rhenania in Stolberg. M. 1:100.

empfindlich bemerkbar waren, auf, binnen Jahresfrist die bestehenden vier Hasenclever-Helbig-Öfen durch Eichhorn-Liebig-Öfen zu ersetzen.

Die neuen Öfen wurden auf die Fundamente der alten gesetzt, nahmen also dieselbe Grundfläche ein, so daß ein Vergleich der beiden Ofenarten hinsichtlich der Herstellungskosten und Leistung auf der Grundlage der eingenommenen Bodenfläche möglich war. Beim Drängen der Behörde war eine Nutzung der mit den einzelnen Öfen gemachten Betriebserfahrungen nicht möglich, es mußten deshalb alle 4 Öfen nach demselben Plane gebaut werden, der im großen und ganzen der Fig. 93 entsprach; nur begnügte man sich mit 3 Feuerzügen und machte die Abteilungen 95 cm breit, so daß der Ofen nur 7 derselben faßte, setzte aber noch eine achte Sohle auf; die 3 obersten Sohlen waren unbeheizt. Der erste Ofen kam Mitte Juli 1884 in Betrieb, der vierte lieferte am 28. März 1885 die erste Blende. Die Öfen waren ununterbrochen mehrere Jahre in Betrieb, bis sie vollkommeneren Konstruktionen Platz machten. Die Leistung eines Ofens belief sich bei einem durchschnittlichen Kohlenaufwand von 27 Proz. vom Röstgut je nach Art der Blende auf rund 3000 bis 3500 k Röstgut, welches von 19,2 bis 34 Proz. Schwefel haltender, meist kalkiger Rohblende bis auf 1,3 bis 3,3 Restschwefel, der in der Hauptsache als Calciumsulfat zurückblieb, herunter geröstet wurde. Ein Ofen kostete bei Einsetzung der Selbstkosten für feuerfestes Material und Gußeisenstücke aus eigenen Werkstätten ohne Fundament und unterirdische Kanäle rund 10 000 M. Jeder Ofen wurde in der 12stündigen Schicht von 3 Arbeitern bedient: einem Vorröster, welcher die untersten Sohlen bearbeitete, also für Totröstung der Erzposten zu sorgen hatte und daneben die Feuerung bediente, und zwei jüngeren Leuten, welchen die Beförderung des Erzes von einer Sohle zur anderen und die Beschickung der leer gewordenen obersten mit frischem Erze oblag. Die Röstkosten stellten sich daher nicht höher als beim Hasenclever-Helbig-Ofen, dabei war die Arbeit bequemer, und der gesamte abröstbare Schwefel der Blende wurde für die Schwefelsäurefabrikation nutzbar entbunden.

Die Bearbeitung der oberen Herde erfolgte von treppenartigen Gerüsten aus, welche (auf Wagen montiert), auf Geleisen vor dem Ofen verschoben werden konnten.

Wir geben nachstehend noch die Analysen von Proben, welche beim Ziehen des Röstgutes und beim Herabziehen der folgenden Posten von einer Etage zur anderen entnommen wurden, zum Nachweise des gleichmäßigen Fortschritts der Röstung.

Die Proben I und II bestätigen, daß in genügend warm, d. h. normal gehenden Öfen eine Zinksulfatbildung nicht oder nur in ganz geringen Mengen eintritt. Jede Röstpost, die in der Regel alle 6 Stunden aus jeder der Abteilungen gezogen wurde, wog rund 100 k und verweilte bei 8 etagigen Öfen also nahezu 48 Stunden im Ofen. (Die für die Beförderung des Erzes von einer Sohle zur anderen und für die Neubeschickung der obersten Sohle nötige Arbeitszeit ist von den 48 Stunden in Abzug zu bringen.)

| | I | | | II | | | III | IV | V | VI | VII |
	Zn	S	davon als SO_3	Zn	S	davon als SO_3	S	S	S	S	S
Rohblende . . .	41,10	28,5	0,5	41,10	28,5	0,5	30,4	30,4	30,4	29,0	23,0
Beim Herabziehen von der											
(obersten) 8. Etage	44,29	25,4	1,7	44,81	25,2	1,3	25,0	26,7	24,8	—	—
7. „	45,05	22,8	1,8	45,59	23,8	1,4	22,4	17,0	20,0	25,6	18,5
6. „	46,13	19,5	1,4	46,57	21,2	1,7	17,6	12,2	14,7	22,5	13,6
5. „	47,17	15,2	2,2	46,82	16,2	1,9	14,2	10,4	8,8	20,14	11,0
4. „	47,33	10,3	2,6	47,58	12,3	2,2	7,6	5,8	6,2	15,38	8,0
3. „	48,84	7,3	2,0	49,09	9,7	2,0	3,0	3,0	3,1	11,29	5,9
2. „	49,85	4,8	2,4	49,59	4,2	2,6	2,4	2,6	3,0	5,98	2,3
Röstgut 1. „	51,25	2,3	2,3	50,53	2,9	2,4	2,0	2,1	2,5	0,96	0,44
										aus dem Ofen entnommen.	

I und II: Proben aus Abteilung 1 und 7 des ersten Letmather *Eichhorn-Liebig*-Ofens
kurz nach Inbetriebnahme (Iserlohner kalkhaltige Blendegraupen).
III, IV und V: Proben aus Abteilung 1, 4 und 7 einige Tage später bei regelmäßigem
Ofengange von ähnlichem, aber etwas schwefelkieshaltigem Erze.
VI und VII: Andere Blenden. Von Direktor *Bormann* von der Dortmunder Zinkhütte
im Dezember 1885 gezogen und im Dortmunder Laboratorium untersucht.

Nach der damaligen Auslegung des deutschen Patentgesetzes konnte der
Schutz desselben nicht auf das Verfahren der Totröstung der Blende ohne
direkt einwirkende Flamme allein, sondern nur auf die Ausführung desselben
in dem in der Patentschrift beschriebenen bzw. in der Zeichnung dargestellten
Ofen erteilt werden. Das hatte zur Folge, daß, nachdem die Möglichkeit der
vollkommenen Abröstung der Zinkblende mittels indirekter Beheizung der
Röstofenräume einmal erwiesen war, eine Reihe neuer Öfen konstruiert wurde,
mit denen dasselbe erreicht werden konnte wie mit dem patentierten Ofen.

Haas in Stolberg glaubte die vollkommene Abröstung der Blende in
einem 4herdigen, runden Ofen zu erreichen, der dem in England für Schwefelkies und Kupferkies seit Mitte der 70er Jahre gebrauchten Ofen der Gebrüder
MacDougall[1] nachgebildet war. Die Herdgewölbe waren von Feuerzügen durchzogen, so daß alle 4 Rösträume von unten und oben indirekt beheizt wurden.
Die an einer zentralen, von oben bewegten Achse in jedem Röstraume sitzenden zwei Rührarme sollten das Erz durchkrä/en und durch Öffnungen an der
Peripherie der Herde von einer Sohle zur andern befördern DRP. 23080. Die
Konstruktion ist nicht zur Ausführung gekommen, hat aber auf der Rösthütte
der *Vieille-Montagne* in Oberhausen praktische Anwendung im abgeänderten
Roß-'Welter-Ofen gefunden[2]. (s. S. 268) Man beschränkte sich hier auf drei
runde, durch langsam sich drehende Krälarme bearbeitete Herde, verband

---

[1] Dingl. Polyt. Journ. **214**, 475; Wagners Jahresber. f. 1876, S. 315; *Lunge*, Handb.
der Sodaindustrie **1**, 199 (1879).
[2] D. R. P. 24 155 vom 16. Januar 1883.

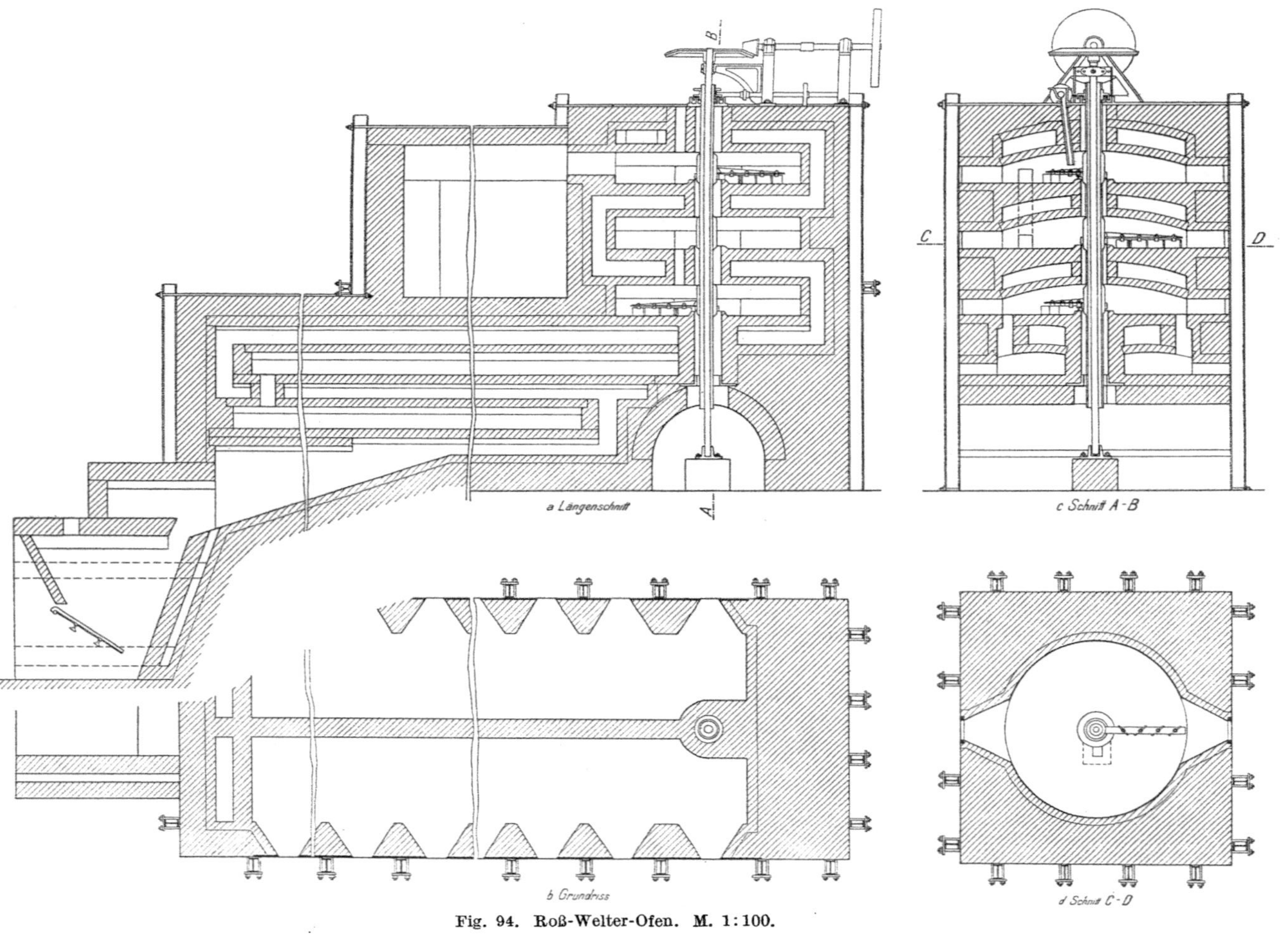

Fig. 94. Roß-Welter-Ofen. M. 1:100.

dieselben aber mit zweimal zwei Muffelräumen, in welchen die Blende von Hand weiter bearbeitet und fortgeschaufelt wurde.

Fig. 94 a—d stellt den Ofen dar. Die Rundherde hatten einen Durchmesser von 2,40 m. Die Achse der Rührwerke bestand aus einem von einem gußeisernen Rohr umgebenen massiven Schaft. Der ringförmige freie Raum zwischen beiden bewirkte eine Kühlung des Schaftes durch hindurchziehende Luft. Die auf den Rundherden vorgeröstete Blende wurde in die parallel nebeneinanderliegenden Muffelöfen verteilt. Eine abgeänderte Anordnung zeigt *Lodin* in seiner Métallurgie du Zinc auf Tafel VI. Nach dieser Zeichnung ist jedes der beiden Muffelsysteme mit besonderem Rundherdofen verbunden, so daß das Ofenmassiv aus zwei aneinander gebauten, selbständigen Öfen besteht. Hier ist auch die Vorwärmung der Röstluft in einem über dem Gewölbe der Feuerung liegenden Zickzackkanal vorgesehen, welcher in unserer Zeichnung fehlt. Über den Muffeln liegt eine geräumige Flugstaubkammer, welche die Röstgase durchziehen, ehe sie zu den Kondensationsapparaten (Bleikammersystem für Schwefelsäurefabrikation) gelangen. Ein Ofen soll in 24 Stunden 3500 k Blende durchgesetzt haben mit einem Kohlenaufwand von 17 Proz. für die Beheizung und 5 Proz. für die Erzeugung der zum Betriebe der Rührwerke nötigen Kraft, welche zu $^3/_4$ PS angegeben wird. Die Handarbeit war vermindert, so daß auf einen Mann in der Schicht eine Leistung von 1250 k Blende entfiel, aber die Kosten der Unterhaltung des Rührwerkes und die erforderliche Betriebskraft glichen die Ersparnisse an Lohn aus. Man hat die in größerer Zahl vorhandenen Öfen später allmählich durch dreisohlige Muffelöfen, die wir noch kennen lernen werden, ersetzt.

Ein Ofen war auch auf der chemischen Fabrik Rhenania in Stolberg versuchsweise in Betrieb. (Zeitschr. d. Ver. d. Ing. 1886, S. 83.)

Die in Oberhausen betriebenen Öfen sind die einzigen Öfen mit mechanisch bearbeiteten Rundherden, welche in Deutschland zur Blenderöstung früher in Anwendung gewesen sind und überhaupt die einzigen maschinell betriebenen Röstöfen, wenn wir von einigen Versuchen mit anderen Typen in Oberschlesien, worauf wir später noch eingehen, absehen.

Jul. Grillo[1] in Hamborn konstruierte einen Ofen, in welchem das Erz einen langen, der 4fachen Länge des Ofens entsprechenden Weg durch 4 Muffeln zurücklegen mußte, wohl auf Grund der Erwägung, daß die Bedingungen für einen gleichmäßigen Fortschritt der Röstung am besten in der notwendig unausgesetzten Fortschaufelungsarbeit, welche eine Bearbeitung der Blende an Ort und Stelle ersetzt, gegeben seien.

Fig. 95 a—d ist eine genaue Wiedergabe der Öfen, von welchen, zum Teil an Stelle der früher vorhandenen 8 *Hasenclever-Helbig*-Öfen, im Jahre 1887 in Hamborn 12 Stück im Betriebe waren. Je 4 derselben versorgten eins der beiden vorhandenen Bleikammersysteme der chemischen Fabrik Rhenania, die restlichen 4 die Fabrikanlage für komprimierte schweflige Säure nach *Hänisch* und *Schröder* mit schwefliger Säure. Auf jeder Seite des 10,4 m

---

[1] D. R. P. 28 458 vom 20. Januar 1884.

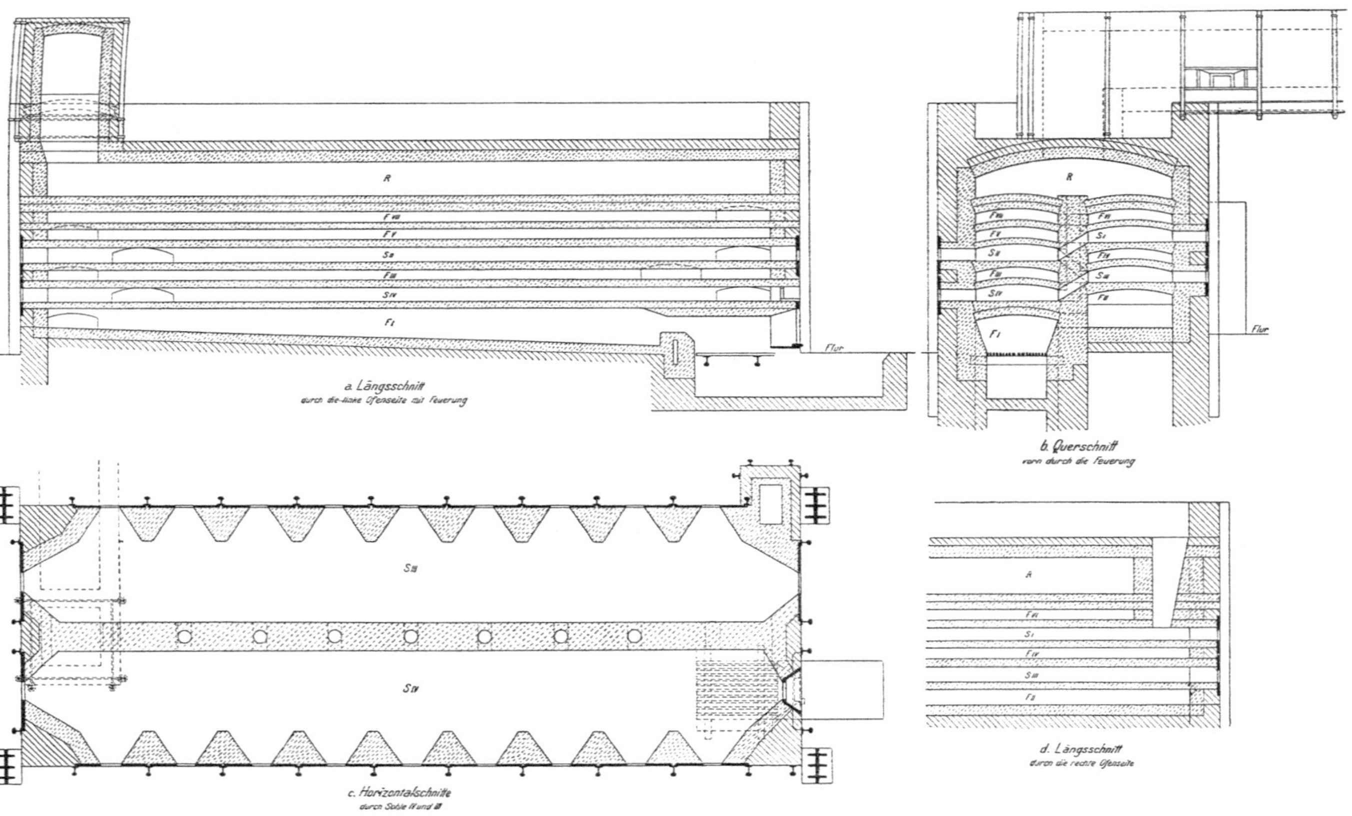

Fig. 95. Grillo-Ofen. M. 1:100.

langen und 3,6 m breiten Ofenmassivs lag in verschiedenen Höhen ein Paar
1,10 m tiefer Muffeln, welche von unten und oben von den Feuergasen einer
Feuerung der Reihe nach umspült wurden. In der Figur ist ein Planrost
gezeichnet, die meisten der Öfen waren aber mit einer Halbgasfeuerung
(Boëtiusfeuer) versehen. Die Muffeln oder Röstsohlen sind mit S I—IV, die
Feuerzüge mit F I—VII bezeichnet. F VII diente nur zur Rückführung der
Gase in den Abzugskanal zur Esse. R ist der Sammelraum, zugleich Staubkammer für die Röstgase, welcher durch doppelte Gewölbe nach Möglichkeit
von den obersten Feuerzügen isoliert ist. Schräge Durchlässe vermitteln den
Übergang des Erzes von einer Muffel zur anderen und ähnliche Verbindungen
auch den Übergang der Feuergase abwechselnd an dem einen und anderen
Kopfende des Ofens, derart, daß das Erz der Feuerrichtung entgegen mar-
schiert.

Zuführung von besonders vorgewärmter Röstluft war nicht vorgesehen;
die Luft trat durch die Arbeitstüren ein und fand ihren Weg, soweit sie nicht
dem Erze entgegenzog, durch senkrecht in der Mittelwand des Ofens aufsteigende und gegenüber den Arbeitsöffnungen in allen Muffeln mündenden
Abzüge zum Gassammelraum. Mit dieser Anordnung bezweckte man zu verhüten, daß Röstgase durch die Arbeitstüren in den Hüttenraum austraten,
wenn in den Erzübergängen der Muffeln der Gasweg durch Erz verstopft
wurde, nahm damit aber die Möglichkeit einer starken Verdünnung der Röstgase in den Kauf, da die durch die Türen eintretende Röstluft nur einen kurzen
Weg quer über das Erz hinweg zur Abzugsöffnung zurückzulegen hatte,
also keine Zeit fand, sich auf einem längeren Wege an SO_2 anzureichern.
Man hatte es aber in der Hand, bei zu starker Verdünnung der Gase diese Abzüge durch vorgehäuftes Erz zu verschließen. Ein Ofen lieferte in 24 Stunden
durchschnittlich 3100 k Röstgut bei einem Brennstoffverbrauch von 36 Proz.
bei Verwendung eines Gemisches von aschenreichen Feinkohlen und aus den
Aschen der Reduktionsöfen ausgeklaubten Zindern. Die Röstung war gut,
der lange Weg, den das Erz vom Eintritt in den Ofen bis zum Austritt zurückzulegen hatte, forderte aber viel Arbeit, so daß auf einen Mann in der Schicht
nur eine Arbeitsleistung von 770 k entfiel.

Die chemische Fabrik Rhenania empfand beim Betrieb der *Eichhorn-
Liebig*-Öfen störend, daß die Erzposten zu klein waren (80 bis 100 k), und
die Prüfung der fertig gerösteten Blende deshalb umständlich und teuer war,[1]
auch hatte sie über die geringe Haltbarkeit der Herdplatten zu klagen, welche
häufige Ofenreparaturen nötig machte. (In Letmathe ist dieser Übelstand
weniger empfunden.) Sie baute, um diesen Mißständen abzuhelfen, einen
dreietagigen Muffelofen oder vielmehr zwei solcher mit einer Längswand aneinander, wie er in Fig. 96 a bis c dargestellt ist. Derselbe ist aus den Hand-
büchern als „Rhenania-Ofen" bekannt.

Die 3 Muffeln wurden von unten nach oben der Reihe nach von den Feuergasen umspült. (Jede Ofenhälfte hatte eine besondere Planrostfeuerung.)

---

[1] Die *Rhenania* röstete in Lohn für die Stolberger Zinkhütten, von welchen die
Abröstung der Blende kontrolliert wurde.

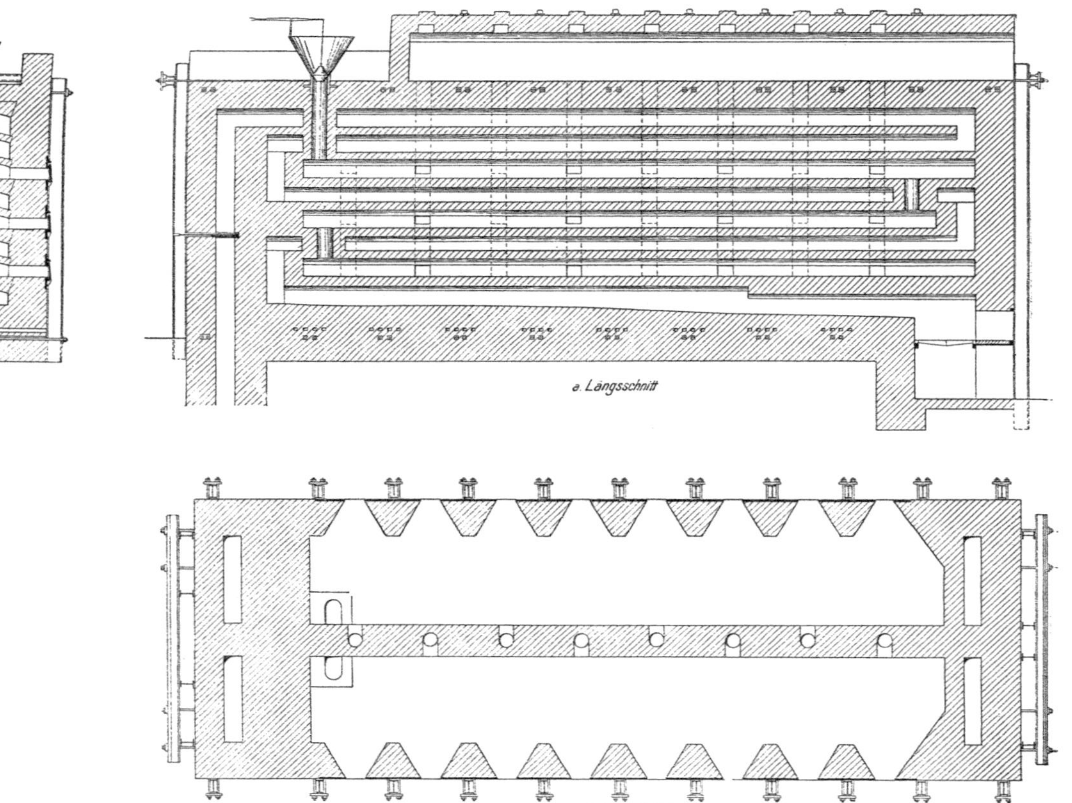

Fig. 96. Rhenania-Röstöfen. M. 1:100.

Eine Vorwärmung der Röstluft war auch hier nicht vorgesehen, die kleinen Kanälchen unter der Sohle des untersten Feuerzuges bezweckten nur den Schutz der darunter liegenden Ankerstangen durch Abkühlung des Mauerwerks. „Die indirekte Hitze genügt für die vollständige Abröstung der Zinkblende", sagte *R. Hasenclever* in einem im Aachener Bezirksvereine deutscher Ingenieure gehaltenen Vortrage[1]. Der Verfasser ist aber der Ansicht, daß man den Wert der Erhitzung der Röstluft mit Unrecht unterschätzt hat, die Leistung der Öfen ist bei Anwendung derselben eine höhere, wenigstens gesichertere. Auch bei diesen Öfen ist der Weg lang, den das Erz zurücklegen muß, wenn auch mit $3 \times 8 = 24$ m bei weitem nicht so lang als im *Grillo*-ofen (36 m).

Auch *Hasenclever* hatte unabhängig von *Grillo* gegenüber jeder zweiten Arbeitstür in jeder Muffel direkt in den Gaskanal über dem Ofen führende Abzugskanäle für die Röstgase vorgesehen. Nach seinen Worten (in dem angegebenen Vortrage) „wird durch diese Kanäle der Gasabzug ein ungehinderter und ermöglicht die Anordnung, eine Reihe von Röstöfen in dieselbe Bleikammer zu leiten, was bei horizontaler Führung heißer Röstgase schwieriger zu bewerkstelligen ist." Er hatte für diese Kanalanordnung im Deutschen Reich Patentschutz nachgesucht, derselbe wurde aber vom Patentamte (mit der a. a. O. angeführten Begründung) abgelehnt.

Ein Rhenaniaofen von den gezeigten Abmessungen lieferte nach *Hasenclever* mit einem Brennstoffaufwand von 980 k Förderkohle mit 12 bis 16 Proz. Asche in 24 Stunden bei einer Bedienung durch 2 Mann in der 12stündigen Schicht 3000 bis 3500 k gerösteter Blende. An- und Abfuhr von Erz, Kohle und Asche wurde von anderen Arbeitern besorgt.

Die Temperatur in den Muffeln ist abhängig vom Schwefelgehalt der Blende. Sie wurde gemessen: In der obersten Muffel zu 580 bis 690°, in der mittleren und unteren Muffel zu 750 bis 900°.

Bei schwefelreichen Erzen ist die mittlere Muffel die heißeste, bei armen die unterste. Die Röstgase traten mit einer Temperatur von rund 400° aus dem Sammelkanal aus. Sie eigneten sich also zur Konzentration der Kammersäure sowohl im Gloverturm, wie in Pfannen und auch zur Salpeterzersetzung.

Ebenso konnten die Heizgase, deren Temperatur zu 520° im Mittel festgestellt wurde, zur Schwefelsäurekonzentration in Pfannen und zu anderen Zwecken genutzt werden.

Den Fortgang der Röstung zeigen folgende Zahlen:

Schwefelgehalt des Roherzes .	19,2 Proz.	26,8 Proz.	26,5 Proz.
am Ende der obersten Muffel	17,6 ,,	21,9 bis 19,1 ,,	21,3 bis 15,4 ,,
,, ,, ,, zweiten ,,	12,0 ,,	14,3 ,, 11,2 ,,	12,4 ,, 9,9 ,,
,, ,, ,, untersten ,,	3,4 ,,	1,48 ,, 1,02 ,,	1,06 ,, 0,75 ,,
fertig geröstet, aus dem Ofen gezogen	0,6 ,,	1,02 ,, 0,35 ,,	1,06 ,, 0,75 ,,

In der Schicht wurden auf jeder Seite zwei Posten von je 375 bis 440 k gezogen. Die Arbeitsleistung eines Röstarbeiters war also auch im günstigen

---

[1] Zeitschr. d. Ver. deutsch. Ing. 1886, S. 83 (Jahrg. XXX, H. 5).

Falle nicht wesentlich höher als beim *Grilloofen*. Öfen dieser Art sind mehrere in Stolberg und auf auswärtigen Zinkhütten gebaut. Von den in der Mittelwand angebrachten Abzugskanälchen hat man aber später Abstand genommen und den Röstgasen den Weg dem Erze entgegen von Muffel zu Muffel angewiesen; die Silesiahütte zog jedoch vor, die Röstgase aus jeder Muffel unmittelbar zum Sammelkanal zu führen[1].

Um die Leistung zu erhöhen, gab man in der Folge den Muffeln eine größere Tiefe. Auch hatte man erfahren, daß die Blende bei ihrer Verbrennung bis zu einem gewissen Grade der Abröstung genügend Wärme erzeugte, um eine Beheizung der oberen Muffeln entbehrlich zu machen. Deshalb beschränkte man sich auf die Beheizung des untersten Herdes, indem man unter ihm den Feuerzug hin- und herzog. Danach führte man denselben außerhalb des Ofens vorn neben der Feuertür nach oben und über die oberste Muffel hinweg, um die Entzündung der frisch in den Ofen eingebrachten Blende zu unterstützen.

Der Verfasser hat sich mit dieser Feuerführung nicht befreunden können. Schon die unter der untersten Sohle zurückziehenden Heizgase entziehen eher dem Erze Wärme, als daß sie die Röstung unterstützen, und bei der Länge, welche man diesen neuen Öfen gegeben hat, erzeugt auch im größten Teil der obersten Muffel die brennende Blende eine höhere Temperatur, als die Heizgase derselben bei dieser Feuerführung zuteilen können. Weiter liegt die Gefahr vor, daß Röstgase aus der obersten Muffel durch Undichtigkeiten im Muffelgewölbe in den Feuerzug übertreten, da in letzterem stets ein stärkerer Zug herrschen wird als in der Muffel. Bei dieser Gelegenheit wollen wir hier anführen, daß in dem Röstofen die für einen normalen Gang der Röstung besten Zugverhältnisse vorhanden sind, wenn derselbe an den Arbeitstüren der untersten Sohle 1 mm, in der mittleren $3/4$ mm und in der obersten $1/2$ mm Wassersäule entspricht.

Einen Vorteil hat jedoch der Feuerzug über dem Ofen, er schützt das obere Mauerwerk. Der Ton- und Kalkmörtel des oberen, von außen durch die Luft gekühlten Mauerwerks wird im Laufe der Zeit durch die säurehaltigen Gase von innen her sulfatisiert, was sich schließlich durch Ausblühen der Mauerfugen bemerkbar macht, weil die gebildeten Sulfate Feuchtigkeit aus der Luft aufnehmen. Das wird durch die Erwärmung des Mauerwerks von außen verhütet.

Fig. 97 a bis d zeigt einen dieser Öfen, die heute noch auf mehreren Zinkhütten in Betrieb sind. Die ersten Öfen dieser Art wurden auf der Dortmunder Zinkhütte gebaut. Die neuen Rösthütten der Zinkhütten Birkengang und Münsterbusch sind ebenfalls mit solchen Öfen ausgestattet. Die Bezeichnung „Rhenaniatyp" ist auf diese übertragen. Die Länge der Muffeln beträgt 12 m rund, so daß die Blende auch in diesen Öfen einen Weg von 36 m zurücklegen muß. Von einer Vorwärmung der Röstluft hat man auch hier abgesehen.

---

[1] *Hasenclever.* Ztschr. d. Vor. d. Ing. 1886, S. 4. Oberschl. Berg- u. Hüttenm. Ztg. 1886, S. 91.

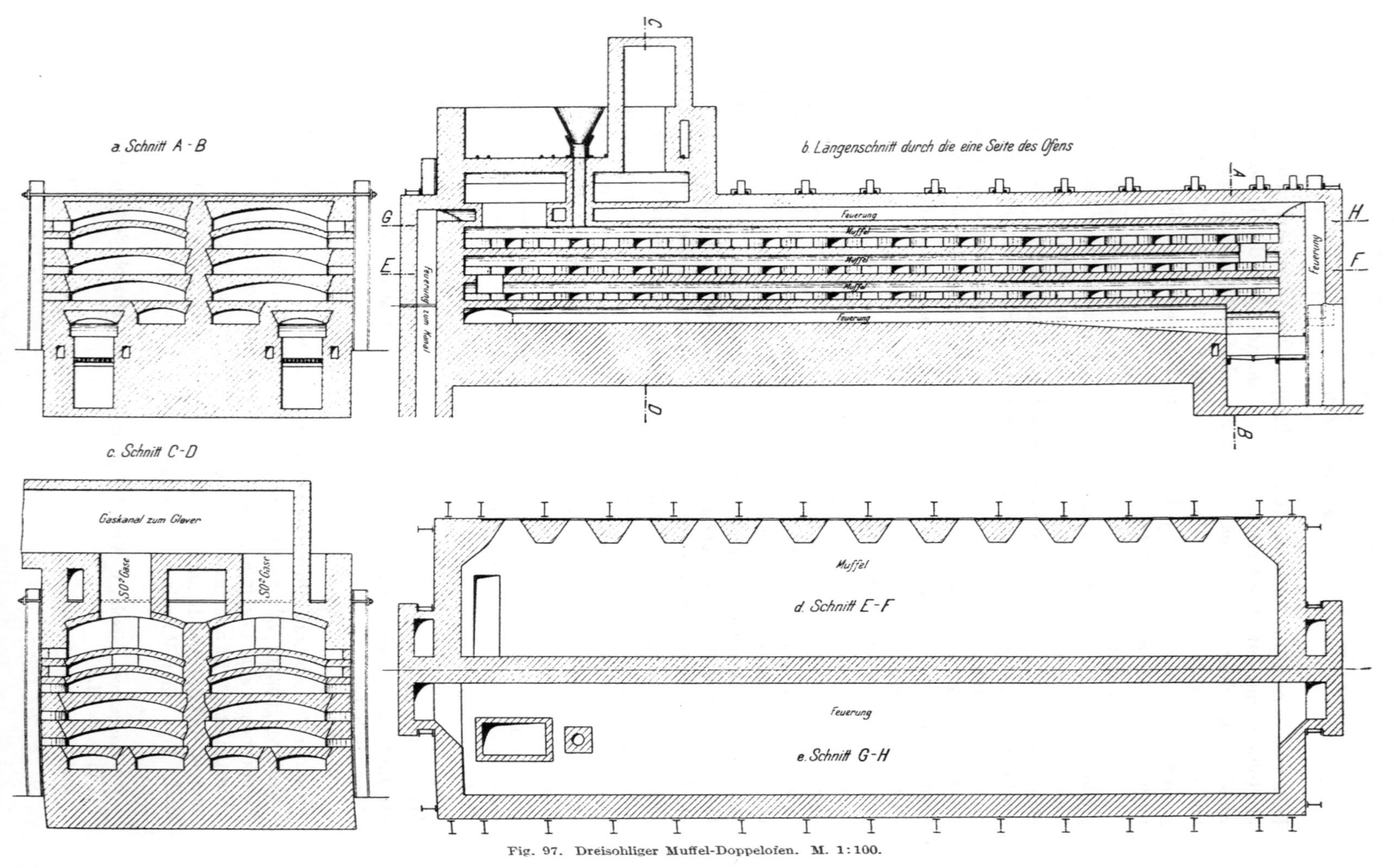

Fig. 97. Dreisohliger Muffel-Doppelofen. M. 1:100.

Eine weitere Beschreibung des Ofens wird bei der vorliegenden klaren Zeichnung überflüssig sein.

Die langen Öfen werden bei 12stündiger Arbeitsschicht meistens von 2 Arbeitern an jeder Ofenseite bedient. Die Leistung der Öfen kann bei der Arbeit, welche der lange Erzweg erfordert, nur auf diese Weise, d. h. durch Vermehrung der Belegschaft gesteigert werden. Das hat bei dieser Ofenart zugleich noch den Vorteil, daß durch vermehrten Durchsatz von Wärme erzeugendem Erze die Öfen heißer gehen und so einen guten Fortgang der Röstung sichern.

In neuerer Zeit hat man auch achtstündige Arbeitszeit eingeführt und ist dann wieder auf die Besetzung jeder Ofenseite mit einem Mann zurückgegangen. Die Öfen liefern dann etwa 6000 k Röstgut in 24 Stunden mit einem Kohlenaufwand von 24 bis 25 Proz. Die Arbeitsleistung eines Ofenarbeiters am Tage beläuft sich also auf rund 1000 k, während bei stärkerer Belegschaft in 12stündigen Schichten kaum 750 k Röstgut von jedem Mann geliefert werden.

Beim Betriebe der vier *Eichhorn-Liebig*-Öfen in Letmathe gewannen die Erfinder auch bald die Überzeugung, daß man in der Beheizung der Öfen, die man aus Vorsicht, um einen Mißerfolg auszuschließen, so ausgedehnt hatte, wie es die Fig. 93 gezeigt hat und auf S. 281 beschrieben ist, unnötig weit gegangen war. Auch die geringe Höhe der Rösträume, die ängstlicher Vorsicht entsprungen war, um die Wärmestrahlung auf die Blende zu konzentrieren, aber die Bearbeitung erschwerte, wurde als entbehrlich erkannt.

Nachdem die Regierung nach der glücklichen Lösung der Hüttenrauchfrage die Erweiterung der Röstanlage genehmigt hatte, schritt man deshalb auch dort sogleich, unabhängig von dem Vorgehen der Rhenania, zur Erbauung von Muffelöfen, deren Muffeln von der Seite, wie bei den Freiberger Fortschaufelungsöfen bearbeitet wurden. Besondere Veranlassung zur Wahl dieser Form gab die Erwägung, daß die Öfen bei dieser Bauart weniger zum Ausstoßen von Gasen neigen würden, weil nicht, wie bei den nach Art der *Malétra*-Öfen gebauten, die Arbeitstüren sich gegenüberlagen. Ein Winddruck von der einen Seite hat bei diesen leicht den Austritt von Röstgasen auf der anderen Seite zur Folge, wenn nicht der Zug des Ofens über das dem Röstvorgange zuträgliche Maß gesteigert wird.

Der Verfasser hatte andrerseits aber auch erkannt, daß eine Teilung des Ofenraumes in mehrere Abteilungen das Mittel bot, die für einen zweckmäßig verlaufenden Röstvorgang nötige Bewegung des Erzes auf das geringste Maß zu beschränken und deshalb die Arbeit bedeutend erleichterte[1].

Der beschränkte Platz der Rösthütte des Märkisch-Westfälischen Bergwerksvereins nötigte dazu, vier Muffeln übereinander zu legen. Die Beheizung der neuen Öfen erstreckte sich nur auf die unterste und die zweite Muffel.

---

[1] Auch das auf die Teilung der Muffelöfen angemeldete Patent wurde durch Verfügung des Patentamtes vom 5. Januar 1887 versagt. Dieselbe lautete: ‚In der Querteilung der Muffelöfen zur Röstung von Zinkblende durch Wände kann eine patentfähige Neuerung nicht erkannt werden, wenn sie auch eine Verbesserung sein mag".

Man führte den Feuerzug unter der untersten Herdsohle nach hinten und
zwischen der untersten und zweiten Muffel nach vorn zurück. Der zweite
Feuerzug brachte die dritte Muffel auch schon in eine solche Höhenlage,
daß ihre Bearbeitung nicht mehr vom Hüttenflure aus möglich war; man
mußte deshalb zu einem Arbeitstische für die Bedienung auch dieser Sohle
greifen, welcher wegen der Höhenlage der vierten Muffel aber ohnehin erforderlich war. Diese Arbeitstische wurden auf Räder gestellt, welche auf —
vor den beiden Ofenseiten liegenden — breitspurigen Bahnen liefen.

Der Ofen war in der Mitte durch eine Querwand geteilt, so daß auf jeder
Seite des Doppelofens zwei, im ganzen vier in sich gesonderte Röstabteilungen
oder Öfen gebildet wurden, von welchen jedoch die zwei auf einer Seite liegenden von einer Feuerung (Planrost) beheizt wurden.

Der erste Ofen war auf dem Fundament eines Hasenclever-Helbig-Ofens
im Sommer 1886 erbaut und wegen des in der Rösthalle zur Verfügung stehenden knappen Raumes nur als einseitiger Ofen. Der zweite — ein Doppelofen —

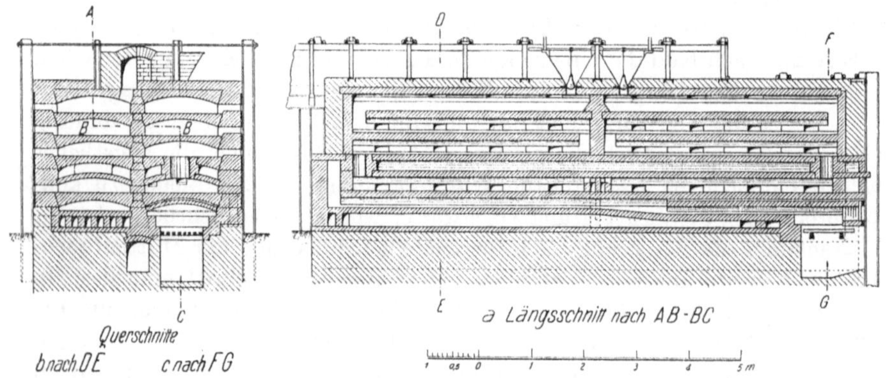

Fig. 98. Mehrteiliger Ofen „System *Liebig*."

kam im Dezember 1886 in Betrieb; er lieferte bereits 60 Stunden nach der
ersten Beschickung nahezu die normale Produktion von durchschnittlich
4140 k Röstgut mit einer Bedienung von 4 Mann in 24 Stunden (einem in der
Schicht auf jeder Seite) bei einem Kohlenverbrauch von 877,5 k entsprechend
21,2 Proz. gerösteter Blende. Die Röstgase zeigten einen Gehalt, welcher
zwischen 6,7 und 8 Volumprozenten SO_2 schwankte. Auf einen Röstarbeiter
kam damit eine Leistung von 1037 k Röstgut in der Schicht.

Fig. 98 a bis c zeigt diesen Ofen in einer in einigen Maßen etwas abweichenden Gestalt, wie er vom Verfasser in größerer Anzahl vom Jahre 1888 ab in
der Hamborner Zinkhütte an die Stelle von *Grillo*-Öfen gesetzt worden ist,
nachdem er vorher auch in Oberschlesien auf der Guidottohütte gebaut worden
war.[1] Die örtlichen Verhältnisse, die Abmessungen der früher *Hasenclever-
Helbig*-Öfen überdachenden Rösthalle geboten auch in Hamborn den Bau

---

[1] *Ingalls* (Metallurgy of Zinc and Cadmium, S. 132) bezeichnet die Öfen auf Guidottohütte irrtümlich als Hasencleveröfen.

kürzerer und deshalb viersohliger Öfen, um die für eine ordnungsmäßige Röstarbeit unbedingt notwendige Herdfläche zu schaffen. Den Muffeln konnte
dort eine größere Tiefe als in Letmathe gegeben werden, und so dank der
damals zur Verfügung stehenden willigen Röstarbeiter eine Tagesleistung von
5000 bis 5300 k Röstgut in einem vierteiligen Ofen erreicht werden, so daß
auf einen Mann (einer arbeitete auf jeder Seite des Ofens) die außerordentlich
hohe Leistung von 1250 bis 1330 k entfiel. Obgleich der Fertigröstherd der
zweiten, hinteren Abteilung jeder Ofenseite 5 m von der Feuerbrücke des
unteren Feuerzuges entfernt lag, war auch dort die Abröstung eine vollkommene.

Wie aus der Zeichnung ersichtlich ist, hatte jede Abteilung in jeder Muffel
4 Arbeitstüren, also 16 im Ganzen und somit jede Ofenseite 32. Dieselben
lagen von Mitte zu Mitte 1,10 m voneinander entfernt; eine Entfernung, die
noch eine bequeme Bearbeitung des Herdes gestattet. Das Gewölbe der
untersten Herdsohle ist auf die Länge der von 3 Arbeitstüren beherrschten
Herdfläche durch ein Schutzgewölbe aus Dinassteinen vor der Stichflamme
der Feuerung geschützt. Erst unterhalb der vierten Tür der vorderen und
ersten der hinteren Ofenabteilung, dort, wo die Röstung beendigt wird, berührt
die Flamme unmittelbar das Herdgewölbe, was noch durch das Ansteigen der
Sohle des Feuerzuges gefördert wird. Unter der letzteren zieht die Röstluft
in mehreren Windungen hin und her und tritt dann hoch erhitzt in die Trennungswand zwischen beiden Ofenabteilungen und aus dieser durch zwei Öffnungen in der Mitte und im hinteren Teile der Muffel zum Erz. Die Röstluft
für jede Abteilung hat besondere Kanalführung, die Menge derselben kann
durch Schieber vor den Einmündungen dem Bedürfnisse entsprechend zugemessen werden. Im übrigen wird die Zeichnung nach dem Voraufgegangenen
ohne weiteres verständlich sein.

Jede Abteilung des Ofens lieferte in der Schicht zwei Züge zu rund 330 k
Blende, wobei in der Regel die Herdfläche hinter zwei Arbeitstüren zugleich
entleert wurde, abwechselnd an der einen und der anderen Abteilung einer
Seite[1].

Jede Ofenabteilung hat rund 25 qm Röstfläche, und das Erz hat nur einen
Weg von höchstens 17 m auf derselben vom Eintritt in den Ofen bis zur Totröstung zurückzulegen. Nach den mit diesem Ofen gemachten Erfahrungen
genügt also für die Abröstung von 100 k Zinkblende in 24 Stunden eine Herdfläche von 2 qm. Geht man über dieses Maß hinaus, so ist eine gleiche Durch-
setzmenge nur durch vermehrte Arbeitskraft zu erreichen, vorausgesetzt,
daß in anderer Beziehung die Bedingungen für einen normalen Röstvorgang
gegeben sind. Das lehrt auch der Betrieb der langen dreisohligen Röstöfen,
die bei fehlender Zwischenheizung wegen der bequemeren Bearbeitung den
Vorzug verdienen. Man ist aber in den Abmessungen, insbesondere der Länge

---

[1] Vierteilige Öfen etwas veränderter Konstruktion sind nach des Verfassers Angaben auf der Hütte in Prayon in Belgien, in England von der *United Alkali Co. Ltd.*,
in Frankreich von der *Comp. Asturienne* in Auby und auf zwei Schwefelsäurefabriken
in Belgien und Holland gebaut worden.

der Öfen, zu weit gegangen. Auf mehreren Hütten in Belgien und Deutschland findet man heute Öfen bis zu einer Länge der Herdfläche von 15 m. Auf einigen Hütten hat man zwar die Teilung der Ofenseiten in zwei Abteilungen angenommen, jedoch nur bei den beiden oberen Sohlen, während auf dem untersten Herde die Trennung fehlt. Man hielt es für besser, wenn man auch die Blende aus der vom Feuer weiter abgelegenen Abteilung bis über die Feuerung hin vorschaufelt, in der Meinung, damit eine größere Sicherheit hinsichtlich einer guten Abröstung zu gewinnen. Diese Einrichtung hat den Nachteil, daß den Röstgasen kein bestimmter Weg über die oberen Sohlen angewiesen ist. Je nach den Zugverhältnissen des Ofens wird in der einen Abteilung ein lebhafter Luftwechsel herrschen, während in der anderen die Gase sich träge fortbewegen oder gar sich stauen, womit eine Störung des Röstfortschrittes in der letzteren hervorgerufen wird. Bei dieser Ofenkonstruktion hat man die Vorwärmung der Luft in ähnlicher Weise wie in der Fig. 98 vorgesehen; die erhitzte Luft tritt in diesem Falle am Kopfe des Ofens oberhalb der Feuerung zum Erz. Die Beheizung ist auf den untersten Herd beschränkt, wie auch bei den Rhenania-Öfen neueren Typs (Fig. 97). Die Flamme zieht an der Türseite (Außenseite) des Ofens nach hinten und an der Mittelwand wieder nach vorn zurück, wo sie den Abzug zur Esse findet.

Nach dieser Abschweifung wollen wir den Beweis unserer Behauptung, daß unnötig große Öfen die Leistung einschränken, führen. In den langen Öfen hat trotz der Teilung der beiden oberen Sohlen das Erz der vorderen Abteilung 24, das der hinteren 32, im Mittel also 28 m zu durchlaufen, und die mittlere Herdfläche beträgt bei 1,50 m Muffeltiefe über 40 m. Danach müßten die Öfen imstande sein, 8000 k Röstgut in 24 Stunden zu liefern. Das wird aber bei einer Belegschaft von 1 Mann in der Schicht auf jeder Ofenseite bei weitem nicht erreicht. Erst bei Verdoppelung der Mannschaft hat man es im günstigsten Falle auf 7000 k gebracht. Auf eine 12 stündige Arbeiterschicht kommt demnach eine Leistung von höchstens 875 k Röstgut. Auch bei Einführung der 8 stündigen Schicht konnte nur eine Produktion von höchstens 8000 k, also 100 k in 24 Stunden auf 2 qm Herdfläche (der normalen nach unserer Ansicht) erreicht werden, wobei aber die Leistung des Arbeiters auf 8000 : 12 = 670 k sank.

Wenn auch bei den heutigen Arbeiterverhältnissen die geringere Leistung zum Teil auf die verminderte Leistungsfähigkeit bzw. Arbeitsamkeit der Röstarbeiter zu schieben ist, so geht doch aus dem großen Unterschiede in den Zahlen die Richtigkeit unserer Ansicht hervor. Aber gerade die heutigen Arbeiterverhältnisse nötigen immer dringender dazu, die zur Erreichung des Zwecks notwendige Arbeit auf ein möglichst geringes Maß zu beschränken. Das kann man aber nur durch Verminderung der Fortschaufelungsarbeit erreichen, an deren Stelle freilich ein häufigeres Aufkrälen der Blende treten muß, was aber eine weit weniger schwere und zeitraubende Arbeit als die Fortbewegung des Erzes ist.

Für besonders schwer abröstbare Erze hat der Verfasser den in Fig. 98 gezeigten Ofen noch abgeändert, indem er jeden Kopf mit einer kleineren

Feuerung versah und die Flamme zugleich unter und über die untere Muffel führte. Um dieselbe in beide Züge nach Bedürfnis verteilen zu können, waren am Ende derselben besondere, mit Schiebern ausgestattete Abzüge vorhanden. Ein solches Ofenmassiv bestand demnach aus einem Block von 4 selbständigen Öfen. Wurde jeder derselben von einem Röstarbeiter bedient, dem auch alle Nebenarbeiten, wie Versorgung der Feuerung, Eingabe des Erzes in den Ofen und Abfuhr des Röstgases mit übertragen waren, so lieferte ein derartiger Ofenblock in 24 Stunden wenigstens 8000 k Röstgut. Um diese hohe Produktion zu erreichen, war die Herdfläche der Öfen vergrößert worden; die 3 obersten Sohlen hatten jede 5 Türen, die unterste 4 Türen[1], bei einer Tiefe der Muffeln von 1,50 m, so daß sich eine Fläche von rund 30 qm für jeden Ofenkopf ergab. Es war also hier schon auf einer Fläche von 1,5 qm in 24 Stunden die Leistung von 100 k Röstgut erreicht, aber die Leistungsmöglichkeit des einzelnen Arbeiters war hierdurch begrenzt und eine weitere Vergrößerung der Herdfläche würde sie nicht erhöht haben, weil dann der längere Erzweg mehr Arbeitsaufwand gefordert haben würde. Da die Nebenarbeiten von den Röstern mit besorgt wurden, so befriedigte die Leistung von 1000 k in einer 12stündigen Arbeitsschicht. Der Kohlenverbrauch war in diesen Öfen infolge der vermehrten Feuerstätten höher, was aber angesichts der hohen Ofenleistung und der guten Abröstung sehr dichter, schwer zu röstender Erze nicht ins Gewicht fiel, er betrug durchschnittlich 25 Proz. von Röstgut bei Verwendung einer gewöhnlichen Förderkohle.

Einen sehr ähnlichen Ofen hat sich *H. Petersen* in jüngerer Zeit durch das D. R. P. 196 216 schützen lassen[2]. Er beheizt, abweichend von der in Fig. 98 gezeigten Art, die an einem Kopfe des Massivs liegenden Ofenabteilungen mittels einer Feuerung, indem er die Flamme zuerst unter dem untersten Herde der einen, dann unter dem der anderen daneben liegenden herführt, darauf aber gleichzeitig in beide Züge über den Muffelgewölben der unteren Herde und unter den Sohlen der zweiten Muffeln verteilt. Zu einer zweckmäßigen Verteilung der Heizgase dienen Schieber in den Abzügen. Ob eine ausreichende Beheizung des untersten Herdes der vom Feuer weiter abgelegenen Ofenabteilung gelingt, scheint uns fraglich zu sein. Die Konstruktion bietet, wie auch die zuletzt beschriebene, die Möglichkeit, die eine Hälfte des Massivs ohne Benachteiligung des Betriebes zwecks Reparatur der Gewölbe kalt zu legen. Ein besonderer Vorteil kann bei Öfen, welche aus gutem, zweckentsprechendem Materiale gebaut sind, darin nicht liegen, weil der Ersatz der dem Verschleiße besonders ausgesetzten unteren Gewölbe in beiden Ofenhälften nach gleicher Zeit notwendig werden wird.

Der mit dem in Fig. 98 dargestellten Ofen erreichte Erfolg gab die Veranlassung zum Bau eines Ofens mit einer noch vermehrten Zahl von Abteilungen, in der Erwartung, daß die an den Arbeiter gestellten Anforderungen noch vermindert und infolgedessen eine noch höhere Leistung des Ofenmassivs erreicht werden könnte, welche zudem noch eine Ersparnis an Heizmaterial

---

[1] Den Raum für die 5. vorderste Tür nahm die Feuerung ein.
[2] Metallurgie 1908, S. 701.

im Gefolge haben mußte. Der Verfasser kehrte zu diesem Zwecke zu dem
Typ des *Eichhorn-Liebig*-Ofens bzw. zu dem des *Malétra*-Ofens zurück und
legte in einem Ofenmassiv von 10,65 m Länge und 5 m Breite 6 Abteilungen
mit je 4 Sohlen nebeneinander. Zwischen die erste und zweite Sohle legte er
noch Feuerzüge im rechten Winkel zur Längsrichtung der Muffeln. Von unten
und oben vom Feuer bespült wurden nur die tiefsten Sohlen; nur diese waren
also als Muffeln ausgebildet, während die zweiten Herde nur von unten geheizt
wurden und der dritte und vierte (oberste) unbeheizt blieben. Die Beheizung
sämtlicher 6 Abteilungen erfolgte durch eine Halbgas-(Boëtius-)Feuerung.

Die 4 m langen und 1,40 m breiten, also 5,6 qm großen Herdsohlen wurden
durch Gewölbe gebildet. Um die untersten Gewölbe nach Abnutzung erneuern
zu können, ohne den oberen ihre Stütze zu nehmen, gestaltete sich wegen der
rechtwinkligen Durchführung der Feuerzüge der Aufbau ziemlich kompliziert.
Nachdem man die Überzeugung gewonnen, daß für die meisten Erzsorten der
zweite Feuerzug entbehrlich sei, d. h. eine kräftige Beheizung der untersten
Herdsohle zur völligen Abröstung genüge, wurde ein zweiter Ofen von weit
einfacherer Konstruktion errichtet und dieser mit einem abseits liegenden Gaserzeuger in Verbindung mit Rekuperatoren unter dem Ofen ausgerüstet,
in der Weise, daß jede Ofenabteilung einen besonderen Brenner und Lufterhitzer unterhalb der untersten Herdsohle erhielt.

Der erste Ofen kam im November 1888 in Betrieb und rechtfertigte bis
zu einem solchen Grade die Erwartungen, daß alsbald zu dem eben erwähnten
Bau des zweiten Ofens geschritten wurde. Letzterer hatte auch 6 nebeneinander liegende Abteilungen, von denen jede aus 4 übereinander liegenden
Gewölben ohne Zwischenfeuerung bestand, nur die unterste Herdsohle wurde
von unten beheizt. Der Querschnitt des Ofens ähnelte dem in Fig. 81 a
dargestellten mehrsohligen Ofen mit direkter Feuerung. Man denke sich nur
statt zwei sechs Abteilungen nebeneinander, die unterste Sohle auch als Gewölbe und unter diesem einen Heizraum mit einem Gasbrenner; ferner die
Lufterhitzer in den unter Flur befindlichen überwölbten Räumen. Ein Teil
der erhitzten Luft diente als Sekundärluft zur Verbrennung des Heizgases, der
andere wurde durch Kanäle in den Zwischenwänden der einzelnen Abteilungen weiter nach oben über die Erzposten auf den untersten Herden geleitet.

Der Verfasser konnte sich der Ausbildung dieses Ofensystems nicht mehr
widmen, weil er seine Tätigkeit in der Zinkindustrie mit der in der chemischen
Großindustrie vertauschte.

Gustave Delplace in Namur, welcher den Ofen in Hamborn gesehen hatte,
hat das System in glücklicher Weise durchgebildet. Dieser Ofen ist als
Delplace-Ofen seit Mitte der 90er Jahre in der Zinkindustrie bekannt.
Eine Aufnahme in die Fachliteratur hat derselbe unseres Wissens aber erst
in allerneuester Zeit durch *Léon Guillet*[1] gefunden. Seiner Veröffentlichung
verdanken wir die Zeichnungen dieses Ofens, die in Fig. 99 a bis b wiedergegeben sind.

---

[1] Mémoires et compte rendu des travaux de la Société des ingenieurs civils de France
Juni 1911 (S. 758).

Delplace hat zur Beheizung seines Ofens den *Gröbe-Lürmann*-Generator in sehr glücklicher Weise angewendet, indem er je 3 des gewöhnlich 12 Abteilungen umfassenden Ofenmassivs durch einen solchen mit Heizgas versorgt, und zwar in der Art, daß der Generator unter der mittelsten der 3 Abteilungen liegt, und unter den rechts und links liegenden die Lufterhitzer eingebaut sind.

Fig. „a" ist ein Querschnitt durch eine mittlere Abteilung mit Gaserzeuger, der bekanntlich aus einer von Abgasen geheizten Verkokungsmuffel und einem Koksgenerator besteht, Fig. „b" ein Querschnitt durch eine der seitlichen Abteilungen mit Rekuperator, bestehend aus einem aufrecht stehenden Erhitzer nach dem Gegenstromprinzip und einem wagerechten Kanalsystem unter den Sohlen der Feuerzüge. Die Abteilungen haben 7 Herdsohlen übereinander, auf welchen aber bei der aus der Zeichnung ersichtlichen Anordnung die Blende nur die halbe Länge, rund $12^{1}/_{2}$ m zu durchlaufen hat. Bei einer Breite der Herde von 1,40 m ergibt sich für eine Abteilung eine Gesamtherdfläche von etwa 35 qm. Nach den vorliegenden Angaben werden reichlich 1000 k Röstgut von jeder Abteilung in 24 Stunden geliefert, es kommen also 100 k auf $3^{1}/_{2}$ qm Herdfläche. Die Leistung des Ofens müßte deshalb bei vermehrter Belegschaft noch wesentlich gesteigert werden können. Die Höhe der Belegschaft ist uns leider nicht bekannt. Aus dem kurzen Wege, den das Erz trotz der großen, zur Verfügung stehenden Herdfläche zurückzulegen hat, läßt sich aber der Schluß ziehen, daß die Leistung des einzelnen Arbeiters sehr hoch ist.

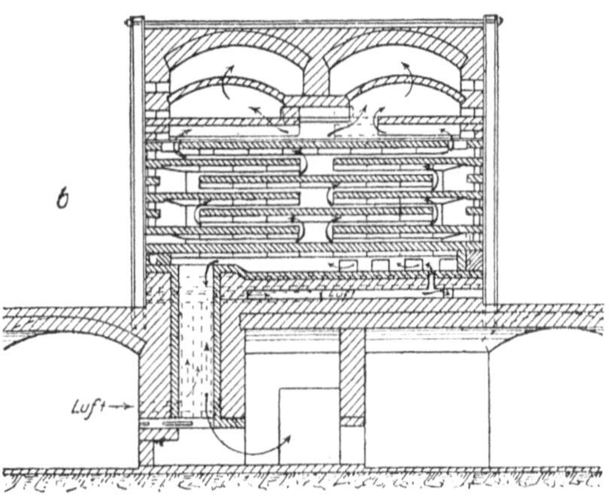

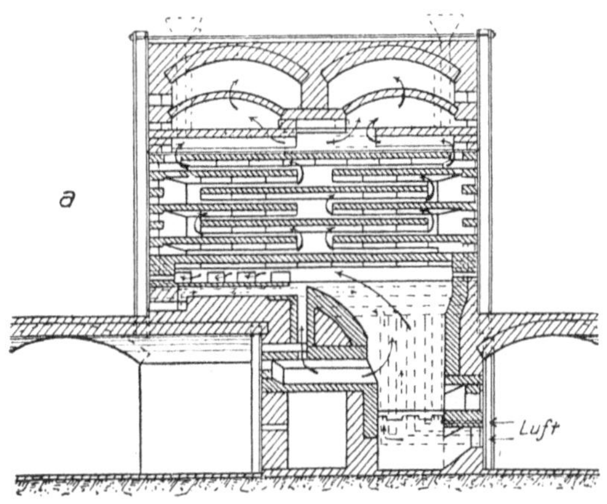

Fig. 99. *Delplace*-Ofen. M. 1:100.

Überraschend günstig ist der Kohlenverbrauch, der a. a. O. zu 9 bis 12 Proz. Rohblende, d. i. etwa 10,5 bis 14 Proz. vom Röstgut angegeben wird[1].

---

[1] Nach einer privaten Mitteilung von *Delplace* aus dem Jahre 1903 hatte ein 14teiliger Ofen bei einer Leistung von 14 000 k Rohblende einen Kohlenverbrauch von 14 bis 16 Proz. der Rohblende. Die Feuerung wird damals noch nicht die heutige Vollkommenheit gehabt haben.

Die *Delplace*-Öfen haben mehrfache Anwendung in Frankreich und Belgien gefunden und sind auch in Deutschland in einer chemischen Fabrik im Betriebe.

Hiermit glauben wir, die Entwicklung der Handöfen abschließen zu können, da alle wesentlichen Arten Erwähnung gefunden haben, wir wollen aber an dieser Stelle noch einige Hinweise auf praktisch bewährte Einzelheiten der Konstruktionen für von Hand zu bearbeitende Röstöfen geben.

In der Abmessung der Tiefe der Muffeln sollte man nicht über 1,5 m hinausgehen, sonst wird die Bearbeitung erschwert. Da man bei solider Bauweise den Seitenwänden eine Dicke von 0,50 m gibt, so muß bei 1,5 m tiefen Muffeln zu einer bequemen Handhabung des Gezähes die ganze Länge desselben schon 3,20 m betragen. Die größte Höhe der Muffeln über den Herdsohlen unter dem Scheitel der Gewölbe wird zweckmäßig für die beiden oberen Räume auf 300 mm bemessen, während man die beiden unteren niedriger gestaltet, und zwar gibt man der dritten Sohle (wir nehmen Bezug auf die Fig. 98) eine Höhe von 280 und der untersten Muffel eine solche von 260 mm. Daraus ergibt sich bei einer Stichhöhe der Gewölbe von 140 mm eine lichte Höhe für die Arbeitsöffnung von 120 mm. In den höheren Räumen ist die Sohle der nach dem Ofeninnern zu trapezförmig erweiterten Arbeitsöffnungen dementsprechend um 20 bzw. 40 mm gegenüber dem Herde erhöht, wodurch ein Herauswerfen von Erz bei der Arbeit nach Möglichkeit vermieden wird. Die größere Höhe der oberen Ofenräume hat zum Zweck, in denselben eine höhere Lage von Erz halten zu können, also dem Ofen ein größeres Fassungsvermögen zu geben. Dadurch wird die Zeit des Verweilens des Erzes im Ofen verlängert.

Die Öfen baut man vorherrschend aus Fassonsteinen, was die Herstellungskosten infolge Arbeitsersparnis sehr vermindert. Den Steinen für die im Scheitel 12 bis 13 cm dicken Herdgewölbe gibt man eine Form, daß durch dieselben gleich ein ebener Herd gebildet wird, es genügen bei einer Herdtiefe von 150 m 6 Fassons, die an den Köpfen mit Nut und Feder versehen sind, um einen fugendichten Herd zu erhalten. Das nur 8 bis 10 cm dicke Deckengewölbe der unteren Muffel (in Fig. 98) wird der besseren Haltbarkeit und Dichtigkeit wegen aus sogenannten Klammersteinen hergestellt; dieselben sind nicht nur am Kopf, sondern auch an den Seiten mit Nut und Feder versehen.

Das Material für die Steine braucht nicht hoch feuerfest zu sein, abgesehen von dem unteren, der Stichflamme ausgesetzten Gewölbe, nur ist ein recht dichter, harter, weder schwindender, noch treibender Stein insbesondere für die flachen Gewölbe zu wählen.

Für die Arbeitstüren hatte die chemische Fabrik Rhenania bei dem ersten *Eichhorn-Liebig*-Ofen eine Form gewählt, welche von *Schaffner*, Generaldirektor der chemischen Fabrik in Aussig, an *Malétra*-Kiesöfen angewendet wurde. Diese Türen sind sehr dicht, aber teuer, und weil ihre Dichtungsflächen in den oberen Reihen durch die sauren Dämpfe, welche sich an den kalten Türflächen kondensieren, bald zerstört werden, recht kostspielig. Der Verfasser hat deshalb diese Form nur für die untere Herdsohle beibehalten und für die

oberen Reihen eine Klapptür verwendet, welche, auf einem kleinen Spiegel
sitzend, in einen fest am Ofen sitzenden gußeisernen Rahmen eingefügt wird,
der zugleich als Ankerplatte für den Ofen und als Stütze der Widerlager der
Gewölbe dient.

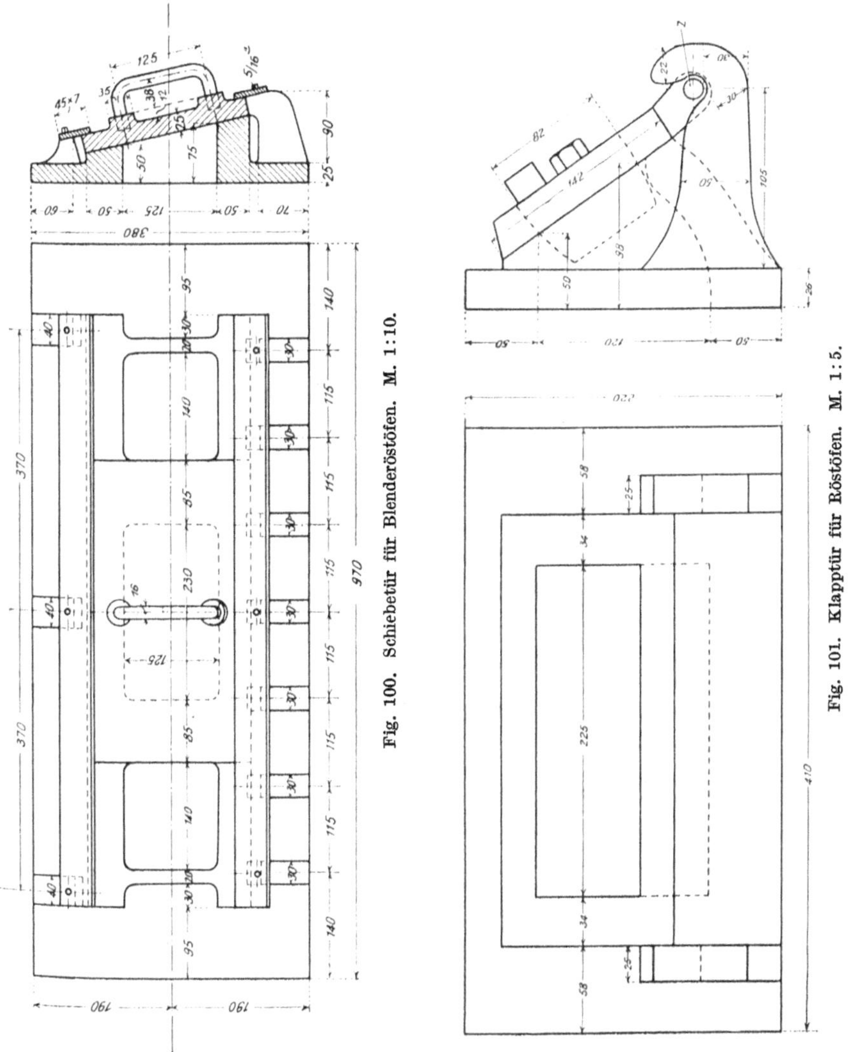

Fig. 100. Schiebetür für Blenderöstöfen. M. 1:10.

Fig. 101. Klapptür für Röstöfen. M. 1:5.

Fig. 100 und 101 zeigen die beiden Türen. An der Schiebetür (Fig. 100)
sind die Umrahmungen der Türöffnung und die Gleitflächen für die Türplatte,
wie letztere an der inneren Fläche selbst, gehobelt. Der Türschieber stützt
sich stets auf 3 unter ihr auf der Gußplatte aufsitzenden Konsolen, dadurch
einen leichten, ungehemmten Lauf sichernd.

An der Klapptür (Fig. 101) ist die Öffnung durch die ansteigende untere
Seite der dieselbe umrahmenden Schlußflächen auf fast $^2/_3$ der Höhe verengt.

Es wird einerseits dadurch der Eintritt kalter Luft in den Ofen auf das zulässig
geringste Maß beschränkt, andrerseits das Ausfließen des im ersten Röststadium häufig „schwimmenden" Erzes durch ein weiteres Mittel (s. o.) verhindert. Bei der schrägen Lage der Tür bietet die Verengung an der vorderen
Kante der Türöffnung kein Hindernis bei Einführung des Röstgezähes; den
10 cm hohen Krätzer beispielsweise hängt man ein und schiebt ihn dann durch
die 12 cm hohe innere Arbeitsöffnung in den Ofen ein. Die Wulst hinter der
unteren Schlußfläche der Türrahmung bildet eine Auflage- und Gleitstelle für
die Gezähestange, durch welche die Schlußfläche vor zu schneller Abnutzung
geschützt wird. Die Auswechselung einer schadhaft gewordenen Tür ist leicht
zu bewerkstelligen, der Spiegel wird in dem Gußplattenrahmen durch Streifen
Flacheisen, welche die seitlichen Kanten desselben überdecken und am Rahmen
durch je zwei Schrauben gehalten werden, befestigt. Das der Auswechselung
zu unterwerfende Gußstück ist ein billiger Gegenstand im Vergleiche zu der
teuren Schiebetür.

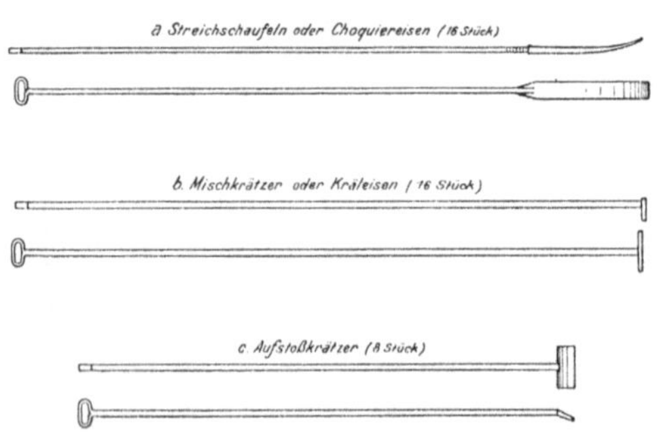

Fig. 102. Röstgezähe. M. 1:50.

Weiter geben wir in den
Fig. 102 a bis c noch ein Bild
des für ein Ofenmassiv (2 Ofenseiten oder 4 Ofenabteilungen)
erforderlichen Gezähes, einschließlich der in Reparatur befindlichen Reservestücke. Die
Arbeitsstücke werden aus Flacheisen geschnitten und an die
25 bis 30 mm dicken Stangen
angeschweißt oder auch einschließlich eines etwa 30 cm lan-
gen Stangenstücks als sogenannte Anschweißenden von Hand besonders aus-
geschmiedet. Letztere zieht man vielfach vor, weil man sie für widerstandsfähiger hält, und sie werden deshalb im Magazin vorrätig gehalten.

Jeder Arbeiter hat in der Regel noch einen leichteren Krätzer, wie Fig. b,
mit halb so langer, 15 mm dicker Stange zur Verfügung, um das Erz nach ge-
schehener Fortschaufelungs- oder Aufkrählungsarbeit aus der Türnische auf
bequeme Weise in den Ofen zurückschieben zu können. Die Arbeitsplatte
von „b" wird auch wohl mit einem Ausschnitt in der Mitte versehen, damit
das Erz hindurchgleiten kann. „c" dient zum Abstoßen auf dem Herde oder
in den Ecken der Muffeln angebackener Erzkrusten.

Schließlich dürfen wir eine Einrichtung an Handröstöfen nicht übergehen,
welche auf der Johannahütte, der Rösthütte der Hohenlohe-Werke A.-G. in
Oberschlesien von *Zavelberg*[1] zur Abkühlung der gerösteten Erzposten geschaffen worden ist. Unterhalb der Arbeitstüren, aus welchen die Blende
gezogen wird, sind in den hohen Kellerräumen unter dem Hüttenflur geräumige Eisenblechbehälter aufgestellt, welche die Ofenproduktion für 24 Stun-

---

[1] D. R. P. 170 602 vom 16. März 1905 ab.

den fassen können. Diese Taschen sind von einer großen Zahl Kühlrohre
durchsetzt, welche in den inneren Wänden ihres Doppelmantels münden.
Die hindurchziehende, in den Rohren und in den Zwischenräumen zwischen
den Wandungen erhitzte Luft dient als Sekundärluft für die Feuerung des
Ofens. Jeder Ofen hat zwei Behälter, welche abwechselnd gefüllt werden.
Die Tagesproduktion verweilt 24 Stunden in denselben und wird dabei bis auf
40° C abgekühlt, so daß sie in kaltem Zustande abgefahren werden kann.
Die Blende wird aus den Behältern unmittelbar in die Abfuhrwagen ein-
gelassen, wodurch die Staubentwicklung fast beseitigt ist, besonders, da die
Blende durch geschlossene Kanäle aus dem Ofen den Taschen zugeführt wird.
Es stellt diese Einrichtung einen beachtenswerten Beitrag zur Hygiene der
Blenderösthütten dar, sie läßt sich aber nur anbringen, wo sehr hohe Keller-
räume unter der Hütte zur Verfügung stehen.

Mechanische Röstöfen neuerer Zeit.

In La Salle (Jll.), Nordamerika, gelang es *Edward C. Hegeler*[1] zu gleicher
Zeit wie dem Verfasser, den ganzen Schwefelgehalt der Zinkblende für die
Schwefelsäurefabrikation durch Konstruktion eines geeigneten Ofens nutzbar
zu machen[2]. *Hegeler* nahm sich den mehrsohligen *Spenceofen*[3], der in England und auch jetzt noch nach Ausstattung mit mechanischem Rührwerk
unter der Bezeichnung *Hammond-Spence*-Ofen[4] in den Vereinigten Staaten
Nordamerikas zur Röstung von kupfer- und goldhaltigen Pyriten vielfache
Verwendung findet, zum Vorbilde. Das Eigenartige der *Hegeler*schen Erfindung ist der Rührwerksmechanismus, mit welchem er seinen langgestreckten
vielsohligen Muffelofen ausgerüstet hat. Der Ofen hat naturgemäß im Laufe
der Zeit manche Änderung und Verbesserung erfahren, ehe er seine heutige
Vollkommenheit erreichte, jedoch enthält das erste amerikanische Patent,
welches *Hegeler* genommen hat (Nr. 303 531 vom 12. August 1884), das
Wesentliche der Konstruktion des heutigen Ofens. Bezüglich der Entwicklung desselben verweisen wir auf die Abhandlung von *Mühlhäuser* in der
Zeitschrift für angewandte Chemie, 1910, S. 347. Aus dem anfangs für eine
Leistung von 10 t Zinkblende berechneten Ofen ist heute ein Apparat geworden, der in 24 Stunden 80 000 Pfund engl. = 36 t geröstete Blende liefert,
und zwar mit einem Aufwand von 30 Proz. vom Röstgut an Heizkohlen und
15 PS für den Betrieb der Rührwerke. Zur Bedienung des Ofens sind 8 Mann (in

---

[1] Dem Mitbegründer der Firma *Matthiessen & Hegeler Zinc Co.*

[2] Unter Mitwirkung des bekannten deutschen Schwefelsäurefachmanns *Friedrich
Bode*. Nach einer privaten Mitteilung desselben (dat. La Salle, den 17. Febr. 1881) hatte
man auf der dortigen Zinkhütte um diese Zeit auch einen Ofen mit einer großen Zahl
Retorten neben- und übereinander zum Rösten von Zinkblende, aber ohne Nutzung der
Gase, in Betrieb. Man hat diesen Gedanken aber der Mängel des Apparates wegen nicht
weiter verfolgt.

[3] Engl. Pat. vom 24. Dez. 1878; D. R. P. 9267; Amerikan. Pat. 248 521.

[4] Eine Beschreibung und Abbildung dieses Ofens ist zu finden in *Ingall*s Metallurgy
of Zinc and Cadmium, S. 157 ff.

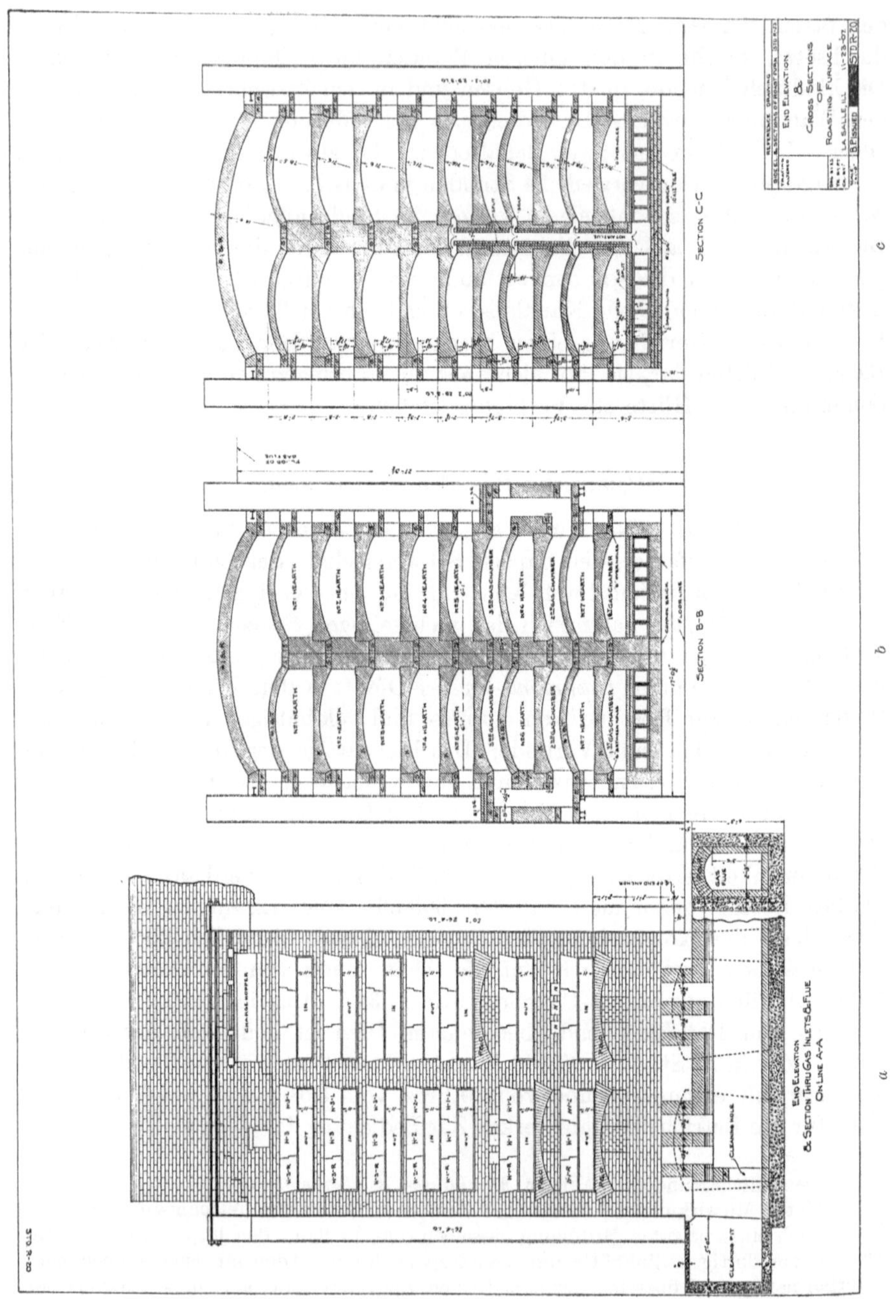

24 Stunden) erforderlich. In dankenswerter Weise hat uns Herr Ingenieur
N. L. Heinz in La Salle 4 Bildstöcke zur Verfügung gestellt, welche uns die
bildliche Vorführung des Ofens in Fig. 103 a bis f des zugehörigen Lufterhitzers

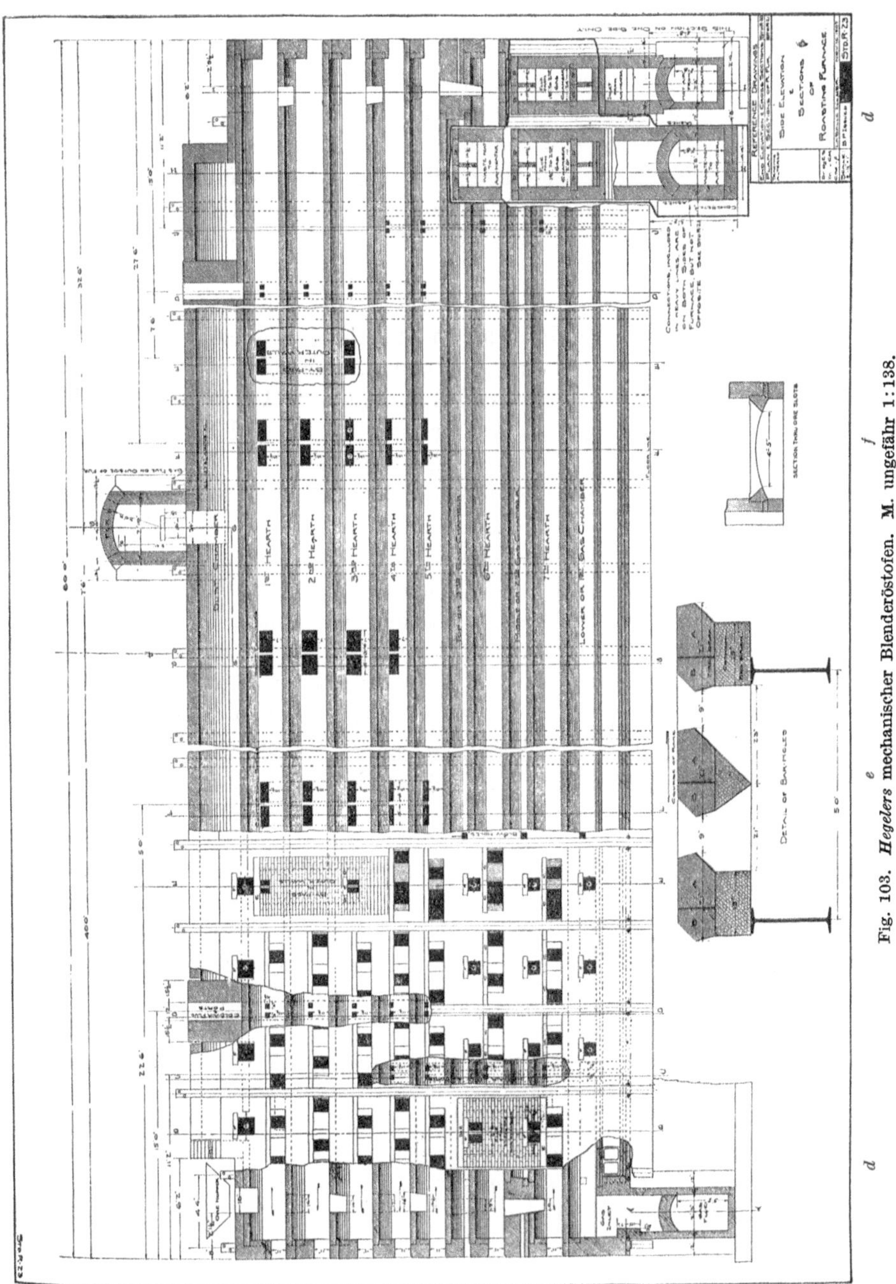

Fig. 103. *Hegelers* mechanischer Blenderöstofen. M. ungefähr 1:138.

(Fig. 104a bis c) und der für die Aufstellung des Ofens nötigen Halle (Fig. 105a bis d) ermöglichen.

Bei der Größe der Objekte sind die in den nur in kleinen Maßstäben wiederzugebenden Zeichnungen enthaltenen Zahlen (engl. Maße) und die Schrift nur schwer lesbar, wir führen deshalb in der nachfolgenden Erläuterung die hauptsächlichsten Abmessungen in metrischen Maßen an.

Der in Fig. 103a bis f dargestellte Ofen ist ein zweiteiliger oder Doppelmuffelofen mit sieben übereinander liegenden Röstherden. Der unterste (7.) und die beiden zunächst darüber liegenden werden von unten durch darunter bzw. zwischen ihnen sich befindende Feuerzüge beheizt, die beiden untersten Herde, welche als Muffeln ausgebildet sind, dadurch auch von oben. Die Herde haben eine Breite von 1,85 m, die Mittelwand des Ofens ist 57 cm und jede Seitenwand 46 cm dick. Der Ofen hat eine Länge von 24,40 m, die Erzdurchlässe f von einem Herde zum anderen sind 85,5 cm von den Muffelmündungen entfernt, so daß eine wirksame Länge von etwa 23 m für die Herde übrig bleibt. Danach stellt sich die gesamte Herdfläche einer Ofenseite auf $23 \times 1,85 \times 7$, das ist auf nahezu 300 qm und der Weg, welchen das Erz zu durchlaufen hat, auf 23×7 gleich etwa 161 m. Bei einer Leistung von 18 000 k Röstgut für die Ofenseite kommen also 1,67 qm Herdfläche auf 100 k Blende.

Der Ofen wird mit Generator- oder Naturgas beheizt. Fig. 103a in der Hauptsache eine Kopfansicht des Ofens, zeigt unten die Art der Gaszuführung (Fig. 103 d, links). Die Heizgase ziehen der ganzen Länge nach unter den untersten Röstherden her (jede Ofenseite wird für sich geheizt) und treten dann an der dem Eintritte des Gases entgegengesetzten Ofenseite durch seitlich angebaute Übergänge (Fig. 103 d, rechts) in den zweiten, zwischen der untersten und nächst höheren Erzmuffel liegenden Feuerzug (Gaskammer) über und ebenso wieder am anderen Ofenende vom zweiten zum dritten (Fig. 103 d, links), endlich durch gleiche Anbauten (rechts) in den Abzug (Fig. 103 d, rechts). Der Abzug führt die Abhitze zu dem in Fig. 104 nebst Einzelheiten dargestellten gußeisernen Vorwärmer für die Röstluft, der einer weiteren Erklärung nicht bedarf. Die Röstluft durchzieht diesen letzteren und tritt dann unter die Sohle des untersten Feuerzuges des Ofens (Fig. 103 d, rechts), wo sie sich in 7 nebeneinander liegende Kanälchen (Fig. 103 b und d) verteilt und bis nahe zum anderen Ofenende ziehend stark erhitzt wird. Etwa 3,50 von jedem Ofenende (Fig. 103 d) entfernt wird die erhitzte Luft durch einen in der Mittelwand aufsteigenden Schacht (Fig. 103 c) über die untersten 3 Herde beider Ofenseiten geführt (nach Fig. 103 d in die untersten 4 Herde). Ähnliche Schächte fallen 1 m davon entfernt (4,50 m von jedem Ofenende) von der Decke des Ofens her in der Mittelwand herab bis zur 5. Herdsohle (Fig. 103 d), um kalte Luft auf das Erz führen zu können, falls sich durch die Oxydation der Blende eine solche Hitze entwickeln sollte, daß eine Sinterung zu befürchten ist, oder aber, wenn es an Luft in den oberen Sohlen mangeln sollte.

Den Röstgasen ist im allgemeinen der Zickzackweg dem Erze entgegen von dem untersten bis zum obersten Röstherde durch die Erzdurchlässe hindurch angewiesen. Kurz vor dem Erzeinlaß (Fig. 103 d, links) treten sie in die beiden Seiten gemeinsame Staubkammer und von dort durch den quer

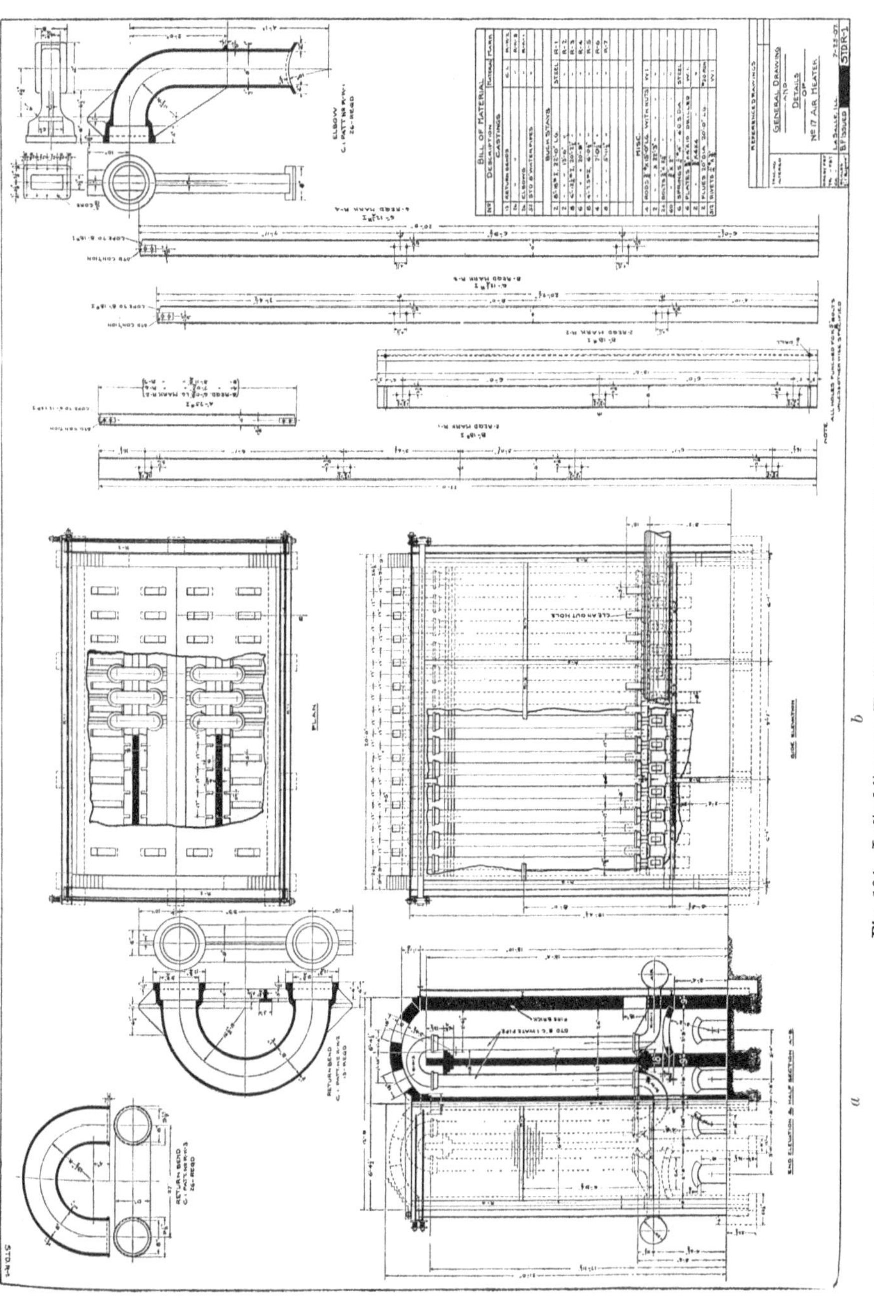

Fig. 104. Lufterhitzer zu *Hegelers* mechanischem Blenderöstöfen.

über dem Ofen liegenden Gaskanal zur Bleikammer. Indessen sind in der Mittelwand gleich weit entfernt voneinander und von den Ofenenden Kanäle vorhanden, welche mit den obersten fünf Herden in Verbindung stehen (Fig.

103 d), so daß ein Übertritt der Gase dort aus den unteren zu den darüberliegenden Herden stattfinden kann. Zwei ähnliche Verbindungen zwischen
dem ersten (obersten) und dritten Herde sind auch noch (1,50 näher, als die
vorigen, nach den Ofenenden zu gelegen) in den Außenwänden — in gleichen
Vorbauten, wie für den Übergang der Heizgase von einem Feuerzuge zum anderen — angebracht und endlich auch noch eine Verbindung in der Mitte des
Ofens zwischen den vier obersten Herden (alle in Fig. 103 d zu sehen).

Zahlreiche Öffnungen (e) in den Längsseiten des Ofens ermöglichen es,
auf den Herden angebackene Blende loszustoßen oder dem etwa festgefahrenen
Gezähe beizukommen. Auch die Feuerzüge und die Staubkammer sind durch
Reinigungsöffnungen zwischen je zwei Verankerungssäulen zugängig.

Fig. 105 gibt ein Bild von dem umfangreichen, für die Überdachung des
Ofens erforderlichen Gebäude; die beiden schmalen Flügelbauten nehmen die
Laufbahnen für die Zugstangen der Rührwerke auf.

Auf den Matthiessen- und Hegeler-Werken in La Salle sind neben einem
kleineren, 18 t leistenden Ofen, welcher im Jahre 1889 gebaut ist, noch 3
große Öfen (erbaut je einer 1895, 1897 und in jüngster Zeit) in Betrieb. Die
1895 und 1897 erbauten Öfen sind seit ihrer ersten Inbetriebsetzung bis heute
ununterbrochen in Betrieb gewesen und noch so gut erhalten, daß sie noch
ebenso lange ohne größere Reparatur werden weiterarbeiten können[1]. Geringe Ausbesserungen an den Gewölben sind ohne Kaltlegung des Ofens ausgeführt worden, indem man sie in kleinen Abschnitten vornahm, die nicht
länger ·als 12 Stunden in einer Woche in Anspruch nahmen, so daß die
Produktion des Ofens kaum vermindert wurde. An einem von der *United
Zink and Chemical Co.* zu Argentine (Kansas) im Jahre 1904 gebauten Ofen
ist trotz eines sechsjährigen ununterbrochenen Betriebes mit bleihaltigen
Erzen bisher noch keine Reparatur der Gewölbe nötig geworden. Im ganzen
sind heute in den Vereinigten Staaten außer dem obenerwähnten alten kleineren Ofen 22 große, 36 t pro Tag liefernde Öfen in Betrieb, davon 14 in Illinois, 2 in Kansas, 2 in Colorado, 3 in Ohio und 1 in Pennsylvanien (New
Castle). In Oberschlesien haben Giesches Erben auf der Saegerhütte in Rosdzin (Oberschlesien) in jüngster Zeit dieses Ofensystem eingeführt. Auf der
derselben Gesellschaft gehörigen Lireshütte betreibt man seit Anfang dieses
Jahrhunderts *Brown*öfen nach *Saegers* Bauart (80 m lang und 4 m breit),
mit indirekter Beheizung des Herdes durch Wassergas. Nach *Hoffmann*
leistet (Sächs. Jahrb. 1904, S. 20) ein solcher Ofen das Dreifache eines dreisohligen Muffelofens. Zurzeit sind 9 derartige Öfen dort im Gebrauch; sie
arbeiten bezüglich des Lohnaufwandes billiger, aber mit höherem Kohlenverbrauch, als die Hegeleröfen (Privatmitteilung).

Von der Rührwerksmaschinerie[2] des Hegelerofens stehen uns leider keine
Zeichnungen zur Verfügung, wir wollen aber versuchen, an Hand der von
Ingalls gemachten Mitteilungen und uns über die neuesten Einrichtungen

---

[1] Nach gefälliger, privater Mitteilung von Herrn *Heinz*.
[2] neuerer Art, Amer. Pat. 592 006 von *Jul. W. Hegeler* (vom 19. Okt. 1897).

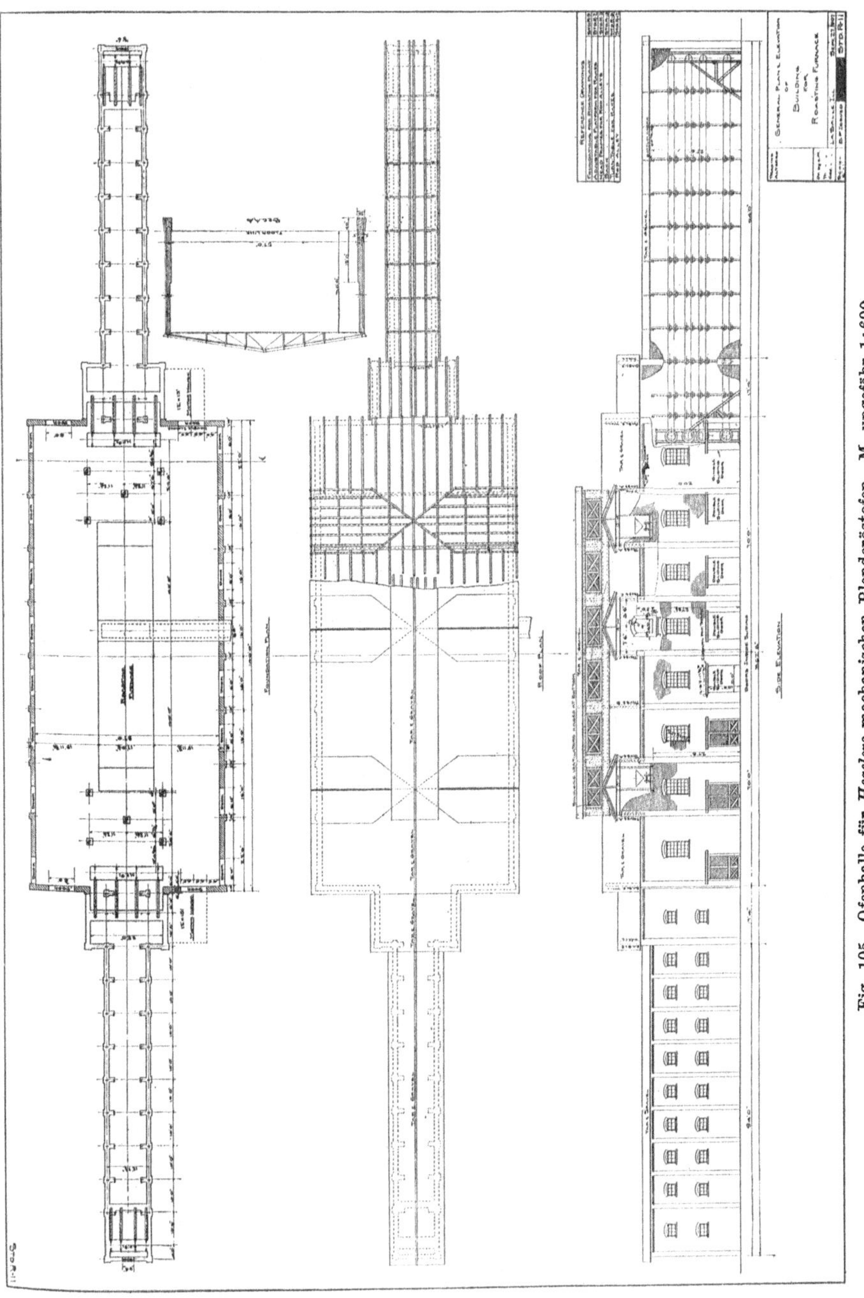

Fig. 105. Ofenhalle für *Hegelers* mechanischen Blenderöstofen. M. ungefähr 1:690.

mündlich gemachten Angaben eine möglichst verständliche Beschreibung von derselben zu geben:

Der eigentliche Rührapparat besteht aus einem auf dem Herde schleifenden Schlitten, d. h. zwei aus Flacheisen hergestellten Kufen, welche zwischen

20*

sich die Rührwerkzeuge in starrer Verbindung tragen. Letztere bestehen aus zwei oder drei dreikantigen Messern, welche dicht über den Herd gezogen werden und das Erz, indem sie dasselbe vom Herde abheben, aufwühlen. Ihnen folgt am Ende des Schlittens eine Stange, besetzt mit dreikantigen, mit der Schneide nach vorn gerichteten Krälern, welche die Erzschicht durchfurchen. Während und nach dem Durchgange des Rührapparates zeigt das Erz infolgedessen das in der Fig. 106 dargestellte Bild.

Der Rührapparat nimmt fast die ganze Breite des Herdes ein, ist vorn ein wenig schmaler als hinten, und die vorderen Enden der Kufen sind mit Abrundungen und Messern versehen, um ein Festsetzen des Schlittens an den Kanten des Herdes zu verhüten. Gezogen wird der Apparat durch eine Rundeisenstange von der Länge des Herdes, welche mittels Haken in einen an den Enden der Krählstange befestigten Bügel eingehängt wird, wie aus der Fig. 106 zu ersehen ist. Die Zugstange hängt ihrerseits am anderen Ende an einer Gelenkkette ohne Ende. Die Kette läuft über Triebscheiben und die

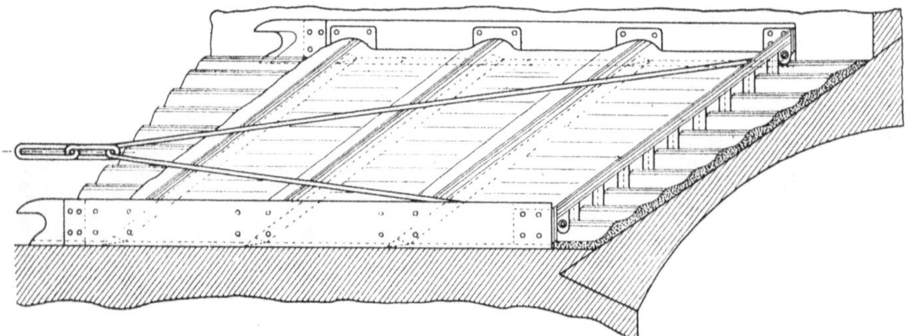

Fig. 106. Rührapparat zum *Hegeler*-Ofen.

Zugstange zu ihrer Unterstützung über Rollen, welche von einem der Länge derselben angemessenen Gerüst getragen werden. Letzteres steht in den in Fig. 105 sichtbaren, 34 m langen Flügeln der Ofenhalle und zwar deshalb an beiden Enden des Ofens, weil der Gang des Erzes in der einen Ofenseite entgegengesetzt ist dem in der anderen. Für je 2 in einer Höhe nebeneinander liegende Herde ist ein Rührapparat im Dienst. Dicht vor jedem Ofenende steht ein aus sieben Etagen bestehendes Drehgerüst, welches dazu bestimmt ist, die aus dem Ofen austretenden Schlitten aufzunehmen und zu wenden, um sie mit ihrem Vorderteile vor die Öffnung des Herdes zu legen, welche sich neben dem eben durchlaufenen in gleicher Höhe befindet. Um es nochmals hervorzuheben, ein- und derselbe Schlitten dient also für die Bearbeitung der in gleicher Höhe liegenden Herde beider Ofenseiten. Das Triebwerk für den Antrieb der die Zugstange ziehenden endlosen Kette liegt am Kopfe des Traggerüstes für dieselbe in der an die Ofenhalle sich anschließenden Erweiterung der Gebäudeflügel und das zweite Gerüst für die Kettenräder am Ende derselben. Nach dem Abkoppeln des Schlittens wird die Zugstange wieder durch Änderung des Umlaufes der Treibräder durch den Herd zurückgeführt, um den Schlitten am anderen Ofenende wieder anzunehmen.

Das Durchlaufen durch einen Herd dauert (nach *Ingalls*) etwa $1^1/_2$ Minute, und das Ab- und Anhaken an die Zugstangen, wozu ein sinnreicher Mechanismus an dem die Achse des Drehgerüstes stützenden, von den in der Fig. 105 sichtbaren 4 Ecksäulen getragenen Gerüste vorgesehen ist, erfordert etwa $^1/_2$ Minute. Jeder Herd könnte demnach alle 4 Minuten durchkrält werden. Die Kanten der Eisenteile der Schlitten sollen bei dem $1^1/_2$ Minuten währendem Durchgange rotglühend werden, sich aber in der Zeit, in welcher sie sich außerhalb des Ofens befinden, wieder so weit abkühlen, daß sie ohne Schaden wieder benutzt werden können. Setzt sich einmal ein Schlitten fest, so läßt man ihn glühend werden, worauf er sich durch Verbiegen entfernen läßt.

Die Herde oder Muffeln sind an beiden Enden des Ofens mit schwingenden Türen verschlossen, die nur einen kleinen Ausschnitt zum Durchlassen der Zugstangen der Krälschlitten haben. Nach Aus- und Eintritt der letzteren werden die mit Gegengewichten versehenen und deshalb leicht beweglichen Klappen sofort wieder geschlossen.

Die Schlitten arbeiten in dem erwähnten Zeitabstande gleichzeitig auf allen Herden, der Höhenlage und Ofenseite nach in der einen und in der anderen Richtung, immer vom Erzeinlaß zum Erzaustritt bzw. Durchlaß von einer Sohle zur anderen. Der Verschluß des Einlaßtrichters, welcher eine rechteckige, der Herdbreite entsprechende Form hat, ist mit dem Rührwerksmechanismus des obersten Herdes derart verbunden, daß er mit dem Anziehen des Schlittens vorübergehend so lange und so weit geöffnet wird, daß eine der beabsichtigten Ofenleistung angepaßte Erzmenge in den Ofen eintritt. Die Krälschlitten nehmen beim Durchziehen so viel Erz mit, als neu hinzugefügt wird. Bei einem Durchgange von 36 t in 24 Stunden, 18 t durch jede Ofenseite, sind bei einem Lauf des Schlittens, wenn solcher in denkbar kürzester Zeit, also alle 4 Minuten, erfolgt, 50 k Blende von einer Sohle zur anderen zu befördern.

Früher wurde die Zugstange nicht durch eine Kette, sondern mittels eines Paares Friktionsrollen fortbewegt, die Stange hing dann an Wagen, welche auf Schienengeleisen liefen. Auch wurden die Schlitten nicht auf Drehgestellen gewendet, sondern auf Gerüstwagen von einem Kopfe des Ofens zum anderen zurückgefahren. In *Ingalls* Metallurgie, S. 145ff., sind die Einzelheiten dieser Maschinerie in zweifacher Art zu finden.

Der von *Hegeler* geschaffene Ofen hat vor den Öfen mit rotierendem Rührwerk, wie dem *Haas-* und *Roß-Welter*-Ofen, den Vorzug, daß die Krälapparate in keinerlei Verbindung mit dem eigentlichen Ofen stehen, und noch einen größeren darin, daß dieselben zeitweise der Einwirkung des glühenden Erzes entzogen werden, denn gerade dem Einflusse des letzteren auf die Eisenteile wird es zuzuschreiben sein, daß beispielsweise die *Roß-Welter*-Öfen eine dauernde Anwendung in der Praxis nicht gefunden haben. Die Unterhaltungskosten waren zu hoch, um den vervollkommneten, leistungsfähigen

Handöfen gegenüber den Platz zu behaupten. Ins Gewicht fiel dabei noch der Umstand, daß man den Telleröfen nur eine beschränkte Herdfläche geben kann, ohne die Haltbarkeit der Ofengewölbe in Frage zu stellen.

Schröers[1] konstruierte, von denselben Gesichtspunkten geleitet, um 1890 herum, eine Maschinerie[2] zur Bearbeitung der Blende in gleichartigen Öfen, wie *Hegeler* anwendet. Auch er legte den Hauptwert darauf, die Eisenteile des Rührapparates vorübergehend der Einwirkung des glühenden Erzes und der Röstgase zu entziehen, und zwar so lange, bis eine so weitgehende Abkühlung eingetreten ist, daß ihre erneute Verwendung ohne Beschädigung möglich ist.

Es war beabsichtigt, diese Maschinerie an dem vom Verfasser in Hamborn nach dem *Malétra*typ gebauten, auf S. 296 erwähnten Ofen auszuprobieren. Da aber der Querschnitt der Muffeln nicht ausreichend für die Durchführung des Rührapparates war, plante man zum Versuch zunächst den Anbau einer weiteren, geräumigeren Abteilung an den bestehenden sechsteiligen Ofen.

Fig. 107 a bis c stellt den Entwurf für diesen Anbau dar. Im Querschnitt ist neben demselben eine Abteilung des sechsteiligen Handofens zu sehen. Es sollte nur der unterste Herd des Ofens beheizt werden, was sich durch die Praxis als ausreichend erwiesen hatte, wenn hocherhitzte Luft zur Blende geführt wird. Die Einrichtung für die Zuführung der letzteren ist in der Zeichnung nicht angegeben. Das Rührwerk besteht aus Krälbalken zweierlei Art, welche zur Bearbeitung und gleichzeitigen Fortschaufelung des Erzes in Abständen von 1,50 m, an Gelenkketten ohne Ende hängend, durch die Muffeln der Länge nach geführt werden. (Bei der praktischen Ausführung würde sich wohl eine weit geringere Zahl von Rührwerken als ausreichend erwiesen haben.) Der Antrieb und die Bewegungsart der endlosen Ketten, welche durch Gewichte in Spannung erhalten werden, gehen ohne weiteres aus der Zeichnung hervor. Die Krälbalken finden Stütze auf Gleitflächen in den Seitenwänden der Muffeln. Die Erzaufgabe wird mittels des Triebwerkes automatisch geregelt.

Es ist zu bedauern, daß der *Schröer*sche Gedanke nicht zur Ausführung gekommen ist, es würde daraus vielleicht ein dem *Hegeler*ofen gleichwertiger Apparat hervorgegangen sein. Wenn sich die Gelenkketten im Ofen widerstandsfähig erwiesen haben würden, so würde die *Schröer*sche Konstruktion des Rührapparates vor dem *Hegeler*schen das voraus gehabt haben, daß für die Unterbringung des Triebwerkes ein weit geringerer Raum erfo.derlich gewesen wäre. Außerdem wäre die ständig notwendige Bedienung durch Menschenkraft für die Umschaltung des Getriebes und die Wendung der Rührwerke nicht erforderlich. In Deutschland konnte man sich zu jener Zeit noch nicht mit den mechanisch betriebenen Öfen befreunden, erst in neuerer Zeit mehren sich wieder die Bemühungen, etwas Brauchbares zu finden.

In Oberschlesien hatte man die Lösung der Aufgabe zu dieser Zeit auf einem ganz anderen Wege gesucht. *Köhler*[3] versah einen zylindrischen Ofen-

---

[1] Vormals Betriebsdirektor der Rhenania in Stolberg.
[2] D. R. P. 61 043 vom 17. April 1901.
[3] D. R. P. 57 522 vom 7. Mai 1890.

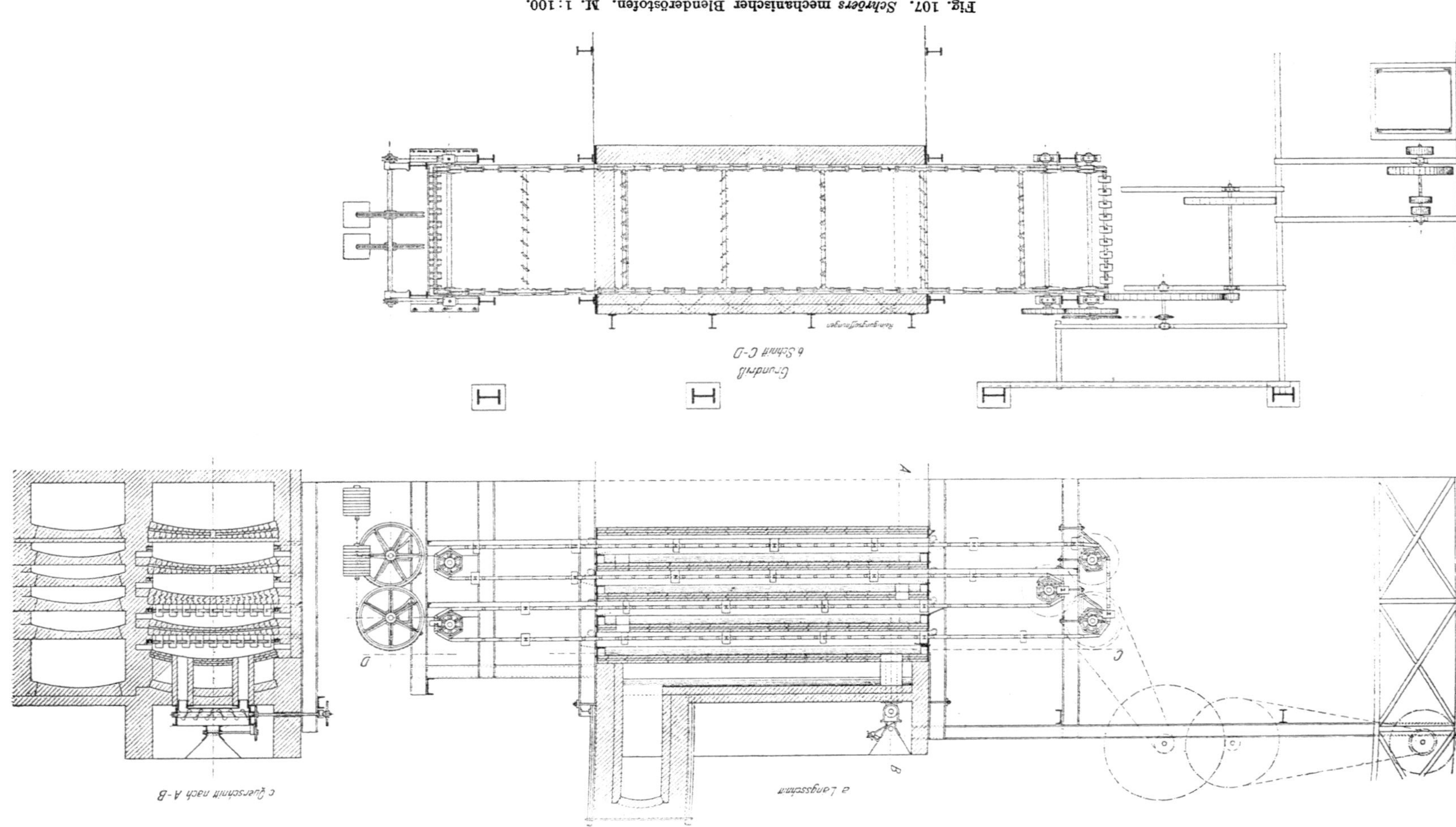

Fig. 107. *Schröers* mechanischer Blenderöstofen. M. 1:100.

raum ringsum unter dem Mantel mit Feuerzügen. In dem aus feuerfestem Material mit Blechumkleidung bestehenden Zylindermantel sind noch Luftzüge zur Erwärmung der Röstluft, welche andererseits auf diese Weise dem Mantel zur Kühlung dient, ausgespart. Die innere, die eigentliche Röstkammer umschließende Schamottwand ist zur Fortbewegung der Blende mit spiralförmig verlaufenden Vorsprüngen versehen. Sie ist so eingesetzt, daß sie sich auf leichte Weise erneuern läßt.

Fig. 108 zeigt einen Längsschnitt durch den Apparat. Der Zylinder J läuft auf Rollen c mit den Ringen b, und wird mittels des Zahnkranzes a in Umdrehung versetzt. Die beiden seitlichen Verschlußstücke K und L stehen fest, ruhen aber auf Wagen, die auf Schienenbahnen seitlich verschoben werden können, wodurch die Enden des Zylinders und sein Inneres freigelegt werden, was einen bequemen Zugang bei Reparaturen gestattet. Vermittels der Druckschrauben d und kleinen Rollen e, welche zwischen den Plattformen

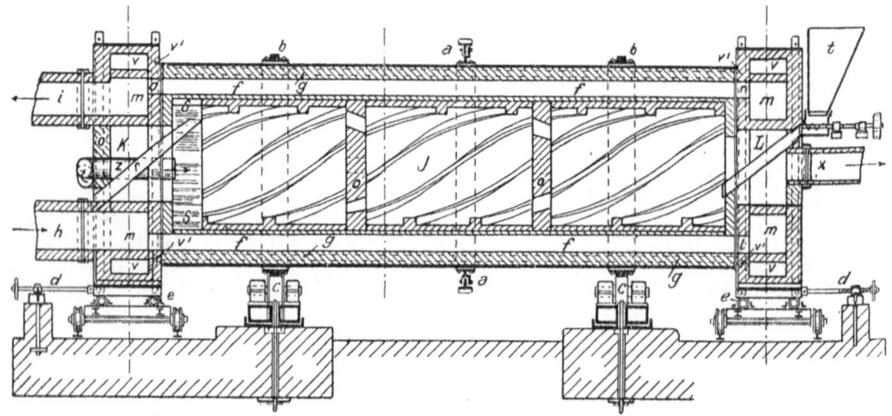

Fig. 108. *Köhlers* Drehofen. M. 1:100.

der Wagen und den eigentlichen Verschlußköpfen liegen, können die letzteren so weit an den Zylinder herangebracht werden, wie es für die ungehinderte Umdrehung desselben zulässig ist. Die in den Köpfen angebrachten Heizkammern m und Luftkammern v treten durch Öffnungen n, o, k, l bzw. v' bei der Umdrehung des Zylinders mit seinen Heiz- und Luftkanälen f und g nacheinander in Verbindung, wodurch der Lauf der Heizgase und der Röstluft geregelt wird. Infolge der Teilung der Röstkammer in mehrere Abteilungen wird das Erz längere Zeit im Ofen aufgehalten, was weiter noch durch Änderung der Drehungsrichtung nach Bedürfnis ausgedehnt werden kann. Die Füllung erfolgt durch den Trichter t, die anschließende Schnecke und Rutsche, das Austragen des Röstgutes am anderen Ende des Ofens wird durch Schaufeln S und Rutsche r vermittelt. Die Heizgase treten durch h ein und i aus, die Röstluft durch z ein, und die Röstgase ziehen durch x ab.

In Lipine wurden zwei solcher Öfen gebaut, die unseres Wissens noch heute dort stehen, der eine von 7, der andere von 12 m Länge; der Betrieb derselben soll jedoch schon mehrere Jahre wegen unbefriedigter Erfolge ruhen, wenigstens für Blenderöstung. Man benutzt die Öfen zur Verröstung von Erzen, welche einer elektromagnetischen Scheidung unterworfen werden sollen[1].

Die Erklärung für den Mißerfolg mit den Zylinderöfen liegt in der zu geringen Aufnahmefähigkeit derselben. Bei einer Länge von 10 m wird ein 1,5 m weiter Zylinder, wenn die Erzschicht nicht gar zu dick liegen soll, nur etwa 2500 k Erz fassen. Der Weg und das Verweilen des Erzes im Ofen ist zu kurz, die Abröstung der Blende kann sich in der kurzen Zeit nicht vollziehen. Eine Vor- und Rückwärtsbewegung des Erzes führt zu unterbrochenem Betrieb, es müßten denn zum Gelingen des Prozesses schon eine Anzahl von Zylindern ineinander arbeiten oder der Ofen müßte eine sehr große Länge erhalten. Auch ist der große, im Zylinder frei bleibende Raum von Nachteil, es wird dadurch eine innige Berührung der Luftmengen mit dem Erz verhindert. Das Mittel, welches *Köhler* anwandte, um größere Erzmengen im Raume zu halten, die Teilung des Zylinders durch Zwischenwände, häuft das Erz zu stark an und behindert dadurch den Röstfortschritt. Ein Versuch, diese Mißstände zu beseitigen, ist von *Douglas* gemacht[2], der in seinen „Revolver-Muffelofen" ein zentrales Feuerrohr legte. Zur Röstung von Zinkblende hat dieser Ofen aber noch keine Anwendung gefunden. Für Kupfererze soll er sich bewährt haben.

In neuester Zeit ist *Paul Schmieder* in Lipine wieder eine dem *Köhler*schen Ofen ähnliche Konstruktion mit Frischluftzuführung unter die Erzschicht geschützt worden (D. R. P. 244 131 vom 26. Mai 1910 ab).

Auf amerikanischen Hütten sind in neuerer Zeit auch noch andere mechanische Öfen, welche die Nutzung der Röstgase gestatten, in Betrieb, so auf der Robert Lanyon Zinc und Acid Co., ein sog. „gemuffelter" *Edward*ofen (Fig. 84), d. h. ein solcher Ofen mit von außen beheizten Röstsohlen.

Auf östlichen Werken der New Jersey Zinc Co. der Ofen von *J. Price Wetherill*[3], eine dem *Wethey*ofen (S. 250) oder *Brown*ofen (Fig. 82) verwandte Konstruktion, bei welcher besondere Sorgfalt auf die Art der indirekten Beheizung gelegt ist, indem die Blende bei der Fertigröstung die größte Hitze erhält und beim Eintritt in den Ofen möglichst schnell auf die Entzündungstemperatur gebracht wird, während eine geringe Beheizung dort erfolgt, wo die Verbrennung des Schwefels, also das Erz in sich selbst ausreichende Hitze erzeugt. Die langgestreckte Muffel wird von oben und unten von den Heizgasen umspült.

Auch der auf S. 251 beschriebene *Pearce*ofen mit ringförmigen Herden ist als Muffelofen umgestaltet worden. Die beiden Herde werden von unten und oben beheizt. *Ingalls* gibt auf S. 156 seiner Metallurgy eine klare Zeichnung eines Ofens von 135 qm Herdfläche, welcher in Pennsylvanien auf der Salt Mfg. Co. zu Natrona gebaut ist. Welchen Zwecken er dient, gibt *Ingalls*

---

[1] *Hoffmann*, Die Fortschritte bei der Gewinnung des Zinks. Jahrb. f. d. Berg- u. Hüttenwesen in Sachsen 1904, S. 20ff.

[2] *Ingall*s Metallurgy of Zinc and Cadmium, S. 160.

[3] Amer. Pat. 678 078 vom 9. Juli 1901.

nicht an; die große Rostfläche der Feuerungen (8,35 qm) läßt darauf schließen, daß er zum Calcinieren Verwendung findet statt zur Erzröstung. Die Herstellungskosten des komplizierten Ofens müssen sehr hoch sein, die Eisenteile allein sind zu etwa 50 000 M angegeben.

Die mit dem *Herreshoff*ofen bei Röstung von Schwefel- und Kupferkiesen erreichten Erfolge gaben den Anstoß, das schon in den 70er Jahren vorigen Jahrhunderts von den Gebrüdern *Mac Dougall*[1] eingeführte Ofensystem auch zur Röstung von Zinkblende anzuwenden, indem man es durch Beheizung der Herde für diesen Zweck geeignet machte. Zahlreiche Vorschläge wurden in dieser Hinsicht gemacht, zu den ersten gehörten die schon mehrfach genannten *Haas-* und *Roß-Welter*-Öfen. Keiner aber hat einen Erfolg zu verzeichnen; den Grund dafür erwähnten wir schon auf S. 309. Dennoch sind in den letzten Jahren immer wieder neue Versuche nach dieser Richtung hin unternommen und Patente genommen worden. Genannt seien davon die von *A. R. Meyer*[2] und *O. Hoffmann*[3]. Beide legten Heizkanäle unter die 3 untersten Sohlen eines 7herdigen Rundofens. Praktisch ausgeführt ist keiner derselben.

Fr. Meyer[4] schlug vor, zwecks besserer Ausnutzung der Heizgase drei oder mehrere solcher Rundherdgruppen in einem Ofenblock zu vereinigen und sie durch eine gemeinsame Feuerung zu beheizen. Die Feuerung erstreckte sich unter den untersten Herden nach einer Richtung hin und wandte sich zwischen dem untersten und zweiten zurück zum Abzug. Es waren nur drei Herde übereinander gedacht. Auch dieser Vorschlag hat keine Anwendung gefunden, dagegen ist man dazu übergegangen, die langherdigen Öfen mit mehreren den Rundherden entlehnten Rührwerken als Muffelöfen auszubauen, d. h. ihre Herde von außen zu beheizen, statt mit direkter Flamme, so den in Fig. 84 gezeigten Edwardsofen, wie oben schon erwähnt, und den in Fig. 85 dargestellten Mertonofen, der auf einer rheinischen Hütte (Berzelius) und einigen belgischen Hütten seit kürzerer Zeit im Betriebe sein soll. Über die erzielten Resultate ist bisher nichts in die Öffentlichkeit gekommen. Die Merton Furnace Company, Ltd. in London, bemüht sich um die Einführung dieses Ofens.

Ein ganz ähnlicher Ofen ist der von *F. J. Falding*[5] konstruierte, welcher in den 90er Jahren von der Mineral Point Zinc Co im Staate Wisconsin versucht, aber wieder verlassen worden ist (*Fr. Meyer*)[6]. Von diesem Ofen ist ebenfalls im *Ingalls*, S. 141 eine Abbildung zu finden.

Wedge[7] kehrte 1906 wieder zum einherdigen Tellerofen zurück, dessen Sohle von unten und dessen Deckengewölbe von oben beheizt wird. Der Herd steht fest, das Rührwerk dreht sich.

---

[1] Dingl. Polyt. Journ. **214**, 475 und Wagners Jahresber. f. 1876, S. 315.
[2] Amer. Pat. 750 877.
[3] Amer. Pat. 768 748.
[4] Amer. Pat. 731 114 und 761 691; D. R. P. 154 694.
[5] Amer. Pat. 756 485.
[6] Metallurgie **2**, 91 (1905).
[7] D. R. P. 168 468.

F. Heberlein und *W. Hommel*[1] bewegen den Teller unter feststehendem Ofengewölbe mit daran sitzendem Rührapparate. Nach einem späteren Patente[2] hat der zweite der Erfinder den Teller, oder nun vielmehr eine gewölbte Scheibe, noch mit einer feststehenden ringförmigen Herdfläche umgeben und beide mit einem Kuppelgewölbe überspannt. Geheizt wird nur der Ringherd von unten und oben. Die Rührarme für den Ringherd sitzen fest an der drehbaren Scheibe, welche sich aus einer nach außen geneigten ringförmigen Fläche am Rande und einem Kugelabschnitt als Mittelteil zusammensetzt. Unter letzterem liegt ein nach außen abgeschlossener, isolierender Luftraum. Das Deckengewölbe ist hohl, am Rande befindet sich in dem Hohlraume eine zum Zwecke des Gasumlaufs in zwei Abteilungen geteilte ringförmige Heizkammer, in der Mitte ein nur vom Fülltrichter durchsetzter Raum, welchen die Röstgase vor dem Verlassen des Ofens durchströmen, das Ofengewölbe dadurch vor Abkühlung schützend. Unter dem Gewölbe ist ein Rührarm befestigt, welcher mit seinen Krälern das in der Mitte eintretende Erz auf dem geneigten Herde zum Rande befördert. Dort fällt es zum ringförmigen Herde herab, auf welchem es durch die am Tellerherd sitzenden Rührarme ausgebreitet und der Erzaustrittsöffnung in der äußeren Ofenwand zugeführt wird. Die Röstluft tritt durch den hohlen Zapfen des

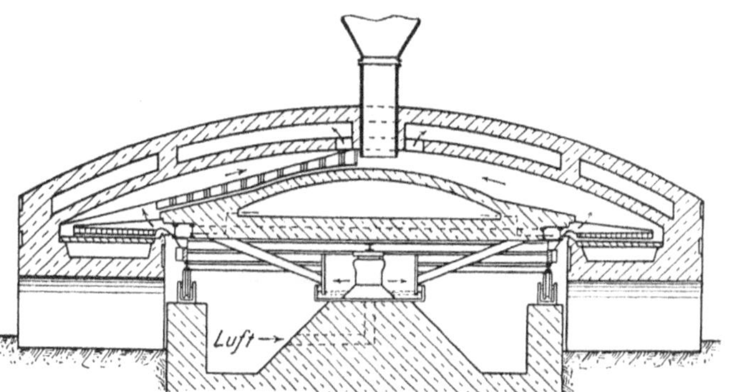

Fig. 109. Mechanischer Ofen von *Heberlein* und *Hommel*.

Tellers in eine denselben umgebende, unten durch ein Sandbad abgedichtete Glocke, von dieser durch radiale Kanäle zu einem Ringkanale unter dem Rande des Tellers und von dort zum Erz auf dem Ringherde.

Der Erfinder bezweckt mit dieser letzten Einrichtung, den Luftzutritt zum Erz verhindern oder beschränken zu können, sobald es den Schlußabschnitt seiner Behandlung durchmacht, in welchem Stadium nur wenig Luft erforderlich, dagegen die Aufrechterhaltung eines hohen Hitzegrades von besonderer Wichtigkeit ist. Fig. 109 veranschaulicht den Ofen.

Nach *Schütz*[3] sind von einer Zinkhüttengesellschaft im Rheinlande große Kosten für die praktische Verwertung dieser Erfindung aufgewendet worden, ein brauchbarer Ofen scheint aber nicht daraus hervorgegangen zu sein. Die runden einherdigen Öfen bieten selbst bei großem Durchmesser des Tellers,

---

[1] D. R. P. 168 835.
[2] D. R. P. 204 423.
[3] Metallurgie **8**, 635 ff. (1911): „Die Entwicklung der Zinkblenderöstung."

in welchem Falle die Überwölbung desselben noch Schwierigkeiten bereitet, keine ausreichende Fläche und dem Erze einen zu kurzen Weg zu einem befriedigenden Verlaufe des Röstvorganges, welcher nur langsam bis zum Innersten der Erzkörnchen fortschreitet. An Hand von Analysen zeigten wir früher wiederholt den Fortschritt der Röstung von Zinkblende auf den verschiedenen Sohlen der Herdöfen. Diese Zahlen stützen unsere Ansicht, die auch von *Schütz* und anderen geteilt wird.

Ein der **Aktiengesellschaft für Bergbau-, Blei- und Zinkfabrikation zu Stolberg und in Westfalen** geschützter Ofen[1], der aus einem ringförmigen, von unten beheizten, drehbaren Herde unter feststehendem Gewölbe besteht, wird keinen günstigeren Erfolg zeitigen. Neu ist die Anordnung der Feuerungen, welche sich mit dem Herde drehen und die labyrinthartige Führung der Feuerzüge unter dem Herde, welche eine gleichmäßige Beheizung desselben anstrebt.

Ein zweites jüngeres Patent derselben Gesellschaft[2] gibt ein Verfahren an, um fein gemahlene, geschwefelte Zinkerze mit heißer, gepreßter Luft zu verblasen. Der Röstherd des einsohligen Teller- oder Ringofens ist durch zwei Siebböden gebildet, deren Zwischenraum mit einem indifferenten Körper in kleinkörnigem Zustande ausgefüllt ist, um ein Durchrieseln des feinen Erzes zu verhüten. Das auf dem obersten Siebboden ausgebreitete Erz wird mittels Rührwerks in fortwährender Bewegung erhalten und gleichzeitig Preßluft durch den Siebboden ge-

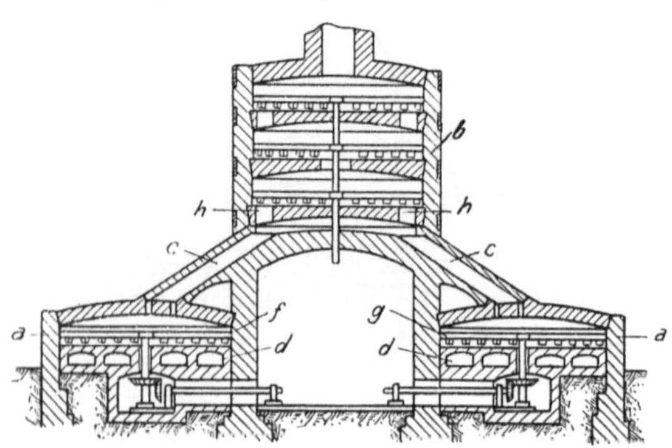

Fig. 110. Ofen von *R. von Zelewski.*

führt, welche die hohle Achse und Krälarme des Rührapparates vorher zwecks deren Kühlung und ihrer Vorwärmung durchlaufen hat. Als neu und patentfähig wird die Verbindung des Verblasens und der Bewegung der abzuröstenden Schwefelverbindungen zu einem einheitlichen Arbeitsgange angesehen. Das Verfahren soll nicht nur auf rohe Erze, sondern auch auf Gemische von rohen Sulfiden mit teilweise gerösteten oder auch oxydischen Erzen anwendbar sein. Die unvermeidliche Staubbildung wird seiner Benutzung Grenzen setzen, auch wird zum Gelingen der Gebläseluft ein hoher Hitzegrad gegeben werden müssen, der in der angegebenen Weise nicht zu erreichen ist.

R. von Zelewski[3] macht in Erkenntnis der Schwierigkeiten, welche die Blenderöstung bietet, die Vorröstung unabhängig von dem letzten Röststadium, der Totröstung. Während er nach seinem früheren Patente das

---

[1] D. R. P. 203 377.

[2] D. R. P. 229 528 vom 1. Sept. 1908.

[3] D. R. P. 195 724 und 201 191.

Ziel durch eine teilweise Ausschaltung der Rührwerke erreichen wollte, trennt er bei dem letzteren die Vorröstungsarbeit räumlich vollständig von der Endröstung, indem er, wie Fig. 110 zeigt, um einen mehrsohligen Rundofen (ohne Beheizung), mehrere einherdige, von unten beheizte Fertigröstöfen gruppiert, welche durch Kanäle zum Übertritt des Erzes und der Röstgase mit ersterem in Verbindung stehen. Die Rührwerke der einzelnen Öfen sind voneinander unabhängig, so daß zweckentsprechend einzelne derselben ganz ruhen oder mit verschiedener Geschwindigkeit umlaufen können. Es ist durch diese Verbindung mehrerer Öfen ein ununterbrochener Röstbetrieb gesichert, da wenigstens immer ein Fertigröstherd im Betriebe ist, dessen Abgase in den Vorröster eintreten und die Röstung dort unterhalten.

Die Erfindung verspricht Erfolg, wenn derselbe nicht an zu hohen Kosten für die Unterhaltung der Rührwerke scheitert. Das Ofensystem hat in Engis in Belgien Anwendung gefunden. Nach privater Mitteilung liefert der Ofen eine sehr gut abgeröstete Blende, der Betrieb erleidet aber noch Unterbrechungen wegen der noch unbefriedigenden Dauerhaftigkeit der Rührapparate, insbesondere der Krälarme.

Rob. Hübner, New York[1], will im Vakuum rösten, oder besser gesagt, die Röstgase von jedem Herde eines mehrsohligen Ofens absaugen. Der Ofen, den er dazu benutzt, hat auffallende Ähnlichkeit mit dem *Eichhorn-Liebig*-Ofen (siehe Fig. 92). Außer einer Rostfeuerung ist auch noch Gasheizung vorgesehen, um jede Etage beliebig beheizen zu können. Einen praktischen Wert hat dieses Patent nicht, die Arbeit würde kostspielig sein und die Beheizungsmittel in solcher Ausdehnung sind nach dem heutigen Stande der Technik überflüssig.

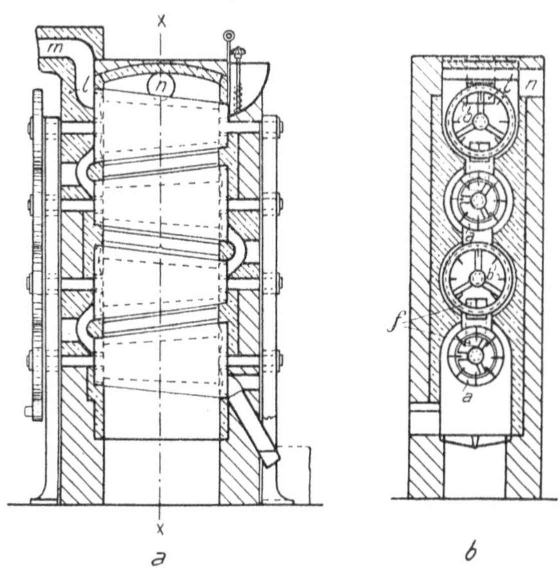

Fig. 111. Ofen von *Daniel* und *Römer*.

Ganz andere Gedanken sind in zwei von der *Maschinenbau-Anstalt Humboldt* in Köln-Kalk genommenen Patenten[2] niedergelegt. Die Rösträume werden von röhren- oder muldenförmigen, mechanisch bearbeiteten Gefäßen gebildet, die in beliebiger Anzahl in ein oder mehrere Herdsohlen nebeneinander angeordnet werden können. Das Erz wird mittels Rührwerken durch die einzelnen Mulden ihrer Längsrichtung nach hindurchbewegt. Solche

---

[1] D. R. P. 236 669; siehe Zeitschr. f. angew. Chemie 1911, S. 1493 u. 1912, S. 455.
[2] D. R. P. 188 020 und 189 973.

Versuche hat *Hasenclever* schon anfangs der 80er Jahre auf der chemischen Fabrik Rhenania in Stolberg mit Verwendung der Apparatur der *Thelen* schen Calcinierpfanne im kleinen Maßstabe angestellt[1], und ein ähnliches Patent hatten *Walter* und *Carter* in Philadelphia angemeldet.

Nicht weit von dieser Idee steht die Erfindung von *Daniel* und *Römer*[2], die eine Anzahl konischer Trommeln übereinanderlegen, welche durch Zahnradgetriebe miteinander verbunden, sich gleichmäßig langsam drehen. Mit ihren offenen Enden liegen die Trommeln in den Wänden des Ofens, wo sie durch Kanäle abwechselnd an dem einen und anderen Ende miteinander verbunden sind. Letztere dienen dem Erze und in umgekehrter Richtung den Röstgasen zum Übertritt von einer Trommel zur anderen. Fig. 111 a bis b gewährt ein Bild von der Idee der Erfinder, welche sich für die Röstung von Zinkblende kaum auf die Praxis wird übertragen lassen. Haltbares Material für die bewegten Trommeln wird nicht zu finden sein und der Abschluß der Gaszüge und Erzwege gegen die Feuergase auf Schwierigkeiten stoßen.

Ganz eigenartige Konstruktionen, welche dem Bestreben entsprungen zu sein scheinen, einen kompendiöseren Apparat zu finden, der in den Erfolgen dem Hegelerofen nicht nachstehe, sind aus dem Igenieurbureau von vormals *Friedrich Bode* (siehe S. 301 Anm.) in Dresden hervorgegangen.

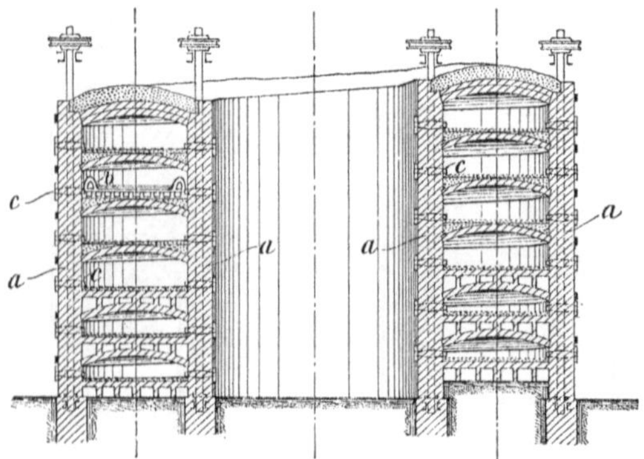

Fig. 112. Ofen von *Pfaul*.

C. Pfaul[3] (Dresden -Blasewitz) will die einzelnen übereinander liegenden Herde eines Rundofens durch eine schraubenförmige, oder aus vielen kleinen Staffeln wendeltreppenartig zusammengesetzte Fläche ersetzen, auf welcher das Erz mittels eines schraubenförmig sich bewegenden Rührwerkes von oben nach unten bewegt wird. Das Fallen des Erzes von einem Herde zum anderen fällt bei dieser Gestaltung der Röstfläche fort, womit die Staubbildung vermindert wird. Von besonderem Interesse ist das neueste Patent für die Röstung von Zinkblende wegen seines Rührapparates. Der rahmenförmige Rechen b stützt sich auf Rollen c, welche durch die Wände a des ringförmigen Ofengehäuses hindurchtreten und reihenweise durch je eine senkrechte Welle angetrieben werden. Der Rechenrahmen ruht wenigstens auf drei dieser Rollen, durch deren Drehung er parallel zu der schraubenförmigen schiefen Ebene des Herdes nach abwärts geführt wird. Durch Um-

---

[1] „Chemische Industrie“ 1884, Nr. 3.
[2] D. R. P. 208 354.
[3] D. R. P. 188 486 vom 26. April 1905 (Zeitschr. f. angew. Chemie 1908, S. 982); D. R. P. 238 291 vom 8. Juli 1908 (Zeitschr. f. angew. Chemie 1911, S. 1241).

kehrung der Drehrichtung wird er wieder nach oben gebracht, wenn nicht durch eine Hebevorrichtung außerhalb des Ofens. Fig. 112 gibt die der Patentschrift beigefügte Zeichnung wieder.

In den Vereinigten Staaten Nordamerikas sind in neuester Zeit noch zwei bemerkenswerte Patente genommen, welche dem mehretagigen mechanischen Rundofen die Verwendbarkeit für die Zinkblenderöstung sichern wollen.

U. Wedge[1] scheidet einen beispielsweise 7 sohligen Ofen durch eine wagerechte Zwischenwand in einen unteren und oberen Teil. Im letzteren verläuft die Röstung in gewöhnlicher Weise ohne Beheizung der Sohlen. Die 3 Herde des unteren Teiles sind als Muffeln ausgebildet und werden durch eine nebenstehende Feuerung geheizt. Außerdem ist aber, und das ist das Wesen der Erfindung, zwischen oberem und unterem Teil eine Vorrichtung getroffen (Transportschnecke), um zerkleinerten Koks oder Kohle zwischen das Erz zu mischen, während es durch die Öffnung in der Zwischenwand auf den obersten Herd des unteren Ofenteiles fällt. Die Kohle soll die gebildeten Sulfate reduzieren und bewirken, „daß sich der letzte Schwefelrest schon bei einer Temperatur von etwa 650° entfernen lasse, während zur Zersetzung der Sulfate ohne Kohle eine solche von 880 bis 980° erforderlich sei." Die Gase aus beiden Ofenteilen können getrennt oder gemischt abgeleitet werden.

Fig. 113 zeigt die Einrichtung.

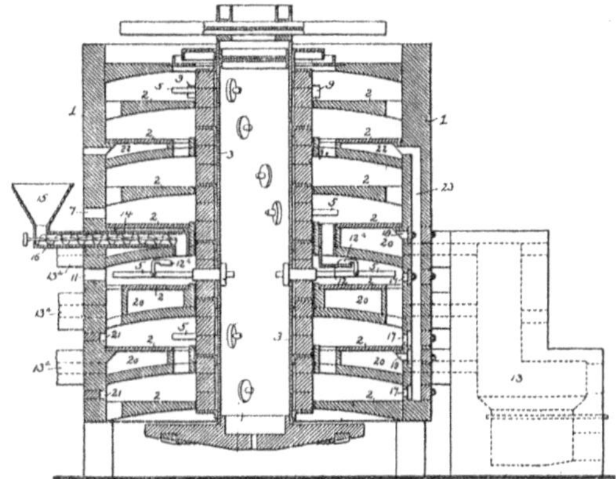

Fig. 113. Ofen von *Wedge*.

Nicol. L. Heinz in La Salle und *William H. Freeland* in Isabella (Tennessee)[2] wollen die Fertigröstung in der Hauptsache mittels Nutzung der durch die Verbrennung des Erzes in den ersten Röststadien entstehenden Wärme erreichen. Fig. 114 a zeigt drei senkrechte Schnitte nach den in den Horizontalschnitten, Fig. 114 b und d angegebenen Schnittlinien A—A, B—B, C—C. Die Fig. 114 b, c, d sind Horizontalschnitte nach den in Fig. 114 a angegebenen Schnittlinien b—b, c—c und d—d.

Das Erz geht den gewöhnlichen Weg vom Rande der Herde zur Mitte und wieder zum Rande durch die Durchlässe 1 und 2 hindurch vom obersten bis zum untersten Herde. Die Gewölbe der Herde sind hohl; *d* zeigt einen Schnitt durch einen dieser Hohlräume. Dieselben sind in zwei Hälften geteilt. Durch sie zirkuliert die Röstluft, welche oben am Rande des Ofens auf einer Seite in die Kanäle 3 im Mantel eintritt, von 3 nach 3a und im nächst tiefer liegenden Gewölbe umgekehrt, der Pfeilrichtung nach, bis in den Hohl-

---

[1] Amer. Pat. 976 525 vom 22. Nov. 1910.
[2] Amer. Pat. 986 709 vom 14. März 1911.

raum des zweiten von unten. Von dort verteilt sie sich durch die gleichartigen
Kanäle 4 weiter nach unten und nach oben und mündet durch 4a und 4b
auf den beiden untersten Herden.

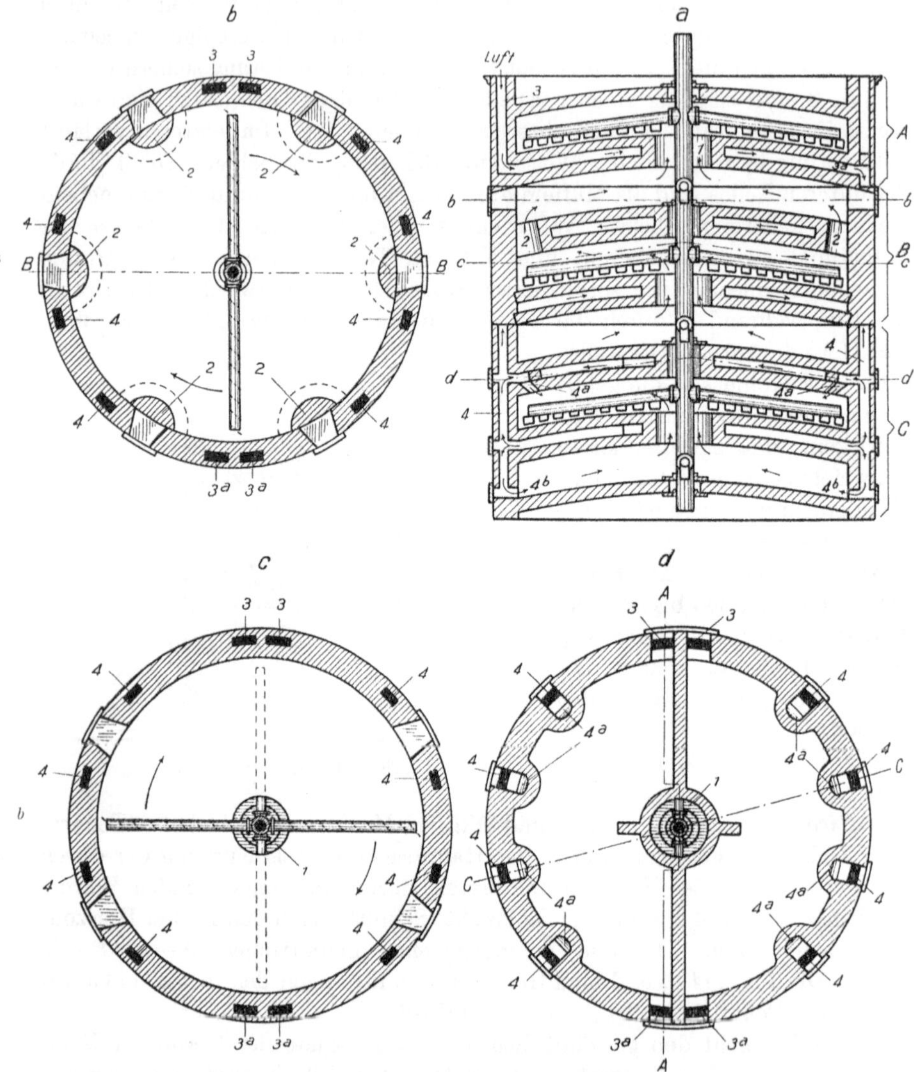

Fig. 114. Ofen von *Heinz* und *Freeland*.

Ob die vom Erz selbst erzeugte Wärme bei den unvermeidlichen Verlusten durch Ausstrahlung genügt, um eine befriedigende Abröstung von Zinkblende auf dem untersten Herde zu erreichen, muß der Versuch lehren. Der
Theorie nach ist es möglich, nötigenfalls würde eine Beheizung des untersten
Herdes von außen durch eine Feuerung unschwer einzurichten sein, oder

es könnte ein Teil der Röstluft in hocherhitztem Zustande (mittels besonderer Feuerung) auf den untersten Herd zugeführt werden (etwa durch die Kanäle 4b), während die im Ofen selbst vorgewärmte Luft nur auf den zweiten Herd (durch 4a) geleitet würde.

Der Verfasser hält bei einer guten Isolierung des Ofenmauerwerks eine Beheizung der Herde oder Rösträume von außen entbehrlich, wenn die zur Vollendung des Röstprozesses im letzten Stadium nötige Wärme durch hocherhitzte Röstluft in der eben angedeuteten Weise zugeführt wird. Davon überzeugt die nachfolgende Erwägung.

Nach den Erfahrungen genügen bei guten Handöfen 20 Proz. des Röstgutes an Kohle zur Totröstung von Blende, für die Tonne also 200 k, zu deren Verbrennung praktisch 2500 cbm Luft erforderlich sind, etwa 3200 k. Diese Luftmenge übermittelt also die zur Abröstung von 1000 k Blende zuzuführende Wärme durch die feuerfesten Gewölbe hindurch an das Erz.

1 t Zinkblende mit etwa 51 Proz. Zn und rund 25 Proz. S erfordert zur Oxydation 375 k Sauerstoff. Wenn die Gase zur Schwefelsäurefabrikation Verwendung finden sollen und überhaupt unter den gewöhnlichen Verhältnissen im modernen Röstbetrieb wird aber nahezu die doppelte Menge O verbraucht, also 750 k O = rund 3200 k Luft; das ist dieselbe Luftmenge, wie für die Verbrennung der zur Totröstung als notwendig angenommenen Kohlenmenge.

Die direkt über das Erz geführte Luft wird die Wärme aber ausgiebiger auf dasselbe übertragen können, als beim Durchgang durch das schlecht leitende Ofenmaterial. Außerdem wird bei Zuführung der für die Oxydation des Erzes nötigen Luft in kaltem Zustande noch ein großer Teil der übertragenen Wärme dem Erze entzogen. Der Kohlenverbrauch müßte sich bei Zuführung von erhitzter Luft auf das Erz also noch weit niedriger stellen, denn für die Erhitzung von 3200 k Luft auf 1000° C sind nur 760000 w, also bei Nutzung von 50 Proz. des Heizwertes (7600 w) einer guten Steinkohle im Lufterhitzer auch nur 200 k derselben nötig. Nun ist aber in den letzten Stadien der Röstung nur noch wenig Luft, etwa $^1/_5$ der oben angegebenen Menge, zur Oxydation erforderlich, der übrige Teil könnte später im kalten Zustande dem Erze zugeführt werden, an einer Stelle, wo die Verbrennung desselben ausreichend Wärme zur Unterhaltung des Röstprozesses erzeugt. Das Erz bringt aus diesem Stadium überhaupt Wärme genug zur Vollendung der Röstung mit. (Bei Verbrennung von 1000 k 51proz. Blende entwickeln sich etwa 900000 w, während die Röstgase bei einer Abgangstemperatur von 500° nur etwa 375000 w fortführen.) Es darf ihm nur dieselbe nicht durch kalte Luft beim Ende des Röstprozesses entzogen werden[1].

Thomas[2] hat unter Mitwirkung von *Borchers* und *Schenck* die Einwirkung von Kieselsäure und Wasserdampf auf die glühende Zinkblende studiert, um die Frage zu klären, wie die Abröstung der Blende in vollendeterer

---

[1] Der Verfasser hat sich das Verfahren der Blenderöstung allein mittels hocherhitzter Luft durch das D. R. P. 237 034 und auch im Auslande schützen lassen.

[2] „Metallurgie" 1910, S. 610 u. 637; siehe auch *Schütz*, „Metallurgie" 1911, S. 644.

Weise mit einfachen Mitteln und bei niedriger Temperatur zu erreichen sei.
Mit Kieselsäure trat in einem Gemisch von reiner Blende mit Quarzsand
in einem im Kryptolofen erhitzten Schamotttiegel in einer Stickstoffatmosphäre bei 1400° noch keine Reaktion ein. *Thomas* gab deshalb die Versuche
in dieser Richtung auf. Wie wir S. 226 zeigten, spielt aber doch bei der Arbeit
im großen die Kieselsäure keine untergeordnete Rolle, die Einwirkung tritt
jedoch erst im letzten Röststadium ein, wenn die Zinkblende bereits zu
Zinkoxyd und Zinksulfat oxydiert ist.

Der früher schon mehrfach empfohlene Wasserdampf[1] dagegen hat
nach *Thomas'* Versuchen eine hervorragend fördernde Wirkung auf den Röstfortschritt. Es vollzieht sich danach die Zerseztung von Zinksulfat bei einer
um etwa 100° C niedrigeren Temperatur, als wenn Wasserdampf in der Röstluft fehlt. Die Zersetzung beginnt bereits bei 600° und ist bei 820° in kurzer
Zeit vollendet. Bei 650° beginnt nach *Thomas* der Wasserdampf auch schon
auf ZnS einzuwirken. Besonders wirksam soll der Wasserdampf sein, wenn
er in dem zu behandelnden Erze selbst entbunden wird, die Blende soll deshalb
mit wasserstoffhaltigen, backenden Brennstoffen, wie Teer, Pechpulver
oder backender Kohle brikettiert werden. Um aber den Kern solcher Briketts
der oxydierenden Luft auszusetzen, schlägt *Thomas* vor, in Trommelöfen die
abgeröstete und leicht zerfallende Schale mechanisch abzureiben und fortlaufend aus dem Röstapparate zu entfernen, gebotenenfalls unter nochmaliger Behandlung des abgeriebenen Erzpulvers. Er verspricht sich große
Vorteile aus der Anwendung von Wasserdampf im Großbetriebe. Nach unserer
Ansicht dürften seine Vorschläge in der Praxis doch auf einige Schwierigkeiten
stoßen. Wir verweisen bezüglich der Einzelheiten auf die Originalabhandlung.

Der vorher erwähnte Wedgeofen (S. 319) begegnet sich gewissermaßen
mit den Vorschlägen von *Thomas*, wenn *Wedge* auch die Wirkung der angewendeten Kohle in der reduzierenden Wirkung auf die Sulfate sucht.

Aus jüngster Zeit ist noch eine Ofenkonstruktion zu nennen, welche von
der *Union de Produits chimiques, Soc. an. d' Hemixen* in Belgien am 24. Juli
1911 in Deutschland zum Patent angemeldet worden ist. (U. 4514 Kl. 40 a,
Belg. Pat. 237 437).

Der Ofen besteht aus einer um ihre Längsachse schwingenden, geneigten
Trommel, in welche eine in der Schwingungsachse verlaufende, ebene Muffel
eingebaut ist, welche unten und oben von Feuerzügen umgeben und deren
Herd, bzw. Sohle durch Längsrillen aufgeraucht ist.

Beim Schwingen der Trommel (um 55°) soll das Erz von einer Seite
der Sohle zur anderen rollen und bei der geneigten Lage der Muffel dieselbe
auf einem Zickzackwege von hinten nach vorn durchlaufen. Durch diese
Bewegung soll die Krusten- und Klumpenbildung vollständig vermieden
werden und das Erz in pulverigem Zustande den Ofen verlassen. Ein auf
der Fabrik der Erfinderin im Bau befindlicher Ofen wird zeigen, ob sich die
an die Konstruktion geknüpften Erwartungen erfüllen werden. Wegen der

---

[1] Ein Verfahren, welches sich auf *Thomas'* Arbeiten stützt, ist durch D. R. P.
242 312 vom 30. Mai 1910 ab geschützt.

Einzelheiten der Ausrüstung müssen wir auf die Patentschrift verweisen, weil es nicht mehr möglich war, noch eine Zeichnung aufzunehmen.

Nach *Auxel Nemes* in Brüssel ist auch der von *Xavier de Spirlet* (D. R P. 236089 vom 28. April 1910 ab) konstruierte, ursprünglich wohl für Röstung von Pyrit bestimmte Ofen in Belgien versuchsweise für Zinkblende in Benutzung genommen. Dieser Ofen besteht aus einer Anzahl (8) wagerecht übereinander liegender, kreisrunder Röstherde, von welchen der unterste (erste), der dritte, fünfte usw. festehen, die dazwischen liegenden dagegen von ihrem Umfange aus in Drehung versetzt werden können. Das Erz fällt durch abwechselnd am Umfange und in der Mitte der Herdgewölbe ausgesparte Öffnungen von einem Herd zum anderen herab, bewegt durch Rührer aus feuerfestem Stoff, welche in die Gewölbe eingebaut und nach unten bis auf die darunterliegende Herdsohle hinabreichen. Der Erfinder vermeidet also die bei der Röstung der Zinkblende wegen der hohen Temperatur wenig widerstandsfähigen eiseren Werkzeuge, wird mit dem Ersatz durch Schamottkräler aber grosse Ofenreparaturen nicht verhüten können, weil nach Abnutzung derselben der ganze Ofen wird umgebaut werden müssen. Eine der Patentschrift entnommene Zeichnung des Ofens ist in der Ztschr. f. ang. Chem. 1911 S. 1493, 1912 S. 455 und „Mesallurgie" 8 S. 516 zu finden.

Wir wollen zum Schlusse dieses Abschnittes uns noch ein Bild darüber verschaffen, welche Vorteile bei deutschen Verhältnissen der mechanische Ofen dem Handofen gegenüber zu bieten vermag und dabei neben den privatim erhaltenen Auskünften einerseits die Angaben zugrunde legen, welche *Schütz* in seiner Abhandlung über die Entwicklung der Zinkblenderöstung aus authentischer Quelle hinsichtlich des Hegelerofens gemacht hat[1], andererseits die Leistung eines Arbeiters am Handofen zu 1000 k Röstgut und die Gesamtleistung eines solchen Ofens zu 8000 k ansetzen. Wenn auch für heutige Verhältnisse zu niedrig genommen, wollen wir des Vergleiches wegen doch mit denselben Zahlen rechnen, welche wir schon früher (S. 263) eingesetzt haben, das ist mit einem Tagelohn des Röstarbeiters von 4 M und mit einem Kohlenpreise von 12 M für die Tonne.

Nach *Schütz* kostet ein Hegelerofen für eine Leistung von 36 t Röstgut pro Tág 120 000 M. Es ist nicht gesagt, ob die Gaserzeuger und die Maschinenteile des Rührwerks eingeschlossen sind, wir wollen es annehmen. Ein Handofen für eine Produktion von 8000 k Röstgut läßt sich nach des Verfassers Erfahrungen, abgesehen von den Anbauten, welche die Verwertung der Röstgase fordert, für 15 000 M unter normalen Verhältnissen herstellen. Da $4^{1}/_{2}$ dieser Öfen für die Produktion des Hegelerofens nötig sind, stehen den 120 000 M dort 67 500 M gegenüber; bei einer Tilgung von 10 Proz. haben wir also in dem einen Falle mit einer täglichen Belastung des Betriebes von 33 M, im anderen mit einer solchen von 18,50 M zu rechnen oder für 1 t Röstgut mit 0,92 bzw. 0,52 M. Die Kosten für die Überdachung mögen ohne Ansatz bleiben, weil sie je nach den Gepflogenheiten der Hüttenbesitzer sehr verschieden sein können. Den Kraftverbrauch für das Rühr-

---

[1] „Metallurgie" 1911, S. 639.

werk des Hegelerofens setzen wir gemäß der uns aus Amerika zugegangenen Auskunft zu 15 PS und den Kohlenverbrauch für den mechanischen Ofen zu 30 Proz. vom Röstgut ein, während wir für die Handöfen, um sicher zu gehen, 25 Proz. rechnen wollen. Der Hegelerofen wird in der Schicht von 4 Mann bedient, ein weiterer Mann ist für die Heizgaserzeugung zu rechnen. Es betragen demnach die täglichen Kosten:

für den Hegelerofen zu 36 t		für den Handofen zu 8 t	
40,00 M	für Arbeitslohn = 10 Mann à 4 M	Arbeitslohn 8 Mann zu 4 M =	32,00 M
129,60 „	etwa 10,8 t Kohle à 12 M	2000 k Kohle à 12 M	24,00 „
7,20 „	„ 15 PS-st. × 24 à 0,02 M	—	—
11,00 „	„ 4000 M im Jahr für Reparaturen der Rührwerksmaschinen	Reparatur des Gezähes	2,00 „
33,20 „	Tilgung der Ofenbaukosten (10 Proz.)		4,10 „
221,00 M	Zusammen		62,00 M
6,15 „	für 1 t Röstgut		7,75 „

Bei hohen Löhnen wird sich das Verhältnis wesentlich ungünstiger stellen, die ausgedehnte Anwendung von Maschinenöfen in Amerika ist deshalb erklärlich. Andererseits wird bei komplizierterem Mechanismus, als beim Hegelerofen der verhältnismäßig geringe Unterschied in den Röstkosten leicht durch höhere Tilgungs- und Unterhaltungskosten aufgewogen werden können.

III. Herstellung der Reduktionsgefäße, der Vorlagen und des Zubehörs.

Ein dichtes und haltbares Reduktionsgefäß gehört zu den vornehmsten Erfordernissen einer sparsamen Wirtschaft im Zinkhüttenbetriebe, weshalb der Betriebsleiter seine ganz besondere Sorgfalt der Betriebsabteilung zuwenden muß, welche sich mit der Herstellung der Muffeln usw. befaßt. Die Fabrikation derselben ist untrennbar vom Zinkhüttenbetriebe, weil die Gefäße nicht in gebranntem Zustande bezogen werden können, und nahe liegt deshalb auch die Ausdehnung dieser Betriebsabteilung auf die Erzeugung der übrigen im Betriebe erforderlichen feuerfesten Materialien und Tongefäße, wie der Vorlagen usw. Wir wollen hier nur die Fabrikationsweisen für Muffeln und Vorlagen behandeln und die Ansprüche, welche an die übrigen Ofenmaterialien gestellt werden, kurz beleuchten.

Für die richtige Auswahl der Tone und übrigen für die Fabrikation der Reduktionsgefäße zur Verwendung kommenden Materialien und des Mischungsverhältnisses derselben ist die Kenntnis der Veränderungen, welche dieselben im Betriebe unter der Einwirkung der Ofenhitze, durch die Schlacken der Erzrückstände, durch flüssige und dampfförmige Metalle, insbesondere durch die Zinkdämpfe und endlich durch die Flugasche und das Spiel der Flamme erfahren, von ganz besonderer Wichtigkeit.

Die eigenartige Blaufärbung, welche Muffeln von langer Haltbarkeit durch die ganze Masse hindurch zeigen, gab wohl zuerst Veranlassung zu eingehenden chemischen und mikroskopischen Untersuchungen der Scherben derselben. Dieselben klärten darüber auf, welche Wandlungen das Tonmaterial im Betriebe erfährt.

Dr. *Steger* zu Rosdzin in Oberschlesien[1] berichtet im Jahre 1887 eingehend über seine Befunde an Muffeln der Paulshütte in Oberschlesien. In keinem Falle war die Tonmasse unberührt geblieben; mit fortschreitender Dauer im Ofen nimmt die Umwandlung derselben einen immer höheren Grad an, bis schließlich aus dem Tone ganz neue Körper geworden sind, die auch interessante Schlüsse auf die Bildung krystallinischer Mineralien in vulkanischen Gesteinen in großer Hitze bei Gegenwart von Metalldämpfen ziehen lassen.

In den tiefblauen Scherben war die Tonsubstanz ganz verschwunden, an ihrer Stelle hatten sich Zinkspinell ($ZnAl_2O_4$) und Tridymit (SiO_2) gebildet. Ersterer in großen, intensiv blau gefärbten Oktaedern, letzterer in größeren Individuen, aber selten deutlich krystallisiert. Daneben fanden sich noch zahlreiche Absonderungen von gelb bis braun gefärbten Gläsern, welche als Entglasungsprodukte säulenförmige Krystalle enthielten (künstlichen Willemit)[2].

Andere Teile der Muffeln, besonders die auf den Ofenbänken ruhenden Böden derselben waren hell- bis dunkelbraun gefärbt. Diese zeigten sich unter dem Mikroskop ganz durchsetzt von stängligen, zu Gruppen angehäuften Krystallen von gelblicher Färbung — künstlicher Willemit —. Daneben fanden sich farbloser Zinkspinell und Tridymit, aber nicht so reichlich, wie in den blauen Scherben. Die in den braunen Scherben noch reichlich vorhandene unzersetzte Substanz berechtigt zu der Annahme, daß dieselben nicht genügender Hitze ausgesetzt waren, um das zuerst gebildete Zinksilicat mit dem Tonerdesilicat in Zinkaluminat und Kieselsäure umzusetzen. Auch in den hellgefärbten Scherben der Gefäße von kürzerer Dauer war noch unzersetzte Tonsubstanz neben eingestreuten Schamott- und Quarzkörnern vorhanden. Die bereits gebildeten Zinkspinellkrystalle sind noch klein und wasserhell bis meergrün, sie sind, wie auch Tridymit, noch verhältnismäßig spärlich da, meist gruppenförmig die Spalträume ausfüllend. An einzelnen Stellen fanden sich auch Krystallnadeln von Zinksilicat (Willemit).

Als Magerungsmittel war der Muffelmasse Neuroder Schiefer mit einem gewissen Kohlengehalt zugesetzt, der sich in den Scherben unzersetzt wieder fand, aus ihm war auch die Kohle, die in die Modifikation des Graphits übergegangen zu sein scheint, noch nicht verschwunden, selbst nicht bei den lange im Ofen gewesenen tiefblauen Scherben.

---

[1] Zeitschr. f. Berg-, Hütten- u. Salinenwesen **35**, 165 (1887). vergl. auch 44, 1 (1896).

[2] Auch *Schulze* und *Stelzner* (*Naumann-Zirkel*, El. d. Mineralogie, 14. Aufl., S. 371) erklären die blaue Farbe der Muffeln durch Anwesenheit unzähliger, scharfer mikroskopischer Oktaederchen — bis 0,06 mm lang — von bläulichem Zinkspinell. — *Brandhorst:* Ztschr. f. ang. Chem. 1904 S. 508) ist der Meinung, daß die Blaufärbung von Titanoxyden herrührt, welche durch Reduktion aus der in den meisten Tonen enthaltenen Titansäure entstanden sind.

Im Durchschnitt beträgt nach *Schnabel* der Zinkgehalt der aus den Öfen kommenden Muffeln etwa 6 Proz. der Masse. Auf den Bethlehem Zinc Works sind bis zu 21 Proz. in einzelnen Fällen gefunden. *Jensch* fand in 7 verschiedenen Proben 13,18 bis 18,21, im Mittel 16 Proz. Die zu den von *Steger* in vorstehender Weise untersuchten Muffeln verwendeten Tone usw. hatten die nachstehenden Zusammensetzungen. Die Mischung aus den 3 Materialsorten ist dem Verhältnis nach leider nicht angegeben. Die Muffeln sollen eine sehr hohe durchschnittliche Haltbarkeit gehabt haben.

	Mirower Ton (von Grojec südlich von Warschau)	Blauer Saarauer Ton (Niederschlesien)	Neuroder Schiefer, gebrannt	Neuroder Schiefer (Rubengrube), roh
Kieselsäure . . .	65,39	49,00	56,04 bis 54,98	43,84
Tonerde	22,72	36,75	43,12 ,, 45,88	38,30
Eisenoxyd . . .	0,91	0,80	bei	0,46
Magnesia (u. Kalk)	0,23	0,56	geringen	0,38
Kali	0,86	0,41	Mengen	0,42
Natron	1,84	0,37	Eisen	—
Wasser, geb. . .	7,77	11,87	—	17,78
	99,72	99,76	99,16 bis 100,86	101,18
	Ton aus der polnischen Juraformation	Ton aus der Braunkohlenformation		

Scherben gebrauchter Muffeln von oberschlesischen Zinkhütten fand *Jensch* von folgender Zusammensetzung:

	I	II	III	IV	V
SiO_2	50,20	48,64	46,50	52,14	49,75
Al_2O_3	30,80	33,58	36,84	28,56	31,82
CaO	0,48	0,35	0,60	0,40	0,52
MgO	0,56	0,39	0,41	0,35	0,38
Alkalien	0,21	0,30	0,25	—	0,80
Fe_2O_3	0,61	0,73	1,21	0,75	0,96
ZnO	17,64	16,38	14,11	18,21	16,63
CdO	0,005	0,071	0,08	0,01	0,13

I und II sind Durchschnittsproben aus geputzten und gemahlenen Muffelscherben gemischt von Herkünften von der Kunigundenhütte bei Kattowitz und der Klaraund der Franzhütte bei Schwientochlowitz.

III und IV von der Beuthener Hütte und der Rosamundehütte aus den Jahren 1885 bis 1890.

V eine Probe gemahlener Scherben von der Godullahütte.

Nach *Degenhardt*[1] hatten Scherben belgischer Röhren (blaue I und weiße II) folgende Gehalte:

---

[1] *Steger*, Eisen und Metall 1888, S. 66; Amer. Chem. 1875, Nr. 58, S. 355.

	I	II
SiO_2	41,13	50,10
Al_2O_3	33,48	38,28
CaO	0,92	1,13
MgO	0,47	0,73
Fe_2O_3	2,84	3,42
MnO_2	0,37	0,41
ZnO	21,47	6,10

Mühlhaeuser[1] fand gebrauchte Muffeln von folgender Zusammensetzung:

	I Rheinische Muffel	II Retorte von Illinois	III Retorte von Kansas
SiO_2	68,84	44,68	52,06
Al_2O_3	20,38	32,52	28,34
CaO	0,60	0,10	0,06
MgO	0,12	0,00	0,42
Fe_2O_3	2,52	3,60	2,40
K_2O	—	0,11	—
Na_2O	—	0,20	—
ZnO	6,42	19,10	16,88

Die völlige Umwandlung der Tonsubstanz durch den Hüttenprozeß hat jedoch die Feuerbeständigkeit der Masse keineswegs herabgedrückt, im Gegenteil ihre Haltbarkeit erst begründet und ihre Aufnahmefähigkeit für Zinkdämpfe wesentlich vermindert. So würden die Gefäße noch lange dienen können, wenn nicht die mit der Beschickung eingebrachten Schlackenbildner am Stoffe nagten und sie dadurch mit der Zeit so dünnwandig machten, daß ihre Auswechslung notwendig wird.

Nach der Beobachtung des Verfassers scheint aber auch ohne die Einwirkung der Schlacke eine allmähliche, wenn auch recht langsame Abzehrung der Muffelwandungen dadurch einzutreten, daß die gebildeten Zinkverbindungen, d. h. die in Zinksilicat und Zinkaluminat umgewandelte Muffelmasse durch Kohle reduziert wird, denn natürlicher Willemit wird ja, wie wir gesehen haben, auch durch dieselbe reduziert und Kieselsäure abgeschieden, und dasselbe wird vermutlich auch beim Zinkaluminat der Fall sein. Retorten von langer Dauer werden auch vom Innern her so weit verzehrt, daß die Wandungen von den in den oberen Reihen eines belgischen Ofens etwa 100 Tage ausdauernden Röhren nur noch eine Dicke von 5 mm haben, und zwar an den Seiten und oben, wo die Schlacke nicht frißt.

Der Einwirkung der Schlacke und Schlackenbildner sucht man in der Regel mit einem hohen Tonerdegehalt der Muffelerdemischung zu begegnen. Auch ein gewisser Kokszusatz erhöht die Widerstandsfähigkeit gegen Schlacke.

Die aus einer schadhaften Muffel ausfließenden Schlacken und Metalle

---

[1] Zeitschr. f. angew. Chemie 1902, S. 1242.

und die ausströmenden Zinkdämpfe ziehen stets die benachbarten Muffeln in Mitleidenschaft, da dieselben unter Mitwirkung der im freien Ofenraume herrschenden hohen Temperatur das feuerfeste Material von Muffeln und Ofengestell ganz energisch angreifen.

Eine aus einer schadhaften Stelle hervortretende Zinkflamme, sog. Bläser, vermag in kurzer Zeit die benachbarte Muffelwand oder die Säule des Ofenvorhanges zu durchbohren. Besonders aber sind die Gefäße an der Mündung der Zerstörung durch die Einwirkung des flüssigen Eisens und Bleis und ihrer Oxyde ausgesetzt; die nach der Durchlochung ausfließenden Metalle und Schlacken durchfressen in Kürze das Ofengestell und die in den belgischen und rheinischen Öfen darunter liegenden Gefäße.

Ein großer Teil des Muffelverbrauchs ist auf dieses Konto zu setzen, und es ist deshalb ein Gebot für den Ofenmeister, vor der neuen Beschickung seine Muffeln einer genauen Untersuchung zu unterwerfen und alle die durch neue zu ersetzen, welche am nächsten Betriebstage in der unteren Seite zu versagen drohen. Diese Maßnahme ist besonders bei den belgischen und rheinischen Öfen von Wert und wirtschaftlichem Vorteil, eine zu große Sparsamkeit im Muffelverbrauch rächt sich in den nächsten Tagen, wenn auch der Zinkverlust, den die neuen Muffeln durch ihre Durchlässigkeit und Aufsaugefähigkeit für die Zinkdämpfe im Gefolge haben, dabei in Rechnung zu stellen ist.

Aus Vorstehendem geht hervor, daß man bei Auswahl des Materials für die Reduktionsgefäße neben einer hohen Feuerbeständigkeit der Masse selbst ganz besonders das Augenmerk darauf zu richten hat, eine gegen die Einwirkung der Schlacke möglichst unempfindliche Zusammensetzung zu finden. Gegen die Einwirkung der Zinkdämpfe vom Innern der Muffel aus kann man sich durch die chemische Zusammensetzung nicht schützen, da, wie wir gesehen haben, die basischen wie sauren Mischungen mit der Zeit vollständig zu Zinkverbindungen umgesetzt werden. Es bleibt also in dieser Hinsicht nur übrig, eine möglichste Dichte der Muffelmasse anzustreben. Dieselbe bietet auch der Schlacke weniger Angriffspunkte und deshalb auch nach dieser Seite hin das beste Mittel, um die Dauer der Reduktionsgefäße zu verlängern.

Eine hohe Feuerbeständigkeit ist dabei die erste Bedingung für ein haltbares Gefäß, namentlich bei den Öfen mit mehreren Retortenreihen, weil dasselbe in diesen fast auf seiner ganzen Länge, nur vorn und hinten unterstützt, frei im Feuer liegt und dabei noch die ganze Last der Beschickung zu tragen hat, während bei den einreihigen schlesischen Öfen die Muffel auf ihrer ganzen Länge mit der unteren Bodenfläche aufliegt.

Das ist ein nicht zu unterschätzender Vorteil, welchen das schlesische Ofensystem vor dem belgischen und rheinischen bietet; wir werden beim Destillationsbetrieb noch Gelegenheit finden, näher hierauf einzugehen.

Die chemische Zusammensetzung der Tone, insbesondere das Verhältnis von Kieselsäure und Tonerde bietet dem Zinkhüttenmann also wenig Anhaltspunkte für die Beurteilung der ihm für die Retortenfabrikation zur

Verfügung stehenden Materialien. Hohe Bestandteile der Tone an Flußmitteln, Alkalien und Eisen sollten von vornherein zu deren Verwerfung Veranlassung geben, weil sie durch Schlackenbildung zu Höhlungen in der Masse führen, welche die Feuerbeständigkeit herabsetzen und der Flugaschenschlacke von außen und den Erzrückständen von innen Angriffspunkte zum Eindringen in die Muffelwände bieten.

Der Verfasser hat sich deshalb während seiner Praxis als Betriebsleiter einer vergleichenden Probiermethode bei der Prüfung und Auswahl der zur Verwendung in Betracht kommenden Muffelmaterialien und „Muffelmischungen" bedient, wobei er als Vergleichsstück eine bewährte Muffelmischung von hoher Beständigkeit gegen hohe Hitzegrade und Schlacken benutzte. Er möchte nicht unterlassen, diese Methode den ihm zeitlich nachfolgenden Zinkhüttenmännern zu empfehlen, da sie ihm große Dienste geleistet hat.

Von den bewährten und den zur Verwendung in Aussicht genommenen Mischungen wurden Probierkörper hergestellt, abgestumpfte Kegel von 100 mm Höhe, 40 mm unterem und 25 mm oberem Durchmesser, sorgfältig getrocknet und bei mäßiger Hitze gebrannt. (Das Höhenmaß mußte nach dem Brennen noch bei allen Mustern dasselbe geblieben sein, damit es zur Bestimmung der Schwindung der Masse dienen konnte.) 2 Probestücke wurden mit 2 Vergleichsstücken zusammen dann in einem Sefströmschen Gebläseofen mittels kleinstückigen Koks (25 bis 35 mm Stücke) 2 Stunden lang auf heftiger Weißglut zur Prüfung ihrer Feuerbeständigkeit erhalten und dann langsamer Abkühlung überlassen. Wenn so behandelte Proben außen vollkommen glasiert worden sind, aber nur eine sehr geringfügige Schwindung zeigen und ihre Form vollkommen bewahrt haben, kann man sicher sein, eine recht brauchbare Mischung vor sich zu haben, namentlich wenn das Innere des Körpers noch eine reine gleichmäßige, wohl etwas gesinterte, aber glasfreie Beschaffenheit hat.

Um die Widerstandsfähigkeit gegen Schlacken zu prüfen, wurden kleine 15 mm große Stücke von Muffelrückstandsschlacke oder andererseits von Kohlenschlacke auf die Köpfe der Probesäulchen gelegt. Diejenige Mischung erwies sich als die beste, in welche der Schlackenfluß am wenigsten tief eingedrungen war.

Die Fig. 115 a bis b zeigt den verwendeten Sefströmofen in $^1/_{15}$ natürlicher Größe. Er besteht aus einem 400 mm weiten und 400 mm hohen Blechzylinder mit Boden, in welchem ein zweiter, 350 mm weiter und hoher, innen 50 mm dick mit Schamott ausgefütterter engerer Blechtopf eingehängt ist. Der letztere ruht unten auf einer Stütze und ist oben durch einen luftdicht abschließenden Ring mit dem äußeren Zylinder verbunden.

Durch einen nahe am Boden befindlichen, 25 mm weiten Stutzen am äußeren Zylinder tritt die Gebläseluft in den ringförmigen Zwischenraum zwischen den inneren und äußeren Topf und durch 6 bis 10 mm weite konische Löcher (10 bis 12) im Schamottfutter, 60 mm von dessen Boden entfernt von dort in den Ofen ein. Zweckmäßig benutzt man ein Schmiedegebläse.

Im Innern des Ofens stehen die Probestücke auf einem Stuhle aus Schamott, in dessen oberer Fläche sich stark 40 mm weite, kreisrunde und 10 mm tiefe Gruben zu deren Aufnahme befinden, um dieselben in aufrechter Lage zu halten. Der freibleibende Raum wird mit kleinen Stücken von Schmelzkoks ausgefüllt. Die Füllung reicht zum Versuche aus, gebotenenfalls füllt man so frühzeitig, daß die Probestücke dadurch nicht abgekühlt werden, etwas Koks nach. Durch einen lose aufliegenden Schamottdeckel wird der innere Zylinder während der Arbeit bedeckt.

Wenn man etwa durch Änderungen in den Tonbezügen oder, weil die bisher verwendete bewährte Mischung wegen höherer Beanspruchung — z. B. durch Vergrößerung der freitragenden Länge der Muffel — den Anforderungen nicht mehr genügt, so ändere man die Mischung nicht leichtfertig durch Ersatz ausfallender Materialien durch andere, welche nach der chemischen Analyse ähnliches Verhalten versprechen, sondern überzeuge sich erst auf die eben beschriebene Weise von der Widerstandsfähigkeit der neuen Mischung gegen hohe Hitzegrade und Einflüsse der Schlacke.

Hat man durch diese Probe eine brauchbare Zusammensetzung[1] gefunden, so fertige man erst eine kleinere Zahl Retorten an und verwende dieselben versuchsweise im Betriebe, zum Vergleiche mit den bisher verwendeten Gefäßen. Um nicht zuviel Zeit zu verlieren, kürzt man die bei normalen Betriebsverhältnissen wenigstens 4 Monate dauernde Trocknungszeit auf etwa 4 Wochen ab.

Ehe der Verfasser zur Herstellung von Probegefäßen schritt, hat er meistens noch die brauchbar erscheinenden Mischungen einer weiteren Probe in der Weise unterworfen, daß er flache, bei niedriger Temperatur gebrannte Steine von normalem Breiten- und Längenmaß, 25 : 12 cm und 2,5 cm dick, 10

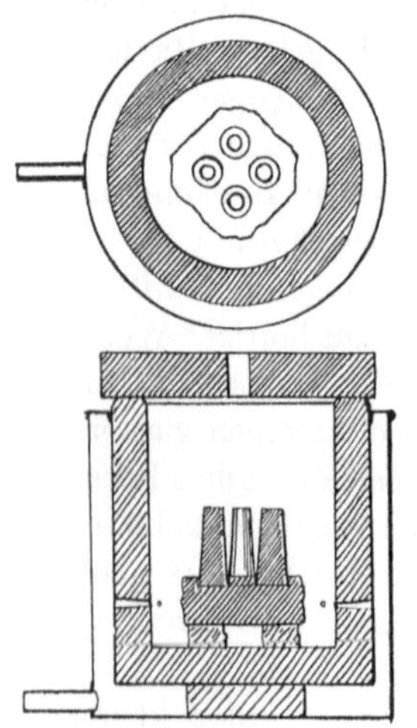

Fig. 115.

Tage lang der Hitze im Zinkreduktionsofen selbst mit und ohne Schlackenauflage aussetzte und sich so nochmals von ihrer Widerstandsfähigkeit überzeugte. Diese Probesteine gaben dazu noch das Mittel an die Hand, die Schwindung der Masse bei längerem Verweilen in der Weißglühhitze genau zu messen.

Erst wenn sich die neue Retortenmischung auch bei dieser, den Betriebsvorkommnissen im großen entsprechenden Probe als eine haltbare erwiesen hat, gehe man zur allgemeinen Verwendung derselben über. Ein Verstoß gegen diese Vorsichtsmaßregeln kann sich bitter rächen, indem er bei der notwendigen langen Trockendauer zu einem Muffelbestande führen kann,

---

[1] Einzelne Tone, namentlich die Bindetone, lassen sich dieser Probe nicht immer unterwerfen, weil sie zu stark schwinden oder im Feuer gar reißen und springen. Sie müssen vorher wenigstens mit den auch nachher zu verwendenden Magerungsmitteln versetzt werden.

der wegen der geringen Haltbarkeit der Gefäße den ganzen Reduktionsbetrieb in Frage stellt.

Von einigen in Oberschlesien zur Muffelfabrikation verwendeten Materialien sind schon vorher die Analysen angegeben. Außer diesen finden noch Ton von Briesen bei Lettowitz in Mähren, welcher sich durch besonders hohe Feuerbeständigkeit auszeichnet, der sehr plastische, aber weniger feuerfeste Ton von Striegau und Kaoline, wie der von Ruppersdorf bei Strehlen, Anwendung.

Die Zusammensetzung derselben ist beispielsweise folgende:

| | Ton von Briesen bei Lettowitz in Mähren | | Tone von Striegau (Niederschlesien) | | Kaolin von Strehlen |
	(n. *Bischof*)	(n. *Hecht*)	I	II	
Kieselsäure	44,88	44,87	58,02	68,00	61,60
Tonerde	39,93	39,76	29,65	27,00	27,23
Kalk	0,21	0,76	1,15		0,38
Magnesia	0,08	Spur	0,78		—
Alkalien	0,52	0,67	0,55	} 5,00	—
Eisenoxyd	0,99	1,14	8,40		1,24
Glühverlust	13,03	12,95	10,91		9,61
	99,64	100,15			

Der Neuroder Schiefer wird auch durch gebrannten Schiefer von Rakonitz in Böhmen ersetzt. Beide sind als billige und sehr feuerfeste Magerungsmittel vor gebrannten Tonen (Schamott) bevorzugt. Zwei Proben des letzteren ergaben folgende Bestandteile:

	I	II
Kieselsäure	52,50	51,87
Tonerde	45,21	46,39
Kalk	—	—
Magnesia	0,54	0,45
Eisenoxyd	0,81	0,52
Kali	0,51	0,32
Natron	—	—
Glühverlust	0,78	—

Nach *Steyer* widerstand eine Retortenmasse mit 45 Proz. Al_2O_3 und 53 Proz. SiO_2 einer Temparatur von 1800°. Die Fortschritte in der Herstellung gehen daraus hervor, daß eine Muffel

im Jahre 1866 aus 1395 k Erz 160 k Rohzink lieferte dagegen
„ „ 1883 „ 3545 „ „ 547 „ „
„ „ 1887, wo noch keinerlei mechanische Hilfsmittel bei der Fabrikation angewendet wurden, stellte man im Durchschnitt 570 k Zink aus einer Muffel her, auf der Hohenlohehütte, welche die reichste Ladung verhüttete, sogar 615 k. —

In den Rheinisch-Westfälischen Zinkhütten werden fast ausschließlich belgische Tone zur Retortenfabrikation gebraucht, weil nur wenige der rheinischen Tone ausreichende Eigenschaften dazu besitzen. Bei den günstigen

Transportkosten für belgische Herkünfte hat man wohl auch keine Veranlassung gehabt, eingehende Versuche mit rheinischen Tonen anzustellen, obwohl z. B. in den geschätzten, feuerfesten Erden von Hettenleidelheim in der Rheinpfalz Material zur Verfügung steht, welches Verwendung finden könnte. Als Magerungsmittel sind wohl hier und da die kieselsäurereichen Tone vom Mittelrhein verwendet worden, so die bekannten Mehlemer Hafentone (für Fabrikation von Glashäfen vielfach gebraucht) und Satzveyer Klebsande (Eifel). Für die Herstellung kurzer, 1 m langer belgischer Röhren eigneten sich dieselben neben Schamott aus Uttweiler Ton (Mittelrhein) nach des Verf. Erfahrungen auch sehr gut. Solche bis Ende der 80er Jahre des vorigen Jahrhunderts in Letmathe aus diesen Tonen hergestellte Röhren hatten einen recht dichten undurchlässigen Scherben und gute Dauer. Als man aber zu längeren Abmessungen der Röhren und zur sog. elliptischen Form überging, mußte man zu belgischen Tonen greifen, da die bisher verwendeten Mischungen keine genügende Tragfähigkeit bei Vergrößerung der freitragenden Länge der Gefäße hatten.

Welche Tone in Frankreich, Spanien und England zur Herstellung der Retorten dienen, ist uns nicht bekannt. In Großbritannien stehen in den hervorragend feuerfesten Tonen von Yarnkirk (Schottland) und Stourbridge sehr geeignete Materialien zur Verfügung.

Belgien ist durch seine bekannten Lager am rechten Ufer der Maas bei Andenne, Natoye und Naninnes, nahe bei Namur, reichlich versorgt. Von der für die Verfrachtung dieser Tone mittels der Bahn und zu Wasser günstigen Lage haben auch Rheinland-Westfalen und neuerdings Nordwestdeutschlaud, sowie Frankreich und wahrscheinlich auch Spanien Nutzen.

Die in Belgien an der Maas vorkommenden Tone werden in drei Hauptklassen eingeteilt: fette, halbfette und magere Tone. Die ersten werden besonders bei Andenne als die sogenannten schwarzen fetten Erden „terres grasses fortes" gewonnen, sie dienen als Bindeton bei der Retortenfabrikation, werden aber auch durch die grauen Erden von Namur und Natoye, welche sich noch durch hohen Tonerdegehalt auszeichnen, ersetzt. Die mageren Tone von Natoye werden dagegen hauptsächlich in gebrannter Form (Schamott) in den Erdmischungen verwendet.

Magere wie fette Tone werden in der Regel in großen Schollen, rechtwinkligen Ballen von 75 bis 100 k, in den Gruben gewonnen und zum Versand gebracht, auf Verlangen auch gebrannt als Schamott[1].

Seit der Anwendung maschineller Hilfsmittel zur Fabrikation der Retorten, der *Dor*schen Presse hat man so hoch plastische Tone nicht mehr nötig, wie bei der Handformerei, weshalb auch sog. halbmagere Tone im rohen Zustande Verwendung finden können. Als solche sind in Belgien besonders die in Natoye gefundenen, durch Eisenoxyd leicht rot gefärbten und gefleckten Tone beliebt, die sog. „terres rosées" und „terres damassées".

---

[1] Die Preise der verschiedenen Tonsorten standen im Jahre 1908 frei Eisenbahnwagen oder Kanalschiff zu Andenne auf rund 9,50 M für terre grasse Ia, 6,50 M für terre grasse IIa, 8,00 M für terre damassée und 17,50 M für Schamott.

Die typischen Muster der belgischen Tone weisen folgende Zusammensetzung derselben auf:

| | Fetter Ton von Andenne | Halbmagerer Ton | | Magerer Ton von Natoye |
		von Andoy (Namur)	von Mozet und Natoye (rosées und damassées)	
Kieselsäure . .	54	63	71	76
Tonerde . . . . ·	26	24	20	18
Eisenoxyd . . .	2	1	2	Spuren
Kalk	—	1	—	—
Wasser	20	11	7	6

Ausführliche, von *Bischof* und *Schmidt* ausgeführte Analysen belgischer Tone zeigt die folgende Tabelle, der wir zum Vergleich eine Analyse des von *Bischof*[1] als besten feuerfesten Normalton bezeichneten Yarnkirkton (aus Schottland) hinzufügen.

| | Andenner Tone | | | Ton von Namur magerer | Yarnkirk-Ton (Schottland) |
	fetter blauer	fetter schwarzer	magerer		
Kieselsäure, gebunden	39,69	} 57,95	73,58	71,79 {	39,63
„ als Quarzsand	9,95				4,63
Tonerde	34,78	29,53	17,62	19,49	35,98
Kalk	0,68	1,72	1,24	—	0,42
Magnesia	0,41	0,36	0,40	0,06	0,85
Eisenoxyd	1,80	1,88	1,29	0,85	1,00
Kali	0,41	—	—	} 0,85	1,60
Natron	—	—	—		
Wasser	12,00	8,45	5,50	7,47	14,99
Zusammen	99,72	99,89	99,63	100,51	99,10

Der Yarnkirkton steht der Formel $Al_2O_3 \cdot 2\,SiO_2$ sehr nahe, dem Tonerdesilicat, welches, wie bekannt, die höchste Feuerbeständigkeit besitzt. Es schmilzt erst bei Segerkegel 36, während für reinen Quarz der Schmelzpunkt bei Kegel 35 liegt. Das Verhältnis von Tonerde zu Kieselsäure in obiger Formel ist 100 : 118 oder gleich 54,13 SiO_2 bei 45,87 Al_2O_3 und in der Formel $Al_2O_3 \cdot 2\,SiO_2 \cdot 2\,H_2O = 46{,}6\,SiO_2 - 39{,}49\,Al_2O_3 - 13{,}91\,H_2O = 100$.

Nachstehend bringen wir eine Tabelle der von *Seger*[2] im Jahre 1886 zur Bestimmung von Temperaturen („in den Öfen der keramischen Industrie") geschaffenen „Normalkegel" nach den neuesten Messungen mittels thermoelektrischer und optischer Pyrometer und eine Übersicht der dem Erweichen dieser Kegel im Feuer entsprechenden Schmelzpunkte von Metallen und Metalllegierungen und der dem Augenschein nach üblichen Wärmebezeichnungen.

---

[1] Dr. *Carl Bischof*, Dingl. Polyt. Journ. **159**, 54.

[2] *Hermann Seger* (geb. 26. Dez. 1839 in Posen, gest. 30. Okt. 1903 in Berlin) war Leiter der chem.-techn. Versuchsanstalt der königl. Porzellanmanufaktur in Berlin bis zum Jahre 1890 und Begründer der „Tonindustriezeitung". Die Kegel werden geliefert von dem Chemischen Laboratorium für Tonindustrie, Berlin NW. 21. (100 Stück zu Mk. 4,50.)

Segerkegel-Tabelle.

Segerkegel-Nummer	Temperatur Grad Celsius [1]	Segerkegel-Nummer	Temperatur Grad Celsius	Segerkegel-Nummer	Temperatur Grad Celsius	Segerkegel-Nummer	Temperatur Grad Celsius
022	600	07a	960	9	1280	29	1650
021	650	06a	980	10	1300	30	1670
020	670	05a	1000	11	1320	31	1690
019	690	04a	1020	12	1350	32	1710
018	710	03a	1040	13	1380	33	1730
017	730	02a	1060	14	1410	34	1750
016	750	01a	1080	15	1435	35	1770
015a	790	1a	1100	16	1460	36	1790
014a	815	2a	1120	17	1480	37	1825
013a	835	3a	1140	18	1500	38	1850
012a	855	4a	1160	19	1520	39	1880
011a	880	5a	1180	20	1530	40	1920
010a	900	6a	1200	26	1580	41	1960
09a	920	7	1230	27	1610	42	2000
08a	940	8	1250	28	1630		

Temperaturbestimmungen [2]).

Nach dem Aussehen des Feuers	Grad Celsius	Segerkegel	Schmelzpunkt für
Im Dunkeln rotglühend . . .	400—500	022	Zinn, Zink, Wismut, Blei
dunkelrot	650—700	020—018	Aluminium
kirschrot	800—850	015a—012a	Bronze
hellrot	950	08a—07a	Silber, Messing, Emailfarben
dunkelorange	1100	1a	Gold, Kupfer, Gußeisen weiß
hellorange	1200	6a	Gußeisen grau, Glas
Weißglut	1300	10	Stahl weichflüssig
helle Weißglut	1450	15—16	Stahl strengflüssig, Nickel
Schweißhitze, bläulichweiß schimmernd	1500	18	Schweißeisen
Platinschmelzhitze weißschimmernd	1800	36—37	Platin

In den Vereinigten Staaten von Nordamerika gebraucht man zur
Herstellung der Retorten für die Zinkdestillation nach *Ingalls* Ton von Woodbridge in der Nähe von Perth Amboy, New Jersey und von Chetten-
ham und anderen Orten aus der Gegend um St. Louis in Missouri. Das
letztere Vorkommen hat, wie es scheint, die größere Bedeutung, so daß der
dort gewonnene Ton wohl von der gesammten Zinkindustrie Amerikas selbst
im Osten der Vereinigten Staaten, in Pennsylvanien verwendet wird.

---

[1] Mit thermoelektrischem und optischem Pyrometer gemessen. (Kegel 21 bis 25
werden wegen zu naheliegender Schmelzpunkte nicht mehr hergestellt.)

[2] Feuerfeste Schamottmaterialien, deren Schmelzpunkt zwischen
      Segerkegel 26—29 liegt, gelten als „feuerfest"
          „   30—33   „   „   „ „gut feuerfest".
          „   34—36   „   „   „ „hoch feuerfest"

Mühlhäuser [1] hat den St.-Louis-Ton, unter welchem Namen der dort gewonnene Ton allgemein auf den Markt kommt, mühevollen Untersuchungen unterzogen, deren Ergebnisse er in der Zeitschrift für angewandte Chemie 1903, S. 148—159, 222—225, 278—283 und 1224 veröffentlicht hat. Wir empfehlen diese sehr inhaltsreichen, instruktiven Arbeiten eingehendem Studium; dieselben enthalten sehr wichtige Hinweise zur Prüfung der für unseren Zweck in Betracht kommenden Tone und im allgemeinen, so daß sie nicht nur dem Zinkhüttenmann, sondern auch jedem Techniker, der sich mit der Bearbeitung feuerfester Stoffe zu befassen hat, von Nutzen sein werden. In dieser Abhandlung finden sich auch alle Quellenangaben für Studien auf keramischem Gebiete, deren nähere Behandlung über den Rahmen der vorliegenden Schrift hinausgehen würde.

Nach *Mühlhäuser* hat der lufttrockene Ton von St. Louis eine hellgraue Farbe und erdigen Bruch mit teilweise fettglänzender Bruchfläche von muschligem Aussehen. Sein spez. Gewicht ist 2,56.

Die durchschnittliche Zusammensetzung des bei 120° C getrockneten und des geglühten Tones ist die folgende:

	Getrocknet bei 120° C		Geglüht		Hettenleidelheimer Ton (Rheinpfalz)
	I	II	I	II	
Kieselsäure . . .	49,50	50,02	56,39	56,08	49,23
Tonerde	34,46	35,02	39,26	39,26	34,57
Kalk	0,80	0,70	0,91	0,78	—
Magnesia	0,62	0,46	0,71	0,51	—
Eisenoxyd . . .	2,39	2,76	2,72	3,09	2,05
Alkalien	—	0,23	—	0,26	—
Glühverlust . . .	12,86	12,51	0	0	12,15

Die mineralische Zusammensetzung fand *Mühlhäuser* zu:
91,69 Tonsubstanz, 8,04 Quarz und 0,27 Feldspat
Sein Schmelzpunkt liegt zwischen den Segerkegeln 30 und 31.

Der Ton zeigt demnach große Übereinstimmung mit dem vorher erwähnten Hettenleidelheimer Ton (Rheinpfalz), welcher bei Kegel 33 schmilzt. Wir haben dessen Analyse zum Vergleich oben angeführt.

Ries [2] fand für Tone von Woodbridge, South Amboy N. J., die auf umstehender Tabelle verzeichneten Gehalte.

Den St.-Louis-Ton setzt man in der Regel einer länger anhaltenden Verwitterung aus, wodurch er zerfällt und sich dann leichter zu Teig verarbeiten läßt, auch werden dabei ausgewitterte, leicht lösliche Beimischungen, wie

---

[1] *Otto Mühlhäuser*, früher Chemiker der *Matthiessen & Hegeler Zinc Co.* in La Salle, Illinois, jetzt Hütteninspektor der Reckehütte von *G. v. Giesches Erben* in Rosdzin, Oberschlesien.

[2] Prof. Dr. *Heinrich Ries* in Ithaka, New York, in: The Mineral Industry 2, 209.

	I	II	III	IV	V	VI
Kieselsäure	46,90	47,75	43,41	42,73	42,83	42,85
davon Quarz . . .	(6,40)	(5,70)	(0,70)	(0,50)		
Tonerde	35,90	35,83	39,24	39,53	37,01	37,32
Kalk.	—	—	0,20	0,10	1,41	1,48
Magnesia	—	0,11	—	—	0,46	0,41
Eisenoxyd	1,10	0,77	0,46	0,50	1,04	1,18
Alkalien	0,44	0,44	0,89	0,49	0,85	0,76
Titansäure	1,30	1,10	1,60	1,40	—	—
Wasser.	14,30	13,70	14,90	14,80	16,27	16,36
davon gebunden. .	(12,80)	(12,20)	(13,32)	(13,59)		

durch Oxydation von Pyrit entstandene Sulfate vom Regen ausgewaschen
(bis zu 0,3 Proz. der Tonmasse). Der aus dem verwitterten Tone hergestellte
Teig ist nach *Mühlhäuser* sehr plastisch; im formrechten Zustande enthält
er 18,5 Proz. Wasser.

Beim Erhitzen bis zu 120° verliert der Ton zunächst seine Feuchtigkeit, zwischen 150 und 250° erfährt er durch die Zersetzung der ihm beigemengten organischen Substanz eine weitere, aber geringere Veränderung
durch Einbuße eines Teiles seiner Plastizität, welche er jedoch erst nach dem
Entweichen des Konstitutionswassers bei beginnender Rotglut vollständig
verliert und damit die Eigenschaft, als Bindemittel nicht plastischer Massen
dienen zu können.

Für das Verhalten der gewöhnlichen Beimengungen der Tone spielt
der Feinheitsgrad dieser Bestandteile die größte Rolle.

Der Quarz erniedrigt bei sehr feiner Verteilung und inniger Mischung
die Feuerbeständigkeit des am schwersten schmelzbaren Tonerdesilicates
($Al_2O_3 \cdot 2\,SiO_2$) mit Zunahme der Menge bis zu einem Verhältnis von 1 Äquivalent Al_2O_3 auf 17 SiO_2. Von dieser Grenze ab nimmt die Feuerfestigkeit
der Mischungen wieder zu. Nur selten ist der Quarzsand aber in so feiner
Verteilung in den natürlichen Tonen enthalten, daß er den Schmelzpunkt
herabdrücken wird, und bei dem den Tonmischungen etwa absichtlich zugesetzten Quarz ist es noch viel weniger der Fall.

Von größerer Wichtigkeit ist für die Retortenfabrikation eine andere
Eigenschaft der Quarzkörner, das Schwellen derselben, welches bei wiederholtem stärksten Erhitzen erst dann sein Ende erreicht, wenn sie in die Form
des Tridymits übergegangen sind. Der Quarz, der nicht durch chemische Einflüsse (Bildung von Silicaten) verändert wird, kann infolge der auf diesem
Schwellen beruhenden treibenden Kraft im Innern der Masse, wenn er in
größeren Mengen vorhanden ist, zu Bildungen von Rissen führen, welche
die Durchlässigkeit der Gefäßwandungen für Gase und Metalldämpfe erhöhen und das Eindringen schmelzflüssiger Schlacke in die Masse erleichtern.

Zu letzteren gibt aber der Quarz, der in der Tonsubstanz sich in inniger
Berührung mit den sogenannten Flußmitteln, Alkalien, Erden und Eisenver-
bindungen (Limonit, Pyrit) befindet, Veranlassung durch Bildung von mehr
oder weniger leicht schmelzbaren Silicaten.

E. Richters[1] hat gefunden, daß die verschiedenen Flußmittel im Verhältnisse ihrer Aquivalentgewichte verflüssigend auf die Tonsubstanz einwirken.

Durch Zersetzung von vorhandenem Gips, Kalkspat, Dolomit, Pyrit und Limonit entstehen Gase, welche zur Bildung von Bläschen in der Tonmasse Veranlassung geben, wenn dieselbe durch Sinterung schon so dicht oder undurchlässig geworden ist, daß sie nicht mehr entweichen können. Ein Feldspatgehalt führt schon bei verhältnismäßig niedriger Temperatur — 1300° — zur Verdichtung der Tonsubstanz, indem er verflüssigt wird und in dieselbe eindringt und sie verkittet. Andererseits wirkt der flüssige Feldspat aber auch aufschließend auf Quarz und Tonerdesilicate ein, ohne jedoch den Schmelzpunkt wesentlich zu erniedrigen. Nach *Hecht*[2] schmilzt eine Mischung von 85 Tonsubstanz und 15 Feldspat erst bei über 1750° (Segerkegel 34) während die Tonsubstanz (Zettlitzer Kaolin) allein bei 1770° (Kegel 35) erweicht.

Um das Verhalten des St.-Louis-Tones beim Brennen kennen zu lernen, stellte sich *Mühlhäuser* kleine Steinchen in einer Messingform aus genau 100 g Tonteig mit 18,5 Proz. Feuchtigkeit her, die beim Trocknen eine lineare Schwindung von 6,2 Proz. erlitten, und bestimmte nach der Behandlung in verschiedenen Temperaturen von 198° bis 1309° C (mit dem Pyrometer von *Le Châtelier* und mit Segerkegeln gemessen) im *Seger*schen Gasofen die Schwindung, das erhaltene Volumen und die Porosität. Er fand, daß das Konstitutionswasser zwischen 473 und 693° C ausgetrieben wird. Sobald die Austreibung desselben beendet ist, besitzt der Stein die größte Porosität und das größte Volumen. Von da ab beginnt der Ton zu schwinden, bis etwa 1000° kaum merklich, wobei eine weitere Gewichtsabnahme von höchstens 1 Proz. durch Ausbrennen von etwas Kohle (von organischer Substanz herrührend) und Verflüchtigung vom Schwefel des Pyrits (auch SO_3 vom Gips) eintritt.

Bis nahezu 500° ist die Bruchfläche der Steinchen aus St.-Louis-Ton grau bis hellgrau, dann wird sie weiß (nach dem Ausbrennen der Kohle). Über 1000° geht die Farbe ins Gelbliche über, wird allmählich bräunlich, hellbraun, lederbraun und schließlich rostbraun (vom Eisengehalt). Die ersten Risse treten bei 1050 bis 1100° auf, zugleich auch Fleckchen, welche sich bei 1150° vergrößern und über 1200° in Pocken und Blasen übergehen. Bei 1150° besitzt der Ton das kleinste Volumen, welches mit Zunahme der Rissebildung von da ab wieder etwas zunimmt.

Ähnliche Beobachtungen wird man beim Probieren jedes anderen Tones nach der oben angegebenen Probiermethode machen. Wir hielten es deshalb für zweckmäßig, die vorstehenden Angaben aus den Arbeiten *Mühlhäusers* hier aufzunehmen, um damit ein Beispiel von den Erscheinungen bei der Prüfung der Tone zu geben.

Bevor wir zur Herstellung der Muffelerde und zum Formen der Retorten übergehen, führen wir hier noch einige Beispiele von Mischungsverhält-

---

[1] Dingl. Polyt. Journ. **191**, 59, 150, 229 und **197**, 268.
[2] Wagners Jahresbericht 1896, S. 723.

nissen an, welche, wie uns bekannt geworden ist, von einzelnen Zinkhütten angewendet worden sind und werden, wollen jedoch noch einige erklärende Bemerkungen vorausschicken.

Einige Hütten, welche in der Hauptsache kieselsäurereiche Erze verhütten, glauben die Retortenmasse durch Beimischung von Quarzsand (bis zu etwa 10 Proz.) widerstandsfähiger gegen die Rückstandsschlacke machen zu sollen. Nach den früheren Ausführungen ist der Quarz das am wenigsten zu empfehlende Magerungsmittel, da er infolge des Schwellens zur Rissebildung Veranlassung gibt. Man hat sich wohl der Billigkeit halber zu seiner Anwendung verleiten lassen. Wenn man eine Mischung mit hohem Kieselsäuregehalt herstellen will, eignen sich schon besser magere kieselsäurereiche Tone hierzu, welche bis zu einem gewissen Grade zu einer leichten Sinterung der Masse und damit zu einem dichten Scherben führen, also die Rolle übernehmen, welche der Feldspatgehalt gewisser Tone, wie oben erwähnt, spielt. Nur darf die Zusatzmenge nicht so groß sein, daß die Feuerbeständigkeit und damit die Tragfähigkeit der Retorten beeinträchtigt wird[1].

Als Schutzmittel gegen Schlacken gibt man jetzt fast allgemein der Erdmischung einen Zuschlag bis zu 10 Proz. Koks in feingemahlenem Zustande. Wie schon *C. Bischof* in seinen Veröffentlichungen „Die feuerfesten Tone“ sagt, macht eine Beimischung von Anthracit, Koks und auch Holzkohle ebenso wie der schwerverbrennlichere Graphit den Ton feuerbeständiger und schützt ihn vor Korrosionen, wenn der Kohlenstoff vor dem Ausbrennen durch Umhüllung von Tonmasse bewahrt wird. Auch die aufsaugende Wirkung auf Flußmittel wird nicht unterschätzt werden dürfen. Jedoch muß der Koks fein gemahlen werden, da größere Stücke, welche an die Außenwand der Retorte zu liegen kommen, vor der Glasierung leicht ausbrennen und dann der Flugaschenschlacke das Eindringen in die Masse erleichtern.

Queneau[2] schlägt deshalb vor, Graphit in die Retortenwandung einzubetten, indem er in den Tonballen, welcher in der Muffelpresse zur Retorte geformt wird, eine Lage Graphit einschlägt.

Hier mögen auch noch die Vorschläge Platz finden, den Ton durch andere feuer- und schlackenbeständigere Materialien zu ersetzen, wie durch Graphit, Magnesia und Carborund[3] oder Siloxicon[4] bzw. die Tonretorten mit einem Überzuge[5] dieser Materialien zu versehen.

Der hohe Preis dieser Stoffe, die höheren Herstellungskosten und der Umstand, daß eine oyxdierende Flamme Graphit und Carborund bei hohen Temperaturen angreift, haben der Anwendung solcher Materialien bisher noch im Wege gestanden.

---

[1] *Foehr* (Chem.-Ztg. 1890) will eine dichte Masse dadurch erreichen, daß er auf 100 Teile Quarz 3 Teile Flußspat und etwas Soda beimischt.

[2] Mining Journal **82**, S. 677 (1906).

[3] *Benjamin Talbots* U. S. P. 628 288.

[4] *E. G. Achesons* U. S. P. 722 793.

[5] Dr. *Unger*-Roszdin: D. R. P. 184 022. *A. Landsberg* schlug vor, die Muffeln aus einer inneren Schicht von Graphit und feuerfestem Ton und einer äußeren, nur aus feuerfestem Ton bestehenden herzustellen.

Einen eigenartigen Vorschlag machten *J. L. Babé* und *Alexis Tricart* in Paris[1]. Sie wollen die Retorte mit einem dünnen Eisenblechfutter versehen und den zwischen der Muffelwand und dem Eisenblech bleibenden Raum mit einer Mischung von 95 Teilen gebrannter Magnesia und 5 Teilen Kalk ausfüllen. Das in der Hitze weichwerdende Eisen soll sich mit der Mischung zu einer festen Masse verbinden, welche die Muffelmasse vor der Einwirkung der (alkalihaltigen) Beschickung schützt.

Sadtler in Denver (Colorado) überzieht das Innere der Retorte mit einer etwa 3 mm dicken Schicht von Magnesia, Chromeisenstein, Titaneisenstein oder Corund mit Hilfe von Wasserglas[2]. Bei Verhüttung eines sehr unreinen, viel Eisen und Blei haltenden Erzes hat man in Denver hierdurch eine Retortendauer von 267 Tagen erreicht. Die Kosten für 1 Rohr erhöhen sich durch diese Behandlung um etwa 1 M.

Otto Unger auf Paulshütte bei Rosdzin (Oberschlesien) will zwei oder mehr dünnwandige Muffeln ineinanderschieben, um die Spannungen, die bei dickwandigen Muffeln bei dem schroffen Temperaturwechsel, welchem sie ausgesetzt werden, auftreten und zu Rissen führen, zu vermeiden[3].

Eine Norm für die Mischung der Materialien zur Retortenfabrikation läßt sich nicht aufstellen, das Verhältnis von Bindeton und Magermittel ist jeweilig abhängig von der Bindekraft des zur Verfügung stehenden fetten Tones. Wenn man von anderen Beimischungen absieht, so kann die Anwendung von $^2/_3$ Schamott auf $^1/_3$ Bindeton bis herab zu 60 Proz. des ersteren auf 40 Proz. des letzteren als das gewöhnliche Verhältnis angenommen werden. Man muß in jedem einzelnen Falle das Mischungsverhältnis den Eigenschaften der Stoffe, vor allem der Bindekraft des fetten Tones anpassen. Der Schamott, zu dessen Herstellung man in der Regel einen halbfetten Ton oder auch wohl den zu verwendenden Bindeton wählt, soll nicht zu scharf gebrannt werden, damit er seine volle Porosität behält, in welchem Zustande er sich in größerer Menge mit dem rohen Tone zu einer plastischen Masse vereinigen läßt. Dieser Masse setzt man als Füllmaterial meistens noch Koksmehl oder auch Quarzsand zu.

Früher benutzte man vielfach, bei einigen Hütten auch wohl heute noch, Scherben der gebrauchten Muffeln anstelle von Schamott, von der Erwägung ausgehend, daß dieselben sich schon als widerstandsfähiges Material bewährt haben und, weil bereits gesättigt, größere Mengen von Zink nicht mehr aufnehmen. Die erste Bedingung für die Verwendung derselben ist, daß sie auf das Sorgfältigste von der anhängenden Schlackenkruste befreit werden, um Flußmittel aus der Tonmasse fern zu halten. Das erfordert aber hohe Kosten und deshalb sieht man bei den gestiegenen Arbeitslöhnen heute keinen Vorteil

---

[1] D. R. P. 119 518.   Ztschr. f. ang. Chem. 1901 S. 448.
[2] Mineral-Industry Heft IX, S. 682 (1900). U. S. P. 656 268.
[3] D. R. P. 156 342.

mehr in der Verwertung der Scherben, wenigstens nicht für den vorliegenden Zweck.

In Oberschlesien sind die Hauptgemengteile der Muffelmischung die folgenden. Da die großen Muffeln auf der ganzen Länge im Ofen unterstützt sind und meist auch größere Wandstärke haben als die kleineren Gefäße, so ist ein vermehrter Zusatz von Füllstoffen zulässig. Eine übliche Mischung ist:

> 2 Raumteile roher, fetter Ton von Briesen, Saarau, Striegau u. a. O.,
> 1 Raumteil roher, sandiger Ton von Striegau oder Kaolin von Strehlen,
> 5 Raumteile gebrannter Neuroder Schiefer, zum Teil durch Muffelscherben ersetzt.

Die gräflich *Donnersmarck*schen Hütten verwenden nachstehende Materialien in annähernd folgendem Verhältnis.

25 Teile Saarauer Bindeton	Preis für die t	14,10 M
15 „ Weidenauer Kaolin	„ „ „ „	14,30 „
12 „ Beckener Ton	„ „ „ „	8,30 „
27 „ Neuroder Schiefer	„ „ „ „	20,90 „
15 „ Quarzschiefer klein	„ „ „ „	10,00 „
1 „ Muffelscherben (ungeputzt?)	„ „ „ „	— „
5 „ Koks	„ „ „ „	12,00 „
100 Teile	zum Preise für die t	14,61 M

Eine früher von der Vieille Montagne benutzte Mischung gibt *Fr. W. Thum* in der Berg- und hüttenmännischen Zeitung, 1860, S. 4, an. Sie bestand aus:

> 4 Teilen Ton von Wierde aus der Nähe von Namur,
> 3 Teilen Ton von Delforge,
> 8 Teilen gebranntem Ton von Wierde,
> 2 Teilen Muffelscherben,
> 1 Teil Sand von Hollogne.

Für belgische Röhren und Gefäße sog. elliptischer Form hatte der Verf. in Letmathe mit Vorteil die nachstehende Mischung in Anwendung:

> 3 Teile fetten belgischen Ton,
> 2 Teile sandigen Mehlemer (rhein.) Ton,
> 4 Teile geputzte Scherben oder Schamott von Uttweiler (rhein.) Ton,
> 1 Teil Koks.

Eine durch Abschlämmen ermittelte Zusammensetzung eines rohen Röhrenscherbens von de Laminne in Belgien[1] zeigte 49,4 t feinen Tonschlamm, 12,8 t feinen Sand, Schamott und Koks und 37,8 t gröberes Korn der 3 letzten Bestandteile. Die Mischung bestand demnach wahrscheinlich aus:

> 50 Teilen fetten belgischen Ton, 30 Teilen Schamott, 10 Teilen Quarzsand und 10 Teilen Koks

In belgischen Hütten mit rheinischen, dreireihigen Muffelöfen wird heute eine Mischung angewendet von:

38 oder 28 Teilen fetten belg. Ton (terre grasse)	Preis für 1 t in Andenne	11,50 frcs.
12 „ 36 „ mag. belg. Ton (terre damassée)	„ „ „ „ „	9,50 „
40 „ 23 „ gebr. Ton (terre calcinée)	„ „ „ „ „	21,50 „
10 „ 13 „ fein gemahlenen Koks		
100 — 100 Teilen.		

---

[1] Von Röhren, welche mit der *Dor*schen Presse hergestellt waren.

Die Borbecker Hütte der Vieille Montagne mischte in den 80er Jahren vorigen Jahrhunderts $1/_3$ fetten belgischen Ton mit $2/_3$ belgischem Schamott. Einer etwas an fetten Ton reicheren Mischung bediente sich die Hütte zu Birkengang. Die Dortmunder Hütte fügte dem Verhältnis von $1/_3 : 2/_3$ an Quarzsand 10 Proz. hinzu. Nach mündlichen Mitteilungen hatten die so zusammengesetzten Muffeln zu dieser Zeit eine Durchschnittsdauer von 24, 40 bzw. 26 Tagen.

Einer gefälligen privaten Mitteilung einer rheinischen Hütte verdanken wir die Kenntnis der heute angewendeten Mischung, die aus

40 Teilen fetten Bindeton,
40 „ gebrannten Ton (Schamott),
10 „ mageren Ton
10 „ Koks

besteht.

In allen den letzten Fällen handelt es sich um Muffeln für das rheinische Ofensystem.

In Amerika (La Salle Illinois), gebraucht man nach *Mühlhäuser* für Retorten von rundem Querschnitt 44 Teile Bindeton und 56 Teile Schamott von St.-Louis-Ton. (Angew. Chemie, 1903, S. 1224).

Mischungen für Vorlagen nebst Zubehör und feuerfeste Steine.

Zu den Vorlagen wendet man eine möglichst billige, aus minderwertigem Bindeton (sogar unter Beimischung von Lehm und Letten, wenn solche in der Nähe der Hütte zu haben sind) und Muffelscherben oder Steinbrocken zusammengesetzte Mischung an. Das Mischungsverhältnis von Bindeton zu den harten Stoffen beträgt etwa 40 : 60, es hängt ab von der Beschaffenheit des ersteren. Die größeren Vorlagen, welche bis zur Unbrauchbarkeit an der Muffel bleiben, kommen fast allgemein in ungebranntem, nur lufttrockenem Zustande zur Verwendung, während man die Vorlagen der belgischen und in neuester Zeit auch der rheinischen Öfen, welche bei jedem Manöver von der Retorte abgenommen werden, vor dem Gebrauche bei mäßiger Hitze brennt, damit sie widerstandsfähiger gegen Stöße, welchen sie beim Hantieren unterworfen sind, werden.

Die zum Versetzen der beim „Setzen" neuer Retorten in der Ofenbrust bleibenden Öffnungen, zum Verschluß der Räumöffnungen der Muffeln und beim Einsetzen der Vorlagen an den belgischen Öfen nötige Erde wird in der Regel von Abfällen der Retorten- und Steinmischungen oder aus den Bestandteilen einer wenig kostbaren Steinmischung hergestellt unter Verwendung der zulässig größten Menge von Retortenscherben, Vorlagescherben und wenig wertvollen Steinbrocken. Es ist nur zu beachten, daß in größeren Mengen keine Stoffe in die Masse gelangen, die eine leichtflüssige Schlacke bilden, damit ein Festbrennen und Verschmelzen mit den Nischenwänden und den Retortenmündungen vermieden wird, was zur Beschädigung derselben führt. An vielen Orten ist für diesen Stoff die Bezeichnung „Lackenerde" üblich, an anderen bezeichnet man damit die zum Flicken von Retorten nötige Erde, wozu man natürlich Muffelerde benutzt, in weicherem Zustande als beim Formen der Retorten. Die sog. „Plackerde" endlich, welche zum Abdichten aller kleinen Öffnungen in der Ofenbrust und zur Beseitigung kleiner Undichtigkeiten in der Muffelmündung dient, wird aus Lehm oder verfügbaren Letten mit Zusatz von allerhand Abfällen zwecks notwendiger Magerung derselben angefertigt.

Während man die Lackenerde als gut plastische Masse den Zinkschmelzern zur Verfügung stellt, wird der zur Plackerde notwendige Stoff denselben vielfach in trockner oder nur wenig angefeuchteter Form zugeführt und ihnen die Zurechtmachung zu einem brauchbaren Teige überlassen. Besonders bei dem belgischen Ofenbetriebe ist die richtige Beschaffenheit dieser Erde von Wichtigkeit.

Die Herstellungskosten der verschiedenen für den Betrieb der Zinköfen gebrauchten Erden kann man auf 10 bis 12 M. per Tonne veranschlagen. Erforderlich sind 40 bis 50 k davon für jede der gebrauchten Muffeln. Letztere geben für den Verbrauch einen Maßstab, da er von der Muffeldauer mehr oder weniger abhängt.

Wie schon erwähnt wurde, stellen die meisten Zinkhütten auch ihren eigenen Bedarf an feuerfesten Steinen selbst her, weil einmal die dafür notwendigen Einrichtungen, wie Tonmühle, Teigkneter und meistens auch Tonbrennöfen vorhanden sind, welche für die Muffelfabrikation nicht völlig ausgenutzt werden. Die eigene Fabrikation seiner Ofenmaterialien gewährt dem Zinkhüttenmann auch die Sicherheit, stets dasselbe wohlbewährte Material zum Bau seiner Öfen verwenden zu können, was ganz besonders für Gestellsteine der Reduktionsöfen rheinischen Systems von unschätzbarem Werte ist. Für diese, in hervorragendem Maße den höchsten Ansprüchen an Widerstandsfähigkeit gegen Schlackeneinwirkungen und hohe Hitzegrade ausgesetzten Ofenteile muß denn auch das beste hochfeuerfeste Material zur Anwendung kommen. Man wählt dafür zweckmäßig einen Stein von hohem Tonerdegehalt, der vor dem Gebrauch so stark gebrannt wird, daß er im Zinkofen selbst keine nennenswerte Schwindung mehr erfährt, welche den ganzen Ofenaufbau gefährden würde. In einer der Muffelerde ähnlichen Mischung, selbstverständlich ohne Koksmehlzusatz, wird man die geeignetste Zusammensetzung für die von allen Seiten von der Flamme umspülten Steine, die dabei noch trotz ihrer verhältnismäßig geringen Dicke die Last des dreireihigen Muffelaufbaues zu tragen haben, finden.

Alle übrigen Steine des Reduktionsofens sind weit weniger der hohen Temperatur ausgesetzt, da sie meistens nur einseitig von den heißen Verbrennungsgasen bestrichen werden, am meisten sind noch die Kappen der Abzugskanäle unter dem vorderen Teile der Muffeln gefährdet, weil sie den Rückstandsschlacken der vielfach an den Mündungen zu Bruch gehenden Retorten Widerstand zu leisten haben und von oben und unten von der abziehenden Flamme bestrichen werden, die besonders auch an den engen Eintrittsöffnungen besondere Angriffspunkte findet. Man wähle zweckmäßig auch hierfür einen hochfeuerfesten Stoff.

Für die Trennungswände zwischen Gas- und Heißluftkanälen ist das erste Erfordernis unbedingte Dichtigkeit, damit eine vorzeitige Gasverbrennung vermieden wird. Man verwendet hierzu vorteilhaft quarzreiche Mischungen, die eher zum Treiben im Feuer neigen, als der Schwindung, die Fugenbildung im Gefolge hat, unterworfen sind. Auch für die Ofenkappen ist der quarzreiche Stein, auch Silica- und Dinaskeilstein, ein bevorzugtes Material. Die Brennzone der Generatoren und der Feuerraum der Rostfeuerungen sind besonders der Einwirkung der Kohlenschlacken ausgesetzt, man hat die Ausmauerung derselben den Aschenbestandteilen der zur Verwendung kommenden Kohle anzupassen.

Für die Röstöfen ist ein so feuerfestes Material nicht notwendig. Es genügt dafür, wenn man von den direkt von der Flamme bestrichenen Teilen des Ofens absieht, ein verhältnismäßig billiger Stoff, nur müssen die Steine ein recht dichtes, festes Gefüge haben, damit sie den Schlackenbildnern möglichst wenig Angriffspunkte bieten. Die in den jetzigen Blenderöstöfen üblichen, sehr flachen Gewölbe fordern die Verwendung eines Steines, der weder treibt noch schwindet. Anderenfalls sind dieselben baldiger Zerstörung preisgegeben.

Die Herstellungskosten der feuerfesten Steine aus eigner Fabrikation kann man im Durchschnitt auf rund 25 Mk. per Tonne veranschlagen, wobei zu berücksichtigen ist, daß viele Fassonsteine mit hohen Formkosten herzustellen sind.

Die Bereitung des Tonteiges.

Das Mahlen der Materialien für die Herstellung des Tonmehles zur Bereitung einer bildsamen Masse, des Tonteiges, wurde in älterer Zeit wohl fast ausschließlich mittels Kollergängen bewerkstelligt, welche auch heute noch vielfach für diesen Zweck angewendet werden, nur sind dieselben vervollkommnet, womit wesentliche Krafterparnis und größere Leistungsfähigkeit verbunden ist. Während früher die Läufer auf fester kreisrunder Laufbahn von der sich drehenden Königswelle im Kreise herumgeführt wurden und das Mahlgut nach außen durch Krätzer in Trommelsiebe abgeworfen wurde, drehen sich bei neuerer Anordnung die Läufer nur um ihre eigne Achse und die mit Siebplatten belegte Laufbahn macht eine kreisende Bewegung. Das hierdurch unter die Läufer geführte, zu zerkleinernde Material wird bei dieser Maschine nicht nur durch die Last der rollenden Läufer zerdrückt, sondern an deren äußerem Rande auch zerrieben und dabei gemischt. Wir verweisen auf die Einzeldarstellung zum allgemeinen Teil dieser Sammlung, wo die Wirkungsweise des Kollerganges näher erläutert ist[1]. Heute verwendet man vielfach auch andere Zerkleinerungsmaschinen, wie Schleudermühlen (Desintegratoren), Walzwerke, Kugelmühlen usw. zur Herstellung der Erdmischung oder zum Zerkleinern einzelner Bestandteile derselben, welche erst später im gewünschten Verhältnis zusammengemischt werden. Auch die später auf S. 373 bei der Mischung der Beschickung

---

[1] *Carl Naske:* Zerkleinerungsvorrichtungen und Mahlanlagen. Leipzig (1911).

für die Reduktionsöfen beschriebene Vapartmühle findet dazu Anwendung. Den Zerkleinerungsmaschinen muß das Material in lufttrockenem Zustande zugefügt werden, damit ein Zusammenballen in denselben nicht eintreten kann. Den Bindeton schickt man in der Regel durch ein 2 bis 3 mm weites Sieb, welches man auch anwendet, wenn man Ton und Schamott zusammen in einer Maschine zerkleinert. Mahlt man den Schamott allein, so hält man auf gröberes Korn, 4 bis 5 mm. Den Koks dagegen zerkleinert man bis auf 1 mm.

Nach inniger Mischung der trockenen, für die besonderen Teigarten, insbesondere der für die Retortenherstellung bestimmten Materialien wurde in früherer Zeit die Masse unter allmählicher Anfeuchtung durch Treten mit nackten Füßen von den Arbeitern verknetet, bis eine gleichmäßige, bildsame Masse erreicht war. Später bediente man sich, so lange nur die Handformerei oder die Herstellung der Retorten mittels Rohrstrangpresse inbetracht kam, einfacher stehender Tonschneider (Petrin) zur maschinellen Knetung des Teiges. Die Fig. 116 gibt eine Ansicht einer solchen Maschine, die für die Herstellung des Tonteiges für die Vorlagen- und Steinfabrikation und der Lacken- und Plackerde noch heute im Gebrauche ist. Für die Formgebung der Muffeln in den heute vorherrschend in Anwendung stehenden hydraulischen Pressen ist ein wesentlich steiferer, weniger Wasser enthaltender Teig nötig, der mit der Hand kaum noch bearbeitet werden kann. Die hierzu erforderlichen Maschinen haben einen wesentlich höheren Kraftbedarf und müssen deshalb viel kräftiger konstruiert sein. Wir kommen später noch auf ihre Konstruktion zurück. Siehe auch die Einzeldarstellung dieser Sammlung: „Mischen, rühren, kneten", von *H. Fischer.*

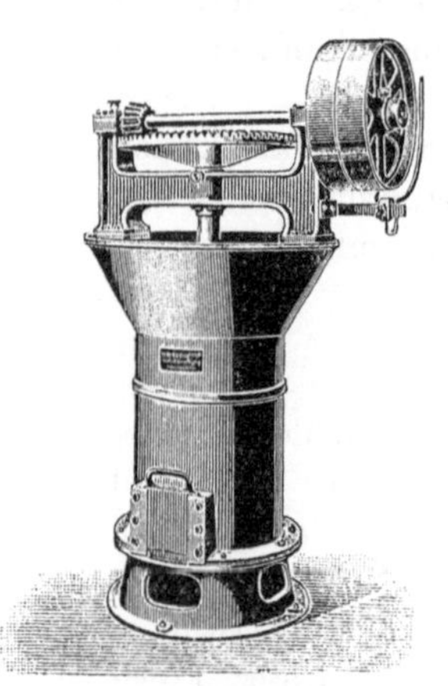

Fig. 116.

So lange man die Gefäße nur von Hand formte, mußte der Tonteig längere Zeit einem Faulprozesse unterworfen werden, um ihn plastischer zu machen. Man wählte dafür meist Kellerräume, in welchen nur ein geringer Luftwechsel herrschte, und deckte die Tonmasse noch mit feuchten Sacktüchern ab. Je länger dieses „Mauken" des Tons währt, um so bildsamer wird der Teig. Nach *Rohland* bildet sich dabei Kolloid, welches unter dem Einfluß des vorhandenen Alkali peptisiert (verflüssigt) wird. Beim Lagern im feuchten Keller kommen ferner die im Tone befindlichen organischen Substanzen in Gährung, die entstehende Säure bindet das Alkali und führt so zum Gerinnen der vorher entstandenen kolloiden Lösung[1].

Bei Benutzung der *Dor*schen Presse glaubt man das Mauken entbehren zu können. Man schickt, um einen möglichst homogenen Teig zu erhalten, die Masse zweimal durch eine Knetmaschine, wenn man die Ballen unter dem Ballenschläger formt. In die moderne Ballenknetmaschine trägt man sogar

---

[1] Dr. *Kurt Arndt*: Die Bedeutung der Kolloide für die Technik (1909), S. 24.

ohne vorherige Knetung die Bestandteile der Muffelerde mit der nötigen Menge Wasser ein und bildet aus ihnen den Ballenstrang ohne irgend eine voraufgegangene Behandlung. Mit der Umgehung der Zwischenlagerung des Tonteiges wird viel Arbeit erspart.

Das Formen der Gefäße.

Retorten. In früherer Zeit bis in die 70er Jahre hinein wurden die Retorten, insbesondere die größeren schlesischen Muffeln, ausschließlich von Hand geformt und die Erde, der Tonteig dafür in der primitivsten Weise aus den auf Kollergängen gemahlenen Bestandteilen hergestellt. Mit dem Fortschritt der Technik wurde die Handformerei durch Maschinenarbeit teilweise oder ganz ersetzt, nur für die Herstellung der großen oberschlesischen Muffel hat sich die Handarbeit noch erhalten.

Später formte man in Oberschlesien die Retorte in einer Mantelform, indem man zunächst durch Aushöhlen eines massiven Tonballens von einer dem Querschnitt der Muffel entsprechenden Form den Boden und den untersten Teil der Seitenwände herstellte und dann nach Anlegung (zunächst des untersten Teiles) einer mehrteiligen Form an deren Innenseite die Muffelwände aus vom Tonteig hergestellten Platten allmählich aufbaute, wobei besonders auf eine sorgfältige Verbindung der einzelnen Tonplattenstücke, d. h. eine vollkommene Verknetung der Nähte zu achten war. Nach Ebnung und Abglättung der Innenseite des so gebildeten Muffelkörpers wird das Modell entfernt und derselbe auch von außen nachgeputzt und geglättet[1].

Nach *Karsten*[2] wurden die alten schlesischen Muffeln (noch um 1830 herum), welche bei verschiedener Länge — 1,10 m bis 1,70 m — innen eine Breite von 46 cm und eine lichte Höhe von 52 bis 57 cm bei einer Wandstärke von 25 bis 30 mm in den Seitenwänden und von etwa 40 mm im Boden und in der Rückwand hatten, ganz ohne Modell aus freier Hand geformt. Man verwendete dazu $^2/_3$ rohen und $^1/_3$ gebrannten Ton oder statt des letzteren sorgfältig gereinigte Muffelscherben. Der Muffelmacher stellte zuerst die Rückwandplatte her und baute mit einzelnen Tonwülsten die Seitenwände auf. Bei der Länge der Muffel würden die weichen Tonwände in sich zusammensinken, wenn dieselbe in einem Zuge angefertigt würde. Man formte sie deshalb stückweise — etwa 30 bis 35 cm hoch — und und ließ sie nach jeder Erhöhung einige Tage antrocknen, um dem fertigen Stücke einige Festigkeit zu geben. Das Austrocknen des Randes wurde jedoch durch aufgedeckte feuchte Tücher verhütet. Um dieses Arbeitsverfahren zu ermöglichen, nahm der Former mehrere Muffeln, 4 bis 5 Stück zugleich, in Arbeit. In der Woche konnte er 20 bis 24 Stück anfertigen. Eine Muffel kostete 4 bis 5 Mk.

Wernicke wendete auf Königshütte eine andere Formweise an, indem er abweichend von der gewöhnlichen Methode die Wände durch Einstampfen

---

[1] *Percy* beschreibt die Herstellung in England in ähnlicher Weise (*Percy-Knapp*, Metallurgie 1863, S. 518).
[2] System der Metallurgie **4** (1831), S. 462.

von Ton in eine aus starkem Mantel und Kern gebildete Holzform bildete und
den Boden zum Schluß über den Kern formte. Nach *Steger*[1] verfuhr man in
folgender Weise:

„Auf zwei Balkenhölzern *a* der Fig. 117 a bis b, welche durch Schraubenbolzen *b* verbunden sind, wird der aus 3 Teilen *d*, nämlich zwei Seitenwänden
und einer Rückenwand bestehende Mantel aufgestellt, der durch einen auf
den Balkenhölzern befestigten Rahmen *c* gegen seitliche Verschiebung gesichert ist. Die einzelnen Teile des Mantels werden unter sich durch Laschen
und Bolzen zusammengehalten. Für den Kern *g* ist in den Balkenhölzern *a*
eine Aussparung *i* angebracht, in welche er mit geringem seitlichen Spielraum derart eingehängt ist, daß zwischen ihm und dem Boden der Aussparung
ein Zwischenraum von wenigen Zentimetern verbleibt. Zum Halten des Kernes
an seinem oberen Ende dient ein starker Bügel *f*,
an welchem der Kern vermittelst der Holzschrauben *e* befestigt ist. Nachdem die Muffel
bis auf etwa 5 cm Entfernung vom Bügel eingestampft ist, wird der letztere nach Lösung
der Schrauben *e* abgenommen, der Kern bis zum
Boden der Aussparung *i* gesenkt und oben der
Boden der Muffel eingestampft. Die Muffel ist
jetzt fertiggestellt. Man löst nunmehr die beiden Balkenhölzer *a*, dreht die Form um und
hebt den Kern heraus. Zur leichteren Entfernung desselben ist in ihm ein Kanal *k* behufs
Luftzutritts ausgespart.‟

Nach *Stegers* Äußerung ist dieses Verfahren
deshalb nicht zu dauernder Einführung gelangt,
weil man infolge Verwendung besserer Tone die
Muffeln dünnwandiger machen konnte, so daß
die Stampfmethode an Wert verlor.

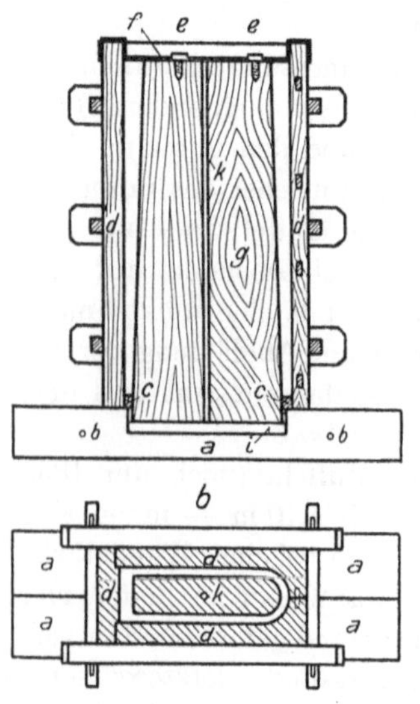

Fig. 117. M. 1:40.

Auch in Rheinland-Westfalen formte man
die Muffeln über hölzernen aus mehreren Stükken bestehenden Schablonen, welche mit nassen Tüchern belegt und mit
Sand bestreut wurden. Als Tonmischung verwandte man Mitte der 60er
Jahre in Stolberg und Dortmund 14 Kubikfuß gemahlenen, gebrannten,
mageren Ton mit 8 Kubikfuß roher, fetter Tonerde vermischt. Unter allmählichem Zusatz von Wasser wurde diese Mischung von 2 Arbeitern durch
Treten mit nackten Füßen ordentlich durchgeknetet; sie lieferte das Material für 8 Muffeln von 90 k Trockengewicht. Bei einer Temperatur von 30° C
wurden die so hergestellten Muffeln mit großer Vorsicht getrocknet und
dann 2 Tage vor dem Gebrauch in den Temperofen eingestellt, in welchem
sie allmählich bis zur Rotglut erhitzt wurden.

---

[1] Zeitschrift für das Berg-, Hütten- und Salinenwesen im preußischen Staate **48**
(1900), S. 418.

Die kleineren Muffeln für die mehrreihigen rheinischen Öfen formte man im Rheinland, so lange man sie durch Handarbeit fertigte, liegend in Kasten ohne Deckel, in welchen nach der Herstellung des ebenen Bodens und der der geraden Seitenwände ein mit Lattenschalung belegter Einsatz zum Formen des gewölbten Muffeldaches gestellt wurde, der nach genügender Antrocknung herausgezogen wurde.

Fig. 118 a bis e gibt ein Bild von der Einrichtung der benutzten Form.

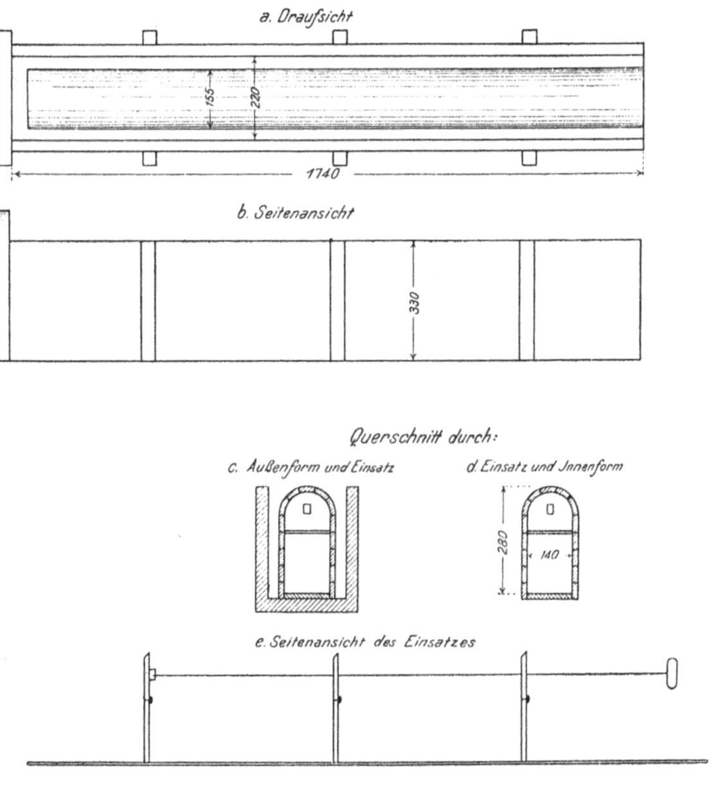

Fig. 118.

Die Röhren der belgischen Öfen wurden früher, so lange man sich auch für die Herstellung dieser der Handarbeit bediente, auf verschiedenartige Weise geformt. Man stampfte entweder die Tonmasse zwischen einen Zylinder und einen Kern oder man bildete die Röhren unter Benutzung eines mehrteiligen, aus zwei Halbzylindern bestehenden Mantels, der durch eiserne Ringe und Keile zusammengehalten wurde, derart, daß man zunächst in den untersten Formteil einen Tonklumpen warf, aus welchem man durch Stampfen den Boden formte. Nachdem man den dabei gebildeten untersten Röhrenteil fest an die Mantelwandungen mittelst eines geeigneten Klöppels angeklopft hatte, bohrte man ihn noch zur Erreichung einer glatten zylindrischen Form mit einer hölzernen Schablone aus. Jetzt baute man den Zylinder durch freihändiges Aufkneten von Tonwülsten weiter auf, legte den nächsten Formteil um, klopfte den Ton an dessen Wandungen an, bohrte den Zylinder aus und verfuhr in gleicher Weise weiter, bis die Retorte die bestimmte Länge erreicht hatte. Nach Abglättung des oberen Randes und des Innern des Rohres stellte man die fertige Retorte zunächst in der Form zum Antrocknen bei mittlerer Lufttemperatur beiseite und befreite sie erst allmählich, zunächst von den oberen, dann von den unteren Teilen des Formmantels. Das freistehende Rohr wurde dann ein bis zwei Tage lang durch 3 strebenartig angesetzte, unten mit einer eisernen Spitze, oben mit einem der Retortenform entsprechend gerundeten Querstücke versehene Stäbe gestützt und dann erst zur Trockenkammer gebracht, in welcher es allmählich einer Temperatur von 30 bis 70° ausgesetzt wurde. Ein Arbeiter formte am Tage 18 bis 20 Stück. Die feuchte Tonmasse enthielt 20 bis 21 Proz. Wasser.

Die Vieille Montagne bediente sich schon in den 50er Jahren einer Bohrmaschine zum Ausbohren eines zylindrischen, in einen mit Sackleinen ausgekleideten, zweiteiligen Eisenmantel eingeschlagenen massiven Tonkörpers[1]. Wenn es sich um Herstellung sog. elliptischer Gefäße handelte, so hatte der Blechmantel die dem Querschnitt entsprechende Form, und das Ausbohren geschah durch zwei parallel nebeneinander arbeitende und ineinander greifende Bohrer, oder man bohrte mittels eines Bohrers erst ein kreisrundes Loch und versetzte dann die Form und bohrte weiter. 7 Arbeiter fertigten in 10 Stunden 140 Röhren mit Hilfe von 12 Formmänteln. Das fertige Gefäß wurde im Innern nachher von Hand geglättet und weiter wie oben behandelt.

Die Tonmasse konnte bei dieser Bearbeitungsart trockener sein, es genügte ein Wassergehalt von 18 Proz.

Der Märkisch-Westfälische Bergwerksverein in Letmathe gebrauchte bis in dieses Jahrhundert hinein zum maschinellen Formen des Rohres, in welches der Boden nachher eingestampft wurde, eine Strangpresse ähnlich dem Apparate, der in den Tonröhrenfabriken angewendet wird.

Es war diese eine aufrechtstehende Teigknetmaschine, in welcher durch entsprechende Stellung der Knetmesser der Teig, etwa 20 Proz. der Masse an Wasser enthaltend, stark nach unten gepreßt wurde und beim Austritt aus dem Boden die dem gewünschten Querschnitt des Gefäßes entsprechende Form erhielt.

Mit dieser Maschine wurden nicht nur Röhren von ringförmigem Querschnitt, sondern auch Gefäße von sog. elliptischer Form hergestellt, nachdem man dazu übergegangen war, die bestehenden Massive der Reduktionsöfen anstelle der Röhren zum größten Teile mit solchen zu besetzen, um statt der 12stündigen Reduktionszeit eine 24stündige Betriebsperiode einführen zu können.

Die beigegebene Fig. 119 a bis d bedarf nach Vorstehendem kaum noch der näheren Beschreibung.

---

[1] *Percy*, Metallurgie 1861, S. 583. Franz. Pat. 9818 vom 22. Okt. 1853. Abbild. der Maschine: *Lodin*, Metallurgie du Zinc 1905. S. 631.

Die Messerachse wird oberhalb des Knetfasses durch einen an den Lager-
böcken des Getriebes sitzenden starken Bügel, im Innern derselben mittelst
eines durch 3 Schraubenbolzen nach den Wandungen hin abgestützten Ringes
in zentrischer Lage gehalten. Ein unter dem untersten Messer sitzender
Querbalken im Faß trägt an starken Bolzen den Kern der die Form des Gefäßes bildenden Apparatur, während an den Flansch des konisch erweiterten
Fasses der die Außenform ge-
bende Boden angeschraubt ist.
Der letztere kann aus zwei Stükken, wie die rechtsstehende Figur
für Muffeln zeigt, bestehen, damit das der Abnutzung ausgesetzte innere Mundstück ohne
Ersatz des ganzen Bodens ausgewechselt werden kann. Der austretende Rohrstrang wurde in
dem untergestellten, je nach Länge
des herzustellenden Gefäßes 2
oder 3 teiligen, aus zwei durch
Scharniere und Keil zusammen-
geschlossenen Hälften bestehenden Mantel aufgenommen. Um
ein Abreißen des Stranges zu verhüten, war der Mantel so eng,
daß er mit einer gewissen Reibung
eintrat; sobald er den Boden des
Arbeitsraumes berührte, was sich
durch Stauung des Tonstranges
zu erkennen gab, wurde das Ge-
triebe der Presse abgestellt und
mittelst Draht der Rohrstrang
über dem Mantel abgeschnitten.
Der Schnitt wurde in dem etwa
20 cm lang zwischen oberem
Mantelrand und dem Mundstück
der Presse freibleidenden Rohrstück schräg angesetzt, um den
Mantel mit dem Rohre unter der
Maschine wegnehmen zu können.

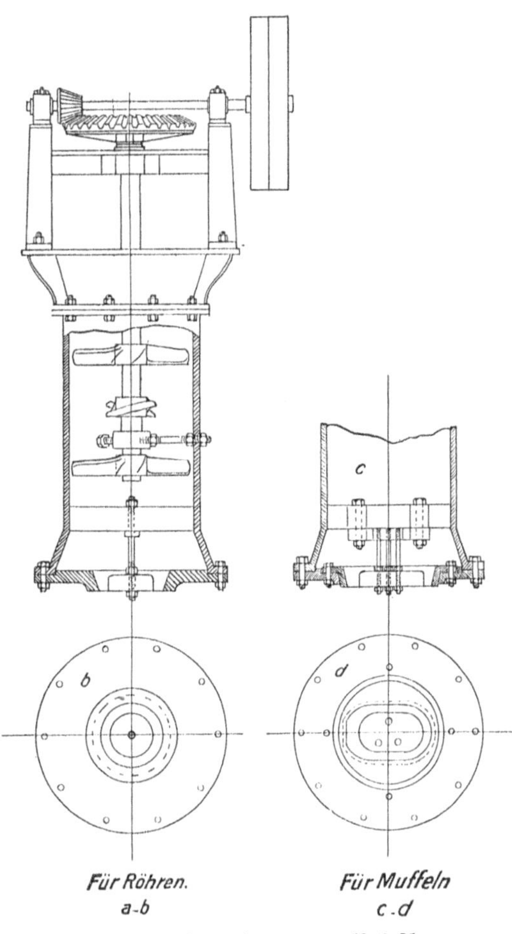

Fig. 119. Retortenstrangpresse. M. 1:25.

Ehe man die Rohrpresse wieder in Tätigkeit setzte, wurde das heraus-
ragende Strangende gerade geschnitten und innen mit einem Kratzeisen aus
dem sogleich zu nennenden Grunde auf etwa 6 cm Tiefe rauh gemacht, und
dann eine neue Blechform zur Aufnahme eines weiteren Rohres untergestellt.
Während die Maschine arbeitete, ließ man in das vorher gefertigte,
noch in dem Mantel befindliche Rohr einen gerauhten Tonballen von ange-

messener Größe fallen und stampfte ihn mittelst eines Stampfers fest im Grunde des Rohres ein, wodurch er sich infolge der eben erwähnten Rauhung innig mit der Rohrwandung verband. Nachdem noch der obere Rand des nunmehr fertigen Gefäßes geebnet und geglättet war, wurde es im Mantel mittels einer Art Sackkarre auf den Trockenboden gefahren und dort sogleich von dem Mantel befreit, der zu weiterem Gebrauche zur Presse zurückgebracht wurde.

Für die ersten 24 Stunden wurde das Gefäß mittels der schon beschriebenen Stützen vor dem Einsinken und Biegen geschützt, am zweiten Tage war es soweit angetrocknet, daß es sich selbst tragen konnte. Nach Entfernung der Stützen und nach Beseitigung der durch dieselben hervorgebrachten Eindrücke putzte man das Gefäß glatt und überließ es an seinem ersten Platze dann sich selbst. Nach einigen Tagen konnten die Retorten näher zusammengesetzt werden, um Raum auf dem Trockenboden zu gewinnen.

Der Ton für die Röhren wurde aus dem Keller zu dem Stockwerk, auf welchem die Muffelpresse aufgestellt war, durch ein Paternosterwerk gebracht. Zur Bedienung der Presse war ein Mann erforderlich, welchem von dem Fahrer, der die fertigen Gefäße nach dem Trockenraume und die entleerten Formmäntel zurückbrachte, Unterstützung geleistet wurde. Ein zweiter Mann war ebenfalls mit Hilfe des Fahrers mit dem Entmanteln, Stützen und Putzen der Gefäße beschäftigt. Im ganzen waren also, abgesehen von der Zufuhr der Tonmasse, 3 Mann nötig, welche im Jahre 1880 in einer 12stündigen Schicht 165 runde Retorten von 1,10 m Länge herstellten.

Die gesamte Lohnausgabe für 1 Rohr belief sich einschl. Transport desselben zum Trockenraum, Entmanteln, Putzen usw. und einschl. des Tonteigtransportes auf 53 Pfg. Von den später hergestellten längeren Röhren und den elliptischen Retorten wurden weniger erzeugt, und die Lohnkosten waren dementsprechend höher.

In Amerika (La Salle) gebraucht man nach *Mühlhäuser*[1] eine ganz ähnliche Strangpresse, die von *Hegeler* wohl der Letmather Maschine, nachdem er dieselbe in den 70er Jahren vorigen Jahrhunderts dort gesehen hatte, nachgebildet war. Man bedient sich jedoch dort anderer Formen zur Aufnahme des Rohrstranges. Dieselben bestehen aus 4 Halbzylindern von Holz und sind im Inneren der Länge nach mit Nuten versehen, in welche Lattenstäbe lose eingeführt werden, welche beim Abnehmen der Formteile von dem Tonzylinder zur Stütze an der fertigen Retorte so lange verbleiben, bis sie genügende Standfestigkeit erhalten hat. Die Stäbe werden dabei durch Ringe am Rohr gehalten, welche nach Abnahme der oberen Formhälfte über sie geschoben werden.

Beim Austreten aus der Presse wird der Tonstrang nicht, wie in Letmathe, durch Reibung an den Formwänden vor dem Abreißen bewahrt, sondern er wird durch einen verschiebbaren Teller getragen, welcher nach Aufstellung der Form von unten in dieselbe eingeführt wird. Dieser ruht auf einer Stange, die mittels eines Mechanismus auf- und niederbewegt wird, dabei dem Tonstrang gerade so viel Widerstand entgegensetzend, daß er getragen wird. Die

---

[1] Zeitschr. f. angew. Chemie 1903, S. 273 ff.

Einfügung des Bodens wird in derselben Weise wie in Letmathe vorgenommen, auch die weitere Behandlung ist die gleiche. *Mühlhäuser* stellte den Feuchtigkeitsgehalt eines frischen Rohres zu 15,88 Proz.[1] fest, daneben enthielt dasselbe also 84,12 Proz. Schamott und Tonsubstanz, wovon 5,16 Proz. auf chemisch gebundenes Wasser entfallen. Die Retorte wird demnach beim Trocknen in den Trockenräumen etwa 15 Proz. und beim Brennen im Temperofen etwa 6 Proz. ihres Naßgewichtes verlieren. In der Tat zeigte ein Rohr nach 63tägigem Verweilen in einer Temperatur von 35° C oben 0,95, in der Mitte 0,80 und unten am Boden noch 1,18 Proz. Feuchtigkeit. Die lineare Schwindung maß *Mühlhäuser* zu 3,5 Proz., das Raumgewicht bestimmte er zu 2,0, und die Porosität betrug 21,8 Proz. des Volumens.

Einen bedeutungsvollen Wandel in der Fabrikation der Retorten brachte 1872 die Erfindung von *Dor*, dem damaligen Direktor der Zinkhütte von de Laminne zu Ampsin in Belgien[2]. Er bediente sich des hydraulischen Druckes zum Auspressen des Gefäßes aus einem kompakten, zylindrischen Ballen, welcher etwa ein $1\,^{1}/_{4}$ so großes Gewicht hat, wie die fertige Retorte. Der eigentlichen Formgebung des Gefäßes mußte also die Anfertigung des Ballens vorangehen. Derselbe wird (zum großen Teil noch heute) durch Einstampfen von Tonklumpen in einen Stahlzylinder gebildet, welcher mit beweglichem, auf einem hydraulischen Stempel aufsitzenden Boden ausgerüstet ist. Das erfolgt mittelst einer Schlagmaschine mit freifallendem Stampfer, das Herausheben des fertigen Ballens aus dem Zylinder durch Wasserdruck. Der Tonteig kann und muß bei dieser Art der Bearbeitung wesentlich trockener sein, als bei der Formung von Hand oder mittelst Bohrmaschine und Strangpresse; er enthält selten mehr als 15 Proz. Wasser bzw. Feuchtigkeit.

Durch das Schlagen und die nachfolgende Pressung erfährt solche Masse eine Volumverminderung um etwa 14 Proz.

Die erste in Ampsin arbeitende Presse lieferte kein fertiges Rohr, sie war eine Strangpresse, welche nur die Tonzylinder fertigte, in welche der Boden eingestampft wurde, in ganz ähnlicher Weise, wie bei der Rohrstrangpresse in Letmathe. Diese, gewissermaßen kontinuierlich arbeitende Maschine lieferte mit einer Tonballenfüllung die Tonzylinder für sechs belgische Röhren. Lodin gibt auf S. 636 seines Buches eine genaue Beschreibung derselben an Hand einer Zeichnung.

Eine zweite Ausführungsform war die heute in fast allen Zinkhütten gebrauchte Presse, welche jedes Gedäß mit Boden direkt für sich aus einem Tonballen herstellt. Die Vieille Montagne benutzte die Maschine schon in den 70er Jahren vorigen Jahrhunderts in ihren Hütten zu Valentin-Cocq in Belgien, Vivier in Frankreich und Borbeck in Deutschland. Zu gleicher Zeit war dieselbe auch schon auf der Hütte der Compagnie royale Asturienne zu Auby (Nord) und auf einer heute nicht mehr bestehenden Hütte in La Tour (Hérault) der Soc. du Midi im Gebrauche.

---

[1] Der Wassergehalt ist auffallend gering, er ist wohl in der Eigenart der verarbeiteten Stoffe begründet.

[2] Franz. Pat. 96 035 vom 24. Juli 1872.

In Deutschland wird die Muffelpresse seit dem Jahre 1883 von der Maschinenbauanstalt *C. Mehler* in Aachen gebaut und hat seitdem in den rheinisch-westfälischen Hütten allgemein Anwendung gefunden. Fig. 120a bis d stellt die Maschine in ihrer neuesten Ausführungsform dar.

Unter dem Flure des Fabrikationsraumes stehen die Preßstiefel, ein größerer P mit Kolben K, welcher den inneren Formstempel treibt, und daneben zwei kleinere Stiefel pp mit den Kolben kk, welche durch ein in der Mitte durchlochtes, den Kolben K umfassendes Querstück Q verbunden sind. Letzteres trägt einen Stempel von ringförmigem Querschnitt, welcher oben mit einer Ledermanschette zwecks Abdichtung gegen Stempel O und Mantel M armiert ist. Der obere Arbeitskörper, zur Hälfte unter, zur Hälfte über Flur befindlich, besteht aus einem äußeren, dickwandigen, gußeisernen, mit stählernem Futter versehenen Zylinder M, welcher den Tonballen aufnimmt und in welchem die beiden Formstempel N und O arbeiten. Auf dem Zylinder liegt das um die Säule S drehbare Mundstück oder Formstück F und darüber der Verschlußdeckel D, ebenfalls um die Säule S drehbar. Beides sind schwere Gußstücke; F hat zweckmäßig ein auswechselbares Einsatzstück, das es möglich macht, den Muffeln verschiedene Formen zu geben oder nach eingetretenem Verschleiße ein neues Formstück einsetzen zu können.

Der auf dem großen Kolben K aufsitzende Formstempel O ist ein gußeiserner oder stählerner Zylinder, welcher am Kopfe das dem zu fabrizierenden Gefäße seine innere Form gebende Formstück o trägt; auch dieses ist hohl und wird mittelst eines Bolzens, welcher von Vorsprüngen im Innern des hohlen Stempels O gehalten wird, an demselben befestigt. Der Formkopf wird oben durch eine von Schrauben gehaltene Deckplatte verschlossen, welche ein Kegelventil v trägt. Dieses ist dazu bestimmt, Luft unter den Boden der Retorte treten zu lassen, wenn dieselbe aus der Presse heraustritt. Die Luft findet Eingang durch den hohlen Zylinder O und durch kleine Öffnungen L in dem teilweise ebenfalls hohlen Kolben K. Befestigt an dem letzteren ist der Stempel O durch einen Vorsteckriegel R, welcher auf beiden Seiten weit aus dem Umfange des Stempels hervorsteht, so daß er zugleich zur Begrenzung des Hubes des letzteren dient, sobald er die untere Kante des Formmantels erreicht hat. Er geht auch durch den auf beiden Seiten mit Schlitzen versehenen ringförmigen Stempel N, welcher den Stempel O umfaßt, hindurch und verhindert damit eine Verdrehung des letzteren, die bei nicht kreisrunden Röhren nicht eintreten darf. Die beiderseitigen Schlitze in N ermöglichen eine voneinander unabhängige Bewegung der Stempel. Zu gleichem Zwecke ist auch die Bohrung in dem den ringförmigen Stempel tragenden Querstück Q gerade weit genug, um dem Kolben K das ungehinderte Hindurchgleiten zu gestatten.

Die an den Vorsteckriegel angeschraubte, rechtwinklig nach oben umgebogene Stange markiert oberhalb des Flures die Höhe, in welcher sich der Kolben K jeweilig befindet und gibt damit dem Wärter der Maschine das Zeichen, wann er die Preßpumpen auszurücken hat, neben dem Zeiger des im Arbeitsraume befindlichen Manometers, welches den Druck, der in

Additional information of this book

(Zink und Cadmium und ihre Gewinnung aus Erzen und Nebenprodukten; 978-3-662-22732-9; 978-3-662-22732-9_OSFO5) is provided:

http://Extras.Springer.com

Additional information of this book

(Zink und Cadmium und ihre Gewinnung aus Erzen und

Nebenprodukten; 978-3-662-22732-9; 978-3-662-22732-9_OSFO5)
is provided:

http://Extras.Springer.com

der Presse herrscht, anzeigt. In der Regel begnügt man sich mit einem
Drucke von 160 Atm. max., der aber bis zu 200 Atm. gesteigert werden
kann, in dem Momente, wo der innere Stempel seine höchste Stelle erreicht
und damit den Boden der Retorte gebildet hat.

Die Arbeit mit der Maschine vollzieht sich nun in folgender Weise:

Die Muttern d^1 und d^2 sind durch Drehung der daran sitzenden Handgriffe nach rechts gelöst, ebenso die Mutter f^1. Deckel D und Formstück F
sind mittelst der Hebel d und f nach rechts so weit abgedreht (um Säule S),
daß die kreisrunde Öffnung des Zylinders M frei geworden ist. Die Stempel
O und N und mit ihnen die Kolben Ppp stehen auf dem tiefsten Punkte,
das Wasser in den Preßstiefeln ist abgelaufen, so weit es zum Einsinken der
Kolben nötig ist. Die tiefste Stellung für den Stempel O ist durch den Schwanz-
ansatz am Kolben K gegeben; er gibt im Zylinder M soviel Raum frei, daß der
Tonballen aufgenommen werden kann. Letzterer wird vom Ballenschläger
(oder von der Ballenknetmaschine, siehe weiter unten) mittelst eines geeigneten muldenförmigen Karrens herangefahren oder auf einer zwischen ihm
und der Presse angelegten Brücke (Brett) herangerollt und in den Zylinder
eingestürzt. Sein Durchmesser ist etwa 2 cm kleiner als der des Zylinders.
Vor dem Einbringen des Ballens wird die Presse im Inneren mit einem dicken
Öle eingefettet, um ein Ankleben des Tones zu verhüten.

Nun wird die Presse durch Beidrehung vom Formstück und vom Deckel
geschlossen und die Muttern werden fest angezogen. Dann setzt der Wärter
die Preßpumpen mittelst der im Arbeitsraum vor der Maschine befindlichen
Handhaben in Tätigkeit, und zwar läßt er sie gleichmäßig auf alle drei
Kolben Kkk wirken. Den Vorzug von ihnen hat der mittlere, den Stempel O
treibende Kolben K wegen seines größeren Querschnittes, er drängt mittelst
der zurückgetriebenen Tonmasse den Stempel N im ringförmigen Raum zwischen O und Zylinder M zurück. Sobald der mittlere Stempel seinen höchsten
Stand erreicht und damit den Boden des Gefäßes mit den anschließenden
untersten Enden der Seitenwände in der Form F ausgebildet hat, ist der
ringförmige Stempel N so weit nach unten zurückgewichen, daß der unter
dem beabsichtigten höchsten Drucke komprimierte Ton Platz findet. Die
im Formmantel und auch in der Tonmasse eingeschlossene Luft entweicht
während dieser Arbeitsperiode der Maschine durch die geringen Undichtigkeiten, welche zwischen den Schlußflächen und dem Formmantel, dem Formstück und dem Deckel trotz sorgfältiger Abrichtung verbleiben. Jetzt werden
die Pumpen ausgerückt, und der Druck von der Maschine durch Lüftung
des Sicherheitsventiles abgelassen, worauf sich der Deckel beiseite drehen
läßt, um die Mündung der Presse für den Austritt der Retorte frei zu machen.
Die darauf wieder in Tätigkeit gesetzten Preßpumpen, deren Wirkung jetzt
auf den ringförmigen Stempel N, das heißt die beiden kleinen Kolben pp
mit Hilfe der Verteilungshähne für das Druckwasser beschränkt bleibt,
treiben nunmehr durch das Mundstück hindurch die Tonmasse in Form der
fertigen Retorte heraus. Um ein Umlegen derselben nach der Seite zu verhüten, wird sie durch eine zwangläufig oberhalb der Maschine geführte Stange,

welche am unteren Ende mit einem auf den Boden des Gefäßes passenden Hut ausgerüstet ist, in ihrer aufrechten Lage gehalten. Am oberen Ende dieser Stange hängt über Rollen geleitet ein Gegengewicht, welches auf einer Skala die Länge des herausgetretenen Gefäßes anzeigt. Sobald die gewünschte Länge erreicht ist, werden die Pumpen still gesetzt[1] und der Tonkörper über dem Mundstück der Presse von dem in der Maschine gebliebenen Tonrest mittelst eines Messingdrahtes abgeschnitten. Nach Abhebung des Führungshutes wird die fertige Retorte in der Regel in eine Holzmulde für den Transport zur Trockenkammer gelegt und dorthin auf Wagen zu mehreren oder einzeln auf Karren, welche einer Sackkarre gleichen, gefahren. Auf der Karre, dem Transportwagen, der gewöhnlich 5 Gefäße faßt, oder auf dem Fahrstuhle, falls der Transport in ein anderes Stockwerk des Gebäudes erforderlich ist, wird noch die Schnittfläche der Mündung geglättet und das Datum der Herstellung auf derselben eingeschlagen.

Während der Entfernung des fertigen Erzeugnisses von der Presse, werden die Stempel in derselben gesenkt, und der Zylinder durch Abdrehung des Mundstückes nach Lösung des in ihm hängenden Tonrestes für die Aufnahme eines neuen Tonballens freigemacht, der während der Arbeit der Presse fertiggestellt worden ist. Vor Eingabe desselben werden die Tonreste[2] aus der Presse mit der Hand herausgehoben und das Innere des Formraumes von neuem geölt.

Fig. 121. Preßpumpe.

Die für die Arbeit der Presse nötigen Preßpumpen zeigt die Fig. 121. Die allein, außerhalb des Lagerbockes stehende Pumpe bedient den Tonballenschläger, die drei anderen, von denen zwei zur Erzeugung des höchsten Druckes einen kleineren Hub haben, treiben die Retortenpresse. Die Pumpe steht über einem Wasserbecken, in welches das Wasser aus den Preßstiefeln wieder zurückläuft.

---

[1] Die Figur zeigt die Stellung der Stempel zu dieser Zeit, nur muß man sich den Deckel (*D*) abgedreht denken.

[2] Eine Wiederbenutzung derselben zur Herstellung der Tonballen ist des anhängenden Öles wegen unzulässig.

Wir deuteten schon an, daß man sich in neuerer Zeit statt der Tonballenschlagmaschine, welcher man vorwirft, daß sie keine homogene Masse liefert, einer stehenden Knetmaschine bedient. Ein derartiger Apparat liefert einen Tonstrang von passendem Durchmesser, von welchem der Ballen nach Maß abgeschnitten wird. Um ein Abreißen des Stranges zu verhüten, ruht derselbe auf einem Tische mit Gegengewicht auf. Eine solche Maschine erfordert aber sehr viel Kraft, ebenso wie die liegende Teigknetmaschine, welche den steifen, für die Retortenpresse allein geeigneten Tonteig (mit rd. 15 Proz. Feuchtigkeit) zu bereiten hat. Beide Maschinen werden wir in einer noch folgenden Darstellung einer vollständigen Muffelfabrik, wenigstens ihrer äußeren Gestalt nach, zur Anschauung bringen.

Auf der Zinkhütte der Vieille-Montagne zu Flône und auch in Duisburg ist noch eine andere Ballenknetmaschine aus der Maschinenfabrik von *Ed. Laeis & Co.* in Trier neben der Ballenschlagmaschine bzw. dem aufrechten Ballenkneter im Gebrauche. Die vorgeknetete Tonmasse fällt durch zwei übereinanderliegende Walzenpaare hindurch in eine offene Schneckenrinne, an diese schließt sich ein geschlossener konischer Ansatz an, durch welchen die Schnecke den Ton hindurchtreibt. Das Mundstück des letzteren gibt dem Ballen die geforderte Form. Von dem austretenden Strange werden die Ballen auf die passende Länge mittelst eines Drahtes abgeschnitten und auf kleinen Handkarren der Muffelpresse zugeführt. Die Maschine hat große Ähnlichkeit mit den Strangpressen der Maschinenziegeleien.

Der Sohn des ersten Erfinders der Retortenpresse, derzeitige Direktor der Société des Zincs de la Campine in Dorplain-Budel (Holland), *Dor-Delattre* hat die beschriebene Presse abgeändert[1], indem er auch den Formzylinder beweglich macht mit Hilfe eines dritten Preßkolbensystems, während das Formstück unbeweglich ist und immer auf seinem Platze verbleibt, nur der Deckel ist seitlich abdrehbar, wie bei der eben beschriebenen Maschine. Diese neue Presse wird von der Firma *Thiry & Cie* in Huy in Belgien gebaut. Einem Prospekt derselben entnehmen wir die Fig. 122 a bis d.

Der Preßstiefel sind fünf vorhanden. Der mittlere P treibt hier den ringförmigen Stempel N durch Kolben K, die Stiefel pp dagegen, deren Kolben kk mit einem Querstücke q verbunden sind, welches sich in den Ausschnitten (Schlitzen) von N frei auf- und abwärts bewegen kann, den mittleren Stempel o und das dritte im rechten Winkel zu dem zweiten stehende Stiefelsystem p^1p^1 (Fig. 122 b) endlich bewegt mittelst der Kolben k^1k^1 den Formmantel M, einen schweren Gußzylinder mit unterem Flansch, welcher an den Kolben befestigt ist. Dieser Zylinder trägt eine Plattform, auf welche ein den Tonballen heranbringender Wagen W aufgefahren wird.

Fig. 122 a zeigt die Presse zur Aufnahme des Ballens bereit. Der Zylinder M ist bis auf die Höhe des Arbeitsflures gesenkt, mit ihm ist auch gesenkt die daransitzende Plattform, welche den Ballenwagen vorher bei ihrer und des Formzylinders höchster Stellung aufgenommen hat. In gleicher Höhe,

---

[1] D. R. P. 150 296, 163 022 und Anm. D 23 461.

wie die obere Kante des Zylinders befinden
sich auch in ihrer tiefsten Stellung die Ober-
flächen der beiden Formstempel O und N,
mit dem oberen Mantelring eine gerade Fläche
bildend. Auf diese wird der Ballen, zwischen
zwei der 4 Tragsäulen S des festen Form- oder
Mundstückes F hindurch, vom Wagen geschoben.

Nun wird der Wasserdruck auf die Kolben $k^1 k^1$ gesetzt und dadurch der Formmantel
M gehoben, fest bis unter das Formstück F,
die Presse also geschlossen. Damit ist der Ballenwagen auch wieder auf Flurhöhe gekommen,
er wird zum Heranholen eines neuen Ballens
abgefahren.

Jetzt treten die Stempel N und O gleichzeitig in Tätigkeit, komprimieren im Mantel M
den Ballen und treiben die Masse zum Teil in
das Mundstück F hinein, und zwar
bei geöffnetem Deckel D. (Letzteres ist zulässig, weil das Formstück unbeweglich auf den Tragsäulen sitzt.) Sobald die Tonmasse die obere Kante des Formstückes F erreicht hat, wird der
Deckel beigedreht und die Druck-
muttern werden angezogen. Der
Stempel O tritt jetzt analog dem
Vorgange in der Presse älterer
Konstruktion in die Masse ein und
formt das untere Ende der Retorte
mit dem Boden, sein Hub ist, wie
dort begrenzt durch das Anstoßen
des Querstückes q unter die untere Kante des Formmantels M.
Auch hier wird der ringförmige
Stempel N durch die zurückge-
triebene Tonmasse zurückgedrängt.
Nach Öffnung der Presse, d. h.
nach dem Zurückdrehen des Ver-

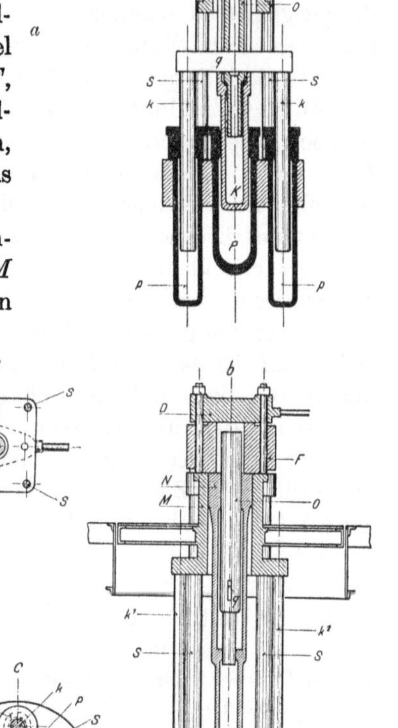

Fig. 122. Retortenpresse von *Dor-Delattre*.

schlußdeckels wird die Retorte in fertiger Form, wie beim alten Apparate,
durch den Ringstempel herausgetrieben, während der Kernstempel in seiner
(höchsten) Stellung verbleibt. Fig. 122 b zeigt die Maschine in ihrer Schluß-
stellung (in einem Schnitt rechtwinklig zu a). Die Stempel und der Mantel
werden nach Auffahren eines neuen Tonballens gesenkt, und die Maschine

ist nach Beseitigung des Tonrestes zur Aufnahme eines neuen Ballens wieder bereit. Fig. 122 c und d zeigen einen Schnitt über den Preßstiefeln und eine Ansicht des Formstückes von unten mit darüberliegenden Deckel.

Die ausführende Firma schaltet zwischen Druckwasserquelle und Presse noch einen Akkumulator ein, welcher es möglich macht, daß sich die Operation der Tonkomprimierung unter einem gleichmäßig hohen Drucke vollzieht. Ein Vorteil der neuen Anordnung ist die Beseitigung der schädlichen Räume im Formraume, der von dem eingestürzten Ballen nicht ganz ausgefüllt wird, was zu einer Zerreißung desselben beim Eindringen des Kernstempels führen kann. Auch eine Erleichterung der Bedienung ist damit verbunden, wenn auch nicht an Arbeitslohn gespart werden wird, denn 2 Arbeiter werden immer erforderlich sein, und die genügen auch für die alte Presse. Die Leistung der Maschine wird aber dadurch größer, nach Angabe der Maschinenfabrik sollen bis zu 30 Stück Röhren in der Stunde fabriziert werden können; das wird aber nur bei Erzeugung kleiner belgischer Röhren möglich sein, größere Muffeln werden weit mehr Zeit in Anspruch nehmen. Eine alte Presse liefert von beispielsweise 29 bis 32 cm (im Lichten) hohen Muffeln mit 2 Arbeitskräften 90 bis 120 Stück (je nach der Größe des Querschnittes) in 12stündiger Schicht (10stündiger Arbeitszeit), welche dann allerdings nicht voll ausgefüllt wird; ein Teil der Zeit fällt auf Nebenarbeiten, wie Säubern der Maschinenteile u. dgl.

Von dem Fabrikanten wird noch als weiterer Vorzug der neuen Presse hervorgehoben, daß sich stets ein absolut dichter Schluß der Presse zwischen Mundstück und Formmantel von selbst herstellt, was die Abnutzung an den Dichtungsflächen verhütet. Bei der alten Maschine ist ein ganz dichter Schluß auf die Dauer nicht zu erhalten, es dringt etwas Tonmasse ein und feilt allmählich die Schlußflächen ab. Ferner soll eine magerere Tonmasse verarbeitet werden können, und die zentrale Lage des Kernstempels gesicherter sein, wodurch ungleiche Wandungen der Retorten vermieden werden[1].

Eine genaue Beschreibung an Hand noch mehrerer Figuren, welche die zwischen Beginn und Ende der Arbeit liegenden Stellungen der Preßstempel darstellen, ist im Juniheft 1911, S. 797 der Mémoires et compte rendu des travaux de la Société des Ingenieurs civils de France zu finden.

Eine Muffel für die rheinischen Öfen von etwa 1,40 m Länge, 30 : 17 cm weit, kostet im lufttrockenen Zustande, also einschließlich Trockenkosten, heute etwa 2,50 M. In den 90er Jahren war sie für 1,80 bis 2 M herzustellen.

Im Anschluß an die Fabrikation der Retorten mittelst hydraulischen Druckes will uns ein eigenartiges Verfahren zur Herstellung von Glasschmelzhäfen erwähnenswert erscheinen, welches seit 1905 auf den Glashüttenwerken *Aug. Leonhardi* zu Schwepnitz in Sachsen im Gebrauche ist und außerordentlich dichte und haltbare Gefäße liefern soll. Der Erfinder desselben, Dr. *Emil Weber*, fügt eine den jeweiligen Eigenschaften der zur Anwendung

---

[1] Fühlbare Mißstände dieser Art sind dem Verfasser aber auch bei der Benutzung der Mehlerschen Presse nicht aufgefallen.

kommenden Materialien angepaßte kleine Menge Soda hinzu, wodurch die in der Tonmasse gebildeten Kolloide peptisiert werden (S. 344). Die feingemahlene, zu einem dünnen Brei angerührte Tonmasse, welcher aus einem mit Rührwerk versehenem Mischkessel in die Hafenform eingegeben wird, erstarrt infolge der Hydrosolbildung langsam ohne Absonderung von Tonteilen zu einer gleichmäßigen festen Masse. ·Nach 24 Stunden schon kann der Kern der Form und nach weiteren 24 Stunden der Mantel entfernt werden. Die Glättung des Randes ist die einzige noch erforderliche Handarbeit.

Für unseren Zweck hat das Verfahren freilich nur ein akademisches Interesse, denn für eine Zinkhütte von einigermaßen großem Umfange würde es im Vergleich zum Preßverfahren eine recht umständliche Fabrikationsweise darstellen, schon wegen der erforderlichen großen Anzahl von Gießformen, welche erst nach 2×24 Stunden wieder verfügbar sein würden und der Behandlung der entmantelten weichen Gefäße beim Trockenprozeß. Als Ersatz der Handarbeit bei der Herstellung der großen schlesischen Muffel könnte es indes auch noch heute in Frage kommen, aber deren Tage werden gezählt sein.

Beachtenswert ist, daß auch auf diese Weise ein außerordentlich dichter Scherben erzielt wird, eine Erscheinung, die sich darauf zurückführen läßt, daß beim Trocknen durch gegenseitige Anziehung der Tonteilchen während der Ausdunstung der Feuchtigkeit eine sehr innige Verbindung unter ihnen hergestellt wird. In der Tat hat der Verf. bei der Vergleichung der lufttrocknen Retortenscherben, welche einerseits mittels der Strangpresse hergestellt waren, andererseits von Retorten genommen waren, welche von de Laminne zu Versuchszwecken bezogen und mittels der *Dor*schen Presse fabriziert waren, keinen Unterschied im Volumgewicht feststellen können. Die Mischung der ersteren war der von Belgien erhaltenen des beabsichtigten Vergleiches wegen nachgeahmt (S. 340). Wir schließen daraus, daß ein aus weicher Tonmasse geformter Körper nach dem Trocknen ebenso dicht wird, wie ein unter hohem Druck gepreßter, abgesehen von trennenden, in die Masse eingeschlossenen Luftschichten, welche unvollkommene Verknetung in derselben zurückläßt. Der Vorteil bei Verwendung der hydraulischen Presse liegt in der Hauptsache daher in der größeren Homogenität des Fabrikates und in seiner bequemen Transportfähigkeit unmittelbar nach der Herstellung, womit eine bedeutende Verbilligung der Fabrikation verbunden ist. Gegenüber der Handarbeit kommen natürlich noch die billigeren Formkosten in Betracht.

In den Figuren 123 a bis q geben wir einen Überblick über die zur Zeit in den verschiedenen Ofensystemen gebräuchlichen Retorten. Man sieht daraus, daß die Ansichten über die Zweckmäßigkeit der Form sehr auseinandergehen, und deshalb können wir auch davon absehen, die Maße bis auf das Millimeter herab anzugeben, da es keinen praktischen Wert haben würde. Die Durchmesser der runden Retorten der belgischen Öfen in Europa und Amerika (Fig. 123 a und b) schwanken zwischen 17 und 21 cm, die Weite der elliptischen (c bis e) zwischen 16 und 18 in der Breite und 20 und 22 in der Höhe, die

Wandstärken liegen zwischen 26 und 30 mm und das Gewicht beträgt 56 bis 70 k bei Längen von 125 bis 135 cm. Auch die hohen schlesischen Muffeln der einreihigen Öfen (*f* und *g*) zeigen große Abweichungen in den Höhenmaßen, im Beispiele 67 (Silesia) und 55 cm (Hohenlohe), ihre lichte Weite ist 14 und 15 cm, die Länge 172 und 160 cm. Die Wandstärke nimmt nach dem hinteren Teile der Muffel hin zu, von 30 bis 40 mm in den Seiten und bis 50 mm im Boden. Der Rückwand gibt man sogar eine Dicke von 85 mm (oben) bis 95 mm (unten). Die Länge ist 173 bzw. 160 cm. Die Verschiedenheit in der Dicke der Wandungen, von welcher man in Oberschlesien nicht abgehen zu dürfen glaubt, ist der Grund, weshalb das hydraulische Preßverfahren bisher zu ihrer Herstellung noch keine Anwendung gefunden hat. Die Figg. 123 h und i zeigen den Querschnitt von Muffeln, welche in zweireihigen Öfen gebraucht werden, die erste auf der Godullahütte in Oberschlesien, die andere (*i*) auf der staatlichen Hütte Österreichs in Cilli. 1909 wurde die letztere noch von Hand geformt, man beabsichtigte jedoch, eine Presse aufzustellen. Es ist uns nicht bekannt, ob der Plan zur Ausführung gekommen ist. *h* hat eine Länge von 170 cm, *i* eine solche von 140 cm; die letztere Form hat einen auffallend starken Boden.

Die Figg. 123 k bis q sind Querschnitte von Retorten drei- und vierreihiger rheinischer Öfen, sie werden sämtlich mit der hydraulischen Presse hergestellt. *k* bis *m* haben eine lichte Breite von 16 cm bei einer Wandstärke von 30, 25 und 30 mm. Die niedrigste Muffel wird in Flône, die zweite in Duisburg und die dritte in Borbeck und Hamborn gebraucht. *n* ist die Gladbacher Form mit 15 bzw. 28,5 cm lichter Weite und

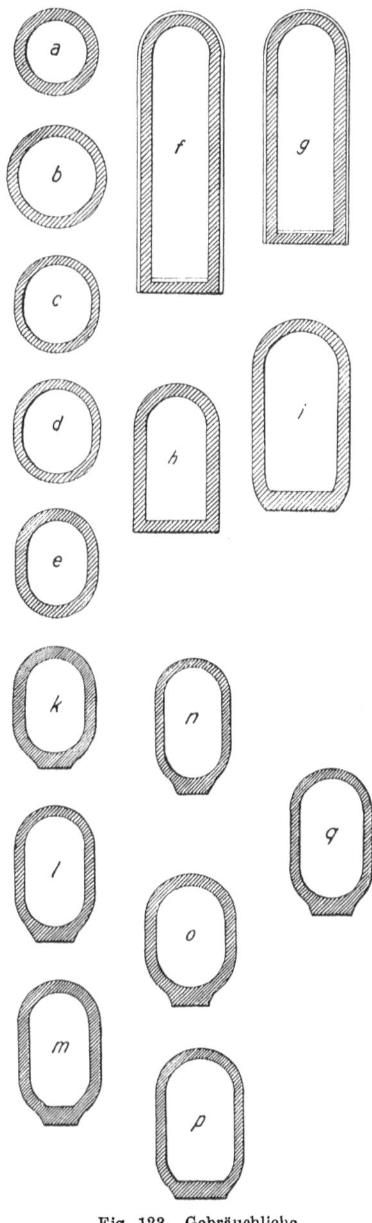

Fig. 123. Gebräuchliche Retortenquerschnitte.

die 18 cm breiten Retorten von 26 bis 26,5 cm Höhe *o* dienen in Overpelt, Nordenham und Hamburg, die von 32 cm Höhe *p* in Dortmund. Dort versah man früher, solange man mit der Hand formte, die Mündung mit kleinen Nasen zur Stütze der Vorlage. Duisburg und Hamburg verwenden lange

Retorten, 160 bis 170 cm, während die Längenmaße der übrigen Hütten zwischen 125 bis 140 cm liegen. q ist die Retorte der Hütte zu Birkengang, sie zeichnet sich durch ihre außerordentliche Länge aus, 178 cm. Die Wandstärke ist 25 cm, nach unten auf 30 cm verstärkt und die Bodendicke 45 cm. Ihr Gewicht beträgt in lufttrockenem Zustande 95 kg. Sonstige Eigenarten der einzelnen Hütten zeigen die Figuren.

Die Vorlagen werden mit wenigen Ausnahmen von Hand über Schablonen geformt. Der Tonteig muß sehr plastisch sein, er enthält etwa 22, sogar bis 24 Proz. Wasser. Die Herstellung der an den belgischen Öfen gebrauchten konischen Röhren, welche um 1840 herum an Stelle der vorher verwendeten gußeisernen Vorlagen traten[1], geschieht durch Einstoßen eines konischen Dornes in einen weichen Tonklumpen, der vorher in eine, die äußere Gestalt bildende Blechform eingelegt wurde. Diese mit einem Rand an der oberen, weiteren Öffnung versehene Form wird zweckmäßig in die konische Ausbohrung eines auf dem Boden des Arbeitsraumes stehenden schweren Holzklotzes versenkt. Nach Einlegung des Tonballens wird ein an Scharnieren am Klotz befestigter Deckel über die Öffnung geklappt, welcher ein Loch von der größten inneren Weite des zu bildenden Gefäßes hat. Durch diese zentrisch über der Blechform liegende Öffnung hindurch stößt man den an einem Quergriff sitzenden Dorn in die Tonmasse hinein. Sein Eindringen ist begrenzt durch einen starken Eisenring, welcher unten in der Mitte des Holzklotzes als Unterlage für die Blechform

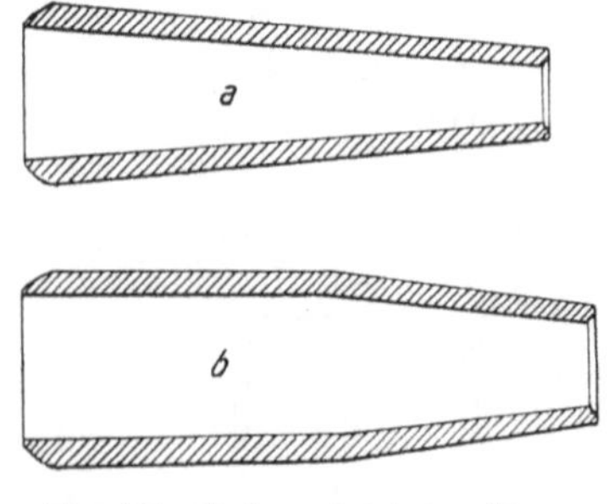

Fig. 124. Vorlagen belgischer Öfen.
M. 1:10.

sitzt. Der Ton verbreitet sich in den zwischen Form und Dorn verbleibenden Zwischenraum, wodurch das Gefäß von der gewünschten Form entsteht. Nach Herausziehen des Dornes und dem Zurückklappen des Deckels schneidet man den Rand der Vorlage mit Hilfe eines messerartigen Werkzeuges glatt, greift mit demselben unter den wulstartigen Rand der Form, hebt sie aus dem Holzklotz heraus und stülpt sie mit dem weiten Ende nach unten auf das Lager, wo die Vorlage zum Antrocknen aufgestellt werden soll. Die von ihr abgehobene Form wandert wieder in den Formklotz. Um ein Anhaften des Tones an ihr zu verhüten, wird etwas feines Tonmehl vor Einbringen des Tonballens eingestreut; der Dorn steht, so lange er nicht gebraucht wird, zu gleichem Zwecke in einem mit Wasser oder einer Ölemulsion gefüllten Gefäße. Nach dem Antrocknen (am nächsten Tage) wird die Vorlage an ihrem weiteren Rande durch leichtes Beklopfen angeschärft, das Ergebnis ist die in Fig. 124 a bis b dargestellte Form in zwei Größen, wie sie bei zylindrischen und elliptischen Retorten in Letmathe vor und nach dem Jahre 1880 im Gebrauche waren.

---

[1] *Piot* und *Murailhe*, Ann. des Mines, 4. Reihe, Heft 5, S. 224.

Die kleine Form wog $3^2/_3$ kg, die große rd. 6 kg, sie kosteten fertig rd. 4 und 6 Pfg. das Stück. Heute wird man sie um 50 Proz. höher bewerten müssen.

Will man diesen Vorlagen eine ausgebauchte Form geben, wie es in Angleur üblich ist, so schneidet man einen Zwickel an dem weiteren Ende aus und fügt durch Eindrücken die Ränder aneinander, die dann miteinander verknetet werden. In diesem Falle stellt man ursprünglich ein an dem dicken Ende weiteres Gefäß her.

Nach *Ingalls* (S. 244) bedient man sich in La Salle (Nordamerika) einer auf demselben Prinzip beruhenden Maschine, d. h. man bewegt den Dorn maschinell auf und nieder und stellt die Form bei jedem Niedergang darunter. Man erreicht hiermit in der Tagesschicht nur eine Produktion von 250 Stück bei einer Bedienung der Maschine durch einen Mann, während ein Arbeiter ohne dieselbe in der vorbeschriebenen Weise 300 Stück herstellen kann. Der Formerlohn stellte sich in den 80er Jahren in Letmathe ausschließlich des Transportes für den Teig und bei der Trocknung der Vorlagen auf nur 1,3 Pf. für das Stück von der kleineren Form.

Die alten Knievorlagen Oberschlesiens wurden freihändig auf Töpferscheiben geformt; in England (Llansamlet) bediente man sich nach *Percy*[1] zum Formen des Kniestückes der Vorlage einer zweiteiligen Form. Man legte den Ton in jede Formhälfte ein, fügte beide Hälften aneinander und verstrich die Fugen von den Öffnungen aus. Die viereckige Deckelplatte zum Verschlusse der zum Beschicken der Muffel dienenden Öffnung am Knie wurde in einem eisernen Kasten mit dem Hammer geschlagen: *Percy* beschreibt ausführlich die dabei verwendeten Werkzeuge.

Die einfachen Vorlagen der schlesischen Öfen, welche aus nach vorn hin erweiterten Röhren bestehen oder die einzelnen Elemente der *Dagner*schen Vorlage werden über entsprechenden Holzmodellen aus Tonplatten von etwa 15 mm Dicke gebildet, ähnlich der sogleich zu beschreibenden Herstellungsweise für die rheinischen Bauchvorlagen. In früherer Zeit formten die an den kleinen Öfen mit der Ofenarbeit nicht voll beschäftigten Schmelzer ihren Bedarf selbst und trockneten die Formstücke auf den Rauchschirmen der Öfen[2]. Die Kosten für eine gewöhnliche Vorlage stellen sich auf etwa 50 Pfg., für einen Teil einer *Dagner*schen Vorlage auf 25 Pf.

Die rheinischen Bauchvorlagen verlangen zu ihrer Herstellung einen zwei- oder dreiteiligen Formkörper aus Holz, wie ihn die Fig. 125 a bis c zeigt.

Die Maße desselben müssen des Zusammensinkens und Schwindens des sehr feuchten Tonteiges wegen reichlich genommen werden. Der Former stellt sich zunächst einen großen Körper aus der weichen, leicht knetbaren Tonmasse her, welchem er eine lange, rechteckige oder trapezartige Form gibt, oder auch eine der bauchförmigen Erweiterung entsprechende, nach beiden Seiten ausgeschweifte Form. Davon schneidet er Stück für Stück mittels eines vor einem Holzstabe ausgespannten Messingdrahtes Platten von geeig-

---

[1] *Percy-Knapp*: Metallurgie 1863, S. 519.
[2] *Georgi*, Berg- u. Hüttenm. Ztg. 1877.

neter Dicke (13 bis 15 mm) herunter. Der Abstand des Drahtes vom Stabe
gibt das Maß für die Dicke. Ein sehr zweckmäßiges Hilfsmittel hierfür ist
ein mit einem Messingdraht bespanntes Dreieck, welches um eine mit Maß-
teilung versehene, an einen Gebäudepfeiler befestigte runde Stange drehbar
ist. Das auf einem an der Maßstange sitzenden Stellring ruhende Dreieck hält
den an der unteren Kathete ausgespannten Draht in wagerechter Lage. Durch
Schwenkung desselben wird der Draht durch den Tonkörper geführt und dadurch eine Platte nach der anderen von ganz gleichmäßiger Dicke von demselben heruntergeschnitten.

Eine von diesen Platten legt der Arbeiter auf ein mit Tonmehl bestreutes,
auf dem Arbeitstische liegendes Formbrett, welches ungefähr die Länge der
Vorlage hat, und bestreut auch die Tonplatte mit Tonmehl; darüber legt er
dann das Formholz, wälzt es unter gleichzeitiger Anlegung der Tonplatte
an dasselbe darüber und verknetet die Ränder, von denen er überflüssige Strei-

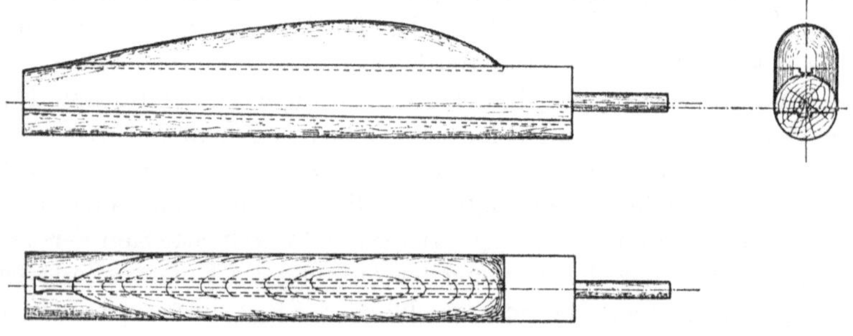

Fig. 125. Formkörper für die rheinische Vorlage. M. 1:15.

fen abschneidet, über demselben, indem er gleichzeitig die Tonmasse an die
Form anschmiegt. (Anderwärts nimmt man zwei schmale Tonplatten, die man
an den Seiten der Form verbindet. Auf die eine Platte legt man den Formkörper und dann die andere darüber. Auf diese Weise will man die Nähte
an eine weniger beanspruchte Stelle der Vorlage verlegen). Nun schneidet er
den über die Enden des Formholzes hervorgetretenen Ton ab, glättet die Vorlage mit der angefeuchteten Hand und zieht am Handgriff das eine Stück
des zweiteiligen bzw. das Mittelstück des dreiteiligen Formkörpers aus derselben heraus. Das zweite Stück oder die beiden anderen Teile desselben,
welche in dem Hohlraume des Werkstückes zusammenfallen, lassen sich
leicht aus demselben entfernen. Vor Herausnahme des Formholzes wurden
jedoch zur Stütze der weichen Vorlage noch dreieckige, an der einen Seite
der Rundung derselben entsprechend ausgehöhlte, hölzerne Latten zu beiden
Seiten auf dem Formbrette angelegt. Mit diesem und dem Formbrett kommt
das Werkstück auf sein erstes Trockenlager, die Lattengerüste im Arbeitsraum.
Am nächsten Tage sind die Vorlagen soweit angetrocknet, daß sie ohne Stütze
ihre Form behalten. Man rundet mit geeigneten Werkzeugen die Mündungen
noch etwas aus, die hintere, untere Seite der Öffnung gestaltet man der bes-

seren Auflage wegen in der Regel geradlinig und bringt die fertigen Vorlagen dann in die Trockenräume, in denen sie bis zum Gebrauche verbleiben. In ihnen werden sie allmählich einer Temperatur von 30° C ausgesetzt.

In Schlesien hat man auch ein anderes Verfahren für die Herstellung der Bauchvorlagen. Der Formtisch hat eine Vertiefung, in diese wird die aufgelegte Tonplatte an der Stelle, die den Bauch bilden soll, mittels einer Holzwulst eingeschlagen. Letztere wird danach wieder entfernt und dann die Vorlage über einem ungeteilten Formholze fertig geformt.

Die Vorlage der rheinischen Öfen wurde früher und wird meist auch heute in ungebranntem Zustande in die Ofennischen eingesetzt; eine gewisse Anzahl derselben hat der Schmelzer auf dem weit vorspringenden Rauchschirme der Reduktionsöfen zur Verfügung. Heute geht man mehr und mehr dazu über, auch die rheinischen Öfen der leichteren Räumung und Beschickung der Retorten halber mit auswechselbaren Vorlagen auszurüsten. Diese werden vorher gebrannt, um ihnen eine größere Widerstandsfähigkeit gegen Stöße zu geben; ihre Größe wird auf das zulässig kleinste Maß beschränkt, womit sich die Form derselben der der bauchigen Vorlagen der belgischen Öfen nähert. Fig. 126 zeigt das zweiteilige Formholz mit darübergeschlagener Vorlage, wie sie in Flône gebraucht wird.

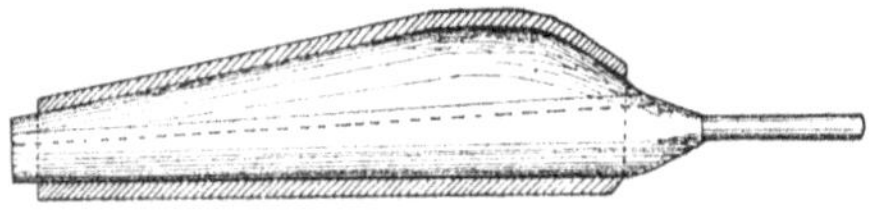

Fig. 126. Abnehmbare Vorlage für Muffelöfen. M. 1:15.

In die Mündung der rheinischen Vorlage wird beim Betriebe noch ein dieselbe verengender konischer Rohrstutzen (im Arbeitermunde Tippe [tube]) eingesetzt, welcher zur Anfügung der Blechdüte (Allonge) dient. Ihre Anfertigung erfolgt in einer der Herstellungsweise der belgischen Vorlagen ähnlichen Art. In Schlesien sitzen diese Stutzen auf Platten auf, mit welchen die weite Mündung der Vorlage verschlossen wird[1]. Diese Gebrauchsstücke werden vor der Verwendung gebrannt und wie die abnehmbaren gebrannten Vorlagen innen gekälkt, damit sich die zinkischen Ansätze leichter von den Wandungen lösen.

Eine Bauchvorlage, welche meistens einen inneren Durchmesser von 11 und größte Weite von 14 cm bei einer Wanddicke von 12 bis 15 mm hat, wiegt in einer Länge von 70 bis 100 cm 14 bis 29 k im lufttrockenen Zustande und kostet 17,5 bis 25 Pf. Ein fleißiger Arbeiter kann 80 bis 100 Stück davon im Tage anfertigen.

Das Trocknen der Gefäße.

Das Trocknen der Retorten verlangt eine große Sorgfalt, die um so mehr obwalten muß, wenn die zur Verfügung stehenden Räumlichkeiten, wie es in älteren Hütten vorkommt, nicht den Anforderungen genügen, welche an diese wichtige Einrichtung der Muffelfabrik nach unseren heutigen Begriffen gestellt werden können. Früher suchte man vielfach in der Nähe

---

[1] Diese mit Tippe versehenen Platten werden auch aus Gußeisen gemacht.

der Zinköfen liegende, durch die Heizkanalführungen und Ausstrahlung des Ofenmauerwerks geheizte Räume für diesen Zweck zu verwenden. Die Unmöglichkeit, in solchen Räumen die Temperatur zu regeln, das heißt dieselbe dem Alter der Retorte anzupassen, machen dieselben ungeeignet, wohl können sie als Aufbewahrungsplätze für Vorräte von Retorten, welche den geregelten Trockenprozeß durchgemacht haben, nützliche Verwendung finden, aber dann wird ein mehrmaliger Hin- und Hertransport der Gefäße notwendig, was selten ohne Bruch abgeht. Bei neuen Anlagen errichtet man heute ein besonderes Gebäude, welches in den oberen Stockwerken die Trockenkammern aufnimmt, während die in Hüttenflurhöhe liegenden Räume zur Fabrikation der feuerfesten Gegenstände und die Unterkellerung zum Lagern der Tonteige und Unterbringung von Maschinenteilen dient. Zur Heizung der Räume wird vorherrschend Dampf benutzt, Abdampf oder Frischdampf, welcher auf einen geringen Druck reduziert wird. In Belgien (Angleur wie auch in Borbeck) ist noch das *Perret*sche Heizsystem in Anwendung, dessen Etagenplattenofen die Verwertung der aus den Feuerungen der Zinköfen abfallenden Zinder gestattet. Die Heizkanäle oder -rohre werden bei dieser Heizart unter dem Boden der Trockenkammern oder an den Seitenwänden hergeführt, ebenso, wie die Heizröhren (Rippenheizkörper) der Dampfheizung. Im ersterem Falle stehen die zu trocknenden Gefäße auf einem Lattenboden. In jedem Falle herrscht aber in den Kammern nur ein so geringer Luftwechsel, daß eine zu schnelle oder einseitige Austrocknung, die zu Krümmungen der Gefäße oder zu Zerreißungen führt, vermieden wird. Aus diesem Grunde ist Luftheizung nicht anwendbar. Der Hauptvorteil der modernen Einrichtungen liegt aber in dem Wegfalle jeden Zwischentransportes, die Retorten bleiben vom Anfang an bis kurz vor dem Verbrauche in einer besonderen, gegen alle anderen dicht abgeschlossenen Kammer, deren Temperatur ganz nach Belieben durch die Dampfheizung von äußerer Luftwärme bis zu 40° hinauf und höher gesteigert werden kann und deren Lüftung man gleichfalls ganz in der Hand hat. In jeder Kammer befinden sich in der gutisolierten Decke ein, zwei oder mehr Abzüge, deren Öffnungen mehr oder weniger von außen zu schließen sind, und die notwendige Lufterneuerung erfolgt ebenfalls durch regulierbare Zugänge von außen her. Ein Thermometer zeigt die im Innern der Kammer herrschende Temperatur an; so daß der ganze Verlauf der Trocknung von dem alle Kammern verbindenden Gange her geregelt werden kann, ohne daß man nach der Füllung die Kammer wieder zu betreten braucht. Die einzelnen Kammern fassen gewöhnlich 6 bis 800 Retorten, etwa die Wochenleistung einer Presse, die Zahl derselben richtet sich nach der Höhe des Bedarfs der Hütte; man rechnet gewöhnlich mit 5 monatigem Vorrat, ein kürzeres Alter ist ausreichend, ein längeres besser.

Eine der Kammern, welche dem zur Zinkhütte führenden Ausgange des Gebäudes am nächsten liegt, wird stets auf hoher Temperatur gehalten, diese bildet die einzige Zwischenstation, welche die Retorten auf dem Wege zur Hütte bzw. zu den Temperöfen zu durchlaufen haben. Wegen ihrer großen Wärme (bis zu 60°) wird sie vom Arbeiter als „Hölle" bezeichnet. Wollte man in ein und derselben Kammer die Temperatur steigern, so würden die Nebenkammern mit beeinflußt werden, wenn sie nicht auf kostspielige Weise isoliert würden. Man versteht sich deshalb zu diesem einmaligen Wechsel der Stellung der Muffeln, mit welchem zweckmäßig eine genaue Prüfung auf etwaige Beschädigungen verbunden wird. Immerhin hat man gegenüber den alten Einrichtungen recht viel Arbeit gespart. In der Regel befand sich die Arbeitsstelle bei der Handformerei auf einem frei gewordenen Platze im Trockenraume, um einen weiten Transport des frisch geformten Gefäßes zu vermeiden. Die Weichheit desselben erforderte eine vorsichtige Behandlung, die oberen Teile mussten, um sie vor zu raschem Austrocknen in dem nach außen nicht abschließbaren Raume, in welchem stets eine gewisse Luftbewegung herrschte, zu hüten, mit Tüchern bedeckt werden. Dennoch blieben die Muffeln meist bei der ungleichmäßigen Wärme im Raume nicht gerade, sie mussten gedreht werden. Die Gefäße können deshalb am ersten Tage, um den Zutritt des Arbeiters zu ermöglichen, nicht dicht zusammengestellt werden, das Zusammenrücken konnte erst an einem der nächsten Tage erfolgen. Schließlich mussten sie den Heizstellen nähergebracht werden, wenn die Einrichtungen einen Wechsel der Temperatur in den einzelnen Teilen des Raumes nicht zuliessen.

Zum Trocknen der Vorlagen findet sich in den Gängen des Gebäudes und in den Arbeitsräumen selbst meistens Platz genug, so daß man selten besonders dafür eingerichtete Räume vorsieht, sie fordert keine besondere Aufmerksamkeit und man wendet ihnen deshalb nur so viel Sorgfalt zu, wie mit ihrem Werte in Einklang steht.

Die Fig. 127 a bis c zeigt die Räumlichkeiten einer älteren Muffelfabrik für Handformerei aus dem Jahre 1866. Das noch heute auf der Zinkhütte der Akt.-Ges. für Bergbau, Blei- und Zinkfabrikation in Stolberg und Westfalen in Dortmund stehende Gebäude ist seit geraumer Zeit mit neuen Einrichtungen, Muffelpresse usw. ausgestattet. Das Kellergeschoß enthält die Heizapparate an beiden Gebäudeflügeln und außer den Fundamenten und Transmissionen für die Zerkleinerungsmaschinen (auch das Blendewalzwerk hat in einem abgeschlossenen Raume im Erdgeschoß Platz gefunden), die Maukräume für die Muffel- und Vorlagenerde. Im Erdgeschoß stehen die Mühlen und neben dem Mahlraume befindet sich in dem einen Gebäudeflügel ein etwa 300 qm bedeckender Trockenraum für den Rohton, während das andere Gebäudeende als Lagerraum für feuerfeste Steine dient. Das Obergeschoß enthält ausschließlich die etwa 1070 qm bedeckenden Räume für das Formen der Muffeln, Vorlagen und Steine, sie werden mittels der beiden Heizapparate in der beschriebenen Weise beheizt. Die Hütte war zur Zeit der Anfertigung der Zeichnung[1] mit einreihigen schlesischen Muffelöfen ausgerüstet (siehe S. 89).

Fig. 128 a bis g dagegen führt uns eine moderne Muffelfabrik vor Augen. Im Keller sind der Zerkleinerungsapparat mit dem Teigkneter für die Tonmischung und eine besondere Mühle für den beizumengenden Koks aufgestellt

---

[1] Sammlung von Zeichnungen des Akademischen Vereins „Hütte"-Berlin.

(Fig. 128 a, c, d, e). Die Beschickung beider (im vorliegenden Falle Kugelmühlen) erfolgt vom Hüttenflur aus. Dort steht auch ein Vorratsbehälter
(Silo) für den feingemahlenen Koks (Fig. 128 b und c), der in diesem Zustande
dem angemahlenen Ton und Schamott zugegeben wird. Ein Becherwerk
dient zur Überführung des Koksmehles vom Mühlenauswurf zum Behälter.

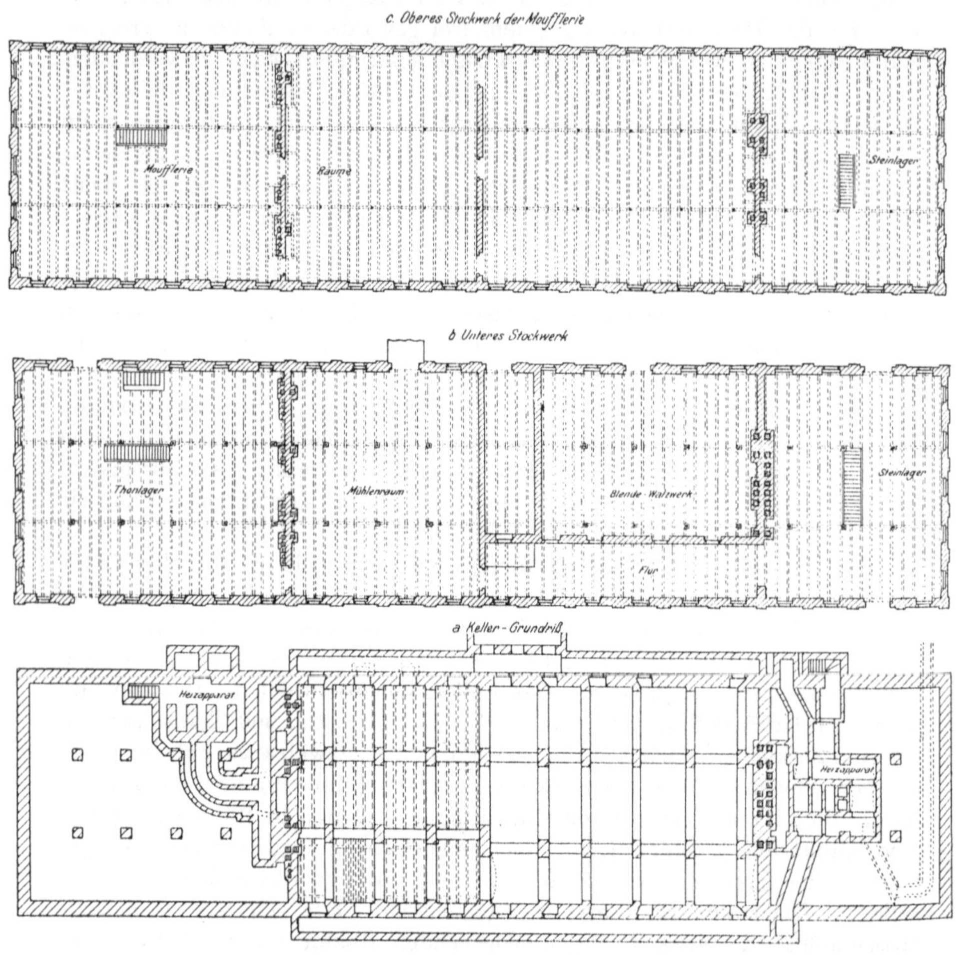

Fig. 127. Alte Muffelfabrik in Dortmund (1866). M. 1:540.

Alle Apparate sind staubdicht umkleidet; sie werden von einem elektrischen
50-PS-Motor getrieben. Die Mischung der Materialien, Bindeton, Schamott
und Koksmehl erfolgt durch Übereinanderschichten derselben auf dem Flure
vor dem Einwurf zur Tonmühle. Eine innige Mischung besorgt die letztere
bei der Zerkleinerung. Aus ihr gelangt das Mehl unmittelbar in den unterhalb
des Auswurfs aufgestellten liegenden Tonkneter unter Zuführung des nötigen
Wassers. Die von der Knetmaschine gelieferten Tonballen kommen in die im

Additional information of this book

(Zink und Cadmium und ihre Gewinnung aus Erzen und Nebenprodukten; 978-3-662-22732-9; 978-3-662-22732-9_OSFO6) is provided:

http://Extras.Springer.com

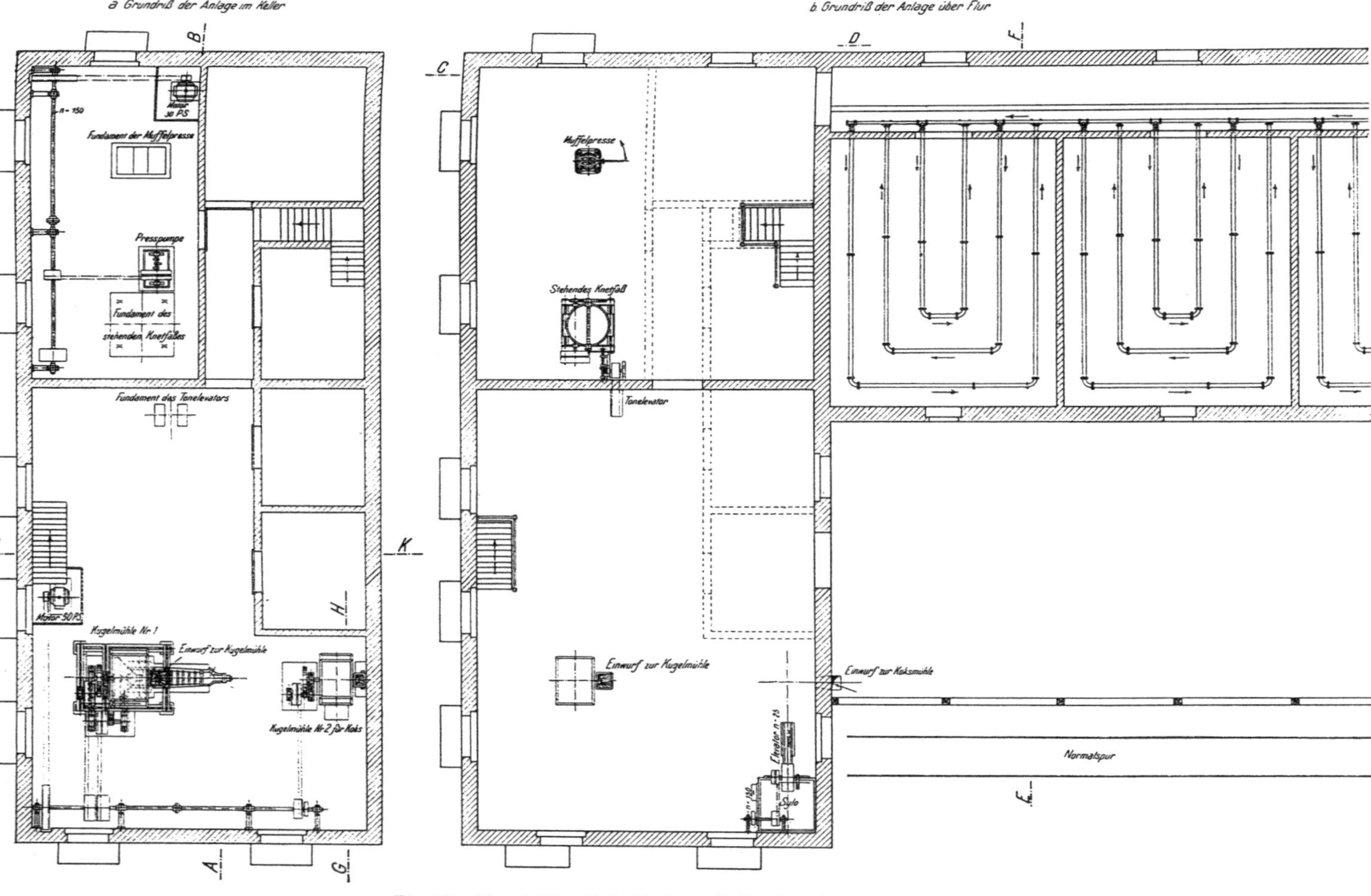

Fig. 128. Neuzeitliche Muffelfabrik einstöckig, Grundrisse. M. 1:250.

Keller liegenden Maukkammern. Nach längerem Verweilen darin wird die Tonmasse mittels Elevator in ein stehendes Knetfaß (Fig. 128 e bis f) über Hüttenflur gehoben. Dieses verarbeitet den Tonteig noch einmal und erzeugt die für die Muffelpressung geeigneten Ballen. In demselben Raume, wo dieser Ballenkneter sich befindet, tritt auch der obere Teil der Muffelpresse vom Keller her durch den Fußboden hindurch (Fig. 128 b und e). Darunter im Keller stehen die Preßstiefel derselben und die zugehörigen Preßpumpen, sowie der zu deren Antrieb nötige, 30 PS leistende Elektromotor (Fig. 128 a und f). Angrenzend an den Muffelpreßraum erstrecken sich mit einem gemeinsamen Gange die Muffeltrockenkammern, in diesem Falle alle auf Hüttenflurhöhe. Jede derselben hat eine Bodenfläche von etwa 78 qm, auf welchem 700 Stück Muffeln und mehr Platz finden (Fig. 128 f, g). Die Dampfheizung jeder einzelnen Kammer kann von der Gange aus geregelt werden.

Fig. 129 a bis d zeigt eine Anordnung für Fälle, in denen bessere Ausnutzung von Grund und Boden geboten ist. Die Muffeltrockenräume sind deshalb in zwei Stockwerke verteilt; ein Aufzug dient zum Heben der Muffeln vom Arbeitsraum zum Obergeschoß und kann nötigenfalls auch zur Förderung des Tones vom Keller zum Ballenknetfaß benutzt werden; in der Regel läuft dafür ein Gurtelevator, wie bei der vorher beschriebenen Anlage. Die im Erdgeschoß unter den Trockenkammern liegenden Räume dienen als Tontrockenlager und zur Fabrikation der Vorlagen.

Eine Beimengung von Koksmehl zur Muffelerde ist hier nicht vorgesehen, es fehlt deshalb die Koksmühle mit Zubehör. Dagegen werden in je einer Kugelmühle der Bindeton einerseits und die harten Teile, Schamott und gewünschtenfalls Quarz andererseits gesondert gemahlen und erst nach Austritt aus den Mühlen in einer Mischschnecke gemischt, die das Material unmittelbar dem liegenden Knetfasse zuführt. In ein und demselben Raume mit den Kugelmühlen befindet sich unter Hüttenflur auch die Preßpumpe für die Muffelpresse und der 75 PS leistende Antriebsmotor nebst Transmission für die gesamte Anlage. Maukräume für die Muffelerde fehlen. Eine weitere Erläuterung dürfte unnötig sein.

Ein Bild von einer recht vollkommenen, aber auch kostspieligen Teigbereitungsanlage unter Verwendung von Steinbrecher und Kollergang als Zerkleinerungsmaschinen gibt die Fig. 130 a bis d. Die Zerkleinerungsmaschinen stehen unter Flur. Die Materialien werden denselben von einem an das Fabrikgebäude angebauten Schuppen (Fig. 130 a und c) her mittels Transportband zugeführt und das Tonmehl wird durch ein Becherwerk (Fig. 130 b) in hohe Vorratsbehälter (Fig. 130 b, c, d) gehoben, bzw. in darüber liegende Trommelsiebe. Diese sind verschiedenartig gelocht, das eine enthält ein ganz fein gelochte Bahn, mit welchem man das feinste Pulver abscheiden kann[1], welches in den kleineren, mittleren Behälter fällt, der übrige Teil des Siebes liefert ein Mahlgut von rein körniger, aber noch verhältnismäßig feiner Be-

---

[1] Man will erfahren haben, daß die Abscheidung des feinen Mehles die Haltbarkeit der Vorlagen vergrößert, weshalb man diese Einrichtung im besonderen für die Herstellung des Vorlagentones getroffen hat.

Additional information of this book

(Zink und Cadmium und ihre Gewinnung aus Erzen und Nebenprodukten; 978-3-662-22732-9; 978-3-662-22732-9_OSFO7) is provided:

http://Extras.Springer.com

schaffenheit. Will man mit gröberem Korn gemischtes Mehl erzeugen, so läßt man den Elevator in das andere, gröber gelochte Trommelsieb austragen (Fig. 130 c). Eine Wechselklappe in der Ausgußrinne des Becherwerks ermöglicht diese Umschaltung. Der Auswurf der Siebe fällt auf den Kollergang zurück. Aus den Behältern fällt das Mahlgut in Transportschnecken. Verstellbare Vorrichtungen an den Mündungen gestatten nur bestimmten Mengen der verschiedenen Körnungen den Austritt aus den Behältern, so daß man das Mischungsverhältnis nach Wunsch herstellen kann. Die Transportschnecken tragen in eine kräftig gebaute Mischschnecke aus, welcher auch das Wasser für die Teigbildung zugeführt wird. Eine sich an den Auswurf derselben anschließende liegende Teigknetmaschine (Fig. 130 a bis b) stellt den Teig fertig. Zum Betriebe der Anlage ist ein Motor von 70 PS nötig. Die Maschinenteile und die Mahlgutbehälter einer solchen Einrichtung kosten etwa 28 000 Mk., eine einfachere Anlage mit Steinbrecher, Kollergang oder *Vapart*scher Schleudermühle und Knetfaß oder mit Kugelmühle und Knetfaß, wie in den Fig. 128 und 129 dargestellt, ist für den halben Betrag herzustellen. Die Kosten für eine dort gezeigte Muffelpreßanlage einschließlich der Dampfheizrohre belaufen sich auf etwa 17 000 Mk.

Ehe die Retorten zur Verwendung kommen, gewöhnlich unmittelbar vor dem Brennen, versieht man sie außen, auf manchen Hütten auch innen und außen, mit einem Glasuranstrich, um die Poren baldmöglichst durch einen Schlackenüberzug zu schließen, was sich mit der Zeit im Zinkofen unter Einwirkung der Flugasche der Feuerung, vom Zinkdampf und von den Bestandteilen der Retortenladung von selbst vollzieht.

Man hält den äußeren Anstrich besonders dann für notwendig, wenn die Retortenmasse Koks enthält, um die Kokskörnchen vor dem Ausbrennen zu bewahren. Für die Glasurmischung wendet man vielfach etwa 50 bis 60 Gewichtsteile Tonmehl, 40 bis 30 Teile Glas und 10 Teile Soda an, welche man mit Wasser zu einem mäßig dünnen Brei anrührt und mittels eines Borstenpinsels (Weißquast) auf die Retortenwandungen aufstreicht.

Der Verfasser wählte als Anstrichmasse einen dünnen Lehmbrei, dem er etwas Kochsalz und zinkischen Flugstaub, der sich auf den Öfen ablagerte, beimischte. Das Ausbringen eines mit diesem billigen Außenanstrich behandelten Rohres war am ersten Betriebstage um 10,4 Proz. höher als das eines unglasierten.

Nach *Gatellier*[1] erzielte man in Röhren, die man mit einem Innenanstrich von Kochsalz (gesättigte Lösung von Seesalz mit Gummi arabicum eingebunden), welcher 5 Pf. für das Rohr kostete, versah, in den ersten Tagen für jedes Rohr ein um 2 k Zink erhöhtes Ausbringen.

Das Brennen der Muffeln und Vorlagen.

Die in Oberschlesien in den früheren Jahren für die großen breiten Muffeln gebrauchten Temperöfen hatten einen zur Aufnahme von fünf Muffeln einge-

---

[1] Ann. des Mines 6. Serie, Heft II, S. 153.

richteten Herd. Es fanden eine lange und vier kurze, in den Destillieröfen den mittleren Herdraum einnehmenden Muffeln Platz. Der Herd hatte deshalb keine regelmäßige Gestalt, weil der Raum anderenfalls nicht ausgenutzt worden wäre[1]. Der Rost lag 25 cm tiefer als die Herdsohle und die Feuerbrücke war 85 cm hoch, unten 25 oben 15 cm stark, so hoch, damit die zu brennenden Muffeln nicht unmittelbar von der Flamme getroffen werden konnten. In der Mitte des Ofens, auf eine Breite von 45 bis 55 cm wurde sie deshalb sogar bis zur Ofenkappe hochgeführt und mit dem Gewölbe besserer Haltbarkeit wegen verbunden. Die Türöffnung zum Ein- und Ausbringen der Muffeln wurde während der Brennzeit mit Ziegeln versetzt, die einige Öffnungen zum Abziehen der Heizgase freiließen. Zu beiden Seiten der Tür befanden sich noch kleine Öffnungen, welche dazu dienten, den Muffeln beim Einsetzen oder Herausnehmen die richtige Stellung zu geben. Beim Anwärmen bzw. Brennen der Muffeln machte man zuerst unter dem Rost ein 2 bis 3 Tage lang zu unterhaltendes Feuer, legte dann die Roststäbe ein und nun Feuer auf den Rost. Die Hitze wurde sehr langsam bis zur Rotglut gesteigert, in welcher die Muffeln wenigstens 2 Tage standen, ehe sie Verwendung im Reduktionsofen fanden. Es vergingen im ganzen auf diese Weise 8 bis 12 Tage, vom Einsetzen der rohen Muffeln ab bis zu deren Verwendung im Reduktionsofen.

Jede Betriebsperiode, also das Tempern von 5 Muffeln, erforderte einschließlich der Anwärmung des Ofens 45 bis 50 Scheffel Kohlen, gleich etwa 3200 bis 3500 k. Die Bedienung des Ofens, auch das Einbringen der Muffeln und das Übertragen derselben in die Reduktionsöfen wurde von den Schürern und Schmelzern der letzteren mit besorgt, dennoch kam infolge des bedeutenden Kohlenverbrauchs das Brennen der Muffeln recht teuer zu stehen.

Als man größere Reduktionsöfen baute, umging man die hohen Kosten, indem man Temperherde an dieselben anbaute und so den Kohlenaufwand durch Nutzung der Abhitze ganz vermied. Die Einrichtung ist in Fig. 10 zu sehen. Auch in Belgien und Rheinland-Westfalen ist dieselbe bei den einreihigen schlesischen Öfen in Gebrauch gewesen. In Borbeck hatte man sie selbst noch bei dem rheinischen Ofensystem beibehalten; dort standen bis vor kurzem noch Doppelöfen, zwischen welchen ein Temperraum eingebaut war, sie wurden aber schon seit längerer Zeit nicht mehr benutzt. Bei belgischen Öfen ist eine Nutzung der Abhitze zu dem vorliegenden Zwecke nie versucht worden, möchte auch solche Schwierigkeiten gemacht haben, daß man sehr bald wieder davon abgekommen wäre. Mit der Einführung vollkommener Feuerungsanlagen, insbesondere des Regenerativsystems ist die Verbindung der Temperöfen mit den Reduktionsöfen mehr und mehr verlassen, nur bei einreihigen schlesischen Öfen mit einfacheren Feuerungen wird man sie heute noch finden.

Man bedient sich jetzt fast allgemein besonderer kleiner Kammeröfen, welche in der Reduktionshalle zwischen die Zinköfen oder gewöhnlich in

---

[1] *Karsten*, System der Metallurgie 4 (1831), S. 462 (mit Abbildung).

Anbaue des Hüttungsgebäudes gestellt sind, um den beim Transport der glühenden Retorten zurückzulegenden Weg von ihnen zu den Zinköfen möglichst abzukürzen. Die Größe der Kammern schwankt sehr, sie ist dem Bedarf der Hütte anzupassen und hängt ab von der Anzahl der Brennöfen, welche man in einer Schmelzhalle vorsieht. Zwei derselben müssen wenigstens in einer Halle vorhanden sein, damit man den Wechsel hat, denn die Zahl der zu ersetzenden Retorten läßt sich nicht vorher bestimmen, weshalb immer ein gewisser Überschuß getemperter Gefäße zur Verfügung stehen muß. Wenn einige derselben übrigbleiben, so müssen sie bis zum nächsten Tage in Glut erhalten werden.

Fig. 131 a bis b stellt zwei nebeneinander gebaute Öfen dar. Die Brennkammern derselben messen 2,15 m im Geviert. Unter dem nur wenig über den Hüttenflur erhöhten Boden liegen die 1,8 : 0,6 m großen, von einem Rund-

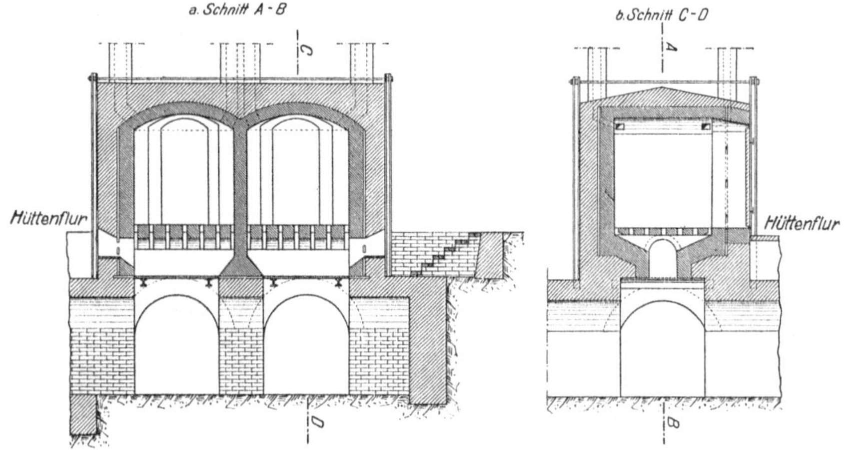

Fig. 131. Muffeltemperöfen.

bogen überspannten Planrostfeuerungen. Zahlreiche kleine Öffnungen führen von Seitenschlitzen und Löchern im Scheitel des Gewölbes in den Ofenraum. Die in diesen eintretenden Flammen finden den Weg zu den kleinen auf dem Ofen stehenden Essen, die auch zu einer größeren vereinigt werden können, durch Abzugslöcher in den Ecken des Deckengewölbes. Auf einigen Hütten, wie in Angleur und Hamborn, ist auch die umgekehrte Flammenführung üblich. Die auf einer Vorfeuerung erzeugten Heizgase treten auf einer Ofenseite unter dem Gewölbe in den Ofen ein und ziehen durch die Löcher im Boden ab zur Esse. Letztere Befeuerungsart schont das Bodengewölbe und soll nach Ansicht Einzelner noch den Vorteil haben, daß die Retortenmündungen (im Brennofen nach oben gerichtet), welche im Zinkofen nicht mehr dem Nachbrennen ausgesetzt werden, schärfer gebrannt und dadurch widerstandsfähiger werden, kann aber auch bei unvorsichtiger Anheizung des Temperofens zur Rissebildung an der Mündung Veranlassung geben. Die Ofenräume sind zugängig durch 1 m breite Türen aus starkem Eisenblech oder Gußeisen, welche innen mit feuerfesten Steinen bekleidet werden. Sie haben fast die Höhe des Ofens, um ein bequemes Einsetzen und Herausnehmen der Retorten zu gestatten. Hier und da findet man wohl auch in Rahmen laufende an Gegengewichten hängende Schieber zum Verschluß der Ofeneingänge.

Das Brennen der Retorten dauert etwa 15 Stunden. Wenn der Ofen von der voraufgegangenen Betriebsperiode so weit abgekühlt ist, daß die aus der heißen Trokkenkammer kommenden Gefäße durch den Temperaturwechsel keinen Schaden mehr erleiden können, wird der Ofen besetzt. Die Temperatur ist so niedrig, daß der Arbeiter den Ofen vorübergehend betreten kann, er dreht die Gefäße auf den Kanten des geschlossenen Endes an ihren Platz, Retorte fast dicht an Retorte. Unbekümmert um die Aufnahmefähigkeit des Ofens werden aber nur so viele Retorten oder einige mehr eingesetzt, wie voraussichtlich am nächsten Tage zum Ersatz schadhafter in den Reduktionsöfen nötig sein werden. Das Besetzen erfolgt in der Regel nach beendigtem Manöver, die Schmelzer holen dann den voraussichtlichen Bedarf aus der Trokkenkammer selbst zum Ofen heran. Mit Beginn des Manövers am anderen Tage muß

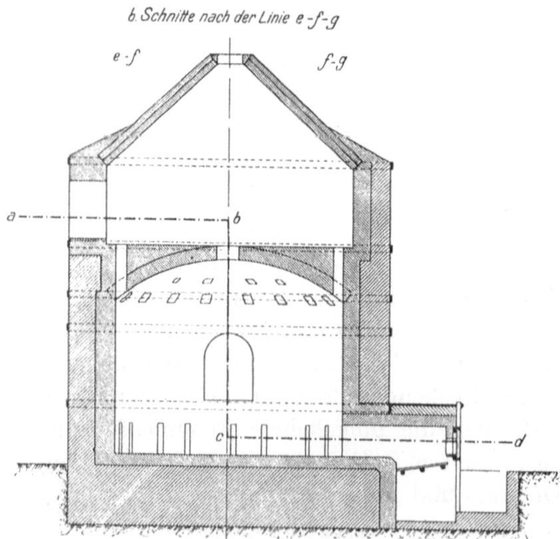

Fig. 132. Ofen zum Brennen von Vorlagen und Steinen.
M. 1 : 300.

der Brennprozeß beendigt sein, d. h. die Retorten müssen in heller Rotglut stehen. Das Anfeuern des Ofens muß indessen sehr vorsichtig erfolgen, damit die Gefäße ganz gleichmäßig und ganz allmählich in die Höchsttemperatur kommen, anderenfalls würden dieselben infolge in der Tonmasse eintretender Spannungen reißen.

In einer solchen Brennperiode gebraucht ein Ofen 350 bis 500 k Steinkohle. In Jola (Kansas) werden die Öfen auch mit Naturgas geheizt; die Brenner liegen dann unter dem durchbrochenen Herde.

Das Brennen der Vorlagen erfolgt meist zusammen mit Steinen in ganz ähnlichen, von unten beheizten, aber geräumigeren, weiteren und wesentlich höheren Öfen. Sogenannte Kanalöfen, wie sie in der Industrie feuerfester Steine gebraucht werden, sind in den Zinkhütten nicht zu finden, weil die Fabrikation nicht umfangreich genug ist, um einen solchen Ofen fortlaufend besetzen zu können. Wohl findet man in Hütten, welche den Schamott selbst aus bezogenen rohen Tonen brennen, große runde Öfen von 9 m innerem Durchmesser, welche von zahlreichen kleinen Vorfeuerungen beheizt werden. Über dem eigentlichen Ofengewölbe, unter dem kegelförmigen Dache ist dann noch ein zweiter, weniger heißer Raum vorgesehen, welcher zum Brennen der Vorlagen benutzt wird, wenn der untere Raum zum Brennen von feuerfesten Steinen, welche einem hohen Hitzegrade ausgesetzt werden sollen, gebraucht wird. Anderenfalls legt man, wie bei den viereckigen Kammeröfen, die Vorlagen über die Steine in den oberen Teil der unteren Ofenkammer. Beim Brennen von Schamott ist das gleichzeitige Brennen von Vorlagen wegen des hohen Wassergehaltes des Tones nicht zulässig. Fig. 132 a bis b, die einer weiteren Erläuterung nicht bedarf, zeigt einen solchen Ofen.

Die Brennzeit vom Anheizen bis zum Fertigbrennen in demselben erfordert mindestens 36 Stunden, wenigstens 48 Stunden soll dann der Ofen abkühlen.

IV. Die Bereitung der Beschickung für die Reduktionsöfen.

In früheren Jahren überließ man die Mischung der zugewogenen Erzsorten mit der Mischkohle allgemein den Ofenarbeitern, heute wird in der Regel die fertige Beschickung den Öfen zugefahren.

Zum innigen Mischen des Erzmöllers mit der Reduktionskohle und zur gleichzeitigen Zerteilung der beim Lagern der gerösteten Erze etwa gebildeten Erzklumpen, sowie zur Zerkleinerung des gerösteten Galmeis bedient man sich vielfach der *Vapart*schen Schleudermühle. Die Wirksamkeit dieses Apparates beruht darauf, daß das zu zerkleinernde Material von den Wurfscheiben infolge der großen Umdrehung (400 bis 900 in der Minute) mit großer Kraft gegen die mit gerippten Stahlplatten gepanzerten Wände des zylindrischen Mantels geschleudert wird. Es können in demselben Stücke von Faustgröße bis zu ganz feinem Korn zerkleinert werden. Die Möglichkeit der Änderung der Umdrehungszahl gestattet die Anpassung der Maschine an die jeweilig vorliegenden Verhältnisse. Fig. 133 gewährt eine Ansicht des Inneren des Apparates, welcher vollständig staubfrei arbeitet. In der Regel ist der Betrieb ein ununterbrochener.

Bei der Konstruktion ist auf große Einfachheit, bequeme Zugänglichkeit und leichte Auswechselbarkeit aller dem Verschleiß unterworfenen Teile weitestgehende Rücksicht genommen. Die senkrechte Achse läuft auf einem kräftigen Kugellager und ist oben in langer Büchse mit Bronzefutter geführt. Beide Lager sind auf das sorgfältigste gegen Eindringen von Staub geschützt.

Die Mühle wird von der Maschinenbauanstalt C. Mehler in Aachen in zwei Größen nach folgender Tabelle ausgeführt.

Man verfährt zur Mischung der Ofenladung in der Regel in der Weise, daß man das

Fig. 133. Vapartsche Schleudermühle.

Größen-Nummer . . . . :	I	II
Anzahl der Etagen	4	3
Lichter Durchmesser der Mühle . . . . mm	1500	1250
Höhe des Gehäuses . . . . mm	1900	1100
Antriebsriemscheiben-Durchmesser . . . . mm	600	500
Antriebsriemscheiben-Breite . . . . mm	320	240
Umdrehungen pro Minute	400—700	600—900
Raumbedarf Länge . . . . m	1,7	1,5
Raumbedarf Breite . . . . m	1,6	1,4
Raumbedarf Höhe . . . . m	3,5	2,8
Gewicht unverpackt . . . . k	9500	5000
Gewicht in Seeverpackung . . . . k	11000	6000
Raumbedarf etwa . . . . cbm	12,5	6,2
Kraftbedarf . . . . PS	12—15	8—12
Stündliche Leistung beim Zerkleinern von Faustgröße auf 2 mm mittelharten Materials. . . . k	4000—5000	2000—3000
Stündliche Leistung beim Mischen der Beschickung für Zinköfen und ähnliche Zwecke, wobei die Kohle teilweise zu zerkleinern ist . . . . . . k	10000—15000	7500—10000

Erz mit der Mischkohle für eine Anzahl von Öfen (je nach dem zur Verfügung
stehenden Platze) auf einmal in abgewogenen Mengen übereinandergeschichtet,
und zwar zu beiden Seiten und über einem unter dem Hüttenraume laufenden
Transportbande. Über letzterem befindliche Trichter nehmen die senkrecht
zur Schichtung abgestochenen Massen auf und befördern sie zwecks innigerer
Mischung bzw. weiterer Zerkleinerung zur Vapartmühle. Nach dem Durchgang durch diese oder auch mit Umgehung derselben, wenn eine nochmalige
Zerkleinerung nicht nötig ist, hebt ein Becherwerk die Erzmischung in Behälter, welche über dem Flure der Reduktionshütte liegen. Bei der Anfuhr
zu den Öfen muß die Ladung dann von neuem zugewogen werden. Ist die
Mischung derselben nicht vollkommen, so erhalten die Öfen bzw. die Ofenteile (Seiten oder Köpfe derselben) ungleiche Zuteilungen, ein Nachteil,
welcher dem ununterbrochenen Möllerungsverfahren anhaftet.

Deshalb hat zu unterbrochenem Betriebe, d. h. zur Mischung abgemes-
sener Stoffmengen in sich, in neuester Zeit auf einigen Hütten die Misch-
maschine „System *Dr. Raps*" D.R.P.
173 453 Eingang gefunden, als deren
Vorzüge gerühmt werden: Herstellung inniger Mischungen, Mischung
großer Mengen in kurzer Zeit, einfache Bedienung, geringer Kraftverbrauch, vollkommen automatische
Entleerung, geringer Verschleiß, bedeutende Ersparnis an Löhnen und
staubfreies Arbeiten.

Der Konstrukteur ging von der
Voraussetzung aus, daß zur Herstellung von homogenen Mischungen
trockener Stoffe mit genau einge-
stelltem Endgehalt nur Maschinen

Fig. 134 a. *Raps*-Mischer.

mit unterbrochenem Betrieb benutzt werden können, welche den ganzen
Mischsatz auf einmal fassen und durchmischen können, so daß alle Teile des
festgelegten Mischsatzes gründlich durcheinander kommen. Natürlich muß die
Einrichtung der Maschine eine schnelle Reihenfolge der einzelnen Chargen
mühelos gestatten. Bei fortgesetzt arbeitenden Mischmaschinen müssen dagegen die einzelnen Mischungsstoffe immer genau im Verhältnis des gewünschten Endgehalts fortlaufend aufgegeben werden, was bei trockenen
Substanzen schwerlich zu erreichen ist, so daß also nur Teilmischungen mit
verschiedenartiger Zusammensetzung der Masse erzeugt werden.

Die Maschine besteht aus einer kegelförmig ausgebildeten Trommel,
welche wagrecht zu ihrer Achse gelagert ist und mit zwei Laufringen auf
Rollen rotiert. Im Innern ist sie mit feststehenden, s c h r a u b e n f ö r m i g
verlaufenden Seitenwänden besetzt. Die hintere größere Wand der konischen
Trommel ist gänzlich geschlossen, während die Vorderwand, durch welche
die Aufgabe des Mischgutes und die Entleerung der fertigen Mischung er-

folgt, offen oder nur mit einem Ring verschlossen ist. Die Abbildungen,
Fig. 135 a und b, zeigen diese Anordnung in Vorder- und Hinteransicht nach
Abbildung eines kleinen Versuchsmodells, bei dem die hintere Wand mit
einer Glasscheibe geschlossen ist. Der Antrieb erfolgt durch die Lagerrollen
und ist so angeordnet, daß die Umdrehungsrichtung der Trommel durch
Riemen oder Motorumschaltung mit einem einfachen Handgriff geändert
werden kann.

Infolge dieser Ausbildung der Trommel wird das Mischgut bei ihrer
Drehung nach der einen Richtung beständig nach hinten an die verschlossene

Fig. 134 b. *Raps*-Mischer.

Wand gedrängt, dort hoch aufgeschichtet und unter dem Einfluß der als
Förderschaufeln wirkenden Seitenwände in fortgesetztem Kreislauf von unten
nach oben kreuzförmig überstürzt und in kurzer Zeit sehr innig vermischt.
Wird die Drehungsrichtung der Trommel umgekehrt, so bewirken die Förder-
organe ein Zurückschaffen des Mischguts nach der Eintragöffnung und somit
eine allmähliche, aber doch schnelle und gänzliche Entleerung der
Trommel, welche nunmehr nach Wiederumkehrung der Drehungsrichtung
gleich für die Aufnahme einer neuen Charge bereit ist.

Die Fig. 134 c zeigt das Schema zu einer Mischanlage. Ein Einfüll-
trichter, welcher das Material der Trommel zuführt, ragt etwas in die offene,

vordere Seite hinein. Der Verschlußring der Vorderseite dient gleichzeitig
dazu, den Ausfall der fertigen Mischung nach Wunsch zu hemmen und ihn
einer vorgelegten Transporteinrichtung anzupassen. Um das ausfallende Gut sicher in den Ausfalltrichter zu leiten, wird der Trommel an der Vorderseite noch ein nach auswärts gerichteter Winkelrand angesetzt. Wenn der Ausfalltrichter die ganze Vorderseite kastenförmig umschließt, wird die Anlage vollständig staubfrei arbeiten. (Ztschr. f. chem. Apparatenkunde I Nr. 27 [1906]).

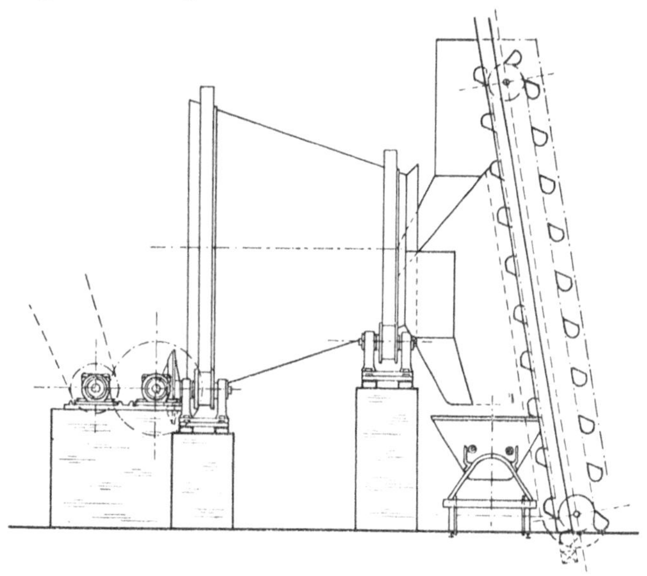

Fig. 134 c. *Raps*-Mischer.

Eine Trommel von 15 cbm Rauminhalt kann bis zu $^1/_3$ des letzteren auf einmal verarbeiten. Man paßt die Füllung
der Abmessungen der Reduktionsöfen an. Auf einer rheinischen Hütte werden in einem solchen Apparate Chargen von 3,5 t auf einmal gemischt. Zur
Füllung, Mischarbeit und Entleerung sind im ganzen 8 Minuten, für die Mischarbeit selbst 3 bis 4 Minuten, erforderlich. Beim Leerlauf gebraucht der
Apparat 4 bis 5, voll belastet 15 bis 17 PS. Der Kraftverbrauch steigt mit
der Füllung und fällt schnell bei der Entleerung, so daß man mit einem
durchschnittlichen Verbrauch von etwa 10 PS rechnen kann. Auf einer
anderen Hütte sah der Verfasser den gleich großen Apparat in Arbeit mit
Chargen von 6,5 t, welche nach 5 Minuten langer Arbeit den Apparat in vollkommener Mischung verließen.

Nach einer privaten Mitteilung von *Franz Meyer* bedient man sich in
Amerika zu gleichem Zwecke des *Ransome*-Mischers. Dieser besteht aus
(Fig. 135 a bis c) einer zylindrischen Trommel von starkem Stahlblech mit
zwei Laufringen, welche auf Rollen ruhen. Der Antrieb erfolgt durch ein
Stirnrad, welches in einen Zahnradkranz neben einem der Laufringe eingreift.

Die Enden des Zylinders sind zu zwei Drittel seines Durchmessers mit
Plattenringen verschlossen, in die verbleibenden, 535 mm weiten runden
Öffnungen reicht einerseits ein Fülltrichter in die Trommel hinein und andererseits eine Entleerungsmulde, welche mittels einer seitlich angebrachten
Stellscheibe während der Mischperiode nach oben gerichtet wird, wie es
punktiert Fig. 135 b zeigt, so daß das in die Mulde fallende Mischgut in
die Trommel zurückfällt.

Die Trommel ist im Innern mit den aus der schematischen Darstellung neben
Fig. 135 c ersichtlichen, eigenartigen Mischschaufeln oder Mischplatten ausgerüstet, welche eine vollkommene Mischung einer Charge innerhalb 30 Sekunden
bewirken sollen, wobei die Umdrehung nur nach einer Richtung erfolgt.

Fig. 135. *Ransome*-Mischer.

Die Maschine (Amerikanisches Patent Nr. 870 797 vom 12. November
1907) ist von der Ransome Concrete Maschinery Company in Dunellen N. J.,
Nordamerika (Vereinigte Staaten), ursprünglich für die Mischung von Zement-
beton konstruiert und wird in 4 Größen von 1372 bis 1752 mm Durchmesser bei 915 bzw. 1370 mm Länge der Trommel geliefert. Die Größe
der zulässigen Be-
schickung bei den
verschiedenen Ab-
messungen ist uns
leider nicht bekannt,
ebensowenig der
Kraftverbrauch. Der
größte Apparat Nr. 4
stellt pro Tag in der
Hütte der Bartlesville
Zinc Co., Okl., be-
quem 122 t fertige
Beschickung her.

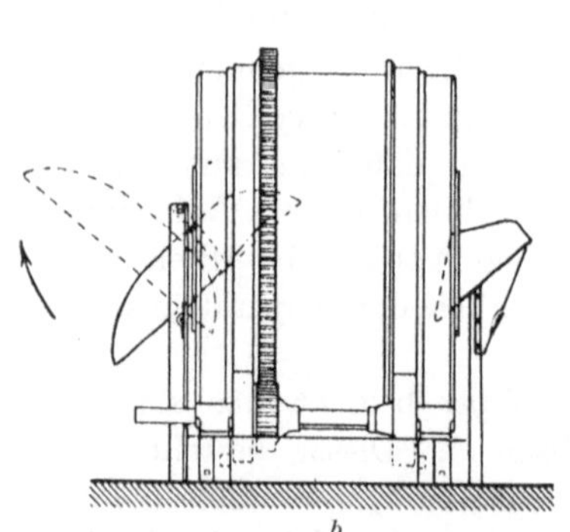

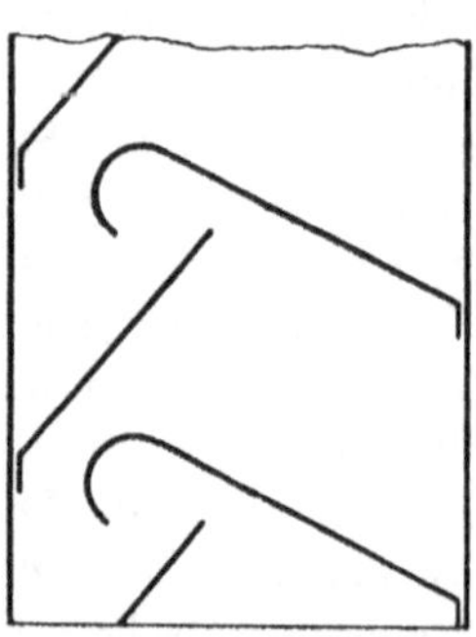

Fig. 135. *Ransome*-Mischer.

Bei Anwendung der beiden letzten Maschinen muß der Mischarbeit
eine ausreichende Zerkleinerung des Materials voraufgehen, wozu man sich
zweckmäßig der Vapartmühle, eines Kollerganges oder einer Kugelmühle
bedienen kann.

Auf andere Verfahren und Vorschläge kommen wir im folgenden Abschnitte noch zurück.

Um eine recht vollkommene Vermischung der Einzelbestandteile einer

Beschickung in kurzer Zeit zu erreichen, hat *Dor-Delattre* den in Fig. 136 a bis c dargestellten Mischapparat konstruiert[1], welcher einen sehr geringen Kraftaufwand fordert, da für die Mischarbeit selbst mechanische Hilfsmittel vermieden sind, deren Anwendung nur auf die mehrmalige Hebung der zu mischenden Stoffe beschränkt ist.

Der Apparat besteht aus zwei, durch senkrechte Zwischenwände in mehrere Abteilungen geteilte, oben und unten offene Taschen *1* und *2*, in welche die Stoffe abwechselnd verteilt werden. Das geschieht mit Hilfe des Becherwerks *7*, welchem sie in ungemischtem Zustande übergeben werden, der im Umlauf umsteuerbaren Schnecke *3* in der offenen Mulde *4* oberhalb der Taschen, der die einzelnen Abteilungen der Taschen im Ruhezustande unten abschließenden Transportbänder *5* und *6*, und endlich der von beiden Seiten zubringenden Transportschnecke *8*. Wenn nach öfterem Durchlaufen der Taschen die Mischung der Massen als vollkommen angesehen wird, legt man im Becherwerksauswurf die Klappe *9* mittels des Scharnieres *10* um, so daß die gemischten Massen durch die Kandel *11* ausgeworfen werden.

Die Mischung wird also dadurch bewirkt, daß

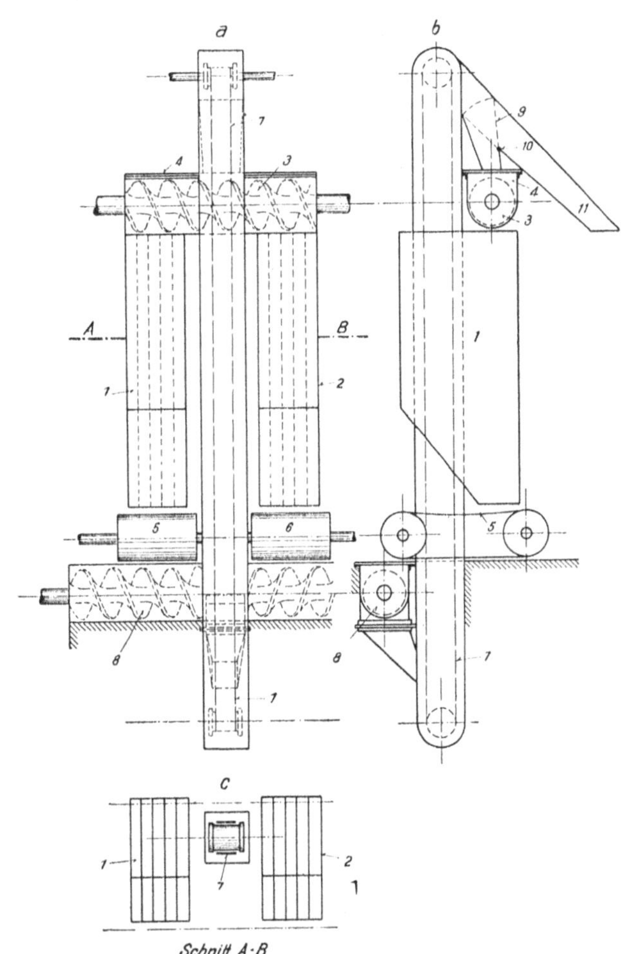

Fig. 136. Mischapparat von *Dor-Delattre*.

man schichtenweise in eine in mehrere nacheinander zu füllende Abteilungen geteilte Tasche die verschiedenen zu mischenden Stoffe in beliebiger Zahl und in beliebiger Reihenfolge einträgt und Abschnitte dieser Schichten wiederholt neuer Schichtung und neuem Abstich unterwirft. Es ist das dasselbe Prinzip,

---

[1] D. R. P. 201 092.

welches man bei Übereinanderschichten der einzelnen, zu mischenden Teile auf einer ebenen Fläsche und mit nachfolgendem seitlichen Abstechen verfolgt, nur daß diese Arbeit mehrmals auf mechanischem Wege wiederholt wird.

Die theoretische Begründung der Funktion des Apparates hier wiederzugeben, würde uns zu weit führen, wir verweisen dieserhalb auf die Patentschrift.

B. Die Reduktion und Destillation des Zinks.

I. Die Vorgänge bei der Reduktion der Erze in der Retorte.

Die Vorgänge, welche sich bei der Reduktion der Erze in den Retorten, Muffeln oder Röhren, abspielen, wären sehr einfache, wenn wir es mit reinen Zinkmineralien, auf deren Nebenbestandteile die Kohle in der Glühhitze nicht einwirkt, oder vielmehr mit durch die Calcination oder Röstung aus solchen erhaltenem Zinkoxyd zu tun hätten.

Es erleichtert das Verständnis der verwickelten Vorgänge bei der Verhüttung unreiner Materialien, wenn wir von den einfachsten Verhältnissen bei der Betrachtung der Erscheinungen ausgehen und wir wollen uns deshalb in die alte „schöne" Zeit zurückversetzen, in welcher dem Zinkhüttenmann nur der reine edle Galmei als vorteilhaft zu verwertendes Zinkerz galt und er alles andere beiseite warf, was ihm Schwierigkeiten beim Verhütten bereitete.

Bei reinem Zinkoxyd verläuft die Reduktion nach der einfachen Gleichung:

$$\text{(I)} \qquad ZnO + C = Zn + CO$$

in der Voraussetzung, daß die Kohle so innig mit dem Zinkoxyde vermischt ist, daß diese Reaktion sich bis zur völligen Verdampfung des Zinks vollziehen kann. Da eine so nahe Berührung praktisch aber nicht erreicht werden kann, so müssen wir dem Kohlenoxydgase ebenfalls eine Rolle beim Reduktionsprozesse zuteilen. Es werden also neben der ersten Reaktion noch folgende auftreten:

$$\text{(II)} \qquad ZnO + CO = Zn + CO_2$$
$$\text{und} \qquad CO_2 + C = 2\,CO$$

Die letzte infolge des stets vorhandenen Überschusses von Kohle in der Retorte, der aus verschiedenen Gründen zweckmäßig angewendet wird. Während nach der Theorie nur 14,75 Proz. Zinkoxyd zur Reduktion erforderlich sind, wendet man in der Praxis die $2^1/_2$- bis 3fache Menge an.

Daß diese Reaktionen statthaben, ist durch Untersuchung der den Reduktionsgefäßen entströmenden Gase, welche in der Hauptsache aus Kohlenoxyd bestehen, festgestellt:

	I	II	III	IV	V	VI	VII
Kohlensäure	15,58	0,48	1,06	0,11	0,82	0,09	0,11
Kohlenoxyd	38,52	n. best.	92,16	97,12	98,04	95,36	97,42
Methan	4,17	„	—	—	—	—	—
Wasserstoff	41,70	5,32	1,83	n. best.	0,72	3,72	1,20
Stickstoff	Spur	n. best.	1,01	0,41	Spur	0,61	0,92

Die Gase I bis V wurden im Beisein des Verfassers von *Ferd. Fischer*[1] im Jahre 1879 aus den Röhren eines belgischen Zinkofens in den verschiedenen Stadien des Reduktionsvorganges entnommen. I beim oder noch vor dem Beginne der Zinkdestillation, V bei beendigter Destillation. Die Gase VI und VII entstammen den Zinkmuffeln der Hütte der Stolberger Gesellschaft auf Münsterbusch, rühren also vom dreireihigen rheinisch-westfälischen Ofensystem her.

Auf die gefundenen Zahlen kommen wir später bei der Betrachtung der Einflüsse der Erzbeimischungen auf die Reduktionsvorgänge noch zurück.

Der Verfasser ist der Ansicht, daß die Verdampfung des Zinkoxydes bei der für die Reduktion desselben erforderlichen und deshalb in den Retorten herrschenden Temperatur die Reduktion selbst fördert, denn wir haben unter „Eigenschaften" des Zinkoxydes gesehen, daß die Verdampfung schon bei 970° beginnt, bei 1050° schon 15 Proz. beträgt und bei Weißglut rasch vonstatten geht. Diese Eigenschaft des Zinkoxydes ist bisher unseres Wissens nur noch von *Brandhorst*[2] zur Erklärung der Erscheinung herangezogen, daß die Reduktion bei grobkörniger Beschaffenheit von Erz und Kohle vollkommen erreicht werden kann, scheint aber volle Beachtung zu verdienen, da das Kohlenoxyd als Reduktionsmittel in der hohen Temperatur, in welcher die Kohlensäure schon in CO und O gespalten wird, nicht allein in Betracht kommen kann.

Nach *Boudouard* ist die Bildungsenergie von ZnO und CO die gleiche bei 1125°, und nach ihm kann eine Reduktion von ZnO durch CO bei dieser Temperatur nur stattfinden, solange der CO_2-Gehalt des Gases 0,2 Proz. nicht übersteigt. Es ist also Bedingung, daß die gebildete Kohlensäure sogleich durch überschüssige Kohle wieder zu Kohlenoxyd zurückverwandelt wird, wenn ein größerer Anteil an der Reduktion des Zinkoxydes dem Kohlenoxyd zugestanden werden soll.

Hierdurch wird auch geklärt, weshalb erst bei einer auf über 1300° gesteigerten Hitze ein schnellerer Reduktionsverlauf einsetzt, obgleich derselbe schon bei wesentlich niedrigerer Temperatur seinen Anfang nimmt, und zwar nach *Hempel* bei 920°, nach *Schüpphaus* und *Lungurtz* schon bei 910°, während *Johnson* und *Boudouard* höhere Zahlen ermittelten (siehe unter „Eigenschaften des Zinkoxydes").

Der Verfasser würde geneigt sein, der reduzierenden Wirkung des Kohlenoxydes nur eine ganz untergeordnete Rolle beizumessen, wenn er nicht durch seine Beobachtungen bei Verhüttung von Willemit schwankend geworden wäre.

Bei alleiniger Verarbeitung von amerikanischem Willemit finden sich die vom Zink befreiten Erzkörner als Kieselsäureskelette in den Rückständen. Da bei der bis zu 3 mm betragenden Größe des Kornes, wie es zur Verhüttung gelangt, eine innige Berührung des Zinkoxydes mit der Reduktionskohle nur an der Oberfläche der Körnchen möglich ist, so kann hier die Reduktion

---

[1] *Dingler;* Polyt. Journ. 237, S. 390. Berg- u. Hüttenm. Ztg. 1880, S. 371.
[2] Ztschr. f. ang. Chem. 1904, S. 509.

des Innern der Körner nur durch CO bewirkt werden, denn eine Verdampfung von ZnO, weil an Kieselsäure gebunden, ist ausgeschlossen und auch das im Erze enthaltene Eisen und das Mangan können nicht vermittelnd eintreten, da sie sich nicht in chemischer Verbindung mit dem Zink befinden. Beide finden sich isoliert als Metalle in den Rückständen, welche nicht verschlacken, solange nicht unnötig hohe Hitze bei der Beendigung des Reduktionsprozesses zur Anwendung kommt. Die bei solcher etwa eintretende, weitergehende Erschöpfung der Rückstände wird durch Zerstörung von Muffeln wieder ausgeglichen, so daß ein Mehrausbringen nicht erzielt wird, dabei aber ein starker Verschleiß von Muffeln in Kauf genommen werden muß, denn die sich nun bildenden leichtflüssigen Eisen-Mangan-Kalk-Silicate greifen die Retortenwandungen energisch an.

Percy gibt zwar an, daß sich das Zink aus dem Silicate selbst ohne Beimischung von Kohle ausscheiden läßt, wenn man es in einem mit Kohle gefütterten Tiegel in feingemahlenem Zustande glühe, bei Anwendung in erbsengroßen Stücken die Reduktion jedoch nur unvollständig eintrete. Offenbar hat hier der Reduktionsprozeß an der Berührungsstelle von Kohle und Silicat eingesetzt und das hier entstehende Kohlenoxyd hat die Reduktion des Zinkes weiter fortgesetzt.

Wir haben also gesehen, daß sich die Reduktion grobkörnigen Zinkoxydes und des Zinksilicates nicht durch Kohle allein vollziehen läßt, bei letzterem kann auch die Verflüchtigung des Zinkoxydes bei der Reduktionstemperatur nicht als Erklärung dienen und deshalb muß die vermittelnde Wirkung von Kohlenoxyd als erwiesen angenommen werden.

Der Reduktionsprozeß bei der Verhüttung von edlem (eisenfreiem) Galmei und von Kieselgalmei, der ein wohl nie fehlender Begleiter des ersteren ist, vollzieht sich daher unter den gleichzeitig nach Gleichung (I) und (II) eintretenden Reaktionen. Suchen wir den Vorgang uns durch eine Endgleichung vorzustellen: Unter der Annahme, daß ein Galmei, dessen Zinkgehalt zu reichlich 30 Proz. an Kieselsäure gebunden ist, mit knapp 40 Proz. Kohle zur Reduktion gelangt, und daß die Reduktionsgase 1 Volumprozent Kohlensäure neben Kohlenoxyd enthalten, würde theoretisch der Reduktionsvorgang sich wie nachstehend vollziehen:

$$71\,ZnO + 15\,Zn_2SiO_4 + 300\,C = 101\,Zn + 15\,SiO_2 + 99\,CO + CO_2 + 200\,C\,.$$

Der aus Kieselsäure und überschüssiger Kohle bestehende, in der Retorte verbleibende Rückstand würde etwa 26 Proz. der Charge und etwa 36 Proz. des geladenen Galmeis betragen, wenn das gesamte Zink, 72,4 Proz. der Ladung, verflüchtigt sein würde. Die in der Gleichung erscheinende Kohlensäure, welche auf Grund der vorn aufgeführten Gasanalysen zu 1 Volumprozent der entweichenden Reduktionsgase eingesetzt ist, hat sich nicht mehr mit der überschüssigen Kohle zu CO umsetzen können. Vergl. *Fischer:* Kraftgas S. 61.

Wir gehen nun einen Schritt weiter, der uns den praktischen Vorgängen schon wesentlich näher bringt, indem wir die Verhüttung eines Galmeierzes betrachten, welches als Nebenbestandteile gewisse Mengen von Eisen und

Kalk, und zwar im Zustande von Fe_2O_3 und CaO enthält; Magnesia wird in Gesellschaft des Kalkes selten fehlen, und auch kleine Mengen von Kohlensäure und Krystallwasser, welche beim Calcinieren des Galmei nicht vollständig entfernt wurden, sollen als vorhanden angenommen werden.

Vorausgesetzt, daß Schwefel absolut fehlt, (auch die Reduktionskohle soll als schwefelfrei angenommen werden), verläuft der Prozeß noch sehr einfach; namentlich, wenn wir auch die Kieselsäure ausschließen. Das Eisenoxyd wird zum Teil noch vor dem Zink zu Fe reduziert werden, welches sich als reduzierendes Agens mit an der Reduktion des Zinkoxydes beteiligt, indem es sich zu FeO oxydiert, das aber durch vorhandene überschüssige Kohle oder Kohlenoxyd sofort wieder von neuem zu Fe reduziert wird. Kalk und Magnesia werden sich nicht an dem Schmelzvorgang beteiligen, wenn man von ihrer Einwirkung auf die Muffelwandungen absieht, die aber erst am Ende des Destillationsprozesses eintreten wird, wenn der Wärmeverbrauch nachläßt und die Temperatur der Retorte auf eine solche Höhe gestiegen ist, daß eine Bildung von Silicaten einsetzt; dann wird sich auch das Eisen erst an der Schlackenbildung beteiligen, während es zum großen Teile in der überschüssigen Kohle verteilt davon abgehalten wird.

Sehen wir also von einer Bildung von Silicaten ab und nehmen wir an, daß das vorhandene Eisen, gemäß der bei der Betrachtung des Röstprozesses erörterten Bildung von Zinkferrit, als solches mit dem Zink verbunden ist (bei Röstung von Zinkeisenspat [siehe Erze] wird sich diese Verbindung unbedingt bilden), so wird die Reduktion nach folgender Gleichung verlaufen:

$$61\,ZnO + 10\,ZnFe_2O_4 + 10\,CaO + 270\,C$$
$$= 71\,Zn + 20\,Fe + 10\,CaO + 99\,CO + CO_2 + 170\,C.$$

Die Mengenverhältnisse sind so gewählt, daß wieder 1 Volumprozent Kohlensäure neben Kohlenoxyd in den Abgasen enthalten ist; daneben wird auch — vom Wassergehalt des Erzes herrührend — noch Wasserstoff, der durch Zersetzung durch die Kohle entsteht, in den Reduktionsgasen auftreten. Die Menge der Reduktionskohle, welche wir von jetzt ab gewöhnlich als Mischkohle bezeichnen wollen, im Gegensatz zur Heizkohle, beträgt stark 40 Proz. der Erzladung, welche 58,5 Proz. Zink enthält. Die Rückstände machen rund 47 Proz. der geladenen Erze und 31 Proz. der gesamten Ladung aus, wenn alles Zink als verflüchtigt gedacht wird.

Ist in dem zur Reduktion kommenden, eisen-, kalk- und auch bleihaltigen Galmei auch noch Kieselsäure als Kieselgalmei vorhanden, so wird sich der Vorgang folgendermaßen gestalten:

$$39\,ZnO + 15\,Zn_2SiO_4 + 5\,ZnFe_2O_3 + 5\,Fe_3O_4 + 15\,CaO + 2\,PbO + 350\,C$$
$$= 74\,Zn + 2\,Pb + 15\,Fe + 5\,CaO + 5\left\{\begin{matrix}Ca_2\\Fe_2\end{matrix}\right.Si_3O_{10} + 99\,CO + CO_2 + 250\,C.$$

Es ist hier ein Erz gewählt, wie es, abgesehen von einem gewissen Schwefelgehalt, der Verfasser lange Jahre hindurch in Letmathe in ähnlicher Zusammensetzung verhüttet hat. Der Klarheit der Gleichung wegen sei aber entgegen der Wirklichkeit die Annahme gestattet, daß alles Zink und Blei in die Vorlagen gegangen ist. (Bei belgischen Röhren wird das als flüssiges Metall aussaigernde Blei in der Hauptsache der Vorlage zufließen.)

Ein Teil ($^2/_3$) des Kalkes und ein Teil des Eisens mögen sich mit der gesamten vorhandenen Kieselsäure zu einem Doppel-Trisilicat vereinigt haben, der Rest des Kalkes bleibt als Calciumoxyd (bei Anwesenheit von Schwefel zum Teil als Schwefelcalcium [siehe später] in den Rückständen verteilt, ebenso wie der größere Teil des zu Metall reduzierten Eisens, von welchem aber bei dem hohen Gehalte der Charge (13,7 Proz.), eine gewisse Menge sich auf dem Boden der Retorte als flüssiges Eisen sammelt.

Das geladene geröstete Galmeierz enthält 47,58 Proz. Zink und 4,07 Proz. Blei, vom Zink ist ein großer Teil als Silicat, ein kleiner als Zinkferrit vorhanden, der größte Teil (über 50 Proz.) jedoch als Zinkoxyd. Das nicht an Zink gebundene Eisen ist in der Gleichung als bei der Calcination des Erzes gebildetes Eisenoxydoxydul eingesetzt. Mit dem Erze wurden reichlich 40 Proz. Mischkohle geladen. Die in der Retorte verbleibenden Rückstände betragen unter den genannten Voraussetzungen rund 43 Proz. der gesamten Ladung und 62 Proz. des geladenen Erzes.

Wie schon erwähnt, steht der in der letzten Gleichung dargestellte Reduktionsvorgang der Praxis sehr nahe. Eine Erzmischung, wie sie zu Beginn der 80er Jahre in den unteren Reihen der belgischen Röhrenöfen verhüttet wurde, hatte nahezu dieselbe Zusammensetzung, wenn auch der Bleigehalt meistens 2,5 Proz. des Erzes nicht überstieg, was jedoch für die geschilderten Reduktionsvorgänge ohne Bedeutung ist.

Da aber schon galmei- und kalkhaltige Blenden mit zur Verhüttung kamen, war an Kieselzink nur etwa $^3/_4$ der in die Gleichung eingesetzten Menge, dagegen aber ein verhältnismäßig recht hoher Schwefelgehalt (3,6 Proz.) in den Erzen vorhanden, den wir jedoch bei dem letzten Beispiele absichtlich unbeachtet gelassen haben, um die übrigen, von Schwefel nicht beeinflußten Vorgänge im Reduktionsgefäße für sich allein klarzustellen.

In Wirklichkeit hatte die fragliche Erzmischung nachstehende Zusammensetzung:

$$
\begin{aligned}
ZnO &= 38,9 \\
Zn_2SiO_4 &= 24,1 \\
ZnFe_2O_4 &= 10,5 \\
Fe_3O_4 &= 10,0 \\
PbS &= 2,8 \\
CaSO_4 &= 13,7 \\
\hline
&\,100,0
\end{aligned}
$$

Mit dem Eintritte des Schwefels gestalten sich die Vorgänge in der Retorte wesentlich komplizierter; in einer Gleichung lassen sich dieselben schwierig zum Ausdrucke bringen. Wir begnügen uns deshalb damit, die Hauptreaktionen durch Aufstellung solcher dargestellt zu haben und wollen die übrigens auch noch voneinander abweichenden Ansichten verschiedener Hüttenleute und Forscher über die weiter zu beachtenden Einflüsse der Nebenbestandteile der Erze im folgenden gegenüberstellen.

Wir beginnen mit dem Verhalten der Schwefelsäure, welche an die das Erz begleitenden alkalischen Erden, möglicherweise auch an Zinkoxyd, gebunden ist.

Das bei der Röstung der Zinkblende gebildete Calciumsulfat wird nach *Lindts*[1] neueren Versuchen beim Reduktionsprozeß nicht, wie vielfach angenommen wurde, durch C zu CaS in seiner ganzen vorhandenen Menge reduziert. Etwa 11 Proz. bleiben unzersetzt, $^1/_3$ des im Kalksulfat enthaltenen Schwefels ist verflüchtigt, und so folgert *Lindt*, daß neben der Reduktion zu CaS noch eine Reaktion nach der Formel:

$$3\,CaSO_4 + CaS = 4\,CaO + 4\,SO_2$$

stattgefunden hat; er fand also hier den umgekehrten Vorgang, wie bei der Einwirkung von schwefliger Säure auf glühenden Kalk[2].

Hofmann und *Mostowitsch* [Bull. Am. Min. Eng. **47**, 917 (1910)], haben zwar festgestellt, daß sich bei 910 bis 920° Calciumsulfat in einem Kohlenoxydgasstrom quantitativ in Calciumsulfid überführen läßt (mit Zuckerkohle gemischt im Stickstoffstrom bei 700° beginnend bis 1000° innerhalb einer Stunde), jedoch fanden sie dagegen auch, daß Calciumsulfid beim Erhitzen in trockener, reiner Luft 32 Proz. des Schwefelgehaltes verliert, was auf eine sekundäre Reaktion zwischen Calciumsulfat und Calciumsulfid zurückzuführen sei.

Es ist sehr naheliegend, anzunehmen, daß diese letzte Reaktion auch bei der Reduktion eintritt, wenn der Kohlenoxydstrom und die innige Mischung der Agenzien fehlt, wie bei *Lindts* Versuchen. Die vergaste Schwefelmenge ist ja auch bei ihm die gleiche.

Was aus der entwickelten schwefligen Säure wird, hat *Lindt* nicht festgestellt; nach unserer Ansicht wird dieselbe durch die glühende Kohle unter Bildung von Kohlenoxyd und Schwefel zerlegt, welch letzterer wahrscheinlich als Schwefelkohlenstoff verflüchtigt wird und beim Austritt aus der Vorlage zu SO_2 und CO_2 verbrennt. Eine Verbindung des entbundenen Schwefels mit Zinkoxyd bzw. durch Kohle reduziertem Metall in der Muffel selbst, scheint nach den Ergebnissen der Versuche ausgeschlossen zu sein.

Wenn man von der Einwirkung von Schwefelcalcium bzw. Calciumoxyd auf die Retortenmasse absieht, würde also ein Calciumsulfatgehalt einen schädlichen Einfluß beim Reduktionsprozesse nicht ausüben. Es ist aber zu befürchten, daß die durch die Vorlagen entweichende Schwefligsäure (oder der durch deren Zersetzung gebildete Schwefel oder Schwefelkohlenstoff) die Zinkdämpfe in ZnS oder noch andere Verbindungen umwandelt und so der Gewinnung als metallisches (flüssiges oder staubförmiges) Zink entzieht[3].

---

[1] Metallurgie **6**, 409 ff. (1909). *Lepiarczyk* (*Lindt*): Beiträge zur Chemie des Zinkhüttenprozesses.

[2] Siehe Vorgänge bei der Blenderöstung, S. 227 und 269.

[3] Es würde eine dankbare Aufgabe für den Zinkhüttenchemiker sein, die Ansätze der Vorlagen oder die Nebenbestandteile des Zinkstaubes einer mit wissenschaftlicher Peinlichkeit vorgenommenen Prüfung zu unterziehen, um diese Frage und ähnliche, die bei der Kondensation der Reduktionsgase bzw. der mit denselben aus der Retorte herausgeführten Metalldämpfe auftreten, klarzustellen. Den Betriebsleitern fehlt in der Regel die Zeit zur Lösung solcher Aufgaben. In einer kürzlich auf Wunsch des Verfassers vorgenommenen Untersuchung wurden auf 100 Zink im Vorlagenansatz 0,55 Schwefel gefunden.

Noch weniger wird ein kleiner Gehalt an Zinksulfat auf die Reduktion nachteilig wirken, denn bei der hohen Temperatur der Retorte wird sich das Zinksulfat schließlich in Zinkoxyd, schweflige Säure und Sauerstoff zerlegen, was sich nach *Ingalls* schon bei 900° vollzieht (siehe Eigenschaften und Blenderöstung).

Trotzdem ist *Ingalls* der Ansicht, daß bei der hohen Temperatur der Retorte durch die Kohle eine direkte Reduktion zu ZnS stattfindet. Dem möchten wir entgegenhalten, daß die hohe Temperatur erst allmählich nach dem inneren Kern des Retorteninhaltes zu fortschreitend eintritt, so daß sehr wohl vorher nutzbringend die Spaltung des Sulfates unter fördernder Mitwirkung der Kohle nach der Gleichung

$$ZnSO_4 + C = ZnO + CO + SO_2$$

eingetreten sein kann[1].

Freilich liegt auch hier die Gefahr der schädlichen Einwirkung des Schwefels auf die Zinkdämpfe in der Vorlage oder vor Eintritt in dieselbe vor.

Außer dem an alkalische Erden und Zinkoxyd gebundenen Schwefel haben wir noch (auch in der gut gerösteten Blende) mit kleinen Resten von Schwefelmetallen, ZnS, FeS und PbS und mit dem Schwefelgehalt der Mischkohle zu rechnen.

Lindt stellte erneut (siehe Eigenschaften von ZnS) fest, daß Kohle sowohl auf ZnS, wie FeS und wohl alle Metallsulfide einwirkt. Bei seinen Versuchen fand er, daß bei 14stündiger Behandlung von ZnS und Kohle bei vollständigem Luftabschluß in einer Temperatur von 1300—1400° sich reichlich der dritte Teil (38,54 Proz.) des Schwefelzinks verflüchtigt hatte, nach seiner Annahme nach der Gleichung

$$2\,ZnS + C = 2\,Zn + CS_2.$$

Schwefeleisen erlitt bei gleicher Behandlung sogar einen Verlust von 74,42 Proz.

Lindt schließt daraus, daß das Schwefeleisen kein so gefährlicher Bestandteil des Erzes für den Bestand der Retorte ist, weil es erstens nur in geringen Mengen in der gerösteten Blende vorhanden sei und zudem beim Reduktionsprozeß zerstört werde; dem entstehenden Eisen schreibt er sogar eine günstige Einwirkung zu, weil es den Schwefel des Calciumsulfates nach dessen Reduktion an sich reißt und damit eine Bildung von ZnS verhindert. Dabei würde aber Schwefeleisen in größerer Menge in der Retorte erst entstehen, und es erscheint uns zweifelhaft, ob die Zersetzung derselben durch Kohle sich so schnell vollzieht, daß seine Aussaigerung auf den Boden der Retorte, wo es hauptsächlich die schädigende Wirkung ausübt, verhindert wird.

Nach *W. Mc. A. Johnson*[2] greift FeS die Muffeln unter Bildung eines Sulfosilicates leicht an.

---

[1] Nach *Mostowitschs* neuen Untersuchungen [Metallurgie **8**, 763 (1911)] beginnt die Zersetzung im trocknen Luftstrome bei 600° und ist bei 850° vollendet. Er bestätigt diese Reaktion und fügt hinzu, daß CO und SO_2 unter Abscheidung von Schwefel aufeinander reagieren.

[2] Bull. Amer. Inst. Min. Eng. 1907 S. 757.

Das vorhandene Zinksulfid wird durch das wohl stets vorhandene, aus Eisenoxyden reduzierte Eisen nach Ansicht des Verfassers zu metallischem Zink und FeS umgesetzt werden, soweit es nicht durch mangelnde Berührung diesem Austausche des Schwefels entzogen wird. Diesem letzteren Umstande wird es hauptsächlich zuzuschreiben sein, daß sich das Schwefelzink der Zersetzung, und das an Schwefel gebundene Zink der Verflüchtigung entzieht, denn auch die eben erörterte Einwirkung der Kohle auf ZnS und auch FeS wird darunter leiden.

Das vorhandene Schwefelblei und schwefelsaure Blei, wie das Bleioxyd werden, so weit nicht durch Reaktion derselben untereinander schon metallisches Blei entsteht, auch durch metallisches Eisen zersetzt werden, wobei das reduzierte Blei zum Teil durch Verflüchtigung mit den Zinkdämpfen in die Vorlage gelangt, zum Teil als flüssiges Blei, in den Rückständen verteilt, in der Retorte verbleibt. Gelangt es auf den Boden der Muffel, so wird es auch an deren Zerstörung teilnehmen, wenn auch nicht in dem Maße, als man früher anzunehmen geneigt war.

Nach *Fournets* Untersuchungen[2] wird die Verwandtschaft der Metalle zum Schwefel in abnehmender Stärke durch die Reihe: Cu, Fe, Sn, Zn, Pb, Ag, Sb, As ausgedrückt, ein Schwefelmetall dieser Reihe wird durch das nächstvorhergehende Metall nur schwierig, durch ein weiter davon entferntstehendes, leichter entschwefelt. Hierdurch wird die Ansicht gestützt, daß in der Muffelbeschickung vorhandenes ZnS oder durch Einwirkung von Schwefel vorübergehend gebildetes durch anwesendes Fe zu Zinkdampf reduziert und der Schwefel durch dasselbe gebunden wird (siehe unter „Eigenschaften").

Lindt glaubt aus seinen Versuchen, wie schon erwähnt, schließen zu sollen, daß das in der Beschickung vorhandene Eisenoxyd insofern eine sehr günstige Rolle spielt, als es den Schwefel des aus dem $CaSO_4$ gebildeten CaS an sich reißt, Ca zu CaO oxydiert und weiter auch auf ZnS wirkt, indem es in gleicher Weise ZnO und FeS bildet. Bei Gegenwart von C im Überschuß wird doch wohl das leicht reduzierbare Fe_2O_3 zunächst zu FeO und weiter zu Fe reduziert werden und die Entschwefelung des ZnS wird sich viel einfacher durch das metallische Eisen erklären lassen, ebenso wie die Mitwirkung des Eisens bei der Reduktion von Zinkoxyd.

Bei vorgeschrittenem Reduktionsprozesse wird, sobald die Temperatur des ganzen Retorteninhaltes auf etwa 1200° gestiegen ist, auch eine Verdampfung von Zinkoxyd eintreten, dessen Dämpfe aber vor dem Verlassen der Retorte durch den großen Überschuß an Kohle zu metallischem Zinkdampf reduziert werden.

Hierdurch, sowie durch Spaltung von CO in CO_2 und C und durch die innige Vereinigung von Zinkoxyd und Eisenoxyd, die bei der Röstung (auch der Calcination von Zinkeisenspat (siehe Erze) eingetreten ist, läßt es sich erklären, daß die Reduktion des Zinkoxydes vollständig erreicht werden kann, obwohl die grobkörnige Beschaffenheit der Beschickung eine innige Berührung von Kohle und Zinkoxyd und damit eine direkte Reduktion erschwert.

---

[2] Journ. f. prakt. Chemie **2**, 120.

Mit dem Verhalten bzw. dem Einflusse des Schwefels beim Reduktionsprozesse hat man sich schon früher, wie leicht verständlich, befaßt. Man hat auch immer in dem Kalk das Mittel gefunden zu haben geglaubt, die Nachteile einer ungenügend gerösteten Blende aufheben zu können.

A. Voigt[1] suchte den Nachweis zu führen, daß bei oberschlesischen Verhältnissen durch den im Galmei vorhandenen Kalk, weil in freiem Zustande vorhanden, der in der Blende, die zusammen mit demselben verhüttet wird, bei der Röstung zurückgebliebene Schwefel unschädlich gemacht werde.

E. Landsberg nahm im Jahre 1879 sogar ein Patent darauf, die in der Muffel des Hasenclever-Helbig-Ofens unvollkommen entschwefelte Blende mit Zuschlag von Kalk zu verhütten, in der Hoffnung, die Toträstung der Blende durch dieses Verfahren umgehen zu können. Das Verfahren hat keinen Eingang in die Praxis gefunden, weil der Kalkzuschlag einen sehr hohen Muffelverbrauch und eine damit in Verbindung stehende Erhöhung der Verhüttungskosten zur Folge hatte und durch die bald von dem Verfasser (D. R. P. 21 032) erreichte vollständige Nutzung des Schwefels bei der Röstung der Blende die etwa dadurch erzielten Vorteile hinfällig wurden.

Die bei der Stolberger Gesellschaft im großen Maßstabe ausgeführten Versuche haben nach *E. Orgler*[2] den Beweis erbracht, daß die Reaktion in der Muffel nach den Gleichungen

$$ZnS + CaO = ZnO + CaS \text{ und}$$
$$ZnO + C = Zn + CO$$

verläuft. Auf diese Erfahrungen sich stützend, spricht *Orgler* a. a. O. die Ansicht aus, daß ein verhältnismäßig hoher Schwefelgehalt in einer ungenügend gerösteten Blende bei Anwesenheit von „disponiblem" Kalk in hinreichender Menge wirkungslos auf das Ausbringen bleiben kann, vorausgesetzt, daß die für die Umsetzung von ZnS und CaO erforderliche Temperatur in der Muffel erreicht worden ist.

Brandhorst (Ztschr. f. ang. Chem. 1904 S. 515) stellte fest, daß sich im elektrischen Widerstandsofen ein Gemisch von roher Blende, Kalk und Kohle zersetzen und das Zink abdestillieren lasse, während Schwefelcalcium im Rückstande bleibt.

In neuester Zeit hat *Juretzka* ein Patent darauf nachgesucht[3], die geröstete Zinkblende behufs Unschädlichmachung der letzten Schwefelreste, insbesondere des Zinksulfates mit Kalkmilch (oder trocknem Ätzkalk und Wasser) bei gewöhnlicher Temperatur zu behandeln. Nach ihm zersetzt die Kalkmilch das $ZnSO_4$ momentan in ZnO unter Bildung von $CaSO_4$ und bei längerer Einwirkung unter Mitwirkung des atmosphärischen Sauerstoffs auch die bei der Röstung zurückgebliebenen Metallsulfide. Nach *Juretzkas* Ansicht ist das Kalksulfat unschädlich bei der Reduktion, wenn die Zinkofentemperatur nicht so hoch gehalten wird, daß Silicatschlacken gebildet werden. Ein so

---

[1] Zeitschr. f. angew. Chemie 1889, S. 571.
[2] Zeitschr. f. angew. Chemie 1880, Heft 1.
[3] D. R. P. Anm. J 12 275, 40a.

hoher Hitzegrad ist nicht erforderlich, weil nur ZnO zu reduzieren ist, und insbesondere auch die Umsetzung von ZnS und CaO im Schmelzflusse umgangen wird.

Es käme demnach als schädlicher Einfluß des Schwefels (in kleinen Mengen) auf das Zinkausbringen nur noch die Spaltung bzw. Umsetzung: $3\,CaSO_4 + CaS = 4\,CaO + 4\,SO_2$ (siehe S. 385), d. h. die Wirkung des S als solcher, als SO_2 oder CS_2 auf die Zinkdämpfe in der Vorlage in Frage.

In einer Studie über das Verhalten des Zinkoxydes in hohen Temperaturen kommt *Mostowitsch*[1] unter anderem bei Reduktions-Destillationsversuchen, welche er bei 1100 bis 1130° ausgeführt hat, zu dem beachtenswerten Ergebnis, das CaO gegenüber ZnS und $ZnSO_4$ ein sehr energisch entschwefelndes Mittel ist und daß das $CaSO_4$ (bzw. das durch Reduktion gebildete CaS) für die Reduktion und Destillation der gerösteten Blende vollständig „harmlos" ist. Im Kohlenoxydgasstrome wurde in Gegenwart von CaS und $CaSO_4$ alles Zink aus Zinkoxyd reduziert und verdampft neben CO_2-Bildung. CaS blieb im Rückstand. Ebenso verhielt sich $BaSO_4$ an Stelle des Kalksulfates. Dasselbe Ergebnis lieferten ZnS und $ZnSO_4$ mit CaO im Kohlenoxydgasstrome. Die Reaktion zwischen $ZnSO_4$ und CaO im reinen trockenen Luftstrome verläuft quantitativ bei 800 bis 850°.

Ein Patent[2] aus jüngerer Zeit, dessen Erwähnung hier am Platze sein möchte, schützt dem Erfinder *von de Casteele* die Anwendung von Carbiden, insbesondere der Erdkalimetalle an Stelle eines Teiles der Mischkohle. Durch die Carbide soll die Reduktion beschleunigt und bei weit geringerer Temperatur, als bisher erforderlich ist, vollendet werden. In erster Linie kommt natürlich Calciumcarbid in Betracht, neben welchem vorherrschend Kohle zugleich zur Verwendung kommt.

Jules Léon Babé und *Alexis Tricart* glauben ein besseres Ausbringen zu erreichen und an Mischkohle sparen zu können, wenn sie der Ladung Soda zusetzen — auf 1000 Teile Erz 150 Teile Soda und nur 100 Teile Kohle — D. R. P. 121 801. Sie bedienen sich zur Reduktion der Alkali enthaltenden Beschickung einer Retorte mit Eisenblechfutter (siehe S. 339).

Auch *Armstrong* (Engl. Pat. 1898, 16 388 will durch Zusatz von Soda eine wesentliche Abkürzung der Reduktionszeit erreicht haben. Z. f. Berg-, Hütten- und Salinenwesen Bd. 48 [1900] S. 402 [*Steger*]). Schon *Dillinger* und *Dony* wandten Pottasche, Kochsalz und Kalk, bzw. Kochsalz und Weinstein zur Beschleunigung des Reduktionsvorganges an. Siehe Seite 72 und 112.

Lindt hat versucht, aus der Zusammensetzung des Retorteninhalts in den verschiedenen Stadien des Reduktionsprozesses Schlüsse auf den Verlauf der Reaktionen, zu denen der Schwefelgehalt der Beschickung die Veranlassung gibt, zu ziehen. Unseres Erachtens hat er sich dabei durch das abweichende Ergebnis der Einzelproben, die während des Betriebes genommen wurden, gegenüber der aus den geräumten, schließlichen Rückständen der Retorte gezogenen Probe täuschen lassen. Er erklärt den in den letzteren gefundenen

---

[1] Metallurgie **8**, 763—791 (1911).
[2] D. R. P. 242 842 vom 12. Oktober 1910 ab.

Mindergehalt an Zink durch Zinkabbrand beim Räumen, die nicht gleichzeitige Abnahme von sulfidischem Schwefel aber dadurch, daß ein Verbrennen desselben nur in geringem Maße, viel mehr eine Abscheidung von elementarem Schwefel infolge von Umsetzungen eintritt, welche in der Räumasche, während und nach dem Räumen der Muffeln noch vor sich gehen [1].

Unserer Meinung nach haben trotz großer Sorgfalt bei der Probenahme die während des Betriebes gezogenen Rohrproben, die der Mittellage des Retorteninhaltes entnommen sein werden, nicht dem Durchschnitte des ganzen Retorteninhaltes entsprochen, weil das gebildete Schwefeleisen in den späteren Stadien des Prozesses, besonders beim heißen Betriebe, nach dem Boden der Retorte hindurchgesaigert ist, während unzersetztes Schwefelzink und unreduziertes Zinkoxyd in der ganzen Beschickung verteilt bleiben, ganz unten in der Retorte wegen der dort eingetretenen Ansammlung von Schwefelseisen und Schlacken aber in geringeren Mengen vertreten sind.

Die Durchschnittsprobe aus der Räumasche muß demgemäß einen niedrigeren Zinkgehalt, aber höheren Sulfidschwefelgehalt ergeben, als die aus der Mitte des Muffelinhaltes genommenen Rohrproben. Wenn auch beim Räumen der Reduktionsgefäße sich schweflige Säure unangenehm bemerkbar macht und Zinkrauch auftritt, so ist doch die Abnahme beider in den Rückständen unseres Erachtens nur eine geringe. Das verbrennende Zink rührt hauptsächlich von den in der Retorte noch stagnierenden Zinkdämpfen her, die nach unserer Berechnung (Seite 450) höchstens 0,1 Proz. des geladenen Zinks ausmachen werden; und Schwefligsäure, welche glühende, bei der Berührung mit der Luft sich oxydierende Schwefelmetalle liefern, belästigt schon in kleinen Mengen.

Der Versuch wurde einmal bei normalem, das andere Mal bei heißem Ofengange ausgeführt. Die Beschickung erfolgte zwischen 7 und 8 Uhr morgens, der Abstich des überdestillierten Zinks am andern Morgen zwischen 4 und 5 Uhr. Die Untersuchung der gezogenen Proben ergab nachstehende Gehalte an Zink, Sulfidschwefel (SS) und Schwefelsäure:

Normaler Betrieb.

		Zn		SS		SO_3
1. Ausgangsprodukt	25,32%	Zn	1,32%	SS	7,17%	SO_3
2. Rohrprobe 2 Uhr nachmittags	25,65 „	„	5,63 „	„	0,37 .,	„
3. „ 6 „ „	17,48 „	„	5,67 „	„	0,37 „	„
4. „ 10 „ abends.	13,11 „	„	5,15 „	„	0,16 „	„
5. „ am nächsten Morgen	11,92 „	„	4,29 „	„	0,14 „	„
6. Probe aus den ausgeräumten Rückständen.	4,46 „	„	5,78 „	„	0,70 „	„

Heißer Ofengang.

		Zn		SS		SO_3
7. Ausgangsprodukt	25,32%	Zn	1,32%	SS	7,17%	SO_3
8. Rohrprobe 2 Uhr nachmittags	26,12 „	„	5,26 „	„	0,60 „	„
9. „ 6 „ „	20,46 „	„	5,89 „	„	0,35 „	„
10. „ 10 „ abends.	10,35 „	„	5,20 „	„	0,24 „	„
11. „ am nächsten Morgen	3,32 „	„	3,22 „	„	0,16 „	„
12. Probe aus den ausgeräumten Rückständen.	2,80 „	„	5,04 „	„	0,68 „	„

---

[1] Wir verweisen dieserhalb auf die Originalabhandlung „Metallurgie", Zeitschr. f. gesamte Hüttenkunde **6**, 410 (1909).

Das Gewicht der Rückstände wurde leider nicht ermittelt. Die Feststellung der den einzelnen Rohrproben entsprechenden Mengen war natürlich nicht möglich.

Der Schwefelgehalt (2,27 Proz. Sulfidschwefel und 12,3 Proz. Schwefelsäure = 7,19 Gesamtschwefel neben 43,41 Proz. Zink) der Ladung war ein außergewöhnlich hoher, wie er bei normalen Verhältnissen wohl nur noch in Oberschlesien bei stark kalk- und galmeihaltigen gerösteten Blenden vorkommen wird. Deshalb war sie aber recht geeignet, die auch beim Hüttenbetrieb eintretende tatsächliche Vergasung von Sulfidschwefel während des Reduktionsprozesses, in welcher Hinsicht wir der Schlußfolgerug *Lindts* zustimmen, zu beweisen.

Wir können nach den früheren Berechnungen schätzungsweise unter Berücksichtigung der Zusammensetzung der Beschickung der Muffeln annehmen, daß die Rückstände etwa 50 Proz. der geladenen Masse betragen haben, welche (im Durchschnitt von beiden Retorten) 5,41 Proz. Sulfidschwefel und 0,69 Schwefelsäure, zusammen also 5,69 S enthielten, auf die ursprüngliche Ladung berechnet, slso 2,85 Proz., während die rohe Ladung davon $1,32 + (7,17 \cdot \frac{8.0}{8.2}) = 4,19$ Proz. enthielt. Demnach ist etwa der dritte Teil des Schwefels verschwunden. Welche Rolle derselbe bei der Kondensation der Zinkdämpfe spielt, ist, wie bereits erwähnt, noch nicht klargestellt.

Einen beachtenswerten Beitrag zur Aufklärung der Vorgänge bei der Reduktion der Zinkerze hat in jüngster Zeit *Juretzka*[1] geliefert. Nach seinen Beobachtungen wird die erste halbe Stunde der Reduktionszeit ausgefüllt durch die Verdampfung der dem Erze anhaftenden Feuchtigkeit (bei den belgischen Öfen pflegt man die Beschickung des bequemen und staubfreien Ladens wegen stark anzufeuchten), danach durch die Austreibung des Hydratwassers und der Kohlensäure aus den bei der Röstung noch unzersetzten Carbonaten oder der nach längerem Lagern der Erze wieder aufgenommenen. Gleichzeitig entweichen auch die von der Verkokung der Mischkohle herrührenden Kohlenwasserstoffe und außerdem tritt infolge Spaltung der letzteren und besonders durch Zersetzung von Wasser Wasserstoff in reichlicher Menge auf, wie die Gasanalyse I, S. 380 zeigt. In geringerem Maße setzen sich die letzteren Vorgänge noch weit in die Reduktionsperiode hinein fort, weil der Kern der Beschickung erst allmählich auf die erforderliche Temperatur gebracht wird. Die Reduktion des Eisenoxydes beginnt schon früh, die des Zinkoxydes erst später, sie wird erst beendigt, wenn das Innere der Retorte durchweg eine bei 1100° liegende Temperatur erreicht hat. Dazu reicht eine Temperatur von 1350° im Ofenraume aus, wenn man silicatfreie Erze verhüttet. Bei sehr dichten, insbesondere kieselsäurereichen Erzen ist jedoch eine Steigerung der Temperatur am Ende des Prozesses notwendig, um die letzten Zinkreste abtreiben

---

[1] Direktor der Zinkhütte Birkengang bei Stolberg. Vortrag in der Konferenz der Zinkhüttendirektoren von Belgien und im Rheinland zu Köln am 9. April 1910. „Metallurgie" **8**, 1 (1911). Siehe auch Ztschr. f. ang. Chem. 1907 S. 570, Gattierung von Zinkblende und Galmei von demselben Verfasser und *C. Ritter* Ztschr. f. ang. Chem. 1904 S. 774.

zu können, soweit es überhaupt möglich ist. Die Heizeinrichtungen müssen deshalb gestatten, eine Ofentemperatur von 1500 bis 1550° zu erreichen. In diesem letzten Stadium tritt die Gefahr für das Gefäßmaterial auf, sei es, daß es durch unvorsichtige Überhitzung erweicht, oder durch Verflüssigung des Retorteninhaltes zerstört wird. Man hat es nun nicht immer in der Hand, der Beschickung der Retorte eine Zusammensetzung zu geben, durch welche die Bildung leichtflüssiger Silicate verhütet wird, weil die Nebenbestandteile der verfügbaren Erze es nicht gestatten, und fremde Zuschläge nicht gern gegeben werden, um die Ladung nicht zu verdünnen. Hat man jedoch die Auswahl unter den Erzen, so soll man, um trockne (schwer schmelzbare) Rückstände zu erzielen, auf eine Silicatstufe unter Subsilicat hinwirken, wenn Eisen neben Kieselsäure in den Erzen vorherrscht. Sind dagegen größere Kalkmengen neben Eisen und Kieselsäure vorhanden, so wähle man eine Gattierung, welche eine Silicatstufe über Bisilicat bei Schmelzung der Rückstände ergeben würde.

In vielen Fällen wird in der Beschickung Eisen und Kalk neben Blei in solchem Überschuß vorhanden sein, daß die Einhaltung dieser Vorschriften nicht möglich ist. Die gleichzeitig vorhandenen Schwefelreste, die bei kalkhaltigen Erzen zu ansehnlichen Mengen anwachsen, geben zu flüssigen Aussaigerungen auf den Boden der Retorten Veranlasung, und da zur Bindung der Metalloxyde genügende Kieselsäuremengen nicht vorhanden sind, greifen dieselben die Retortenwandungen an, und zwar bei einer zur Silicatbildung ausreichenden Temperatur in so energischer Weise, daß eine Zerstörung derselben erfolgt. Man kann dann übermäßigem Retortenverbrauch nur dadurch vorbeugen, daß man auf die Gewinnung der letzten Zinkreste verzichtet, indem man die Ofentemperatur in mäßigen Grenzen hält.

Dasselbe Mittel ist, wie wir schon früher S. 382 erwähnten, angezeigt, wenn man Zinksilicat (Willemit) für sich allein verhüttet, um eine Bildung von leichtflüssigen Silicaten mit Eisen, Mangan und Kalk zu vermeiden.

Überhaupt muß man überall dort, wo die Erzsorten für eine zweckmäßige Gattierung nicht zur Verfügung stehen, die Temperatur des Ofens durch Regeln der Feuerungseinrichtungen dem Verhalten der Retortenbeschickung anpassen.

Die Stolberger Gesellschaft für Bergbau, Blei- und Zinkfabrikation[1] will der Einwirkung des Retorteninhaltes auf die Gefäßwandungen dadurch entgegentreten, daß sie als Schutzmasse gemahlene Scherben gebrauchter Muffeln beigibt. Den Schlackenbildnern, Basen einerseits und Kieselsäure andererseits, soll in feiner Verteilung in den Reduktionsrückständen das Mittel zur Sättigung geboten werden und durch geeignete Zumessung desselben je nach der Gangart der Erze sollen so strengflüssige Schlacken erzeugt werden, daß dieselben in dem Retorteninhalt verteilt bleiben, nicht zusammenfließen und deshalb die Gefäßwandungen nicht angreifen. Da die Muffelscherben bereits mit Zink gesättigt sind, nehmen sie kein Zink mehr aus der Ladung auf, wie

---

[1] Pat. Anm. A 15 288, Kl. 40 vom 27. Januar 1908.

andere zinkfreie Zuschläge. Wenn nur hochprozentige Erze zur Verfügung stehen, ist die entsprechende Verdünnung durch dieselben angezeigt, um eine Erschöpfung der Beschickung in der gegebenen Zeit erreichen zu können.

Zum Schluß möchten wir das Auftreten von Wasserstoff und Stickstoff in den Reduktionsgasen bis zum Ende der Destillationszeit nicht unerörtert lassen. Es ist die Quelle desselben in dem Innern der Retorte nicht zu finden, denn in den Erzbestandteilen etwa noch vorhanden gewesenes Krystallwasser oder die Gasbestandteile der Mischkohle werden weit früher erschöpfend abgetrieben werden, wenn auch der innerste Kern der Beschickung erst spät in hohe Temperatur kommen wird. Es bleibt deshalb nur übrig, sie in der Porosität der Retorte zu suchen. Es diffundieren Heizgase, die bei ordnungsmäßigem Ofengange unter einem gewissen Überdrucke stehen, durch die Retortenwandungen, eine Annahme, die eine Stütze in dem neben dem Wasserstoff in allen Analysen der Retortengase nachgewiesenen Stickstoff findet (siehe S. 380). Auch *Juretzka* bestätigt in seinem Vortrage die Porosität der Reduktionsgefäße, indem er selbst bei vorhandenem Überdrucke im Heizraume einen Verlust von Zink durch Diffundieren von Zinkdämpfen aus der Retorte in denselben annimmt und aus diesem Grunde zur Verminderung der daraus erwachsenden Zinkverluste eine möglichste Abdichtung der Gefäße durch Glasieren ihrer Wandungen innen und außen für notwendig erachtet.

II. Die Kondensation der Zinkdämpfe in den Vorlagen.

Die Gefäße, welche zur Verdichtung der die Reduktionsgefäße verlassenden Zinkdämpfe bei den älteren, wie jetzt noch gebräuchlichen Öfen dienten und noch dienen, sind uns schon aus der Entwicklung der Gewinnungsmethoden zum größten Teile bekannt. Während bei der Kärntner, der englischen und auch der schlesischen Methode in früherer Zeit das Zink in tropfbar flüssiger Form in dem Kondensationsraume zur Abscheidung aus dem Kohlenoxydgasstrome gelangte, aus demselben aber sogleich herausfloß und unter ihm zu festem Metall erstarrte, gehen die neueren Kondensationsapparate, wie von vornherein bei der belgischen Methode, darauf aus, den größten Teil des Zinks in flüssiger Form zu sammeln und nur einen kleinen, in den heiß gehaltenen Tonvorlagen nicht zur Abscheidung gelangten Teil als Zinkstaub in vorgelegten Blechgefäßen zu verdichten.

A. Roitzheim hat in neuester Zeit[1] die Bedingungen theoretisch entwickelt, welche zur Gewinnung des Zinks in flüssiger Form gegeben sein müssen. Die rechte Seite der Gleichung:

$$2\,ZnO + 2\,C = 2\,Vol.\,Zn + 2\,Vol.\,CO$$

stellt das in die Vorlage eintretende Gasgemisch dar. Bei normalem Barometerstand ist demnach der Partialdruck des Zinkdampfes 380 mm Queck-

---

[1] „Metallurgie" **7**, Heft 19 (1910).

silbersäule bei einer Temperatur von etwa 867°[1], in welcher Gleichgewicht zwischen dem dampfförmigen und flüssigen Zink herrscht. Die in dem Reduktionsgefäße während der Destillationsperiode herrschende höhere Temperatur schließt also eine Kondensation von füssigem Zink in demselben aus. Auch die Vorlage wird an der Eintrittsstelle der Gase durch die mitgebrachte Wärme höher erhitzt sein, muß daher durch geeignete Mittel gekühlt werden, um eine möglichst vollständige Verdichtung der Zinkdämpfe bewirken zu können. Wenn die Vorlage am anderen Ende eine Temperatur von 500° hat, so ist die Tension des austretenden Zinkdampfes nur noch etwa 5 mm Quecksilbersäule, und sein Volumen nach der Gleichung

$$V_{Zn} = \tfrac{5}{755}\, V_{CO} ,$$

nur noch $^1/_{151}$ des begleitenden Kohlenoxydgases. Diese Verdünnung stellt *Roitzheim* als die äußerste Grenze hin, vor welcher das Zink noch in flüssiger Form ausgeschieden werden kann; darüber hinaus erhält man nur noch Zinkstaub, dessen Menge nach der obigen Gleichung aber nur 0,662 Proz. des destillierten Zinks ausmachen würde.

In der Praxis ist die erhaltene Staubmenge aber wesentlich höher, was *Roitzheim* darauf zurückführt, daß es nicht möglich ist, die Temperatur der Vorlage in solchen Grenzen zu halten, daß die theoretisch mögliche Verdichtung des Zinks in flüssiger Form stattfindet.

Daneben spielt aber auch der in der Retorte herrschende Druck und die damit in Verbindung stehende Geschwindigkeit, mit welcher die Reduktionsdämpfe die Vorlage durchziehen, eine große Rolle.

Der größte Teil des Zinkstaubes fällt in die erste Hälfte der Destillationszeit, besonders in den Anfang, wo die Vorlagen noch kalt sind. Nach *Juretzka*[2] kann man die Staubbildung vermindern, wenn man durch Beigabe leicht reduzierbarer Oxyde zur Ladung (Galmei, Zinkoxyd, Gekrätz) von vornherein für gesättigte Zinkdämpfe (Gase) sorgt. Frau *Gallus* und Fräulein *Reinhold* ließen sich durch das D. R. P. 65 657 das Verfahren schützen, die Retorten nicht sogleich nach der Beschickung unterhalb der Vorlage vollkommen zu verschließen, vermutlich, um der Feuchtigkeit der Ladung und den vor dem Beginn der Reduktion des Zinkoxydes auftretenden Gasen den Austritt zu erleichtern und damit einem zu lebhaften Gasstrome durch die Vorlagen vorzubeugen.

In der zweiten Hälte der Destillationsperiode ist die Menge des aus der Vorlage entweichenden Zinks so gering, daß sich das Auffangen des Staubes nicht mehr lohnt, man läßt deshalb in der Regel die Allongen fort.

Bei belgischen Öfen beträgt die Staubmenge bis zu 10 Proz. des gewonnenen Plattenzinks, bei rheinischen dreireihigen Öfen kann man mit 6 bis 9 Proz. des festen Zinks rechnen. Nur bei langsam getriebenen, nicht voll genutzten Reduktionsöfen geht das Verhältnis vom staubförmig gewonnenen

---

[1] Aus den in *Schenck*s Phys. Chemie der Metalle S. 5 angegebenen Zahlen durch zeichnerische Interpolation ermittelt.

[2] Metallurgie **8**, 1 (1911).

Zink bis auf 4 bis 3,5 Proz. vom Plattenzink, äußerst auf 3 Proz. des geladenen Zinks, wie *Roitzheim* angibt, herunter.

An beiden Ofensystemen sind die Kondensationseinrichtungen im Laufe der Zeit nur geringen Änderungen unterworfen worden, dieselben beschränken sich in der Hauptsache auf eine Vergrößerung der Abmessungen der Vorlagen, die bei den belgischen Öfen mit Einführung der größeren Retorten elliptischer Form vorgenommen wurde.

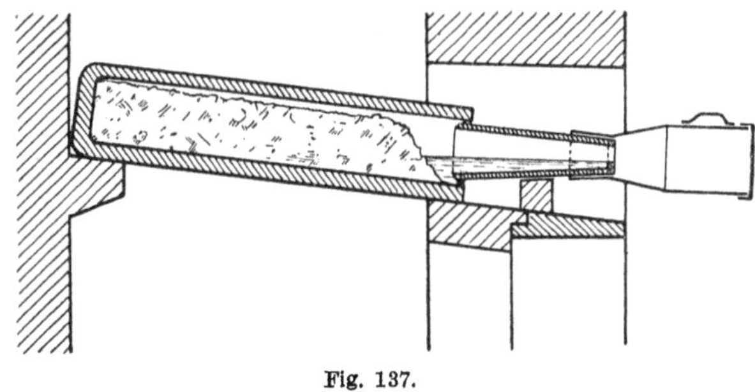

Fig. 137.

Fig. 137 zeigt die alte belgische Vorlage mit Düte vor einer runden Retorte. Das kondensierte flüssige Zink steht bei dieser Anordnung in die Retorte hinein bis an an das Erz. Infolgedessen nimmt das Zink bei eisenhaltiger Beschickung Eisen und auch ausgesaigertes Blei auf. Bei der ausgebauchten Vorlage (Fig. 138), wie sie heute bei den Öfen mit elliptischen Röhren vorherrschend im Gebrauche ist, wird dies vermieden.

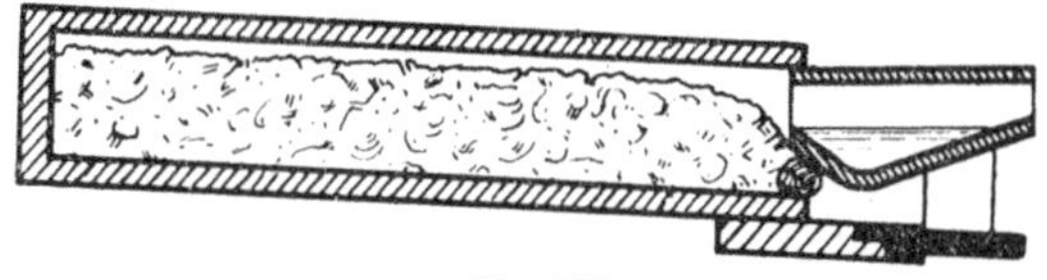

Fig. 138.

Der Verfasser stellte 1881 fest, daß durch Einführung der größeren Vorlagen an Stelle der vorher benutzten kleineren, welche in unserer Abteilung (Fig. 124) nebeneinander gestellt sind und bei gleichzeitiger Vergrößerung der Blechallongen unter Verminderung der Zinkstaubbildung von 15 auf 10 Proz. des

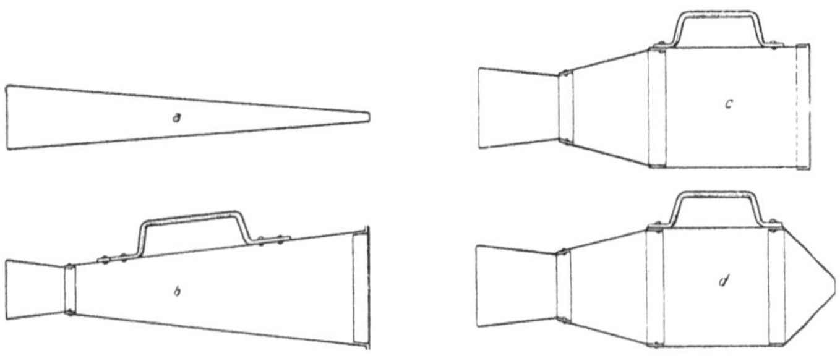

Fig. 139. M. 1 : 15.

gewonnenen Plattenzinks die Ausbeute um 1,5 Proz. gesteigert wurde. Während des etwa 12tägigen Gebrauches setzte die größere Vorlage täglich etwa 0,5 k einer Zinkkruste an, was 3,75 Proz. des in die Retorte geladenen Zinks entsprach. Die rheinische Bauchvorlage dient in der Regel auch 10 bis 12

Tage, dann nötigt der reichlichere Ansatz, der sich auf 7 bis 8 Proz. des geladenen Zinks beläuft, zur Auswechslung. Die 1 m lange Vorlage einer Stolberger Hütte, welche im ungebrauchten Zustande 23 k wiegt, nimmt in der Gebrauchszeit 18 bis 20 k an Gewicht zu.

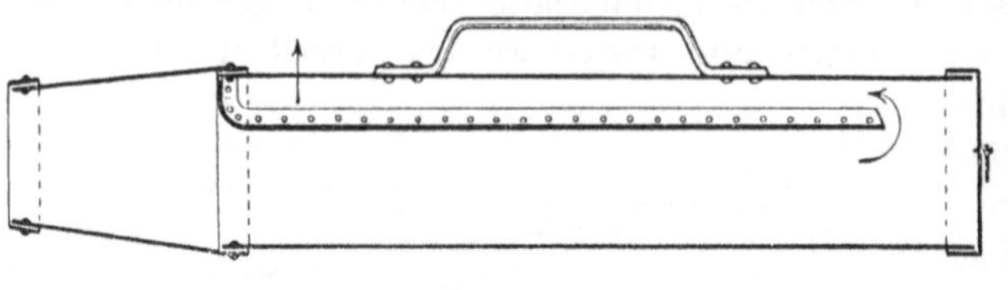

Fig. 140.

Die Blechdüten (Allongen), zur Verdichtung der die Vorlage noch verlassenden Zinkdämpfe an den belgischen Öfen bestimmt, stellten in frühester Zeit ein einfaches konisches Rohr dar, welches 60 bis 75 cm lang war, am weiten Ende, das auf die Vorlage gestützt wurde, 75 mm Durchmesser und am vorderen eine etwa 20 mm weite Öffnung hatte (Fig. 139 a). Später versah man das weitere Ende mit einem Deckel, in welchem sich ein kleines Loch für den Abzug der Retortengase und zum Spitzen (Öffnen der Vorlagenmündung durch Einführung eines dünnen Rundeisens) befindet und am engeren mit einem konischen, auf die Vorlage passenden Ansatze (Fig. 139 b), oder man gab den Düten eine zylindrische Form mit konischen Ansätzen (Fig. 139 c und d). Die letzten 3 Formen sind an den belgischen Öfen noch heute im Gebrauch; die Maße der Form c in den begleitenden Fig. 139 a bis d entsprechen denen, welche der Verfasser in Letmathe seit 1880 benutzte. Ähnlich sind diesen die bei den rheinischen Öfen gebrauchten Düten, nur von weit längeren Abmessungen. Fig. 140 zeigt die von der Hütte Birkengang verwendete Form. Ein solcher Apparat wiegt etwa 9 k, das Eisenblech hat eine Dicke von 0,8 bis 1 mm.

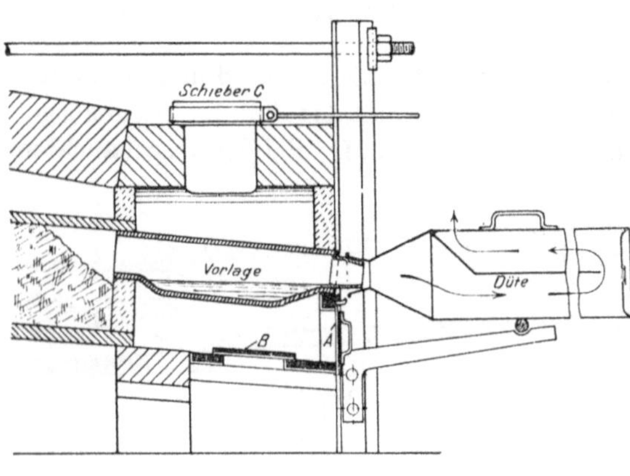

Fig. 141.

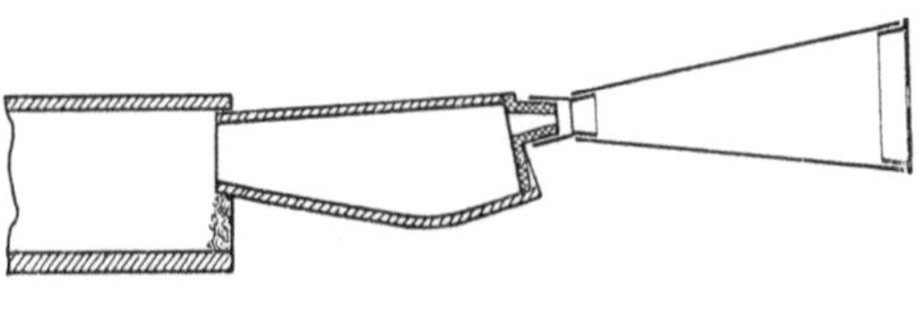

Fig. 142.

Fig. 141 gibt ein Bild von der Lage der Bauchvorlage in der Nische. Durch Lüften oder Entfernen des Vorsatzbleches A der Nische unter den Vorlagen (es liegen ja zwei derselben dicht nebeneinander), Verschieben der Deckplatte B über dem Schlitze in der Nischenplatte, der in erster Linie zum Durchlassen der Rückstände in die Aschentaschen beim Räumen der Muffeln dient, und durch Öffnen des Schiebers C über dem Abzuge in der Nischenkappe kann man die Nische nach Bedarf ventilieren und dadurch die Vorlagen kühlen, um sie in einer wenig über dem Schmelzpunkte des Zinks liegenden Temperatur zwischen 415 und 500° zu halten. In der Figur ist weiter das konische Ansatzröhrchen „Tippe" in der Vorlagenmündung, welche die Düte aufnimmt, zu sehen. Die Düte besteht vielfach aus einem einfachen Zylinder mit konischer Verjüngung, hier ist sie, wie auf Hütte Birkengang, mit einer Zwischenwand versehen, um den Muffelgasen einen längeren Weg anzuweisen. Diese treten dann nahe am Ofen, wie der Pfeil zeigt, ins Freie, wodurch der weit vorspringende Rauchfang über dem Ofen (Fig. 48) entbehrlich wird. Das Spitzloch im vorderen Deckel der Düte wird durch ein pendelndes Plättchen beim Nichtgebrauch geschlossen. Dasselbe kann auch

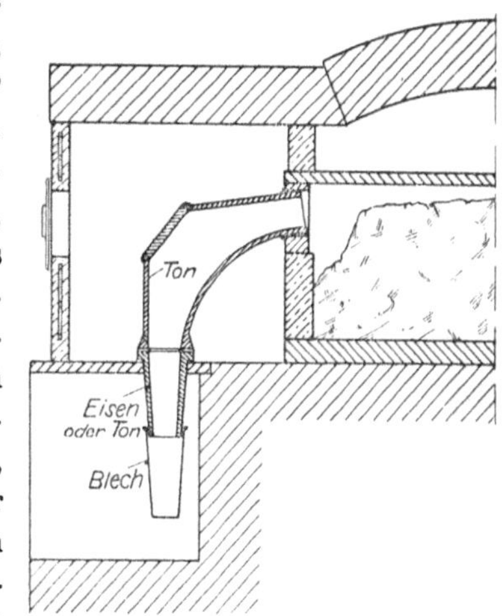

Fig. 143.

durch eine kleine selbsttätige Klappe im Innern der Düte ersetzt werden (*Bugdoll*-Godullahütte, O.-S. D. R. P. 11 545).

Eine in Flône und Borbeck gebrauchte Vorlagen- und Dütenform zeigt Fig. 142 (siehe auch Fig. 45).

Das Festhalten an den von Anfang an gebräuchlichen Formen erklärt sich, abgesehen davon, daß sie sich bewährt haben, aus der Schwierigkeit, welche eine kompliziertere Gestaltung der Kondensationsgefäße bei den mehrreihigen Öfen im Betriebe verursachen würde. Bei den einreihigen Muffelöfen Oberschlesiens lagen die Verhältnisse günstiger, und wir sehen dort einen förmlichen Wettlauf in den Bestrebungen, das Ausbringen durch verbesserte Kondensationsapparate zu erhöhen, wobei auch gleichzeitig auf die Ableitung der Muffel-

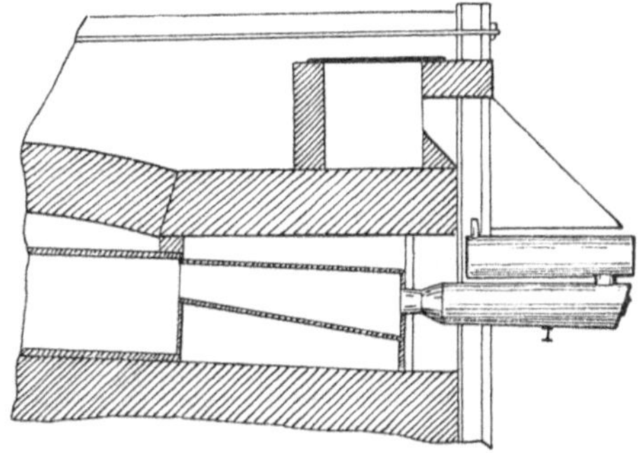

Fig. 144.

gase aus dem Hüttenraume Rücksicht genommen werden konnte[1].

Der Vollständigkeit wegen zeigen wir in Fig. 143 die alte, verlassene

---

[1] *Victor Steger* hat die Verdichtung der Metalldämpfe in Zinkhütten eingehend behandelt. Sammlung chem.-techn. Vorträge von *Ahrens* **1**, Heft 2 (1896). Siehe auch Zeitschr. f. Berg-, Hütten- und Salinenwesen **43**. Dieser Schrift ist ein Teil der folgenden Figuren entnommen.

Knievorlage vor der Muffel, welche noch bis in die 80er Jahre hinein auf
der Bobrekhütte gebraucht wurde. Dieselbe wurde zunächst ersetzt durch
das lange konische Rohr von meist fast quadratischem Querschnitte,
wie es in Fig. 144 dargestellt ist. Das weite vordere Ende wurde und
wird noch heute — denn diese Vorlage ist noch jetzt im Gebrauche (Silesia-
Hütten 2 und 3, auch bei zweireihigen Muffelöfen auf Hohenlohewerke), — mit
einer gußeisernen Platte, an welche die Tippe zum Aufstecken der Düte an-
gegossen und in welcher ein Abstichloch ausgespart ist, verschlossen. Dieselbe
Figur zeigt auch eine der ersten Einrichtungen zur vollkommeneren Verdichtung des Zinkstaubes.

Recha-Lipine, O.-S. (D. R. P. 12 768) wandte zu diesem Zwecke zwei miteinander verbundene Blechzylinder (Doppelballon nach schlesischer Bezeichnung) (Fig. 144) an, welche mit Rücksicht auf ihre Schwere eine besondere Unterstützung durch einen vor dem Ofen herlaufenden Träger nötig hatten. Die Aus-
mündungsstelle wurde bei diesem Apparat dicht vor die Ofenwand verlegt, so
daß das Abfangen der Retortengase erleichtert wurde. Dieselben wurden durch
einen sich lang über den Ofen erstreckenden Kanal, der zugleich zur Ablagerung der letzten Staubreste dienen sollte, der Abzugsesse zugeführt. Bei
der Verwendung dieses Doppelballons zeigte sich (nach *Steger*), daß die Gase
zu weit durch denselben abgekühlt wurden, so daß sie
wegen ihrer Schwere keine Neigung hatten, in den Kanal
aufzusteigen. Auch künstliche Saugung soll den Übelstand nicht beseitigt haben, offenbar aus dem Grunde,
weil durch die weiten Öffnungen des Schirmes neben der
Ausmündung des Ballons zuviel Luft angesaugt wurde,

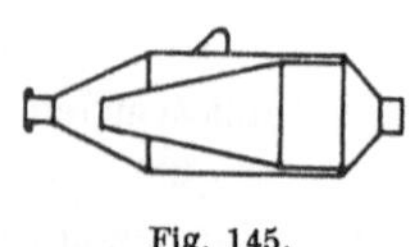

Fig. 145.

so daß eine kräftige Saugwirkung auf die Ballongase nicht ausgeübt werden
konnte.

Frau *Gallus*-Glatz und Fräulein *Reinhold*-Breslau wurde durch D. R. P.
65 656 ein Ballon geschützt, welcher innen noch einen kegelförmigen Einsatz
hatte, der zunächst von den Gasen durchstrichen wird. Aus seinem engen Teil
treten die Gase in den äußeren Mantel und durch eine Öffnung auf der oben
liegenden Seite unter den Schirm. Der Weg der Gase wird dadurch, wie bei
der rheinischen Düte in Fig. 140, wesentlich länger, als beim einfachen Zylinder. Ein Spitzen der Vorlage hindert die zentrale Lage der Öffnung des inneren Kegels nicht, ein verschließbares Loch hierfür befindet sich vorn an
dem konischen Deckel. Fig. 145 zeigt einen Längsschnitt des Ballons.

Mielchen in Siercza, Galizien (D. R. P. 18 635), hat ein Ballonsystem konstruiert, welches die Gase zweier schlesischer Muffeln aufnimmt. Er besteht
aus einem quer vor dem Muffelpaare liegenden, mit gelochten Scheiben durchsetzten Zylinder, welcher mit zwei seitlichen Rohransätzen, je einem für
jede Muffel, versehen ist. In der Mitte desselben ist auf einem nach oben aus-
mündenden Stutzen ein weiterer stehender Zylinder aufgesetzt, der mit einer
komplizierten Füllung versehen ist, um den Gasen einen weiten Weg anzuweisen. Sie besteht aus einer gelochten Platte und darüber aus einer um einen
engeren, mit gelochtem Deckel abgeschlossenen Zylinder gewundenen Schnecke.

Die Gase gehen also zum Teil durch den inneren Zylinder, zum Teil ziehen sie durch den Schneckengang am äußeren Mantel nach aufwärts. Die Durchgangsöffnungen für dieselben werden nach dem Ausgange zu immer enger, jedoch sind sie überall weit genug, um eine Stauung der Gase in der Vorlage nicht herbeiführen zu können. Die ganze Füllung ist am oberen Deckel befestigt, um mit dem Abnehmen desselben herausgehoben werden zu können, was jedoch bei Verbeulungen des äußeren Zylinders Schwierigkeiten bereitet hat. Die umständliche Handhabung, welche das Ausheben und Wiedereinsetzen der Füllung und das große Gewicht des Apparates verursachte, hat von einer allgemeinen Einführung desselben abgehalten, obgleich durch die große Oberfläche, welche den Gasen auf ihrem Wege geboten wurde, eine weitgehende Absonderung vom mitgeführten Metallstaub erreichbar war, und er einen wertvollen, feinen grauen Staub lieferte; er war auf den Hütten des Grafen *Hugo Henckel* 1887 noch in Anwendung (*Kosmann*).

Th. Holleck in Antonienhütte und *C. Feikis*, Arthurhütte bei Trzebinia (Galizien) wendeten ähnliche, aus Unter- und Oberballon bestehende Systeme mit anderen, einfacheren Füllungen an. Dieselben bestehen entweder aus einer Anzahl an einem durch den Deckel des Oberballons gehenden, zentralen Stab angehängter, durchlochter Scheiben oder aus an Scharnieren beweglichen Klappen.

Die Klappen des Oberballons sind abwechselnd auf der einen oder anderen Hälfte durchlocht, so daß die Gase einen zickzackförmigen Weg zurückzulegen haben. Auch die im Unterballon befindlichen Scheiben hängen an Scharnieren. Zwecks Entleerung werden die Ballons umgestülpt, wobei sich die Klappen umlegen und den aufgelagerten Staub fallen lassen. Die Beweglichkeit der Platten wird aber sehr bald durch Verschmieren mit

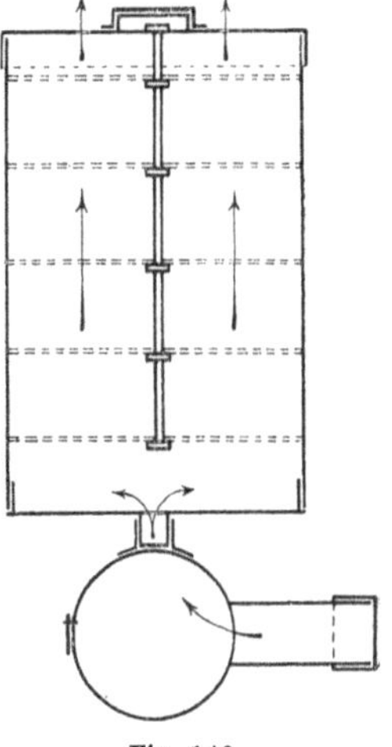

Fig. 146.

Zinkstaub beeinträchtigt. Die unhandliche Schwere ist auch diesen Apparaten, wie dem *Mielchen*schen eigen. Fig. 146 veranschaulicht die Gestalt der zuletzt beschriebenen Ballonsysteme.

Stehende Ballons sind nur bei den einreihigen schlesischen Muffelöfen anwendbar, weil bei den mehrreihigen Reduktionsöfen der Raum für ihre Unterbringung nicht vorhanden ist. Sie veranlassen leicht Explosionen, weil durch Undichtigkeiten wegen ihrer Zugwirkung Luft eingesaugt wird, im besonderen beim Spitzen der Vorlage. Der kondensierte Zinkstaub verbrennt dann. Das kann nur verhindert werden, wenn der Ballon so kühl gehalten wird, daß die zur Entzündung des Staubes erforderliche hohe Temperatur fehlt. Es haben deshalb die stehenden Ballons eine verbreitete Anwendung nicht gefunden.

Die einfachste Form, einen oben mit durchlochtem Deckel abgeschlossenen stehenden Zylinder zeigt Fig. 147 a.

Gegenüber dem Ansatzrohr für die Vorlage befindet sich eine kleine,

mit Scheibe verschließbare Öffnung zum Spitzen oder Spuren der Vorlage.
Die Muffelgase entweichen durch die Löcher im oberen Deckel in den Hüttenraum. Um dieses zu vermeiden, kann man dem Ballon die Form geben, welche
in Fig. 147 b dargestellt ist. Ein an den oberen Zylinderteil (hier verengt)
seitlich angesetztes Rohr führt in den über den Vorlagennischen des Ofens
liegenden, uns bereits bekannten, mit Absaugevorrichtungen in Verbindung
stehenden Kanal.

Martulik in Kunigundenhütte wollte den eben erwähnten Kanal durch
einen dichten eisernen Sammelkasten ersetzen und die Muffelgase aus diesem
zum Verbrennen in den Zinkofen leiten. Der meist im Ofenraum herrschende
Überdruck und die Gefahr von Explosionen steht der Anwendung der an sich
erstrebenswerten Nutzung der Muffelgase zur mitwirkenden Beheizung des
Muffelraumes entgegen[1].

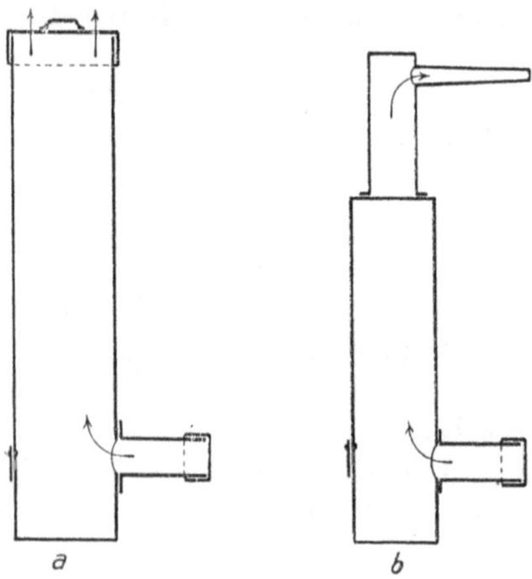

Fig. 147.

Lorenz nimmt deshalb davon Abstand und führt die Gase in den Haupt-
abzugskanal für die Feuergase ab. Auch
hierbei sind Explosionen zu befürchten,
da durch Undichtigkeiten der Kondensationsapparate, die Spitzöffnungen in
den Ballons, die Verbindungen derselben mit den Vorlagen usw. Luft eintritt, welche mit dem Kohlenoxydgas
explosible Gasmischungen bildet. In
der Tat haben sich in Oberschlesien
verhängnisvolle Explosionen ereignet,
welche von der wünschenswerten Absaugung der Muffelgase abgeschreckt
haben. Die Gefahr ist besonders dann
groß, wenn derselbe Kanal auch zu der Abführung der beim Räumen der
Muffeln entwickelten Gase benutzt wird.

Hawel[2] legte deshalb zwei gesonderte Kanäle auf den Ofen, von denen
der eine zur Abführung der Räumgase, der andere zur Aufnahme der Muffelgase während der Reduktionszeit diente. Er vervollständigte die Kondensationseinrichtung für den Zinkstaub noch dadurch, daß er die Gase aus je
zwei Vorlagen einer Nische durch einen darüber gelegten tönernen Kasten
führte und aus diesem durch eine verengte Düse in den über den Ofen sich
hinziehenden, allen Vorlagen gemeinsamen Kanal. *Hawel* schrieb der ver-
engten Düse die Fähigkeit zu, daß sie zur Verflüssigung des Zinkstaubes im
Kasten führe, und das flüssige Zink in die Vorlage zurückfließe. Ob sich diese
Erwartung erfüllt hat, ist nicht bekannt geworden, Zweifel daran sind berechtigt. Zwischen dem tönernen Kasten und dem Abzugskanale könnte auch
noch ein stehender Ballon eingeschaltet werden.

---

[1] In jüngster Zeit ist die Idee von *Ipsen* in Engis wieder aufgenommen worden.
D. R.-P. 229 649 v. 9. Mai 1909 ab.

[2] D. R. P. 57 385 und 61 740.

Wolfram-Lipine wollte zur vollständigen Kondensation der Metalldämpfe in den Vorlagen in dieselbe ein mit Wasser oder Luft gekühltes Rohr stecken (oder vielmehr zwei ineinander gesteckte Rohre, durch deren inneres das Kühlmittel eingeführt wurde). Die mit großen Umständen verknüpfte Ausführung des Vorschlages hat die praktische Anwendung verhindert.

Ein gleiches Ziel strebte *Leo Lynen* in seinem mehrreihigen Ofen mit gemeinsamer, gekühlter Vorlage zwischen den beiden Muffelräumen an. D. R. P. 77 556. Daß dieser Vorschlag in der Praxis nicht ausführbar ist, weiß jeder Zinkhüttenmann. Jede undicht werdende Muffel würde Luft in den Kondensationsraum führen und zu den unheilvollsten Explosionen die Veranlassung geben.

Was *Hawel* in der oben beschriebenen Weise zu erreichen hoffte, die Verflüssigung des Zinkstaubes, hatte schon weit früher *Kleemann* in Myslowitz angestrebt. *Kleemann* (D. R. P. 7411, 8121, 12 821, 21 383 und 28 596 versah die gewöhnliche schlesische Vorlage, das nach vorn erweiterte Rohr, welches

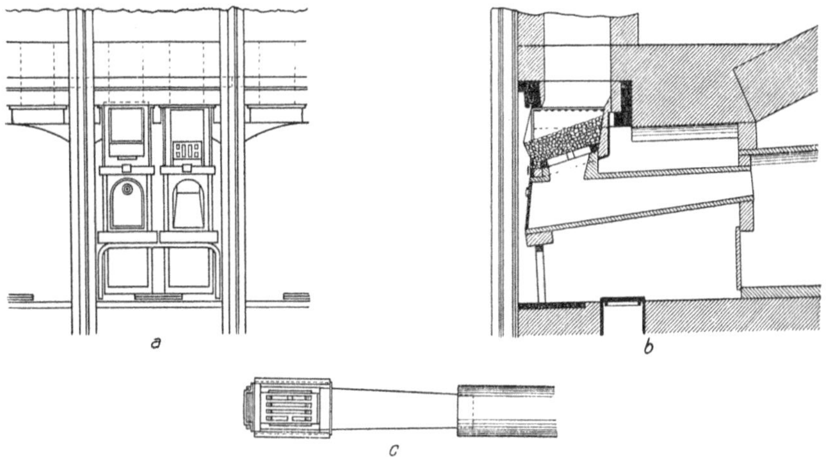

Fig 148. *Kleemann*scher Rost.

vorn bis auf ein gewöhnlich leicht mit Lehm verschmiertes Spurloch geschlossen wurde, am vorderen Ende oben mit einer Öffnung. An letztere schloß er einen mit Koksstücken gefüllten Kasten an, der vorn durch eine auflutierte Platte geschlossen wurde. Der Koks ruhte auf einem auf die Einmündung gelegten Rost, in ihm sollten sich die letzten Reste vom Zinkstaub niederschlagen und verflüssigen. Die Gase entwichen vom Kasten aus in den bekannten, über den Ofen laufenden Kanal. Die Einrichtung wird *Kleemann*scher Rost genannt. Fig. 148 a bis c zeigt dieselbe.

Bei einer Abänderung ließ *Kleemann* die Koksfüllung fehlen und verband den verlängerten Kasten am hinteren Ende durch ein eisernes Rohr mit dem auf dem Ofen stehenden Ballon. Der hohe Stand des letzteren erschwerte seine Bedienung, aber die hoch austretenden Gase belästigten die Arbeiter wenig. Diese Ausführungsform (D. R. P. 21 383) ist in Fig. 149 dargestellt.

Kleemann leitete auch die Gase wohl noch durch Räume, in welchen
jalousieartig aufklappbare Tafeln in großer Zahl angebracht waren. Er hat
in sanitärer Hinsicht die Verhältnisse in den oberschlesischen Zinkhütten
sehr gebessert und auch ein besseres Metallausbringen erreicht. Den ausgedehn-
testen Gebrauch haben seine Einrichtungen auf den *von Giesche*schen Hütten

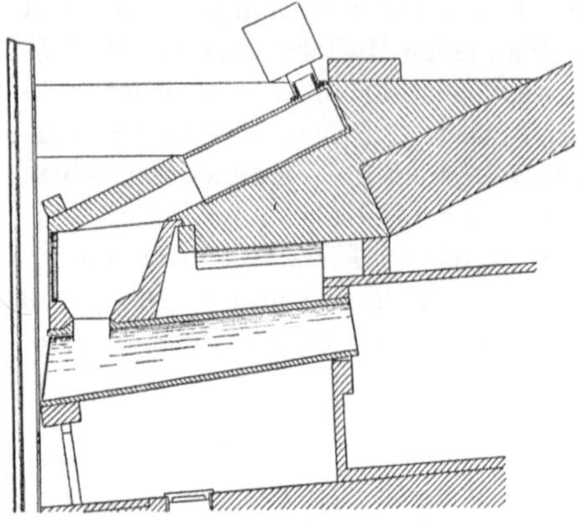

Fig. 149.

von den 80er Jahren ab gefunden,
später auch auf Silesiahütte und
Hohenlohehütte.

Wenn eine Flamme aus dem
Spurloch der Vorlage heraustritt, ist
dies ein Zeichen, daß der Durchgang der Gase durch die Koksschicht
infolge Ablagerungen von Staub auf
derselben erschwert ist und deshalb
eine Auflockerung oder Erneuerung
derselben notwendig wird.

Wegen der nicht vollen Erfüllung der Erwartungen, welche man
an die Einrichtung gestellt hatte,
und der etwas umständlichen War-
tung, welche der *Kleemann*sche Rost fordert, hat die dreiteilige *Dagner*sche
Vorlage (D. R. P. 8953) denselben auf den *Giesche*schen Hütten und Hohenlohehütte zum Teil verdrängt, nachdem man gefunden hatte, daß der verlängerte Weg, welcher den Zinkdämpfen in dieser angewiesen wird, zu einer
so weitgehenden Verdichtung der Metalldämpfe führt, daß sich weitere Kondensationsvorrichtungen nicht mehr lohnen.

Jedoch war der *Kleemann*sche Rost 1909 noch auf den alten Silesiahütten
und auf der Hohenlohehütte in Betrieb. Der Zinkstaub verbrennt infolge

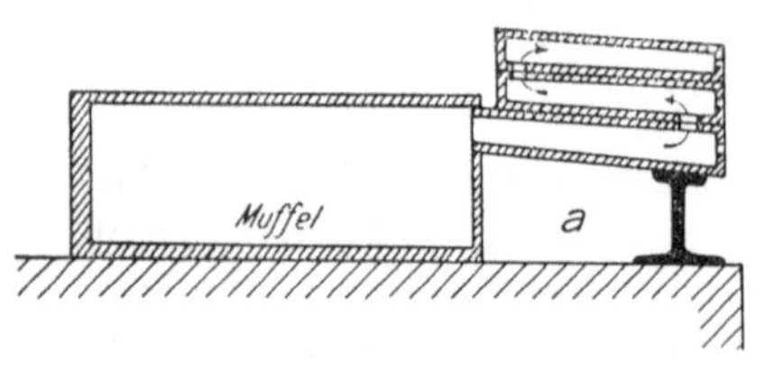

Fig. 150. Vorlage von *Dagner*.

Lufteintritts zum größten Teil und
schlägt sich auf den glühenden
Zindern, mit welchen der Rost
von Zeit zu Zeit frisch bedeckt
wird, nieder. Die mit Zinkoxyd
beladenen Zinder werden der
Muffelladung beigegeben. Die
Einrichtung hat den Vorteil, daß
das Kohlenoxydgas vor Eintritt
in die Ableitungskanäle verbrannt wird, so daß Explosionen in denselben
verhütet werden.

Dagner hat die alte, aus einem nach vorn erweiterten Rohre bestehende
Vorlage durch Anfügung von zwei weiteren Tonrohren über derselben vervollkommnet, derart, daß die Muffelgase die drei übereinanderliegenden
Rohre im Zickzack durchstreichen. Die Enden aller drei Rohre sind mit Ausnahme des in die Muffel reichenden Endes des untersten mit Tonplatten
geschlossen. Die vorderen Platten sind zum Spuren durchlocht. Die kleinen

Öffnungen werden aber für gewöhnlich durch Lehmpfropfen geschlossen. Diese Vorlage hat sich sehr gut bewährt und ist noch heute bei den einreihigen Öfen im Gebrauch. Ihre Einführung hat eine Steigerung des Ausbringens der schlesischen Hütten zur Folge gehabt.

Sie ist in ihrer ersten Form in Fig. 150 a bis b dargestellt. Bei einer zweiten Anordnung legte man das in der Figur dargestellte System von drei übereinanderliegenden Tonkasten zwischen die Vorlagen zweier nebeneinander (in einer Nische) liegender Muffeln. Die Gase beider Muffeln treten vorn durch seitliche Öffnungen in den untersten Kasten ein und ebenso vorn nach Durchlaufen des Systems durch eine auf dem obersten Kasten befindliche Öffnung aus. Ein Verbindungsstutzen verbindet die letztere Öffnung mit dem über dem Ofen herlaufenden Abzugskanal.

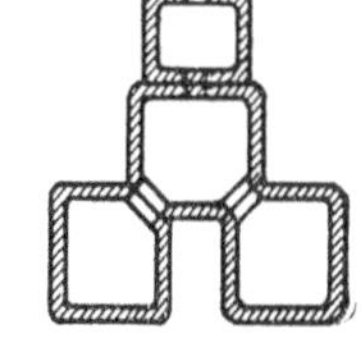

Fig. 151.

Auf der Paulshütte vereinfachte man diese Anordnung durch Weglassung des untersten Verbindungskastens, wie die Fig. 151 im Querschnitt zeigt.

Auf der Wilhelminenhütte treten die Dämpfe mittels horizontalgestellter Düsen aus dem obersten Gange der *Dagner*schen Vorlage aus. Dadurch, daß man die Vorlagennische vorn durch eine Verblendwand abschließt, in welcher unten eine kleine Lufteinzugsöffnung gelassen wird, gibt man den Flammen durch den vorbeiziehenden Luftstrom eine in die Abzugskanäle führende Richtung, so daß keine Dämpfe in den Hüttenraum treten. Auf der Hohenlohe- und der Lazyhütte läßt man die Flammen senkrecht zur Vorlage herauskommen und führt die Dämpfe in die unmittelbar darüber befindliche Öffnung des Abzugskanals.

Die Zinkhütte in Bendzin hat der *Dagner*vorlage die in Fig. 152 a bis b dargestellte Anordnung gegeben. Über die gewöhnliche konische Vorlage jeder Muffel ist ein zweites Rohr gelegt, welches vorn mit derselben verbunden ist. Zwischen den beiden letzteren Rohren liegt ein dritter, beiden gemeinsamer Kasten, in welchem sich die Gase beider Muffeln vereinigen, durch seitliche Öffnungen am hinteren Ende eintretend. Aus diesem gelangen die Gase noch in eine Düte, ähnlich den bei den rheinischen Öfen verwendeten (Fig. 140) und durch eine an deren konischen Teil schräg angesetzte düsenartige Pfeife in den längs über den Ofen herlaufenden Sammelkanal. Von dort endlich führen sie Eisenblechessen, welche durch das Hüttendach hindurchtreten, ins Freie (siehe Fig. 17).

Nerlich führte auf Theresiahütte die Gase nach Durchlaufen einer *Dagner*schen Vorlage senkrecht in die Höhe und dann noch durch einen großen, liegenden, mit Siebscheiben versehenen Ballon. Durch reichliche Abmessungen der Übergangsöffnungen von einem Vorlagenteil zum anderen und von der Vorlage zum Ballon wollte er das Spitzen (Spuren) entbehrlich machen (D. R. P. 135 576).

An die ersten zweireihigen Öfen Oberschlesiens, auf der Hütte des Fürsten *Guido Henckel von Donnersmark* in Chropaczow versah man die Vorlage der untersten Muffel mit einem horizontal liegenden, zylindrischen Ballon, in welchen man auch die Dämpfe der oberen Vorlage einführte. Dieser Ballon hatte eine durchlochte Scheidewand, durch welche die Gase hindurchtreten mußten. An denselben schloß sich ein senkrechtes Rohr an, welches mittels horizontal gerichteter Düse in dem Staubkanal mündete, durch welchen die zur Flamme entzündeten Gase aus dem Hüttenraum abgeführt wurden. Heute ist die Hütte mit dreireihigen Öfen ausgestattet (21 Öfen mit je 144 Muffeln mit Rekuperativheizung).

Palm-Schwientochlowitz leitete die Gase von zwei oder auch mehreren Vorlagen durch eine obere Öffnung in denselben in einen über ihnen liegenden gemeinsamen Raum und von diesem noch durch einen größeren, auf dem Ofen feststehenden Ballon. Er versuchte auch, die Vorlagen ganz fortzulassen und den vorn geschlossenen Nischenraum zur Kondensation und zur Samm-

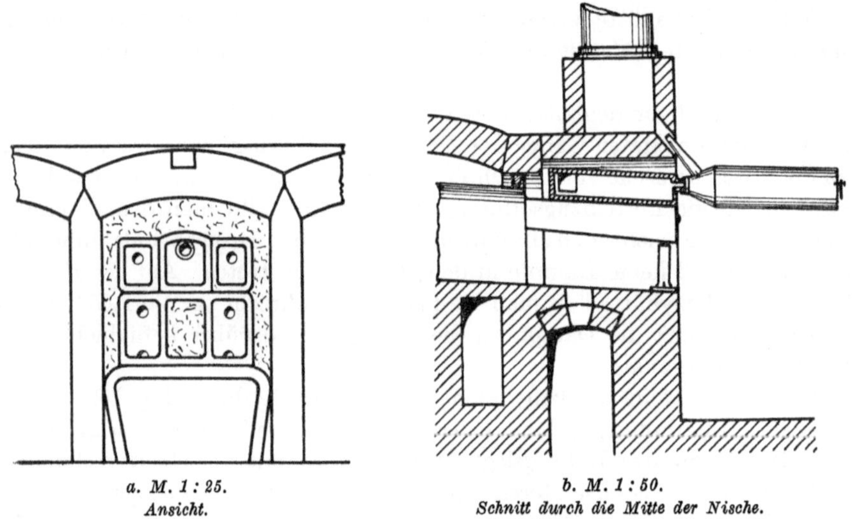

Fig. 152. *Dagner*-Vorlage in Bendzin.

lung der Gase mehrerer Muffeln zu benutzen; ob mit Erfolg, ist uns nicht bekannt, jedenfalls hat seine Einrichtung keine weitere Anwendung gefunden.

Derselbe Erfinder schloß auch den unter den Vorlagen freibleibenden Raum der Nischen durch dicht unter der Vorlage auf geeigneter Unterlage eingeschobene Eisenplatten ab, verband die so abgekleideten Räume durch Öffnungen in den Nischenwänden miteinander und mit einem Abzugskanal, durch welchen die beim Räumen der Muffeln auftretenden Dämpfe und Gase abgeführt wurden. Letztere leitete er dann durch eine Staubkammer oder auch einen Gaswäscher. Ebenso wollte er auch die Gase aus dem geschlossenen Röschenraum, in welchen die Räumaschen fallen, unschädlich machen.

Die Muffelgase wollte er waschen, um den von denselben fortgeführten Metallstaub vollständig zu gewinnen. Er leitete zu diesem Zwecke die Gase aus den Vorlagen durch Rohre in einen mit Wasser gefüllten Sammelkasten (D. R. P. 9672, 15116 und 16046) so ein, daß sie auf die Wasseroberfläche stießen, um hier schon den größten Teil des Staubes abzusondern, dann in besondere Waschkessel. Die so von Staub befreiten Gase wollte er, wie *Martulik*, in den Ofenraum führen, um sie mit zur Beheizung der Muffeln zu benutzen.

Ähnlich verfuhren *Grützner* auf Romagnagrube (Loslau) und *Köhler* in Czernitz. Die Muffelgase wurden von ihnen in einen Wasserbehälter geführt, der vor Beginn der Destillation durch Auspumpen eines Teiles des Wassers teilweise luftleer gemacht wurde, dort sollten sie den Hauptteil der festen Bestandteile absetzen. Von dort durchstrichen die Gase auf einem Zickzackwege noch einen mit Scheidewänden durchsetzten, unten ebenfalls mit Wasser gefüllten Raum, ehe sie durch einen Abzugskanal zur Esse gelangten.

Die ersten Versuche im großen Maßstabe, den Muffelgasen nach dem Austritte aus den Vorlagen noch in geräumigen Kammern Gelegenheit zum Ablagern des mitgeführten Metallstaubes zu geben, scheint man anfangs der 80er Jahre vorigen Jahrhunderts in Wilhelminenhütte gemacht zu haben[1]. Man führte dort die Gase im Zickzackwege durch eine Reihe von sieben Kammern, welche eine Länge von 110 m hatten. Im letzteren Teile derselben wurde die Verdichtung durch Wasserberieselung vervollständigt. Um den Metallstab aus dem Wasser abzuscheiden, führte man dasselbe durch ein System von Kanälen in einer Gesamtlänge von 48 m, welche mit Koks gefüllt waren. Das Waschwasser verließ dieselben in vollkommen klarem Zustande. Die Gase wurden mittels eines besonderen Kamins durch die Kondensationskammern gesaugt. Man hat aus den Gasen von 6 Reduktionsöfen mit je 56 Muffeln monatlich 730 k Zinkstaub mit einem Gehalt von 60 bis 70 Proz. Zink gewonnen, was 0,52 Proz. des in den Vorlagen verdichteten metallischen Zinks ausmachte.

Ähnliche Versuche mit einem Kondensationsturme machte man nach *Schmieder*[2] auf der Hohenlohehütte zur Behandlung der Gase von 12 Öfen zu je 64 Muffeln.

Den gewonnenen Staub verarbeitete man auf beiden Hütten auf Cadmium.

In anderer Weise hatte Ende der 70er Jahre bereits *Kosmann* in Königshütte die Kondensation der Zinkdämpfe zu vervollkommnen versucht[3], wie es in den Fig. 153 a bis c veranschaulicht ist.

Kosmann versah den auf der Tippe *t* der Vorlage *V* aufsitzenden Zinkstaubballon *B* mit einem von dessen vorderem Ende ausgehenden Abzugsrohre *v*, welches er in ein weiteres, vor den Zwischenräumen zwischen den einzelnen Muffeln senkrecht angeordnetes Rohr *r* luftdicht einführte. Alle diese Rohre mündeten in ein wagerecht unterhalb der unteren Kante der Vorlagennischen vor dem Ofen herlaufendes Sammelrohr *R*, mittels Flanschen auf die Stutzen *k* desselben aufgesetzt. Zwischen den Flanschen waren Schieber *s* vorgesehen, um die Verbindung der einzelnen Ballons mit dem

---

[1] *Spirek*, Österr. Zeitschr. 1883, S. 352 (Taf. X, Fig. 21).
[2] Berg- u. Hüttenm. Jahrb. 1884, S. 404.
[3] D. R. P. 5929.

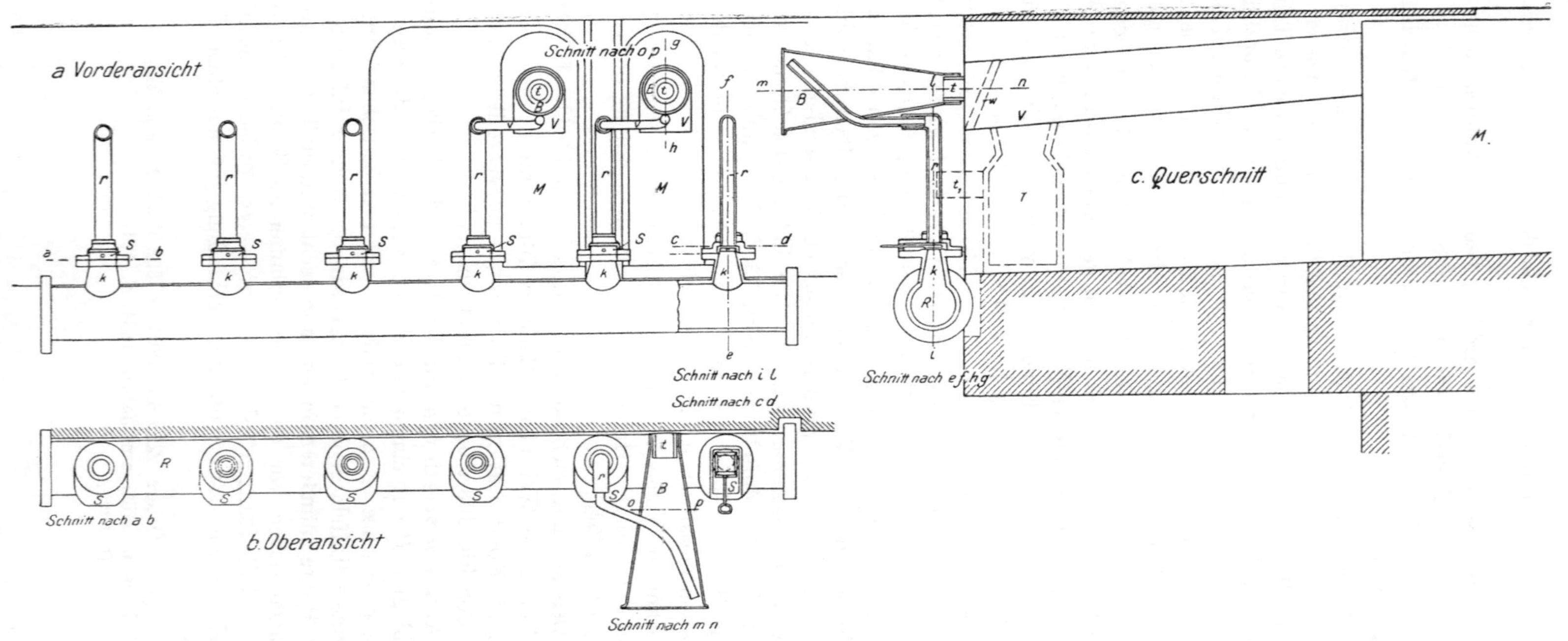

Fig. 153. *Kosmanns* Vorlagensystem.

Sammelrohre aufheben zu können. Das Rohr R stand mit einem Exhaustor zum Ansaugen der Muffelgase in Verbindung, welcher sie in die Staubkammern befördern sollte.

Eine andere Ausführungsform sah Stutzen unten am vorderen Ende der Vorlagen vor, welche zu je zwei in einen Sammelkasten für das flüssige Zink T, der in der Nische aufgestellt war, führten (punktiert in der Fig. gezeichnet). Die Vorlage wurde vorn durch den Deckel w geschlossen, und die Muffelgase fanden ihren Weg zum Sammelrohr R durch den Zinksammler, den daran sitzenden Stutzen t^1 und das Rohr r. Die Anzahl der letzteren verminderte sich hier auf die Hälfte, und das obere, das Röhrchen v im ersten Falle aufnehmende Kniestück derselben fiel fort.

Wir wissen nicht, ob die *Kosmann*sche Erfindung je zur Ausführung gekommen ist. Die Einrichtung erfordert jedenfalls eine sehr sorgfältige Beaufsichtigung, wenn eine Einsaugung von Luft in die Staubkondensatoren verhütet werden soll, deren Eindringen Explosionen im Gefolge haben würde. *Kosmann* versprach sich eine wesentliche Vermehrung der Zinkausbeute durch die Absaugung der Gase aus der Vorlage, die Einrichtung birgt aber in sich die Gefahr, daß bei einer Undichtigkeit des Muffelmundes bzw. des Vorlagenanschlusses eine Entzündung und Verbrennung des Zinks erfolgt. Auch ist ein vermehrtes und deshalb nachteiliges Eindringen von Heizgasen in die Retorten infolge ihrer Porosität zu befürchten, gar nicht zu sprechen von unangenehmen Störungen der Kondensation bei plötzlichem Eintreten von Undichtigkeiten einer Muffel. Vergl. auch *K. Friedr. Föhr;* Berg- und Hüttenm.-Ztg. 1883 S. 42 und *Kosmann* und *Kleemann*, Österreich. Ztschr. 1881.

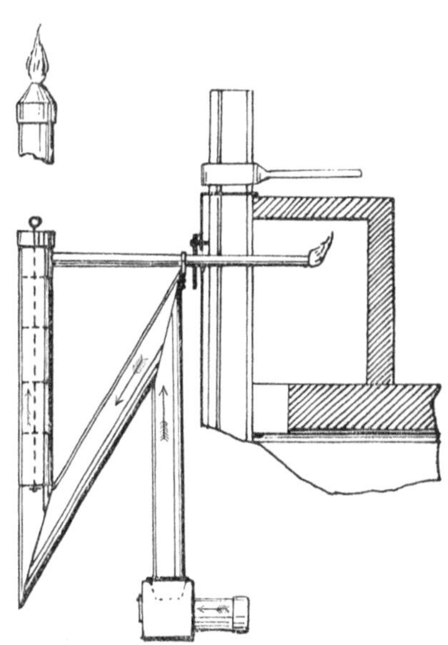

Fig. 154. *Steger*s Ballon.

Schließlich ist noch das in späterer Zeit (1895) von *Steger* eingeführte Ballonsystem zu beschreiben, welches beim Franzisciofen (S. 201 Fig. 60) und auf der Lazyhütte bei den einreihigen Öfen Verwendung gefunden hat. Mit Einführung zweireihiger Öfen ist es wieder verlassen worden, obgleich *Steger* auch die Anwendung seines Systems für rheinische und selbst hohe belgische Öfen dargetan hat[1]. Der Ballon besteht, wie Fig. 154 zeigt, aus einem viereckigen Blechkasten mit zwei Ansatzstutzen zum Anschluß an die beiden Vorlagen einer Nische und zwei den letzteren gegenüberliegenden, durch Plättchen für gewöhnlich verschlossenen Spitzlöchern. Auf dem Kasten

---

[1] *Steger*, „Verdichtung der Metalldämpfe in Zinkhütten", Samml. chem. techn. Vorträge **1**, Heft 2, 62ff. (1896).

erhebt sich ein im spitzen Winkel zweimal umgebogenes Rohr, von der aus der Figur zu ersehenden Form. Der vom Ofen am weitesten abliegende Schenkel dieses Winkelrohres, aus welchem die Muffelgase austreten, ist entweder oben mit einer konischen Kappe mit Öffnung versehen oder mit dichtem Deckel verschlossen und im letzten Falle oben seitlich ein Austrittsrohr angesetzt, welches in den bekannten Gasableitungskanal über dem Ofen führt. In den letzten Schenkel wurde noch ein Einsatz von Siebplatten, wie bei dem *Mielchen*schen Ballon gehängt.

Steger hebt hervor, daß dieser Ballon die wichtigsten Bedingungen für eine reichliche Absetzung von Metallstaub und Abkühlung der Gase erfüllt, indem den Muffelgasen auf dem langen, zu durchlaufenden Wege eine große Oberfläche geboten und durch die mehrfache Änderung ihrer Bewegungsrichtung die Abscheidung des Staubes gefördert wird. Die Gase sollen in dem Ballon auf 60 bis 40° abgekühlt werden und, wenn sie angezündet werden, mit violetter Flamme verbrennen, ein Zeichen, daß kaum noch Metallteilchen fortgehen. Infolge der starken Abkühlung derselben werden auch Explosionen vermieden, weil selbst beim Vorhandensein explosibler Gasgemische die zum Entzünden erforderliche Temperatur fehlt.

Neue Ballons oder Düten konstruierten in jüngster Zeit noch *Keßler* (D. R. P. 175 692)[1], *Sadlon* (D. R. P. 239 788) und *Hausmann* (D. R. P. 239 850)[2].

Die *Central Zinc Comp.* Ltd. in Seaton Carew, Durham (England) will die Zinkstaubbildung dadurch wesentlich vermindern, daß sie Kochsalz in den Weg der Retortengase und zwar in den vorderen Teil der Retorte, oder in den hinteren Teil der Vorlage legt. (D. R. P. 245 503 vom 21. Dezember 1910 ab).

Alex. Roitzheim schlägt zwecks Verminderung der Zinkstaubbildung vor, die Beschickung vor dem Einbringen in das Reduktionsgefäß bis auf 600° vorzuwärmen. D. R. P. Anm. R. 31 550 Kl. 40 a v. 8. Sept. 1910. Ztschr. f. ang. Chem. 1911, S. 2121.

III. Die Konstruktion der Reduktions-Öfen.

Nachdem bei der Darstellung der Entwicklung der Zinkgewinnungsmethoden die verschiedenen Ofensysteme und deren Beheizungsarten eingehend behandelt und für die Auswahl geeigneten feuerfesten Materials auf S. 342 Hinweise gegeben worden sind, haben wir uns hier nur noch mit den besonders eigenartigen Einzelheiten des Aufbaues der Retortenräume der Öfen zu beschäftigen.

Wir beschränken uns dabei auf die Ofensysteme, die zur Jetztzeit noch Anwendung im Zinkhüttenwesen finden.

Der einreihige schlesische Muffelofen stellt den einfachsten Typ der in Betrieb stehenden Öfen dar. Die Vorlagennischen (Fenster), welche bei einer die Höhe der Muffeln um einige Zentimeter übertreffenden Höhe eine lichte

---

[1] Zeitschr. f. angew. Chemie 1907, S. 590.
[2] Zeitschr. f. angew. Chemie 1911, S. 1494 u. 2275.

Weite von 57,5 bis 60 cm haben, werden begrenzt von Wänden, welche in
der Regel aus großen Tonplatten, einer einzigen oder mehreren gebildet werden,
sie haben eine Dicke von 10 bis 12 cm. *Cochlovius* hat einen gußeisernen,
mit feuerfestem Ton bekleideten und ausgefüllten Rahmen verwendet, um
den Wänden einen größeren Halt zu geben. Fig. 155 veranschaulicht denselben. Der nach unten hervorstehende Teil desselben findet Platz in einer
im Ofenherde vorhandenen Rille, wodurch der Nischenwand ein unverrück-
barer Stand gegeben wird, eine Einrichtung, welche schon früh bei der Bauart der schlesischen Öfen üblich war (siehe S. 83). In der Mitte ist der Rahmen durch eine Verbindungsleiste versteift. Unterhalb der Befestigungs-
stelle derselben trägt er vorn beiderseitig Nasen, welche zur Auflagerung des
Vorlagenträgers dienen. (D. R. P. 9128. Dingl. Pol. J. 237 S. 301.)

Auf den Nischenwänden ruhen die Widerlager für die flachen Kappen
der Nischen, welche ihrerseits mit der hinteren Kante das Widerlager für das
Ofengewölbe bilden. Letzteres ist 22 bis 25 cm dick und so flach geschlagen,
wie das Material es zuläßt, damit der Ofenraum möglichst niedrig gestaltet
wird. Man schlägt heute die Kappen nicht mehr von
Tonmasse, sondern bildet sie aus Keilsteinen als Ton-
nengewölbe.

Die Muffeln liegen auf dem nach der Mitte zu
ansteigendem Herde (1 : 11 bis 1 : 10) der ganzen
Länge nach auf, so daß jeder weitere Einbau im Heiz-
raume fehlt. *Von Zelewski*[1] legt die Muffeln zwecks
besserer Beheizung vorn durch Brechung der Herdfläche hohl, was schon *Freytag* vor dem Jahre 1820
versucht hat. (Siehe S. 81.)

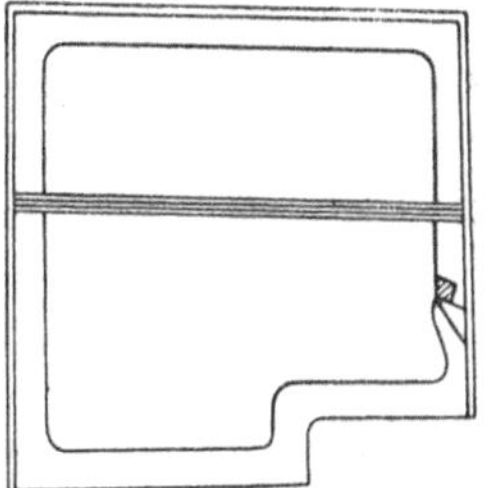

Fig. 155. Cochlovius'
Nischenwand.

Bei den dreireihigen rheinischen (auch zweireihigen) Öfen verlangt die Lagerung der Retorten im
Innern des Ofens ein besonders widerstandsfähiges Material. Dasselbe muß
hoch feuerfest sein, um bei einer Dicke von 10 bis 14 cm in einer Hitze
von 1500 bis 1600° die Last von 6 gefüllten Retorten tragen zu können,
denn jeder der untersten Pfeiler der Lagergerüste hat dem Drucke dieses
Gewichtes zu widerstehen. Man gibt deshalb dem untersten Pfeiler in manchen Hütten auch die größere Dicke. Fig. 47 gibt ein so klares Bild von
dem Aufbau des inneren (hinteren) Retortenlagers, daß von einer bild-
lichen Darstellung der einzelnen dafür verwendeten Fassonsteine hier abgesehen werden kann. Auf den 35 bis 40 cm langen Tragsäulen liegen die
sechseckigen Köpfe, welche mit den oberen, seitlichen Seiten die schrägen
Auflagerungsflächen für die Retortenlagerplatten („Bänke") abgeben. Auf
der horizontal liegenden obersten Seite des Sechseckes der untersten und zweiten
Reihe steht die Tragsäule für die nächst höhere. Man formt auch wohl an die
Säulen seitliche Ausladungen (Konsolen) mit schräger oder wagerechter
Tragfläche für die Bänke an, so daß Säule und Kopf aus einem Stück bestehen.

---

[1] D. R. P. 126 998 vom 14. Mai 1901.

Die schrägen Tragflächen sind den wagerechten vorzuziehen, weil sie das Auswechseln der Bänke, wenn dieselben durch Retortenbruch und von daraus
folgender ausfließender Schlacke zerstört worden sind, erleichtern. Bei den
wagerechten Flächen bilden die Bänke mit den Pfeilern senkrechte Stoßfugen,
welche mit der Zeit durch Schlacke ausgefüllt werden, so daß die daraus entstehende feste Verkittung das Abheben der zerstörten Bänke zu einer sehr
schwierigen Arbeit macht, welche ohnehin das Auswechseln derselben bereitet,
da das sog. „Bänkesetzen“ im Feuer erfolgen muß. Man nimmt diese Arbeit
zur Zeit der Entleerung der Muffeln vor. Die auf einer schadhaften Bank ruhenden Retorten müssen zunächst aus dem Ofen entfernt werden, meistens auch die
darunter liegenden, weil sie von der ausgeflossenen Schlacke in Mitleidenschaft
gezogen sind; dann stößt man die Bank los und beseitigt die meist dabei fallenden Bruchstücke. Nachdem die Lagerflächen mit einem scharfen Meißel-
eisen geebnet sind, führen zwei Arbeiter die inzwischen im Muffeltemperofen
vorgewärmte Bank durch die Vorlagennische hindurch auf das Lager. Wenn
sich durch den seitlichen Druck die Lagerflächen etwas genähert haben, gestaltet sich das Einlegen der neuen Platte aber nicht so einfach, dieselbe muß
dann auf Maß zugehauen werden. Diese bei normalem Betriebe nicht häufigen
und andere während der Betriebsperiode eines Ofens vorkommenden Re-
paraturarbeiten werden in der Regel von besonders darin geschulten Maurern
im Verein mit den Schmelzern ausgeführt.

Viel leichter vollzieht sich das Auswechseln der Platten in den vorderen
Lagerstühlen der Retorten, der hinteren Nischenplatten, welche, wie auch die
vorderen eisernen Nischenplatten auf Leisten ruhen, welche an die Scheidewände der Nischen angeformt sind, wenn man nicht eine ähnliche Gestaltung
des vorderen Lagerstuhles, wie die des hinteren vorzieht.

Einige Hütten, welche mit Siemens-Regenerativöfen arbeiten, wie Overpelt, Nordenham usw., haben den diffizilen Aufbau der hinteren Retortengerüste durch durchbrochene Mauern ersetzt, wie wir sie in Fig. 52 gezeigt
haben. Diese Einrichtung fordert aber eine Verkürzung der Retorten in den
unteren zwei Reihen.

Die Nischenwände der zwei- und dreireihigen Öfen werden von großen,
nur niedrigeren, meist 10 cm dicken Platten (Pfeilern) gebildet, wie bei den
einreihigen schlesischen Öfen. Eine steht in der Regel unmittelbar auf der
anderen, und die Nischenplatten, sowohl die vorderen eisernen, wie die hinteren
tönernen, ruhen auf seitlich angeformten Leisten. Man trennt auch wohl den
inneren Teil, den Retortenstuhl, welcher nur aus feuerfestem Material besteht,
von dem äußeren, indem man die Nischenwand aus zwei dicht aneinander-
stehenden Platten herstellt. In der Regel greifen dann die eisernen Nischenplatten auf die Pfeilerplatte über und stoßen in deren Mitte nahezu zusammen.
(Ein gewisser Spielraum muß bleiben, um den eisernen Platten die Ausdehnung
in der Wärme zu gestatten.) Die seitlichen Auflagerungsleisten fehlen dann,
aber die Säulen sind einer breiten Auflagerungsfläche halber nach oben zu
verstärkt. Der Retortenstuhl legt sich fest gegen den äußeren Nischenaufbau
an und der letztere wird durch eine solide Verankerung in seiner Lage gehalten.

Zur Verankerung wählt man statt der früher ausschließlich angewendeten alten Eisenbahnschienen oder Ausschußschienen, von denen eine vor jeder Nischenwand steht, heute die leichteren und doch widerstandsfähigeren I-, T- oder][-Eisen.

Dieselben werden im Unterbau des Ofens fest eingemauert und oben über dem Ofengewölbe je zwei gegenüberliegende Ankersäulen durch 30 bis 40 mm dicke Rundeisen verbunden und durch Gewindekasten, welche mit Rechts- und Linksgewinde versehen sind, oder in anderer Weise so angespannt, daß ein Ausweichen der Seitenwände verhindert wird, aber eine Ausdehnung des Ofenmassivs durch die Wärme ohne Überschreitung der Elastizitätsgrenze der Ankerstangen möglich bleibt.

Noch zu erwähnen ist, daß die eisernen Nischenplatten der einzelnen Etagen meist aus zwei hintereinanderliegenden Platten von etwa 20 mm Dicke bestehen, von denen die hintere den Ausschnitt zum Durchlassen der Rückstände hat. Die dahinter, in gleicher Ebene liegende Tonplatte des Retortenstuhles faßt in der Regel zur Vermeidung eines Spaltes mit einem Falze unter die Eisenplatte.

Das Gewölbe stützt sich meist, wie bei den schlesischen Öfen gegen die Nischenkappen, seltener liegt das Widerlager dicht hinter den Ankersäulen, gebildet von einem schweren, gußeisernen Winkelbalken, welcher auf den Nischenwänden aufruht, derart, daß die Ofenkappe über die Nischen hinweggreift und ihnen mit zur Abdeckung dient.

Aus einigen der Zeichnungen, die in den Einzelheiten eine weitergehende Ausführung erhalten haben, läßt sich das Nähere über das eben Gesagte ersehen (siehe Fig. 43 bis 50, 52 und 56).

Bei den belgischen Ofensystemen findet man keine Bauart, welche ähnlich diffizile Retortengerüste aufweist, wie die rheinischen Öfen, weil bei der Höhe derselben eine Befeuerung beider Ofenseiten von der Mitte aus unzweckmäßig wäre. Die dünnen Säulen würden auch die Last einer größeren Anzahl von Retortenreihen nicht tragen können. In allen Fällen, in denen zwei Retortenkammern mit dem Rücken aneinandergebaut sind[1], mögen dieselben nun jede für sich durch eine besondere Feuerung oder nacheinander von ein und derselben Feuerung beheizt werden, so auch bei den Siemensöfen (auch dem neuesten Ofen *Dor-Delattre*, Fig. 33) liegen die Gefäße hinten auf Vorsprüngen auf, welche aus einer Mittelwand hervortreten. Wo die letztere nicht Kanäle für die Zuführung von Sekundärluft in höhere Ofenzonen in sich birgt, ist sie massiv und von sehr verschiedener Dicke, je nach den örtlichen Verhältnissen und dem Wandel, welche die Ofenmassive erfahren haben, bei denen man die alten Fundamente benutzte. Die meist konsolenartigen Retortenlager bilden ein ununterbrochen fortlaufendes Band an der Rückwand, welches 6 bis 10 cm (auch mehr) aus derselben hervorspringt; die obere Fläche entspricht der Neigung der Retorten nach vorn (siehe weiter unten). Die verschiedenen Ausführungsformen zeigen die Fig. 26 bis 42. Das schmale

---

[1] Einseitige Öfen sind nur noch wenig in Gebrauch (Belgien, Pulaski, Indiana, Kansas).

Lager, welches den Retorten auf diese Weise geboten wird, ist der Einwirkung der von denselben und von der Rückwand ablaufenden Schlacken sehr ausgesetzt und infolgedessen schnellem Verschleiß unterworfen, aber die Retorten begnügen sich noch mit einem geringfügigen Vorsprung als Stütze, so daß man nach längerer Ofenkampagne an einzelnen Stellen trotz der Betriebsfähigkeit des Ofens kaum noch Auflagerungsflächen findet. In Letmathe zwang aber doch nach etwa einem Jahre der Verschleiß der Retortenlager vorn im Vorhang und eines Teiles der Feuerungswände zur Betriebsunterbrechung. Die Erneuerung des letzteren und der Einbau eines neuen Vorhanges erfolgte sozusagen im Feuer und nahm nur etwa 16 Stunden in Anspruch, so daß die Betriebsunterbrechung nur 24 Stunden dauerte; dann lief der Ofen weitere 6 bis 8 Monate [1].

Dor suchte in Ampsin die Ofenkampagne dadurch zu verlängern, daß er auf den entsprechend breiteren Vorsprung anfangs einen dünnen Stein lose hinter den Retortenboden stellte, den er nach eingetretenem Verschleiß der Auflagerfläche wegstieß, so daß sich die Retorte einige Zentimeter tiefer in den Ofen hineinschieben ließ. Verbreitete Nachahmung soll das Vorgehen nach

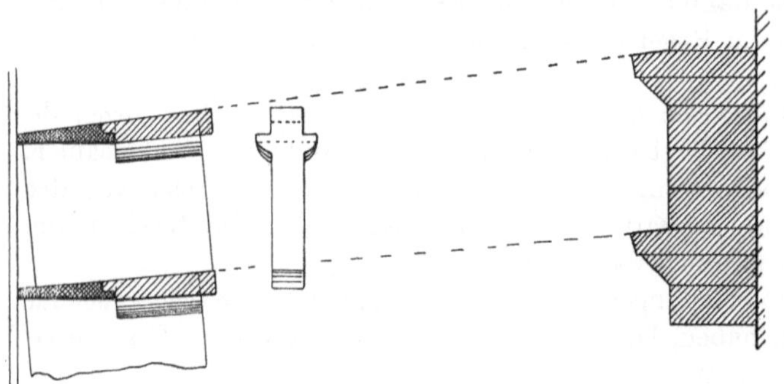

Fig. 156.

Lodin [2] nicht gefunden haben.

Die Vorderwand, der sogen. Vorhang des belgischen Ofens stellt den erhöhten Nischenaufbau des rheinischen Ofens in kleineren Abmessungen dar. Die Nischenwände werden von dünnen Steinplatten von rechteckigem Querschnitt gebildet oder sind nach oben oder auch nach oben und unten hin verdickt, um den Retortentragplatten breitere Auflagerungsflächen darzubieten und selbst sicheren Stand zu finden. Bei schmaleren Öfen, deren Gewölbe sich auf die Seitenwände stützt, wie in Fig. 29 [3], ist dem Vorhang der Halt in der Ofennische allein dadurch gegeben, daß die wagerechten, eisernen Platten von einem Ende zum anderen durchreichen, d. h. aus einem Stück bestehen, welches auf sämtlichen Nischenwänden aufruht. Um letzteren einen unverrückbaren Stand zu geben, kann man die Eisenplatten unten und oben

---

[1] Ein solcher Gewaltakt lohnte sich, weil sämtliche Retorten dabei zu Bruch gingen, aber nur, wenn die Betriebsdauer von 8 Monaten noch erreicht wurde. Andernfalls erwies sich ein völliges Kaltlegen des Ofens ebenso billig wenn nur der Betrieb des neu zugestellten Ofens volle 12 Monate währte.

[2] Métallurgie du Zinc S. 327.

[3] Auch in Amerika gibt es vereinzelt noch solche Öfen. z. B. in Carondelet (St. Louis).

mit kleinen, etwa 2 cm hohen Rippen versehen, zwischen welchen die Nischenpfeiler von rechteckigem Querschnitte gerade Platz finden. In ihrer Lage werden die Platten gehalten durch einen Flacheisenbügel von der Form der Ofennische, welcher die Enden der Platten überdeckt und mit der Ankerung des Ofens verbunden ist.

Die eisernen etwa 17 cm breiten Vorhangplatten sind der Neigung der Retorten entsprechend nach dem Innern des Ofens zu dicker als vorn und tragen dort einen Falz, über welchen die gleichfalls gefalzten tönernen Retortenlagerplatten greifen. Letztere liegen entweder, sich in der Mitte stoßend, oben auf der Nischenwand oder auf seitlich angeformten Leisten, was die Auswechslung schadhafter Platten erleichtert. Fig. 156 zeigt die in Letmathe angewendete Konstruktion. Die Nischenpfeiler haben, soweit sie von den durchlaufenden eisernen Vorhangplatten bedeckt sind, rechteckigen Querschnitt, ohne Verstärkung oben oder unten. Hinten sind sie um die Dicke der auf den seitlich angeformten Leisten (Konsolen) liegenden Retortenlagerplatten erhöht, so daß im hinteren Teile ein Pfeiler auf dem anderen steht, während vorn die eisernen Platten zwischen denselben liegen. In der Figur ist auch das einfach gestaltete hintere Retortenlager zu sehen, der Querschnitt der feuerfesten Bekleidung des Rohgemäuers des vierteiligen Ofen= massivs mit den vorspringenden Lagerbändern.

Wenn die Ofenkappe von der Vorderwand zur gegenüberliegen-

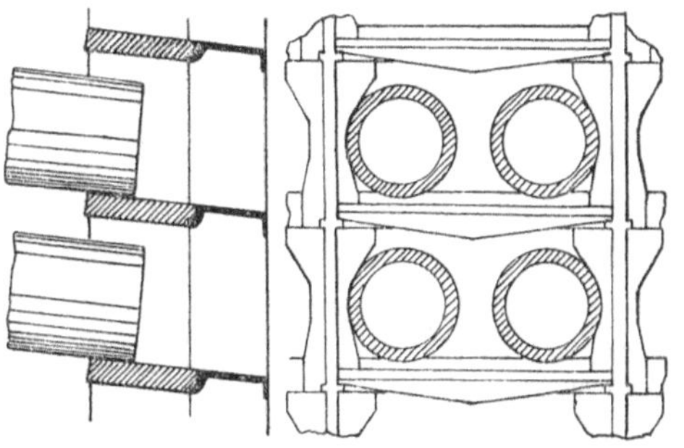

Fig. 157.

den geschlagen ist, oder von der Vorderwand zur Mittelwand bzw. Rückwand, so hat der Vorhang die Last des Gewölbes zu tragen und verlangt deshalb einen anderen Aufbau. Der eigentliche Retortenlagerstuhl ist dann gewissermaßen unabhängig vom eisernen Vorhang aufgeführt. An beiden Enden der Ofennische und dazwischen in einem Abstande, der Raum zur Aufnahme von zwei Retorten läßt, stehen gußeiserne, etwa 3 cm dicke, 17 bis 20 cm breite Pfeiler, welche im Verein mit den Seitenwänden des Ofens einen schweren gußeisernen Winkel als Widerlager für die Ofenkappe tragen. In Höhe der einzelnen Retortenreihen haben die Pfeiler kleine Rippen, auf welchen die eisernen Nischenplatten liegen, die hinten in der Regel mit Falz zwecks dichten Anschlusses der Retortentragplatte versehen sind. Fig. 157 a und b veranschaulichen die Konstruktion der Vorderwand, wie sie im Westen der Vereinigten Staaten gebräuchlich ist.

Die eisernen Nischenplatten haben hier vorn noch eine Verstärkungsrippe, Die Nischenpfeiler des Retortentragstuhles sind in ausgeprägter Weise verstärkt; auf der oberen Ausladung liegt die Lagerplatte, zwischen den benachbarten steht der Pfeiler mit seinem schmaleren, aber doch verstärkten

Fuße. Zwischen beiden Ausladungen ist die Nischenwand nur 6 bis 7 cm dick; in die Ausbuchtung legt sich die runde Retorte ein, so daß auch der Abstand der Röhren im Ofen hinter den Pfeilern nur etwa 8 cm beträgt, gleich dem zwischen zwei Röhren einer Koppel. Meistens sind die Abstände ungleich, weiter hinter den Pfeilern und enger in der Koppel. Über den Röhren in der Nische verbleibt ein Spielraum von 35 bis 40 mm. Die Retorten liegen, wie auch bei den schlesischen und rheinischen Öfen, und wie die Fig. 26 bis 42 zeigen, immer nach vorn geneigt, was den Vorteil hat, daß bei Schlackenbildung und hohem Eisengehalt der Beschickung die flüssigen Zerstörungsmittel der Retorte in den vorderen kälteren Teil derselben abfließen. Von größerer Bedeutung ist die geneigte Lage aber noch für die Bedienung — Entleerung und Beschickung. Deshalb wird die Steigung meistens auch bei sehr hohen Öfen nach oben hin beträchtlich vermehrt, von 20:1 allmählich steigend bis auf 8:1. Noch stärkere Steigung von den untersten Reihen ab findet man in New Jersey und Pennsylvanien wegen der starken Schlackenbildung der dort verhütteten Erze (Fig. 36).

Mit der Heranziehung des Naturgases zur Heizung der Öfen ist noch eine weitere Änderung der Vorderwand eingeführt, welche in Fig. 39 und 40 dargestellt ist. Einer um den anderen der eisernen Vorderwandpfeiler wird zur Zuführung von Sekundärluft benutzt und ist deshalb hohl, d. h. als Kasten ausgebildet. Diese Pfeiler stehen dann aber vor dem eigentlichen Ofenmassiv und dienen zugleich als Verankerungssäulen, bei Fig. 40 auch die dazwischen stehenden schmalen Pfeiler. Zur Aufnahme des Gewölbewiderlagers sind sie nach dem Ofenmassiv zu oben mit gußeisernen Konsolen ausgerüstet, auf welchen der Winkelbalken liegt.

Die als Luftkammern dienenden Pfeiler sind natürlich viel breiter als die anderen, was zu einem weiteren Abstand der Röhren im Ofen hinter denselben nötigt. Aber die auf diese Weise geschaffene Gruppierung der Retorten ist auch geboten, damit der freie Raum zur Flammenentfaltung aus dem erst im Ofen entzündeten Naturgase gewonnen wird.

Dor hatte seinem älteren Ofen ähnliche Vorderwände gegeben. Zwischen je zwei von Ankersäulen gehaltenen gußeisernen Pfeilern lag ein Nischenraum für 3 Retorten in dem eisernen Vorbau. Der Retortenstuhl aber hatte eine Einteilung, welche einen Nischenraum für jedes Rohr bildete. Die zwischen je zwei Retortenmündungen liegenden oben und unten ausgeladenen Nischenwände griffen nur wenig über die eisernen Vorhangplatten über, und die hinten ausgerundeten Lagerplatten für die Retorten faßten mit einem Falz unter die letzteren (s. Ofen zu Bleyberg, Fig. 30). Die Ofenkappe stützte sich auf die gußeisernen Pfeiler und die Mittelwand des vierteiligen Ofenmassivs. Bei dieser Einteilung des Lagerstuhles war der Abstand der Retorten voneinander überall gleich. Mit dem runden Ausschnitt der Lagerplatte wollte man verhüten, daß der Retorte durch ein zu breites Lager zuviel Wärme entzogen wurde.

Dähne hat einen ganz eigenartigen Vorschlag mit seiner „Honigscheiben-Brust" gemacht, welche in der Praxis jedoch keinen Eingang gefunden hat.

Er wollte damit eine Wechselstellung der Retorten erreichen und eine bessere Nutzung des Ofenraumes durch Vermehrung der Zahl der Gefäße. Bei seiner Kohlenstaubfeuerung (s. S. 148) wäre diese Gefäßverteilung vielleicht am Platze gewesen, um ein zu schnelles Durchfallen der Kohle zu hindern; bei gewöhnlicher Beheizung würde kein Raum zur freien Flammenentfaltung im Ofen geblieben sein, und die anprallenden Flammen würden die Retorten angegriffen haben (s. *Lodin*, S. 334; *Stölzel*, Metallurgie I, S. 796; Berg- und Hüttenm. Ztg. 1868, S. 7).

Für die Standfestigkeit des Lagerstuhles ist die Einteilung in Nischen, welche je 2 Retorten aufnehmen, ausreichend. Die engen Nischen für je ein Gefäß verursachen Schwierigkeiten beim Auswechseln der Retorten; in erhöhtem Maße würden sich dieselben bei der Anwendung von *Dähnes* Vorschlag herausgestellt haben.

Für die **Auflagerung der Vorlagen** findet man beim belgischen System nur selten mit dem Ofen verbundene Einrichtungen. Man bedient sich in der Regel kleiner Steine von solchen Abmessungen, daß die Vorlage durch diese Stütze, welche auf den eisernen Vorhangsäulen Platz findet, in der richtigen Lage gehalten wird (Fig. 137). Die Düte wird meist frei ohne weitere Unterstützung von der Vorlage getragen. In Amerika (Jola) hat man an den eisernen Vorhangpfeilern vor jeder Nische drehbare Bügel mit zwei Verkröpfungen für die Vorlagen angebracht, welche während des Manövers abgeschwenkt werden.

Die hohen belgischen Öfen mit ihrer großen Ausstrahlungsfläche erfordern einen Schutz der Arbeiter während der verschiedenen Verrichtungen vor denselben, beim Zinkziehen, Beschicken der Retorten und besonders bei der Entleerung derselben von den Rückständen, welche in glühendem Zustande frei von den Vorhangplatten herabfallen, weil die Nischen nicht tief genug sind, um dort Durchlässe, wie bei den rheinischen Öfen, anordnen zu können. Bei der großen Zahl der übereinander liegenden Retortenreihen würde diese Einrichtung auch kaum ausführbar sein, weil bei der Enge der Nischen und bei der üblichen und als zweckmäßig erkannten Arbeitsmethode während des Manövers die Arbeit nur erschwert, und dennoch die Belästigung der Arbeiter durch die Wärmestrahlung nicht beseitigt werden würde. Der Schutz kann allein durch Schirme, welche die besonders belästigenden Teile der Ofenbrust bedecken, gegeben werden. Diese sind denn auch von jeher bei den belgischen Öfen angewendet worden, allerdings in einer sehr einfachen und nur unvollkommenen Schutz gewährenden Gestaltung. Bei den älteren schmalen Öfen benutzte man mehrteilige Flügeltüren, welche in Scharnieren an den Ankersäulen auf beiden Seiten der Ofennische befestigt waren und vor den Ofen geschwenkt wurden, wodurch man einmal das untere, das andere Mal das mittlere und weiter das obere Drittel oder auch zwei Drittel der Retortenreihen verdecken konnte. Sie standen dann in einem solchen Abstande von der Vorderwand, daß die gezogenen Rückstände hinter dem Schirme herab in den Aschentrichter fielen. Diese Einrichtung war in Letmathe im Gebrauch. Anderwärts findet man auf- und abwärts bewegbare Vorhang-

bleche, welche an über Rollen laufenden Ketten hängen und durch Gegen-
gewichte in beliebiger Höhe gehalten werden.

Erst in der jüngsten Zeit hat man vollkommenere Einrichtungen eingeführt. In Amerika haben die langgestreckten Retortenräume zur Anwendung seitlich verschiebbarer Schutzvorhänge Veranlassung gegeben.
In Fig. 40 ist die Aufhängung eines solchen „Schildes" vor dem Ofen dargestellt,
welcher auf den Hütten in Kansas im Gebrauch ist. Er besteht aus zwei Teilen,
welche zwischen sich einen Raum von der anderthalbfachen Breite einer
Nische lassen, jedoch ist derselbe von Schirm zu Schirm von starken Rundeisen
überspannt, welche zur Auflage des Gezähes bei der Ofenbearbeitung dienen.
Der Arbeiter ist zwar vor der Hitze, welche rechts und links von seinem Stand-
orte vom Ofen ausgestrahlt wird, geschützt, nicht aber vor der vor ihm entwickelten Wärme. Durch kleine Eisenbleche, welche man an die Querstangen vor

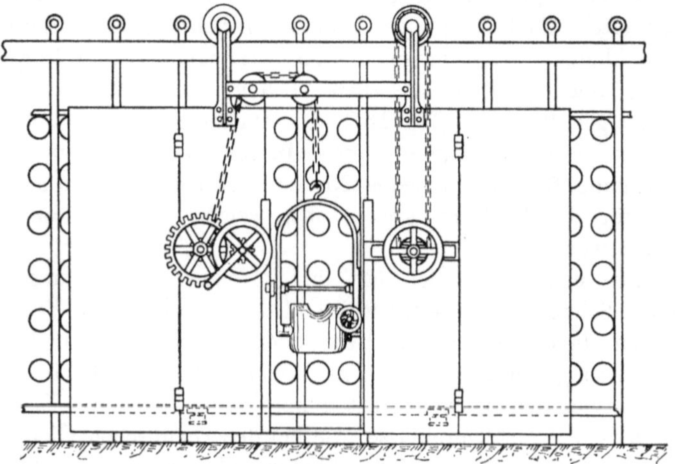

Fig. 158. Schutzschild von *Chapman*.

dem Zwischenraum aufhängen könnte, würde der Schutz sich aber auch erreichen
lassen. Bei den Gasöfen paßt sich dieser Apparat der Arbeitsweise an, weil
das Manöver von einem Ende des Ofens zum anderen fortschreitend ausgeübt
wird, indem alle übereinander liegenden Retorten koppelweise entleert und
wieder beschickt werden. Auf diesen Schutzschirm erhielten *W.* und *J. Lanyon*
1899 in den Vereinigten Staaten das Patent Nr. 621 577 (21. März 1899).

Wie die in Fig. 158 dargestellte Ansicht eines ähnlichen Apparates, welcher von der Maschinenfabrik von Ch. S. Chapman in Pitsburg (Kansas)[1]
gebaut wird, zeigt, hängt derselbe mittels 2 Laufrollen an einer oben vor dem
Ofen herlaufenden, an den Ankersäulen befestigten Laufschiene. Durch die
Art der Aufhängung legt er sich unten mit zwei horizontal umlaufenden Rollen
gegen eine zweite Längsschiene an, so daß eine leichte Bewegung ermöglicht
ist, was durch eine mittels Handrad gezogene Kette, welche das eine der Lauf-

---

[1] U. S. P. 654 516 (24. Juli 1900), *Ingalls*, Metallurgy of Zinc, S. 494.

räder antreibt, (in der Figur rechts) noch erleichtert ist. Die beiden Schirm-
seiten bestehen jede wieder aus zwei Tafeln, welche durch Scharniere miteinander verbunden sind, so daß sich die äußeren Flügel aufklappen lassen,
was gestattet, sich über die Vorgänge hinter dem Schilde zu unterrichten.
Mit diesem Schutzapparat ist noch gleichzeitig eine Vorrichtung zum Sammeln
des flüssigen Zinks verbunden. Vor dem von den beiden Schildplatten frei
gelassenen Zwischenraume ist an einem die Aufhängebügel verbindenden
Querbalken ein Kübel aufgehängt, welcher mit Hilfe einer Handwinde (links
in der Figur), in U-Eisenleisten geführt, auf- und abwärts bewegt und damit
unter die Vorlagen der einzelnen Retortenreihen gehängt werden kann. Der
Kübel hat auch auf der hinteren Seite einen Schnabel, welcher bei seiner An-
näherung an den Ofen (durch einen Druckhebel bewerkstelligt) unter die
Vorlagenmündung geführt wird, um das ausgezogene flüssige Metall (bis zu
180 k) aufzunehmen. Nach Füllung des Kübels wird durch Neigen des vorderen Ausgusses (bewirkt durch Schneckenrad am Drehpunkt des Kübels
und eine mit Handrad verbundene Schnecke) das Zink in die Gießkellen zwecks
Erzeugung von Platten abgegossen.

In La Salle bedient man sich beim Entleeren der Retorten eines
mit Schutzschirm versehenen Wagens, auf welchem die Arbeiter stehen.
Der Schirm hat in der Mitte einen Spalt, durch welchen die Handgriffe
des Gezähes hindurchreichen, welches auf ausgekehlten, in dem Spalte
in verschiedenen Höhen angeordneten Rollen ruht. Zum Sammeln des Zinks
dient ein an einem fahrbaren Kran hängender großer Kübel. Ein parallel
mit dem Ofenvorhang laufendes Schienengeleise führt den Kran, wie den
vorher erwähnten Arbeitswagen vor dem Ofen hin und her. In Oberschlesien
hatte *Herter* auf mehreren Hütten eine Sammelpfanne (um 1900 herum)
eingeführt, welche aber heute keine Anwendung mehr findet[1]. (Seite 474).

Einen möglichst vollkommenen Arbeiterschutz hat *Dor-Delattre* in
jüngster Zeit mit seinem mit Ventilation des Hüttenraumes verbundenen
„Vorhang"[2] für die belgischen Öfen geschaffen (Fig. 159 a bis c).

Der Schutzschirm setzt sich zusammen aus einer der Zahl der Retortenreihen gleichen Anzahl von Feldern oder Gliedern a, welche ohne feste
Verbindung übereinander liegen, seitlich in der Lage gehalten durch Führungskulissen b, in welchen sie sich einzeln frei auf und ab bewegen
können. Ein solches Glied besteht aus einem langen Blechkasten von rechteckigem Querschnitt, dessen doppelte, dem Ofen zugekehrte Wandung n
mit Asbest gefüllt ist, während seine Außenseite von einem durchlochten Blech
m gebildet wird (s. Fig. 159 a und c).

Die auf diese Weise hergestellte Asbestschicht n und die Luftschicht p
sollen die vom Ofen ausgestrahlte Wärme unter Mitwirkung des durch die
Ventilationseinrichtung eingesaugten Luftstromes so abhalten, daß eine Erhöhung der äußeren Lufttemperatur kaum fühlbar ist. An den Enden tragen

---

[1] Jahresberichte der preuß. Reg.- u. Gewerberäte 1901, S. 107, und 1902, S. 155;
Krantz, S. 52. *Schnabel*, Metallhüttenkunde 1904, Nachtrag S. 891.

[2] D R. P 212 211 (vom 8. September 1907 ab).

die Glieder starke Blechplatten *q*, welche in die Führungskulissen hineingreifen. Das unterste Glied allein (in der Figur mit *c* bezeichnet) ist fest durch Vernietung oder Verschraubung mit den Kulissen verbunden, welche ihrerseits an Zugketten *d* hängen. Bei langen Öfen sind mehrere solcher Vorhangsysteme, von denen eines etwa 6 Nischen, 12 Retorten nach der Seite hin überdeckt, nebeneinander anzubringen. Alle Zugketten derselben aber laufen, über Rollen *e* geführt, an einer Stelle zusammen; und zwar sind sie an einem Wagen *f* befestigt, welcher oberhalb des Ofens auf einer Schienenbahn steht.

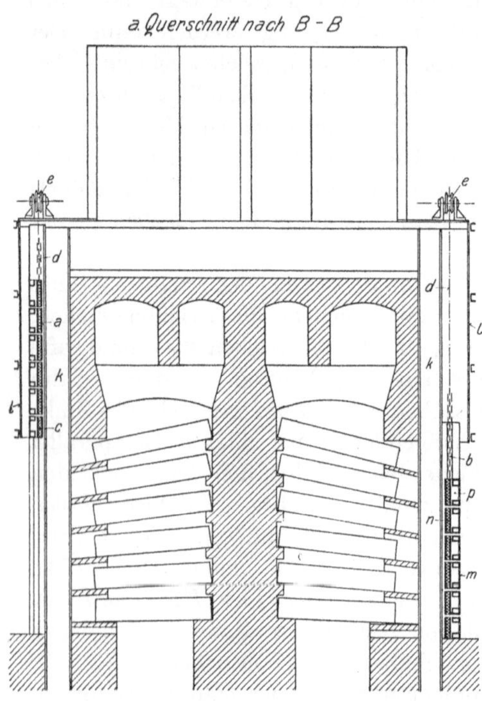

Fig. 158. Schutzvorhang von *Dor-Delattre*.

Andrerseits hängt dieser Wagen an einem hydraulisch bewegten Kolben *g*, ebenfalls mittelst über Rollen oder Scheiben laufender Ketten *h*. Die Befestigung der letzteren an dem Wagen geschieht durch Schraubenspindeln *o*, so daß eine Spannung der Ketten möglich ist und damit auch eine solche Einstellung ihrer Länge, daß alle an dem Wagen hängenden Schirmsysteme sich genau in gleicher Höhe befinden.

Oberhalb des beweglichen Vorhangs befindet sich am Ofen auf jeder Seite ein fester, aus Blechplatten gebildeter Schirm *l*, hinter welchen der erstere vollständig gezogen werden kann. Die linke Seite des Querschnitts (Fig. 159 a) zeigt diese Stellung, in der sich der Vorhang gewöhnlich während der Destillationsperiode befindet, in der Zeit, wo die Arbeiter vor dem Ofen nicht beschäftigt sind. Auf der rechten Seite der Figur dagegen steht derselbe in seiner tiefsten Lage, in welcher das fest mit den Kulissen verbundene unterste Glied *c* auf dem Hüttenflure aufruht, der Vorhang oben aber die oberste Retortenreihe zur Bearbeitung, sei es zum Zinkziehen, sei es zum Entleeren und Beschicken, freigibt.

Um irgendeine der mittleren Retortenreihen freizulegen, verfährt man nun folgendermaßen: Man hebt durch Betätigung des hydraulischen Kolbens den Vorhang um die Breite eines Gliedes (zur Freilegung der unteren Retortenreihe ist die Hebung um die Höhe [Breite] von zwei Feldern nötig), dann stellt man das mit der oberen Kante der Nische der freizulegenden Retortenreihe unten abschneidende Feld mittels stählerner Stechbolzen, welche man durch die Löcher *s* (Fig. 159 b und c), in den Endplatten der einzelnen Glieder

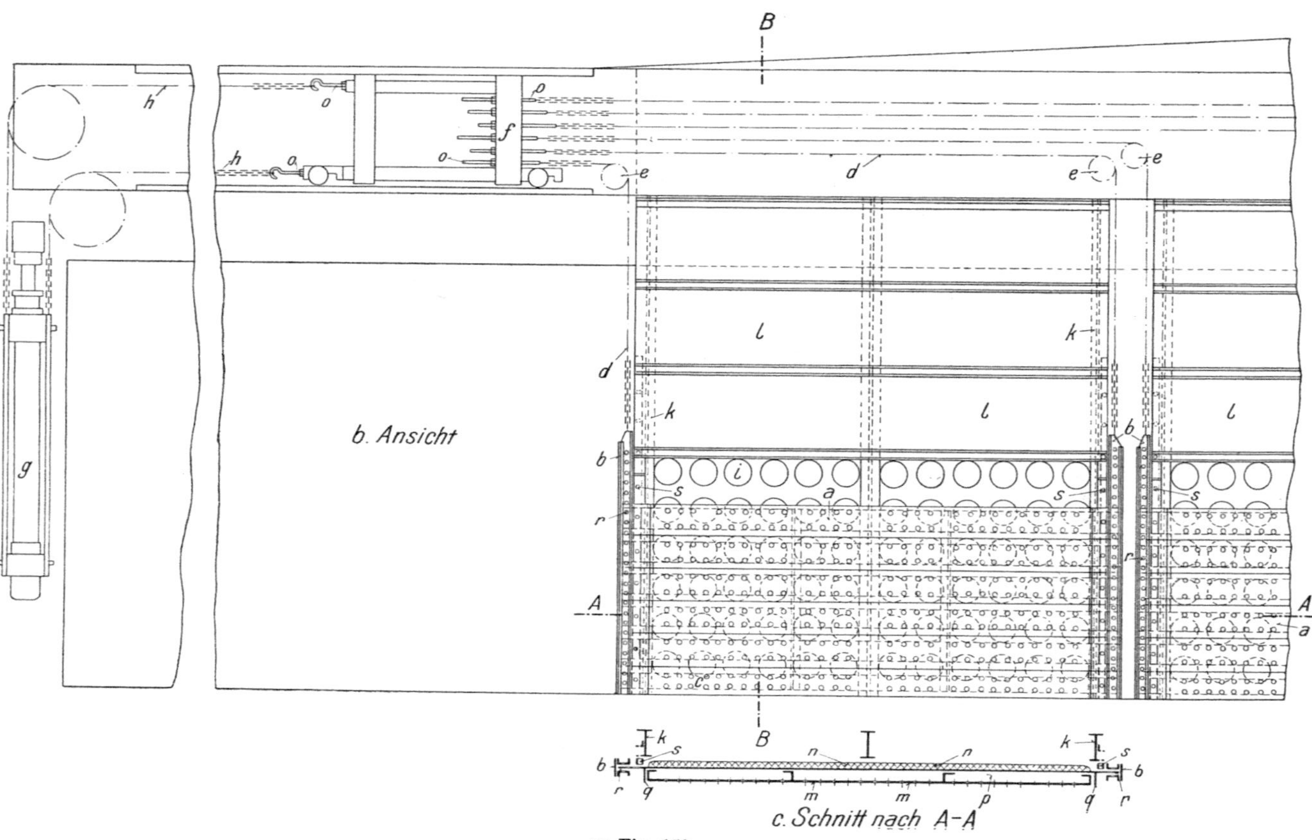

zu Fig. 159.

hindurch in entsprechende Löcher in dem Flansche der aus I-Eisen bestehenden Ankersäulen k des Ofens steckt, in seiner Lage fest und läßt nun den darunter liegenden Teil des Vorhanges wieder auf den Hüttenflur aufsitzen. Die über dem festgesteckten Feld liegenden Felder werden nun durch dasselbe getragen und die darunter liegende Retortenreihe wird freigegeben, als einzige von allen. In derselben Weise kann man auch, wenn es nötig werden sollte, zwei übereinander liegende Retortenreihen freilegen.

Will man einen Spalt schaffen, welcher in dem im ganzen bewegten Vorhang bleibt, so daß man hintereinander eine Anzahl von Röhrenreihen allein durch Heben und Senken des Vorhangs zur Kontrolle freilegen kann, so verbindet man beispielsweise das eben in den Ankersäulen festgestellte Glied mit Hilfe der Löcher r ebenfalls durch Stahlbolzen mit den Kulissen b und löst durch Herausziehen der Bolzen, welche man vorher durch die Löcher s gesteckt hatte, nun die Verbindung mit den Ankersäulen. Jetzt läßt sich der ganze Vorhang mit dem Spalt nach Belieben heben und senken. Dieses Spiel läßt sich, wie leicht zu verstehen ist, mit jedem beliebigen, für gewöhnlich lose in den Kulissen gleitenden Gliede a vornehmen.

Der Raum hinter dem oberhalb der Ofenbrust liegenden festen Schirm l sowohl, wie auch die Aschentasche, deren Öffnung bei herabgelassenem Vorhang hinter denselben zu liegen kommt, also gegen den Hüttenraum hin abgeschlossen wird, stehen mit einem kräftigen Exhaustor in Verbindung, so daß die von dem Ofen entwickelten Gase und Dämpfe zum Teil nach oben, zum Teil nach unten abgesaugt werden, letzteres besonders während des Entleerens der Retorten. Ein kräftiger Luftstrom zieht vom Hüttenraum her durch den im Vorhang zur Bearbeitung der einen oder anderen Retortenreihe geschaffenen Spalt hinter den Vorhang. Bei hochgezogenem Vorhang ziehen die Retortengase durch den festen, etwa 50 cm vor die Ofenfront vorspringenden oberen Schirm hindurch ab.

Aus der unsere Darstellung begleitenden Zeichnung ist zu schließen, daß mit dieser Schutzvorrichtung die *Dor-Delattre*schen Regenerativöfen (Fig. 33), von denen nach einer privaten Mitteilung in Dorplain-Budel (Holland) 20 Stück in Betrieb stehen, ausgerüstet sind.

Einen Anhalt für die Veranschlagung der Baukosten eines Ofens nach vorhandenen Mustern zu geben, ist kaum möglich, da dieselben sehr voneinander abweichen, je nach den örtlichen Verhältnissen und den Ansichten der Erbauer über die zur Sicherung eines langjährigen Dienstes der Öfen notwendige Bauweise. Man wird nicht weit von der Wirklichkeit abbleiben, wenn man einen modernen rheinischen Ofen mit Regenerativfeuerung für Verhüttung von täglich rund 10 t Erz oder 2 kleinere Öfen für die halbe Leistung, einschließlich der Gebäude in Eisenkonstruktion, in Abmessungen, wie die Vorschriften der deutschen Reichsgewerbeordnung sie fordern, einschließlich auch einer zeitgemäßen Steinkohlenvergasungsanlage mit 140 bis 150 000 Mk. einsetzt.

IV. Der Betrieb der Reduktionsöfen.

Einreihige schlesische Öfen sind noch in Betrieb auf den Hütten der Bergwerksgesellschaft Georg von Giesches Erben, und zwar auf den alten Hütten „*Paul*" und „*Wilhelmine*" (28 bzw. 30 Öfen mit zusammen 1304 und 2028 Muffeln) ausschließlich, während auf der neueren, Ende des vorigen Jahrhunderts erbauten *Bernhardihütte* mehrreihige Öfen rheinischen Systems neben 8 einreihigen Öfen mit zusammen 640 Muffeln stehen (1910). Auch die alten Hütten der Schlesischen Aktiengesellschaft, *Silesia 2* und *3* und *Thurzohütte*, arbeiten noch ausschließlich mit einreihigen Öfen (zusammen mit 120 Öfen und 3912 Muffeln); nur die erst vor kurzem erbaute Hütte *Silesia 7* hat mehrreihige Öfen. Außerdem betreiben noch die Hohenlohewerke auf der *Hohenlohehütte* neben mehrreihigen Öfen 72 einreihige mit 2560 Muffeln und die Oberschlesische Zinkhütten-Aktiengesellschaft ihre kleine *Franzhütte* mit 7 Öfen (280 Muffeln) und die kleine *Klarahütte* mit 6 Öfen (288 Muffeln). Die alte *Lydogniahütte* ist 1899 stillgelegt, 1908 auch die der Oberschlesischen Eisenindustrie gehörende *Florahütte* (s. Anhang).

Die Öfen werden meist, wenn nicht Siemens' Regenerativfeuerung angewendet ist, durch Schachtgeneratoren mit Unter- und Oberwind beheizt, welche nur einmal in 24 Stunden entschlackt werden. Die Vorlagen sind vorherrschend Dagnersche, daneben sind auch noch konische Röhren mit *Kleemann*schem Rost im Gebrauch.

Die beiden Seiten der Öfen werden unabhängig voneinander, aber gleichzeitig bearbeitet. Die Belegschaft besteht in der Regel für jede Ofenseite aus einem Schmelzmeister (ersten Mann) und zwei Gehilfen (zweite Männer) — bei großen Öfen über 32 Muffeln pro Seite hinaus ein Mann mehr —, welche in früher Morgenstunde antreten und in höchstens 8 Stunden mit dem ersten Mann zusammen ihre Arbeit, das Manöver, vollenden. Zur Bedienung der Feuerung sind für jeden Ofen 2 Stocher (Schürer) nötig, welche in 12stündiger Schicht wechseln. Denselben ist in der Regel die Überwachung der Destillation mit übertragen, sie teilen sich darin mit dem Schmelzmeister.

Die Arbeit verläuft in folgender Weise: Die antretende Mannschaft nimmt zunächst die Düten (Allongen), wenn solche gebraucht werden, von den Vorlagen und entleert den Inhalt in ein bereitstehendes Blechgefäß; dann zapfen die Leute das Zink durch Öffnen des Stichlochs im Vorlagenversatz und gießen es in die Formen. Nach Entfernen des Vorlagensatzes werden Gekrätz und Staub aus der Vorlage zusammen mit dem noch an den Wänden haftenden Zink mit einem Krätzer in die Gußkelle gezogen, nach Füllung derselben das Gekrätz am Gußtische abgelegt und so weiter verfahren, bis alle Vorlagen geleert sind; schließlich wird das in der Gießkelle sich noch vorfindende Zink noch in eine Form gegossen. Nachdem so die Produkte der Destillation gesammelt sind, werden die Muffelversätze unterhalb der Vorlage weggestoßen und die Rückstände in die Räumaschentaschen gezogen, wenig schadhaft erscheinende Muffeln werden mit weicher Tonmasse geflickt und unbrauchbare durch neue ersetzt. Von den auszuwechselnden muß natürlich die Vorlage vorher abgenommen und der Nischenversatz gelöst und fort-geräumt werden. Letzteres ist auch erforderlich, wenigstens zum Teil, wenn man kleine Löcher oder Risse in der Decke oder den oberen Seitenwandungen von außen dichten will. Löcher im Boden bedeckt man mit Laken von innen.

Die schadhaften Muffeln sind schon meist von den Schmelzern bei Antritt der Arbeit herausgefunden worden, in zweifelhaften Fällen erzeugt man im Ofenraum Druck, wenn solcher nicht schon, was die Regel sein soll, darin herrscht, worauf bei Undichtigkeit der Muffel aus der Vorlage eine lange, rötlich gefärbte Flamme heraustritt, während bei einer im Ofen herrschenden Depression Luft eingesaugt, und das Zink in der Vorlage verbrannt wird. Bei dichten Muffeln zeigt sich selbst bei vollständig vollendetem Reduktions-prozesse noch eine kleine, ab und zu etwas grünlich aufleuchtende Flamme an der Vorlagenmündung.

Das Entleeren der Muffeln von den Rückständen ist der Teil der Arbeit, welcher die Bedienungsmannschaft am meisten belästigt, jedoch bei den einreihigen Öfen jetziger Zeit weit weniger als an den höheren mehrreihigen, rheinischen und belgischen Öfen. Zum Schutz der Arbeiter sind in Ober-schlesien an Gegengewichten hängende Blechschirme von der Breite der Ofennische im Gebrauch, welche so weit herabgezogen werden, daß das Räum-gezähe darunter her noch in die Muffel geführt werden kann und dem Arbeiter ein Einblick in dieselbe möglich bleibt. Die beim Räumen auftretenden heißen Gase und Dämpfe werden dadurch möglichst vom Hüttenraum fern-gehalten; sie ziehen in die über dem Ofen angebrachten Kanäle ab, die wir im nächsten Abschnitt noch besprechen werden. Wenn sich in der Muffel zähe Schlacken gebildet und auf dem Boden angesetzt haben, ist die Arbeit besonders schwierig, die Ansätze müssen dann mit geschärften meißelartigen Eisen abgeschält werden, was eine ziemliche Kraftaufwendung erfordert. Sind die Muffeln gesäubert und ebenso die Nischen von den letzten Resten der Rückstände, so werden die nach den Aschentaschen führenden Löcher verschlossen, die neuen Muffeln gesetzt, mit den Vorlagen besetzt und darunter, wie auch die alten, mit „Placken" verschlossen.

Der Ofen ist jetzt bereit, die neue Beschickung aufzunehmen. Dieselbe liegt meist vom Tage vorher schon vor dem Ofen. Die Mischung mit den Zin-dern, die in Oberschlesien fast ausschließlich bei den großen Muffeln als Reduktionsmittel angewendet werden, und zwar in ziemlich grobem Korn, wird von den Schmelzern selbst vorgenommen. Eine mechanische Mischung ist bei dem groben Material (auch der Galmei kommt ja im grobkörnigen Zustande zur Verhüttung) nicht am Platze, da eine innigere Mischung bei dem zur Entmischung neigenden groben Korn doch nicht erreicht werden könnte. Die Schmelzer haben es auf diese Weise auch in der Hand, auf den Boden der Muffel eine koksreichere Ladung zur Aufsaugung der Schlacken zu bringen. Die Beschickung der Muffeln erfolgt durch die Vorlagen hindurch mittels einer langen kandelartigen Schaufel. In ihrem hinteren Teile, der der höchsten Ofentemperatur ausgesetzt ist, wird die Muffel möglichst voll geladen, dagegen fällt nach vorn die Beschickung nach dem unteren Rande

der Vorlage hin ab. Nach erfolgter Füllung der Muffeln werden die Vorlagen
von Erzteilen, welche bei der Arbeit dort von der Schaufel abgefallen sind,
gereinigt, indem man die letzteren mit einem Krätzer noch in die Muffel
schiebt und dann die Mündungen derselben mit dem Versatzstück (bei einfachen Vorlagen: eiserne Platte mit „Tippe") verschlossen.

Bei der vorbeschriebenen Bearbeitung der schlesischen Reduktionsöfen
sind zwei verschiedene Methoden üblich. Entweder entleert man hintereinander sämtliche Muffeln, flickt oder ersetzt die schadhaften und geht dann
erst zur Neubeschickung über, oder man stellt Nische für Nische von einem
Ofenende zum anderen vorschreitend nacheinander sogleich nach der Beseitigung der Rückstände fertig. Mit der letzteren Methode will man eine zu
weitgehende Abkühlung des ganzen Ofens verhüten.

Noch ist übrig, kurz das „Setzen" neuer Muffeln zu schildern, welches
stets im Anfang des Manövers vorgenommen wird. Wenn eine Muffel während
der Destillationszeit undicht wird, so kann man den Verlust an Zink dadurch
möglichst einschränken, daß man die noch unausgebrannte Beschickung aus
der Muffel zieht und für die nächste Ladung des Ofens zurücklegt. Das lohnt
sich jedoch nur bei frühem Eintritt eines Muffelschadens, was im allgemeinen
selten ist. Die Undichtigkeiten treten meist erst am Ende der Destillationszeit
ein, wenn die Muffel „heiß geht". Zwecks Ersetzens einer unbrauchbar gewordenen Muffel stößt man die Abdichtung zwischen den Rändern derselben
und den Wandungen der Nische bzw. der benachbarten Muffel fort, löst den
meist trotz Sandunterlage auf dem Lager angebackenen Boden mit starken
Eisenstangen ab und zieht dann die Muffel mit einer großen Zange und schwerer
mit Haken versehener Stange, mit welcher man hinter das geschlossene
Ende greift, aus dem Ofen durch die Nische hindurch auf den Hüttenflur
und schafft sie, um der von ihr ausgestrahlten Hitze nicht länger als nötig
ausgesetzt zu sein, sofort beiseite. Die neue Muffel wird aus dem Temperofen
in Oberschlesien ihrer Größe wegen auf einen Wagen, dessen Plattform die
Höhe der Nischen- bzw. Herdsohle des Ofens hat, herbeigeholt, mit dem
geschlossenen Ende vor die Nische gefahren und mittels langer schwerer
Eisenstangen in den Ofen hineingeschoben und an ihre Stelle gesetzt. Es
bleibt nun noch übrig, die Ofenbrust wieder zu schließen und die Vorlage anzusetzen. Der neuen Muffel gibt man, um zu große Zinkverluste infolge der
Aufsaugefähigkeit der Muffelwandungen und ihrer Porosität zu vermeiden,
in den ersten Tagen eine schwächere Ladung, indem man die Beschickung durch
vermehrten Zinderzusatz oder Beigabe minderhaltiger Abfälle „verlängert".
Erst am 4. oder 5. Tage ist auf vollen Ertrag zu rechnen.

Das Manöver an den zwei- und an den dreireihigen rheinischen
Öfen vollzieht sich in ganz ähnlicher Weise, nur fordert die größere Zahl der
zu bedienenden Gefäße von den Arbeitern eine größere Beweglichkeit bzw.
Gewandtheit. Bei den kleineren Regenerativöfen mit 54 bis 60 Muffeln auf
einer Seite versieht die Arbeit an jeder Ofenseite eine aus drei Arbeitern bestehende Mannschaft (Brigadier und zwei Manövern; einem ersten und zwei
zweiten Männern). Denselben steht zu kleinen Handreichungen gewöhnlich

noch ein jugendlicher Arbeiter, der „Spitzjunge“, zur Verfügung, welcher zum Spitzen der Vorlagen beider Ofenseiten oder auch mehrerer Öfen tagsüber in der Hütte bleibt, während die sechs das Manöver ausführenden Leute nach Vollendung desselben die Hütte, wie bei den schlesischen Öfen, verlassen. Bei den längeren Regenerativ- wie Rekuperativöfen mit doppelter Muffelzahl teilt man der gleichen, drei Mann starken Belegschaft einen der vier Köpfe zur Bearbeitung zu. Die Feuerungen (Gaserzeuger) jedes der großen Rekuperativöfen, welche an beiden Ofenenden liegen, werden in der Schicht von einem Mann bedient, welcher tagsüber durch die gleichzeitig mit dem Manöver vorzunehmende Entschlackung und darauf folgende vermehrte Arbeit voll beschäftigt ist und deshalb den Spitzjungen zur Überwachung des Destillationsprozesses zur Seite hat. Der die Nachtschicht verfahrende Stocher übt die Kontrolle des Ofenganges und die noch notwendige Bedienung der Vorlagen allein aus.

Wenn die Gaserzeuger abseits liegen, wie insbesondere bei den Regenerativöfen, werden sie sozusagen unabhängig (soweit nicht der wechselnde Gasverbrauch der Öfen Rücksichtnahme auf die Öfen verlangt) betrieben. Die Überwachung des Destillationsvorganges mehrerer Öfen ist dann in der Regel einem Ofenmeister in jeder Schicht übertragen, der auch das Wechseln der Flammenführung bei den Regenrativöfen zu besorgen hat.

In neuerer Zeit geht man mehr und mehr zu der auf einzelnen Hütten schon früher gebräuchlichen Verwendung abnehmbarer Vorlagen über, um das Laden durch die Vorlagen hindurch zu umgehen und damit das Beschicken der Muffeln zu erleichtern, oder aber gar, um sich ganz von dieser schwierigen Handarbeit loszulösen und die Entleerung und Beschickung der Gefäße mit Maschinen bewerkstelligen zu können.

Leo Lynen schlug in der das Patent 77556 (siehe S. 203) begleitenden Beschreibung vor, die Beschickung der Retorten dadurch zu erleichtern, daß man das gemöllerte Erz in Hülsen packt, deren Querschnitt demjenigen der Retorte entspricht. Ale Material für die Hülsen schlägt er Pappe od. dgl. vor, welche bei der Verkohlung eine Schutzschicht für die Retortenwandungen bildet, so daß die Schlacken sie nicht mehr angreifen sollen. Wir sahen bereits aus *Hollunder*s Reisebericht, daß schon 1810 dieses Mittel (Verpackung der Beschickung in zylindrische Säckchen, siehe S. 115) in Lüttich zwecks Erleichterung der Ladung angewendet wurde.

Binon und *Grandfils* brikettierten die Ladung mittels Teerpech unter Erwärmen des Gemisches bis zum Erweichen des Pechs. Die Form der Briketts wurde dem Querschnitte der Retorte angepaßt. Neben der Erleichterung der Beschickungsarbeit wollten sie eine Erhöhung der Ofenleistung erreichen. *Bleiberg* hat 1882 diesen Vorschlag praktisch durchgeführt, jedoch gab man das Verfahren wieder auf (siehe S. 442).

Georg von Giesches Erben sind auf der Bernhardihütte in Rosdzin bei Schoppinitz mit dem alten Brauche brechend bei ihren neuen dreireihigen Öfen in beachtenswerter Weise vorangegangen.

Die von *Saeger*[1] konstruierten, von der Maschinenfabrik *Th. Holtz* in

---

[1] D. R. P. 192305 vom 6. April 1906 ab. Metallurgie **7**, 39 (1910).

Kattowitz gebauten Maschinen sind in den Fig. 160 und 161 abgebildet. Ihre Funktion ist danach ohne weiteres verständlich.

Beide Maschinen, die einander folgen, sind auf parallel zur Ofenbrust liegenden Schienengeleisen verschiebbar und werden durch Elektromotoren F angetrieben. Die Räummaschine hat eine der Zahl der Muffelreihen entsprechende Anzahl frei ausladender, Schnecken tragender Gestänge S, welche nach beiden Richtungen hin drehbar sind (sechs bei dreireihigen Öfen, um die in einer Nische liegenden Retorten auf einmal reinigen zu können). Die Figur zeigt die Maschine in ihrer Stellung, in welcher sie von einer Nische zur anderen verschoben wird. Der auf derselben stehende Maschinist führt, indem er die Maschine in Tätigkeit setzt, alle Schnecken zugleich in die Muffeln hinein und zieht sie mit geeigneter Geschwindigkeit in unveränderter Umdrehung wieder heraus, womit die Räumung vollzogen ist.

Die Bauart und Einrichtung der Schnecken trägt der in den Muffeln herrschenden Hitze Rechnung, ihre vorderen Enden sind auswechselbar;

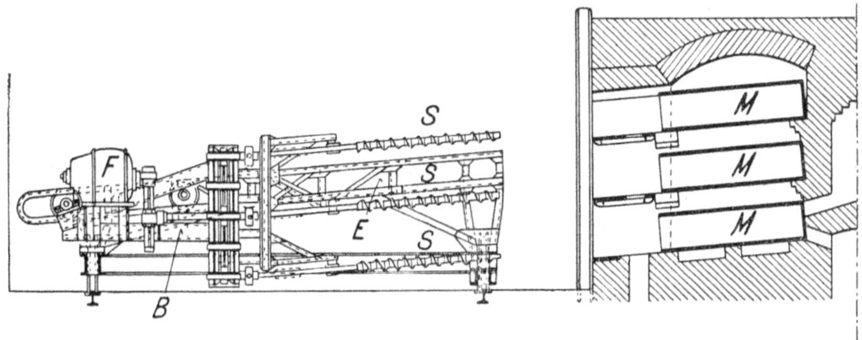

Fig. 160. *Sägers* Räummaschine.

außerdem können sie durch eine selbsttätig einsetzende Wasserspritzvorrichtung nach dem Wiederaustritt aus der Muffel gekühlt werden. Den so zu bedienenden Muffeln gibt man zweckmäßig dieselbe Neigung, was die Bauart der Maschine vereinfacht. Man entleert mit einem solchen Apparat 120 Muffeln eines 3reihigen, 240 Gefäße fassenden Ofens nach den in Rosdzin gemachten Erfahrungen in 30 Minuten. Bei schlackenden Erzen wird wohl eine Nachhilfe durch Handarbeit nötig werden, aber dennoch wäre, wenn sich die Maschine dauernd bewährt, und die Instandhaltung nicht zu hohe Kosten verursacht, mit ihrer Einführung viel gewonnen. Bedingung ist natürlich, daß genügender Raum zur Aufstellung vor beiden Seiten des Ofens vorhanden ist, was bei bestehenden Reduktionshallen wohl kaum der Fall sein wird. Auch eine sehr exakte Lage der Muffeln im Ofen ist unbedingt notwendig, ein ungleichmäßiges Sinken der Lager wird den Gebrauch der Maschine in Frage stellen.

Die Beschickungsmaschine ist der Räummaschine ganz ähnlich, nur sind die Schnecken mit Hülsen (eisernen Röhren oder Rinnen) umgeben. Sie werden in die obere Hälfte der Muffeln eingeführt, die sie fast ganz ausfüllen, während

die freiliegenden Räumer der ersten Maschine natürlich die untere Wandung
berühren müssen. Weiter trägt der Wagen, auf dem die letztere Maschine
steht, noch einen Behälter C für das Beschickungsmaterial, aus welchem
den einzelnen Füllröhren während der Arbeit der Stoff durch geeignete Auf-
gabeorgane zugeführt wird. Die Füllorgane werden, nachdem sie mit Erzmischung gefüllt sind, langsam in die Muffeln eingeführt, so daß sie bei ihrem
Vorgang bis zum hinteren Muffelende die untere Hälfte der Muffel füllen;
dann wird die Maschine umgesteuert, wonach sich bei der rückgängigen
Bewegung und bei weiterem Arbeiten der Schnecken auch die obere Muffel-
hälfte füllt. 120 Muffeln sollen so in 20 Minuten beschickt werden können,

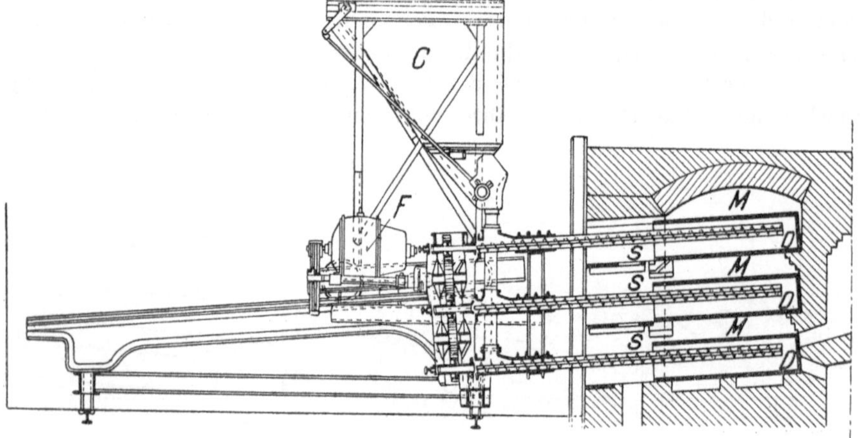

Fig. 161. *Sägers* Lademaschine.

zur Räumung und Wiederfüllung derselben sind also im ganzen 50 Minuten
erforderlich.

Die beiden Maschinen haben eine $1^3/_4$ jährige Probezeit so gut bestanden,
daß zurzeit die ganze *Bernhardi*hütte ebenso, wie die neuerbaute *Uthemann*-
hütte, welche seit kurzem im Betriebe ist, mit diesen Maschinen ausgerüstet
worden sind. Außerdem hat die obengenannte Maschinenfabrik aus Amerika
einen Auftrag zur Lieferung von zwei vollständigen Garnituren erhalten
(Privatmitteilung).

Den Lademaschinen wird die Beschickung in fertigem Zustande durch
eine Hängebahn zugeführt, deren man sich in manchen Hütten, wie beispielsweise in Angleur, schon länger zum Herbeischaffen der Ladung an die Öfen
bedient, auch wenn mechanische Hilfsmittel zur Beschickung der Retorten
fehlen.

Das Zinkziehen, Muffelsetzen und andere Arbeiten, die durch Handarbeit
allein ausführbar sind, gehen der mechanischen Entleerung und Ladung voraus, dazu kommt aber noch das Abnehmen und Wiederansetzen der Vorlagen.
Immerhin soll man auf Bernhardihütte die Bedienungsmannschaft auf die
Hälfte haben vermindern können.

Bei der Handarbeit wird die Räumung und Beschickung der rheinischen
Öfen in der Regel nischenweise (auch wohl reihenweise) vorgenommen, und
zwar in der Weise, daß man von oben nach unten vorschreitet. Die Räumasche fällt durch die offen gelegten Durchlässe von den oberen Etagen der
Nischen in die unteren und weiter bis in die Räumaschentaschen; oder wenn
solche nicht vorhanden sind, sammelt sie sich in dem unter den Nischen
liegenden Raum, wo sie bis zu einem gewissen Grade der Abkühlung, jedenfalls bis nach Beendigung des Manövers liegen bleibt. Um sich vor der vom
Ofen und den glühenden Rückständen ausgestrahlten Hitze zu schützen,
versetzen die Arbeiter die Nischenetagen, in welchen sie nicht arbeiten, mit
Blechplatten. Vor dem Räumen der Muffeln wird die in gewissen Zeiträumen
notwendig werdende Reinigung des Abzugskanals von Schlacken, welche vom
Ofenherd aus durch die Abzugsöffnungen eingeflossen sind, ausgeführt. Man
stößt z. B. den Versatz von den bei den Rekuperativöfen im Raum unter den
Vorlagennischen vorgesehenen Reinigungsöffnungen los und zieht die meist
recht zähen Schlacken mit starken Krätzern und Haken in den Vorraum bzw.
in die Aschentaschen. Nach getaner Arbeit wird der Kanal wieder geschlossen.
Bei den kürzeren Regenerativöfen liegen die Reinigungsöffnungen der Abzugs-
bzw. Brennerkanäle an den Ofenköpfen. Die Reinigung derselben, wie die der
Wärmespeicher und der Gas- und Luftkanäle wird dann in der Regel durch
Ofenmaurer, die sogen. Reparaturmaurer, im Verlaufe des Manövers vorgenommen, ebenso wie die Säuberung der Gaskanäle und der Rekuperativkammern bei dem zuvor erwähnten Ofensysteme.

Die neue Ladung ist meist schon am Tage vorher vor die Öfen gebracht
worden und liegt beim Beginn des Manövers ausgebreitet längs des Ofens.
Beim Reinigen der Vorlagen und Nischen vorbeifallende zinkhaltige Stoffe
fallen auf die frische Ladung und gehen so nicht verloren, auch wirft man
nach Öffnen der Muffel gewöhnlich den ersten Schaufelstich der Rückstände,
der direkt hinter dem Versatze lag und nicht vollkommen abgetrieben ist,
auf die neue Ladung, um ihn von neuem wieder der Destillation zu unterwerfen.[1] Es liegt darin ein willkommenes Mittel, um bei den Rekuperativöfen
für die untersten Reihen, welche in der Regel weniger heiß gehen, als die oberen,
die Beschickung etwas zu verdünnen („die Ladung zu längen“).

Vor dem Ofen liegt die Ladung beim rheinischen System dem Arbeiter
am bequemsten, er greift mit der Ladeschaufel vor sich in den Erzhaufen hinein
und schiebt die gefüllte Schaufel mit einer durch Übung gewonnenen auf-
fallenden Gewandtheit durch die enge Vorlage hindurch in die Muffel, wendet
sie um 180° und zieht sie zu neuer Füllung wieder heraus. Bei den letzten
Schaufeln übt er auf den Muffelinhalt einen gewissen Druck aus, um eine
genügende Beladung der Retorte zu erreichen, achtet aber zuletzt darauf,
daß über dem Erz ein kleiner leerer Raum in der Muffel bleibt, der den Abzug
der Gase und zuerst reichlich auftretenden Dämpfe erleichtert. Während zwei

---

[1] In neuester Zeit hat *Dor-Delattre* Einrichtungen empfohlen, um die reichhaltigeren
Teile der Retortenrückstände von den übrigen zu trennen. D. R. P. 242 490. Zeitschr.
f. angew. Chemie 1912, S. 282.

der Leute gewöhnlich das Laden besorgen, säubert der dritte die Vorlage und
die Nische von dem vorbei gefallenen Erz und setzt die Tippe auf die Vorlage,
aus der bald eine lange, rötlich gelbe Flamme hervortritt, welche durch die
Entgasung der Mischkohle genährt wird, auch Wasserdampf mitführt. Eine
Anfeuchtung der Ladung vermeidet man in den rheinischen Hütten, höchstens
gibt man soviel Wasser, daß eine Staubentwicklung verhütet wird, in der Regel
genügt dazu die der Mischkohle anhängende Feuchtigkeit. Die Blechdüten
(Allongen) setzt man erst auf die Vorlagen, wenn die Flammen eine deutliche
Grünfärbung von verbrennendem Zink angenommen haben.

Beim belgischen System erfordert das Manöver noch eine weit größere
Geschicklichkeit der Arbeiter, insbesondere bei den älteren hohen, bis zu 8 Retortenreihen fassenden Öfen. Zum Räumen der Gefäße ist hier eine Beseitigung
der Vorlage unbedingt nötig, auch das Laden durch dieselbe hindurch würde
bei ihrem engen Querschnitt nicht möglich sein. Der geringe Fassungsraum der Vorlagen verlangt auch ein mehrmaliges Abziehen des kondensierten
Zinks im Laufe der Destillationszeit; bei Anwendung der konischen Vorlagen
ein drei- bis viermaliges, bei den ausgebauchten wenigstens ein zweimaliges.
Infolgedessen muß der größere Teil der Bedienungsmannschaft nach beendigtem Manöver vor dem Ofen bleiben. Die älteren, mit direkter Feuerung
betriebenen Ofensysteme, wie in Letmathe (s. S. 130, Fig. 29), hatten eine
ständige Belegschaft von 2 Mann (erster und zweiter Mann = „Brigadier und
Grand-Manoeuvre"), welche nach 24stündiger Arbeitszeit wechselten, selbst
zu der Zeit, wo der größte Teil der Retorten (Röhren) alle 12 Stunden geladen
wurde. Dazu trat während des Manövers für eine Zeit von 7 bis 8 Stunden
noch ein Gehilfe, dritter Mann („Petit-Manoeuvre"). Dem „Brigadier" lag
die Überwachung des Ofenganges ob, er bediente die meiste Zeit hindurch
die Feuerung, nur in der Nacht wurde er von dem zweiten Mann („Grand-
Manoeuvre") 6 Stunden in dieser Arbeit abgelöst — gewöhnlich von 10 Uhr
abends ab. Beide Leute besorgten gemeinschaftlich das Ziehen des Zinks.
Beim Manöver löste der zweite Mann mittels einer kleinen Zange oder eines
in die Öffnung gesteckten Holzknüppels die Vorlagen von den Röhren, welche
der erste Mann reinigte. Er stellte dieselben zu diesem Zweck aufrecht mit
dem engeren Ende nach unten in einen von einem Bock getragenen Ring oder
in die obere enge Öffnung eines auf dem Boden stehenden Eisenblechkegels
und kratzte den oxydischen Metallansatz mit dem zum Zinkziehen gebrauchten
kleinen Krätzer los. Der dritte Mann zog dann die Rückstände und reinigte die
Röhren, während das Setzen neuer Retorten und das Laden wieder gemeinschaftlich von dem ersten und zweiten Manne besorgt wurde. Das Wiederansetzen der Vorlagen wurde nach erfolgter Füllung der Röhren wieder von
dem dritten Mann ausgeführt, der auch den für das Anlutieren („Placken")
nötigen „Plack"-Lehm etwas abseits vom Ofen bereitete. Die abwechselnde
Verrichtung dieser Arbeiten gab den Arbeitern Gelegenheit zu Ruhepausen,
welche die angestrengte, behufs möglichster Verlängerung der Destillationszeit
eiligst betriebene Tätigkeit fordert.

Die neue Ladung war am Tage vorher schon den Öfen zugefahren und von den beiden Schmelzern mit einer zugemessenen Menge Reduktionskohle gemischt. Durch weiteren Zusatz von Kohle und allerhand geringhaltigen, zinkischen Abfällen (Placklehm, Kehricht usw.) wurde sie gelängt, je mehr die Beschickung des Ofens von den untersten zu den obersten Reihen fortschritt.[1] Ein Füllen der Ladeschaufel durch Einstoßen derselben in den auf dem Hüttenflure liegenden Erzhaufen würde unbequem für die Arbeiter sein und kaum ausführbar beim Laden der oberen Reihen, welches der Arbeiter auf einem Tische stehend vollbringt. Man bedient sich deshalb eines sogen. Ladetroges, einer an einem Ende geschlossenen, am anderen offenen Eisenblechmulde, welche in Höhe und Neigung verstellbar auf einem Bockgestelle ruht, so daß das Einstoßen der Schaufel in die Ladung so bequem wie möglich gemacht ist. Mit Geschick führt der Arbeiter die Schaufel in die Retorte, wendet sie und läßt beim Herausziehen das Erz in der Retorte zurück. Bei der letzten Schaufel, welche er in die Retorte führt, übt er zur Verdichtung der Ladung noch einen Druck auf dieselbe aus, beachtet jedoch, daß oben ein kleiner leerer Raum zum ruhigen Abdunsten des Wassers bleibt, mit welchem die Beschickungsmasse angefeuchtet wurde. (Die Wassermenge, welche nötig ist, um das Erz vor dem Verstäuben und Abrieseln von der Ladeschaufel zu bewahren und ein möglichst festes Laden zu ermöglichen, ist ziemlich beträchtlich, sie läßt sich auf mindestens 10 Proz. schätzen.) Unterließ der Arbeiter diese Vorsichtsmaßregel, so kam es vor, daß die Ladung durch den im Innern der Retorte entstehenden Wasserdampfdruck herausgeschleudert wurde.

In neuester Zeit hat der unermüdliche Verbesserer des Zinkhüttenwesens *Dor-Delattre* die schwierige und zeitraubende Handarbeit des Ladens durch eine Maschine ersetzt[2]. Fig. 162 a bis c zeigt dieselbe in ihren Einzelheiten und Fig. 163 in ihrer Stellung vor dem Ofen, dem *Dor-Delattre*schen Regenerativofen mit *Dor-Delattre*schem Schutzvorhang (S. 417).

Wie aus der letzteren zu ersehen ist, hängt die Maschine am unteren Teile einer Erztasche, welche ihrerseits von einem parallel vor dem Ofen herlaufenden Laufkran gehalten wird, an welchem die Erztasche und mit ihr der eigentliche Ladeapparat auf- und abwärts bewegt werden können, so daß die Wurfröhre des Apparates leicht vor jede Retortenmündung zu bringen ist. Zur Bewegung des Kranes und zum Heben bzw. Senken der Erztasche dienen zwei verschiedene Elektromotoren. Der Ladeapparat selbst besteht im wesentlichen aus einem in einer Kapsel e^3 schnell umlaufenden Schaufelrade g, angetrieben von dem Elektromotor d, auf dessen Achse es aufgekeilt ist. Der Stoff wird diesem Schaufelrade zentral aus der Erztasche a durch das verbindende Rohrknie n zugeführt, so oft, wie die Verschlußklappe b der Tasche mittels des Handrades c geöffnet wird, und durch das Wurfrohr f hinausgeschleudert. Durch eine Schraubenspindel, verbunden mit dem Hand

---

[1] Die Öfen, welche direkt gefeuert wurden, gingen unten weit heißer wie oben.

[2] D. R. P. 212 890, 225 951 und 226 484.

[3] Nach dem letzten Zusatzpatente ist die Kapsel durch einen den Umfang des Schaufelrades umschließenden Kranz ersetzt, wodurch Verstopfungen verhütet werden. Die geschlossene Umhüllung hat sich in der Praxis als unnötig herausgestellt.

rad m, welche in der Mutter k sitzt, läßt sich die Schaufelradkapsel, an welcher
das Wurfrohr angeschlossen ist, um einige Grade drehen, so daß letzteres
in eine schräge Neigung gebracht werden kann, welche jeweils der geneigten
Lage der zu beladenden Retortenreihe entspricht. Der das Schaufelrad an-

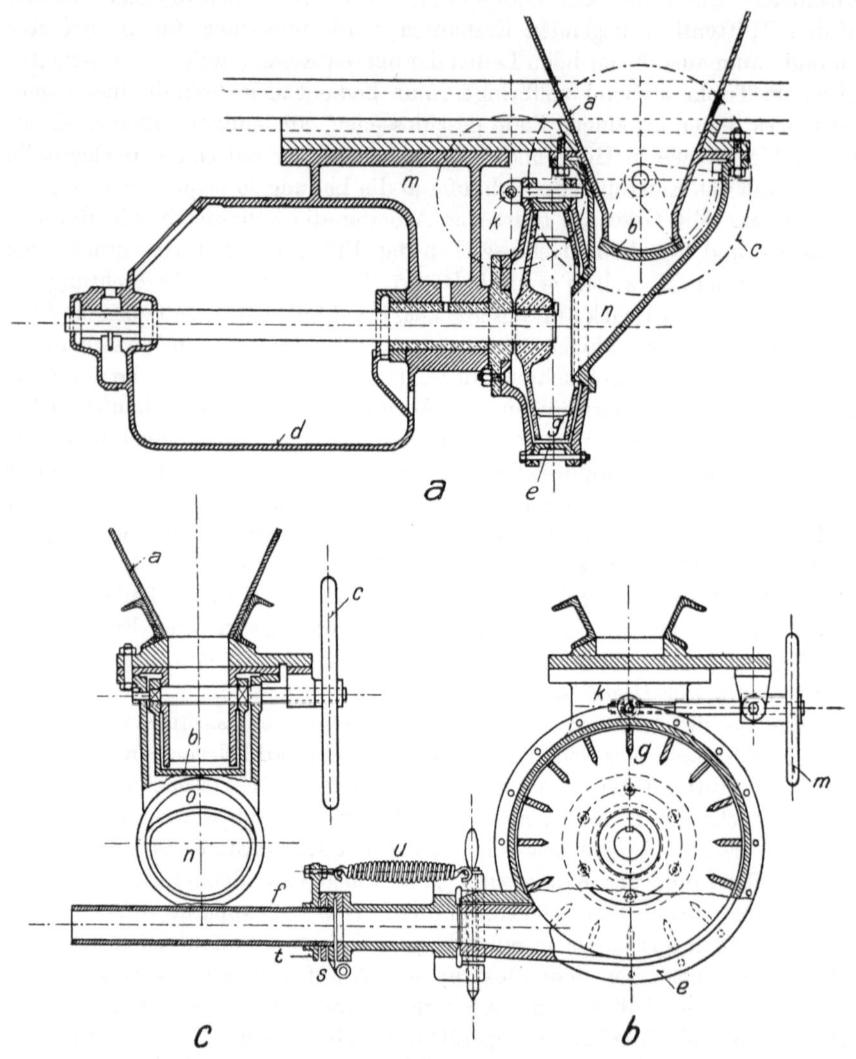

Fig. 162. Lademaschine von *Dor-Delattre*.

treibende Motor bleibt während der ganzen Dauer der Ladung des Ofens in
ununterbrochenem Gang. Sobald der bedienende Maschinist die Erztasche
öffnet, wird die Retorte, vor welcher sich das Wurfrohr befindet, gefüllt. Im
Moment der Vollendung der Füllung schließt der Maschinist die Erztasche
und stellt nun den ganzen Apparat durch Ingangsetzung des Krans vor die

nächste Retorte, um das Spiel dort zu erneuern. Um bei der Verschiebung des Apparates oder seiner Verstellung in der Höhe die Hindernisse, welche die Armatur des Ofens (Nischenplatten und Ankersäulen) der Bewegung entgegenstellt, ohne Aufenthalt, d. h. ohne ein umständliches Abfahren des Apparates vom Ofen zu überwinden, ist das Wurfrohr mittels 3 Scharnieren *r*, *s*, *t* (seitlich und unten) mit der Wurfkapsel verbunden, so daß es nach jeder Richtung hin den Hindernissen ausweichen kann. Die Spiralfeder *u* bringt dasselbe stets wieder in seine normale Stellung zurück.

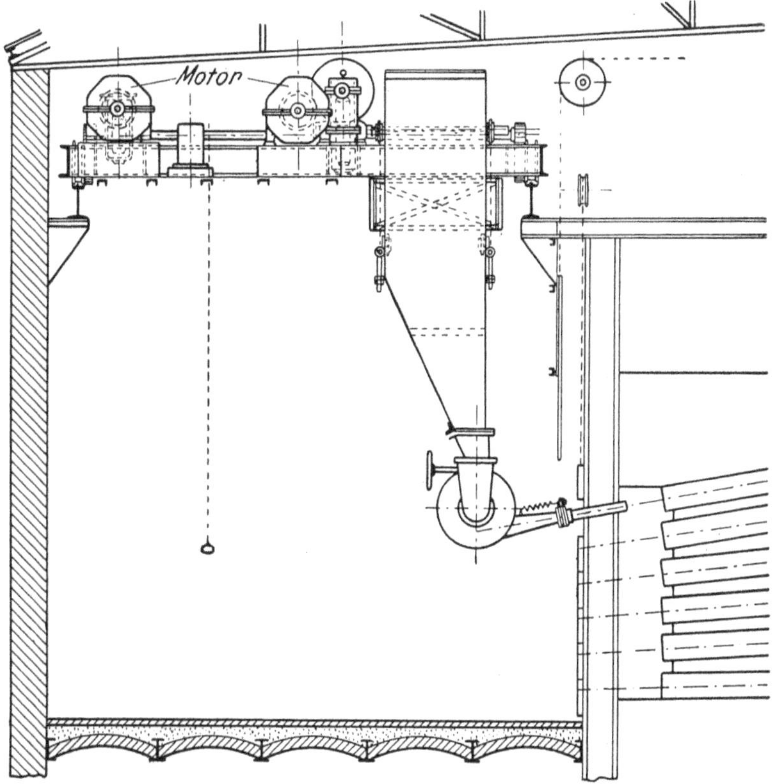

Fig. 163. Lademaschine von *Dor-Detattre* vor dem Ofen.

Die Gestaltung des Apparates gestattet auch Retorten, welche mit ihrer Mündung nahe über dem Hüttenflure liegen, zu beladen, was mit dem schlesischen Apparat nach *Saeger* (Fig. 161) nicht möglich sein würde; derselbe würde deshalb bei belgischen Öfen nicht anwendbar sein, während die *Dor-Delattre*sche Maschine an jedem Ofensystem zu gebrauchen ist. Dieselbe beladet in 20 Minuten 72 Röhren, sie ist, wie aus Fig. 163 hervorgeht, an den Dor-Delattreschen Regenerativöfen in Benutzung, an welchen auch durch den in Fig. 159 vorgeführten Vorhang für den Schutz der Arbeiter während des Manövers und der Arbeit des Zinkziehenes gesorgt ist.

Einen ebenfalls die Fliehkraft benutzenden Apparat haben *Franz Méguin & Co. A. G.* und *Wilh. Müller* in Dillingen a. d. Saar zum Patent angemeldet[1]. Der Umfang des Schaufelrades a wird zum größten Teile von dem den Antrieb vermittelnden Riemen e umschlossen, nur an der dem Ofen zugekehrten Seite

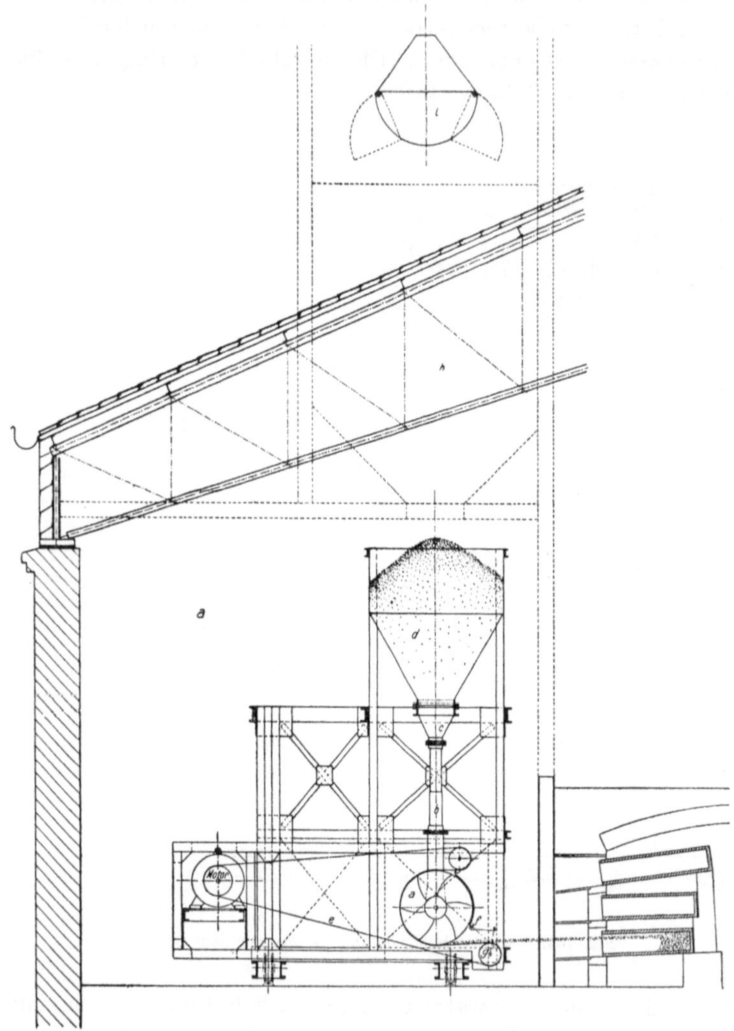

Fig. 164. Lademaschine von *Méguin* und *Müller*.

bleibt er an einer Stelle, welche der Riemen und die Schale f nicht deckt, offen. Gleichzeitig dient der Riemen dem ausgeschleuderten Stoffe zur Führung. Beides wird durch Leitung des Riemens über Leitrollen erreicht, wie

---

[1] D. R. P. Anm. M. 41303, Bl. 40a vom 18. Mai 1910. Zeitschr. f. angew. Chemie 1910, S. 2287. Das Patent ist unter Nr. 246 743 inzwischen erteilt.

die Fig. 164 a bis b zeigt. Um der verschiedenen Neigung der Retorten Rechnung zu tragen, ist die dem Erze den Weg anweisende Leitrolle g in der Höhenlage verstellbar. Um zwei Retorten (einer Nische) auf einmal laden zu können, kann man zwei Wurfräder nebeneinander anordnen (Fig. 164 b).

Der Schleudermechanismus ist samt dem Antriebsmotor in einen auf- und abwärts verschiebbaren Rahmen gelagert, um den Abwurf vor die einzelnen Retortenreihen bringen zu können. Um das zu ermöglichen, erfolgt die Zufuhr des Gutes aus dem Meßtrichter c und der Tasche d durch teleskopartig ineinander zu schiebende Rohre b.

Zum Entleeren der Retorten ist bisher keine weitere Maschine erfunden, als die vorher beschriebene von *Saeger*. Im Westen von Amerika, wo infolge von Verhüttung sehr reichhaltiger Erze nur trockne pulvrige Abbrände in den Gefäßen zurückbleiben, wendet man vielfach, nach *Kämmerlings* Vorschlag (U. S. P. 536 877), einen Dampfstrahl oder zerstäubtes Wasser zum Herauswerfen der Rückstände aus der Retorte an. Der Arbeiter ist in diesem Falle durch einen Schirm geschützt, welcher schmale Schlitze zur Durchführung des Strahlrohres hat.

Ein gleiches Verfahren ist in Deutschland (D. R. P. 174 798) der Société anonyme Fonderies et Laminoire de Biache-St. Vaast Paris, geschützt.

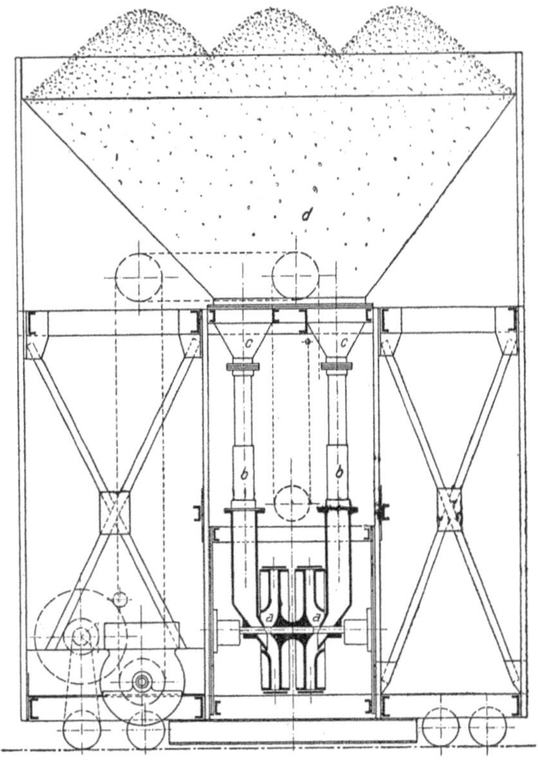

zu Fig. 164.

Dieselbe will mittels eines mit Düsenkopf versehenen Strahlrohres Preßluft oder gespannten Dampf in die Retorte einblasen und dadurch die Retorte entleeren. Wenn die Rückstände zur Verschlackung neigen, wird damit nicht viel gewonnen sein.

Zum Zinkziehen ist das Verbleiben eines Teiles der Arbeiterschaft vor dem Ofen nötig, welche bei Gasfeuerungsbetrieb nichts mit der Feuerung zu tun hat. Die kleinen Vorlagen der belgischen Öfen fordern, weil sie nicht das Destillat der ganzen Reduktionsperiode fassen, eine mehrmalige Entleerung. Die Zahl der hierzu erforderlichen Arbeiter hängt natürlich von der Länge bzw. Größe des Ofens, der Zahl seiner Gefäße ab. In Europa bedient man sich noch allgemein der kleinen Handkellen zur Aufnahme des abgezogenen Zinks, während man in Amerika zu Zinksammelgefäßen, wie wir in Fig. 158 gezeigt haben, übergegangen ist, die sich hier nicht bewährt zu haben scheinen, obgleich sie unzweifelhaft einen Fortschritt bei richtiger Gestaltung der Gefäßform und zweckmäßiger Anwendung bedeuten würden. *E. Herter* hatte in Oberschlesien einen fahrbaren Kessel angewendet (Jahresberichte der preuß. Gewerberäte 1901, S. 107, und 1902, S. 155. Engl. Pat. 1875 v. 30. April 1901). Derselbe wird aber nach *Krantz* nicht mehr gebraucht. Die Gefahr des Zinkvergießens und damit der Verletzung der Arbeiter ist mit der Benutzung der kleinen Gießkellen verbunden, besonders an den belgischen Öfen, wo die Arbeiter zur Bedienung der oberen Retortenreihen einen Tisch besteigen und ihn mit gefüllter Kelle wieder verlassen müssen.

Zum Herausholen des Zinks aus der Vorlage dient ein kleiner Krätzer, aber noch von kleineren Abmessungen als an den rheinischen und schlesischen Öfen. An einem etwa 1 m langen und 8 mm dicken Eisenstab sitzt ein rechtwinklig umgebogenes Blatt von etwa 50 mm Durchmesser, entsprechend der vorderen Weite der Vorlagenmündung.

Das Zinkziehen füllt natürlich die Zeit nicht aus, auch nicht das mit der Kontrolle des Ofenganges verbundene Spitzen der Vorlagen und Tüten. Die Schmelzer benutzen die freie Zeit zu Nebenarbeiten (Vorbereitungen des Manövers), klopfen die Ansätze aus den unbrauchbar gewordenen Vorlagen, bereiten Placklehm u. dgl. m.). Die Gasaustrittsöffnungen der Vorlagen und Tüten schließen sich allmählich während des Betriebes mit Metallstaub. Zur Beseitigung des Staubpfropfens aus dem kleinen Abzugsloche der Tüte („Allonge") genügt meistens ein leichter Schlag auf dieselbe mit dem Spitz-(Schür-)Eisen, einem dünnen Eisenstäbchen mit Handauge. Zwecks Freilegung der Vorlagenmündung führt man das Eisen durch das Tütenloch hindurch in dieselbe hinein. Bei komplizierteren Tüten, wo das nicht möglich ist, muß man die Tüte abnehmen. Im letzten Drittel der Destillationszeit entfernt man in der Regel die Tüten von den Vorlagen, weil die Kondensation der geringen mit dem mäßiger werdenden Kohlenoxydgasstrom fortgeführten Metallstaubmenge nicht mehr lohnt und andrerseits die Überwachung des Ofens dadurch wesentlich erleichtert wird. Die kleinen, an den Vorlagenmündungen brennenden, bläulichen, an den Spitzen gelbroten Flammen versichern dem Aufseher, daß der Prozeß ordnungsmäßig verläuft. Wird dagegen die Flamme eingezogen (bei Minderdruck im Ofen) oder tritt eine lange, von verbrennendem Zink blendend grünlichweiß gefärbte Flamme hervor, so ist die Retorte undicht. Der Ofenarbeiter rettet dann an Zink, was noch zu retten ist, d. h. er entleert die Vorlage, nimmt sie ab und zieht auch die noch zinkhaltigen Rückstände aus der Retorte. Aus diesen Vorgängen erkennt der Schmelzer, wie viele Retorten er beim nächsten Manöver zu ersetzen hat. Bei Störung des Ofenbetriebes, etwa bei plötzlicher Überheizung des Ofens am Ende der Reduktionszeit, mehren sich zuweilen die Schäden, deshalb muß stets eine größere Zahl getemperter Gefäße zur Verfügung stehen.

Das Heranholen der Retorten erfordert wegen ihres geringeren Gewichtes keinen Wagen. Man trägt sie heran. Dazu bedient man sich eines etwa 2 m langen Trageisens, einer in der Mitte dem Querschnitt des Gefäßes entsprechend ausgebogenen, etwa 25 mm dicken Stange. Zwei Schmelzer gehen mit dieser und einem zweiten besonderen Geräte oder in Ermangelung eines solchen eines längeren Krätzers zum Temperofen. Der Retortenausgeber öffnet bei deren Herankommen die Tür des Glühofens, faßt mit einem Haken in die Öffnung einer der darin stehenden Retorten und legt sie um; einer der Schmelzer greift mit dem Krätzer hinter den Boden derselben und beide ziehen so das Gefäß aus dem Ofen, welches schräg auf dem eingesteckten Haken hängt. Jetzt führt der eine der Schmelzer den mitgebrachten Krätzer in die Retorte, der andere legt das Trageisen unter dieselbe, und der erste faßt dann das zweite Ende des letzteren mit der linken Hand, während er in der rechten die Krätzerstange hat, welche beim Aufheben der Retorte dieselbe in der Schwebe hält.

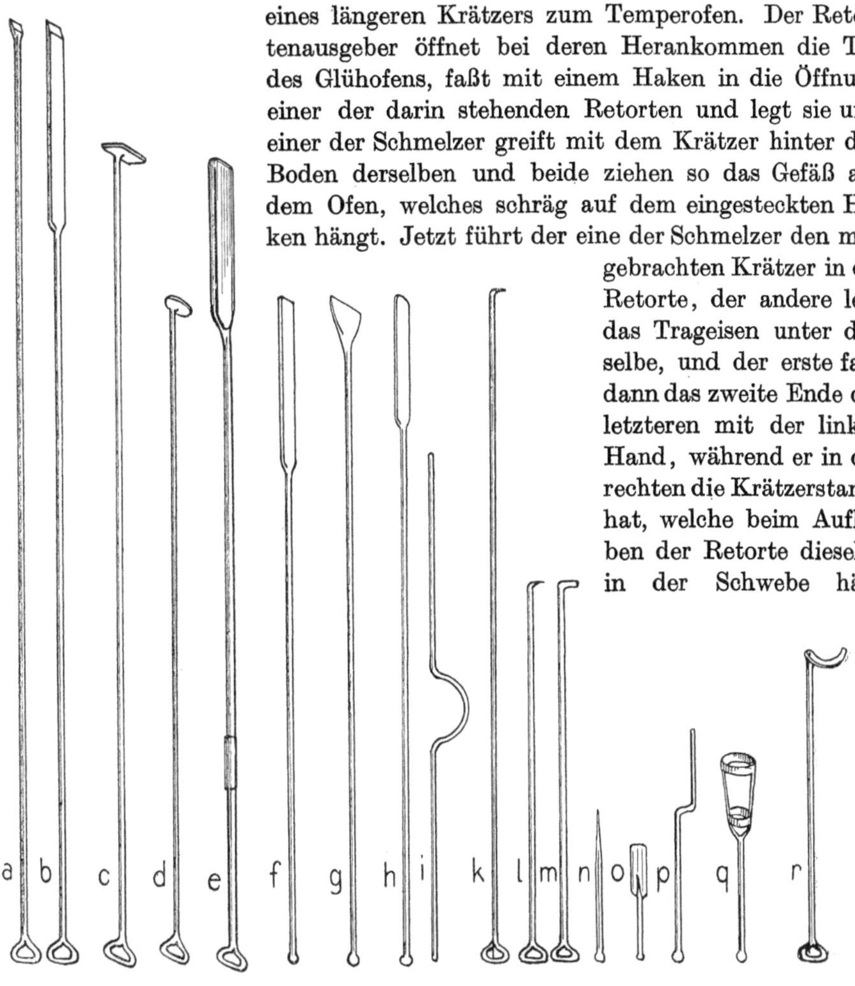

Fig. 165. Geräte für Zinköfen *a* bis *r* M. 1 : 30.

Nachdem der Ausgeber seinen Haken herausgezogen hat, tragen so die Schmelzer die Retorte fort. Am Ofen angekommen, heben sie das hintere Ende derselben auf die vordere Kante der eisernen Nischenplatte, der eine der Schmelzer entfernt das Trageisen, und der andere schiebt die Retorte mit dem eingesteckten Krätzer in den Ofen und bringt sie auch damit in ihre richtige Stellung auf dem Lager. Wenn es sich um Setzen von Gefäßen in den oberen Reihen eines belgischen Ofens handelt, müssen die Schmelzer mit der glühenden Retorte den zur Erreichung dieser Reihen notwendigen Tisch besteigen.

Zur Veranschaulichung stellen wir in den Fig. 165 a bis w die zu den verschiedenen Verrichtungen bei den Öfen benutzten besonderen Geräte und Gezähstücke dar, welche bei den verschiedenen Ofensystemen in der Form die gleichen, aber in der Größe verschieden sind, entsprechend den Abmessungen der Retorten und Vorlagen.

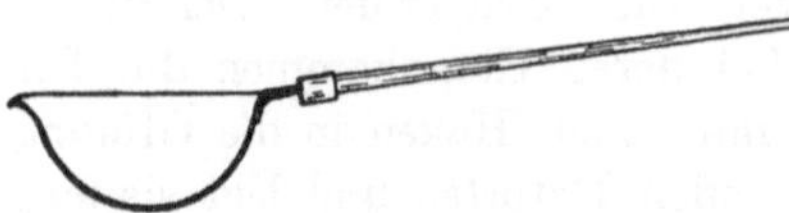

Fig. 165, s Zinkgießlöffel, poêlon de coulée. M. 1 : 20.

Die in dem nachstehenden Verzeichnis für die Gezähstücke angegebenen Zahlen umfassen den Bedarf einer zusammengehörigen Bedienungsmannschaft (Brigade) eines rheinischen Ofens (einer Seite oder eines Kopfes, oder für etwa 108 bis 120 Muffeln).

Die Bezeichnungen sind die im Rheinland bzw. in Belgien gebräuchlichen.

Gezähe für rheinische Öfen:

a) 6 Stück Herpings, herpais   ⎫ zum Räumen
b) 1   „   schwerer Herping   ⎬ und Reinigen
c) 8   „   Räumkrücken (Retüren), grattoirs ⎭ der Retorten.
d) 6   „   Zinkzieheisen (kleine Retüren).
e) 6   „   Ladeschaufeln, cuillers de chargement.
f) 4   „   Lackeneisen   ⎫ zum Dichten
g) 2   „   Lackensetzschaufeln ⎭ schadhafter Retorten.
h) 1   „   Retortentraglatte, fer à creusets ⎫ zum Retorten-
i) 1   „   Retortentrageisen, croc à creusets ⎭   setzen.
k) 5   „   spitze Haken, 2650 mm lang
l) 2   „   „   „   1500 „   „
m) 5   „   stumpfe „   1500 „   „
n) 4   „   Zinkmeißel.
o) 2   „   Gekrätzschaufeln.

Besondere Gezähe für belgische Öfen:

p) Gerät zum Vorlagensetzen
q) Desgl. anderer Form.
r) Eisen zum Andrücken der Dichtung zwischen Retorte und Vorlage.

Bei den längeren belgischen Öfen neuerer und neuester Bauart ist selbstverständlich eine entsprechende Vermehrung der Bedienungsmannschaft nötig.

In Angleur, an den 400, bzw. 360 Retorten fassenden Öfen (Seite 144), wird jeder Kopf von 100, bzw. 80 Retorten von einem „Brigadier", 2 „Grand-Manoeuvres" und 1 „Petit-Manoeuvre bearbeitet. Ein Mann bleibt auf jeder Seite. Die Feuerungen werden von zwei Stochern in jeder Schicht bedient, so daß 22 Schichten in 24 Stunden an jedem Ofen bei Ladung von 9 t Erz mit etwa 45 Proz. Zink und 0,5 Proz. Blei verfahren werden. Bei den kleinen, abnehmbaren Vorlagen ist ein zweimaliges Zinkziehen erforderlich, zum ersten Male um 8 Uhr abends und dann kurz vor Beginn des Manövers, morgens um 4 Uhr. — Die Zinkformen sind zweiteilig, die Platten messen 350 : 150 mm.

Bei dem *Dor-Delattre*schen, mit $6 \times 36 = 216$ Retorten auf einer Seite, scheinen jeder Arbeitergruppe 72 Retorten, also $^1/_3$ der Ofenseite zur Bearbeitung zugewiesen zu sein.

Im Westen Amerikas werden die beispielsweise 98 bis 112 Retorten auf jeder Seite fassenden Öfen von 4 Arbeitern auf jeder Seite bedient, einem ersten Mann (Brigadier, in den Vereinigten Staaten „charger" genannt), einem zweiten Mann („smelter", auch „stocker" oder „long shift") und zwei dritten

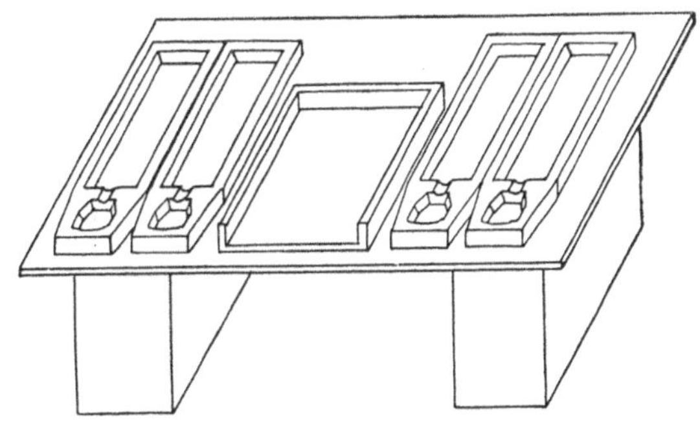

Fig. 165, *t* Zinkgießtisch mit Gekrätzkasten und 4 Zinkformen, lingatières. M 1 : 40.

Männern („helpers" oder „short shifts"). Bei Öfen von 118 Retorten ist ein weiterer dritter Mann für jede Seite nötig, wenn das Manöver nicht zu lange dauern soll. Die zweiten Männer bleiben, wie die ersten Männer,

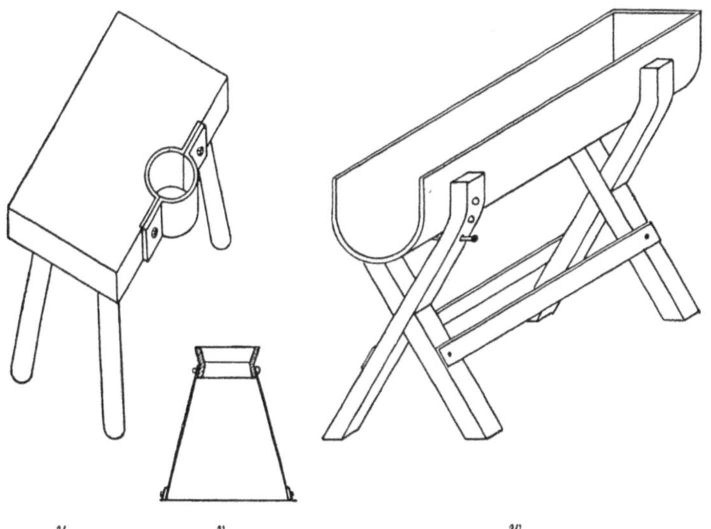

Fig. 165, *u*: Bank mit Ring zum Reinigen der belgischen Vorlagen. M. 1 : 20.
v: Blechkonus mit anneau de décrassage des tubes. M. 1 : 20.
w: Ladetrog. M. 1 : 30.

den ganzen Tag über, meistens 24 Stunden hintereinander, am Ofen, die dritten nur während des 5 bis 6 Stunden dauernden Manövers, daher die Bezeichnung: long und short shifts.

Das Verweilen derselben Arbeiter während 24 Stunden gewährt den Vorteil, daß dieselben Leute die von ihnen eingeleitete Reduktionsperiode von Anfang bis zum Ende zu überwachen haben. Sie sind dann für einen normalen Verlauf derselben verantwortlich und werden demgemäß auch nach der Leistung, d. h. nach dem Ausbringen an Zink, bezahlt. Diese Arbeitseinteilung war von jeher an den belgischen Öfen in Belgien und Deutschland üblich, ebenso wie die Zahlung von Zinkprämien, also die Löhnung nach dem Ausbringen. Es wird ein fester Lohn für jede verfahrene Schicht bezahlt und darüber eine Belohnung für jedes Kilo Zink, welches über einen festgesetzten Satz hinaus von den Schmelzern abgeliefert wird.

In den 80er Jahren wurden beispielsweise in Letmathe gezahlt an jeden Arbeiter ein fester Lohn für die Schicht (12 Stunden oder Manöverdauer) von 2 M. Das durchschnittliche Mehrausbringen über den Mindestsatz erreichte etwa 80 k, für welche der erste Mann 5 Pf., der zweite 3 Pf. und der dritte Mann 1 Pf. pro k erhielt, so daß der erste Mann eine Zinkprämie von 4 M., der zweite von 2,40 M. und der dritte 0,80 M. bekam. Für Ersparnisse an Retorten, Vorlagen und an Kohlen verdienten die ersten Männer in der Regel noch 0,60 M. und die zweiten 0,34 M. Die Prämien dieser sind bei Berechnung des Durchschnitts-Tagesverdienstes natürlich auf 2 Tage zu verteilen, weil der 24stündigen Arbeit ein voller Ruhetag folgte, der 3. Mann dagegen jeden Tag seine Schicht verfuhr. Es verdienten unter normalen Verhältnissen damals also für jeden Kalendertag:

<pre>
der erste Mann (Brigadier) . . . . 4,30 M.
der zweite Mann (Grand-Manoeuvre) . . . . 3,37 „
der dritte Mann (Petit-Manoeuvre) . . . . 2,80 „
</pre>

Jede ersparte Retorte (unter 4 pro Tag und Ofen mit 86 Gefäßen einschl. Schutzröhren) wurde mit 40 Pf. (25 Pf. für den 1. und 15 Pf. für den zweiten Mann) vergütet und jede ersparte Vorlage (unter 14 pro Tag) mit 2 Pf. jedem Mann. Was die Leute von dem Vierfachen vom gewonnenen Zink an Kohle erübrigten, wurde mit 30 Pf. für das Hektoliter gelohnt, wovon der erste Mann $^2/_3$, der zweite $^1/_3$ erhielt.

Ähnliche Bezahlungsweisen waren von jeher und sind auch noch in Belgien und Amerika üblich. Jede Hütte hat aber ihre besonderen Eigenheiten[1]. In Belgien sind die Lohnsätze billiger. In Amerika dagegen ist der Verdienst der Arbeiter den dortigen Lebensverhältnissen entsprechend wesentlich höher. Nach *Ingalls* verdienten an den kleinen Öfen anfangs dieses Jahrhunderts pro Tag:

<pre>
der erste Mann (Charger) . . . . . 2,25—2,35 Dollar = etwa 9,65 M.
der zweite Mann (smelder) . . . . 1,80—1,90   „   =   „ 7,80 „
der dritte Mann (helpers) . . . . . 1,30—1,40   „   =   ., 5,80 „
</pre>

Die großen, mit Generator- oder Naturgas geheizten Öfen, beispielsweise die 864 Retorten fassenden Öfen (La Salle), welche, nebenbei bemerkt, heute 18 t geröstete Blende mit 70 Proz. Zink in 24 Stunden reduzieren, bei einem Verbrauch von 52 t mittelwertiger Heizkohle (290 Proz. vom Erz), 9 t (50 Proz. vom Erz) Reduktionskohle, 24 Retorten (Dauer derselben 36 Tage!), 80 Vorlagen (Dauer 10,8 Tage), und dabei 90 Proz. des geladenen Zinks ausbringen[2], haben zu ihrer Bedienung die nachstehende Belegschaft (*Ingalls*, S. 513):

---

[1] Siehe *Lodin*, S. 502; *Ingalls*, S. 512.

[2] Die 1008 Retorten aufnehmenden größeren Ofenräume hat man wieder aufgegeben, weil das Manöver zu lange Zeit in Anspruch nahm. Man hat die Öfen mit 864 Gefäßen als die zweckmäßigsten erkannt. Die Abhitze derselben wird zur Dampferzeugung

Am Tage: 1 Stocher und 1 Gehilfen,
      4 Zinkzieher (2 auf jeder Seite),
      8 Retortenräumer (4 auf jeder Seite),
      Retortensetzer und Lader,
      4 Lader (2 auf jeder Seite),
      2 Vorlagensetzer (1 auf jeder Seite),
      2 Mann für die Mischung von Staub und Gekrätz mit Reduktionskohle
        (1 auf jeder Seite),
      4 Mann (2 auf jeder Seite), jungendliche, zum Reinigen von Vorlagen
        und Düten.
Nachts: 1 Stocher mit 1 Gehilfen,
      4 Zinkzieher.

Im ganzen sind also 32 Arbeiter beschäftigt, von denen nach dem Manöver, an welchem 26 Mann beteiligt sind, 20 Mann den Ofen verlassen.

Das Manöver beginnt an einem Ende des Ofens und schreitet von Abteilung zu Abteilung nach dem anderen Ende fort, indem sämtliche übereinander liegende Retorten einer Abteilung (siehe Fig. 38 u. 39) hintereinander geräumt werden von Arbeitern, welche auf dem schon S. 417 erwähnten Wagen mit Schutzschirm stehen. Diesen folgen die Retortenlader und ihnen die Vorlagensetzer. Diese systematische Teilung der Arbeit steigert die Leistung der Arbeiter so, daß auf einen Mann der bei dem Manöver beschäftigten Leute die Bearbeitung von 33,23 Retorten kommt, und, um 27 Retorten einschließlich der Reduktionszeit zu versorgen, eine Arbeiterschicht verfahren wird, während bei den kleineren amerikanischen Öfen von 224 und 256 Retorten auf eine Schicht nur 28 bis 25,6 bzw. 18,67 bis 18,3 Retorten entfallen.

In Jola (Kansas) werden Öfen mit 620 Retorten, welche durch Naturgas beheizt werden, von nachstehenden Leuten, deren Verdienst (um 1902 herum) wir dahinter vermerken, bedient, und zwar in ähnlicher Weise wie die Öfen in La Salle:

Am Tage: 1 Feuermann . . . . zu 11,55 bis 12,60 M.
      4 Zinkreicher und Lader (Chargers) . . . . „ 9,65 „ 9,90 „
      6 Retortenräumer (auf dem Wagen), Retortensetzer „ 5,88 „ 6,30 „
      4 Lader (hinter dem Wagen), Vorlagensetzer . . „ 6,72 „ 6,72 „
      2 Vorlagenreiniger (verschiedene Arbeit verrichtend) „ 7,14 „ 7,14 „
Nachts: 1 Feuermann . . . . „ 11,55 „ 12,60 „
      2 Zinkzieher . . . . „ 9,65 „ 9,90 „
      1 Spitzer und Zinkplattenträger . . . . „ 6,30 „ 6,30 „

Der Gesamtlohnaufwand beläuft sich demnach für eine Reduktionsperiode von 24 Stunden auf 164,20 bis etwa 170 M. Das Manöver wird morgens um 5 oder 6 Uhr begonnen, im Sommer auch früher, und dauert 5 Stunden. Die Beschickung wiegt 12,5 bis 13 t (geröstetes Erz).

Die auf dem Wagen arbeitenden Leute nehmen die Vorlagen ab, entleeren die Retorten, ersetzen die schadhaften und laden, die dem Wagen folgenden setzen die Vorlagen und leisten, wie auch die Chargers den ersteren Hilfe;

---

benutzt. Zur Sicherung einer ausreichenden Beheizung des Reduktionsofens wendet man diesen Überschuß von Heizmaterial auf, und schließt hinter dem Ofen weitere Verbrauchsstellen an, weil eine Vorwärmung der Verbrennungsluft nicht vorgenommen wird. (Gefl. Privatmitteilung von Herrn *N. L. Heinz*-La Salle.)

alle diese Leute verlassen mit der Beendigung des Manövers die Hütte. Die Vorlagenreiniger kratzen dieselben aus, sammeln den Staub aus den Düten und bereiten diese Zwischenprodukte für die Wiederverwendung bei der Beschickung vor; sie bleiben den ganzen Tag über am Ofen zum Zinkziehen. Auch der Feuermann, welcher ebenfalls am Ofen bleibt, ist beim Manöver tätig, so daß dasselbe von 17 Mann ausgeführt wird, während die gesamte Bedienungsmannschaft in 24 Stunden aus 24 Mann besteht. Da die Stocher an den Gaserzeugern fortfallen, ist die Leistung hier noch größer als in La Salle; auf eine Schicht kommen 36,5 Retorten beim Manöver und 29,5 überhaupt.

In Indiana (Marion und Ingalls) sind die Verhältnisse weniger günstig, weil die Öfen kleiner sind.

Wir gaben die vorstehenden Zahlen hier wieder, um in Würdigung der Bedeutung der amerikanischen Zinkindustrie einen Einblick in die amerikanischen Arbeiterverhältnisse zu geben. Da der zur Bedienung der Öfen notwendige Aufwand von Arbeitskräften ein wesentlicher Faktor für die Gestehungskosten ist, so werden dieselben durch diese hohen Löhne sehr erhöht, zum Teil werden diese Kosten aber durch billigeren Brennstoff (Kohle und Naturgas) wieder ausgeglichen. Auf dem europäischen Kontinent (für England stehen uns zuverlässige Zahlen aus neuerer Zeit nicht zur Verfügung) sind die Zinkhütten günstiger gestellt. In Rheinland-Westfalen erreichen die Löhne nur die halbe Höhe wie in Amerika, in Belgien und Frankreich sind sie noch niedriger (1 Fr. = 1 M.) und in Oberschlesien schwankte nach *Krantz* 1910 der Lohn der Schmelzer zwischen 3,67 bis 5,24 M. und der der Schürer von 3,20 bis 4,90 M. täglich, je nach Lage der Hütte am Rande oder im Zentrum des Industriegebietes.

Die **einreihigen schlesischen Öfen** bedienen, wie eingangs dieses Abschnittes gezeigt, an jeder Seite

1 Schmelzer zu etwa	3,40 M.
2 Manöver „ „	6,00 „
2 Schürer „ „	7,00 „
5 Arbeiterschichten zu	16,40 M.

Bei Annahme einer Durchschnittsladung von 2 t Erz auf einer Ofenseite, etwa 80 k pro Muffel, kommen demnach auf die Verhüttung von 1 t Erz 8,20 M. (*Lodin* gibt auf S. 424 zwei Beispiele mit einem Lohnaufwand von 6,00 M. und 4,42 M., wozu für Abfuhr von Asche und Zink noch 0,65 M. zu rechnen sind; das sind wohl Angaben aus früheren Jahren.)

Die **zweireihigen Öfen** Oberschlesiens mit 56 und 64 Muffeln, wie in Fig. 44 dargestellt, bedienen nach einer Privatmitteilung aus 1909:

1 Schmelzer . . . . mit einem Lohn von 3,40 bzw.	3,60 M.
1 Zinkzieher (jugdl.) . . . . „ „ „ „ 1,40 „	1,50 „
¼ Spitzjunge . . . . „ „ „ „ 0,38 „	0,38 „
1 Schürer . . . . „ „ „ „ 3,45 „	3,45 „
2 Schürergehilfen . . . . „ „ „ „ 5,60 „	6,00 „
5½ Schichten mit zusammen . . . . 14,23 bzw.	14,93 M.

Verhüttet wurden in 24 Stunden 2025 k Erz mit 30 bzw. 36 Proz. Zink, so daß auf Verschmelzung von 1 t Erz an Ofenlöhnen im Mittel 7,20 M.

kommen, dazu noch 1,48 M. für An- und Abfuhr von Erz, Kohle, Asche und
Zink. 1 Muffel erhielt eine Beschickung von 32 bis 36 k Erz mit 55 bis 60 Proz.
einer sehr gasreichen (25 bis 30 Proz.) Reduktionskohle. Der Zinkverlust
betrug 14 bis 16 Proz. des geladenen Zinks.

Dreireihige Öfen Oberschlesiens mit 120 Muffeln (Fig. 56) wurden
zu gleicher Zeit bedient von:

2 Schmelzern . . . . mit einem Lohn von	7,30 M.
4 zweiten Männern . . . . „ „ „ „	12,40 „
2 Zinkziehern . . . . „ „ „ „	6,80 „
2 Schürern . . . . „ „ „ „	7,70 „
10 Schichten mit zusammen	34,20 M.

Da die tägliche Verhüttungsmenge sich in der Muffel auf rund 32 k,
im ganzen auf 3800 k mit 40,8 Proz. Zink belief (80 Teile Blende auf 20 Teile
Galmei), so kam auf 1 t Erz M. 9,00 + M. 1,20 für Materialbewegung.
Der Zinkverlust betrug im Mittel 13 Proz.

In Rheinland - Westfalen oder überhaupt im Westen Deutschlands
werden sich die Ofenlöhne bei einer Belegschaft von 3 Mann für jeden Ofenkopf
oder an kleineren Öfen für eine Seite, einem Schürer auf jeder Schicht und
einem Spitzjungen am Tage heute trotz der höheren Lohnsätze auf die gleiche
Höhe wie bei den dreireihigen Öfen Oberschlesiens stellen, weil eine wesentlich
stärkere Besetzung der Muffeln (bis zu 48 k) oder bei kleineren Muffeln die
Zuteilung einer größeren Anzahl auf die Belegschaft üblich ist. In Belgien
ist der Lohnaufwand an den dreireihigen Muffelöfen dank der billigen Lohnsätze noch geringer. Mam kam dort 1907 noch einschl. der Prämie für
gutes Zinkausbringen mit 6 bis 7,50 M. für 1 t Erz an reinen Ofenlöhnen aus.

Während wir in Deutschland also mit einem Aufwand von 9 M. pro t Erz
an reinen Ofenlöhnen zu rechnen haben, stellen sich dieselben in Amerika
auf 13 bis 14 M.[1] Im Westen der Vereinigten Staaten werden die höheren
Löhne zum Teil durch den hohen Zinkgehalt der Ladung (bis 70 Proz.) wieder
ausgeglichen.

Nachdem wir im vorstehenden den Arbeitsgang an den Öfen geschildert
haben, wollen wir die Ursachen aufsuchen, welche zu den Verlusten bei dem
Verhüttungsverfahren Veranlassung geben. Dieselben entstehen einmal durch
Verflüchtigung von Metalldämpfen und weiter neben der Aufnahme von
Zink durch das Retortenmaterial in der nicht zu erreichenden völligen Erschöpfung des Erzes. Wodurch ist die letztere begründet? Wir haben schon weiter
oben eingehend erörtert, daß zur Reduktion von reinem Zinkoxyd, auch wenn
dasselbe an Kieselsäure gebunden ist, eine innige Mischung von Erz und
Reduktionskohle nicht erforderlich ist, den besten praktischen Beweis dafür
liefert die grobkörnige Beschaffenheit, in welcher man den Galmei in Oberschlesien zur Verhüttung bringt. Die Nebenbestandteile der Erze führen
aber zu Bindungen von Zink, welches dann der Reduktion entzogen und an
der Verdampfung gehindert wird. Um die gebildeten Verbindungen sowohl

---

[1] Die belgischen Öfen verlangen, was dabei zu berücksichtigen ist, einen höheren
Lohnaufwand.

wie die schon von Anfang an in der Beschickung anwesenden zu zersetzen,
wie beispielsweise Schwefelzink durch Eisen oder Kalk, ist innige Berührung
derselben mit dem Agens nötig, und deshalb hat man besonders bei der Behandlung reicher Erze in kleineren Reduktionsgefäßen in neuerer Zeit mehr
und mehr Sorgfalt auf eine innige Vermischung der Einzelbestandteile der
Retortenbeschickung gelegt, wovon die oben beschriebenen Mischapparate
(S. 374) Zeugnis ablegen. Vgl. S. 380: „Vorgänge bei der Reduktion".

Über den Grad der Zerkleinerung der Beschickungsbestandteile sind die
Meinungen geteilt. Wenn auch durch Vermahlung auf feines Korn die Mi-
schung inniger und infolge dichterer Lagerung die Aufnahmefähigkeit der
Gefäße vergrößert wird, so darf man darin doch nicht zu weit gehen. Nach
den Beobachtungen des Verfassers ist eine zu dichte Lage der Abtreibung der
Zinkdämpfe hinderlich, um so mehr, je höher die Erzlage, also je größer der
Querschnitt der Retorte ist. Selbst bei 16 bis 17 cm weiten, runden Gefäßen
(Röhren) macht sich diese Einwirkung schon bemerkbar; wie in den achtziger
Jahren angestellte Versuche erwiesen haben.

Die fein gemahlene Ladung, deren Volumen gegenüber der gewöhnlichen
Beschaffenheit von 100 auf 91,5 vermindert war, verursachte Schwierigkeiten
bei der Beschickung der Gefäße, da infolge der schnellen Verdampfung des
erforderlichen Wasserzusatzes die feinen Teile wieder aus der Retorte ausge-
stoßen wurden. Der Verfasser stellte deshalb nach dem Vorschlage von
Binon und *Grandfils*[1] Preßkuchen mittels einer Handpresse her, Zylinder,
welche bei einem dem Querschnitt der Retorte angepaßten Durchmesser
(152 mm) eine Höhe von 17,5 cm hatten. Ein besonderes Bindemittel wurde
nicht angewendet, sondern die mit 40 Proz. Mischkohle vermengten und
danach feingemahlenen Erze mit Wasser (12,5 Proz.) angefeuchtet. Die
Kuchen waren nach dem Trocknen ziemlich hart, so daß sie sich ohne nennenswerte Abbröckelung in die Retorte einschieben ließen; eine Retorte nahm
an Gewicht 15 Proz. mehr an Ladung auf, als von der Beschickung von gewöhnlicher Körnung. Obgleich die Rückstände selbst bei hohem Eisengehalte
„trocken" (unverschlackt) blieben, war dennoch trotz verlängerter Reduktionsdauer der Gehalt derselben höher, als bei gewöhnlicher Beschickung und das
Ausbringen schlechter. Auffallend war auch der aus der Differenz berechnete
Zinkverlust durch Verflüchtigung, wofür eine Erklärung schwer zu finden ist.

Ein Zusatz von 3 Proz. Ätzkalk zur Erzmischung schien vorteilhaft auf
das Ausbringen einzuwirken, jedoch nicht in dem Maße, daß das Ergebnis
zu weiterer Verfolgung der Versuche angeregt hätte.

Statt des Wasserzusatzes wurde auch Steinkohlenteer angewendet,
wovon 16,8 Proz. nötig waren, um eine genügende Festigkeit der Kuchen
zu erreichen (Brikettpech war damals noch selten). Von diesen Teerkuchen
vermochte ein Rohr 6,6 Proz. mehr an Ladung aufzunehmen, als von gewöhnlicher Beschickung, und das Ausbringen war befriedigend, aber nicht
besser, als bei Verwendung einer mageren Steinkohle (Anthrazitkohle von der

---

[1] D. R. P. 8703, Berg- u. Hüttenm. Ztg. 1880, S. 8, 1881, S. 27, 1882, S. 531, 1883,
S. 198 u. 211.

Ruhr bei Kupferdreh mit 9,8 Proz. flüchtigen Bestandteilen), so daß eine dauernde Anwendung von Teer angesichts der damit verbundenen Unbequemlichkeiten nicht angezeigt erschien (s. S. 424). Demgegenüber ergab die Verwendung von fein gemahlenem Koks an Stelle von Magerkohle ein sehr unvorteilhaftes Ausbringen. Der Gehalt der Rückstände an Zink erhöhte sich in einem Falle von 5,2 auf 8,6 Proz., und der Zinkverlust war doppelt so hoch. Die in der Mischkohle enthaltenen Kohlenwasserstoffe wirken unzweifelhaft vorteilhaft beim Reduktionsprozeß auf dessen Verlauf ein. In Erkennung dieser Wirkung ließ sich *Wilhelm Schulte*-Overpelt 1903 die Tränkung des Erzes mit 3 bis 5 Proz. Teer od. dgl. vor der Vermischung mit der Reduktionskohle schützen[1]. Die Menge der letzteren kann in diesem Falle auf 25 Proz. vermindert werden, womit eine stärkere Beschickung des Ofens ermöglicht und so die Verhüttungskosten verringert werden. *Schulte* geht von der Überzeugung aus, daß die verflüchtigten Kohlenwasserstoffe sich bei der hohen Temperatur des Retorteninhalts zerlegen, und Kohlenstoff in feinster Verteilung um die Erzteilchen gelagert wird, welcher die Reduktion des Zinkoxyds befördert und die Rückstände vor der Verschlackung schützt. Wir bezweifeln, daß dies bei der Temperatur, in welcher die Kohlenwasserstoffe des Teers vergast werden, in größerem Umfange schon eintritt. Wie wir schon früher erwähnten, ist es möglich, daß die Spaltung von Kohlenoxyd $(2\,CO = C + CO_2)$ diese Rolle beim Reduktionsprozesse spielt. Zweifellos aber will es uns erscheinen, daß die Verkokung bituminöser Kohle die Beschickung auflockert und dadurch vorteilhaft auf die Reduktion und Destillation des Zinks einwirkt[2].

Bei den belgischen und rheinischen Öfen verwendet man deshalb schon immer eine magere Kohle, sogen. Siebgrus mit Korn bis zu 6 mm aufwärts mit 10 bis 12 Proz. flüchtigen Bestandteilen und möglichst geringem Schwefel- und Aschengehalt in Höhe von 40 bis 50 Proz. des geladenen Erzes. Auch in Oberschlesien geht man bei den mehrreihigen Öfen neben dem Gebrauch von Kokslösche zur Verwendung bituminöser Kohle über, die Lazyhütte z. B. verwendet sogar sehr gasreiche Reduktionskohlen. Bei den einreihigen Öfen ist der Zinder von grobem Korn bis 30 mm Sieblochweite noch in Gebrauch.

Das Gewicht der Rückstände ist abhängig einmal von der Beschaffenheit der verhütteten Erze und dann von der Menge der zugesetzten Reduktionskohle und deren Aschengehalt und flüchtigen Bestandteilen.

Der Verfasser ermittelte in den 80er Jahren bei dem Betriebe belgischer Öfen das Gewicht der gesamten Rückstände einer 1950 k wiegenden Erzladung, welcher 780 k Reduktionskohle (entsprechend 40 Proz.) beigegeben, und mit welcher die Abfälle (Gekrätz, Vorlagenscherben usw.) eines vorauf-

---

[1] Franz. Pat. 318 265 vom 31. Jan. 1903. U. S. P. 718 222 (13. Januar 1903).

[2] *Hugh Fitzalis Kirkpatrik-Picard* in London und *H. Livingstone Sulman* brikettierten bleireiche Erze mittelst Teer oder Teerpech um die Retorte von der Einwirkung des Bleis zu schützen. Das Blei sollte in den lockern Rückständen verteilt bleiben. Inst. of Mining and Metall. Juni 1902. Engl. Pat. 2151, 15166 und 22570 (1900). Amer. Pat. 665744 v. Jan. 1901. Siehe auch *F. Kiessling*, Berg- und Hüttenm. Ztg. 61, S. 482 (1902).

gegangenen Reduktionsganges wieder geladen waren, zu 1293 k, d. i. 66,3 Proz. des geladenen Erzes und 47,36 Proz. der Beschickung. Es handelte sich in diesem Falle um eine verhältnismäßig zinkarme Ladung, aus Blende und eisenhaltigem Galmei bestehend, mit einem Zinkgehalt von 38,46 Proz. Zink = 750 k Zink. Der Gesamtverlust betrug 13,88 Proz. des im Erz enthaltenen Zinks. Die Rückstände enthielten neben 28,8 Proz. Fe 1,7 Proz. S und 2,16 Proz. Pb. 4,27 Proz. Zink, es waren demnach 7,36 Proz. Zink in den Rückständen geblieben und durch Verflüchtigung 6,52 Proz. verloren gegangen. In zwei anderen Fällen betrug bei 86,8 und 88,5 Proz. Ausbringen der in den Abbränden verbliebene Teil des Verlustes 6,2 und 7,5 Proz. des geladenen Zinks, während 7 bzw. 4 Proz. verflüchtigt waren.

Bei dreireihigen rheinischen Öfen wurde das Gewicht der Rückstände von einer 52 Proz. an Zink enthaltenden Blendeladung (einschließlich der zugehörigen Abfälle bzw. Zwischenprodukte) bei Verwendung von 35 Proz. einer mageren Reduktionskohle und 6 Proz. Koksgrus zu 58,5 Proz. des geladenen Erzes und 41,5 Proz. der Erzladung und Mischkohle festgestellt. *Eulenstein* ermittelte auf Zinkhütte Birkengang bei Anwendung von 42 Proz. Mischkohle 66 Proz. vom geladenen Erz und 44,5 Proz. der Gesamtladung (Erz, Zwischenprodukte, Abfälle und Mischkohle).

Bei den einreihigen Öfen, in welchen noch arme Galmeie ausschließlich mit Zindern verhüttet werden, wird das Gewicht ein entsprechend höheres sein und wohl annähernd 75 Proz. des Erzes betragen.

Firket[1] nimmt das Gewicht auf Grund zahlreicher Ermittelungen auf einer belgischen Hütte zu 68 Proz. des geladenen Erzes an, was mit den oben gegebenen Zahlen im Einklang steht, weil in den meisten Fällen der Mischkohlenzusatz 40 Proz. übersteigen wird.

Bei den rheinischen Öfen und bei Verhüttung hochprozentiger Erze (50 bis 53 Proz. Zink) kann man das Räumaschengewicht im Mittel zu 63 Proz. des Erzes annehmen, was auch mit den Angaben einer rheinischen Hütte aus neuester Zeit, die uns zur Benutzung zur Verfügung gestellt sind, übereinstimmt. Im Westen Amerikas, wo noch 60 bis 70 Proz. Zink enthaltende Erze zur Verhüttung kommen, wird das Gewicht der Abbrände natürlich noch weit geringer sein, und es darf in solchen Fällen nicht überraschen, wenn trotz hohen Gehaltes der Rückstände hohe Ertragsziffern genannt werden.

Der Gehalt der Rückstände an Zink schwankt bei normalen Verhältnissen von Einzelfällen besonders weitgehender Erschöpfung abgesehen, zwischen 3 und 5 Proz. bei einem Ausbringen von 89 bis 88 Proz. des geladenen Zinks, und wir können annehmen, daß in der Regel der Verlust durch unvollkommene Erschöpfung der Ladung die Hälfte des Gesamtverlustes ausmacht. Im Falle eines sehr guten Ausbringens, für welches 91 Proz. die äußerste Grenze bilden dürfte, wird sich ein Verhältnis zugunsten der Verflüchtigungsverluste ergeben, d. h. die Verluste durch den Zinkrest in den Rückständen werden etwas mehr als die Hälfte des Gesamtverlustes betragen (s. a. *Juretzka*, Metallurgie 1911, S. 1).

---

[1] Annales des Mines de Belgique 1901, S. 62.

Ein weiterer Verlust, der nicht auf Verflüchtigung von Zink beruht, entsteht durch Aufnahme von Zink durch die Retortenmasse. Wir zeigten auf S. 326 durch Analysen von Retortenscherben, daß dieselben bis über 20 Proz. Zinkoxyd, also über 15 Proz. ihres Gewichtes, an Zink bei langem Gebrauch der Retorte aufzunehmen vermögen. Die Hauptmenge desselben wird bei Röhren und Muffeln, welche mit der Hand geformt sind, wegen ihrer großen Porosität schon in den ersten Tagen absorbiert. Nach *Mühlhäuser*[1] hatte eine Retorte aufgenommen:

nach 8tägigem Gebrauche 13,50 Proz. ihres Gewichtes,
eine „ 20 „   „   12,75 „   „   „   und
„ „ 135 „   „   15,15 „   „   „

Es scheint deshalb, daß nach dem achten Tage nur noch geringe Mengen Zink auf diesem Wege in Verlust geraten; immerhin würden bis zum achten Tage dadurch 13 Proz. des mit dem Erz der Retorte zur Reduktion übergebenen Zinks verloren worden sein, denn *Mühlhäuser* stellte weiter fest, daß durch die Retortenmasse aufgenommen wurden:

am 1. Tage 25,97 Proz. des geladenen Zinks
„ 2. „   23,78 „   „   „   „
„ 3. „   14,37 „   „   „   „
„ 4. „   8,77 „   „   „   „
„ 5. „   9,24 „   „   „   „
„ 6. „   6,81 „   „   „   „
„ 7. „   1,70 „   „   „   „

im Durchschnitt also 90,64 : 7 = rund 13 Proz. Wenn wir nun annehmen, daß eine Retorte durchschnittlich die Dauer von 30 Tagen ohne weitere nennenswerte Absorption erreicht, so liegt in dieser Verlustquelle ein Verlust von 3 Proz. des im verhütteten Erz enthaltenen Zinks.

Bei den mittels hydraulischen Drucks erzeugten Gefäßen scheint die Aufnahmefähigkeit dank der Dichtigkeit des Scherbens eine bedeutend geringere zu sein, oder die Absorption des Zinks geht wenigstens wesentlich langsamer vor sich. *Lodin* teilt auf S. 574 seiner Metallurgie du Zinc die Ergebnisse von einem Versuche mit, welcher in einer der mittleren Reihen eines sechsreihigen belgischen Ofens (Dor) ausgeführt ist. Aus der frisch mit Röhren besetzten vierten Reihe wurde acht Tage hintereinander täglich je ein Rohr entfernt und auf seinen Zinkgehalt untersucht. Jedes Rohr, welches rund 65 bis 67 k wog, erhielt täglich eine Ladung von 39 k (einschließlich Reduktionskohle) mit einem Gehalt von rund 11 k Zink. Das nach dem

1. Tage gezogene Rohr enthielt nur Spuren Zink
2. „   „   „   „   0,92 Proz. seines Gewichtes entspr. 2,78 Proz.
3. „   „   „   „   1,18 „   „   „   „   2,36 „
4. „   „   „   „   1,03 „   „   „   „   1,59 „
5. „   „   „   „   1,10 „   „   „   „   1,32 „
6. „   „   „   „   1,86 „   „   „   „   1,90 „
7. „   „   „   „   1,51 „   „   „   „   1,30 „
8. „   „   „   „   1,56 „   „   „   „   1,15 „

des geladenen Zinks.

[1] Zeitschr. f. angew. Chemie 1903, S. 273—282.

Bei der Annahme, daß ein Rohr eine durchschnittliche Dauer von 30 Tagen hat und eine weitere Aufnahme von Zink nicht mehr stattfindet, würde sich der Verlust nur zu etwa 0,3 Proz. des geladenen Zinks berechnen. Indessen ist aber doch wohl anzunehmen, da die Masse mit Zink keineswegs gesättigt ist, daß eine weitere, wenn auch nur allmähliche Zunahme des Zinkgehaltes der Retorten eintritt, wenn auch das Eindringen von Zinkdämpfen durch die inzwischen gebildete innere und äußere Glasur auf den Gefäßwänden erschwert ist. Ein Gehalt der Scherben an Zink von 1,8 Proz. soll nach 30 tägigem Gebrauch allerdings nicht überschritten sein.

Steger hat bei der Prüfung von Dünnschliffen der Scherben unter dem Mikroskop[1] festgestellt, daß bei den auf hydraulischem Wege hergestellten Retorten, besonders wenn dieselben mit Kokszusatz angefertigt sind, nur eine geringe Zahl von Krystallen von Gahnit und Tridymit, der durch Zink bewirkten Umwandlungsprodukte, zu finden sind. Es zeigt sich unter dem Mikroskop eine dichte amorphe Masse, in welcher die kaum angegriffenen, noch scharfkantigen Koksteilchen eingebettet sind. Nur da, wo Risse das Eindringen der Schlacke erlaubt haben, sind die Kokskörnchen verschwunden, und die der Mischung zugesetzten Schamottkörnchen sind auch nicht mehr aufzufinden; die Risse sind zahlreich vorhanden, aber nicht so tief, wie bei den von Hand geformten Gefäßen.

In Lipine (Oberschlesien) hat man einen Durchschnittsgehalt an Zink von 8 Proz. des Gewichts der gebrauchten Retorten der einreihigen Öfen festgestellt, woraus sich unter der Annahme einer 50 tägigen Dauer und einer täglichen Ladung von 90 k mit 25 Proz. Zink ein Verlust von 2,13 Proz. durch das Aufnahmevermögen der Muffel ergeben würde.

Ein weiterer Verlust entsteht noch durch die außer Dienst gestellten Vorlagen und durch die Absorption von Zink durch den Placklehm, da die Ansätze nicht vollständig zurückzugewinnen sind. Der Vorlagenansatz ist sehr bedeutend. Bei den belgischen Vorlagen entspricht derselbe nach Feststellungen des Verfassers 3,75 Proz. des Zinks im verhütteten Erz. Bei 10 tägiger Verwendung nahm eine Vorlage rund 5 k an Gewicht zu, von welchem 93 Proz. durch Ausklopfen der Scherben zurückgewonnen wurde, so daß nur ein Verlust von 0,26 Proz. des geladenen Zinks entstand. Eine rheinische große Bauchvorlage, welche 10 Tage gedient hatte, wog mit Ansatz 41 k, ihr Reingewicht war 23 k, so daß sie 18 k mit 95 Proz. Zink angesetzt hatte, entsprechend 7,125 Proz. des geladenen Zinks. Die gebrauchten Vorlagen werden grob zerkleinert und der Ladung beigefügt. Die zerkleinerte Masse hatte einen Zinkgehalt von 36 Proz.

Lodin führt ein Beispiel an, nach welchem die 17 k schwere Vorlage nach 8 tägigem Gebrauch 31,8 k wog. Der Ansatz entsprach 5 Proz. des geladenen Zinks. Die gefüllte Vorlage ergab nach Zerkleinerung und Aufbereitung eine wieder zu verwendende Masse im Gewichte von 22 k mit 58,31 Proz.

---

[1] Zeitschr. f. Berg-, Hütten- und Salinenwesen im preuß. Staate 1896, S. 11.

Zink und 9,5 k Abfall mit 2,02 Proz. Zink gleich einem Verlust von 0,07 Proz. des geladenen Zinks.

In einem zweiten Falle nahm eine Vorlage, die 7 Tage gedient hatte, 6,13 Proz. des geladenen Zinks auf, und der Verlust in dem bei der Aufbereitung fallenden Abfall entsprach 0,13 Proz.

Ferner wurden nach *Lodin* in einem Falle aus 74 k gebrauchter Lacken und Plackerde, welche bei Verhüttung von 2184 k Beschickung (einschließlich Reduktionskohle) mit 29 Proz. Zink gedient hatten, durch Zerkleinerung und Waschen 28 k verwertbare Masse mit 37,29 Proz. Zink gewonnen, bei einem Abfall im Gewichte von 46 k mit 1,48 Proz. Zink, entsprechend einem Verlust von 0,11 vom geladenen Zink.

Der Verfasser ermittelte, wieviel Zink aus dem Placklehm der belgischen Öfen, welcher einen Gehalt von 28,2 Zink hatte, durch gesonderte Destillation zu gewinnen sei, und erzielte ein Ausbringen von 61 Proz. des in demselben enthaltenen Zinks.

In gleicher Weise behandelte, mit 20 Proz. Reduktionskohlen vermischte, vom Tauben gesonderte Vorlagenscherben mit 58,1 Proz. Zink ergaben, grob geklopft, 88,8 Proz. Zink, fein geklopft 76,2 Proz. Ausbringen, es machte sich hier wahrscheinlich im zweiten Falle die zu dichte Lage der Beschickung geltend!

Zinkstaub mit 10 Proz. Kohle lieferte 69,3 Proz. Plattenzink und 11,85 Staub und Gekrätz. In dem Rückstande blieben 0,85 Proz.

Die von neuem dem Destillationsprozesse übergebenen Zwischenprodukte sind daher keineswegs als Gewinn in ganzem Betrage in die Rechnung einzustellen, es sind wenigstens die üblichen Verlustzahlen, welche sich bei der Verhüttung des Erzes ergeben, zu kürzen. Sehr wahrscheinlich ist der Verlust bei der erneuten Destillation aber größer, wie die Verhüttung von hochprozentigen Zinkaschen lehrt.

Bei der Reduktion des Erzes werden im ersten Destillationsgange je nach dem mehr oder weniger beschleunigten Reduktionsprozesse etwa 68 bis 74 Proz. des geladenen Zinks an Plattenzink gewonnen; bei den rheinischen Öfen fällt weiter eine etwa 5 Proz. betragende Staubmenge (Poussière), welche bei scharf betriebenen Öfen auf Kosten der Plattenzinkerzeugung, (wie in der Regel bei den belgischen Öfen wegen der kleinen Vorlage) bis auf 10 Proz. anwächst, ebenso wie die als Gekrätz gewonnene Zinkmenge zwischen weiten Grenzen (10 bis 18 Proz.) schwankt. Wir lassen Beispiele folgen, welche aus einigen mit Sorgfalt an einem dreireihigen rheinischen Ofen mit Rekuperativheizung angestellten Versuchen stammen. Sie sollen über die Verteilung der einzelnen Produkte Aufschluß geben.

In 6 Muffeln wurden einmal 150 k Harzer Blende (Graupen) mit einem Gehalt von 65 Proz. mit 44 Proz. Reduktionskohle, welche 12,3 Proz. flüchtige Bestandteile bei einem Gehalt von 7,2 Proz. Asche und 1,08 Schwefel enthielt, verhüttet:

Es fielen:

```
72,5 k¹ Plattenzink              = 74,35 Proz. des geladenen Zinks (97,5 k)
 5,0 „  Zinkstaub                =  5,10  „     „        „        „
14,0 „  Gekrätz (75 Proz.)       = 10,75  „     „        „        „
 6   „  Vorlagenansatz (70 Proz.) =  4,30  „     „        „        „
                 zusammen:         94,50  „     „        „        „
```

Die Rückstände wogen 84 k, sie hatten
    einen Gehalt von 4,64 Proz. Zink =   4,00 „   „   „   „
    (2,31 Proz. Schwefel)

Der Verlust an Zink durch Verflüchtigung und Verzettelung belief sich also nur auf 1,5 Proz. des geladenen Zinks, der sich bei wiederholter Destillation der Zwischenprodukte zusammen mit dem Verluste durch Verbleiben in den Rückständen usw. erhöhen würde.

Eine sehr bleihaltige (8 Proz.) Blende algerischer Herkunft ergab bei gleich sorgfältiger Anstellung des Versuches aus 110 k mit 55 Proz. Zink (60,5 k) mit Benutzung von 4 Muffeln und Verwendung gleicher Mischkohle, wie vorher:

```
41,0 k Zink                      = 67,75 Proz. des geladenen Zinks
 3,0 „  Zinkstaub                =  5,00  „     „        „        „
15,0 „  Gekrätz  (70 Proz.)      = 17,35  „     „        „        „
 4,0 „  Vorlagenansatz (70 Proz.) =  4,65  „     „        „        „
                 Zusammen:         94,75  „     „        „        „
```

Die Rückstände wogen 60 k, sie hatten
    einen Gehalt von 3,9 Proz. Zink =   3,87 „   „   „   „
    (5,95 Proz. Blei)

und der sich aus der Differenz weiter ergebende Verlust beträgt nur 1,38 Proz.

Ein aus Versuchen, welche *Schnabel* in Brocken Hill zur Zugutemachung der dortigen Erze anfangs der 90er Jahre des vorigen Jahrhunderts in Australien angestellt hat, stammendes, aus Sulfat durch Rösten hergestelltes Zinkoxyd ergab bei einer probeweisen Verhüttung folgende Ausbeute:

Es wurden 9 Tage lang 2 Muffeln mit je rund 25 k dieses Rohstoffes beschickt, welcher 66,65 Proz. Zink, 7,52 Eisen, 4,3 Schwefelsäure und geringe Mengen Kalk, Tonerde und Kieselsäure enthielt, neben Spuren von Blei und Chlor.

460 k mit 306,7 k Zink lieferten unter Wiederverhüttung des täglich fallenden Gekrätzes:

```
177 k Plattenzink                     = 57,71 Proz. des geladenen Zinks
 33 „  Zinkstaub                      = 10,76  „     „        „        „
  3 „  Gekrätz v. letzten Tage à 80 Proz. =  0,78  „     „        „        „
 24,5 „  Vorlagenansatz à 80 Proz.    =  6,39  „     „        „        „
                 Zusammen             75,64  „     „        „        „
```

Die Rückstände wogen 281 k und ent-
    hielten 6 Proz. = 16,86 k Zink   =   5,50 „   „   „   „

Aus der Differenz ergibt sich noch ein Verlust durch Verflüchtigung, Aufnahme der Retorten usw. von 18,86 Proz. des geladenen Zinks.

---

¹ Die Zahlen sind abgerundet, weichen aber nur wenig von den ermittelten ab. Bei den im einzelnen konstatierten Schwankungen der Zahlen sei die dadurch vereinfachte Rechnung erlaubt.

Ähnlich ungünstige Resultate mit einem Ausbringen von 81 bis 82,5 Proz. ergab die gesonderte Verhüttung von reichen Zinkoxyden, welche als unverkäufliche Produkte aus der Zinkweißfabrik in die Hütte zurückkehrten und von Zinkaschen aus dem Zinkwalzwerk sowie von Zinkweißabfällen von New Jersey (Amerika) — Zinkweißgewinnung aus Franklinit und Willemit.

Es ist dem Verfasser nicht gelungen, diese hohen Verluste aufzuklären; anzunehmen ist, daß ein Teil des feinverteilten Oxydes durch den Kohlenoxydgasstrom fortgeführt wird.

Schließlich wollen wir noch die Ergebnisse der ersten Probeverhüttung von Willemit von New Jersey hier aufnehmen, welche der Verfasser im Jahre 1893 in Hamborn vornahm.

45 943 k Willemit mit 21 391 k Zink ergaben unter Wiederbeiladung des fallenden Gekrätzes, Vorlagenansatzes und sonstiger Abfälle in zugehöriger Menge[1] in 7 tägiger Betriebszeit eines Ofens mit 240 Muffeln.

18235 k Plattenzink	= 85,33	Proz. des geladenen Zinks	
704 „ Zinkstaub	= 3,29	„ „ „ „	
156 „ Gekrätz v. letzten Tage	= 0,61	„ „ „ „	
à 83,10 Proz. Zink			
Zusammen:	89,23	„ „ „ „	

Das Zink in den 3,77 Proz. haltenden Rückständen (58 für 100 Erz) betrug ungefähr 4,70 „ „ „ „

Es betrug demnach der Verlust an Zink durch Verflüchtigung, Retortenbruch, Retortenaufnahme, Zinkdampfrest in den Muffeln vor dem Räumen usw. 6,07 „ „ „ „

Die Analyse der Erze und der verschiedenen Produkte ergab die nachstehenden Gehalte:

	Willemit	Plattenzink aus der Ladung	Plattenzink aus dem Gekrätz	Zinkstaub	Gekrätz
Zn . .	46,56	99,75	99,54	94,84	83,10
Pb . .	0,63	0,244	0,46	0,514	Spuren
Fe . .	4,90	ger. Spur	sehr ger. Spur	Spur	1,176
Mn . .	5,67	fehlt	fehlt	Spur	0,662
Cd . .	Spuren	—	—	0,686	—
SiO$_2$.	22,99	—	—	—	—
Ca . .	fehlt	—	—	—	—
C. . .	—	—	—	in HCl unlösliche geringe Mengen	desgl.
S. . .	—	ganz schwach H$_2$S-Reaktion	desgl.	desgl.	desgl.

Durch Waschen des Muffelrückstandes konnte ein Produkt gewonnen werden, welches 33,6 Proz. Zink und 5,38 Proz. Fe (Mn wurde nicht bestimmt) enthielt. Es bestand zum großen Teile aus unzersetztem Willemit. Die

---

[1] Es wurden Vorlagenscherben und Placklehm von anderer Herkunft in anteiliger Menge zugegeben, weil bei dieser Probe kein Wert auf Gewinnung bleifreien oder bleiarmen Zinks gelegt wurde, welches später aus 48 Proz. Zink haltendem, bleifreiem Willemit in außergewöhnlicher Reinheit (99,95 Zink) erzeugt wurde.

Kieselsäure desselben fand sich in Form von Skeletten der 2 bis 3 mm großen
Erzkörnchen im Rückstand vor.

Die Ergebnisse vorstehender Versuchsdestillationen zeigen, daß bei
geordnetem Gange der Reduktion, dichte und mit Zink gesättigte Muffeln
vorausgesetzt, der Verlust durch Verflüchtigung bei den gebräuchlichen
Kondensationsvorrichtungen bei Verhüttung von Erz ein sehr geringer ist,
nur bei lockeren Oxyden treten auffallende Verflüchtigungsverluste auf.
Der hauptsächlichste, durch unvollkommene Absonderung des Zinks in den
Vorlagen hervorgerufene Verlust entsteht zweifellos in den ersten Stunden
der Destillationsperiode, wo durch den eiligeren Gasstrom, besonders durch
die aus der Reduktionskohle vergasten Kohlenwasserstoffe und dem aus der
Feuchtigkeit der Beschickung herrührenden Wasserstoff Zinkdämpfe mit
fortgeführt werden, davon zeugt auch der blauweiße Dunst, der aus den Dächern der Reduktionshallen in der ersten Zeit hervortritt. Es werden sich
auch in Zukunft kaum Mittel finden lassen, nutzbringend die Anteile von
Zink, die auf diese Weise verloren gehen, zu gewinnen. Kompliziertere Kondensationsapparate, d. h. Vorlagensysteme, erschweren nur die Kontrolle
des Betriebsganges, und es ist sehr zweifelhaft, ob sie die Ausbeute vermehren.
Man hat in Oberschlesien bei Anwendung der früher (Abschn. II) beschriebenen Ballons usw. zum Teil über das Ziel hinausgeschossen.

Die durch Verflüchtigung von Zink entstehenden Verluste sind
unseres Erachtens hauptsächlich auf die Porosität und eintretende größere
Undichtigkeiten der Retorten und durch Vernachlässigungen bei der Überwachung zurückzuführen. Durch Verstopfung der Vorlagen tritt Überdruck
in der Retorte ein, die Gase suchen dann Ausweg durch die Poren derselben
oder infolge unvollkommenen Verschlusses an ihrer Mündung.

Man könnte versucht sein, einen großen Teil des Verlustes in den nach
beendigter Destillation noch in der Retorte bleibenden Zinkdämpfen zu suchen,
da hierbei anscheinend große Mengen von Zinkrauch auftreten, indessen eine
einfache Rechnung sagt uns, daß dieser Verlust nur ein sehr geringer ist:

1 Retorte von 60 l Rauminhalt erhält einschließlich der von neuem dem
Destillationsprozesse zu übergebenden Zwischenprodukte durchschnittlich
etwa eine Ladung von 20 k Zink. Ungefähr $^4/_{10}$ des Raumes werden am
Schlusse der Reduktionsperiode von den Rückständen eingenommen, so
daß 36 l von Gasen gefüllt sein werden. Diese bestehen nach S. 393 zur Hälfte
aus Zinkdampf und zur Hälfte aus Kohlenoxydgas. 1 l Zinkdampf wiegt bei
1200°, welche Temperatur die Gase am Ende des Prozesses haben werden
(das spez. Gew. nach *Mensching* und *Mayer* zu 2,38 angenommen), 0,57 g.
18 l also 10,26 g entsprechend 0,051 Proz. des geladenen Zinks.

Lodin berechnet (S. 576 s. W.) einen Verlust von 0,072 Proz. für rheinische
und belgische Öfen und das Doppelte etwa für große schlesische Muffeln.

Bei der jetzigen Gewinnungsmethode ist nach vorstehendem kaum noch
auf eine Erhöhung der Ausbeute zu rechnen, wenigstens nicht in Form von
verkäuflichen Erzeugnissen. Die Bestrebungen, den Arbeiter mehr als früher
vor strahlender Hitze und vor gesundheitlichen Schädigungen durch Ein-

atmung von Staub und metallischen Dämpfen zu schützen, haben, wie wir im vorigen Abschnitt zeigten, zu Einrichtungen geführt, die vom Ofen während der Reduktionsperiode und besonders während der Räumung und Ladung der Gefäße ausgestoßenen Gase abzusaugen, womit zugleich die Möglichkeit gegeben ist, die letzteren vor ihrem Eintritt in die Atmosphäre vom mitgeführten Staube zu befreien.

Zinkhütten mit solchen Vervollkommnungen in der Ausrüstung der Reduktionsöfen werden zwar erreichen, daß man ihre Nachbarschaft nicht mehr zu fürchten braucht, wie es bisher in übertriebener Weise auch dann noch geschah, als die belästigenden Exhalationen von schwefliger Säure aufhörten, aber die damit gewonnenen Staubmengen werden die Erhöhung der Betriebskosten nur zum geringen Teile decken, und das Ausbringen aus dem Erze wird dadurch eine nennenswerte Aufbesserung nicht erfahren. Der nächste Abschnitt wird einen Einblick in das bisher in dieser Hinsicht Geschehene gewähren.

Ehe wir eine Rechnung über die Gestehungskosten aufstellen können, haben wir noch nachzuweisen, wie hoch der laufende Verbrauch an Betriebsmaterialien ist:

Der Verbrauch an Retorten schwankt sehr, er ist abhängig — abgesehen von den zu ihrer Herstellung zur Verfügung stehenden Stoffen — von der Beheizungsart der Öfen und der Beschaffenheit der zur Verhüttung kommenden Erze. Den Einfluß, den beide Faktoren auf die Retortenwandungen ausüben, haben wir schon früher beleuchtet. Die direkte Beheizung bei den belgischen Öfen z. B. bewirkte, daß die Retorten der untersten Reihen nur eine Dauer von 10 Tagen hatten, nach oben hin zunehmend die Gefäße aber bis zu 100 Tagen und länger gebraucht werden konnten. Neben der Beheizungsart, d. h. dem Umstande, daß die unteren Retorten stärker als die oberen der Flamme ausgesetzt sind, kommt hier auch besonders die durch die stärkere Beheizung eintretende Verflüssigung der Rückstände zur Geltung. Als mittlere Lebensdauer einer Retorte wird man 30 Tage annehmen können. Manche Hütten sind in Anbetracht der Beschaffenheit ihrer Erze mit 25, ja mit 20 Tagen zufrieden, andere dagegen erreichen eine Dauer von 45, ja bis 60 Tagen. Die letzteren Zahlen bilden bei den einreihigen schlesischen Öfen noch die Regel, wie aus der Statistik des Oberschlesischen Berg- und Hüttenmännischen Vereins zu entnehmen ist, denn die Wilhelminenhütte hatte 1910 eine 56tägige, die Paulshütte eine 62tägige Muffeldauer (bei den Silesiahütten ist der Verbrauch für ein- und mehrreihige Öfen nicht getrennt angegeben), bei den mehrreihigen rheinischen Öfen gehören solche Zahlen zur Seltenheit (Birkengang), und bei belgischen Öfen kommen sie wohl überhaupt nicht vor.

Die Vorlagen erleiden nur geringen Bruch, ihre Brauchbarkeit ist begrenzt durch die starken zinkischen Ansätze und beläuft sich im Durchschnitt auf 10 Tage.

Die ununterbrochene Betriebszeit (Kampagne) eines Ofens währt beim älteren belgischen System 18 bis 20 Monate, während die dreireihigen rheinischen Öfen in der Regel die doppelte Zeit den zerstörenden Einflüssen des Betriebes widerstehen und vereinzelt eine Dauer von 4, ja 5 und 6 Jahren erreichen.

Die Leistungsfähigkeit eines gut konstruierten, insbesondere mit guter Beheizungseinrichtung versehenen Ofens ist in der Hauptsache abhängig von der Beschaffenheit und dem Zinkgehalt der zur Behandlung gelangenden Erze. Normen lassen sich hierfür nicht aufstellen, es ist Sache des Betriebsleiters, die für die vorliegenden Verhältnisse zweckmäßigste Beschickung seiner Öfen herauszufinden, um jeweilig die billigsten Gestehungskosten seiner Produkte zu erreichen.

Als Reduktionskohle verwendet man bei den großen schlesischen Muffeln noch allgemein die aus den Aschen der Heizkohle ausgeklaubten oder ausgewaschenen Zinder oder Kokslösche[1], bei dem rheinischen und belgischen Ofensystem eine magere, (7 bis 12 Proz. flüchtige Bestandteile), möglichst aschen- und schwefelarme Steinkohle, die man hier und da zu einem kleineren Teile wohl zwecks lockerer Lage der Beschickung durch Zinder ersetzt. 40 Proz. Mischkohle zum Erz bildet die Regel, bei wenig gutartigen Erzen erhöht man den Zuschlag auf 50 Proz., selten auf mehr, um einen möglichst trocknen Rückstand zu erzielen. In Amerika gebraucht man Anthrazitgrus, La Salle setzt 50 Proz. davon dem 70 Proz. Zink haltenden gerösteten Blenden zu (Privatmitteilung).

Der Heizkohlenverbrauch schwankt auch noch heute sehr, obgleich mit wenigen Ausnahmen für gute Befeuerung der Öfen gesorgt ist. Ohne Kenntnis der Beschaffenheit der zur Verwendung kommenden Kohlen, insbesondere ihres Heizwertes, kann man keine Vergleiche zwischen den einzelnen Industriegebieten anstellen und keine Kritik an der Zweckmäßigkeit der Beheizungsarten der Öfen üben. Es ist auch bei der Auswahl der Kohle Sache des Betriebsunternehmers, unter dem Gebotenen das herauszusuchen, was den billigsten Ofenbetrieb ergibt. Bei mittelguter Generatorkohle rechnet man im allgemeinen bei belgischen wie rheinischen Öfen mit einem Heizkohlenverbrauch von 120 Proz. vom Erz, wobei die zum Tempern der Muffeln nötigen Kohlen in der Regel mit eingerechnet sind. Hat man mit minderwertigen Kohlen zu arbeiten, so steigt der Verbrauch entsprechend ihrem Heizwert bis zum 2fachen vom Erz. Die Angaben der einzelnen Hütten sind vielfach schön gefärbt, es sind gewöhnlich die vorübergehend erreichten günstigsten Betriebsergebnisse. Der Angabe einer rheinischen Hütte, welche vorherrschend mit Regenerativfeuerung arbeitet und reichlichen Gewinn abwirft, dürfen wir volles Vertrauen entgegenbringen. Danach beträgt der durchschnittliche Verbrauch an Heizkohlen 116 bis 118 Proz. des verhütteten, im gerösteten Zustande 50 bis 53 Proz. Zink haltenden Erzes; außerdem werden noch 4 Proz. des Erzes zum Tempern der Muffeln gebraucht. Einen

---

[1] In der Statistik Oberschlesiens ist für die einzelnen Hütten ein Verbrauch an Zindern vom 0,41fachen bis zum 0,806fachen vom Erz nachgewiesen. Es ist anzunehmen, daß die hohen Zahlen nicht nur als Mischkohle anzusetzen sind, ein Teil der Zinder wird den Heizkohlen wieder zugegeben sein.

ganz hervorragend niedrigen Verbrauch[1] haben die in Fig. 33 dargestellten (S. 141) *Dor-Delattre*schen Regenerativöfen in Dorplain-Budel — 85 bis 90 Proz. Erz. Dagegen beträgt der Kohlenverbrauch in La Salle (Illinois) an den großen, 864 Röhren fassenden Öfen 290 Proz. des geladenen, gerösteten Erzes mit 70 Proz. Zink, wovon 90 Proz. ausgebracht werden.

An den **einreihigen** Öfen Oberschlesiens wurden nach der oberschlesischen Statistik im Jahre 1910 gebraucht einschließlich Reduktionskohlen auf 1 Teil Erz:

in der Pauls- und Wilhelminenhütte
(Giesches Erben) . . . . das 1,64fache Kohlen und 0,51fache Zinder
auf den Silesiahütten und der Thurzohütte „ 2,20 „ „ „ 0,806 „ „
auf der Klara- und Franzhütte (Ober-
schlesische Akt.-Ges.) . . . . „ 1,82 „ „ „ 0,483 „ „

An den **zwei- und dreireihigen Öfen** betrug der Verbrauch:

auf den Hütten der gräfl. Donnersmarck-
schen Verwaltung . . . . das 2,31fache Kohlen und 0,41fache Zinder
auf der Guidottohütte (Fürst von Don-
nersmarck) . . . . „ 2,485„ „ „ 0,555 „ „
auf der Hohenlohehütte (Hohenlohe-
Werke A.-G.) . . . . „ 2,20 „ „ „ 0,58 „ „
auf der Godullahütte (Hohenlohe-Werke
Akt.-Ges.) . . . . „ 2,11 „ „ „ 0,785 „ „
auf der Kunigunde- und Rosamunde-
hütte (Oberschl. A.-G.) . . . . „ 1,84 „ „ „ 0,487 „ „

Im Durchschnitt von allen oberschlesischen Hütten belief sich der Aufwand im ganzen auf 924 502 t Kohlen und 267 905 t Zinder, für 1 t geröstetes Erz auf 2,01 t Kohlen und 0,58 t Zinder und für 1 t erzeugtes Zink auf 6,29 t Kohlen und 1,82 t Zinder.

Es waren in Betrieb 271 einreihige Öfen mit 11 012 Muffeln
und 184 mehrreihige Öfen mit 21 760 Muffeln,
welche 396 919 Muffeln verbrauchten (entspr. einer Dauer von 30 Tagen).
Die hierfür und im übrigen verarbeitete Tonmenge belief sich auf 56 512 t
für 1 t Erz auf 123 k und
„ 1 „ Zink „ 385 „
Es wurden im ganzen verhüttet:
132 777 t Galmei
4 953 t Ofenbruch
322 088 t Blende (60 465 t fremder Herkunft)
zusammen: 459 738 t
mit 8171 Arbeitern, welche 7 885 824 M. an Lohn erhielten,
entsprechend rund 965 M. für einen Arbeiter.
17,15 M. für 1 t Erz
53,65 „ „ 1 t Zink
d. h. nicht allein an Reduktionsofenlöhnen, sondern an gesamten Löhnen der Schmelzhütten.

Dem Brennstoffverbrauch in der Praxis wollen wir den theoretischen Wärmebedarf für die Reduktion von Zinkoxyd gegenüberstellen, welche sich nach der Gleichung

---

[1] Nach Angaben, welche wir einer privaten Mitteilung verdanken.

$$ZnO + C = Zn + CO$$
$$\underset{-85\,900}{|} \qquad\qquad \underset{+28\,600}{|}$$

vollzieht. Für 65,4 k reduziertes Zink werden demnach 57 300 w oder für 1 k reduziertes Zink etwa 876 w verbraucht. Wenn wir annehmen würden, daß zuerst Kohlensäure bei der Reduktion auftritt, welche durch Kohle im Überschuß wieder zu CO reduziert wird, so würde die Gleichung lauten müssen:

$$2\,ZnO + 2\,C = 2\,Zn + CO_2 + C = 2\,Zn + 2\,CO$$
$$\underset{-171\,800}{|} \qquad\qquad \underset{+97\,200}{|} \qquad\qquad \underset{-97\,200\,+\,57\,200}{|}$$

Das Endresultat ist dasselbe, und deshalb können wir den zweiten Vorgang unbeachtet lassen.

Hinzu kommt noch die Wärme, welche durch den Zinkdampf und das Kohlenoxydgas fortgeführt wird, und die Erwärmung der Beschickung auf 1200°, also:

für 1,25 k Zinkoxyd (entsprechend 1 k Zink) × (0,124 × 1200) . . . . . . etwa 185 w
spez. Wärme × Temp.

„ 0,5 Kohle (40 Proz.) × (0,2411 × 1200) . . . . „ 145 w
„ 0,428 CO ($^{28}/_{65,4}$) × (0,270 mittl. spez. Wärme × 1200) . . . . „ 140 w
„ 1 k Zinkdampf, geschätzt zu . . . . „ 320 w
mit oben ermitteltem Umsetzungswärmebedarf von . . . . 876 w
ergibt dies zusammen einen Wärmebedarf von . . . . 1666 w

Ein bequemes Objekt für die Berechnung des theoretischen Wärmebedarfs gibt der Willemit ab, in einer Zusammensetzung, wie ihn der Verfasser in großen Posten verhüttet hat. Derselbe enthielt, wenn wir geringe Mengen anderer Bestandteile beiseite lassen:

$$
\begin{array}{rcl}
60,365\ ZnO &=& 48,500\ Zn \\
7,530\ MnO &=& 5,833\ Mn \\
8,000\ Fe_2O_3 &=& 5,600\ Fe \\
24,105\ SiO_2 &=& 24,105\ SiO_2 \\
-\ &=& 15,962\ O \\
\hline
100.- & & 100.-
\end{array}
$$

Bei vorsichtiger Verhüttung des Erzes tritt eine Schlackenbildung nicht ein. Kieselsäure und die überschüssige Kohle (wir wollen annehmen, daß reiner Kohlenstoff zur Reduktion verwendet wird) bleiben in „trockner" Form, Eisen und Mangan in metallischer Form einhüllend, in der Muffel zurück. Angenommen, daß alles Zink abgetrieben wird, ist die nachstehende Wärmemenge zur Reduktion des Erzes bzw. zur Destillation des Zinks erforderlich:

Zur Reduktion von 48,5 k Zink	42 690 w
„ „ „ 5,6 „ Fe zu 1030 w p. k Metall	5 770 w
„ „ „ 5,833 „ Mn zu 1200 w „ „ „	7 000 w
„ Erhitzung „ 100 k Erz auf 1200°	14 880 w
„ „ „ 40 „ Kohle auf 1200°	11 500 w
Forgeführt mit Verflüchtigung von 28,2 k CO (etwa 21 f. Zn, 4,2 f. Fe	9 020 w
und 3 f. Mn)	
„ „ „ 48,5 k Zn (320 w) =	15 520 w
Auf 100 k Erz (48,5 k Zink) zusammen	106 380 w
oder auf 1 k Zink	2 192 w

Lodin hat auf S. 582 seines Werkes den Wärmebedarf für ein Erz mit 52,3 Proz. Zink neben Eisen, Blei, Kieselsäure, Kalk usw. und für ein solches mit 25 Proz. Zink berechnet und kommt dabei zu

$$104\,800 \text{ bzw. zu } 89\,200 \text{ w.}$$

Demnach bleiben wir nicht weit von der Wirklichkeit ab, wenn wir den durchschnittlichen Wärmebedarf für Reduktion von 1 t Zinkerz zu 1 000 000 w annehmen. Wenn die Beheizung der Öfen durch Verbrennung einer Steinkohle mit einem Heizwert von etwa 7000 w bewirkt wird, so würden in Oberschlesien bei einem durchschnittlichen Kohlenverbrauch pro t Erz von 2,01 t nur etwas über 7,1 Proz. des Heizwertes der Kohle ausgenützt werden. Bei gut geleitetem Betrieb von rheinischen Öfen mit einem Kohlenverbrauch von 1,2 t erhöht sich diese Zahl auf 12 Proz., und bei dem *Dor-Delattre*schen Regenerativofen des belgischen Systems, bei welchem der Kohlenverbrauch außerordentlich niedrig ist (850 bis 900 k pro t Erz), d. h. im günstigsten bisher erzielten Falle, erreicht die Nutzung der Kohle 16,8 Proz. des Heizwertes. Bei den großen Ausstrahlungsflächen der Öfen, insbesondere ihrer Vorderwände, welche die Beheizung zahlreicher kleiner Gefäße, die von einer Seite bequem zugängig sein sollen, zur Folge hat, wird man kaum noch auf eine sparsamere Wirtschaft in diesem Punkte rechnen können.

Jüngst hat *Eulenstein* die Wärmebilanz eines Siemens-Zinkofens aufgestellt,[1] wobei er zu dem nahezu gleichen Wärmeverbrauch durch die endothermischen Vorgänge in der Muffel kommt, den wir oben berechnet haben = 2181 w für 1 k reduziertes bezw. abdestilliertes Zink —. Der Arbeit sind Durchschnittszahlen, welche beim Betriebe eines solchen Ofens der Hütte Birkengang bei Stolberg ermittelt worden sind, zugrunde gelegt, und zwar bei täglicher Verhüttung einer gemischten Erzladung im Gewichte von 5000 k und 51,74 Proz. Zink, welcher an Halbprodukten (Vorlagenansatz usw.) 320 k mit 49,5 Proz. Zink neben 42 Proz. Mischkohle mit 10 Proz. Feuchtigkeitsgehalt beigegeben wurden. Das Ausbringen daraus betrug 2117 k Plattenzink und 200 k Zinkstaub. Wenn man den Zinkstaub mit 80 Proz. Zinkgehalt in Rechnung stellt, entspricht das einem Zinkverlust von 11,98 Proz. vom Zink im Erz.

Bei normalem Kohlenverbrauch von 120 Proz. vom Erz wurden in den Gaserzeugern 6000 k eines Gemisches von Steinkohlen des Ruhr- und Wurmbezirkes vergast. Infolge unvollkommener Verbrennung im Generator und hauptsächlich beim Wechseln entstehenden Gasverlusten (120 cbm p. Tag) gelangten zum Ofen 21 465 cbm Gas (von 0° und 760 mm) mit 1524 k Wasserdampf, entsprechend 33 765 550 w an fühlbarer Wärme und an Heizwert. Das Gas gelangte mit 765° zum Ofen, es bestand aus

---

[1] Dissertation zur Erlangung der Würde eines Doktor-Ingenieurs (Aachen), Wilh. Knapp, Halle a. S. 1912. Die Abhandlung wurde uns vom Verfasser überreicht, als wir mit der Korrektur beschäftigt waren. Wir empfehlen die interessante, ins einzelne gehende Arbeit zum eingehenden Studium.

$$5{,}7 \ \text{Vol.-Proz.} \quad CO_2$$
$$0{,}2 \ \text{,,} \quad \text{,,} \quad O$$
$$22{,}1 \ \text{,,} \quad \text{,,} \quad CO$$
$$4{,}2 \ \text{,,} \quad \text{,,} \quad CH_4$$
$$8{,}8 \ \text{,,} \quad \text{,,} \quad H$$
$$59{,}0 \ \text{,,} \quad \text{,,} \quad N$$

Von jedem k der vergasten Kohle wurden demnach 5627,6 w dem Heiz-raume des Ofens zugeführt, und zwar einer Kohle, mit einem Gehalt von 4,45 Proz. Feuchtigkeit, von 15,4 Proz. Asche und von 79,62 Proz. Rein-kohle, welche ihrerseits bestand aus 84,2 Proz. C, 4,84 Proz. H, 9,4 Proz. N + O und 1,614 Proz. S.

Von diesen Wärmeeinheiten gehen nach *Eulensteins* Ermittelungen rund 56 Proz. mit den Abgasen und 35,3 Proz. durch Strahlung und Leitung verloren, so daß n u r 8,7 Proz. durch den Zinkreduktionsprozeß verbraucht werden. Die endothermischen Vorgänge in der Retorte ver-langen zwar 18,7 Proz. der zugeführten Wärmemenge, aber 10 Proz. werden durch die Verbrennung des Teiles der Reduktionskohle, welcher durch die Reduktion des Erzes verbraucht wird, und durch die mit der Beschickung in den Ofen eingebrachte Wärme geliefert. Hoch erscheint der Wärme-ausgang durch die Abgase, welcher sich bei vollkommener Verbrennung des Gases[1] auf etwa 52 Proz. vermindern würde. Ein Vergleich mit dem *Siemens-Martin*-Stahlofen zeigt, daß der Verlust durch die Abgase bei diesem nur etwa halb so groß ist, dafür aber die Leitungs- und Strahlungs-verluste noch wesentlich größer sind, was überrascht, aber mit dem Strah-lungsverlust durch die häufig geöffneten, großen Arbeitstüren zu erklären ist. Der Wärmeverbrauch für den Arbeitsvorgang beträgt hier etwa 12,5 Proz. von der zugeführten Wärme; ungefähr die gleiche Wärmemenge wird auch hier aus der Ofenbeschickung heraus, hauptsächlich durch Metalloidverbrennung geliefert. Durch Vergrößerung der Wärmespeicher würde sich ein günstigeres Verhältnis bei dem Zinkofen erreichen lassen, aber der Raum unter dem Ofenmassiv legt eine gewisse Beschränkung auf. Vermutlich verdankt *Dor-Delattre* den größeren Abmessungen der seitlich am Ofen angeordneten Wärmespeicher, denen auch, wie den über dem Ofengewölbe liegenden Gaskanälen, ein Teil der von der Heizkammer ab-geleiteten Wärme zugute kommt, den geringen Kohlenverbrauch. Eine weitere Nutzung der mit den Abgasen fortgeführten Wärme zur Dampf-erzeugung ist begrenzt, weil für den nötigen Essenzug den Gasen eine gewisse Wärmemenge belassen werden muß. Künstliche Zugmittel könnten vielleicht nützlich wirken. Die von einem Teile der Reduktionskohle im Reduktionsprozeß in der Muffel erzeugte Wärme (36,2 Proz. des darin ent-haltenen Kohlenstoffes wurden verbrannt) berechnet *Eulenstein* zu 3 240 000 w d. s. 9,6 Proz. der mit den Generatorgasen dem Ofen zugeführten Wärme-mengen. Nahezu dieselbe Verbrennungswärme enthält das entwickelte Kohlenoxydgas, welches außerdem an fühlbarer Wärme 3 Proz. der von

---

[1] Die Durchschnittsanalyse der Abgase zeigte: 13,8 Proz. CO_2, 2,3 Proz. O, 0,9 Proz. CO, 83,0 Proz. N.

den Heizgasen erzeugten Wärme abführt, so daß sein Heizwert beim Austritt aus der Vorlage 12,5 Proz. von der Verbrennungswärme der Heizgase beträgt. Die Nutzung dieses verhältnismäßig großen Wärmepostens ist kaum ausführbar, weil bei der großen Zahl der Austrittsstellen eine Fassung auf Schwierigkeiten stößt, wenn ein ungünstiger Einfluß auf die Vorgänge in der Muffel vermieden werden soll (s. S. 400, Abschn. 5 B II). Die in der Räumasche verbliebene Kohle (63,8 Proz. des Kohlenstoffes) hat noch einen

Heizwert, der mit 8 900 000 w etwa 26 Proz. der Verbrennungswärme der Heizgase ausmacht. Zur Nutzung desselben sind verschiedene Vorschläge gemacht (siehe S. 470 und 528). Durch Vorwaschen der Rückstände kann die überschüssige Kohle z. T. wieder gewonnen werden. Die fühlbare Wärme der Räumasche zu nutzen, scheitert daran, daß sich die Möglichkeit dazu nur in wenigen Stunden der Betriebsperiode bietet, die darin aufgespeicherte Wärmemenge beträgt auch noch nicht 3 Proz. der im Ofen erzeugten Wärme, es wäre deshalb nicht viel damit gewonnen.

Über die Temperaturen, welche während einer Reduktionsperiode in einem Zinkofen herrschen, geben die Ermittlungen an einem Hegeler-Ofen in La Salle Aufschluß, welche *Mühlhäuser* in der Zeitschrift für angew. Chemie im Jahre 1903, S. 273 ff. „Über die Herstellung der Zinkretorten und deren Verhalten im Feuer" veröffentlicht hat. Wir geben in

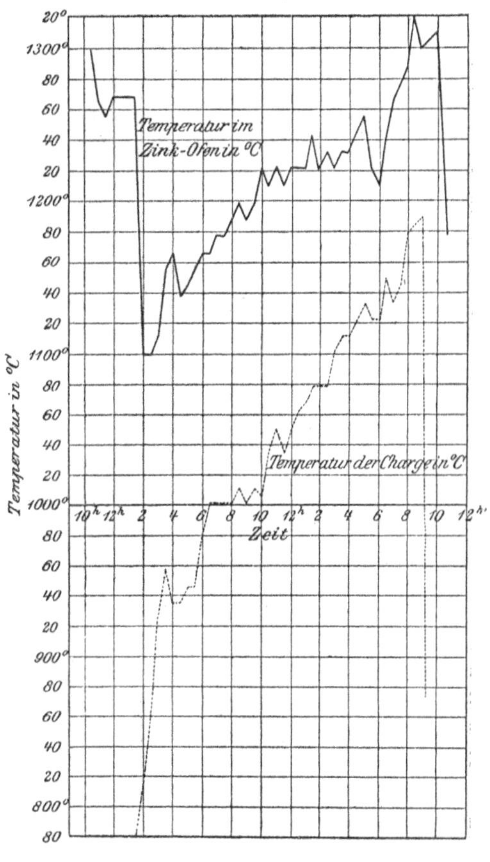

Fig. 166.

Fig. 166 die graphische Aufzeichnung der im Ofenraume und in den Retorten in den verschiedenen Arbeitsstadien herrschenden Temperaturen wieder:

Die Messungen haben begonnen nach beendigter Destillation der voraufgegangenen Periode, morgens um 10 Uhr 30 Minuten, zu welcher Zeit im Ofenraume eine Temperatur von etwa 1300° C (1298°) herrschte, dicht neben einer Retorte gemessen. Nach Abnahme der Vorlagen um 11 Uhr war die Temperatur auf 1265°, nach vollendeter Räumarbeit um 11 Uhr 30 Minuten auf 1255° gesunken und nach erfolgter Neubeschickung um 12 Uhr wieder bis auf 1267° gestiegen. Auf diesem Punkte blieb sie ungefähr $1^1/_2$ Stunde lang stehen; um 1 Uhr 30 Minuten wurde noch die gleiche Temperatur gemessen und gleichzeitig die erste Messung in der Retorte selbst, inmitten des Inhalts vorgenommen, wobei 781° gefunden wurden. Mit der fortschreitenden Erhitzung des Retorteninhaltes fällt die Temperatur im Ofenraume gleichmäßig, es wird mit der Destillation des Zinks die größte Wärmemenge verbraucht, das scheint insbesondere einzutreten etwa $3^1/_2$ bis 4 Stunden nach Beendigung der Beschickung, wo trotz steigender Temperatur des Heizraumes dieselbe in der Retorte fällt, wie die scharfe Brechung der Linie zeigt. Erst eine Stunde später fängt dieselbe wieder an zu steigen und erreicht 1000° C $6^1/_2$ Stunden nach der Ladung; auf annähernd gleicher Höhe verbleibt sie ungefähr $3^1/_2$ Stunden, obgleich der Ofenraum fortlaufend an Wärme zunimmt. Von da ab setzt dann, abgesehen von einigen unwesentlichen Rückgängen, welche wohl durch Unregelmäßigkeiten der Ofenbeheizung begründet sein werden, eine gleichmäßige Zunahme der Temperatur im Heizraum und in der Retorte ein, welche zu Höchsttemperaturen von 1320° bzw. 1188° um 9 Uhr morgens, also 21 Stunden nach vollendeter Beschickung führen. Nach dem Ausräumen der Rückstände finden wir wieder dieselbe Ofentemperatur wie beim Ausgange.

Von Interesse sind die von *Mühlhäuser* in der nachstehenden Tabelle niedergelegten Analysen des Retortenmaterials, der in La Salle verhütteten Erze und der Flugasche der Feuerung und weiter von Reaktionsprodukten, welche vom Erz und Flugstaub in 135 tägiger Einwirkung auf eine Retorte hervorgebracht wurden. (Ztschr. f. angew. Chem. 1903, S. 279.)

Zusammensetzung von	SiO_2 Proz.	Al_2O_3 Proz.	FeO Proz.	CaO Proz.	MgO Proz.	K_2O Proz.	Na_2O Proz.	PbO Proz.	ZnO Proz.	CuO Proz.	S Proz.	CdO Proz.	Bemerkungen
I. Ingredien-zien:													
Retorte	56,08	39,26	2,48	0,78	0,51	0,07	0,19	—	—	—	—	—	
Erz	7,00	2,22	1,15	0,80	0,07	—	—	0,37	86,84	0,08	1,17	0,36	
Flugstaub . . .	9,48	2,38	2,86	0,36	0,05	0,27	0,35	—	12,40	—	8,56	—	C nicht bestimmt
II. Reaktions-Produkte:													
Glasur a) . . .	50,26	31,84	8,85	1,40	0,36	1,09	1,68	0,28	3,20	—	—	—	glattes Aussehen
„ b) . . .	54,98	32,78	5,40	1,96	0,64	0,51	1,81	0,04	0,22	0,02	—	—	blasiges Aussehen
Scherben a) . .	53,70	37,03	3,48	0,60	—	0,49	0,54	—	4,12	—	—	—	vom Retortenmunde
„ b) . .	44,68	32,52	3,24	0,10	—	0,11	0,20	—	19,10	—	1,29	--	vom Boden der Retorte
Schlacke in der Retorte . . .	66,94	13,66	11,12	4,34	1,30	0,52	0,48	—	3,42	0,16	—	--	
Zinkring am Munde . . .	5,90	3,85	1,09	0,20	—	—	—	1,95	88,60	—	—	0,05	

Die Gestehungskosten für das erzeugte Zink sind in erster Linie abhängig von dem Preise des Erzes, welcher, wie wir im ersten Abschnitte zeigten, durch den für das Produkt herrschenden Marktpreis geregelt wird. Hüttenwerke, welche eigene Erzgruben haben, werden die der Hütte aus den

Gruben zugeführten Erze zu Preisen einsetzen, welche mit denen der Kauferze übereinstimmen. Abgesehen von außergewöhnlichen Fällen und den besonderen Verhältnissen Oberschlesiens wird demnach, gleiches Ausbringen vorausgesetzt, der Preis des Erzes einen bestimmten Prozentsatz von den Gestehungskosten ausmachen, und wir lassen denselben deshalb bei den folgenden Aufstellungen unberücksichtigt.

Indem wir feste Sätze für die Materialien und die Arbeitslöhne einsetzen, wollen wir eine Rechnung aufmachen, welche bei einem Kohlenverbrauch von 120 Proz. vom Erz einer Retortendauer von 30 Tagen und einem Zinkverlust von 12 Proz., die Verhüttungskosten von 1 t Erz, bzw. bei einem Zinkgehalt desselben von 50 Proz. die Gestehungskosten von 1 t Zink für das rheinische Ofensystem nachweist. Als Kosten für die Hauptmaterialien wollen wir einsetzen:

12,00 M. für 1 t Heizkohle
8,00 „ „ 1 t Reduktionskohle
2,50 „ „ 1 Retorte
0,25 „ „ 1 Vorlage

und weiter 5,00 M. als Durchschnittsschichtlohn der Ofenbelegschaft. 1 Ofen mit 240 Muffeln erhalte täglich eine Ladung von 8 t geröstetes Erz mit 45 Proz. Reduktionskohlen und liefere 3350 k Plattenzink und 170 k Zinkstaub. Letzteren setzen wir als gleichbewertetes Produkt wie das Zink ein. Die Rechnung ergibt dann:

		für 1 t Erz	1 t Zink
9600 k Heizkohle	M. 115,20 =	14,40	32,73
3600 „ Reduktionskohle	„ 28,80 =	3,60	8,81
8 Muffeln à 2,50 M.	„ 20,00 =	2,50	5,68
24 Vorlagen à 0,25 Mk.	„ 6,00 =	0,75	1,70
Verschiedene Materialien	„ 8,00 =	1,00	2,27
Unterhaltung von Geräten und Gezähe	„ 5,00 =	0,625	1,42
Anteil an Ofenreparaturen	„ 25,00 =	3,125	7,10
Arbeitslöhne in Schichten, 12 beim Manöver, 2 Stocher 1 Spitzjunge und Aufsicht, zusammen 16 Schichten .	„ 80,00		
Anteil an Betriebsleitung und allgemeinen Kosten . . .	„ 10,00	} = 11,25	25,57
	Zusammen: M. 298,00 =	37,25	84,65

Die Generalunkosten des Unternehmens sind den jeweils obwaltenden Verhältnissen entsprechend noch hinzuzusetzen, ebenso wie die nach Abzug der Erträge aus der Gewinnung von Nebenprodukten (Säuren usw.) noch verbleibenden Mehrkosten für die Röstung der Erze, einschließlich der anteiligen allgemeinen Kosten des eigentlichen Hüttenbetriebes.

Die einreihigen Öfen Oberschlesiens hatten nach der oberschlesischen Statistik im Jahre 1909 auf 1 t Erz einen Lohnaufwand von 12,83 M. (*Krantz*, S. 53) im Durchschnitt. Diese Zahl umfaßt offenbar alle Löhne der Hütte, nicht nur die der Ofenarbeiter, denn sie steht nicht im Einklang mit der angegebenen Zahl der an den Reduktionsöfen beschäftigten Arbeiter und deren Verdienst.

Für die mehrreihigen Öfen in Oberschlesien berechnet *Krantz* nach der mehrgenannten Statistik dieses Jahres sogar einen Lohnaufwand von 16,33 M. für 1 t Erz. Wie die Statistik für 1910 nachweist, sind die Löhne noch weiter gestiegen.

Nach *Krantz'* Berechnung gebrauchten im Durchschnitt die oberschlesischen Hütten im Jahre 1909 beim Betriebe der

		einreihigen Öfen	mehrreihigen Öfen
für 1 t verhüttetes Erz	Heizkohlen	1,5 t	2,25 t
	Reduktionskohle	0,52 t	0,49 t
	Muffeln	0,29 Stück	1,33 Stück
	feuerfesten Ton	0,07 t	0,17 t
und für 1 t Metallausbringen	Heizkohlen	6,03 t	7,05 t
	Reduktionskohlen	2,10 t	1,51 t
	Muffeln	1,18 Stück	4,15 Stück
	feuerfesten Ton	0,29 t	0,54 t
denn für 1 t Metall wurden gebraucht:		4,02 t und	3,12 t Erz
und das Ausbringen aus diesem betrug	an Rohzink	23,86 Proz.	30,24 Proz.
	„ Zinkstaub	0,58 „	1,71 „
	„ Blei	0,40 „	0,05 „
	„ Cadmium	0,013 „	— „
	zusammen:	24,953 Proz.	32,00 Proz.

mit einem Lohnaufwand von . . . . 51,58 M. und 51,01 M. pro t.

Für 1910 sind die durchschnittlichen Gestehungskosten für 1 t Metall angegeben zu 390,00 M., davon entfallen:

    auf Erz usw. . . . . etwa 266,00 M.
     „ Brennstoff . . . . „ 44,00 „
     „ Muffeln, Vorlagen und feuerfestem Ton . . . . . . „ 14,00 „
     „ Verschiedenes . . . . „ 12,35 „
     „ Löhne und Gehälter (siehe S. 453) . . . . „ 53,65 „

Aus den Zahlen für das Ausbringen ist zu ersehen, daß in den einreihigen Öfen weit geringhaltigere Erze als in den mit kleineren Muffeln ausgerüsteten mehrreihigen Öfen verhüttet werden. In der großen schlesischen Muffel ist in der nach dem Manöver übrigbleibenden Zeit eines Tages eine schwerere Ladung nicht abzutreiben. Um dies doch erreichen zu können, hat *Cochlovius*[1] den Vorschlag gemacht, statt der bisher üblichen Arbeitsweise, bei welcher erst alle Muffeln eines Ofens entleert und dann neu beschickt werden, die Muffeln also eine geraume Zeit unbenutzt bleiben, das Manöver von einem Ende des Ofens zum anderen in der Weise fortschreiten zu lassen, daß die Muffeln nischenweise vollständig fertiggestellt werden. Dieselbe Mannschaft soll mehrere Öfen nacheinander bedienen, und das Manöver einer Hütte auf den ganzen Tag verteilt werden. Wenn der Ofen, entgegen dem üblichen Verfahren, ununterbrochen dann auf der Höhe der Reduktionstemperatur gehalten wird, würde die Destillationsperiode der einzelnen Muffel wesentlich verlängert, und damit auch die Erschöpfung einer weit schwereren Ladung möglich werden.

---

[1] Zeitschr. des Oberschlesischen Berg- und Hüttenmännischen Vereins 1904.

Die Arbeitsweise, welche *Cochlovius* für die schlesischen Öfen vorschlägt, wird übrigens, wie wir gesehen haben, im Westen Nordamerikas bei den langgestreckten, mit Gas beheizten, mit runden Retorten besetzten Öfen geübt, ihre Anwendung wäre also nicht undenkbar, wir haben jedoch nicht gehört, daß sie praktisch ausgeführt wird, trotz der Vorteile, welche sich *Cochlovius* aus derselben und der durch sie ermöglichten Beibehaltung der großen Muffel für die oberschlesischen Verhältnisse verspricht. Zur Begründung hebt er als Vorzüge der großen Gefäße vor den kleineren hervor, daß für dieselbe Erzmenge, welche verhüttet werden soll, die die Zinkdämpfe aufsaugenden und durchlassenden Gefäßwandungen, sowie die schädlichen leeren Räume am Schluß der Destillationsperiode kleiner, und die Zahl der Abdichtungen, welche zu Undichtigkeiten bei nicht sorgfältiger Behandlung Veranlassung geben, geringer ist. Weiter würde der Ofenraum besser ausgenutzt, weil bei kleineren Gefäßen mehr Platz durch die Lagerstelle und Zwischenräume verloren gehe, und die Arbeit mit der kleineren Zahl der zu bedienenden Muffeln auch geringer sei, also an Lohn gespart werden.

Die im Westen Deutschlands und in Belgien mit **dreireihigen rheinischen Öfen** arbeitenden Hütten haben ebenfalls weit voneinander abweichende Betriebsergebnisse, wie die nachstehenden Beispiele[1] zeigen.

	Hütte zu Birkengang, Stolberg	Hütte zu Münsterbusch, Stolberg	Hütten zu Valentin-Cocq u. Flône (Belgien)	Hütte zu Overpelt (Belgien)
Zahl der Retorten eines Ofens	108	240	108	240
Art der Feuerung	Regenerativgasfeuerung	Rekuperativgasfeuerung	Rostfeuerung 3,5 × 0,6 m	Regenerativgasfeuerung
Erzladung für eine Retorte .	46,2 k mit 49—52 Proz. Zn	34 k mit 52—54 Proz. Zn	24 k mit 46 Proz. Zn	35,4 k mit 46 Proz. Zn
Zahl der Arbeiter	10	21	7	18
Retortendauer	45—60 Tage	40—50 Tage	50 Tage	30 Tage
Für 1 t Erz { Heizkohlen	1170 k	1150 k	1380 k	1200 k
Reduktionskohlen . .	400 „	410 „	460 „	500 „
Zahl der Retorten .	i. M. 0,45 St.	i. M. 0,65 St.	i. M. 0,83 St.	i. M. 0,94 St.
Arbeiterschichten . .	2,0	2,57	2,7	2,12
Für 1 t Zink { Heizkohlen	2600 k	2500 k	3360 k	2927 k[2]
Reduktionskohlen . .	890 „	890 „	1120 „	1220 „
Zahl der Retorten .	1,0 St.	1,41 St.	2,03 St.	2,3 St.
Arbeiterschichten . .	4,45	5,6	6,6	5,18
Das Ausbringen betrug nach vorstehenden Zahlen, rund .	89 Proz.	87 Proz.	89 Proz.	89 Proz.

Von den belgischen Öfen gilt dasselbe. Die folgenden Beispiele sind ebenfalls der vorher angegebenen Quelle entnommen[3]:

---

[1] *Léon Guillet*, Mémoires de la Société des Ingenieurs civils de France, Juni 1911.
[2] Berichtigt, weil von *Guillet* irrtümlich auf Zink im Erz berechnet.
[3] In der Rechnung mehrfach berichtigt und ergänzt, Ausbringen ermittelt.

	Hütte zu Angleur	Hütte zu Corphalie	Hütte zu Engis	Hütte zu Bleyberg 1. *Loiseau*-Ofen	2. *Dor*-Ofen
Zahl d. Retorten eines Ofens	2×200[1] (oval)	70 (10×7) (rund) 210 mm	2×54 (9×6) (oval)	2×72 (12×6) (oval)	60 (10×6) (oval)
Art der Feuerung	Rekuperativ-gasfeuerung (2 Roste, 1,3×0,75)	Rostfeuerung (1 Rost 1,0×0,80)	Rostfeuerung (1 Rost 2,6×0,4)	Rostfeuerungen (1 Rost 2,5×0,7)	(1 Rost 2,4×0,45)
Erzladung für 1 Retorte .	22,5 k (mit 46 Zn)	27,2 k (mit 48 Zn)	25,0 k (mit 45 Zn)	27,8 k (42,5 Zn)	25 k (m. 42,5 Zn)
Zahl der Arbeiter	22	4	6	7,5	3
Retortendauer	?	24 Tage	26,5 Tage	28,5 Tage	30 Tage
Für 1 t Erz { Heizkohlen . . .	1225 k	1735 k	1400 k	1650 k	1400 k
Reduktionskohlen	460 „	420 „	370 „	350 „	370 „
Zahl der Retorten	1,24 St.	1,53 St.	1,67 St.	1,25 St.	1,5 St.
Arbeiterschichten	2,42	2,11	2,22	1,88	1,93
Für 1 t Zink { Heizkohlen . . .	3030 k	3950 k	3640 k	4525 k	3910 k
Reduktionskohlen	1150 „	950 „	960 „	960 „	1030 „
Zahl der Retorten	3,1 St.	3,46 St.	4 St.	3,43 St.	4,05 St.
Arbeiterschichten	6,0	4,75	5,77	5,15	5,4
Das Ausbringen betrug nach vorstehenden Zahlen . .	88 Proz.	92 Proz.	85,5 Proz.	85,65 Proz.	84,2 Proz.

Für die Gestehungskosten an belgischen Öfen gibt *Guillet* folgende Zahlen für 1 t Erz:

Heizkohlen	M. 12,00 bis	14,40
Reduktionskohlen	„ 2,60 „	3,00
Retorten	„ 2,80 „	3,20
Vorlagen	„ 1,00 „	1,20
feuerfeste Materialien	„ 0,96 „	1,12
Verschiedenes	„ 2,40 „	2,80
Löhne insgesamt	„ 18,40 „	24,00
	Zusammen: M. 40,16 bis	49,72

Wegen der verschiedenartigen örtlichen Faktoren läßt sich, wie man sieht, eine Norm für keine der Fabrikationsweisen geben. Den Verhältnissen gemäß muß man von Fall zu Fall die Rechnung aufstellen, wenn man ermitteln will, welches System sich für den Platz der Hütte als das vorteilhafteste empfiehlt. Die gegebenen Zahlen werden als Anhaltspunkte für die Aufmachung einer solchen Rechnung dienen können.

V. Die Kondensation des metallhaltigen Staubes, welchen die Retortengase fortführen und welcher beim Räumen der Retorten auftritt.

Der Schutz der Arbeiter und die Vermeidung der Belästigung der Nachbarschaft gaben die Veranlassung zu Ausrüstungen der Reduktionsöfen, welche die Befreiung der aus der Hütte in die Atmosphäre tretenden Gase von Staub

---

[1] zweiseitig.

zum Ziele hatten. Wie wir in den voraufgehenden Abschnitten schon mehrfach zu erwähnen Gelegenheit fanden, ging Oberschlesien schon in den 70er Jahren vorigen Jahrhunderts zielbewußt vor[1]. Der einreihige Muffelofen gestattete in viel einfacherer Weise die Fassung der aus der kleineren Zahl von Gefäßen austretenden Gase, als der dreireihige rheinische oder gar der vielreihige belgische Ofen. Die über dem Ofen der Länge nach hinlaufenden Kanäle nahmen unter der Saugwirkung des Kamines oder besonderer mittelst Maschinenkraft angetriebener Ventilatoren einesteils die aus den Vorlagen entweichenden Reduktionsgase und anderenteils die in den Nischen bei der Räumarbeit entbundenen Gase auf und führten sie durch Kondensationskammern oder Waschtürme, in denen sie zum größten Teile von dem mitgeführten Staube befreit wurden. Wenn man erwartet hatte, daß die hierbei gewonnenen Metalloxyde die Kosten, welche durch die zum Teil recht umfangreichen Anlagen verursacht wurden, decken würde, so sah man sich getäuscht (s. Abschnitt 5, B II, insbesondere S. 404 und 405).

Dieselben Erfahrungen hat der Verfasser machen müssen, als er Ende der 80er Jahre versuchte, die Zinkofengase der rheinischen Öfen in einer Hering'schen Doppelkammer[2] von dem mitgeführten Staube zu befreien. Das Kondensat war nur ein ganz geringfügiges und wurde dazu noch in einer so lockeren, leichten Form gewonnen, daß eine Wiederverarbeitung in der Muffel mit Vorteil nicht möglich war.

Besondere Schwierigkeiten bereitete die Fassung der Gase. Die Öfen waren mit den weit vorspringenden Fangschirmen, wie Fig. 48 zeigt, versehen. Unter denselben traten sie in die über dem Ofen angeordneten Rauchfänge, welche sie durch schmiedeeiserne Essen über das Hüttendach ins Freie führten. Die Reduktionsgase sowohl wie die beim Räumen der Muffeln auftretenden Dämpfe fanden denselben Weg, da die Aschen in den unter den Nischen liegenden Aschenräumen gesammelt wurden.

Bei den vielen weiten Öffnungen in den Rauchfängen oberhalb der Vorlagennischen war die Saugwirkung unter dem Schirme eine sehr geringe. Um die überschüssige Saugkraft der großen, 100 m hohen Hüttenesse benutzen zu können, und um gerade an den Stellen des Ofens eine möglichst kräftige Absaugung zu erreichen, wo die Bearbeitung es forderte, mußte man es in der Hand haben, den größten Teil der Öffnungen ganz schließen oder wenigstens so weit verengen zu können, daß der Zug an den anderen Stellen verstärkt wurde. Das wurde dadurch erreicht, daß durch Einfügung von nach dem Ofen zu geneigten ⊥-Stäben die untere Öffnung des Fangschirmes in Fächer geteilt wurde, deren Breite der einer Nische entsprach. Die Stäbe wurden an den Ankerschienen in der Höhe der unteren Schirmkante befestigt und andrerseits vorn am Schirme etwa 20 cm oberhalb von seiner unteren Kante. Jedes der Gefache wurde dann mittels zweier Eisenblechtafeln so weit geschlossen, daß nur dicht am Ofen und vorn unter dem Schirme je ein schmaler Spalt blieb. Durch Übereinanderschieben der Platten konnte der

<hr>

[1] *Krantz*, Die Entwicklung der oberschl. Zinkindustrie 1911, S. 61.
[2] D. R. P. 37 433 und 38 775 (14. Mai 1886).

obere oder untere Spalt oder auch beide zugleich verbreitert werden, immer dort, wo eine größere Entwicklung von Dämpfen es nötig machte. Auf diese Weise wurde der Raum unter dem Schirme selbst schon zur Staubkammer, in welcher die schwersten Teile des Staubes sich ablagerten. Die Gase wurden von den über je 5 Nischen liegenden Rauchfängen aus nun nicht mehr durch Essen ins Freie geleitet, sondern durch Knierohre in einen längs der Hüttenwand herlaufenden Sammelkanal aus Eisenblech von 1 qm Querschnitt, welcher über trichterförmigen Taschen behufs leichter Entfernung des abgesonderten Staubes lag. Dieser Kanal führte zur Heringschen Staubsammelkammer, welche aus zwei nebeneinanderliegenden, abwechselnd durch eine Drosselklappe gegen den Essenkanal hin abzusperrenden Räumen (je 2 m breit, 5 m hoch und 10 m lang) bestand. Der Wechsel erfolgte in einem Zeitabstand, welcher nach der Berechnung nötig war, um eine der Kammerhälften mit frischem Gas zu füllen, im vorliegenden Falle nach je 25 Sekunden, da bei dem zur Verfügung stehenden Essenzuge in jeder Sekunde der Kammer 4 cbm Gase zugebracht wurden. Die in eine Kammerhälfte eingezogenen Gase blieben also 25 Sekunden lang in völliger Ruhe, in welcher sie Zeit finden sollten, den mitgeführten Staub auszuscheiden. Um zu verhüten, daß die frischen Gase auf dem kürzesten Wege die Kammer durchzogen, ohne die alten Gase vollständig aus derselben zu verdrängen, waren die Räume noch durch Querwände geteilt, welche abwechselnd unten und oben Öffnungen zum Durchtritt der Gase ließen und diesen so einen Schlangenweg anwiesen[1].

Die Staubablagerung war sehr gering, was auch nicht nach Einhängung von Blechen, Bandeisen oder Drähten nach *Rösings* Vorschlag besser wurde[2]. Das ist auch nicht zu verwundern, da in einer mit rheinischen Öfen ausgerüsteten Hütte in der während des Manövers von den Öfen abziehenden Luft im Maximum nur ein Gehalt von 21 mg in 1 cbm nachgewiesen werden konnte. Die Füllung einer Kammerhälfte würde demnach nur 0,021 × 100 nur 2 g Staub enthalten haben, und im Laufe von 24 Stunden hätten demnach im höchsten Falle nur 6912 g Staub niedergeschlagen werden können.

Die Zugkraft des Kamins reichte nur zur wirksamen Absaugung der Dämpfe von 2 Ofenseiten, also von 240 Muffeln aus. Diese verarbeiteten täglich eine Ladung mit rund 4000 k Zink, so daß im gegebenen Falle, wenn wir den Gehalt des gesammelten Staubes an metallischem Zink zu 70 Proz.

---

[1] Ein Modell eines mit der Staubsammelvorrichtung ausgerüsteten Zinkofens war von der Firma *Wilhelm Grillo* in Oberhausen auf der Unfallverhütungs-Ausstellung 1889 in Berlin ausgestellt.

[2] Heute würde man vielleicht mit Vorteil den elektrischen Strom zum Niederschlagen der feinen Staubteilchen anwenden können, wie ihn *F. G. Cottrell* in Californien auf den Riverside Portland Cement Works und in den letzten Jahren zum Niederschlagen von Bleirauch und Schwefelsäurenebeln aus Gasen mit einer Geschwindigkeit von 3 bis 6 m in der Sekunde mit Erfolg benutzt hat. (Ztschr. f. ang. Chem. 1912 S. 2107.) Dieses Mittel wurde übrigens schon damals dem Verfasser von dem Gewerberat Wolf in Düsseldorf vorgeschlagen. *Schmidt* und *Desgraz* wollen in Teerölen oder dgl., welche das Zinkoxyd nicht lösen, sehr wirksame Absorptionsmittel gefunden haben (D. R. P. 225 950).

einsetzen (sehr hoch), diese rund 6900 g Staub nur 0,12 Proz. des geladenen Zinks ausmachen würden. Dabei ist noch angenommen, daß im ganzen Verlaufe des Reduktionsprozesses die angegebene Staubmenge von den Öfen entführt wird, was jedoch während der längsten Zeit nicht einmal der Fall sein wird.

Zur weiteren Ausdehnung der im allgemeinen befriedigend funktionierenden Absaugevorrichtung wäre die Anlage von großen Ventilatoren nicht zu umgehen gewesen, welche den Betrieb bei dem ausbleibenden Gewinn durch Rückgewinnung entsprechender Zinkmengen sehr verteuert haben würde. Zwecks Verbesserung der Luft im Arbeitsraume wurden die Versuche jedoch in anderer Richtung fortgesetzt; unter anderem mittels Körtingscher Wasserstaubsaugdüsen. Zu einer wirkungsvollen Luftverdünnung unter dem Rauchschirme wäre aber solche Wassermenge zum Betriebe dieser Düsen notwendig gewesen, daß auch dieser Weg nicht gangbar war.

Um den beim Räumen der Muffeln auftretenden Staub und die aus den Rückständen dabei sich entwickelnden Dämpfe dem Arbeitsraume fern zu halten, ist in Overpelt (Belgien) eine von *F. Kießling*[1] beschriebene Ventilation der Aschenräume vorgesehen, welche für zwei Öfen des *Welzel*-Typs (Fig. 52) ausreicht. Als Exhaustor dient ein Ventilator von 1,8 m Durchmesser, welcher bei 550 bis 600 Umdrehungen in der Minute einen Kraftaufwand von etwa 50 PS fordert. Um die Saugwirkung noch zu erhöhen, d. h. die beförderte Luftmenge wesentlich zu vergrößern, bläst der Ventilator in einen nach oben erweiterten Schacht aus Eisenblech, wodurch eine Art Körtingscher Luftstrahlsauger im großen Maßstabe geschaffen ist[2]. Auf diese Weise sollen 3000 cbm Luft in der Minute angesaugt werden.

Im Keller sind vor den Frontseiten der Öfen durch parallel zu diesen in einem Abstande von rund 2 m gezogene Mauern mit dem Exhaustor in Verbindung stehende Aschenräume abgekleidet, welche an den Kopfenden der Öfen durch eiserne Türen während der Retortenräumung geschlossen gehalten werden. In diese Räume fallen die Aschen beim Räumen der Retorten aus den Nischen durch nach unten erweiterte gußeiserne Rutschen, welche nach vollendeter Räumarbeit in der Höhe des Hüttenflures mit einem Deckel geschlossen werden. Diese Rutschen lassen auch die aus den Schlackentaschen des Ofens ausgezogenen Schlacken und Retortentrümmer nach dem Keller durchfallen. Durch die Räumaschenrutschen hindurch wird durch den Ventilator ein kräftiger Luftstrom vom Arbeitsraume aus angesaugt, welcher einen Austritt von Gasen und Dämpfen in die Reduktionshalle vollkommen verhindert. Die Abfuhr der Aschen und Schlacken aus dem Keller erfolgt einige Stunden später, nachdem eine genügende Abkühlung derselben eingetreten ist, durch die Türen an den Kopfwänden des Ofenmassivs bei Tätigkeit des Ventilators, so daß frische Luft durch die Türen in die Aschenräume eingesaugt und hierdurch den Aschenfahrern die Arbeit erleichtert wird. Der Ventilator wird natürlich nur während der Räumarbeit und der Aschen-

---

[1] Berg- u. Hüttenm. Ztg. **61**, S. 478 (1902).
[2] System L. Prat, in Frankreich patentiert.

abfuhr betrieben, so daß der Aufwand von Betriebskraft auf diese Zeit, zusammen 4 bis 5 Stunden, beschränkt ist. Immerhin ist eine starke Belastung des Betriebes mit dieser Einrichtung, welche die Fig. 167 a bis c veranschaulicht, verbunden.

Um die Kosten zu vermindern, benutzt *Dor-Delattre* die Abhitze der Zinköfen zur Erzeugung des Zuges, indem er zu deren Abführung eine schmiedeeiserne Esse wählt, die er mit einem weiten gemauerten Kaminschacht umgibt[1], welcher die erstere mit einem Drittel seiner Höhe überragt. Die in dem ringförmigen Raum zwischen beiden eintretende Luft erwärmt sich hoch an der eisernen Essensäule, wodurch ihr ein kräftiger Auftrieb gegeben, und damit eine starke Zugwirkung hervorgerufen wird. *Dor* vermeidet so jedes mechanische Hilfsmittel. Fig. 168 a bis c zeigt die Einrichtung in der Anwendung auf den *Dor-Delattre*schen Regenerativofen belgischen Systems (Fig. 33), auf der Zinkhütte in Budel (Holland), wo sie an die Stelle der früher benutzten Ventilatoren getreten ist. Das Ofenmassiv ist auch hier im Keller zur Gewinnung abgeschlossener Aschenräume mit Mauern umgeben. Die so gebildeten Räumaschenkammern sowohl wie die auf dem Ofen liegenden Kondensationskammern für aufsteigende, mit den Gasen fortgeführte Zinkdämpfe stehen mit dem ringförmigen Raume des Kamins in Verbindung. Der Zug wird durch die dicht vor dem Kamine eingebauten Drosselklappen *e* geregelt. Die fortlaufenden Betriebskosten fallen also vollständig fort, aber die Anlage wird teurer, und es tritt deshalb auch hier eine beträchtliche Belastung des Reduktionsbetriebes ein.

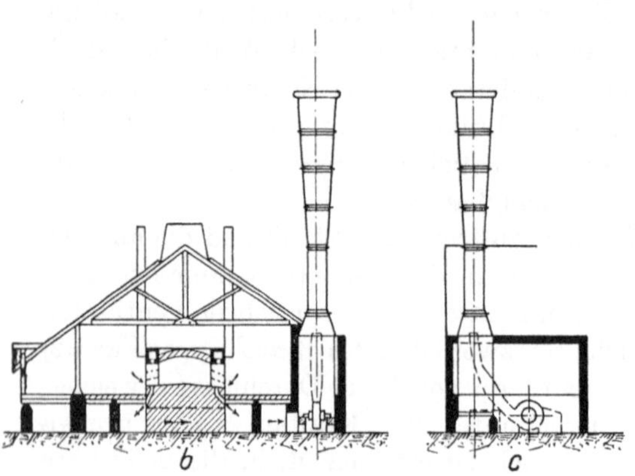

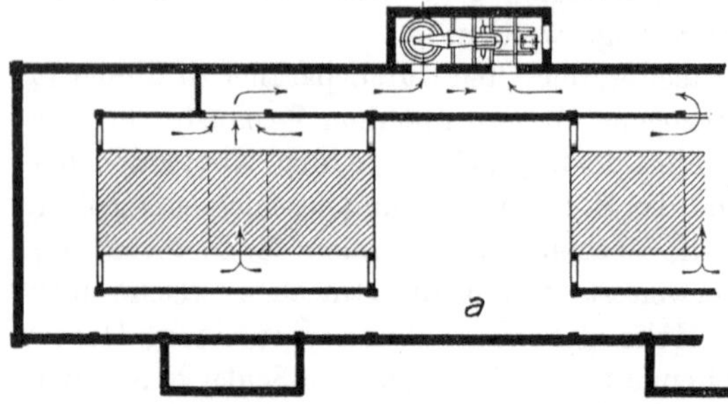

Fig. 167. Ventilation der Aschenräume in Overpelt.

Um die lästige Abfuhr der Räumasche aus den Kellerräumen unter den Öfen zu umgehen, ist in Nordenham auf Vorschlag des Verfassers der Versuch gemacht, dieselbe mittels eines Wasserstromes aus dem Hüttengebäude heraus in davor liegende Klärbassins zu spülen, wobei eine Sonderung der leichteren

[1] D. R. P. 208 056.

und schwereren Bestandteile im Groben erhofft wurde, als Vorbereitung der
später vorzunehmenden mechanischen Aufbereitung der Retortenrückstände
auf Blei und Silber, wenn bleireiche und silberhaltige Erze zur Verhüttung
kommen. Die unterhalb der Vorlagennischen angesetzten, in den Kellerraum
führenden Aschenrutschen münden in eine Eisenrinne, welche während der
Räumarbeit von einem kräftigen Wasserstrom gespült wird. Die Rinne hat

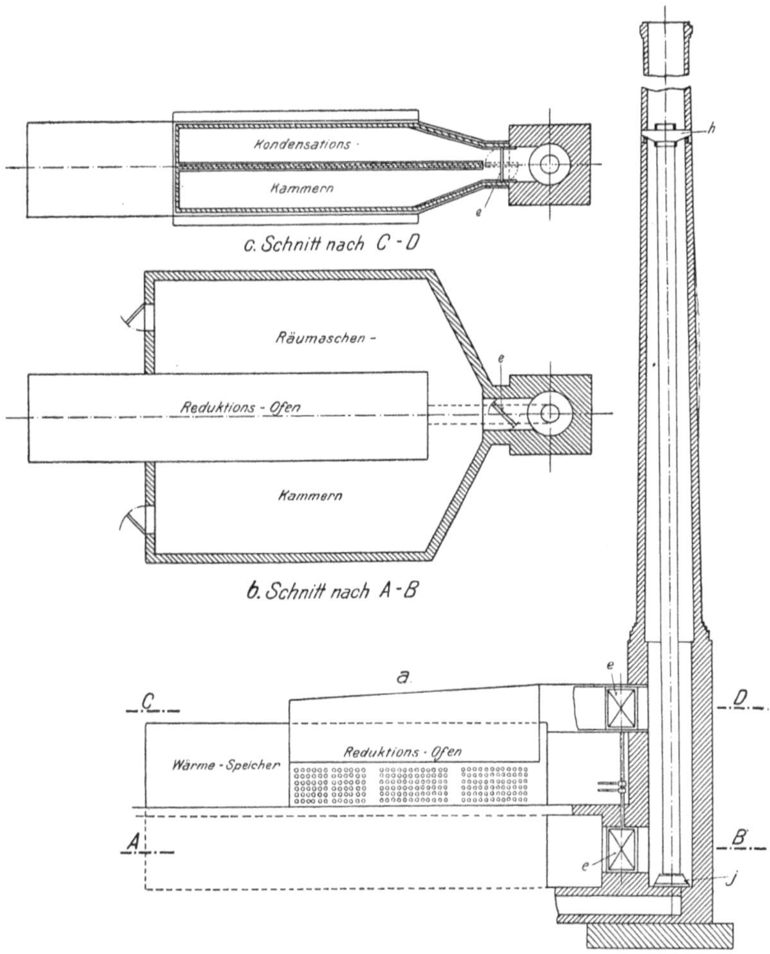

Fig. 168. Ventilation von *Dor-Delattre* in Dorplain-Budel.

nach einer Seite starkes Gefälle, und an ihrem tiefsten Punkte ist ein weites
Rohr angesetzt, durch welches die in das Wasser fallenden Aschen fortgeführt
werden. Vollständig abgeschreckt und granuliert, falls flüssige Schlacken vorhanden sind, gelangen die Rückstände in die auf dem Hüttenplatze liegenden
Klärbassins. Das einigermaßen abgeklärte Wasser wird durch Zentrifugal-
pumpen in ein Hochbassin gehoben und im Kreislauf von neuem zur Spülung
benutzt. Das Gerinne unter den Aschentrichtern ist gegen den Kellerraum

hin vollständig geschlossen, so daß beim Räumen auftretender Rauch und Staub zugleich mit den etwa beim Einfallen der glühenden Rückstände in den Wasserstrom entstehenden Wasserdämpfen durch eine der vorbeschrie-

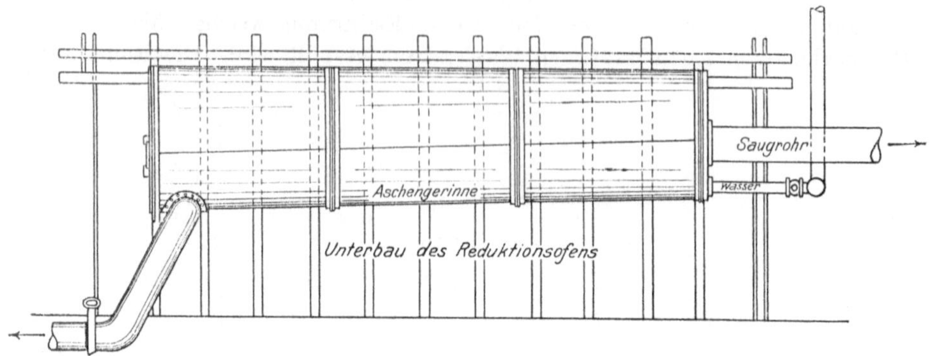

Fig. 169. Ventilation in Nordenham.

benen Ventilationseinrichtungen aus der Rinne und auch aus dem Hüttenraume durch die Rutschen hindurch abgesaugt werden. Für die Einrichtung ist der Patentschutz nachgesucht[1], Fig. 169 veranschaulicht dieselbe.

VI. Die Abfuhr der Rückstände und weitere Nutzung derselben.

Im voraufgegangenen Abschnitte und früher haben wir schon die Einrichtungen besprochen, welche zur Aufnahme der Rückstände bei der Räumarbeit dienen. Wo dieselben nicht in Taschen oder Kellerräume fallen, in denen sie bis zu einem gewissen Grade der Abkühlung verbleiben, werden sie von Räumen aufgenommen, welche unter den Vorlagennischen liegen. Dieselben sind während des Manövers durch vorgesetzte Blechplatten geschlossen, so daß die Arbeiter nicht sehr von der ausgestrahlten Hitze belästigt werden, besonders deshalb nicht, weil die neue, vor dem Ofen liegende Ladung die Wärme abhält. Nach Beendigung des Manövers schaufeln die Aschenfahrer die inzwischen abgekühlten Rückstände aus den Nischen heraus vor den Ofen, nässen sie zur Staubverhütung mit Wasser an und verladen sie dann auf die Aschentransportwagen (gewöhnlich Muldenkippwagen von $^3/_4$ bis 1 cbm Fassungsraum) zwecks Abfuhr zur Halde. Je nach den örtlichen Verhältnissen dienen zum Transport der Wagen Menschenkraft, Zugtiere oder mechanische Mittel.

Nach einem gewissen Anwachsen der Aschenhalde sind Hebevorrichtungen meist nicht zu entbehren, die wohl immer notwendig werden, wenn die Abfuhr von den Kellerräumen aus erfolgt. In solchem Falle nehmen die Wagen die aus den geöffneten Taschen rutschenden Rückstände unmittelbar auf. Wenn der Retorteninhalt zur Schlackenbildung neigt, backen dieselben aber zusam-

---

[1] D. P. Anm. G. 31 003 Kl. 40a vom 12. Febr. 1910.

Additional information of this book

(Zink und Cadmium und ihre Gewinnung aus Erzen und Nebenprodukten; 978-3-662-22732-9; 978-3-662-22732-9_OSFO8) is provided:

http://Extras.Springer.com

men, und die Entleerung der Taschen verlangt dann lästige Arbeit, die man dadurch umgangen hat, daß man die Aschen frei aus den Rutschen in den Kellerraum fallen läßt.. Wie man den dabei auftretenden Staub unschädlich gemacht hat, haben wir im vorigen Abschnitt in Wort und Bild (Fig. 167 bis 169) gezeigt.

Früher war die gesiebte Zinkasche ein sehr gesuchter Ersatz für Mörtelsand, wenn solcher am Orte selten und teuer war. Der Gehalt an fein verteiltem metallischen Eisen trug zur schnellen Erhärtung des Weißkalkmörtels bei. Auch zum Ausbau nicht stark befahrener Landwege bildete die Zinkasche ein sehr beliebtes Material, aber die dafür verwendete Menge hinderte nicht, daß in der Nähe der Hütte Berge von Rückständen entstanden.

Man hat früher schon versucht, die Halden zu vermindern, indem man die Rückstände einer mechanischen, nassen Aufbereitung unterwarf, um die im Überschuß angewendete Reduktionskohle einerseits und andererseits das nicht abgetriebene Zink wieder zu gewinnen. Die gewonnene Kohle ist jedoch so stark mit feinen blasigen Schlackenteilchen, die sich von ihr durch Setzarbeit nicht scheiden lassen, durchsetzt, daß sie nicht zur Wiederverwendung einlädt, und das Zink ist zum größten Teil in solchen Verbindungen vorhanden, daß es nur zum kleinen Teil und dann auch nur in sehr geringwertiger Form zu gewinnen ist. Erst nachdem man mehr und mehr zur Verhüttung bleireicherer und silberhaltiger Erze übergegangen ist, lohnt sich durch den zu erhaltenden Rohstoff für Blei- und Silbergewinnung die Aufbereitung der Räumaschen[1]. Einmal an Schlackenbildung in der Retorte gewöhnt, nimmt man auch keinen Anstand mehr, die gleichzeitig wiedergewonnene Kohle wieder zur Zinkerzreduktion zu verwenden. Die für die Aufbereitung der Rückstände dienenden Wäschen müssen der Eigenart des jeweilig vorliegenden Rohstoffes angepaßt werden, eine Norm ist dafür nicht zu geben. Die mit einer solchen Anlage beauftragte Maschinenfabrik prüft das Material in ihrer Versuchsanstalt und konstruiert dieselbe nach den Erfordernissen für einen möglichst gewinnreichen Betrieb. Um ein Beispiel von einer solchen Einrichtung zu geben, nehmen wir in Fig. 170 e bis f die Zeichnungen auf, welche uns von der Maschinenbauanstalt Humboldt in Cöln-Kalk zu diesem Zwecke zur Verfügung gestellt worden sind.

Je nach der Beschaffenheit der Rückstände gehen im vorliegenden Falle dieselben unmittelbar durch einen Rost in die Siebtrommeln, oder sie werden zuvor zum Teil durch ein Quetschwalzenpaar geschickt. Die Siebe sondern das Material in Korn von 5 bis 2,8 mm, 2,8 bis 1,4 mm und in Mehl. Der über 5 mm dicke Auswurf der ersten Siebtrommel wird in einer Kugelmühle weiter zerkleinert und geht von neuem durch die Siebe. Die Mahlung und Absiebung wird unter Wasserzugabe vorgenommen, so daß Staub nicht entstehen kann. Das Korn wird in 4 bis 6 Batterien (2 in Reserve) Setzkasten gesetzt und das feinere Material in Spitzkasten, zwei Stoßherden und einem Rundherd aufbereitet. Diese kurzen Erläuterungen und die Bezeichnungen in den Figuren werden genügen, um die Zeichnungen verständlich zu machen.

---

[1] Siehe auch *Steger:* Ztschr. f. Berg-, Hütten- und Salinen-Wesen 44 S. 147 (1896).

Außer den Retortenrückständen können auch andere Zwischenprodukte, wie Vorlagenscherben usw., in einer solchen oder ähnlichen Anlage aufbereitet werden. Für dieselben allein würde sich eine so kostspielige Anlage nicht lohnen, weil die Mengen zu gering sind.

Nachstehend geben wir die Analysen zweier Aschen und der daraus gewonnenen Produkte wieder, welche von *Firket* in den Ann. des Mines de Belgique vom Jahre 1901, S. 57, mitgeteilt sind:

	I			II	
	Räumasche	Aufbereitungsprodukte reich	arm	Räumasche	Aufbereitungsprodukt
Zn	4,00	3,87	5,00	1,5	6—7
Pb	5,00	24,25	13,16	8,5	40—45
Ag	0,016	0,032	0,016	—	—
Fe	16,55	42,75	20,68	14,5	15—20
Cu	0,05	0,02	0,10	—	—
S	n. best.	2,26	1,34	4,0	4—5
As, Sb. Cd . .	0,00	0,00	0,00	—	—
CaO	2,50	2,06	3,50	2,5	4—5
MgO	0,45	0,15	0,18	1,5	1—2
Unlöslich . . .	50,00	18,66	44,67	60,0	15—20

Aus diesen Analysen läßt sich ohne weiteres ersehen, daß das in den Rückständen enthaltene Zink sich durch Waschen nicht in einem Aufbereitungsprodukt konzentrieren läßt, man hat deshalb vorgeschlagen, die zinkreicheren Rückstände in Flamm- oder Schachtöfen zu verblasen und den dabei auftretenden Zinkdampf nach der Reoxydation durch den überschüssigen Sauerstoff als Zinkoxyd zu gewinnen.

VII. Die Raffination des Rohzinks und die Behandlung von Zinkstaub und anderen zinkhaltigen Halbprodukten zwecks Gewinnung von metallischem Zink.

Zur Zeit, wo bei der englischen und der Kärntner Methode, sowie in Oberschlesien noch das Zink als Tropfzink gewonnen wurde, mußte es, um in eine marktfähige Ware verwandelt zu werden, umgeschmolzen werden. Es geschah dies in eisernen Kesseln, welche entweder mittels besonderer Feuerung oder mit der Abhitze der Reduktionsöfen, wie wir gesehen haben (S. 77 und 78) beheizt wurden. Abgesehen von der Verminderung des Bleigehaltes war damit keineswegs eine Verfeinerung des Metalls verbunden, denn es nahm aus den gußeisernen Kesseln, welche es in der Hitze unter Bildung von sog. Hartzink stark angreift, Eisen auf, wodurch seine Eigenschaften sehr verschlechtert wurden. Den Einfluß, welchen die im Rohzink enthaltenen Metalle auf das Zink ausüben, haben wir eingehender bei der Besprechung der Eigenschaften des Handelszinks behandelt. Eine vollkommene Reinigung von den gewöhnlichsten Beimengungen, Blei und Eisen, läßt sich auf trocknem Wege nur durch eine wiederholte Destillation erreichen; dieselbe ist aber mit

großen Metallverlusten verbunden, weil die Oxydation eines Teiles der Zinkdämpfe nicht zu vermeiden ist. Dieser Weg ist also für die Erzeugung von
reinem Zink im großen nicht gangbar, zumal er nicht einmal zum Ziele führt,
denn das leichter flüchtige Cadmium z. B. läßt sich nicht vollkommen durch
fraktionierte Destillation vom Zink scheiden. In der ersten Zeit bediente
man sich nach *Karsten*[1] eines gußeisernen Kessels, der in eine gußeiserne
Deckplatte eingehängt war, welche auf den Seitenmauern einer einfachen
Rostfeuerung ruhte. Neben dem Kessel befand sich in der Platte eine Öffnung
zum Bedienen der Feuerung. Diese Einrichtung bewährte sich nicht, die
Deckplatte litt zu sehr vom Feuer und bei Schadhaftwerden des Kessels
floß das Zink in das Feuer und verbrannte; man beheizte den Kessel deshalb
mittels einer Vorfeuerung, hinter welcher sich eine Vertiefung im Feuerzuge
befand, in welcher bei eintretendem Kesselscha-
den das Zink aufgefangen wurde. Aus dieser
Senkung fand es sogleich Austritt nach außen,
so daß es dem Feuer entzogen wurde, ohne zu
verbrennen.

Ein Schmelzkessel von 32 cm Durchmesser
und Tiefe faßte 100 bis 150 k Rohzink. In 12
Stunden konnten bis zu 750 k Rohzink mit einem
Aufwand von 140 bis 150 k Steinkohlen umgeschmolzen werden. Der Abgang beim Einschmel-
zen betrug etwa 20 Proz., wobei zu beachten ist,
daß das Tropfzink viel fremde Beimischungen,
Lehm, Kohle, Erz usw., enthielt. Das Gekrätz
wurde sogleich wieder der Erzladung des Zinkofens beigegeben. Die Arbeit des Umschmelzens
wurde von der Belegschaft des Reduktionsofens
nebenher besorgt.

Um das Brennmaterial für das Umschmelzen zu sparen, brachte man die Kessel in Nischen
unter, welche im Seitenmauerwerk der Reduk-

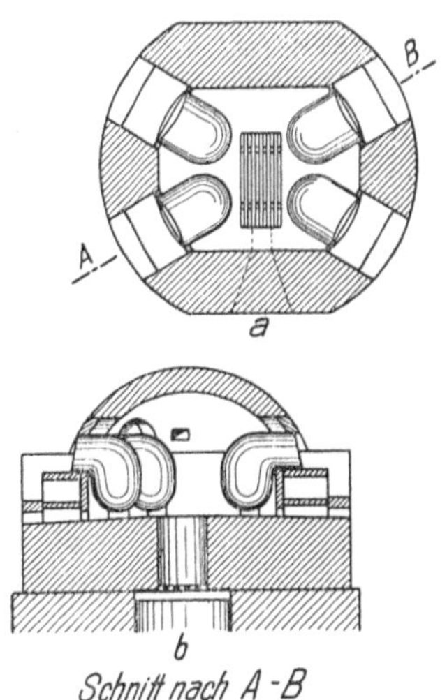

Fig. 171. Alter schlesischer
Raffinierofen.

tionsöfen ausgespart waren und heizte sie mit der Abhitze. Dieser Einrichtung bediente sich schon Ruberg bei seinen ersten Zinköfen auf der Wessolahütte, wie die Fig. 7 zeigt und auf der Lydogniahütte war sie noch in den
60er Jahren im Gebrauch, wie aus Fig. 10 zu ersehen ist.

Wie auf der Lydogniahütte festgestellt wurde, verlor ein Kessel, in
welchem durchschnittlich bis zu 10 000 k Zink umgeschmolzen werden konnten, 10 k an Gewicht. Das Zink nahm also 0,1 Proz. seines Gewichtes an
Eisen auf. Das machte das Zink zum Walzen ungeeignet und man mußte
deshalb für das zu Walzzwecken bestimmte Zink zu tönernen Gefäßen
übergehen. Man gab denselben die Form einer „chemischen" Retorte mit
Helm und brachte vier derselben in einem besonderen Ofen unter. Fig. 171
a bis b stellt den Ofen dar. Es gelang nicht sogleich, haltbare Retorten her-

---

[1] Archiv f. Bergbau- u. Hüttenwesen **2** (1820).

zustellen und eine zu große Nähe des Feuers war ihrem Bestande auch nachteilig. Erst als man den Rost etwa 55 cm unter die Herdsohle legte, und den halb aus Ton, halb aus Scherben bestehenden Gefäßen im unteren Teile eine Wandstärke von über 10 cm gegeben hatte, erreichte man einen geregelten Betrieb. Die 4 Tiegel konnten dann in 24 Stunden etwa 2500 k mit einem Kohlenaufwand von 700 bis 750 k schmelzen, wozu in der Schicht zwei Arbeiter nötig waren, da die Bedienung des Ofens nicht mehr nebenher von der Belegschaft des Reduktionsofens versehen werden konnte.

Statt der eisernen Gußformen (Fig. 165 t) zur Herstellung der Zinkplatten, welche bei einer zu schnellen Abkühlung des Zinks Platten mit unebener Oberfläche liefern, die sich zum Auswalzen nicht eignen, benutzte man Sandsteinplatten, auf welche man einen eisernen Rahmen zur Begrenzung der Ausgußstelle legte.

Nachdem die Knie- oder Tropfvorlage in Oberschlesien und an den anderwärts eingeführten schlesischen Öfen durch eine Vorlage ersetzt war, welche das Zink in flüssiger Form sammelte, wurde das Umschmelzen des Zinks überflüssig, denn man gewann an den Öfen unmittelbar verkäufliche Ware, wie es beim belgischen Ofensystem von jeher üblich war. Die Qualität des Produktes war in erster Reihe abhängig von den verhütteten Erzsorten. Fiel es zu reich an Blei oder Eisen aus, so eignete es sich nicht zum Auswalzen, man überließ dann aber die „Raffination" dem Walzwerk, welches ohnehin meistens eine Umschmelzung vornehmen muß, um Platten von geeigneter Größe und Dicke für den vorliegenden Zweck herzustellen, welche dann noch warm unter die Walzen gebracht werden. An die Stelle der vorbeschriebenen tönernen Retorten traten die leistungsfähigeren Wannenöfen, wovon die Fig. 172 eine schematische Darstellung ist.

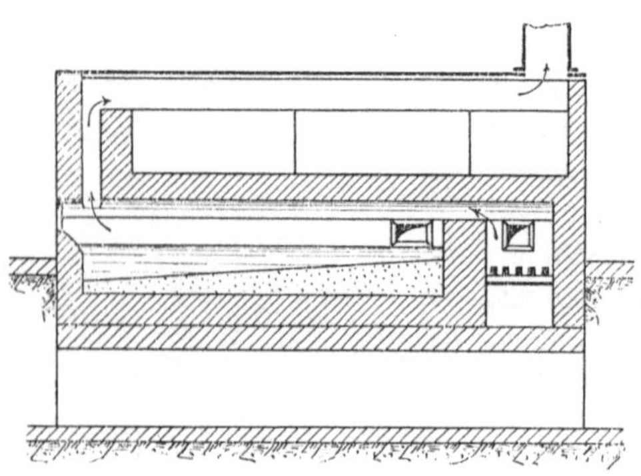

Fig 172.　Wannenofen.

Ein solcher Ofen mit einer etwa 2 m breiten und 5,5 m langen Wanne faßt etwa 30 t Rohzink, welche beim Beginn der Arbeit hintereinander eingeschmolzen werden. Täglich werden rund 10 t Rohzink mit etwa 8 bis 9 Proz. an Heizkohlen durchgesetzt; zur Bedienung sind 2 Arbeiter in der Schicht nötig.

Das Rohzink wird nahe der Feuerbrücke in Plattenform, wie sie der Reduktionsofen liefert, eingetragen und an der von der Feuerung am weitesten abliegenden Stelle, aus der an der einen Kopfseite befindlichen Tür als gereinigtes Zink ausgeschöpft, nachdem das auf dem Metallbade schwimmende Gekrätz, welches aus Zinkoxyd und fremden Beimischungen wie Kohle, Ton u. dgl. besteht, wenigstens an der Schöpfstelle, mittelst eines siebförmig durchlochten Krätzers abgezogen ist. Um das Aussaigern von mitgenommenem Metall aus dem Gekrätz zu befördern, streut man dicht vor der Tür über dasselbe etwas Salmiak, wovon etwa $^1/_4$ Proz. gebraucht wird. Das im Zink enthaltene Eisen bildet mit annähernd der 20 bis 25 fachen Menge Zink eine teigige Legierung, das sog. Hartzink, welches zu Boden sinkt; unter demselben aber sammelt sich jedoch noch das Blei an, soweit es etwa 1—1,25 Proz. des gewonnenen gereinigten Zinks im eingesetzten Rohzink übersteigt, denn nur bis zu diesem Grade läßt sich, wie wir früher (S. 12) schon zeigten, das Zink vom Blei durch Umschmelzen befreien. Die Sohle der Wanne wird aus magerem, wenig angefeuchtetem Ton oder Gestübbe festgestampft, damit sie dicht, d. h. undurchlässig für das flüssige Blei ist. Um einen Verlust durch dennoch eintretende Undichtigkeiten zu verhüten, stellt man den Ofen auf ein Gewölbe, welches einen mit dichtem Boden versehenen Raum überdeckt. Dadurch wird auch der Herd von unten gekühlt, so daß das Blei, welches in die Mauerfugen eingedrungen ist, erstarrt und eingetretene Risse verschließt. Die über dem Ofengewölbe liegenden, aus gußeisernen Platten gebildeten Kammern dienen zum Warmhalten der Zinkplatten.

Wie aus der Figur zu ersehen ist, hat die Wannensohle starke Neigung, so daß das ausgeschiedene Blei und das Hartzink sich in der Nähe der Schöpftüre, in dem dadurch gebildeten „Sumpf" sammeln. Die Entfernung dieser Ausscheidungen erfolgt nach Bedarf, wenn sich größere Mengen davon angesammelt haben. Das Hartzink schöpft man mit einer durchlochten Kelle, so daß mitgeschöpftes Zink und Blei abfließen, und bringt es gewöhnlich in kleine gußeiserne Formen, in welchen man das teigige Material flach ausstreicht. Zur Entfernung des Bleies aus dem Sumpf benutzt man die beim Entsilberungsprozeß gebrauchte Bleipumpe oder ein Rohr mit einer gußeisernen Schnecke, welche durch eine Handkurbel schnell gedreht wird, wodurch das Blei aus dem Sumpfe herausgefördert wird. Das Rohr ist etwa 1,3 bis 1,4 m lang und hat einen Durchmesser von 12 cm, und die Schnecke hat eine Steigung von 9—10 cm bei etwa 12 Windungen. Am oberen, aus dem Ofen herausragenden Teile befindet sich seitlich eine Öffnung oder ein Rohrstutzen, aus welchem das gehobene Blei ausfließt. Anderwärts senkt man ein weites, oben offenes Gefäß aus Gußeisen oder Ton mit einem Loche im Boden in das Metallbad. Das Blei tritt von unten in dasselbe ein und kann nach Abschöpfen des darüberstehenden Zinks auf diese Weise ausgeschöpft werden[1]. Das erhaltene Blei enthält stets noch etwas Zink, von welchem es durch nochmaliges Umschmelzen, wobei man die letzten Zinkreste verbrennt, befreit werden muß[2]. Mit den erwähnten Mitteln ist ein ununterbrochener Betrieb des Raffinierofens möglich, der jetzt überall geübt wird, während man früher zur Beseitigung von Hartzink und Blei zuerst alles Zink, dann diese aus dem Ofen herausnahm und in letzterem dann von neuem eine Portion Rohzink einschmolz.

---

[1] Berg- u. Hüttenm. Ztg. 1888, S. 422 u. 1890, S. 130.

[2] *Roderbourg* in Bonn (D. R. P. 244483 vom 4. Mai 1910) erhitzt das geschmolzene Blei mit Chlorzink und Bleioxyd. Zink scheidet Blei aus dessen Oxyd ab, indem es selbst in Zinkoxyd verwandelt wird.

Wenn stark eisen- und bleihaltige Erze zur Verhüttung kommen, fällt ein Teil des gewonnenen Rohzinks so unrein und auch unansehnlich im Äußeren aus, daß zur Herstellung eines verkäuflichen Produktes die Umschmelzung desselben geboten ist. Beim belgischen Ofen, wo das destillierte Zink, wie wir sahen, in mehreren, meist drei Portionen aus den Vorlagen gezogen wird, hat meistens nur der letzte Zug eine Reinigung nötig, und wenn es sich nur um Beseitigung eines zu großen Bleigehaltes (nicht Eisen) handelt, auch nur ein Teil davon, sofern der Schmelzer sorgfältig bei der Herstellung der Zinkplatten vorgeht. Wie die Fig. 165 t zeigt, haben die Zinkformen einen kleinen Vorraum, in welchen der Schmelzer das Metall eingießt. Der größte Teil des nicht mit dem Zink legierten Bleies sondert sich dort infolge des größeren spez. Gewichtes ab, und der Arbeiter hat es deshalb in der Hand, durch langsames Eingießen die Zinkplatte frei von anhaftendem Blei zu halten. Tritt Blei in die eigentliche Plattenform über, so bleibt es, wenn die Zinkplatte bei höherer Temperatur abgehoben wird, in derselben flüssig zurück, weil es noch nicht erstarren konnte; die Zinkplatte hat dann aber eine sehr unansehnliche, Löcher und Riefen aufweisende, untere Fläche. Bei der Zinkablieferung werden die gut ausgefallenen Platten von den bleihaltigen und unansehnlichen geschieden und letztere zum Umschmelzen gebracht. Aus den Vorgüssen stellen die Schmelzer meist zum Schluß noch einige hierfür bestimmte Platten her. *Herter* in Beuthen, O.-S., wollte, wie wir schon früher erwähnten, das am Ofen gezogene Zink dadurch einer Reinigung unterwerfen, daß er es in einem mit feuerfestem Material ausgekleideten, von außen heizbaren Kessel sammelte, in welchem es Blei und Eisen ausscheiden sollte, ehe es in Platten gegossen wurde. Das Verfahren hat auf der Florahütte in Oberschlesien nur vorübergehend Anwendung gefunden. (D. R. P. 132 141 [1901]. Engl. 8175 [1902].) *S. Schnabel*, Metallhüttenkunde 1904, Anhang S. 891.

Da eine große Zahl der Hütten heute genötigt ist, einen Teil ihres Rohzinks wegen Verhüttung ärmerer, unreiner und bleireicher Erze umzuschmelzen, hat der Raffinierofen größere Bedeutung auch für die Rohzinkhütte gewonnen und wir geben deshalb noch in Fig. 173 a bis c die Zeichnung eines neuzeitigen belgischen Raffinierofens, welche wir *Lodins* Métallurgie du zinc entnommen haben.

Die Sohle des Ofens ist hier nicht aus Tonmehl eingestampft, sondern mittels sorgfältig aneinandergefügter Schamottsteine hergestellt. Durch die in der Nähe der Feuerbrücke liegenden Türen e wird das Rohzink eingesetzt, die übrigen an den beiden Längsseiten des Ofens verteilten Türen r dienen zum Abziehen des gebildeten Gekrätzes vom Metallbade und die an der Kopfseite befindliche Tür a zum Ausschöpfen der Metalle, des gereinigten Zinks, des Bleies und des Hartzinks. z sind die Heizgasabzüge. Der Ofen ist vollständig mit Gußeisenplatten, die unten von einem Gußrahmen gehalten werden, ummantelt, also sehr sorgfältig verankert, um die Bildung von Rissen in der Wanne zu verhüten.

Ein solcher Ofen nimmt bei voller Füllung 40 t Rohzink auf und kann täglich bis zu 20 t umschmelzen. Die Beheizung muß eine sehr mäßige

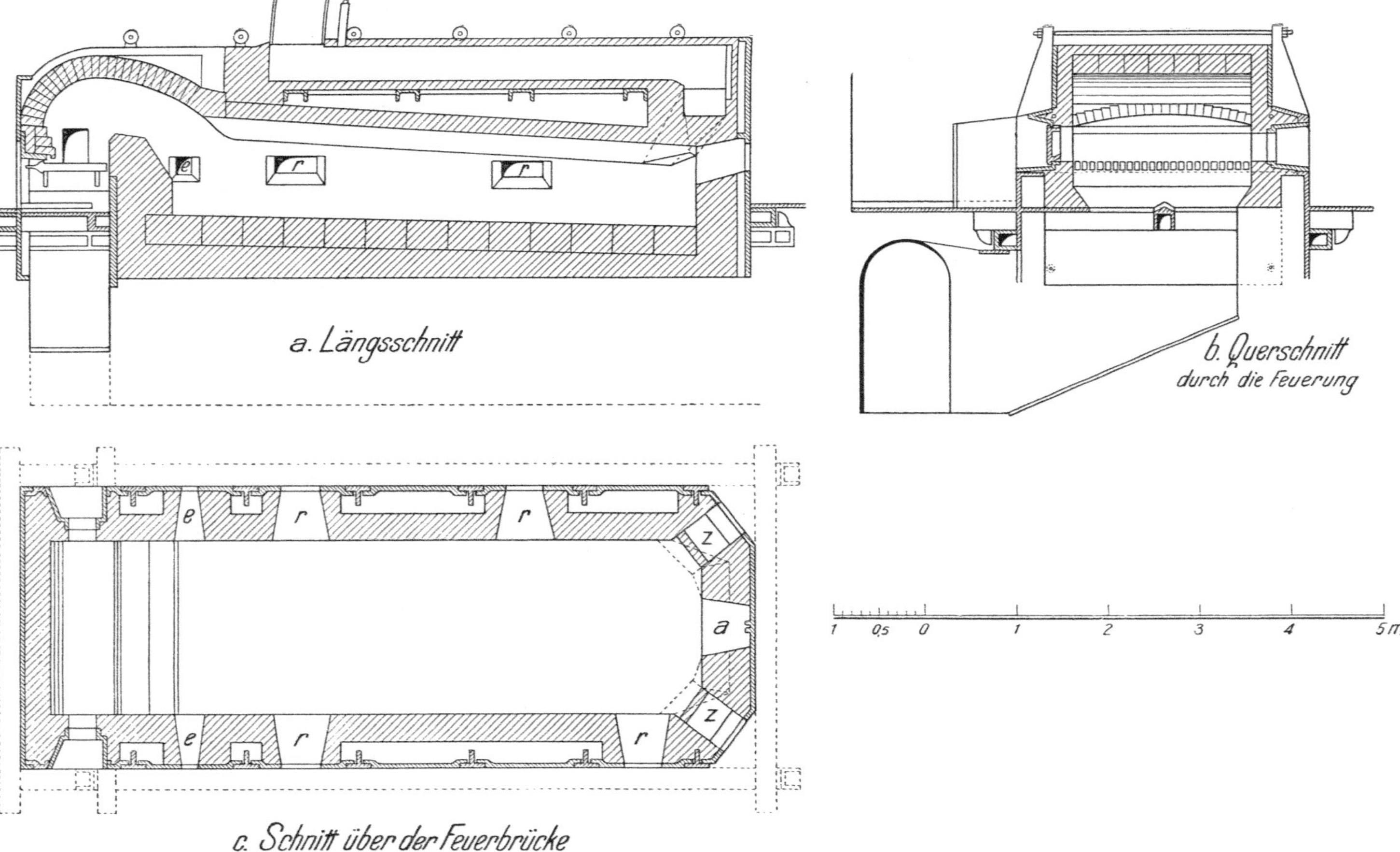

Fig. 173. Neuzeitlicher belgischer Wannen-Raffinierofen.

sein und nur vorsichtig gehandhabt werden, so daß bei stets reduzierender
Flamme die Temperatur nur wenig über den Schmelzpunkt des Zinks steigt,
denn verbranntes Zink, d. h. Zink, in dem etwas Zinkoxyd fein verteilt bleibt,.
ist spröde und deshalb für viele Zwecke nicht brauchbar.

Wenn der Ofen zu heiß geworden ist, kann man das Bad durch Eintragen
neuer Rohzinkplatten kühlen, auch schützt man das geschmolzene Zink dadurch, vor Oxydation, daß man die Gekrätzdecke bis zu einer gewissen Dicke
anwachsen läßt.

In Oberschlesien sind auch Öfen im Gebrauch, welche an einem Kopfende zwei kleinere Feuerungen haben, zwischen welchen die Eintrageöffnung
liegt, oder vielmehr ein seitlich gegen die Feuerungen hin abgeschlossener
Raum mit nach dem Ofeninnern zu abfallender Sohle, in welchem die dort
eingeschobenen Rohzinkplatten zum Schmelzen kommen. Die Sohle des
Ofens wird durch einen nach unten gewölbten Bogen hergestellt, so daß sie eine
Mulde bildet. Auch hat man Öfen gebaut, bei welchen der Einschmelzungs-
raum sich durch die ganze Länge des Ofens hinzieht. Das Metallbad ist
durch diesen gewissermaßen in zwei Teile geteilt, und die Heizgase bei der
Feuerung durchziehen ihn nach Bestreichung des Bades auf dem Rückwege
zu der zwischen den Feuerstellen auf dem Ofen stehenden Esse. Oft ist die
Schöpfstelle gegen das Ofeninnere hin durch eine eingehängte Wand abgekleidet, damit bei geöffneter Schöpftür bzw. beim Ausschöpfen des Zinks keine
kalte Luft in den Ofen eintreten kann.

Ash[1] hat sich einen Ofen schützen lassen, in welchem er am Fuße einer
geneigten Herdfläche, auf welcher das Rohzink eingeschmolzen wird, vier
nebeneinanderliegende Mulden anordnet, welche das geschmolzene Metall
nacheinander durchfließt, wobei es Blei und Eisen ausscheiden soll, ehe es
am Ende seines Weges ausgeschöpft wird.

Durch Umschmelzen des Rohzinks ist, wie schon gesagt, die Reinigung
desselben von Blei und Eisen nur bis zu einem gewissen Grade möglich. Nach
Spring und *Romanoff* scheidet sich eine Mischung von geschmolzenem Blei
und Zink in zwei Lagen, deren Gehalte an beiden Metallen je nach der Temperatur verschieden sind. Nahe dem Schmelzpunkte des Zinks stellten sie
in der oberen Lage einen Gehalt von 98,5 Zink und 1,5 Blei fest, während
der letztere bei 475° C schon 2 Proz., bei 514° 3 Proz. und bei 584° 5 Proz.
betrug. Das Blei (die untere Lage) enthielt bei den genannten Temperaturen 9, 11 und 14 Proz. Zink, bei 334° 1,2 Proz.[2]. *Rößler* und *Edelmann*
fanden im Zink nahe dem Erstarrungspunkte 1,77 Proz. Blei. *Roß* füllte
bis zur Rotglut erhitztes bleihaltiges Zink in ein 1,3 m langes Rohr, welches
er innerhalb 8 Tagen, also sehr langsam, abkühlte, wonach der Bleigehalt im obersten Teile des Rohres bis auf 0,5 Proz. herabgegangen war[3].
Im Großbetriebe im Wannenofen gelingt die Reinigung von bleireichem
Rohzink bis zu einem Restgehalt von annähernd 1 Proz. *Junge* fand im Frei-

---

[1] Franz. Pat. 325 589. U. St. P. 702 526 (1902).
[2] *Heyn:* Berg- u. Hüttenm. Ztg. 1900, S. 559.
[3] Berg- und Hüttenm. Ztg. 1894, S. 320.

berger Zink nie einen 1,2 Proz. übersteigenden Gehalt an Blei im raffiniert Zink, der in einem Falle bis auf 0,88 Proz. gefallen war (Freib. Jahrb. 1889, S. 6). In Bleyberg (Belgien) will man bis auf 0,5 Proz. heruntergekommen sein. Bei Behandlung eines eisenreicheren Zinks gelingt es durch sorgfältige Scheidung den Eisengehalt auf etwa 0,02 Proz. herabzumindern. Eine weitgehendere Befreiung des Zinks von Blei und Eisen läßt sich auch durch wiederholtes Umschmelzen nicht erreichen. *Steger* stellte fest, daß ein vom Raffinierofen kommendes Zink, welches 1,125 Proz. Blei und 0,02 Proz. Eisen enthielt, nach einigen Stunden, während derer es in einem 52 cm hohen Tiegel in flüssigem Zustande erhalten wurde, in allen Lagen noch dieselbe Zusammensetzung hatte[1]. Ein aus dem Zink abgeschiedenes Blei enthielt nach ihm 4,24 Proz. Zink und 0,0008 Proz. Eisen neben Spuren von Cadmium. Das beim Umschmelzen fallende Hartzink, welches 4 bis 5, selten 6 Proz. Eisen enthält, muß, wenn das Zink in metallischer Form und marktfähiger Zusammensetzung wiedergewonnen werden soll, von neuem destilliert werden, ebenso wie das Gekrätz. Die Menge des ersteren schwankt sehr, denn sie hängt vom Eisengehalt des eingesetzten Rohzinks ab, wie die Menge des letzteren von mechanischen Beimengungen desselben und — von der Führung des Schmelzvorganges. Alle die vielfachen Vorschläge, welche zur Herstellung von reinem Zink aus dem Rohzink gemacht worden sind, können wir hier übergehen, da seit umfangreicher Verwendung von Willemit von New-Jersey ohne besondere Vorsichtsmaßregeln[2] so große Mengen von hochhaltigem, fast reinem Zink (99,95 Zn) direkt aus dem Reduktionsofen gewonnen werden, daß der Bedarf an demselben reichlich ohne Aufwendung besonderer Raffinationskosten gedeckt werden kann. Dadurch ist die Herstellung von feinem Zink aus unreinem Rohzink gegenstandslos geworden, besonders nachdem auch die Gewinnung von verhältnismäßig reinem Zink (99,77 Proz. Zn) auf elektrolytischem Wege bei der *Brunner-Mond-Comp.* nach modif. *Höpfner*-Verfahren größere Ausdehnung gefunden hat. Die Reinigungsmethoden haben deshalb nur noch Bedeutung, soweit es sich um Herstellung chemisch reinen Zinks und Zinks für analytische Zwecke handelt. Die elektrolytische Raffination des Rohzinks ist im übrigen schwierig und liefert auch kein ganz reines Zink (siehe *Günther*, Die Darstellung des Zinks auf elektrolytischem Wege. 1904. S. 24ff.).

Zu erwähnen ist noch ein Patent von *Callmann* und *Bormann* (Berlin), D. R. P. 165 243 (1905): Raffination von Rohzink durch Destillation in ununterbrochenem Betriebe. S. weiter unten S. 485.

In neuerer Zeit hat *Hopkins*-South-Kensington (D. R. P. 137 005 [1901]) den Vorschlag gemacht, die Zinkdämpfe vor dem Eintritt in die Vorlage einer Filtration zu unterwerfen[3], in der Weise, daß er ein Filter von feuerfestem Material, oder zerkleinertem Koks bzw. Kohle in der in Fig. 174 ge-

---

[1] Samml. chem.-techn. Vorträge I, 2, S. 79.
[2] Vermeidung von eisernen Geräten beim Sammeln des Zinks.
[3] *Primrose:* Eng. a. Min. Journ. **10**, 415 (1910); *Baumeister:* Metallurg. Chem. Eng. 1910, S. 85.

zeigten Art eingeschaltet und beim Austritt aus der Vorlage die Gase noch durch ein zweites gleichartiges Filter gehen läßt. Die praktische Ausführung soll große Schwierigkeiten bereitet haben, indessen soll der Gedanke jetzt nutzbringende Anwendung in Irvin (England) gefunden haben. Das gewonnene Metall soll einen Gehalt von 99,86 Proz. an Zink haben gegenüber einem Gehalt von 98,75 bei gewöhnlicher Kondensation, Zinkdämpfe sollen die Vorlage nicht mehr verlassen und demgemäß das Ausbringen erhöht sein[1]. Die der *Hopkins Fumeless Zinc Process Co.*, Ltd. in London (D. R. P. 221 908 vom 7. Februar 1908 ab) geschützte Anbringung eines mit zerkleinertem Koks oder Kohle gefüllten Filters an der **äußeren** Vorlagenmündung bezweckt die Fernhaltung der äußeren Luft vom kondensierten Zink zur Verhütung der Oxydation desselben. Wenn Zink von gewöhnlicher Reinheit gewonnen werden soll, bleibt das innere Filter fort[2].

Es ist zu befürchten, daß sich die Filter verstopfen und dann infolge der Erhöhung des Druckes in der Retorte größere Verluste durch die Porosität derselben eintreten. Bei normalem Betriebe, dichte Retorten vorausgesetzt, wird Luft von außen nicht in die Vorlage treten, höchstens im letzten

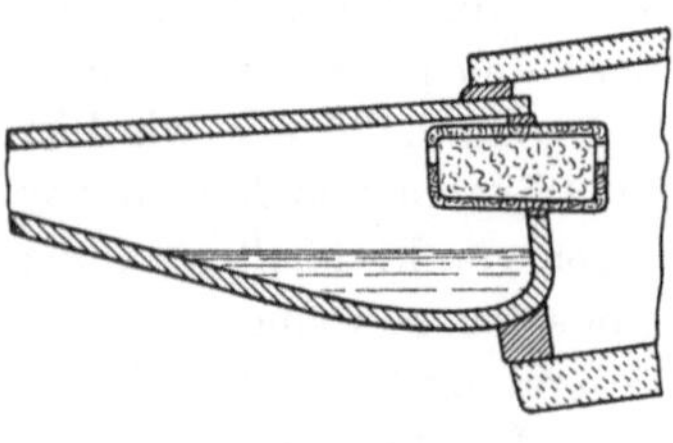

Fig. 174.

Stadium der Destillation, wogegen man sich durch teilweisen Verschluß der Vorlagenmündung mittels eines Staubpfropfens schützen kann. Daß durch die Filter eine Vermehrung des Gesamtausbringens herbeigeführt werden kann, möchten wir bezweifeln, allenfalls wird sich das Verhältnis von Plattenzink zu Staub und die Gekrätzbildung günstiger stellen. Daß das in flüssigem Zustande gewonnene Zink hochgrädiger, d. h. mit geringerem Blei- und Eisengehalt ausfällt, ist anzunehmen, die übrigen Verunreinigungen werden aber durch das innere Filter nicht zurückgehalten werden. Dieselbe Einrichtung in etwas anderer Form hat sich[3] *Brand* in Amerika schützen lassen (U. S. P. 963 416, 5. Juli 1910).

Der Grad der Verunreinigungen des Rohzinks ist ebensowohl abhängig von dem Blei- und Eisengehalt der Erze, als auch von dem mehr oder weniger heißen Ofengange. Insbesondere trifft das zu bei der kreisrunden Retortenform und Verwendung der einfachen konischen Vorlage, wo das kondensierte flüssige Zink mit dem Retorteninhalt in Berührung bleibt (siehe Fig. 137). Verfasser stellte in Letmathe am belgischen Ofen fest, daß der Eisengehalt der 3 zeitlich aufeinanderfolgenden Züge Zink betrug bei Verhüttung eines Erzes mit einem Gehalte

	I	II	III
von 8 Proz. Eisen	0,014	0,056	0,120
„ 22 „ „	0,064	0,144	0,242

---

[1] Memoires de la Soc. des Ing. civ. de France, Juni 1911; Elektr. Metall. Ind. 1909, S. 468.

[2] Zeitschr. f. angew. Chemie 1910, S. 1529.

[3] Zeitschr. f. angew. Chemie 1910, S. 2150.

und bei Verhüttung eines Erzes von ein und demselben Eisengehalte (12,5 Proz.)

am kälter gehenden Ofen	0,016	0,078	0,178
„ heiß „ „	0,038	0,106	0,266

Von Interesse ist auch der Einfluß der Vorlagenform und Größe auf die Verunreinigung des Zinks durch Blei und Eisen. Das Zink zweier Öfen, von welchem der eine mit kleinen, der andere mit größeren konischen Vorlagen, wie sie Fig. 124 zeigt, ausgerüstet war, hatte folgende Gehalte an Pb und Fe bei zwei verschiedenen Ermittelungen (I und II).

		Kleine Vorlage		Große Vorlage	
		I	II	I	II
Die beiden ersten Züge vereinigt	Pb	1,286	1,443	0,979	1,060
	Fe	0,078	0,052	0,038	0,048
Der letzte (dritte) Zug	Pb	1,700	2,839	1,290	1,900
	Fe	0,130	0,139	0,074	0,086
Durchschnitt der ganzen Tageserzeugung	Pb	1,380	1,800	0,984	1,210
	Fe	0,090	0,072	0,042	0,055

Bei den kleinen Vorlagen war der Gehalt an den beiden Verunreinigungen in beiden Fällen höher, als bei den großen, was sich damit erklären läßt, daß bei jenen wegen des kleineren Vorlagenraumes eine größere Menge des kondensierten flüssigen Metalls in die Retorte hineinreicht und mit dem nach vorn fließenden Blei und Eisen in Berührung ist. Der Gehalt des Erzes an Eisen war etwa 12,5 Proz, der an Blei etwa 2,5 Proz.

Die letzten Züge gingen in Letmathe zum Raffinierofen. Infolge des hohen Eisengehaltes fielen in demselben große Mengen Hartzink, welche durch Destillation wieder zugute gemacht wurden. Letztere wurde zusammen mit dem erhaltenen Gekrätz in nach hinten geneigten Retorten (in einem besonderen kleinen Ofen) vorgenommen, welche durch neue ersetzt wurden, wenn die in denselben zurückbleibende Eisensau den größten Teil des Raumes ausfüllte.

Nach *Wologdine*, Bull. soc. d'encour. 3, 539 ff. (1906) ist Eisen bis zu 8 Proz. leicht löslich in geschmolzenem Zink. Zink mit 7,88 Proz. Fe entspricht der Formel $ZnFe_{10}$, es schmilzt bei 750°. Mit weiterem Zusatz von Eisen steigt der Schmelzpunkt.

Chandler[1] kühlte das geschmolzene Hartzink allmählich ab; es scheidet sich dadurch aus demselben ein lockeres Aggregat von sechsgliedrigen prismatischen Krystallen ab, welche 90,5 Proz. Zink und 9,5 Proz. Eisen enthalten. Durch wiederholtes Umschmelzen derselben erhält man eine dichte, nichtkrystallinische Legierung von Zink mit 12,5 Proz. Eisen. Das hierdurch aus dem Hartzink durch Auskrystallisieren gewonnene Zink soll noch ein verkäufliches Produkt darstellen. Auch hat man eisenhaltiges Zink zu reinigen gesucht, indem man es unter einer Talgdecke mit Schwefel einschmolz. Zink verbindet sich unter diesen Umständen nicht mit dem Schwe-

---

[1] Dingl. Polyt. Journ. **194**, 238.

fel, dagegen werden andere darin enthaltene Metalle in Sulfide übergeführt, die sich auf der Oberfläche abscheiden. Angewendet ist dieses Verfahren wohl nur im Kleingewerbe, dasselbe ist teuer und die Reinigung doch keine vollständige, wenn nicht noch eine fraktionierte Destillation folgt[1].

Nachstehend führen wir als Beispiel das Ergebnis der Raffination eines sehr eisenreichen Rohzinks aus der damaligen Zeit (1882) im Gesamtgewichte von 75 090 k an. Der Wannenofen (nach Fig. 172) lieferte beim Umschmelzen:

Raff. Zink . . . .   65 907 k   87,77 Proz.
      Blei . . . .   717 „   0,95 „
      Bleizink . .   152 „   0,22 „
      Hartzink . .   6 310 „   8,40 „   mit 87,63 Proz. Zink u. 9,09 Proz. Blei.
      Gekrätz . .   975 „   1,30 „   „ 82,15   „   „
      Verlust . . .   1 029 „   1,36 „

Aus den 7285 k Hartzink und Gekrätz wurden durch Destillation gewonnen:

Raff. Zink . . . .   5 754 k   7,66 Proz. des angew. Rohzinks.
      Blei . . . .   261 „   0,35 „   „   „   „
      Gekrätz und
        Staub . .   786 „   mit einem Zinkgehalt von 35,35 Proz.
      Eisensau . .   226 „

Die Rückstände (Eisensauen) hatten eine Zusammensetzung von:

Fe   56,1
Zn . . . .   10,5 ⎫ legiert mit Fe, durch Aus-
Pb . . . .   23,9 ⎭ saigern nicht zu gewinnen.
S   0,6
Mn . . . .   Spur
Unlösl.   8,5   Ton, Kohle usw.

Das Umschmelzen des Rohzinks erforderte einschließlich der Vorwärmung des Ofens 5440 k Förderkohle entsprechend 7,25 Proz. vom Rohzink und einschließlich des Anbringens vom Rohzink und Wegbringen der Produkte einen Lohnaufwand von 217,20 M. entsprechend 0,29 M. für 100 k Rohzink.

Für die Destillation von Hartzink und Gekrätz waren erforderlich 12 240 k Kohlen entsprechend 168 Proz., 12 Retorten, 12 Vorlagen (bauchig) und ein Aufwand von 80 M. an Lohn.

Wenn man für die Kohlen einen Preis von 12 M. pro t einsetzt, so kostet die Raffination von 75 090 k Rohzink

an Kohle . . . .   212,16 M.
 „ Löhnen . . . .   297,20 „
Retorten, Vorlagen . . . . . .   36,00 „
                Zusammen 545,36 M.

entsprechend 0,73 M. für 100 k Rohzink und 0,75 M. für 100 k zurückgewonnenes Metall, da im ganzen zurückerhalten wurden: 71 661 k raffiniertes Zink und 1130 k Blei und Bleizink, 95,43 bzw. 1,52 Proz. vom Rohzink. Die letzten Abfälle vom Hartzink sind dabei nicht in Rechnung gestellt, andererseits aber auch nicht der absolute Verlust am Gewichte des Rohzinks.

―――――――――

[1] D. R. P. 17 521 *W. Merton*-Frankfurt a. M.

Wesentlich geringer als in dem vorstehenden Falle ist natürlich die Bildung von Hartzink beim Umschmelzen des Handelszinks zum Zwecke des Auswalzens.

Massart[1] gibt als Beispiel an, daß aus 100 Rohzink 98,5 Plattenzink, 0,7 Oxyde, 0,4 Bodenzink bei 0,4 Verlust erhalten wurden.

Behandlung des Zinkstaubes.

Der neben dem Plattenzink in den Allongen gewonnene Zinkstaub (Poussière) ist heute ein in den Farbenfabriken und der chemischen Industrie überhaupt als Reduktionsmittel sehr gesuchtes Eszeugnis, so daß er meist ebenso teuer bezahlt wird, wie gewöhnliches Rohzink. In Amerika ist der Preis sogar höher. Um dem Zinkstaub die handelsübliche Beschaffenheit zu geben, wird er durch ein sehr feines Messinggewebe getrieben, damit man von dem feinen metallischen Zinkstaub die gröberen Beimischungen, von welchen er im Großbetriebe nicht ganz freizuhalten ist, absondert. Nach den für Zinkhütten in Deutschland bestehenden gesetzlichen Bestimmungen (vom 6. Febr. 1900) müssen dazu dicht verschlossene und mit Staubfiltern für die austretende Luft versehene Siebvorrichtungen benutzt werden, um den Arbeiter vor der Einatmung des der Gesundheit schädlichen Staubes zu schützen.

Verpackt wird der gesiebte Staub in dichte Kisten oder Fässer. Früher benutzte man als Emballage meist guterhaltene, gebrauchte Petroleumbarrels, welche durch Ausbrennen gesäubert wurden. Fertig gepackt wiegt ein solches an 800 k.

Der Wert des Zinkstaubes hängt von seinem Gehalt an metallischem Zink ab. Bei den belgischen Öfen fällt er im allgemeinen hochgrädiger aus, als bei den rheinischen und schlesischen Öfen. In Betracht kommt als Handelsprodukt nur der Staub, welcher in den Allongen verdichtet wird, welche unmittelbar an die gewöhnlichen, einfachen Vorlagen angeschlossen sind. Im anderen Falle tritt teilweise oder völlige Oxydation der Metalldämpfe ein, das gilt im besonderen von den in Oberschlesien gebrauchten Apparaten, welche an die *Dagner*sche Vorlage angeschlossen sind. Bei der *Kleemann*schen Vorlage wird nur Zinkoxyd erhalten, ebenso in den weiteren Kondensationseinrichtungen, welche die Retortengase durchziehen, weil sie vor Eintritt in dieselben in der Regel verbrannt werden. Solcher Staub kann nur durch erneute Reduktion zugute gemacht werden[2].

Aber auch für den an Metall reichen Zinkstaub war früher der Absatz nicht immer vorhanden, man sah sich deshalb genötigt, auch ihn in metallisches bzw. festes Plattenzink umzuwandeln. Vielerorts wurde er von neuem der Destillation unterworfen, indem man ihn, wie das Gekrätz, entweder allein in kälter gehenden Retorten oder mit dem Erze gemischt verhüttete. Der Verlust ist bei dieser Verarbeitung hoch, es läßt sich nach des Verf.s Erfahrungen höchstens auf eine Ausbeute von 80 Plattenzink

---

[1] Revue univers. des Min. **30**, 201; Berg- u. Hüttenm. Ztg. 1872, S. 197.
[2] Analysen von Zinkstaub siehe Abschn. 3, S. 42 und 43.

aus 100 hochprozentigem Staub rechnen. Nach *Massart*[1] destillierte man in Engis in einem belgischen Ofen innerhalb 38 Tagen 43 800 k Zinkstaub, täglich rund 1200 k mit einem Zinkgehalt von 81 Proz. ohne Erzbeigabe mit etwa 32 Proz. Mischkohle und erzielte hierbei eine Ausbeute von 95 Proz. des geladenen Zinks. Man ließ vor der Ladung den Ofen auf dunkle Rotglut abkühlen und steigerte die Temperatur ganz allmählich mit einem Kohlenaufwand von 912 hl entsprechend 185 bis 190 Proz. des Staubgewichtes. Der Verlust von 5 Proz. muß hauptsächlich durch Verflüchtigung von Zinkdämpfen entstanden sein, weil die Rückstände nur geringe Mengen Zink enthalten haben sollen.

Nach Erschöpfung der Ladung und dem Räumen der Retorten ließ man den Ofen etwa 3 Stunden wieder abkühlen, ehe man die neue Post, die sonst teigig wurde, einsetzte. Das Zink mußte bei der reichen Ladung 7 mal gezogen werden. Düten wurden auf die Vorlagen nicht aufgesetzt, man verschloß den größten Teil ihrer Mündungen mit einem Lehmpfropfen. Zur Redestillation kommt in jedem Falle der Rückstand vom Staubsieb.

In Oberschlesien wird ein Teil des metallhaltigen Zinkstaubes, wie des oxydischen Staubes zur Cadmiumgewinnung verwendet, die Rückstände davon werden ebenfalls dem Reduktionsofen zur erneuten Destillation zurückgegeben. Zinkstaub gibt immer ein unreines Metall, weil sich die leichter als Zink flüchtigen Unreinigkeiten des Erzes darin angesammelt haben. Durch Vermischung mit dem Erz werden dieselben weniger fühlbar, weil sie sich auf eine größere Zinkmenge verteilen.

Um den Staub in vorteilhafterer Weise als durch Redestillation in Plattenzink umzuwandeln, ersann im Jahre 1856 *Montefiore-Lévi*[2] einen Apparat, um den Staub, welcher in der Hauptsache aus metallischen Kügelchen besteht, welche von Oxydkrystallen am Zusammenfließen gehindert werden (das zeigt die Betrachtung unter dem Mikroskop) durch Anwendung von Druck in der Wärme zu verflüssigen. Er benutzte dazu stiefelartige, nach unten wenig verengte Gefäße von 17 bis 16 cm Weite und 46 cm lichter Höhe, von denen er paarweise mehrere aufrecht auf das durchbrochene Feuerungsgewölbe eines Ofens stellte, derart, daß die obere Öffnung frei in der Ofendecke lag und die seitlichen, etwa 5 cm im Lichten weiten Ansätze aus den Seitenwänden des Ofens hervortraten. Jedes Gefäß wurde bis etwa 10 cm vom oberen Rande mit Zinkstaub gefüllt und darauf ein zylindrischer, an einer Eisenstange befestigter Tonstempel von 18 cm Höhe und 15 cm Dicke gesetzt. Die Stange hatte oberhalb des Ofens einen angeschweißten Ring, welcher durchlochte Scheiben aus Gußeisen oder Blei bis zum Gesamtgewichte von 25 k trug, und war darüber von einem Quereisen in ihrer zentralen Lage gehalten. Bei dunkler Rotglut schmilzt der Staub unter dem Drucke des belasteten Stempels zusammen, was noch durch Drehung des letzteren befördert werden kann; das flüssige Zink wird durch Lösen des sich im Stiefelansatze aus teigigem Zink bildenden Verschlusses abgezogen.

---

[1] Revue univers. des Mines **30**, 201.
[2] Patent vom 17. Sept. 1856. Revue univers. **1**, H. 3, S. 1—9 (1858).

Das Verfahren ist fast auf allen belgischen Hütten und auch in Oberschlesien ausgeübt worden, doch hat es sich unseres Wissens nur auf den Hütten in Engis und Corphalie erhalten. Die Fig. 175 zeigt den auf der letzteren gebrauchten Ofen von etwas größeren Abmessungen. Die Gefäße sind 73 cm hoch bei 18 bis 18,3 cm Weite und haben eine Wanddicke von 26 mm. Die Stempel sind 21 cm hoch und haben einen Durchmesser von 17 cm. Der Feuerungsrost ist 1,73 m lang und 47 cm breit, der Ofenraum, in welchem 12 Gefäße Platz finden, 2,04 m lang, 1,05 m breit und 0,73 m hoch. Jedes Gefäß nimmt auf einmal etwa 20 k Zinkstaub auf, welche in $2^1/_2$ bis 3 Stunden verflüssigt werden, so daß täglich die Operation 8 mal wiederholt werden kann. Der Ofen wird von 2 Arbeitern bedient; die Kosten für 1 t Staub sollen 7 bis 8 Mk. betragen. Täglich werden 1500 bis 1800 k Zinkstaub mit einem Kohlenaufwand von 3 bis 4000 k ? behandelt und dadurch 85 bis 86 Proz. als Plattenzink gewonnen. Das fallende Gekrätz geht zu den Reduktionsöfen. Das Zink nimmt naturgemäß alle metallischen Nebenbestandteile und auch etwas Zinkoxyd auf, so daß es von untergeordneter Qualität ist.

Einen ähnlichen Vorschlag, Zinkstaub durch Druck und Wärme zu verflüssigen, hat kurz vor *Montefiore-S. Wetherill* gemacht (Franz. Pat. vom 17. Mai 1856).

L. Hen und *Weimann* in Brüssel erhitzen den Zinkstaub, vermischt mit feingemahlenem Harz, in eisernen oder tönernen bedeckten Tiegeln, die nur eine kleine Öffnung zum Fortlassen der flüchtigen Bestandteile des Harzes haben. Bei Dunkelrotglut soll sich das Zink in flüssigem Zustande auf dem Boden des Tiegels ansammeln. Es wird ein

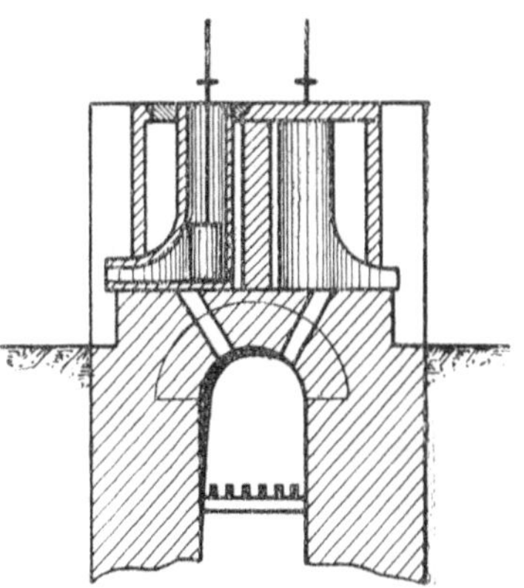

Fig. 175. *Montefiore*-Ofen.

geringer Druck im Tiegel entstehen, welcher den Zusammenfluß unter der Harzdecke befördert.

W. Hempel, Dresden[1] preßte den Zinkstaub unter hohem Druck zusammen; bei 30 Atm. nahm er nur 13,3 Proz., bei 100 Atm. 10 und bei 200 Atm. 8,7 Proz. seines ursprünglichen Volumens ein. Die Preßstücke will er ohne Zusatz von Kohle aus Tonretorten destillieren, wobei $^2/_3$ des Gewichts des Zinkstaubes an metallischem Zink gewonnen werden.

Elektrolytisch gewonnenen Zinkschwamm setzt *Sanna* (Iglesias in Sardinien) nach vorherigem Waschen mit Natriumnitratlösung und Erwärmen in noch feuchtem Zustande auf 100 bis 150° einem Drucke von ungefähr 1000 k pro qcm aus, wodurch sich derselbe in dichtes metallisches, handelsfähiges Zink verwandelt. DRP. 217 632 (6. Oktober 1908).

Zur Gewinnung von Zink aus Zwischenprodukten, welche das Zink in der Hauptsache in metallischem Zustande erhalten, kann man sich, wie schon erwähnt, einer nach hinten geneigten Retorte

---

[1] Berg- u. Hüttenm. Ztg. **52**, 367 ff. (1893).

zum Abdestillieren des Zinks bedienen. Der Verf. benutzte in den 80er Jahren vorigen Jahrhunderts die in Fig. 176 dargestellte Retorte zur Isolierung des Zinks aus dem bei der Raffination von Rohzink im Wannenofen fallenden Hartzink, eine Apparatur, welche in Bleihütten auch zur Wiedergewinnung des Zinks aus dem Zinkschaum verwendet wird[1]. Bei Zugabe eines Reduktionsmittels können auch oxydische Zinkprodukte, Gekrätz und Aschen darin zugute gemacht werden.

Der 10 nebeneinander liegende tönerne Retorten der gezeigten Form fassende Ofenraum wurde durch eine Rekuperativgasfeuerung beheizt, welche eine genaue Regelung der Ofentemperatur gestattete. Die Retorten waren auf massiven Bänken gelagert. Letztere bestanden aus zwei, zwischen sich einen Spalt lassenden Teilen, unter welchen eine geneigte, vor der Flamme geschützte, gußeiserne Rinne lag, welche bei etwaigem Retortenschaden das ausfließende Metall aufnahm und nach außen leitete. Die Retorten, welche an ihrer Mündung mit Bauchvorlage und Düte ausgerüstet wurden, hatten hinten, am tiefsten Punkte des Bodens, ein Abstichloch, um nicht- oder schwerflüchtige Metalle im flüssigen Zustande abstechen zu können, insbesondere auch Blei (Silber). Das Eisen blieb als Sau in der Retorte, welche als unbrauchbar ausgewechselt wurde, wenn sich dasselbe in so großer Menge angesammelt hatte, daß ihre Weiterbenutzung unvorteilhaft wurde.

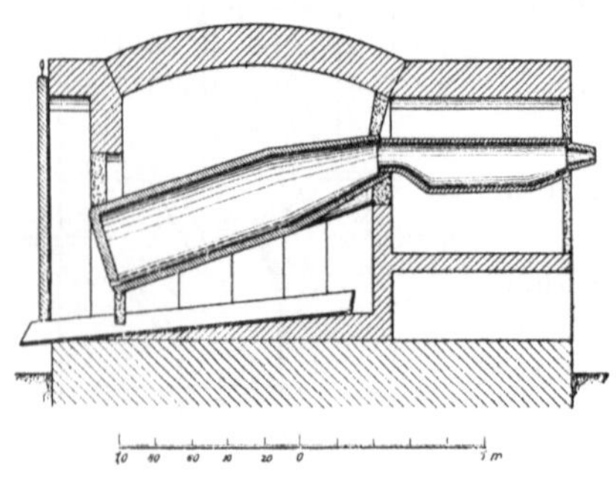

Fig. 176. Retorte zur Destillation von Hartzink u. dergl.

Rösing, Friedrichshütte[2], hat vorgeschlagen, zinkhaltige Legierungen, wie Zinkschaum, von der Entsilberung, Silberzink, Hartzink u. a. mit hocherhitztem flüssigen Eisen in einer kippbaren, mit basischem Futter ausgekleideten Birne zu versetzen und durch die Hitze des Eisens das Zink zu verdampfen. Vorher hatte er versucht, das Zink des Zinkschaumes auf elektrolytischem Wege vom Blei und Silber zu trennen[3]. Beide Verfahren haben keinen Eingang in die Praxis gefunden. Nach *Hasse* (Zeitschr. f. Berg-, Hütten- und Salinenwesen 1895, S. 322 und Berg- u. Hüttenm.-Ztg. 1895, S. 431) ist die elektrolytische Scheidung später wieder aufgenommen worden und hat bessere Resultate gegeben. Auch in Hoboken bei Antwerpen sind nach Schnabel derartige Versuche gemacht, haben aber nicht befriedigt (siehe auch *Günther*, Zink auf elektrol. Wege, S. 27ff.).

Howard (DRP. 90 488) saigert das dem Zinkschaum anhaftende Blei durch Pressen aus.

---

[1] Nach *Parkes, Karsten, Lange, Balbach, Fabre du Faur* (Eng. and Min. Journ. 1856, H. 19, Nr. 13; Berg- u. Hüttenm. Ztg. 1875, Taf. 7, Fig. 14 bis 16), *Brodie.*

[2] D. R. P. 532 77 vom 5. Febr. 1890.

[3] D. R. P. 33 589. Berg- u. Hüttenm. Ztg. 1886, S. 463; Zeitschr. f. Berg-, Hütten- u. Salinenwesen 1886, S. 91.

W. Florence in Johannesburg (Transvaal) verwendet eine Retorte von flach elliptischem Querschnitt (Fig. 177)[1], die durch eine Brücke in zwei Abteilungen geteilt ist. Die hintere nimmt das zu destillierende Material auf, die vordere dient als Vorlage. Die Retorte ist vorn durch einen Flansch luftdicht verschlossen; ein enges, durch diesen hindurchgehendes Rohr dient zur Absaugung der Luft, um die Verflüchtigung des Zinks im Vakuum bei einer so niedrigen Temperatur zu erreichen, daß Gußeisen zur Herstellung der Retorte verwendet werden kann. Bei Verwendung von Ton müßte dieselbe außen glasiert werden, um ein Eindringen von Gasen zu verhüten.

Die Retorte ist seitlich mit Längsrippen versehen, die zu ihrer Auflagerung dienen und gleichzeitig den Feuerraum vom Abzug scheiden, so daß die Heizgase die Retorte umspülen. Die nicht oder weniger flüchtigen Metalle Blei und Silber bleiben in der hinteren Abteilung zurück, das Zink kondensiert sich im vorderen, zum größten Teile im Ofenmauerwerk liegenden und deshalb kühleren Teile.

Um aus **zinkhaltigem Blei** und anderen zinkarmen Metallegierungen das Zink zu gewinnen, setzt *Coda* in Spezia (Italien) dem geschmolzenen Metalle eine Legierung von Kupfer oder Kupferaluminium und Blei zu, wodurch es gelingt, das Zink in einem destillierbaren, technisch silberfreien Schaum zu konzentrieren (D.R.P. 207 019). Vielleicht spielt Radium dabei eine Rolle.

J. Callmann und *R. Bormann*, Berlin, raffinieren Zink durch Destillation in ununterbrochenem Betriebe in der Weise, daß sie das geschmolzene Metall durch ein geneigtes, zweckmäßig mit Schamott-Koksstücken

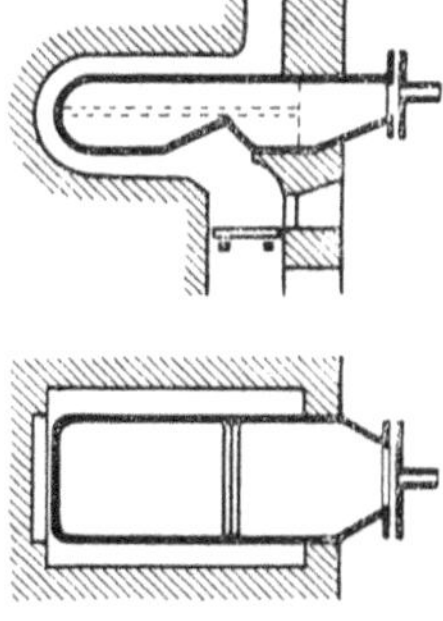

Fig. 177.

gefülltes Rohr aus feuerfestem Material leiten, welches so stark erhitzt ist, daß das Zink abdestilliert, während die nichtverdampfenden Metalle in einen an den Fuß des Rohres angeschlossenen Behälter abfließen (D.R.P. 165 243 vom 21. März 1905 ab).

6. Die Gewinnung des Cadmiums.

Wir haben eingangs des Buches schon erwähnt, daß der **Zinkstaub**, der in den Düten gewonnene sowohl, wie der in Kondensationskammern verdichtete Flugstaub, welche bei der Verhüttung cadmiumhaltiger Zinkerze in Oberschlesien fallen, fast das einzige **Rohmaterial** für die Herstellung von **Cadmium** bilden.

Die übliche Gewinnung desselben beruht auf einer wiederholt vorzunehmenden fraktionierten Destillation zwecks Trennung vom Zink, welches sich schwerer verflüchtigt, als das Cadmium. **Cadmium** wurde zuerst auf der Lydogniahütte in größeren Mengen erzeugt. Versuche, bei welchen man

---

[1] D. R. P. 104 990.

den bei der Galmeiverhüttung zuerst übergehenden, oxydischen Zinkstaub,
der 2 bis 6 Proz. Cadmium enthielt, innig mit dem gleichen Volumteil Holz-
kohlenstaub vermengte und der Destillation in einer eisernen Retorte mit
eiserner Vorlage bei angehender Rotglut mehrere Stunden lang unterwarf,
führten nach einigen Mißerfolgen endlich zur Gewinnung eines metallischen
Staubes, der sich zum größeren Teile als Cadmium erwies.

Durch den Erfolg ermutigt, baute man einen besonderen Ofen für die
Cadmiumdestillation, welcher nach *Mentzel*[1] die in der Fig. 178 dargestellte
Gestalt und Ausrüstung hatte.

Sieben zylindrische, an beiden Enden offene Tongefäße von 1,57 m
Länge und einem inneren Durchmesser von 0,21 m lagen in einem viereckigen, überwölbten Ofenraume aus gewöhnlichen hartgebrannten Ziegelsteinen in zwei Reihen von 4 und 3 Stück übereinander.' Vorn wie hinten
traten dieselben durch die Ofenwände hindurch, so daß das Innere von beiden
Ofenseiten aus zugänglich war. Der Ofenraum verengte sich nach unten
bis zu dem 63 cm unter der unteren Röhrenreihe liegenden Feuerungsroste

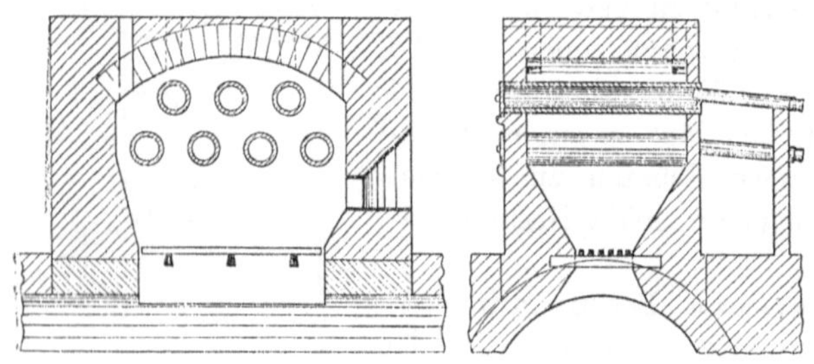

von 1,47 × 0,47 m = rund
0,69 qm Fläche. Die Heiz-
gase entwichen nach Um-
spülung der Röhren durch
6 dicht an den kürzeren
Seiten des Ofens im Ge-
wölbe ausgesparte Ab-
zugsöffnungen in den
Hüttenraum.

Fig. 178. Cadmium-Destillations-Ofen von *Mentzel*.

Als Vorlagen dienten
rund 80 cm lange, innen
6,5 cm weite gußeiserne Röhren, welche auf der einen Seite des Ofens in der
aus der Zeichnung ersichtlichen Weise in die Retortenmündung eingesetzt
wurden. Der in letzterer freibleibende Raum wurde mit einer Tonplatte und
Lehm verschlossen. Die Vorlagen erhielten eine geneigte Lage, damit etwa in
flüssiger Form sich kondensierendes Metall nicht in die Retorte zurückfließen
konnte. Die vom Ofen abgekehrte Öffnung wurde mit einem durchlochten
Holzstopfen verschlossen, der den Reduktionsgasen durch eine etwa 6—7 mm
weite Öffnung noch den Austritt gestattete.

Der Betrieb verlief in folgender Weise: Nachdem der Ofen allmählich
angewärmt und die Temperatur der Retorten bis zur dunkeln Rotglut gestei-
gert war, wurde das Gemisch von dem als Rohstoff benutzten oxydischen
Zinkstaub und Holzkohlenpulver an den den Vorlagen gegenüberliegenden
Enden der Retorten mittels einer löffelartigen, langen Schaufel eingetragen.
Diese Arbeit mußte mit möglichster Eile geschehen, damit kein Verlust von
Cadmiumdämpfen, welche sogleich nach der Beschickung auftraten, erfolgte.
Nach der Füllung wurden die Retorten durch eine mittels Lehm anlutierte
Tonplatte dicht verschlossen. Das Gewicht einer Ladung für die 7 Gefäße

---

[1] Karstens Archiv **1**, 411 (1829).

belief sich auf 20 k Zinkoxyd. Das überdestillierende Cadmium kondensierte sich in Form eines metallisches Staubes in den Vorlagen, die während der Destillationsperiode durch auftropfendes Wasser gekühlt wurden.

Die Beheizung des Ofens erfolgte durch Zinder (halbverkohlte Steinkohlenreste aus der Asche der Zinkdestillieröfen), welche zur Verbrennung einen lebhaften Luftzug erfordern. Zu dessen Erzeugung war der Ofen über einem Kanal (Rösche) erbaut, der ausreichenden Luftzutritt sicherte. Die Bedienung der Feuerung mußte eine sorgfältige sein, damit die Ofentemperatur eine stets gleichmäßige, angehende Rotglühhitze nicht übersteigende blieb. Bei dieser Temperatur sollte nur Cadmiumoxyd reduziert und Cadmium abgetrieben werden, dagegen das Zinkoxyd der Hauptmenge nach in den Röhren zurückbleiben. Bei sorgfältigster Innehaltung dieser Vorsichtsmaßregel verlief der Prozeß dennoch nicht so vollkommen, daß nur reines Cadmium gewonnen wurde. Es war eben nicht völlig zu vermeiden, daß Zink mit überging. Ein kleiner Teil des Retorteninhalts wurde auch mechanisch mit in die Vorlage hinübergerissen. Hätte man dies durch noch niedrigere Ofenhitze vermeiden wollen, so würde der für die Abdestillation des Cadmiums nötige Zeitaufwand nicht mehr im Verhältnis zu dem Werte des gewonnenen Produktes gestanden haben. Der gewonnene unreine Cadmiumstaub mußte deshalb einer nochmaligen und sogar das dann gewonnene Produkt einer dritten Destillation unterworfen werden.

Im Verlaufe der Arbeit mußte der Retorteninhalt von Zeit zu Zeit umgerührt werden, weil die Destillation, wohl mangels inniger Berührung der Kohle mit dem Oxyd, stockte und auch ein leichtes Zusammensintern der Masse den Cadmiumdämpfen den Austritt erschwerte. Es geschah dies mittelst einer Eisenstange, welche durch eine in der Verschlußplatte der Retorte befindliche, leicht mit Lehm zu verschließende kleine Öffnung eingeführt wurde.

Die erste Destillationsperiode dauerte 12 Stunden, die in den Retorten verbliebenen Rückstände gingen in die Zinköfen zurück. Ehe man dieselben aus den Retorten entfernte, wurde das gewonnene Kondensat aus der Vorlage gezogen, es enthielt etwa 20 Proz. metallisches Cadmium. Dieses wurde während einer Zeitdauer von 36 Stunden bei ganz mäßiger Hitze aus einem einzelnen Rohre, welches etwa 5 bis 6 k davon faßte, zum zweiten Male destilliert und das daraus gewonnene Destillat noch einmal während derselben Zeitdauer. Um ein recht hochgrädiges Cadmium zu erzielen, wurde das in den ersten 24 Stunden übergehende Destillat gesondert gehalten von dem in den letzten 12 Stunden gewonnenen, welches zum zweiten Zwischenprodukt zurückging. Das als Reinprodukt anzusehende dritte Destillat zeigte eine wesentlich andere Beschaffenheit, als die beiden vorhergehenden; es bestand aus in wenig Metallstaub verteilten Metallkörnern, zuweilen sogar aus einer zusammengeflossenen Metallmasse. Um es in handelsfähige Form zu bringen, wurde es in Tontiegeln unter einer Talgdecke umgeschmolzen, möglichst weit abgekühlt und dann in zylindrische, 80 g schwere Stäbchen gegossen. Als Formen dienten Papierröhrchen.

Die Probe auf Reinheit des Metalls bestand darin, daß man es unter dem
Hammer und durch Biegen auf seine Dehnbarkeit prüfte. Ein geringer Zinkgehalt erteilte ihm schon einen „sehr bemerkbaren Grad" von Sprödigkeit.
Wenn sich das Stäbchen gut hämmern ließ, ohne zu zerbrechen und wenn es
erst bei wiederholtem Umbiegen nach allen Richtungen sich „ohne eine bestimmte Bruchfläche" trennen ließ, konnte man auf die „vollkommene"
Reinheit des Metalls schließen.

Die Produktion in dem vorbeschriebenen Ofen belief sich auf monatlich
4 bis 5 k. Man versuchte in demselben auch vom Galmei das Cadmium unmittelbar abzutreiben, jedoch nicht mit befriedigendem Erfolg, da zur Destillation eine größere Hitze erforderlich war.

Mentzel erwähnt in seiner Abhandlung am genannten Orte noch die bemerkenswerte Erscheinung, daß sich beim Entleeren der Cadmiumvorlagen ein eigenartiger Geruch
bemerkbar machte, den man als von Jod und Brom herrührend erkannte, welche in dem
Cadmiumstaub enthalten waren. Den Ursprung beider konnte man nicht aufklären.
Ferner trat eine Entwicklung von Ammoniak beim Befeuchten des Metallstaubes unter
bedeutender Erwärmung der Masse auf, wohl infolge eine Zersetzung vorher gebildeter
Nitride durch Wasser.

1832 gewann man auf der Georgshütte (*Georg von Giesches Erben*) auf
ähnliche Weise 55 Pfd. Cadmium. Die Herstellungskosten beliefen sich auf
3 Taler für das Pfund, welches mit 5 Taler damals bezahlt wurde[1]. Später
baute man die Cadmiumöfen an die Zinkreduktionsöfen an und beheizte sie
mit der Abhitze der letzteren. Diese Einrichtung ist in Fig. 10 und 11 (siehe
Technische Entwicklung der Gewinnungsmethoden S. 86) wiedergegeben.
Die Lydogniahütte gewann mittels derselben in den 60er Jahren des vorigen
Jahrhunderts 125 k Cadmium jährlich. Das Rohmaterial dafür, der zuerst
bei der Galmeidestillation übergehende Zinkstaub enthielt durchschnittlich
4 Proz. Cadmium.

Als Rohmaterial dienen jetzt meistens die in den Flugstaubkanälen
hinter den *Dagner*schen und *Kleemann*schen Vorlagen abgelagerten, 3—5 Proz.
Cadmium enthaltenden Metalloxyde, die man zunächst in einer Zinkmuffel
nach Vermischung mit Reduktionskohle einer Vordestillation unterwirft,
wobei man in einer langen, als Vorlage dienenden konischen Blechdüte ein aus
Cadmium und Zinkstaub (zum Teil oxydiert) bestehendes Cadmiumrohmaterial
gewinnt.

Dieses wird nun mit Holzkohle vermischt in kleinen Retorten, welche in
Lipine aus Gußeisen, auf der Paulshütte aus Ton bestehen, zwecks Reduktion
bezw. Destillation von neuem behandelt. Die eisernen Retorten haben
lange konische Vorlagen aus Eisenblech, die Tonretorten dagegen keine Vorlagen. Erstere fassen 1,25 k Flugstaub mit 5 bis 6 k Kohle, also 7 k Einsatz,
letztere 15 k. Das in den Tonretorten nach vorn destillierte Metall wird
aus einem Stichloch abgezapft und in Stangen gegossen.

Auf der Wilhelminenhütte, welche heute die größte Cadmiumproduktion hat, werden in einem besonderen Ofen Muffeln von 1800 mm

---

[1] Festschrift zum 200jährigen Jubiläum 1904.

Länge mit 115 k Oxyden und 17 k Koks beschickt. Die Destillationsdauer beträgt 22 Stunden. In den konischen Vorlagen sammelt sich Metall und Oxyd. Das erstere wird direkt umgeschmolzen, das letztere in einer über der Muffel liegenden kleinen Retorte in Perioden von 3 Tagen von neuem der Reduktion unterworfen. Das gewonnene Metall enthält 99,5 Proz. Cadmium. Die Fig. 179 stellt den benutzten Ofen dar.

In den 60er Jahren wurde zu Engis in einem belgischen Zinkofen mit 3 Reihen kleiner gußeiserner Röhren durch mehrmalige fraktionierte Destillation Cadmium gewonnen. Wie *Stadeler* (1864) berichtet, bestand der sich von einem belgischen Zinkdestillationsofen nur durch seine kleineren Abmessungen unterscheidende Ofen aus einem 15 gußeiserne, in drei Reihen angeordnete Röhren fassenden Ofenraume. Die Röhren waren mit eisernen Vorlagen und Allongen versehen.

Von den allmählich angesammelten Vorräten von cadmiumhaltigem Zinkstaub mit 1,5 bis 1,6 Proz. Cadmium wurden täglich 200 bis 300 k in 11 der Röhren zu einem Produkt mit 6 Proz. Cadmium angereichert und gleichzeitig in den 4 übrigen Röhren 26 bis 29 k des letzteren auf Metall verarbeitet. Das Destillat wurde stündlich gezogen, um es nicht zu lange mit Zink und Eisen in Berührung zu lassen, und sogleich in Formen gegossen. Die erste Hälfte des so gewonnenen Metalls war sehr rein, es besaß fettglanzähnlichen Bruch, war sehr biegsam und schrie dabei wie Zinn. Der folgende Teil enthielt noch rund 75 Proz. Cadmium, er

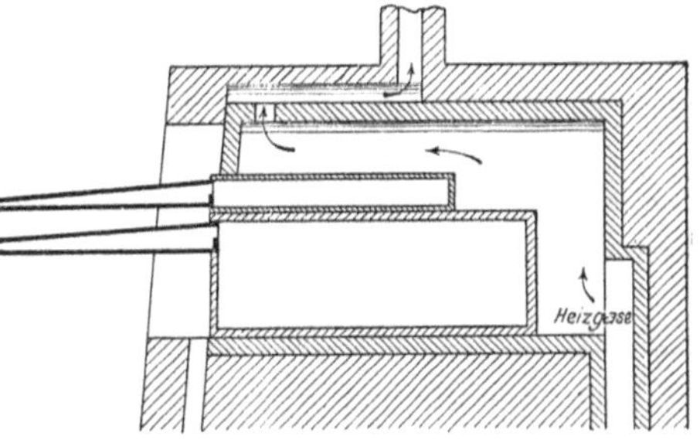

Fig. 179. Cadmiumofen der Wilhelminenhütte O. S.

war schwerer biegsam, brach aber beim Biegen nicht, der 40 Proz. haltende Rest war stark krystallinisch und brüchig (siehe auch *Dinglers* Polyt. Journ. Bd. 173 S. 286).

Die Ausbeute an Cadmium aus dem Rohmaterial ist bei der beschriebenen Methode eine recht unvollkommene. Auf der Kunigundenhütte in Oberschlesien wurde festgestellt, daß im Durchschnitt nur 31,26 Proz. des Cadmiumgehaltes gewonnen wurde. In Engis brachte man nur 30,12 Proz. aus. 21,17 Proz. blieben in den Rückständen und 48,71 gingen durch Verflüchtung verloren.

Die Muffelmasse nimmt einen großen Teil des Cadmiums auf. Man fand in den Scherben 0,052 Proz. Cd und hat berechnet, daß in Oberschlesien dadurch 23 120 k jährlich der Gewinnung entzogen werden.

Auf der den Grafen *Henckel von Donnersmarck* gehörigen Liebehoffnungshütte wird noch heute der an den Zinköfen in den ersten 2 Stunden der Destillationsperiode fallende Zinkstaub gesondert aufgefangen, um zur Cadmiumgewinnung Verwendung zu finden, er enthält etwa 6 Proz. Cadmium. Dieser Cadmiumrohstoff wird hier in ähnlicher Weise, wie eben geschildert, mit

50 Proz. Reduktionskohle vermischt, bei schwacher Rotglut in einer gewöhnlichen, großen, schlesischen Zinkmuffel 22 Stunden lang der Destillation unterworfen, wobei eine lange Blechdüte als Vorlage dient, in welcher ein Gemisch von metallischem Zink und Cadmium mit Zink- und Cadmiumoxyd, welches etwa 75 Proz. Cadmium enthält, verdichtet wird. Der Rückstand in der Muffel geht zur Zinkdestillation zurück.

Das cadmiumreiche Destillat wird mit Holzkohle (oder auch Zinder) bei dunkler Rotglut, welche keineswegs den Siedepunkt des Cadmiums (778°) übersteigen darf, erhitzt, wobei sich das Cadmium in flüssiger Form im vorderen Teile der Muffel, welche von der Beschickung frei bleibt, ansammelt. Eine Vorlage erhält also die Muffel nicht, sie wird vielmehr an ihrer Mündung wie auf der Paulshütte durch eine Tonplatte verschlossen, in welcher sich eine Abstichöffnung befindet, durch welche das flüssige Metall von 4 zu 4 Stunden in flache, eiserne Gießlöffel abgestochen wird.

Das auf diese Weise gewonnene Metall wird in einer gußeisernen Kelle auf offenem Feuer unter einer Kalkdecke nochmals umgeschmolzen und in einer Gußform zu dünnen Cadmiumbarren, der Form, in welcher es in den Handel kommt, ausgegossen. Die vom oberen Gußansatz und vom Seitengrat durch eine Schere befreiten Stangen bilden das verkaufsfertige Produkt.

Über die Cadmiumgewinnung auf der Hohenlohehütte berichtete *Schmieder* im Berg- und Hüttenm. Jahrb. 1889 S. 404. Das dort gewonnene Metall enthielt 99,3 bis 99,6 Cd, 0,03 bis 0,04 Zn 0,02 Fe und 0,15 Pb.

Man sieht hieraus, daß die Art der Cadmiumgewinnung vom Beginn bis jetzt kaum eine Wandlung erfahren hat.

Zu näherem Studium verweisen wir auf die Arbeiten von *Edmund Jensch*: „Das Cadmium, sein Vorkommen, seine Darstellung und Verwendung" 1898 (siehe Erze). Samml. chem.-techn. Vorträge III. Bd. 6. Heft S. 201.

Von *Jäckel* und *Glebsattel* wurde, wie *Stölzel* berichtet, auf der Hütte Birkengang bei Stolberg auf teilweis flüssigem Wege Cadmium aus Zink, welches 3 bis 8 Proz. und Zinkstaub, welcher 9 bis 12 Proz. Cadmium enthielt, gewonnen. Die genannten Stoffe wurden in verdünnter Salzsäure unvollkommen gelöst, wobei Cadmium und Blei im Rückstande blieb, oder falls ein Teil in Lösung gegangen sein sollte, durch Zinkzusatz wieder gefällt wurde.

Der aus Cadmium und Blei bestehende Rückstand wurde nach dem Trocknen destilliert. Aus der erhaltenen Zinklösung wurde das Zink durch Fällung mittels Kalkmilch als Oxyd niedergeschlagen. Dieses Verfahren war jedenfalls recht kostspielig und lieferte als Nebenprodukt ein chlorhaltiges, bei der Wiederverhüttung lästiges Zinkoxyd, welches durch Auswaschen von seinem Chlorgehalt nicht zu befreien ist. Heute würde sich der Übelstand wohl durch Rückgewinnung des Zinks mittels der Elektrolyse umgehen lassen.

In jüngerer Zeit wird auch Cadminm bei der Reinigung der zur Lithoponefabrikation dienenden Zinklaugen gewonnen. Man fällt es mit Zinkstaub aus oder elektrolytisch, wie die Marienhütte in Langelsheim. D. R. P. 199 493.

In neuester Zeit scheint man diesem Nebenerzeugnis wieder größere

Beachtung zu schenken. Nach einem Berichte in der Berg- und Hüttenmännischen Rundschau (Kattowitz 1906) hat die Schlesische Aktiengesellschaft für Bergbau- und Zinkhüttenbetrieb in Lipine bei neueren
Versuchen so gute Ergebnisse erzielt, daß sie beabsichtigt, auf allen ihren Hütten
die Cadmiumerzeugung zu betreiben. Die Zeitschrift für angewandte Chemie
(1911, S. 979) berichtet, daß die Amer. Smelting and Ref. Co. in Denver
auf der Globehütte monatlich 1000 Pfd. (à 45,4 k) metallisches Cadmium pro-
duzieren will. Das von ihr angewendete Verfahren (wahrscheinlich Gewinnung
auf nassem Wege aus Oxyden) wird leider noch geheim gehalten. Nach derselben
Quelle befaßt sich auch die Grasselli Chemical Co. in Cleveland seit
einiger Zeit (1907) mit der Gewinnung von Cadmium aus Zinkerzen.

Ende April 1911 wurden in New York 60 bis 70 cts. für das englische Pfd.
Cadmium = 5,55 bis 6,50 M. gezahlt; außer als Pigment findet es besonders
Verwendung zur Herstellung von leichtflüssigen Legierungen, die zum Ver-
schlusse selbsttätiger Feuerlöschapparate dienen.

Nachstehend geben wir summarisch die Ergebnisse wieder, welche *Jensch*
auf der Kunigundenhütte bei der Verarbeitung von 269 k Zinkstaub
erhalten hat, welcher im Durchschnitt in hundert Teilen enthielt:

84,2 Zink, 5,3 Blei und 4,05 Cadmium.

Daraus fielen bei der ersten Destillation mit dem 2,2fachen Gewicht
an nassen, bzw. 1,75fachen an trocknen Zindern als Mischkohlen:

12,055 k Destillat, enthaltend 47,9 Proz. Zink, wenig Blei und 47,2 Proz. Cadmium
und 704,0   „   Rückstände, „   etwa 30,5   „   „   1,7   „   „   0,27 „   „

Die Ausbeute an Cadmium belief sich auf 52,2 Proz. des geladenen,
vom Zink waren nur etwa 2,5 und vom Blei nur 0,034 Proz. in die Vorlage
übergegangen, während rund 7,4 bzw. 17,8 davon verloren gingen. Die Verarbeitung erfolgte in 7 Tagesladungen mit je 24stündiger Destillationszeit,
bei welchen der Ertrag zwischen 23,2 bis 89,7 Proz. Cadmiumausbringen
schwankte, weil der geeignetste Temperaturgrad sehr schwer einzuhalten
ist. Bei geringerem Ausbringen waren größere Verluste an Cadmium durch
Verflüchtigung eingetreten, in den Rückständen fanden sich insgesamt nur
rund 18 Proz. des geladenen Cadmiums wieder. Bei der wiederholten Destillation wurden aus den ersten 12055 g Zwischenprodukt 5506 g Cadminm mit
einem Reingehalt von 94,2 bis 99,89 Proz., im Mittel von 98,2 Proz. gewonnen.
Das geringwertigste Produkt enthielt noch 5,67 Proz. Zink. Vom ursprünglichen Gehalt des verarbeiteten Zinkstaubes an Cadmium (10895 g) wurden
also 49,61 Proz. als Cadmiummetall erhalten.

Der größte Teil des Verlustes des in den Erzen enthaltenen Cadmiums
ist auf die Leichtflüchtigkeit des Metalls zurückzuführen. Bei der Röstung
der Zinkblende schon gehen große Mengen verloren (nach *Jensch* 61,8 Proz.[1]).

---

[1] Es enthielt der Flugstaub der Röstöfen auf Godullahütte 1,64 Proz. Cd, auf
Hohenlohehütte 1,64 Proz., auf Beuthener Hütte 0,35 Proz. und auf der Kunigundenhütte 0,22 Proz. Etwa 40 Proz. davon waren als Sulfat vorhanden und daher in Wasser
löslich. Der Entsäuerungskalk, welcher in Oberschlesien zur Bindung der schwefligen
Säure verwendet wurde, enthielt 0,1 bis 0,2 Cd neben 1 bis 1,8 Proz. Zink.

7. Die Herstellung von Zinkweiß.

Die Fabrikation von Zinkweiß wurde, so viel uns bekannt ist, zuerst 1844 von der Vieille Montagne nach *Leclaire*s Vorschlag auf ihrer Hütte zu Valentin-Cocq in Belgien und Mülheim a. d. Ruhr aufgenommen, hauptsächlich wohl aus dem Grunde, dem Zink eine weitere Verwendung zu verschaffen. Bald folgte ihrem Beispiele Wilhelm Grillo in Oberhausen, dessen Fabrik 1866 in Betrieb kam, und die gräflich Henckel von Donnersmarcksche Verwaltung in Oberschlesien.

Anfänglich mußte man, um eine reinweiße Ware herstellen zu können, möglichst reines, fast bleifreies Zink zur Verbrennung bringen, weil das beigemengte Bleioxyd ein gelbliches Produkt lieferte. Man lernte durch Zuleitung von Kohlensäure zu der Verbrennungsluft die nachteilige Wirkung von anwesendem Blei unschädlich zu machen und damit auch weniger reines Rohmaterial zu verwenden. Ein billiger Grundstoff wurde dadurch das bei der Raffination des Rohzinks zu Walzzwecken fallende Hartzink, sowie auch das bei der Verzinkerei von Eisenblechen und anderen Gegenständen entstehende gleichartige Produkt („mattes").

Die Zinkweißdarstellung aus metallischem Zink ist ein verhältnismäßig einfacher Prozeß. Das Zink wird in Muffeln eingeschmolzen und bis zur Verdampfung erhitzt. Die durch die Muffelmündung austretenden Metalldämpfe werden durch die Luft oxydiert, d. h. verbrannt und die entstandenen Oxyde in Kammern niedergeschlagen.

Da das Rohzink immer bleihaltig ist und dessen Oxyde, wie schon erwähnt, das Zinkoxyd gelb färben, werden kohlensäurehaltige Gase aus einem Koksgenerator in die Muffel eingeführt, um das Bleioxyd in Bleicarbonat zu verwandeln, welches sich infolge der größeren Schwere mit den kompakteren Staubteilen zuerst niederschlägt und das später kondensierte Zinkoxyd nicht mehr verunreinigt.

Die Koksgase führen aber Kohlen- und Aschenteilchen mit, welche das Zinkweiß unansehnlich machen, weshalb es nochmals geglüht werden muß. Um diese Behandlung zu umgehen, bläst *C. Freitag* in Lossen (D. R. P. 42564 vom 22. Juli 1887) Luft durch eine Düse in den Koksgasstrom, um die noch unverbrannten Bestandteile vollständig zu verbrennen. Gleichzeitig erreicht er auf diese Weise eine schnellere Oxydation des Zinks. Dieses Verfahren stellt die einzige Vervollkommnung dar, welche der Prozeß im Laufe der Jahre erfahren hat.

Die zur Verbrennung des Zinks dienenden Öfen gleichen in ihrer Bauart ganz den einfachen Zinkreduktionsöfen, sie sind einreihig (Rheinland und Oberschlesien) oder dreireihig (Belgien), meist aber wohl nur einseitig. Die Muffeln, welche zu 40 bis 50 Stück in einer Reihe liegen und von denen jede etwa 120 k Zink aufnimmt, haben eine Breite von 15 bis 17 cm und eine Höhe bis zu 40 cm bei einer Länge von 1,10 m und mehr; sie sind entweder an einer Seite geschlossen und liegen dann auf der Rückwand des Ofens auf, oder sie ragen mit beiden Enden durch die Ofenwände hindurch, so daß die Beschickung und Entleerung derselben entgegengesetzt der Austrittsöffnung der Zinkdämpfe stattfindet. Letztere ist in diesem Falle etwa bis zur halben Höhe durch eine eingeformte Platte geschlossen, damit das verflüssigte Zink nicht ausfließen kann. Hinten wird die Muffel nach der Beschickung geschlossen.

Die Vorlagen fehlen natürlich, die vordere Seite der weniger tiefen Nischen wird durch Eisenblechtüren geschlossen, in welchen sich gebotenenfalls verschließbare kleinere Öffnungen zur Beschickung und Reinigung der Retorten befinden. Die Nischenräume dienen als Verbrennungskammern für die aus den Muffeln austretenden Zinkdämpfe, die Luft zur Oxydation derselben wird von unten zugeführt und zwar seit langer Zeit schon in vorgewärmtem Zustande, während man anfangs kalte Luft verwandte. Die Vorwärmung erfolgt in dem Koksgenerator, welcher die Kohlensäure zur Sättigung des Bleioxydes zubringt. Über den Nischen bzw. Verbrennungskammern liegt ein Rauchfang, welcher die mit Zinkdämpfen beladenen Verbrennungsgase aufnimmt und den Kondensationsräumen zuleitet. Zum Niederschlagen der gröberen (unreineren) bzw. schwereren Teile dient eine Reihe auf- und absteigender Eisenblechröhren, an welchen sich geräumige Kondensationskammern zur Ausscheidung des leichteren Zinkoxydes anschließen, etwa 120 cbm Raum für 100 k Zinkoxyd im Tage[1]. Die unkondensierbaren Gase werden durch Stoffilter hindurch abgesaugt. Die Böden der Kondensationskammern werden durch Trichter gebildet, welche in Pfeifen übergehen, an deren Ende ein Sack angeschlossen ist, aus welchem von Zeit zu Zeit das kondensierte Zinkweiß abgezogen wird.

Die am weitesten vom Ofen abgeschiedene Ware ist die reinste und weißeste, sie ist unmittelbar zum Verkauf geeignet und wird deshalb gleich von den Sammelsäcken in Fässer, welche auf Rüttelböden stehen, gepackt, während die zuerst abgesonderten Teile noch durch Waschen, Trocknen und nachfolgendes Mahlen und Beuteln gereinigt werden müssen. Die *Vieille Montagne* bringt nachstehende Marken in den Handel, die auch von anderen Fabriken angenommen sind:

Weiß Nr. 1 Rotsiegel (cachet rouge, Blanc I) sehr rein und weiß.
Weiß Nr. 2 Blausiegel („ bleu, Blanc II) zum Grundieren geeignet.
Steingrau Gelbsiegel („ jaune, gris pierre) zum ersten Strich auf Holz.
Perlgrau Gelbsiegel („ „ „ perle) desgl.
Gelblich: Oxyde pierreux (etiquette grise) zum Anstrich von Wänden in Sandsteinfarbe.

Zinkstaub, Poussière als Farbe geht als Oxyde gris (cachet noir) in den Handel für den Schutzanstrich von Eisen an Stelle von Mennige und zu anderer Verwendung.

Das Rohzink, aus welchem das Zinkweiß gewonnen wird, enthält bis zu 2 Proz. Blei, bis 0,04 Eisen und bis 0,07 Cadmium, das Erzeugnis 99,695 bis 99,995 ZnO, 0,002 bis 0,20 Pb, 0,003 bis 0,005 Fe und bis zu 0,1 Proz. Cd.

---

[1] Ähnlich der in Fig. 180 dargestellten Anordnung.

Außer der Zinkindustrie von Wilh. Grillo in Oberhausen fabrizieren im Rheinland seit kürzerer Zeit zwei bekannte Bleiweißfirmen in Mülheim am Rhein, Lindgens & Söhne und Bergmann & Simons Zinkweiß aus dem Metall. In Oberschlesien wird es nur auf der Antonienhütte[1] hergestellt.

Schlesien hat aber noch eine Zinkweißfabrik in Lossen bei Brieg, welche im Besitze Hugo von Löbbekes ist. Die Produktion ist fast doppelt so groß, als die der Antonienhütte.

Die Löbbekesche Fabrik betreibt Zinkweißöfen mit 14 Muffeln und einem Zink- und Abgängeofen mit 40 Muffeln (*Kosmann*), in welchem die Abfälle wieder auf metallisches Zink verhüttet werden.

Sie fabriziert 3 Sorten Zinkweiß, welche mit No. 0, I und II bezeichnet werden, außerdem fallen noch sog. Zinkgrau und Steingrau[2] als Verkaufsprodukte. Als Abfall erhält man Blei- und Zinkrückstände, welche an Zinkhütten abgegeben oder auch im eigenen Betriebe wieder auf Zink verhüttet werden.

1887 betrug die Jahreserzeugung 2583 t Zinkweiß der verschiedenen Sorten und 128 t Zinkgrau neben 19 t Blei.

Die Zinkhüttengesellschaft zu Ougrée in Belgien stellte auch Zinkweiß her, aber nach dem amerikanischen Verfahren (*Wetherill*, s. Nachstehendes) direkt aus Erzen und zinkischen Abfällen bzw. Zwischenerzeugnissen, hat die Fabrikation aber aufgegeben. Dagegen ist das *Wetherill*-Verfahren noch in Gebrauch in Maastricht (Niederlande) und in Frankreich in Noyelles-Godault (Pas de Calais) jedoch an beiden Stellen in geringer Ausdehnung.

Lodin gibt den Brennstoffverbrauch auf 40 Proz. des erzeugten Zinkoxydes und die Herstellungskosten für eine im Osten Deutschlands gelegene Fabrik auf rund 53 Mk. für die 1000 k Zinkoxyd an, einschließlich der notwendigen Behandlung und der Verpackung für den Verkauf, und zwar beträgt der Aufwand für:

Brennstoff	M. 10,35
Handarbeit	„ 4,10
Feuerfeste Materialien	„ 2,00
Dampf und Maschinen	„ 2,00
Unterhaltung der Anlage	„ 5,35
Verschiedenes	„ 1,80
Generalkosten	„ 10,00
Verpackung	„ 17,40

Dazu die Kosten des Ausgangsmaterials.

Im Osten der Vereinigten Staaten wird Zinkweiß in großen Mengen auch aus dem Zinkschaum von der Bleientsilberung gewonnen. Auf den Balbachschen Schmelz- und Raffinierwerken wurden nach *Dürre*[3] im Jahre 1892 durch Destillation des Zinkschaumes mittelst Kippöfen 113 400 k erzeugt.

Große Bedeutung erlangte die Zinkweißdarstellung in den Vereinigten

---

[1] Zu den gräflich *Henckel*schen Zinkhütten gehörig.

[2] Das gris-pierre der *Vieille Montagne*, welches durch Waschen der Nebenprodukte gewonnen wird.

[3] Zeitschr. d. Ver. d. Ing. 1893, S. 1597: „Metallgewinnung in New-Jersey und im Lehigh-Tale".

Staaten schon weit früher, als man an die Verwertung der ausgedehnten Franklinitlagerstätten von New Jersey herantrat[1].

Fowler hatte um 1820 herum die Erze entdeckt und versuchte sie um die Mitte des vorigen Jahrhunderts im Hochofen zu verhütten. Das Zink verstopfte die Gasabzüge, der Ofen barst und das entstehende Feuer äscherte die Anlage ein.

Von der alten New Jersey Zinc and Iron Co. in Newark wurden die Versuche wieder aufgenommen, aber ebenfalls ohne durchschlagenden Erfolg. Man versuchte dann die Erze vorher durch einen Reduktionsprozeß in Retorten zu entzinken, welchen 1847 schon die Lehigh Zinc Co. zur Verhüttung des Galmei von Friedensville in belgischen Öfen aufgenommen hatte. Der hohe Eisen- und Mangangehalt zerstörte die Gefäße aber so rapid, daß man das Verfahren aufgeben mußte. 1853 löste *Samuel Wetherill* die Aufgabe durch Einführung des bekannten, nach ihm benannten Zinkweiß-Darstellungsverfahrens, das nach seinem Ausbau kaum noch eine Änderung erfuhr, bis es in den 90er Jahren *John Price Wetherill* gelang, mit Hilfe der magnetischen Separation den Willemit vom Franklinit in rohem Zustande zu scheiden, nachdem vorher *G. G. Convers* (1892) die magnetische Scheidung nach voraufgegangener reduzierender Röstung in einem drehbaren Rohrofen mit *Wenström*-Apparaten eingeführt hatte. Die letztere Methode gab zwar gute Resultate, aber die Kosten der Röstung, sowie der Umstand, daß nur bei sorgfältiger Arbeit gleichmäßige Produkte erzielt wurden, veranlaßten nicht zur Fortsetzung der Versuche. (Siehe S. 2 Anm.).

Im Wetherill-Prozesse werden die gemischten Erze einer Reduktion mittelst Anthrazitkohlen von kleinkörniger, erbsengroßer Form auf einem Roste unterworfen, um das Zink daraus abzutreiben, welches unmittelbar nach der Verdampfung durch die im Überschuß unter den Rost geführte Gebläseluft wieder oxydiert und in Kondensationskammern als Zinkweiß gewonnen wird.

Die angewendeten Öfen haben 3 m lange und 1,2 m breite Rostflächen,

---

[1] Franklinit tritt im Zuge von krystall. Kalk (früher zum Untersilur, jetzt zum cambrischen System gerechnet), begleitet von Willemit, Rotzinkerz, Manganspat u. a. Mineralien, auch Galmei und Kalk in wechselnden Mengen auf. Der Kalkzug erhebt sich an zwei Stellen in der Richtung des Streichens (NO — SW) über die Erdoberfläche in der Nähe der Eisenbahnstation Franklin-Fournace der New York-Susquehanna-and Western-Bahn und 2 Meilen südlich davon bei Ogdensburgh an derselben Bahnstrecke. Analysen der Erze zeigen folgende Zusammensetzung:

	I	II	III	IV	V	VI
SiO_2	10,21	11,08	10,33	11,77	4,86	5,15
Fe_2O_3	31,41	27,54	30,36	30,91	30,33	27,62
MnO	15,84	17,63	15,93	10,27	12,30	13,09
ZnO	32,83	35,88	26,34	25,71	29,42	23,38
Al_2O_3	0,21	0,24	1,16	2,01	0,67	0,64
CaO	5,09	2,01	7,15	10,43	12,65	14,37
MgO	—	0,77	1,09	0,99	—	1,98

I—IV Erze von der Taylor-Grube. V u. VI Erze von Sterling Hill (*Passaic Zinc Co.*) (*Dürre* a. a. O.).

welche aus 1,5 m langen, 15 cm breiten und 25 bis 40 mm dicken, auf Querbalken liegenden Rostplatten gebildet werden. Dieselben sind mit zahlreichen konischen Löchern (100 auf 1 Quadratfuß engl. = 1076 auf 1 qm) versehen, welche unten einen Durchmesser von 25 mm haben, oben einen solchen von 6 bis 10 mm, wachsend mit der Entfernung vom Eintritt der Gebläseluft. Aus je 16 solcher Platten sind also die horizontalen Rostflächen zusammengesetzt, welche in einer Reihe parallel nebeneinander liegender, überwölbter Ofenkammern liegen, wie sie die Fig. 180a im Querschnitt (links) und b im Längsschnitt zeigt. Unter den Rosten liegt ein beiderseitig durch eiserne Türen dicht verschließbarer 50 cm hoher Aschenraum, welchem die Gebläseluft mit einem Druck von 5 bis 6 mm Wassersäule durch Kanäle in den Trennungswänden der Aschenräume des Ofenblocks aus einem unter ihm sich hinziehenden Hauptluftkanal zugeführt wird. Es wird kalte Luft verwendet, deren Zutrittsmenge jeder einzelnen Ofenkammer durch ein Ventil zugeteilt werden kann. Die Rostflächen sind mit Gewölben überspannt, deren Scheitel 85 bis 90 cm über ihrer Oberfläche liegen. Anfänglich hatte jedes Gewölbe in der Mitte eine Öffnung von 30 cm im Quadrat, durch welche die Ofengase in einen längs über den Ofen herlaufenden Kanal eintraten, welcher zu den Kondensationsräumen führte. Jetzt sind in jeder Ofendecke zwei Öffnungen vorhanden, von denen zwei aufsteigende Eisenblechpfeifen in ein hochliegendes Sammelrohr von Eisenblech führen, welches von oben in den ersten niedrigen Kondensationsturm einmündet. Dort wird der schwerste Staub (vom Luftstrom mitgerissene Erz- und Aschenteilchen) abgeschieden. (Fig. 180a und b). Die Räumung und Neubeschickung der Roste erfolgt durch Öffnungen an den beiden Seiten des Ofenblocks, welche während der Arbeit entweder durch eiserne Türen oder durch aufgehäufte feuchte Asche verschlossen werden. Im letzteren Falle sind eiserne Schalen vor den Öffnungen zur Aufnahme der Asche angebracht. Auf den Palmertonwerken sind die Öfen in der Mitte durch eine Wand in 2 Abteilungen geteilt, sie sind dann 3,60 m lang und ein Block besteht aus 12 halben Öfen.

Nach *Ingalls* standen im Jahre 1902 dort 24 Blocks in einem etwa 313 m langen und 15,25 m breiten Gebäude in Eisenkonstruktion[1]. Der Flur desselben liegt 3 m über dem Terrain, so daß die Rückstände aus den vor den Öfen liegenden Taschen unmittelbar in Wagen abgezogen werden, welche sie zu den Hochöfen zur Spiegeleisenerzeugung bringen. Der Transport wird mittelst Lokomotiven bewerkstelligt. Jeder Ofenblock arbeitet unabhängig, je zwei jedoch werden von einem Gebläse mit Luft versorgt, welches in besonderem Gebäude steht und mit dem elektrischen Antriebsmotor gekuppelt ist.

Jeder Block wird von einem Arbeiter bedient und zwar in Abständen von einer Stunde je ein Ofen bzw. ein Doppelofen abwechselnd mit etwa 220 k Erz mit 50 Proz. Anthrazitkohle in leicht angefeuchtetem Zustande

---

[1] Nach Mitteilungen in der Angew. Chemie 1906, S. 932 und im Eng. Min. Journ. **81**, 293 von *Pufahl:* 480 Öfen, je 16 in einem Block.

beschickt. Wenn der Posten abgetrieben ist (Abtreibung von 85 Proz. Zink befriedigt), werden die kompakten, zusammengesinterten Rückstände (mit 2 bis 4 Proz. Zink) aus dem Ofen gezogen (der Aschenfall wird nur alle 24 Stunden einmal geräumt) und dann eine etwa 25 mm hohe Anthrazitkohlen-

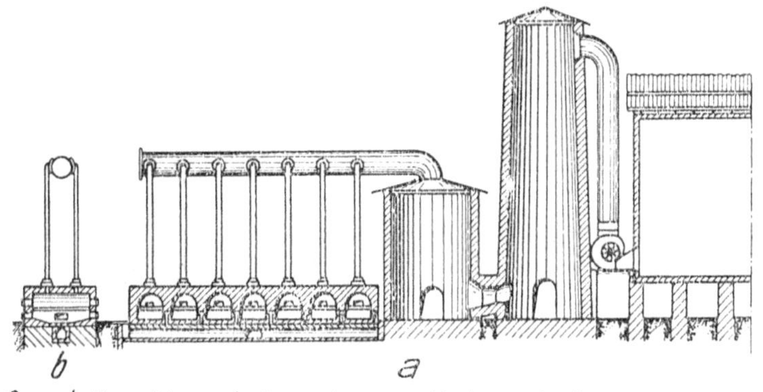

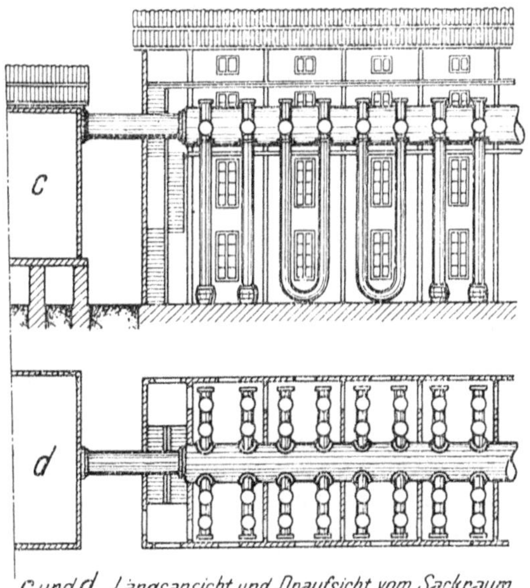

Fig. 180. Zinkweißfabrikation nach *Wetherill*.

schicht auf dem Roste ausgebreitet, welche durch die Hitze der Ofenwandungen bald entzündet und durch schwache Windzufuhr in Glut gebracht wird. Alsdann wird die mit Reduktionskohle gemischte neue Erzpost, welche eine 13 bis 18 cm dicke Schicht bildet, darüber geworfen, und der Wind allmählich bis zur erforderlichen Höhe verstärkt. In 6 Stunden ist die Post erschöpft.

Die **Kondensationseinrichtung**, wie sie auf den Lehigh-Werken in South-Bethlehem (Pa) besteht, ist in den Fig. 180 a, c, d skizziert. Im ersten niedrigen Turm schlagen sich, wie schon erwähnt, die schwersten mitgerissenen Erz- und Aschenteilchen nieder, im zweiten höheren (21 m hoch und 7,5 m im Durchmesser), welchen die Gase von unten nach oben durchziehen, werden die letzten feineren Reste davon abgesondert. Alle mitgeführten Kohlenteilchen werden in den vom Ofen aufsteigenden Pfeifen durch den in den Gasen im Überschuß vorhandenen Luftsauerstoff verbrannt. Durch diese Türme werden die Dämpfe mittelst eines am Fuße des Austrittsrohres eingeschalteten Ventilators gesaugt und durch denselben in eine geräumige, etwa 30 m lange Kammer getrieben, welche in der Hauptsache zur Abkühlung der Gase dient. Auf dem Boden derselben sammelt sich nur wenig Zinkoxyd, aber schon verkäufliche Ware an[1]. Hinter der Kammer folgt die eigentliche Kondensationseinrichtung, der „Sack-Raum". Ein geräumiges, vierstöckiges Gebäude nimmt ein oben von der Flugstaubkammer ausgehendes weites Eisenblechrohr auf, von welchem sich seitlich in Abständen von etwa 2 m mit Kreuzstücken versehene engere Rohre abzweigen. An diesen hängen etwa 60 cm weite und 9 bis 12 cm lange Schläuche von Nesseltuch, in welchen sich das Zinkoxyd ansammelt, während die Gase durch die Poren des als Filter dienenden Sackstoffes entweichen. Um den Aufenthalt in dem Sackraume erträglich zu machen, muß derselbe deshalb sehr gut ventiliert werden. Die unteren Enden der Schläuche werden entweder abgebunden, so daß Säcke gebildet werden, welche von Zeit zu Zeit zu entleeren sind, oder man verbindet dieselben mit Fässern, in welche das kondensierte Zinkoxyd fällt. Öfter müssen die Schläuche mit hölzernen Stäben geschlagen werden, um das anhängende Oxyd von dem Stoffe zu lösen. Die Oberfläche der Sackfilter muß erfahrungsgemäß das 200 fache der Rostfläche der Öfen betragen. Das gesammelte Oxyd nimmt meist noch etwas Feuchtigkeit aus den Gasen auf, welche dieselben aus dem Ofen mitbringen und welche früher wegen der höheren Temperatur der Türme und Kammern nicht niedergeschlagen wird, weshalb es noch durch Trockenöfen geschickt wird, ehe es nach nochmaligem Beuteln in Fässer zu etwa 135 k verpackt wird.

Auf den **Palmerton-Werken** sind nach *Ingalls* für die 24 dort betriebenen Ofenblocks 4 Sackräume vorhanden, welche einen Flächenraum von über 8000 qm einnehmen und etwa 44000 lfd. m Säcke bergen. Die Ofengase werden aus den Niederschlagstürmen durch 8 von besonderen Elektromotoren angetriebene Ventilatoren abgesaugt und in die Kondensationskammern befördert. In jedem Sackraumgebäude nehmen ein Viertel des Rauminhalts die Packräume ein, welche sich in einer Länge von rund 44 m und einer Breite von 19 m durch alle 4 Stockwerke erstrecken. Der unterste Flur und der oberste Stock dienen als Lagerräume für das ungepackte Zinkoxyd, welches durch einen elektrischen Aufzug nach oben gehoben wird. Das dritte Stockwerk enthält die Sieb- und Beutelmaschinen und das zweite

---

[1] Kammern und Ventilatoren sind doppelt vorhanden, um beim Räumen der ersteren oder Reparaturen an den letzteren keiner Betriebsstörung ausgesetzt zu sein.

die Packmaschinen. Von hier geht die verpackte Ware in die Vorratsmagazine, welche einen Flächenraum von 5850 qm einnehmen und über 4000 t Zinkoxyd aufnehmen können. Die erforderliche Faßfabrik, welche mit dem Packraume in Verbindung steht, bedeckt einen Flächenraum von rund 1200 qm.

Trotz der Einfachheit des Prozesses ist doch eine sorgfältige Ofenbedienung notwendig, wenn fortlaufend ein gutes Erzeugnis geliefert werden soll. Bei jedem Wechsel der Erze muß der Kohlenzuschlag und die Luftzuführung den veränderten Umständen angepaßt werden, um die Hitze der Öfen auf der geeignetsten Höhe zu erhalten.

Alle flüchtigen Bestandteile des Erzes, wie geringe Mengen Schwefel, Arsen, Antimon, und Cadmium gehen natürlich mit in das Erzeugnis über, aber nur in Spuren, wägbar sind die Gehalte desselben an Blei, Eisen, Mangan, Kalk und Magnesia, aber dennoch ohne Einfluß auf seine Farbe. Eine wesentliche Bedingung für die Erzeugung einer guten Ware ist die Luftzumessung in den verschiedenen Stadien des Prozesses, d. h. das jeweilige Verhältnis des Zinkoxydes zum Gasvolumen.

Als noch das gemischte, willemitreiche Erz verarbeitet wurde, gebrauchte man auf 100 Teile Erz reichlich 45 Teile Kohle für das Heizbett und 55 Teile Reduktionskohle. Das Erz enthielt zu dieser Zeit etwa 34 Proz. ZnO, woraus 24,5 Proz. Zinkweiß I. Qualität mit 99,87 Proz. ZnO und 1,5 Proz. II. Qualität mit 99, 34 Proz. ZnO gewonnen wurden. Die Rückstände machten reichlich 66 Proz. des verarbeiteten Erzes aus und enthielten:

36,43 Fe_2O_3 15,83 MnO und noch 9,85 bis 11,85 Proz. ZnO neben Kalk, Magnesia, Tonerde und Kieselsäure.

Nachdem man die Scheidung des größten Teiles des Willemit vom Franklinit gelernt hatte, enthielt das verarbeitete Erz nur noch 28 Proz. Zink, ein Gehalt, der heute wohl noch weiter (bis auf 26 Proz.) herabgemindert ist. Die Regel ist jetzt, daß etwa 83 Proz. vom Zink im Erze als Zinkoxyd gewonnen werden, wobei die Rückstände noch 4,11 Proz. Zink neben 37,0 Fe, 15,67 Mn und 16,23 SiO_2 enthalten.

Die Erfahrung hat gezeigt, daß der Betrieb ebenso vorteilhaft mit dem ärmeren Erze verläuft, wie früher mit dem reicheren, aber Willemit d. i. Kieselsäure haltenden Erze, weil zur Zersetzung des Willemit ein gewisser Kalkgehalt nötig war. Nach Wegfall desselben hat man das Ladungsgewicht entsprechend erhöhen können.

Die Rückstände gehen, wie schon gesagt wurde, zu den Hochöfen zwecks Erzeugung von Spiegeleisen. Des hohen Zinkgehalts derselben wegen sind die Hochöfen nur von kleineren Abmessungen: etwa 13 m hoch bei einem Durchmesser von 2,15 m an der Gicht, 2,45 m im Kohlensack und 1,85 m im Gestell. Sie werden mit 480° C heißem Wind durch fünf 10 cm weite Formen betrieben. Täglich werden in einem Ofen etwa 10 t Spiegeleisen erschmolzen, wozu gegichtet werden 20,86 t Rückstände der Zinkweißöfen, 11,47 t Kalkstein und 20,86 t Anthrazitkohle. Das Hochofengas wird zur Dampferzeugung benutzt. Von 100 Rückständen fallen noch 3,5 Staub („Spiegeloxyd" genannt) mit etwa 75 Proz. ZnO. Das gewonnene Eisen enthält 14,96 Mn, 0,412 Si und 0,03 bis 0,048 Proz. P. (Auch Ferromangan mit einem Gehalt bis 21 Proz. Mn wird erzeugt.) Auf den neueren Palmerton-Werken haben die Öfen größere Abmessungen erhalten (18 m hoch, 5,25 m weit im Kohlensack) und liefern die doppelte Menge Spiegeleisen.

Der *Wetherill*-Prozeß ist außer in South-Bethlehem und auf den Palmerton-Werken für Franklinit in Bergen Point N. J. auch auf geröstete Blende angewendet worden und weiter auf dem mit der New Jersey Zinc Co. verbundenen Werke in Mineral Point im Staate Wisconsin in Benutzung.

Die *Wetherill*öfen haben seit ihrer Einführung kaum eine Änderung erfahren. Vermeintliche Verbesserungen oder Vervollkommnungen haben keinen Bestand gehabt. Um die Mitte der 70er Jahre legte in Newark *Faber du Faur* einen Vorwärmeherd neben den Rost und führte zur Verbrennung der Zinkdämpfe noch Luft in den Ofenraum dicht über der Erzschicht von der Seite her ein. *Bartlett* wollte gar den Wind von oben nach unten durch die auf eine glühende Kohlenlage gebrachte Erzschicht führen und die Dämpfe aus dem Aschenfalle abziehen. (U. S. P. 515043 vom 20. Februar 1894). *Middleton* (London) hat die durchlochten Rostplatten durch drehbare Roststäbe, wie sie beim Stückkiesbrenner Verwendung finden, ersetzen und eine dicke, 90 cm hohe Kohlenlage anwenden wollen, auf welche periodisch die auf einem dahinter liegenden Herd vorgewärmte Erzpost gebracht wurde (D. R. P. 139716 vom 6. August 1901, Engl. Pat. 12274 vom 15. Juni 1901). Die *Società di Monteponi* hat 1909 ein italienisches und das französische Patent Nr. 403681 auf eine Apparatur erhalten, mit welcher sie die bei der Verbrennung erzeugte Wärme zur Dampferzeugung nutzt. Das Abblasen des Zinks erfolgt aus fahrbaren Konvertern, welche durch Anblasen vorgewärmt werden.

Oeschger, Mesdach & Co. wollten schon in früheren Jahren den Prozeß durch Vorwärmung des Windes mit Nutzung der Wärme der abziehenden Gase vervollkommnen (Franz. Patent 84859 vom 18. März 1869). Wegen Zerstörung der Roste war das nicht ausführbar. Ein zweites Patent vom 4. April 1870 verzichtete deshalb auf die Nutzung der abgehenden Wärme und trennte nur die Gase der Reduktionsperiode von denen der Anheizung des Kohlenbettes.

Komorek stellte fest[1], daß man im Konverter in 1 bis $1^1/_2$ Stunden 3000 k metallischen Zinks in Zinkoxyd verwandeln kann. Beim Verblasen von Erz mit 50 Proz. Koksklein, auf eine Kokskleinschicht gebettet, erhielt er einen 3 bis 4 Proz. Zink haltenden Rückstand. Nach *Mann* wurde in Přibam ein Gemisch von Erz und Kohle vor dem Verblasen verkokt. *Gordon* (Engl. Min. Journ. 1907, S. 1033) stellt in Coffeyville, Kansas (*Sherwin-Williams Co.*) eine brauchbare weiße Farbe aus Mischerzen her, welche auf $^2/_3$ Zink $^1/_3$ Blei enthalten. Das Erzeugnis enthält annähernd $^2/_3$ ZnO und $^1/_3$ basisches Bleisulfat.

St. Paul de Sinçay ließ sich die Darstellung von Zinkweiß aus zinkhaltigen Erzen durch Reduktion der letzteren im 3 reihigen Muffelöfen schützen (D. R. P. 41063 vom 26. November 1886).

In neuerer Zeit ist man bemüht, aus armen Erzen, deren Verhüttung in Muffeln sich nicht lohnt und aus gemischten Erzen und zinkhaltigen Schlacken in lohnenden Verfahren Zinkweiß herzustellen, wenn auch nur unreines zur weiteren Verarbeitung auf metallisches Zink durch Reduktion

---

[1] Österr. Zeitschr. f. Berg- u. Hüttenwesen 1880, S. 170.

in Retorten. Auf die zahlreichen derartigen Vorschläge kommen wir noch im Abschnitt 9 zurück. Zu erwähnen ist zum Schluß noch ein von *Jaques Oettli*[1] vorgeschlagenes elektrolytisches Verfahren aus metallischem Zink. Es entsteht an der Anode Zinksulfat und an der Kathode Natronlauge, welche aus dem Sulfat Zinkhydroxyd fällt, welches durch Erhitzen in Zinkoxyd übergeführt wird (*Fr. Meyer.* Metallurgie II [1905] S. 95). Unerwähnt darf endlich nicht bleiben die Gewinnung von Zinkweiß auf nassem Wege beim *Schnabel*schen Extraktionsprozeß für Zinkschaum (S. 564).

8. Die Verwendung von Zink, Zinkweiß, Zinkstaub und Cadmium.

In der ersten Zeit der Einführung des metallischen Zinks über die niederländischen Häfen aus Indien bzw. China im 17. Jahrhundert, der Erzeugung desselben als Nebenprodukt in den Harzer Hüttenprozessen und endlich der Herstellung desselben durch Destillation aus Zinkerzen in England und auf dem europäischen Kontinent fand dasselbe in der Hauptsache nur Verwendung zu Metallegierungen, insbesondere zur Fabrikation des Messings, nachdem man den Galmei bei derselben durch metallisches Zink ersetzt hatte. Wozu die Chinesen und Indier früher das Zink benutzt haben, ist nicht bekannt geworden, vermutlich aber auch nur zu Metallegierungen und aus diesen hergestellten Ornamenten, Gebrauchs- und Schmuckstücken. (Chinesisches „weißes Kupfer".)

Mit der Fabrikation des Messings stand in engem Zusammenhange die Herstellung von leonischen Waren (von der spanischen Stadt Leon) deren Industrie aber ihren Hauptsitz seit 1570 in Nürnberg hat, wohin sie *Fournier* brachte; ferner die von Bronzefarben und Brokaten (weniger fein als erstere zerriebenen, mehr schuppenförmigen Fabrikaten), Blattgold und Goldschaum. Die hellgelben Farben enthalten neben Kupfer 17 Proz. Zink, die roten 6 bis 10 Proz. Die Entwicklung der Messingindustrie ist im geschichtlichen Teile des Buches behandelt.

Der zu Statuen verwendeten Bronze fügt man etwas Zink zu, um sie dünnflüssiger zu machen, damit die Formen gut ausgefüllt werden. Auch fördert ein Gehalt daran die Bildung der grünen Patina. Das Standbild des großen Kurfürsten in Berlin enthält nach *Hermann Hädicke*[2] 1,38 Proz. Zink, der Löwenkämpfer 9,72 Proz.

Legierungen von Kupfer und Zink sind ferner: Tombak, Rotguß, Lagermetall und Schlaglot, Deltametall (56 Kupfer, 40 Zink, 1 Blei, 1 Eisen), Durana, Tobinbronze, Aichmetall, Sterrometall, Chrysokalk oder Goldkupfer, Mannheimer Gold oder Similor und das Talmigold. Neusilber ist eine Zinklegierung mit Kupfer und Nickel, versilbert heißt es Alfenid.

Das bleiarme Zink findet in neuerer Zeit auch in vermehrtem Maße An-

---

[1] Amer. Pat. 771 025.
[2] Buch der Erfindungen Bd. 6: „Die Verarbeitung der Metalle." Leipzig 1900.

wendung zu den feineren, durch künstlerische Formen sich auszeichnenden Gebrauchsgegenständen aus Weißmetallen, wie Kaiserzinn, Orivit und anderen.

Seit dem Nachweis, daß sich bei der Berührung zweier Metalle Elektrizität entwickelt (durch *Volta* Ende des 18. Jahrhunderts, *Volta*sche Säule) fand das Zink weitere Anwendung zur Herstellung von galvanischen Elementen.

Malouin fand 1742, daß man durch Behandeln von Eisen mit Zink statt mit Zinn eine Art Weißblech herstellen könne, und 1786 beschrieb *Watson* das Verfahren zur Herstellung von „galvanisiertem Eisen" im großen, wie es noch gegenwärtig ausgeübt wird. *Sorel* führte später das verzinkte Eisen in großem Maßstabe in Paris ein. Das Eisen wird fast nur durch Eintauchen des Eisens in ein flüssiges Zinkbad verzinkt. Zur eigentlichen galvanischen Verzinkung kann man eine neutrale Lösung von Zinksulfat (1,2 spez. Gew.) bei einer Stromdichte von 200 bis 700 Amp. auf 1 qm anwenden. Der Zinküberzug schützt das Eisen vor Oxydation und hat zu diesem Zwecke eine weitverzweigte, ausgedehnte Anwendung erfahren.

Mit der Entdeckung von *Hobson* und *Sylvester* in Sheffield, welche im Jahre 1805 fanden, daß sich das Metall innerhalb einer Temperatur von 100 bis 150° gut auswalzen lasse, eröffnete sich dem Zink ein bedeutendes Absatzgebiet. In der Erkenntnis der Wichtigkeit dieser Verwendung schritt auch schon *Dony* im Jahre 1812 zur Errichtung eines Walzwerkes in Angleur, und in Oberschlesien ging der preußische Staat im Jahre 1820 in gleicher Weise der Privatindustrie mit gutem Beispiele voran, um den Konsum von Zink in Form von Zinkblech im Inlande zu heben.

Das Zinkblech hat seitdem eine fortgesetzt gesteigerte Anwendung erfahren, nicht nur zur Dachdeckung, sondern auch zu vielen anderen Zwecken, wie Herstellung von wasserdichten Kisten, besonders für überseeische Transporte, zu Spielzeug und mancherlei Gebrauchsgegenständen.

Der Verbrauch der Verzinkereien und die Verwendung als Zinkblech haben in der Hauptsache der Zinkindustrie zu dem ungeahnten Aufschwunge verholfen.

1833 zeigte Oberbergrat *Krieger*, daß sich das Zink zu allen Arten Hohlguß eigne. Veranlassung dazu hatte ein Preisausschreiben des Vereins zur Beförderung des Gewerbfleißes in Preußen vom Jahre 1826 auf Auffindung von Massenanwendung des Zinks im Gewerbe gegeben. *Geiß* stellte in seiner Eisengußwarenfabrik in Berlin in der Folge große Architekturstücke aus Zink her; *Beuth* und *Schinkel* zeigten ein lebhaftes Interesse an deren Verwendung. *Spinn* verwendete Zink zuerst zum Gusse von Kronleuchtern und anderen geeigneten Gegenständen. *Hossauer* gebührt das Verdienst, Zinkgegenstände zuerst galvanisch verkupfert zu haben, wodurch dieselben nach einiger Zeit das Aussehen von Bronze erhalten.

Die Eigenschaften des polierten Zinks, das Licht gut zu reflektieren, führte *Devaranne* zur Anwendung desselben für Dekorationsstücke, insbesondere im Theater[1].

---

[1] *Stahlschmidt* in Hofmanns Bericht über die Entwicklung der chem. Industrie aus Anlaß der Wiener Weltausstellung 1873 (Braunschweig 1875).

Um dem gewalzten Zink immer weitere Anwendung zu sichern, hat sich besonders die Société de la Vieille-Montagne anerkennungswerte Verdienste erworben, namentlich hinsichtlich der Dach- und Wandbekleidungen.

Diese Gesellschaft bringt 4 besondere Marken in den Handel: Zinc extra pur, Zinc fonte d'art, Zinc laiton und Zinc pour galvanisation. Ein besonders reines Zink wurde früher nur von Amerika unter den Marken „Bergenport" und „Bertha" für die Fabrikation der Messingpatronenhülsen, für welche eine sehr dehnbare Metallegierung gefordert wird, geliefert. In Deutschland wurde es zuerst von der Aktiengesellschaft für Zinkindustrie vorm. Wilhelm Grillo in Oberhausen auf deren Hamborner Zinkhütte im September des Jahres 1896 aus Willemit, welcher von New Jersey bezogen wurde, durch Destillation erzeugt und bald darauf auch von der Vieille Montagne aus demselben Erze dargestellt. Es läßt sich daraus ein Zink mit einem Gehalt von 99,95 Proz. Zink unmittelbar aus der Destillationsmuffel gewinnen, welches damals mit einem um die Hälfte höheren Preise als gewöhnliches Rohzink bezahlt wurde. Heute kostet dieses reine Zink etwa 25 Proz. mehr, als gewöhnliches Handelszink.

Eine weitere Verwendung fand das Zink zur Werkbleientsilberung. Ein Vorgang, welcher von *Karsten* im Jahre 1842 entdeckt wurde. Durch *A. Parker* in Birmingham wurde nach dem Jahre 1850 dieser Prozeß zuerst in die Praxis eingeführt, worauf *Karsten* 1852 auf der Friedrichshütte in Tarnowitz von neuem Versuche in größerem Maßstabe veranlaßte.

Wenn auch dieses Verfahren fast allgemein Anwendung auf den Hütten gefunden hat, so hat es doch für den Verbrauch keine große Bedeutung, weil das erforderliche Zink durch die Destillation des Zinkschaumes zum größten Teile wieder gewonnen wird.

Weiter dient das Zink zur Erzeugung von Wasserstoffgas, besonders zum Löten von Blei, wobei Zinkvitriol als Nebenprodukt fällt, und in früheren Jahre gebrauchte man es wohl auch zur Herstellung des letzteren als Selbstzweck, wofür jetzt hauptsächlich andere zinkhaltige Materialien, Abfälle usw. verwendet werden. Die Wasserstofferzeugung aus Zink wird aber bald ganz aufhören, nachdem das Wasserstoffgas in komprimierter Form zu einem billigen Preise den Gewerben zur Verfügung steht.

Das Rohzink wird ferner durch Verbrennen zu Zinkweiß verarbeitet. Wegen der Vergiftungsgefahr, welches die Anwendung von Bleiweiß als Farbe in sich birgt, ist dieses Erzeugnis neben dem Lithoponeweiß, zu dessen Herstellung nur Zinkabfälle und zinkhaltige Kiesabbrände u. dgl. benutzt werden, immer mehr als Anstrichfarbe in Aufnahme gekommen. Außerdem findet es aber auch vielfache Anwendung in den Gewerben, besonders in der Gummi- und Wachstuch- und Papierfabrikation, in der Glas- und Tonwarenindustrie, zur Herstellung von künstlichem Meerschaum, von Kitten, (Zinkoxychlorid) und verschiedenen Arzneimitteln.

Zinkweiß wurde zuerst von *Courtois* 1786 im großen dargestellt, aber erst *Leclaire* hat es im Jahre 1844 billig fabriziert und ihm dadurch größere Verwendung verschafft.

Die Vielle Montagne hat die Fabrikation schon früh auf ihrer Hütte in Valentin-Cocq in Belgien betrieben, wo sie 1884 bis 3000 t davon herstellte, Sie kann heute dort und in Levallois-Perret bei Paris im Jahre 17 000 t Zinkweiß erzeugen.

Der **Zinkstaub** findet in der Hauptsache Verwendung als Reduktionsmittel in den Farbenfabriken, in den Färbereien der Textilindustrie, insbesondere zur Bereitung der Indigoküpe und zum Beizen beim Anilinfarbendruck, zur Entfärbung und Reinigung der Sirupe in der Zuckerfabrikation und zur Fällung des Goldes beim Cyanidprozeß an Stelle von Zinkspänen, wobei etwa 420 g für jede Unze Gold gebraucht werden. (The Mineral Industry VIII, S. 647). Vorübergehend fand er ausgedehnte Anwendung zur Herstellung von Wasserstoff durch Erhitzen mit Ätzkalk für Ballonfüllung zu militärischen Zwecken. Außerdem wird er auch als Anstrichfarbe, als Ersatz für Bleimennige benutzt. *Schwarz*, Wagners Jahresbericht 1864, 606. *Liecke*, ebenda 1867, 45. In neuerer Zeit dient er zur Verzinkung von Eisen, „Sherardisation" (Verfahren von *Sherard Cowper-Coles* und von *F. W. Gauntlett* D. R. P. 205 902, Stahl und Eisen 1912, S. 857).

Cadmium bildet mit vielen Schwermetallen gewerblich verwertbare Legierungen. Diejenigen mit Blei und Zinn allein sind dehnbar, mit Platin, Gold und Kupfer dagegen spröde; während die Gold-Silber-Cadmium-Legierungen 5 : 1 : 1 und 9 : 2 : 1 und Gold-Silber-Kupfer-Cadmium im Verhältnis von 746 : 114 : 97 : 43 wiederum geschmeidig und sehr dehnbar sind. Mit zwei Teilen Silber gibt das Cadmium eine sehr zähe Verbindung, während das umgekehrte Verhältnis zu einer sehr spröden Legierung führt. Für militärische Zwecke suchte man 1897 eine Aluminium-Cadmium-Legierung einzuführen, was den Preis des Cadmiums fast auf das Doppelte steigerte. Weiter findet es Anwendung zur Bereitung von Lot für Aluminium und Zink.

Wie wir schon unter den Eigenschaften des Metalls erwähnten, drückt Cadmium zu Blei-Zinn-Wismut-Legierungen gefügt, den Schmelzpunkt noch weiter herab, worüber die nachstehende Tafel Aufschluß gibt:

Leichtflüssige Legierungen:

	I	Ia	II	IIa	III	IIIa	IV	V	Va	Vb	VI
Blei	50	46	42,8	39,0	31,25	28	26,7	37	34	30	25
Zinn	25	23	28,6	26,0	18,75	17	13,3	63	58	50	50
Wismut . .	25	23	28,6	26,0	50,00	45	50,0	—	—	—	—
Cadmium . .	—	8	—	9,0	—	10	10,0	—	8	20	25
Schmelzpunkt	93,75°	75°	91,6°	75,0°	94,5°	75°	60–70° dick- dünn- flüssig	181°	136°	132°	149°

I *Rose*sches Metall, II *Lichtenberg*s Metall, III *Newton*sches Metall, IV *Lipowitz'* Metall, V Sickerlot, VI Schnellot.

Das Lipowitzsche Metall ist silberweiß, und von hohem Metallglanz, feinkörnig und politurfähig, es läßt sich feilen und dünnausgegossene Platten sind leicht biegsam. Beim Erstarren dehnt es sich etwas aus. Es hat ein spez. Gew. von 9,4.

Das *Wood*sche Metall, welches aus 4 T. Blei, 2 T. Zinn, 8. T. Wismut und 2 T. Cadmium besteht, schmilzt bei 70°.

Außer für die Herstellung dieser leichtflüssigen Legierungen findet das Metall in der Form von Cadmiumamalgam als Zahnkitt Anwendung in der Zahnheilkunde und als schwefelsaures Cadmium für pharmazeutische Zwecke.

Das Schwefelcadmium wird als gelbe Farbe in der Ölmalerei und zum Färben von Toiletteseifen benutzt. Je nach der Handhabung der Fällung desselben durch Schwefelwasserstoff lassen sich verschiedene Farbtöne, hellgelb bis orangegelb erzielen[1]. Auch dient dasselbe zur Herstellung von Porzellanlüsterfarben.

Endlich wird das Chlorcadmium noch in der Färberei und Kattundruckerei und das Brom- und Jodcadmium in der Photographie verwendet.

Das auf Kunigundenhütte hergestellte Metall enthielt nach *Jensch* 99,8 Proz. Cd neben 0,005 Fe, ein anderes oberschlesisches Erzeugnis 99,65 Cd und 0,01 Fe. Das heute in den Handel kommende Cadmium hat einen Gehalt von etwa 99,5 Proz., während früher Metall mit einem Gehalt von 94,86 und herunter bis 86,24 Proz. zum Verkauf gelangte. *R. Wagner* fand in einem schlesischen Cadmium, welches ein spez. Gew. von 8,528 hatte und bei 368° zu schmelzen begann, 94,86 Cd 4,69 Zn und 0,23 Fe. In einem anderen, der technologischen Sammlung der Universität Würzburg entnommenen Muster neben 86,24 Cd 11,65 Zn 0,03 Fe 2,04 Sn und eine Spur Thallium. Das letztere erwies sich schon bei 240° schmelzbar und hatte ein spez. Gew. von 8,255[2].

9. Versuche und Vorschläge zur Vermeidung der Destillation des Zinks aus Gefäßen.

Die Umständlichkeit der bewährten Zinkgewinnungsmethoden hat schon zur Zeit ihrer ersten Ausbildung Bestrebungen wachgerufen, mit Umgehung der kleinen Gefäße metallisches Zink in tropfbar flüssiger Form aus seinen Erzen zu gewinnen. Die Hoffnung, daß es gelingen müsse, hat wohl immer wieder von neuem die Erscheinung der Zinkabscheidung auf dem Zinkstuhle der Bleihochöfen im Unterharz genährt. Wir wollen die Darstellung der eingeschlagenen Wege deshalb mit der Beschreibung der Einrichtung des Zinkstuhles beginnen.

Fig. 181 a bis b zeigt den auf den Unterharzer Hütten gebrauchten zweiförmigen Schachtofen, in welchem die Rammelsberg-Erze in der Röstreduktionsarbeit verschmolzen werden[3]. Diese Erze enthalten neben Bleiglanz auch Schwefel -und Kupferkies, Arsenkies und mehr oder weniger große Mengen Zinkblende; außerdem noch geringe Mengen anderer, edler und seltener

---

[1] *Niederländer:* Chem.-Ztg. 1893, Nr. 82.
[2] *Stölzel:* Metallurgie 1863/86, S. 808.
[3] *Stölzel:* Metallurgie **2**, 936; *Kerl:* Metallurg. Hüttenkunde **2**, 70ff. (1855).

Metalle (Gold, Silber, Quecksilber, Wismut, Cadmium, Mangan, Nickel, Kohalt,
Antimon, Selen, Thallium und Indium). Das Zink setzt sich, soweit es nicht
in die Schlacke, bzw. in den Stein geht, oder mit den Gichtgasen als Flugstaub fortgeführt wird, im oberen Teile des Schachtes als Ofenbruch ab, ein
kleiner Teil, höchstens 0,15 Proz. des verhütteten, zwischen 18 bis 24 Proz.
Zink haltenden Erzes wurde früher mittels des in der Ofenbrust herge-
richteten Zinkstuhles in metallischem Zustande gewonnen.

Kerl beschreibt den Vorgang, S. 70, wie folgt: „Das im Schmelzraume
des Ofens reduzierte und durch die Gebläseluft wieder oxydierte Zink wird
mit mehr oder weniger Bleioxyd in eine an der Vorderwand des Ofens ange-

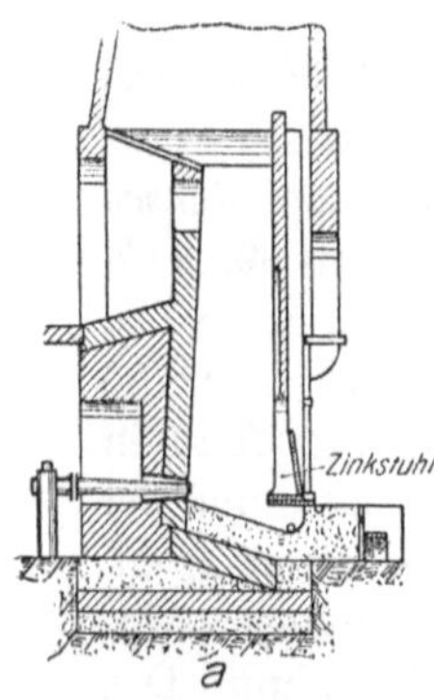

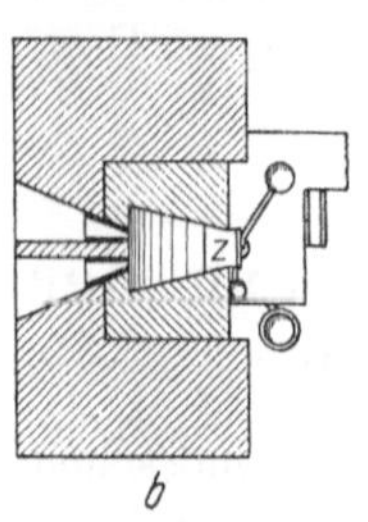

Fig. 81. Der Zinkstuhl.

brachte Säule von glühenden Kohlen getrieben, wo aber-
mals eine Reduktion desselben stattfindet und ein sehr
bleihaltiges Zink erfolgt." Und S. 347: „Der als Ausbau
vor der Vorwand hervorragende Zinkstuhl wird durch
die nachher zu verschließende Öffnung (in der Vorwand)
mit kleinen Kohlen (Zinkkohlen) gefüllt und zwischen
dieselben während des Schmelzprozesses durch den Gebläsewind bleiisches Zink getrieben, welches Tropfen bildet,
sich auf der Schieferplatte ansammelt und von Zeit zu
Zeit durch die Rinne in die Pfanne abgelassen wird. Das
stark mit Blei verunreinigte Zink wird in eisernen Kellen
über Kohlenfeuer umgeschmolzen, einige Zeit ruhig stehen
gelassen und alsdann das spezifisch leichtere Zink von
dem schwereren Blei in eiserne Formen abgestochen. Man
produzierte jährlich 145—150 hann. Ztr. (à 46,77k) Zink."

Der Schacht des Ofens hatte einen trapezförmigen
Querschnitt von rund 4 m Höhe und 94 cm Tiefe. Der
Zinkstuhl wurde am unteren Ende desselben in der Weise
gebildet, daß man über die aus Gestübbe bestehenden
Spurwände mittels Lehmmörtel eine 32 cm breite Ton-
schieferplatte auflegte, welche die Spur überdeckte und
zu einem Drittel ihrer Breite aus der Ofenbrust hervor-
trat, und zwar mit geringer Neigung nach vorn. Auf diese deckte man noch
eine beiderseitig mit Lehm überzogene Schieferplatte derart, daß sie
einen geringen Fall nach der Stechherdseite hin erhielt. Die letztere stellt
den eigentlichen Zinkstuhl dar. Eine aus Lehm gebildete Rinne führte dicht
vor dem Ofengemäuer von ihrem tiefsten Punkte zu einer vor dem Ofen
liegenden, zur Aufnahme der auf dem Zinkstuhle sich ansammelnden Zinktropfen bestimmten Pfanne. Auf den aus dem Ofen hervortretenden Teil
des Zinkstuhls wurde eine 63 cm hohe und 34 cm breite Schieferplatte, der
sog. Bruststein zum Verschlusse der offenen Ofenbrust schräg vor den Ofen
gestellt und auf der einen Seite die seitlich verbleibende dreieckige Öffnung
mittels Lehm versetzt. Auf der anderen Seite dagegen, wo die untere Ecke
abgeschlagen war, ließ man eine dreieckige 10 bis 15 cm hohe und am Grunde
5 bis 8 cm breite Öffnung, welche die Verbindung des tiefsten Punktes des

Zinkstuhles mit der vorerwähnten Abflußrinne für das Zink herstellte. Schließlich überdeckte man auch diese Öffnung und die Rinne durch zwei nebeneinandergestellte und mittels Lehm an die Brustwand angedichtete kleine Schieferplatten. Eine oberhalb des Bruststeines in der Ofenbrust sich befindende Öffnung diente zur Einbringung der „Zinkkohlen" (Holzkohlen) auf den Zinkstuhl, sie wurde hinterher verschlossen. Seitdem man ausschließlich Koks statt des früheren Gemisches von Holzkohlen und Koks im Gewichtsverhältnisse von 5 zu 4 zum Verschmelzen der Erze anwendet, findet wegen der gesteigerten Hitze im Ofen keine Kondensation von metallischem Zink mehr in der Ofenbrust statt, man verschließt dieselbe deshalb einfach mit einer 3 cm dicken Schieferplatte.

Schon *Karsten* spricht von Versuchen ohne Retorten, die in Oberschlesien anfangs, ehe man das Rubergsche Verfahren kannte, angestellt worden sind. 1807 hat er dann die Anwendung stehender Röhren versucht[1]. In den 20er und 30er Jahren hat man die Darstellung von Zink im Schachtofen angestrebt[2]. In den Sammlungen des Königl. Oberbergamts in Breslau befindet sich die Zeichnung eines Schachtofens, welche *Krantz* in seinem Buche über „Die Entwicklung der oberschlesischen Zinkindustrie" (1911) auf Tafel V wiedergegeben hat.

1839 hat man auf den Oberharzer Hütten versucht, geröstete Blende in einem 4,67 m hohen, mit heißem Wind betriebenen Hochofen zugute zu machen[3]. Der Schacht war im oberen Teile zylindrisch 61 cm weit, erweiterte sich nach unten zum 78 cm weiten Kohlensack und war dann zum 44 cm weiten Gestell zusammengezogen. Er war von einem zylindrischen Mantel umgeben; in dem 38 cm weiten ringförmigen Raume zwischen dem Schachtkörper und dem Mantel sollten sich die Zinkdämpfe, welche 1,6 m unterhalb der Gicht, dort, wo der Schacht anfing, sich zu erweitern, durch 4 Öffnungen eintraten, zu metallischem Zink verdichten. Die Sohle des ringförmigen Kondensationsraumes war aus Gestübbe gebildet und hatte Neigung nach einer Öffnung im Mantel, aus welcher das flüssige Metall nach außen abfließen sollte. Die geröstete Blende wurde mit dem Brennmaterial aufgegeben, man erhielt nur Zinkoxyd, ebenso wie bei den in Oberschlesien von *Hollunder* und *Menzel* in ähnlichen Öfen angestellten Versuchen.

Rochaz[4] nahm im November 1847 ein französisches Patent zur Gewinnung von metallischem Zink und Zinkoxyd in einem rechteckigen, nach oben erweiterten Schachtofen, welcher von zwei Gewölben überdeckt war, in deren Zwischenraum sich das Zink zum größten Teil als flüssiges Metall verdichten sollte. Die Reduktionsgase fanden von dort ihren Austritt ins Freie durch zwei seitlich angebrachte Röhren und daran angeschlossene wassergekühlte Blech-

---

[1] Zeitschr. d. oberschles. Berg- u. Hüttenm. Vereins 1910, S. 538; *Krantz:* 1911, S. 45.

[2] *Hollunder:* 1824, S. 75; Wochenschr. d. schles. Vereins f. Berg- u. Hüttenwesen **2**, 353. *Wilh. Aug. Lampadius:* Die neueren Fortschritte im Gebiete der gesamten Hüttenkunde 1839, S. 248.

[3] *Kerl:* Metallurg. Hüttenkunde 1855, S. 348. (2. Aufl., S. 272). Siehe auch Berg- und Hüttenm. Ztg. 1863, S. 281, 293, 396 und 1868, S. 66 und 439.

[4] Dingl. Polyt. Journ. **110**, 100; Polyt. Centralbl. 1848, S. 1339; Bgwfr. **12**, 748.

gefäße. Die Beschickung des Ofens geschah durch ein geneigtes, seitlich unterhalb der Ofendecke angebrachtes Laderohr. Der Wind wurde durch eine Form zugeführt, gegenüber derselben waren übereinander vier Abstichlöcher vorgesehen. In *Kerls* Metallurgischer Hüttenkunde 1855 II ist eine Abbildung des Ofens zu finden.

Shear[1] führte die mit Zinkdämpfen beladenen Gase eines Schachtofens in der Höhe des Kohlensackes ab und durch eine mit Wasser gekühlte Vorlage. *Normandy*[2] suchte die Einrichtung zu verbessern, indem er die Abzüge weiter nach der Gicht des Ofens hin verlegte. Das Erzeugnis war kein metallisches Zink, wie bei allen ähnlichen Versuchen. Das Gemenge von Zinkstaub und Zinkoxyd sollte in schlesischen Muffeln weiter verarbeitet werden.

Dyar[3] verband einen Kohlenoxydgaserzeuger mit einem zweiten kürzeren Schacht, in welchem die Reduktion des Zinkerzes erfolgen sollte und einen ähnlichen Vorschlag machte *Schmeltzer*[4].

Duclos de Bussois soll im großen in Swansea geröstete Zinkblende unter Zuschlag von Kalkmehl im Schachtofen niedergeschmolzen haben. Das gewonnenen Zinkoxyd reduzierte er in belgischen Öfen[5].

Nach späteren Patenten (1849/50) wandte *Rochaz* einen Schachtofen von geringer Höhe an, um welchen er vier vertikale Füllschächte gruppierte, von denen zwei mit Erz und Kohle, zwei dagegen nur mit Kohle beschickt wurden. Diese mündeten, unten im rechten Winkel umgebogen, seitlich in den Schmelzraum ein. Beim Durchgang der Gase und Dämpfe durch die Kohlenschächte sollte sich die Reduktion des zurückgebildeten Zinkoxydes vollziehen. Die Gase traten nach dem Austritt aus diesen in einen Sammler, der zu einem Kondensator zur Abscheidung des Zinks in flüssiger Form führte. Wollte man dagegen Zinkoxyd erzeugen, so verbrannte man die Zinkdämpfe durch Luft, welche in den Sammler eingeblasen wurde. Zur Sicherung einer vollkommenen Reduktion des Erzes brikettierte *Rochaz* das Erz-Kohlegemisch (Lodin S. 713).

Lesoinne erhielt zu Anfang des Jahres 1850 ein französisches Patent auf einen Ofen, an welchem er den Austritt der mit Zinkdämpfen beladenen Gase in die Mitte des Schachtes verlegte, um eine Reoxydation des Zinks in der niedrigeren Temperatur des oberen Ofens zu verhüten. Die Gase führte er durch eine Anzahl geneigter, mittels Wasser stark gekühlter Rohre (*Liebig*sche Kühler). Durch geeignete Zuschläge erreichte man den Abgang der Schlacke in flüssigem Zustande. Ein fast gleicher Gedanke wurde von *R. A. Brooman* durch ein engl. Patent vom 20. April 1850 geschützt[6]. Er wollte rohe Blende mit Eisen niederschmelzen; Blei, Kupfer und Silber sollten in den Stein gehen.

---

[1] Polyt. Centralbl. 1847, S. 1402.
[2] Berg- u. Hüttenm. Ztg. 1848, S. 393. Bergfr. 12, 430.
[3] Polyt. Centralbl. 1847, S. 1296; Bgwfr. **2**, 381; **5**, 9.
[4] Bgwfr. **13**, 113.
[5] Bergwerksfreund (Eisleben), Zentralblatt für Hütteukunde **6**, 377.
[6] Bgwfr. **14**, 612 (1851).

Die ersten Versuche mit einem kleinen Ofen führte man auf der Steinkohlengrube „Des grands Makets" zu Jemappe bei Lüttich aus. Den Mißerfolg schob man auf die zu geringen Abmessungen des Schachtes. 1852/53 machte man nach *Lesoinnes* Prinzip auf der Königshütte in Oberschlesien einen Versuch mit einem größeren Ofen zur Verhüttung eisenreichen Galmeis[1], in der Hoffnung, Eisen und Zink in einem Prozesse gewinnen zu können. Der nach Art eines Eisenhochofens gebaute Versuchsofen war rund 8 m hoch und hatte im Kohlensacke eine Weite von 2,75 m. Zur Abführung der Dämpfe waren in gleichen Abständen von der Rast bis 1,25 m unter der Gicht 5 Reihen gußeiserner, horizontal liegender Röhren (60 Stück) rings im Ofenschaftmauerwerk eingefügt, welche zu je 5 in einen von 12 außen an den Ofen angelehnte, aufrecht stehende Blechzylinder von 5 m Höhe und 0,63 m Weite mündeten. Letztere waren mit Kniestücken versehen, in welchen Drosselklappen zur Regulierung des Zuges angebracht waren.

Der Ofen wurde behufs Inbetriebsetzung wie ein Eisenhochofen angeblasen zuerst mit Eisenstein, dann mit einem Gemisch von diesem und Galmei und schließlich mit 12 bis 14 Proz. Zink haltendem Galmei beschickt und dann die Gicht geschlossen. Es wurde in der Tat etwas metallisches Zink in Form kleiner Kügelchen in den Kondensatoren abgeschieden, eine größere Menge in Form von Staub und Oxyd, so daß 6 Proz. vom Galmei an Zink ausgebracht wurden. Des Kohlenverbrauch war sehr hoch, mehr als das Doppelte wie beim Eisenhochofen, auf das gleichzeitig erschmolzene Eisen berechnet, und dennoch ging der Ofen so kalt, daß die Reduktion des Eisenoxydes und dessen Einschmelzung nicht gehörig vor sich ging. Auch das Ausschalten der unteren Röhrenreihen brachte keine Beseitigung der Übelstände. Ein großer Teil der Zinkdämpfe verbrannte mit dem aus den Kondensationszylindern austretenden Gase, was auch nach Anfügung größerer Kondensationskammern nicht verhindert wurde.

Es fiel bei der Arbeit eine basische Schlacke, wie es scheint, frei von Zink, wenigstens ist in der von *Stein* ausgeführten, im Polyt. Zentralbl. 1855, Nr. 2, S. 66, veröffentlichten Analyse kein Zink nachgewiesen. Die Schlacke enthielt:

Kieselsäure	28,80
Tonerde	12,30
Kalk	56,30
Magnesia	0,55
Eisen	0,70
Schwefel	1,15
Kohlenstoff	0,50

Auch *Wetherill*[2] wollte, wie *Rochaz*, die Gase durch eine glühende Kohlenschicht leiten, um das Zinkoxyd zu reduzieren. Der gewonnene Zinkstaub sollte nach Art des *Montefiore*-Verfahrens durch Wärme und Druck verflüssigt werden.

---

[1] Berg- u. Hüttenm. Ztg. 1853, S. 187; *Kerl:* Metallurg. Hüttenkunde **2**, 349 (1855); *Julien:* Ann. des Mines 5. Reihe, Heft 16, S. 517.

[2] Patent vom 17. Mai 1856.

Chenot ließ sich 1859 ein Verfahren schützen, welches von der Annahme ausging, daß das Zinkoxyd sich unterhalb der Schmelztemperatur des Zinks reduzieren lasse, es erübrigt sich deshalb ein näheres Eingehen auf dasselbe.

Accarain erhielt 1860 ein Patent auf einen unten durch einen Rost abgeschlossenen Schachtofen. Durch Herausziehen der Roststäbe sollten die Rückstände in einen darunter angeschlossenen Tiegel abgezogen werden, danach die Roststäbe wieder eingestoßen und der gefüllte Tiegel durch einen anderen ersetzt werden. Von einem derartigen Versuch ist nichts bekannt geworden.

In demselben Jahre[1] wurde *Adrien Müller* und *Lencauchez* ein Patent auf die Erzeugung von Zink im Hochofen erteilt, welches in Gladbach (siehe S. 63) im Jahre 1861 zur Ausführung gekommen ist, aber kein metallisches Zink lieferte, obgleich der Apparat mit Überlegung hergerichtet war. Der sehr schlanke Hochofen von 12 m Höhe hatte nur eine Weite von 0,80 m im Gestell, 2 m im Kohlensack und 1 m an der Gicht, welche mit doppeltem Verschluß ausgerüstet war. Die oberen 7 m der Ofenwandungen bestanden aus einer Reihe von gußeisernen Ringen, welche von außen zwecks Erhitzung der Beschickung durch die zur Verbrennung gebrachten Ofengase beheizt wurden. Zu diesem Zwecke war der Ofen noch von einem gemauerten Schacht ummantelt. Rast und Gestell bestanden aus feuerfestem Material. Die zinkbeladenen Gase traten durch Öffnungen über der Rast aus dem Schachte in die Kondensationsräume. Diese bestanden erstens aus zwei geräumigen, gemauerten Niederschlagskammern, weiter aus vier mit wassergekühlter, aus verzinktem Eisenblechkasten mit gewelltem Boden gebildeter Decke versehenen Kühlkammern und schließlich aus einem Eisenblechzylinder mit durchlochter Decke, in welchem ein Wasserregen niederfiel. Es waren zwei derartige Aggregate vorhanden, damit bei der Entleerung derselben eine Unterbrechung des Betriebes vermieden werden konnte.

Die Beschickung, bestehend aus Erz (Galmei), Kohle und gebranntem (ungelöschtem) Kalk wurde brikettiert und durch die abgehenden Heizgase des Ofenmantels in Kanälen, welche die Förderwagen zu passieren hatten, vorgewärmt. Es darf nicht unerwähnt bleiben, daß ein kleiner Teil der kohlenoxydreichen Ofengase aus den Kondensationsräumen in den Schacht zurückgeführt wurde und zwar durch eine im obersten Drittel der Ofenhöhe gelegene, seitliche Öffnung. Diese Gasmenge zog mit der Beschickung nach unten bis zu den Austrittsöffnungen über der Rast, sollte also wohl ein Aufsteigen von Zinkdämpfen in die Beschickungssäule hinein verhüten. Kompaktes Zink wurde nicht erhalten trotz sehr hohen Kohlenaufwandes, aber auch die Ausbeute an Zinkstaub, metallischem oder oxydischem, muß nicht befriedigt haben, denn der Betrieb ist nur kurze Zeit aufrechterhalten. Auch die Leitung der Gase und Zinkdämpfe durch einen mit glühenden Holzkohlen gefüllten Schacht (Pat. vom 27. Dezember 1860), welches der erste der Erfinder, *Müller*, in der Beschreibung zu einem späteren Patente vom 7. Januar

---

[1] Patente vom 10. Juli, 4. Oktober und 27. Dezember 1860. Berg- u. Hüttenm. Ztg. 1862, S. 324 und 1863, S. 281. Wagners Jahresber. 1862 S. 152 u. 1863 S. 178.

1862 nochmals hervorhob, konnte nichts an den Mißerfolge ändern, ebensowenig, wie die vorausgegangene Erhitzung der Beschickung auf helle Rotglut,
welche er vorgeschlagen hatte (Patent vom 9. November 1861).

Aber auch *Lencauchez* hat sich durch das Fehlgehen seiner Hoffnungen
von der Fortsetzung seiner Versuche nicht abschrecken lassen, die Ergebnisse
derselben aber erst viele Jahre später bekannt gegeben[1]. Er stellte fest,
daß der geringe Zinkgehalt (5 bis 6 Proz.) der Schachtofengase ver-
hindere, daß das Zink in flüssiger Form ausgeschieden werde, auch dann, wenn
die Gebläseluft auf 400° vorgewärmt werde und die Gase eine 3 m hohe Säule
von Holzkohle oder Koks durchstreichen. *Lencauchez* glaubte aber aus seinen
Versuchen schließen zu können, daß eine plötzliche Abkühlung der Gase
auf etwa 400° die Reoxydation der metallischen Zinkdämpfe verhütet (a. a. O.
S. 577), und so zwar immer nur das Zink in Staubform, aber doch mit einem
Gehalt von 90 bis 95 Proz. an metallischem Zink gewonnen werden könne,
aus welchem sich leicht durch Druck und Wärme kompaktes Zink herstellen
lasse. Zur praktischen Ausführung ist er nicht gekommen.

Es scheint, als ob der Mißerfolg in Gladbach abschreckend gewirkt hätte,
denn erst im Jahre 1874 taucht ein neuer Vorschlag auf. *Francis Laur*[2]
legte einen mit Erz und Kohle beschickten Schacht zwischen zwei nur mit
Koks beschickte Schächte, welche die völlige Reduktion der Zinkdämpfe,
vermutlich abwechselnd nach jedesmaligem Warmblasen bewirken sollten,
ein Vorschlag, der noch wiederkehrt[3] (s. S. 518).

1876 erhielt *F. L. Clerc*, Ingenieur der *Lehigh Zinc Comp.* ein Patent
auf einen Ofen, welcher dem von *Müller* und *Lencauchez* benutzten im Prinzip sehr nahe stand. Über dem Gestell erweiterte sich der Ofen zu einem oben
offenen, trichterförmigen Raum, über welchen ein enger, zylindrischer, die
Beschickung aufnehmender Schachtraum sich erhob, gestützt durch Bogen,
welche den Trichter radial überspannten. Durch die rings um den zylindrischen
Schacht zwischen den Stützgewölben über der oberen Trichterweite bleibenden
Öffnungen traten die mit Zinkdämpfen beladenen Ofengase in einen ringförmig um den Ofen herum angebauten Kondensationsraum, in welchem sich
flüssiges Zink verdichten sollte. Oben war der Ofen durch zwei von dem
Füllschacht durchdrungene Kuppelgewölbe bedeckt, deren Zwischenraum
noch als Verdichtungsraum für flüssiges Metall dienen sollte, denn das untere
der beiden Kuppelgewölbe wurde von beiden Seiten von den Ofengasen umspült, welche darauf in weitere neben dem Ofen liegende Kondensationsräume geführt wurden. Hervorzuheben ist noch, daß *Clerc* eine von den
Gasen zu durchdringende Kohlendecke über der Erzmischung in dem Trichter-
raume des Ofens dadurch herstellen wollte, daß er die Erzkohlemischung
durch einen zentral angeordneten Trichter in den Füllschacht eingab, während
er in die von diesem Trichter freigelassene ringförmige Gichtöffnung nur
Kohlen aufgab, welche bei gleichmäßigem Niedergang der Gicht sich unten

---

[1] Memoires des Ing. civ. 1877, S. 568 bis 580.
[2] Franz. Pat. 106 191 vom 26. November 1874.
[3] Berg- u. Hüttenm. Ztg. 1877. S. 83.

beim Austritt aus dem Schacht über der Erzlage ausbreiten sollten. Zur praktischen Anwendung scheint *Clercs* Idee, welcher wohl die Verhüttung von Franklinit im Auge hatte, nicht gelangt zu sein, die kühne Konstruktion des Ofens würde auch wohl kaum den Einwirkungen des Betriebes standgehalten haben. *Lodin* hat auf S. 720 seines Buches eine Abbildung des Ofens gebracht. Auch *Thum*[1] beschäftigte sich zu jener Zeit mit Plänen zur Verwirklichung der Zinkgewinnung im Schachtofen. Als ersten Kondensator wollte er einen aus feuerfestem Material hergestellten niedrigen Kanal benutzen, dessen Sohle stets mit einer Lage flüssigen Metalls bedeckt sein sollte, um den in den Ofengasen feinverteilten Zinktröpfchen das Mittel zum Zusammenfließen darzubieten. Die Temperatur des Kanals sollte zwischen 420 und 550° gehalten werden.

In den folgenden Jahren setzt eine rege Erfindertätigkeit ein, um das verlockende Ziel zu erreichen. Vielfach kehren dieselben Ideen in anderer Ausführungsform wieder.

H. Harmet in Denain (Frankreich) D. R. P. 11197 (1880) wollte einen gewöhnlichen Schachtofen benutzen, in welchen er durch Düsen kurz über der Sohle und durch weitere Düsen im oberen Teile des Ofens heiße Luft einblies. Die mit Zinkoxyd und Zinkdämpfen beladenen Gase wurden in einer zwischen beiden Düsen gelegenen Schachthöhe, über dem Gestell seitlich abgeführt und durch Reduktionskammern geleitet, welche mit Holzkohle gefüllt die vollständige Reduktion von Kohlensäure und Zinkoxyd bewirken sollten. Die Kondensation der Zinkdämpfe zu flüssigem Zink sollte dann in folgenden Kondensationsräumen erfolgen. Wollte man Zinkweiß erzeugen, so wurden die aus dem Schacht austretenden Gase mit Umgehung der Reduktionsräume in Oxydationskammern mit zugeführtem heißem Wind verbrannt und dann durch Niederschlagsräume geführt[2].

L. von Neuendahl (1883) bläst durch Graphitdüsen Generatorgas und Luft in einen mit Zinkerz und Reduktionskohle besetzten Schachtofen ein. Die mit Zinkdämpfen beladenen Gase sollen den Ofen an der Gicht verlassen. Aus bleihaltigen Erzen saigert das Blei aus und fließt auf der dachförmig geneigten Sohle des Ofens nach außen ab. Unterhalb der Düsen sollen auch die Aschen von Zeit zu Zeit entfernt werden.

L. Kleemann, Myslowitz, (D. R. P. 38038) versieht zwei Seiten eines rechteckigen Schachtofens mit Heizkanälen (durch Abhitze), die dritte Seite mit Öffnungen, an welche sich die Vorlagen und Kondensationskammern anschließen. Die vierte Seite endlich hat in ihrer ganzen Höhe Öffnungen, durch welche Heizgase aus einer vorgelagerten Verbrennungskammer in die mit Reduktionskohle vermengte Erzsäule eintreten. Die Heizgase werden durch Verbrennung von Generatorgas erzeugt. Die Räumasche soll aus dem unten offenen Ofenschachte in einen verschlossenen Kasten treten, in welchen Gebläseluft zur

---

[1] Berg- u. Hüttenm. Ztg. 1877, S. 149 u. 369.

[2] Die folgende Darstellung ist zum Teil der Abhandlung *Stegers*: „Änderungen und Fortschritte im Zinkhüttenwesen" [Zeitschr. f. d. Berg-, Hütten- u. Salinenwesen im preuß. Staate **48**, 402ff. (1900)] entnommen.

Austreibung von Zinkresten eingeführt werden kann. Durch das D. R. P. 14497 waren die Vorrichtungen zum Beschicken des Ofens, zum Vorwärmen der Beschickung und zur Kondensation der Dämpfe geschützt.

P. Keil[1], den wir schon als Erfinder einer stehenden, von außen geheizten Retorte kennen lernten (siehe S. 74), teilt einen Schacht durch Zwischenwände, welche von Heizkanälen durchzogen werden, in mehrere Kammern. Auf die in diesen befindliche Beschickung von Erz mit Kohle wirken noch Gebläse, die nach Bedarf mit heißen reduzierenden Gasen gespeist werden. Die Schachtgase werden zur Verdichtung der Metalldämpfe durch ein Bad von Blei und Zink geführt.

Steger[2] schlug vor, den mit heißem Wind betriebenen Schachtofen von außen noch mit Hilfe der Gichtgase zu beheizen, welche vorher in den Kondensationsräumen von den mitgeführten Zinkdämpfen befreit waren.

Walsh in St. Louis (Ver. Staaten Amerikas) D. R. P. 43471 (1887) will im Gebläseschachtofen auf die Erz-Kohle-Mischung eine weitere Lage von Reduktionskohle aufgeben, welche die durchstreichenden Zinkdämpfe und die Kohlensäure vollständig reduzieren soll. In dem späteren Patente Nr. 51208 führt er stetig nach Bedarf Reduktionskohle in eine am oberen Ende des Schachtes angeschlossene Kammer auf mechanischem Wege ein. In dieser Kammer soll sich das Zink auch in flüssiger Form niederschlagen.

K. Eichhorn (Generaldirektor der Rheinisch-Nassauischen Gesellschaft in Stolberg, vorher in Letmathe) hat vorgeschlagen, einen zum Nieder- schmelzen[3] des Erzgemisches mit Koks bestimmten Schacht

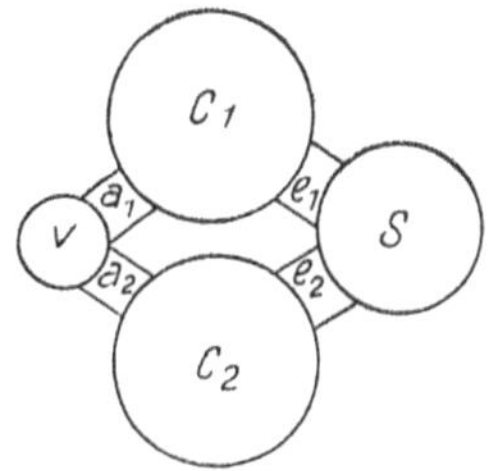

Fig. 182.

ofen an der Gicht mit 2 Koksschächten abwechselnd zu verbinden, welche zur Reduktion der aus dem Gebläseschachtofen eintretenden Gase und flüchtigen Metalloxyde dienen sollen. Letztere werden abwechselnd heiß geblasen; hinter ihnen ist ein Kondensationsraum V angeordnet, der unten durch Kanäle, welche durch Schieber geschlossen werden können, mit den Koksschächten verbunden ist.

Fig. 182 veranschaulicht die Idee. Den Arbeitsgang hat man sich folgendermaßen vorzustellen. Nachdem der eine der Koksschächte, C_1 heiß geblasen, d. h. auf die Reduktionstemperatur des Zinks gebracht ist, wird das Gebläse abgestellt und derselbe unten mit der Vorlage V oben mit dem Schmelzschachtofen S verbunden, in welchem mit Gebläsewind die Erze niedergeschmolzen werden. Nachdem die Temperatur in C_1 unter die Reduktionstemperatur des Zinks gesunken ist, werden durch Schließen der Schieber e_1 und a_1 und durch Öffnen der Schieber e_2 und a_2 die Gase auf den inzwischen heiß geblasenen Koksschacht C_2 umgestellt und dieser Wechsel

---

[1] D. R. P. 15 992.

[2] Zeitschr. f. Berg-, Hütten- u. Salinenwesen 1886, S. 36.

[3] D. R. P. 45 599 vom 14. Oktober 1887. Berg- und Hüttenm. Ztg. 47 S. 390 (1888).

wiederholt, sobald der Wärmegrad der zur Reduktion dienenden Schächte
es erfordert.

Die flüchtigen Metalle sollen sich in der auf geeigneter Temperatur
zu haltenden Vorlage V verflüssigen, während die nicht flüchtigen Metalle
von Zeit zu Zeit aus dem Schmelzofen abgestochen werden.

Eichhorn hatte besonders die Zugutemachung gemischter, Eisen-, Blei,
Silber, Zink haltender Erze im Auge. Zur Ausführung ist sein Vorschlag
unseres Wissens nicht gekommen, obgleich der geringe Heizstoffbedarf,
welchen er berechnet, dazu die Anregung hätte geben können. Ein 40 Proz.
Zink haltendes Erz

erfordert nach ihm im Schachtofen an Koks	23,5 Proz.
die Reduktion des abgetriebenen Zinkoxydes	7,4 „
und die Vorheizung, d. h. das Warmblasen der Reduktionsschächte	36,7 „
	zusammen 67,6 Proz.

G. W. Westmans[1], Stockholm, wollte in einem ähnlichen Vorgange die
Reduktion des Erz-Kohle-Gemisches mit erhitztem Kohlenoxydgase be-

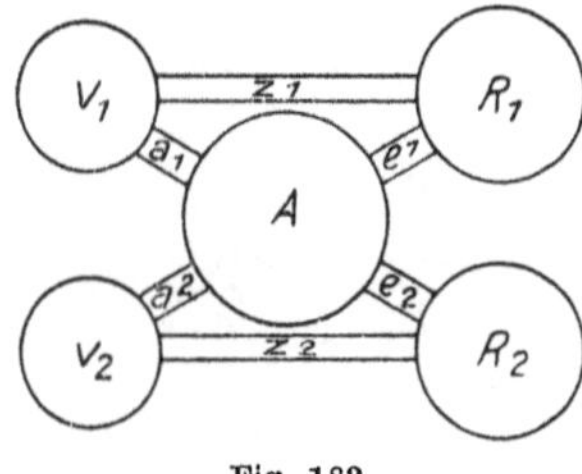

Fig. 183.

wirken, wobei das letztere in der Hauptsache nur
als Wärmeüberträger benutzt wurde, während die
dem Erz beigemischte Kohle die Reduktion vollziehen sollte. Die im Verlauf neu gebildeten Reduktionsgase wollte er zum Ersatz der im Prozesse
verbrauchten Wärme verbrennen. Dem Apparate
hatte er die in Fig. 183 dargestellte, schematische
Form zugedacht:

A ist der Reduktionsschacht, welcher in un-
unterbrochenem Betriebe mit Erz und Kohle beschickt wird. R_1 und R_2
sind zwei Regeneratoren zur Erhitzung des Kohlenoxydgasstromes, welche
abwechselnd durch Verbrennung von Reduktionsgasen geheizt werden. V_1
und V_2 sind die Kondensatoren, mit Koks gefüllte Schächte, welche zur Verdichtung der Metalldämpfe gebraucht werden, während durch die Verbindungen z_1 und z_2 die Reduktionsgase zurück zu den Regeneratoren geleitet werden, die des einen zur Erzeugung der Wärme durch Verbrennung, die des
anderen zu ihrer Erhitzung in dem vorher geheizten Regenerator. Der Lauf
der Gase sollte durch Ventilatoren und Schieber geregelt werden. e_1 und e_2 sind
die Eingänge, a_1 und a_2 die Ausgänge in bzw. aus dem Reduktionsschachte[2].

F. Rigaud, Alais (Frankreich), (Pat. 22. Dezember 1887) schloß etwas
oberhalb der Ofensohle des Gebläseschachtofens einen schräg ansteigenden
Reduktionsschacht an, an dessen Wandungen nach außen mündende Rinnen
zur Aufnahme des sich kondensierenden Zinks angebracht waren. Die Gase
sollten nach Durchstreichen von Staubsammlern und Waschvorrichtungen
weiter verwendet werden. Mit diesem Apparat ist auf Hütte Auby im Norden
Frankreichs 1889 ein Versuch gemacht worden, jedoch ohne jeden Erfolg.

---

[1] Amer. Pat. 383 202 vom 22. Mai 1888.

[2] Nach *Fr. Meyer* (Metallurgie 1905, S. 88 bis 95) ist das Verfahren früher in New
Jersey im großen versucht worden, hat aber keine dauernde Anwendung gefunden.

L. Baffrey, Julienhütte bei Beuthen, O.-S. (1890), versah einen mit Koks und geeigneten Flußmitteln zu beschickenden zentralen, mit Gebläse betriebenen Schacht ringsum mit schräg liegenden Retorten, welche das mit Reduktionskohle gemischte Erz erhielten. Letztere sollten eine für den Verlauf der Reduktion ausreichende Wärmemenge vom Schacht her mit den eintretender Gasen empfangen. Der Schacht diente also in der Hauptsache zur Beheizung der Muffeln, daneben aber zum Niederschmelzen der Räumasche. Nicht flüchtige Metalle und Schlacke wurden von Zeit zu Zeit abgestochen. Die Muffeln waren am oberen Ende mit Vorlagen zur Kondensation der flüchtigen Metalle versehen. Der Betrieb sollte ein ununterbrochener sein. Fig. 184 veranschaulicht den Ofen.

Anfangs der 90er Jahre vor. Jahrh. hat der Verfasser in Hamborn in der verschiedensten Weise Versuche angestellt, um die günstigsten Bedingungen für ein befriedigendes Metallausbringen in Form von kompaktem metallischem Zink, von Zinkstaub oder Zinkoxyd aus den Erzen ohne Anwendung von geschlossenen Reduktionsgefäßen zu ermitteln. Die besten Ergebnisse lieferten zwei rechteckige, mit einer langen Seite aneinander gebaute Gebläseschachtöfen, welche 1 m über den Formen miteinander durch eine Reihe Öffnungen in der gemeinsamen Rückwand verbunden waren. 75 cm oberhalb dieser Verbin-

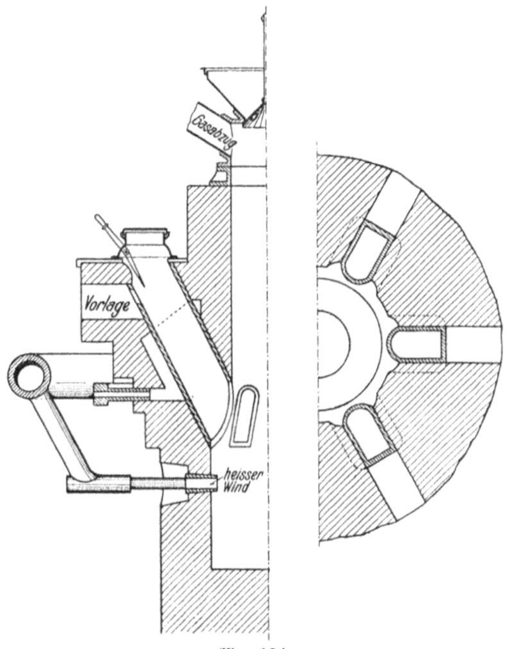

Fig. 184.

dungen lagen in den beiden Frontseiten die Abzüge für die mit den Zinkdämpfen beladenen Gase, vor welchen tönerne Vorlagen nach *Dagners* System angeordnet waren, derart, daß die Austrittsöffnungen aus den Schächten von außen her durch Einführung eines Spitzeisens offen gehalten werden konnten. Die Öfen wurden abwechselnd in Perioden von 30 Minuten geblasen, während die Ausmündungen des betreffenden Schachtes nach den Vorlagen hin durch Stopfen verschlossen wurden und deshalb die entbundenen Zinkdämpfe durch die Öffnungen in der Zwischenwand und quer durch die zweite Ofenkammer hindurch zu den Vorlagen der letzteren getrieben wurden. Im zweiten Schacht wurde nur so viel Wind zugeführt, daß eine Verstopfung der Düsen verhindert wurde. Schlacke und verflüssigte Metalle, Blei und Eisen wurden unterhalb der Formen vom Herd abgestochen. Durch geeigneten Kalkzuschlag wurde bei Verschmelzung oxydischer Erze eine fast

zinkfreie Schlacke erzielt, aber an zinkhaltigem Produkt nur oxydreicher
Zinkstaub erhalten. Die Zwischenwand der Öfen wurde durch hindurchge-
führte Luftkanäle gekühlt.

Hempel hat zu gleicher Zeit in kleinerem Maßstabe experimentiert,
die Ergebnisse seiner Versuche hat er 1893 in der Berg- und Hüttenmännischen
Zeitung **52**, 355 und 365, veröffentlicht und daran Vorschläge zur Gewinnung
eines marktfähigen Produktes aus dem vom Gebläseofen zu erhaltenden Zinkstaub geknüpft (siehe S. 483).

Amédée Sébillot, Paris (Engl. P. 7904, 1898, D. R. P. 117614 vom 6. Januar
1900), schlug einen Schachtofen mit getrenntem Schmelz- und Reduktionsraum von rechteckigem Querschnitt vor. Durch die Vorderwand des Ofens
treten eine Anzahl Düsen in den Schmelzraum. Die diesen vom Reduktionsraum trennende Zwischenwand ist etwas oberhalb der Einmüdnung der
Düsen mit Durchzugsöffnungen ver-
sehen und reicht nur etwa bis zur
halben Höhe des Schachtes, in welchem sich also beide Ofenkammern
vereinigen. Der Ofen ist oben durch
eine dicht abschließende Beschick-
ungshaube geschlossen. Die Ofen-
rückwand enthält unten in der Höhe
der in der Zwischenwand sich befindenden Durchzugsöffnungen mehrere
Reihen Öffnungen und höher über
der Zwischenwand ebenfalls noch Abzüge, welche in Verdichtungskammern
führen. Der Schmelzraum wird mit
Erz und Koks, die Reduktionskam-
mer dagegen nur mit Kohle (Koks)
beschickt. Die Düsen liefern Gebläse-

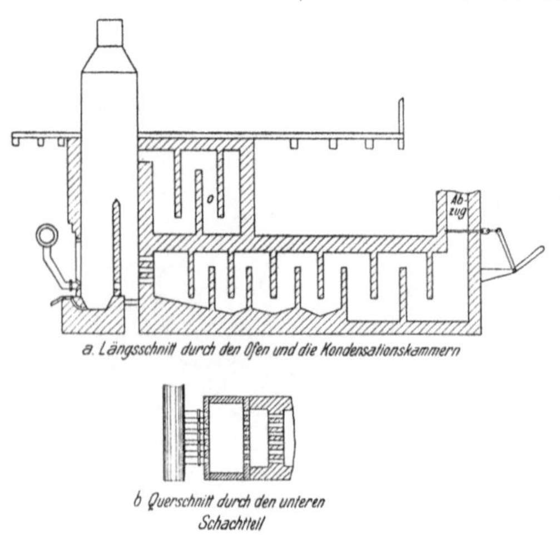

a. Längsschnitt durch den Ofen und die Kondensationskammern

b Querschnitt durch den unteren
Schachtteil

Fig. 185.

luft. Die schweren Metalldämpfe sollen beim Durchziehen der Füllung der Re-
duktionskammer reduziert und gereinigt sich in der unteren Verdichtungskammer verflüssigen, während die leichteren Verbrennungsprodukte in der
oberen Kammer den Metallstaub ablagern. Von einer praktischen Anwendung
des Vorschlages ist uns nichts bekannt geworden. Fig. 185 a bis b gibt die
Zeichnung der deutschen Patentschrift wieder.

E. E. Lungwitz, Brooklyn, (D. R. P. 83571)[1], hat versucht, die Zinkerze
unter so hohem Drucke im Schachtofen niederzuschmelzen, daß eine Verdampfung des Zinks nicht eintritt, dasselbe sich vielmehr als flüssiges Metall auf
dem Herde, ansammelt, von wo es durch ein Stichloch abgezapft wird. Der
Ofen ist deshalb mit dichtem Gichtverschluß und zur Abkühlung des den
Druck aufnehmenden Eisenmantels mit Wasserkühlung versehen. Um ein Sieden
des Zinks zu verhindern, genügt ein Druck von 3 Atmosphären, wie Versuche

---

[1] Eng. and Min. Journ. **80**, S. 113; U. S. P. 538785 vom 7. Mai 1895 und 555961
vom 10. März 1896.

ergeben haben. *Lungwitz* hat in der Berg- und Hüttenmännischen Zeitung 55, 329, die Vorteile des Verfahrens und seine Ausführbarkeit verfochten, es ist in der Tat auch im Jahre 1905 von neuem in größerem Maßstabe in Warren (New Hampshire) in Amerika in großem Maßstabe versucht, wobei der Ofen unter einem Drucke von 8,436 k p. qcm stand. Die Versuche wurden dort aufgegeben, sollten aber in Philadelphia fortgesetzt werden. Ob es mit oder ohne Erfolg geschah, ist bis heute nicht bekannt geworden. Ein Vorschlag ähnlicher Art war 1880 schon von *Gillon*, Lüttich, gemacht worden[1].

Rob. Schüpphaus hat zwecks Reduktion von Zinkoxyd unter Druck bei hohen Temperaturen mit einem elektrisch beheizten Ofen, welcher so armiert war, daß er einem inneren Drucke von 10 Atm. widerstehen konnte, experimentiert[2]. Er stellte fest, daß die Reduktion bei einer Temperatur von 910° einsetzte und bei einer Beheizung des Ofens auf 1150° Zink in flüssigem Zustande erhalten wurde. *Lodin* berechnet die Tension des Zinkdampfes

bei   500° auf   5 mm   Quecksilbersäule (annähernd)
,,   600°   ,,   20   ,,   ,,
,,   700°   ,,   70   ,,   ,,
,,   800°   ,,   225   ,,   ,,
,,   900°   ,,   580   ,,   ,,
,,   1000°   ,,   1350   ,,   ,,
,,   1100°   ,,   2600   ,,   ,,
,,   1200°   ,,   5500   ,,   ,,

Wenn wir annehmen, daß sich die vollständige Reduktion des Zinkoxydes bei 1100° erreichen läßt, so würde zur Verflüssigung der Zinkdämpfe demnach ein Druck von etwa 4 Atm. ausreichend sein. Anders wird es jedoch sein, wenn man mit Dämpfen zu tun hat, welche durch die gasförmigen Reaktionsprodukte der Kohle und des zur Verbrennung zugeführten Windes verdünnt sind. *Lodin* berechnet in diesem Falle den erforderlichen Druck auf etwa 30 Atm. und hält demgemäß die Erzielung von flüssigem Zink im Schachtofen bei Arbeit unter Druck für ausgeschlossen.

R. Biewend, Clausthal[3] (D. R. P. 81358, Engl. Pat. 15761, 1894), hat angestrebt, Zink direkt aus Schwefelerzen mittels der Niederschlagsarbeit, also unter Zuschlägen von eisenhaltigen Materialien, im Schachtofen zu gewinnen. Das in Dampfform austretende Zink sollte in Kondensatoren, welche mit glühendem Koks gefüllt waren, verdichtet werden. Das dabei fallende Schwefeleisen sollte geröstet und wieder von neuem als Zuschlagsmittel verwendet werden. Auf diese Weise könnte auch der Schwefelgehalt der Zinkblende verwertet werden. Die Möglichkeit, auf diese Weise die Zinkblende zugute zu machen, ist nicht ausgeschlossen, da bei einem größeren Gehalte der Beschickung an Eisen oder reduzierbaren eisenhaltigen Stoffen das Schwefelzink unter Abscheidung von Zink zerlegt werden kann, es stellen sich aber der praktischen Durchführung große Schwierigkeiten entgegen. Die auf der

---

[1] Le Technologiste 1880, Nr. 142.
[2] Journ. Soc. Chem. Ind. 30. Nov. 1899, S. 987.
[3] Zeitschr. f. angew. Chemie 1895, S. 358.

Zinkhütte in Hamborn von Grillo angestellten Versuche haben nicht zum
Ziele geführt [vgl. *Schnabel*, Handbuch der Metallhüttenkunde 2, 92 (1896)].
Auch die Anwendung von zwei Kondensationskammern, in welchen ab-
wechselnd das staubförmig niedergeschlagene Zink verflüssigt werden sollte
(D. R. P. 91896)[1] hat keinen Erfolg gebracht.

Nach all den Mißerfolgen wird es wieder ruhiger auf diesem Gebiete.
Es scheint, als ob die Hoffnungen, welche man auf die Auffindung eines billigen,
elektrolytischen Verfahrens zur Gewinnung von Zink gesetzt hatte, die weitere Verfolgung des Gedankens, eine einfachere, metallurigsche Methode,
als die bisherige, anzustreben, zurückgedrängt hat. Es sind nur noch wenige
auf die Anwendung von Gebläseschachtöfen hinzielenden Patente nachgesucht
worden.

Im Jahre 1900 hat *John Armstrong*[2] sich noch einen Schachtofen mit ge-
kühltem Gestell schützen lassen, der oberhalb der etwa in halber Höhe liegenden Austrittsöffnungen für die mit Zinkdämpfen beladenen Gase aus drei
oder mehreren getrennten Kammern besteht, von welchen nur die mittelste
mit Erz, gemischt mit 50 Proz. Kohle, beschickt wird, während die seitlichen
mit Koks oder Anthrazitkohle gefüllt gehalten werden, so daß die niedergehende Beschickung stets von einer hocherhitzten Brennstoffschicht umgeben bzw. bedeckt ist, welche die völlige Reduktion der Verbrennungsgase
und der Zinkdämpfe bewirken soll. Der mittels der Abgase hocherhitzte
Gebläsewind wird durch eine große Anzahl kleiner Düsen, welche durch den
Wassermantel des Gestells hindurchtreten, verteilt. Die syphonartigen,
neben dem Ofen liegenden Kondensationsapparate (Vorlagen) sind stets
mit flüssigem Zink gefüllt. Der erhoffte Erfolg scheint auch hier ausgeblieben
zu sein, denn in dem späteren Patente schlägt *Armstrong* vor, das Zink in
Staubform aus dem Kohlenoxydgasstrome nach dem Durchgange durch glühende Kohlensäulen in gekühlten Röhren niederzuschlagen und den gewonnenen Staub mit Kohle zu brikettieren und aus Retorten zu destillieren (siehe
S. 511, Pat. *Laur*).

Osk. Nagel, New York[3], bläst auf 1000° erhitztes Wassergas in die in
einem Schachtofen enthaltene Erz-Kohle-Mischung. Zur Reduktion von 8,1 t
Zinkoxyd sollen 1,5 t Wassergas, bestehend aus 1,4 t Kohlenoxyd und 0,1 t
Wasserstoff, welche bei 1000° 10415 cbm Raum einnehmen, genügen. Das
Wassergas ist frei von inerten und oxydierenden Gasen (Stickstoff und Kohlen-
säure), die einerseits durch starke Verdünnung der Zinkdämpfe, andererseits
durch die oxydierende Wirkung auf dieselben die Kondensation von flüssigem
Zink verhindern. Trotzdem scheint es nicht gelungen zu sein, mit dem Ver-
fahren einen Erfolg zu erzielen, was auch erklärlich ist, da sich durch die
Reduktion des Zinkoxydes Kohlensäure und Wasserdampf bilden. Es sollte

---

[1] Zeitschr. f. angew. Chemie 1897, S. 411.

[2] D. R. P. 132139 vom 14. September 1900; Franz. Pat. 303211 vom 23. August
1900; Engl. Pat. 3462 vom 21. Februar 1900 und 11339 vom 3. Juni 1901; Zeitschr.
f. angew. Chemie 1902, S. 766; Journ. Soc. Chem. Ind. 1901, S. 367.

[3] Amer. Pat. 699969 vom 13. Mai 1902; The Mineral Ind. 11, 618.

in Hamborn in größerem Maßstabe versucht werden, von einem günstigen Ausgange ist aber nichts bekannt geworden. Übrigens scheint der Erfinder im Laufe der Zeit anderer Ansicht geworden zu sein, denn ein zweites Patent[1] umfaßt die Anwendung von Kohlenwasserstoffgas (Naturgas) mit 85 Proz. Methan und 15 Proz. Stickstoff, was dem Wassergas in seiner Wirkung gleichwertig sein soll, weil der Stickstoff nicht ungünstig einwirke.

Einen ähnlichen Vorschlag hat *Projahn*, Stolberg gemacht. Stark eisenhaltige Erze sollen zuvor bei geringer Temperatur behandelt werden und bei gesteigerter Hitze darauf das Zink abgetrieben werden (D. R. P. 142231).

Paul Schmieder, Lipine (O.-S.)[2], verbindet einen von außen durch Gas beheizten Schacht unten mit einem Windofen, er stellt also gewissermaßen eine mit Feuerzügen umgebene Retorte auf einen freistehenden Gebläseofen, in welchem die aus der ersteren niedergehende, aus Erz und Kohle bestehende Beschickung geschmolzen und dabei von den letzten Zinkresten befreit werden soll. Zu den Gebläseschachtöfen ist die Anordnung kaum noch zu rechnen. Die Reduktionsgase des Sehmelzofens treten nicht in die Retorte ein, sondern werden nahe über den Düsen durch Öffnungen in der Schachtwandung in Kanäle abgeleitet, in welchen sich das mitgeführte Zinkoxyd absetzen soll. Die darüber liegende Beschickungsschicht hindert den Eintritt der Gase in die Retorte. Letztere ist in verschiedenen Höhenlagen mit Stutzen versehen, welche durch den Heizmantel hindurch die durch Reduktion des Erzes entwickelten Zinkdämpfe in Vorlagen führen. Die nicht ausreichende Beheizung der Beschickung in einem einigermaßen weiten Schacht wird der Einführung des Ofens im Wege gestanden haben. Auf Kunigundenhütte hat eine Versuchsanlage gestanden.

Aus demselben Grunde hat auch der folgende Vorschlag keine Aussicht auf praktische Ausführung:

F. Kellermann schlägt in der Berg- und Hüttenmännischen Zeitnng 63 (1904), 369 bis 72 vor, statt der Destillationsretorten einen oder mehrere zu einer Batterie vereinigte, von außen beheizte Schacht-Schmelzöfen zur Reduktion der Zinkerze anzuwenden, die einen kontinuierlichen Betrieb gestatten würden. Die mit Flußmitteln zwecks Erzielung einer leichtflüssigen Schlacke, die in den untern Teil des Ofens geht, und mit Reduktionskohle im Überschusse gemöllerten Erze sollen an der oberen Mündung des Schachtes aufgegeben werden, wo sich die Reduktionsgase mit den Zinkdämpfen in einem den Gichtzylinder umgebenden Gasfang sammeln. Das Zink kondensiert sich in den angeschlossenen Vorlagen, durch welche die Reduktionsgase entweichen, welche mit den gesondert abgeführten Heizgasen nicht in Berührung kommen. *Kellermann* hat nur an einen Schacht von kleinen Abmessungen gedacht, 160 cm hoch, 40 cm breit und im Kohlensack 120 cm weit, an der Gicht und unten verengt auf 80 cm. Der Ofen wie die Arbeit mit demselben wird a. a. O. näher beschrieben und der Wärmebedarf desselben berechnet. 100 kg erzeugtes Zink sollen demnach 323 kg Steinkohlen erfordern.

---

[1] Amer. Pat. 766 279.
[2] D. R. P. 140 554 vom 26. März 1902.

Eine ähnliche Idee hatte sich früher *L. Kleemann* in Mislowitz durch das D. R. P. 38038 vom 14. April 1885 ab schützen lassen. Siehe S. 512.

W. C. Wetherill[1] teilt einen schachtartigen Raum durch quer durch denselben geführte, über einander liegende Heizkanäle, zwischen welchen die oben aufgegebene Beschickung in Schichten von geringer Dicke niedergeht, so daß eine ausreichende Beheizung der Erzkohlenmischung erreicht werden kann, wenn die Heizkanalwände nicht zu dick sind. Nach *Fr. Meyer*[2] sollte ein solcher Ofen, welcher mit einem belgischen Zinkofen zu vergleichen ist, in welchem das Erz durch den Ofenraum niedersinkt, während die Heizgase durch die Retorten gehen, auf den Werken der Prime Western Spelter Co. versucht werden. Die Ergebnisse sind uns nicht bekannt geworden, die dichte Lage des Beschickung dürfte dem Entweichen der Zinkdämpfe hinderlich sein.

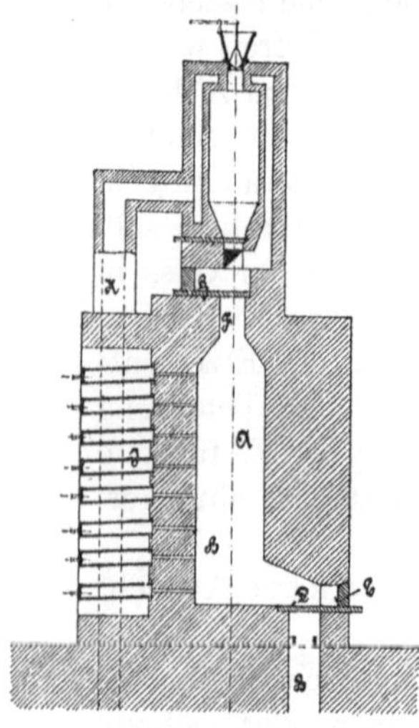

Fig. 186.

Den letzten Erfindungen lag der Gedanke zugrunde, die der Kondensation der Zinkdämpfe hinderlichen Verbrennungsgase wieder von den Reduktionsgasen zu scheiden, also die Verhältnisse, wie sie bei der Reduktion in der geschlossenen Muffel bestehen, auf einen schachtförmigen Ofenraum zu übertragen, der einen ununterbrochenen Betrieb, d. h. ein Entfernen der ausgebrannten Ladung und Ergänzen der Beschickung während des Betriebes ermöglicht.

In anderer Weise sucht *Alb. Zavelberg*, Hohenlohehütte (O.-S.), die von außen beheizte Muffel dadurch zu umgehen, daß er einen schmalen rechteckigen Schacht durch Gasfeuerung auf Weißglut erhitzt, wobei die Seiten bezw. Zwischenwände einer größeren Anzahl aneinandergereihter Schachtkammern als Wärmespeicher dienen. Die Abhitze umspült trichterartige, über den Schächten liegende Kammern, in welchen die Beschickung auf etwa 1000° vorgewärmt wird, und schließlich dient sie noch zur Regelung der Temperatur der vor der einen schmalen Seite jedes Schachtes übereinanderliegenden, mit dem Schacht durch Kanälchen in Verbindung stehenden Vorlagen. Fig. 186 zeigt die der Patentbeschreibung[3] beigefügte Zeichnung. *A* ist einer der Reduktionsschächte, welcher durch den Brenner *B* angeheizt wird. Ist Weißglut erreicht, so wird der Brenner durch den Schieber *D* dicht abgeschlossen und dann durch die Öffnung *E*, welche auch als Räumöffnung dient, versetzt und abgedichtet. Darauf läßt man aus dem Trichterraum durch den Hals *F* die Beschickung langsam in den Schacht fallen und schließt dann denselben mittelst des Schiebers *G* vollkommen dicht ab. Die Reaktion zwischen Kohle und Erz tritt nach *Zavelbergs* Angabe sofort ein, und die Reduktion des Zinkoxydes und die Destillation des Zinks erfolgt in verhältnismäßig kurzer Zeit. Nach

---

[1] Belg. Pat. 168010.
[2] Metallurgie 1905, S. 93.
[3] D. R. P. 226257 vom 23. Februar 1908 ab.

Krantz (S. 45) sollen mit einem kleineren Versuchsofen günstige Ergebnisse erzielt worden sein.

Um die Menge der die Zinkdämpfe begleitenden Gase im Gebläseofen auf das geringste Maß zu beschränken, hat der Verf. vorgeschlagen[1], in besonderen, vom Schmelzofen getrennten Reduktionsschächten mittels der von dem größten Teil der Zinkdämpfe befreiten Schmelzgase das in den Erzen enthaltene Eisen bis zu Eisenschwamm zu reduzieren — er hatte die Zugutemachung der sehr eisenhaltigen Mischerze insbesondere von zinkhaltigen Pyriten im Auge[2]. Durch die Trennung des Reduktionsschachtes, in welchem die Wiederoxydation der Zinkdämpfe erfolgt, vom Schmelzraume wäre vielleicht eine teilweise Gewinnung des Zinks als flüssiges Metall zu erreichen. Dieser Gedanke ist ja allerdings bei vielen der vorgeschlagenen Schachtöfen dadurch zum Ausdrucke gebracht, daß die Gase aus dem Kohlensack abgeführt wurden. Der obere Schachtraum diente in diesen Fällen aber dann nicht mehr als Reduktionsraum und sogar kaum als Vorwärmraum, wenn nicht eine Beheizung von außen vorgesehen war.

Die Ausführung des Vorschlages war so gedacht, daß die vollständig von Schwefel durch Röstung befreiten fein gemahlenen Sulfide (unter Nutzung des Schwefels) noch im glühenden Zustande mit auflockernden Koksstücken und geeigneten Zuschlägen versetzt und in die Reduktionsschächte eingebracht wurden, welche gebotenenfalls fahrbar oberhalb des Schmelzofens in größerer Zahl aufgestellt werden sollten. Durch einen Teil der Abgase des letzteren, welche zur Erzeugung der erforderlichen Wärme in einer Vorfeuerung verbrannt wurden, sollte zugleich mit Hilfe des dem Erze beigemengten Koks die Reduktion des Eisenoxydes zu Eisenschwamm erfolgen, die übrigen Metalloxyde (Blei, Zink usw.) aber sollten dabei unberührt bleiben. Im GebläseSchmelzofen von kesselförmiger Gestalt, in welchen die Erzmischnng aus den Reduktionsschächten periodisch eingelassen wird, sollte der Eisenschwamm niedergeschmolzen werden, dieser im Niederschmelzen aber die übrigen Metalloxyde reduzieren, während das gebildete Eisenoxydul sofort wieder durch den im Überschuß vorhandenen Koks unter Bildung von Kohlenoxyd in Metall zurückverwandelt wurde, ebenso auch die vor den Formen gebildete Kohlensäure in Kohlenoxyd. Das die metallischen Zinkdämpfe oxydierende Agens (Kohlensäure) würde fehlen und deshalb eine Kondensation von flüssigem Zink in den ringförmig um den Ofen angeordneten Vorlagenkanal, der auf einer Temperatur von etwa 500° zu halten wäre, möglich werden. Das im Erze enthaltene Blei würde zum Teil in die Vorlagen gehen, zum größeren Teile sich aber im Ofensumpf als flüssiges Metall unter dem Eisenbad ansammeln. Die Schlacke könnte ununterbrochen ablaufen oder, wie das Eisen und Blei durch Stichlöcher in geeigneter Höhe abgestochen werden. Der Verf. hat sich nicht verhehlt, daß die Übersetzung der Idee in die

---

[1] D. R. P. 196 284 vom 27. September 1904 ab.

[2] Ähnlich dem Vorschlage von *Projahn* (siehe S. 519), der auch zuerst das Eisenoxyd und danach erst das Zinkoxyd reduzieren will, jedoch bei verschiedener Temperatur in ein und demselben Schachtraume.

Praxis einen kostspieligen Apparat und reiche Betriebsmittel erfordert, so daß er kaum auf eine praktische Erprobung rechnen durfte. Ein Versuch im kleinen Maßstabe würde einen Erfolg nicht versprechen. Heute würde sich mit Hilfe des elektrischen Stromes die Niederschmelzung des mit Metalloxyden durchsetzten Eisenschwammes dort, wo billige Wasserkräfte zur Verfügung stehen, eher verwirklichen lassen und dann die Gewinnung von metallischem Zink noch aussichtsreicher sein.

Die Absicht *Lungwitz*s, das Zink im Schachtofen unter Druck in flüssiger Form abzuscheiden, veranlaßte den Verf. 10 Jahre früher zu dem Versuche, in einer geschlossenen, mit starkem, feuerfestem Futter versehenen Eisenblechtrommel, welche auf einen Druck von 10 Atm. geprüft war, die Zinkblende mit hocherhitztem flüssigen Gußeisen zu zersetzen,

$$ZnS + Fe = FeS + Zn$$
$$- 39\,600 \qquad\quad + 24\,000 = -15\,600\,w.$$

in der Hoffnung, die in dem überhitzten Eisen enthaltene Wärme würde den zur Umsetzung notwendigen Wärmebedarf liefern und das entstehende leichtflüssige Schwefeleisen einen glatten Verlauf der Reaktion vermitteln[1]. Der auftretende Zinkdampf sollte selbst den Druck im geschlossenen Apparat erzeugen, um die Verdichtung des Zink zu flüssigem Metall zu bewirken. Um das flüssige Eisen erst nach vollkommener Abdichtung der drehbaren zylindrischen Trommel mit dem auf Rotglut vorgewärmten Erz in Berührung bringen zu können, war durch eine aus dem feuerfesten Futter heraustretende Bande ein Raum in der Trommel abgegrenzt, welcher mit einer außen am Zylindermantel angebrachten, zum Einfüllen des flüssigen Eisens dienenden Tasche in Verbindung stand. Die Trommel hatte eine äußere Länge von 2,20 m bei einem Durchmesser von 1,75 m. Das feuerfeste Futter war 25 cm dick und von dem Blechmantel durch eine Asbestlage getrennt. An beiden Enden der Trommel waren Mannlöcher vorhanden, die mittelst luftdicht schließender, mit feuerfester Bekleidung versehener Deckel, von welchen der eine mit einem Feder-Sicherheitsventil versehen war, verschlossen wurden. Die Öffnungen dienten zum Heizen des Trommelinnern bis zur Weißglut (mittels fahrbaren Feuers und fahrbarer Esse) und die zuletzt zu verschließende zum Eintragen des Erzes, von welchem die Trommel neben dem für das flüssige Eisen frei zu haltenden, wannenförmigen Raume in einem Drittel ihres gesamten Rauminhaltes 1 t reiche Zinkblende (Harzer Blende mit 64 Proz. Zink) aufnahm. Das flüssige Eisen wurde unmittelbar aus einem Herbertzschen Kupolofen durch die seitliche Tasche eingelassen und nach Verschluß derselben durch Drehung der Trommel Erz und Eisen vermengt.

Die erhoffte Reaktion trat nicht ein, es zeigte sich nur ein geringer Druck im Apparate, die im überhitzten Eisen aufgespeicherte Wärmemenge reichte nicht einmal aus, die Reaktion einzuleiten, das flüssige Eisen fand sich nach der Abkühlung des Apparates in feinen Kügelchen verteilt im Erze vor. Eine

---

[1] Angew. Chemie 1897, S. 374 (Referat); siehe auch Versuche von *Thomas:* Metallurgie **7**, 706 bis 710 (1910).

größere Menge Wärme durch überschüssiges Eisen zuzuführen, verbot sich, weil als Produkt dann Hartzink gefallen sein würde, welches erst wieder einer Destillation hätte unterworfen werden müssen. Mit Hilfe einer elektrischen Lichtbogenbeheizung des Trommelinnern während des Prozesses ließe sich vielleicht ein Erfolg erzielen[1]. Dann ließe sich auch von der Anwendung eines Druckes absehen, und man könnte überschüssiges Eisen anwenden, weil der Zinkdampf abseits vom Reaktionsgemisch in angeschlossenen Vorlagen kondensiert werden könnte. Ein derartiges Verfahren wurde später (3. 11. 1905) von der *Rheinisch-Nassauischen Bergwerks- und Hütten-Aktiengesellschaft*, *Borchers*, Aachen und *Graumann*, Stolberg zum Patent angemeldet.

Versuche, Zink durch Eisen aus seinen Verbindungen abzuscheiden, haben schon *Lesoinne* und *Brooman* unternommen. *Hannan* und *Melburn* nahmen 1887 ein Patent darauf, in einer stehenden Retorte Zinkblende mit feinverteiltem Eisen zu zersetzen, gebotenenfalls unter Zugabe von Kohle. *Havemann*[2] ließ flüssiges Eisen auf das in einem Flammofen vorgewärmte Erz fließen. Die Zinkdämpfe, welche naturgemäß verbrannten, wurden als Zinkoxyd verdichtet. Aber weit früher schon (1864) wollte *Webster* Zinkblende unter Zusatz von Salpeter und Soda mit Eisen zessetzen.

Kirkpatrik-Picard (London) schlug vor, Zinkblende oder Zinkbleierze mit feinverteiltem Eisen und zum Koken neigender Kohle zu vermischen und in der liegenden Retorte das Zink abzudestillieren. Das gebildete Schwefeleisen soll von dem sich in der Retorte bildenden Koks aufgesaugt werden und deshalb die Wandnngen des Gefäßes nicht angreifen (D. R. P. 133688,1901). Nach einem älteren Patente (122663) sollte das Erz erst geröstet und dann mit backender Kohle ohne Eisen brikettiert werden. Der Koks sollte in diesem Falle die gleiche schützende Wirkung auf die Retortenwände gegenüber dem Blei ausüben. Ein Vorschlag, der später von *G. Clark*, Cincinnati wiederholt wird, nachdem er vorher (D. R. P. 122207, 1900) ein basisches Futter der Retorte als Schutz angewendet hatte.

Sexton, Brooklyn (D. R. P. 155750 vom 3. April 1903 ab) will den andere wertvolle Metalle enthaltenden Zinkerzen so viel Eisen zusetzen, daß der Eisengehalt 13 Proz. nicht übersteigt. Dadurch erhalten die nach der Destillation verbleibenden Rückstände magnetische Eigenschaften, welche eine Scheidung derselben im magnetischen Erzscheider möglich machen. Bei größerem Eisengehalt sollen die entstehenden Eisenoxyduldoppelsilikate schädlich wirken.

Ant. Henri Imbert in Grand Montrouge[3] (D. R. P. 154695) schlug die Zersetzung der Zink- und Bleisulfide mittels Kupfers statt des Eisens vor,

---

[1] Die Bewilligung der Mittel zu diesem wie anderen kostspieligen Versuchen verdankte der Verf. dem Mitinhaber der Hamborner Zinkhütte, *Julius Grillo*. Das Verfahren war durch D. R. P. 92 243 vom 3. Juli 1896 ab geschützt worden. Der Verf. glaubte der vorstehenden Darstellung etwas größeren Raum gewähren zu sollen, weil er während seiner Berufstätigkeit keine Zeit zur Veröffentlichung fand.

[2] Franz. Pat. 310 656 (1901).

[3] Franz. Pat. vom 14. November 1903.

wobei die Niederschlagsarbeit in niedrigerer Temperatur und vollständiger vonstatten gehe. Das muß bezweifelt werden, denn der Wärmebedarf ist größer:

$$ZnS + 2\,Cu = Cu_2S + Zn$$
$$-\,39\,600 \qquad +\,18\,300 = -\,21\,300\ w.$$

In späteren Patenten setzt er wieder Eisen, Mangan u. dgl. an die Stelle des Kupfers. Im D. R. P. 195 793 (vom 11. Mai 1906 ab) löst er die schwer schmelzbaren Zink-Bleierze in einer geschmolzenen Mischung von alkalischen Erden (Kalk, Dolomit) und Metalloxyden, ehe er das zersetzende Metall zusetzt. Die Umsetzung soll dann einen schnellen, gleichförmigen Verlauf nehmen. Im D. R. P. 208403 beansprucht die *Imbert Process Comp. Borouch of Manhattan* V. St. A. den Schutz anf einen geeigneten Ofen, welcher in Fig. 187 a bis b schematisch dargestellt ist.

Ein Schmelz- bzw. Überhitzerraum *C* für das Zersetzungsmetall steht mit dem Umsetzungsraum *A* durch zwei Kanäle *D* und *E* in Verbindung, jedoch so, daß das flüssige Metall das Übertreten von Gasen und Dämpfen von *A* nach *C* verhindert. Das Metall fließt in ununterbrochenem Strome. durch *D* in den Umsetzungsraum und von dort durch *E* in den Überhitzungsraum zurück, was durch ein Schaufelrad *F* aus Graphit o. dgl. gefördert wird. Das zerkleinerte Erzgemenge (beispielsweise 100 Teile Blende, 23 Eisenoxyd und 10 gelöschter Kalk) wird ständig durch den mit Aufgabewalze versehenen Vorratsbehälter *B* eingetragen. Die aus demselben entwickelten Zinkdämpfe werden durch die Rohrleitung *L* abgezogen und in den Kondensator *M* geführt. Die flüssigen Rückstände fließen durch eine Öffnung *K* ständig ab. Um einen sicheren Abschluß des Ofens gegen die Außenluft zu sichern, liegt die Oberkante dieser Öffnung unter dem Flüssigkeitsspiegel[1].

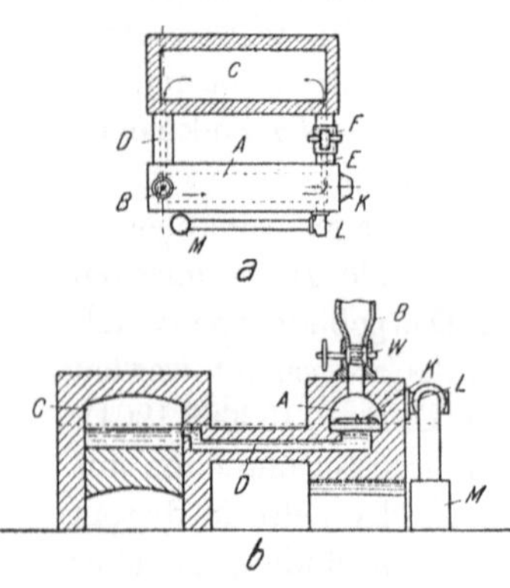

Fig. 187.

Nach späteren Patenten (D. R. P. 223295 und 223296 vom 17./18. August 1907 ab) löst die Erfinderin das Erz in der Schmelze eines Gemenges von Schwefel- und Sauerstoffverbindungen des Fällungsmetalles, welches dadurch erhalten wird, daß ein Teil der Rückstände geröstet wird[2]. Beispielsweise wird der Ofen zuerst beschickt mit:

300 Teilen Zinkblende mit 50 Proz. Zink, 150 T. Schwefeleisen und 50 T. Eisenoxyd, enthaltend also 150 Zn — entsprechend 225 reine Zinkblende, welche bei der Umsetzung mit der erforderlichen Menge Eisen 196 FeS und 150 Zn ergeben.

Der Rückstand besteht dann aus 150 + 196 T. Schwefeleisen und 50 T.

---

[1] Fischers Jahresbericht 1909, S. 298.
[2] Zeitschr. f. angew. Chemie 1910, S. 2151.

Eisenoxyd, zusammen 396 T., von welchem 170 T. die zur Lösung der nächsten Erzpost nötigen 150 T.-FeS. enthalten. Die übrigen 226 T. werden geröstet und liefern einesteils das für das Lösungsbad noch gebrauchte Eisenoxyd und anderenteils durch Verschmelzen auf Gußeisen das Fällungsmetall, so daß die zum Lösen und Fällen dienenden Stoffe einen ununterbrochenen Kreislauf durchmachen. Nach dem jüngsten Patent sollen auch oxydische Erze Galmei, Kieselzinkerz usw. im Vereine mit Blende in dem zuvor beschriebenen schmelzflüssigen Bade gelöst und durch Eisen das Zink aus demselben abgeschieden werden. Versuche sollen ergeben haben, daß man das Zink aus Gemischen von geröstetem Galmei und Blende oder aus Galmei allein bis auf 2—3 Proz. ausbringen kann. In einem noch später angemeldeten (14. Juli 1908) aber früher erteilten Patente 218408 werden noch nähere Mischungsverhältnisse, insbesondere die alleinige Anwendung von Fe_2O_3 als Lösungsmittel festgelegt.

Zavelberg, Hohenlohehütte (O.-S.), hat sich eine ganz ähnliche Apparatur, wie *Imbert* schützen lassen, nur vermeidet er die Anwendung von überhitztem Eisen dadurch, daß er den Reaktionsraum mit dem Schmelzofen für das Eisen, welcher aus einem wannenförmigen Flammherde mit erhöhtem Vorherde besteht, in einem Blocke vereinigt und mit den Abgasen des Schmelzofens den Reaktionsraum von außen heizt. Das flüssige Umsetzungsmetall fließt mit Gefälle aus der Schmelzwanne in den Zersetzungsraum, weshalb das betriebsunsichere Schaufelrad (o. dgl.), welches *Imbert* zur Bewegung des flüssigen Metalls benutzt, überflüssig wird (D. R. P. 230305 vom 3. Januar 1908 ab). Eine Zeichnung des Eisenschmelzofens ist in der Zeitschr. f. angew. Chemie 1911, S. 374, abgebildet.

Während *Imbert* und *Zavelberg* sich der Kohlenheizung zum Schmelzen des Eisens und zur Erhaltung der Temperatur im Reaktionsraume bedienen, schmilzt *Gust. Gin*, Paris (D. R. P. 208085 vom 5. Dezember 1907 ab) das Eisen im elektrischen Induktionsofen und bringt das Erz (Oxyd oder Sulfid) auf das flüssige Metall, worauf der Ofen gegen den Eintritt von Außenluft abgeschlossen wird. Der entwickelte Zinkdampf wird mit bekannten Mitteln verdichtet.

Seitdem man sich mit Erfolg der durch den elektrischen Strom erzeugten Wärme zur Erzeugung von Stahl bedient hat, mehren sich die Vorschläge, diese Wärmequelle auch zur Gewinnung anderer Metalle und besonders auch des Zinks zu benutzen. Dieselben sollen sogleich im Zusammenhang behandelt werden, zuvor ist aber noch einiger anderer Verfahren Erwähnung zu tun, welche ohne dieses Mittel für die Verarbeitung von Erzen und anderen zinkhaltigen Stoffen mit Vermeidung der Retorte in Vorschlag gebracht worden sind.

Einen auf die Schwere des Zinkdampfes gestützten Versuch führte *Dähne* aus[1]. Er erhitzte das Erzkohlegemisch mittels Gasfeuerung auf einem siebartigen Herde zwischen zwei Lagen von feinstückigem Koks, in der Hoffnung, das reduzierte dampfförmige Zink würde sich durch den Herd hindurch senken, dagegen die leichten Reduktionsgase mit den Feuergasen oberhalb der Be-

---

[1] Berg- u. Hüttenm. Ztg. 1868. S. 439.

schickung abziehen. Letztere sollten noch zum Calcinieren oder Rösten auf einer über dem Herde liegenden zweiten Ofensohle dienen.

Ein ebenso aussichtsloser Vorschlag war der von *Brackelsberg*, Ohligs, D. R. P. 75090 (1894), welcher insbesondere zinkhaltige Eisenerze durch Verflüchtigung des Zinks zur Verhüttung geeignet machen wollte, dabei aber das Zink in metallischem Zustande zu gewinnen hoffte. Fig. 188 a bis b zeigt die benutzte Vorrichtung. Er brikettierte die oxydischen oder gerösteten Schwefelerze, welche mit Kohle zusammen fein gemahlen wurden, und stapelte die Briketts in einer Kammer *M* mit durchlochtem Boden so auf, daß Kanäle *d* über den Durchlaßöffnungen des letzteren entstanden. Die übrigen zwischen den Stapeln verbleibenden Zwischenräume wurden mit Kohlenbriketts ausgefüllt, welche bei der Verbrennung die zur Reduktion nötige Wärme liefern

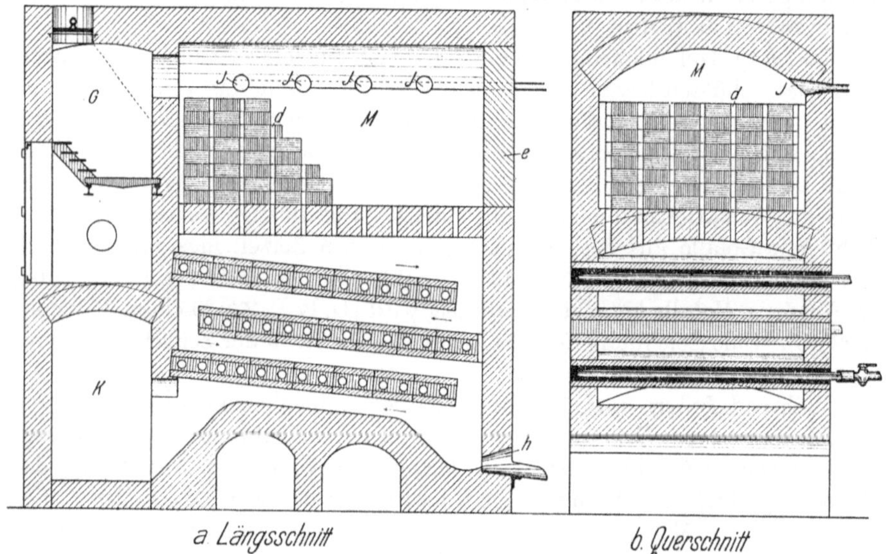

Fig. 188.

sollten. Nach Füllung der Kammern wurde die offene Seite *e* versetzt und mit Lehm gedichtet und dann durch den Generator *G* mit Heizgas versorgt, welches in der Kammer selbst durch die durch die Öffnungen *I* zugeführte Luft verbrannt wurde. Die dabei gebildete Kohlensäure sollte durch die im Erzstapel enthaltene Kohle zu Kohlenoxyd reduziert und die Zinkdämpfe sollten mit den Heizgasen nach unten in die von geneigten Kühlflächen durchsetzte Kondensationskammer abziehen, während das im Erz enthaltene Eisenoxyd soweit reduziert werden sollte, daß die Briketts wohl zusammenfritteten, aber nicht zum Schmelzen gelangten. Das kondensierte flüssige Zink sollte durch *h* abgestochen werden, die Reduktionsgase durch die Kammern *K* abziehen, wo die letzten Reste von Zink sich ablagern konnten. Eine Kondensation von flüssigem Zink würde bei Ausführung des Vorschlages ebensowenig eingetreten sein, wie bei den Versuchen zur Gewinnung desselben im Schachtofen.

H. Mehner, Berlin (D. R. P. 169612 vom 1. Januar 1904 ab) will einen von unten bis oben mit glühendem Koks gefüllten Schacht mit überhitzter flüssiger Schlacke, in welcher das Erz bzw. Zinkoxyd aufgelöst wird, berieseln. Der glühende Koks soll unter Mitwirkung der mit der flüssigen Schlacke zugeführten Wärme das Zinkoxyd reduzieren. Die Kondensation der Zinkdämpfe würde glatt vonstatten gehen, da sie in nicht mehr Reduktionsgasen verteilt sind wie bei der Destillation aus Retorten. Die von Zink befreite, unten abfließende Schlacke soll im Konverter oder Flammofen wieder aufgeheizt und mit Zinkoxyd beladen von neuem durch den Ofen geschickt werden. Es würde im Schacht nur so viel Koks zu ersetzen sein, wie zur Reduktion des Zinkoxyds verbraucht wird. An Stelle der Schlacke könnte nach *Mehner* auch überhitztes flüssiges Eisen als Heizflüssigkeit dienen, was den Vorteil hätte, daß das Zink auch aus Zinkblende, welche dann mit dem Koks in den Schacht gebracht werden würde, gewonnen werden könnte. Zur Aufhitzung des Eisens könnte in diesem Falle der Kupolofen dienen. Was mit dem gebildeten Schwefeleisen geschehen soll, sagt der Erfinder nicht. Dem Zinkerze beigemischte andere Metalle sollen gleichzeitig durch Abstich über der Schachtsohle gewonnen werden.

Blaß, Essen hat vorgeschlagen, die zu Staub vermahlene Erzkohlemischung mittels der auf 800 bis 1000° erhitzten Verbrennungsluft in einen Ofenraum einzublasen. Nach ihm kann die zur Reduktion von CO_2 zu CO nötige Temperatur (1200 bis 1300°) bei einer partiellen Verbrennung der Kohle zu Kohlenoxyd, die zur Gewinnnng von metallischem Zink einzuhalten ist, nur durch die hohe Vorwärmung der Luft erreicht werden (D. R. P. 196473). Derselbe Gedanke lag auch Versuchen zugrunde, welche die Vorgänger der *International Metall Co. Ltd.*, Hamburg in Hamborn, ohne Erfolg anstellten.

Timm, Hamburg, will einen mit Koks gefüllten Schacht abwechselnd heiß blasen und ähnlich wie *Mehner* nach Abstellung des Gebläses mit dem geschmolzenen Erz berieseln. Die Schmelzung soll in einem über der Gicht des Reduktionsschachtes liegenden Schacht- oder Flammofen mittels der Abgase vom Warmblasen des ersteren unter Zuführung von Sekundärluft erfolgen (D. R. P. 225688 vom 13. Oktober 1908).

Die Schwierigkeit der Kondensation der im Schachtofen erzeugten Zinkdämpfe oder vielmehr die Schwierigkeit, dieselben vor der Wiederoxydation durch den Kohlensäuregehalt der Ofengase zu bewahren, haben manchen Erfinder veranlaßt, auf die Gewinnung metallischen Zinks zu verzichten und sich mit der Gewinnung von Zinkoxyd zu begnügen, was bei Verarbeitung zinkarmer Erze, von Mischerzen und Zwischenprodukten auch schon Vorteile bieten kann.

F. C. Glaser, Berlin[1] schließt einen diesem Zwecke dienenden Schacht unten durch gußeiserne Platten ab, welche in Scharnieren beweglich sind und vor der Hitze durch eine Sandaufschüttung geschützt werden. In den Seitenwänden des Schachtes sind mehrere Reihen von Düsen zur Einführung

---

[1] D. R. P. 28 449 vom 28. Dezember 1883; Berg- u. Hüttenm. Ztg. 1885, S. 290.

von Gebläsewind vorhanden. Der Schacht ist deshalb von einem Windmantel
umkleidet. Einzelne Schauöffnungen zur Beobachtung des Ofenganges treten
durch letzteren hindurch. Bei der geschilderten Einrichtung kann der
Betrieb nur ein unterbrochener sein. Ein anderes Patent (D. R. P. 31 716)
desselben Erfinders ersetzt den Schacht deshalb durch den Flammofen,
in welchen er aus Zinkerzen und Kohle mittels Bindemittel hergestellte
Briketts einsetzt und den er mit Generatorgas beheizt. Das durch die beigemengte Kohle in Dampfform auftretende und wieder oxydierte Zink wird
in Staubkammern verdichtet. Als erste Versuche dieser Art erwähnt *Lodin*
die von der *Société française de metallurgie* im Jahre 1872 ausgeführten (Franz.
Patente vom 15. Januar und 26. März 1872 und vom 13. Januar 1873). Man
scheint dort wohl gehofft zu haben, metallisches Zink in einem mit Rekuperativfeuerung (System *Ponsard*) beheizten Flammofen aus einem Erz-Kohlegemisch
gewinnen zu können, was naturgemäß ohne Erfolg bleiben mußte.

Zur Gewinnung der Metalle aus gemischten Erzen sind mit Gebläse betriebene Öfen von verschiedenen Erfindern versucht worden. Franz. Patente
erhielten unter anderen: *The Sulphides Reduction Co.* unter Nr. 296 886 (5. Februar 1900) und *Havemann* unter Nr. 318 590 (11. Februar 1902).

Nach einem Verfahren von *Fry, David* und *Ledoux* wurden in Swansea
1898 wöchentlich 400 t Sulfide von Brocken-Hill verarbeitet. Das zerkleinerte Erz, welches 20 bis 35 Proz. Pb, 25 bis 30 Proz. Zn und 30 Unzen Ag
in 1 t enthielt, wurde oxydierend geröstet und dann mit $^1/_4$ seines Gewichtes
Natriumsulfat oder Natriumbilsulfat und $^1/_8$ Eisenoxyd im Schachtofen geschmolzen. Die Zuschläge wurden am Ende der Röstarbeit zugesetzt, wodurch
die Erze zusammengebacken wurden. 90 Proz. des Bleigehaltes der Erze
mit Einschluß aller Edelmetalle sollen gewonnen worden sein und die entstehende leichtflüssige Schlacke soll 90 Proz. des Zinkgehaltes enthalten haben.
Diese wurde mit Kohlenklein im Flammofen erhitzt. Das ausgetriebene
Zink wurde als Oxyd gewonnen, um in Retortenöfen auf Zinkmetall destilliert
zu werden. Nach *Schnabel*[1] sollen in Swansea 1600 t Broken-Hill-Erze
verarbeitet sein. Die neuen Aufbereitungsverfahren für diese und ähnliche
Erze von *Potter, Delprat, De Bavay* und *Elmore* haben wohl dem Verfahren
ein Ende bereitet.

G. Stolzenwald, Ploesti (Rumänien)[2], hat vorgeschlagen, die Muffelrückstände in Verbindung mit anderen Zinkrückständen, die zu arm an Metall
sind, um eine Reduktion und Destillation aus der Retorte zu lohnen, im Flammofen bzw. Fortschauflungsofen unter Nutzung der im Überschuß zugesetzten
Reduktionskohle auf Zinkoxyd zu verarbeiten. Er führt aus (Zeitschr. f.
angew. Chemie 1907 S. 998), daß ein großer Vorteil in diesem Verfahren liegt,
weil man nicht auf die weitmöglichste Erschöpfung der Zinkerze im Reduktionsofen zu sehen brauche und deshalb die Erzladung wesentlich erhöhen
könne. Man spare dadurch an Arbeitslohn, Kohle und Muffelmaterial. Die
zinkhaltigen Zuschläge zu den Muffelrückständen werden zudem ohne weiteren

---

[1] Zeitschr. d. Ver. d. Ing. 1898, S. 585; The Eng. and Min. Journ. 18. Dez. 1897.
[2] D. R. P. 180 981 vom 8. November 1905.

Aufwand von Kohle mit zugute gemacht und in den Rückständen enthaltenes Blei usw. gewonnen. Das Zinkoxyd kann aus den Ofengasen entweder als unreines Oxyd (als Material für die Destillation aus Retorten) oder mittelst geeigneter Kondensationsapparate (ähnlich wie im Wetherill-Prozeß) zum Teil als handelsfertiges Zinkweiß abgeschieden werden.

Savelsberg, Ramsbeck, schlug vor, die Muffelrückstände durch Verblasen in einer Birne zu verschlacken, um sie für das Verschmelzen auf Blei im Schachtofen geeigneter zu machen (D. R. P. 139293, 1902).

E. M. Johnson berichtet im Eng. Min. Journ. 81, S. 318 (1906) über Versuche zum Verschmelzen von Muffelrückständen. Beim Verschmelzen derselben in einem 3,3 m hohen Wassermantelofen wurden nur 60 Proz. des dahin enthaltenen Bleis, bei einem 5,2 m hohen Ofen dagegen 92 Proz. ausgebracht.

Seiffert, Beuthen, (D. R. P. 210 459) verbläst das Erzkohlengemisch in einer bis zu 150 cm hohen Beschickungssäule mit Wind von hoher Pressung,

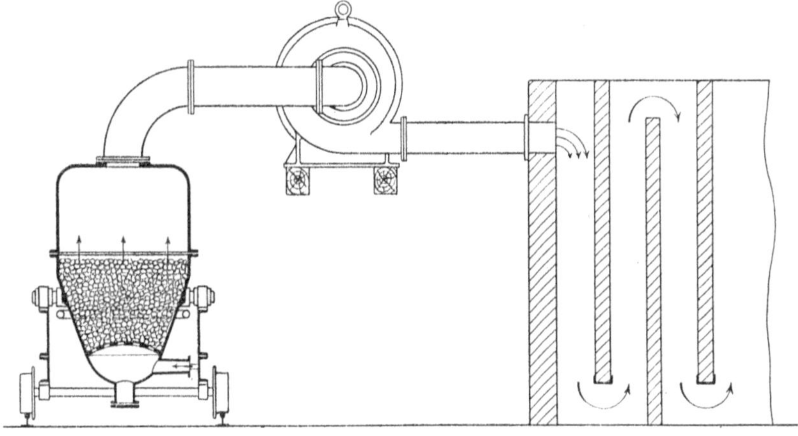

Fig. 189.

um dasselbe in kurzer Zeit zu gleichmäßigem Erglühen zu bringen, d. h. die zur Reduktion und Verflüchtigung des Zinks erforderliche Temperatur zu erreichen. Er verwendet zu diesem Zweck einen sich nach unten verjüngenden, kippbaren Behälter (Konverter), der im unteren Teile mit einem Siebboden versehen ist, unter welchem der Gebläsewind eintritt. Fig. 189 zeigt die Vorrichtung. Auf das Sieb wird vor Eintragung der Erzmischung glühender Koks gebracht und der Wind angelassen. Nach Einbringen der Beschickung wird zunächst mit mäßigem Winddruck geblasen, bis das Gut hinreichend vorgewärmt und winddurchlässig geworden ist; dann gelingt es, durch Steigerung der Windpressung bis zu 150 cm Wassersäule die ganze Masse in kurzer Zeit auf die für die Abtreibung des Zinks nötige Temperatur zu bringen. Das Durchdringen der hohen Beschickungssäule durch den Gebläsewind wird dadurch erleichtert, daß die Reaktionsprodukte durch einen Exhaustor in die Kondensationskammern für das gewonnene Zinkoxyd befördert werden.

E. Vuigner, Paris (D. R. P. 212897) setzt an und für sich unschmelz-
baren Erzen und Hüttenprodukten geringe Mengen (3 bis 6 Proz.) Flußmittel (Chlornatrium, Chlorcalcium, Fluorcalcium u. dgl.) zu und verbläst
dieselben unter Hinzufügnng eines geeigneten Reduktionsmittels. Der Schwefelgehalt der Beschickung verbrennt zu schwefliger Säure. Das Zink wird als
Zinkoxyd kondensiert. Ein älteres Patent (203518) umfaßt ein Verfahren,
unter Zusatz von Flußmitteln, die ungerösteten Zinkbleisulfide zu schmelzen
und das Blei durch Zink oder Zinkoxyd und Kohle auszuscheiden und den
Rückstand weiter auf Zink zu verarbeiten.

W. Witter, Hamburg, (D. R. P. 209 244) gewinnt das Zink aus den Schlacken
der Blei- und Kupferhütten dadurch, daß er letztere in geschmolzenem Zustande in einen Schacht durch eine Säule von glühendem Koks fließen läßt.
Durch unten eingeblasene Luft, die zum Teil die Verbrennung eines Teiles des
Kokes bewirkt und dadurch für die Erhaltung der Reaktionstemperatur im
Schachte sorgt, wird das reduzierte Zink oxydiert und oben aus dem Schacht heraus zu den Kondensationsvorrichtungen getrieben (vgl. Prozeß *Mehner* S. 527).

Derselbe Erfinder will Blei-Zinkerze nach einem neuen Patente (D. R. P.
232097 vom 17. September 1908 ab) in einem Flammofen zugute machen.
Sein Verfahren bezweckt die vollständige Trennung des Zinks vom Blei
und den in den Erzen vorhandenen Edelmetallen in einer Operation, indem
er die Oxyde, also die vorher gerösteten Erze, mit der zur Reduktion nötigen
Menge Kohle vermischt und dieses Erzgemisch in einer neutralen oder reduzierenden Atmosphäre einer Temperatur zwischen 950 bis 1180° aussetzt
mit Rücksicht darauf, daß das Zink bei 920° und das Blei bei 1250° siedet.
Die Ausführung ist nach den Worten des Erfinders die folgende:

„Die sulfidischen Erze werden gemahlen, um sie auf die für eine gute
Abröstung nötige Feinheit zu bringen, dann bis auf 0,5 bis 1% Schwefel abgeröstet, mit der nötigen Menge Reduktionsmittel, beispielsweise Kohle,
und einem Bindemittel, wie gebranntem Kalk, gemischt und brikettiert.
Die Briketts werden einem Flammofen zugeführt, der mit Generatorgas oder
einem anderen Gase, oder elektrisch beheizt wird. Um an der Beschickungs-
stelle des Ofens eine neutrale, oder besser reduzierende Atmosphäre halten zu
können, geschieht die Gas- und Luftzuführung im Gewölbe des Ofens, und
der Prozeß wird so geleitet, daß die Verbrennungsprodukte mit der Beschickung
nicht in Berührung kommen bezw. dieselbe nicht durchstreichen können.

Im Ofen wird ständig eine Schicht flüssiger Schlacke gehalten, die evtl.
auch durch Matte ersetzt werden kann. Diese flüssige Schlacke oder Matte
dient als Unterlage für die neu eingetragene Beschickung, welche auf der
Schlacke als eine für das reduzierte Blei resp. gebildete Matte durchlässige
Schicht schwimmt. Die Schlacke bez. Matteschicht im Ofen muß so groß
sein, daß größere Temperaturschwanknngen bei Zuführung neuer Beschickung nicht auftreten können.

Die Zuführung der Beschickung geschieht durch seitlich nach oben
durch das Gewölbe führende Füllschächte, die ständig mit frischem Brikett
und Zuschlägen gefüllt und verschlossen gehalten werden.

Der Betrieb des Ofens ist kontinuierlich; in dem Maße, wie die Briketts verschwinden, fallen aus den Füllschächten neue, bereits vorgewärmte nebst den notwendigen Zuschlägen nach. Das reduzierte Zink verdampft, trifft im Fuchs mit den Feuergasen zusammen, oxydiert sich wieder und verläßt als Oxyd bleifrei den Ofen.

Das Oxyd wird nach Abkühlung der Gase durch Kondensation gewonnen. Der im Ofen verbleibende Rückstand hat skelettartige Form und enthält das reduzierte Blei in Gestalt von kleinen Kügelchen. Beim Zusammentreffen mit der flüssigen Schlacke wird die Gangart des Erzes von derselben aufgenommen, und das metallische Blei sinkt nach unten. Etwa überschüssige Kohle rückt mit der Schlacke allmählich der Abflußstelle derselben unterhalb des Fuchses zu, während des Weiterrückens auf der Schlacke sich ausbreitend und dann verbrennend. Die Schlacke wird periodisch abgestochen.

Die Wirkung des oben beschriebenen Verfahrens wird dadurch erreicht, daß die Beschickung nicht mit den lufthaltigen Gasen in Berührung kommt, daß ferner eine ganz bestimmte Temperatur dauernd in dem Ofen gehalten wird, daß die Gleichmäßigkeit dieser Temperatur durch eine bestimmt große Menge flüssiger Schlacke reguliert wird und daß, nachdem alles Zink abdestilliert ist, das reduzierte Blei mit den vorhandenen Edelmetallen als Regulus sich unter der Schlacke ansammelt."

Ein späteres Patent Nr. 240365 vom 19. Oktober 1909 ab sieht die Reduktion der Oxyde durch Eisen vor, welches durch Kohle aus zugeschlagenem Eisenoxyd erzeugt werden kann oder als Metall zugegeben wird.

Herm. Pape, Hamburg-Billwärder (D. R. P. 218409 vom 20. März 1909) reduziert zinkhaltiges Gut (Schlacken der Blei- und Kupferhütten) in Stückform, was er dadurch erreicht, daß er bei der Zerkleinerung desselben die Stücke von gewünschter Größe aussortiert, das Feine mit zu kleinen Stücken zusammen mittels kohle- oder kokshaltiger Zuschläge brikettiert und beide Teile zusammen mit weiterem Zusatz von Stückkoks in dem Schmelzofen dem von unten nach oben die Masse durchziehenden Luftstrome aussetzt. Man gichtet in der Weise, daß erst eine Lage Stückkoks, dann eine Lage Briketts und darauf stückiges Gut ohne Kohle gegeben wird, womit man ein billiges Arbeiten erreicht hat.

Nach vorstehendem oder ähnlichem Verfahren (*Pape, Witter, Bare*) werden jetzt von der *Zinkoxydanlage G. m. b. H.* in Oker (Harz) jährlich aus 42 000 t Blei- und Kupferschlacken mit 21 bzw. 57 Proz. Zink etwa 5000 t Zinkoxyd gewonnen, welches in Billwärder bei Hamburg auf metallisches Zink weiter verarbeitet wird. (*Neumann*, Zeitschr. f. angew. Chemie 1912, S. 199.) Siehe auch *Pape*, Glückauf, 19. Febr. 1910.

Prior, Frankfurt, hat ein Patent (D. R. P. 232479 vom 18. Februar 1908 ab) für ein denselben Erfolg anstrebendes Verfahren, wie das *Witter* unter Nr. 209244 geschützte erhalten. Er bläst in einem Konverter das Reduktionsmittel, Kohlenstoff in kompakten Stücken oder in Staub- oder Gasform, durch das feurig-flüssige Schlackenbad.

Elektrisch beheizte Öfen.

Die ersten, welche den elektrischen Strom als Wärmequelle für die Gewinnung von Zink benutzten, waren die Gebrüder *Cowles* in Cleveland, welche einen elektrischen Widerstandsofen (Amer. Patent vom 9. Juni 1885) D. R. P. 33672 und 34730 (1885) benutzten[1]. Eine industrielle Verwendung hat der Ofen jedoch nicht gefunden.

Im Jahre 1900 nahm *Alfr. Dorsemagen,* Aachen, ein Patent (D. R. P. 128535), unter gleichzeitiger Gewinnung von Siliciumkarbid aus Kieselzinkerz, bzw. aus zink- und kieselsäurehaltigen Erzen das Zink als Metalldampf abzuscheiden, um mit demselben Energieaufwand zwei wertvolle Produkte zugleich zu erzeugen. Die erforderlichenfalls gerösteten Erze brauchen nur mit soviel Kohle gemischt zu werden, daß nach der Reduktion des Zinkoxydes noch genügend Kohlenstoff für die Bildung von Siliciumkarbid (Karborund) übrig bleibt. Da die zum Austreiben des Zinks nötige Temperatur nicht mehr weit

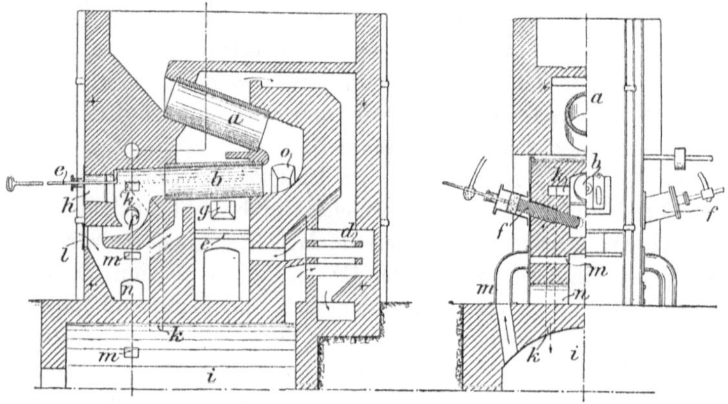

Fig. 190.

von der Bildungstemperatur des Karbids abliegt, so dürfte nach *Borchers*[2] das Verfahren auch zur Verhüttung reicher Zinkerze nach Zusatz von Kieselsäure mit Vorteil Anwendung finden können. Auch aus zinkhaltigen Pyriten könnte in ähnlicher Weise neben Gewinnung von Ferrosilicium das Zink abgeschieden werden. Von einer Ausführung des Verfahrens im großen ist jedoch nichts bekannt geworden.

Seit 1899 hatten *Casaretti* und *Bertani,* Mailand (D. R. P. 129889) Versuche angestellt, um vorher in geschlossenen Retorten mittels Kohlenheizung nahezu auf Reduktionstemperatur gebrachte oxydische Zinkerze in einem tiefer gelegenen Ofenraum durch eine geeignete elektrische Heizvorrichtung zu schmelzen bzw. das Zink daraus abzudestillieren. Fig. 190 a bis b stellt den Ofen dar, dessen sie sich bedienten. *a* und *b* sind zwei durch einen knieförmigen

---

[1] *Erminio Ferraris:* Vortrag auf dem VI. Intern. Kongreß für angew. Chemie in Rom 1906.

[2] *W. Borchers:* Vortrag auf der Hauptvers. d. Ver. d. Chem. in Düsseldorf 1902.

Kanal verbundene, durch eine Feuerung c beheizte Muffeln, welche die oben aufgegebene Beschickung langsam durchläuft, um in den durch einen von den Elektroden f gebildeten Lichtbogen beheizten Schmelzraum zu gelangen. Die Reduktionsgase entweichen mit den Zinkdämpfen durch Kanäle k in die Kondensationsräume i, wo sich das Zink absetzen soll, während die Gase in den Ofen zur Feuerung durch m zurückgehen, um mit zur Vorwärmung der Beschickung benutzt zu werden, nachdem sie durch die Schlacke, welche durch das Abzugsloch n den Ofen verläßt, wieder hocherhitzt sind.

Darmstädter, Darmstadt, erhielt ein Patent (D. R. P. 132 205 vom 19. September 1899 ab) zur Gewinnung von Zink neben nicht flüchtigen Metallen aus geschwefelten Erzen im elektrischen Ofen unter Zuschlag von oxydischen Stoffen neben Kohle, welche den Schwefel der Erze binden. Angaben über die Art des Ofens sind nicht gemacht.

Salguès arbeitet, wie *Ferraris* erwähnt, in Crampagna, Dép. Ariège, Pyr., seit 1900 an der Darstellung von Zink und Zinkweiß in einem am 30. April 1901 patentierten Ofen auf elektrothermischem Wege. Näheres über die Konstruktion des Ofens und die Arbeitsweise ist uns nicht bekannt. Einigen Erfolg hat zu gleicher Zeit.

Gustaf de Laval, Stockholm, (D. R. P. 148 129 und 148 439 1901), mit einem elektrischen Strahlungsofen erzielt. Die Patente sind durch das Zusatzpatent 157 603 ergänzt und auf die *Trollhättans elektriska Kraftaktiebolag* übertragen. Der benutzte Ofen gestattet einen ununterbrochenen Betrieb. Das mit Kohle und gebotenenfalls mit Eisenerz gemischte Zinkerz sinkt darin in natürlichem Böschungswinkel herab und wird von seiner Oberfläche aus von der elektrischen Wärmequelle so stark erhitzt, daß die flüchtigen Metalle verdampfen und durch eine von der Beschickung freigelassene Ableitungsöffnung abziehen (Zusatzpatent). Ein *de Laval* unter Nr. 137347 vom 21. November 1900 ab erteiltes früheres Patent umfaßt einen Kondensationsapparat, in welchem die mit den Metalldämpfen beladenen Ofengase durch einen Strom kalten, indifferenten Gases (Kohlenoxyd) abgekühlt werden, wobei das Metall in Staubform niedergeschlagen wird. Die den Kondensator verlassenden, erwärmten Gase können in einem sich anschließenden Raume durch in Röhren umlaufendes Kühlwasser gekühlt und von neuem verwendet werden.

In Brüssel wurde 1905 die *Soc. anonyme metallurgique Procédés de Laval* mit 2,15 Millionen Frank gegründet.

In Trollhättan soll bis zum Jahre 1910 eine Zeitlang geröstete Blende verarbeitet worden sein, doch sollen jetzt nur noch zinkische Abfälle abdestilliert werden. Drei andere Hütten sollen arme Zinkerze mit 20 Proz. Zink verhütten[1].

Edelmann und *Wallin*, Charlottenburg, (D. R. P. 158545 vom 24. Juli 1903 ab) benutzen den in Fig. 191 abgebildeten Ofen. Das Erzkohlengemisch wird in einen ringförmigen Raum c eingetragen, den eine hängende glockenförmige Elektrode a in einem kreisrunden Tiegel, dessen Boden von das Gegen-

---

[1] Echos des Mines et de la Metallurgie, 10. April 1910.

elektrode *b* gebildet wird, freiläßt. Die zweite Elektrode stellt einen der in die erstere hineinragende Abzugsrohr *e* für die Gase umschließenden Ring dar. Die in dem ringförmigen Schmelzraume zwischen den beiden Elektroden entwickelten Zinkdämpfe und Reduktionsgase treten zuerst in den Raum *d* unter der Glockenelektrode, der zum Wärmeausgleich und als Druckregler dient, einen Teil ihrer Wärme an die ihn umgebende Erzbeschickung abgebend, und dann durch das Bodenrohr *e* in den Verdichtungsraum *f*, wo sich das Zink in flüssiger Form abscheiden soll, welches durch das Stichloch k^1 in den untergefahrenen Kessel abgelassen wird, während die unkondensierbaren Gase durch *g* und *h* entweichen. Die flüssige Schlacke wird nach Bedarf bei *k* aus dem Schmelztiegel abgestochen.

K. Kaiser, Berlin, (D. R. P. 162762 vom 20. September 1904 ab) will aus zinkhaltigen oxydischen Erzen und Hüttenerzeugnissen das Zinkoxyd ohne Zusatz von reduzierenden Stoffen im elektrischen Ofen abtreiben. Es soll sich bei dem Vorgange im Ofen nicht nur um eine thermische Wirkung handeln, da bei dem schmelzflüssig gewordenen Material die Wirkung dann am deutlichsten wird, wenn der Strom so geleitet wird, daß er von den Anoden in Form eines Lichtbogens in die Schmelze springt und aus dieser wieder als Lichtbogen zur Kathode. Wenn für eine gute Abführung der Zinkdämpfe gesorgt wird, soll das Ausbringen vollständig sein. Der Erfinder scheint später doch anderer Ansicht geworden zu sein, denn in einem folgenden Patente 189313 vom 20. Juli 1905 ab läßt er sich die Behandlung der geschmolzenen Erze mit reduzierenden Gasen (Kohlenoxyd oder Generatorgas) schützen. Als

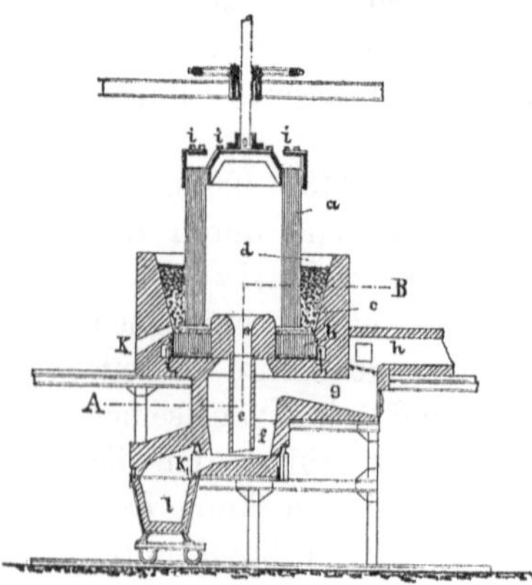

Fig. 191.

zweckmäßig soll es sich erwiesen haben, vor dieser Behandlung die Erze der Einwirkung von Luft oder sauerstoffhaltigen Gasen auszusetzen.

Brown und *Oesterle* berichten[1] über ein am Elektro-Chem. Laboratorium der Indiana University ausgearbeitetes Verfahren zum Schmelzen von ungerösteter Zinkblende, gemischt mit Kalk und Kohle in einem mit Chamotte ausgefütterten Widerstandsofen entsprechend den Gleichungen:

$$2\,ZnS + 2\,CaO + 7\,C = 2\,Zn + 2\,CaC_2 + CaS_2 + 2\,CO,$$
$$\text{oder} \quad 2\,ZnS + CaO + 4\,C = 2\,Zn + CaC_2 + CaS_2 + CO.$$

Bei Verarbeitung einer nach der ersten Gleichung zusammengesetzten Charge unter Verwendung einer Blende mit 59,6 Proz. Zn mit einem Strom von 50 Amp. und 30 Volt enthielt nach zweistündiger Erhitzung das im Ofen gefundene unreine Carbid nur 0,036 Proz. Zink neben 2,89 Proz. Schwefel. In einem anderen Falle blieb bei einem in größerem Maßstabe mit 3,98 k 58,0 Proz. Zink haltender Blende angestellten Versuch auch nur eine 0,1 Proz.

---

[1] Transact. Amer. Elektrochemical Soc. 18. bis 20. September 1905.

des Rückstandes betragende Zinkmenge zurück. Das Verfahren ist durch das Amer. Patent 742830 vom 3. November 1903 geschützt worden.

Gustave Gin (D. R. P. 169208 vom 2. August 1902 ab) schlägt bei der Verarbeitung von Mischerzen (Zink, Blei, Silber) im luftdicht abgeschlossenen elektrischen Ofen nur so viel Reduktionskohle zu, daß im wesentlichen nur Blei und Silber zu Metall rednziert werden, während das Zink in die Schlacke geht, die dann nachträglieh auf Zink zugute gemacht wird. Ein späteres Patent (208085, vom 5. Dezember 1907) desselben Erfinders, nach welchem er auf ein im elektrischen Induktionsofen erzeugtes Eisenbad das Erz bei abgehaltener Außenluft einträgt, erwähnten wir schon auf S. 525. Oxydische Erze vermischt er nur mit Kohle, sulfidische mit Kohle und Kalk.

Ferraris erwähnt in seinem auf dem internationalen Kongreß in Rom gehaltenen Vortrage, daß er sich selbst seit Februar 1900[1] um die Lösung der Aufgabe, Zink im elektrischen Ofen zu gewinnen, bemüht; er bediente sich eines am 30. September 1906 patentierten Ofens. Einen befriedigenden Erfolg schien er, wie aus seinen Worten zu schließen ist, noch nicht erzielt zu haben, wenn er auch gefunden hat, daß sich die Kosten nicht höher stellen, wie bei der Gewinnung aus Retorten. Er gibt über seine Versuche nur an, daß man, um einen kontinuierlichen Betrieb des elektrischen Ofens zu erreichen, die Rückstände verschlacken muß. Damit eine leichtflüssige Schlacke erhalten werden kann, muß ein zu großer Überschuß von Reduktionskohle vermieden, dagegen ein Zuschlag zur Bildung von Eisencalciumsilikat bis zu 25 Proz. des Rückstandes gegeben werden.

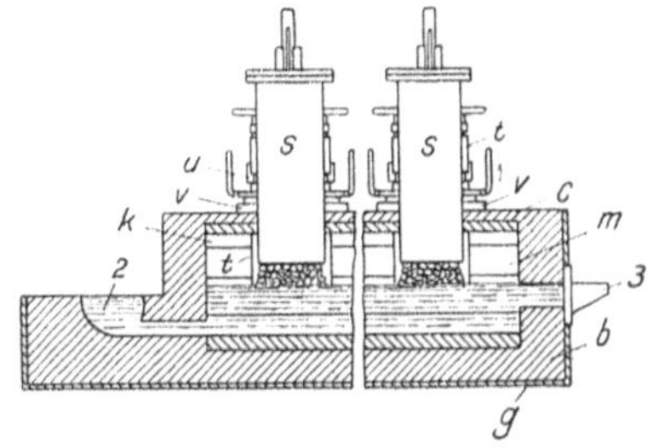

Fig. 192.

Besonders ist darauf hinzuarbeiten, daß die gebildete Schlacke nicht in zu reichlichem Maße Zinkoxyd bindet. Er spricht zum Schlusse des Vortrages die Hoffnung aus, daß es den Elektrometallurgen bald gelingen werde, die Schwierigkeiten zu überwinden, die der elektrothermischen Verarbeitung der Zinkerze noch im Wege stehen. Bis zur Jetztzeit scheint diese Hoffnung trotz fleißig fortgesetzter Arbeit noch nicht erfüllt zu sein.

Stansfield, Montreal, und *Reynolds*, Waterford (Canada), (D. R. P. 183470) führen zwecks Zugutemachnng von Blei-Zinkerzen das Gemisch von Kohle und vorher geröstetem Erz einem mittels eines elektrischen Stromes beheizten Schlackenbade zu, indem sie sich des in Fig. 192 dargestellten Ofens bedienen. Nahe jedem Ende ragt ein Beschickungsschacht *s* durch die Decke in den Ofen hinein, neben welchem auch die Elektroden *t* eingeführt werden. — Mit Anwendung des Schlackenbades gelingt es nach den Erfindern, beide Metalle getrennt zu gewinnen: 2 ist der Bleiabstich, 3 der Schlackenabstich. An die Schmelzkammer *k* sind seitlich die Kondensatoren für die Zinkdämpfe angeschlossen.

---

[1] Engl. Pat. 15831, 1901.

W. Mc. A. Johnson hat sich bei seinen in ausgedehntem Maße auf den Lanyon Zinc-Werken eines Widerstandsofens[1] nach Fig. 193 bedient. Die Elektroden 5 und 6 bestehen aus paarweise einander gegenüber in den aus

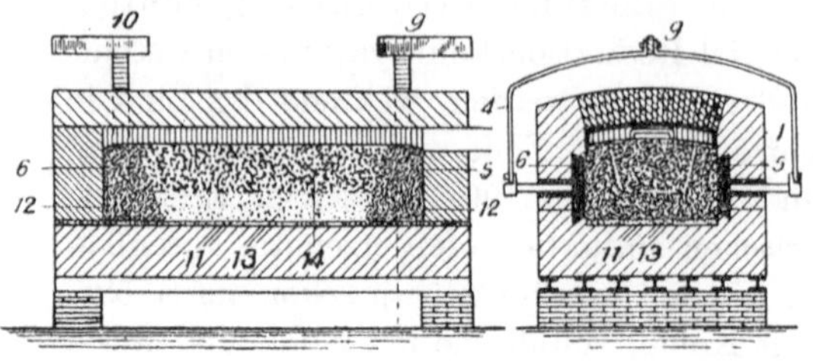

Fig. 193.

feuerfestem Material bestehenden Seiten und Kopfwänden 1 angeordneten Kohlenblöcken. Die mit 5 bezeichneten stehen mit dem Pole 9, die mit 6 bezeichneten mit dem Pole 10 in Verbindung. Der Herd des Ofens ist mit einer Schicht eines sehr widerstandsfähigen Materials (Kieselsäure, Bauxit usw.) 11 bedeckt. Die Elektroden jedes einzelnen Poles werden von der Füllung des Ofens durch lose Massen von leitendem Koks 12 verbunden, dann wird über den Herd und die Seitenwände hinauf hochgrädiges, mit Kohle vermischtes Erz von hohem Widerstand 13 eingetragen (etwa 80—90 Proz. ZnO haltendes Erz mit geringem Gehalt von Pb, Fe und CaO vermischt mit feinem Reduk-

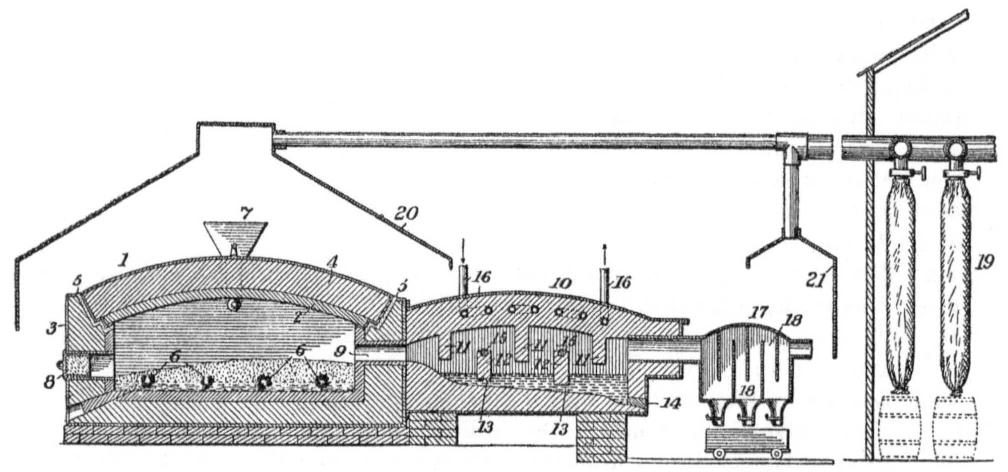

Fig. 194.

tionskoks und auflockerndem Koks von 2,5 bis 3 mm Dicke). Über bezw. innerhalb dieses widerstandskräftigen Teiles, welcher die Beschädigung der Ofenwände verhüten soll, kommt die eigentliche Beschickung 14 zu liegen, welche beispielsweise aus Erz mit 50 bis 70 Proz. ZnO, 15 bis 30 Proz. Fe und geringeren Mengen CaO, Pb und Cu neben dem Reduktionskoks besteht.

Beide Teile stehen in Kontakt mit den losen Koksstücken, welche die Elektroden verbinden, und somit mit diesen selbst. Die Verteilung derselben läßt es erreichen, daß überall im Ofen die gleiche Hitze erzeugt wird.

---

[1] Amer. Pat. 814 050 vom 6. März 1906.

Edw. R. Taylor berichtet[1], daß er seinen zur Schwefelkohlenstofferzeugung benutzten Ofen für Zink- und Bleigewinnung geeignet befunden habe. Bei jahrelanger Erprobung in großem Maßstabe hat sich der Gebrauch von zerkleinertem Koks als Elektrode, den auch *Johnson* benutzt, von „ausnehmend gutem Erfolg" erwiesen. Der Ofen ist nach dem vorliegenden Bericht billig und für dauernden Betrieb geeignet. Einen ununterbrochenen Gang können dieser wie der vorige Ofen nicht gewähren.

Johnson hat sich später für den Großbetrieb bestimmte Apparate schützen lassen[2], einen stehenden und einen liegenden Ofen. Den letzteren zeigt Fig. 194.

1 bezeichnet den elektrischen Ofen, in welchen das Erz durch 7 gestürzt wird, um mittels der Elektroden 6 erhitzt zu werden. Die Zinkdämpfe entweichen durch die Verbindung 9 nach dem Kondensator 10, welcher mit Zungen 11 und 12 versehen ist, um den Dämpfen einen gewundenen Weg anzuweisen. Um die Temperatur des Kondensationsraumes anfangs auf die erforderliche Temperatur (zwischen 415 und 550°) zu bringen, später dagegen kühlen zu können, sind Widerstandsleiter 15 und Luftkanäle 16 vorgesehen. Aus dem ersten Raume noch entweichende Zinkdämpfe werden weiter in dem Sammler 17 mit Zungen 18 niedergeschlagen und alle etwa noch entweichenden Metalldämpfe mit den Hauben 20 und 21 aufgefangen und in das Sackhaus 19 geleitet. Von den übrigen Zahlen bezeichnen 2 bis 5 Ofenteile, 8 die Räumöffnung mit darunterliegendem Schlackenstichloch, 13 das kondensierte Zink und 14 das Abzugsloch für dasselbe.

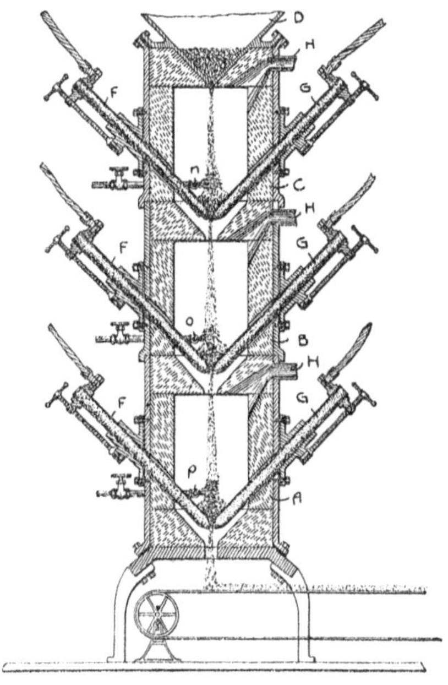

Fig. 195.

J. H. Reid-Cornwall (Ontario, Canada), (D. R. P. 201 853 und 202 080 vom 16. Mai 1907 ab) hat den in Fig. 195 dargestellten, mit einer Anzahl übereinander angeordneter Kammern versehenen, elektrisch beheizten Ofen konstruiert, um aus zusammengesetzten Erzen die verschiedenen Metalle getrennt zu gewinnen. Je nach dem Erfordern können die Erze in den senkrecht übereinanderliegenden Ofenabteilungen nacheinander verschiedenen chemischen Agentien und allmählich gesteigerten, aber bestimmten Hitzegraden ausgesetzt werden, ohne daß die Erze beim Übergang von einer Abteilung zur anderen eine Abkühlung erleiden. Natürlich müssen sich die Metalle einzeln bis auf das schwerflüchtigste, welches in einem Tiegel mit der ausfließenden Schlacke aufgefangen werden kann, in dampf-

---

[1] Transact. Amer. Electrochem. Soc. Philadelphia 2. bis 8. Mai 1907.
[2] Amer. Pat. 920 473. vom 4. Mai und 933 843 vom 14. September 1909.

förmigem Zustande abscheiden lassen, wenn die Anwendung des Ofens von Vorteil sein soll.

Eifrig gearbeitet auf dem Gebiete der Zinkgewinnung auf elektrothermischem Wege hat:

Fred T. Snyder-Jak Park (Illinois). Der erste, uns bekannt gewordene Ofen ist ihm im Jahre 1907 in Amerika geschützt[1] und von ihm am 18. Juni 1906 angemeldet, er ist für die Verhüttung von Zinkbleierzen bestimmt. Diesem ging eine Patentanmeldung vom 23. Juni 1905 auf ein Verfahren zur Verarbeitung sulfidischer Zinkerze durch unter Luftabschluß vorgenommene Elektrolyse mittels eines unter Zusatz von Kohlenstoff hergestellten, die Erze aufnehmenden Schlackenbades voraus. Durch in das Bad eintauchende Scheidewände sollten die durch Elektrolyse an den Elektroden entstehenden Stoffe getrennt gehalten werden, so daß an der einen Zinkdämpfe in fast unverdünntem Zustande erhalten werden, während an der anderen durch Einwirkung von Schwefel auf Kohle in Statu nascendi Schwefelkohlenstoff gebildet wird. Bei Verwendung von Gleichstrom vereinigt sich die reduzierende Wirkung des Kohlenstoffs mit der elektrolytischen Wirkung des elektrischen Stromes. Das Verfahren ist durch das D. R. P. 194 631 vom 16. Juni 1906 ab geschützt.

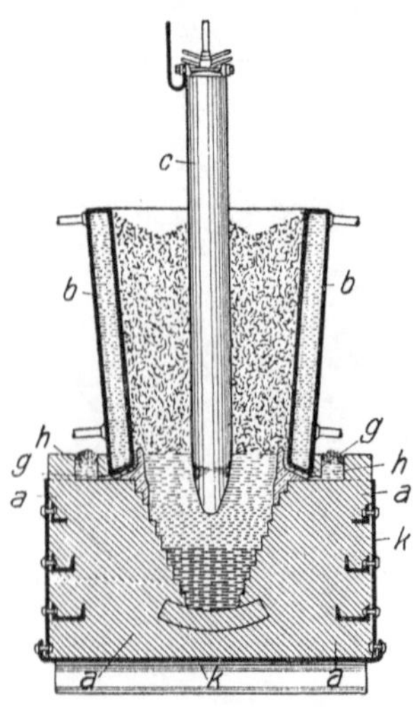

Fig. 196.

Der oben erwähnte Ofen ist in Fig. 196 dargestellt, ist auch in etwas veränderter Form[2] im Deutschen Reich patentiert (D. R. P. 205 866 vom 12. Juni 1907 ab).

Der Ofen besitzt einen tiegelförmigen Boden aus feuerfesten Steinen *a*, welcher von einem eisernen Kasten *k* umschlossen ist. An den Ofenboden schließt sich nach oben der Ofenschacht für die Beschickung an, dessen Wände aus hohlen Eisenmänteln *b* bestehen, durch welche beständig Wasser hindurchfließt. Die bei der Reduktion entstehenden Gase und Dämpfe entweichen durch die kühl gehaltene Beschickung hindurch, so daß sich der Metalldampf in einer höheren Schicht derselben kondensiert und beim Heruntersinken allmählich verflüssigt, die nicht kondensierbaren Dämpfe dagegen aus dem Schacht entweichen. Im Betriebe enthält der untere Teil des Ofentiegels das geschmolzene Metall (Blei); darüber sammelt sich die geschmolzene Matte und die Schlacke. — Der abgebildete Ofen ist für dreiphasigen Wechselstrom gedacht; die Zeichnung läßt daher nur eine Kohlenelektrode *c* sehen. Die in der Nachbarschaft der Elektroden befindliche Schlacke schmilzt sofort, aber da sie sich an den Wassermänteln des Ofens abkühlt, erstarrt sie und bildet eine Auskleidung für das Innere des Ofens. Diese bedeckt den

---

[1] Amer. Pat. 859 133 vom 2. Juni 1907.

[2] Siehe Zeitschr. f. angew. Chemie 1908, S. 988,

unteren Teil der Seitenwandungen bis etwa zur Höhe der geschmolzenen Schlacke, und ihr oberer Rand dient als ein Damm zwischen der geschmolzenen Schlacke und der Ofenwandung, so daß das flüssige Zink, welches sich in dem oberen Teile des Ofens kondensiert hat und herunterfließt, durch den Schlackendamm zurückgehalten wird. — Siphonartige Kanäle g sind zum Abziehen des durch den Schlackendamm gesammelten flüssigen Metalls angeordnet. Diese Durchgänge führen unter dem Wassermantel nach Metallgruben h, aus welchen das flüssige Metall von Zeit zu Zeit ausgeschöpft werden kann. In den offenen Gruben kann das Metall mit Holzkohle bedeckt werden. Die Kanäle g werden durch flüssiges Metall abgeschlossen und lassen daher keine Gase entweichen. Außer diesen sind Abstichlöcher für die angesammelte

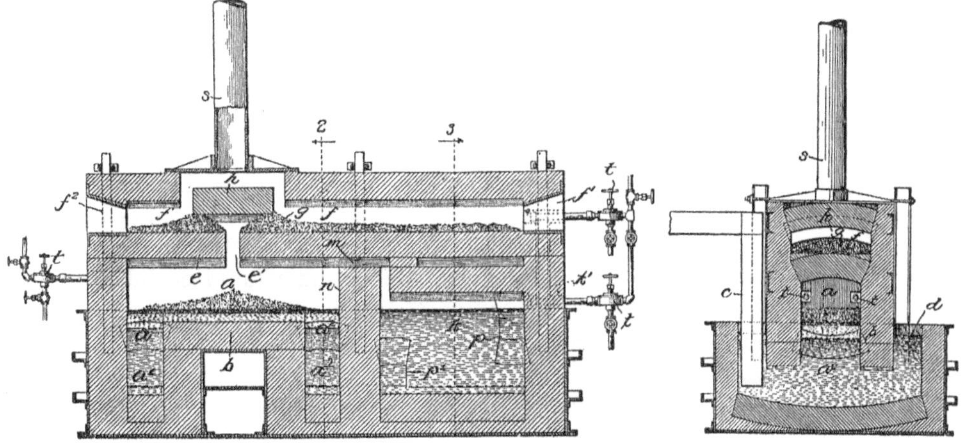

Fig. 197.

Schlacke und das schwerere Metall, welches sich am Boden sammelt, in tieferer Lage vorhanden.

Zum Betriebe werden die Zinkbleierze zunächst bis auf etwa 8 Proz. Schwefel abgeröstet. Außer Koks und Holzkohle werden nach dem Erfinder der Ofenbeschickung Flußmittel, wie Kalk und Eisen, zugeschlagen, um eine Schlacke zu bilden, die zu ihrer Erzeugung eine hohe Temperatur erfordert. Eine Schlacke, die einen hohen Kalk- und Kieselsäuregehalt (ungefähr 50 Proz. SiO_2) besitzt, hält nur unbedeutende Zinkmengen zurück.

Ein wenige Tage später (am 25. Juni 1906) angemeldetes Patent[1] betrifft einen besonders für reine geröstete Zinkerze sowohl, wie für Zinkbleierze unter Zuschlag von Eisen und Flußmitteln bestimmten Reduktionsofen (D. R. P. 192 354 vom 4. September 1906 ab), welchen die Fig. 197 (a bis b) wiedergibt:

a ist die Schmelzkammer, k der Kondensationsraum. Über beiden erstreckt sich eine Vorwärmekammer f, in welcher das Erz vor Eintritt in den

---

[1] Amer. Pat. 859 134 vom 2. Juni 1907 und 931 133 vom 7. September 1909.

Schmelzraum erhitzt wird. Es wird durch die Öffnung e' in die Schmelzkammer eingestoßen. Um ein Entweichen von Gasen aus der letzteren, sowie Lufteintritt in dieselbe durch den Durchlaß zu verhüten, ist über demselben ein gewölbtes Dach h vorgesehen, vor welchem das Erz g so weit aufgehäuft wird, daß es die Öffnungen abschließt. Der Schmelzraum a ist durch eine Brücke b in zwei Teile — a^1 und a^2, — geschieden, welche durch U-förmige Kanäle mit Außenräumen in Verbindung stehen, die wie beide Teile des Schmelzraumes selbst mit geschmolzenem Blei gefüllt sind. Auf das Blei wird Stein und auf diesen Schlacke gebracht und geschmolzen. Die letztere überdeckt noch die Brücke b und stellt so die Verbindung zwischen den beiden Seiten her. Die elektrischen Leiter c tauchen in das als Elektrode dienende flüssige Blei außerhalb des Ofens ein. Die größte Wärme erzeugt der Strom an der Oberfläche der Schlacke, auf welcher eine Schicht Kohle unterhalten wird, die in Weißglut kommt. Die Reduktionsgase ziehen durch eine Öffnung m über der Trennungswand zum Kondensationsraume, der stets mit flüssigem Zink gefüllt bleibt, und von diesem durch Kanäle in der Kopfwand des Ofens in den Vorwärmeraum f, wo die nichtkondensierbaren Gase verbrannt werden können, aber auch mitgerissene Zinkdämpfe, welche sich dann als Zinkoxyd auf der späteren Erzpost niederschlagen sollen. Im Kondensationsraume tritt eine Scheidung der Hauptmenge des Bleies vom Zink ein; das Blei wird unten bei p^1 abgestochen, das Zink tritt oben durch Abzüge unter Luftabschluß nach außen, wo es abgeschöpft wird. Die ganze Anordnung hat den Vorteil, daß vom Schmelzraume her sowohl der Kondensationskammer wie dem Vorwärmer Wärme zugeführt wird. Die Ausnutzung der Gase kann noch durch ihre Verbrennung im Vorwärmer weiter ausgedehnt werden. Die Bestandteile bzw. Zuschläge der Beschickung unterhalten das Schlackenbad und die Kohlenschicht darüber.

Noch einen dritten Ofen für Dreiphasenstrom hat *Snyder* konstruiert[1], und wieder wenige Tage nach dem zweiten (am 30. Juli 1906) zum Patent angemeldet. In diesem verzichtet er auf Gewinnung von flüssigem Zink, er will nur Staub kondensieren, welcher in einem anderen Ofen geschmolzen werden soll, aber wohl in Retorten einer Destillation zur Reinigung und Gewinnung von Plattenzink unterworfen werden müßte (d. Verf.).

Fig. 198 a bis b stellt den Ofen in Querschnitt und Horizontalschnitt dar. Die 3 Elektroden *4, 5* und *6* reichen von oben durch die Decke hindurch; sie bestehen aus Kohleröhren, die mit pulverisierter Kohle beschickt werden, derart, daß letztere auf dem darunter befindlichen Schlackenbad aufsitzt, die Kohleröhren dasselbe aber nicht berühren. Der untere Teil des tiegelförmigen Ofens ist auch hier mit geschmolzenem Blei gefüllt, das von der Schlackenschicht bedeckt wird.

Die Erze sollen etwa auf 6 Proz. Schwefel abgeröstet und mit Flußmitteln versetzt werden, so daß sich eine Schlacke mit ungefähr 40 Proz. SiO_2, 30 Proz. CaO und 15 Proz. Fe bildet. Entwicklung von anderen Gasen neben CO ist zulässig, weil kein metallisches Zink gewonnen werden soll. Das aus dem

---

[1] Amer. Pat. 859 136 vom 2. Juli 1907.

Erz reduzierte Blei sinkt nach unten, das Zink entweicht mit den Gasen durch die Abzüge *13*. Über den letzteren befinden sich zylinderförmige Schächte *14*, in denen große wollene Säcke aufgehängt sind. Was sich in den Zügen und Säcken kondensiert, fällt in die Schurren *17* und gelangt dann zum Schmelzofen *18* (?).

In einem Vortrage[1] hat *Snyder* die Kosten einer thermisch-elektrischen Zinkgewinnung einer Gewinnung aus Retorten gegenübergestellt, wobei er gleiche Verhältnisse im Illinoiser Kohlengebiet und die Verhüttung von jährlich 25 000 t Erz zugrunde gelegt hat. Die Anlagekosten berechnet er in beiden Fällen auf 400 000 Dollar, also rund 1,7 Millionen M, wovon auf die Kraftanlage bei elektrischer Heizung rund 1 Million M. entfallen, die in Wegfall kommen, wenn man den Strom von einer Zentrale entnehmen kann. Die Arbeitslöhne vermindern sich bei elektrischer Heizung auf $1/4$ gegenüber der Gewinnung in Retortenöfen. Sie betragen demnach 12,60 bzw. 16,80 M pro Tonne Erz. Im elektrischen Ofen werden nach *Snyder* 1200 PS-St. für 1 t Erz gebraucht, oder 50 PS lautend, was er einem Verbrauche von 816,5 k Kohle für 24 Stunden gleichstellt, während nach ihm bei Regenerativ-Retortenöfen das Doppelte gebraucht wird, 1905 k einschließlich Kohle für Blenderöstung, welche er zu 272 k einsetzt. Der Mischkohlenverbrauch soll sich nur auf den vierten Teil des Verbrauches in Retorten belaufen (91 k statt 363 kg). Den Retortenkosten, 1,68 M pro Tonne Erz, stellt er den Verbrauch an Elektroden (100 t zu 5000 Dollar für 25 000 t Erz) mit 0,84 M gegenüber. Insgesamt berechnet er bei der elektrischen Hütte so eine Ersparnis von 10,50 M für 1 t Erz an reinen Hüttenkosten. Noch günstiger für letztere soll die Rechnung ausfallen, wenn man das Ausbringen in Betracht zieht. Der Ver-

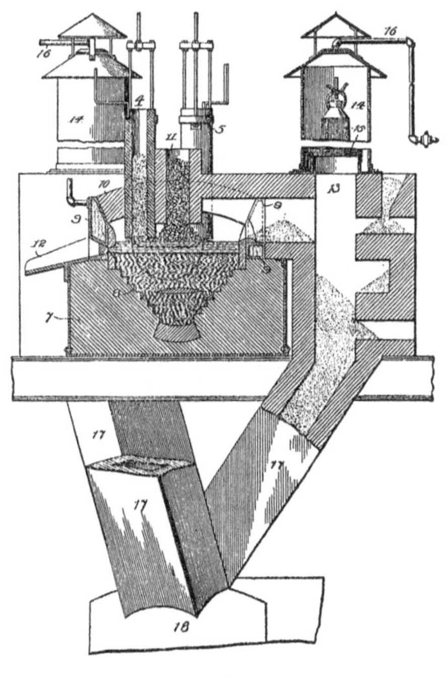

a
Fig. 198.

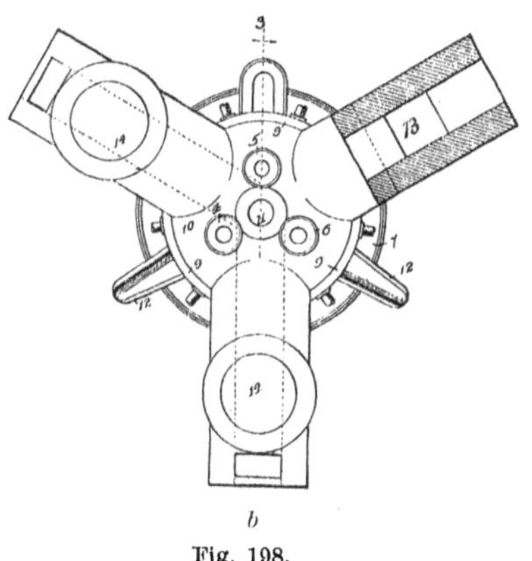

b
Fig. 198.

<hr>

[1] Transact. Trist. Min. Ass. Mineral-Point (Wisconsin) Sept. 1907; Mining Science **60**, 584 bis 585; Electroch. and Metallurg. Ind. 1907, S. 489.

lust an Zink soll nur den dritten Teil betragen, was allein einen Gewinn
von 16,80 M auf 1 t Erz bedeute. Weiter werde gleichzeitig das Blei
aus gemischten Blei-Zinkerzen gewonnen, die so schwierige Scheidung werde
daher überflüssig. Die Erzgrube brauche kaum Abzug für Bleigehalt der
Zinkerze mehr zu erleiden und auch nicht für Kalkgehalt, weil Kalkzuschlag im elektrischen Ofen meist nötig sein wird, denn die Röstung braucht
keine vollständige zu sein. Der Grube erwächst daraus der Vorteil, daß die
Abgänge ärmer gehalten werden können, weil man nicht so scharf auf die
Scheidung des Kalkes zu sehen braucht. Alles in allem rechnet *Snyder* so
einen Unterschied von 10 Dollar, also 42 M zugunsten der elektrischen

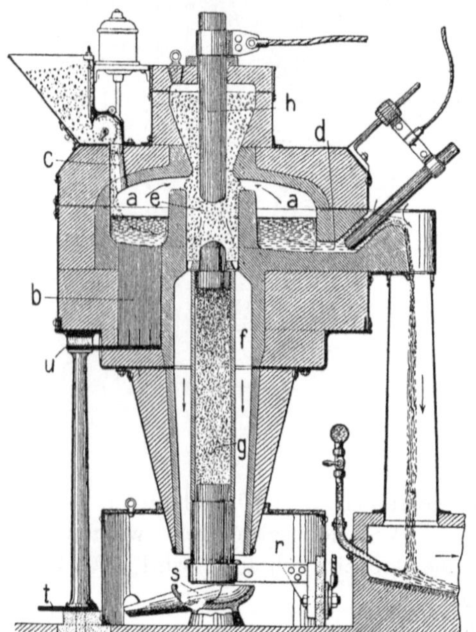

Fig. 199. Elektrischer Ofen von *Côte* u. *Pierron*.

Hütte heraus. Man muß sich wundern,
daß die Retortenöfen nicht bereits vom
Erdboden verschwunden sind.

In der Versammlung der Amerik.
Elektrochem. Gesellschaft in New York
vom 6. bis 8. April 1911 hielt *Snyder*
einen Vortrag über die Kondensation
der Zinkdämpfe aus elektrischen Öfen
bzw. über die Gestaltung größerer Kondensatoren (Referat Zeitschr. f. angew.
Chem. 1911, S. 1654).

E. F. Côte und *P. R. Pierron*,
Lyon, erfanden einen ringförmigen
elektrischen Ofen mit elektrisch beheiztem Kondensator (D. R. P. 206 148
vom 9. Oktober 1907 ab). Für den letzteren hatten sie schon das Patent
Nr. 200 668 vom 1. März 1907 ab erhalten, welches noch durch Nr. 206 311
vom 19. Mai 1908 ab ergänzt bzw. abgeändert ist[1].

Der Ofen (Fig. 199) arbeitet als
Widerstandsofen. Wird rohe Blende mit
Eisen verarbeitet, so liegt ein Vorteil darin, das Schmelzen der Beschickung
nur mit Hilfe der *Joule*schen Wärme zu bewirken; man vermeidet so die Verdampfung von Eisen, Kieselsäure und Sulfiden, welche das destillierte Zink
verunreinigen und seine Reinigung umständlicher machen. Der Strom
wird dem Tiegel durch Elektroden zugeleitet, deren eine bei *b* sichtbar ist;
die Elektroden bestehen aus Blöcken von graphitischen Kohlen, die in dem
Ziegelmauerwerk eingebettet sind. Der in der Figur gezeigte Ofen ist für
Dreiphasenstrom eingerichtet, er besitzt infolgedessen drei gleiche Elektroden.
Die in der ringförmigen Rinne *a* geschmolzene Masse bildet den Leitungs-
widerstand, der die drei Phasen des Stromes aufnimmt. Die eine der Elektroden, welche bei *b* im Schnitt dargestellt ist, liegt unter der Beschickungs-

---

[1] Die folgende Darstellung ist Fischers Jahresbericht **55**, 289 ff. (1909) entnommen.

öffnung c; von den beiden anderen Elektroden liegt die eine vor und die andere hinter der Zeichnungsebene und um 120° gegeneinander und gegen die Elektrode b versetzt. Symmetrisch zu b in bezug auf die Ofenachse und infolgedessen in gleichmäßiger Entfernung zu den beiden anderen Elektroden ist das Abstichloch d angeordnet. Der Boden des Tiegels ist leicht nach diesem Loch zu geneigt. Die bei c eingeführte Beschickung schmilzt und fließt durch den Tiegel bis zu dem Abstichloch. — Die Metalldämpfe, die bei a entstehen, müssen die glühende Kohlensäule e durchstreichen, um in den Kondensator f zu gelangen. Die Destillation findet demnach von oben nach unten im Sinne der Pfeilrichtung statt. — In achsialer Lage zum Kondensator, der aus einem weiten zylindrischen Rohr besteht, ist eine Säule g aus feuerfesten Stoffen angeordnet, die mit Kohlen- oder Graphitstaub angefüllt ist, der an dem oberen Teil stärker zusammengepreßt ist als an dem unteren, so daß ein elektrischer Leiter von genügendem Widerstand geschaffen ist, welcher sich ein wenig mehr an seinem unteren, als an seinem oberen Teil erhitzt; der Strom gelangt zu dieser Säule und wird von ihr abgeleitet durch in geeigneter Weise angeordnete Graphitblöcke. Nachdem der Strom die Kohlen e, die durch eine geeignete Regelvorrichtung in Glut gehalten werden, durchlaufen hat, wird er durch die Elektrode h abgeleitet, welche durch einen geschlossenen, in der Ofenachse gelegenen Schütttrichter geht, der über dem Ofengewölbe liegt und einen genügenden Vorrat von Kohlen für einen mehrtägigen Betrieb enthält. In dem Maße, wie durch die Verbrennung, die sehr langsam vor sich geht, die Kohle verzehrt wird, sinkt sie nach e hinunter, und die Asche fällt auf den Boden des Kondensators. — Dieses System von elektrischen Widerständen, das durch e und g gebildet wird, ist mit einem Transformator verbunden mit veränderlichen Schaltungen, so daß Spannung und Stromstärke so eingestellt werden können, daß die günstigsten Temperaturwirkungen erhalten werden. Die Elektrode h kann während des Ganges des Ofens unbeweglich bleiben; man treibt sie entsprechend der Abnutzung nur weiter nach unten, wenn man den Verschluß des Schütttrichters öffnet, um ihn von neuem mit Kohlen zu beschicken. — Der Ofen wird durch eine zylindrische Glocke r aus Blech vervollständigt, in welche sich der untere Teil des Kondensators f öffnet. In diesem Raum, dessen Deckel leicht abnehmbar ist, stauen sich die Zinkdämpfe, die in bestimmten Augenblicken aus dem Kondensator heraustreten können; sie lagern sich in Form von Zinkstaub ab. — Das Zink, welches destilliert, fällt in einen Behälter s, der unterhalb des Kondensators aufgestellt ist und mit einer langen Rinne versehen ist, die das flüssige Metall aus dem geschlossenen Raume herausleitet, wo es dann zu Barren gegossen wird. — Der Strom wird zu der Elektrode b durch die Leitschienen t geleitet, von da durch die drei Säulen, die den Ofen tragen, in die Nähe der Elektroden und von dort durch die Kupferschienen u, welche die Wandungen des Ofens isoliert durchbrechen und bei den Klammern endigen, die in die Graphitblöcke der Elektroden eingebettet sind. Die Säulenstützen, welche als Leiter dienen, sind im Boden mittels Isoliermaterials befestigt, und die Ofenarmatur liegt auf diesen Säulen unter Einschiebung von Isolierplatten auf. — Statt den Ofen mit Wechselstrom zu betreiben, kann man auch, ohne die Form oder die Arbeitsweise der Vorrichtung zu ändern, Gleichstrom verwenden, indem man eine Anzahl von paarig angeordneten Elektroden symmetrisch an dem Umfang des Tiegels a verteilt.

Nach dem Zusatze (D. R. P. 206 311) gelangt das verflüchtigte Zink in den außerhalb des Ofens liegenden Kondensator (Fig. 200) durch den Kanal h zu einer Schicht glühender Kohlen i, muß·diese durchstreichen, bevor es zu dem Kondensator j kommt, der aus einem langen senkrechten, innen mit feuerfester Masse ausgekleideten Zylinder k aus Blech besteht. Die Kohle wird bei i mittels der hohlen Elektrode l zugeführt. Der elektrische Strom geht durch diese Kohle hindurch, bringt sie auf Glühhitze und geht dann zur Elektrode m, welche in der Achse des Kondensators liegt, wobei die Schaltung in Reihe mit einem Transformator mit veränderlichen Schaltungen erfolgt. Der Widerstand der Säule m wird so gewählt, daß dieser Leiter rotglühend wird und die Wandungen des Kondensators auf einer geeigneten Temperatur erhält. Die Zusammensetzung der Elektrode m ist derart, daß ihr Widerstand unten größer als oben ist, so daß die Beheizung genau so, wie es der Kondensator verlangt, verteilt wird. — Die Kohlenasche geht zusammen mit den Zinkdämpfen durch die Öffnungen n hindurch, die in einem rostartigen Gebilde vorhanden sind, welches die Elektrode m in ihrer senkrechten Lage hält. Das Metall, welches sich auf den Wandungen von j kondensiert, fällt in einen Trog o, der aus geschmolzener Kieselsäure besteht und gut mit Kohle überzogen ist, um nicht von dem geschmolzenen Zink angegriffen zu werden. Das untere Ende der Elektrode m ruht zweckmäßig auf dem Boden dieses Troges. Der elektrische Strom geht von dem Trog mittels anschließender Leitungen weiter, und das durch die Beheizung

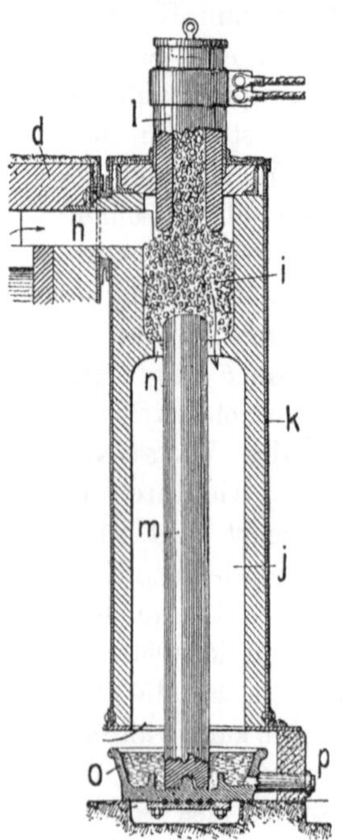

Fig. 200. Elektrisch beheizter Kondensator von *Côte* und *Pierron*.

der Elektrode flüssig gehaltene Zink vermittelt den Übergang des Stromes zu der Stromableitung. — Die Beheizung des Kondensators wird so geregelt, daß das Zink sich in flüssigem Zustande kondensiert. Das flüssige Zink wird in dem Troge sofort einer raffinierenden Schmelzung unterzogen, um es von den Verunreinigungen zu befreien. Man läßt es zu diesem Zwecke lange genug in dem Trog o, wo es durch die Beheizung des hindurchgehenden elektrischen Stromes flüssig erhalten wird. Die Verunreinigungen steigen an die Oberfläche des Bades, wo sie sich mit der aus i niederfallenden Kohlenasche mischen, und fallen in den großen geschlossenen Raum, welcher den Trog o umgibt, aus dem sie von Zeit zu Zeit durch in geeigneter Weise angeordnete Öffnungen abgezogen werden. — Das handelsreine Zink wird durch den Tubus p abgezogen. Die Regelung der Temperatur des Bades kann vollständig unabhängig von der Regelung der Temperatur des Kondensators durch Veränderung der Tiefe des Bades erfolgen.

Zur Gewinnung von Zink durch Niederschlagsarbeit im elektrischen Ofen unter Anwendung eines elektrisch beheizten, mit Kohlenstücken od. dgl. gefüllten Kondensators werden nach *Côte* und *Pierron* (D. R. P. 210 030) die Zinkdämpfe in den Kondensator von unten her eingeführt. In Fig. 201 ist *a* der z. B. aus Elektrodenkohle hergestellte tiegelförmige Schmelzraum, *b* ein Blechmantel, gegen den der Tiegel mittels eines Futters *c* aus feuerfestem Stoff isoliert ist, *d* ist eine Bodenaufwölbung, die als die eine Elektrode dient, *e* ist die zweite, verschiebbar angeordnete Elektrode. Die Beschickungsöffnung des Tiegels ist durch einen Verschlußkörper *f*, von der Form eines abgestumpften Kegels aus feuerfester Erde, abgeschlossen. Gegen die Elektrode ist dieser Verschlußkörper beispielsweise durch gebrannten Kalk in Pulverform abgedichtet. Der Verschlußkörper lagert auf starken Rippen, zwischen denen die Beschickung *g* mittels einer Stange *x* in den Tiegel eingestoßen werden kann; *h* ist das Stichloch. Die Beheizung des Tiegels erfolgt beispielsweise in der Weise, daß zuerst mit gesenkter Elektrode ein sehr kurzer Lichtbogen gebildet wird, dann wird die Beschickung, bestehend aus Blende mit einem Zuschlag von Eisen, eingebracht, und nun geht der Ofen mit Widerstandserhitzung.

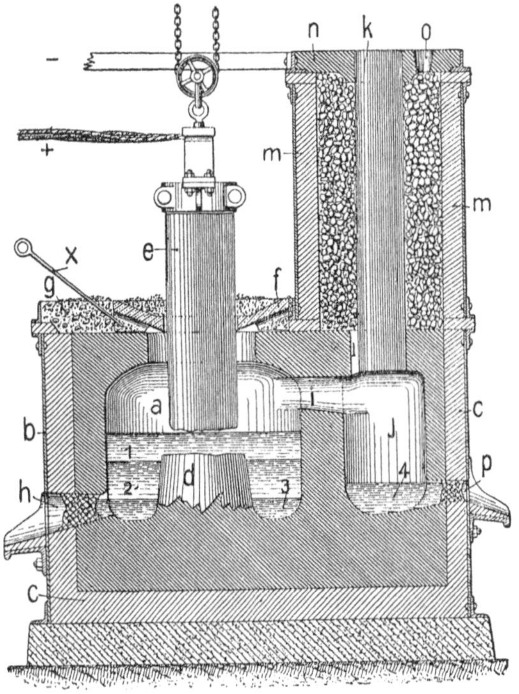

Fig. 201. Elektrischer Ofen von *Côte* und *Pierron* für Niederschlagsarbeit.

Die Beschickung beginnt zu schmelzen; es bilden sich Schwefeleisen, Blei und Zink, und die Schlacken bilden eine teigige Masse, von der sich langsam das Schwefeleisen und das geschmolzene Blei trennen. In der Zeichnung bedeutet *1* die Schlackenschicht, *2* das Schwefeleisen und *3* das Blei. Hierauf wird der Ofen mit Lichtbogenerhitzung gehen gelassen, wodurch eine gute Abscheidung des Zinks, andererseits aber eine nur mäßige Erhitzung des Schwefeleisens und Bleies bewirkt wird. Die sich im Ofen entwickelnden Zinkdämpfe streichen durch den weiten Kanal *i* in den Vorraum *j*, dessen Wandungen zweckmäßig mit denen des eigentlichen Tiegels aus einem Stück bestehen. In diesem Raum *j*, der sowohl durch die Wärmeleitung der Tiegelwandungen, wie auch durch die hindurchgehenden Metalldämpfe heiß gehalten wird, tritt eine teilweise Verflüssigung der Dämpfe ein, und das kondensierte Metall bildet ein Bad *4*. In diesem Bade setzen sich auch die während der Lichtbogenheizung verflüchtigten Schlackenteile, der Staub, welcher bei der Einführung einer Beschickung auftritt, ebenso ein Teil des Zinkstaubes, der aus einer teilweisen Oxydation der Dämpfe herrührt, ab, so daß der Kondensator von ihnen nicht mehr zugesetzt werden kann. — Aus dem Raum *j* gelangen die Dämpfe in den eigentlichen Kondensator, indem sie durch Kanäle *l* ziehen, von denen drei oder vier in der Decke des Raumes *j* um eine Graphitelektrode *k*, die dort eingesetzt ist, herum gelagert sind. Durch diese Elektrode tritt die ganze leitende Masse der Wandungen des Tiegels *a* und des Raumes *j* in Verbindung mit dem Pol, der das entgegengesetzte Vorzeichen der beweglichen Elektrode *e* besitzt. Die Elektrode *k* steht in der Achse eines Kondensators, der aus einem Hohlzylinder gebildet ist, dessen Wandungen *m* aus feuerfester Erde mit einem Metallmantel bestehen. Der ganze Innenraum des Zylinders ist mit Stücken von Petroleumkoks oder von reinem Anthrazit von 3 oder 4 cm Seitenlänge angefüllt, die möglichst regelmäßig angeordnet sind. Die Elektrode *k* steht in Verbindung mit den Stromzuleitungen mittelst des Deckels *n* des Kondensators. Der Deckel besteht aus gestampftem Graphit, der mit einer Metallarmatur umgeben ist, an welcher die Leitschienen befestigt sind. An diesem Deckel sind symmetrisch zur Mitte eine oder mehrere Öffnungen *o* angeordnet, die gleichzeitig zur Einführung der Kohlenstückchen in den Kondensator und zur Ableitung der nichtkondensierbaren Gase und Dämpfe dienen. Die zur Beheizung des Kondensators erforderliche Wärme liefert die Elektrode *k*, deren Widerstand so eingerichtet wird, daß sie unter dem Einfluß des Stromes in Rotglut kommt. — Da der die Kondensationsfläche bildende reduzierende Körper eine Temperatur erhält, bei welcher sich die Reduktion des Zinkoxyds vollzieht, so ist im Kondensator nur flüssiges und gasförmiges Metall in einer reduzierenden Atmosphäre vorhanden. — In dem Maße, wie sich die Zinkdämpfe verflüssigen, rieseln die Metalltröpfchen über die Kohlen und führen Spuren der Asche mit sich, auch begegnen sie auf ihrem Wege nach unten den aufsteigenden Dämpfen. Jedes Tröpfchen wirkt dabei seinerseits als ein Element mit Kondensationsoberfläche und wird infolgedessen sehr beträchtlich an Masse zunehmen. Alle Tröpfchen vereinigen sich am Fuße des Kondensators und bilden Rinnsale, die durch die Öffnungen *l* in das Bad *4* rinnen. Indem das Stichloch *p* von Zeit zu Zeit geöffnet wird, kann man mittels Schöpfkellen das geschmolzene Metall und die Schlacken, welche es enthält, in Gefäße für eine zweite Schmelzung bringen, in denen es in bekannter Weise gereinigt wird. Das Stichloch *p* wird erst am Ende der Erschöpfung einer Beschickung geöffnet, unmittelbar vor dem Abstich des Schmelzbades bei *h*. In diesem Augenblick verschließt man die Öffnungen *o*, sticht das Zinkbad *4* ab und schließt das Stichloch *p* erst nach der Beendigung des Einbringens einer neuen Beschickung in den Ofen.

Die Öfen sind in Arudy (Dep. Basses-Pyrénées) versucht worden. In Grenoble befindet sich eine Versuchsstation mit einem Ofen für 300 KW.

Nach *E. Fleureville* (Electr. Metall. Ind. 1909, 468) arbeitet man bei diesem Verfahren mit 3000 bis 6000 Amp. und 45 bis 90 Volt. In 240 Stunden wurden 14 560 k Erz (mit 43,6 Proz. Zink) mit 6235 k Eisen und 3480 k Zuschlag mit durchschnittlich 4300 Amp. und 40 Volt bei einem Leistungsfaktor 0,8 verschmolzen und gaben 182 k Zink und 6730 k Zinkoxyd. Die Schlacke hielt 2,7 Proz. Zink; der Elektrodenverbrauch war 193 k. Zur Herstellung von Zinkweiß aus armen Erzen verfährt man nach folgender Reaktion: $ZnS + CaO + C = CO + CaS + Zn$. Hierbei stört das entstehende Kohlenoxyd nicht, weil man kein Metall erzeugen will. In 600 Stunden wurden 28 345 k Zinkblende (37,28 Proz. Zn) mit 12 384 k Kalk und 3146 k Kohle mit einem Strome von 3800 Amp. und 42 Volt verschmolzen. Anstatt 13 193 k wurden 12 370 k ausgebracht.

W. und *H. Simm* in The Ash (England, Lancashire) ist 1908 ein Verfahren zur Herstellung von Zinkoxyd durch Verhüttung von Zinkerzen und anderem zinkhaltigen Materiale im elektrischen Ofen geschützt (D. R. P. 208 451). Jeder von zwei oder mehreren Herden (Fig. 202 a bis b) besteht aus einem aus feuerbeständigen Ziegeln gemauerten Trog, der an einem Ende mit einem durch einen Stopfen geschlossenen Auslaß zur Reinigung versehen ist. In dem Trog sind die beiden die Elektroden und Seiten des Herdes bildenden Kohlenplat

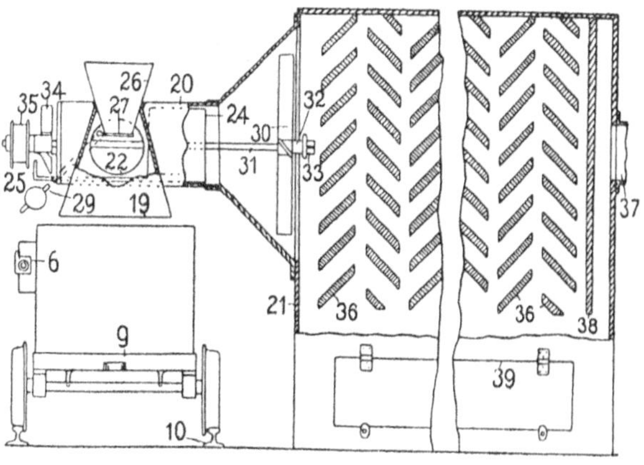

a

Fig. 202.

ten *4* und *5* eingesetzt, welche an einer Seite aus dem Mauerwerk treten und die Klammern *6* mit Polklemmen für den Anschluß der elektrischen Leitung tragen. Der untere Teil der Tröge ist mit einer Schicht von Quarz bis zur Unterkante der Platten gefüllt und über diese eine Schicht von gekörnter oder gepulverter Kohle geschüttet, die, etwas zusammengepreßt, die Platten an ihren unteren Kanten elektrisch verbindet. Die beiden Herde mit ihrer Ummauerung sind auf einem auf Rädern laufenden Rahmen *9* aufgebaut; die Räder laufen zweckmäßig auf Schienen *10* zur Erleichterung des Auswechselns der Herde und ihrer Einstellung unter den unteren Teil des Apparates. — Der Strom (Wechselstrom) geht durch die Hauptleitungen *11* und *12*. Die Anschlüsse sind so angeordnet, daß die beiden Herde einzeln oder zusammen betrieben und abgestellt werden können. Zu diesem Zweck ist jeder Herd in einen besonderen Stromkreis *14* und *15* eingeschaltet, der mittels eines zweipoligen Schalters *13* geöffnet und geschlossen werden kann. Mit den Enden des Schalters *13* sind die Kohlenplatten *4* und *5* verbunden. In die Leitung *14* ist eine Widerstandsspule *16* oder ein gleichwertiger Apparat und ein Amperemeter *17*, in eine Zweigleitung ein Voltmeter *18* eingeschlossen. — Über jedem Herd ist eine besondere Dunsthaube *19* angeordnet, die in solcher Lage aufgehängt ist, daß zwischen ihrer Unterkante und der Oberkante des unter sie geschobenen Herdes ein genügender Zwischenraum bleibt, um einen reichlichen Luftzutritt ringsum zu gestatten. Die Hauben werden von einem Hauptzugkanal *20* getragen, der an einem Ende an der Kondensations- oder Ablagerungskammer *21* befestigt ist. Jede Haube hat eine seitliche Öffnung *22*, die in einen mit dem Hauptkanal *20* verbundenen Zweigkanal *23* mündet. Jeder dieser Kanäle ist mit einem Absperrschieber *24* und mit Handgriff *25* versehen, so daß jeder einzelne Zweigkanal von dem Hauptkanal abgesperrt werden kann. Oberhalb jeder

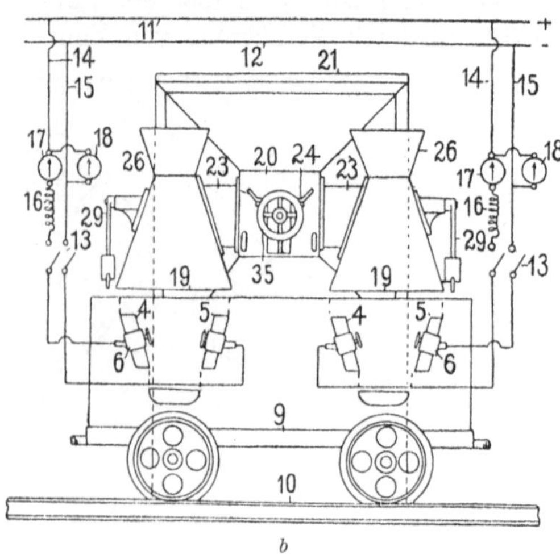

Fig. 202.

Haube und durch sie hindurchreichend ist ein Fülltrichter *26* angeordnet, um den betreffenden Herd mit der zu reduzierenden Beschickung füllen zu können. Jeder Trichter ist mit einem Abschlußorgan versehen, z. B. mit einer um Zapfen *28* drehbaren Klappe *27*, die gewöhnlich durch einen belasteten Hebel *29* geschlossen gehalten wird. — In der Einmündung des Kanals *20* in die Kammer *21* ist ein Ventilator angeordnet. Er ist auf der Welle *31* befestigt, die am hinteren Ende in einem an den Querträgern *33* befestigten Lager *32* und am vorderen Ende in einem an der Vorderseite des Kanals *20* befestigten Lager *34* läuft. Das äußere Ende der Welle trägt eine Riemenscheibe *35* oder einen elektrischen Motor zum Antrieb des Ventilators. Durch diesen werden die Zinkdämpfe und Gase aus den Hauben abgesaugt und in die Ablagerungskammer getrieben und der erforderliche Luftzutritt geregelt. Die Ablagerungskammer ist mit Abfängern ausgerüstet, welche aus in senkrechten Reihen jalousieartig angeordneten flachen Rahmen *36* bestehen, die quer von einer Seite der Kammer zur anderen laufen und abwechselnd geschrägte Lage haben. Statt der mit Musselin überzogenen Rahmen können auch rauhe Holzbretter dienen. Die Niederschlagskammer wird von den Gasen durch die Öffnung *37* verlassen, welche von den Abfängern durch eine Wand *38* getrennt ist. In der Austrittsöffnung kann gebotenenfalls noch ein Exhaustor angebracht werden. Das gesammelte Zinkoxyd wird der Kammer durch eine nahe dem Boden vorhandene Tür entnommen.

A. R. Lindblad und *O. Stalhane*, Ludvika (Schweden), wollen bei der elektrischen Verschmelzung nur jeweils einen Teil der Reduktionsgase in die Kondensationskammer ableiten, den übrigen Teil frei im Ofenschacht aufsteigen lassen, um die in ihm enthaltenen Zinkdämpfe im oberen Teil der Beschickung zu kondensieren und mit dieser zusammen wieder in die elektrisch erhitzte Ofenzone zurückzuführen. Es soll dadurch eine Trennung der Zinkdämpfe von den beständigen Gasen und Anreicherung der in den Kondensator gelangenden Dämpfe an Zink erreicht werden. Der so hervorgebrachte Kreislauf eines Teiles der Zinkdämpfe im Innern des Ofens verursacht nach den Erfindern keine Verminderung des Wirkungsgrades des Ofens, weil die Wärmemenge, welche bei der Vergasung in der unteren Ofenzone aufgenommen ist, bei der Verdichtung des Zinks im oberen Schachte an die Beschickung wieder abgegeben wird.

Aug. L. J. Queneau-Philadelphia (U. S. A.) endlich ist ein Verfahren und die Vorrichtung zur Reduzierung von Zinkerzen im elektrischen Drehofen unter Benutzung eines Heizwiderstandes geschützt worden (D. R. P. 232 928 vom 15. Mai 1909 ab). Als flüssiger Widerstand dient ein schwererer Stoff als das Erz, beispielsweise Gußeisen, das sich unter die Erzbeschickung lagert und so stetig eine Rollbewegung ausführen kann, unabhängig von der darüberliegenden Erzpost, so daß die Berührungsfläche zwischen beiden stetig wechselt. Die Erzbeschickung wird zweckmäßig unmittelbar aus dem Röstofen nach vorheriger Vermischung mit Reduktionskohle in den Drehofen eingetragen, also in heißem Zustande. Das Innenfutter des Ofens besteht abwechselnd aus Längsreihen von leitenden und nichtleitenden Steinen. Die leitenden Steinreihen haben entweder unter sich eine größere Berührungsfläche, so daß der elektrische Strom von einer zur anderen übergeht, oder sie stehen nicht in leitender Verbindung[1].

Es dürfte hier der geeignete Platz zur Erwähnung eines Verfahrens sein, welches sich *H. Pape*, Hamburg, (D. R. P. 214 912 vom 7. Mai 1908 ab) hat schützen lassen, um das lockere Zinkoxyd, welches bei den vorher beschriebenen Prozessen gewonnen wird, für die Verhüttung und den Transport geeigneter zu machen. Er erhitzt dasselbe solange und so stark (2—3 Stunden bei 1000°), daß es zusammenfrittet und so zusammenhängende feste Klumpen gemischt mit feineren harten Kügelchen bildet.

The Metals-Extraktion Corp. Ltd. London (D. R. P. 243 612 vom 21. Aug. 1910 ab) will kompaktes Zinkoxyd dadurch herstellen, daß sie es mit Zinkchlorid in Zinkoxychlorid überführt und dann dasselbe durch Abtreiben des Chlorids in der Hitze wieder in Zinkoxyd verwandelt.

Gewinnung von Zink und Zinkoxyd auf nassem Wege.

Vor Abschluß dieses Abschnittes sind nunmehr noch die Verfahren zu betrachten, welche vor- und eingeschlagen sind, um die Gewinnung des Zinks aus armen Erzen, gemischten Erzen und Zwischenprodukten auf

---

[1] Hinsichtlich der Erzeugung von Wärme aus elektrischer Energie und des Baues der elektrischen Öfen siehe: *Borchers:* „Der elektrische Ofen“, Halle 1907.

nassem Wege oder durch Umsetzung mittels gasförmiger oder schmelzflüssiger Agentien zu ermöglichen.

Über im Jahre 1867 in Oberschlesien ausgeführte Versuche, das Zink
aus armem Galmei zu extrahieren, berichtet *Junghann* in der Zeitschr. f.
Berg-, Hütten- u. Salinenwesen im preuß. Staate 1867, S. 238.

Ein längst bekanntes Mittel ist die chlorierende Röstung, welche
besonders bei zink- wie kupferhaltigen Kiesabbränden unter Mitwirkung des
rückständigen Schwefels oder gegebenenfalls unter Zuschlag von Ferrisulfat
zur Überführung der Metalle in Chlormetall bei mäßiger Temperatur (dunkler
Rotglut) mit nachfolgender Auslaugung angewendet wird[1]. Schon *Becquerel* bediente sich um die Mitte des vorigen Jahrhunderts der chlorierenden (auch
sulfatisierenden) Röstung, um Metalle in den Erzen in eine lösliche Form überzuführen[2].

Dieselbe ist besonders von *Sachtleben* in Schöningen ausgebildet und
wird heute in großem Maßstabe in Homberg a. Rh. zur Extraktion des Zinks
aus den Abbränden von Meggener (westfälischem) Schwefelkies für die Fabrikation von Lithoponeweiß angewendet.

Gurlt-Bonn (D. R. P. 8116) und 15 012) schlug vor, auch andere zinkarme
Materialien, arme Galmeischlämme u. dgl. mit Zusatz von Kochsalz, Chlormagnesium oder Chlorcalcium im Flammofen zu behandeln, aber in hoher
Temperatur (Weißglut), um das gebildete Chlorzink zu verflüchtigen, welches
dann mit Wasser niedergeschlagen werden sollte.

Höpfner erreichte die Umsetzung: $ZnCO_3 + CaCl = CaCO_3 + ZnCl$ auf
nassem Wege unter Druck[3].

Souchère wollte zusammengesetzte Sulfide, Antimon, Arsen und Zink
enthaltende, chlorierend rösten, zunächst bei einer Temperatur von 450°,
wobei sich Arsen (bei 134°) und Antimon (bei 225°) als Chlorverbindungen
verflüchtigen, dann bei erhöhter Temperatur (über 720°) das Chlorzink aus
dem Rückstand abtreiben. Nach Mischung mit Kalk und wenig Kohlenstaub
würde man aber auch aus geschlossenen Retorten bei einer über 900° gesteigerten Hitze das Zink in metallischem Zustande überdestillieren können.

W. J. Huddle hat keinen befriedigenden Erfolg bei von ihm in dieser
Weise angestellten Versuchen erreicht (Eng. and Min. Journ. 1901, S. 556).

Swinburne und *Ashcroft* (D. R. P. 116 863 vom 18. Juni 1898 und 126 832
vom 10. Dezember 1899) behandelten die Sulfide mit gasförmigem Chlor
bei dunkler Rotglut[4] zwecks Erzeugung von geschmolzenem Chlorzink und
freiem Schwefel, welcher sich mit wenig Chlorzink verflüchtigt und leicht
verdichtet werden kann. *Huddle* hat bei den oben angezogenen Versuchen
festgestellt, daß vorherrschend freier Schwefel entbunden wird, wenn man
bei einer 250° übersteigenden Temperatur arbeitet, daß die Reaktion aber

---

[1] Berg- u. Hüttenm. Ztg. 1894, S. 1.
[2] Comptes rendus **38**, 1095; Dingl. Polyt. Journ. **133**, 213 (1854).
[3] D. R. P. 85 812 und 86 153; Amer. Pat. 664 269 (1899).
[4] Engl. Pat. 10 829 (1897); 14 278 (1899): Inst. of Mining and Metallurgy, London
19. Juni 1901; Berg- u. Hüttenm. Ztg. 1901, S. 456 und 532.

sehr langsam vonstatten geht, wenn man nicht wenigstens eine 450° erreichende Temperatur anwendet, wobei die Gefahr der Verflüchtigung einer größeren Menge von Chlorzink eintritt, was die praktische Ausführbarkeit des Prozesses in Frage stellt.

Die Erfinder vollziehen die Arbeit (den „Phönixprozeß") in einer Reihe von Konvertern, die mit einer Mischung von geschmolzenem Chlorzink und Erz beschickt werden. Durch Düsen wird das Chlorgas unter einem Druck von 3,5 Atm. hindurchgeblasen und nach Verlauf einer gewissen Zeit das aufgeschlossene Erz durch Einbringen einer neuen Post ersetzt. In einer 12 stündigen Betriebsperiode wurden 1000 k eines Erzes behandelt, welche enthielten in k:

290 Pb, 260 Zn, 50 Fe, 20 Mn, 170 Gangart

und an Silber 575 g. Der Prozeß verläuft exotherm, so daß Wärmezufuhr nicht erforderlich ist. Die mittlere Temperatur in den Apparaten betrug 650°; viermal in der Betriebsperiode wurde die Chlorzinkschmelze zum Teil abgestochen und neues Erz aufgegeben. Es wurden 100 k Schwefel gewonnen und mit ihm 8 Proz. Chlorzink und Eisenchlorid verflüchtigt, welche leicht durch Waschen mit angesäuertem Wasser davon getrennt werden konnten.

Die aufgeschlossenen Massen wogen 1260 k enthaltend nach der Analyse in kg rund:

290 Pb, 265 (?) Zn, 50 Fe, 19 Mn, 466 Cl, 170 Gangart

und außerdem 580 g Silber, woraus hervorgeht, daß alle Metalle vollständig wiedergewonnen wurden. Wenn vorher gesagt wurde, daß Teile vom Zink und Eisen mit dem Schwefel verflüchtigt wurden, so ist daraus zu schließen, daß die Analyse zu hohe Ziffern ergab. Das Blei kann in metallischer Form aus der Schmelze durch Zink gefällt werden. Das Chlorzink wird nach Destillation oder durch Lösung und nachfolgende Konzentration von den Beimengungen befreit und dann der Elektrolyse in schmelzflüssigem Zustande unterworfen. Das dabei auftretende freie Chlor dient von neuem zur Aufschließung von Erz. *Ashcroft* rechnet damit, daß aus einem Erz mit rund 20 Proz. Zink 20 Proz. Blei, 8 Proz. Eisen und Mangan, 18 Proz. Schwefel und etwa 360 g Silber in der Tonne sich durch dieses Verfahren nahezu alles Blei und Silber gewinnen lassen, ferner 95 Proz. Zink und 55 Proz. Schwefel. Bei einer Tilgung von 10 Proz. der Anlagekosten und Einrechnung des Zinkverlustes belaufen sich dann die Aufschließungskosten auf 30,70 M für die Tonne Erz, und da die Abscheidung des metallischen Zinks — das Pferdekraftjahr zu 80 M eingesetzt — 13,30 M kosten würde, alles in allem auf 34 M. Aus dem Versuchsstadium ist unseres Wissens der Prozeß nicht herausgetreten.

Borchers und *Dorsemagen*, Aachen, haben im Laboratorium[1] die Chloration auf nassem Wege bei 30 bis 40° als ausführbar erkannt. Das gepulverte

---

[1] *Borchers:* Vortrag, gehalten auf der Hauptvers. d. Ver. d. Chemiker 1902 in Düsseldorf; Zeitschr. f. angew. Chemie 1902, S. 637; Denkschrift der Techn. Hochschule in Aachen aus Anlaß der Gewerbeausstellung in Düsseldorf 1902, S. 45.

Mischerz (silberhaltige Bleizinksulfide von Broken-Hill) wurde in einer verdünnten Salzlösung (Chlornatrium, Chlormagnesium od. dgl.) verteilt und in einer rotierenden Trommel mit Chlor behandelt. Das unter geringem Druck durch den Schlamm geführte Chlor setzte sich mit den Sulfiden um. 1000 Teile Erz, welche enthielten:

140 Teile Blei, 310 Teile Zink und 0,69 Teile Silber

gaben nach der Chloration durch Auslaugung als Chloride ab:

140 Teile Blei, 175 Teile Zink und 0,11 Teile Silber,

während im Rückstand verblieben:

— Blei, 135 Teile Zink, 0,58 Teile Silber und 115 Teile Schwefel.

Nach der Extraktion des Schwefels stellte der Rückstand eine bleifreie Zinkblende mit einem Gehalt von 39,1 Proz. Zink und 0,168 Proz. Silber dar, welche als geeignet für die Verhüttung in Retortenöfen anzusehen ist. Daß nicht auch alles Zink neben dem Blei in Lösung ging, war darauf zurückzuführen, daß die Zinkblende nicht durchweg fein genug zerkleinert war, um gleichzeitig mit dem weicheren Bleiglanz aufgeschlossen zu werden. Eine längere Chlorbehandlung würde wohl auch den Rest in Lösung geführt haben, erschien aber überflüssig, weil in dem Rückstand schon ein verhüttungsfähiges Produkt gewonnen war. Der Schwefel kann aus dem Rückstande unter Druck mit Wasserdampf ausgeschmolzen werden (nach *Schaffners* Verfahren), die Auswaschung der letzten Reste des schwerlöslichen Chlorbleies dürfte aber bei Ausführung des Prozesses im großen Schwierigkeiten und Kosten verursachen. Die gewonnene Lösung soll nach *Borchers* zuerst in bekannter Weise entsilbert und dann mitsamt dem ausgeschiedenen Chlorblei eingedampft, zur Trockne gebracht und im schmelzflüssigen Zustande elektrolysiert werden. Auch *Siemens & Halske* behandelten ungeröstete Mischerze mit Chlor, lösten mit Wasser zum Teil das Chlorblei und das Chlorzink. Chlorsilber bleibt ungelöst. In Elkhorn (Montana, U. S. A) ist das *Baker-Burwell*-Verfahren in Anwendnng. Die Sulfide werden in einer Rohrmühle mit Chlor behandelt, die Chloride mit heißem Wasser gelöst und Zink und Chlor mittelst Elektrolyse ausgebracht (*F. W. Traphagen*, Mines und Minerals 1909 S. 451.

Tixier, Billancourt (Seine), — D. R. P. 209 508 — mischt zinkhaltige (auch kupferhaltige) Kiesabbrände mit 2 bis 5 Proz. Chlorkalk und digeriert mit verdünnter lauwarmer Schwefelsäure, oder bei Anwesenheit von Blei mit Salzsäure 12 bis 24 Stunden lang. Das entwickelte Chlor (in statu nascendi) soll bewirken, daß nach dem Auslaugen mit verdünnter Säure nur noch Spuren der genannten Metalle im Rückstande verbleiben.

Carrara, Mailand, (D. R. P. 203 311) vermischt die oxydierten Zinkerze mit Sägespänen, Torf usw. und erwärmt auf 123 bis 130°. Beim Einleiten von Chlor steigt die Temperatur von selbst auf 230 bis 250°. Schließlich wird längere Zeit auf 300° erwärmt und dann mit Wasser das Chlorzink ausgezogen.

G. Mojana (D. R. P. 216 361) laugt zinkhaltige Stoffe mit Chlor bei Gegenwart von Kohle, gegebenenfalls mit Zuhilfenahme geringer Mengen

Wasserdampf, bei einer Temperatur von 270° bis 275°. — Die stetig wirkende
Vorrichtung besteht aus einem, aus einem Stück hergestellten, oder aus besonderen, der Wirkung des Chlors widerstehenden Ziegelsteinen und Mörtel
zusammengesetzten möglichst dünnen Zylinder (Fig. 203). Das in dem
unteren Teile befindliche Rohr t dient zum Einlassen von Chlor. Die Heizung
der zylindrischen Retorte geschieht dadurch, daß man um sie und in ihr mit
Luft entsprechend verdünnte Verbrennungsprodukte eines gewöhnlichen
Ofens umlaufen läßt. Der Ofen dient auch dazu, um unmittelbar einen kleinen
Dampferzeuger zu heizen, sowie das Chlor zu erhitzen, die Lösungen zu konzentrieren und die anderen Nebenoperationen zu bewirken.
Die heißen Gase strömen in das mit dünnen Wänden versehene und im Innern der Retorte S angebrachte Gasrohr L
und steigen in ihm hoch, worauf sie die Retorte entlang in
den ringförmigen Mantel C^1 fallen und hierauf C^2 entlang
von neuem nach oben steigen, wobei sie in ein eisernes Rohr
M und aus diesem ins Freie treten. Auf dem Boden der
Retorte ist eine Tür P zum Entleeren angebracht, während
die Beschickung von oben erfolgt. Das Chlor durchstreicht
die Retorte von unten nach oben und tritt dann in den unteren Teil einer folgenden Retorte, deren mehrere zu einem
System verbunden sind.

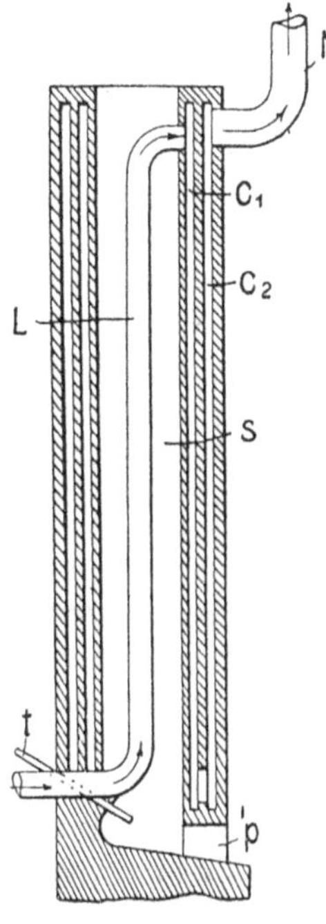

Fig. 203.

Nach Mining and Scientific Press 99, S. 662 hat die
Western Metals Co. in Georgetown, Colorado, eine Anlage
errichtet, um die dort reichlich vorkommenden gold-, sil-
ber-, kupfer-, bleihaltigen armen Zinksulfiderze nach einem
von *John L. Malm* verbesserten Chlorierungsverfahren auf-
zuschließen. Das Erz wird in mit Porzellanfutter versehenen
Rohrmühlen unter Einwirkung von Chlor fein vermahlen,
der Brei dann noch weiter in einem Rührbottich mit Chlorgas und Dampf behandelt. Nach vollendeter Chlorierung
wird Gangart und Schwefel durch Filterpressen von der
Lauge getrennt. Mit gekörntem Kupfer wird Gold und
Silber, mit gekörntem Zink das Blei abgeschieden, dann
Eisen und Mangan durch Zinkoxyd und Chlorgas gefällt und die filtrierte
Lauge in Vakuumpfannen eingedampft. Das geschmolzene Chlorzink wird
elektrolysiert.

Ein Verfahren zur vollständigen Aufarbeitung Zink, Barium
und Eisen enthaltender Schlacken und Kiesabbrände durch Behandeln
mit Säure ist *R. Alberti* (D. R. P. 215 020) geschützt. Das gepulverte Gut
wird mit Salzsäure in genügender Menge — entsprechend den auszuziehenden
Metallen — vermischt. Dann wird das Gemisch in einer eisernen Retorte,
die gegen Wärmeverluste gut isoliert ist, mit strömendem, überhitztem
Dampf von etwa 300° behandelt. Die Abdämpfe gehen in eine Kondensations-
anlage, nachdem sie vorher ihre Hitze an Abdampfpfannen abgegeben haben.
Die Salzsäure bzw. das durch sie gebildete Eisenchlorid wirkt auf die Sulfide

und Silicate der Schlacken zersetzend ein. Der freiwerdende Schwefel destilliert mit den Wasserdämpfen vollkommen rein ab. Überschüssiges Eisenchlorid, Eisenchlorür, Manganchlorür werden durch die Wasserdämpfe zersetzt und liefern Salzsäure, die in bekannter Weise wiedergewonnen werden kann. Die Einwirkung ist beendet, wenn die entweichenden Wasserdämpfe nicht mehr sauer reagieren. Aus dem Reaktionsprodukt erhält man durch einfaches Auslaugen mit heißem Wasser eine Lauge, die keine Spur Eisen, aber sämtliches Barium, Zink und Kupfer als Chloride enthält. Kupfer wird durch Zinkblech ausgefällt, und das Bariumchlorid kann von dem nun nur noch vorhandenen Zinkchlorid leicht durch fraktionierte Krystallisation getrennt werden. Auch kann das Zink durch Bariumcarbonat oder Bariumhydroxyd gefällt werden.

Ein älteres Patent der *Chem. Fabrik Innerste Thal* in Langelsheim (Harz) Nr. 137 801 benutzte die Reaktion:

$$\left.\begin{array}{l} CaS \\ BaS \\ FeS \end{array}\right\} SiO_2 + 3\,ZnO + 6\,HCl = \left.\begin{array}{l} CaCl_2 \\ BaCl_2 \\ FeCl_2 \end{array}\right\} + 3\,ZnS + SiO_2 + 3\,H_2O.$$

Danach wurden 1000 Gewichtsteile feingemahlener Schlacken mit 1000 Gewichtsteilen, durch 250 Teile Wasser, verdünnter, käuflicher Salzsäure bis zur völligen Zersetzung behandelt. Die Erden gingen in Lösung, und Zink blieb als Schwefelzink mit der Kieselsäure zurück. Von derselben Fabrik ist auch eine Scheidung der Schlacken in einen schwereren und leichteren Teil durch nasse Aufbereitung versucht. Der schwerere Teil sollte ein in der Retorte verhüttbares Produkt, bestehend aus Erdalkalisulfiden, Kieselsäure und Zinkoxyd darstellen, während der leichtere Teil nach der jetzt im Harz üblichen Behandlung auf Zinkoxyd verblasen werden sollte D. R. P. 126 452).

Höpfner schlug einen Kreislaufprozeß vor (D. R. P. 106 405). Er fällte aus zinkhaltigen Laugen mit Schwefelwasserstoff Schwefelzink, um es mit Kalk und Kohle in der Retorte auf metallisches Zink zu verhütten. Das zurückbleibende Schwefelcalcium sollte wieder Schwefelwasserstoff liefern für die Ausfällung weiterer Zinklaugen, zu deren Herstellung aus oxydischen Stoffen oder Zinkmetallabfällen wiederum die ausgefällten Laugen dienten.

Höpfner bediente sich in Fürfurt a. d. Lahn auch der chlorierenden Röstung, um die Chlor-Zinklaugen für die Elektrolyse aus zinkhaltigen Pyritabbränden zu gewinnen. Zur Herstellung derselben aus Zinkblende schlug er einen Umweg ein, indem er die geröstete Blende mit der bei der Röstung entwickelten schwefligen Säure behandelte (D. R. P. 87 398 — 1895). Aus der Zinkbisulfitlösung schied er nach einem späteren Patente das Zinkmonosulfid ab und unterwarf es nach Zusatz von Kochsalz und wenig Eisenoxyd einer chlorierenden Röstung unter Zutritt von heißer Luft, wobei das Eisenoxyd als Katalysator wirkte (D. R. P. 112 018). Zur Lösung des Zinks aus dem Erze betrat er also schon den Weg, der heute, wie es scheint, mit Erfolg von neuem eingeschlagen worden ist, wie wir gleich noch sehen werden.

Kellner (Engl. Pat. 7028 — 1900; Amerik. Pat. 690 295) trug das geröstete

Erz in Wasser ein, durch welches schweflige Säure geleitet wurde. Wenn kein Zink mehr in Lösung ging, trennte er die abgeklärte Lauge, welche hauptsächlich Bisulfit enthielt, vom Rückstand, leitete einen heißen Luftstrom zwecks Oxydation des Sulfits zu Sulfat hindurch und versetzte mit Kochsalz oder Chlorcalcium zur Bildung von Chlorzink. Das entstehende Natriumsulfat wurde auskrystallisiert. Nach einem Abänderungsvorschlage wird das Zinkbisulfit durch Erhitzen zersetzt. Die entbundene schweflige Säure dient von neuem zur Extraktion. Das ausfallende, schwerlösliche Zinkmonosulfit wird durch einen Luftstrom zu Sulfat oxydiert. Letzteres kann dann mit Kochsalz oder Chlorcalcium umgesetzt werden.

Lorenz (D. R. P. 82 125 vom 25. Dezember 1894) laugt blei- und silberarme Erze nach der Röstung mit Salzsäure, bleireiche dagegen mit Essigsäure. Aus der essigsauren Lösung fällt er Blei und Silber durch konzentrierte Salzsäure als Chloride, in der vom Niederschlag getrennten Lauge Tonerde und Eisen durch Kochen. Schließlich dampft er mit Salzsäure zur Trockne unter Kondensation der abdestillierenden Essigsäure. Das gewonnene Chlorzink wird elektrolysiert.

Lyte — Engl. Pat. 15 813 (1896) — röstet sulfatisierend und setzt die mit verdünnter Schwefelsäure gewonnene Zinksulfatlösung mit Chlorcalcium oder Chlornatrium um.

Zur Extraktion armer oxydischer Erze, auch solcher, welche das Zink als Carbonat enthalten, benutzte *Höpfner* konzentrierte heiße Chlorcalciumlauge unter Druck (D. R. P. 85 812 vom 14. Februar 1895). Zweckmäßig wird Kohlensäure bei der Behandlung eingeleitet:

$$ZnO + CO_2 + CaCl_2 = ZnCl_2 + CaCO_3.$$

In der Nähe einer Ammoniaksodafabrik ist das Lösungsmittel als lästiges Abfallprodukt billig zu haben, an seiner Stelle können aber auch Chlormagnesium oder Karnallitlaugen Verwendung finden. Ein Zusatzpatent (86 153 vom 10. April 1896) schützt dem Erfinder noch eine Abänderung des Verfahrens. Das Zinkoxyd wird erst durch Behandlung mit heißer, konzentrierter Chlormagnesium- oder Chlorzinklauge in basisches Chlorzink übergeführt. Beim Abkühlen und Verdünnen scheidet sich Zinkoxydhydrat aus, welches mittels eingeleiteter Kohlensäure in kohlensaures Zinkoxyd umgewandelt wird, um dann der Behandlung mit Chlorcalcium unterworfen zu werden. Ähnliches hat *Junghann* 1867 in Oberschlesien versucht (siehe S. 550).

Matthes & *Weber*, Duisburg, (D. R. P. 84 579 vom 19. Januar 1895 ab) und *Brewer* (Amerik. Pat. 586 159 vom 12. September 1896) rösten chlorierend mit Chlornatrium. Den erhaltenen Laugen setzen sie Chlorcalcium zu, um das Zinksulfat in Chlorzink und auch das erzeugte Natriumsulfat wieder in Chlornatrium umzuwandeln. Die von dem Calciumsulfatniederschlag getrennte Lösung, welche nun neben geringen Mengen von den in den Erzen enthaltenen anderen Metallen nur Chlorzink und Chlornatrium enthält, wird mit Abwärme eingedampft, wobei zuerst die letzten Reste Calciumsulfat, dann alles Chlornatrium in fester Form zurückgewonnen werden, so daß letzteres ohne weiteres wieder als Chlorierungsmittel für eine neue Erzpost dienen kann. Anhaftende Chlorzinklauge ist dabei ohne Nachteil und nicht verloren. Die übrigbleibende Chlorzinklauge wurde nach der Reinigung der Elektrolyse unterworfen, wobei neben dem an der Kathode abgeschiedenen Zink an der Anode Chlor gewonnen wurde. Als Vorzug des Verfahrens wird hervorgehoben, daß an Stelle des teureren Kochsalzes das Abfallprodukt der Ammoniaksodafabrikation Verwendung findet und damit eine billige Quelle des für den Prozeß notwendigen und die Kosten der Zinkabscheidung als zweites Produkt vermindernden Chlors gefunden ist.

Ashcroft (siehe S. 550) wollte u. a. auch die oxydischen bzw. gerösteten Erze mit Eisenchloridlauge behandeln[1]. Während das Zinkoxyd in Lösung geht, scheidet sich das Eisen als Hydroxyd aus. Das vom größten Teile des Zinks befreite Erz (es handelte sich um Zinkbleierze von Broken-Hill) sollte auf silberhaltiges Blei verschmolzen werden. In Cockle Creek bei New-Castle in Neu-Südwales ist 1897 eine großartige Anlage errichtet worden; das Verfahren hat sich aber nicht bewährt. Die Erzeugung von schwammförmigem Zink bei der Elektrolyse der gewonnenen Chlorzinklaugen und die schwierige Verhüttung des Gemenges von Röstgut und Eisenhydroxyd auf Silberblei sollen es zu Fall gebracht haben. (*Schnabel*, Zeitschr. d. Ver. d. Ing. 1899, S. 1424; Chemiker-Ztg. Nr. 23 vom 23. März 1899.)

De Bechi schlug vor[2], nach dem Hargreavesverfahren mit den Blenderöstgasen Kochsalz zu zersetzen (was auf der Chemischen Fabrik Rhenania in Stolberg seit langem ausgeführt wird), die dabei gewonnene Salzsäure zur Extraktion des Zinks aus der gerösteten Blende zu benutzen und das Zinkoxyd durch vorsichtigen Zusatz von Kalkhydrat zu fällen. Da sich hierbei auch Oxychlorid bildet, soll der Niederschlag in Muffeln erhitzt werden, ehe er mit Kohle brikettiert zur Reduktion in die Retorte gelangt. Die Kostspieligkeit der verschiedenen Behandlungen wird durch die Vorteile, welche die größere Konzentration des Reduktionsmaterials bietet, nicht aufgewogen werden können.

Der Verfahren, welche die Extraktion der Erze mittels Salzsäure zum Gegenstand haben, gibt es mehr. *Spence* ließ sich schon 1867 ein Verfahren patentieren, zinkblendehaltigen Bleiglanz auf nassem Wege zugute zu machen. Er durchtränkte die Erze mit Salzsäure, ließ sie einige Zeit liegen und zog dann das gebildete Chlorblei mit kochendem Wasser aus. Die zurückbleibende wenig angegriffene Blende wurde dann geröstet und das Zink durch Destillation gewonnen.

Lyte (D. R. P. 13 792 und 18 209) wollte geröstete Bleizinksulfide ebenfalls mit Salzsäure behandeln und dann mit Chlornatrium oder Chlorammonium ausziehen.

Hinsichtlich der Verfahren, welche die Gewinnung von Zinksulfat zum Ziele haben, beschränken wir uns auf die in jüngerer Zeit bekannt ge-

---

[1] Amer. Pat. 546 873.
[2] The Mineral Industry **9**, 686.

wordenen; Zinkvitriol gewann man im Unterharze schon früh durch Laugen eines Teiles der Rammelsbergerze nach der Haufenröstung.

Das wegen der hohen Kosten infolge unvermeidlicher Verluste den Stempel der Unbrauchbarkeit tragende englische Patent (Nr. 710 vom 11. Januar 1900) von *S. E.* und *A. R. Davis*, welches die Oxydation der Sulfide durch Salpetersäure, allerdings bei möglichst vollkommener Wiedergewinnung der nitrosen Gase vorsieht, sei nur kurz erwähnt. Ebensowenig Aussicht auf Anwendung hat das englische Patent (Nr. 3668 vom 24. Februar 1900) von *Worsey*, welcher eine halb abgeröstete Blende mit 2 Proz. Salpeter mischen und dann mit verdünnter Schwefelsäure behandeln will, wobei die entwickelten Gase den Schwefelsäurekammern zugeführt werden sollen.

Asbeck in Niederfischbach[1] röstete Brocken-Hillerze oder ähnliche schwedische Erze sulfatisierend im Fortschauflungsofen und zog das Zink als Sulfat mit schwefelsäurehaltigem Wasser aus. Von einem Erz, welches enthielt:

34 Proz. Zink, 27,5 Proz. Blei und 810 g Silber pro t

verarbeitete er in 24 Stunden 5 t Erz. Die 60 Proz. des ursprünglichen Erzgewichtes ausmachenden Rückstände enthielten:

8,3 Proz. Zink, 45 Proz. Blei und 1225 g Silber pro t.

Es blieben also rund 90 Proz. des Silbers mit nahezu allem Blei in dem Rückstande. Bei der Röstung trat gleich im Anfang bei einer Temperatur von 150° unter starker Dampfbildung ein nahezu 10 Proz. betragender Verlust von Silber ein. Dieses Silber ist nicht an Blei gebunden, denn aus dem feingemahlenen rohen Erze lassen sich 8 g Silber (pro t) mittelst Natriumkupferthiosulfat ausziehen, welche hauptsächlich in dem feinsten Erzstaube enthalten sind, der deshalb zweckmäßig vom übrigen Erze durch Waschen getrennt wird, um vor der Röstung durch das genannte Lösungsmittel von dem löslichen Silber befreit zu werden. Das so behandelte Erz hatte bei der Röstung nur noch einen ganz unbedeutenden Silberverlust.

Ellershausen erhitzt die Broken-Hill-Sulfide mit einem billigen Fluß, Eisen- und Manganoxyd und Kohle in einem Drehrohrofen auf helle Rotglut, wobei schweflige Säure mit Zink- und Bleidämpfen entweicht, die mittelst eines Exhaustors durch angesäuertes Wasser getrieben werden. Das Zink wird als Sulfat gelöst, das Blei fällt als unlösliches Bleisulfat aus, das verdampfte Silber aufnehmend. Der Rückstand besteht aus den Zuschlägen, Kieselsäure und den nichtflüchtigen Metallen (Gold, Silber, Kupfer; Zink bleibt nur in kleinen Mengen zurück) in geschmolzenem Zustande. Er wird mit dem getrockneten Bleisulfat zusammen im Bleischachtofen verschmolzen. Die Zinklösung wird in einer der bekannten Methoden verarbeitet. 1897 wurde in London eine Aktiengesellschaft mit 2 000 000 M Kapital gegründet, um das Verfahren auszubauen. Auf 3 t Erz sollten 1 Teil Kohle zur Heizung neben 0,75 t Kohlengestübbe und 1,5 t anderer Zuschläge erforderlich, zur Bedienung 2 Arbeiter nach der Schicht nötig sein. Die Kosten für Verarbeitung

---

[1] Berg- u. Hüttenm. Ztg. 1899, S. 137.

von 1 t Erz belaufen sich demnach auf 4 M für Heizkohlen, 1,70 M für Mischkohlen, 5 M für Zuschläge, 3,30 M für Schwefelsäure zur Kondensation der Zinkdämpfe, 8,30 M für Arbeitslohn und 3,30 M für Verschiedenes, zusammen auf 25,60 M. Im Prospekt der Gesellschaft wurde in Aussicht gestellt, daß die gwonnenen Zinklaugen nach Abzug aller Kosten, auch der für die Verarbeitung aufzuwendenden, noch mindestens 20 M Nutzen für die Tonne Erz abwerfen würden.

Ferraris[1] will gemischte Erze mit starker Schwefelsäure (1,71 spez. Gewicht) auf einem Flammherde bedandeln und das Produkt mit Wasser laugen. Kupfersulfat wie die Sulfate von Zink und Eisenoxydul gehen in Lösung, Bleisulfat und Eisenoxyd bleiben mit den vorhandenen edlen Metallen im Rückstand, welcher verschmolzen wird. In die Lösung wird zur Oxydation des Eisenoxyduls Luft eingeblasen und gleichzeitig durch Zusatz von Zinkoxyd das Kupfer daraus abgeschieden. Die übrigbleibende Zinksulfatlösung wird zur Trockne verdampft und der Rückstand mit Kohle bei mäßiger Rotglut behufs Gewinnung von Zinkoxyd geglüht.

Der letzte Prozeß geht nach *Hampe* und *Schnabel* (D. R. P. 93 315) bei Zusatz von 7,5 Proz. Kohle zum wasserfreien Zinksulfat so glatt nach der Gleichung:

$$ZnSO_4 + C = ZnO + SO_2 + CO$$

vonstatten, daß nach zweistündigem Glühen bei 650° nur 0,5 bis 1 Proz. Schwefel als Sulfat oder Sulfid zurückbleiben und ein Zinkoxyd mit 78 bis 80 Proz. Zink gewonnen wird.

Die Herstellung von Zinkoxyd aus Zinksulfat bzw. Zinkvitriol in vorstehender Weise wurde übrigens schon *Parnell* 1879 (D. R. P. 8182) geschützt, zugleich auch der Ersatz der als Reduktionsmittel dienenden Holzkohle durch möglichst hochprozentige feingemahlene Zinkblende. *Hampe* und *Schnabel* heben aber hervor, daß die glatte Umsetzung nur bei sehr inniger Mischung von wasserfreiem Sulfat mit gerade der zur Reduktion nötigen Holzkohlenmenge vor sich gehe. Wende man wasserhaltigen Vitriol an, so entstehe basisches Zinksulfat, ebenso wenn man die Kohle nicht fein verteile oder statt der fein verteilten Kohle Schwefelzink anwende. Steigere man die Temperatur, so bilde sich Schwefelsäure und Kohlensäure.

H. Pape, Billwärder bei Hamburg, (D. R. P. 240 451 vom 5. März 1911 ab) vermischt das Zinksulfat mit Zinkoxyd und glüht das innige, fein gepulverte oder durch Eintragung von Oxyd in konzentrierte Sulfatlauge hergestellte Gemisch. Es soll bei mäßiger Temperatur von Schwefel nahezu freies Zinkoxyd bei Abspaltung von SO_2 gewonnen werden[2].

Da die Ausfällung des Zinkoxydes mit Kalk, dem billigsten Fällungsmittel, wegen der gleichzeitigen Abscheidung von Calciumsulfat nicht angängig ist, setzt *Taquet*, Argenteuil, Frankreich (D. R. P. 124 847) das Sulfat mit Erdalkalichloriden um, jedoch nur teilweise, so daß 1 $ZnSO_4$ auf 3 $ZnCl_2$

---

[1] Franz. Pat. 311 206 (1901).
[2] Ähnliches ist 1877 schon Parnell geschützt. D. R. P. 1351 s. S. 225 Anm.

in der Lauge bleibt, aus welcher dann durch Zusatz von 4 CaO ein verhüttbares Material — $CaSO_4$, 4 ZnO — gefällt wird, welches nach der Reduktion einen Rückstand hinterläßt, der bei der Farbenfabrikation (Lithopone, Zinksulfid) nützliche Verwendung finden kann. In einem späteren Patente (D. R. P. 137 004 — 1901) läßt er sich die Verhüttung von reinen oder bleihaltigen Blenden, welche einer Röstung auf Sulfat unterworfen sind und dann basisches und neutrales Zinksulfat enthalten, unter Zuschlag von Erdalkalien oder zweckmäßig solche in reichem Maße enthaltenden Galmeierzen schützen, um die Reaktionen:

$$ZnSO_4 + CaO + 5\,C = Zn + CaS + 5\,CO$$

und

$$ZnO + CaSO_4 + 5\,C = Zn + CaS + 5\,CO$$

bei der Reduktion zu nutzen, wobei Kalk zum Teil auch durch Baryt oder Strontian vertreten sein kann.

Die *Zinkgewinnungsgesellschaft m. b. H.* in Berlin hat mehrere Patente auf ein Verfahren genommen (D. R. P. 165 455, 169 138 und 171 962 vom 24. März, 24. Mai und 3. September 1905 ab), um aus armen oxydischen Erzen, Haldengut, gerösteten Kiesen usw. Zinkoxyd möglichst frei von schwefelsaurem Kalk durch Auslaugen mit verdünnter Schwefelsäure und nachfolgender Fällung zu gewinnen Das Fällungsmittel ist Ätznatron, welches in fortwährendem Kreislaufe aus der von den Zinkoxydniederschlägen getrennten Natriumsulfatlauge durch Behandlung mit Ätzkalk teilweise regeneriert wird. Wenn ausreichend kalkhaltiger Galmei zur Verarbeitung vorliegt, kann dieser zur Umwandlung des Natriumsulfates verwendet werden. Bei dolomithaltigem Galmei teilt man die erhaltene Lösung von Zinksulfat und Magnesiumsulfat in zwei Teile derart, daß der Magnesiumsulfatgehalt des einen Teils dem Zinksulfatgehalt des anderen möglichst äquivalent ist, fällt dann den ersten Teil mit der ätznatronhaltigen Natriumsulfatlösung und mit dem hierbei erhaltenen Niederschlag von Zink- und Magnesiumhydroxyd den zweiten Teil aus. Oder man fällt aus einem Teile der schwefelsauren Lauge Zink- und Magnesiumhydroxyd mittels Ätzkalkes, bringt das gefällte Zinkhydroxyd mit der ätznatronhaltigen Natriumsulfatlösung als Natriumzinkat in Lösung und vereinigt diese mit einem zweiten Teile der ursprünglichen Lauge, wodurch der Zinkgehalt beider Lösungen mit dem Magnesiumhydroxyd gefällt wird. Der letzte Niederschlag wird dann wie zuvor zur Abscheidung des Zinkhydroxydes aus einem weiteren Teile der ursprünglichen Zink- und Magnesiumsulfatlösung benutzt. Das letzte Patent beansprucht den Schutz für das Verfahren zur Fällung einer Zinkmagnesiumsulfatlösung, deren Magnesiumgehalt dem Zinkgehalt nicht oder nur unwesentlich nachsteht, mit etwa der Hälfte der dem Gesamtsulfatgehalte entsprechenden Menge Ätzkalk bei reichlicher Verdünnung der Lösung. Die Erfinderin gibt an, daß sie Niederschläge erzielt hat, die einen Gehalt von 50 Proz. Zinkhydroxyd neben so geringen Mengen Gips hatten, daß sie unmittelbar zur Destillation gebracht werden können (natürlich nach voraufgegangenem

Calcinieren). Sie erklärt das damit, daß ein Teil des entstehenden Magnesium-
oxyds bei der Entstehung sich mit Zinksulfat umsetzt, und andererseits dadurch, daß Gips in verdünnter Magnesiumsulfatlösung leichter als in Wasser
löslich ist.

A. V. Cunnington, Winnington, England (D. R. P. 173 209 vom 28. Januar
1904 ab) stützt ein Verfahren auf die Eigenschaft konzentrierter neutraler
Zinksalzlösungen, Zink aus seinen Erzen, sowohl aus solchen, die es als Oxyd,
wie solchen, die es als Carbonat oder Silicat enthalten aufzunehmen. Die
Erze werden vorteilhaft zwecks Auflockerung geröstet und mit einer konzentrierten neutralen Lösung eines Zinksalzes behandelt, der man nur immer
so viel von der dem Zinksalz entsprechenden Säure zusetzt, daß das gebildete basische Zinksalz in neutrales Salz zurückverwandelt wird. Beim
Extrahieren von Kieselzinkerz hat das Verfahren vor dem Ausziehen
mit Säuren den Vorzug, daß an Stelle des nur schwierig auswaschbaren, volumi-
nösen Rückstandes die Kieselsäure im filtrierfähigen Zustande zurückbleibt
und Eisen nur in geringen Spuren selbst bei stark eisenhaltigen Erzen in
Lösung geht.

Dewey gewinnt aus armen Zinksulfiderzen (bis zu 15 Proz. Zinkgehalt
herab) durch sulfatisierende Röstung und nachfolgendes Auslaugen Zinksulfatlösung, welche er zur Trockne verdampft und durch Glühen auf Zinkoxyd
oder auf metallisches Zink verarbeitet. Daneben vorhandenes Gold, Silber und
Blei soll bis zu 95 Proz. ausgebracht werden. Bei Colorado soll eine Anlage
mit einem täglichen Durchsetzquantum von 25 t in Betrieb sein. (*Kroupa*:
Österr. Zitschr. f. Berg- u Hüttenwesen 1905, S. 669.)

The Metals Extraction Corp. Ltd. (D. R. P. 188 019 vom 18. Februar 1906)
röstet die Mischerze ebenfalls sulfatisierend und laugt mit Wasser, um den
Zinkgehalt daraus zu entfernen. Die Zinksulfatlösung wird mit Chlorcalciumlösung in Calciumsulfat und Zinkchlorid umgesetzt. In der geklärten Chlorzinklösung wird die schon in Wasser gelaugte Erzpost nochmals bei Sied-
hitze digeriert und aus der Endlösung das Zink mit Kalk, Kalkcarbonat,
Magnesia oder Ätznatron gefällt. Das Verfahren soll durch die besondere
Aufeinanderfolge der einzelnen Vorgänge eine rasche, stetige Arbeit und bessere
Ausbeute als bei der bisher geübten Weise ermöglichen.

W. G. Rumbold und *G. Patchin* in London (D. R. P. 197 044 vom 7. Februar 1906 ab) fügen außer Ferrisulfat als oxydierendes Mittel zu der zum
Auslaugen oxydischer oder gerösteter Erze dienenden Schwefelsäure noch
etwas Chlornatrium, so daß die Lösungsflüssigkeit aus ungefähr 83 Gewichtsteilen Wasser, 15 Teilen gewöhnlicher Schwefelsäure, 1 Teil Ferrisulfat und
1 Teil Chlornatrium besteht. Diese wird solange systematisch über das zerkleinerte Erz geleitet, bis sie mit Metallen gesättigt ist. Solange noch freie
Säure anwesend ist, wird das Ferrisulfat ständig zersetzt und wieder gebildet.

Guido de Bechi und *Reginald Wynn Rücker* in London (D. R. P. 200 613
vom 19. April 1907 ab) behandeln das rohe Bleizinkerz nach voraufgegangener
Zerkleinerung zu einem unfühlbaren Pulver mit konzentrierter Ferrisulfatlösung und trennen die erhaltene Zink- und Eisensulfatlösung durch Fil-

trieren von dem das Blei enthaltenden Rückstande. In der Lösung wird das Ferrosulfat unter gleichzeitiger Verwendung der bei der späteren Calcination des Zinksulfates auftretenden sauren Dämpfe wieder zu Ferrosulfat oxydiert und das Zinksulfat davon durch Kristallisation getrennt. Die auskristallisierte Lösung dient von neuem zur Behandlung von weiteren Erzposten. Nach einem älteren Patente (D. R. P. 78 159) wurden die Erze zuerst geröstet, was bei dem neuen Verfahren unnötig ist. Die Lösung des Zinks erfolgt nach der Gleichung:

$$ZnS + Fe_2(SO_4)_3 = ZnSO_4 + 2\,FeSO_4 + S.$$

Die erhaltene Lösung wird in heißem Zustande oxydiert, um Bildung eines Zinkeisendoppelsalzes zu vermeiden, und zwar mittels Salpetersäure unter Wiedergewinnung bzw. Regeneration der nitrosen Dämpfe. Das durch Glühen des Zinksulfats gewonnene Zinkoxyd (siehe S. 558) soll frei von Blei sein. Anwesendes Kupfer, Gold und Silber bleiben zum größten Teile beim Blei.

J. H. Gillies in Auburn (Australien) hat sich durch D. R. P. 217 044 nachstehendes Verfahren zur Behandlung von zinkhaltigen Erzen und Hüttenerzeugnissen behufs Gewinnung einer konzentrierten Zinksulfatlösung schützen lassen. Das Erz wird in einem Flamm- oder Muffelofen einer sulfatisierenden Röstung unterzogen, wobei ein möglichst hoher Gehalt an Zinksulfat und andererseits an Oxyden des Eisens und etwa vorhandenen Kupfers angestrebt wird. Zu diesem Zwecke muß gegen Ende der Röstung die Temperatur auf solcher Höhe gehalten werden, daß die gebildeten Eisen- und Kupfersulfate, nicht aber das Zinksulfat zerlegt werden. Zum Auslaugen bedient sich der Erfinder der in Fig. 204 abgebildeten Vorrichtung (D. R. P. 212 623), in welcher die Laugung durch einen aufwärts, dem Erz entgegengehenden Flüssigkeitsstrom und dabei eine mechanische Trennung der Lauge vom Rückstand ohne weitere Hilfsmittel erfolgt.

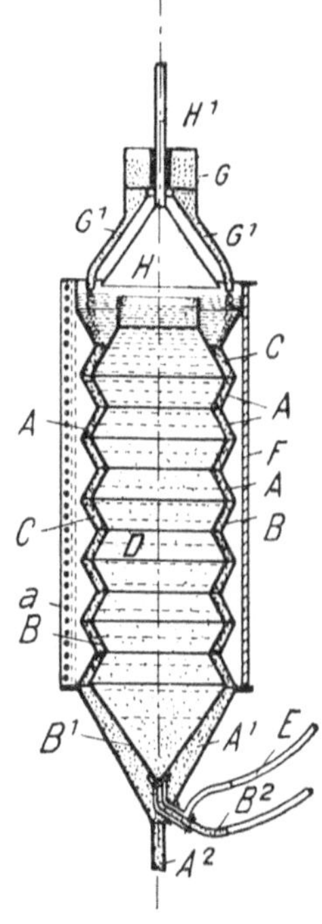

Fig. 204.

Der Apparat besteht aus einem doppelwandigen Gefäße mit einer äußeren Wandung *A* und einer inneren Wandung *B*. Die beiden Wände *A* und *B* bilden einen ringförmigen Raum *C*, der einen inneren Raum *D* umgibt. Die Wände *A* und *B* haben stufenförmige Gestalt, sind also von zickzackförmigem senkrechten Schnitt. An die Wände *A* und *B* schließen sich am Boden umgekehrte Kegel *A*¹ und *B*¹. Die äußere Wand *A*¹ ist mit einem Entleerungsrohr *A*², das mit einem Hahn oder Stopfen verschlossen werden kann, versehen. Durch dieses Rohr *A*² erfolgt die Abführung der größeren festen Stoffe bzw. unlöslichen Teile, der Gangart usw. aus dem ringförmigen Raum *C*. Die innere Wandung *B*¹ ist mit einem Entleerungsrohr *B*² versehen, welches durch die äußere Wand *A*¹ hindurchgeht und die Lösungen der Salze, sowie die feineren Teile aus dem inneren Raume D abführt. Am Boden des Gefäßes ist weiter ein Einlaßrohr E für die Auslaugungsflüssigkeit angebracht. Dasselbe tritt durch die äußere Wandung A ein und umgibt zweckmäßig das Entleerungsrohr B^2. Das Rohr E führt in den ringförmigen Raum C. Der Boden des Kegels B^1 bildet einen Verteiler für die Flüssigkeiten. Die Wände A und B des Gefäßes, sowie die verschiedenen Rohre bestehen aus einem Stoff, der von den Lösungen nicht angegriffen wird. Bei der Verwendung von Säuren benutzt man beispielsweise Antimon oder gehärtetes Blei. — Der stufenförmige Teil des Gefäßes aus dem ringförmigen Raum C^1 ist mit einem Dampfmantel F versehen, um nötigenfalls eine höhere Temperatur aufrechtzuerhalten. Wenn man das Gefäß bei der Verwendung von sauren Lösungen aus Antimon herstellt, wird die äußere Wand A in halbkegelförmigen Abschnitten gegossen und mit Flanschen a mit der Wandung F des Dampfmantels verbunden. Oben ist das Gefäß mit einem drehbaren Trichter G versehen, von dem Kanäle G^1 ausgehen, um das Laugegut in den ringförmigen Raum C zu führen. Zur Ableitung etwa entwickelter Dämpfe ist eine Haube H angeordnet, die mit einem nach oben gehenden Rohr H^1 versehen ist, das seinerseits gleichzeitig die Welle für den Trichter G bildet.

Die *Siemens & Halske A.-G.* (D. R. P. 233 252 vom 17. November 1909) glaubt die Zinkgewinnung aus Kieselabbränden und anderen zinkarmen Rohmaterialien dadurch wirtschaftlich gestalten zu können, daß sie die nach chlorierender Röstung gewonnenen Zinklaugen zunächst unter Zusatz von Kochsalz durch Ausfrieren von der Schwefelsäure befreit und dann das Zinkoxyd durch Kalksteinzusatz ausfällt. Aus dem gefällten Zinkoxyd wird mit Schwefelsäure die Sulfatlauge hergestellt, welche in bekannter Weise elektrolytisch gefällt werden kann. Die Umständlichkeit des Verfahrens wird auch hier der praktischen Ausführbarkeit im Wege stehen.

Percy Claude Cameron Isherwood, Hazelwood ,England (D. R. P. 238 890 vom 2. April 1910 ab) laugt die gerösteten Zinkbleierze mit einer etwas geringeren Menge Schwefelsäure aus, als theoretisch zur Lösung des im Erz enthaltenen Zinkoxydes erforderlich ist, und zwar bei hoher Temperatur, welche einem Drucke von 6 bis 24 kg pro qcm entspricht. Er hat gefunden, daß die Löslichkeit von Zinkoxyd in Lösungen von Zinksulfat bei solchen Temperaturen steigt, die oberhalb des Siedepunktes von Zinksulfatlösungen bei Atmosphärendruck liegen. Auf diese Weise kann man eine Zinksulfatlösung erhalten, welche vollständig frei von Eisen ist.

Alf. Wiedemann, Hohenlohehütte, (D. R. P. 240 366 vom 22. Juli 1910 ab) benutzt zum Auslaugen von armen oxydischen Erzen die an sich wertlose Säure, welche aus den Waschtürmen für die Gase bei der Kontakt-Schwefelsäurefabrikation abfließt. Dieselbe enthält etwa 25 bis 30 Proz. Schwefelsäure und neben anderen lästigen Verunreinigungen (Arsen usw.) Zink und Cadmium, etwa 2 k von jedem in der t. Dadurch, daß man diese Flüssigkeit zum Auslaugen cadmium- und zinkhaltiger Hüttenerzeugnisse, von Abgängen u. dgl. verwendet, werden die darin enthaltene Schwefelsäure verwertet und die darin gelösten Metalle nutzbringend gewonnen.

In neuester Zeit hat man als Extraktionsmittel wieder die Schwefligs-
säure an die Stelle der Schwefelsäure gesetzt, um das Zinkoxyd aus oxydischen
oder gerösteten Erzen auszuziehen. Man hat also zurückgegriffen auf die
große Fähigkeit des Zinkoxydes, schweflige Säure zu absorbieren, welche man
Ende der 70er Jahr vorigen Jahrhunderts in Lautenthal und Stolberg nutzen
wollte, um umgekehrt die Röstgase der Blenderöstung unschädlich für die
Umgebung der Hütten zu machen[1]. Der damalige Mißerfolg *Schnabels* und
Hasenclevers ist in erster Linie wohl auf die zu starke Verdünnung der Röstgase zurückzuführen.

Gilb. Dautin, Lyon, (D. R. P. 238 292 vom 21. Oktober 1909 ab) extrahiert zinkarme Mineralien mit schwefliger Säure und Luft in der Wärme,
wobei weniger Tonerde neben dem Zinkoxyd gelöst werden soll als in der
Kälte. Die erhaltene Zinksulfatlösung wird zur Trockne gedampft und mit
Kohle und Bariumcarbonat vermischt, um das Zinksulfat „in bisher unbekannter Weise" unmittelbar zu metallischem Zink zu reduzieren.

Höpfner hat sich auch schon, wie wir S. 554 erwähnten, der schwefligen
Säure bedient.

H. L. Sulman in London (D. R. P. 203 628 vom 21. Oktober 1906 ab)
laugt die gerösteten Sulfide mit flüssiger schwefliger Säure, die er in solcher
Menge anwendet, daß lösliches Zinkbisulfit entsteht, welches er nach der Trennung vom Rückstand durch Zusatz von Zinkoxyd in unlösliches Monosulfid
verwandelt. Dieses wird durch Erhitzen in Zinkoxyd und schweflige Säure
zerlegt, welche zur Extraktion weiterer Erzmengen Verwendung findet,
während das Zinkoxyd teilweise wieder als Fällungsmittel von neuen Zink-
bisulfitlösungen dient. Es ist also mit diesem Verfahren ein vollständiger
Kreislaufprozeß ausgebildet ohne Zuhilfenahme anderer Reaktionsmittel.
Das Erz selbst liefert bei der Röstung das Extraktionsmittel und das ausgezogene Zinkoxyd selbst das Mittel zu seiner Gewinnung in fester Form aus
der erhaltenen Lösung.

Zwei Patente der *Metals Extraction Corporation Ltd.*, London (D. R. P.
224 922 vom 20. Juni 1908 und 232 383 vom 14. März 1909 ab) sichern den
Schutz für zwei Apparate, welche die Laugerei der Erze möglichst vorteilhaft bewirken lassen sollen. Das erstere umfaßt eine Vorrichtung zur Erzeugung möglichst konzentrierter wässeriger Lösung von schwefliger Säure
unter etwa 1 Atm. Druck in geschlossenen Behältern, welche mit ebensolchen,
welche zur Auslaugung dienen, in Verbindung gebracht werden können,
um abgemessene Mengen Flüssigkeiten den Erzen zuzuführen. Das zweite
betrifft eine horizontal liegende zylindrische Laugetrommel mit Vorrichtungen
im Innern, welche beim Drehen eine innige Vermischung von Erz und Lauge
bewirken, beim Öffnen des Auslasses aber die Entleerung der Trommel herbeiführen. Entgegen dem ersteren Patente ist hier die Behandlung der Erze unter
Vakuum vorgesehen, um den Lösungsvorgang zu beschleunigen. Zeichnungen
der beiden Apparate sind in beiden Fällen den Patentschriften beigegeben.

---

[1] *Schnabel:* Zeitschr. f. Berg-, Hütten- u. Salinenwesen im preuß. Staate 1881,
S. 400 ff.

Nach Metallurg. and Chem. Eng. 1910, S. 591 ist in Swansea eine große Anlage nach diesem Verfahren in Betrieb. Im Mining Journ. 1911 S. 1015 und 1115 ist von *Sulman* und *Picard* eine Betriebskostenrechnung für eine tägliche Verarbeitung von 100 t Mischerz aufgestellt. Einschließlich 3,90 M für Generalkosten, zehnprozentiger Tilgung und fünfprozentiger Verzinsung des Anlagekapitals belaufen sich danach die Gesamtkosten für 1 t Erz auf 21,40. Vom Zinkgehalt des Erzes wurden 90 Proz. als Zinkoxyd gewonnen (aus 1 t Erz 335 k Zinkoxyd mit 70 Proz. Zink).

Lindt hat vorgeschlagen, kalkführende Blendeerze dadurch anzureichern, daß man das Calciumcarbonat (und Magnesia) unter Bildung von Bisulfit mit wässeriger Schwefligsäure auslaugt (Metallurgie 1909, S. 747). Ein solches Verfahren ist schon in der Zeitschrift für angew. Chemie 1904 S. 515 von *H. Brandhorst* in Rybnikerhammer (O. S.) beschrieben worden. Auch die Extraktion gerösteter armer Galmeie mittels schwefliger Säure wird angestrebt. Diesem Vorhaben steht aber hindernd im Wege, daß neben dem Zinkoxyd auch Kalk aus denselben als Bisulfit gelöst wird, welcher bei der Überführung des Zinkbisulfits in Monosulfit behufs Gewinnung in kompakter Form ebenfalls als Calciummonosulfid ausgeschieden wird und das als Endprodukt zu erzielende Zinkoxyd verunreinigt. Wie wir S. 227 zeigten, zerfällt das Calciumsulfit beim Glühen in Sulfat und Sulfid.

Auch die Löslichkeit des Zinkoxydes in Ammoniak- und Ammoniumcarbonatlösungen hat man versucht, zum Ausziehen des Zinks aus oxydischen Erzen und Hüttenerzeugnissen zu benutzen. Von neuem Veranlassung dazu hat wohl der von *Schnabel* im Jahre 1879 in Lautenthal für die Verarbeitung des vorher mit Wasserdampf nach *Cordurié* behandelten Zinkschaumes ausgebildete „Extraktionsprozeß" gegeben[1]. *Schnabel* hat durch eingehende Versuche ermittelt, daß die größte Leistungsfähigkeit eine Ammoniumcarbonatlösung besitzt, welche 7 bis 10 Proz. Ammoniak und die 1,7fache Menge Kohlensäure enthält (Ammoniumsesquicarbonat $(NH_4) 2 + NH_4 HCO_3$). Bei diesem Verhältnisse löst 1 Teil Ammoniak 1,5 Teile Zinkoxyd bei Einhaltung einer Temperatur von 30° C. Höhere Temperaturen und stärkere Konzentration ist deshalb nicht vorteilhaft, weil dann ein reichliches Entweichen von Ammoniak und die Ausscheidung von Salzen stattfindet. Nach 12stündiger Behandlung in liegenden, mit Rührwerk versehenen und verschlossenen eisernen Kesseln wurde in Lautenthal mittels Filterpresse der silberhaltige Rückstand von der ammoniakalischen Zinklösung getrennt. Letztere wurde 8 Stunden lang unter fortwährender Bewegung mit eingehängten Zinkplatten in innige Berührung gebracht, um das mitgelöste Kupfer auszufällen. Das Verschwinden der blauen Farbe deutete die vollständige Entfernung des Kupfers, welches sich am Boden des Kessels ansammelte, an. Man überzeugte sich davon durch eine mit Schwefelammonium versetzte Probe, welche einen völlig weißen Niederschlag geben mußte. Aus einem aufrechtstehenden, mit konischem Boden versehenen geschlossenen Kessel wurde das Ammoniak mittels Wasserdampf von 5 Atm. Überdruck

---

[1] Zeitschr. f. Berg-, Hütten- u. Salinenwesen im preuß. Staate 1880, S. 296.

zwecks Wiedergewinnung abdestilliert. Bei dem hohen Drucke findet (allerdings in langer, 20 stündiger Behandlung) eine vollständige Zersetzung des Zink-Ammoniumcarbonats statt. Das Zink scheidet sich in Form von basischen Zinkcarbonatsalzen ab, während Kohlensäure und Ammoniak in dissoziiertem Zustande entweichen. Das Zinkcarbonat wurde durch Absitzenlassen von der Flüssigkeit gesondert und 6 bis 8 Stunden lang in einem kleinen Flammofen mit Gasfeuerung von Wasser und Kohlensäure befreit. Das Endprodukt stellte ein gut deckendes Zinkweiß dar. Geringe Mengen von Kupferoxyd erteilen ihm aber schon eine graue Farbe, wodurch es minderwertig wird. Aus diesem Grunde ist die sorgfältig überwachte Beseitigung des Kupfers aus der Lösung erforderlich.

Bei Versuchen, zinkhaltige Kiesabbrände mit Ammoniumsesquicarbonat auszulaugen, erhielt *Schnabel* nur ein Ausbringen von 30,6 Proz. des darin enthaltenen Zinks. *Kosmann* erzielte mit neutralem Carbonat kein besseres Ergebnis. Das Zink ist zum größten Teile noch als ZnS in den Rückständen.

Man sieht, daß die Extraktion des Zinkoxydes mittels Ammoniak ein umständliches und kostspielige Einrichtungen verlangendes Verfahren ist; dennoch haben mehrere Erfinder sich darauf geworfen.

Kiliani, München, (D. R. P. 29 900) stellte den Elektrolyten mittels Ammoniumcarbonat her.

Krafft und *Schischkar* (Französ. Pat. 151 982, 1882) wollten armen Galmei mit Ammoniak ausziehen.

Claus, London, desgleichen geröstete Blende (D. R. P. 17 399).

Pinard erhielt ein französ. Pat. Nr. 307 009 (1901) auf eine Behandlung mit kochender Ammoniakflüssigkeit unter Kondensation des verdampfenden Ammoniaks in Skrubbern.

Malzac (französ. Pat. 332 596, 1903) behandelte in Diffusionsbatterien das feingemahlene, mit Ammoniakflüssigkeit angefeuchtete Erz zuerst mit Luft, um vorhandene Schwefelverbindungen zu oxydieren, und laugte dann mit Ammoniakflüssigkeit von 22° Bé. Aus der erhaltenen Lösung fällte er das Kupfer mit Schwefelammonium (*Bermont* in Frankreich unter Nr. 315 888 [13. November 1901] geschützt) und etwas Zink. Das Ammoniak kochte er aus und kondensierte es in Skrubbern. — Siehe auch *Brandhorst* a. a. O.

Ellershausen (französ. Pat. 334 062 vom 6. August 1902) schlug vor, Bleizinksulfide mit angesäuerter Ammoniumsulfatlösung zu behandeln. Das gelöste Eisen soll aus der neutralisierten Lauge durch das Filtrieren über Kalkcarbonat abgeschieden werden, dann Cadmium durch Zink und das Zink durch vorsichtigen Zusatz vom Ammoniak (regeneriert aus der Mutterlauge durch Kalk) gefällt werden (*Lodin*).

P. Cl. C. Isherwood, Wealdstone, Harrow, England (D. R. P. 218 226 vom 17. Juli 1907 ab) behandelt ebenfalls schwer schmelzbare Zinkbleierze mit hochkonzentrierter Lösung von Ammoniumsulfat oder Ammoniumchlorid bei einer Temperatur über 70°, so daß nur Doppelsalze von Zinkoxyd bzw. Bleioxyd mit dem betreffenden Ammoniumsalz gebildet werden. Das Verfahren soll die Gewinnung des Zinks (und Kupfers) mit oder ohne Blei und einen Teil des Silbers auf einfache Weise in verkäuflicher Form ermöglichen. Das Gold, der Rest des Silbers und Bleies oder das ganze Silber und Blei bleiben in den Rückständen, die in bekannter Weise weiter verarbeitet werden.

Nach *S. E. Bretherton*[1] werden Mischerze zunächst geröstet und dann mit Ammoniak ausgelaugt, wobei Zink und Kupfer gelöst werden.

Ein in neuerer Zeit in Overpelt (Belgien) im großen ausgeübtes Verfahren zur Zerlegung von sulfidischen Blei-Silber-Zinkerzen verdient noch Beachtung. Es ist begründet auf einen Vorschlag von *Ganelin*, Berlin[2], nach welchem die Sulfide von Blei und Silber durch geschmolzenes Chlorzink in Chlorblei, Chlorsilber und Schwefelzink übergeführt werden und die Chlormetalle durch metallisches Zink gefällt werden. Man schmilzt das Doppelsalz Chlorzink-Chlornatrium und trägt das sehr feingemahlene Erz und später metallisches Zink in die Schmelze ein, wonach sich die durch nachstehende Gleichungen ausgedrückten Umsetzungen vollziehen:

$$PbS + ZnCl_2 = PbCl_2 + ZnS,$$
$$Ag_2S + ZnCl_2 = 2\,AgCl + ZnS,$$
$$PbCl_2 + Zn = Pb + ZnCl_2,$$
$$2\,AgCl + Zn = 2\,Ag + ZnCl_2.$$

Das ursprünglich vorhandene ZnS erleidet keine Veränderung und vermischt sich mit dem gebildeten Schwefelzink. Nach Abstechen des Silberbleies wird die Schmelze mit Wasser behandelt und das dadurch von Schwefelzink abgesonderte Zinkchlorid-Chlornatrium als festes entwässertes Doppelsalz wieder gewonnen.

E. Langguth, Neerpelt, (D. R. P. 240 768 vom 23. März 1911 ab) hat das Verfahren, welches zuerst nur unter Aufeinanderfolge der Vorgänge in demselben Gefäße ausgeführt wurde, zu einem ununterbrochenen Arbeitsprozesse ausgebildet. Die Schmelzen werden durch eine Reihe untereinander angeordneter Kessel geführt, wodurch erreicht wird, daß bei vollkommener Trennung des Metalls von der Schmelze in dem oberen Kessel silberreiches Blei und in dem unteren silberarmes bzw. silberfreies Blei gewonnen wird.

10. Die Gewinnung des Zinks auf elektrolytischem Wege.

Die ersten Versuche, Metalle aus Erzen auf elektrolytischem Wege zu gewinnen, sind von *A. C. Becquerel* und dessen Sohne *Al. Edm. Becquerel*[3] unternommen. 1854 machte der erstere der Akademie der Wissenschaften in Paris Mitteilungen über seine langjährigen Arbeiten, silberhaltige Blei- und Kupfererze auf elektrochemischem Wege zugute zu machen[4]. Er röstete die Erze (nach seiner Angabe hat er über 10000 k Erze verschiedener Herkunft ver-

[1] Eng. Min. Journ. **87**, 666.
[2] D. R. P. 97 943 und 124 846.
[3] Traité d'Electricité et de Magnetisme II. Aufl. 1855, S. 276 bis 446.
[4] *Dingl:* Polyt. Journ. (1854) **133**, 213; Comtes rendus **38**, S. 1095.

arbeitet) chlorierend oder sulfatisierend, um in einer gesättigten Lösung von Chlornatrium die Metalle löslich zu machen, welche er dann mit dem elektrischen Strom, als dessen Quelle ihm eine *Volta*sche Säule diente, abschied. Der Mangel einer ergiebigen billigen Elektrizitätsquelle mußte eine gewerbliche Nutzung dieser Forschungen verhindern. Erst mit der Entdeckung des dynamoelektrischen Prinzips durch *Werner von Siemens* im Jahre 1867 eröffnete sich die Möglichkeit, einen so billigen elektrischen Strom zu erzeugen, um an die Elektrolyse von Metallsalzen im großen denken zu können.

Der erste, welcher Zink auf elektrolytischem Wege gewinnen wollte, war *C. Luckow*, Deutz, (D. R. P. 14 256 vom 20. April 1880). Als Anode benutzte er zinkhaltige geröstete Erze oder Hüttenerzeugnisse, vermengt mit Kohle, und zur Stromzuführung Kohle. Als Elektrolyt zog er Chlorzinklösung der Sulfatlauge vor. Die Patentschrift gibt an, daß mit wachsender Konzentration der Lösung und der Stromdichte das erzeugte Zink von der sonst „regulinischen" Form in „körnige und feinkörnige" Struktur übergehe. Sehr bald folgte ihm

L. Létrange (D. R. P. 21 775 vom 8. Juli 1881). Dieser löste die Oxyde in verdünnter Schwefelsäure, neutralisierte mit Galmei und benutzte als Anode Kohle oder Blei, aber auch lösliche Anoden. Nach *Kosmann* (Berg- u. Hüttenm. Ztg. 1883, S. 287) war das Verfahren auf einem *Létrange* gehörigen Werke in St. Denis in Ausführung zur Verarbeitung von Zinkaschen. Auf der Weltausstellung in Chikago war von *Létrange* elektrolytisch gewonnenes Zink in kompakten Platten ausgestellt, so daß angenommen werden muß, daß er bis dahin seine Fabrikation noch nicht eingestellt gehabt hat. Nach *Blas* und *Miest* betrug der Kohlenverbrauch für Erzeugung des elektrischen Stromes für 1 k Zink 17 k.

Lambotte-Doucet stellt ein Bleyberg aus gereinigter Chlorzinklauge Elektrolytzink her. Der Betrieb wurde nach *Blas* und *Miest*[1] nach Verlauf von 2 Jahren als zu teuer eingestellt. Zur Erzeugung von 1 kg Zink sollen 9 PS-St. oder 18 kg Kohlen nötig gewesen sein. Dazu kamen noch die Kosten für das Rösten der Blende und die Herstellung der Chlorzinklauge. *Blas* und *Miest* haben selbst ein Verfahren ausgearbeitet, bei welchem nach den Erfindern infolge Nutzung der anodischen Arbeit mit 3 PS-St. 1 k Zink ausgefällt werden kann.

Herrmann (D. R. P. 24 682, 26 091 [1883] und 33 107 [1884]) hat die ersten Versuche gemacht, Zink im großen auf elektrolytischem Wege zu raffinieren. Er verwandte als Elektrolyt ein Doppelsalz des Zinks mit einem Alkali oder Erdalkali, womit er die fremden Bestandteile des Anodenmaterials (Rohzink) in unlösliche Form überführen wollte. Als Kathode benutzte er Blech von chemisch reinem Zink.

Mit der elektrolytischen Zinkraffination beschäftigten sich außer *Herrmann* noch: *Watt* (engl. Pat. 6294 — 1887 und 3369 — 1888), der als Elektrolyten essigsaures Zink benutzte, und

---

[1] Berg- u. Hüttenm. Ztg. 1883, S. 367.

Pfleger (amerik. Pat. 495 937 vom 18. April 1893), der sich eines alkalischen Elektrolyten bediente, den er von fremden Metallen durch Zusatz von basischem Zinkchlorid oder basischem Sulfat reinigte.

Mylius und *Fromm*[1] kamen nach eingehendem Studium zu dem Schlusse, daß die elektrolytische Zinkraffination in der Ausführung schwierig und umständlich ist und sich deshalb für den gewerblichen Gebrauch nicht eignet, namentlich da nicht einmal ein ganz reines Produkt erzielt werden kann. Das erklären sie sich damit, daß unreines Zink kein homonogenes Material sei, sondern aus reinen Kristallen bestehe, die durch eine unreine Legierung verkittet seien. Die Verunreinigungen fallen bei der Auflösung ab oder werden gelöst und können in letzterem Falle zum Teil wieder mit niedergeschlagen werden. Wie früher schon angeführt, versuchte

Rösing (D. R. P. 33 589) auf elektrolytischem Wege die Rückgewinnung des Zinks aus dem Zinkschaume. Das Verfahren war zu umständlich und teurer, als die Destillationsmethode (siehe auch S. 484)[2].

Kiliani, München[3], bestätigt die Ansicht *Luckows*, daß es möglich ist, mittels Elektrolyse von Chloridlösungen (mäßig konzentrierte, schwach sauer gehaltene Kochsalzlösung) Zink direkt aus roher Blende zu gewinnen, fand aber die Lösung so unvollständig, daß der Vorgang im großen nicht mit Vorteil durchgeführt werden kann. Er schiebt die Schwerlöslichkeit auf die schlechte Leitfähigkeit, die den Zinkkerzen überhaupt eigen ist. *Kiliani* hat auch die Ursache dafür zu ergründen gesucht, daß sich das Zink in schwammiger Form bei der Elektrolyse sowohl von Zinksulfat wie Chlorzink abscheidet, gleichgültig, ob man mit löslichen oder unlöslichen Anoden arbeitet. Die Schwammbildung ist zum Teil der Einführung der Zinkelektrolyse hindernd in den Weg getreten. Er schiebt diese Eigenschaft des Zinks auf die auftretende Wasserstoffentwicklung. Aus sehr verdünnten Lösungen erhielt er bei geringen wie hohen Stromdichten stets schwammiges Zink. In konzentrierten Lösungen nimmt dagegen bei steigender Stromdichte die Gasentwicklung mehr und mehr ab und hört schließlich ganz auf bei 1848 Amp/qm. Das Zink scheidet sich dann fest und weißglänzend ab.

Kiliani selbst arbeitete mit einem alkalischen Elektrolyten (D. R. P. 29 900 und 32 864 — 1884). Ein Gemisch von Ammoniumcarbonat und Ammoniak sättigte er durch Digerieren mit zinkoxydhaltigen Stoffen mit Zink. Im zweiten Patente ersetzt er — wohl wegen der unausbleiblichen Verluste von Ammoniak — dieses durch Kali- oder Natronlauge. Als Kathode dient Zinkblech, als Anode Eisenblech. Die entzinkte Lauge sollte von neuem zur Auflösung von Zinkoxyd benutzt werden. Das Zink soll bei großen Stromdichten krystallinisch, bei geringeren mattgrau, aber von großer Reinheit fallen. Ist die Stromdichte zu groß, so tritt Wasserstoffentwicklung und Schwammbildung auf. An der Anode wird Sauerstoff ab-

---

[1] Zeitschr. f. anorgan. Chemie **5**, 144 (1895).

[2] Vgl. auch *Borchers* „Elektrometallurgie" 1896, S. 231 ff. und Berg- u. Hüttenm. Ztg. 1893, S. 251 u. 269.

[3] Berg- u. Hüttenm. Ztg. 1883, S. 250.

geschieden. Das Eisen soll nicht angegriffen werden, solange sich nicht zu große Chlorammoniummengen im Bad angesammelt haben.

Burghardt und *Rigg* (D. R. P. 49 682 vom 22. Mai 1889) wenden ebenfalls alkalische Lösung des Zinkoxydes an bei einer löslichen Anode, bestehend aus einem von Zinkoxyd (gerösteter Blende) umgebenen Eisenblech.

Nahnsen[1] (D. R. P. 56 700 vom 20. Juni 1890, 64 252 vom 22. Dezember 1891, 70 394 — Zusatzpatent) hat sich nächst *Kiliani* eingehend damit beschäftigt, die Ursachen der schwammförmigen Abscheidung des Zinks zu klären. Bezüglich der Stromdichte hat er dessen Ansicht bestätigt gefunden. Den Zinkschwamm erkannte er als ein Gemenge von Zink und Zinkoxyd; er entsteht dadurch, daß sich im Augenblick des Abscheidung die feinsten der ausgeschiedenen Zinkteilchen unter Wasserzersetzung wieder oxydieren. Eine äquivalente Menge Wasserstoff wird natürlich dabei frei. Zu hohen Stromdichten, mit welchen man die Schwammbildung verhüten kann, seine Zuflucht zu nehmen, konnte er sich nicht entschließen, weil damit eine Erhöhung der Spannung und Steigerung der erforderlichen Betriebskraft verbunden ist. Er wählte als Mittel, die chemische Reaktion (Oxydation des Zinks) abzuschwächen, eine Abkühlung des Elektrolyten. Bei einer Stromdichte von 200 Amp/qm erreichte er bei Abkühlung bis auf 30° festes Zink unter Anwendung eines Elektrolyten von schwefelsaurem Zynkoxyd. Bei Benutzung der von *Herrmann* vorgeschlagenen Zinkalkalisulfatdoppelsalzlösung dagegen erwärmte er den Elektrolyten, um die Salzkrystallisation an der Anode zu verhüten. Er erreicht durch die Erwärmung eine Spaltung der Doppelsalze, so daß die Elektrolyse wie bei einfachen Salzen verläuft, auch wenn geringe Stromdichten angewendet werden (D. R. P. 71 155 und 77 127 — 1893).

Den Elektrolyten stellte *Nahnsen* auf die Weise her, daß er das durch sulfatisierende Röstung der Schwefelerze erzeugte Zinksulfat durch einen Waschprozeß mit dem Kalk- und Magnesiagehalt der Erze in Zinkoxyd und Sulfate der Erden umsetzte. Das erhaltene Zinkoxyd wurde in Sulfatlauge übergeführt und eine bei 50° gesättigte Kaliumsulfatlösung hinzugefügt. Der Elektrolyt enthält dann — der anzuwendenden Stromdichte angepaßt — 45 bis 90 g $ZnSO_4 + 7$ aq. und 300 bis 159 g Alkalisulfat. Die Elektrolyse wird bei einer Temperatur von 60° vorgenommen. Eine längere Zeit betriebene Versuchsanlage der *Schlesischen Aktiengesellschaft für Bergbau- und Zinkhüttenbetrieb* in Lipine ergab zu hohe Erzeugungskosten.

Cassel und *Kjellin* (D. R. P. 67 303 vom 18. August 1892) trennen die Kathodenkammer von der Anodenkammer durch ein Tondiaphragma und schlagen Eisen (oder ein anderes Metall) als lösliche Anode vor; die Kathode besteht aus Zinkblech. Im Anodenraum wird Eisensulfat als Elektrolyt verwendet, im Kathodenraum besteht derselbe aus Zinksulfat. Bei der Elektrolyse wird an der Kathode Zink niedergeschlagen, während an der Anode Eisen in Lösung geht. Hierdurch wird eine Verringerung der Potentialdifferenz erreicht und die Anreicherung des Elektrolyten an freier Schwefelsäure ver-

---

[1] Berg- u. Hüttenm. Ztg. 1891, S. 393; Dingl. Polyt. Journ. **288**, 259 (1893).

mieden. *Hasse*[1] bezeichnet deshalb das Verfahren als vielversprechend, selbst wenn der erzeugte Eisenvitriol keine Verwendung finden sollte. Der Kraftverbrauch sinkt auf $^1/_3$ gegenüber der Arbeit mit unlöslicher Anode. Dagegen sind für 1 Teil Zink theoretisch 0,85 Teile Eisen und 1,5 Teile H_2SO_4 aufzuwenden, so daß die Kraftersparnis wieder aufgewogen wird.

C. Hoepfner hatte sich besonders zum Ziele gesetzt, den Zinkgehalt der Meggener Schwefelkiese zu gewinnen. Die zahlreichen Patente: D. R. P. 58 133 vom 24. Februar 1889, 62 946 vom 14. Januar 1891 ab, 65 478, 68 748, 85 812, 86 153, 86 543, 87 398, 89 980, 91 513, 101 177, 106 405, 112 018 und 126 396 geben von seinen Arbeiten Zeugnis.

Das erste seiner Patente umfaßte die Behandlung armer oxydischer Zink- und Bleierze mit Alkalilauge. Er arbeitete also, wie *Kiliani*, mit einem aus Zinkat bestehenden Elektrolyten. Um das Verfahren rentabel zu gestalten, geht er auf die Gewinnung von Chlor oder Chloraten als Nebenerzeugnis aus. Durch eine doppelte Membrane schafft er zwischen der Anoden- und Kathodenzelle einen dritten Raum, in welchem eine Lösung von kohlensaurem Alkali zirkuliert. Die Zinkatlösung umgibt die Kathode, und die Anode eine beliebige Alkalichloridlösung. Das entwickelte Chlor wird aufgefangen und verwertet oder sein Auftreten verhütet, indem man durch Zufuhr von Alkali oder Erdalkali zur Anode Chlorat erzeugt.

Die folgenden Patente befassen sich mit der Zinkgewinnung aus armen Galmeierzen. Er führt das Zinkoxyd bzw. kohlensaure Zinkoxyd durch Chlorcalcium unter Druck und stetigem Rühren, gebotenenfalls auch unter Einleitung von Kohlensäure, in Chlorzink über. Blendeerze löst er mit verdünntem Königswasser bzw. Chilisalpeter, Natriumchlorid und Schwefelsäure, in einem späteren Patent mit schwefliger Säure und setzt dann nachfolgend das Zinksulfid mit Chlorcalciumlösung um. Im Jahre 1892 wurde von *Hoepfner* nach voraufgegangenen Versuchen in Weidenau a. d. Sieg und in Homberg a. Rh. in Fürfurt a. d. Lahn eine Gesellschaft ins Leben gerufen, welche sich die Gewinnung des Zinks aus den Abbränden der westfälischen Schwefelkiese zur Aufgabe gestellt hatte. 1894 wurde die erste Versuchsanlage zu einer Fabrik größeren Umfanges ausgebaut, sie arbeitete mit einer Maschinenkraft von 350 PS.

Die Kiesabbrände einer naheliegenden Schwefelsäurefabrik wurden chlorierend geröstet (S. 550) und gelaugt, aus der Lauge das Alkalisulfat durch Abkühlung abgeschieden und dieselbe dann durch Zusatz von Chlorkalk und Marmor von anderen Metallen befreit, soweit sie sich als Oxyde durch diese Mittel ausscheiden lassen. Blei, Kupfer, Thallium, Arsen usw. wurden mittels Zink ausgefällt, so daß eine reine, aus Chlorzink und Chlornatrium bestehende Lauge übrig blieb, die 9 bis 9,5 Proz. Zn., 23 bis 24 Proz. Cl und kleine Mengen Schwefelsäure (0,05 bis 0,10 Proz.) enthielt. Eine genaue Beschreibung der Laugenherstellung einschl. des Röstvorganges ist in *Günther*, Die Darstellung des Zinks auf elektrolytischem Wege zu finden, ebenso, wie des Verfahrens, welches bei der Elektrolyse eingeschlagen wurde.

---

[1] Berg- u. Hüttenm. Ztg. 1895, S. 434.

Man arbeitete mit unlöslichen Anoden (Kohle) und benutzte Eisen- und Zinkblech als Kathoden. Anoden- und Kathodenzellen waren durch Membranen
aus nitriertem Nesseltuch geschieden. Die Zellen waren aneinandergereiht
derart, daß je eine von 7 Kathodenzellen von etwa 100 mm Breite zwischen
zwei Anodenzellen von 140 mm Breite lag. Die rotierenden Kathoden bestanden aus runden 2 mm dicken Blechen von 1400 mm Durchmesser und
waren auf einer gemeinsamen Welle befestigt, welche quer über der Mitte
des Zellenkastens lag: Die Lauge trat auf der einen Seite eines also 8 Anoden-
und 7 Kathodenzellen fassenden Kastens unten ein und auf der anderen oben
aus. Das entwickelte Chlor wurde aus jeder Anodenzelle durch ein durch die
Abdeckung reichendes Rohr abgeleitet. Nach *Günther* gelang es in Fürfurt,
während der günstigen Jahreszeit mit 30 und mehr Bädern mehrere Monate
ohne Unterbrechung einen geregelten Betrieb aufrecht zu erhalten und bei
einer Stromstärke von 900 bis 1000 Amp. für jedes Bad in 4 bis 5 Wochen
800 bis 1000 k Zink niederzuschlagen, was einer Stromausbeute von 95 Proz.
und mehr entsprach. Das Zink mußte mit den Kathodenblechen in einem der
üblichen Zinkflammöfen umgeschmolzen werden, um es in verkäufliche
Form zu bringen. Bei einem Kohlenverbrauch von 8 bis 9 Proz. Zink entstand
dabei ein Abbrand von 1,5 bis 2 Proz. Die Verkaufsware war von großer
Reinheit, sie enthielt 99,97 bis 99,98 Proz. Zink neben 0,01 bis 0,02 Proz.
Blei, Spuren von Eisen und Thallium.

Am Schlusse seiner Monographie gibt *Günther* Kostenberechnungen
für die Erzeugung von elektrolytischem Zink nach *Hoepfners* System, bei
Benutzung zinkhaltiger Kiesabbrände (aus Meggen in Westfalen) als Rohstoff. Unter der Voraussetzung, daß nach der chlorierenden Röstung 9,7 Proz.
Zink[1] aus dem Rohmaterial durch Auslaugung gewonnen werden, 5 Proz.
des ausgelaugten Zinks aber bei der Reinigung der Laugen verloren gehen,
sind für die 1000 k Zink enthaltende Reinlauge erforderlich:

		10,875 t Rohstoff	zu	4,25	M	= M	46,20
18 Proz. davon		= 1,96 t Kochsalz	„	10,00	„	= „	19,60
20 „ „	(für Röstung)	= 2.175 t Steinkohle	„	20,00	„	= „	43,50
13,5 „ „	(für Laugerei einschl.						
	Maschinenkraft) = 1,470 t		„		„ 20,00	„ = „	29,40

ferner an Chlorkalk, Zinkstaub, Filtertüchern und verschiedenen Materialien = „ 20,70
für Arbeitslohn [36 Arbeiter am Tage (24 Stunden) zu durchschn. 3 M] = „ 57,00

zusammen M 216,40

An Nebenprodukten fallen:

50 Proz. des Rohstoffes an Glaubersalz = 5,440 t à 10,00 M = M 54,40
und 80 Proz. Eisenerz mit 56 Proz. Fe = 8,700 t à 8,00 „ = „ 69,60

zusammen M 124,00

so daß sich die Kosten für 1000 k Zink in der Lauge an reinen Betriebsausgaben ohne
Tilgungsbetrag für die Fabrikanlage und Generalunkosten auf M 92,40 belaufen.

Bei einer Stromausbeute von 95 bis 97 Proz. sind nach *Günthers* Angaben
5250 PS./St. zur Ausfällung von 1000 k Zink in Fürfurt aufgewendet worden.
Gearbeitet wurde mit einer Spannung von 3,3 bis 4,0 Volt und einer Strom-

---

[1] 7,5 Proz. des chlorierten Röstgutes (nach *Günther*.)

dichte von 150 Amp./qm. Setzt man den Kohlenverbrauch für die PS./Std. zu $2^1/_2$ Pfg. ein, so entspricht der Kraftbedarf einem Aufwand von 131,25 M. Weiter erforderte die Ausfällung des Zinks 13,75 M für arsenfreie Salzsäure; die zur Elektrolyse kommende Lauge ist schwach basisch und muß deshalb mit gewöhnlicher, aber arsenfreier Salzsäure nicht nur neutralisiert, sondern zweckmäßig bis auf etwa 0,1 Proz. HCl-Gehalt angesäuert werden. An Arbeitslöhnen, verschiedenen Betriebsmaterialien, Beleuchtung und Reparaturkosten erwuchsen ferner für je 1000 k Zink 87,00 M Ausgaben. Demnach stellen sich die Betriebskosten für die Ausscheidung von 1000 k Zink insgesamt auf 232,00 M.

Nun werden aber neben 1 t Zink 2,73 t Chlorkalk gewonnen, welche *Günther* in seiner Berechnung mit 120 M die t = 327,60 M eingesetzt hat, wozu andererseits für gelöschten Kalk, Packmaterial und Fässer wieder rund 87,60 M aufzuwenden sind. Es stehen also 232,00 M Ausgabe an Einnahmen 240 M gegenüber, so daß noch ein Überschuß von 8,00 M verbleibt; die Fällungskosten des Zinks werden demnach reichlich durch den Gewinn aus dem als Nebenerzeugnis gewonnenen Chlorkalk gedeckt.

Um das an den Kathoden fest haftende Zink in eine verkäufliche Form zu bringen, muß es, wie bereits erwähnt, im Wannenofen umgeschmolzen werden, wobei etwa 2 Proz. als Gekrätz abfällt und nur 980 k als Handelsware verbleiben. Hierzu sind 8 Proz. Kohle (80 k) im Werte von 1,60 M aufzuwenden, die 20 k Gekrätz haben dagegen einen Wert von 4,00 M. Es kommen also den übrig bleibenden 980 k Zink daraus 2,40 M zugut.

Für Tilgung der gesamten Anlage (durchschnittlich 10 Proz.) Verzinsung des Anlagekapitals (5 Proz.) und für Gehälter und Generalunkosten ist das gefällte Zink für je 1000 k mit rund 180,00 M zu belasten. Es stellen sich die Gesamtkosten demnach auf 180,00 + 92,40 (Zink in der Lauge) —10,40 (Ertrag aus Chlorkalk und Gekrätz) auf 262,00 M, für die handelsfertige Ware also auf rund 267,00 M (262 : 98 $\times$ 100).

Nach der vorstehenden Rechnung mußte die Fürfurter Anlage nicht nur bestehen können, sondern sogar recht ansehnlichen Gewinn abwerfen, denn seit dem Jahre 1885 ist der Zinkpreis nur noch in einem Jahre unter 30 M gefallen. Für so reines Zink, wie es nach *Günthers* Angaben in Fürfurt hergestellt wurde, ist aber meist ein Überpreis von 50 Proz. und mehr bezahlt worden. Wenn die Fabrikation dennoch nach wenigen Jahren wieder aufgegeben worden ist[1], so muß auf die Dauer der Betriebsverlauf kein so günstiger gewesen sein, wie ihn die Aufstellungen von *Günther* nachweisen. Der Mißerfolg wird in erster Linie in den weit höheren Gestehungskosten der Zinklaugen zu suchen sein. Wenn *Günther* sagt, daß es nicht schwierig sei, reichere Abbrände zu beschaffen, so kann der Verf. dieser Ansicht nicht beitreten. Nach seinen Erfahrungen muß man recht zufrieden sein, wenn im Durchschnitt das Röstgut 6 Proz. wasserlösliches Zink enthält. Wenn man in Fürfurt 8,5 bis 9 Proz., mitunter sogar 10 Proz. Zink aus dem Röstgut ausbrachte,

---

[1] Die Fabrik ist in eine Lithoponefabrik umgewandelt worden.

so wird man während der Versuchszeit bemüht gewesen sein, die an Zink reichsten Partien der Kiesabbrände zu verarbeiten. Die große Menge der Förderung der Meggener Schwefelkiesgruben enthält heute unter 6 Proz. Zink, wovon in den Laugerückständen noch etwa 1,50 Proz. nach Ansicht des Verf. zum Teil als unlösliches kieselsaures Zinkoxyd zurückbleiben. In diesem Falle stellt sich das Zink in den Laugen schon auf 20 bis 25 M für 1000 k teurer.

Weiter wird der Ertrag für die Nebenprodukte Glaubersalz, Eisenerz und Chlorkalk nicht regelmäßig die eingesetzte Höhe erreichen. Nebenerzeugnisse müssen aber einen großen Teil der Kosten für die Laugenbereitung einerseits und die Zinkfällung andrerseits decken, wenn die elektrolytische Zinkgewinnung wirtschaftlich möglich sein soll, ganz besonders aber dann, wenn das Zink im Rohstoff noch mit einem gewissen Wert in die Rechnung einzusetzen ist, was bei der aufgemachten Kostenberechnung ja nicht der Fall ist, denn die eingesetzten 4,25 M für eine t Kieselabbrand können nicht als Bewertung des darin enthaltenen Zinks angesehen werden.

Bei einem Mittelpreis von 40 M für Zink hat ein 30 Proz. Zink enthaltender Galmei, der heute in Oberschlesien und im Westen Deutschlands noch in Retorten neben reicheren Erzen verhüttet wird, einen Wert von 40 M per t. Die 300 k Zink darin kosten also 40 M oder 1000 k Zink $133^1/_3$ M. Gesetzt den günstigen Fall, es stünde eine billige 17grädige Salzsäure zum Ausziehen des Zinkoxydes zur Verfügung und der Galmei wäre kalkfrei und nach dem Brennen desselben das darin anwesende Eisen in schwerlösliches Eisenoxyd übergeführt, andere lösliche Nebenbestandteile endlich überhaupt nicht vorhanden, so würden sich die Kosten für die Herstellung der reinen Chlorzinklange für 1000 k Zink stellen auf:

für Brennen von 3333 k Galmei: 9 Proz. Kohle (zu 20 M pro t) . .	M	6,00
Arbeitslohn hierfür	,,	4,00
zum Lösen 4500 k Salzsäure von 17° Be (mit 25 Proz. HCl) zu 2 M für 100 k	,,	90,00
Materialien und Arbeitslöhne für Reinigung der Lauge	,,	50,00
zusammen	M	150,00

Die Kosten für die elektrolytische Abscheidung des Zinks möge durch die Ausbeute an Chlorkalk gedeckt werden und für Tilgung und Verzinsung der Anlage, Gehälter und Generalkosten seien 150 M für 1000 k Zink in der Lauge eingesetzt, dann werden sich die gewonnenen 980 k handelsfertige Ware auf 133,35 + 150 + 150 auf 433,35 M stellen, der Gestehungspreis also den Marktpreis um 33,35 M übersteigen.

Dieses oberflächliche Rechnungsbeispiel zeigt, daß die elektrolytische Zinkgewinnung aus Laugen nicht nur, sondern die Zinkgewinnung auf nassem Wege überhaupt an den für die Extraktion des Zinks entstehenden Kosten scheitern muß, wenn nicht wertvolle Nebenbestandteile des Erzes den größten Teil des Aufwandes an Material und Arbeit decken. Bei gemischten Erzen, besonders wenn dieselben Edelmetalle enthalten, kann eine Zinkextraktion auf nassem Wege ausführbar sein, für reine Zinkerze halten wir nach obigen

Darlegungen dahin gehende Verfahren für ungangbar, wenn nicht etwa aus anderen Fabrikationen anderweitig nicht verwertbare Abfallprodukte als Mittel verwendet werden können, um das Zink in armen Erzen und zinkhaltigen Pyriten in lösliche Form überzuführen.

Von diesem Gesichtspunkte ausgehend scheint übrigens auch *Hoepfner* das bei der Ammoniaksodafabrikation abfallende Chlorcalcium als Lösungsmittel für Zinkoxyd aus armen Erzen (D. R. P. 85812) gewählt zu haben (s. S. 553).

Dieses Verfahren ist, wenn auch in verbesserter Form, in England bei *Brunner, Mond & Co.* zu Winnington bei Chester in Anwendung[1]. Nach *Günther* verarbeitet man dort sogar reichhaltige oxydische Zinkerze und unterwirft die gewonnenen Laugen der Elektrolyse. Im Jahre 1902 belief sich die tägliche Produktion auf rund 3 t Zink und 9 t Chlorkalk. Das Zink hat einen Gehalt von 0,01 Proz. Eisen bei 99,96 Proz. Zink (Gmelin-Kraut 1911 Bd. 4 Abt. 1 S. 3. Zur Abscheidung von 5 k Zink täglich ist eine Pferdekraft erforderlich, also rund 5 PS-Stunden für 1 k Zink.

Diese unseres Wissens z. Z. noch einzige größere Betriebsstätte beweist, daß unter besonders günstigen Verhältnissen die elektrolytische Zinkgewinnung wirtschaftlich möglich ist.

Ein in D u i s b u r g - H o c h f e l d von den Elektrischen Zinkwerken G. m. b. H. erbaute größere Anlage, in welcher man unseres Wissens über 1000 PS. verfügte, hat keinen Bestand gehabt[2], weil das erzeugte Zink, welches zwar von großer Reinheit und sonst auch von guter Beschaffenheit war, teurer zu stehen kam, als auf dem Wege der Destillation. Das Verfahren, nach welchem dort gearbeitet worden ist, ist der Öffentlichkeit vorenthalten worden. Die Leitung des Betriebes ruhte in der Hauptsache in den Händen *Dieffenbach*s in Darmstadt, und deshalb liegt es nahe, daß die dem Inhalt nach übereinstimmenden Patente von *Frank* (D. R. P. 95720 vom 27. August 1895) und von *Dieffenbach* (Engl. Pat. 25804, 1896) die Grundlage des Unternehmens gebildet haben. Nach diesen Patenten besteht der Elektrolyt aus zinksaurem Natron an der Kathode. Der Anodenraum und eine Zwischenzelle sind mit einer Lösung von schwefelsaurem Natron gefüllt. Neben dem metallischen Zink an der Kathode soll in der Zwischenzelle Natronlauge gewonnen werden. Theoretisch kann man bei der Elektrolyse von Alkalisalzen mit Diaphragma im Kathodenraume nur eine Lauge mit 10 bis 12 Proz. freiem Alkali erzeugen, von da ab bildet sich das Alkali nur im Anodenraume und wird dort durch die Säure fortlaufend wieder neutralisiert. Fügt man eine Zwischenzelle ein, so bildet sich das freie Alkali in dieser, in welcher man statt des Sulfats auch Chlorid verwenden kann. Die Anodenlauge muß regelmäßig zirkulieren; die gebildete Säure wird außerhalb des Bodens mit Calciumhydroxyd abgestumpft. *Günther* bezweifelt, daß nach diesem Verfahren gearbeitet wurde. Der Verfasser vermutet, daß nach Aufgabe desselben das Patent von *Matthes*

---

[1] The Mineral Industry 1898, S. 667. D. R. P. 85812 und 86153.

[2] Die Gesellschaft versuchte später das Zink aus den Kiesabbränden in einem doppelherdigen Flammofen abzutreiben. D. R. P. 173103 vom 20. März 1904.

& Weber (D. R. P. 84579 s. S. 555) zur Extraktion des Zinks aus den Kiesabbränden benutzt worden ist und später also eine Chlorzinklauge bei gleichzeitiger Gewinnung von Chlor der Elektrolyse unterworfen wurde.

Ashcrofts Bestrebungen, die Broken Hill-Erze oder vielmehr die zink-
reichen Abgänge von den Bleierzen, für welche man damals noch kein Kon-
zentrationsverfahren gefunden hatte, zugute zu machen, waren, wie wir schon
S. —0 erwähnten, auch nicht von Erfolg begleitet. Die mit einer Maschinenkraft von 1500 PS arbeitende Versuchsanlage der *Sulphide Corporation* in Cockle
Creek in Neu-Südwales wurde nach kurzer Zeit wieder aufgegeben. *Ashcroft*
verband zur Elektrolyse der Chlorzinklauge je 3 Bäder zu einer Gruppe. In den
beiden ersten arbeitete er mit löslichen Anoden aus Eisenblech, in dem dritten
mit Kohlenanoden. Als Kathoden dienten Zink- oder Eisenbleche. Die Kathoden-
und Anodenräume waren durch Diaphragmen getrennt. Durch die löslichen
Anoden wurde in den beiden ersten Bädern eine Polarisation vermieden,
in dem letzten dadurch, daß das an den unlöslichen Anoden erzeugte Chlor
zur Überführung des in den ersteren gelösten Eisenchlorürs in Eisenchlorid
gebraucht wurde. Letzteres diente zur Aufschließung neuer Erzposten. Alle
im Laufe der Betriebszeit vorgenommenen Veränderungen haben den Erfinder nicht zum Ziele geführt.

Strzoda und *Nothmann* in Kattowitz (D. R. P. 118 291 vom 19. Oktober
1898, Engl. Pat. 24307 vom 17. November 1898) kehrten wieder zur löslichen,
aus Erz bestehenden Anode zurück (*Luckow* und *Burghardt-Rigg*, D. R. P.
14256, 1880 und 49682, 1889), um die teure Herstellung des Elektrolyten
und selbst eine weitgehende Aufbereitung der Erze zu sparen.

Nach den Erfindern wird das oxydische Erz gemahlen nnd unmittelbar
in einen Elektrolysierbottich 10 bis 20 cm hoch eingetragen und darauf der
aus alkalischer Lauge oder neutralem Alkalisalz, wie Ammoniumsulfat, Chlorammonium, Natriumsulfat bestehende Elektrolyt gebracht. Die Wahl des
Elektrolyten hängt von der Natur des Erzes bzw. den Nebenbestandteilen
desselben ab, deren Abscheidung an der Kathode begünstigt oder erschwert
werden soll. Wand und Boden des Bottichs sind mit Eisen oder Zinkblech
bekleidet und dienen neben den mit den Anoden abwechselnd an einem
aushebbaren Gerüst hängenden Kathodenblechen als Kathoden. Nach
Schluß des Stromes findet an den Kathoden sofort eine Abscheidung des
gelösten Zinks statt. In einigen Stunden soll alles im Erz enthalten gewesene
Zink bis auf etwa 1 Proz. an den Kathoden abgeschieden sein. Die Abscheidung wird dadurch gefördert, daß die Flüssigkeit durch die Gasausscheidung
an der Boden- und Wandkathode in beständiger Wallung erhalten wird.
Diese selbsttätige Rührarbeit kann noch durch Einblasen von Preßluft erhöht werden. Nach Beendigung des Prozesses wird das Elektrodengerüst
aus der Flüssigkeit bzw. dem Bottich gehoben und der breiartige Erzrück-
stand durch eine Filterpresse von dem Elektrolyt getrennt. Bedingung für
einen raschen Verlauf des Prozesses ist, daß die Kathoden mit dem Erze
in Berührung sind; das Zink wird also auch neben der anodischen durch die
kathodische Wirkung des Stromes in Lösung gebracht und dann wieder ka-

thodisch gefällt[1]. Versuche bei der *Elektrizitäts-Akt.-Ges. Lahmeyer & Co.* in Frankfurt a. M. sollen zu überraschend günstigen Ergebnissen geführt haben, dennoch hat man von einer Verwertung der Erfindung nichts mehr gehört.

In jüngerer Zeit sind nur noch vereinzelt Bestrebungen bekannt geworden, das Zink dnrch Elektrolyse aus Laugen abzuscheiden.

C. I. Tossizza, Paris, der die von der Kathode durch eine poröse Scheidewand getrennte Anodenflüssigkeit mit schwefliger Säure als Depolarisationsmittel bei Verwendung unlöslicher Kohlenanoden sättigt, setzt zu der als Kathodenflüssigkeit angewendeten Zinklauge neutralisierende feste Stoffe, wie Kalk, Kreide, oder Zinkoxydhydrat in fein verteiltem Zustande, um die Bildung von Zinksulfid und Zinkschwamm zu verhüten. Freie schweflige Säure würde an der Kathode zerlegt werden, der auftretende Wasserstoff würde mit der schwefligen Säure Schwefelwasserstoff bilden und dieser mit dem ausgeschiedenen Zink Zinksulfid. (D. R. P. 182736 vom 28. Dezember 1905 ab.)

Die *Decker Manufacturing Comp.* in Wilmington (U. S. A.), (D. R. P. 184516 vom 1. März 1905, s. auch *Mond*s D. R. P. 88443 vom 28. Juni 1895 und 134862 vom 9. August 1901), verwendet Qnecksilberkathoden in einem dazu geeigneten Elektrolysengefäß. Die Vcrrichtung soll eine vollkommene und einfache Entfernung des niedergeschlagenen Metalls bei geringem Verlust von Quecksilber und elektrolytischer Flüssigkeit ermöglichen (Zeitschr. f. angew. Chemie 1908, S. 320. Ref. m. Abb.).

Die *Siemens & Halske A.-G.*, Berlin (D. R. P. 195033) fand, daß es möglich ist, sehr hohe Säurekonzentrationen zu erhalten, ohne daß sich Zink löst, wenn genügend reine Sulfatlösungen verwendet werden und wenn es ausgeschlossen ist, daß während der Elektrolyse Verunreinigungen in den Elektrolyten gelangen. Die Fällung des Zinks aus solchen stark sauren Lösungen bietet nach der Erfinderin den Vorteil, daß das Zink schon krystallinisch und vollkommen oxydfrei fällt. Sie erreicht dies ohne Anwendung eines Diaphragmas durch Verwendung von Anoden aus dichtem, massivem Bleisuperoxyd, entweder in Form kompakter Stücke ohne Metallunterlage, oder mit einer Unterlage ans einem unangreifbaren Nichtleiter zur Erhöhung der mechanischen Festigkeit des Superoxyds.

Walter Stöger[2] hält die Elektrolyse aus schwefelsaurer Lösung für das einzige elektrolytische Zinkgewinnungsverfahren, welches für die Praxis von Bedeutung ist. Nach ihm wird in Olkusr die Zinkblende geröstet und dann mit verdünnter Schwefelsäure ausgelaugt, Galmei kann zumeist direkt gelaugt werden. Die Lauge wird sorgfältig gereinigt und dann das Zink durch den elektrischen Strom gefällt. Die entzinkte saure Lösung wird wieder auf frisches Erz gegeben, so daß ein geschlossener Kreislauf der Lauge entsteht. Hat Galmei einen hohen Gehalt an löslichen Bestandteilen, z. B. Calciumcarbonat, so zerkleinert man die Erze nicht so weitgehend. Die Kalkstein-

---

[1] *Peters:* Berg- u. Hüttenm. Zeitschr. 1901, S. 602; Ztg. f. angew. Chemie 1901, S. 346.
[2] Österr. Zeitschr. f. Berg- u. Hüttenwesen **57**, S. 1—5 (1909).

stückchen bedecken sich dann mit einer schwer löslichen Schicht von Gips, während die Zinkoxyd- bzw. Zinkcarbonatteilchen durch Auflösung des entstehenden Zinksulfates der Säure immer neue Angriffsflächen bieten. Durch diesen Kunstgriff gelingt es, den Säureverbrauch in wirtschaftlichen Grenzen zu halten. — Das häufig vorkommende Blei löst sich überhaupt nicht. Etwas vorhandenes Eisenoxydul wird durch Lufteinblasen und die letzten Spuren davon durch Zusatz von ganz geringen Mengen Permanganat in Oxyd übergeführt. Das Eisenoxyd wird durch das im Erz enthaltene Zinkoxyd ausgefällt, wenn die systematische Laugung so weit getrieben wird, daß zum Schluß die schon mit Zink gesättigte Lösung mit frischem Erz zusammen kommt. In der Lauge bleiben nunmehr die Metalle, wie Kupfer, Cadmium, Arsen usw., welche meistens im Erz in sehr geringen Mengen vorkommen. Diese Metalle werden durch Schwefelwasserstoff ausgeschieden. Die erhaltenen Sulfide werden verkauft oder die Metalle selbst daraus erzeugt. Das Mangan wird unschädlich gemacht durch das Verfahren von *Laszczynski*. Wird nämlich die Anode mit einem eng anliegenden Überzug aus einem flüssigkeitsdurchlässigen Gewebe bedeckt, so bleibt die Flüssigkeit während der Elektrolyse vollständig farblos, d. h. es wird keine Übermangansäure erzeugt und das Zink wird rein und mit nahezu in der dem Strom theoretisch entsprechenden Menge niedergeschlagen. — 1 Amp. schlägt in der Praxis 1,15 g Zink in einer Stunde nieder, wobei eine Spannung von 4 Volt erforderlich ist. Dementsprechend beträgt der Kraftbedarf für 1 k Elektrolytzink täglich (24 Stunden)

$$(4 \times 1000) : (1,15 \times 24) = 145 \text{ W und für } 1 \text{ t } 145 \text{ KW Tag.}$$

Rechnet man einen mittleren Kraftbedarf für verschiedene mechanische Antriebe, wie für Erzzerkleinerungsmaschinen, Pumpen, Rührwerke usw. und berücksichtigt den Wirkungsgrad der elektrischen Leitung und der Dynamo, so ergibt sich, daß in Summe bei dem *Laszczynski'*schen Verfahren für eine Anlage, welche täglich eine Tonne Elektrolytzink erzeugen soll, etwa 250 PS benötigt werden. Ein Pferdekraftjahr (350 Betriebstage) erzeugen daher 1,4 t Zink. — Die Bottiche bestehen aus Holz und sind mit Bleiblech ausgekleidet. In jedem von diesen sind 8 Kathoden und 9 Anoden eingehängt. Die ersteren bestehen aus Zink und sind durch Zuleitungsstreifen an einem Querholz befestigt. Die Anoden bestehen aus Bleiblech und sind mit einer eng anliegenden Umhüllung aus geeignetem Stoff umgeben. Das Bleiblech ist wieder auf einem Querholz aufgehängt. Auf beiden Längsseiten des Bades befinden sich Kupferschienen, welche zur Stromzuleitung dienen. Von der einen Schiene gehen Abzweigleitungen zu den Kathoden, von der anderen zu den Anoden. Zwischen den Kathoden und Anoden sind Rührer angebracht, die durch eine oberhalb des Bottichs befindliche Kurbelwelle angetrieben werden. Ein Bad arbeitet mit 1500 Amp. und 4 Volt und fällt in einem Tag 41,5 k Zink aus. Die Bäder werden in Gruppen von etwa 30 Stück hintereinander geschaltet. Sie werden mit Zinksulfatlösung von z. B. 10 Proz. Zinkgehalt gefüllt, worauf der Strom so lange durchgeschickt wird, bis nur mehr etwa 4 Proz. Zink im Elektrolyten ist. Diejenige Säure, welche früher an das jetzt ausgeschiedene Zink gebunden war, ist frei geworden, so daß die Lösung nunmehr etwa 9 Proz. freie Schwefelsäure enthält. Diese saure Endlauge wird abgelassen und durch frische Lösung ersetzt. Der Elektrolyt wird so oft erneuert, bis die Kathoden 20 bis 30 mm dick sind, worauf diese herausgenommen werden.

Auch an Versuchen, das Zink aus geschmolzenen Salzen abzuscheiden, hat es nicht gefehlt. Geschmolzene Salze der Alkalien und Erdalkalien durch den elektrischen Strom zu zersetzen, unternahm schon *Davy* anfangs des vorigen Jahrh. (Philosoph. Transact. London 1808 und 1810). *Bunsen* wies von neuem um die Mitte des Jahrh. die erfolgversprechende Zersetzung der geschmolzenen Chloride der Erdalkalien nach (*Liebigs* Annalen d. Chem. 1852 Bd. 82, S. 137 und 1855, Bd. 94, S. 107). Mit der Elektrolyse von geschmolzenem Chlorzink haben sich *Lorenz* (seit 1893) und *Schultze* eingehender beschäftigt[1]. Für die Verwendung eines feuerflüssigen Elektrolyten an Stelle der wässrigen Lösung sprechen einmal die Zersetzung bei wesentlich niedrigerer Spannung (0,3 Volt) und die größere Leitfähigkeit. Man gebraucht also weniger Kraft. Dann können die Membranen in Wegfall kommen, weil man das Chlor ohne dieselben gewinnen kann, und die Schwammbildung kann nicht eintreten, wenn man die Elektrolyse bei einer über dem Schmelzpunkte des Zinks liegenden Temperatur vornimmt. Störend bei der Anwendung des feuerflüssigen Chlorzinks sind seine ätzenden Eigenschaften und die Schwierigkeit, dasselbe vollständig zu entwässern und das einmal entwässerte vor Aufnahme von Feuchtigkeit zu schützen.

Die zuletzt erwähnten Umstände und die kostspielige Herstellung eines reinen Salzes lassen eine wirtschaftliche Verwertung des Verfahrens aussichtslos erscheinen, es sei denn, daß wertvolle Bestandteile der Erze (Silber und Gold) die aufgewendeten hohen Kosten rechtfertigen und das Zinkchlorid gewissermaßen als Nebenerzeugnis fällt.

Lyte (D. R. P. 74530 vom 27. Juni 1893 und 77907 vom 10. April 1894) nimmt die elektrolytische Zersetzung der feuerflüssigen Metallchloride innerhalb einer glockenförmigen Zelle vor, welche unten durch Eintauchen in das flüssige Metall abgeschlossen wird. Dadurch wird erreicht, daß der Teil des Apparates, welcher mit dem Zinkchlorid und dem entwickelten Chlor in Berührung kommt, das Gewicht des Metalls und des Chlorzinks nicht zu tragen hat.

Steinhardt, *Vogel* und *Fry*[2] benutzen das geschmolzene Chlorzink nur als Lösungsmittel für Zinkoxyd und elektrolysieren letzteres. Es vermindern sich dadurch die Kosten für die Erzeugung des Chlorzinks sehr bedeutend. Am negativen Pol scheidet sich Zink, am positiven Sauerstoff ab. Da die

---

[1] Zeitschr. f. anorgan. Chemie **10** S. 78 (1895); Zeitschr. f. Elektrochemie 2. Jahrg., S. 318, D. R. P. 82125 vom 25. Dez. 1894. Zeitschr. f. anorgan. Chemie **20**, 323 u. 333 (1899);

[2] Chem.-Ztg. 1900. S. 17; Engl. Pat. 19876 (1898); Amer. Pat. 642933 (1900); Franz. Pat. 290636. Siehe auch *Brandhorst*. Ztschr. f. ang. Ch. 1904 S. 514.

Anodenkohlen nicht stark erhitzt werden, so soll der Verschleiß gering sein. Außer dem Vorteil der Ersparnis der Kosten für die Herstellung des Chlorzinks soll infolge der sehr geringen Zersetzungsspannnng des Zinkoxydes der Kraftbedarf ein geringerer sein.

Borchers hat vorgeschlagen, auf die Gewinnung von reinem Zink zu verzichten. Er gewinnt aus den gemischten Chloriden, die soweit gereinigt werden, daß sie nur noch Blei und Zink enthalten, durch Elektrolyse der Schmelze zunächst ein Gemenge von Zink und Blei, welches dann in bekannter Weise getrennt werden soll. Wegen der Arbeiten dieses Forschers auf dem Gebiete verweisen wir auf seine „Elektrometallurgie" 3. Auflage 1902.

Im Großen, d. h. im technischen Betriebe ist wohl nur das Verfahren von *Swineburne* und *Ashcroft* durch die *Phönix Prozeß Parent Comp. Ltd.* in Australien ausgeübt worden. Nach einem von *Ashcroft* vor dem Institute of Mining and Metallurgy am 19. Juni 1901 gehaltenem Vortrage[1] wird die elektrolytische Zersetzung des geschmolzenen Chlorzinks in heizbaren Öfen ausgeführt, die sich in neunmonatigem Betriebe bewährt hatten. Das Elektrolysiergefäß bestand aus einem gemauerten Kessel. Das an dessen Boden befindliche geschmolzene Zink diente als Kathode, als Anode 120 Kohlenstäbe, welche an einer den Kessel überdeckenden Gußeisenplatte befestigt waren und 15 cm tief in den Elektrolyten eintauchten. Die Temperatur des Bades wurde auf 475° gehalten. Das erzeugte Zink hatte eine Reinheit von 99,8 Proz. Bei einer Spannung des Stromes von 4 bis 4,5 Volt erzeugte man mit einer Stromdichte von 3000 bis 4000 Amp. in jedem Elektrolysiergefäß nahezu 1 t Zink in der Woche. Die Kosten hierfür sollen sich in Port Pirie in Australien bei Dampfkraft auf 56 M per t Erz gestellt haben. Günther hält eine solche Ausnutzung des Stromes für unmöglich, da in 7 × 24 Stunden bei ununterbrochenem Betriebe theoretisch mit 4000 Amp. nur 800 k Zink niedergeschlagen werden können. In jüngerer Zeit hat man nichts mehr von der Darstellung von elektrolytischem Zink durch den „Phönixprozeß" gehört.

F. Thomas hat Versuche über die Gewinnung von Zink in flüssigem Zustande direkt aus Blende mittels Elektrolyse angestellt, kam dabei aber zu negativen Ergebnissen. Er berichtete ausführlich darüber in „Metallurgie" Jahrg. 7 (1910), S. 706 bis 710.

Bei Schluß unserer Niederschrift erreicht uns die Kunde, daß der amerikanische Generalkonsul *Sammons* aus Yokohama nach Washington berichtet hat, daß *Chitaro Yoshia*, Besitzer einer Kupfermine in der Iwashiprovinz Japans, ein Verfahren erfnnden habe, Zink auf elektrolytischem Wege aus Erz darzustellen. Das Erz wird im Elektrolyten gelöst. Schwierigkeiten sollen entstehen, wenn kleine Mengen Kupfer, Antimon und Arsen im Erze enthalten sind. Die anfangs schwammige Zinkabscheidung soll man durch Ersetzen der Bleianoden durch Kohlenanoden vermieden haben. Das jetzt gewonnene Zink soll von solcher Reinheit sein, daß es von dem eingeführten Metall selten übertroffen wird. (Chem. Ind. 1912, Nr. 11, S. 347.)

---

[1] Zeitschr. f. Elektrochemie 1901, S. 829.

Wir beschränken uns, ohne auf Vollständigkeit der Darstellung Anspruch zu machen, auf diesen geschichtlichen Überblick über die elektrolytische Zinkgewinnung, weil bisher die Ausbildung eines Verfahrens von wirtschaftlicher Bedeutung nicht gelungen ist. Den Leser, welcher tiefer in den Stoff einzudringen wünscht, verweisen wir auf die bereits genannte Darstellung des Zinks auf elektrolytischem Wege von *Dr. ing. Emil Günther*, Bd. XVI der Sammlung von Monographien über angewandte Elektrochemie, herausgegeben von *Viktor Engelhardt*. Halle a. S. 1904. Verlag von *Wilh. Knapp*.

Anhang.

Statistik: Die Produktion und die Preisgestaltung von Zink und Cadmium bis zum Jahre 1910.

Das erste Zink wurde, wie unter „Geschichtliches" schon erwähnt worden ist, in Europa Ende des sechzehnten Jahrhunderts eingeführt. Die Ladung des Schiffes an „indischem Zink", welches von den Holländern den Portugiesen im Jahre 1620 weggenommen worden war, wurde als „Speautre" verkauft, aus welcher Bezeichnung *Boyle* 1673 Speltrum machte. Um welche Mengen es sich dabei gehandelt hat, ist nicht bekannt, auch bis gegen Ende des 18. Jahrhunderts fehlen uns Angaben über die Höhe der Einfuhr[1]. Erst da ist uns überliefert, daß die Niederländische Handelsgesellschaft

vom Jahre 1775 bis 1779 . . . . 471,5 t Zink verkaufen ließ,
die Kammer von Rotterdam 1780 . . . . . . 14,0 t
die Dänische Gesellschaft in Kopenhagen 1781 77,0 t

Der Preis bewegte sich zu dieser Zeit in Amsterdam zwischen 578 und 612 M für die Tonne; 1781 ist ein Preis von 544 M und 1788 ein solcher von 578 M verzeichnet (*Neumann*).
Der Preis für das Zink, welches auf den Harzer Zinkstühlen gewonnen wurde, berechnet *Neumann* nach Angaben von *Héron de Villefosse* (Mineral Reichtum, 1809 Bd. I, S. 59) im Jahre:

$$
\begin{array}{rrl}
1759 & \text{zu } 1320 & M \\
1780 & ,, \quad 880 & ,, \\
1790 & ,, \quad 960 & ,, \\
1800 & ,, \ 1920 & ,, \\
\text{und } 1807 & ,, \quad 800 & ,, \text{ für } 1 \text{ t}
\end{array}
$$

Nach Angaben der *Société de la Vieille Montagne* bezahlte man in Lüttich das k Zink im Februar 1809 noch mit 3,60 Fr., also mit 2880 M die t, 1810

---

[1] In jüngster Zeit hat *W. Hommel*, London einen interessanten Beitrag zur Geschichte des Zinks geliefert. Siehe Zeitschr. f. angew. Chemie 1912, S. 97: „Über indisches und chinesisches Zink."

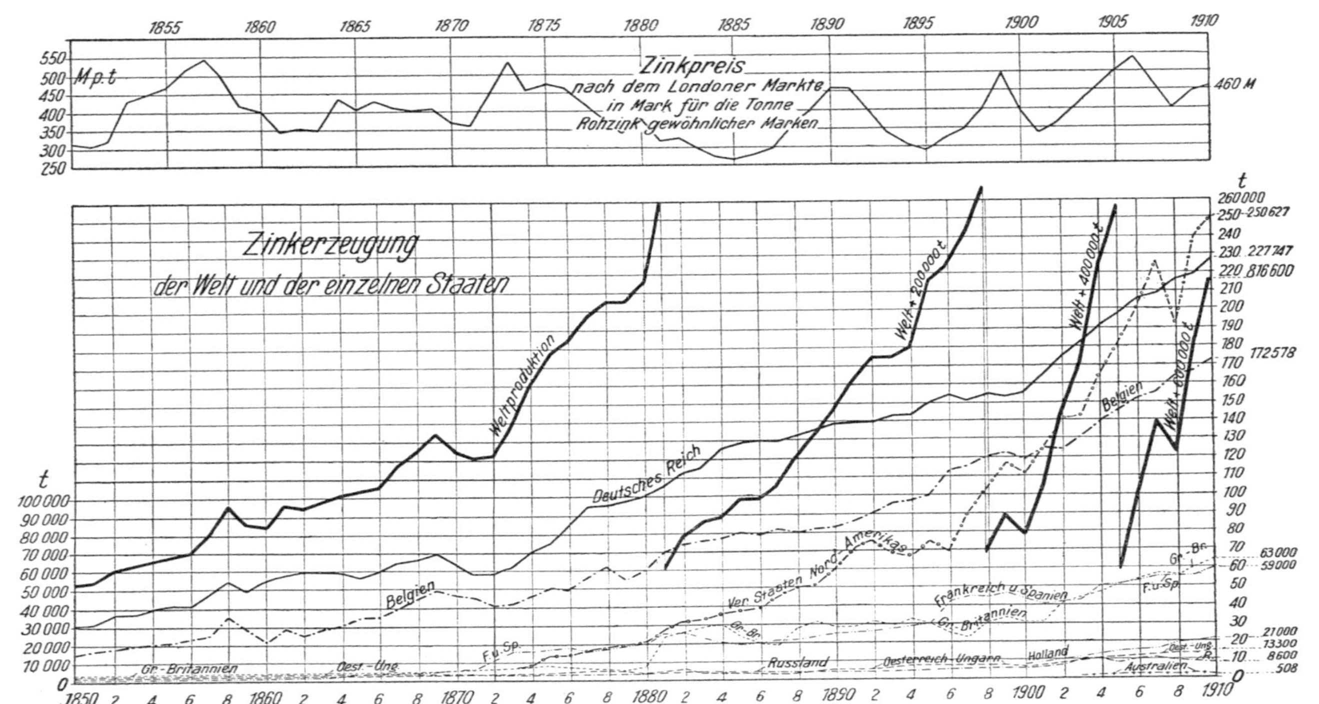

Verlag von Otto Spamer in Leipzig.   (Zu Seite 581.)

mit 2,60 Fr. und in den folgenden Jahren mit 2,40 Fr. das k, also mit 2080 M bzw. 1920 M die t.

Von Schlesien sind aus dem Anfange des 19. Jahrhunderts folgende Zahlen bekannt:

Es kostete 1 t Zink nach *Karsten* 1805: 840 M, und der Preis stieg dann rapid auf 1320 bis 1440 M, nach *Karsten* sogar auf 1680 M im Jahre 1808.

Mit Zunahme der Erzeugung fiel er 1809 auf 1200 M, hielt sich dann längere Zeit noch über 600 M, um 1814 auf 420, 1815 auf 400, 1816 auf 360, 1817 auf 320 und 1820 selbst bis auf 210 M zu fallen.

Durch die vom Staate errichteten Walzwerke und durch Aufnahme des schlesischen Zinks durch englische Handelshäuser erweiterte sich der Absatz und der Preis stieg nach *Althaus* im Jahre 1823 wieder auf 510, nach *Bernhardi* sogar wieder auf 640 M.

Diese Besserung des Marktes war nicht zum geringsten Teile durch die vom Staate verweigerte Konzession neuer Hütten hervorgerufen worden. Als er, wie im geschichtlichen Teile schon näher ausgeführt wurde, durch Aufgabe dieser Maßnahme der Privatindustrie wieder die Tore öffnete, gab es infolge von vielen Neugründungen von Zinkhüttenwerken bald eine starke Überproduktion, welche den Preis schnell herabdrückte, so daß er 1830 den niedrigsten Stand, den er jemals gehabt hat, erreichte. Während das Zink im Jahre 1825 noch um 600 M herum kostete, fiel der Preis 1826 auf 500 M, 1827 auf 400 M, 1828 auf 300 M, 1829 unter 200 M und hielt sich von 1831 bis 1835 in Breslau auf rund 150 M, während die Londoner Notierung von 1830 ab bis 1836 eine allmähliche Besserung von 200 bis auf 380 M aufweist.

Nahezu die Hälfte der schlesischen Hütten stellten, wie wir schon gesehen haben, wegen des Preisfalles ihren Betrieb ein, was zu einer allmählichen Gesundung des Marktes führte. 1836 stand der Preis in Breslau wieder auf rund 320 M, um 1837 bis 1838 nochmals eine Erniedrigung auf etwa 230 M in Breslau und rund 300 M in London zu erfahren.

Von da ab steigt er gleichmäßig bis zum Jahre 1841, wo in Breslau das Zink mit 450 M., in London sogar mit 650 M notiert wurde.

Dann tritt ein neuer Rückgang ein, der 1848 seinen tiefsten Stand mit 200 M in Breslau, in London 1849 bis 1851 mit rund 310 M erreicht.

Die weitere Preisgestaltung des Zinks ist von 1850 ab nach den Londoner Notierungen auf der folgenden Tafel graphisch dargestellt, ebenso wie die Produktion der Erzeugungsländer. Die oberste stark gezeichnete Linie gibt annähernd die Weltproduktion an.

Deutlich zeigt die Tafel, wie ganz regelmäßig einer gesteigerten Produktion ein Preisrückgang folgt, der erst allmählich mit Zunahme des Bedarfs wieder eine Aufbesserung erfährt.

In den ersten Jahren nach der Einführung der Zinkgewinnung in Europa sind nur sehr geringe Mengen erzeugt worden. Von England sowohl, wie auch von Belgien fehlen uns aus dem ersten Drittel des vorigen Jahrhunderts die Angaben über die Höhe der Zinkproduktion vollständig, von Österreich-Ungarn sind einige Zahlen bis zum Jahre 1823 herunter bekannt, sowie von Rußland (Polen) von 1833 ab. Nur in Deutschland liegen frühere Aufzeichnungen vor:

Die *Harzer Hüttenwerke* gewannen auf den Zinkstühlen der Schachtöfen in den ersten 5 Jahren des neunzehnten Jahrhunderts etwa 2,6 t jährlich. Bis zum Jahre 1836 lieferte in Deutschland Schlesien fast das ganze Zink allein, dann setzte die Produktion des Rheinlandes ein und zu Ende der ersten Hälfte des Jahrhunderts auch Westfalens. Sachsen erzeugte Zink vom Jahre 1857 ab.

Nach *Neumann* („Die Metalle", Halle 1904), betrug die Produktion in Deutschland

in den Jahren 1800 bis 1808	. . . . . .	rund	1 400 t
von 1809 „ 1815	. . . .	„	3 764 t
„ 1816 „ 1820	. . . .	„	4 121 t
„ 1821 „ 1825	. . . .	„	33 268 t
„ 1826 „ 1830	. . . .	„	42 462 t
„ 1831 „ 1835	. . . .	„	35 085 t
„ 1836 „ 1840	. . . .	„	54 304 t
„ 1841 „ 1845	. . . .	„	86 851 t
„ 1846 „ 1850	. . . .	„	125 244 t
und zwar im Jahre 1850	. . . . . .	„	30 646 t

Von da ab zeigt die Tafel das weitere Anwachsen der Produktion, die nach Überwindung des Rückschlages anfangs der siebziger Jahre nunmehr in Deutschland sowohl, wie in den beiden anderen Haupterzeugungsländern, Belgien und den Vereinigten Staaten Nordamerikas einen gewaltigen Aufschwung erfährt.

Außer der oben angegebenen Produktion Deutschlands, von welcher in den letzten Jahren (1900 bis 1910) annähernd $2/_3$ auf Oberschlesien und $1/_3$ auf Rheinland-Westfalen fallen, trugen, soweit bekannt geworden, zur Weltproduktion bei:

Oesterreich-Ungarn

in den Jahren 1824 u. 1825	. . . .	261 t
von 1826 bis 1830	. . . .	344 t
„ 1831 „ 1835	. . . .	201 t
„ 1836 „ 1840	. . . .	505 t
„ 1841 „ 1845	. . . .	1 392 t
„ 1846 „ 1850	. . . .	4 136 t
„ 1851 „ 1855	. . . .	5 248 t
„ 1856 „ 1860	. . . .	6 027 t
„ 1861 „ 1865	. . . .	7 197 t
„ 1866 „ 1870	. . . .	11 219 t
und 1871 „ 1875	. . . .	14 576 t

Rußland

1833 bis 1835	. . . .	6 927 t
1836 „ 1840	. . . .	11 545 t
1841 „ 1845	. . . .	12 661 t
1846 „ 1850	. . . .	13 405 t

1851 bis 1855 . . . . 7 979 t
1856 „ 1860 . . . . 8 350 t
1861 „ 1865 . . . . 12 238 t
1866 „ 1870 . . . . 15 090 t
1871 „ 1875 . . . . 17 530 t

und Belgien außer den bis 1836 unbekannten Mengen

von 1837 bis 1840 . . . . 11 340 t[1]
„ 1841 „ 1845 . . . . 25 110 t[1]
und von 1846 „ 1850 . . . . 58 431 t
und zwar im Jahre 1850 . . . . . rund 15 000 t

Die graphische Aufzeichnung zeigt die weitere Produktion.

Spanien tritt Ende der 40er Jahre mit einer kleinen Produktion von jährlich rund 200 t hinzu und Frankreich 1855 mit 240 t. Da die spanische Hütte der französisch-belgischen Gesellschaft „Compagnie royal asturienne des mines" mit dem Sitz in Brüssel gehört, sind die Produktionen dieser beiden Länder auf der Tafel in einer Linie zusammengefaßt.

Die englische Produktion ist uns auch erst vom Jahre 1855 ab beginnt, sie bewegt sich bis zum Jahre 1870 zwischen 3 und 4000 t jährlich. Die weiteren Jahresmengen zeigt die Tafel.

Die Produktion der Vereinigten Staaten Nordamerikas gewinnt mit dem Jahre 1873 Bedeutung und nimmt von da ab einen solchen Aufschwung, daß sie schon 1901 Belgien und im Jahre 1906 auch Deutschland überholt.

In Australien wird seit Ende der neunziger Jahre etwas metallisches Zink gewonnen. Bis zum Jahre 1909 ist die Menge jedoch nur gering, ebenso wie die in den Jahren 1897 bis 1907 von Italien (Malfidano und Monteponi) gelieferte.

Seit kurzer Zeit wird auch in Japan Zink erzeugt. Im Jahre 1910 führte es 24 747 t aus und 11 581 t ein (Chem. Ind. 1912, Nr. 11, S. 347).

Im Jahre 1911 hat die Produktion eine außerordentliche Steigerung erfahren und trotzdem ist der Marktpreis noch weiter von 46 M auf 50,30 M (Jahresdurchschnitt) gestiegen. Die Weltproduktion stieg von 816 600 t auf 895 400 t mit einem Werte von 453 Millionen M. Europa ist an dieser Erzeugung mit 69,9 Proz. beteiligt, wovon auf Deutschland 28 Proz. (17,47 Proz. auf Schlesien und 10,53 Proz. auf Westdeutschland) entfallen. Die Produktionssteigerung in Deutschland betrug im letzten Jahre 9,9 Proz. Auf Belgien entfielen 21,8 Proz. bei einer Steigerung um 13 Proz. gegen das Vorjahr, auf Holland 2,4 Proz., auf Großbritannien 7,5 Proz., auf Frankreich inkl. Spanien 7,2 Proz., auf Österreich-Ungarn 1,9 Proz. und auf Rußland 1,1 Proz. der Weltproduktion. Nordamerikas Anteil belief sich auf 29,9 Proz., die Zunahme im letzten Jahre, welche fast ganz auf Oklahoma und Illinois entfällt, auf 6,7 Proz.; sie war also viel geringer als in Europa. In Australien ist die Erzeugung von rund 500 auf rund 1700 t gestiegen und eine weitere Zunahme ist zu erwarten.

In Schweden gewinnt die elektrothermische Zinkgewinnung Ausdeh-

---

[1] Alleinige Produktion der *Société de la Vieille Montagne.*

nung, denn es wurden im Jahre 1911 rund 1600 t Rohzink und 2000 t Fein-
zink erzeugt[1].

In Japan errichtet die Mitsui Mining Co in Omuta auf der Insel
Kyushu ein Zinkwerk[2].

Ein weiteres, noch größeres Anwachsen der Weltproduktion hat das
Jahr 1912 gebracht, auf 972000 t. Fast 62 Proz. der Zunahme gegenüber
dem Vorjahre entfallen auf Nordamerika.

Cadmium.

Zur Zeit liefert Schlesien allein die ganze Produktion, es war überhaupt
immer die Haupterzeugungsstätte, nur vorübergehend ist auch in Belgien,
Österreich und im Rheinland etwas Cadmium hergestellt worden. Nach
Neumann lieferte Belgien 1864: 160 k, Österreich 1872: 66,4 k und 1873:
11,2 k. Seit 1852 bringt die preuß. Zeitschrift für Berg-, Hütten- und Salinenwesen Aufzeichnungen über die Cadmiumproduktion (und den Wert derselben)
in Deutschland, welche in der folgenden Tabelle wiedergegeben sind.

Der Preis schwankte bedeutend, je nach der Nachfrage: 1853 wurde das
Cadmium mit 15,65 M für das k bezahlt, dann bewegte sich der Preis bis zum
Jahre 1870 zwischen 12,85 M und 8,15 M. 1871 schnellte er auf 29,66
und 1872 gar auf 40,67 M empor, um dann allmählich bis 1880 wieder auf
rund 9,00 und bis 1891 bis 92 sogar auf 3,54 M für 1 k, den niedrigsten Stand
herabzusinken. 1887 wurde für 99 prozentiges Cadmium 6,75 M per k bezahlt.

Die durch reichlichere Verwendung des Metalls eintretende regere Nachfrage, die den Preis im Juli 1897 auf den hohen, 2 Jahrzehnte nicht mehr
gekannten Stand von 21,50 M brachte, veranlaßte mehrere Hütten zur
Wiederaufnahme der Erzeugung, was in der Produktionsziffer von diesem
Jahre Ausdruck findet. Im Jahresdurchschnitt betrug der Preis 1897: 11,37 M.
1898 nur noch 8,34 M, 1900: 6,06 M und 1902 nur noch 5,50 M für 1 k.
1910 bewegte sich der Preis zwischen 4,75 und 5,25 M. Anfangs des Jahres
1911 wurden für 99,5 Proz. haltendes Cadmium 5,75 bis 6,00 M gezahlt.

Cadmiumproduktion in Deutschland.

1852	100,5 k	1864	113,0 k
1853	66,5 „	1865	88,5 „
1854	94,5 „	1866	69,0 „
1855	74,5 „	1867	30,0 „
1856	58,0 „	1868	5,0 „
1857	17,0 „	1869	— „
1858	65,0 „	1870	— „
1859	57,5 „	1871	710,0 „
1860	100,5 „	1872	1 480,0 „
1861	101,0 „	1873	1 070,0 „
1862	100,0 „	1874	1 260,0 „
1863	123,5 „	1875	1 920,0 „
		1876	1 780,0 „

[1] Statistik der Metallgesellschaft und der Metallbank und Metallurgischen Gesellschaft (Juni 1912).

[2] Ztschr. f. ang. Chem. 1912 S. 1228.

1877 . . . . 2 020,0 k		1894 . . . . 6 052,0 k	
1878 . . . . 2 490,0 „		1895 . . . . 7 047,0 „	
1879 . . . . 3 115,0 „		1896 . . . . 10 667,0 „	
1880 . . . . 3 327,0 „		1897 . . . . 15 531,0 „	
1881 . . . . 3 367,0 „		1898 . . . . 14 943,0 „	
1882 . . . . 3 671,0 „		1899 . . . . 13 608,0 „	
1883 . . . . 2 419,0 „		1900 . . . . 13 533,0 „	
1884 . . . . 2 768,0 „		1901 . . . . 13 144,0 „	
1885 . . . . 3 267,0 „		1902 . . . . 12 625,0 „	
1886 . . . . 4 964,0 „		1903 . . . . 16 565,0 „	
1887 . . . . 7 310,0 „		1904 . . . . 25 245,0 „	
1888 . . . . 4 794,0 „		1905 . . . . 24 568,0 „	
1889 . . . . 5 067,0 „		1906 . . . . 21 486,0 „	
1890 . . . . 4 157,0 „		1907 . . . . 32 949,0 „	
1891 . . . . 2 797,0 „		1908 . . . . 32 995,0 „	
1892 . . . . 3 200,0 „		1909 . . . . 37 187,0 „	
1893 . . . . 5 284,0 „		1910 . . . . 41 057,0 „	

Verzeichnis

der im Jahre 1910 bestehenden Zinkhüttenunternehmungen, der von ihnen betriebenen Hütten und der 1910 erzeugten Zinkmengen in t.

1. Deutschland.

a) Oberschlesien.

Bergwerksgesellschaft *G. von Giesches Erben* in Breslau, bestehend seit 1704.	Zinkhütten:	
	Wilhelminehütte, in Schoppinitz, Kreis Kattowitz erbaut 1834 (auch Zinkwalzwerk)	11 605 t Bleizink......... 238 t Cadmium .... 6 920 k
	Paulshütte, Eichenau, (Kl.-Dombrowka), Kr. Kattowitz erbaut 1861	9 000 t Bleizink......... 161 t Cadmium .... 5 750 k
	Bernhardihütte in Rosdzin, Kr. Kattowitz, erbaut 1897 (auch Rösthütte)	10 362 t Bleizink......... 21 t Cadmium .... 4 850 k
	Normahütte bei Bogutschütz, erbaut 1880 (außer Betrieb)	zusammen: Zink ....30 967 t Bleizink........ 420 t
	Uthemannhütte (im Bau) (seit Ende 1911 in Betrieb)	Cadmium ....17 520 k

Bergwerksgesellschaft G. von Giesches Erben in Breslau, bestehend seit 1704.	Rösthütten: Reckehütte erbaut 1872, Liereshütte, Sägerhütte Walzwerk in Schoppinitz	
Grafen Hugo, Lazy, Arthur Henckel von Donnersmarck in Breslau	Zinkhütten: Hugohütte in Antonienhütte zu Neudorf, Kr. Kattowitz, erbaut 1816 (auch Zinkwalzwerk)	10 227 t
	Liebehoffnungshütte in Antonienhütte, Kr. Kattowitz (auch Blenderösthütte)	6 720 t Cadmium . . . . 5 220 k
	Lazyhütte in Radzionkau, bzw. Carlshof Kr. Tarnowitz (auch Blenderösthütte)	3 856 t Bleizink. . . . . 9 t Zinkstaub . . . . . . 286 t
		zusammen: Zink . . . . .20 803 t Bleizink. . . . . 9 t Zinkstaub . . . . . . 286 t Cadmium . . . . 5 220 k
Guido Fürst von Donnersmarck auf Neudeck	Guidottohütte auf Schlesiengrube in Chropaczow, Kr. Beuthen (auch Blenderösthütte)	9 037 t Zinkstaub . . . . . . 688 t
Schlesische Aktiengesellschaft für Bergbau und Zinkhüttenbetrieb in Lipine, gegr. am 28. September 1853	Zinkhütten: Silesia II in Lipine, Kr. Beuthen	29 205 t Bleizink. . . . . 266 t Zinkstaub . . . . . 1 108 t Cadmium . . . . . . 10 099 k
	Silesia III in Lipine	
	Thurzohütte im Gutsbezirk Bärenhof, Kr. Kattowitz	1 571 t
	Silesia VII im Entstehen	(Produktion bei Silesia II und III mit aufgeführt)

Schlesische Aktiengesellschaft für Bergbau und Zinkhüttenbetrieb in Lipine, gegr. am 28. September 1853	Rösthütten: in Lipine Silesia I Silesia IV Silesia V Silesia VI	zusammen: Zink ....30 776 t Bleizink......... 266 t Zinkstaub ...... 1 108 t Cadmium ....10 099 k

Walzwerke werden von der Gesellschaft betrieben in: Jedlitze (Kr. Oppeln), Ohlau (Kr. Ohlau), Silesia (Lipine) und Pielahütte (Rudzinitz, Kr. Gleiwitz).

Hohenlohe-Werke A.-G., Hohenlohehütte, gegr. 1905 (früher: *Fürst Christian Kraft zu Hohenlohe-Öhringen*)	Zinkhütten: Hohenlohehütte Kr. Kattowitz (früherer Besitzer: *Herzog von Ujest*) (auch Blenderösthütte und Zinkwalzwerk)	21 304 t Bleizink......... 499 t Zinkstaub ...... 840 t Cadmium .... 8 218 k
	Godullahütte (gepachtet), Gutsbezirk Orzegow, Kr. Beuthen (Besitzer: *Gräflich Schaffgotsche Werke* in Beuthen) (auch Blenderösthütte)	11 867 t Zinkstaub ...... 1 067 t
	Fanny-Franzhütte (früherer Besitzer: *von Thiele-Winkler*) bei Kattowitz	— —
	Theresiahütte bei Fannygrube (früh. Besitzer: *H. Roth*)	— —
	Carlshütte zu Ruda, erbaut 1816 vom *Grafen Ballestrem*	— —
	Blenderösthütte: Johannahütte Gutsbezirk Siemianowitz II, Kr. Kattowitz	zusammen: Zink ....33 171 t Bleizink......... 499 t Zinkstaub....... 1 907 t Cadmium .... 8 218 k
Oberschlesische Zinkhütten-Akt. Ges. in Kattowitz, gegr. 1906 (vorm. *H. Roth*, Breslau, und *Oberschles. Eisenbahn-Bedarfs-A.-G.,, Friedenshütte*)	Zinkhütten: Kunigundehütte in Zawodzie-Bogutschütz, Kreis Kattowitz (früh. Besitzer: *H. Roth*) (auch Blenderösthütte) und Zinkwalzwerk)	5 600 t Bleizink......... 48 t Zinkstaub....... 578 t

Oberschlesische Zinkhütten-Akt. Ges. in Kattowitz, gegr. 1906 (vorm. *H. Roth*, Breslau, und *Oberschles. Eisenbahn-Bedarfs-A.-G., Friedens-hütte*)	Rosamundehütte (früh. Bes.: *Oberschl. Eisen-bahnbedarfs-A.-G.*) in Friedenshütte (Beuthen-Schwarzwald) Stadtkr. Beuthen	Bleizink......... 5 768 t / 43 t Zinkstaub....... 749 t
	Klarahütte in Beuthen-Schwarzwald (früherer Besitzer: *H. Roth*)	1 647 t Bleizink......... 4 t Zinkstaub....... 290 t
	Franzhütte in Friedrichsdorf bei Bykowine, Kr. Kattowitz (früherer Besitzer: *H. Roth*)	1 964 t Bleizink......... 20 t Zinkstaub....... 344 t
	Blenderösthütte: Beuthenerhütte zu Friedenshütte, Stadtkr. Beuthen	zusammen: Zink ....14 979 t Bleizink......... 115 t Zinkstaub....... 1 961 t
Oberschlesische Eisenindustrie-A.-G. in Gleiwitz, gegr. 1887	Zinkhütte: Florahütte in Bobrek, Kr. Beuthen (1808 vorübergehend still gesetzt)	— —
Königliche Friedrichs-Hütte (Königl. Preuß. Staat)	Friedrichshütte Kr. Tarnowitz	— —

(die Königliche Lydogniahütte hat von 1808 bis zum Jahre 1899 bestanden)

Oberschlesien zusammen: Rohzink . . . . 139 733 t[1]
Bleizink . . . . 1 309 t
Zinkstaub . . . . 5 950 t
Cadmium . . . . 41 507 k
(zu Zinkblechen verwalzt . . 56 485 t
aus 57 917 t Rohzink.)

b) Rheinland-Westfalen und Nordwestdeutschland.

Märkisch-Westfälischer Bergwerksverein A.-G. in Letmathe, gegr. im September 1854	Zinkhütte zu Letmathe, erbaut 1862 (von 1817 ab lag die Hütte in der Grüne)	Rohzink rund ... 6 000 t Zinkstaub rund.. 400 t

[1] Nach der Statistik des Oberschles. Berg- und Hüttenm. Vereins.

A.-G. für Bergbau-, Blei- und Zinkfabrikation zu Stolberg und in West- falen, gegr. 1854 zu Aachen (früher 1845 *Ges. f. Bergbau und Zinkfabrikation* zu Stolberg) 1854 nach Verschmelzung mit dem *Rheinisch-West- fälischen Bergwerksverein* unter jetziger Firma	1. Heinrichshütte zu Münsterbusch bei Stolberg, erbaut 1834 2. Zinkhütte zu Dortmund, erbaut 1859 (an beiden Stellen auch Rösthütten)	1. Rohzink .....13 380 t Zinkstaub ... 457 t 2. Rohzink .....14 335 t Zinkstaub ... 848 t zusammen: Rohzink ....27 715 t Zinkstaub ...... 1 305 t
Rheinisch-Nassauische Bergwerks- und Hütten- Aktiengesellschaft zu Stolberg gegr. 1873 am 10. Januar	Wilhelmshütte zu Birkengang bei Stolberg, erbaut 1834 (auch Rösthütte)	Rohzink ....11 598 t Zinkstaub ...... 1 133 t
Bensberg-Gladbacher Bergwerks- und Hütten- Aktiengesellschaft „*Berzelius*“ in Bensberg, gegr. am 28. November 1872	Zinkhütte zu Bensberg, erbaut 1853 (auch Rösthütte)	Rohzink .... 5 900 t Zinkstaub ...... 386 t
Aktiengesellschaft für Zinkindustrie vorm. *Wilhelm Grillo* in Oberhausen, gegr. 1. Januar 1894	Zinkhütte in Hamborn erbaut 1879/81 (das Walzwerk in Ober- hausen besteht seit dem Jahre 1848)	Rohzink .... 11 420 t Zinkstaub........ 465 t
Société de la Vieille Montagne zu Angleur in Belgien, gegr. 1837	Zinkhütte zu Borbeck, erbaut 1847, seit 1853 im Bes. der *V. M.* Rösthütte zu Oberhausen, erbaut 1853	Rohzink .... 10 673 t
Metallhütte Aktiengesellschaft in Duisburg, gegr. 1905	Zinkhütte zu Angerhausen bei Duisburg, erbaut 1905/08	Rohzink inklusive Zinkstaub .... 5 602 t
International Metal Co. Ltd. in Hamburg, gegr. 1905 (Seit Ende 1911 *Société ano- nyme des Usines de Zincs à Hambourg*	Zinkhütte zu Billwärder bei Hamburg, erbaut 1905/06	Rohzink .... 4970 t Zinkstaub .... 85 t

Metallwerke Unterweser Aktiengesellschaft in Nordenham gegr. 1906	Zinkhütte zu Blexen bei Nordenham erbaut 1907/11 (noch in Erweiterung begriffen) (Prod 1911 — 8 008 t)	Rohzink inklusive Staub .... 3 765 t

Rohzinkproduktion in Rheinland,
Westfalen und Nordwestdeutschland . . . . rund 87 500 t
nach der Statistik der Metallgesellschaft usw.
in Frankfurt a. M.
(einschließlich der von der *Vieille Montagne* in
Deutschland erzeugten Mengen)
in Deutschland zusammen . . . . 227 747 t

2. Belgien, Holland, Frankreich und Spanien.

Société anonyme des mines et fonderies de Zinc de la Vieille Montagne in Angleur, zu Chênée bei Lüttich, gegr. 1837	1. Zinkhütte in Angleur, erbaut 1837	Zink 20 330 t Zinkstaub 551 t	
	2. Zinkhütte in Valentin-Cocq zu Hollogne-aux-Pierres, erbaut 1846 von der *Soc. an. des houillères et fonderie de Zinc* (seit 1853 im Besitze der *Vieille Montagne*)	Zink 30 835 t Zinkstaub 383 t	83 657 t
	3. Zinkhütte zu Flône, Hermalle-sous-Huy, erbaut 1846 von der Gesellschaft *Grand Montagne* (seit 1883 im Besitze der *Vieille Montagne*)	Zink 15 462 t Zinkstaub 302 t	
	4. Zinkhütte zu Viviez (Aveyron) in Frankreich, erbaut 1870	Zink 17 030 t Zinkstaub 408 t	
	5. Zinkhütte zu Borbeck in Deutschland, erbaut 1870 durch *Charles Leconte & Cie.*	siehe Rheinland-Westfalen	

Außerdem betreibt die Gesellschaft Blenderösthütten in Oberhausen in Deutschland, in Åmmeberg in Schweden und in Baelen-Wezel in der Campine in Belgien, ferner Galmeicalcinieröfen auf ihren Gruben in Moresnet, in Sardinien, Oberitalien (Bergamo) und Wiesloch in Baden und außer mehreren Walzwerken noch Zinkweißfabriken in Valentin-Cocq und in Levallois-Perret bei Paris.

(Die alte Hütte zu St. Léonard ist 1880 geschlossen und abgebrochen. Auch die Hütte zu Moresnet ist stillgelegt worden; sie bestand schon vor Gründung der Gesellschaft.

Société anonyme de la nouvelle Montagne in Engis an der Maas, gegr. 1845 im Oktober (früher gehörte auch die Hütte zu Prayon dieser Gesellschaft)	Zinkhütte in Engis a. d. Maas Galmeilager zu La Malliene und Les Fagnes bei Engis)	13 377 t
Société anonyme metallurgique Franco-Belge de Montagne in Brüssel, gegr. 1905	Zinkhütte in Mortagne-du-Nord in Frankreich erbaut 1906	9 650 t
Sociétés des Mines de Malfidano, gegr. 1868	Zinkhütte in Noyelles-Godault in Frankreich, Pas de Calais, erbaut 1896	6 300 t
Bloch & Cie. in St. Amand	Zinkhütte in Saint-Amand, Nord, in Frankreich	3 050 t
Société anonyme Austro-Belge in Corphalie bei Huy a. d. Maas, gegr. 1841, 1863 vereinigt mit der *Kroatischen Gesellschaft*	Zinkhütte in Antheit bei Huy, gebaut 1841, Galmeilager zu Sielles und Landesme a. d. Maas	12 334 t
Société anonymes des établissements Dumont et frères in Sart-de-Seilles a. d. Maas, Sclaigneaux, gegr. 1875	Zinkhütte in Sclaigneaux	14 813 t
Société de Laminne in La Croix-Rouge in Ampsin, gegr. 1856	Zinkhütte in Ampsin, gebaut 1856, Rösthütten zu Bende an d. Maas und auf dem darüberliegenden Plateau zu La Hesbaye)	7 828 t

Compagnie française des mines et usines d'Escombrera-Bleyberg in Paris, gegr. 1855	Zinkhütte zu Bleyberg ès Montzen bei Verviers	Rohzink .... 5 477 t Zinkstaub ...... 353 t
Compagnie Royale Asturienne des Mines in Lüttich (*Real Compania Asturiane de Minos*, gegr. 1853	Zinkhütten in Auby lez Douai, Nord, Frankreich, erbaut 1867/68 und in Aviles a. d. Nordküste Spaniens 175 km westl. v. Santander 250 km westl. von Bilbao erbaut 1853/54	16 560 t 6 537 t
Société anonyme métallurgique de Prayon in Prayon, gegr. 1880	Zinkhütte in Forêt nahe bei Lüttich a. Vesdre, erbaut 1839 (gehörte früher zur Gesellschaft *Nouvelle-Montagne* in Engis) (mit Gruben zw. Verviers und Stembert)	19 563 t
Société anonymes des fonderies de Biache St. Vaast zu Ougrée, gegr. 1859 *v. Escher, Ghesquière & Co.*	Zinkhütte in Ougrée bei Lüttich	3 886 t
Société anonyme métallurgique de Boom in Boom	Zinkhütte in Boom, 13 km südl. von Antwerpen	6 884 t
Société anonyme des Zincs de la Compine in Dorplain-Budel	Zinkhütte in Dorplain-Budel in Holland, (Bahn von Roermond nach Antwerpen)	20 975 t
Compagnie des Méteaux et produits chimiques d'Overpelt in Neerpelt	Zinkhütte in Overpelt, (Roermond-Antwerpen)	10 998 t

Société anonyme métallurgique de Lommel in Lommel.	Zinkhütte in Lommel bei Neerpelt	10 795 t

Gesamtproduktion von Belgien, Holland, Frankreich und Spanien 252 694 t nach der Statistik der Metallgesellschaft.

3. Großbritannien.

Vivian & Sons Swansea, Wales gegr. 1835	Zinkhütte zu Morriston bei Swansea	geschätzt zu 8 000 t
Dillwyn & Co. Ltd. (*Llansamlet Works*) Swansea gegr. 1859	Hütte zu Llansamlet bei Swansea	8 000 t
English Crown-Spelter Co. Ltd. in Swansea gegr. 1863	Hütte in Swansea Port Tennant	8 000 t
Williams Foster & Co. und *Pascoe Grenfell & Sons Ltd.* bei Swansea	Hütte in Swansea (Upper Bank Spelter Works)	5 000 t
British Metals Extraction Co. Villiers Spelter Co. Ltd. bei Swansea gegr. 1871	Villiers Smelting Works in Llansamlet	1 500 t
Swansea vale Spelter Co. Ltd. bei Swansea gegr. 1871	Hütte in Llansamlet	1 500 t
John Lysaght Ltd. bei Newport, Süd-Wales	Hütte in Netham	3 000 t
Central Zinc Co. Tochtergesellschaft der australischen *Sulphide Corporation*	Seaton Carew, Durham	
Workington Iron & Steel Co.	Workington	
Steward & Lloyds	Halesowen bei Birmingham	
Knowles Bros.	Ceres Works Wolverhampton	
New Delaville Spelter Co. in Bloxwich	Bloxwich	

Liebig, Zink und Cadmium.

38

Ash & Lacy Ltd. in Tipton	Great Bridge	
United Alkali Co. Ltd. Lancashire Metal Works	Widnes	
Brunner, Mond & Co. Ltd. in Northwich	Winnington	} zusammen.......28 000 t
Brand's Pure Spelter Co. in Glasgow	Irvine (Firth of Clyde)	
Central Metal & Smelting Co. in Glasgow	Glasgow	

Großbritannien[1] erzeugte 1910 an Rohzink .... 63 078 t

4. Österreich-Ungarn.

Staatliche Hüttenwerke	1. Zinkhütte in Cilli in Steiermark 2. Zinkhütte in Sagor in Krain (seit 1906 außer Betrieb)	3 307 t
Galizische Montanwerke A.-G.	Zinkhütte Arthurhütte in Krze ad Myslachowice (Post Sierza-Wodna)	} zusammen....... 4 400 t
Franz von Loebbeke in Breslau	Zinkhütte in Medzieliska mit Zinkweißfabrik	
Zinkhütten- und Bergwerks- Atiengesellschaft vorm. Dr. Lowitsch & Co. in Kattowitz gegr. 12. August 1907	Zinkhütte in Trzebinia in Galizien	5 600 t

Österreich zusammen .... 13 305 t

5. Rußland (Polen).

Société d'Alagir	1. Zinkhütte zu Dombrowna bei Bendzin	} 8 631 t
	2. Zinkhütte zu Constantin	

---

[1] Namen der Unternehmer nach der amtlichen Statistik (Mines and Quarries, III).

6. Australien.

Broken Hill Proprietary Co. Ltd.	Zinkhütte in Port-Pirie Süd-Australien	500 t

7. Japan.

Amagasaki Zinc Rafiniry (Osaka Mining Laboratory)	Hütte im Entstehen	— —
Mitsui Mining Co	Hütte in Omuta auf der Insel Kijushu	— —

8. Nordamerika.[1]

		Zahl der Öfen	Zahl der Retorten
Matthiessen & Hegeler Zinc Co. in La Salle, Illionis	Hütte in La Salle, Illinois	5	4380
Illinois Zinc Co. (A.-G.) in Peru, Illinois	Hütte in Peru, Illinois	7	4640
Hegeler Bros. in Danville, Illinois	Hütte in Danville, Illinois im Bau	2 (?	1800 3600)
Mineral Point Zinc Co. in Depue, Illinois (New Jersey Zinc Co. New York)	Hütten in Depue, Illinois (Mineral Point, Wisconsin)	6	4520
United Zinc & Chemical Co. (A.-G.) in Springfield, Illinois	2 Hütten in Springfield Illinois	4	2080
Sandoval Zinc Co.	Hütte in Sandoval, Illinois	8	996
Collinsville Zinc Co. in Collinsville, Illinois	Hütte in Collinsville, Illinois	12	1528

[1] Die Produktionsmengen der einzelnen Werke sind uns nicht bekannt, wohl aber die Zahl der Öfen der einzelnen Unternehmungen und die Gesamtzahl der darin zur Reduktion dienenden Retorten. Nach *C. E. Siebenthal*: Zinc and Cadmium in 1910 Mineral Resources, Washington 1911.

	Zinkhütte	Zahl der Öfen	Zahl der Retorten
Robert Lanyon *Zinc & Acid Co.* Jola, Kansas	in Hillsboro, Illinois im Bau	(4	1600)
New Jersey Zinc Co. in New York *Lehigh Zinc Co.* South-Bethlehem Pennsylvanien *Bertha Mineral Co.* Pulaski, Virginia (*New Jersey Zinc Co.*)	Hütten in South-Bethlehem, Pa. Palmerton, Pa. Pulaski, Va.	18 14 10	1620[1] 2918 1400
Grasselli Chemical Co. Clarksburg, Virginia	Hütte in Clarksburg in Meadowbrock (W.-Virginia) im Bau Rösthütte in Cleveland, Ohio mit Cadmiumgewinnung	10 (8 —	5760 5180) —
American *Zinc, Lead Smelting Co.* *A. G.* in Boston	Hütten in Caney, Kansas und Dearing, Kansas in Hillsboro (Illincis) im Bau	12 12 (10	3648 3840 4000)
Granby *Mining & Smelting Co.* *A.-G.* in St. Louis	Hütten in Neodesha, Kansas bei Pittsburg gebaut 1882 in East St. Louis (Illinois) im Bau	12 (6	3840 2880)
Kansas (*Cockerill*) *Zinc Co.* (*A.-G.*) in Jola, Kansas	Hütten in Bruce, Kansas Pittsburg, Kansas La Harpe, Kansas Gas City, Kansas Altoona, Kansas Nevada, Missouri Rich Hill, Missouri (Weir gebaut 1882, Betrieb 1910 aufgegeben)	4 6 3 4 6 3	896 1344 1856 2520 3840 672

[1] Betrieb ist eingestellt worden.

		Zahl der Öfen	Zahl der Retorten
Prime Western Spelter Co. in Jola, Kansas (*New Jersey Zinc Co.* New York) (*Tulsa Fuel & Manufacturing Co.*, Zweigwerk)	Hütten in Jola und Gas City (in Collinsville, Oklahoma, im Bau)	10 18 (10	3240 5340 4680)
Lanyon Zinc Co. (*A.-G.*) in Jola, Kansas (verpachtet an die *American Metal Co.*)	3 Hütten in Jola und La Harpe	10 10 10	3340 3320 3200
Pittsburg Zinc Co. in Pittsburg, Kansas (*Lanyon-Starr Smelting Co.*, Bartlesville)	Hütte in Pittsburg	8	910
Edgar Zinc Co. (*U..S. Steel Corporation*)	2 Hütten in Cherryval, Kansas und St. Louis, Missouri	24 9	4800 2016
Chanute Zinc Co. (*A. G.*) in Chanute, Kansas	Hütte in Chanute, Kansas	4	1280
United States Zinc Co. in New-York (*American Smelting & Refining Co.* in Pueblo, Colorado)	Hütten in Pueblo, Colorado (in Denver, Globehütte Cadmiumgewinnung)	7	1680
Bartlesville Zinç Co. in Bartlesville (Oklahoma) (*Metallurgical Co. of America*)	Hütte in Bartlesville, Oklahoma in Collinsville, Oklahoma im Bau	14 (8	4608 3200)
National Zinc Co. in Bartlesville (*Beer, Sondheimer & Co.* in Frankfurt a. M.)	Hütte in Bartlesville Oklahoma	10	3040
Lanyon-Starr Smelting Co. in Bartlesville	Hütte in Bartlesville, Oklahoma	12	3456

Gesamtproduktion an Rohzink in Nordamerika 1910 .... 250 627 t

Auf die einzelnen Staaten der Union sind die Retorten und die Produktion wie folgt verteilt:

Gesamtretortenzahl und ungefähre Produktion

in Illinois	19 944	68 000 t
Kansas	47 214	98 000 t
Oklahoma	11 104	32 500 t
Missouri	2 688	5 000 t
Pennsylvanien	4 538	
West-Virginien	5 760	41 000 t
Virginien	1 400	
Colorado	1 680	6 000 t
zusammen	94 328	250 500 t